U0739178

“十四五”国家重点出版物
出版规划项目

中国兽药
研究与应用全书

COMPREHENSIVE SERIES
ON VETERINARY DRUG
RESEARCH AND APPLICATION
IN CHINA

兽用抗生素替代物及应用

郝智慧　主编

化学工业出版社
·北京·

内容简介

本书详细介绍了当前用于减少或替代兽用抗菌药物的各类技术和产品及其应用。主要包括天然植物用于减抗、替抗，饲用微生物制剂用于减抗、替抗，酶制剂用于减抗、替抗，饲用多糖和寡糖用于减抗、替抗，饲用生物活性肽用于减抗、替抗，饲用有机酸、有机微量元素用于减抗、替抗，其他饲用抗菌药物替代物用于减抗、替抗，兽用中药用于减抗、替抗，噬菌体用于减抗、替抗。同时也介绍了应用于减抗、替抗的主要技术，主要包括药剂技术用于减抗、替抗，联合增效技术用于减抗、替抗，合理用药技术用于减抗、替抗。

本书系统性、先进性、理论性和实践指导性较强，是高等院校动物药学、动物医学、动物科学、动物营养等专业教师、学生，相关专业科研人员，兽药企业研发人员，养殖临床一线工作人员的良好参考读物。

图书在版编目（CIP）数据

兽用抗生素替代物及应用 / 郝智慧主编. — 北京：化学工业出版社，2025. 1. —（中国兽药研究与应用全书）. — ISBN 978-7-122-46535-1

Ⅰ. S859. 79

中国国家版本馆 CIP 数据核字第 20240PZ295 号

责任编辑：邵桂林　刘　军　　文字编辑：刘洋洋
责任校对：王　静　　装帧设计：尹琳琳

出版发行：化学工业出版社
（北京市东城区青年湖南街 13 号　邮政编码 100011）
印　　装：北京建宏印刷有限公司
787mm × 1092mm　1/16　印张 30¼　字数 751 千字
2025 年 6 月北京第 1 版第 1 次印刷

购书咨询：010-64518888　　售后服务：010-64518899
网　　址：http: //www.cip.com.cn
凡购买本书，如有缺损质量问题，本社销售中心负责调换。

定　　价：238. 00 元

《中国兽药研究与应用全书》编辑委员会

本书编写人员名单

主　编　郝智慧

副主编　谯仕彦　石　波　胡广东

其他编者

王志强　杜昱光　张日俊　刘玉庆　肖传明
谢书宇　郝海红　乔　宇　苏小运　何家康
廖秀冬　阮祥春　张　辉　王大成　王秀敏
代重山　斯大勇　罗　雷　刘　源　黄　鹏
包红朵　王　倬　杨凤娟　侯晓礁　肖天石
刘秀斌　陈婷婷　王存才　朱晓林　谷宇锋
黄远玲　王秀娟　杨文萱　张志浩　万晓宝
黄安雄　李　洁　陈　惠　阮紫涵　宋　可
陈　立　陈义宝　刘正洁　韩　超　樊艺萌
黄思娟　袁艳阳　刘明杰　汤小泉　张　帅
隋卓君　王金泉

丛书序言

我国是世界养殖业第一大国。兽药作为不可或缺的生产资料，对保障和促进养殖业健康发展至关重要，对保障我国动物源性食品安全具有重大战略意义，在我国国民经济的发展中起着不可替代的重要作用。党和政府高度重视兽药科研、生产、应用和管理，要求大力发展和推广使用安全、有效、质量可控、低残留兽药，除了要求保障我国畜牧养殖业健康发展外，进一步保障人民群众“舌尖上的安全”。国家发布的《“十四五”全国畜牧兽医行业发展规划》中明确规定，要继续完善兽药质量标准体系、检验体系等；同时提出推动兽药产业转型升级，加快兽用中药产业发展，加强中兽药饲料添加剂研发，支持发展动物专用原料药及制剂、安全高效的多价多联疫苗、新型标记疫苗及兽医诊断制品。以2020年《兽药管理条例》修订、突出“减抗替抗”为标志，我国兽药生产、管理工作和行业发展面临深刻调整，进入全新的发展时代。

兽药创新发展势在必行，成果的产业化应用推广是行业发展的关键。在国家科技创新政策的支持下，广大兽药从业人员深入实施创新驱动发展战略，推动高水平农业科技自立自强，兽药创制能力得到了大幅提升，取得了相当成效，特别是针对重大动物疾病和新发病的预防控制的兽药（尤其是疫苗）创制开发取得了丰硕的成果。我国兽药科技创新平台初具规模、兽药创制体系形成并稳步发展，取得一系列自主研发的新兽药品种，已经成为世界上少数几个具有新兽药创制能力的国家，为我国实现科技强国、加快建设农业强国提供坚实保障。

为了系统总结新中国成立以来兽药工业的研究与应用发展状况和取得的成果，尤其是介绍近年来我国在新兽药研究、创制与应用过程中取得的新技术、新成果和新思路，包括兽药安全评价、管理和贸易流通等，在化学工业出版社的邀请和提议下，沈建忠院士、金宁一院士组织了国内兽药教学、科研、生产、应用和管理等各领域知名专家编写了《中国兽药研究与应用全书》。参与编写的专家在本领域学术造诣深厚、取得了丰硕的成果、具有丰富的经验，代表了当前我国兽药学科领域的水平，保证了本套全书内容的权威性。

《中国兽药研究与应用全书》包含10卷，紧紧围绕党中央提出的新五大发展理念，结合国家兽药施用“减量增效”方针、最新修订的《兽药管理条例》和农业农村部“减抗限抗”政策，分别从中国兽药产业发展、兽用化学药物及应用、中兽药及应用、兽用疫苗及应用、兽用诊断试剂及应用、兽用抗生素替代物及应用、兽药残留与分析、兽药管理与国际贸易、兽药安全性与有效性评价、新兽药创制等方面给予了深入阐述，对学科和行业发展具有重要的参考价值和指导价值。

我相信，《中国兽药研究与应用全书》的顺利出版必将对推动我国兽药技术创新，提升兽药行业竞争力，保障畜牧养殖业的绿色和良性发展、动物和人类健康，保护生态环境等方面起到重要和积极作用。

祝贺《中国兽药研究与应用全书》顺利出版，是为序。

中国工程院院士

国家兽药安全评价中心主任、兽医公共卫生安全全国重点实验室主任

沈建忠

前言

自20世纪50年代以来，兽用抗菌药物从最初被用于治疗动物疾病，发展到作为饲料添加剂用于促进动物生长、提高饲料转化效率，被广泛应用于养殖业中，对动物的健康和生长性能的提升发挥了积极作用。然而，随之而来的是因长期添加使用而导致的细菌对抗菌药物耐药性增加、动物产品中药物残留以及对环境和人类健康的潜在影响等问题的日益严重。因此，兽用抗菌药物的合理使用及其有效替代策略的研究成了动物养殖业和相关科学领域的重要议题。《兽用抗生素替代物及应用》一书正是在这样的背景下应运而生，旨在为政策制定者、畜牧行业从业者及科研工作者提供一个全面、深入的参考资料。

兽用抗菌药物的合理使用和替代物的研发应用涉及法律法规、动物健康、生产效率和食品安全等多个方面。本书汇集了众多领域专家的智慧与科研成果，在编写过程中，我们力求内容的科学性、实用性和前瞻性，希望能够为读者提供有价值的信息和启发。书中不仅详细讨论了兽用抗生素的使用现状，也关注相关政策和法规的制定与执行，以及养殖实践中的管理和技术指导，并通过研究进展和应用实例系统地介绍了包括饲用植物提取物、微生物制剂、兽用中药、噬菌体等在内的多种形式的抗生素替代物以及如何合理使用兽用抗菌药物的相关知识。

在本书出版之际，诚挚感谢所有参与编撰的工作人员以及在本书编写和出版过程中给予支持和帮助的领导和专家们。他们的辛勤工作和卓越贡献使本书得以顺利出版。

由于水平所限，本书中不足、疏漏之处在所难免。我们衷心期待同行专家的反馈和建议，以便我们在将来不断改进和更新本书内容。

我们相信通过多领域专家和从业人员的共同努力，可以有效地减少兽用抗菌药物的滥用，促进养殖业的健康、可持续发展，保障动物源性食品的安全和人类健康。衷心希望《兽用抗生素替代物及应用》能够在这一领域成为一部有价值的参考书，为推动行业进步和科学发展做出贡献。

郝智慧

2024年8月

目录

第 5 章 饲用微生物制剂用于减抗、替抗 129

第 6 章 酶制剂用于减抗、替抗 148

第 7 章 饲用多糖和寡糖添加剂用于减抗、替抗 175

第 8 章 饲用生物活性肽用于减抗、替抗 207

第 13 章

药剂技术用于减抗、替抗 343

第 14 章 联合增效技术用于减抗、替抗 415

第 15 章 合理用药技术用于减抗、替抗 446

第 1 章
绪 论

1.1

抗菌药物低剂量长期在饲料中添加使用危害严重

我国是农业大国，畜禽养殖业是我国农业和农村经济的重要组成部分，关系国计民生。抗菌药物的发现和应用奠定了现代医学发展的基石，也在动物养殖业的健康发展中起到了至关重要的作用。抗菌药是指可以杀灭或抑制细菌，并用于治疗及预防细菌性感染的药物，如β-内酰胺类、氨基糖苷类、四环素类、大环内酯类、氟喹诺酮类等。

由于抗菌药在感染性疾病防治中的重要作用，其在世界范围内被大规模使用。中国已经成为全球最大的肉类生产国，畜禽养殖规模及数量均居世界前列，同时也是抗菌药物的生产和消费的主要国家之一。抗菌药从发现之初即用于动物疾病的预防和治疗，国外从20世纪50年代开始将抗菌药物用作饲料添加剂。在我国始于70年代，在饲料中添加使用的抗菌药物约60种，常用的有20余种，抗菌药物曾被长期低剂量用于动物养殖以提高饲养水平，促进动物健康快速地成长。我国曾是兽用化学制剂使用量最大的国家之一，其中约2/3的抗菌药物用于饲料添加剂。2020年版《中华人民共和国兽药典》（简称《中国兽药典》）共计收录2221种兽药，其中药物饲料添加剂（含抗球虫药、促生长剂）占6%。尽管抗菌药物作为促生长剂使用可以在一定程度上增加养殖效益，但是过度使用反而增加了毒副作用以及病死率。此外，抗菌药物残留造成了生态环境的污染，严重威胁到人民的食品安全，更为重要的是导致了细菌耐药性的产生和传播。

1.2

应对细菌耐药性，世界在行动

在世界各地，许多常见病菌正在对用于治疗其引发的疾病的抗微生物药物产生耐药性，致使病程延长、死亡增多。倘若各国不采取行动，许多感染将演变成无药可治。而这一问题的成因普遍被认为是人类、动物养殖过度使用抗生素的结果。持续接触抗生素会让细菌在其变异与进化过程中学习如何躲避药物攻击。为积极应对微生物耐药带来的挑战，提高社会公众对耐药的认识水平，遏制微生物耐药发展与蔓延，2015年，世界卫生组织（WHO）将每年11月的第三周定为“世界提高抗微生物药物认识周”。

为了应对细菌对抗菌药物的耐药性问题，世界卫生组织和相关部门制定了一系列的法律法规。2010年，联合国粮农组织（FAO）和世界动物卫生组织（OIE）共同采取行动应对微生物耐药性，行动计划包括：一是提高公共认识，强化成员解决抗微生物药物耐药性（AMR）的能力；二是支持OIE成员建立恰当的政策、机构和法律框架网络；三是支持全球实施统一协调的AMR监测和抗生素使用监测；四是共同提升研究开发新型抗生素制剂、诊断制剂和疫苗的能力，制定预防控制AMR的方案；五是支持抵制低质及假劣抗生素产品使用；六是发展先进的预防及控制感染措施，逐步减少抗生素的使用。合理使用抗菌药物和控制细菌耐药性问题并非短时间内可以完成的任务，我们要做好“打持久战”的准备。

1.3

应对耐药性问题，中国在行动

关于抗菌药物耐药性问题，我国相关遏制耐药性政策也逐步出台。鉴于造成细菌耐药的因素及其后果是多领域的，涉及多部门，国家充分认识到如果不及时采取行动加以控制，可能使人类面临更多、更严重的感染性疾病的威胁。2015 年 9 月 1 日，农业部发布了禁止洛美沙星、培氟沙星、氧氟沙星、诺氟沙星在食品动物中使用的公告，这四种抗菌药都属于第三代喹诺酮类药物。因该类抗菌药抗菌效果强、生物利用度高，被广泛地用于敏感菌株所致各种感染，在人类医疗中占有重要地位。但若在食品动物广泛使用时产生耐药菌株，对人类危害巨大，这种潜在威胁已不可忽视。2016 年，国家卫生计生委、国家发展改革委、教育部、科技部、工业和信息化部、财政部、国土资源部、环境保护部、农业部、文化部、国家新闻出版广电总局、国家食品药品监管总局、国家中医药管理局、中央军委后勤保障部卫生局等 14 部门组织有关专家，在广泛征求意见的基础上，制定出台了《遏制细菌耐药国家行动计划（2016—2020 年）》，旨在从国家层面多个领域打出组合拳，有效遏制细菌耐药，维护人民群众身体健康，促进经济社会可持续发展。2017 年，农业部深入实施《全国遏制动物源细菌耐药行动计划（2017—2020 年）》，着力推进“六项行动”：一是实施“退出行动”，推动促生长用抗菌药物逐步退出。对已批准使用的人兽共用抗菌药物和药物饲料添加剂分门别类开展风险评估，计划到 2020 年完成风险评估工作，淘汰存在安全隐患的品种。二是实施“监管行动”，强化兽用抗菌药物监督管理。各地从重从严查处兽药违法行为，依法吊销违法违规企业的兽药生产许可证、兽药经营许可证，坚决捣毁制售假兽药黑窝点。三是实施“监测行动”，健全动物源细菌耐药性监测体系。成立全国兽药残留和耐药性控制专家委员会，为耐药性监测提供技术支撑。调整完善动物源细菌耐药年度监测计划，加快构建动物源细菌耐药监测网。四是实施“监控行动”，强化兽用抗菌药物残留监控。组织实施《畜禽及畜禽产品兽药残留监控计划》，覆盖猪肉、鸡蛋、牛奶等主要畜禽产品，检测 14 类 70 种药物残留，其中包括 9 类 55 种抗菌药物。五是实施“示范行动”，开展兽用抗菌药物使用减量化示范创建。以龙头养殖企业和养殖大县为重点，开展兽用抗生素使用减量化示范创建，推广使用安全、高效、低残留等兽用抗菌药物替代产品。六是实施“宣教行动”，加强从业人员培训和公众宣传教育。组织开展“放心兽药进村　科学知识入户”兽药安全使用系列宣传活动。启动“科学使用兽用抗菌药物”百千万接力公益行动，一年内将覆盖百个县域、千家养殖企业、万名养殖者。

1.4

兽用抗菌药物使用减量化行动

为全面提升畜禽绿色健康养殖水平，2017 年 9 月中共中央办公厅、国务院办公厅印发《关于创新体制机制推进农业绿色发展的意见》，也明确提出“减量使用兽用抗菌药物，建立农业投入品电子追溯制度”。2018 年 1 月中共中央、国务院关于实施乡村振兴战略的意见中也提到“开展绿色发展行动，实现投入品减量化”。2018 年 4 月《农业部关于启动 2018 年农业质量年工作的通知》中要求“在 100 个畜禽养殖场组织开展兽用抗菌药减量使用示范创建”。2018 年 4 月农业农村部办公厅《关于开展兽用抗菌药使用减量化行动试点工作的通知》提出了工作方案，对参与试点的养殖场提出了具体要求，从而正式拉开了兽用抗菌药使用减量化行动的大幕，并制订了《兽用抗菌药使用减量化行动试点工作方案（2018—2021 年）》，提出在 2020 年底以前，药物饲料添加剂从饲料中消失，不能再用在饲料生产中。2020 年，农业农村部出台“药物饲料添加剂退出计划和相关管理政策”，该政策规定，自 2020 年 1 月 1 日起，退出除中药外的所有促生长类药物饲料添加剂品种，兽药生产企业停止生产、进口兽药代理商停止进口相应兽药产品，同时注销相应的兽药产品批准文号和进口兽药注册证书。自 7 月 1 日起，饲料生产企业停止生产含有促生长类药物饲料添加剂（除中药外）的商品饲料，此前已经生产的商品饲料可流通使用至 2020 年 12 月 31 日。改变抗球虫和中药类饲料药物添加剂管理方式，不再核发“兽药添字”批准文号，改为“兽药字”批准文号，可在商品饲料和养殖过程中使用。为了维护国家安全，防范和应对生物安全风险，保障人民生命健康，保护生物资源和生态环境，促进生物技术健康发展，推动构建人类命运共同体，实现人与自然和谐共生，2020 年 10 月 17 日，十三届全国人大常委会第二十二次会议通过了《中华人民共和国生物安全法》，2021 年 4 月 15 日起施行。这是生物安全领域的一部基础性、综合性、系统性、统领性法律，标志着我国生物安全进入依法治理的新阶段。2021 年农业农村部制定了《全国兽用抗菌药使用减量化行动试点工作方案（2021—2025 年）》，稳步推进兽用抗菌药使用减量化行动。

1.5

兽用抗菌药物不合理使用的危害

兽用抗菌药物种类繁多，由于其化学结构、理化性质、作用机理、药理作用和临床应用等各不相同，所以抗菌药物不合理使用后的毒副作用和潜在危害也不尽相同。值得注意的是，兽用抗菌药物不合理使用不仅对动物可能造成潜在的危害，而且可以通过药物残留或代谢排出等形式进而进入人体和环境中，最终对人类的健康造成威胁。目前，受到公众广泛关注的潜在危害主要包括以下几种。

1.5.1 增加毒副反应发生率

正确合理使用抗菌药物可以预防或治疗动物疾病，但是兽用抗菌药物的不合理使用会增加药物毒副反应的发生率。兽用抗菌药物进入动物机体后随血液循环分布于淋巴结、肾和肝等器官，使畜禽机体免疫力下降，病原菌乘虚而入，造成更严重的危害。由于畜禽机体中含有不止一种微生物，长期以来这些微生物互相制约，共同构成有机体平衡的状态。而每一种抗菌药物都有其独特的抗菌谱，在发挥抗菌促生长效果的同时会在一定范围内杀死机体中对药物敏感的微生物。一方面，抗菌药物会影响机体有益菌的正常生长，扰乱机体原本的平衡状态，导致机体发生严重的不良反应。例如，长期在饮水或饲料里添加或滥用广谱抗菌药物如氟喹诺酮类会引起肠道菌群失衡与机体中毒，导致畜禽出现腹泻、消化不良以及生长缓慢等症状，情况严重时会导致动物大批量死亡。另一方面，一些抗菌药物本身具有一定的毒性作用。例如，动物体内氯霉素累积会抑制肝微粒体酶的活性，导致肝损伤等病症。

1.5.2 污染环境生态、影响人类健康

滥用抗菌药物不仅会延长感染性疾病治疗周期，同时会进一步导致传染性疾病的蔓延，不但增加养殖成本，严重影响养殖效率，同时给公共卫生服务的发展造成巨大的压力。

抗菌药物可以以多种形式进入环境中，如城市生活用水、制造业用水、畜牧业的污水，以及经抗菌药处理的垃圾渗滤液等。此外，由于动物肠道对大多数抗菌药物不能完全吸收，大多数药物会以原型或代谢物的形式随粪、尿等排泄物排出体外。这些未经过无害化处理的排泄物直接或经简单的堆肥处理后便作为肥料施入农田，进入水体甚至随着水分蒸发进入大气中，这些都会将大量的抗菌药物带入环境中。药物进入环境后会在土壤、水体中蓄积并发生各种反应，部分药物会对动物、植物及微生物产生一定的危害作用。因此，抗菌药物在生态环境中的残留及其潜在的风险需要引起更多的关注。

1.5.2.1 对环境中微生物的影响

抗菌药物多为抗微生物药物，能直接杀死环境（土壤和水体等）中某些微生物或抑制其生长，影响环境中微生物群落的组成，影响粪便和土壤中有机质的腐烂和分解，从而影响土壤肥力。抗菌药物通过抑制土壤微生物细菌的活性，对生态环境中物质循环和能量流动造成影响，严重的会对生态环境造成无法预知的威胁。另外抗菌药物还降低了土壤微生物对其他污染物如农药、重金属等的降解能力，如土壤中氯霉素的存在使土壤中微生物降解牛粪的时间延长。

1.5.2.2 对水生生物和昆虫的影响

畜牧业和水产养殖业中兽用抗菌药物的滥用是导致环境生态污染的重要原因之一。环境中抗菌药物的残留不仅会使耐药菌的数量显著增加，使水环境不仅成为耐药菌基因的储库，成为扩展和演化的媒介，而且对水生生物和昆虫也造成不可逆转的影响。例如，有研究表明喹乙醇对大型蚤的急性毒性很强，并对水环境有潜在不良作用；四环素类药物会使

锥形宽水蚤生长异常并造成其繁殖障碍；低于急性中毒剂量的奥林酸会严重干扰淡水中甲壳类生物水蚤的繁殖性能。同时，水蚤和鱼对大环内酯类药物比较敏感，蓝绿藻细菌对很多抗微生物药物敏感，如阿莫西林、青霉素、沙拉沙星、螺旋霉素和土霉素等的 EC_{50} 值均低于 $100\mu g/L$。

1.5.2.3 对植物生长发育的影响

抗菌药物随动物的粪尿和城市污水进入农田，土壤中的抗菌药物可经植物根部被植物吸收，后迁移到植物的茎叶及果实中。抗菌药物对植物生长发育的影响与其化学性质、使用剂量、与土壤吸附能力及植物的品种均有关。研究表明，大麦、玉米、马铃薯、莴苣、豌豆、菜豆、萝卜、胡萝卜、黄瓜等多种农作物均可以吸收抗菌药；而白萝卜、小白菜对 4 种四环素类抗菌药（多西环素、土霉素、金霉素、四环素）均有吸收作用，并且作物组织中的抗菌药浓度随着土壤中抗菌药浓度的升高而增加。农作物中抗菌药物的残留不仅对农田植物的生长发育产生影响，而且植物中抗菌药的富集作用可能通过食物链对其他动植物生长造成影响。例如，含有低浓度四环素类药物的动物粪便能对猩猩木产生毒害作用；磺胺地索辛能明显抑制车前草、玉米等的生长，并在植物的根部和叶片富集，其中根部的浓度较高；土霉素和四环素使杂色豆植株的生节、鲜重减少，并影响其对钙、钾和镁的吸收。

1.5.2.4 对环境的影响

进入环境中的抗菌药，对环境产生多方面影响，同时也受环境的光、热、湿度和其他因素的作用，本身产生转移、转化或在植物、动物体内富集。国外对许多饲料添加剂，尤其是药物在环境中的浓度、持续时间及在食物链中的富集做了许多研究。研究发现链霉素、土霉素在环境中降解很少并能够在环境中蓄积；泰乐菌素、竹桃霉素在土壤中降解很少；螺旋霉素低浓度降解很快，高浓度要 6 个月才能完全降解；杆菌肽锌在有氧条件下完全降解需要 3～4 个月，厌氧环境中降解更慢。

1.5.2.5 对人类的危害

抗菌药物随饲料和饮水进入动物体内，在动物消化道被吸收后进入动物血液，经肾脏滤过后大多数随尿排出体外，极少数没有排出的就残留在体内。最近一项研究收集了从 2013 年 1 月到 2019 年 12 月人类动物源性食品中如肉、蛋、奶和鱼肉中抗菌药物的检出情况。结果发现，蛋鸡肝脏中有最高的抗生素残留量（74%）。肉鸡的肾脏中检测到的环丙沙星浓度最高（48.57%），其次是肝脏（47.56%）。环丙沙星也存在于蛋鸡的肝脏中（46.15%）。肉鸡中，环丙沙星在大腿肉和鸡胸肉中比例分别为 41.54%和 37.95%。恩诺沙星是第二大主要抗菌剂，存在于肉鸡和蛋鸡的肝脏中，分别为 41.54%和 437.33%。在水产养殖产品方面，在罗非鱼中检测到的阿莫西林含量最高（683.2mg/kg），其次是攀鲈鱼，为 584.4mg/kg。

动物源食品中抗菌药物残留无疑给人类的健康造成巨大影响，甚至威胁到人类的生命安全。人体经常摄入含有低剂量的抗菌药物的畜产品，抗菌药会逐渐在体内蓄积，导致各种器官发生病变，主要表现为变态反应、过敏反应、免疫抑制、致畸、致癌、致突变等。如经常饮用含低剂量抗生素的牛乳，会使人由于反复受到抗菌药的刺激致敏，已致敏的人通过药或食品再次接触同种抗菌药，将发生过敏反应。从未使用过抗菌药的初生婴儿如果由于食用残留青霉素的牛乳而致敏，当其得病时虽初次使用青霉素也将产生过敏反应，严重者可导致死亡。对于某些具有“过敏反应”体质的人，容易出现抗菌药的过敏反应，轻者出现皮疹，重者出现血管神经性水肿等。

抗菌药物的代谢途径多种多样，但以肝脏代谢为主，经胆汁由粪便排出体外。一些性质稳定的抗菌药被排泄到环境中后，仍能稳定存在很长一段时间，从而使环境中富集这些药物。富集的药物，通过植物或水进入人体和畜禽产品中，最终蓄积于人体内。人体内存在大量正常的、无致病作用菌群，但这些正常菌经常接触低剂量的抗菌药后，会逐渐被诱导产生耐药性细菌，而这些耐药菌又可以通过各种途径（性纤毛、质粒、基因重组）经转座、结合、转化、转导等方式将耐药性转移给致病菌，造成机体发病。另外，如果人体携带某种不导致临床症状的致病菌，经常和这些低剂量的残留抗菌药接触，在选择压力的作用下，会逐渐形成耐药细菌，导致人体产生耐药菌株。如果机体抵抗力和免疫力下降，这些致病菌会引起机体发病，在临床治疗上会造成严重的危害。

1.5.3 诱导细菌耐药性产生

细菌耐药性的产生一般分为两个方面：一是固有耐药性，来源于细菌本身携带的耐药基因；二是获得性耐药性，主要是由于基因突变、携有耐药基因的质粒在细菌间的转移和外源性 DNA 掺入重组。耐药性的传播类型可以分为两种：个体耐药菌的垂直传播和耐药基因的水平传播。两者之中以耐药基因的水平传播方式更为普遍。细菌的质粒一般都携带耐药基因，耐药基因可通过转化、接合、转导作用在微生物种内、种间等进行传递转移。通过这种水平转移，细菌的耐药性扩散迅速、广泛，耐药株可自身克隆扩散，也可与敏感株进行遗传物质交换。细菌耐药性是随着抗菌药物的使用而出现的，一种新药投入使用后平均 2 年就会出现相应的耐药菌株，但抗菌药物的滥用会加速细菌耐药性的出现，并且使一种细菌能够抵抗多种抗菌药物，这样就出现了“超级细菌”。动物身上“超级细菌”的出现与养殖企业在动物饲料中添加了大剂量的抗菌药有关。部分渔业、禽畜养殖业为了追求效益，长期在动物饲料中添加抗菌药，这些动物体内的细菌经过多种抗菌药物的长期选择，出现了极强的耐药性。

饲用抗菌药物的广泛应用加速了细菌耐药性的产生和传播。抗生素在饲料中低剂量长时间的使用，可以“驯化”出微生物对抗生素的耐受力。微生物通过遗传突变产生新的功能，以适应多种复杂的外部环境。近几年，抗菌药耐药性的问题日趋严重和复杂，如青霉素钾、头孢菌素等大量使用会诱发细菌产生 β-内酰胺酶，使青霉素 β-内酰胺结构破坏而失去活性，导致细菌对青霉素、头孢菌素耐药性增高，如青霉素从 1939 年开始批量生产，到 1943 年就产生了耐药性菌株。在国内，磺胺类、四环素类、青霉素、氯霉素、卡那霉素等药物在畜禽中已大量产生抗药性，临床治疗效果越来越差，使用剂量也大幅度增加，特别是母畜使用后可造成仔畜生下来就具有抗药性。不少耐药菌不仅仅能耐受一种或少数几种抗菌药，而且能够耐受多种抗菌药，甚至有发展到耐药谱越来越广的趋势。如鸡白痢沙门氏菌，在抗菌药物的选择性压力下，耐药率大幅上升，多重耐药菌株越来越多，耐药谱也越来越宽。此外，致病性大肠杆菌、鸡源葡萄球菌等病原菌的耐药性也呈现出类似的变化规律，对多种抗菌药均产生耐药性。

2019 年发表于《科学》（*Science*）的一篇文章对动物源性细菌耐药性做了全面的调查，研究人员分析了发展中国家 901 个点的流行率调查，报告了动物和食品的抗菌药耐药率，以绘制动物源细菌抗药性图。他们的分析集中在大肠杆菌、弯曲杆菌、非伤寒沙门氏菌和金黄色葡萄球菌的耐药性。研究发现中国和印度是最大的耐药性热点，巴西和肯尼亚出现了新的热点。从 2000 年到 2018 年，中低收入国家和地区的鸡、猪、牛的抗菌药耐药性都出现了明显的增长，在鸡中，耐药率超过 50％的抗菌药比例从 15％增加到了 41％，在猪中从 13％增加到了 34％。

1.5.4 引起动物肠道菌群失调

健康动物体内既存在有害的病原微生物，也存在一些有益微生物，如乳酸杆菌和芽孢杆菌等，这些微生物可以帮助动物分解某些难分解化合物或合成 B 族维生素 B 等一些物质供机体利用，这些微生物菌群相互制约构成一个平衡体系。抗菌药物使用会影响到体内有益菌的生长，尤其是长期、大量使用广谱抗菌药物会造成动物体内菌群失调、微生态平衡被破坏，引起动物某些维生素缺乏症，也可能使非敏感菌群真菌或潜伏在体内的有害菌大量繁殖，导致消化吸收障碍以至引起内源性感染。另一种情况，抗菌药物会杀灭体内敏感菌，使体内这些微生物附着点上形成大量空位点，为外界耐药菌乘虚而入提供机会，从而造成外源性感染。所以，二重感染正是由于长期使用抗菌药物杀灭体内某种正常菌群时破坏了微生态平衡，另一种或几种内源性或外源性致病菌随即感染机体造成的。当动物机体发生双重感染时，势必会使用更大剂量的抗菌药物来进行治疗，在生产上造成重复用药，从而产生更多的耐药菌株。

1.5.5 降低动物机体免疫力

抗菌药物在治疗或预防细菌性疾病的同时，也存在着干扰动物免疫功能的严重现象，抗菌药物主要能对造血的淋巴系统和内脏器官产生不良的影响。抗菌药物大部分属于小分子物质，药物本身不具有抗原性，进入体内的药物大部分要与血清中各种免疫球蛋白、淋巴细胞结合。这样，会消耗和占据一定量的免疫球蛋白和免疫活性细胞，形成的结合物就具有了抗原性，又会在自身体内产生抗抗菌药的抗体。产生抗抗菌药抗体的过程，也是降低动物免疫功能的过程。所以，抗菌药物的长期使用，极易降低动物免疫功能，如果停药或药物剂量不足，动物极易因感染病原微生物而发生疫病，严重者会导致死亡。大量抗菌药物在被摄入机体后，会随血液循环分布到淋巴结、肾、肝、脾、胸腺、肺和骨骼等各组织器官，动物机体的免疫能力就被逐渐削弱，从而导致动物慢性疾病增多，一些可以形成终生免疫的疾病频频复发。此外，抗菌药物还会导致抗原质量降低，直接影响免疫过程，从而对疫苗的接种产生不良影响。

1.6

兽用抗菌药物减量化的意义及措施

兽用抗菌药物不合理使用给动物健康养殖和人们的生命安全造成了潜在的危害，同时加剧了细菌耐药性的快速产生和传播，严重影响了抗菌药物的临床有效性。为了应对这场危机，兽用抗菌药物减量化使用势在必行。为切实加强兽用抗菌药综合治理，有效遏制动物源细菌耐药的产生和传播、整治兽药残留超标的现况，全面提升畜禽绿色健康养殖水平，促进畜牧业高质量发展，有力维护畜牧业生产安全、动物源性食品安全、公共卫生安全和生物安全，2021年10月我国农业农村部下发了《全国兽用抗菌药使用减量化行动方案（2021—2025年）》。行动以生猪、蛋鸡、肉鸡、肉鸭、奶牛、肉牛、肉羊等畜禽品种为重点，稳步推进兽用抗菌药使用减量化行动，切实提高畜禽养殖环节兽用抗菌药安全、规范、科学使用的能力和水平，确保“十四五”时期全国产出每吨动物产品兽用抗菌药的使用量保持下降趋势，肉蛋奶等畜禽产品的兽药残留监督抽检合格率稳定保持在98%以上，动物源细菌耐药趋势得到有效遏制。力争到2025年末，50%以上的规模养殖场实施养殖减抗行动，建立完善并严格执行兽药安全使用管理制度，做到规范科学用药，全面落实兽用处方药制度、兽药休药期制度和“兽药规范使用”承诺制度。行动任务包括：①强化兽用抗菌药全链条监管；②加强兽用抗菌药使用风险控制；③支持兽用抗菌药替代产品应用；④加强兽用抗菌药使用减量化技术指导服务；⑤构建兽用抗菌药使用减量化激励机制。

1.6.1　兽用抗菌药物替代物的含义

兽用抗菌药物替代物是指在畜牧养殖生产过程中，针对不合理使用兽用抗菌药物所导致的细菌耐药性及药物残留等问题，通过研发和应用获得的能够直接或部分替代抗菌药物，可以减少、降低现有抗菌药物使用量，从而确保动物源性食品安全和消减细菌耐药性的产生，最终保障人类和动物健康的功能产品。

正如“世界上没有两片完全一样的树叶”，研究替代抗生素（或抗菌药）物质，简称“替抗物质”，并不能找到与某一抗菌药抗菌作用相同、机理相同的物质，“替抗”的价值在于使用其他物质或手段填补抗生素（抗菌药）减少使用后出现的空白。在畜牧水产养殖领域杜绝或减少“对人类重要的抗微生物药”的使用、停止促生长类抗菌药物饲料添加剂的使用，是遏制细菌耐药性、保障生物安全的必要举措。“替抗”的研究目标是如何解决这两类抗菌药减少/停止使用导致的用药空白问题。

1.6.2　兽用抗菌药物减量化的意义

兽用抗菌药物在畜牧业生产、动物疾病防治、提高养殖生态效益、保障畜禽水产品有效供应中发挥了重要作用。但是，长时间以来，兽用抗菌药物在我国畜牧业生产中长期不合理使用，如违规使用原料药与不合格的复方制剂、滥用人类专用药物、使用激素类药物和国家规定的禁用药物，以及不执行休药期的规定等，造成我国动物源细菌耐药率显著上升，甚至诱发出“超级耐药菌”，导致兽用抗菌药物防治效果大幅降低的同时，极大地增加了兽药在动物体内的残留，加剧了兽用抗菌药物的毒副作用。残留的药物从动物体内排放到外界污染土壤与水源，造成生态环境被污染，从而威胁到畜禽水产品生产与产品质量的安全以及公共卫生安全、生态环境安全，给人类与动物的健康造成重大威胁。

因此我国需要促进畜牧业持续健康发展与转型升级，站在保障畜禽水产品安全、公共卫生安全和广大人民群众身体健康的高度，采取积极的改进措施。这对我国畜牧业转型升级，高质量发展，保障人民群众舌尖上的安全与畜禽水产品出口贸易走向世界都具有重要的现实意义。

1.6.3 兽用抗菌药物减量化的对策

1.6.3.1 监抗（监测抗菌药使用）

合理规范使用抗菌药物，净化畜牧业养殖环境，需要国家进一步完善相关法律法规，依法加大监管力度。为此我国颁布了《中华人民共和国动物防疫法》《中华人民共和国传染病防治法》《中华人民共和国畜牧法》《中华人民共和国食品安全法》《中华人民共和国兽药规范》《兽药管理条例》等一系列法律法规。行政主管部门要全面贯彻落实这些法律法规，并要在执行过程中结合生产实际与出现的新情况、新问题总结经验，进一步完善相关的法律法规。依法对兽药生产企业、饲料生产企业、养殖场、食品加工企业及经营市场等领域加大监管与检查的力度，强化动物用抗菌药物的监控与监测工作。坚决查办各种违法违规行为，反对地方保护主义。坚持最严谨的标准、最严格的监管、最严厉的处罚、最严肃的问责，防范抗菌药物耐药性风险，解决好畜牧业生产中滥用抗菌药与畜禽水产品中的药物残留问题，以保障动物性食品安全。

确保兽用抗菌药物减量化使用，在制定相关法律法规的同时，需要进一步加大对兽药生产企业与经营市场的监管力度，强化兽用抗菌药物全链条监管。目前，我国有兽药生产企业 2000 多家，很多企业存在着技术创新能力低、品牌产品少、市场竞争力低的情况。生产的兽药会出现质量不稳定、粗制滥造、有效成分含量不足、防治效果差等问题。有的生产企业甚至任意改变生产工艺，组合复方制剂，在生产过程中私自添加抗菌药和化学药物，导致防治效果及安全性不可控。更有甚者，还有无 GMP 生产厂家、无兽药生产批准文号、无产品质量标准的“三无产品”在市场上销售等。因此，行政管理部门要加大对兽药生产、饲料生产、产品质量检验、运输及销售等各个程序的监管力度，定期与不定期进行检查与检验，发现不合格者，要坚决依法依规从快、从重、从严处理。更要严格规范兽药生产秩序，从源头杜绝假兽药、伪劣兽药进入流通环节，以确保养殖生产安全与健康，促进畜牧业持续健康发展。

目前，在我国经济快速发展的大环境下，畜牧业也正面临着转型升级。因此，我们要跟上新时代社会发展的步伐，牢固树立全新的生态养殖理念。按照生态养殖的要求和目标，将现代科学技术与我国传统的养殖技术相结合，朝着规模化、标准化、产业化、安全化、信息化的生产经营方向发展，从而实现以畜牧业生产基础设施完善、品种改良、科学饲养管理、饲喂绿色健康饲料、保护自然环境、节约资源、疾病预防为主的现代生态畜牧业持续健康发展，为人类提供安全、优质、无公害、健康的动物性食品，最终达到现代畜牧业生产资源良性循环、环境友好、社会效益与经济效益高度协调统一发展。树立生态养殖理念，要始终牢记保障动物性食品安全、公共卫生安全和生态环境安全是畜牧业生产的最终目标，也是动物健康、环境健康、人类健康和产业健康的主旨。

1.6.3.2 减抗（减少抗菌药使用）

抗菌药虽然具有强大的抗菌效果，但滥用抗菌药促进了超级耐药菌的出现，并增加毒副反应，给人类、动物及环境构成了巨大的威胁。因此，为保障畜牧业健康持续发展，需要规范抗菌药的使用，加强饲用抗菌药替代品的研发和使用，逐步减少抗菌药使用量。

首先要在养殖业中合理规范地使用抗菌药，严禁将抗菌药用作食品动物促生长剂。在防治动物疾病时，严格控制抗菌药剂量；针对细菌类型，合理选用抗菌药，尽量避免使用广谱抗菌药；不同抗菌药要注意合适的给药途径；多种药物联合使用时，要注意配伍禁忌等。

其次要生产无抗饲料。在动物饲料中添加抗菌药可以起到预防疾病，促进动物生长的效果，但是长期接触抗菌药极易杀死动物体内的有益菌，造成机体二重感染。因而限制抗菌药的使用应从在动物饲料中禁止添加抗菌药做起。对于限制抗菌药的使用问题我国已采取相应的措施，此项工作需要长期坚持并科学引导。

再次要积极开发抗菌药替代物。目前，新型抗菌药替代品的研发热点是抗菌肽、溶菌酶、益生菌、酶制剂、兽用中药等物质，其中，抗菌肽作为极具潜力的抗菌药替代物其研究开发已经取得了较大的进展。抗菌肽又称为宿主防御肽，其来源广泛，功能多样，可以来源于自然环境，如土壤、植物、海洋等，具有抗细菌、抗真菌、抗病毒、抗肿瘤及免疫调节的功能。此外，多数研究表明抗菌肽多以细菌细胞膜为靶点，可快速杀灭病原菌，并且长期诱导耐药实验均表明抗菌肽不易导致耐药性。有研究表明线性短肽 SLAP-S25 可以特异性地靶向细菌细胞质膜中的重要组分——磷脂酰甘油，其广泛存在于细菌细胞膜中，但在哺乳动物中分布较少。因此，SLAP-S25 在发挥抗菌活性的时候对哺乳动物具有极低的毒性。基于以上诸多优点，已经有一些抗菌肽步入了临床试用阶段。兽用中药作为减抗、替抗的重要抓手，发挥着越来越重要的作用，近年来我国加大了这一领域的研究力度，批准了多个新型兽用中药品种用于养殖临床。国家应进一步加大抗菌药物替代物研发企业以及科研院所政策扶持力度，实现“产、学、研”深度融合，集中优势壮大科研力量，尽快研发新型的具有较高应用价值的兽用抗菌药物替代品，以保障我国畜牧业生产实现进一步发展。

1.6.3.3 降抗（降低对抗菌药的耐药性）

随着抗菌药物在兽医临床和畜禽养殖业中的广泛应用，细菌耐药率逐年升高，细菌耐药性问题日益严重，已成为全世界面临的重要公共卫生问题，降低抗菌药的耐药性，避免耐药菌的出现显得尤为重要，应注意以下几点：①严格把握适应证，不滥用抗菌药物。不一定要用的尽量不用，禁止将临床治疗用的或人畜共用的抗菌药用作动物促生长剂。用单一抗菌药物有效的就不采用联合用药。②严格把握用药指征，剂量要够，疗程要恰当。③尽可能避免局部用药，并杜绝不必要的预防应用。④病因不明者，不要轻易使用抗菌药。⑤发现耐药菌感染，应改用对病原菌敏感的药物或采取联合用药。⑥尽量减少长期用药，局部地区不要长期固定使用某一类或某几种药物，要有计划地分期、分批交替使用不同类或不同作用机理的抗菌药。

第 2 章
国内外研究进展

抗菌药在防治动物细菌感染和保障畜禽养殖业健康发展方面发挥着重要的作用，但抗菌药滥用导致药物残留和细菌耐药性问题日益严重，不仅危害畜禽健康，还对生态环境和人类公共健康构成威胁。一项预测报告显示，如果抗菌药耐药发展形势得不到有效遏制，预计到 2050 年每年因细菌耐药性死亡的人数将达 1000 万，造成 100 万亿美元的经济损失[1]。世界卫生组织（WHO）和欧洲经济和社会委员会明确指出，在食品动物中使用抗菌药是一个公共卫生问题。为减缓和遏制耐药菌产生以及保证人类的食品安全和公共卫生安全，国内外大力推进遏制微生物耐药性行动计划。1986 年，瑞典宣布全面禁用促生长用抗生素饲料添加剂；随后美国、欧盟、英国、日本、韩国等国家和地区也限制或禁止在饲料中添加促生长用抗生素。我国从 2020 年 7 月 1 日起国内的饲料生产企业停止生产含有促生长类抗菌药饲料添加剂的商品饲料。

在全球减抗限抗大趋势下，开发绿色、安全、无公害的抗菌药替代产品是畜禽养殖发展的行业要求和必然趋势，随着饲用抗菌药替代产品研究的不断推进，市场上替抗产品也呈现出多品种、多功能的趋势，在促进畜禽生产性能、改善畜产品品质等方面具有显著的功效。许多抗菌药替代品不断出现，植物及其提取物[2]、微生物制剂、生物活性肽、饲用酶制剂、有机酸和有机微量元素、饲用多糖和寡糖添加剂等受到越来越多的关注。

2.1

国外减抗、替抗技术研究进展及主要产品应用情况

2.1.1 国外饲用植物提取物的现状

植物提取物含多种活性物质，如酚类化合物（如芹菜素、槲皮素、姜黄素和白藜芦醇）、有机硫化合物（如大蒜素）、萜烯类化合物（如丁香酚、百里酚、香芹酚）和醛类化合物（如肉桂醛和香兰素）等，具有不同的化学活性，例如抗菌（包括抗细菌、抗真菌、抗病毒和抗原虫）、抗氧化、免疫调节、解毒（真菌毒素）以及改善肠道形态和肠黏膜完整性等[3-6]。

欧盟是第一个成功在饲料中应用天然植物提取物的地区。2006 年 1 月 1 日起，欧盟禁用饲用抗菌药，而作为传统抗菌药的替代品，植物源性饲料和草本植物的研究得到了大力扶持与快速发展。消费者认为植物提取物是天然产物，因此在市场上有更高的接受度。不断攀升的欧盟市场缺口带来的经济利益与市场价值，促进了其他国家对天然植物提取物的研究，美国、韩国、日本、印度尼西亚等国家也都已立法禁止使用抗菌药促生长添加剂，使得针对天然植物提取物饲料添加剂开发与应用的研究越来越多。其中以对肉禽或产蛋禽、肉用或泌乳用反刍动物的研究为主，对育肥猪、水产养殖动物等也有研究[7]。全球范围内的广泛“禁抗政策”为天然植物提取物的开发创造了巨大的市场空间。

2020 年，Saeed 等[8] 综述了饲粮中添加心叶青牛胆提取物对肉鸡影响的相关研究，

发现其对肉鸡的生长性能、体增重（增加4.8%）、屠宰率（增加7.1%）、肉质性状和货架期均有积极影响。心叶青牛胆有效成分通过减少活酶和血浆尿酸并增强免疫反应，对肉鸡的总体健康状况产生了改善作用，这一点在白细胞计数、血凝素滴度、白细胞介素活性和死亡率水平上都有所体现。

Leal等[9] 以288只70 d大的Rasa Aragonesa公羊为试验样本，在屠宰前14d，向饲料中加入月桂、马郁兰、牛至、迷迭香、百里香、姜黄、孜然、香菜、莳萝、肉桂和肉豆蔻提取物。研究发现，这些天然植物提取物对肌肉、肝脏和肾脏的自由基清除活性有不同影响，例如在饲料中，添加肉豆蔻提取物后，羔羊肌肉的自由基清除能力增加，而添加牛至、莳萝、肉桂和肉豆蔻后，羔羊肌肉的自由基清除能力下降；添加肉豆蔻增加了肝脏抗氧化能力；而姜黄、肉桂和肉豆蔻降低了组织的自由基清除能力；补充牛至、孜然和香菜的羔羊肾脏清除自由基的能力降低，而姜黄、孜然、香菜、肉桂和肉豆蔻增加肾脏的抗氧化能力。这项成果给未来新型添加剂的研究奠定了基础。

目前越来越多的国家聚焦于植物提取物的研究上，这方面的研究也更加深入，其在畜禽养殖中发挥的作用也得到了各国的肯定。其中，国外常见的在猪养殖中应用的植物及植物提取物见表2-1。

表2-1 国外常见植物及植物提取物在猪养殖中的应用[6]

植物提取物	动物/细胞	剂量	给药方式	主要生物学功能	实验持续时间
雷公藤和丁香叶的丙酮粗提物	肠上皮细胞	10mg/mL	直接添加到细胞中	抗菌，保护肠上皮细胞免受产肠毒素大肠杆菌黏附	60min
茴香脑	断奶仔猪	300mg/kg	灌胃给药	抗炎，减轻肠道屏障破坏，增加有益菌群丰度，提高生长性能	19d
川楝子水提物	生长猪	25%	喷洒提取物	抗寄生虫	每周一次，持续6周
黄芪多糖	公猪精子	0.25mg/mL、0.5mg/mL、0.75mg/mL、1mg/mL	添加到基础培养基中	维持精子活力、顶体完整性和线粒体膜电位，提高抗氧化能力，增加ATP水平	4℃，10d
黄芪多糖(APS)	PAM细胞系，3D4/21细胞	20mg/mL(体外)、200mg/kg(体内)	灌胃给药	减轻免疫应激	60h(体外)，20d(体内)
黄芩苷-铝络合物(BBA)	仔猪	5mL含有1.36g BBA	灌胃给药	改善肠道微生物的整体结构，降低腹泻率	灌胃3d，每天2次
黄芩苷	仔猪外周血单核细胞、副猪嗜血杆菌细胞	12.5mg/mL、25mg/mL、50mg/mL、100mg/mL	用RPMI-1640培养基溶解并稀释以处理细胞	减少副猪嗜血杆菌诱导的外周血单核细胞释放高迁移率族蛋白B1(HMGB1)	24h、36h、48h
竹醋粉	生长育肥猪	1.50%	饮食中掺入竹醋粉	促进生长发育，增强宿主营养物质吸收能力，提高细菌丰度	37d
甜菜碱	育成猪	1250mg/kg、2500mg/kg	饲料中直接添加甜菜碱	促进肌肉脂肪酸摄取，上调脂肪酸氧化相关基因	42d
黑胡椒提取物	育成猪	0.025%、0.05%、0.1%、0.2%、0.4%	饲料中直接添加提取物	增强生长性能、提高养分消化率、增加粪便微生物数量及粪便气体排放、改善肉质	10周
仙人掌	泌乳母猪	1%	直接补充于饲料中	提高断奶仔猪空肠绒毛长度(LIV)，提高活重	21d

续表

植物提取物	动物/细胞	剂量	给药方式	主要生物学功能	实验持续时间
菊苣根、菊粉提取物	生长猪	2%	直接补充于饲料中	调节能量代谢，提高抗氧化能力	40d
野生山参根提取物	公猪精子	2.0mg/mL	直接添加至精子培养物中	改善雄性生殖功能，抑制ROS产生	1h
姜黄素	Marc-145 细胞和猪肺泡巨噬细胞	5μmol/L、10μmol/L、15μmol/L	溶解在DMSO中处理细胞	阻断猪繁殖与呼吸综合征病毒（PRRSV）内化和PRRSV介导的细胞融合	1h
二氢杨梅素	IPEC-J2 细胞	40μmol/L	溶解在PBS中处理细胞	抗氧化、抗炎、调节代谢途径、减轻脱氧雪腐镰刀菌烯醇（DON）诱导的细胞损伤	24h
干菊芋粉	幼龄猪	4%	拌饲给药	改变大肠中的微生物群生态	40d
连翘提取物壳寡糖	幼龄猪	100mg/kg、160mg/kg	饲料中直接添加提取物	调节肠道通透性、抗氧化状态和免疫功能，提高体能	28d
大蒜素	妊娠后期和哺乳期母猪	200mg/kg 或 600mg/kg	饲料中直接添加提取物	改善产畜健康、抗氧化能力，提高生长性能	从妊娠第90天至产后第21天
人参多糖	妊娠晚期和哺乳期母猪	200mg/kg	饲料中直接添加提取物	提高免疫力	妊娠晚期和哺乳期
葡萄籽粉提取物	断奶仔猪	8%	饲料中直接添加	改善暴露于黄曲霉毒素B_1（AFB_1）的组织学肝损伤和氧化应激，提高细菌丰度	28d、30d
香菇多糖	断奶仔猪	84mg/kg	通过替换基础日粮中相同量的玉米淀粉添加于日粮中	抗氧化剂，减少细胞凋亡，改善肠道屏障，缓解轮状病毒（RV）引起的腹泻	19d
亚麻油	妊娠后期和哺乳期母猪	3.50%	饲料中直接添加提取物	增加免疫球蛋白，改变脂肪酸组成	妊娠第107天至哺乳期第28天
穆尔蒂拉提取物	公猪精子	0.0001～100mg/mL	直接添加至精子培养物中	保护精子活力、顶体完整性和线粒体膜电位，提高抗氧化能力，增强ATP水平	17°C，30min～6h
肉桂油（OCM）	断奶仔猪	50mg/kg	OCM与基础饲料充分混合	调节肠道菌群，改善肠道功能	20d
牛至精油	猪	0.2%	饲料中直接添加提取物	帮助猪耐受与恶劣、户外、饲养条件相关的压力	T1，120d；T2，190d
植物甾醇	断奶仔猪	0.2g/kg	饲料中直接添加提取物	提高免疫力和抗炎活性，改善腹泻	27d
葛根素	仔猪	0.5mg/kg	溶解在液体代乳品中	发挥猪流行性腹泻病毒（PEDV）感染的抗病毒和抗炎作用	5d、9d
板蓝根多糖	猪睾丸细胞	0.078125～0.625mg/mL	直接添加到细胞培养物中	抑制伪狂犬病毒（PRV）复制，预防感染，杀灭PRV	4h、24h、68h
白藜芦醇	IPEC-J2 细胞	25μmol/L、50μmol/L	直接添加到细胞培养物中	减轻肠屏障损伤	6h
黄芩提取物	断奶仔猪	1000mg/kg	拌饲给药	减轻腹泻，减少炎性细胞因子表达，减轻大肠杆菌K88诱导的急性肠损伤	14d
硒化黄芪多糖	PK-15 细胞	20mg/mL、40mg/mL、60mg/mL	加在细胞培养基中	抑制氧化应激诱导的猪圆环病毒（PCV2）复制	60h
茶多酚	副猪嗜血杆菌细胞	80mg/mL、160mg/mL、320mg/mL	用培养基稀释茶多酚	抑制生物膜形成和副猪嗜血杆菌毒力相关因子的表达，减轻病理组织损伤	5h，16h

续表

植物提取物	动物/细胞	剂量	给药方式	主要生物学功能	实验持续时间
茶树油(TTO)	断奶仔猪	100mg/kg	拌饲给药	提高生长性能、养分消化率、抗氧化能力和微生物群落丰度	0～28d
百里酚	仔猪	25.5mg/kg、51mg/kg、153mg/kg、510mg/kg	拌饲给药	改善肠黏膜完整性，抗炎，抗氧化	14d
番茄碱	Vero、ST、Marc145、BHK-21、IPEC-J2 细胞	2.5μmol/L、5μmol/L、10μmol/L	加在细胞培养基中	通过靶向 3CL 蛋白酶抑制 PEDV 复制	30min～16h
海藻粉	20～30kg 至 70kg 猪	1%	饲料中添加粉末	提高细菌丰度，改善肠道健康和调节免疫	24d、28d、48d
黄腐酚	Marc-145 细胞和猪肺泡巨噬细胞	1～20μmol/L	直接添加到细胞中	抑制 PRRSV 增殖，减轻 PRRSV 诱导的氧化应激	48h

2.1.2 国外微生物制剂的现状

微生物制剂在减抗、替抗中的应用主要包括用于调节畜禽肠道菌群平衡（如微生态制剂）和对病原菌起特异性杀灭作用（如噬菌体）。微生态制剂又称微生态调节剂，是指在微生态学理论指导下，调理微生态失调，维持微生态平衡，提高宿主肠道健康水平或提升宿主健康状态的益生菌及其代谢产物以及促进这些菌群生长繁殖的物质的总称[10]。根据动物微生态制剂的物质组成进行分类，可分为益生菌、益生元和合生元[11]。微生态制剂的作用机理主要有以下几个方面：补充优势菌群、维持肠道菌群平衡、生物夺氧作用、生物屏障作用、提高机体免疫力、产生有益代谢产物及抗菌物质。随着动物微生态学理论的发展和大量微生态制剂在畜牧生产上的应用，微生态制剂的更多的作用被发现和验证。噬菌体是能特异性感染细菌、支原体、螺旋体、放线菌以及蓝细菌等的病毒，亦称细菌病毒[12]。噬菌体可以特异性杀灭病原菌，近年来在畜禽疾病治疗中也有了一些应用。

2.1.2.1 国外微生态制剂的现状

益生菌和益生元可以被归类为功能性食品，即对机体功能产生积极影响以改善健康的食品。益生菌是活的微生物，在一定环境下给予足够的量时，会对宿主的健康产生有益的影响。益生菌和益生元虽然安全有效，但并未达到疾病治疗的标准，也不能在医院处方中实施，目前应用益生菌治疗疾病并未得到美国食品药品监督管理局（FDA）批准[13]。但是自 20 世纪初，益生菌就作为饲料添加剂应用于畜禽养殖业。目前，FDA 允许的可以应用于饲粮中的益生菌有 40 余种，欧盟允许的有 50 余种，其中乳酸菌、芽孢杆菌和双歧杆菌是最常见的益生菌，它们可以在结肠中选择性发酵，发挥竞争作用[14]，在饲料中添加乳酸菌、双歧杆菌、芽孢杆菌、链球菌、肠球菌和啤酒酵母等益生菌都可以提高畜禽免疫功能和饲料利用率。

饲料中用作添加剂的益生菌普遍存在于人或动物及土壤和植物的微生物区系中。大多数益生菌的主要栖息地是肠道并且被认为是非致病性的。益生菌活性的稳定是其发挥作用的保证，益生菌的发酵、制备和储藏的温度、湿度和光照以及到达作用部位的浓度等都可能影响益生菌活性。为了使益生菌在肠道中有较高的活性，对其包装方式进行了较多的研究：第一代益生菌以微囊或冻干的细菌的形式应用[15]，第二代益生菌以冻干微生物的形式封装在含有合成、半合成或天然填料的聚合物胶囊或片剂中[16]，第三代益生菌通过封装在聚合物基质或由合成、半合成或天然聚合物制成的微囊中提高益生菌的存活率[17,18]。表 2-2 是国外常见的商用益生菌产品。

表 2-2 国外常见商用益生菌产品

商品名	活性成分	菌种保藏和登录号	靶动物分类
Adjulact 2000	婴儿链球菌、植物乳杆菌	CNCM I-841、CNCM-I-840	小牛
Bactocell	乳酸片球菌	CNCM MA 18/5 M	肉鸡
Biacton	乳酸杆菌	CNCM MA 67/4 R	仔猪
BioPlus 2B	地衣芽孢杆菌和枯草芽孢杆菌(1∶1)	DSM 5749、DSM 575	育肥肉鸡、火鸡、仔猪、母猪、小牛
Biosprint	酿酒酵母	BCCM/MUCL 39885	肉牛、仔猪、育肥猪
Bonvital	粪肠球菌、鼠李糖乳杆菌	DSM 7134、DSM7133	育肥猪、小牛
Biosaf SC 47	酿酒酵母	NCYC Sc 47	仔猪、母猪、肉牛、奶牛
Cylactin LBC	粪肠球菌	NCIMB 10415	仔猪、育肥猪、小牛、肉鸡
Fecinor Plus	粪肠球菌	CECT 4515	仔猪、育肥猪、小牛、肉牛
Lactiferm	粪肠球菌	NCIMB 11181	小牛、仔猪
Lactobacillus acidophilus D2/CSL	嗜酸乳杆菌	CECT 4529	肉鸡、蛋鸡
Levucell SB20	酿酒酵母	CNCM I-1079	仔猪、母猪
Levucell SC20	酿酒酵母	CNCM I-1077	肉牛、奶牛
Microferm	粪肠球菌	DSM 5464	仔猪、小牛、肉鸡
Mirimil-Biomin	粪肠球菌	DSM 3520	小牛
Oralin	粪肠球菌	NCIMB 10415	育肥猪、小牛、肉鸡
Yea-Sacc[Æ]	酵母菌	CBS 493 94	小牛、肉牛、奶牛

2.1.2.2 国外噬菌体制剂的现状

噬菌体（phage）是一种能特异性感染细菌、支原体、螺旋体、放线菌以及蓝细菌等的病毒，主要由核酸（DNA 或 RNA）和蛋白质组成。噬菌体通过裂解细菌使其死亡，所以被认为是一种消除病原体和预防感染的有效手段。20 世纪初，Felixd'Herelle 使用噬菌体预防和治疗鸡的沙门氏菌感染，有效地降低了鸡的死亡率[19,20]。20 世纪 80 年代 William Smith 使用噬菌体疗法在鸡、牛和猪身上进行了实验并取得较好的效果[21]。噬菌体可以杀灭大肠杆菌、沙门氏菌、金黄色葡萄球菌、弯曲杆菌等多种病原菌，导致耐药性的风险低[22]。

噬菌体制剂无论是单独使用还是与其他抗菌药联合使用都有较好的治疗效果，噬菌体-抗生素协同作用（PAS）广泛应用于兽医领域[23]，PAS 的临床开发一方面可以降低抗菌药的使用量，防止耐药性的出现，另一方面可以有效杀灭多重耐药细菌。并且，内溶素作为噬菌体衍生物，可通过降解细菌细胞壁而发挥抗菌作用。目前商业化内溶素制剂的产品也越来越多，如 Micreos 公司（荷兰）开发的治疗慢性金黄色葡萄球菌相关性皮肤病的内溶素产品 Staphefekt SA. 100[24]；ContraFect 公司（美国）开发的基于细胞壁水解酶（lysin）的直接裂解剂 CF301 等。与基因工程技术结合，可以用 CRISPR-Cas 系统对噬菌体进行工程改造在体外和体内有效地靶向杀死细菌[25]。

2006 年，美国 FDA 将第一种针对单核细胞增生李斯特菌的噬菌体产品 ListShield™ 确认为食品添加剂。并且 FDA 开放了噬菌体的监管途径，批准噬菌体药物绿色通道。以色列、加拿大、瑞士、澳大利亚、新西兰和欧盟的卫生机构也批准在食品中使用噬菌体产品。噬菌体治疗研究开始得到许多国家的政策支持和鼓励，噬菌体制剂得到各国企业的大量研究并进入各国市场。例如：Intralytix（美国）研发的多款兽用噬菌体制剂都已经获得 FDA 的公认安全标准，进入市场。表 2-3 总结了国外兽医学领域中已生产的商业化噬菌体产品。

表 2-3 国外生产的商业化噬菌体产品

公司	细菌	噬菌体产品	应用	参考文献
Intralytix(美国)	大肠杆菌	Ecolicide®	杀灭宠物食品中的大肠杆菌 O157:H7	[26]
		Ecolicide PX™	杀灭活体动物毛皮上的大肠杆菌 O157:H7	[26]
	沙门氏菌	SalmoLyse®	杀灭宠物食品中的沙门氏菌	[27,28]
	沙门氏菌	PLSV-1™	预防和治疗家禽沙门氏菌感染	[29]
	单核细胞增生李斯特菌	ListPhage™	杀灭宠物食品中的单核细胞增生李斯特菌	[26]
	产气荚膜梭菌	INT-401™	预防和治疗家禽产气荚膜梭菌感染	[30]
Arm and Hammer Animal & Food Production(美国)	大肠杆菌	Finalyse®	作为牛饲料添加剂或气溶胶消毒剂	[26]
MicroMir(俄罗斯)	多种细菌病原体	Vetagin®	防治奶牛细菌性子宫内膜炎	https://micromir.bio/about.
CJ CheilJedang Research Institute of Biotechnology (韩国)	沙门氏菌、产气荚膜梭菌和大肠杆菌	Biotector® S	作为家禽和猪的饲料添加剂	[31]
Pathway Intermediates (韩国)	多种细菌病原体	ProBe-Bac	ProBe-Bac PE 用于家禽 ProBe-Bac SE 用于猪	https://www.bacteriophage.news/database/pathway-intermediates/.
Proteon Pharmaceuticals (波兰)	沙门氏菌	Bafasal®	作为饲料添加剂治疗家禽消化道疾病	[32]
SciPhage(哥伦比亚)	沙门氏菌	SalmoFree®	诊断和预防鸡源沙门氏菌的感染	[33]
Fixed-Phage(英国)	多种细菌病原体	aquaPHIX™	以溶剂形式添加至饲料中	https://www.fixed-phage.com/antibacterial-animal-health/.
	多种细菌病原体	farmPHIX™	饲料添加剂	
	多种细菌病原体	petPHIX™	局部应用	

2.1.3 国外饲用酶制剂的现状

酶制剂是一种从动植物和微生物中提取，经过一定的加工处理后制成的具有酶特性的生物催化剂，其具有高效、专一、安全环保、作用条件温和等优点。此外，酶制剂还能够将饲料中难以消化吸收的纤维素、淀粉、蛋白质等大分子物质转化为易被动物机体利用的形式，提供能量和营养因而广泛应用于畜牧养殖领域。作为饲料添加剂，酶制剂不仅可以提高饲料利用率，还可以抑制并杀灭畜禽肠道内的病原菌，维护肠道健康，提高免疫力和生长性能。抗菌药在畜禽养殖过程中的不合理使用引发了一系列公共卫生安全问题，而酶制剂则因其诸多的优点被认为有潜力成为一种抗菌药替代品[34]。

酶制剂的发展经历了 4 个阶段；第一阶段主要添加以 β-葡聚糖酶和植酸酶为代表的酶制剂，主要是为了提高饲料和无机磷的利用率；第二阶段是添加纤维素酶和木聚糖酶等非淀粉酶制剂，用于提高植物性饲料利用效率和改善畜禽健康状况；第三阶段是补充适当的外源性消化酶，来提高机体对营养物质的消化吸收能力；第四阶段是添加以葡萄糖氧化酶、过氧化氢酶等为代表的酶制剂来预防和治疗畜禽在转栏、长途运输过程中的应激等。由于酶制剂可以保障和改善畜禽健康、减少或者替代抗微生物药物使用，所以其在畜禽饲用中的使用空间非常大[35]。

酶制剂可以提高饲料的利用率，减少饲料在消化道的停留时间和停留量，降低有害微生物的数量，从而发挥出促进动物生长、预防疾病的作用。酶制剂在畜禽生产中广泛应用，如在鸡、猪以及兔等的养殖中都有报道。2003 年在澳大利亚家禽研发中心进行的试验表明，酶制剂特威宝 SSF 可以明显提高肉鸡的饲料转化率和蛋鸡的生产性能。β-甘露聚糖酶可以使蛋鸡的采食量减少，使鸡日产蛋量和关键氨基酸的表观回肠消化率得到提高[36]。在雏鸡日粮中加入 β-甘露聚糖酶可以提高饲料利用率和氨基酸的利用效率[37]。当在玉米-豆粕等类型的猪日粮加入植酸酶后，猪对饲料中的磷的利用效率增加，同时也增加了对钙、锌和铜的吸收，降低料肉比，育肥猪的体重增幅区间为 21.62%～62.31%[38]。酶制剂对仔猪的作用效果相比较于成年猪来说更为明显，尤其是断奶仔猪。酶制剂能解决仔猪内源性酶不足的问题，来防止仔猪出现消化不良的症状。另外，刚断奶的仔猪消化道微生物区还尚未发育完善，而酶制剂可以维护肠道的健康，这从另一个方面解决了仔猪的消化吸收功能不完善的问题。β-甘露聚糖酶有助于提升育龄猪对饲料的利用率，β-甘露聚糖酶还可以提高哺乳后期断奶仔猪的生长效率和增加育肥猪的瘦肉率[39]。木聚糖酶或 β-葡聚糖酶可以使消化道内的食糜黏度大大降低，也使肠后段中有害微生物的增殖得到有效控制，维持肠道的菌群平衡，使动物对营养物质的利用率得到提高[40]。此外，β-葡聚糖酶还能降低猪的全身炎症反应，一定程度上提升猪的繁殖性能[41]。酶制剂在特种经济动物养殖中也有所应用，兔日粮中加入酶制剂可以提升饲料的利用效率，降低流产率及改善繁殖性能，提升幼兔的存活率[42]。目前饲用酶制剂已经得到国际的广泛认可，在各国的兽药市场较为活跃，并受到各国消费者的青睐。目前国外关于酶制剂的产品较多，代表性的产品见表 2-4。

表 2-4 国外代表性的酶制剂产品

公司	产品	功效
德国 AB 酶制剂公司	Econase XT、Econase GT、FinaseEC	提高对营养成分的利用率，降低消化道食糜的黏度，提高对磷、钙的吸收利用

续表

公司	产品	功效
法国安迪苏公司	罗酶宝®	提高对营养成分的利用率
美国奥特奇公司	特威宝 SSF	改善动物身体机能
美国 ChemGen 公司	和美酵素®	提高断奶仔猪的免疫力,抗应激
日本新水株式会社	饲乐酶	加快营养物质的分解,提升动物的生产性能

2.1.4 国外饲用酸化剂的现状

饲用酸化剂是一种可降低饲料在消化道中的 pH 值并为畜禽提供适宜消化道环境的新型添加剂，已在国内外得到广泛应用。根据其组成成分可分为单一型酸化剂和复合型酸化剂，根据加工工艺可分为包被型酸化剂和未包被型酸化剂等。酸化剂被广泛应用于畜禽的饲料中，其主要作用是降低畜禽胃肠内容物的 pH 值，使消化道内容物 pH 值维持相对稳定。酸化剂一方面可提升消化道酶活性和促进营养物质消化吸收，从而增强免疫来降低病原微生物的感染率；另一方面抑制病原微生物的繁殖和促进益生菌繁殖，进而降低疾病的发生率。有机酸化剂是由一种或者多种有机酸共同组成的一类酸化剂，常见的有 L-乳酸、柠檬酸、富马酸、甲酸、乙酸、丙酸、丁酸、山梨酸、苹果酸、酒石酸、苯甲酸等。有机酸化剂可直接参与体内三羧酸循环，促进机体新陈代谢和营养物质的合成，同时破坏细菌的细胞膜，干扰细菌酶的合成，可有效抑制病菌生长，提高消化酶的活性[43]。

单一的有机酸和无机酸由于各自作用机制有所不同，混合使用可产生协同效应，从而增强使用效果[44]。饲用酸化剂一般是由有机酸和无机酸按一定配比，并加上赋形剂如二氧化硅等组合而成的饲料添加剂。酸化剂可以维持肠道屏障细胞的完整性，使有害微生物的繁殖受到抑制，并且可以改善消化道内酶的活性，提高对养分的吸收和利用，从而起到促进动物生长的作用[45]。在断奶时期，仔猪的日粮摄入量会减少，使得能吸收利用的能量和养分满足不了机体的需要，且胃内 pH 值偏高，会导致腹泻的发生[46]。研究表明在断奶仔猪日粮中添加单链的脂肪酸，可以调节仔猪胃肠道微生物群落的平衡[47]。此外，在仔猪日粮中加入中链脂肪酸可显著提高其对蛋白质和纤维素的消化能力，促进生长发育，显著地提高仔猪的体重[48]。乳酸菌及其代谢产物乳酸，可以提升有益菌的生长能力和仔猪的消化能力[49,50]。在断奶仔猪的日粮中添加 0.3%柠檬酸，可以提高消化酶的活性，从而提升断奶仔猪的消化吸收能力[51]。在含有黏菌素等的仔猪日粮中加入富马酸和由甲酸钙、乳酸钙等组成的复合酸化剂，会促进仔猪空肠绒毛的发育，增加营养物质的吸收[52]。在黄羽公肉鸡基础日粮中加入酸化剂，可明显改善公肉鸡的肠道微生物群落的结构，提升营养物质消化效率[53]。在感染大肠杆菌的肉鸡日粮中添加酸化剂可减少炎症损伤，改善生长性能和降低死亡率[54]。柠檬酸应用于种公鸡能够显著改善其肠道微生物群落结构，增加营养物质的吸收和提高繁殖性能[55,56]。在肉鸡日粮中添加柠檬酸能明显改善肉鸡的饲料利用率，增加胴体重量和矿物质的利用率[57]。柠檬酸在兔养殖中使用，可以提升兔的生长速度[58]。饲用酸化剂在国际市场反馈的效果较好，常被用作抗菌药的代替物。目前国外主要的酸化剂产品见表 2-5。

表 2-5　国外主要的酸化剂产品

产品	功效
乙酸	可以降低消化道内的 pH 值，使酶更好地发挥作用而不利于微生物的生长
柠檬酸	参与体内的三羧酸循环，最终为机体提供能量；可以和矿物质元素例如钙、镁等结合，使其留在机体内；可改善机体内环境，有助于提高机体的免疫力
延胡索酸	具有抗氧化作用；参与体内的三羧酸循环，最终为机体提供能量；可以和矿物质元素例如钙、镁等结合，使其留在机体内；可改善内环境，有助于提高机体的免疫力
甲酸钙	能提高断奶仔猪的食欲并降低腹泻率，促进动物机体的发育

2.1.5　国外饲用生物活性肽的现状

生物活性肽（bioactive peptides，BAP）是蛋白质中 20 种天然氨基酸以不同组成和排列方式构成的从二肽到复杂的线性、环形结构的不同肽类的总称，是源于蛋白质的多功能化合物。生物活性肽有多种多样的生理功能，如激素调节、免疫调节、抗血栓、抗高血压、降胆固醇、抑菌、抗病毒、抗癌作用等。目前应用较多的有抗菌肽（AMP）和细菌素。抗菌肽最先被发现存在于果蝇体内，此后逐渐在动物、植物、细菌等微生物中提取出抗菌肽。目前，已被发现的抗菌肽总计 2600 多种。根据其来源可分为：动物抗菌肽（含昆虫抗菌肽）、植物抗菌肽、微生物抗菌肽。

抗菌肽广泛应用于猪、鸡、反刍动物和水产动物的生产中[59]，是生物体防御病原体的首要形式之一。抗菌肽是基因编码的在核糖体合成的多肽，主要依靠免疫调节和直接杀伤两种作用机制杀灭细菌[60]。1980 年瑞典科学家 Boman 等人发现了世界上第一个抗菌肽，并命名为 Cecropins[61]。与传统的抗菌药相比，抗菌肽具有抗生物膜、免疫调节等优势，二者间的作用机制和优劣势比较见图 2-1。随着细菌耐药性增加和新发传染病成为对人类的潜在威胁，抗微生物肽的核糖体合成已成为抗菌肽研究的焦点。

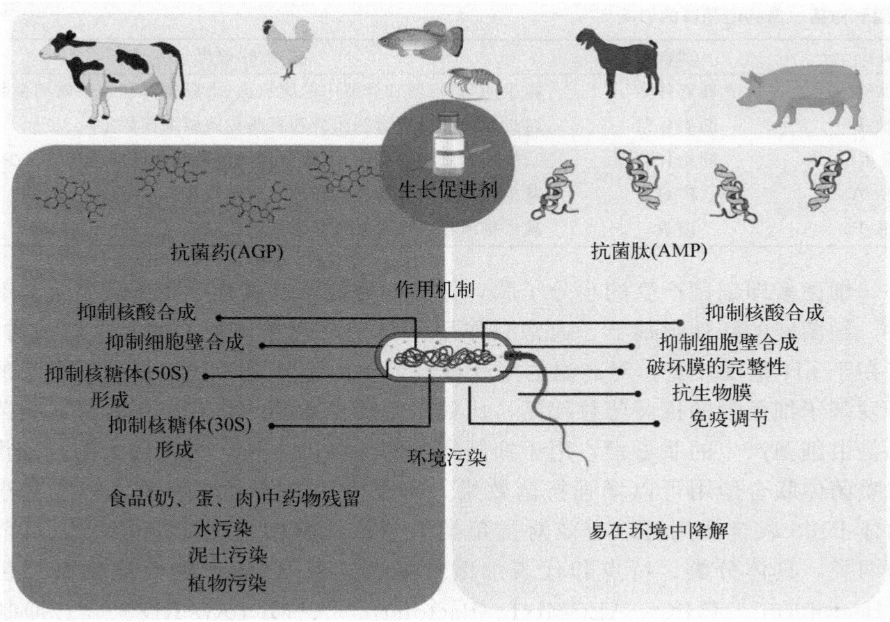

图 2-1　抗菌药和抗菌肽的作用机制比较[62]

目前关于抗菌肽的研究逐渐增多，应用也愈发广泛。例如具有抗菌药耐药性活的非可培养态（VBNC）致病细菌被认为是对公共卫生的新威胁，研究人员研究出的 EmPis-1L 肽可以有效消除食源性致病菌如大肠杆菌 O157 和副溶血弧菌 OS4 的抗菌药耐药性 VBNC 状态细菌[63]。AMP 不仅可以有效对抗多药耐药"ESKAPE"病原体，也能够根除耐甲氧西林金黄色葡萄球菌（MRSA）。例如，人类 LL37 肽的衍生物 SAAP-148 对几种耐药 ESKAPE 病原体有较好的杀灭作用，且可以破坏生物膜[64]。一种新型的具有低毒性和高生物活性的合成肽 ΔM3，能够有效对抗金黄色葡萄球菌，尤其是 MRSA[65]。依赖于生物信息学的发展，目前抗菌肽也建立了数据库，比如 APD、CAMP 等。数据库的建立与基因组学和高通量转录组测序等技术均有助于各种新型抗菌肽的开发[66]。目前国外主要应用的促生长抗菌肽见表 2-6。

表 2-6　国外主要应用的促生长抗菌肽[67]

抗菌肽(AMP)	来源	目标细菌	动物
Microcin J25	大肠杆菌	大肠杆菌、沙门氏菌	肉鸡
Pediocin A	戊糖片球菌	产气荚膜梭菌	肉鸡
Plectasin	黑色普氏菌	大肠杆菌、沙门氏菌	肉鸡
RSRP	兔圆小囊	大肠杆菌	肉鸡
Lactoferrin(bLf)	牛	大肠杆菌、沙门氏菌	肉鸡
SMXD51	唾液乳杆菌	空肠弯曲杆菌	家禽
BT	短芽孢杆菌	肠炎沙门氏菌血清型	新生家禽

随着抗菌肽研究和开发的不断深入，目前抗菌肽已在畜禽养殖中得到广泛的应用。抗菌肽除了在抗菌方面具有功效，大量的抗菌肽也被证明对畜禽肠道菌群的结构和功能有着重要的影响。抗菌肽在断奶仔猪和肉鸡中的应用较普遍，具体见表 2-7。

表 2-7　抗菌肽对猪、禽肠道菌群的影响[67]

抗菌肽	动物	治疗效果
抗菌肽-A3	断奶仔猪	减少回肠、盲肠和粪便中的厌氧菌、大肠菌群和梭菌属细菌数量
抗菌肽-P5	断奶仔猪	减少粪便和肠道大肠菌群和盲肠梭菌属细菌数量
马铃薯蛋白	断奶仔猪	盲肠和直肠中总细菌、大肠菌群和葡萄球菌的活菌计数减少
抗菌肽-A3	肉鸡	减少粪便中的大肠菌群和梭菌属细菌数量
抗菌肽-P5	肉鸡	减少排泄物中总厌氧菌和大肠菌群数量

此外，细菌素即细菌产生的小分子肽，作为一种抗菌肽其在一定浓度下也具有显著的抗菌活性。细菌素的活性谱很窄，通常只作用于与生产者密切相关的几个属或种[68]。细菌素优点在于 pH 范围较宽，对高温的耐受性较好。由于基因工程和蛋白质组学的发展人们能够开发基于细菌素的抗菌药替代品，比如羊毛硫菌素类（lantibiotics）是细菌素的一个亚类，是由细菌产生的肽毒素，用于抑制相关的细菌的生长，具有较大的抗菌潜力[69]。细菌素与噬菌体联合使用可以增强抗菌效果，研究表明，肠道细菌素 AS-48 和李斯特菌裂解噬菌体 P100 联合使用可以有效对抗鱼类的单核细胞增生李斯特菌[70]。目前细菌素主要分为两类，具体分类、特点和代表细菌素见表 2-8。已生产的商业化制剂包括 Bio-Safe™、Bactoferm™ F-LC、ALCMix1、Bactoferm™、MicroGARD®[71]。抑制食源性病原体的典型细菌素是乳酸链球菌素 Z，商业产品为 Nisaplin®[72]。

表 2-8 国外主要应用的细菌素[66]

组别	显著特征	举例
	Ⅰ型(修饰)	
MccC7-C51 型细菌素	与羧基端天冬氨酸共价连接	MccC7-C51
套索肽	具有套索结构	MccJ25
含线性偶氮或唑啉的肽	有杂环,但无其他修饰	MccB17
羊毛硫菌素	具有羊毛硫氨酸桥	nisin、planosporicin、mersacidin、actagardine、mutacin 1140
Linaridins	具有线性结构,含有脱水氨基酸	Cypemycin
Proteusins	多羟基化、差向异构化和甲基化	Polytheonamide A
Sactibiotics	含有硫-α-碳键	Subtilosin A、thuricin CD
Patellamide-like cyanobactins	由氨基酸和异戊烯基附件组成的环肽	Patellamide A
硫肽类	含有中心吡啶、二氢吡啶或哌啶环以及杂环	硫链丝菌素、诺卡沙星Ⅰ、GE2270、philipimycin
博来霉素	含有大环肽、噻唑和碳甲基化氨基酸	博来霉素 A2
糖基化细菌素(Glycocins)	含有 *S*-连接糖肽	Sublancin 168
	Ⅱ型(未修饰或循环)	
Ⅱa 肽(乳酸片球菌素 PA-1 样细菌素)	具有保守的 YGNGV 基序(其中 N 代表任意氨基酸)	乳酸片球菌素 PA-1、肠道菌素 CRL35、肉杆菌素 BM1
Ⅱb 肽	发挥活性需要两个未修饰的肽	ABP118、乳糖素 F
Ⅱc 肽	环肽	肠素 AS-48
Ⅱd 肽	未修饰、线性、非类片球菌素、单肽细菌素	MccV、MccS、表皮霉素 NI01、乳球菌素 A
Ⅱe 肽	包含具有非核糖体铁粒型修饰的富含丝氨酸羧基端区域	MccE492、MccM

抗菌研究的另一个具有广阔前景的领域是宿主防御肽(AMP)的化学模拟物的探索和开发。新型 AMP 有潜能克服目前天然 AMP 面临的一些挑战,具有易于合成、稳定性高和毒性低等特点。随着现代养殖规模的扩大和养殖观念的转变,抗菌药替代物已成为后抗菌药时代的重要的饲料添加剂。安全的畜禽产品的生产需要合理使用抗菌药替代物,因此寻找理想的抗菌药替代物对养殖业的发展有着重要的意义。

2.2

我国减抗、替抗技术研究进展及主要产品应用情况

2.2.1 国内可饲用天然植物及其提取物、兽用中药制剂的现状

我国天然植物尤其具有药食同源特性的可饲用天然植物资源丰富,种类繁多。丰富的

天然植物资源，造就了我国长达5000多年的应用天然植物历史，同时也使我国成为世界上最早在养殖中应用天然植物的国家。2003年，国家推荐性标准《天然植物饲料添加剂通则》（GB/T 19424—2003）发布，该标准的出台为天然植物饲料添加剂及其预混合饲料的产品提供了参考依据和行业标准。为了规范饲用植物添加剂产品行业行为，2008年1月23日，农业部依据《饲料和饲料添加剂管理条例》和《饲料企业设立审查办法》的有关规定发出第977号公告，将饲用植物以“植物根茎粉”之名列入饲用添加剂目录。2011年10月26日国务院第177次常务会议修订通过《饲料和饲料添加剂管理条例》（国务院令2011年第609号），可饲用天然植物及其粗提物、饲用植物精提物、具有药用功效的饲用植物提取物相继列入药物饲料添加剂品种目录。目前《饲料原料目录》收录及批准的饲用植物有118种，多为药食同源的中草药。可饲用天然植物提取物中的多酚类、皂苷类、多糖类等活性成分被认为是较为理想的替抗物质，能够改善畜禽的生长性能、抗氧化能力、肠道形态、菌群结构和免疫功能。与抗生素相比，可饲用天然植物提取物具有来源天然、功能全面、低毒副作用、不易产生耐药性等优势，在“减抗”时代具有很大的应用前景。可饲用天然植物提取物中丰富的活性成分在畜禽及水产动物养殖生产中发挥重要作用。曲根等[73]在断奶仔猪饲粮中添加苜蓿黄酮，结果发现，添加苜蓿黄酮可以提高断奶仔猪的生长性能、肝脏的抗氧化性能，并且结肠内细菌的相对丰富度明显提高。孙平和刘婧[74]研究发现，山楂和枸杞子提取物可以明显促进肉鸡免疫器官的生长发育；而且能够提高鸡肉中蛋白质含量，降低脂肪含量，提高必需氨基酸、风味氨基酸含量，改善鸡肉品质。孟晓林和聂国兴[75]研究发现，杜仲叶提取物对草鱼鱼种及草鱼成鱼均具有一定的促生长作用；对提高草鱼成鱼肌肉蛋白质含量、降低脂肪含量也有一定的调节作用。

兽用中药常作为预防、治疗疾病及促进动物生长的重点考虑对象，禁抗后兽用中药更是成为兽药生产企业研制和开发的优选目标。目前应用于兽医临床的主要包括散剂、片剂、注射剂、浸膏类制剂、颗粒剂、可溶性粉剂等剂型。兽用中药的主要剂型见表2-9。兽用中药散剂是一种较早被应用于畜禽疾病治疗的制剂，当前的应用也较为广泛。散剂的优点是制备简便、成本低廉、效果确切，缺点是药效发挥较慢、给药困难、生物利用度低[76]。2020年版《中国兽药典》收载的散剂共140种。兽用中药片剂的优点是溶出度好、用药剂量准确、质量稳定，缺点是给药的剂量大、给药次数多、见效慢。2020年版《中国兽药典》收载的片剂约10种，包括板蓝根片、黄连解毒片、杨树花片、麻杏石甘片、金荞麦片等。注射剂的优点是药效迅速，作用可靠，适于不宜口服给药的疾病和药物，较其他液体制剂耐贮存。其缺点是制作工艺复杂，生产条件要求高，临床给药容易产生较强的应激反应。

表2-9 《中国兽药典》（2020年版）收录主要食品动物兽用中药品种

序号	剂型	品种	功能	主治	用法用量
1	颗粒剂	甘草颗粒	祛痰止咳	咳嗽	猪6～12g；禽0.5～1g
2	颗粒剂	四黄止痢颗粒	清热泻火，止痢	湿热泻痢，鸡大肠杆菌病	每1L水，鸡0.5～1g
3	颗粒剂	板青颗粒	清热解毒，凉血	风热感冒，咽喉肿痛，热病发斑	马、牛50g；鸡0.5g
4	颗粒剂	清肺颗粒	清肺平喘，化痰止咳	肺热咳嗽，咽喉肿痛	一次量，猪20～40g，一日2次，连用3～5d
5	颗粒剂	七清败毒颗粒	清热解毒，燥湿止泻	湿热泄泻，雏鸡白痢	每1L水，禽2.5g
6	可溶性粉剂	双黄连可溶性粉	辛凉解表，清热解毒	感冒发热	每1L水，仔猪1g，连用3d

续表

序号	剂型	品种	功能	主治	用法用量
7	口服液	双黄连口服液	辛凉解表,清热解毒	感冒发热	犬、猫 1～5mL;鸡 0.5～1mL
8	口服液	玉屏风口服液	益气固表,提高机体免疫力	表虚不固,易感风邪	每 1L 水,鸡 2mL,连用 3～5d
9	口服液	白头翁口服液	清热解毒,凉血止痢	湿热泄泻,下痢脓血	马、牛 150～250mL;羊、猪 30～45mL;兔、禽 2～3mL
10	口服液	杨树花口服液	化湿止痢	痢疾,肠炎	马、牛 50～100mL;羊、猪 10～20mL;兔、禽 1～2mL
11	口服液	麻杏石甘口服液	清热,宣肺,平喘	肺热咳喘	每 1L 水,鸡 1～1.5mL
12	口服液	清解合剂	清热解毒	鸡大肠杆菌引起的热毒症	每 1L 水,鸡 2.5mL
13	口服液	清瘟解毒口服液	清热解毒	外感发热	鸡 0.6～1.8mL,连用 3d
14	口服液	藿香正气口服液	解表祛暑,化湿和中	外感风寒,内伤湿滞,夏伤暑湿,胃肠型感冒	每 1L 水,鸡 2mL,连用 3～5d
15	片剂	杨树花片	化湿止痢	痢疾,肠炎	鸡 3～6 片
16	片剂	鸡痢灵片	清热解毒,涩肠止痢	雏鸡白痢	雏鸡 2 片
17	片剂	板蓝根片	清热解毒,除湿利胆	感冒发热,咽喉肿痛	马、牛 20～30 片;羊、猪 10～20 片
18	片剂	金荞麦片	清热解毒,活血祛瘀,清肺排脓	鸡葡萄球菌病,细菌性下痢,呼吸道感染	鸡 3～5 片
19	片剂	黄连解毒片	泻火解毒	三焦实热	鸡 1～2 片
20	片剂	麻杏石甘片	清热,宣肺,平喘	肺热咳喘	兔 5～10 片,鸡 3～5 片
21	片剂	清瘟败毒片	泻火解毒,凉血	热毒发斑,高热神昏	每 1kg 体重,犬、猫 2 片;鸡 2～3 片
22	片剂	大黄碳酸氢钠片	健胃	食欲不振,消化不良	羊、猪 15～30 片;犬、猫 2～5 片。每 1 片含碳酸氢钠 0.15g
23	片剂	龙胆碳酸氢钠片	清热燥湿,健胃	食欲不振	羊、猪 10～30 片;犬、猫 2～5 片
24	散剂	二母冬花散	清热润肺,止咳化痰	肺热咳嗽	马、牛 250～300g;羊、猪 40～80g
25	散剂	二陈散	燥湿化痰,理气和胃	湿痰咳嗽,呕吐,腹胀	马、牛 150～200g;羊、猪 30～45g
26	散剂	十黑散	清热泻火,凉血止血	膀胱积热,尿血,便血	马、牛 200～250g;羊、猪 60～90g
27	散剂	七补散	培补脾肾,益气养血	劳伤,虚损,体弱	马、牛 250～400g;羊、猪 45～80g
28	散剂	七味胆膏散	清热解毒,止泻止痢	羔羊腹泻,痢疾	羔羊 1～5g
29	散剂	八正散	清热泻火,利尿通淋	湿热下注,热淋,血淋,石淋,尿血	马、牛 250～300g;羊、猪 30～60g
30	散剂	三子散	清热解毒	三焦热盛,疮黄肿毒,脏腑实热	马、牛 120～300g;驼 250～450g;羊、猪 10～30g
31	散剂	三白散	清胃泻火,通便	胃热食少,大便秘结,小便短赤	猪 30～60g
32	散剂	三香散	破气消胀,宽肠通便	胃肠臌气	马、牛 200～250g;羊、猪 30～60g
33	散剂	大承气散	攻下热结,通肠	结症,便秘	马、牛 300～500g;羊、猪 60～120g
34	散剂	大黄芩鱼散	清热解毒	烂鳃	拌饵投喂:每 1kg 体重,鱼、虾 1g,连用 3 日
35	散剂	千金散	熄风解痉	破伤风	马、牛 250～450g;羊、猪 30～100g
36	散剂	小柴胡散	和解少阳,解热	少阳证,寒热往来,不欲饮食,口津少,反胃呕吐	马、牛 100～250g;羊、猪 30～60g
37	散剂	天麻散	疏散风邪,益气和血	脾虚湿邪,慢性脑水肿	马、牛 250～300g

续表

序号	剂型	品种	功能	主治	用法用量
38	散剂	无失散	泻下通肠	结症,便秘	马、牛 250 ～ 500g; 羊、猪 50～100g
39	散剂	木香槟榔散	泻下通肠	结症,便秘	马、牛 250 ～ 500g; 羊、猪 50～100g
40	散剂	木槟硝黄散	泻热通便,理气止痛	实热便秘,胃肠积滞	马 150～200g;牛 250～400g;羊、猪 60～90g
41	散剂	五皮散	行气,化湿,利水	水肿	马、牛 120～240g;羊、猪 45～60g
42	散剂	五苓散	温阳化气,利湿行水	水湿内停,排尿不利,泄泻,水肿,宿水停脐	马、牛 150～250g;羊、猪 30～60g
43	散剂	五虎追风散	熄风解痉	破伤风	马、牛 180～240g;羊、猪 30～60g
44	散剂	五味石榴皮散	温脾暖胃	胃寒,冷痛	马、牛 60～120g
45	散剂	止咳散	清肺化痰,止咳平喘	肺热咳喘	马、牛 250～300g;羊、猪 45～60g
46	散剂	止痢散	清热解毒,化湿止痢	仔猪白痢	仔猪 2～4g
47	散剂	仁香散	芳香化浊	用于预防家蚕白僵病、曲霉病	蚕体、蚕座撒布:以 80 倍量中性陶土粉末稀释,混匀后均匀撒布于蚕体、蚕座,撒布量以覆盖至薄霜状为宜
48	散剂	公英散	清热解毒,消肿散痈	乳痈初起,红肿热痛	马、牛 250～300g;羊、猪 30～60g
49	散剂	风湿活血散	祛风除湿,舒筋活络	风寒湿痹,筋骨疼痛	马、牛 250～400g。孕畜忌服
50	散剂	乌梅散	清热解毒,涩肠止泻	幼畜奶泻	驹、犊 30～60g;羔羊、仔猪 10～15g
51	散剂	六味地黄散	滋补肝肾	肝肾阴虚,腰胯无力,盗汗,滑精,阴虚发热	马、牛 100～300g;羊、猪 15～50g
52	散剂	巴戟散	补肾壮阳,祛寒止痛	腰胯风湿	马、牛 250～350g;羊、猪 45～60g
53	散剂	龙胆泻肝散	泻肝胆实火,清三焦湿热	目赤肿痛,淋浊,带下	马、牛 250～350g;羊、猪 30～60g
54	散剂	平胃散	燥湿健脾,理气开胃	湿困脾土,食少,粪稀软	马、牛 200～250g;羊、猪 30～60g
55	散剂	四君子散	益气健脾	脾胃气虚,食少,体瘦	马、牛 200～300g;羊、猪 30～45g
56	散剂	四味穿心莲散	清热解毒,除湿化滞	泻痢,积滞	鸡 0.5～1.5g
57	散剂	生肌散	生肌敛疮	疮疡	外用适量,撒布患处
58	散剂	生乳散	补气养血,通经下乳	气血不足的缺乳和乳少症	马、牛 250～300g;羊、猪 60～90g
59	散剂	白术散	补气,养血,安胎	胎动不安	马、牛 250～350g;羊、猪 60～90g
60	散剂	白龙散	清热燥湿,凉血止痢	湿热泻痢,热毒血痢	马、牛 40～60g;羊、猪 10～20g;兔、禽 1～3g
61	散剂	白头翁散	清热解毒,凉血止痢	湿热泄泻,下痢脓血	马、牛 150～250g;羊、猪 30～45g;兔、禽 2～3g
62	散剂	白矾散	清热化痰、下气平喘	肺热咳喘	马、牛 250～350g;羊、猪 40～80g;兔、禽 1～3g
63	散剂	半夏散	温肺散寒,燥湿化痰	肺寒吐沫	马 150～180g,另用生姜 30g、蜂蜜 60g 为引
64	散剂	加味知柏散	滋阴降火,解毒散瘀,化痰止涕	脑颡鼻脓,额窦炎	马、骡 250～400g
65	散剂	加减消黄散	清热泻火,消肿解毒	脏腑壅热,疮黄肿毒	马、牛 250～400g;羊、猪 30～60g
66	散剂	百合固金散	养阴清热,润肺止咳	肺虚咳喘,阴虚火旺,咽喉肿痛	马、牛 250～300g;羊、猪 45～60g
67	散剂	当归苁蓉散	润燥滑肠,理气通便	老、弱、孕畜便秘	马、骡 350～500g,加麻油 250g
68	散剂	当归散	活血止痛,宽胸利气	胸膊痛,束步难行	马、牛 250～400g

续表

序号	剂型	品种	功能	主治	用法用量
69	散剂	曲麦散	化谷消积，破气宽肠	胃肠积滞，料伤五攒痛	马、牛 250～500g；羊、猪 40～100g
70	散剂	朱砂散	镇心安神，扶正祛邪	心热风邪，脑黄	马、牛 150～200g；羊、猪 10～30g
71	散剂	伤力散	补虚益气	劳伤气虚	马、牛 250～350g
72	散剂	多味健胃散	健胃理气，宽中除胀	食欲减退，消化不良，肚腹胀满	马、牛 200～250g；羊、猪 30～50g
73	散剂	壮阳散	温补肾阳	性欲减退，阳痿，滑精	马、牛 250～300g；羊、猪 50～80g
74	散剂	决明散	清肝明目，消瘀退翳	肝经积热，云翳遮睛	马、牛 250～300g
75	散剂	阳和散	温阳散寒，和血通脉	阴证疮疽	马、牛 200～300g；羊、猪 30～50g
76	散剂	防己散	补肾健脾，利尿除湿	肾虚浮肿	马、牛 250～300g；羊、猪 45～60g
77	散剂	防风散	祛风湿，调气血	腰胯风湿	马、牛 250～300g
78	散剂	防腐生肌散	祛风湿，调气血	腰胯风湿	马、牛 250～300g
79	散剂	如意金黄散	清热除湿，消肿止痛	红肿热痛，痈疽黄肿，烫火伤	外用适量。红肿热痛，漫肿无头者，用醋或鸡蛋清调敷；烫火伤，用麻油调敷
80	散剂	红花散	活血理气，消食化积	料伤五攒痛	马 250～400g
81	散剂	苍术香连散	清热燥湿	下痢，湿热泄泻	马、牛 90～120g；羊、猪 15～30g
82	散剂	扶正解毒散	扶正祛邪，清热解毒	鸡传染性法氏囊病	鸡 0.5～1.5g
83	散剂	牡蛎散	敛汗固表	体虚自汗	马 250～300g
84	散剂	肝蛭散	杀虫，利水	肝片吸虫病	牛 250～300g；羊 40～60g
85	散剂	辛夷散	滋阴降火，疏风通窍	脑颡鼻脓	马、牛 200～300g；羊、猪 40～60g
86	散剂	补中益气散	补中益气，升阳举陷	脾胃气虚，久泻，脱肛，子宫脱垂	马、牛 250～400g；羊、猪 45～60g
87	散剂	补肾壮阳散	温补肾阳	性欲减退，阳痿，滑精	马、牛 250～350g
88	散剂	鸡球虫散	抗球虫，止血	鸡球虫病	每 1kg 饲料，鸡 10～20g
89	散剂	鸡痢灵散	清热解毒，涩肠止痢	雏鸡白痢	雏鸡 0.5g
90	散剂	驱虫散	驱虫	胃肠道寄生虫病	马、牛 250～350g；羊、猪 30～60g
91	散剂	青黛散	清热解毒，消肿止痛	口舌生疮，咽喉肿痛	将药适量装入纱布袋内，噙于马、牛口中
92	散剂	郁金散	清热解毒，燥湿止泻	肠黄，湿热泻痢	马、牛 250～350g；羊、猪 45～60g
93	散剂	拨云散	退翳明目	云翳遮睛	外用少许点眼
94	散剂	金花平喘散	平喘，止咳	气喘，咳嗽	马、牛 100～150g；羊、猪 10～30g
95	散剂	金锁固精散	固肾涩精	肾虚滑精	马、牛 250～350g；羊、猪 40～60g
96	散剂	肥猪菜	健脾开胃	消化不良，食欲减退	猪 25～50g
97	散剂	肥猪散	开胃，驱虫，催肥	食少，瘦弱，生长缓慢	猪 50～100g
98	散剂	定喘散	清肺，止咳，定喘	肺热咳嗽，气喘	马、牛 200～350g；羊、猪 30～50g；兔、禽 1～3g
99	散剂	降脂增蛋散	补肾益脾，暖宫活血；可降低鸡蛋胆固醇	产蛋下降	每 1kg 饲料，鸡 5～10g
100	散剂	参苓白术散	补脾胃，益肺气	脾胃虚弱，肺气不足	马、牛 250～350g；羊、猪 45～60g
101	散剂	荆防败毒散	辛温解表，疏风祛湿	风寒感冒，流感	马、牛 250～400g；羊、猪 40～80g；兔、鸡 1～3g
102	散剂	荆防解毒散	疏风清热，凉血解毒	血热，风疹，遍身黄	马、牛 200～300g；羊、猪 30～60g

续表

序号	剂型	品种	功能	主治	用法用量
103	散剂	茵陈木通散	解表疏肝,清热利湿	温热病初起。常用作春季调理剂	马、骡 150～250g;羊、猪 30～60g
104	散剂	茵陈蒿散	清热,利湿,退黄	湿热黄疸	马、牛 200～300g;羊、猪 30～45g
105	散剂	茴香散	暖腰肾,祛风湿	寒伤腰胯	马、牛 200～300g;羊、猪 30～60g
106	散剂	厚朴散	行气消食,温中散寒	脾虚气滞,胃寒少食	马、牛 200～350g;羊、猪 30～60g
107	散剂	虾蟹脱壳促长散	促脱壳,促生长	虾、蟹脱壳迟缓	每 1kg 饲料,虾、蟹 1g
108	散剂	香薷散	清热解暑	伤暑,中暑	马、牛 250～300g;羊、猪 30～60g;兔、禽 1～3g
109	散剂	复明蝉蜕散	清肝明目,退翳消肿	目赤肿痛,睛生云翳	马、牛 200～300g
110	散剂	保胎无忧散	养血,补气,安胎	胎动不安	马、牛 200～300g;羊、猪 30～60g
111	散剂	独活寄生散	益肝肾,补气血,祛风湿	痹症日久,肝肾两亏,气血不足	马、牛 250～350g;羊、猪 60～90g
112	散剂	洗心散	清心,泻火,解毒	心经积热,口舌生疮	马、牛 250～350g;羊、猪 40～60g
113	散剂	穿梅三黄散	清热解毒	细菌性败血症,肠炎,烂鳃与赤皮病	拌饵投喂:每 1kg 体重,鱼 0.6g,连用 3～5d。必要时 15d 后可重复用药
114	散剂	泰山盘石散	补气血,安胎	气血两虚所致胎动不安,习惯性流产	马、牛 250～350g;羊、猪 60～90g;犬、猫 5～15g
115	散剂	秦艽散	清热利尿,祛瘀止血	膀胱积热,努伤尿血	马、牛 250～350g;羊、猪 30～60g
116	散剂	桂心散	温中散寒,理气止痛	胃寒草少,胃冷吐涎,冷痛	马、牛 250～350g;羊、猪 45～60g
117	散剂	桃花散	收敛,止血	疮疡不敛,外伤出血	外用适量,撒布创面
118	散剂	破伤风散	祛风止痉	破伤风	马、牛 500～700g;羊、猪 150～300g
119	散剂	柴葛解肌散	解肌清热	感冒发热	马、牛 200～300g;羊、猪 30～60g
120	散剂	蚌毒灵散	清热解毒	蚌瘟病	挟袋法:每 10 只手术蚌 5g;泼洒法:每 $1m^3$ 水体 1g
121	散剂	健鸡散	益气健脾,消食开胃	食欲不振,生长缓慢	每 1kg 饲料,鸡 20g
122	散剂	健胃散	消食下气,开胃宽肠	伤食积滞,消化不良	马、牛 150～250g;羊、猪 30～60g
123	散剂	健猪散	消食导滞,通便	消化不良,粪干便秘	猪 15～30g
124	散剂	健脾散	温中健脾,利水止泻	胃寒草少,冷肠泄泻	马、牛 250～350g;羊、猪 45～60g
125	散剂	益母生化散	活血祛瘀,温经止痛	产后恶露不行,血瘀腹痛	马、牛 250～350g;羊、猪 30～60g
126	散剂	消食平胃散	消食开胃	寒湿困脾,胃肠积滞	马、牛 150～250g;羊、猪 30～60g
127	散剂	消疮散	清热解毒,消肿排脓,活血止痛	疮痈肿毒初起,红肿热痛,属于阳证未溃者	马、牛 250～400g;羊、猪 40～80g;犬、猫 5～15g
128	散剂	消积散	消积导滞,下气消胀	伤食积滞	马、牛 250～500g;羊、猪 60～90g
129	散剂	消黄散	清热解毒,散瘀消肿	三焦热盛,热毒,黄肿	马、牛 250～350g;羊、猪 30～60g
130	散剂	通关散	通关开窍	中暑,昏迷,冷痛	外用少许,吹入鼻孔取嚏
131	散剂	通肠芍药散	清热通肠,行气导滞	湿热积滞,肠黄泻痢	牛 300～350g
132	散剂	通肠散	通肠泻热	便秘,结症	马、牛 200～350g;羊、猪 30～60g
133	散剂	通乳散	通经下乳	产后乳少,乳汁不下	马、牛 250～350g;羊、猪 60～90g
134	散剂	桑菊散	疏风清热,宣肺止咳	外感风热	马、牛 200～300g;羊、猪 30～60g;犬、猫 5～15g
135	散剂	理中散	温中散寒,补气健脾	脾胃虚寒,食少,泄泻,腹痛	马、牛 200～300g;羊、猪 30～60g
136	散剂	理肺止咳散	润肺化痰,止咳	劳伤久咳,阴虚咳嗽	马、牛 250～300g;羊、猪 40～60g

续表

序号	剂型	品种	功能	主治	用法用量
137	散剂	理肺散	润肺化痰,止咳定喘	劳伤咳喘,鼻流脓涕	马、牛 250～300g
138	散剂	黄连解毒散	泻火解毒	三焦实热,疮黄肿毒	马、牛 150～250g;羊、猪 30～50g;兔、禽 1～2g
139	散剂	银翘散	辛凉解表,清热解毒	风热感冒,咽喉肿痛,疮痈初起	马、牛 250～400g;羊、猪 50～80g;兔、禽 1～3g
140	散剂	猪苓散	利水止泻,温中散寒	冷肠泄泻	马、牛 200～250g
141	散剂	猪健散	消食健胃	消化不良	猪 10～20g
142	散剂	麻杏石甘散	清热,宣肺,平喘	肺热咳喘	马、牛 200～300g;羊、猪 30～60g;兔、禽 1～3g
143	散剂	麻黄鱼腥草散	宣肺泄热,平喘止咳	肺热咳喘,鸡支原体病	每 1kg 饲料,鸡 15～20g
144	散剂	麻黄桂枝散	解表散寒,疏理气机	风寒感冒	牛 300～400g
145	散剂	清肺止咳散	清泻肺热,化痰止咳	肺热咳喘,咽喉肿痛	马、牛 200～300g;羊、猪 30～50g;兔、禽 1～3g
146	散剂	清肺散	清肺平喘,化痰止咳	肺热咳喘,咽喉肿痛	马、牛 200～300g;羊、猪 30～50g
147	散剂	清胃散	清热泻火,理气开胃	胃热食少,粪干	马、牛 250～350g;羊、猪 50～80g
148	散剂	清热健胃散	清热,燥湿,消食	胃热不食,宿食不化	马、牛 200～300g
149	散剂	清热散	清热解毒,泻火通便	发热,粪干	猪 30～60g
150	散剂	清暑散	清热祛暑	伤暑,中暑	马、牛 250～350g;羊、猪 50～80g;兔、禽 1～3g
151	散剂	清瘟败毒散	泻火解毒,凉血	热毒发斑,高热神昏	马、牛 300～450g;羊、猪 50～100g;兔、禽 1～3g
152	散剂	蛋鸡宝	益气健脾,补肾壮阳	用于提高产蛋率,延长产蛋高峰期	每 1kg 饲料,鸡 20g
153	散剂	雄黄散	清热解毒,消肿止痛	热性黄肿	外用适量。热醋或热水调成糊状,待温,敷患处
154	散剂	跛行镇痛散	活血,散瘀,止痛	跌打损伤,腰肢疼痛	马、牛 200～400g
155	散剂	喉炎净散	清热解毒,通利咽喉	鸡喉气管炎	鸡 0.05～0.15g
156	散剂	普济消毒散	清热解毒,疏风消肿	热毒上冲,头面、腮颊肿痛,疮黄疔毒	马、牛 250～400g;羊、猪 40～80g;犬、猫 5～15g;兔、禽 1～3g
157	散剂	温脾散	温中散寒,理气止痛	胃寒草少,冷痛	马 200～250g
158	散剂	滑石散	清热利湿,通淋	膀胱热结,排尿不利	马、牛 250～300g;羊、猪 40～60g
159	散剂	强壮散	益气健脾,消积化食	食欲不振,体瘦毛焦,生长迟缓	马、牛 250～400g;羊、猪 30～50g
160	散剂	槐花散	清肠止血,疏风行气	肠风下血	马、牛 200～250g;羊、猪 30～50g
161	散剂	催奶灵散	补气养血,通经下乳	产后乳少,乳汁不下	马、牛 300～500g;羊、猪 40～60g
162	散剂	催情散	催情	不发情	猪 30～60g
163	散剂	解暑抗热散	清热解暑	热应激,中暑	每 1kg 饲料,鸡 10g
164	散剂	镇心散	镇心安神,清热祛风	惊狂,神昏,脑黄	马、牛 250～300g
165	散剂	镇喘散	清热解毒,止咳平喘,通利咽喉	鸡慢性呼吸道病,喉气管炎	鸡 0.5～1.5g
166	散剂	镇痫散	活血熄风,解痉安神	幼畜惊痫	驹、犊 30～45g
167	散剂	橘皮散	理气止痛,温中散寒	冷痛	马、牛 200～350g
168	散剂	激蛋散	清热解毒,活血祛瘀,补肾强体	输卵管炎,产蛋功能低下	每 1kg 饲料,鸡 10g
169	散剂	擦疥散	杀疥螨	疥癣	外用适量。将植物油烧热,调药成流膏状,涂擦患处

续表

序号	剂型	品种	功能	主治	用法用量
170	散剂	藿香正气散	解表化湿,理气和中	外感风寒,内伤食滞,泄泻腹胀	马、牛 300～450g;羊、猪 60～90g;犬、猫 3～10g
171	散剂	大戟散	泻下,逐水	水草肚胀,宿草不转	牛 150～300g,加猪油 250g
172	散剂	大黄末	健胃消食,泻热通肠,凉血解毒,破积行瘀	食欲不振,实热便秘,结症,疮黄疔毒,目赤肿痛,烧伤烫伤,跌打损伤。鱼肠炎,烂鳃,腐皮	马、牛 50～150g;驼 100～200g;羊、猪 10～20g;犬、猫 3～10g;兔、禽～3g;拌饵投喂:每 1kg 体重,鱼 5～10g;泼洒鱼池:每 1m^3 水体,鱼 2.5～4g。外用适量,调敷患处
173	散剂	山大黄末	健胃消食,清热解毒,破瘀消肿	食欲不振,胃肠积热,湿热黄疸,热毒痈肿,跌打损伤,瘀血肿痛,烧伤	马、牛 30～100g;驼 50～150g;羊、猪 10～20g。外用适量,调敷患处
174	散剂	胃肠活	理气,消食,清热,通便。	消化不良,食欲减少,便秘	猪 20～50g
175	散剂	钩吻末	健胃,杀虫	消化不良,虫积	猪 10～30g
176	散剂	穿心莲末	清热解毒	湿热下痢	鸡 1～3g
177	散剂	雏痢净	清热解毒,涩肠止泻	雏鸡白痢	雏鸡 0.3～0.5g
178	口服液	四逆汤	温中祛寒,回阳救逆	四肢厥冷,脉微欲绝,亡阳虚脱	马、牛 100～200mL;羊、猪 30～50mL;每 1kg 体重,禽 0.5～1mL
179	丸剂	穿白痢康丸	清热解毒,祛湿止痢	湿热泻痢,雏鸡白痢	一次量,雏鸡 4 丸,一日 2 次
180	注射液	板蓝根注射液	清热解毒	家畜流感、仔猪白痢、肺炎及某些发热性疾患	肌内注射:一次量,马、牛 40～80mL;羊、猪 10～25mL
181	注射液	金根注射液	清热解毒,化湿止痢	湿热泻痢;仔猪黄痢、白痢	肌内注射:一次量,哺乳仔猪 2～4mL,断奶仔猪 5～10mL,一日 2 次,连用 3d
182	注射液	鱼腥草注射液	清热解毒,消肿排脓,利尿通淋	肺痈,痢疾,乳痈,淋浊	肌内注射:马、牛 20～40mL;羊、猪 5～10mL;犬 2～5mL;猫 0.5～2mL
183	注射液	促孕灌注液	补肾壮阳,活血化瘀,催情促孕	卵巢静止和持久黄体性的不孕症	子宫内灌注:马、牛 20～30mL
184	注射液	柴胡注射液	解热	感冒发热	肌内注射:马、牛 20～40mL;羊、猪 5～10mL;犬、猫 1～3mL
185	注射液	黄芪多糖注射液	益气固本,诱导产生干扰素,调节机体免疫功能,促进抗体形成	用于鸡传染性法氏囊等病毒性疾病	肌内、皮下注射:每 1kg 体重,鸡 2mL,连用 2d
186	注射液	银黄提取物口服液	清热疏风,利咽解毒	风热犯肺,发热咳嗽	每 1L 水,猪、鸡 1mL,连用 3d
187	注射液	银黄提取物注射液	清热疏风,利咽解毒	风热犯肺,发热咳嗽	肌内注射,每 1kg 体重,猪、鸡 0.1mL,连用 3d
188	浸膏	大黄流浸膏	健胃通肠	食欲不振,便秘	马 10～25mL;牛 20～40mL;羊 2～10mL;猪 1～5mL
189	浸膏	甘草流浸膏	祛痰止咳	咳嗽	马、牛 30～120mL;驼 60～150mL;羊、猪 6～12mL
190	浸膏	白及膏	散瘀止痛	骨折,闭合性损伤	外用适量,敷患处
191	浸膏	远志流浸膏	祛痰镇咳	痰喘,咳嗽	马、牛 10～20mL;羊、猪 3～5mL
192	浸膏	姜流浸膏	温中散寒,健脾和胃	脾胃虚寒,食欲不振,冷痛	马、牛 5～10mL;羊、猪 1.5～6mL

续表

序号	剂型	品种	功能	主治	用法用量
193	浸膏	紫草膏	清热解毒,生肌止痛	烫伤,火伤	外用适量,涂患处
194	浸膏	颠茄浸膏	解痉止痛	冷痛	马 0.5～4g;牛 1～5g;羊、猪 0.1～0.5g;犬 0.02～0.03g
195	浸膏	颠茄流浸膏	解痉止痛	冷痛	马 0.5～3mL;牛 1～5mL;羊、猪 0.2～0.5mL

2.2.2 国内饲用微生物制剂和噬菌体研究与应用现状

微生态制剂在牛、羊生产中的应用主要是将益生菌发酵物或微生态制剂添加到牛、羊的饲料中，用于调节胃肠菌群的平衡，提高饲料养分的吸收率以及动物的采食量和消化率，从而加快动物的生长速度，提高动物产品的产量和质量[77-81]。仔猪断奶期间添加适量的益生菌有利于提高断奶仔猪的免疫力，维持仔猪肠道菌群平衡和提高营养物质的消化吸收率，从而减少腹泻的发生，降低死亡率[82-84]。育肥猪饲喂一定量的含益生菌的微生态制剂能够显著降低血清中甘油三酯、低密度脂蛋白和尿素氮含量以及猪肉的滴水损失和蒸煮损失，增加血清高密度脂蛋白含量，对生长育肥猪的肉质和血清代谢具有明显改善作用[85,86]。微生态制剂在肉禽生产中的应用主要有促进生长、防治疾病、抗应激等[87,88]。益生菌在蛋禽养殖中应用还具有改善蛋鸡的产蛋性能，提高鸡蛋品质的功效[89,90]。微生态制剂在特种经济动物生产中应用也能起到调节动物肠道菌群平衡、促进消化、提高免疫力的作用[91]。

目前已知在国内应用的益生菌大致分为四大类：乳杆菌类、双歧杆菌类和芽孢杆菌类[92]，常见的益生菌类别和代表菌株见表 2-10。目前，已报道的并确定分类的乳杆菌数量有 50 余种、双歧杆菌有 30 余种、芽孢杆菌有 150 余种。我国学者对益生菌在畜禽中的应用进行了广泛的研究，张董燕等[93] 在断奶仔猪饲料中添加含量为 0.5%和 0.75%的猪源罗伊氏乳酸杆菌，结果发现仔猪平均日增重分别提高了 7.56%和 20.07%，料重比分别降低了 1.96%和 14.90%，仔猪的生长性能得到明显提升。崔西勇[94] 在蛋鸡饲料中分别添加 10% EM、10% GHEM1 和 10%GHEM2 三种不同微生态制剂，结果显示蛋鸡的平均产蛋率分别提高了 5.93%、4.82%、4.93%，平均料蛋比分别降低了 7.43%、7.55%、5.97%，平均软破蛋率分别降低了 33.51%、26.12%、26.23%，显著提高了蛋鸡的生产性能。也有不少关于益生菌在增强机体免疫功能、降低疾病发生率等方面的研究。王佳丽和张玉科[95] 研究发现复合益生菌可显著提高肉仔鸡胸腺和法氏囊指数，显著提高肉鸡血清中抗体 IgG、IgA 的水平，肉仔鸡外周血 T 淋巴细胞增殖能力也得到了提高。杨久仙等[96] 在日粮中添加复合益生菌后，发现仔猪腹泻率下降了 36.4%，血清中白蛋白、IgA、IgG 的指数分别提高了 34.1%、14.7%和 27.7%，表明复合益生菌显著提高了仔猪的特异性和非特异性免疫水平。益生菌在改善畜产品品质和净化环境卫生方面也有一定的应用，对畜禽产品质量的提升和减少排泄物中的氨气散发量有显著的作用[97,98]。

表 2-10　益生菌分类及代表菌株

分类	代表菌属
乳杆菌类	乳酸乳杆菌、嗜酸乳杆菌、发酵乳杆菌、保加利亚乳杆菌、植物乳杆菌、干酪乳杆菌、德氏乳杆菌保加利亚种等
双歧杆菌类	长双歧杆菌、短双歧杆菌、两歧双歧杆菌、嗜热双歧杆菌、青春双歧杆菌、婴儿双歧杆菌和卵形双歧杆菌等
链球菌类	嗜热链球菌、化脓性链球菌、肺炎链球菌、草绿色链球菌、乳链球菌、无乳链球菌
芽孢杆菌类	地衣芽孢杆菌、巨大芽孢杆菌、纳豆芽孢杆菌、凝结芽孢杆菌、枯草芽孢杆菌、解淀粉芽孢杆菌、苏云金芽孢杆菌、炭疽芽孢杆菌、球形芽孢杆菌和蜡样芽孢杆菌等

目前国内对益生菌的作用机制研究主要包括提高饲料消化率，促进动物生长；抵御病原菌，促进有益菌增殖，改善肠道微生态环境；激活免疫系统，增强机体免疫力；防止有毒物质积累，净化肠道内环境等方面。益生菌的主要作用机制是通过保护肠上皮屏障，增强肠黏膜黏附性，抑制病原微生物和产生抗病原物质来调节免疫系统，如图 2-2 所示。

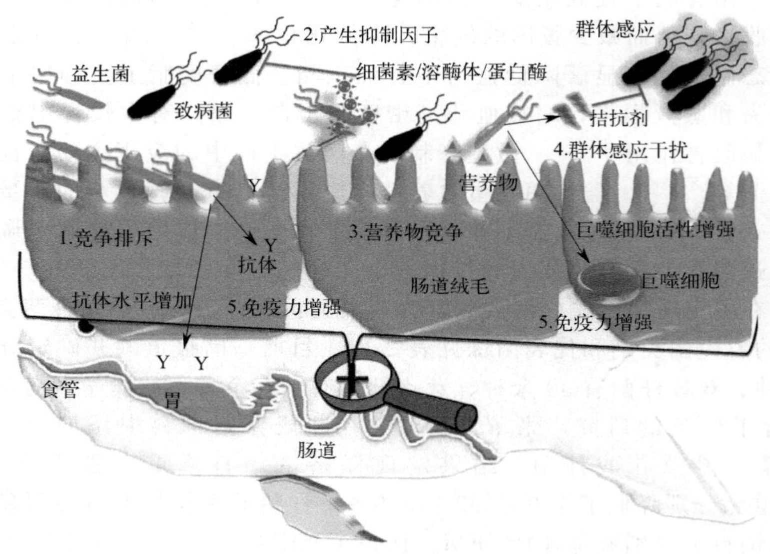

图 2-2　益生菌的作用机制[98]

除了以上提到的作用外，益生菌还可以缓解因重金属、农药和抗菌药等污染引起的食物和水中毒而导致的炎症、氧化应激和肠道疾病等。益生菌对重金属中毒的体内修复保护机制如图 2-3 所示。

益生元作为一种膳食用的补充剂，通过选择性地促进一种或几种益生菌的生长与活性，从而可以改善宿主健康。目前被研究的益生元主要有菊粉、低聚半乳糖、抗性淀粉、甘露寡糖（MOS）和乳果糖等。目前市场上可获得的益生元的不同来源如图 2-4 所示。益生元的作用主要有：通过促进有益菌的代谢或生长，使微生物群落恢复平衡；能够对宿主产生全身性或局部性的有益影响。合生元是益生菌和益生元的结合体，对机体有很好的作用。

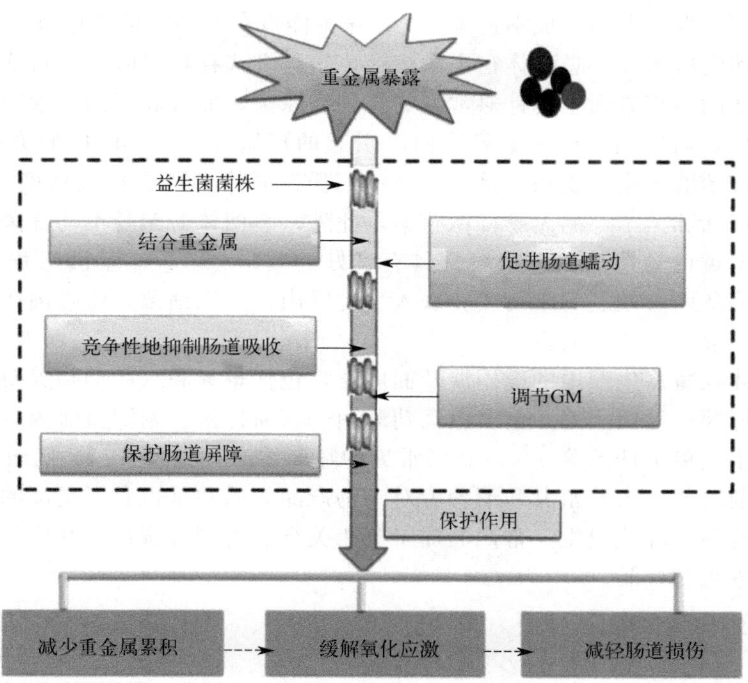

图 2-3 益生菌对重金属体内修复保护机制[99]

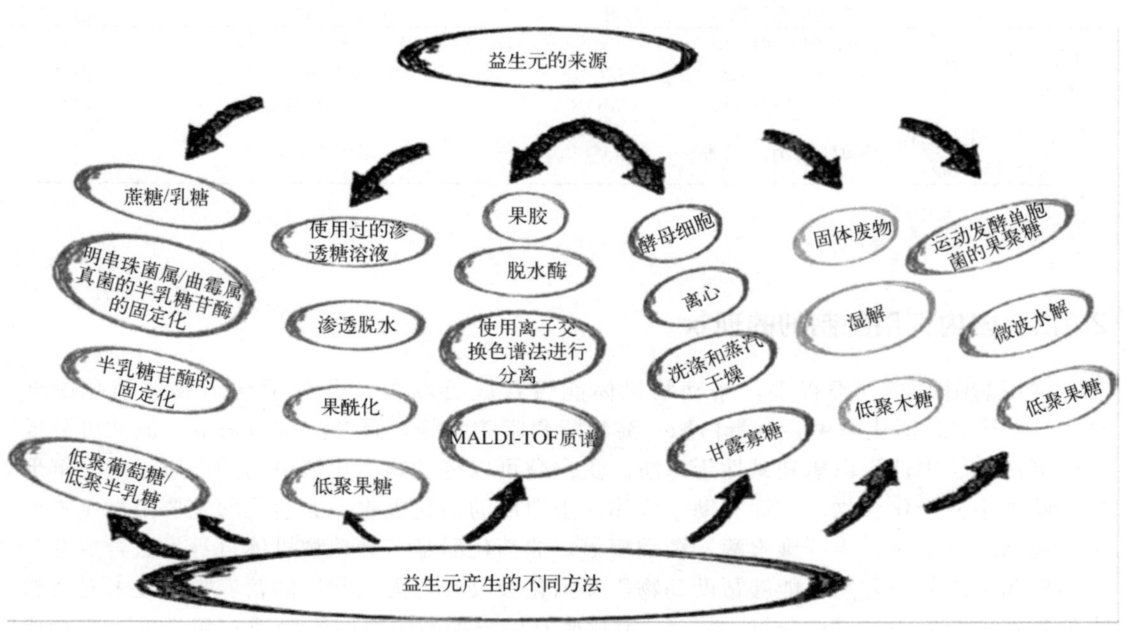

图 2-4 不同来源的益生元[100]

与传统抗菌药相比，噬菌体疗法具有以下优势：特异性强、安全性高、不易产生耐药性、噬菌体制剂研发周期短、成本低等[101]。噬菌体也存在一定的局限性：噬菌体不适用于所有感染性疾病的治疗，噬菌体宿主谱较窄，给药方式存在局限性。目前国内利用噬菌体在感染性疾病的治疗方面主要针对常见的几种病原菌，如大肠杆菌、沙门氏菌、空肠弯曲杆菌、金黄色葡萄球菌、产气荚膜梭菌等引起的疾病[102-104]。国内研究报道了噬菌体治疗多种动物细菌的感染性疾病，例如家禽沙门氏菌感染和弯曲杆菌感染[105,106]，小鼠、家禽、犊牛、仔猪和羔羊等的大肠杆菌感染，此外，噬菌体对鲍曼不动杆菌感染、铜绿假单胞菌感染和金黄色葡萄球菌感染等都具有良好的效果[107-109]。基因工程化噬菌体可产生生物膜降解酶从而有效裂解生物膜和嵌入生物膜内，杀灭细菌，将噬菌体制剂与抗生素联合使用也是当前一个较好的方式[110,111]。

目前噬菌体在畜禽生产中的应用涉及面广泛，包括畜禽和水产动物养殖。针对的病原菌主要有大肠杆菌、沙门氏菌、金黄色葡萄球菌、弯曲杆菌、副溶血弧菌、鳗弧菌、铜绿假单胞菌和嗜水气单胞杆菌等[112]。我国常见的噬菌体产品见表 2-11。随着物质生活水平的不断提高，新时代广大养殖者和消费者对动物产品的质和量也有了更高的标准。微生态制剂在饲料、药品、环境卫生、畜产品加工等相关行业得到普遍认可和广泛应用，也有望成为抗菌药的理想替代品。

表 2-11　我国的商业化噬菌体产品

公司	目标细菌	噬菌体产品	应用	参考文献
青岛诺安百特生物技术有限公司(中国)	大肠杆菌、沙门氏菌	诺安清	改善养殖环境	[118]
	沙门氏菌	诺安沙	改善养殖环境	[118]
	大肠杆菌、沙门氏菌	鸭痢宁	改善养殖环境	[118]
	产气荚膜梭菌	诺安梭清	防治产气荚膜梭菌引起的坏死性肠炎等	[118]
	鸭疫里默氏菌	浆炎清	改善养殖环境	[118]
菲吉乐科生物科技有限公司(中国)	多种细菌病原体	LUNIN	用于家禽细菌性感染	[118]
	多种细菌病原体	LUZON	用于猪细菌性感染	[118]
	多种细菌病原体	LUMON	用于牛细菌性感染	[118]
瑞科盟(青岛)生物工程有限公司(中国)	大肠杆菌、沙门氏菌	常噬	细菌性感染	[118]

2.2.3　国内饲用酶制剂的现状

饲用酶制剂的分类很多，按动物机体能否合成可以将其分为消化酶和非消化酶两种[113]。其中，消化酶主要有蛋白酶、淀粉酶和脂肪酶等，蛋白酶按最适 pH 值又可分成酸性蛋白酶、中性蛋白酶和碱性蛋白酶。蛋白酶可以将动物消化道中的蛋白质迅速分解形成多肽类小分子化合物，从而有助于机体对蛋白质的消化吸收。非消化酶主要由微生物产生，包括纤维素酶、半纤维素酶、植酸酶等。非消化酶是一类动物机体自身无法合成并分泌到胃肠道内的一种酶，能够帮助动物机体消化吸收自身无法利用的营养物质或者对日粮中的某些抗营养因子进行分解[114]。非消化酶有助于提高饲料中干物质、粗纤维、矿物质等不易消化吸收的物质的消化率，降低了动物在采食过程中不良反应的发生率，从而提高了对饲料的利用率。按组成分类可以分为单一酶制剂和复合酶制剂[115]。复合酶制剂是指由两种或两种以上酶制剂混合而成的一种酶制剂。此外还可根据酶制剂功能进行分类，见

表 2-12。

表 2-12　酶制剂种类

酶制剂种类	功效
作用于黏性谷物的酶制剂	破坏大麦与小麦等饲料中的抗营养因子
作用于非黏性谷物的酶制剂	提高动物对非黏性谷物中淀粉的消化率
微生物植酸酶	使畜禽对磷的利用率增加
淀粉酶和蛋白酶	改善消化功能，提升机体免疫力
作用在非谷物类上的酶制剂	可以增加动物对日粮中高纤维物质或非淀粉多糖类营养成分的消化率

2020 年，促生长类抗生素添加剂的禁用引发了替抗产品市场需求的快速增长，饲用酶制剂产业也迎来了发展机遇。目前我国饲用酶制剂的市场普及率仅为 60%左右，若按完全普及并可提高 5%～25%的转化率计算，每年可节约粗粮 350 万～1700 万吨，有效缓解粗粮供应缺口。此外，饲用酶制剂还可提高各种饲料原料的利用率，从而大幅度提高各类牲畜的生长性能。目前我国饲用酶制剂主要用于配合饲料。2016 年我国配合饲料的产量为 1.64 亿吨，同比增长了 4.75%；2018 年配合饲料产量超 2 亿吨，同比增长了 4.6%，预计保持 5%的复合增长率。当前我国酶制剂市场规模仍然保持较高的增速，呈现出低端领域竞争激烈，高端领域龙头逐渐显现的局面。

酶制剂以其高效、专一、环保等诸多优点，为畜禽养殖业带来了巨大的经济和环境效益。随着近年来科技手段的不断进步以及饲料行业的快速发展，酶制剂在饲料行业中的应用规模和范围都有了显著的提升。酶制剂广泛应用于畜禽养殖生产过程中，且具有较高的认可度，其在国内的应用主要如表 2-13 所示。

表 2-13　国内饲用酶制剂的应用

应用对象	酶制剂类别	应用功效
仔猪	消化酶	补充内源酶分泌量的不足，提高了淀粉、蛋白质等饲料营养物质消化利用率，促进消化道的发育，使肠壁吸收功能大为加强，降低仔猪胃肠道中食糜的黏性，降低了腹泻等疾病的发生率，增强了机体的抵抗力
育肥猪	纤维素酶、木聚糖酶、果胶酶	降解碳水化合物，降解细胞壁木聚糖和细胞间质的果胶成分，水解部分纤维素，提高消化率及营养物质的利用率
家禽	纤维素酶(β-葡聚糖酶)、木聚糖酶、植酸酶、蛋白酶、脂肪酶和半乳糖苷酶等	促进消化道对养分的消化吸收，降低肠道黏度
反刍家畜	纤维素酶、木聚糖酶等	有助于消化吸收
水产动物	蛋白酶等	提高饵料消化率，加快生长速度，改善养殖环境
其他	非淀粉多糖酶、蛋白酶、脂肪酶、淀粉酶	防病治病、饲料去毒、饲料贮存等

2.2.4　国内饲用多糖和寡糖添加剂的现状

多糖按其来源可分为植物多糖、动物多糖、微生物多糖和海藻多糖等[116]。天然植物、食用真菌及微生物富含免疫活性多糖，天然多糖是由单糖通过糖苷键聚合形成的多糖基聚合体，具有抗菌、抗病毒、抗寄生虫等功效。多糖可以发挥免疫调节作用，可作为生物效应调节剂，不仅能激活 T 淋巴细胞、B 淋巴细胞、巨噬细胞、自然杀伤细胞、树突状细胞等免疫细胞，还能促进细胞因子生成，激活补体系统，影响细胞的免疫功能，调节神经-内分泌-免疫网络，对免疫系统发挥多方面的调节作用[117-120]。寡糖按照作用方式分为普通寡糖和功能寡糖。普通寡糖进入胃肠道后被消化吸收，作为能量来源被机体利用，如蔗糖、麦芽糖等。功能寡糖不易被肠道消化酶直接降解，却可以被肠道菌群选择性利用，转变成短链脂肪酸等分子[121]。多数功能寡糖都可以作为饲用寡糖被养殖动物利用，如壳寡糖、果寡糖、木寡糖等。按照寡糖的来源，可把寡糖分为三大类[122]：植物来源的寡糖，如木寡糖是通过降解玉米芯获得，大豆寡糖可以从大豆中提取获得；动物来源的寡糖，如壳寡糖是通过降解虾蟹壳获得；微生物来源的寡糖，如甘露寡糖可以从酿酒酵母细胞壁中提取获得，三种不同来源的寡糖均可作为饲用寡糖添加到饲料中。

在禁抗的大背景下，以药用植物多糖为代表的替抗产品作为畜禽免疫调节剂和代谢调节剂受到业界的广泛关注。目前，多糖和寡糖饲用添加剂产品在鸡、猪和反刍动物生产中的应用较为普遍，效果也比较显著。在鸡生产中应用主要目的是提高鸡的生产性能，增强免疫力，预防病毒性疾病[123]。多糖和寡糖饲用添加剂产品在猪生产中应用是为了调节猪肠道菌群，提高生产性能等[124,125]；多糖和寡糖饲用添加剂产品在反刍动物生产中的应用则主要考虑预防疾病感染，起到提高生产性能的作用[126,127]。寡糖目前的应用并不是很多，壳寡糖、甘露寡糖、葡寡糖等主要用于鸡猪等的促生长，褐藻酸寡糖、半乳糖寡糖等主要用于增加肠道的吸收功能，海藻酸寡糖、琼脂糖寡糖、卡拉胶寡糖等主要用于平衡肠道菌群，壳寡糖和甘露寡糖还具有抗氧化和抗炎的作用[128-130]。

2.2.5 国内饲用有机酸和有机微量元素的现状

2.2.5.1 国内饲用有机酸现状

饲料酸化是指人为地将有机酸或无机酸以单独或混合物的形式添加到畜禽的饲料或饮水中，这种使饲料酸化（pH 值降低）的物质为酸化剂[131]。酸化剂的主要功能是用于调节机体代谢，改善动物胃肠道的微生态环境，抑制和杀灭肠道中的致病菌等[132]。我国农业部第 2045 号公告《饲料添加剂品种目录（2013）》中规定的酸化剂共 12 类，主要包括磷酸等无机酸以及乳酸、富马酸、柠檬酸等有机酸。其气味易被动物接受，使得加入酸化剂的饲料具有较好的适口性，因而大大提高了动物的采食量。此外，有机酸中还含有充足的能量，可参与动物机体的新陈代谢过程，从而进一步改善畜禽的健康状况和繁殖性能，因此有机酸在动物养殖过程中应用较为广泛。复合酸化剂是根据动物特性以及饲料特性将多种酸化剂按一定的配比混合而成的制剂，主要有酸加盐、无机酸加有机酸（无机酸为主）、有机酸加无机酸（有机酸为主）三种类型[133]。复合酸化剂囊括了各种酸的特点，利用不同酸的功效进行互补，不仅能够调节动物消化道内的酸度，同时也能够抑制或杀灭胃肠道内的病原微生物，维护肠道健康。不同酸化剂杀灭肠道病原菌的机制见表 2-14。

表 2-14 不同酸化剂对致病菌的抑制和杀灭作用机制[134]

酸化剂类别	作用	作用机理
挥发性有机酸	杀菌	扩散到细菌细胞内，使细胞内 pH 值下降，干扰细胞代谢
非挥发性有机酸	抑菌	使细菌细胞间质 pH 值下降，细胞内渗透压发生变化
无机酸	抑菌	使细菌细胞间质 pH 值下降，细胞内渗透压发生变化

目前，酸化剂已广泛应用于畜禽养殖中。饲料中添加有机酸化剂能显著提升猪的生长性能、日采食量和日增重，提高日粮转化率，降低料重比等[135]。酸化剂能改善猪的屠宰性能，提升猪肉品质。此外，还能够促进消化器官的发育，提高消化能力，并调节肠道菌群结构和功能，改善胃肠道环境，增强机体免疫力[136,137]。酸化剂在家禽养殖中的应用主要体现在降低家禽胃肠道 pH 值，提升生长性能，保护肠道屏障，并参与机体的新陈代谢，促进营养物质的吸收，并且降低感染胃肠道疾病的发生率[138,139]。有机酸在反刍动物养殖中的作用主要有抑制二次发酵过程中有害微生物的繁殖，改善青贮饲料的品质以及提高动物的生长性能[140,141]。

2.2.5.2 国内饲用有机微量元素现状

有机微量元素是金属元素与蛋白质、小肽、氨基酸、有机酸、多糖衍生物等通过共价键或离子键结合形成的络合物或螯合物[142]。参照 2001 年美国饲料控制官员协会对微量元素的定义，可将有机微量元素化合物分为：金属氨基酸络合物、金属氨基酸螯合物、金属蛋白盐和金属多糖络合物。金属氨基酸络合物又可分为可溶性金属盐与某种或几种氨基酸形成的络合产物和可溶性金属盐与某些特定氨基酸按 1∶1 摩尔比形成的金属氨基酸络合物（如赖氨酸铜络合物）。金属氨基酸螯合物是由可溶性金属盐与氨基酸按 1∶1～1∶3（最佳为 1∶2）的摩尔比以共价键结合而成的金属氨基酸螯合物。金属蛋白盐是由可溶性金属盐与部分水解的蛋白质螯合而成的产物。金属多糖络合物是由可溶性金属盐与多糖形成的络合物。有机微量元素具有生物利用度高、化学结构稳定、吸收快的特点，可以增强动物机体免疫力，提高畜禽的生产性能和饲料利用率[143]。

有机微量元素在猪生产中的作用主要包括提高母猪的繁殖性能；提高断奶仔猪的生长性能，增强机体抵抗力并降低死亡率；提高生长育肥猪日增重和饲料利用率，改善胴体品质[144,145]。有机微量元素在家禽生产中的作用包括提高家禽的生产性能、产蛋品质以及免疫力[146,147]。在反刍动物日粮中添加有机微量元素可以促进其生长和增强免疫功能，提高产奶和繁殖性能[148,149]。在水产养殖中添加有机微量元素具有促生长、提高饲料利用率和提升水产动物组织中微量元素含量等作用[150,151]。

2.2.6 国内饲用生物活性肽的现状

生物活性肽是指对生物机体的生命活动有益或具有生理作用的介于蛋白质和氨基酸之间的分子聚合物，是小到由两个氨基酸组成，大到由数百个氨基酸通过肽键连接而成的一类具有多种生物学功能的多肽[152]。目前，生物活性肽的主要来源有：从生物体中分离的各类天然活性肽（激素类和酶抑制剂等）；酶解蛋白质产生的生物活性肽；通过化学法或 DNA 重组技术合成的生物活性肽。依据功能可将生物活性肽分为：抗菌肽、抗病毒肽、神经活性肽、激素调节肽、免疫活性肽、呈味肽、抗氧化肽、营养肽等[153]。生物活性肽在畜禽生产中的应用主要为改善饲料风味、提高饲料的适口性、发挥抗菌作用、促进机体生长[154,155]。目前对于生物活性肽的作用机制研究较多集中在抗菌肽上，其杀菌机制见图 2-5。

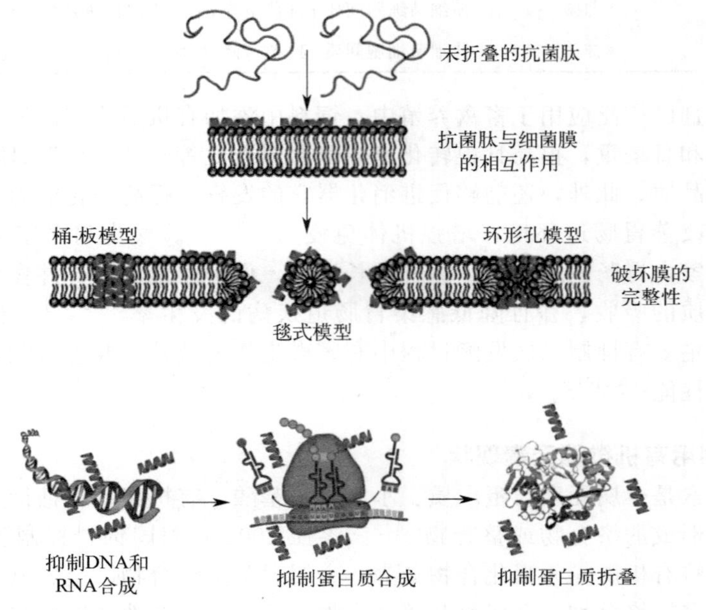

图 2-5 抗菌肽抗菌机制[156]

生物活性肽在畜牧生产中的应用极为广泛，大量研究表明添加适量的生物活性肽不仅具有良好的抗菌效果，还有利于提高畜禽的生产性能和畜禽产品的品质。反刍动物日粮中添加小分子肽或水解物中含较多数量小分子肽的蛋白质可明显改善动物的生产性能和显著提高产奶动物的产奶量与乳品品质。目前抗菌肽在国内应用比较广泛，常见的应用见表 2-15。在水产养殖方面对生物活性肽的研究主要集中于乳源性生物活性肽、抗菌肽和谷胱甘肽等。其中，杆菌肽锌、那西肽、亚甲基水杨酸杆菌肽是《饲料药物添加剂使用规范》中明确规定允许使用的肽类添加剂。

表 2-15 国内常见饲用抗菌肽[157]

抗菌肽	动物	治疗效果
乳铁蛋白	断奶仔猪	小肠中大肠杆菌和沙门氏菌总活菌计数降低
牛乳铁蛋白	断奶仔猪	回肠、盲肠和结肠中大肠杆菌计数减少，回肠、盲肠和结肠中乳酸杆菌和双歧杆菌计数增加
天蚕素 AD	断奶仔猪	总好氧菌减少，同时回肠总厌氧菌增加，盲肠乳杆菌数量增加
重组菌丝霉素	断奶仔猪	增加回肠中双歧杆菌的丰度
天蚕素 A-D-Asn	肉鸡	空肠和盲肠食糜中需氧菌计数减少
Sublancin	肉鸡	减少盲肠中产气荚膜梭菌数量

参考文献

[1] Shankar P R. Book review: Tackling drug-resistant infections globally[J]. Archives of Pharmacy Practice，2016，7（3）：110-111.

[2] 本刊辑．饲用植物助力破解“人畜争粮”[J]. 江西畜牧兽医杂志，2017（04）：57.

[3] Furness J B，Rivera L R，Cho H J，et al. The gut as a sensory organ[J]. Nat Rev Gastroenterol Hepatol，2013，10（12）：729-740.

[4] Oh S T，Lillehoj H S. The role of host genetic factors and host immunity in necrotic enteritis [J]. Avian Pathology，2016，45：313-316.

[5] Liu Y，Song M，Che T M，et al. Anti-infammatory efects of several plant extracts on porcine alveolar macrophages *in vitro*[J]. J Anim Sci，2012，90：2774-2783.

[6] Li L X，Sun X Y，Zhao D，et al. Pharmacological applications and action mechanisms of phytochemicals as alternatives to antibiotics in pig production [J]. Front Immunol，2021，12：798553.

[7] 金立志，杨江涛．植物提取物的抗氧化特性及其在动物无抗饲料中的应用研究进展[J]. 中国畜牧杂志，2020，56（4）：29-34.

[8] Saeed M，Naveed M，Leskovec J，et al. Using Guduchi（*Tinospora cordifolia*）as an eco-friendly feed supplement inhuman and poultry nutrition [J]. Poultry Science，2020，99（2）：801-811.

[9] Leal L N，Jordan M J，Bello J M，et al. Dietary supplementation of 11 different plant extracts on the antioxidant capacity of blood and selected tissues in lightweight lambs[J]. Journal of Science Food Agriculture，2019，99（9）：4296-4303.

[10] 柴振宇，苑丽园，张彪，等．益生元，益生菌复合微生态制剂作用机理的研究[J]. 粮食与食品工业，2020，27（2）：34-38.

[11] 戴维，班博，方热军．微生态制剂的作用机理及其在畜牧生产方面的应用[J]. 湖南饲料，2020，3：30-32.

[12] 魏炳栋，丛聪，李淑英，等．噬菌体在防控畜禽细菌性感染中的应用[J]. 中国畜牧兽医，2020，47（1）：190-200.

[13] Janvier A，Lantos J，Barrington K. The politics of probiotics：probiotics，necrotizing enterocolitis and the ethics of neonatal research[J]. Acta Paediatr，2013，102（2）：116-118.

[14] Parvez S，Malik K A，Ah Kang S，et al. Probiotics and their fermented food products are beneficial for health[J]. J Appl Microbiol，2006，100（6）：1171-1185.

[15] Vos P D，Faas M M，Spasojevic M，et al. Encapsulation for preservation of functionality and targeted delivery of bioactive food components [J]. International Dairy Journal，2010，20（4）：292-302.

[16] Takahashi N，Xiao J Z，Miyaji K，et al. Selection of acid tolerant bifidobacteria and evidence for a low-pH-inducible acid tolerance response in *Bifidobacterium longum* [J]. J Dairy Res，2004，71：340-345.

[17] Salas-Jara M，Ilabaca A，Marco V，et al. Biofilm forming *Lactobacillus*：new challenges for the development of probiotics[J]. Microorganisms，2016，4：35.

[18] Burgain J，Gaiani C，Linder M，et al. Encapsulation of probiotic living cells：from laboratory scale to industrial applications[J]. J Food Eng，2011，104：467-483.

[19] Salmond G P，Fineran P C. A century of the phage：past，present and future[J]. Nat Rev

Microbiol，2015，13 (12)：777-786.

[20] D′ Herelle F. On an invisible microbe antagonistic toward dysenteric bacilli：brief note by Mr. F. D′ Herelle，presented by Mr. Roux. 1917. Res Microbiol，2007，158 (7)：553-554.

[21] Smith H W，Huggins M B. Effectiveness of phages in treating experimental *Escherichia coli* diarrhoea in calves，piglets and lambs. J Gen Microbiol，1983，129 (8)：2659-2675.

[22] Alomari M M M，Dec M，Urban-Chmiel R. Bacteriophages as an alternative method for control of zoonotic and foodborne pathogens[J]. Viruses，2021，13 (12)：2348.

[23] Quintana-Sanchez S，Gómez-Casanova N，Sánchez-Nieves J，et al. The antibacterial effect of PEGylated carbosilane dendrimers on *P. aeruginosa* alone and in combination with phage-derived endolysin[J]. Int J Mol Sci，2022，23 (3)：1873.

[24] Totté J E E，van Doorn M B，Pasmans S G M A. Successful treatment of chronic *Staphylococcus aureus*-related dermatoses with the topical endolysin staphefekt SA. 100：a report of 3 cases[J]. Case Rep Dermatol，2017，9 (2)：19-25.

[25] Selle K，Fletcher J R，Tuson H，et al. In vivo targeting of *Clostridioides difficile* using phage-delivered CRISPR-Cas3 antimicrobials[J]. mBio，2020，11 (2)：e00019-20.

[26] Moye Z D，Woolston J，Sulakvelidze A. Bacteriophage applications for food production and processing[J]. Viruses，2018，10 (4)：205.

[27] Heyse S，Hanna L F，Woolston J，et al. Bacteriophage cocktail for biocontrol of *Salmonella* in dried pet food[J]. J Food Prot，2015，78 (1)：97-103.

[28] Soffer N，Abuladze T，Woolston J，et al. Bacteriophages safely reduce *Salmonella* contamination in pet food and raw pet food ingredients[J]. Bacteriophage，2016，6 (3)：e1220347.

[29] Dec M，Wernicki A，Urban-Chmiel R. Efficacy of experimental phage therapies in livestock [J]. Anim Health Res Rev，2020，21 (1)：69-83.

[30] Miller R W，Skinner E J，Sulakvelidze A，Et al. Bacteriophage therapy for control of necrotic enteritis of broiler chickens experimentally infected with *Clostridium perfringens* [J]. Avian Dis，2010，54 (1)：33-40.

[31] Żbikowska K，Michalczuk M，Dolka B. The use of bacteriophages in the poultry industry [J]. Animals (Basel)，2020，10 (5)：872.

[32] Wójcik EA，Stańczyk M，Wojtasik A，et al. Comprehensive evaluation of the safety and efficacy of BAFASAL® bacteriophage preparation for the reduction of *Salmonella* in the food chain[J]. Viruses，2020，12 (7)：742.

[33] Clavijo V，Baquero D，Hernandez S，et al. Phage cocktail SalmoFREE® reduces *Salmonella* on a commercial broiler farm[J]. Poult Sci，2019，98 (10)：5054-5063.

[34] 冯定远．酶制剂的功能与动物营养学[J]. 饲料工业，2011，32 (增刊)：1-6.

[35] 张民．酶制剂在畜禽养殖中的应用研究进展[J]. 生物产业技术，2019 (3)：91-98.

[36] White D，Adhikari R，Wang J，et al. Effects of dietary protein，energy and β-mannanase on laying performance，egg quality，and ileal amino acid digestibility in laying hens [J]. Poult Sci，2021，100 (9)：101312.

[37] Caldas J V，Vignale K，Boonsinchai N，et al. The effect of β-mannanase on nutrient utilization and blood parameters in chicks fed diets containing soybean meal and guar gum[J]. Poult Sci，2018，97 (8)：2807-2817.

[38] Kornegay ET，Qian H. Replacement of inorganic phosphorus by microbial phytase for young pigs fed on a maize-soyabean-meal diet[J]. Br J Nutr，1996，76：563-578.

[39] Pettey L A，Carter S D，Senne B W，et al. Effects of beta-mannanase addition to corn-soybean meal diets on growth performance，carcass traits，and nutrient digestibility of weanling and growing-finishing pigs[J]. J Anim Sci，2002，80：1012-1019.

[40] Duarte M E，Zhou F X，Dutra W M，et al. Dietary supplementation of xylanase and protease on growth performance，digesta viscosity，nutrient digestibility，immune and oxidative stress status，and gut health of newly weaned pigs[J]. Anim Nutr，2019，5：351-358.

[41] Duarte M E，Sparks C，Kim S W. Modulation of jejunal mucosa-associated microbiota in relation to intestinal health and nutrient digestibility in pigs by supplementation of β-glucanase to corn-soybean meal-based diets with xylanase[J]. J Anim Sci，2021，99（7）：skab190.
[42] Gado H M，Kholif A E，Salem A Z M，et al. Fertility，mortality，milk output，and body thermoregulation of growing Hy-Plus rabbits fed on diets supplemented with multi-enzymes preparation[J]. Trop Anim Health Prod，2016，48：1375-1380.
[43] 段英萍，霍妍明．饲用酸化剂在畜禽生产中的研究进展[J]. 饲料博览，2020（9）：18-19,54.
[44] 林海丹，邓宇翔，王松波，等．饲用酸化剂的作用机制和应用现状[J]. 广东饲料，2009，18（5）：23-25.
[45] 邓红，黄健，陈永惠．有机微量元素的优越性及其应用[J]. 饲料工业，2006，27（20）：6-9.
[46] Nguyen Dinh Hai，Kim In Ho. Protected organic acids improved growth performance，nutrient digestibility，and decreased gas emission in broilers [J]. Animals （Basel），2020，10（3）：416.
[47] Suiryanrayna M V，Ramana J V. A review of the effects of dietary organic acids fed to swine [J]. J Anim Sci Biotechnol，2016，7（1）：67-77.
[48] Lingbeek M M，Borewicz K，Febery E，et al. Short-chain fatty acid administration via water acidifier improves feed efficiency and modulates fecal microbiota in weaned piglets[J]. J Anim Sci，2021，99（11）：307.
[49] Hanczakowska E，Szewczyk A，Swiatkiewicz M，et al. Short- and medium-chain fatty acids as a feed supplement for weaning and nursery pigs[J]. Pol J Vet Sci，2013,16（4）：647-654.
[50] Russell J B，Diez-Gonzalez F. The Effects of fermentation acids on bacterial growth [J]. Advances in Microbial Physiology，1997，39：205-234.
[51] Dahmer P L，Jones C K. Evaluating dietary acidifiers as alternatives for conventional feed-based antibiotics in nursery pig diets[J]. Transl Anim Sci，2021，5：txab040.
[52] Deng Q，Shao Y，Wang Q，et al. Effects and interaction of dietary electrolyte balance and citric acid on growth performance，intestinal histomorphology，digestive enzyme activity and nutrient transporters expression of weaned piglets. J Anim Physiol Anim Nutr （Berl），2021，105（2）：272-285.
[53] Grecco H A T，Amorim A B，Saleh M A D，et al. Evaluation of growth performance and gastro-intestinal parameters on the response of weaned piglets to dietary organic acids[J]. An Acad Bras Cienc，2018，90（1）：401-414.
[54] Wang Y B，Wang Y，Lin X J，et al. Potential effects of acidifier and amylase as substitutes for antibiotic on the growth performance，nutrient digestion and gut microbiota in yellow-feathered broilers[J]. Animals （Basel），2020，10(10):1858.
[55] Ahmed S T，Hwang J A，Hoon J，et al. Comparison of single and blend acidifiers as alternative to antibiotics on growth performance，fecal microflora，and humoral immunity in weaned piglets[J]. Asian-Australas J Anim Sci，2014，27：93-100.
[56] Shah S，Afzal M，Fatima，M. Prospects of using citric acid as poultry feed supplements. [J]. Journal of Animal & Plant Sciences，2018，28（5）：1227-1238.
[57] Fazayeli-Rad A R，Nazarizadeh H，Vakili M，et al. Effect of citric acid on performance，nutrient retention and tissue biogenic amine contents in breast and thigh meat from broiler chickens [J]. Archiv fur Geflugelkunde，2014，78：1.
[58] Islam K M S，Schaeublin H，Wenk C，et al. Effect of dietary citric acid on the performance and mineral metabolism of broiler[J]. J Anim Physiol a Anim Nutr，2011，96（5）：808-817.
[59] Uddin M，Islam K，Reza A，et al. Citric acid as feed additive in diet of rabbit- effect on growth performance[J]. Journal of the Bangladesh Agricultural University，2014，12（1）：87-90.
[60] 王雪洋，韩淑敏，李金库，等．抗菌肽在畜禽生产中的应用进展[J]. 畜牧与饲料科学，2019，40（8）：35-37.
[61] Mookherjee N，Anderson M A，Haagsman H P，et al. Antimicrobial host defence pep-

tides: functions and clinical potential[J]. Nat Rev Drug Discov, 2020, 19 (5): 311-332.

[62] Rima M, Rima M, Fajloun Z, et al. Antimicrobial peptides: a potent alternative to antibiotics[J]. Antibiotics (Basel), 2021, 10 (9): 1095.

[63] Rodrigues G, Maximiano M R, Franco O L. Antimicrobial peptides used as growth promoters in livestock production[J]. Applied Microbiology and Biotechnology, 2021, 105 (19): 7115-7121.

[64] Breij A D, Riool M, Cordfunke R A, et al. The antimicrobial peptide SAAP-148 combats drug-resistant bacteria and biofilms [J]. Science Translational Medicine, 2018, 10 (423): eaan4044.

[65] Manrique-Moreno M, Suwalsky M, Patiño-González E, et al. Interaction of the antimicrobial peptide ΔM3 with the *Staphylococcus aureus* membrane and molecular models[J]. Biochim Biophys Acta Biomembr, 2021, 1863 (2): 183498.

[66] Zohra T, Numan M, Ikram A, et al. Cracking the challenge of antimicrobial drug resistance with CRISPR/Cas9, nanotechnology and other strategies in ESKAPE pathogens[J]. Microorganisms, 2021, 9 (5): 954.

[67] Łojewska E, Sakowicz T. An Alternative to antibiotics: selected methods to combat zoonotic foodborne bacterial infections[J]. Curr Microbiol, 2021, 78 (12): 4037-4049.

[68] Wang S, Zeng X, Yang Q, et al. Antimicrobial peptides as potential alternatives to antibiotics in food animal industry[J]. International Journal of Molecular Sciences, 2016, 17 (5): 603.

[69] Kieron MG, O' Connell T, Hodgkinson HF, et al. Combating multidrug-resistant bacteria: current strategies for the discovery of novel antibacterials[J]. Angewandte Chemie International Edition, 2013, 52 (41): 10706-10733.

[70] Nunez, Cristina, Martinez-Bueno, et al. Biocontrol of Listeria monocytogenes in fish by enterocin AS-48 and Listeria lytic bacteriophage P100[J]. Lwt Food Science & Technology, 2016, 66: 672-677.

[71] Andersson E, Rydengård V, Sonesson A, et al. Antimicrobial activities of heparin-binding peptides[J]. Eur J Biochem, 2004, 271 (6): 1219-1226.

[72] Khan I, Oh DH. Integration of nisin into nanoparticles for application in foods[J]. Innov Food Sci Emerg Technol, 2016, 34: 376-384.

[73] 曲根，刘建宇，郭志鹏，等．苜蓿草粉和黄酮对断奶仔猪结肠微生物区系的影响[J]. 草业学报，2019，28 (6)：175-184.

[74] 孙平，刘婧．山楂和枸杞提取物对肉鸡生产性能的影响[J]. 兽医导刊，2017 (4)：255-256.

[75] 孟晓林，聂国兴．杜仲对草鱼生长及成鱼肌肉成分影响试验[J]. 河南水产，2014 (3)：30-31.

[76] 余波，周景瑞，姜玲玲，等．抗菌中兽药制剂在牛羊养殖预防保健中的应用[J]. 上海畜牧兽医通讯，2020 (4)：26-27，30.

[77] 高堂亮，沈思军，潘晓亮，等．微生态制剂对肉牛生长性能和血清生化指标的影响[J]. 畜牧与兽医，2018，50 (7)：29-32.

[78] 高芷宸，林金生．乳酸菌青贮与自然青贮的质量及其对反刍动物的影响[J]. 中国奶牛，2017 (6)：17-20.

[79] 王彩莲，宋淑珍，郎侠，等．枯草芽孢杆菌制剂和紫锥菊提取物对育肥羔羊胃肠道发育及其内容物分布的影响[J]. 中国草食动物科学，2018，38 (5)：13-18.

[80] 董改香，张勇刚，张渊，等．益生菌发酵香草配合饲料对育肥羊生产性能及肉品质的影响[J]. 饲料博览，2018 (7)：1-4.

[81] 祝永才，胡兴义，张双翔，等．复合益生菌对早期断奶仔猪生长性能和免疫水平的影响[J]. 中国畜牧兽医，2018，45 (6)：1518-1525.

[82] 耿正颖，史林鑫，刘萍，等．日粮中添加丁酸梭菌对断奶仔猪生长性能，抗氧化能力和免疫功能的影响[J]. 畜牧兽医学报，2018，49 (8)：1651-1660.

[83] 王海亮．日粮添加丁酸梭菌对断奶仔猪 生长性能和腹泻率的影响[J]. 国外畜牧学：猪与禽，2019，39 (12)：22-25.

[84] 段明房，胡红伟，闫凌鹏，等．中草药益生菌复合制剂对生长猪血液常规，血清生化和血清免疫指标的影响[J]. 中国饲料，2018（3）：54-59.
[85] 陈宝剑，陈少梅，潘天彪，等．饮水中添加复合益生菌对仔猪生长性能及免疫指标的影响[J]. 安徽农业科学，2020，48（11）：110-112，115.
[86] 王恒毅，杨生明，马义国．微生态制剂对肉仔鸡生产性能和粪便氨气值的影响[J]. 家禽科学，2018（12）：48-50.
[87] 沈永恕，曹广芝．动物微生态制剂在畜禽胃肠道疾病预防与治疗中的应用[C] //2003 全国家畜内科学学术研讨会论文专辑．北京：中国畜牧兽医学会，2003：111-113.
[88] 李丽红，郭宏，马秋刚，等．芽孢杆菌复合微生态制剂对蛋鸡生产性能的影响[J]. 中国畜牧杂志，2005，41（9）：48-49.
[89] 戴维，薛俊敬，班博，等．复合微生态制剂对蛋鸡生产性能，蛋品质及抗氧化性能的影响[J]. 饲料工业，2020，41（5）：23-29.
[90] 孙瑞锋，步长英，李同树．菊糖和枯草芽孢杆菌对肉鸡肠道菌群数量及排泄物氨气散发量的影响[J]. 华北农学报，2008，23（增刊）：252-256.
[91] Jalil M，Zorriehzahra，Torabi S，et al. Probiotics as beneficial microbes in aquaculture：an update on their multiple modes of action：a review[J]. The Veterinary quarterly，2016，36（4）：1-14.
[92] 李军训，罗学刚，高洁，等．益生菌的分类，生理功能与有效性评价研究进展[J]. 中国农业科技导报，2010（6）：49-55.
[93] 张董燕，季海峰，王晶，等．猪源罗伊氏乳酸杆菌对断奶仔猪生长性能和血清指标的影响[J]. 动物营养学报，2011，23（9）：1553-1559.
[94] 崔西勇．不同微生态制剂在商品蛋鸡中的应用效果及机理研究[D]. 北京：中国农业大学，2004.
[95] 王佳丽，张玉科．复合益生菌对肉仔鸡免疫功能的影响[J]. 饲料研究，2013（8）：65-67.
[96] 杨久仙，张荣飞，郭江鹏，等．复合益生菌对断奶仔猪生长性能和血清免疫指标的影响 [J]. 畜牧与兽医，2014，46（11）：74-76.
[97] 王少璞，董晓芳，佟建明．益生菌调节蛋鸡胆固醇代谢的研究进展[J]. 动物营养学报，2013，25（8）：1695-1702.
[98] 李玲，陈常秀．益生菌对肉鸡肉品质的影响及机理研究[J]. 黑龙江畜牧兽医（科技版），2009（11 上）：43-44.
[99] Feng P，Ye Z，Kakade A，et al. A Review on gut remediation of selected environmental contaminants：possible roles of probiotics and gut microbiota[J]. Nutrients，2018，11（1）：22.
[100] Yaqoob M U，El-Hack M，Hassan F，et al. The potential mechanistic insights and future implications for the effect of prebiotics on poultry performance，gut microbiome，and intestinal morphology[J]. Poultry Science，2021，100（7）：101143.
[101] 吕欣，马文煜，薛小平．噬菌体在细菌性感染治疗中的应用及展望[J]. 国外医学．病毒学分册，2001，8（6）：190-192.
[102] 俞燕．家禽预接种噬菌体可降低其对大肠杆菌病的疗效[J]. 中国家禽，2010，32（9）：68.
[103] 于堃，曹中赞，万明，等．噬菌体在防治畜禽沙门氏菌感染中的应用[J]. 动物医学进展，2021，42（4）：115-119.
[104] 马永生，孙琳琳，李淑英，等．噬菌体防治禽细菌性疾病的研究进展[J]. 中国家禽，2014，36（19）：46-49.
[105] 刘晓贺，顾敬敏，韩文瑜，等．应用噬菌体 GH15 和 K 治疗金黄色葡萄球菌感染[J]. 微生物学报，2013，53（5）：498-506.
[106] 宋召军，唐虹，张小燕，等．噬菌体防控禽源弯曲杆菌的研究进展[J]. 中国家禽，2018，40（1）：46-50.
[107] 吴填顺，郭通，刘新．噬菌体治疗鲍曼不动杆菌感染的综述[J]. 沈阳医学院学报，2014，16（4）：243-244.
[108] 刘晓文，张庆，宋新慧，等．噬菌体降低铜绿假单胞菌所致腐蛋的效果[J]. 畜牧兽医学报，

2020，51（7）：1756-1763.
[109] 蔡天舒，王静雪，林洪，等．金黄色葡萄球菌噬菌体的生物学特性及其在牛奶中的抑菌应用[J]. 食品科学，2013，34（11）：147-151.
[110] Gordillo Altamirano F L，Barr J J. Phage Therapy in the Postantibiotic Era[J]. Clinical Microbiology Reviews，2019，32（2）：e00066-18.
[111] 张婷，刘晗璐，邢敬亚，等．乳酸菌微生态制剂对冬毛期北极狐生长性能、营养物质消化率及血清生化指标的影响[J]. 中国畜牧兽医，2017，44（1）：94-99.
[112] 蒋依倩，齐宇，王美玲，等．噬菌体在动物细菌病防治中的应用研究进展[J]. 中国兽药杂志，2015（5）：66-69.
[113] 李秋园．饲用酶制剂的分类及其设计[J]. 中国饲料，2001（17）：16-18.
[114] 冯定远．酶制剂在饲料养殖中发挥替代抗生素作用的领域及其机理[J]. 饲料工业，2020，41（12）：1-10.
[115] 张伟，詹志春．饲用酶制剂研究进展与发展趋势[J]. 饲料工业，2011（S1）：11-19.
[116] 梁瑶，李政，赵伟然，等．多糖在畜牧业中的应用研究进展[J]. 家畜生态学报，2021，42（5）：73-77.
[117] 邓顺忠，贺朝，蔡鹏，等．植物多糖对畜禽免疫功能及生长的影响研究进展[J]. 湖南畜牧兽医，2012（4）：1-3.
[118] 刘瑞生．黄芪多糖对猪免疫功能影响的研究进展[J]. 养猪，2018（5）：20-24.
[119] 邵振宇，高学伟，丁培君．茯苓多糖的生物学功能及在畜禽应用研究进展[J]. 中国饲料添加剂，2015（11）：1-4.
[120] 王慧容，刘玉兰．黄芪多糖、牛膝多糖和芦荟多糖对畜禽的免疫调节作用[J]. 饲料广角，2007（10）：32-34.
[121] Li S，Li J，Mao G，et al. Effect of the sulfation pattern of sea cucumber-derived fucoidan oligosaccharides on modulating metabolic syndromes and gut microbiota dysbiosis caused by HFD in mice[J]. Journal of Functional Foods，2019，55：193-210.
[122] Mano M，Neri-Numa I A，Silva J，et al. Oligosaccharide biotechnology：an approach of prebiotic revolution on the industry[J]. Applied Microbiology & Biotechnology，2018，102：17-37.
[123] 陈阳，李旭．黄芪多糖在鸡生产中的应用[J]. 广东饲料，2011（6）：23-25.
[124] 赵晓静，高婕，李彦军．酵母多糖在养猪生产中的应用研究[J]. 饲料研究，2011，34（10）：25-26.
[125] 姚建生．黄芪多糖在养猪生产中的研究应用进展[J]. 现代畜牧科技，2013（9）：209-212.
[126] 杨泓涛，邓位喜，袁莉，等．黄芪多糖在反刍动物生产中的研究与应用进展[J]. 中国动物保健，2020，22（7）：73-74.
[127] 熊江燕，郑娟霞，王琤．植物多糖的生理功能及其在反刍动物生产中的应用[J]. 湖南饲料，2020（6）：24-27.
[128] 王吉潭，李德发，龚利敏，等．半乳甘露寡糖对肉鸡生产性能和免疫机能的影响[J]. 中国畜牧杂志，2003，39（2）：5-7.
[129] 许青松，杨冰慧，李兵，等．饲用寡糖添加剂在动物营养中的研究进展[J]. 大连民族大学学报，2021，23（1）：7-10.
[130] 范程瑞，黎佳颖，王雨雨，等．寡糖及其在动物营养中的研究进展[J]. 饲料工业，2016（18）：27-31.
[131] 林海丹，邓宇翔，王松波，等．饲用酸化剂的作用机制和应用现状[J]. 广东饲料，2009（5）：23-25.
[132] 皮宇，孙丽莎，陈青，等．饲用酸化剂的作用机理及其在畜禽生产中的应用[J]. 饲料博览，2014（3）：6.
[133] 张雪洁．复合酸化剂替代抗生素和氧化锌对断奶仔猪生长性能及肠道功能的影响[D]. 郑州：河南农业大学，2019.
[134] 徐淼，刘明宇，黄竹，等．饲料酸化剂替代抗生素的作用机制及应用研究进展[J]. 畜牧与饲料科学，2021，42（1）：51-55.

[135] 晏文波，李春根，陆杏华，等．酸化剂对仔猪健康和生产性能的影响[J]. 今日养猪业，2010（5）：22-23.

[136] 张旭晖，王恬，冀凤杰，等．有机酸化剂对断奶仔猪生长性能和肠道健康的影响[J]. 动物营养学报，2012（3）：507-514.

[137] 姚继明，孟秀丽，吕锋，等．复合有机酸酸化剂对断奶仔猪生长性能及其肠道微生物菌群的影响[J]. 饲料工业，2017，38（2）：11-16.

[138] 赵旭，沈一茹，陈杰，等．不同种类酸化剂对肉鸡肠道发育、消化酶活性以及微生物数量的影响[J]. 动物营养学报，2015，27（11）：3509-3515.

[139] 李智，胡拥明，朱建平．酸化剂对蛋鸡生产与代谢的影响[J]. 饲料研究，2011，34（3）：48-50,53.

[140] 魏晨．延胡索酸及其盐作为反刍动物饲料添加剂的研究进展[J]. 饲料博览，2014（9）：18-21.

[141] 牛华锋，白军，石小平．饲喂酸化乳对犊牛生长发育及生产性能的影响[J]. 陕西农业科学，2020，66（3）：52-55.

[142] 吴胜华，李吕木．有机微量元素研究与应用进展[J]. 农产品加工，2007（12）56-59.

[143] 李奎，王科．有机微量元素的研究及应用进展[J]. 饲料研究，2007，30（6）：39-42.

[144] 单冬丽．有机微量元素在健康养猪业上的研究与应用进展[J]. 广东饲料，2013，22（2）：23-26.

[145] 王若军．有机微量元素在养猪生产中的研究和应用进展[J]. 饲料工业，2001，22（6）：40-43.

[146] 黄建华，唐伟．有机微量元素对母猪繁殖性能的影响[J]. 畜牧与饲料科学，2004，26（6）：84-85.

[147] 郇秀荣，吴博睿．有机微量元素对蛋鸡后期生产性能的影响实验[J]. 家禽科学，2019（5）：47-49.

[148] 任春燕，刁其玉，屠焰，等．有机硒在反刍动物体内的生物学功能及其在生产中的应用[J]. 中国饲料，2018，（5）：39-44.

[149] 王圆圆，谷子林，李宁，等．有机微量元素在反刍动物中的应用[J]. 饲料博览，2013（1）：38-40.

[150] 吴文平，王琛，王观翔．有机微量元素螯合物在水产饲料中的应用[C]. //2009′ 微量元素与饲料安全（长沙）国际论坛．长沙：长沙兴嘉生物工程股份有限公司，2009.

[151] 王鑫，宾石玉，戴求仲，等．羟基蛋氨酸微量元素螯合物在水产动物中的应用研究进展[J]. 饲料研究，2021，44（11）：119-122.

[152] 魏宗友，潘晓花，季昀．生物活性肽的制备、功能及在动物生产中的应用研究进展[J]. 中国饲料，2010（23）：22-26.

[153] 马文领，秦铁军，孙永华．生物活性肽功能分类及研究进展[J]. 中华损伤与修复杂志：电子版，2019，14（2）：149-152.

[154] 张英学，宋树平．生物活性肽在动物生产中的研究与应用[J]. 农村养殖技术（新兽医），2007（4）：8-9.

[155] 吴慧珍，刘庆华．生物活性肽的生理功能及在畜牧生产中的应用[J]. 当代畜牧，2018（7）：28-30.

[156] Erdem B M，Kesmen Z. Antimicrobial peptides（AMPs）：A promising class of antimicrobial compounds[J]. J Appl Microbiol，2022，132（3）：1573-1596.

[157] Wang S，Zeng X，Yang Q，et al. Antimicrobial Peptides as Potential Alternatives to Antibiotics in Food Animal Industry[J]. Int J Mol Sci，2016，17（5）：603.

第 3 章
减抗、替抗相关政策与法规

3.1

国际减抗、替抗政策与法规

3.1.1 解决抗菌药耐药性的“One Health”策略

世界卫生组织和其他国际机构［如联合国粮食及农业组织（FAO）、世界动物卫生组织（OIE）］以及许多国家制定了全面的行动计划，以应对抗生素耐药性危机[1,2]。世界卫生组织全球行动计划寻求实现 3.1.1.1～3.1.1.5 讨论的五大目标。世界卫生组织全球行动计划采用“One Health”（同一健康）的方法来解决抗生素耐药性问题，并呼吁成员国在制定自己的行动计划时也这样做[1]。

3.1.1.1 通过有效的沟通、教育和培训，提高对抗微生物药物耐药性的认识和理解

抗菌药耐药性是一个快速发展、高度复杂的问题，由于人类、动物和环境领域使用或存在各种形式的抗菌药，导致在各种生态位的细菌存在抗菌药耐药性，这对人类和动物的健康造成了严重威胁。2015 年 5 月，第六十八届世界卫生大会批准了一项旨在解决日益严重的抗菌药和其他抗微生物药物耐药性问题的全球行动计划。该计划的主要目标之一是通过有效的沟通、教育和培训，提高对抗微生物药物耐药性问题的认识和了解。

每个人都应该了解预防感染性疾病传播的基本卫生原则；不随意购买抗菌药，遵守医嘱，应用正确的方法使用对的药物；并且基本了解使用抗菌药对自己和他人的益处和风险[1,3]。这不仅适用于人类，同样适用于动物。宠物主人、养殖人员、兽医以及其他一些从事食品生产行业的人员对“One Health”理念需要有更深刻的理解。宠物主人应该明白，一些细菌感染是动物和人类共有的，他们应该遵循兽医关于抗菌药使用和预防疾病传播的建议。养殖人员应了解如何在不使用或很少使用抗菌药的情况下饲养动物。在理想情况下，应该仅将抗菌药用于治疗患有临床疾病的动物个体。他们还需要知道如何通过提高畜牧养殖业的整体水平，最大限度地减少由过度拥挤、卫生条件差等因素导致的疾病，从而减少对抗菌治疗的需求。兽医则显然需要更深入地理解抗微生物药物耐药性问题是“One Health”问题，从而更好地向宠主、养殖人员提供疾病预防建议。并且兽医应具备良好的职业技能，进而更好地保护畜禽的健康和福利，维护客户的经济利益以及保障全人类的健康。人医同样需要充分了解抗微生物药物耐药性的严峻性和复杂性，这有利于更好地理解病原体（包括耐药细菌）传播的机制并采取有效措施进行控制。所有相关专业人员都应该很好地理解导致细菌产生抗菌药耐药性的驱动因素，并积极减少这些因素对抗菌药耐药性选择和传播的影响。

3.1.1.2 通过监测和研究加强知识和证据基础

监测和研究是必不可少的[2]，虽然人们在从“One Health”的层面理解细菌耐药性的复杂性上存在差距，但近年来已经取得了许多进展，这些数据将支持人们采取干预措施来解决抗菌药耐药性问题[3-5]。因此有必要对人类、动物及其他领域的抗微生物药物耐药

性和抗微生物药物使用进行监测，以估计国家、地区和国际层面的耐药性程度、模式和健康负担[6]。这种监测应该能够发现对人类和动物具有临床意义的抗菌药耐药性的新趋势[2]。根据监测结果制定抗菌药使用政策等干预措施，并通过后续的监测以衡量干预措施的有效性[7]。

抗菌药立体监测网络旨在构建农业、卫生、环境等多部门、宽领域、大范围、多层次的立体监测网络，主要对动物源性食品中抗菌药残留、医院抗生素使用、土壤与水体环境抗菌药污染等情况进行综合监测与报告。细菌耐药性的监测应包括从人类、动物、食品、植物和食品生产环境等进行采样和检测[2]，还应在人类、兽医和农业环境中对抗微生物药物的使用进行监测，对本国用于人类和动物的抗微生物药物消耗量进行评估，以便在国家之间进行比较[8]。为了提供有助于评估和指导处方中抗微生物药物的使用，还应在处方层面进行抗微生物药物使用的监测[8,9]。监测数据应以跨部门的综合方式进行分析、解释和呈现，并及时发布公告[8]。世界卫生组织就抗菌药耐药性和抗菌药使用的统一、综合监测提供了指导，以协助发达国家和发展中国家实施本国的监测计划，并为改善全球监测活动做出贡献，这对于更好地协调各国间遏制抗微生物药物的使用至关重要[2]。有针对性的研究对于证明抗性是如何在生态、逻辑生态位和细菌物种（包括肠道共生菌和环境细菌）内部和之间发展和传播至关重要[10]。为了减少在动物中使用抗微生物药物，需要进行额外的研究，寻找合适的抗微生物药物替代品，以预防疾病，提高动物生长和生产效率[4,11]。此外还需要更多的研究来支持改进诊断工具、改进抗菌药处方和使用方法以及研发更好的疫苗[1,3]。

3.1.1.3 通过有效的卫生措施和感染预防措施降低感染发生率

生物安全在动物养殖行业中非常重要，尤其是在家禽和猪的集约化养殖中[4,12]。目前针对一些动物疾病提出了一些生物防控项目，尤其是防止外来动物病原体感染畜群。这些项目不仅可以有针对性地控制动物病原体或特定的人畜共患病，还可以在一定程度上限制细菌耐药性的传播。但是其具体限制效果，尤其是针对非致病性细菌耐药性的限制效果，目前很少有人对其进行评估。然而，这些防控措施可以降低动物发病的概率，从而减少动物对抗菌药的使用需求[2]。

为了减少人类和动物暴露于环境来源的抗菌药耐药性的传播，还必须采取措施提高食品和饮用水的安全性，并控制制药行业对环境的污染[13,14]。农场、屠宰和深加工层面的食源性病原体减少计划对于控制肠道细菌（如沙门氏菌和弯曲杆菌）向人类的传播非常重要。同样，改善饮用水微生物质量（从水源保护到消毒）的措施以及适当的污水处理对于减少环境来源的细菌以及减少肠道细菌（敏感和耐药）在人类、动物间的间接传播非常重要[15,16]。

3.1.1.4 优化人类和动物卫生工作中抗微生物药物的使用

优化抗菌药使用涉及一系列监管、自愿和其他手段，以在人类、动物和农业环境中保持抗微生物药物的有效性[3]。这种方法应包括干预措施，以促进抗菌药的正确使用，以及监测抗菌药的使用情况，还有持续改进处方和使用的机制[4,17]。“One Health”的理念要求各部门（人类、兽医、农业）的活动保持一定的一致性，以达到维护人类和动物抗菌效果的总体目标[17]。这涉及找到一种平衡不同行业中存在的有时相互竞争的利益的方法。人类健康利益通常占主导地位，但动物健康和福利也是重要的考虑因素[18]。在我们看来，经济利益从属于健康利益。从“One Health”的层面来看，优化抗菌药的使用应设法确保保留抗菌药用于治疗人类和动物的临床感染，在控制感染的同时旨在将治疗需求降至最低[17]。总体而言，与人类医学相比，兽医/农业部门更重视国家监管干预措施，以控制抗菌药耐药性[17]。这反映了相对于其他利益而言，社会对人类健康的重视，以及兽医/农业部门更频繁地需要强制控制和限制，最好在系统层面实施，而不是依赖处方或用户层面的自愿措施。监管部门对用于动物的抗菌药的批准通常取决于证明该抗菌药的使用对人类及动物是安全的[2]。为解决抗菌药耐药性而采取的监管干预措施的例子包括欧盟禁止在食用动物中使用抗菌药生长促进剂，美国限制在商品标签外的动物中使用氟喹诺酮类药物和第三代头孢菌素，以及许多国家的兽医用抗菌药物只能通过处方获得[4,19]。

药物分类是解决耐药性的重要方法。从“One Health”的层面来看，最重要的分类方案是根据抗菌药对人类和动物健康的重要性对其进行分类。WHO 制定了一个计划，从 2005 年开始定期更新将人类使用的抗菌药分为三类：至关重要的、非常重要的和重要的[20]。该分类的目的是指导风险管理策略，以预防和控制食用动物生产中的抗菌药耐药性。两个标准用于分类，另外一个标准用于将这些至关重要的抗菌药进一步划分。最高优先级别的例子包括喹诺酮类药物和第三代及第四代头孢菌素[20]。OIE 已开发出一套对动物健康具有重要意义的抗菌药分类系统。该名单于 2007 年首次被 OIE 采纳，随后于 2013 年和 2015 年更新。这是基于对 OIE 成员国的调查所获得的信息。WHO 和 OIE 的名单有相当大的重叠，例如，第三代和第四代头孢菌素、氟喹诺酮类药物和大环内酯类药物在这两个列表中都是至关重要的抗微生物药物。一些国家（如加拿大、美国）和欧盟已经制定了各自的方法，根据对人类健康的重要性对抗菌药类别进行分类[2]。抗生素分类的另一个应用是促进行业的管理。例如，麦当劳公司、泰森食品公司和其他主要食品公司已采取抗菌药使用政策，要求供应商限制食用动物使用 WHO 列为对人类医学至关重要的抗菌药[2]。

3.1.1.5 增加对新药、诊断工具、疫苗和其他干预措施的投资

会员国应考虑评估其实施本国遏制抗微生物药物耐药性行动计划的投资需求，并制定计划确保提供和使用所需经费。试点为研发供资的创新想法和市场模式，以鼓励投资并确保获得抗微生物产品。

3.1.2 不同国家减抗、替抗的法规

对动物使用抗菌药所导致的人类健康抗菌风险的担忧最初集中于在动物饲料中使用抗菌药方面，尤其是那些没有兽医处方却添加了抗菌生长促进剂的饲料[21]。1968 年，斯旺委员会建议对“饲料抗菌药”和“治疗性抗菌药”进行单独监管，以便后者只能在兽医处方中用于动物[2]。这些建议很快在英国和欧洲其他地方被采纳，因此，青霉素、四环素、磺胺类和其他用于人类和动物治疗的抗微生物药物在欧洲不再作为生长促进剂在非处方药中使用。然而，美国、加拿大和许多其他国家没有效仿欧洲的做法。自 1969 年以来，包括美国国家科学院在内的一些美国组织已经考虑限制在动物中使用抗菌药物，特别是在饲料中添加抗菌药物。但早期试图撤销批准在动物饲料中“亚治

疗”（促进生长）施用抗菌药的尝试引起了争议，即没有足够的流行病学证据表明由此产生的耐药细菌通常会传播给人类并导致严重疾病[2]。随着社会和利益相关者越来越多地接受必须对生长促进剂采取一些措施，FDA 才推出了关于自愿取消对医学上重要的抗菌药的促生长和其他“生产用途”的声明的指南[2]。

20 世纪 90 年代，卫生、农业和兽医等部门对细菌耐药性的担忧再次抬头。特别是，阿伏帕星作为生长促进剂的使用和氟喹诺酮类药物的治疗性使用在这些问题中尤为突出，同时多重耐药鼠伤寒沙门氏菌 DT104 的出现和传播导致该问题更为紧急。万古霉素的同类药物阿伏帕星是一种糖肽类抗菌药，在欧洲国家、澳大利亚和许多其他国家被用作饲料添加剂，并被用于抑制对万古霉素产生耐药性的细菌，然而在此之后在家禽、家畜的粪便中检出大量万古霉素耐药肠球菌，该菌通过各种途径传给了人，导致欧洲很多国家曾在健康人的肠道中分离出较高比例的万古霉素耐药肠球菌。重要人类病原体对氟喹诺酮类药物耐药性日益增加，特别是在家禽中，氟喹诺酮类药物通常在家禽饲养中通过饮水给药[29]。Endtz 等[22] 发现，在兽医使用氟喹诺酮类药物后不久，就从家禽中分离出来具有氟喹诺酮耐药性的空肠弯曲杆菌，并发现了人类临床感染病例。1986 年，瑞典是第一个禁止食用动物使用抗菌生长促进剂的欧洲国家。丹麦通过自愿的行业倡议和监管行动，在 1995 年终止了阿伏帕星的使用，然后在 1999 年终止了其他抗菌生长促进剂的使用[19]。随后，欧盟从 2006 年 1 月 1 日起停止使用所有抗菌生长促进剂。欧盟继续允许在动物中使用经批准的抗菌药，包括氟喹诺酮类药物和其他一些对人类至关重要的抗菌药，但有一些限制，例如，第三代头孢菌素不应用于家禽[2]。而一些对人类至关重要的抗菌药则完全限制在食用动物中应用，例如碳青霉烯类、糖肽类、单巴坦类等。在伴生动物中，这些对人类至关重要的抗菌药只能在特殊情况下使用。例如，欧盟规定：第三代和第四代头孢菌素和氟喹诺酮类药物只有在没有针对目标物种和适应证授权的替代性抗菌药时才能使用[2]。

在美国，批准在家禽中使用氟喹诺酮的申请受到关注，人们担心这会损害该类药物治疗人类感染的有效性。FDA 最终批准了该申请，但为了解决耐药性问题，限制了该药物在商品标签外的食用动物中使用，并于 1996 年成立了美国国家抗微生物耐药性监测系统（NARMS），以改善对人类抗菌药耐药性的食物链监测健康问题。在很短的时间内，相关监测和研究证实，氟喹诺酮类药物用于家禽确实会对人类健康产生不利影响，因此 FDA 撤回了对其在禽类中使用的批准[23]。2010 年美国 FDA 号召逐步禁止养殖业使用重要的抗菌药，并相继发布了 209 号和 213 号行业指南。2014 年美国 FDA 出台了一系列政策法规取消了 19 种动物药品申请批准[24]。韩国等其他国家也实施了类似政策。韩国于 2005 年起逐渐减少允许在肉类生产过程中使用的抗菌药药物数量与种类，并于 2011 年宣布饲料抗生素禁用通知[24]。

各国在对动物使用抗菌药的可用性进行重大监管改革的速度和效率上存在显著差异。对于已经上市多年的药物来说，情况尤其如此。在全球范围内，欧洲和美国一直是监管活动的主导中心。从某种程度上讲，欧洲国家在推进抗菌药可用性的重大监管改革方面更加直接。例如，斯旺委员会建议的实施，以及后来对抗菌药生长促进剂的彻底禁止。这可能反映出欧洲在制定抗菌药政策时更愿意采取有利于公共卫生的预防措施。美国则在药品许可程序的某些阶段采取预防措施，例如批准前的人体安全评估。

3.2

我国农业部门抗菌药减量化行动的有关文件

农业部门抗菌药减量化行动的有关文件有《遏制微生物耐药国家行动计划（2022—2025年）》、《全国遏制动物源细菌耐药行动计划（2017—2020年）》、《全国兽用抗菌药使用减量化行动方案（2021—2025年）》、中华人民共和国农业农村部公告第194号、中华人民共和国农业农村部公告第246号等，具体内容可查询相关文件。

3.3

我国有关减少抗菌药在养殖业中应用的举措

3.3.1 关于规范养殖环节兽用抗菌药使用行为

农业农村部高度重视养殖环节兽用抗菌药使用监管，坚持问题导向和目标导向，多措并举，提高安全用药水平。一是组织实施年度畜禽及畜禽产品兽药残留监控计划，年均抽检主要畜禽产品1万多份，重点对15大类80余种兽药残留进行检测，近几年兽药残留合格率保持在98%以上。完善动物性食品兽用中药最大残留限量国家标准和检测方法，同时在新兽药研发和进口兽药注册时，要求相关申请人补充完善兽药残留检测方法。二是组织实施年度动物源细菌耐药性监测计划，重点监测10种动物源细菌对52种兽用抗菌药的耐药状况，组织13个省份开展水产养殖动物病原菌耐药性监测，逐步建立丰富动物源细菌耐药性数据库。三是加强养殖环节用药指导，将兽用抗菌药全部列入兽用处方药管理，要求凭兽医处方规范使用；印发《水产养殖用药明白纸》，开展水产养殖规范用药科普下乡活动；实施“科学使用兽用抗菌药”百千万接力公益行动，举办线上线下指导活动，营造政府主导、协会促进、企业参与、社会共治的良好氛围。

市场监管总局将畜禽产品和水产品作为重点品种，持续加大市场监督检查力度。一是先后印发《关于进一步加强经营环节畜禽产品监督管理工作的通知》等文件，要求各地市场监管部门对农批市场、农贸市场、商场超市、餐饮服务单位等重点场所开展监督检查和风险排查，严厉打击违法行为。二是及时向各地通报、转发食用农产品抽检结果，要求各地对兽药残留超标等不合格情况，加大针对性监管力度，切实防范食品安全风险。

下一步，农业农村部将持续推进养殖环节规范用药、产品质量监管等工作，推动出台兽用抗微生物药物使用管理办法，完善动物源细菌耐药监测网络；继续加快食品兽用中药最大残留限量标准制修订，切实保障人民群众舌尖上的安全。

3.3.2 关于加强养殖业废水及废弃物排放监管

生态环境部高度重视抗菌药污染问题。一是出台了发酵类、化学合成类等制药工业水污染物排放标准，明确了应执行的发光细菌急性毒性等水污染排放限值及监测监控要求等，通过管控废水综合毒性，控制包括抗菌药在内的新污染物排放。二是发布《国家危险废物名录》，将废弃的抗菌药纳入危险废物严格管理；2020 年印发《全国危险废物专项整治三年行动实施方案》，组织开展全国危险废物专项整治，重点排查整治危险废物环境风险隐患。

下一步，生态环境部将认真研究，进一步完善养殖废水及废弃物相关排放标准；组织编制新污染物治理行动方案，将抗菌药作为一类新污染物，制定治理措施，推动污染防治。

3.3.3 关于规范兽用抗菌药市场秩序

多年来，农业农村部持续强化兽药质量安全监管，狠抓兽用抗菌药综合治理和专项整治。一是组织实施年度兽药质量监督抽检计划，年均抽检兽药产品 1 万余批次，近些年合格率保持在 95%以上。通过实施检打联动、企业重点监控、案件通报等方式，严厉打击生产经营假劣兽药违法行为，保障兽药质量。二是严格实施《兽药生产质量管理规范》（兽药 GMP），加强兽用抗菌药生产管理；针对生产中“三废”排放，要求企业严格遵守环保部门有关规定进行处理，做到无污染排放。三是严格实施《兽药经营质量管理规范》（兽药 GSP），加强兽用抗菌药经营管理。四是组织开展抽查、暗访活动，督促严格落实促生长类抗菌药饲料添加剂退出政策，严禁该类产品流入市场和使用环节。

下一步，农业农村部将以实施《食用农产品“治违禁 控药残 促提升”三年行动方案》为契机，联合相关部门对兽药网络销售开展专项整治活动，切实规范兽药市场秩序。

3.3.4 关于国际交流合作与风险评估

长期以来，农业农村部注重加强与联合国粮农组织、世界卫生组织、世界动物卫生组织的交流合作，积极响应遏制细菌耐药、加强抗菌药保护等倡议，学习借鉴国际经验做法，提高我国兽用抗菌药治理水平。一是 2016 年国家 14 个部委联合印发《遏制细菌耐药国家行动计划（2016—2020 年）》，协同推进耐药性控制工作。二是 2017 年农业部印发《全国遏制动物源细菌耐药行动计划（2017—2020 年）》，全面应对细菌耐药问题。三是针对抗菌药确立了“四不批一鼓励”准入原则，即不批准人用重要抗菌药、用于促生长的抗菌药、易蓄积残留超标的抗菌药和易产生交叉耐药性的抗菌药作为兽药生产使用，鼓励研发新型动物专用抗菌药。四是组织实施兽药风险评价和再评估，陆续停止洛美沙星、培氟沙星、氧氟沙星、诺氟沙星、喹乙醇、氨苯胂酸、洛克沙胂等兽药用于食品动物，停止硫酸黏菌素预混剂用于动物促生长。五是制定出台药物饲料添加剂退出计划，明确自 2020 年 1 月 1 日起停止生产、经营、进口除中药外的促生长类药物饲料添加剂，并于

2020 年底全面停止使用，为世界范围内控制细菌耐药彰显中国担当。

下一步，农业农村部将继续积极学习借鉴国际方面防控策略和技术标准，逐步完善我国动物源细菌耐药性监测标准方法，为遏制细菌耐药提供支撑。同时，将继续加强兽用抗菌药风险评估，坚决淘汰存在安全隐患的品种。

3.3.5 关于开展兽用抗菌药使用减量化示范及评估

近些年，农业农村部持续加快养殖业绿色发展步伐。一是开展兽用抗菌药使用减量化行动试点，自 2018 年启动实施以来，已有 3 批 316 家畜禽养殖场开展试点工作，已公布 148 家兽用抗菌药使用减量化达标的试点场名单，正在推进第三批试点评价。二是实施水产用药减量行动，确定了用药减量模式推广点，围绕重点品种、重点地区、重点病害，认真落实用药减量各项技术措施。三是加强兽用抗菌药宣传引导，每年在世界抗菌药认识周、世界兽医日等重要时间节点，举办系列宣传活动，普及知识、提高认知水平；2020 年编制播发《遏制动物源细菌耐药 中国在行动》宣传片，在行业内外、国内外广泛传播，赢得好评。四是加强人员培训，通过实施用药科普下乡、减量化技术培训、发放科普材料等，提高从业人员规范用药能力。近两年，我国兽用抗菌药使用总量呈下降趋势。

下一步，农业农村部将研究制定“十四五”时期兽用抗菌药使用减量化行动方案，梳理形成不同畜禽养殖减抗典型案例，加大宣传推广力度，发挥示范引领作用；扎实推进水产养殖用药减量行动，不断创新工作机制，构建用药减量技术体系。

3.4 新饲料添加剂审批的相关政策

3.4.1 饲料和饲料添加剂管理条例

为了加强对饲料、饲料添加剂的管理，提高饲料、饲料添加剂的质量，保障动物产品质量安全，维护公众健康，1999 年 5 月 29 日中华人民共和国国务院令第 266 号发布《饲料和饲料添加剂管理条例》（以下简称《条例》）。后经四次修订，《条例》对新产品审定，进口产品管理，饲料和饲料添加剂的生产、经营、使用、监督管理作出具体规定，明确了违反《条例》的法律责任。

现行《条例》中将饲料添加剂按营养性饲料添加剂、一般饲料添加剂分别定义。营养性饲料添加剂是指在为补充饲料营养成分而掺入饲料中的少量或者微量物质，包括饲料级氨基酸、维生素、矿物质微量元素、酶制剂、非蛋白氮等；一般性饲料添加剂是指为保证或者改善饲料品质、提高饲料利用率而掺入饲料中的少量或微量物质。

3.4.2 新饲料和新饲料添加剂管理办法

为加强新饲料、新饲料添加剂管理，保障养殖动物产品质量安全，2012 年，农业部发布了《新饲料和新饲料添加剂管理办法》，对新饲料、新饲料添加剂研制原则、审定程序、申报资料要求以及相关的法律责任作出具体规定。2016 年、2022 年进行了修订，现行办法规定农业农村部负责新饲料和新饲料添加剂的审定工作，全国饲料评审委员会负责新饲料和新饲料添加剂的技术评审，由农业农村部核发新产品证书。新饲料、新饲料添加剂获批后，设立 5 年的监测期。新产品在生产前需取得相应的饲料和饲料添加剂生产许可证书，生产者应当按照农业农村部相关规定取得生产许可证，生产新饲料添加剂的还应当取得相应的产品批准文号。

3.4.3 进口饲料和饲料添加剂登记管理办法

为加强进口饲料、饲料添加剂监督管理，保障动物产品质量安全，2014 年，农业部发布了《进口饲料和饲料添加剂登记管理办法》，本办法规定境外企业首次向中国出口饲料、饲料添加剂，应当向农业部（现农业农村部）申请进口登记。对申报材料要求、产品复核检测、技术评审、有效期、续展要求、变更登记、撤销以及产品包装、标签作出具体规定。明确了违反本办法的法律责任。

3.4.4 饲料和饲料添加剂生产许可管理办法

为加强饲料、饲料添加剂生产许可管理，维护饲料、饲料添加剂生产秩序，保障饲料、饲料添加剂质量安全，2012 年，农业部发布了《饲料和饲料添加剂生产许可管理办法》，对饲料、饲料添加剂生产许可证核发、变更和补发、监督管理作出具体规定，明确了违反本办法的法律责任。生产浓缩饲料、配合饲料、精料补充料、添加剂预混合饲料、单一饲料和饲料添加剂应当向企业所在地省级饲料管理部门提出申请，由省级饲料管理部门核发相应的生产许可证书。

3.4.5 饲料添加剂产品批准文号管理办法

为加强饲料添加剂的批准文号管理，确保饲料添加剂的质量和安全。2012 年，农业部发布了《饲料添加剂产品批准文号管理办法》，本办法规定，在中华人民共和国境内生产饲料添加剂产品应当取得相应的产品批准文号。本办法对饲料添加剂产品批准文号的申请程序申报材料要求作出具体规定。同时，明确了相应的法律责任。

3.4.6 植物提取物类饲料添加剂申报指南

为进一步规范新饲料和新饲料添加剂的评审工作，2023 年，农业农村部发布《植物提取物类饲料添加剂申报指南》。本指南明确了植物提取物类饲料添加剂申报的基本原则、术语和定义、分类和材料要求等。申报材料需包括产品名称、类别、研制目的、组分及鉴定报告、功能、生产工艺、质量标准、安全性与有效性评价等详细信息。

3.5

新兽药审批相关政策及兽药研究相关指导原则

新兽药审批的相关政策见表 3-1，兽药研究相关指导原则见表 3-2。

表 3-1 新兽药审批的相关政策

序号	名称	公告号	发布时间	备注
1	兽药注册办法	中华人民共和国农业部令第 44 号	2004	—
2	《兽用生物制品注册分类及注册资料要求》《化学药品注册分类及注册资料要求》《中兽药、天然药物分类及注册资料要求》《兽医诊断制品注册分类及注册资料要求》《兽用消毒剂分类及注册资料要求》《兽药变更注册事项及申报资料要求》《进口兽药再注册申报资料项目》	中华人民共和国农业部公告第 442 号	2004	161 号公告部分修改
3	兽药管理条例	国务院令 2004 年第 404 号	2004	国务院令 2014 年第 653 号部分修订，国务院令 2016 年第 666 号部分修订
4	新兽药研制管理办法	农业部令第 55 号	2005	农业部令 2016 年第 3 号、农业农村部令 2019 年第 2 号修订
5	兽药注册现场核查公告	中华人民共和国农业部公告第 2368 号	2016	—
6	新兽药注册服务指南	—	2019	服务指南均在农业农村部业务服务（兽药类别）中公布
7	宠物用化学药品注册临床资料要求	中华人民共和国农业农村部公告第 261 号	2020	—
8	人用化学药品转宠物用化学药品注册资料要求	中华人民共和国农业农村部公告第 320 号	2020	—
9	兽药注册评审工作程序	农业部公告第 392 号公告	2021	—

表 3-2　兽药研究相关指导原则目录

序号	名称	农业部公告号	发布时间
1	兽用化学药品药学研究技术评审标准	—	—
2	兽用化学原料药制备研究技术指导原则	630 公告	2006
3	兽用化学原料药结构确证研究技术指导原则	630 公告	2006
4	兽药晶型研究及晶型质量控制指导原则	—	—
5	兽用化学药物制剂研究基本技术指导原则	—	—
6	兽用化学药物质量标准建立的规范化过程技术指导原则	630 号公告	2006
7	兽用化学药物质量控制分析方法验证技术指导原则	630 号公告	2006
8	兽用化学药物杂质研究技术指导原则	630 号公告	2006
9	兽用化学药物有机溶剂残留量研究技术指导原则	630 号公告	2006
10	兽用化学药物稳定性研究技术指导原则	630 号公告	2006
11	兽用化学药物安全药理学试验指导原则	1247 号公告	2009
12	兽用化学药物非临床药代动力学试验指导原则	1247 号公告	2009
13	兽用化学药物临床药代动力学试验指导原则	1247 号公告	2009
14	抗菌药物Ⅱ、Ⅲ期临床药效评价试验指导原则	1247 号公告	2009
15	兽用化学药品生物等效性研究规范	1247 号公告	2009
16	兽药临床前毒理学评价试验指导原则	1247 号公告	2009
17	兽药 30 天和 90 天喂养试验指导原则	1247 号公告	2009
18	兽药繁殖毒性试验指导原则	1247 号公告	2009
19	兽药小鼠骨髓细胞微核试验指导原则	1247 号公告	2009
20	兽药慢性毒性和致癌试验指导原则	1247 号公告	2009
21	兽药急性毒性(LD50 测定)指导原则	1247 号公告	2009
22	兽药小鼠精子畸形试验指导原则	1247 号公告	2009
23	兽药 Ames 试验指导原则	1247 号公告	2009
24	兽药大鼠传统致畸试验指导原则	1247 号公告	2009
25	宠物外用抗微生物药物药效评价试验指导原则	1425 号公告	2010
26	宠物外用抗微生物药药效评价田间试验指导原则	1425 号公告	2010
27	宠物用抗菌药物药效评价试验指导原则	1425 号公告	2010
28	宠物用抗菌药物药效评价田间试验指导原则	1425 号公告	2010
29	宠物用抗蠕虫药物药效评价试验指导原则	1425 号公告	2010
30	宠物用抗蠕虫药物药效评价田间试验指导原则	1425 号公告	2010
31	宠物用抗体外寄生虫药物药效评价试验指导原则	1425 号公告	2010
32	宠物用抗体外寄生虫药物药效评价田间试验指导原则	1425 号公告	2010
33	宠物用药物对靶动物安全性试验指导原则	1425 号公告	2010

参考文献

[1] World Health Organization（WHO）. Global action plan on antimicrobial resistance[J]Microbe Magazine,2015,10（9）:354-355.

[2] Mcewen S A, Collignon P J. Antimicrobial resistance: a one health perspective[J]. Microbiology Spectrum, 2017, 111（6）: 255-260.

[3] O'neill J. Tackling drug-resistant infections globally: final report and recommendations [R]. Government of the United Kingdom, 2016.

[4] Aarestrup F M, Wegener H C, Collignon P. Resistance in bacteria of the food chain: epidemiology and control strategies[J]. Expert Rev Anti Infect Ther, 2008, 6(5): 733-750.

[5] Perry J A, Wright G D. Forces shaping the antibiotic resistome[J]. Bioessays, 2014, 36(12): 1179-1184.

[6] Collignon P, Voss A. China, what antibiotics and what volumes are used in food production animals? [J]. Antimicrobial Resistance & Infection Control, 2015, 4(1): 16.

[7] Dorado-García A, Mevius D J, Jacobs J, et al. Quantitative assessment of antimicrobial resistance in livestock during the course of a nationwide antimicrobial use reduction in the Netherlands[J]. Journal of Antimicrobial Chemotherapy, 2016(12): 3607.

[8] Donado-Godoy P, Castellanos R, León M, et al. Use of antimicrobial agents and occurrence of antimicrobial resistance in bacteria from food animals, foods and humans in Denmark [J]. Food Control, 2014, 12(3): 719-725.

[9] Speksnijder D C, Mevius D J, Bruschke C J M, et al. Reduction of veterinary antimicrobial use in the Netherlands. The dutch success model[J]. Zoonoses and Public Health, 2014, 62(S1): 79-87.

[10] Huijbers P, Blaak H, MCMD Jong, et al. Role of the environment in the transmission of antimicrobial resistance to humans: a review[J]. Environmental Science & Technology, 2015, 49(20): 11993.

[11] AD So, Shah T A, Roach S, et al. An integrated systems approach is needed to ensure the sustainability of antibiotic effectiveness for both humans and animals[J]. Journal of Law Medicine & Ethics, 2015, 43(S3): 38-45.

[12] Mcewen S A, Fedorka-Cray P J. Antimicrobial use and resistance in animals[J]. Clinical Infectious Diseases An Official Publication of the Infectious Diseases Society of America, 2002(Supplement_3): S93.

[13] Gaze W H, Krone S M, Larsson D G, et al. Influence of humans on evolution and mobilization of environmental antibiotic resistome[J]. Emerg Infect Dis, 2013, 19(7): e120871.

[14] Singer A C, Helen S, Vicki R, et al. Review of antimicrobial resistance in the environment and its relevance to environmental regulators[J]. Frontiers in Microbiology, 2016, 7: 1728.

[15] Kennedy K, Collignon P. Colonisation with *Escherichia coli* resistant to "critically important" antibiotics: a high risk for international travellers[J]. European Journal of Clinical Microbiology & Infectious Diseases, 2010, 29(12): 1501-1506.

[16] Collignon P. The importance of a one health approach to preventing the development and spread of antibiotic resistance[J]. Current Topics in Microbiology & Immunology, 2012, 366(3): 374-384.

[17] Weese J S, Page S W, Prescott J F. Antimicrobial stewardship in animals[M]. New York: John Wiley & Sons, Inc, 2013.

[18] Aidara-Kane A, Angulo F J, Conly J M, et al. World Health Organization (WHO) guidelines on use of medically important antimicrobials in food-producing animals[J]. Antimicrobial Resistance & Infection Control, 2018, 7(1): 7.

[19] World Health Organization (WHO). Impacts of antimicrobial growth promoter termination in Denmark: the WHO international review panel's evaluation of the termination of the use of antimicrobial growth promoters in Denmark: Foulum, Denmark 6-9 November 2002[EB/OL]. 2003.

[20] Collignon P C, Conly J M, Antoine A, et al. World Health Organization ranking of antimicrobials according to their importance in human medicine: a critical step for developing risk management strategies to control antimicrobial resistance from food animal production[J]. Clinical Infectious Diseases, 2009, 49(1): 132-141.

[21] Prescott, John F. History and current use of antimicrobial drugs in veterinary medicine

[J]. Microbiology Spectrum，2017，5（6）：10. 1128.

[22] Endtz H P，Ruijs G J，van Klingeren B，et al. Quinolone resistance in campylobacter isolated from man and poultry following the introduction of fluoroquinolones in veterinary medicine [J]. J Antimicrob Chemother，1991，27（2）：199-208.

[23] Nelson J M，Chiller T M，Powers J H，et al. Fluoroquinolone-resistant campylobacter species and the withdrawal of fluoroquinolones from use in poultry：a public health success story [J]. Clin Infect Dis，2007，44（7）：977-980.

[24] 张晶，谭宏伟，王永康，等 . 饲料禁抗实锤落地，行业如何化危为机[J]. 中国养兔，2020（4）：4.

第 4 章
天然植物用于减抗、替抗

4.1

已批准可饲用天然植物

可饲用天然植物是指农业农村部相关文件批准可以用于商品饲料（或基质）生产的有一定应用功能的植物，天然植物饲料原料是以植物学纯度不低于95%的单一天然植物干燥物、粉碎物或粗提物为原料，用于加工制作饲料，但不属于饲料添加剂的饲用物质，由国家农业管理部门批准可以用于商品饲料（或载体）的生产[1]。2018年国家颁布了《天然植物饲料原料通用要求》（GB/T 19424—2018），对天然植物饲料原料的质量安全和规范使用进行了约束，对饲用植物相关产品的开发和应用具有规范性意义。

4.1.1 《饲料原料目录》中的植物

2012年农业部首次发布了《饲料原料目录》，收录了谷物、油料、豆科、食用块茎块根、饲草、粗饲料、食用菌类来源植物以及其他可饲用天然植物的特定部位经特定方式处理后获得的产品。

4.1.1.1 常见饲料原料植物

目前我国《饲料原料目录》中收录的用于常见饲料原料的植物详见表4-1[2]。

表4-1 《饲料原料目录》中常见饲料原料植物

原料编号	基原及部位	特征描述	资源分布
1.1.1	皮大麦（*Hordeum vulgare* L.）和裸大麦（青稞）（*Hordeum vulgare* var. *nudum*）籽实	无	主要分布于河北、河南、山西、山东、陕西、甘肃、内蒙古、辽宁、吉林、黑龙江、江苏等地
1.13.1	玉米（*Zea mays* L.）籽实	无	主要分布于辽宁、河北、山西、陕西、山东、江苏、安徽、浙江、江西、福建、台湾、河南、湖北、湖南、广东、海南、广西、四川、贵州、云南等地
1.3.1	高粱[*Sorghum bicolor*（L.）Moench.]籽实	无	主要分布于河北、陕西、甘肃、湖南、湖北、江西、浙江、辽宁、黑龙江、内蒙古、陕西、山东等地
1.11.1	小麦（*Triticum aestivum* L.）的籽实	无	主要分布于北京、天津、河北、河南、山西、山东、江苏、安徽、江西、湖北、陕西、甘肃、青海、宁夏、新疆、辽宁、吉林、黑龙江、重庆、四川、贵州、内蒙古、新疆等地
1.11.10	小麦（*Triticum aestivum* L.）的籽实	小麦在加工过程中所分出的麦皮层	主要分布于北京、天津、河北、河南、山西、山东、江苏、安徽、江西、湖北、陕西、甘肃、青海、宁夏、新疆、辽宁、吉林、黑龙江、重庆、四川、贵州、内蒙古、新疆等地
4.9.1	木薯（*Manihot esculenta* Crantz.）干（片、块、粉、颗粒）	经切块、切片、干燥、粉碎等工艺获得的不同形态的产品	主要分布于福建、江西、广东、广西、海南、四川、贵州、云南等地

续表

原料编号	基原及部位	特征描述	资源分布
4.9.2	木薯渣	木薯提取淀粉后的副产物	主要分布于福建、江西、广东、广西、海南、四川、贵州、云南等地
4.3.1	旋花科番薯属甘薯(*Ipomoea batatas* L.)植物的块根	经切块、干燥、粉碎工艺获得的不同形态的产品	主要分布于河北、陕西、甘肃、湖南、湖北、河南、福建、江西、广东、广西、海南、四川、贵州、云南等地
1.2.13	禾本科草本植物栽培稻(*Oryza sativa* L.)的籽实	糙米在碾米过程中分离出的皮层，含有少量胚和胚乳	主要分布于河北、山西、内蒙古、辽宁、吉林、黑龙江、江苏、浙江、安徽、福建、江西、山东、河南、湖南、湖北、广东、广西、海南、重庆、四川等地
1.2.14	禾本科草本植物栽培稻(*Oryza sativa* L.)的籽实	米糠经压榨取油后的副产品	主要分布于河北、山西、内蒙古、辽宁、吉林、黑龙江、江苏、浙江、安徽、福建、江西、山东、河南、湖南、湖北、广东、广西、海南、重庆、四川等地
1.2.15	禾本科草本植物栽培稻(*Oryza sativa* L.)的籽实	米糠或米糠饼经浸提取油后的副产品	主要分布于河北、山西、内蒙古、辽宁、吉林、黑龙江、江苏、浙江、安徽、福建、江西、山东、河南、湖南、湖北、广东、广西、海南、重庆、四川等地
2.2.2	十字花科草本植物栽培油菜(*Brassica napus* L.)，包括甘蓝型、白菜型、芥菜型油菜的小颗粒球形种子	菜籽经压榨取油后的副产品	主要分布于河北、辽宁、江苏、浙江、江西、湖南、湖北、广东、广西、海南、重庆、四川等地
2.2.5	十字花科草本植物栽培油菜(*Brassica napus* L.)，包括甘蓝型、白菜型、芥菜型油菜的小颗粒球形种子	油菜籽经预压浸提或直接溶剂浸提取油后获得的副产品，或由菜籽饼浸提取油后获得的副产品	主要分布于河北、辽宁、江苏、浙江、江西、湖南、湖北、广东、广西、海南、重庆、四川等地
2.11.5	菊科草本植物栽培向日葵(*Helianthus annuus* L.)短卵形瘦果的种子	部分脱壳的向日葵籽菜籽经预压浸提或直接溶剂浸提取油后获得的副产品	主要分布于河北、山西、辽宁、吉林、黑龙江、内蒙古、江苏、浙江、江西、湖南、湖北、广东、广西、海南、重庆、四川、陕西、青海、新疆等地
2.11.4	菊科草本植物栽培向日葵(*Helianthus annuus* L.)短卵形瘦果的种子	部分脱壳的向日葵籽经压榨取油后的副产品	主要分布于河北、山西、辽宁、吉林、黑龙江、内蒙古、江苏、浙江、江西、湖南、湖北、广东、广西、海南、重庆、四川、陕西、青海、新疆等地
2.12.2	锦葵科草本或多年生灌木棉花(*Gossypium* spp.)蒴果的种子	按脱壳程度，含壳量低的棉籽饼称为棉仁饼	主要分布于新疆、青海、陕西、安徽、江苏、河南、河北等地
2.3.13	豆科草本植物栽培大豆(*Glycine max*. L. Merr.)的种子	大豆籽粒经压榨取油后的副产品	主要分布于辽宁、河北、山西、陕西、山东、江苏、安徽、浙江、江西、福建、台湾、河南、湖北、湖南、广东、海南、广西、四川、贵州、云南等地
2.3.14	豆科草本植物栽培大豆(*Glycine max*. L. Merr.)的种子	大豆经预压浸提或直接溶剂浸提取油后获得的副产品，或由大豆饼浸提取油后获得的副产品	主要分布于辽宁、河北、山西、陕西、山东、江苏、安徽、浙江、江西、福建、台湾、河南、湖北、湖南、广东、海南、广西、四川、贵州、云南等地
2.9.2	豆科草本植物栽培花生(*Arachis hypogaea* L.)荚果的种子	脱壳或部分脱壳(含壳率≤30%)的花生经压榨取油后的副产品	主要分布于辽宁、河北、山西、陕西、山东、江苏、安徽、浙江、江西、福建、台湾、河南、湖北、湖南、广东、海南、广西、四川、贵州、云南等地

续表

原料编号	基原及部位	特征描述	资源分布
2.9.6	豆科草本植物栽培花生(*Arachis hypogaea* L.)荚果的种子	花生经预压浸提或直接溶剂浸提取油后获得的副产品,或由花生饼浸提取油获得的副产品	主要分布于辽宁、河北、山西、陕西、山东、江苏、安徽、浙江、江西、福建、台湾、河南、湖北、湖南、广东、海南、广西、四川、贵州、云南等地
3.8.1	豆科豌豆属豌豆(*Pisum sativum* L.)的籽实	无	主要分布于北京、天津、辽宁、黑龙江、内蒙古、甘肃、宁夏、新疆、青海、河北、河南、陕西、山东、江苏、安徽、浙江、江西、福建、西藏、湖北、湖南、广东、海南、广西、四川、宁夏、新疆等地
3.3.1	豆科野豌豆属蚕豆(*Vicia faba* L.)的籽实	无	主要分布于北京、天津、辽宁、吉林、黑龙江、内蒙古、甘肃、宁夏、新疆、青海、河北、山西、陕西、山东、江苏、安徽、浙江、江西、福建、台湾、河南、湖北、湖南、广东、海南、广西、四川、贵州、云南等地
6.1.3	豆科苜蓿属紫苜蓿(*Medicago sativa* L.)的茎叶	收割的苜蓿草经自然干燥或烘干脱水、粉碎后获得的产品	主要分布于北京、天津、辽宁、吉林、黑龙江、内蒙古、甘肃、宁夏、新疆、青海、河北、山西、陕西、山东、江苏、安徽、浙江、江西、福建、台湾、河南、湖北、湖南、广东、海南、广西、四川、贵州、云南等地
6.1.3	豆科车轴草属白三叶(*Trifolium repens* L.)的茎叶	收割的白三叶草经自然干燥或烘干脱水、粉碎后获得的产品	主要分布于北京、山西、辽宁、吉林、江苏、浙江、江西、山东、河南、湖北、湖南、重庆、四川、贵州、云南、陕西、甘肃、新疆、黑龙江等地
6.1.3	旋花科番薯属番薯(*Ipomoea batatas* L.)植物的茎叶	收割的番薯(甘薯)茎叶经自然干燥或烘干脱水、粉碎后获得的产品	主要分布于河北、陕西、甘肃、湖南、湖北、河南、福建、江西、广东、广西、海南、四川、贵州、云南等地
6.1.3	豆科野豌豆属蚕豆(*Vicia faba* L.)的茎叶	收割的蚕豆茎叶经自然干燥或烘干脱水、粉碎后获得的产品	主要分布于北京、天津、辽宁、吉林、黑龙江、内蒙古、甘肃、宁夏、新疆、青海、河北、山西、陕西、山东、江苏、安徽、浙江、江西、福建、台湾、河南、湖北、湖南、广东、海南、广西、四川、贵州、云南等地
1.2.17	禾本科草本植物栽培稻(*Oryza sativa* L.)的籽实	稻谷加工过程中产生的破碎米粒(含米粞)	主要分布于河北、山西、内蒙古、辽宁、吉林、黑龙江、江苏、浙江、安徽、福建、江西、山东、河南、湖南、湖北、广东、广西、海南、重庆、四川等地
1.9.1	粟[*Setaria italica* (L.) var. *germanica* (Mill.) Schred]的籽实	无	主要分布于北京、河北、江西、云南等地
2.18.2	亚麻(*Linum usitatissimum* L.)的种子	亚麻籽经压榨取油后的副产品	主要分布于北京、天津、辽宁、黑龙江、内蒙古、甘肃、宁夏、新疆、青海、河北、河南、陕西、山东、江苏、安徽、浙江、江西、福建、西藏、湖北、湖南、广东、海南、广西、四川、宁夏、新疆等地

续表

原料编号	基原及部位	特征描述	资源分布
2.18.3	亚麻(*Linum usitatissimum* L.)的种子	亚麻籽经浸提取油后的副产品	主要分布于北京、天津、辽宁、黑龙江、内蒙古、甘肃、宁夏、新疆、青海、河北、河南、陕西、山东、江苏、安徽、浙江、江西、福建、西藏、湖北、湖南、广东、海南、广西、四川、宁夏、新疆等地
1.2.1	禾本科草本植物栽培稻(*Oryza sativa* L.)的籽实	无	主要分布于河北、山西、内蒙古、辽宁、吉林、黑龙江、江苏、浙江、安徽、福建、江西、山东、河南、湖南、湖北、广东、广西、海南、重庆、四川等地
12.1.1	豆科草本植物栽培大豆(*Glycine max*. L. Merr.)的种子	豆粕经微生物发酵后获得的产品	主要分布于辽宁、河北、山西、陕西、山东、江苏、安徽、浙江、江西、福建、台湾、河南、湖北、湖南、广东、海南、广西、四川、贵州、云南等地
2.3.14	豆科草本植物栽培大豆(*Glycine max*. L. Merr.)的种子	大豆经预压浸提或直接溶剂浸提取油后获得的副产品,或由大豆饼浸提取油后获得的副产品	主要分布于辽宁、河北、山西、陕西、山东、江苏、安徽、浙江、江西、福建、台湾、河南、湖北、湖南、广东、海南、广西、四川、贵州、云南等地
1.13.7	玉米(*Zea mays* L.)籽实	玉米经脱胚、粉碎、去渣、提取淀粉后的黄浆水,再经脱水制成的富含蛋白质的产品,粗蛋白质含量不低于50%(以干基计)	主要分布于辽宁、河北、山西、陕西、山东、江苏、安徽、浙江、江西、福建、台湾、河南、湖北、湖南、广东、海南、广西、四川、贵州、云南等地
4.11.2	藜科甜菜属甜菜(*Beta vulgaris* L.)的块根	甜菜粕为原料,添加废糖蜜等辅料经制粒形成的产品	主要分布于北京、河北、山西、江苏、湖北、湖南、广州、重庆、陕西、甘肃、新疆等地
1.13.4	玉米(*Zea mays* L.)籽实	去皮玉米经汽蒸、碾压后的产品。其中可含有少部分种皮	主要分布于辽宁、河北、山西、陕西、山东、江苏、安徽、浙江、江西、福建、台湾、河南、湖北、湖南、广东、海南、广西、四川、贵州、云南等地
2.9.2	豆科草本植物栽培花生(*Arachis hypogaea* L.)荚果的种子	脱壳或部分脱壳(含壳率≤30%)的花生经压榨取油后的副产品	主要分布于辽宁、河北、山西、陕西、山东、江苏、安徽、浙江、江西、福建、台湾、河南、湖北、湖南、广东、海南、广西、四川、贵州、云南等地
7.1.1	禾本科甘蔗属甘蔗(*Saccharum officinarum* L.)的茎	经制糖工艺提取糖后获得的黏稠液体或甘蔗糖蜜精炼提取糖后获得的液体副产品	主要分布于福建、江西、广东、海南、贵州等地

4.1.1.2 其他可饲用天然植物

2012年农业部首次发布了《饲料原料目录》,收录了115种其他可饲用天然植物,多为食品或药食同源的植物,明确了其特定部位经干燥或粉碎后可作为饲料原料,可与普通饲料原料进行复配使用,主要是应用其营养成分或特定功能成分。为充分利用可饲用天然植物资源,市场期望利用天然植物特定成分的功能在饲用替抗方面发挥一定作用。现共

118种其他可饲用天然植物，其品名、基原、资源分布和标准情况见表4-2[2]。

表4-2 《饲料原料目录》中118种其他可饲用天然植物信息

原料目录编号	品名	基原	使用部位	在我国的资源分布	标准
7.6.1	八角茴香	八角(*Illicium verum* Hook.)	果实	主产于广西西部和南部(百色、南宁、钦州、梧州、玉林等地区多有栽培)	无
7.6.2	白扁豆	豆科扁豆属(*Lablab* Adans.)	种子	主要分布于辽宁、河北、山西、陕西、山东、江苏、安徽、浙江、江西、福建、台湾、河南、湖北、湖南、广东、海南、广西、四川、贵州、云南等地	无
7.6.3	百合	卷丹(*Lilium lancifolium* Thunb.)、百合(*Lilium brownii* F. E. Brown var. *viridulum* Baker)或细叶百合(*Lilium pumilum* DC.)	鳞叶	主要分布于甘肃、湖南	无
7.6.4	白芍	芍药(*Paeonia lactiflora* Pall.)	根	主要分布于安徽、山东、四川、浙江	无
7.6.5	白术	白术(*Atrctylodes macrocephala* Koidz.)	根茎	主要分布于安徽、河北、河南、湖南、陕西、四川、浙江、重庆	无
7.6.6	柏子仁	侧柏[*Platycladus orientalis* (L.)Franco]	种仁	主要分布于山东	无
7.6.7	薄荷	薄荷(*Mentha haplocalyx* Briq.)	地上部分	主要分布于安徽、江苏	无
7.6.8	补骨脂	补骨脂(*Psoralea corylifolia* L.)	果实	主要分布于云南	无
7.6.9	苍术	苍术[*Atractylodes lancea* (Thunb.)DC.]或北苍术[*Atractylodes chinensis*(DC.)Koidz]	根茎		无
7.6.10	侧柏叶	侧柏[*Platycladus orientalis* (L.)Franco]	枝梢和叶	主要分布于河北、黑龙江,安徽、辽宁、内蒙古	无
7.6.11	车前草	车前(*Plantago asiatica* L.)或平车前(*Plantago depressa* Willd.)	全草	主要分布于四川	无
7.6.12	车前子	车前(*Plantago asiatica* L.)或平车前(*Plantago depressa* Willd.)	种子	主要分布于黑龙江、江西	无
7.6.13	赤芍	芍药(*Paeonia lactiflora* Pall.)或川赤芍(*Paeonia veitchii* Lynch)	根	主要分布于河北、黑龙江、吉林、内蒙古、四川	无
7.6.14	川芎	川芎(*Ligusticum chuanxiong* Hort.)	根茎	主要分布于四川	无
7.6.15	刺五加	五加[*Acanthopanax senticosus* (Rupr. et Maxim.)Harms]	根和根茎或茎	主要分布于黑龙江(小兴安岭、伊春市带岭)、吉林(吉林市、通化、安图、长白山)、辽宁(沈阳)、河北(雾灵山、承德、百花山、小五台山、内丘)和山西(中阳、兴县等地)	无

续表

原料目录编号	品名	基原	使用部位	在我国的资源分布	标准
7.6.16	大蓟	蓟(*Cirsium japonicum* Fisch. ex DC.)	地上部分	主要分布于东北地区	无
7.6.17	淡豆豉	豆科大豆属植物大豆(*Glycine max*(L.)Merr.)	种子的发酵加工品	主要分布于山东	无
7.6.18	淡竹叶	禾本科淡竹叶属植物淡竹叶(*Lophatherum gracile* Brongn.)	茎叶	主要分布于广西、湖南、四川	无
7.6.19	当归	伞形科当归属植物当归(*Angelica sinensis*(Oliv.)Diels)	根	主要分布于甘肃、云南	无
7.6.20	党参	党参[*Codonopsis pilosula* (Franch.)Nannf.]、素花党参[*Codonopsis pilosula* Nannf. var. *modesta* (Nannf.) L. T. Shen]或川党参(*Codonopsis tangshen* Oliv.)	根	主要分布于甘肃、山西	无
7.6.21	地骨皮	枸杞(*Lycium chinense* Mill.)或宁夏枸杞(*Lycium barbarum* L.)	根皮	主要分布于山西	无
7.6.22	丁香	丁香[*Syzygium aromaticum* (L.)Merr. et Perry]	花蕾	主要分布于海南省以及雷州半岛	无
7.6.23	杜仲	杜仲(*Eucommia ulmoides* Oliv.)	树皮	主要分布于贵州、四川	无
7.6.24	杜仲叶	杜仲(*Eucommia ulmoides* Oliv.)	叶	主要分布于四川	无
7.6.25	榧子	榧树(*Torreya grandis* Fort.)	种子	主要分布于浙江全省，福建崇安、建瓯，安徽黄山、贵池，江西黎川、修水、铅山、宣天、务元、黄冈山	无
7.6.26	佛手	佛手[*Citrus medica* L. var. *sarcod-actylis*(Noot.)Swingle]	果实	主要分布于广东、广西、四川	无
7.6.27	茯苓	真菌茯苓[*Poria cocos*(Schw.) Wolf]	菌核	主要分布于安徽、湖北、湖南、云南	无
7.6.28	甘草	甘草(*Glycyrrhiza uralensis* Fisch.)、胀果甘草(*Glycyrrhiza inflata* Batal.)或洋甘草(*Glycyrrhiza glabra* L.)	根及根茎	主要分布于甘肃、内蒙古、宁夏、青海、新疆	无
7.6.29	干姜	姜(*Zingiber officinale* Rosc.)	根茎	主要分布于山东、云南	无
7.6.30	高良姜	良姜(*Alpinia officinarum* Hance)	根茎	主要分布于广东	无
7.6.31	葛根	葛[*Pueraria lobata*(Willd.)Ohwi]	根	主要分布于安徽、湖北、陕西、四川、重庆	无
7.6.32	枸杞子	枸杞(*Lycium chinense* Mill.)或宁夏枸杞(*Lycium barbarum* L.)	成熟果实	主要分布于河北、内蒙古、陕西等地	无
7.6.33	骨碎补	骨碎补(*Davallia mariesii* Moore ex Bak.)	根茎	主要分布于浙江、福建、台湾等地	无
7.6.34	荷叶	莲(*Nelumbo nucifera* Gaertn.)	叶	广布于南北各地	无
7.6.35	诃子	诃子(*Terminalia chebula* Retz.)或微毛诃子[*Terminalia chebulaRetz.* var. *tomentella*(Kurz)C. B. Clarke]	果实	分布于广东、海南、广西、云南等地	T/TCVMA 0021—2022 天然植物饲料原料 诃子粉碎物

续表

原料目录编号	品名	基原	使用部位	在我国的资源分布	标准
7.6.36	黑芝麻	芝麻(*Sesamum indicum* L.)	种子	主产于山东、河南、湖北等地	无
7.6.37	红景天	大花红景天[*Rhodiola crenulata*(Hook. F. et Thoms.)H. Ohba]	根和根茎	分布于我国东北、华北、西南、西北。主产于吉林、河北、甘肃、新疆、四川、云南、贵州、西藏等地	无
7.6.38	厚朴	厚朴(*Magnolia officinalis* Rehd. et Wils.)或凹叶厚朴[*Magnolia officinalis subsp. biloba*(Rehd. et Wils.)Cheng]	干皮、根皮及枝皮	原产于湖北,现多栽培	无
7.6.39	厚朴花	厚朴(*Magnolia officinalis* Rehd. et Wils.)或凹叶厚朴[*Magnolia officinalis subsp. biloba*(Rehd. et Wils.)Cheng]	花蕾	现多栽培。分布于陕西、甘肃、浙江、江西、湖南、湖北等地	无
7.6.40	胡芦巴	胡芦巴(*Trigonella foenum-graecum* L.)	成熟种子	分布于黑龙江、吉林、辽宁、河北、河南、安徽、浙江、湖北、广东、广西、陕西、甘肃、新疆、四川、贵州、云南等省区	无
7.6.41	花椒	青花椒(*Zanthoxylum schinifolium* Sieb. et Zucc.)或花椒(*Zanthoxylum bungeanum* Maxim)	成熟果实	多生于山坡、林缘、灌木丛中,或栽培于庭院。全国各处几乎都有分布	无
7.6.42	槐角[槐实]	槐(*Sophora japonica* L.)	成熟果实	生于山坡原野。南北各地均有栽培,以北方最为常见	无
7.6.43	黄精	滇黄精(*Polygonatum kingianum* Coll. et Hemsl.)、黄精(*Polygonatum sibiricum* Delar.)或多花黄精(*Polygonatum cyrtonema* Hua)	根茎	分布于东北、华北及陕西、宁夏、浙江等地	无
7.6.44	黄芪	蒙古黄芪[*Astragalus membranaceus*(Fisch.)Bge. var. *Mongholicus*(Bge.)Hsiao]或膜荚黄芪[*Astragalus membranaceus*(Fisch.)Bge.]	根	蒙古黄芪生于向阳草地及山坡;膜荚黄芪生于林缘、灌丛、林间草地及疏林下。分布于黑龙江、吉林、辽宁、河北、内蒙古等地	T/TCVMA 0004—2020 天然植物饲料原料 黄芪粗提物 T/ZSA 83—2021 天然植物饲料原料 黄芪粗提物 T/TCVMA 0002—2020 天然植物饲料原料 黄芪干燥物 T/TCVMA 0003—2020 天然植物饲料原料 黄芪粉碎物
7.6.45	藿香	藿香[*Agastache rugosa*(Fisch. et Mey.)O. Ktze]	地上部分	生于山坡或路旁。分布于黑龙江、吉林、辽宁、河北等地	无

续表

原料目录编号	品名	基原	使用部位	在我国的资源分布	标准
7.6.46	积雪草	积雪草[*Centella asiatica*(L.) Urb.]	全草	生于路旁、田坎、沟边湿润而肥沃的土地上。分布于长江以南各地。	无
7.6.47	姜黄	姜黄(*Curcuma longa* L.)	根茎	分布于福建、浙江、台湾、湖北等地	无
7.6.48	绞股蓝	绞股蓝(*Gynostemma* Bl.)	全草	生于山地灌木丛或林中。分布于陕西南部及长江以南各地。野生或栽培	T/TCVMA 0011—2020 天然植物饲料原料 绞股蓝干燥物 T/TCVMA 0013—2020 天然植物饲料原料 绞股蓝粗提物 T/TCVMA 0012—2020 天然植物饲料原料 绞股蓝粉碎物
7.6.49	桔梗	桔梗[*Platycodon grandiflorus* (Jacq.) A. DC.]	根	生于山地草坡、林边。南北各省区均有分布，并有栽培	无
7.6.50	金荞麦	金荞麦[*Fagopyrum dibotrys* (D. Don) Hara]	根茎	生于荒地、路旁、河边阴湿地。分布于江苏、安徽、浙江等地	无
7.6.51	金银花	忍冬(*Lonicera japonica Thunb.*)	花蕾或初开的花	生于丘陵、林边、篱旁；多有栽培。分布于全国大部分地区	无
7.6.52	金樱子	金樱子(*Rosa laevigata* Michx.)	成熟果实	生于向阳多石山坡灌木丛中。主产于江苏、安徽、浙江等地	无
7.6.53	韭菜子	韭菜(*Allium tuberosum* Rottl. ex Spreng.)	成熟种子	全国各地均有栽培	无
7.6.54	菊花	菊花[*Dendranthema morifolium*(Ramat.) Tzvel.]	头状花序	我国大部分地区有栽培	无
7.6.55	橘皮	橘(*Citrus Reticulata* Blanco)	成熟果皮	栽培于丘陵、低山地带、江河湖泊沿岸或平原。在福建、台湾、广东、广西等地均有栽培	无
7.6.56	决明子	决明(*Cassia tora* L.)	成熟种子	生于村边、路旁、山坡等地。分布于江苏、安徽等地	无
7.6.57	莱菔子	萝卜(*Raphanus sativus* L.)	种子	全国各地均有栽培	无
7.6.58	莲子	莲(*Nelumbo nucifera* Gaertn.)	种子	产于我国南北各省，自生或栽培在池塘或水田内	无
7.6.59	芦荟	芦荟(*Aloe barbadensis* Miller)	叶	我国福建、台湾、广东、广西、四川、云南等地有栽培	无
7.6.60	罗汉果	罗汉果[*Siraitia grosvenorii* (Swingle) C. Jeffrey ex Lu et Z. Y. Zhang]	果实	常生于山坡林下及河边湿地、灌木丛中。分布于江西、湖南、广东、广西、贵州等地	无
7.6.61	马齿苋	马齿苋(*Portulaca oleracea* L.)	地上部分	分布于全国各地	无

续表

原料目录编号	品名	基原	使用部位	在我国的资源分布	标准
7.6.62	麦冬[麦门冬]	麦冬[*Ophiopogon japonicus* (L. f) Ker-Gawl.]	块根	产于中国广东、广西、福建、台湾、浙江、江苏、江西、湖南、湖北、四川、云南等地	无
7.6.63	玫瑰花	玫瑰(*Rosa rugosa* Thunb.)	花蕾	主产于江苏、浙江、福建、山东、四川、河北等地	无
7.6.64	木瓜	木瓜[*Chaenomeles speciosa* (Sweet) Nakai.]	果实	原产于我国西南地区,现在南北各地多有栽培	无
7.6.65	木香	木香[*Dolomiaea souliei* (Franch.) Shih]	根	原产于印度、缅甸、巴基斯坦,从广东进口,称为广木香。国内云南有大量引种,故又有"云木香之名"	无
7.6.66	牛蒡子	牛蒡(*Arctium lappa* L.)	果实	分布于东北、西北、中南、西南、台湾的台南以及河北、山西、山东、江苏、安徽、浙江、江西、广西等地	无
7.6.67	女贞子	女贞(*Ligustrum lucidum* Ait.)	果实	分布于华东、华南、西南及华中各地。主产于浙江、江苏、湖南、福建、广西、江西以及四川等地	T/TCVMA 0016—2022 天然植物饲料原料 女贞子粗提物 T/TCVMA 0014—2022 天然植物饲料原料 女贞子干燥物 T/TCVMA 0015—2022 天然植物饲料原料 女贞子粉碎物
7.6.68	蒲公英	蒲公英(*Taraxacum mongolicum* Hand. Mazz.)、碱地蒲公英(*Taraxacum borealisinense* Kitam.)	全草	分布于东北、华北、华东、华中、西南及陕西、甘肃、青海等地	无
7.6.69	蒲黄	水烛香蒲(*Typha angustifolia* L.)、东方香蒲(*Typha orientalis* Presl)	花粉	主产于浙江、江苏、山东、安徽、湖北	无
7.6.70	茜草	茜草(*Rubia cordifolia* L.)	根及根茎	主产于安徽、河北、陕西、河南、山东	无
7.6.71	青皮	橘(*Citrus reticulata* Blanco)	未成熟果实的果皮	产于福建、浙江、广东、广西、江西、湖南、贵州、云南、四川等地	无
7.6.72	人参	人参(*Panax ginseng* C. A. Mey.)	根茎	主产于吉林、辽宁、黑龙江。多栽培	无
7.6.73	人参叶	人参(*Panax ginseng* C. A. Mey.)	叶	主产于吉林、辽宁、黑龙江。多栽培	无
7.6.74	肉豆蔻	豆蔻(*Myristica fragrans* Houtt.)	种仁	原产于马鲁古群岛,热带地区广泛栽培。我国台湾、广东、云南等地引入栽培	无
7.6.75	桑白皮	桑(*Morus alba* L.)	根皮	河南、安徽、四川、湖南、河北、广东。以河南、安徽产量大,并以亳桑皮质量佳	无
7.6.76	桑椹	桑(*Morus alba* L.)	果穗	主产于江苏、浙江、湖南、四川、河北等地	无

续表

原料目录编号	品名	基原	使用部位	在我国的资源分布	标准
7.6.77	桑叶	桑(*Morus alba* L.)	叶	全国大部分地区多有生长,尤以长江中下游及四川盆地地区为多	无
7.6.78	桑枝	桑(*Morus alba* L.)	嫩枝	全国大部分地区均产;主产于江苏、浙江、安徽、湖南、河北、四川等地	无
7.6.79	沙棘	沙棘(*Hippophae rhamnoides* L.)	果实	分布于华北、西北及四川、云南、西藏等地。主产于内蒙古、新疆	无
7.6.80	山药	薯蓣(*Dioscorea opposita* Thunb.)	根茎	现各地皆有栽培	无
7.6.81	山楂	山里红(*Crataegus pinnatifida* Bge. var. *major* N. E. Br.)或山楂(*Crataegus pinnatifida* Bge.)	果实	主产于山东、河南、河北、辽宁	无
7.6.82	山茱萸	山茱萸(*Cornus officinalis* *Sieb*. et Zucc.)	果肉	产于山西、陕西、甘肃、山东、江苏、浙江、安徽、江西、河南、湖南等省。在中国四川有引种栽培	无
7.6.83	生姜	姜(*Zingiber officinale* Rosc.)	根茎	分布于中国中东部、东南部至西南部。山东省昌邑、安丘等市广为栽培,亚洲热带地区亦常见栽培	无
7.6.84	升麻	大三叶升麻(*Cimicifuga heracleifolia* Kom.)、兴安升麻[*Cimicifuga dahurica* (Turcz.) Maxim.]或升麻(*Cimicifuga foetida* L.)	根茎	分布于西藏、云南、四川、青海、甘肃、陕西、河南西部和山西	无
7.6.85	首乌藤	何首乌[*Fallopia multiflora* (Thunb.) Harald.]	藤茎	分布于华东、中南及河北、山西、陕西、甘肃、台湾、四川、贵州、云南等地	无
7.6.86	酸角	酸豆(*Tamarindus indica* L.)	果实	原产于非洲,热带各地均有栽培。中国台湾、福建、广东、广西、云南等地有引种栽培或逸为野生	无
7.6.87	酸枣仁	酸枣[*Ziziphus jujuba* *Mill*. var. spinosa (Bunge) Hu ex H. F. Chow]	干燥成熟种子	产于吉林、辽宁、河北、山东、山西、陕西、河南、甘肃、新疆、安徽、江苏、浙江、江西、福建、广东、广西、湖南、湖北、四川、云南、贵州。生长于海拔1700m以下的山区、丘陵或平原。在我国广为栽培	无
7.6.88	天冬[天门冬]	天门冬[*Asparagus cochinchinensis* (Lour.) Merr.]	干燥块根	从河北、山西、陕西、甘肃等省的南部至华东、中南、西南各省区都有分布。生于海拔1750m以下的山坡、路旁、疏林下、山谷或荒地上	无

续表

原料目录编号	品名	基原	使用部位	在我国的资源分布	标准
7.6.89	土茯苓	土茯苓(*Smilax glabra* Roxb.)	根茎	主产于广东、湖南、湖北、浙江、江苏、四川、江西等地	无
7.6.90	菟丝子	南方菟丝子(*Cuscuta australis* R. Br.)或菟丝子(*Cuscuta chinensis* Lam.)	成熟种子	分布于黑龙江、吉林、辽宁、河北、山西、陕西、宁夏、甘肃、内蒙古、新疆、山东、江苏、安徽、河南、浙江、福建、四川、云南、广东等省	无
7.6.91	五加皮	五加(*Acanthopanax gracilistylus* W. W. Smith)	根皮	主产于湖北、河南、安徽等地	无
7.6.92	乌梅	梅(*Armeniaca mume* Sieb.)	近成熟果实	我国各地均有栽培,但以长江流域以南各省最多,江苏北部和河南南部也有少数品种,某些品种已在华北引种成功	无
7.6.93	五味子	五味子(*Schisandra chinensis* (Turcz.)Baill.)	成熟果实	产于黑龙江、吉林、辽宁、内蒙古、河北、山西、宁夏、甘肃、山东。生于海拔1200~1700m的沟谷、溪旁、山坡	无
7.6.94	鲜白茅根	白茅[*Imperata cylindrica*(L.) Beauv.]	根茎	全国大部分地区均产	无
7.6.95	香附	香附子(*Cyperus rotundus* L.)	根茎	主产于浙江、福建、湖南	无
7.6.96	香薷	石香薷(*Mosla chinensis* Maxim.)或江香薷(*Mosla chinensis'Jiangxiangru'*)	地上部分	在中国除新疆、青海外几乎产于全国各地;生长于海拔达3400m的路旁、山坡、荒地、林内、河岸	无
7.6.97	小蓟	刺儿菜[*Cirsium setosum* (willd.)MB.]	地上部分	全国大部分地区均产	无
7.6.98	薤白	薤白(*Allium macrostemon* Bunge.)	鳞茎	主产于东北、河北、江苏、湖北	无
7.6.99	洋槐花	刺槐(*Robinia pseudoacacia* L.)	花	中国南北各地均产	无
7.6.100	杨树花	毛白杨(*Populus tomentosa* Carr.)、加拿大杨(*Populus canadensis* Moench)	花	①毛白杨:喜生于海拔1500m以下的平原地区。分布于辽宁、河北、山西、陕西、甘肃、江苏、安徽、浙江、河南等地。②加拿大杨:喜生于温暖湿润的地区。我国除广东、海南、云南、西藏外,各地均有引种	无
7.6.101	野菊花	菊科(*Chrysanthemum indicum* L.)	头状花序	分布于东北、华北、华中、华南及西南各地	无
7.6.102	益母草	益母草[*Leonurus artemisia* (Lour.)S. Y. Hu]	地上部分	生于山野、河滩草丛中及溪边湿润处。广泛分布于全国各地	无
7.6.103	薏苡仁	薏苡(*Coix lacryma-jobi* L.)	成熟种仁	主产于福建、河北、辽宁	无

续表

原料目录编号	品名	基原	使用部位	在我国的资源分布	标准
7.6.104	益智［益智仁］	益智(*Alpinia oxyphylla* Miq.)	果实	产于广东、海南、广西，近年来云南、福建亦有少量试种；生于林下阴湿处或栽培	无
7.6.105	银杏叶	银杏(*Ginkgo biloba* L.)	叶	栽培地区北至辽宁，南达广东，东起浙江，西达陕西、甘肃，西南到四川、贵州、云南等地	无
7.6.106	鱼腥草	蕺菜(*Houttuynia cordata* Thunb.)	新鲜全草或干燥地上部分	主要分布于长江流域以南的中部、东南及西南部各省区，尤其以四川、湖北、浙江、福建、广西、贵州等省居多，四川雅安是我国鱼腥草的主产区之一	无
7.6.107	玉竹	玉竹［*Polygonatum odoratum* (Mill.) Druce］	根茎	黑龙江、吉林、辽宁、河北、山西、内蒙古、甘肃、青海、山东、河南、湖北、湖南、安徽、江西、江苏、台湾等地的向阳山坡或路旁	无
7.6.108	远志	远志(*Polygala tenuifolia* Willd.)	根	主产于山西、陕西、河北、河南。此外山东、内蒙古、安徽、湖北、吉林、辽宁等地亦产	无
7.6.109	越橘	越橘(*Vaccinium vitis-idaea* L.)	果实或叶	在我国产于黑龙江、吉林、内蒙古、陕西、新疆等地	无
7.6.110	泽兰	泽兰(*Eupatorium japonicum* Thunb.)	地上部分	分布于黑龙江、吉林、辽宁、内蒙古、河北、山东、山西、陕西、甘肃、浙江、江苏、江西、安徽、福建、台湾、湖北、湖南、广东、广西、贵州、四川及云南，几乎遍及全国	无
7.6.111	泽泻	东方泽泻［*Alisma orinentale* (Samuel.) Juz.］	块茎	产于黑龙江、吉林、辽宁、内蒙古、河北、山西、陕西、新疆、云南等省区。生于湖泊、河湾、溪流、水塘的浅水带，沼泽、沟渠及低洼湿地亦有生长	无
7.6.112	制何首乌	何首乌［*Fallopia multiflora* (Thunb.) Harald.］	块根的炮制加工品	产于陕西南部、甘肃南部、华东、华中、华南、四川、云南及贵州。生于山谷灌丛、山坡林下、沟边石隙	无
7.6.113	枳壳	酸橙(*Citrus aurantium* L.)	未成熟果实	分布于中国长江流域及以南各省区	无

续表

原料目录编号	品名	基原	使用部位	在我国的资源分布	标准
7.6.114	知母	知母(*Anemarrhena asphodeloides* Bunge)	根茎	主要分布于河北、山西、山东(山东半岛)、陕西(北部)、甘肃(东部)、内蒙古(南部)、辽宁(西南部)、吉林(西部)和黑龙江(南部)	无
7.6.115	紫苏叶	紫苏[*Perilla frutescens*(L.) Britt.]	叶	全国各地广泛栽培	无
7.6.116	绿茶	茶[*Camellia sinensis*(L.) O. Ktze.]	新叶或芽	分布于中国大部地区(主产长江以南各地)	无
7.6.117	迷迭香	迷迭香(*Rosmarinus officinalis*)	茎、叶或花	主要分布在中国南方大部分地区与山东地区	无
7.6.118	栀子	栀子(*Gardenia jasminoides* J. Ellis)	干燥成熟果实	产于山东、江苏、安徽、浙江、江西、福建、台湾、湖北、湖南、广东、香港、广西、海南、四川、贵州和云南,河北、陕西和甘肃有栽培	无

4.1.1.3 已批准的天然植物提取物饲料添加剂

目前我国允许作为植物提取物类饲料添加剂品种及适用范围详见表4-3。

表4-3 目前允许作为植物提取物类饲料添加剂品种及适用范围(截至2024年7月)

序号	类别	通用名称		适用动物范围
1～3	维生素及类维生素	β-胡萝卜素、天然维生素E、甜菜碱		养殖动物
4～5	抗氧化剂	茶多酚、维生素E		养殖动物
6		迷迭香提取物		宠物
7	着色剂	辣椒红		家禽
8		β-胡萝卜素		家禽、犬、猫
9		天然叶黄素(源自万寿菊)		家禽、水产养殖动物、犬、猫
10～18		高粱红、红曲红、红曲米、叶绿素铜钠(钾)盐、栀子蓝、栀子黄、新红、萝卜红、番茄红素		犬、猫
19	调味和诱食物质	甜味物质	新甲基橙皮苷二氢查耳酮	猪
20			索马甜	养殖动物
21			甜菊糖苷	犬、猫
22		香味物质	食品用天然香料	养殖动物
23		其他	大蒜素	
24～26	黏结剂、抗结块剂、稳定剂和乳化剂	瓜尔胶、阿拉伯树胶、磷脂(大豆磷脂)		养殖动物
27		决明胶、刺槐豆胶、果胶		宠物
28		亚麻籽胶		犬、猫
29～31	其他	天然类固醇萨洒皂角苷(源自丝兰)、天然三萜烯皂角苷、二十二碳六烯酸(DHA)		养殖动物
32		糖萜素(源自山茶籽饼)		猪和家禽
33～34		苜蓿提取物(有效成分为苜蓿多糖、苜蓿黄酮、苜蓿皂苷)		仔猪、生长育肥猪、肉鸡、犬、猫
35		杜仲叶提取物(有效成分为绿原酸、杜仲多糖、杜仲黄酮)		生长育肥猪、鱼、虾

续表

序号	类别	通用名称	适用动物范围
36	其他	淫羊藿提取物(有效成分为淫羊藿苷)	鸡、猪、绵羊、奶牛
37		4,7-二羟基异黄酮(大豆黄酮)	猪、产蛋家禽
38		紫苏籽提取物(有效成分为 α-亚油酸、亚麻酸、黄酮)	猪、肉鸡和鱼、犬、猫
39		植物甾醇(源于大豆油/菜籽油,有效成分为 β-谷甾醇、菜油甾醇、豆甾醇)	家禽、生长育肥猪、犬、猫
40	新饲料添加剂品种(2045 号公告附录)	藤茶黄酮	鸡
41		褐藻酸寡糖	肉鸡、蛋鸡
42	2045 号公告后批准的新饲料添加剂品种	姜黄素	淡水鱼、肉仔鸡
43		绿原酸(源自山银花,原植物为灰毡毛忍冬)	肉仔鸡
44		水飞蓟宾	淡水鱼
45		万寿菊提取物(有效成分为槲皮万寿菊素)	肉仔鸡
46		枯草三十七肽	肉鸡
47		红三叶草提取物(有效成分为刺芒柄花素、鹰嘴豆芽素 A)	育成期奶牛和成年奶牛
48		甜叶菊提取物(有效成分为绿原酸及其类似物)	肉仔鸡、断奶仔猪
49		石香薷提取物(有效成分为百里香酚、香芹酚)	肉仔鸡
50		卫矛醇	生长育肥猪、肉仔鸡

4.1.2 新食品原料（新资源食品）

除了已批准的《饲料原料目录》中的品种和新饲料添加剂外，新食品原料也是重要的来源。新食品原料是指在我国无传统食用习惯的以下物品：动物、植物和微生物；从动物、植物和微生物中分离的成分；原有结构发生改变的食品成分；其他新研制的食品原料。新食品原料不包括转基因食品、保健食品、食品添加剂新品种。

植物类新资源食品是指那些新研制、新发现、新引进的植物，其种子、根、茎、叶、花、果等部分可食用的植物，见表 4-4。

表 4-4 植物类新资源食品目录（截至 2023 年 12 月 1 日）

公告号	名称
2009 年第 3 号	蛹虫草
2009 年第 5 号	菊粉
2009 第 18 号	茶叶籽油、盐藻及提取物
2010 年第 3 号	DHA 藻油、棉籽低聚糖、植物甾醇、植物甾醇酯、花生四烯酸油脂、白子菜、御米油
2010 年第 9 号	金花茶、显脉旋覆花(小黑药)、诺丽果浆、酵母 β-葡聚糖、雪莲培养物
2010 年第 17 号	雨生红球藻、表没食子儿茶素没食子酸酯
2011 年第 1 号	翅果油
2011 年第 9 号	元宝枫籽油、牡丹籽油
2011 年第 13 号	玛咖粉
2012 年第 17 号	人参(人工种植)
2012 年第 19 号	蛋白核小球藻、乌药叶、辣木叶
2013 年第 1 号	茶树花、盐地碱蓬籽油、美藤果油、盐肤木果油、广东虫草子实体、阿萨伊果、茶藨子叶状层菌发酵菌丝体

续表

公告号	名称
2013 年第 10 号	裸藻、丹凤牡丹花、狭基线纹香茶菜、长柄扁桃油、光皮梾木果油、青钱柳叶
2013 年第 16 号	显齿蛇葡萄叶
2014 年第 6 号	水飞蓟籽油、柳叶蜡梅、杜仲雄花
2014 年第 10 号	奇亚籽、圆苞车前子壳
2014 年第 12 号	线叶金雀花
2014 年第 15 号	茶叶茶氨酸
2014 年第 20 号	番茄籽油、枇杷叶、湖北海棠(茶海棠)叶、竹叶黄酮、燕麦 β-葡聚糖
2017 年第 7 号	乳木果油、西兰花种子水提物、木姜叶柯
2018 年第 10 号	黑果腺肋花楸果、球状念珠藻(葛仙米)
2019 年第 2 号	明日叶、枇杷花
2020 年第 4 号	赶黄草
2020 年第 9 号	蝉花子实体(人工培植)
2021 年第 5 号	二氢槲皮素、拟微球藻
2021 年第 9 号	食叶草
2022 年第 1 号	关山樱花
2022 年第 2 号	莱茵衣藻、甘蔗多酚
2023 年第 3 号	蓝莓花色苷、黑麦花粉
2023 年第 5 号	文冠果种仁、文冠果叶
2023 年第 10 号	巴拉圭冬青叶(马黛茶叶)、儿茶素

4.1.2.1 常见食品源植物

常见食品源植物包括谷物作物、油料作物、豆科作物等，主要是应用其营养价值，大部分已经被《饲料原料目录》收录。

4.1.2.2 新食品原料

随着世界人口的增长以及经济和科技的发展，人民的生活水平不断提高，食品工业也在蓬勃发展，传统的食品资源逐渐不能满足人们的需求。充分研究和利用自然资源，开发各种功能特性不同、有益于人类健康的新食品原料成为一种世界性的开发趋势。针对新食品原料资源的扩大，我国出台了《新食品原料安全性审查管理办法》。

2013 年起，中国批准的植物类新食品原料有：裸藻、丹凤牡丹花、狭基线纹香茶菜、青钱柳叶、显齿蛇葡萄叶、柳叶蜡梅、杜仲雄花、奇亚籽、线叶金雀花、枇杷叶、湖北海棠（茶海棠）叶、木姜叶柯、黑果腺肋花楸果以及球状念珠藻（葛仙米）[4]、枇杷花、赶黄草、食叶草、关山樱花。狭基线纹香茶菜、柳叶蜡梅、杜仲雄花、湖北海棠（茶海棠）叶可晒干后直接泡水饮用，狭基线纹香茶菜对肝脏有保护作用，常用于治疗急性黄疸性肝炎、急性胆囊炎，还可清热凉血散瘀。柳叶蜡梅临床上用于治疗肝胃不和引起的消化道疾病，可以清热解毒，用于预防感冒、缓解中暑症状、增强免疫力，对治疗慢性气管炎、胸闷也有一定的帮助。杜仲雄花具有清除自由基、抗氧化功效。湖北海棠（茶海棠）叶能保护肝脏、降血糖、抗氧化、抗菌消炎及抗疲劳。裸藻经过加工后可作为保健品食用，对肝脏有防御保护作用，能清除体内有害胆固醇，还能够改善便秘、缓解疲劳、清除体内中性脂肪与重金属等，对治疗痛风也有一定帮助。丹凤牡丹花可直接食用，也可作为原料用于酿酒，能清除自由基，抗氧化，调节血压，降血脂，防止动脉硬化，还可以活血，缓解痛经，抑制肿瘤细胞的增殖、转移，并诱导癌细胞凋亡。青钱柳叶、木姜叶柯可作为新型降糖药成分，青钱柳叶还能抗氧化。显齿蛇葡萄叶可作为预防高血压的天然药物或者功能性食品，可降血糖血脂、防止动脉硬化、抗氧化。奇亚籽可加工成功能性食品，亦可作为天然抗氧化剂。线叶金雀花能够促进胶原蛋白的合成，可应用于化妆品中，有一定美容效果，有清除自由基、抗氧化的功效，也可镇静中枢神经系统，降血脂。枇杷叶可作为中药直接食用，也可加工为枇杷膏等食用，具有止咳、平喘、化痰，抗菌，降血糖等功效。黑果腺肋花楸果可加工成果酒、果醋、果茶等，能明显缓解酒精性脂肪肝，降血糖，抗氧化及抗菌消炎。葛仙米可直接加工食用，提取物也可用于生产食品和化妆品，具有帮助睡眠、清热明目、治疗夜盲症以及利肠胃等功效，外用还可治疗烧伤、烫伤等。

4.1.2.3 既是食品又是药品的中药材

除了已批准的《饲料原料目录》中的品种和新饲料添加剂外，药食同源品种也是重点关注的范畴。生产经营的食品中不得添加药品，但是可以添加按照传统既是食品又是中药材的物质（简称食药物质）（表 4-5）。

“药食同源”物质富含蛋白质、维生素、微量元素等，兼顾营养价值和药用保健价值。将“药食同源”植物用于饲料或饲料添加剂，不仅可以利用其营养物质，还能应用其功能物质。目前我国批准作为“药食同源”的物质有 106 种，含 100 种植物，其中 56 种已经被《饲料原料目录》收录。

表 4-5 既是食品又是药品的名单

公告	品种
卫法监发〔2002〕51 号	丁香、八角茴香、刀豆、小茴香、小蓟、山药、山楂、马齿苋、乌梢蛇、乌梅、木瓜、火麻仁、代代花、玉竹、甘草、白芷、白果、白扁豆、白扁豆花、龙眼肉（桂圆）、决明子、百合、肉豆蔻、肉桂、余甘子、佛手、杏仁（甜、苦）、沙棘、牡蛎、芡实、花椒、赤小豆、阿胶、鸡内金、麦芽、昆布、枣（大枣、酸枣、黑枣）、罗汉果、郁李仁、金银花、青果、鱼腥草、姜（生姜、干姜）、枳椇子、枸杞子、栀子、砂仁、胖大海、茯苓、香橼、香薷、桃仁、桑叶、桑椹、橘红、桔梗、益智仁、荷叶、莱菔子、莲子、高良姜、淡竹叶、淡豆豉、菊花、菊苣、黄芥子、黄精、紫苏、紫苏籽、葛根、黑芝麻、黑胡椒、槐米、槐花、蒲公英、蜂蜜、榧子、酸枣仁、鲜白茅根、鲜芦根、蝮蛇、橘皮、薄荷、薏苡仁、薤白、覆盆子、藿香
2019 年第 8 号	当归、山柰、西红花（在香辛料和调味品中又称“藏红花”）、草果、姜黄、荜茇
2023 年第 9 号	党参、肉苁蓉（荒漠）、铁皮石斛、西洋参、黄芪、灵芝、山茱萸、天麻、杜仲叶
2024 年第 4 号	地黄、麦冬、天冬、化橘红

4.1.2.4 已获批作为食品添加剂的植物或植物提取物

植物源功能性食品添加剂不断应用到饲料中，如食品添加剂迷迭香提取物、大豆异黄酮、植物甾醇等。另外，2013 年原农业部公告第 2045 号将《食品安全国家标准食品添加剂使用标准》（GB 2760—2011）中食品用香料纳入《饲料添加剂品种目录》，明确了植物油脂或提取物植物源香料可作为饲料添加剂使用，意味着植物油脂或提取物的来源植物特定部位经特定工艺处理后可作为饲用植物原料。

4.1.2.5 已获批作为保健食品的植物或植物提取物

2002 年，国家为进一步规范保健食品原料管理，根据《中华人民共和国食品卫生法》，原卫生部发布了《卫生部关于进一步规范保健食品原料管理的通知》（卫法监发［2002］51 号），批准了 114 个可用于保健食品的物品，见表 4-6。其中 64 种已经收录于《饲料原料目录》，主要是应用其功能物质替代或减少抗菌药物的使用。《饲料原料目录》是根据科技发展和实际需求不断完善的，在未来会有更多的可作为保健食品原料的植物收录到《饲料原料目录》中。

表 4-6 原卫生部公布的可用于保健食品的中药名单

公告号	品种
卫法监发〔2002〕51 号	人参、人参叶、人参果、三七、土茯苓、大蓟、女贞子、山茱萸、川牛膝、川贝母、川芎、马鹿胎、马鹿茸、马鹿骨、丹参、五加皮、五味子、升麻、天门冬、天麻、太子参、巴戟天、木香、木贼、牛蒡子、牛蒡根、车前子、车前草、北沙参、平贝母、玄参、生地黄、生何首乌、白及、白术、白芍、白豆蔻、石决明、石斛、地骨皮、当归、竹茹、红花、红景天、西洋参、吴茱萸、怀牛膝、杜仲、杜仲叶、沙苑子、牡丹皮、芦荟、苍术、补骨脂、诃子、赤芍、远志、麦冬、龟甲、佩兰、侧柏叶、制大黄、制何首乌、刺五加、刺玫果、泽兰、泽泻、玫瑰花、玫瑰茄、知母、罗布麻、苦丁茶、金荞麦、金缨子、青皮、厚朴花、姜黄、枳壳、枳实、柏子仁、珍珠、绞股蓝、葫芦巴、茜草、筚茇、韭菜子、首乌藤、香附、骨碎补、党参、桑白皮、桑枝、浙贝母、益母草、积雪草、淫羊藿、菟丝子、野菊花、银杏叶、黄芪、湖北贝母、番泻叶、蛤蚧、越橘、槐实、蒲黄、蒺藜、蜂胶、酸角、墨旱莲、熟大黄、熟地黄、鳖甲

4.2
饲用植物减抗、替抗活性物质及示例

4.2.1 精油

精油（essential oil，EO）又称挥发油、香精油或芳香油，是以天然植物的花、根、叶或果实为原材料，经过特定的提取方法制取的一类具有挥发性、特殊香味的脂溶性物质。精油组分是植物自然生长过程中合成的一类次生代谢产物，成分复杂，多为几十种物质的混合物，主要包括萜烯类化合物，芳香族化合物，脂肪族化合物和含氮、含硫化合物等基本成分（表 4-7，表 4-8）。植物精油具有诱食、抗氧化、抗微生物、抗炎、增强免疫、改善消化功能等作用，广泛应用于饲用替抗和改善动物健康[6-8]。值得注意的是有些声称为“植物精油”的产品如百里香酚、香芹酚、肉桂醛等，可能是通过化工合成获得的单体化合物，需控制化工合成中可能产生有害杂质或关注旋光性等问题，因此不能做简单的等价，更不能称为“植物精油”产品。

“精油”的挥发性会给产品质量稳定和应用效果带来不确定性，可借助现代制剂工艺（如包被、包埋、缓释等）来实现精油产品的稳定性。鉴于成本原因实际使用的精油添加剂量往往低于其最小抑菌浓度而根本起不到抗菌效果，“抗菌”是药物属性，如果作为饲料添加剂，“抗菌促生长”不应描述为精油产品的功能，应避免这种不合规的表述。精油作为“饲用替抗”产品，其促生长的机制到底是什么？还需在抗氧化应激、减少炎症或调控肠道菌群、保障肠道健康方面进行深入研究。此外，植物精油特殊的芳香特性和抗氧化活性在改善畜禽产品品质方面可能是未来重要的应用方向。

“精油”类产品的推广主要受限于应用成本，在饲用替抗中的功能价值还有待进一步挖掘。

表 4-7 精油组分的分类

名称	举例	结构式
萜烯类衍生物	月桂烯 $C_{10}H_{16}$	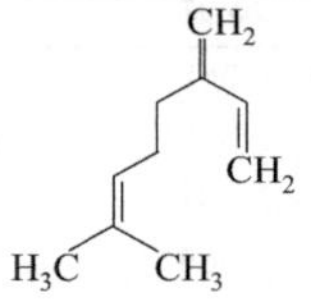 CH_2, CH_2, H_3C, CH_3
芳香族化合物	柠檬醛($C_{10}H_{16}O$)	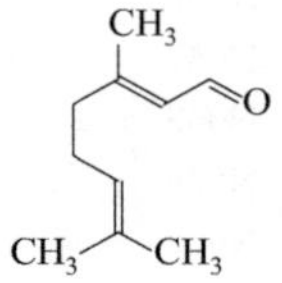 CH_3, O, CH_3, CH_3
脂肪族化合物	异戊醛($C_5H_{10}O$) 异戊酸($C_5H_{10}O_2$)	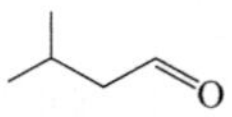 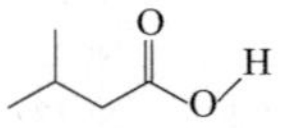 O; O, O, H
含氮、含硫类化合物	苄基异硫氰酸酯(C_8H_7NS)	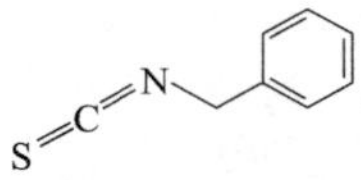 S, C, N

表 4-8 《食品安全国家标准 食品添加剂使用标准》(GB 2760—2024)中允许使用的食品用天然香料名单

序号	编码	香料名称	序号	编码	香料名称
1	N001	丁香叶油	31	N032	白兰花浸膏
2	N002	丁香花蕾酊(提取物)	32	N033	白芷酊
3	N003	丁香花蕾油	33	N034	白柠檬油
4	N004	罗勒油	34	N035	白柠檬萜烯
5	N005	八角茴香油	35	N036	生姜油树脂
6	N006	九里香浸膏	36	N037	肉豆蔻油
7	N007	广藿香油	37	N038	肉豆蔻酊
8	N008	万寿菊油	38	N039	中国肉桂油
9	N010	小豆蔻油	39	N040	中国肉桂皮酊(提取物)
10	N011	小豆蔻酊	40	N041	红茶酊
11	N012	小茴香酊	41	N042	印蒿油
12	N013	山苍子油	42	N043	吐鲁酊(提取物)
13	N014	山楂酊	43	N044	吐鲁香膏
14	N015	大蒜油	44	N045	豆豉酊
15	N016	大蒜油树脂	45	N046	杜松籽油(又名刺柏子油)
16	N017	天然康酿克油	46	N047	芫荽籽油
17	N018	天然薄荷脑	47	N048	芹菜花油
18	N019	云木香油	48	N049	芹菜籽油
19	N020	月桂叶油	49	N050	牡荆叶油
20	N021	乌梅酊	50	N051	圆柚油
21	N022	布枯叶油	51	N052	苍术脂(又名苍术硬脂、苍术油)
22	N023	可可酊	52	N053	枣子酊
23	N024	可可壳酊	53	N054	玫瑰油
24	N025	甘松油	54	N055	玫瑰净油
25	N026	甘草酊	55	N056	玫瑰浸膏
26	N027	甘草流浸膏	56	N057	鸢尾浸膏
27	N028	冬青油	57	N058	鸢尾脂(又名鸢尾凝脂)
28	N029	白兰花油	58	N059	杭白菊花油
29	N030	白兰叶油	59	N060	杭白菊花浸膏(又名杭菊花流浸膏)
30	N031	白兰花净油	60	N061	枫槭油

续表

序号	编码	香料名称	序号	编码	香料名称
61	N062	枫槭浸膏	110	N112	酒花酊
62	N063	岩蔷薇浸膏(又名赖百当浸膏)	111	N113	酒花浸膏
63	N064	咖啡酊	112	N114	桉叶油(蓝桉油)
64	N065	罗汉果酊	113	N115	海狸酊
65	N066	金合欢浸膏	114	N116	斯里兰卡肉桂皮油
66	N067	依兰油	115	N117	斯里兰卡肉桂叶油
67	N068	大花茉莉净油	116	N118	桂花净油
68	N069	大花茉莉浸膏	117	N119	桂花酊
69	N070	小花茉莉净油	118	N120	桂花浸膏
70	N071	小花茉莉浸膏	119	N121	桂圆酊
71	N072	佛手油	120	N122	留兰香油
72	N073	圆叶当归根酊(又名独活酊)	121	N123	核桃壳提取物
73	N074	洋葱油	122	N124	素方花净油
74	N075	生姜油	123	N125	桦焦油
75	N076	姜黄油	124	N126	蚕豆花酊
76	N077	姜黄油树脂	125	N127	绿茶酊
77	N078	姜黄浸膏	126	N128	野玫瑰浸膏
78	N079	葫芦巴酊	127	N129	甜小茴香油
79	N080	玳玳花油	128	N130	甜叶菊油
80	N081	玳玳花浸膏	129	N131	甜橙油
81	N082	玳玳果油	130	N132	除萜甜橙油
82	N083	柚皮油	131	N133	甜橙油萜烯
83	N084	柏木叶油	132	N134	菊苣浸膏
84	N085	枯茗籽油(又名孜然油)	133	N135	晚香玉浸膏
85	N086	柠檬油	134	N136	紫罗兰叶浸膏
86	N087	无萜柠檬油	135	N137	椒样薄荷油
87	N088	柠檬油萜烯	136	N138	黑加仑酊
88	N089	柠檬叶油	137	N139	黑加仑浸膏
89	N090	柠檬草油	138	N140	槐树花净油
90	N091	栀子花浸膏	139	N141	槐树花浸膏
91	N092	树兰花油	140	N142	辣椒酊
92	N093	树兰花酊	141	N143	辣椒油树脂(又名灯笼辣椒油树脂)
93	N094	树兰花浸膏	142	N144	愈疮木油
94	N095	树苔净油	143	N145	缬草油
95	N096	树苔浸膏	144	N146	墨红花净油
96	N097	香叶油(又名玫瑰香叶油)	145	N147	墨红花浸膏
97	N098	除萜香叶油	146	N149	橙叶油
98	N099	香风茶油(又名香茶菜油)	147	N150	亚洲薄荷油
99	N101	香柠檬油	148	N151	亚洲薄荷素油
100	N102	香根油	149	N152	檀香油
101	N103	香根浸膏	150	N153	薰衣草油
102	N104	香荚兰豆酊	151	N154	头状百里香油(又名西班牙牛至油)
103	N105	香荚兰豆浸膏(提取物)	152	N155	可乐果提取物
104	N106	香附子油	153	N156	加州胡椒油
105	N107	香葱油	154	N157	卡黎皮油
106	N108	香紫苏油	155	N158	百里香油
107	N109	香榧子壳浸膏	156	N159	奶油发酵起子蒸馏物(黄油蒸馏物)
108	N110	橘子油	157	N160	卡南伽油
109	N111	除萜橘子油	158	N161	月桂叶提取物/油树脂

续表

序号	编码	香料名称	序号	编码	香料名称
159	N162	生姜提取物(生姜浸膏)	208	N211	甘牛至油
160	N163	白桦木屑提取物	209	N212	黄龙胆根提取物
161	N164	龙蒿油	210	N213	黄葵籽油
162	N165	白樟油	211	N214	野黑樱桃树皮提取物
163	N166	肉豆蔻衣油	212	N215	黑胡椒油
164	N167	众香叶油	213	N216	葛缕籽油
165	N168	西班牙鼠尾草油	214	N217	榄香香树脂
166	N169	红橘油	215	N218	蜡菊提取物
167	N170	杂薰衣草油	216	N219	蜜蜂花油
168	N171	杏仁油	217	N220	*d*-樟脑
169	N172	苏合香油	218	N221	橙花净油
170	N173	苏合香提取物	219	N222	柚苷(柚皮苷提取物)
171	N174	长角豆油	220	N223	穗薰衣草油
172	N175	角豆提取物	221	N224	鹰爪豆净油
173	N176	皂树皮提取物	222	N225	玳玳果皮油
174	N177	乳香油	223	N226	甜橙油(橙皮压榨法)
175	N178	没药油	224	N227	小米辣椒油树脂
176	N179	良姜根提取物	225	N228	丁香精油
177	N180	苏格兰松油	226	N229	大茴香油(又名茴芹油)
178	N181	小茴香油(又名普通小茴香油)	227	N230	L-天冬酰胺
179	N182	苦杏仁油	228	N231	巴拉圭茶净油/提取物
180	N183	阿魏油	229	N232	白山核桃树皮提取物
181	N184	金合欢净油	230	N233	瓜拉纳提取物
182	N185	欧芹叶油	231	N235	白百里香油
183	N186	松针油	232	N236	白胡椒油
184	N187	波罗尼花净油	233	N237	白胡椒油树脂
185	N188	玫瑰木油	234	N238	白康酿克油
186	N189	玫瑰草油	235	N239	白脱酯
187	N190	香茅油	236	N240	白脱酸
188	N191	迷迭香油	237	N241	众香果油
189	N192	香脂冷杉油	238	N242	安息香树脂
190	N193	香脂冷杉油树脂	239	N243	当归籽油
191	N194	胡萝卜籽油	240	N244	当归根油
192	N195	春黄菊花油(罗马)	241	N245	肉豆蔻衣油树脂/提取物
193	N196	春黄菊花精油(提取物)(罗马)	242	N246	西印度月桂叶提取物
194	N197	药鼠李提取物	243	N247	西印度月桂叶油
195	N198	荜澄茄油	244	N248	L-阿拉伯糖
196	N199	胡薄荷油(又名唇萼薄荷油)	245	N249	阿拉伯胶
197	N200	欧当归油	246	N250	欧当归提取物
198	N201	夏至草提取物	247	N251	欧芹油树脂
199	N202	莫哈弗丝兰提取物	248	N252	油酸
200	N203	海草(藻)提取物	249	N253	苦木提取物
201	N204	海索草油	250	N254	苦橙叶净油
202	N205	莳萝草油(又名莳萝油)	251	N255	苦橙油
203	N206	秘鲁香脂	252	N256	金鸡纳树皮
204	N207	格蓬油	253	N257	金钮扣油树脂
205	N208	脂檀油	254	N258	奎宁盐酸盐
206	N209	银白金合欢净油(又名含羞草净油)	255	N260	洋葱油树脂
207	N210	接骨木花净油	256	N261	茶树油

续表

序号	编码	香料名称	序号	编码	香料名称
257	N262	除萜白柠檬油	306	N314	葫芦巴油树脂
258	N263	除萜甜橙皮油	307	N315	柠檬提取物
259	N265	黄芥末提取物/黄芥末油树脂	308	N316	德国鸢尾树脂
260	N266	棕芥末提取物	309	N317	罗望子提取物(浸膏)
261	N267	焦木酸	310	N318	辣根油
262	N268	紫苏油	311	N319	葫芦巴籽浸膏
263	N269	葡萄柚油萜烯	312	N320	芹菜叶油
264	N270	黑胡椒油树脂/黑胡椒提取物	313	N321	柏木油萜烯
265	N271	榄香油/提取物/香树脂	314	N322	肉豆蔻油树脂
266	N272	蜂蜡净油	315	N324	芫荽油/油树脂
267	N273	赖百当净油(又名岩蔷薇净油)	316	N326	韭葱油
268	N274	鼠尾草油(又名药鼠尾草油)	317	N327	甜橙皮提取物
269	N275	蜡菊净油	318	N329	香橙皮油
270	N276	糖蜜提取物	319	N330	海藻净油
271	N277	檀香醇(包括 α-檀香醇,β-檀香醇)	320	N331	墨西哥鼠尾草油树脂(又名棘枝油树脂)
272	N278	山达草流浸膏	321	N332	甘草酸胺
273	N279	苜蓿提取物	322	N333	冬香草油
274	N281	众香子油树脂/提取物	323	N334	安息香
275	N282	黄葵籽净油	324	N335	阿魏液态提取物(流浸膏)
276	N283	秘鲁香膏油	325	N336	桃树叶净油
277	N284	罗勒提取物	326	N337	白藓牛至
278	N285	芹菜籽提取物(固体)	327	N338	酒花油
279	N286	芹菜籽(CO_2)提取物	328	N339	赖百当油
280	N287	母菊(匈牙利春黄菊)花油	329	N340	薰衣草净油
281	N288	黄色金鸡纳树皮提取物	330	N341	没药树脂提取物
282	N289	丁香花蕾油树脂	331	N342	花椒提取物
283	N290	红三叶草提取物(固体)	332	N343	蓖麻油
284	N291	蒲公英流浸膏	333	N344	儿茶粉
285	N292	蒲公英根固体提取物	334	N345	苦艾
286	N293	加拿大飞蓬草油	335	N346	苦橙花油
287	N294	穗花槭提取物(固体)	336	N347	达瓦树胶
288	N295	芸香油	337	N348	苦艾提取物
289	N296	鼠尾草油树脂/提取物	338	N349	刺柏提取物
290	N297	菝葜提取物	339	N350	甘草提取物(粉)
291	N298	水蒸气蒸馏松节油	340	N351	甜菜碱(天然提取)
292	N299	缬草根提取物	341	N352	松焦油
293	N300	香荚兰油树脂	342	N353	橡苔净油
294	N301	紫罗兰叶净油	343	N354	苏格兰留兰香油
295	N302	洋艾油	344	N355	海索草提取物(又名神香草提取物)
296	N304	橘柚油	345	N356	安古树皮提取物
297	N305	晚香玉净油	346	N357	德国春黄菊花(母菊花)提取物
298	N306	美国栗树叶提取物	347	N359	L-苏氨酸
299	N307	古巴香脂油	348	N360	L-丝氨酸
300	N308	达迷草叶	349	N361	灵猫净油
301	N309	母菊(匈牙利春黄菊)花 净油	350	N362	胭脂树提取物
302	N310	接骨木花提取物	351	N363	卡黎皮提取物
303	N311	防风根油(又名没药油)	352	N364	肉桂皮油/油树脂
304	N312	藏红花提取物	353	N365	刺梧桐树胶
305	N313	香叶提取物	354	N366	橘叶油

续表

序号	编码	香料名称	序号	编码	香料名称
355	N367	欧洲山松针叶油	372	N388	荜澄茄
356	N368	玫瑰果籽提取物	373	N389	芦荟提取物
357	N369	夏香草油	374	N390	龙涎香酊
358	N370	加拿大细辛油	375	N391	黄葵酊
359	N371	单宁酸	376	N392	燕根(萝藦科植物)提取物
360	N372	黄蓍胶	377	N393	红枣浸膏
361	N373	甘牛至油树脂/提取物	378	N394	高倍天然苹果香料
362	N374	摩洛哥豆蔻提取物	379	N395	β-愈疮木烯
363	N375	橙皮素	380	N396	褐藻胶
364	N377	芝麻提取物	381	N397	香厚壳桂皮油
365	N378	芝麻蒸馏物	382	N398	(一)-高圣草酚钠盐
366	N379	干制鲣鱼提取物	383	N399	酶处理异槲皮苷
367	N380	朗姆酒精油	384	N400	葡萄籽提取物
368	N381	豆豉油树脂	385	N401	留兰香提取物
369	N382	药蜀葵	386	N402	杂醇油(精制过)
370	N383	香蜂草	387	N403	葡萄糖基甜菊糖苷
371	N384	白千层油	388	N404	非洲竹芋提取物

“精油”类产品的推广主要受限于应用，其在饲用替抗中的功能价值还有待进一步挖掘。

4.2.2 有机酸类化合物

有机酸类（organic acids）是分子结构中含有羧基（—COOH）的化合物，几乎分布于各种植物，特别是在中草药的根、茎、叶和果实中广泛存在，如乌梅、丁香和四季青等；少部分有机酸是挥发油与树脂的组成成分[9,10]。

植物中常见的有机酸包括脂肪族有机酸，如常见的乙酸、草酸、苹果酸、柠檬酸和抗坏血酸（即维生素 C）等；也包括芳香族有机酸，如原儿茶酸、绿原酸、菊苣酸、对羟基肉桂酸等，这些有机酸多与金属离子或者生物碱类结合成盐[11-13]。表 4-9 和表 4-10 列举了部分有机酸及其来源。

表 4-9 有机酸的分类

名称	分类	分子式	结构式
乙酸	脂肪族有机酸	CH_3COOH	O, OH
抗坏血酸	脂肪族有机酸	$C_6H_8O_6$	O, HO, O, OH, OH, OH
草酸	脂肪族有机酸	HOOCCOOH	O, OH, HO, O

续表

名称	分类	分子式	结构式
苹果酸	脂肪族有机酸	$HOOCCHOHCH_2COOH$	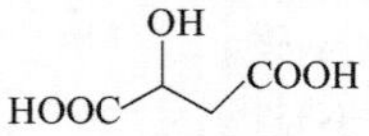
柠檬酸	脂肪族有机酸	$C_6H_8O_7$	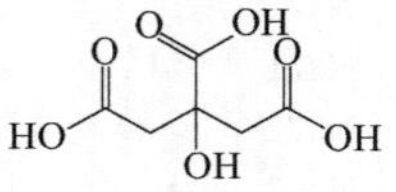
原儿茶酸	芳香族有机酸	$(HO)_2C_6H_3COOH$	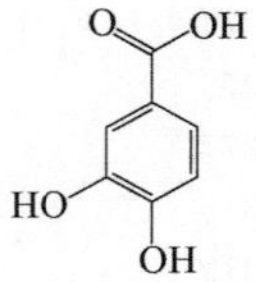
绿原酸	芳香族有机酸	$C_{16}H_{18}O_9$	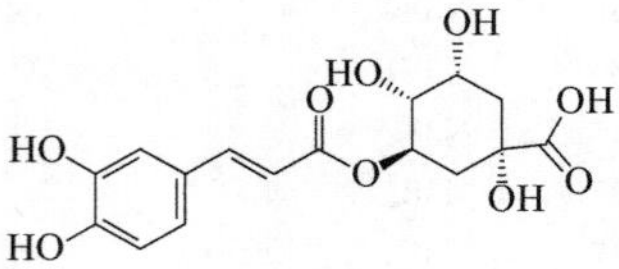
对羟基肉桂酸	芳香族有机酸	$C_9H_8O_3$	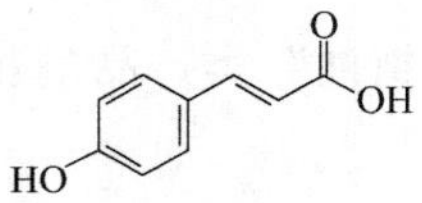
甘草次酸	萜类有机酸	$C_{30}H_{46}O_4$	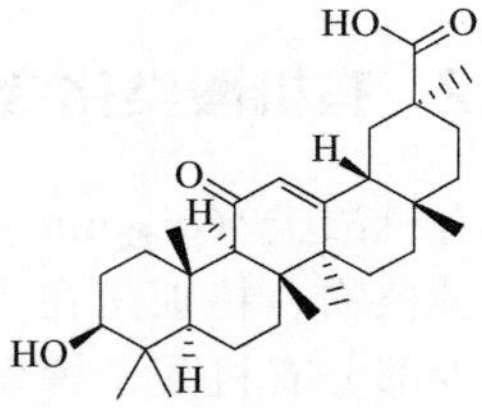
齐墩果酸	萜类有机酸	$C_{30}H_{48}O_3$	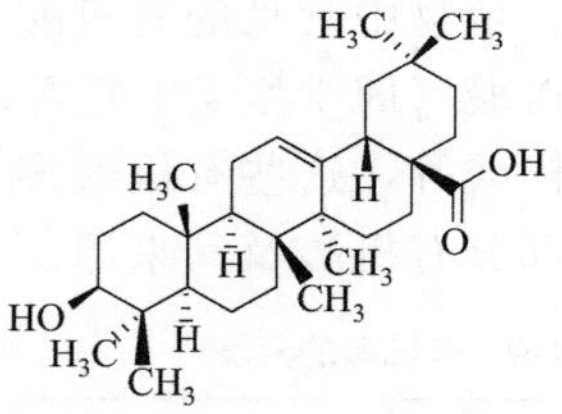

有机酸功能强大且刺激性较小，是饲用酸化剂的主要应用形式，一般以几种有机酸复合制成复合酸化剂进行使用。刺激性和挥发性限制了酸化剂在动物生产中的应用，往往需借助于现代制剂技术（如包被、包膜、缓释等）解决有机酸的刺激性和挥发性问题，显著提高有机酸化剂的使用剂量、扩大适用范围、改善应用效果[14,15]。

基于综合利用开发植物发酵的有机酸是未来饲用有机酸酸化剂研究的一个方向，如生产天然叶黄素过程中万寿菊花需经纤维素酶和乳酸菌发酵处理后进行提取，而发酵过程中能产生大量乳酸等系列代谢混合物，过去作为废液外排对环境造成污染，这种酸性的发酵汁实际上也是一种很好的酸化剂。用迷迭香提取物生产的主要抗氧化物质是鼠尾草酸，但同时获得的迷迭香酸和熊果酸副产物也可作为植物源酸化剂[16-20]。

表 4-10 有机酸的来源示例

化合物名称	来源植物示例
绿原酸类	金银花、山银花、杜仲、甜叶菊
菊苣酸类	蒲公英、紫锥菊、莴苣
苹果酸	乌梅、五味子、马齿苋、烟草
原儿茶酸	山楂、乌蕨、冬青
对羟基肉桂酸	肉桂
乙酸	茶
草酸	苋菜、滨藜、甜菜、菠菜
柠檬酸	烟草、柑橘
抗坏血酸	甜瓜、南瓜
甘草次酸	甘草
齐墩果酸	齐墩果、女贞、青叶胆、大星芹

4.2.3 生物碱类化合物

生物碱（alkaloid）是存在于自然界（主要为植物，但有的也存在于动物）中的一类含氮的碱性有机化合物，有类似碱的性质。生物碱大多具有明显的生物活性，且往往是许多药用植物的有效成分，在人类疾病的治疗和化学药物的开发方面都起到重要作用[21-23]。

生物碱种类繁多，结构复杂，来源不同，分类方法众多。按来源结合化学分类法分为氨基酸和异戊烯两大类。其中氨基酸类又可分为鸟氨酸系生物碱、赖氨酸系生物碱、色氨酸系生物碱、邻氨基苯甲酸系生物碱、苯丙氨酸/酪氨酸系生物碱 5 类；异戊烯类可分为萜类生物碱和甾体生物碱两类[24-26]，参见表 4-11 和表 4-12。

表 4-11 生物碱的分类

名称	分类	化合物	结构式
鸟氨酸系生物碱	吡咯类	水苏碱	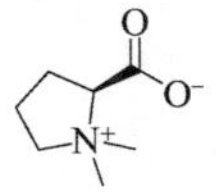
	托品烷类	阿托品	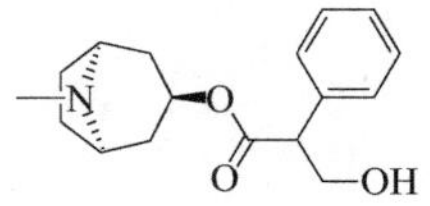
	吡咯里西啶类	野百合碱	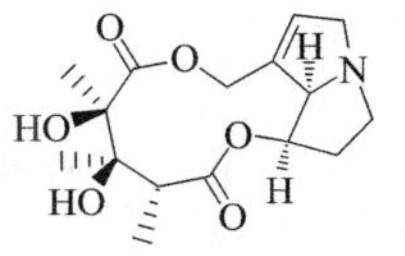
	哌啶类	胡椒碱	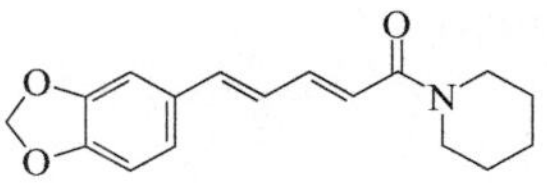

续表

名称	分类	化合物	结构式
赖氨酸系生物碱	吲哚里西啶类	一叶萩碱	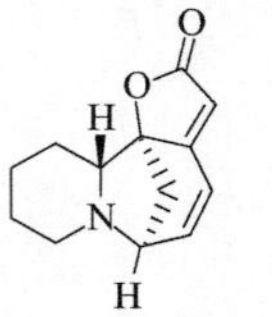
	喹诺里西啶类	羽扇豆碱	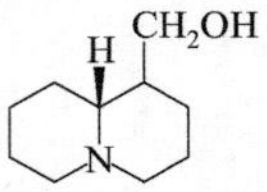
色氨酸系生物碱	简单吲哚类	色胺	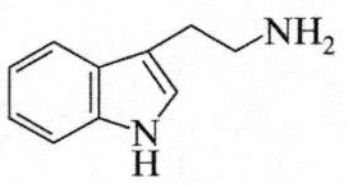
	β-卡波林类	去氢骆驼蓬碱	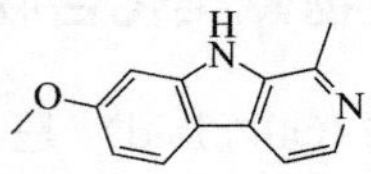
	半萜吲哚类	麦角新碱	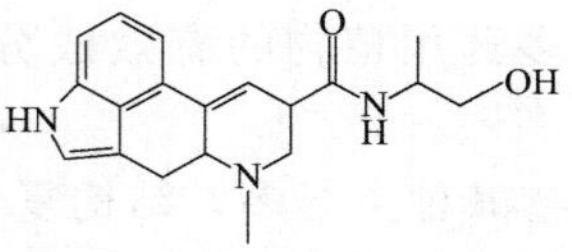
	单萜吲哚类	钩藤碱	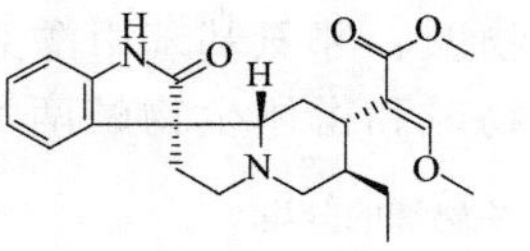
	双吲哚类	长春新碱	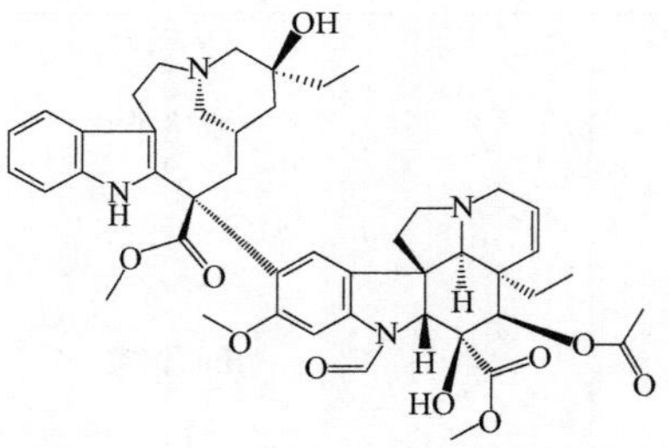
邻氨基苯甲酸系生物碱	喹啉类	奎宁	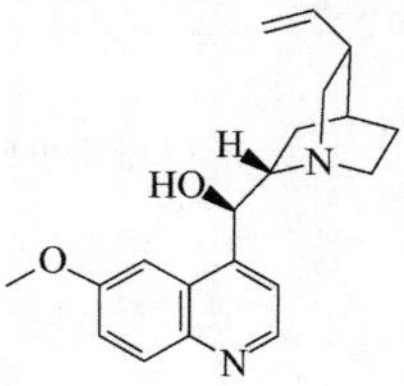
	吖啶酮类	山油柑碱	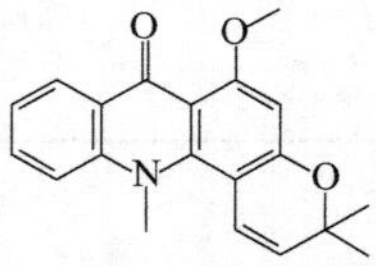

续表

名称	分类	化合物	结构式
苯丙氨酸/酪氨酸系生物碱	简单苯丙胺类	麻黄碱	OH; HN
	四氢异喹啉类	沙索林	HO; O; NH
	苄基四氢异喹啉类	小檗碱	O; O; O; O; N^+
	苯乙基四氢异喹啉类	三尖杉碱	O; O; N; H; HO; O
萜类生物碱	单萜	猕猴桃碱	N
	倍半萜	石斛碱	N; H; H; H; O; O; H; H
	二萜	紫杉醇	O; O; O; OH; H; N; OH; O; O; H; O; O; OH; H; O; O; O; O; O
	三萜生物碱	交让木碱	O; O; O; O; O; H; N

续表

名称	分类	化合物	结构式
甾类生物碱	孕甾烷	黎芦碱	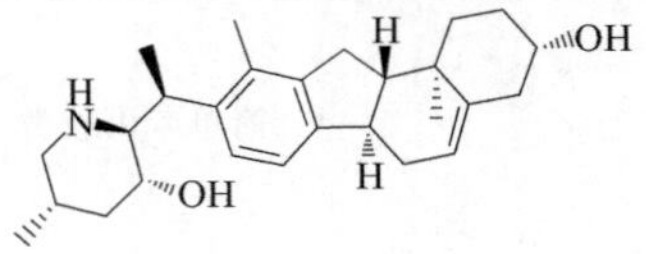
	环孕甾烷	环常绿黄杨碱 D	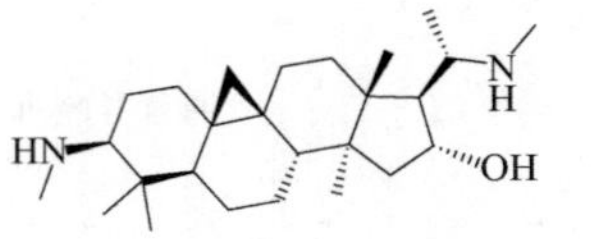
	胆甾烷生物碱	黎芦胺	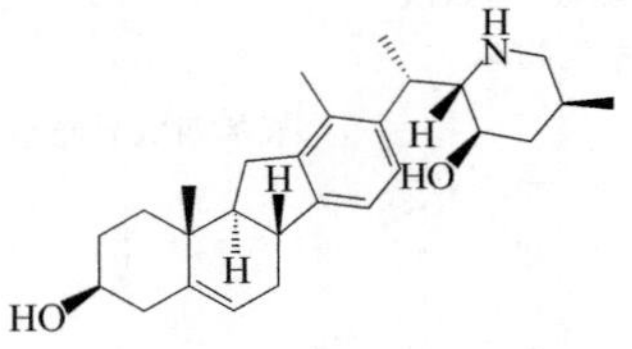

表 4-12 生物碱的来源植物示例

化合物名称	来源植物
鸟氨酸系生物碱	千里光、野百合、益母草、党参
赖氨酸系生物碱	桔梗、含羞草、苦参
色氨酸系生物碱	夹竹桃、马钱子
邻氨基苯甲酸系生物碱	喜树、山油柑、吴茱萸
苯丙氨酸/酪氨酸系生物碱	鹿尾草、乌头、番茄枝
萜类生物碱	猕猴桃、夹竹桃、乌头
甾类生物碱	黄杨木、野扇花

4.2.4 酚类化合物

酚类化合物是一个或多个芳香环与一个或多个羟基结合而成的一类化合物，其苯环上的羟基极易失去氢电子，故酚类化合物作为良好的电子供体而发挥抗氧化功能。

自然界中存在的酚类化合物大部分是通过植物生命活动产生的，植物体内所含的酚称内源性酚，其余称外源性酚。常见的内源性酚类有鞣花酸和白藜芦醇、没食子儿茶素、姜黄素、辣椒素等（表 4-13 和表 4-14）。酚类化合物大都具有特殊的芳香气味，均呈弱酸性，在环境中易被氧化。

表 4-13 酚类化合物的分类

名称	分类	分子式	结构式
姜黄素	酚类	$C_{21}H_{20}O_6$	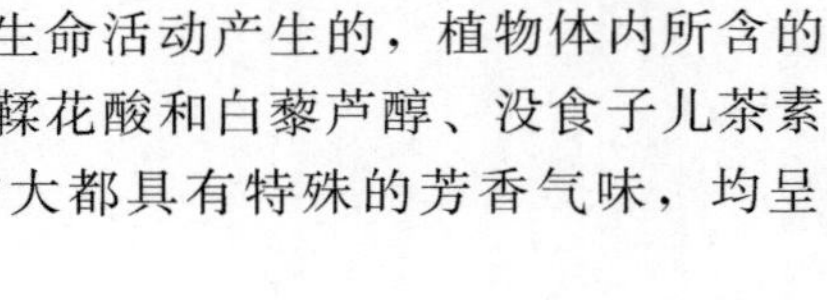

续表

名称	分类	分子式	结构式
辣椒素	酚类	$C_{18}H_{27}NO_3$	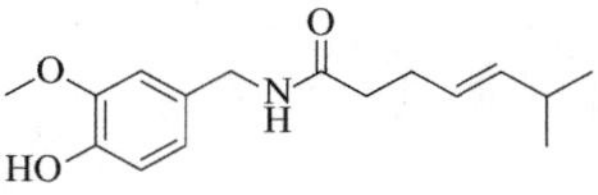
没食子儿茶素	酚类	$C_{15}H_{14}O_7$	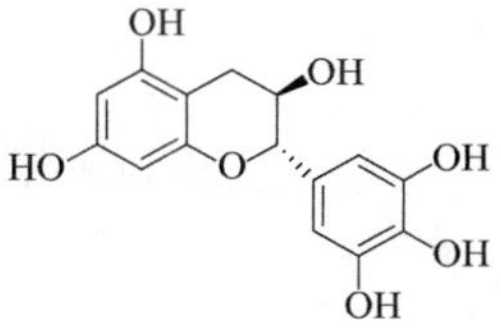
白藜芦醇	酚类	$C_{14}H_{12}O_3$	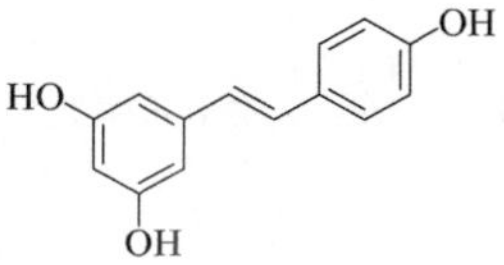
鞣花酸	酚类	$C_{14}H_6O_8$	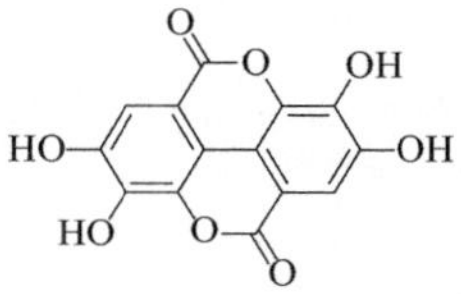

表 4-14　酚类化合物的来源植物示例

化合物名称	来源植物
姜黄素	菖蒲、姜黄、郁金
辣椒素	辣椒
没食子儿茶素	各类茶树
白藜芦醇	毛叶藜芦、葡萄
鞣花酸	黑莓、红莓、蓝莓、石榴、刺果番荔枝

4.2.5　黄酮类化合物

以前黄酮类化合物主要是指基本母核为 2-苯基色原酮（2-phenyl-chromone）的一类化合物，现在则是泛指两个具有酚羟基的苯环（A 与 B 环）通过中央三碳原子相互连接而成的一系列化合物，即由 C_6-C_3-C_6 单位组成的化合物。按照其结构可分为黄酮类（flavone）、黄酮醇类（flavonol）、二氢黄酮类（flavanone）、异黄酮类（isoflavone）、查尔酮类（chalcone）、橙酮类（aurone）、花色素类（anthocyanidin）等（表 4-15 和表 4-16）。黄酮类化合物具有多种生理活性，如抗氧化、抗菌、抗病毒、免疫调节、类雌激素样作用等功能，其在畜牧生产上应用也能提高动物的生产繁殖性能和抗病能力。目前，桑叶黄酮、杜仲黄酮、藤茶黄酮、苜蓿黄酮等黄酮类化合物被广泛用于畜禽养殖[27-29]。

表 4-15 黄酮类化合物分类及来源

名称	分类	母体结构	代表化合物
黄酮	黄酮类	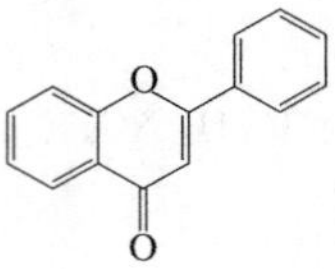	黄芩素、黄芩苷
黄酮醇	黄酮醇类	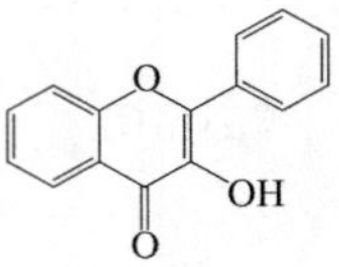	槲皮素、芦丁
二氢黄酮	二氢黄酮类	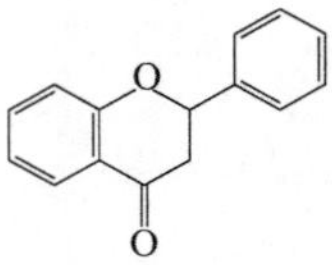	陈皮素、甘草苷
异黄酮	异黄酮类	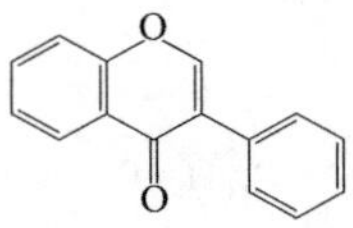	大豆素、葛根素
查尔酮	查尔酮类	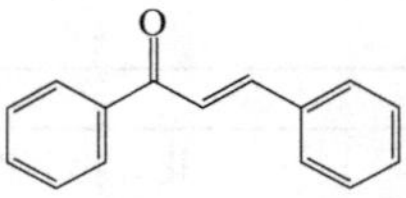	异甘草素、补骨脂乙素
橙酮	橙酮类	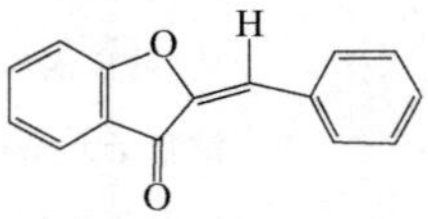	金鱼草素
花青素	类黄酮类	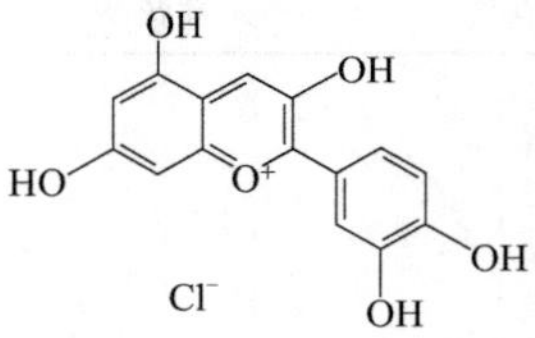	飞燕草素、矢车菊素

表 4-16 黄酮类化合物的来源植物示例

化合物名称	来源植物
黄酮类	柚、柑、橘、花椒、艾蒿、茴香
黄酮醇类	芦丁、槲皮、金丝桃
二氢黄酮类	甘草、玫瑰、月季
异黄酮类	葛根、大豆
查尔酮类	石竹、苦荬苔
橙酮类	荸荠、高山蒿草
类黄酮类	毛茛、升麻、天葵

4.2.6 萜类化合物

萜类化合物（terpenoid）指具有（C_5H_8）$_n$ 通式以及其含氧和不同饱和程度的衍生物，可以看成是由异戊二烯或异戊烷以各种方式连接而成的一类天然化合物。根据异戊二烯单元的数目，萜类化合物可以分为单萜（$n=2$）、倍半萜（$n=3$）、二萜（$n=4$）、三萜（$n=6$）和其他萜类化合物（表 4-17 和表 4-18）。在自然界中，萜类化合物分布很广，有些具有生理活性，如驱蛔素、山道年具驱蛔虫作用，青蒿素有抗疟作用，穿心莲内酯有抗菌作用[30-32]。

表 4-17 萜类化合物分类及结构

名称	分类	分子式	结构式
芍药苷	单萜	$C_{23}H_{28}O_{11}$	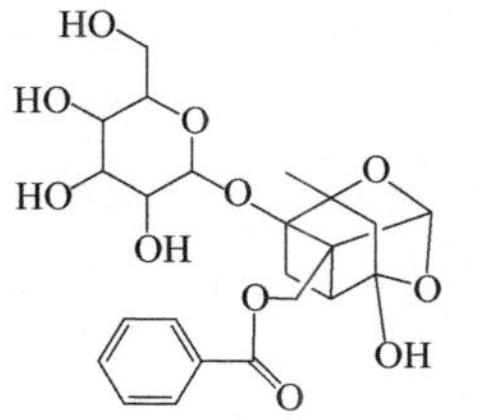
薄荷酮	单萜	$C_{10}H_{18}O$	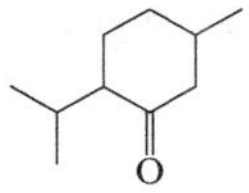
薄荷醇	单萜	$C_{10}H_{20}O$	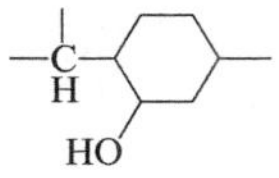
叶绿醇	二萜	$C_{20}H_{40}O$	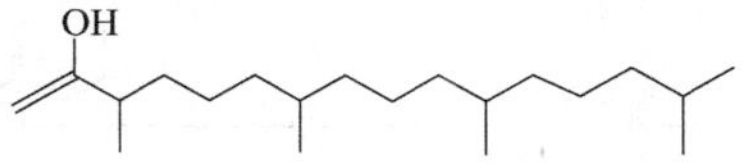
人参皂苷 Rb1	三萜	$C_{54}H_{92}O_{23}$	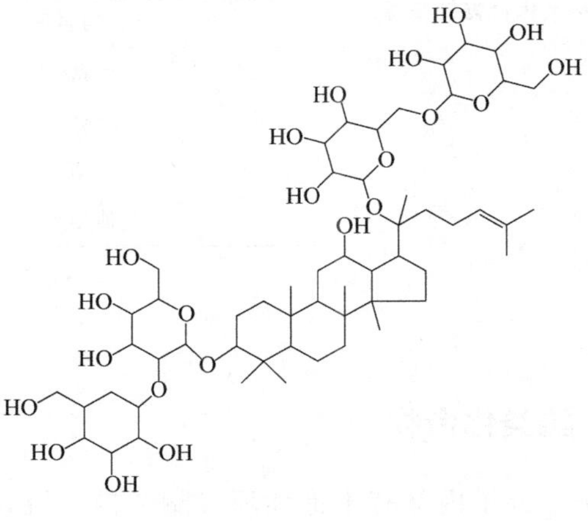
柴胡皂苷 B2	三萜	$C_{42}H_{68}O_{13}$	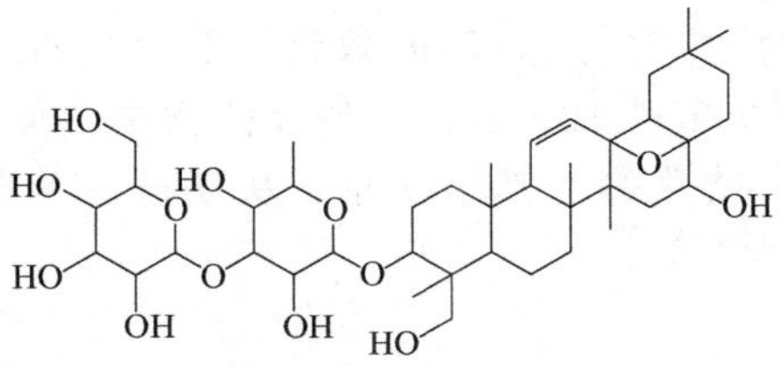

续表

名称	分类	分子式	结构式
七叶皂苷	三萜	$C_{55}H_{86}O_{24}$	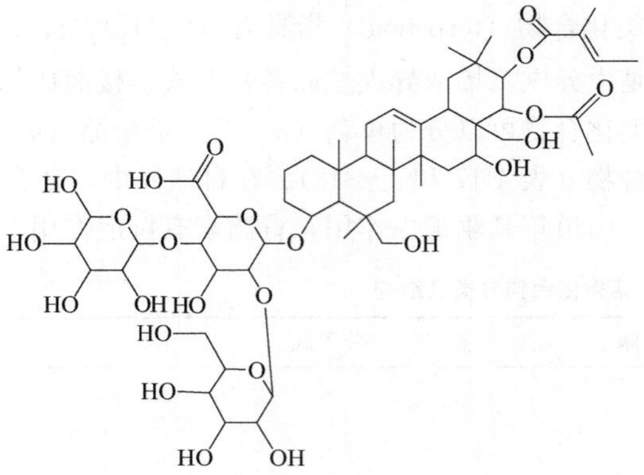
甘草皂苷 G2	三萜	$C_{42}H_{62}O_{17}$	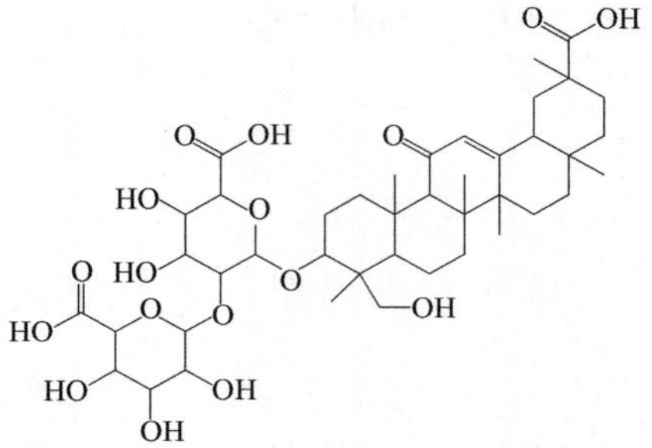
β-胡萝卜素	四萜	$C_{40}H_{56}$	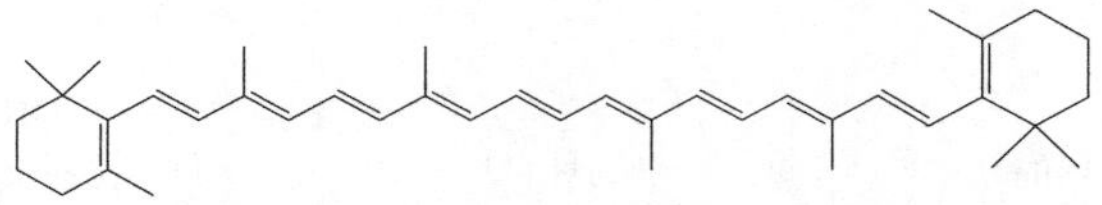

表 4-18 萜类化合物的来源植物示例[33-38]

化合物名称	来源植物
单萜	芍药、牡丹、薄荷
二萜	夏至草、水金凤
三萜	人参、柴胡、娑罗子、甘草
其他萜类	鼓槌石斛、密花石斛和球花石斛

4.2.7 醌类化合物

醌是指分子内具有不饱和环二酮结构（醌式结构）或容易转变成这种结构的一类天然有机化合物。按照芳环的数目、骈合情况，分为苯醌、萘醌、菲醌和蒽醌四类，主要分布在 50 多科 100 多属的高等植物中，如大黄、茜草、丹参、决明子、番泻叶、鼠李、芦荟、紫草等。其中茜草、决明子、芦荟被收录在《饲料原料目录》中（表 4-19 和表 4-20）[39-43]。

表 4-19　醌类化合物的分类及结构

名称	分类	分子式	结构式
信筒子醌	苯醌类	$C_{17}H_{26}O_4$	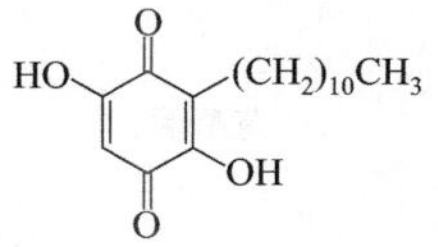
2,6-二甲氧基苯醌	苯醌类	$C_8H_8O_4$	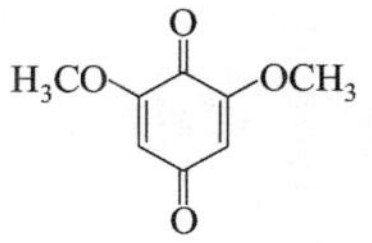
癸基泛醌	苯醌类	$C_{19}H_{30}O_4$	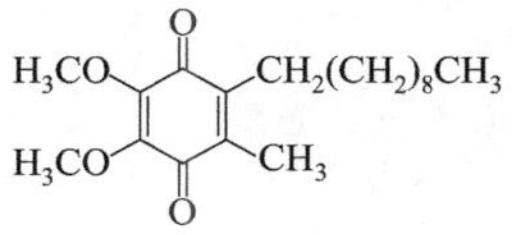
胡桃醌	萘醌类	$C_{10}H_6O_3$	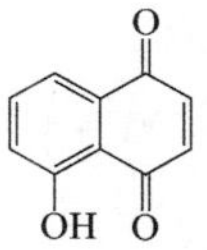
白花丹醌	萘醌类	$C_{11}H_8O_3$	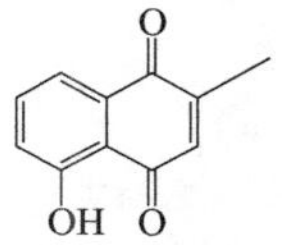
紫草素	萘醌类	$C_{16}H_{16}O_5$	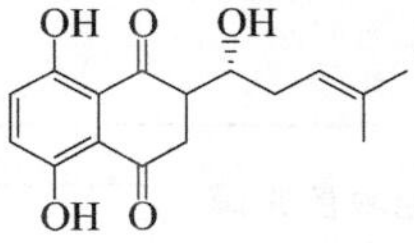
维生素 K_1	萘醌类	$C_{31}H_{46}O_2$	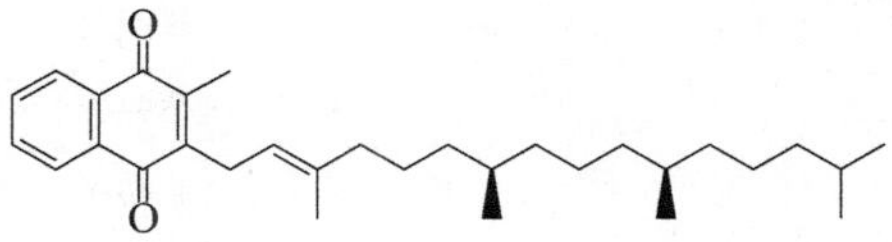
丹参酮ⅡA	菲醌类	$C_{19}H_{18}O_3$	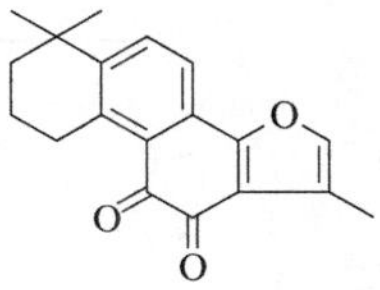
丹参新醌甲	菲醌类	$C_{18}H_{16}O_4$	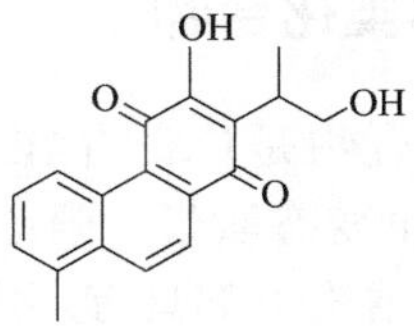
落羽松酮	菲醌类	$C_{20}H_{28}O_3$	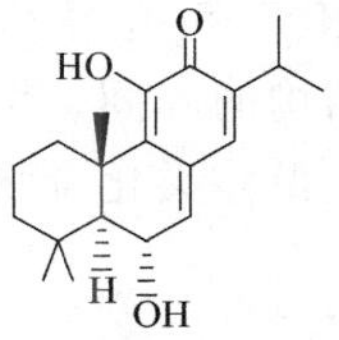

续表

名称	分类	分子式	结构式
芦荟大黄素	蒽醌类	$C_{15}H_{10}O_5$	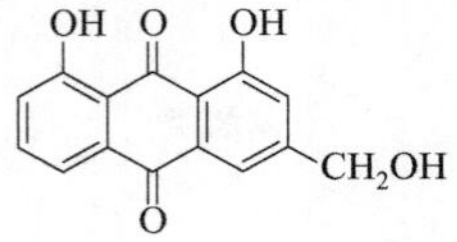
茜草素	蒽醌类	$C_{14}H_8O_4$	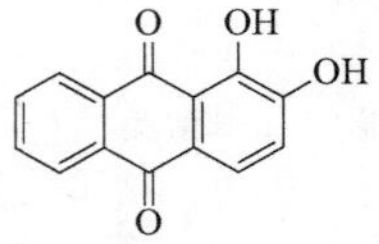
大黄素甲醚	蒽醌类	$C_{16}H_{12}O_5$	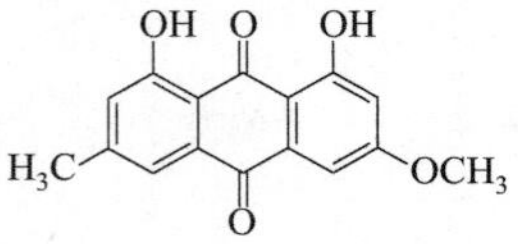
大黄酸	蒽醌类	$C_{15}H_8O_6$	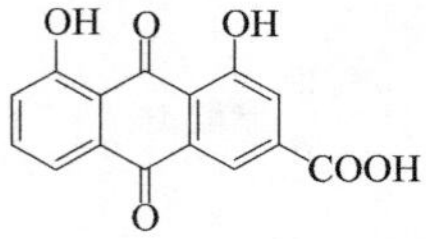
金丝桃素	蒽醌类	$C_{30}H_{16}O_8$	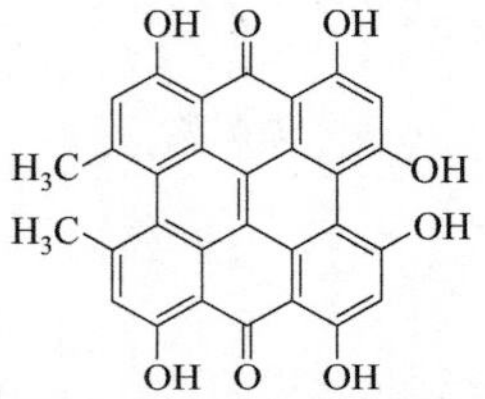

表 4-20 醌类化合物的来源植物示例

化合物名称	来源植物
苯醌类	紫金牛、杜鹃花、鹿蹄草、紫草、黄精、白花酸藤果
萘醌类	核桃、紫草、菠菜、柿树、白花丹
菲醌类	落羽松、丹参
蒽醌类	芦荟、决明子、番泻叶、茜草、大黄、虎杖、何首乌、连翘

4.2.8 甾体类化合物

甾体类化合物是广泛存在于自然界中的一类天然化合物，包括植物甾醇、胆汁酸、C_{21} 甾类、昆虫变态激素、强心苷、甾体皂苷、甾体生物碱、蟾毒配基等。甾体类化合物种类很多，但结构中都具有环戊烷多氢菲的甾核。甾核四个环可以有不同的稠合方式。甾核 C3 有羟基取代，可与糖结合成苷。甾核的 C10 和 C13 位有角甲基取代，C17 位有侧链。根据侧链结构的不同，可以分为 C_{21} 甾类、强心苷、甾体激素、甾体皂苷和甾体生物碱、胆酸类等。甾体类化合物的分类及其来源植物示例分别见表 4-21 和表 4-22。

表 4-21　甾体类化合物的分类

名称	分类	分子式	结构式
地高辛	强心苷类	$C_{41}H_{64}O_{14}$	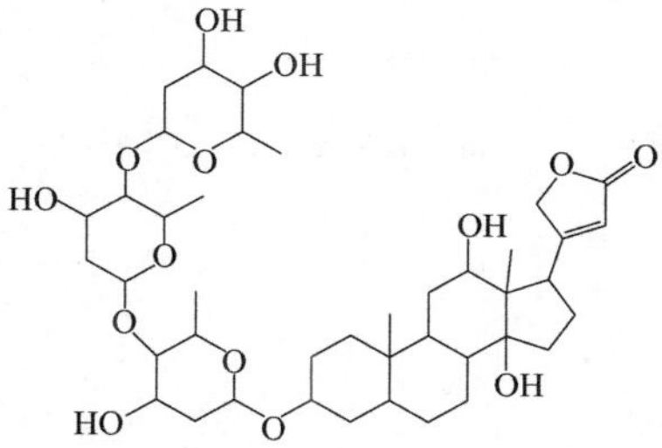
洋地黄毒苷	强心苷类	$C_{41}H_{64}O_{13}$	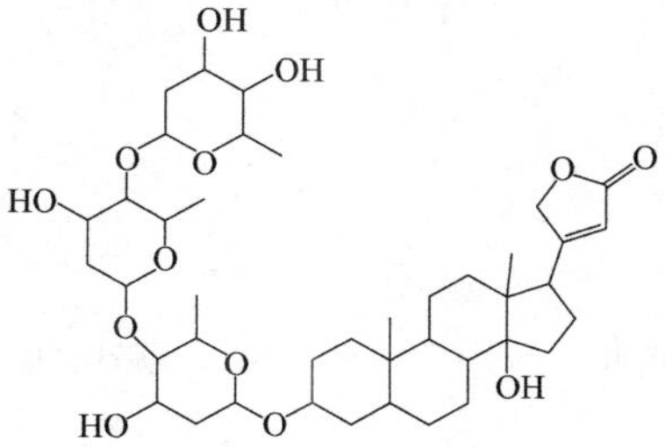
雌甾酮	甾体激素类	$C_{18}H_{22}O_2$	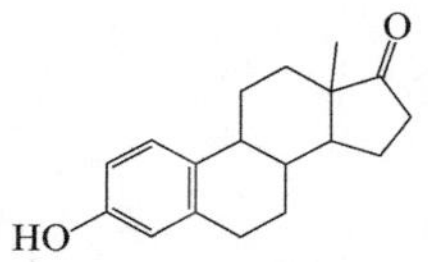
雌三醇	甾体激素类	$C_{18}H_{22}O_3$	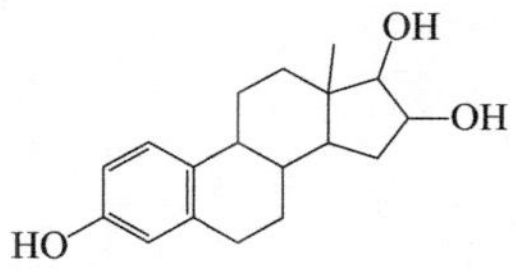
雄甾酮	甾体激素类	$C_{19}H_{30}O_2$	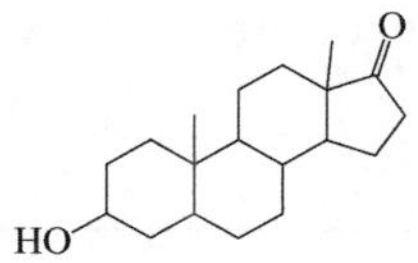
薯蓣皂苷元	甾体皂苷类	$C_{27}H_{42}O_3$	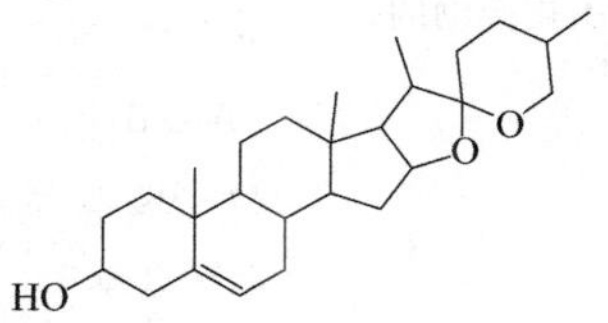
马萘雌酮	甾体激素类	$C_{18}H_{18}O_2$	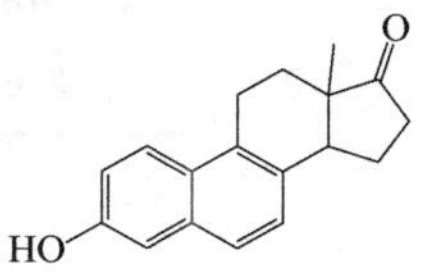
菝葜皂苷元	甾体皂苷类	$C_{27}H_{44}O_3$	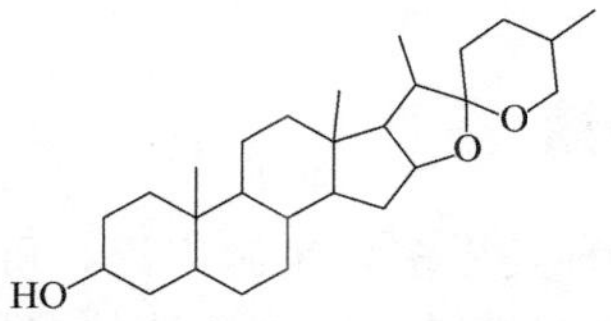

续表

名称	分类	分子式	结构式
孕甾酮	甾体激素类	$C_{20}H_{28}O_2$	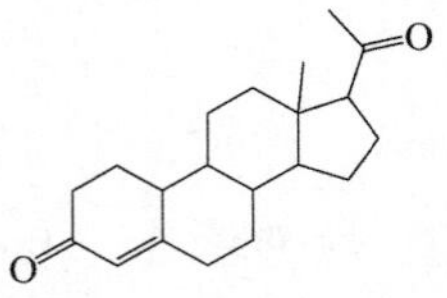
豆甾醇	植物甾醇	$C_{29}H_{48}O$	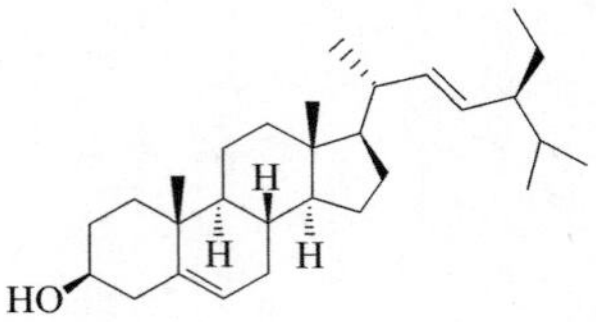
青阳参苷元	C_{21} 甾类	$C_{28}H_{36}O_8$	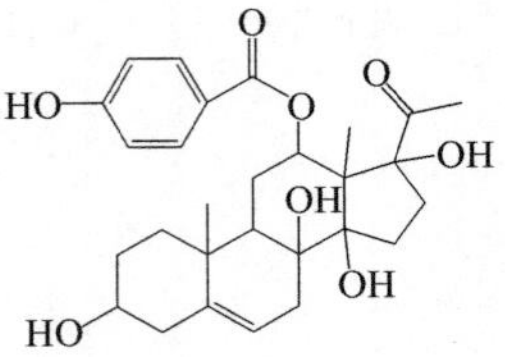
胆酸	胆酸类	$C_{24}H_{40}O_5$	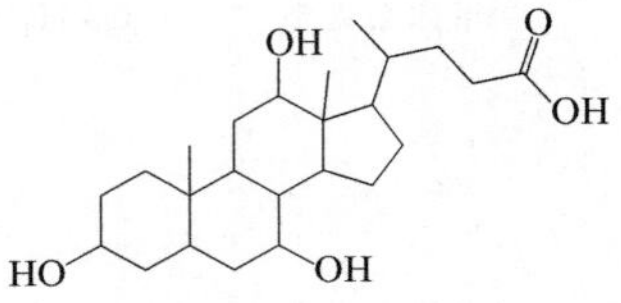
可的松	C_{21} 甾类	$C_{21}H_{28}O_5$	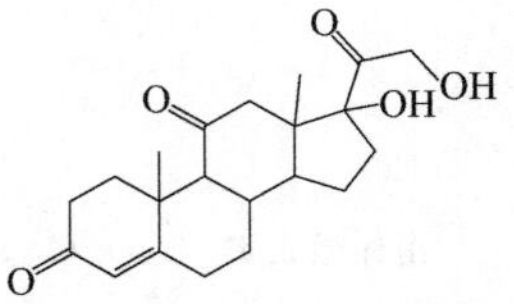

表 4-22 甾体类化合物的来源植物示例[44-48]

化合物名称	来源
强心苷类	毛花洋地黄、紫花洋地黄、黄花夹竹桃、铃蓝、羊角拗
昆虫变态激素	台湾牛膝、川牛膝、白毛夏枯草
甾体皂苷类	知母、天门冬、麦冬、七叶一枝花及其他百合科、石蒜科和薯蓣科植物等
植物甾醇	牛至、鼠尾草、迷迭香
C_{21} 甾类	白首乌、青阳参

4.2.9 多糖

多糖的种类繁多，来源广泛，可分为动物多糖、植物多糖和微生物（细菌和真菌）多糖[49]。植物多糖是指植物源性的多聚糖[50]，即由一种或多种单糖通过 α 或 β 糖苷键组成的一类天然聚合物，普遍存在于自然界的植物中[51]。多糖不仅具有抗氧化、抑菌、抗炎、降血糖、抗肿瘤和调节肠道菌群等功能，还具有防病、抗病、促生长和提高机体免疫力等作用。药用植物多糖还可提高家禽免疫力，促进家禽的生长、繁殖和代谢，进而改善和提高家禽的生产性能，是一种理想的抗生素替代品。多糖作为抗生素替代品已逐渐应用于畜禽养殖[52]。多糖的分类及其来源植物示例见表 4-23 和表 4-24。

表 4-23　多糖的分类[53-58]

名称	分类	分子式	结构式
桑葚多糖	杂多糖		
石斛多糖	杂多糖		
艾叶多糖	杂多糖		
茯苓多糖	杂多糖		
山药多糖	杂多糖		
当归多糖	均聚多糖	$(C_{46}H_{80}O_{34})_n$	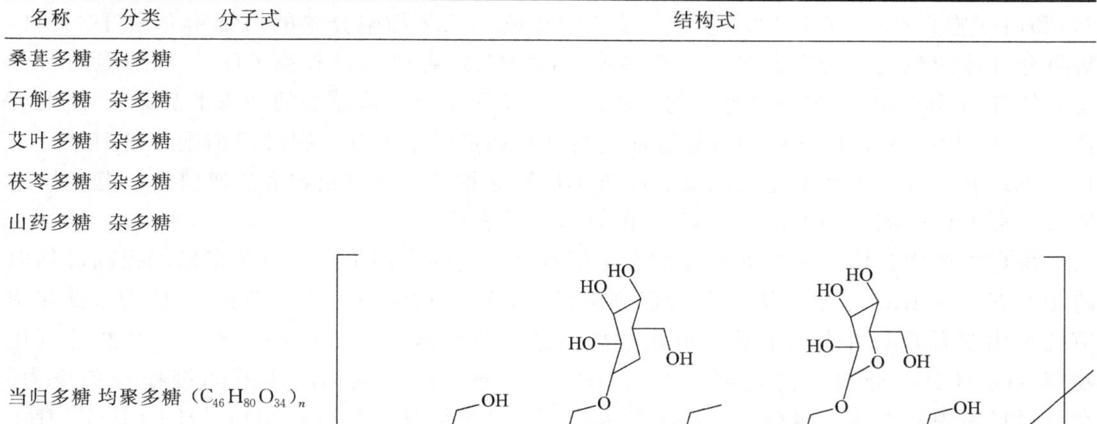
当归多糖	杂多糖		

表 4-24　多糖的来源植物示例[58-63]

化合物名称	来源植物
杂多糖	桑葚、石斛、艾叶、茯苓、山药、当归
均聚多糖	当归

4.3

饲用植物活性成分的功能及作用机制

饲用植物活性成分具有抵抗微生物、抗氧化、促进生长、增强免疫力、调节肠道健康、改善畜禽产品品质等多种功能。饲用植物活性成分中的多酚类、皂苷类、多糖类等成分是较为理想的替抗物质。与抗生素相比，可饲用天然植物提取物具有来源天然、功能全面、低毒副作用、不易产生耐药性等优势，具有很大的应用前景。

4.3.1 增强机体免疫力

许多天然植物及其提取物均具有免疫增强作用，其中研究最为深入的是植物多糖[64]。免疫调节作用主要通过以下途径实现：促进细胞因子的生成；激活自然杀伤细胞（NK）及T淋巴细胞、B淋巴细胞；调整核酸代谢等。$CD4^{+}$ T细胞可促进B淋巴细胞产生抗体，其活化后主要分化为几种不同的亚型，其亚型中Th1细胞分泌的白细胞介素-2（IL-2）和白细胞介素-12（IL-12）等可介导细胞免疫；Th2细胞分泌的白细胞介素-4（IL-4）等可介导体液免疫。研究表明，白术多糖（PAMK）可以通过提高$CD4^{+}$ T细胞的百分率，使Th1和Th2细胞分泌更多的细胞因子，从而维持机体免疫的动态平衡[65]。注射黄芪多糖（APS）和香菇多糖均可显著促进马立克病毒感染肉鸡的脾淋巴细胞分泌IL-2[66]。进一步研究发现，黄芪多糖可以显著改善小鼠胸腺指数、脾脏指数和脾脏淋巴细胞的增殖能力，可上调外周血中IL-2、TNF-α和IFN-γ的表达[67]。

畜禽生产中，植物多糖的免疫增强作用具有重要的应用价值。黄芪多糖能提高母猪血清中IFN-γ和IL-2水平，增强T淋巴细胞活性，改善抗病能力[68]。同时，植物多糖在调节抗氧化能力方面也表现显著，可通过提高超氧化物歧化酶（SOD）和谷胱甘肽过氧化物酶（GSH-Px）活性，降低丙二醛（MDA）水平，缓解氧化应激并间接提升免疫力。在母猪日粮中添加茯苓多糖[69]和人参多糖[70]显著增加母乳及仔猪血清中的IgG、IL-2和IL-6含量，提升母猪和仔猪的免疫能力及抗逆性。此外，断奶仔猪日粮中添加黄芪多糖[71]能够显著提高血清免疫球蛋白G（IgG）和IL-2含量，降低肿瘤坏死因子-α（TNF-α）水平，与酵母硒联合使用时效果更为显著。黄芪和人参多糖[72]可以通过激活TLR4-MyD88信号通路，缓解LPS刺激仔猪血清中IgA水平的降低，提高仔猪在应激下的免疫功能。Li W等[73]采用硝酸-亚硒酸钠法对百合多糖进行提炼和修饰后得到活性最强的硒化多糖，可以增强鸡外周淋巴细胞中IFN-γ的表达水平。这些研究表明，植物多糖作为天然免疫增强剂，不仅能够提升畜禽健康水平，还为减抗、替抗提供了有力支持。

4.3.2 改善肠道功能

改善肠道功能包括对肠黏膜形态结构发育和对肠道菌群的改善作用。天然植物提取物可通过改善菌群结构、调节肠道屏障功能（黏膜免疫屏障、物理屏障和生物屏障）而达到维护肠道健康的作用。谢红兵[74]研究发现，植物多糖可提高断奶仔猪的生产性能，调整由断奶应激造成的内分泌失调、免疫力下降及肠道通透性下降造成的肠道损伤，维持断奶仔猪肠道黏膜屏障的完整。伍婷婷[75]进一步研究发现，白术多糖可提高黏附蛋白，如E-钙黏蛋白（E-cadherin）、α-连环蛋白（α-catenin）和β-连环蛋白（β-catenin）的表达，促进细胞聚集，从而维持肠上皮的完整性。另有研究发现，黄芪多糖或人参多糖可通过提高仔猪肠道闭合蛋白（occludin）和紧密连接蛋白（claudin）的表达，减少LPS引起的免疫应激来维持肠屏障功能[76]。另外，饲粮添加甘草提取物可上调肉鸡肠道黏蛋白-2（MUC-2）基因的表达，下调肠道炎症因子TLR4和IL-1β基因的表达，继而维护肠道屏障的完整性[77]。

赵燕飞等[78]研究证明，在肠道形态和肠道微生态区系方面，日粮添加1%白术、

0.2%白术多糖和1%微米白术均可不同程度地提高断奶仔猪的十二指肠和空肠的绒毛高度，增加了十二指肠和空肠的隐窝深度，并且增加肠道微生态区系的多样性。Yang 等[79]将黄芪多糖和人参多糖饲喂仔猪后发现，在 14d 和 28d 后试验猪均表现出较高的血清免疫球蛋白水平，且还降低了空肠隐窝深度，增加了空肠绒毛长度和绒毛高度/隐窝深度比，从而促进了断奶仔猪肠道的健康发育。

另外，在正常生理状态下，畜禽的肠道菌群处于平衡状态，以厌氧菌为主的细菌黏附在肠道黏膜层上，形成了一个多层次的肠道微生物屏障[80]。共生菌群中的益生菌除能刺激机体免疫外，还可增强黏膜屏障功能、抵抗病原体、抑制细菌在肠上皮的黏附和侵袭能力[81]。王琳等[82] 研究发现，白术多糖能促进有益菌如双歧杆菌和乳酸杆菌增殖，并大幅度地减少有害菌如大肠杆菌的数量，与此同时，双歧杆菌和乳酸杆菌又可促进短链脂肪酸的产生，为肠上皮细胞提供能量，同时也为肠道有益菌增殖提供有利环境，进一步抑制有害菌群[83]。

4.3.3 提高机体抗氧化能力

活性氧自由基（reactive oxygen species，ROS）是生物机体内一类主要且危害最大的活性自由基，包括氧自由基以及能够发生氧自由基反应的含氧物质，如：超氧阴离子（$\cdot O_2^-$）、过氧羟自由基（$\cdot HO_2$）、羟自由基（$\cdot OH$）、烷氧基（$RO\cdot$）、烷过氧基（$ROO\cdot$）和过氧化氢（H_2O_2）、臭氧（O_3）等。细胞内 ROS 产生的主要途径包括[84,85]：①线粒体内伴随呼吸链的电子传递而产生；②在一些细胞器如过氧化物酶体等内，在黄嘌呤氧化酶等催化下，消耗 O_2 同时产生 $\cdot O_2^-$ 和 H_2O_2。在正常情况下，细胞产生的 ROS 能很快被某些还原性物质或抗氧化酶清除，进而维持机体氧化-抗氧化平衡。但是，当机体受到内外环境刺激，长时间处于应激状态下时，细胞 ROS 产生急剧增加并积累，继而打破氧化还原平衡，机体倾向于氧化状态，即造成了氧化应激。而氧化应激时，ROS 对机体造成氧化损伤的机理主要是因为其能攻击细胞内包括蛋白质、核酸和脂质等在内的多种组成生命的重要大分子有机质[86]，从而影响正常的细胞生长、增殖和物质代谢等生命活动。

众所周知，动物机体的抗氧化防御体系由非酶类和酶类两种体系构成。非酶类体系主要为具有还原性的小分子物质，如维生素 E 等，许多饲用植物提取物因其本身具有的还原性也能直接起到抗氧化的作用。然而，动物机体抗氧化最主要且根本的途径是通过内源的酶类抗氧化体系抗氧化[87]。酶类体系主要包括 SOD、CAT 等抗氧化酶，它们的转录表达受到核因子 E2 相关因子 2（nuclear factor-E2-related factor 2，Nrf2）、Kelch 样环氧氯丙烷相关蛋白 1（Kelch like-ECH-associated protein 1，Keap1）和抗氧化响应元件（antioxidant response element，ARE）组成的 Nrf2 信号通路控制[88]。饲用植物提取物被报道具有激活 Nrf2 信号通路，进而提升动物机体抗氧化能力的作用。如 Lin 等[89] 报道在临武鸭日粮中添加一定量的厚朴酚可能通过激活 Nrf2 通路调节临武鸭的抗氧化状态和改善肠道黏膜形态，提高了临武鸭的生长性能。

4.4

可饲用天然植物及提取物

4.4.1 可饲用天然植物采集、产地初加工、贮藏

4.4.1.1 采集

可饲用天然植物采收季节、时间和方法，与其品质的优劣密切相关。在可饲用天然植物生长发育的不同阶段，采收部位所含有效成分的量和质各不相同，导致其应用效果不同。首先，可饲用天然植物应根据生长特性进行采集。植物的生长分布与纬度、海拔高度、地势、土壤、水分、气候等密切相关。采集植物原料需了解其生长环境和分布规律，例如车前草、益母草等多生长在旷野、路边等地；荷、菖蒲等生长在水中、沟边等地带；百合、栀子等生长在山坡、丘陵地区；而杜仲等多生长在高山森林中。其次，需掌握采集的季节和方法。我国气候条件南北差异大，各地植物生长发育情况不一，且植物原料部位又分为根、茎、叶、花、果实、种子等，因此采集的时间不可能完全一致，但要尽量选择植物有效成分含量最高时采收。

4.4.1.2 产地初加工

可饲用天然植物采收后，除少数供鲜用的以外，都应进行干燥处理，及时除去新鲜原料中的大量水分，避免发霉、变质、虫蛀及有效成分的分解和破坏，保证原料的质量，利于贮藏。

初加工的干燥方法，一般有下面三种：

（1）晒干 将采集后经过挑选、洗刷等初步处理的植物原料摊开放在席子或硬化水泥坪上，在阳光下暴晒。晒干常用于不怕光的根、根茎类部位。叶、花和全草类部位，尤其是芳香性药物（含挥发油）长时间暴晒容易变色，甚至使有效成分损失，不宜采用此法。

（2）阴干 将植物放在通风的室内或遮阴的棚下，避免阳光直射，利用室温和空气流通，使药材中的水分自然蒸发而达到干燥的目的。凡经高温、日晒易失效的植物，如芳香性的花、叶和全草类药物均可应用此法。

（3）烘干 是在室内利用人工加温促使药物干燥的方法，特别适用于阴湿多雨的季节。烘干通常在干燥的室内进行，室内有多层的架子，架上放置网筛，将植物在网筛上摊成薄层（易碎的花、叶等，须在网筛上铺上纸或布）。干燥室必须通风良好，以利于排出潮湿空气。多汁的浆果枸杞、多汁的根茎黄精等要求迅速干燥，温度可调至 70～90℃；具有挥发性的芳香植物和含有油性的果实、种子等，需用较低温度（以 25～30℃为宜）缓缓干燥。

4.4.1.3 贮藏

可饲用天然植物原料如果贮藏不当，则会发生虫蛀、霉烂、变色、变味等败坏现象，使植物变质，影响功效，并造成经济损失。因此，贮藏植物的库房必须具备一定条件。首

先，必须保持干燥。因为没有水分，许多化学变化就不易发生，微生物也不易生长。其次，应保持凉爽。因为低温不仅可以防止植物有效成分变化或散失，还可以防止菌类孢子和虫卵的生长繁殖。一般当温度低于10℃时，霉菌和虫卵就不易生长。第三，要注意避光。凡易受光线作用而变化的植物原料，应贮藏于暗处或陶瓷容器，或有色玻璃瓶中。第四，有些植物原料易氧化变质，应存放在密闭的容器中。

4.4.2 可饲用天然植物粉及粗提物的生产工艺

可饲用天然植物粉一般都是固体粉末状态，粗提物可分为固体粉末、膏状和液态的精油状态。粉末固体粒径常用以下标准来衡量。

药筛，选用国家标准规定的R40/3系列，分等如表4-25所示。

表4-25 药筛分等表

筛号	筛孔内径(平均值)	目号
一号筛	2000μm±70μm	10目
二号筛	850μm±29μm	24目
三号筛	355μm±13μm	50目
四号筛	250μm±9.9μm	65目
五号筛	180μm±7.6μm	80目
六号筛	150μm±6.6μm	100目
七号筛	125μm±5.8μm	120目
八号筛	90μm±4.6μm	150目
九号筛	75μm±4.1μm	200目

粉末分等如下：

最粗粉：指能全部通过一号筛，但混有能通过三号筛不超过20%的粉末；

粗粉：指能全部通过二号筛，但混有能通过四号筛不超过40%的粉末；

中粉：指能全部通过四号筛，但混有能通过五号筛不超过60%的粉末；

细粉：指能全部通过五号筛，但混有能通过六号筛不超过95%的粉末；

最细粉：指能全部通过六号筛，但混有能通过七号筛不超过95%的粉末；

极细粉：指能全部通过八号筛，但混有能通过九号筛不超过95%的粉末。

4.4.2.1 粉的生产工艺

可饲用天然植物粉的生产工艺，一般利用万能粉碎机进行粉碎，如果要求粉碎粒径更细，则采用超微粉碎机进行粉碎。

（1）万能粉碎机 万能粉碎机利用活动齿盘和固定齿盘间的高速相对运动，使被粉碎物经齿冲击、摩擦及物料彼此间冲击等综合作用获得粉碎，结构如图4-1所示。主要用于中药材原料的粗粉碎，便于后续包装运输及药材有效成分的提取。

（2）超微粉碎机 超微粉碎机是利用空气分离、重压研磨、剪切的形式来实现干性物料超微粉碎的设备。它由柱形粉碎室、研磨轮、研磨轨、风机、物料收集系统等组成。物料通过投料口进入柱形粉碎室，被沿着研磨轨做圆周运动的研磨轮碾压、剪切而实现粉

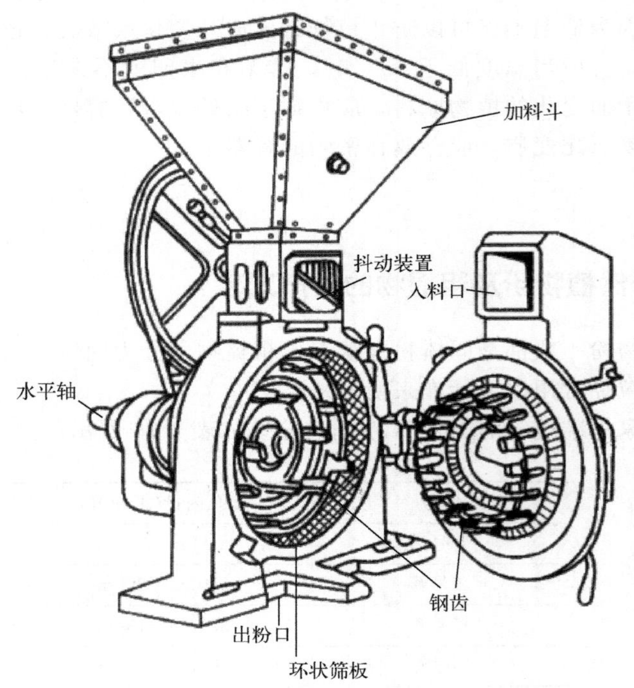

图 4-1　万能粉碎机结构图

碎。被粉碎的物料通过风机引起的负压气流带出粉碎室，进入物料收集系统，经过滤袋过滤，空气被排出，物料、粉尘被收集，完成粉碎，生产工艺流程如图 4-2 所示。经该设备粉碎后的粒径可达 300～3000 目，细度与研磨时间呈正相关，粉碎后的中药材可直接入药。

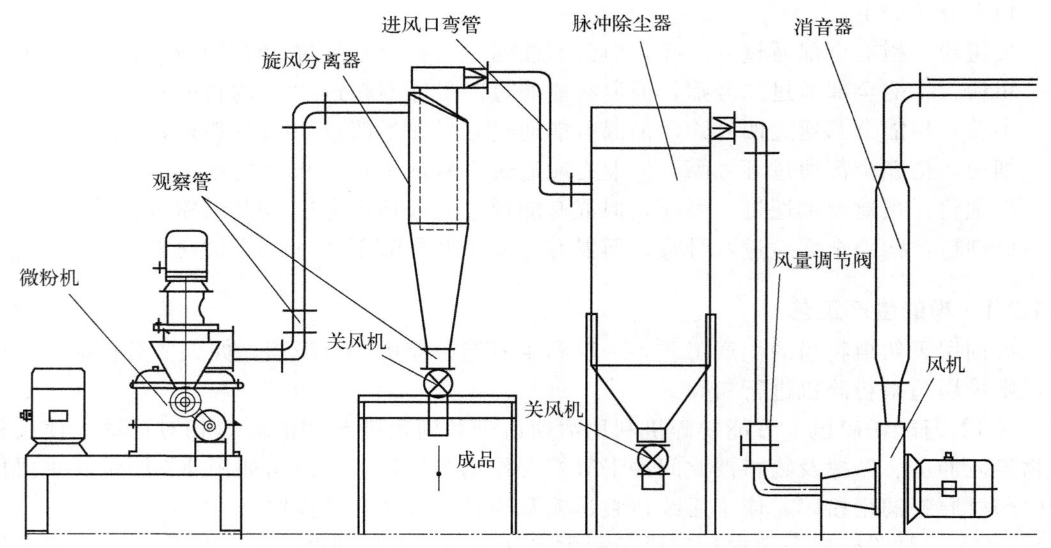

图 4-2　超微粉碎机工艺流程图

4.4.2.2 粗提物生产工艺

粗提物指采用适当的溶剂或其他方法对可饲用天然植物中的有效成分进行提取，再经浓缩和（或）干燥，但未经进一步分离纯化获得的粗提取产品。

有效成分提取的方法有以下几种：

（1）浸渍法 将药材用适当的溶剂在常温或温热的条件下浸泡一定时间，浸出有效成分的一种方法。一般适用于有效成分遇热易破坏及含淀粉、果胶、黏液质、树胶等多糖类物质较多的药材。此法操作方便、简单易行，但提取时间长、效率低，水浸提取液易霉变，必要时需加适量防腐剂如甲苯等。

（2）回流提取法 可饲用天然植物粗提一般只使用乙醇，加热提取植物中有效成分时，为减少溶剂的挥发损失，保持溶剂与药材持久的接触，通过加热浸出液，使溶剂受热蒸发，溶剂蒸气经冷凝后变成液体流回浸出器，如此反复至提取完全的一种提取方法。本方法提取效率高，但溶剂消耗量仍较大，操作较麻烦。由于受热时间长，故对热不稳定成分的提取不宜采用此法。通常用于质地较硬、浸提较难的中药原料浸提处理。

（3）连续回流提取法 在回流提取法的基础上改进的，能用少量溶剂进行连续循环回流提取，将有效成分充分提出的方法。溶剂受热蒸发遇冷后变成液体回滴入提取器中，接触药材开始进行浸提，待溶剂液面高于虹吸管上端时，在虹吸作用下，浸出液流入烧瓶，溶剂在烧瓶内因受热继续气化蒸发，如此不断反复循环，至有效成分充分被浸出，提取液回收有机溶剂即得。该法提取效率高，有较好的浓度差，溶剂用量少，但浸出液受热时间长，故不适用于对热不稳定成分的提取。

（4）水蒸气蒸馏法 适用于提取具有挥发性、能随水蒸气蒸出而不被破坏、不溶或难溶于水、与水不发生化学反应的植物有效化学成分。如挥发油、麻黄碱、槟榔碱、丹皮酚、蓝雪醌等。本法基本原理是当水和与水互不相溶的液体成分共存时，根据道尔顿分压定律，整个体系的总蒸气压等于两组分蒸气压之和，当总蒸气压等于外界大气压时，混合物开始沸腾并被蒸馏出来。

4.4.3 可饲用天然植物粉和粗提物的质量标准

根据《可饲用天然植物粉和粗提物标准通则》（T/XZYC 0007—2021），可饲用天然植物粉和粗提物应建立各自主要活性成分指标，以及感官、粒度、水分、粗灰分、卫生指标等；同时，利用特征图谱定性鉴别其特有的多个特征峰的相对保留时间。

（1）外观与性状 可饲用天然植物粉和粗提物的外观与性状如表 4-26 所示。

表 4-26 外观与性状

产品类别		要求
可饲用天然植物粉		无虫蚀、发霉和变质，无异物
可饲用天然植物提取物	固态剂型	粉末状，形态、色泽均一，无发霉、变质和结块
	膏状剂型	膏体均匀，无发霉和变质
	液态剂型	液体均匀，无沉淀、发霉和变质

（2）理化指标 可饲用天然植物粉及提取物的理化指标如表 4-27 所示。

表 4-27 理化指标

<table>
<tr><th colspan="2">产品类别</th><th>要求</th></tr>
<tr><td colspan="2">可饲用天然植物粉</td><td rowspan="2">应规定水分、主要活性成分、粗灰分、分析保证值，以及特定的特征图谱</td></tr>
<tr><td rowspan="3">可饲用天然植物提取物</td><td>固态剂型</td></tr>
<tr><td>膏状剂型</td><td rowspan="2">应规定主要活性成分的分析保证值，以及特定的特征图谱</td></tr>
<tr><td>液态剂型</td></tr>
</table>

4.5

植物提取物饲料添加剂产品

4.5.1 术语与定义及分类

4.5.1.1 术语与定义

（1）植物（plant） 指具有细胞壁的生物，包括非绿色菌类植物和进行光合作用的绿色植物，食用菌、藻类归为植物。

（2）饲用植物（forage plants） 指《饲料原料目录》中收录的植物，包括食品及新资源食品来源植物。

（3）其他植物（other plants） 指饲用植物以外的植物。

（4）植物提取物（plant extracts） 以植物全部或者某一部分为原料，经过物理或化学提取和（或）分离过程，定向获取和浓集植物中的某一种或多种成分，一般不改变植物原有成分结构特征形成的产品，按植物提取物的内在质量和分离纯化程度可分为纯化提取物、组分提取物和粗提物。

（5）纯化提取物（purified extracts） 经过提取、分离、纯化等过程得到的含有单一成分的植物提取物。单一成分的含量一般占提取物的 90%（以干基计）以上。

（6）组分提取物（component extracts） 指植物经过提取、分离得到可定性的有效组分混合物产品，由类组分或多个已知化合物对有效组分进行可量化质控标示。

（7）简单提取物（simple extracts） 指植物经提取、浓缩和（或）干燥，未经分离纯化得到的产品，由质量标示物进行可量化质控标示。

（8）饲料添加剂（feed additive） 为满足特殊需要而在饲料加工、制作、使用过程中添加的少量或微量物质，包括营养性饲料添加剂和非营养性饲料添加剂。

（9）营养性饲料添加剂（nutritive feed additive） 用于补充饲料营养成分的少量或微量物质，包括饲料级氨基酸、维生素、微量矿物元素、酶制剂、非蛋白氮等。

（10）非营养性饲料添加剂（non-nutritive feed additive） 为保证和改善饲料品质，促进饲养动物生产，保障动物健康，提高饲料利用率而加入饲料中的少量或微量物质，包括一般饲料添加剂和药物饲料添加剂。

（11）植物提取物饲料添加剂（plant extracts feed additive） 以单一植物的特定

部位或全植株为原料，经过提取和（或）分离纯化等过程，定向获取和浓集植物中的某一种或多种成分，一般不改变植物原有成分结构特征，在饲料加工、制作、使用过程中添加的少量或者微量物质，包括纯化提取物、组分提取物和简单提取物。产品形态可以为固态、液态和膏状。

（12）有效成分（effective constituents） 植物提取物中具有一定的生物活性、能代表其应用效果的单一成分。

（13）有效组分（effective components） 植物提取物中具有特定的生物活性、能代表其应用效果的多个有效成分，或一组、多组类组分。

（14）质量标示物（quality indicator） 指用于对简单提取物进行质量控制且可进行定性鉴别和定量测定的特征成分或类组分。可从植物提取物特征图谱的特征峰中选取一个或多个主要成分作为质量标示物。

4.5.1.2 分类

（1）来源植物的分类 根据使用安全性，植物提取物饲料添加剂的来源植物可分为饲用植物和其他植物。

（2）植物提取物饲料添加剂的分类 根据内在质量特征及其在饲料添加剂中实际应用，按生产工艺和质量的量化水平，植物提取物饲料添加剂产品分为纯化提取物、组分提取物和粗提物饲料添加剂。

4.5.2 生产工艺

植物所含化学成分复杂，提取是指选用适宜的溶剂和适当的方法将所需要的成分尽可能完全地从植物中提出的过程，通常所得的提取物是诸多成分的混合物，再选用适当的方法将其中所含各种成分（或组分）尽可能逐一分开，即分离，如有必要还可把所得成分加以纯化精制。常用的提取方法有溶剂提取法、水蒸气蒸馏法、CO_2 超临界流体萃取法等。由于来源植物不同以及粗提物、组分提取物和纯化提取物内在质量控制差异，粗提物、组分提取物和纯化提取物饲料添加剂的生产工艺各异。

4.5.2.1 简单提取物

植物粗提物是植物经提取、浓缩和（或）干燥，未经分离纯化得到的产品，其一般生产工艺为：植物原料—前处理—提取—浓缩—干燥—检测—包装—产品。

4.5.2.2 组分提取物

组分提取物是植物经过提取、分离得到的可定性的有效组分混合物产品，其一般生产工艺为：植物原料—前处理—提取—分离—浓缩—干燥—检测—包装—产品。

4.5.2.3 纯化提取物

纯化提取物是植物经过提取、分离、纯化等过程得到的单一成分产品，单一成分的含量占总提取物的 90%（以干基计）以上，其一般生产工艺为：植物原料—前处理—提取—分离—纯化—浓缩—干燥—检测—包装—产品。

4.5.3 质量标准

4.5.3.1 质量标准内容

产品质量标准应包括范围、规范性引用文件、术语和定义、化学名称和分子式等基本信息（对于纯物质）、技术要求（包括产品外观与性状、鉴别指标、理化指标等）、取样、试验方法、检验规则、标签、包装、运输、贮存和附录。

4.5.3.2 特征图谱

特征图谱指提取物经过适当的前处理，通常采用液相色谱法或气相色谱法等分析方法，选择各批样品中均具有的主要色谱峰作为特征峰，得到能够标识其中各种组分群体特征的共有峰的图谱。

（1）内容 特征图谱的内容包括标题、来源、测定方法依据、色谱条件及系统适用性试验、参照物溶液的制备、供试品溶液的制备、对照提取物溶液的制备、测定法及其他等。

（2）技术要求

① 提取物的基本信息。

a. 标题。产品名称+特征图谱。植物提取物饲料添加剂特征图谱的标题一般根据注册产品名称命名。

b. 来源。注明植物提取物饲料添加剂来源植物的基原和使用部位及工艺等信息。

为保证植物提取物饲料添加剂质量稳定且可控，应规定其原料来源植物的基原和使用部位。来源植物包括以下两种情形：

饲用植物，以《饲料原料目录》中收录的植物品种和特定部位为依据。《饲料原料目录》中的食用菌和藻类，以及具有传统食用习惯的食品、按照传统既是食品又是中药材的物质和新食品原料的来源植物可参照饲用植物。

其他植物，饲用植物以外的植物，应对其基原、使用部位提供说明和依据，根据实际情况的需要，对采收时间和方法、产地及产地初加工方法提供说明或依据，并在起草说明中说明理由。

② 测定方法的选择与建立。

a. 测定方法依据。一般参照《中国兽药典》2020年版附录中高效液相色谱法（通则0512）或气相色谱法（0521）测定，或参照饲料添加剂相关国家标准测定。

根据植物提取物中所含化学成分的理化性质不同，按照《中国兽药典》附录中高效液相色谱法或气相色谱法测定的要求，或饲料添加剂相关国家标准，说明选择高效液相色谱法或气相色谱法作为测定方法的理由和依据。

b. 色谱条件与系统适用性试验。注明色谱柱、流动相、柱温、检测器等条件。采用梯度洗脱或程序升温时，流动相比例或柱温的变化及所对应的时间程序以表格的形式列出。写明系统适应性试验中参照物S峰的理论板数要求。

（a）说明建立特征图谱时使用的仪器类型和试剂种类的理由。

（b）说明色谱条件确定的依据。如高效液相色谱法，应对进样量、色谱柱填料种类及规格、洗脱溶剂种类及洗脱方式、柱温、流速、数据采集时间、检测波长等进行考察，建议优先使用二极管检测器，获取特征峰的3D紫外光谱图，与对照品进行对比，用于判断特征峰的纯度。如气相色谱法，应对进样量、色谱柱填料种类及规格、进样口温度、分流比、升温方式（如程序升温）、检测器参数、载气流量、数据采集时间等进行考察。

对于需要与质谱联用的检测方法，还需对离子源种类、扫描模式、电离能量、碰撞能量等关键参数进行优化。

(c) 测定时间确定的依据。根据②中确定色谱条件下的测定时间 t，测定时间 t 后继续以最强的洗脱条件持续洗脱，考察测定时间 t 以后的色谱峰情况，获得一张记录时间为2倍测定时间（$2t$）的图谱，以考察测定时间 t 以后的色谱峰情况。

(d) 液相色谱法和气相色谱法系统适用性试验应从色谱柱的理论板数、分离度、灵敏度、拖尾因子和重复性等五个参数进行考察，具体要求一般参照《中国兽药典》（2020年版）附录中高效液相色谱法（通则0512）和饲料添加剂相关国家标准。

(e) 对于成分类别相差较大的样品，可根据类别成分的性质，选择多种色谱条件，用于多张特征图谱的建立。

③ 分析方法的建立。

a. 参照物溶液的制备。注明参照物对照品溶液的配制过程、溶液浓度及配制溶剂。如取参照物对照品适量，精密称定，用适当溶剂配制成一定浓度的溶液，混匀。

制定特征图谱必须设立参照物，说明选择参照物和其溶液制备方法的依据。根据特征图谱中各特征峰的响应和稳定性，一般选取容易获取的一个或多个主要有效成分、次要有效成分或主要指标成分对照品作为参照物；如果没有合适的对照品，可选择适宜的内标物作为参照物，内标物一般选择与特征图谱中的特征峰色谱保留行为相似，分离度良好的化合物。参照物应说明化学结构、化学名称、来源和纯度。参照物溶液的制备应根据检测方法的需要，选择合适的方法进行，应对配制所需溶剂、浓度进行考察。

b. 供试品溶液的制备。注明待测样品溶液配制过程、溶液浓度及配制溶剂，所配制的溶液需确保植物提取物的主要化学成分在特征图谱中得到体现。如精密称定适量植物提取物，用适当溶剂溶解定容，混匀。

c. 对照提取物溶液的制备。对照提取物溶液按照供试品溶液的制备方法制备。

④ 特征图谱制订。

a. 数据采集。分别精密吸取适宜进样量的参照物、供试品和对照提取物溶液，注入色谱仪，按照“色谱条件及系统适用性试验”项的色谱条件进行测定，记录色谱图。

b. 测定方法学验证。

精密度试验：取同一供试品溶液，连续进样6次，考察各特征峰与S峰相对保留时间和相对峰面积的一致性，相对保留时间的相对标准偏差（RSD）不得大于3%，相对峰面积的RSD不得大于5%，确定测试仪器的精密度。

重复性试验：取同一批号的供试品6份，按照确定的供试品溶液制备方法和检测方法，对供试品进行检测，考察各特征峰与S峰相对保留时间和相对峰面积的一致性，相对保留时间的RSD不得大于3%，相对峰面积的RSD不得大于5%，确定测试方法的重复性。

稳定性试验：主要考察供试品溶液的稳定性。取同一供试品溶液，分别在不同时间检测，考察各特征峰的相对保留时间和相对峰面积的一致性，相对保留时间的RSD不得大于3%，相对峰面积的RSD不得大于5%，检验供试品在规定测试时间内的稳定性。

再现性试验：应在不少于3家实验室按照方法标准进行方法重现，试验内容应包括重复性试验、考察特征峰数、考察各特征峰与参照物S峰相对保留时间的测定值及与规定值的偏差，并出具试验报告。

⑤ 特征图谱及技术参数。

a. 对照特征图谱的建立。

(a) 特征峰的标定。根据15批以上来源准确样品的测定结果，通过各仪器厂家自带数据分析软件或国家药典委员会推荐的“中药色谱指纹图谱相似度评价系统”软件对色谱图进行叠加，选择各批次样品图谱中的共有色谱峰作为特征峰，根据图谱中共有特征峰的数量和分布，明确特征图谱的特征峰或特征峰组合（一般指未获得色谱分离的共有色谱峰）。采用阿拉伯数字标定各共有色谱峰，一般选择4～8个共有色谱峰作为特征峰。共有色谱峰应尽可能地分布在色谱图的不同位置，应包括但不限于植物提取物类饲料添加剂的特有成分、主要有效成分、次要有效成分或主要标示成分，对于组分少的提取物可根据实际情况确定特征峰数量；纯化提取物视情况可选择除主要有效成分外的微量组分作为特征峰。

(b) 特征峰的验证。以仪器自带数据分析软件或第三方色谱数据分析软件将已标定的特征峰进行积分，一般要求已标定的共有色谱峰在每批次样品中均能被自动积分识别（积分参数根据实际情况进行设定，以信噪比≥3的色谱峰能被积分为准），若已标定的共有色谱峰在一批次或多批次样本中不能被数据处理软件自动识别和积分，则该共有色谱峰不能被标定为特征峰。

(c) 特征峰的指认与参照物的选择。特征峰的指认系指考察所建立的特征图谱是否具有代表性，能否表征待测所含成分的专属性。特征图谱应尽可能阐明其特征峰的化学结构及化学名称，一般采用对照品进行确认，对无法获取对照品的未知或含量低的特征峰根据实际情况可采用液相色谱-质谱法（LC-MS）或气相色谱-质谱法（GC-MS）进行推测说明可能的化合物类别，从而根据确认或推测的特征峰成分确定所建立图谱的专属性。

制订特征图谱必须设立参照物，根据特征图谱中各特征峰的响应和稳定性，通过特征峰指认后，一般选取容易获取的一个或多个主要有效成分、特有成分、次要有效成分或主要标示成分的对照品作为参照物；纯化提取物视情况可选择除主要有效成分外的微量组分特征峰的对照品作为参照物。按照主要有效成分、其他有效成分、大量存在的指标成分的顺序选择1个参照物为S峰。根据实际情况需要，有必要利用特征峰与S峰相对峰面积比值进行判定时，除前面要求外，同时还应考虑峰面积相对稳定的特征峰作为S峰。

(d) 特征峰的相对保留时间。以参照物S峰的保留时间作为1，计算各特征峰的相对保留时间，规定不少于15批次样品间各特征峰相对保留时间的平均值为规定值，其RSD不得大于3%。以相对保留时间作为特征图谱的辨识依据。

根据实际情况需要，有必要确定指定特征峰与S峰或特征峰之间的相对峰面积要求时，应说明相关理由。根据15批次以上样品的色谱图，计算指定特征峰与S峰或特征峰之间的峰面积比值，确定相对稳定的比值范围。未达基线分离的特征峰组合，应计算其总峰面积作为峰面积。

(e) 对照特征图谱的生成。根据15批以上来源准确样品的测定结果，使用国家药典委员会推荐的“中药色谱指纹图谱相似度评价系统”软件进行数据处理，通过手动方式对已标定和验证的特征峰进行选择，使用“生成对照”功能得到对照特征图谱。

对于成分类别相差较大、一张图谱难以体现其所有特征成分的样品，可根据特征成分的性质，选择多种色谱条件下的测定结果建立多张对照特征图谱。

对于纯化提取物，由于其主成分结构明确，可通过含量测定判定其是否达标，但无法对其来源进行评价。因此，可根据实际情况需要建立除主成分外的来源植物其他微量组分的特征图谱，用以判断其来源植物和生产工艺的一致性。

b. 对照提取物的制备。有提供对照提取物要求时，一般由首次申报单位自行研制，可按照相关要求报送相应的对照提取物研究资料和提供足量的对照提取物实物样品、对照特征图谱、原料来源和制备过程等信息。

⑥ 特征图谱评价。

a. 评价标准。将供试品图谱与对照特征图谱或对照提取物图谱进行目测比较应具有明显的相似度。规定特征谱图中特征峰的数目及各特征峰的相对保留时间，明确供试品色谱图中的S峰。计算各特征峰与S峰的相对保留时间，供试品色谱图中各特征峰的相对保留时间应在规定的范围之内。如有必要可将特征峰与S峰的峰面积比值规定在一定范围内。

b. 特征谱图评价。

(a) 特征峰判定。供试品溶液特征谱图中应有与对照特征图谱数量相同的特征峰；且有与第⑤项下a. 对照特征图谱的建立项下（c）特征峰的指认与参照物的选择项下参照物对照品数量相同、保留时间完全吻合的特征峰。

(b) 相对保留时间判断。以第⑤项下a. 对照特征图谱的建立项下（d）特征峰的相对保留时间的特征峰、S峰以及各特征峰与S峰相对保留时间的规定值作为评判的依据，待测样品图谱中各特征峰与S峰的相对保留时间均应在规定值的±5%之内。

以上两点结果符合要求则判定为合格。

(c) 其他。

随行对照判定：供试品特征图谱还可增加与随行对照提取物测定获得的图谱从特征峰的数量和保留时间进行手动叠加比较轮廓相似性以辅助判定。

相对峰面积判定：有相对峰面积比值要求的，按规定范围给出判定。

相对峰面积比值范围的规定：根据实际情况需要，有必要确定特征峰面积的相对比值范围时，应说明相关理由。根据15批次以上提取物供试品的色谱图，计算特征峰与参照物S峰的峰面积比值，确定相对稳定的比值范围。未达基线分离的特征峰组合，应计算其总峰面积作为峰面积。

⑦ 特征图谱的复核。特征图谱起草单位应委托不少于3家有资质的第三方机构进行特征图谱复核，复核单位按测定结果评判标准进行判定，出具复核报告。

⑧ 其他。注明对照特征图谱和对照提取物的来源。

（3）植物提取物特征图谱示例

① 甘草提取物特征图谱标准（草案）。

【来源】为豆科植物甘草（*Glycyrrhiza uralensis* Fisch.）、胀果甘草（*Glycyrrhiza inflata* Bat.）或光果甘草（*Glycyrrhiza glabra* L.）的干燥根和根茎经70%乙醇提取加工制成的干粉。

【特征图谱】按照《中国兽药典》2020年版高效液相色谱法（通则0512）测定。

色谱条件与系统适用性试验：以十八烷基硅烷键合硅胶为填充剂（柱长为25cm，内径为4.6mm，粒径为5μm）；以乙腈为流动相A，以0.05%磷酸溶液为流动相B，按表4-28中的规定进行梯度洗脱；流速为1.0mL/min；柱温为30℃；检测波长为276nm。理论板数按甘草苷峰计算应不低于50000。

表 4-28 梯度洗脱条件

时间/min	流动相 A/%	流动相 B/%
0～15	10→25	90→75
15～35	25→50	75→50
35～60	50→90	50→10
60～65	90→90	10→10

参照物溶液的制备：分别精密称定芹糖甘草苷、甘草苷、甘草酸对照品各 5mg，置于 25mL 棕色容量瓶中，加甲醇超声溶解并定容至刻度，制成每 1mL 含 0.2mg 对照品的参照物储备液。

供试品溶液的制备：取甘草提取物约 0.2g，精密称定，置具塞锥形瓶中，精确加入 70%乙醇溶液 25mL，超声处理（功率 250W，频率 40kHz）10min，放冷，再称定质量，用 70%乙醇补足减失的质量，摇匀，静置，取上清液滤过，取滤液作为供试品溶液。

对照提取物溶液的制备：参照供试品溶液的制备方法。

测定法：分别精密吸取供试品溶液、参照物溶液、对照提取物溶液各 10μL，注入液相色谱仪，测定，即得。

如图 4-3 所示，供试品图谱中应呈现 8 个特征峰，并与对照特征图谱或对照提取物图谱中的 8 个特征峰相对应，其中峰 2、峰 3、峰 5 应分别与对应的对照品参照物峰的保留时间相一致，与甘草苷色谱峰相应的峰标定为 S 峰（峰 3），计算峰 1、2、4、5、6、7、8 与 S 峰的相对保留时间，相对保留时间应在规定值的±5%以内。规定值为 0.596（峰 1）、0.976（峰 2）、1.533（峰 4）、2.109（峰 5）、2.622（峰 6）、2.882（峰 7）和 3.179（峰 8）。

【其他】对照特征图谱来自产品质量标准，对照提取物的来源须符合相关规定。

② 厚朴提取物特征图谱标准（草案）。

【来源】为木兰科木兰属植物厚朴（*Magnolia officinalis* Rehd. et Wils.）或凹叶厚朴[*Magnolia officinalis* subsp. biloba（Rehd. et Wils.）Cheng.] 的干燥干皮、根皮和枝皮经加工制成的醇提取物干粉。

【特征图谱】按照《中国兽药典》2020 年版高效液相色谱法（通则 0512）测定。

色谱条件及系统适用性试验：以十八烷基硅烷键合硅胶为填充剂（柱长为 25cm，内径为 4.6mm，粒径为 5μm）；以乙腈为流动相 A，以 0.1%磷酸溶液为流动相 B，按表 4-29 中的规定进行梯度洗脱；流速为每分钟 1.0mL；柱温为 30℃；检测波长为 294nm。理论板数按和厚朴酚峰计算应不低于 50000。

表 4-29 梯度洗脱条件

时间/min	流动相 A/%	流动相 B/%
0～5	5	95
5～20	5→20	95→80
20～35	20→70	80→30
35～55	70→90	30→10
55～60	90	10

参照物溶液的制备：分别精密称定厚朴酚、和厚朴酚对照品 5mg，置于 25mL 棕色容

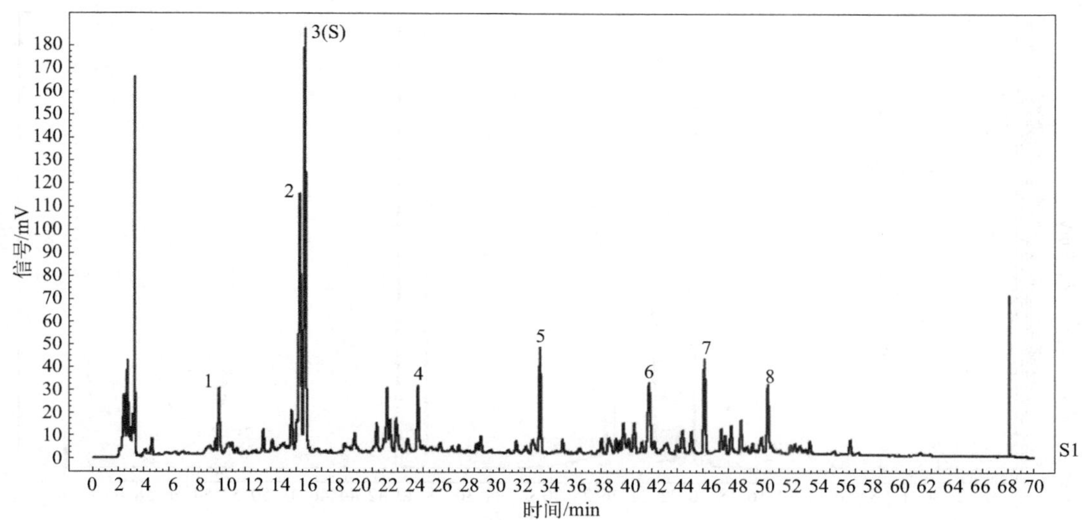

图 4-3 甘草提取物对照特征图谱

峰 2：芹糖甘草苷；峰 3（S 峰）：甘草苷；峰 5：甘草酸

色谱柱： Unitary C18（4.6mm×250mm， 5μm）

量瓶中，加甲醇超声溶解定容至刻度，制成每 1mL 含 0.2mg 对照品的参照物储备液。

供试品溶液的制备：取厚朴醇提物约 0.2g，精密称定，置具塞锥形瓶中，精确加入 70%乙醇 25mL，称定质量，超声处理（功率 250W，频率 40kHz）30min，放冷，再称定质量，用 70%乙醇补足减失的质量，摇匀，静置，取上清液滤过，取滤液作为供试品溶液。

对照提取物溶液的制备：参照供试品溶液的制备方法。

测定法：分别精密吸取对照提取物溶液、参照物溶液与供试品溶液各 10μL，注入液相色谱仪，测定，即得。

如图 4-4 所示，供试品特征图谱中应呈现 6 个特征峰，并应与对照特征图谱或对照提取物图谱中的 6 个特征峰相对应，其中峰 5 和峰 6 应与对应的对照品参照物峰的保留时间相一致，与厚朴酚色谱峰相对应的峰标定为 S 峰，计算峰 1、2、3、4、6 与 S 峰的相对保留时间，相对保留时间应在规定值的±5%以内，规定值为 0.524（峰 1）、0.555（峰 2）、0.594（峰 3）、0.664（峰 4）、1.049（峰 6）。

【其他】对照特征图谱的生成根据产品质量标准，对照提取物的来源须符合相关规定。

4.5.4 功能分类

目前饲料添加剂的相关功能界定比较粗放，参照欧盟饲料法规及相关领域和市场实际应用，可按功能分为：工艺添加剂、感官添加剂、营养性添加剂、畜牧水产技术添加剂和其他，共五类添加剂。

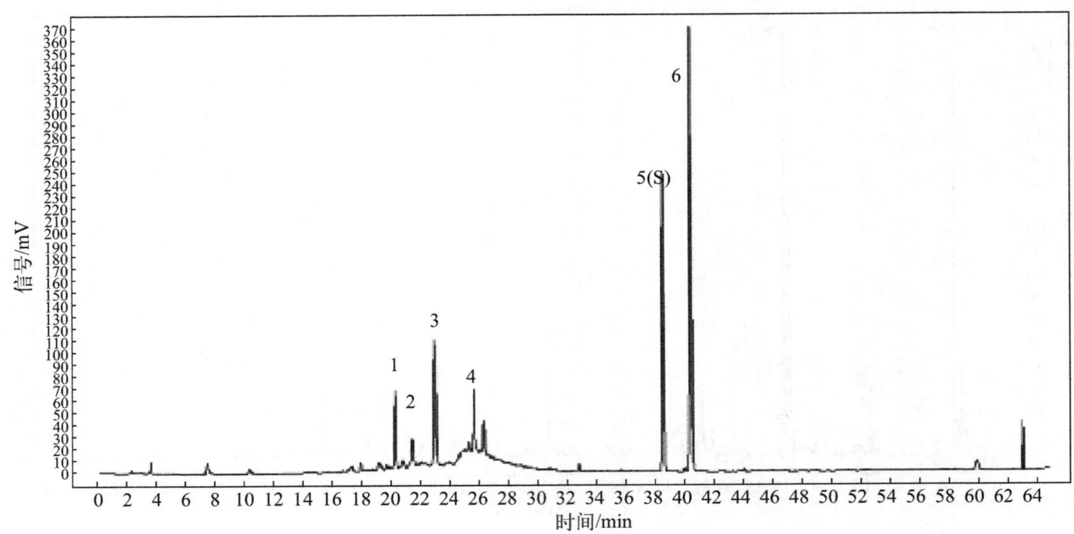

图 4-4　厚朴提取物对照特征图谱

峰 5（S 峰）：和厚朴酚，峰 6：厚朴酚

色谱柱：　Sunfire C18（4.6mm × 250mm，　5μm）

4.5.4.1　工艺添加剂

工艺添加剂指在饲料生产、贮存等环节中保证或产生应用效果的添加剂。其作用效果有以下几方面。

（1）防霉　指在饲料中防止微生物所致霉变或腐败或是减少霉菌毒素的产生和发挥毒力；还可以是减少毒素的吸收，在动物体内增加毒素的排泄、降解或转化、降低细菌毒素浓度。

（2）防腐　指用于延迟动物源饲料、油脂等饲料中微生物生长引起的腐败的时间。

（3）抗氧化　指在饲料中可延缓或防止饲料中物质被氧化变质；在饲喂动物时可改善动物的抗氧化能力。

（4）酸度调节　指维持或改变饲料酸碱度。

（5）改善卫生条件　指减少与饲料安全相关的特定微生物（如潜在的人或动物肠道病原体或有害细菌）污染。

4.5.4.2　感官添加剂

感官添加剂指使饲料产生有益味道、颜色或能给动物源食品增色的添加剂。其作用效果有以下几方面。

（1）增加饲料香味　增加饲料的香味，改善饲料贮存环境气味。

（2）改善饲料着色　用于增加或恢复饲料颜色。

（3）给动物源食品增色　为动物源食品增加颜色，改善某些动物体表色泽。

4.5.4.3　营养性添加剂

指天然存在于植物中的蛋白质、氨基酸及盐、维生素、维生素前体和微量元素等营养性化合物。

4.5.4.4 畜牧水产技术添加剂

畜牧水产技术添加剂指提高动物养殖效能、改善动物源食品品质、减少有害物排泄的饲料添加剂。其作用效果有以下几方面。

（1）**诱食** 指用于改善饲料适口性，增进饲养动物食欲。

（2）**促进消化吸收** 提高养殖动物对饲料的消化率和转化率，从而提高动物生长性能。

（3）**改善肠道菌群** 喂养动物时对肠道菌群有积极影响。

（4）**改善动物生产与繁殖性能** 有利于动物生产与繁殖。

（5）**改善动物源食品品质** 能有效改善动物源食品气味、口感、色泽等食品品质。

（6）**减少有害排泄物排放** 提高动物养殖效能、改善动物源食品品质、减少动物排泄物中有害物质（如甲烷、吲哚等）的含量。

4.5.4.5 其他

能明确说明添加剂的其他预期效果，包含其他有益于饲料生产与贮存，提高动物的养殖效能的物质功能。

4.5.5 已获批的植物提取物饲料添加剂

4.5.5.1 万寿菊提取物（天然叶黄素）

以万寿菊属植物万寿菊（*Tagetes erecta L.*）的花中脂溶性提取物为原料经皂化制得，主要着色物质包括叶黄素（lutein）和玉米黄质（zeaxanthin）。万寿菊提取物属于组分提取物饲料添加剂，其作用功效为着色，应用范围为家禽、水产养殖动物，在配合饲料中的最高限量（以叶黄素和玉米黄质总量计）为80mg/kg。

4.5.5.2 辣椒红

由茄科的红辣椒果皮中得到的一种橙黄至橙红色的天然红色素，属于叶黄素类共轭多烯烃含氧衍生物，其中，类胡萝卜素总量≥7.0%，辣椒红素和辣椒玉红素总量占类胡萝卜素总量≥30%的组分提取物，作为饲料添加剂的有效成分为辣椒红素（capsanthin，$C_{40}H_{56}O_3$）和辣椒玉红素（capsorubin，$C_{40}H_{56}O_4$），应用范围为家禽，在配合饲料中的最高限量（以辣椒红素计）为80mg/kg。

4.5.5.3 糖萜素（源自山茶籽饼）

以山茶属植物种子饼粕为原料经提取获得三萜皂苷类与糖类的组分提取物饲料添加剂产品，具有抗应激、抗氧化和促进消化吸收等功能，应用范围为猪和家禽，饲料中添加剂量一般为250～500mg/kg。

4.5.5.4 天然类固醇萨洒皂角苷（源自丝兰）

以龙舌兰科（Agavaceae）丝兰属丝兰 *Yucca schidigero*.（L）的茎叶为原料通过甲醇（或乙醇）等溶剂回流提取、浓缩、喷雾干燥得到丝兰提取物，其主要成分为甾类皂苷

(萨洒皂苷配基、菝葜配基、龙舌兰皂苷配基)、自由皂苷(saponin-free)、海可皂苷和糖类复合物(glyco-components)。作为饲料添加剂产品，天然类固醇萨洒皂角苷≥5%，丝兰提取物对有害气体具有很强的吸附能力，可降低畜舍氨气、硫化氢等有害气体的浓度，改善畜禽的饲养环境，增强机体免疫力，提高动物生产性能；还可刺激循环和呼吸系统，影响维生素活性和动物激素分泌，具有胰腺乳化剂等功能，应用范围为养殖动物，饲料中一般使用剂量为100～200mg/kg。

4.5.5.5 大蒜素

以百合科葱属植物蒜(*Allium sativum* L.)的鳞茎为原料，经提取获得以大蒜辣素、大蒜新素及多种烯丙醛硫醚化合物等为主要成分的大蒜油组分提取物，属于饲料添加剂中调味和诱食物质类，适用于养殖动物，生产中表现为改善饲料风味，增强动物抗病力，提高动物生长性能，改善饲料报酬等功能，一般饲料中使用剂量为100～200mg/kg。

4.5.5.6 天然甜菜碱

以甜菜糖蜜为原料经过提取和色谱分离纯化后获得甜菜碱含量≥96%的天然甜菜碱提取物，属于纯化提取物，在《饲料添加剂品种目录》中的功能分类为维生素及类维生素饲料添加剂，具有营养强化、抗应激等功效，一般饲料中使用剂量为200～1000mg/kg。

4.5.5.7 杜仲叶提取物(有效成分为绿原酸、杜仲多糖、杜仲黄酮)

以杜仲属杜仲(*Eucommia ulmoides*)的叶为原料，经粉碎、水提、干燥等工艺制备的杜仲叶提取物，为组分提取物饲料添加剂，主要有效成分为绿原酸、杜仲黄酮、杜仲多糖等活性物质，具有促进动物生长，提高饲料转化效率，增强抗氧化能力，改善肠道菌群等功效。2004年，农业部公告第384号批准杜仲叶提取物为新饲料添加剂，其应用范围为生长育肥猪、鱼、虾，一般饲料中的使用剂量为500～1000mg/kg。

4.5.5.8 藤茶黄酮

以葡萄科蛇葡萄属显齿蛇葡萄(*Ampelopsis grossedentata*)的叶为原料经粉碎、醇提、干燥等工艺制备。2008年，农业部公告第1136号批准北京伟嘉人生物技术有限公司申请的“藤茶黄酮”为新饲料添加剂。藤茶黄酮为组分提取物饲料添加剂，其有效成分为二氢杨梅素，具有提高动物生长性能，增强机体抗氧化能力等功效，适用动物范围为鸡，一般使用剂量为100mg/kg饲料。

4.5.5.9 牛至香酚

唇形科植物牛至(*Origanum vulgare* L.)的干燥全草经提取获得的组分提取物，也称牛至油，主要成分为香芹酚和百里酚组成的混合物，一般含量为5%～20%，在《饲料添加剂目录》中归类为调味和诱食物质中的香味物质，具有诱食、抗氧化、促进动物生长等功效，适用动物范围为养殖动物，一般饲料中使用剂量为200～500mg/kg。

4.5.5.10 茶多酚

山茶科山茶属植物茶[*Camellia sinensis*(L.)O. Ktze]的叶经提取分离获得的一类多羟基酚类化合物。茶多酚属于组分提取物饲料添加剂，其主要成分为儿茶素类(黄烷醇类)、黄酮类、黄酮醇类、酚酸类、缩酚酸类及聚合酚类等，作为抗氧化剂适用于所有养殖动物，一般饲料中添加剂量为200～1000mg/kg。

4.5.5.11 迷迭香提取物

以唇形科迷迭香属植物迷迭香（*Rosmarinus officinalis* L.）的干燥茎叶为原料，经溶剂提取或超临界二氧化碳萃取精制而得的粗提物饲料添加剂产品，其水溶性产品的有效成分是迷迭香酸，含量≥5%；脂溶性产品的有效成分为鼠尾草酸和鼠尾草酚，含量≥10%。迷迭香提取物作为抗氧化剂应用于宠物饲料，一般饲料中使用剂量为200～1000mg/kg。

4.5.5.12 天然三萜烯皂角苷（源自可来雅皂角树）

可来雅皂角树的果实经提取分离获得的组分提取物，主要成分为三萜烯皂角苷，属于香味物质，具有诱食、促生长功效。2013年，农业部2045号公告将天然三萜烯皂角苷（源自可来雅皂角树）收录于《饲料添加剂品种目录》，适用动物为养殖动物，一般饲料中使用剂量为200～500mg/kg。

4.5.5.13 苜蓿提取物（有效成分为苜蓿多糖、苜蓿黄酮、苜蓿皂苷）

以豆科苜蓿属植物苜蓿为原料经提取、浓缩、干燥等工序加工制成的饲料添加剂产品，其有效成分苜蓿黄酮≥3%，苜蓿多糖≥1%，苜蓿皂苷≥2%。苜蓿提取物具有抗氧化、增强免疫力、促生长等功效，适用于仔猪、生长育肥猪、肉猪、犬、猫，一般使用剂量为200～500mg/kg。

4.5.5.14 淫羊藿提取物（有效成分为淫羊藿苷）

小檗科植物淫羊藿（*Epimedium brevicornum* Maxim）、箭叶淫羊藿［*Epimedium sagittatum*（Sieb. et Zucc.）Maxim.］、柔毛淫羊藿（*Epimedium pubescens* Maxim.）、巫山淫羊藿（*Epimedium wushanense* T. S. Ying）等的干燥叶经提取分离干燥制得的组分提取物饲料添加剂产品，其主要有效成分为淫羊藿苷（≥1%），具有促进生长，提高饲料利用率，提高动物繁殖性能等功效，适用动物为鸡、猪、绵羊、奶牛，一般饲料中使用剂量为50～100mg/kg。

4.5.5.15 姜黄素

以姜科姜黄属植物姜黄（*Curcuma longa* L.）的根茎为原料，经粉碎、醇提、纯化、干燥等工艺制备的组分提取物饲料添加剂产品，有效成分为姜黄素、去甲氧基姜黄素和双去甲氧基姜黄素，主要功能为增强机体抗氧化能力。2014年，农业部公告第2131号批准姜黄素为新饲料添加剂，适用动物为淡水鱼类，在配合饲料中推荐添加剂量为200～400mg/kg，在配合饲料中的最高限量为600mg/kg。2019年，农业农村部公告第123号扩大了姜黄素使用范围，可在肉仔鸡中使用，推荐添加剂量为50～150mg/kg。

4.5.5.16 绿原酸（源自山银花）

以忍冬科忍冬属植物灰毡毛忍冬（*Lonicera macranthoides* Hand.-Mazz）为原料，经醇提、浓缩、脱色、柱色谱、萃取、结晶等工艺制得纯化提取物饲料添加剂绿原酸。2019年，农业农村部公告第217号批准北京生泰尔和爱迪森生物科技股份有限公司联合申请的绿原酸为新饲料添加剂，其有效成分为绿原酸（$C_{16}H_{18}O_9$），含量≥95%，具有促进肉仔鸡生长，提高饲料转化效率，增强机体抗氧化能力，改善肠道菌群结构等功效，适用动物为肉仔鸡，饲料中推荐添加剂量为15～30mg/kg。

绿原酸结构式：

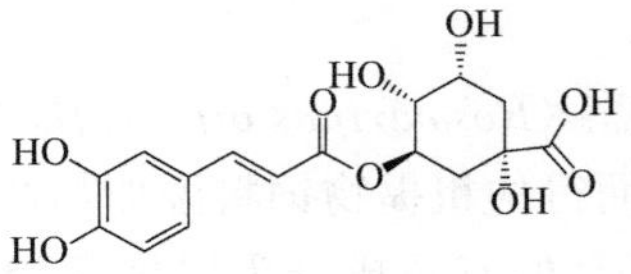

4.5.5.17 水飞蓟宾

以菊科植物水飞蓟［*Silybum marianum*（L.）Gaertn］的干燥成熟果实、种子为原料，经粉碎、萃取、浓缩、脱脂、结晶、干燥等工艺制得水飞蓟宾的组分提取物饲料添加剂产品。2021 年，农业农村部公告第 508 号批准水飞蓟宾为新饲料添加剂，其有效成分为水飞蓟宾（水飞蓟宾 A 和水飞蓟宾 B，见表 4-30），含量≥95%，具有提高机体抗氧化能力的功能，适用动物为淡水鱼类，饲料中推荐添加剂量为 20mg/kg。

表 4-30　水飞蓟宾 A 和水飞蓟宾 B 的化学名称、 CAS 号、分子式、相对分子质量和结构式

项目	水飞蓟宾 A	水飞蓟宾 B
化学名称	(2*R*,3*R*)-3,5,7-三羟基-2-[(2*R*,3*R*)-3-(4-羟基-3-甲氧基苯基)-2-羟甲基-2,3-二氢-1,4-苯并二氧芑-6-基]-2,3-二氢苯并吡喃-4-酮	(2*R*,3*R*)-3,5,7-三羟基-2-[(2*S*,3*S*)-3-(4-羟基-3-甲氧基苯基)-2-羟甲基-2,3-二氢-1,4-苯并二氧芑-6-基]-2,3-二氢苯并吡喃-4-酮
CAS 号	22888-70-6	142797-34-0
分子式	$C_{25}H_{22}O_{10}$	$C_{25}H_{22}O_{10}$
相对分子质量	482.44	482.44
结构式	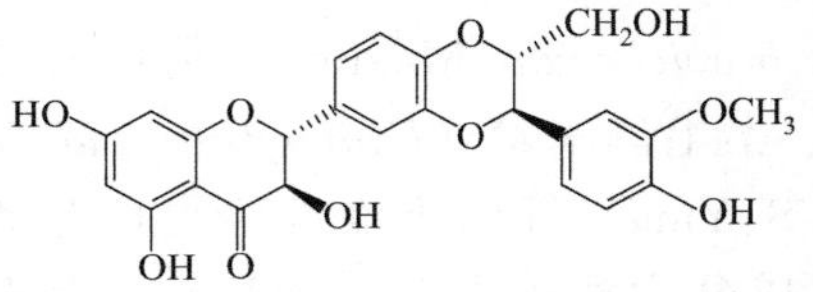	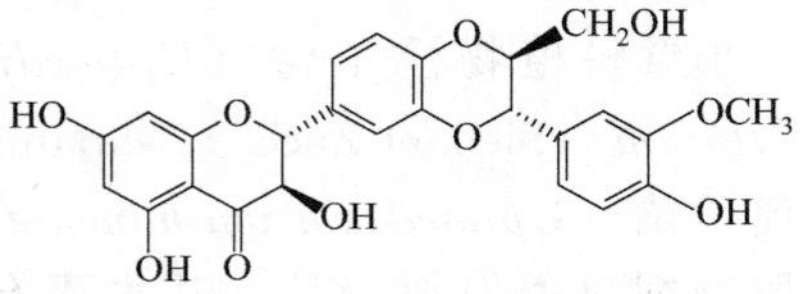

4.5.5.18 紫苏子提取物（有效成分为 α-亚油酸、亚麻酸、黄酮）

以唇形科紫苏属植物紫苏［*Perilla frutescens*（L.）Britt.］的种子为原料，经过提取分离制得组分提取物饲料添加剂产品，其有效成分为 α-亚油酸、亚麻酸和黄酮，具有促进动物生长，增强抗病力，改善动物源食品品质等功效，适用动物为猪、肉鸡、鱼，一般饲料中添加剂量为 200～500mg/kg。

4.5.5.19 植物甾醇（源于大豆油/菜籽油，有效成分为 β-谷甾醇、菜油甾醇、豆甾醇）

是从大豆油/菜籽油等脱臭馏出物中经过物理提纯制得的组分提取物饲料添加剂产品，其有效成分为 β-谷甾醇、菜油甾醇、豆甾醇，具有促进生长，改善肉品质等功效，适用动物为家禽、生长育肥猪、犬、猫，一般饲料中使用剂量为 20～50mg/kg。

4.5.6 饲用植物减抗、替抗研究与应用

4.5.6.1 在猪养殖中的应用

（1）牛至香酚　牛至香酚具有诱食、抗氧化、促进动物生长、改善肠道健康、提高免疫力等作用。黄晶等[90] 等对比研究了牛至香酚与抗菌药对断奶仔猪生产性能的影响，结果表明，与对照组相比，牛至香酚和喹乙醇均显著提高了仔猪的生长性能，降低了仔猪

腹泻率和死亡率，牛至香酚与喹乙醇组仔猪生长性能差异不明显。余勋信等[91] 研究表明，与日粮中添加 50mg/kg 金霉素相比，日粮中添加 20mg/kg 牛至香酚可提高育肥土黑猪的生长性能，改善猪肉品质。温晓鹿等[92] 在断奶仔猪日粮中添加牛至油替代抗菌药和氧化锌，研究了其对仔猪生长性能、腹泻率、肠道形态和血浆抗氧化指标的影响，结果表明牛至油替代抗菌药和氧化锌会使仔猪断奶后第 1～14 天的平均日增重提高 9.6%，平均日采食量提高 5.5%，同时还可提高机体抗氧化性能。蒲俊宁[93] 的研究表明，饲粮添加苯甲酸＋凝结芽孢杆菌＋牛至油可通过提高仔猪对营养物质的利用率，改善仔猪免疫功能、抗氧化能力和肠道屏障功能，进而保护仔猪免受产肠毒素大肠杆菌感染，显著改善仔猪生长性能和抑制腹泻，作用效果优于 20g/t 硫酸黏杆菌素＋40g/t 杆菌肽锌的组合。韩庆功等[94] 研究了牛至油对仔猪生产性能、抗体水平及粪便微生物的影响，结果表明日粮中分别添加 300mg/kg 牛至油和饲用促生长抗菌药（10mg/kg 硫酸黏杆菌素＋10mg/kg 恩拉霉素）均显著提高了仔猪的生长性能，牛至油与抗菌药具有相当的促生长效果，另外，日粮中添加牛至油显著减少粪便中大肠杆菌数量，增加粪便中乳酸杆菌和双歧杆菌数量，表现出较好的抗菌药替代潜力[96]。

(2) 大蒜素 大蒜素是从大蒜中提取的大蒜辣素、大蒜新素及多种烯丙醛硫醚化合物混合而成的饲料添加剂产品，具有抑菌杀菌、抗氧化、抗炎、改善机体健康等作用。刘少娟等[95] 对比研究了日粮中分别添加 0.5%大蒜素和 25mg/kg 金霉素对生长猪生长发育及养分消化率的影响，结果表明大蒜素和抗菌药组试验猪在生长性能和养分消化率方面没有明显差异。研究表明，日粮添加 100mg/kg 大蒜素提高了断奶仔猪生长性能，降低了仔猪腹泻率，其效果与抗菌药（40mg/kg 杆菌肽锌＋30mg/kg 卡巴氧）无明显差异[96]。另有研究表明，大蒜素对副猪嗜血杆菌有明显的抑制效果，H46 毒株的最小抑菌浓度（MIC）为 16～32μg/mL，并且能够显著抑制生物被膜的形成并且可抑制溶血毒素基因、毒力因子基因以及抗菌药外排泵基因等的表达[97]。

(3) 糖萜素 糖萜素具有促进消化吸收、增强免疫力以及抗炎、抗应激、抗氧化等功能[98]。李寸欣等[99] 研究了日粮中分别添加 500mg/kg 糖萜素和饲用促生长抗菌药（金霉素 500mg/kg＋硫酸黏杆菌素 100mg/kg＋阿散酸 70mg/kg）对育肥期猪生长性能的影响，结果表明日粮中添加糖萜素组与添加饲用促生长抗菌药组相比在育肥猪采食量、料肉比和腹泻率方面没有明显差异。糖萜素在肉猪不同生长阶段对抗菌药替代能力的研究表明，日粮中添加糖萜素或促生长抗菌药，试验猪在增重、饲料转化率、屠宰率、背膘厚等方面无明显差异[100]。与日粮中添加 1500mg/kg 氟苯尼考相比，日粮中添加 400mg/kg 糖萜素显著增加了平均日增重[101]。日粮中添加糖萜素和益生菌组合饲喂生长育肥猪，表现为比饲用促生长抗菌药（150mg/kg 黏杆菌＋400mg/kg 杆菌肽锌）更优的促生长效果，并且可提高屠宰率和瘦肉率等胴体指标[102]。

(4) 杜仲叶提取物 杜仲叶提取物具有促进动物生长，提高机体免疫力及抗氧化能力，调控机体代谢，改善动物产品品质和风味等作用。陈鹏等[103,104] 研究了日粮中分别添加杜仲叶提取物和金霉素对断奶仔猪生长性能、血清代谢产品、肠道健康及肝脏肿瘤坏死因子-α 分布和表达的影响，结果表明，日粮中添加杜仲叶提取物 250mg/kg 显著提高断奶仔猪生长性能，与日粮中添加 50mg/kg 饲用促生长抗菌药金霉素表现为相当的促生长效果，并且杜仲叶提取物具有降低血清尿素氮水平，提高肝脏抗炎症和抗氧化能力的作用。彭密军等[105] 的研究表明日粮中添加 0.5%的杜仲叶提取物可改善断奶仔猪的生长性能，降低腹泻率，提高仔猪抗氧化力和免疫功能，促生长效果与日粮中添加 75mg/kg 金霉素相当。断奶仔猪日粮中添加 300mg/kg 杜仲叶提取物可通过改善仔猪肠道健康状况和抗氧化能力，提高仔猪的生长性能并降低仔猪腹泻率，其促生长效果与日粮中补充 200mg/kg 硫酸黏杆菌素和 50mg/kg 吉他霉素的效果相当[106]。

4.5.6.2 在禽类养殖中的应用

(1) 牛至香酚 在家禽养殖方面的应用研究表明，牛至香酚具有提高肉鸡和蛋鸡生产性能，改善肠道健康，提高机体抗氧化能力等作用。牛至香酚（100mg/kg）和饲用促生长抗菌药（10mg/kg 恩拉霉素＋60mg/kg 盐霉素钠）对肉鸡生长性能影响的对比研究表明，牛至香酚可显著提高肉鸡增重和出栏体重，显著降低料肉比和死淘率[107]。刘晏榕等[108] 等研究表明肉鸡日粮中添加 200mg/kg 牛至提取物替代饲用抗菌药（20mg/kg 硫酸黏菌素＋20mg/kg 维吉尼亚霉素）对肉鸡生长性能没有显著影响。王孟春[109] 评估了日粮中添加 50～100mg/kg 牛至油和饲用促生长抗菌药（50mg/kg 维吉尼亚霉素＋75mg/kg 金霉素）对肉仔鸡生长性能的影响，结果表明牛至油可替代肉仔鸡日粮中的饲用促生长抗菌药，并能改善肉鸡的鸡肉品质和免疫机能。对牛至油在蛋鸡方面应用的研究表明，日粮中添加 50～100mg/kg 牛至油可显著提高蛋鸡生产性能和蛋品质，调节肠道微生物区系平衡，提高消化酶活性，改善肠道形态结构，其中牛至油对蛋鸡的改善效果优于 10mg/kg 的硫酸黏杆菌素[110,111]。

(2) 大蒜素 大蒜素在家禽养殖方面的应用研究表明，大蒜素可以提高肉鸡生长性能，促进消化吸收，提高家禽抗病力等。范秋丽等[112] 评估了日粮中添加 400mg/kg 大蒜素和 2mg/kg 恩拉霉素对 817 肉鸡生长性能、抗氧化和免疫功能的影响，结果表明，日粮中添加大蒜素可提高肉鸡生长性能、胴体性能、抗氧化和免疫功能。任莉等[113] 的研究表明，在土杂鸡日粮中添加大蒜素能提高增重率，降低料肉比，降低肉鸡死亡率，大蒜素的促生长效果与金霉素相当。胡忠泽等[114] 的研究表明，日粮中分别添加 160mg/kg 大蒜素与饲用促生长抗菌药（75mg/kg 金霉素＋50mg/kg 洛克沙生）肉鸡日增重差异不显著，但是大蒜素组肉鸡料肉比显著低于抗菌药组，大蒜素组肉鸡肠黏膜淀粉酶、脂肪酶、总蛋白酶活性显著提高，说明日粮中添加大蒜素可以提高肉鸡消化酶活性，改善饲料消化利用效率，具有与饲用促生长抗菌药相当的促生长效果。王进萍[115] 研究了日粮中大蒜素替代抗菌药对肉鸡生长性能的影响，结果表明大蒜素和黄霉素对白羽肉仔鸡生长性能的影响基本相同，生产中使用大蒜素替代黄霉素具有可行性。

(3) 糖萜素 在家禽养殖方面的应用研究表明，糖萜素具有增强动物免疫功能、提高畜禽生产性能和改善畜产品品质的作用。褚玲娜[116] 的研究表明，与日粮中添加 20mg/kg 维吉尼亚霉素相比，日粮中添加 300mg/kg 糖萜素提高了肉鸡的成活率，降低了肉鸡的料肉比，糖萜素的促生长效果优于维吉尼亚霉素。日粮中添加 700mg/kg 糖萜素和 500mg/kg 抗菌药对海兰褐蛋鸡雏鸡生长性能无明显差异，但糖萜素组肉鸡表现出更高的免疫器官指数[117]。张怀[118] 研究了糖萜素与金霉素对固始鸡生长性能、肠道发育及肠黏膜免疫的影响，结果表明日粮中添加 500mg/kg 糖萜素可以促进固始鸡免疫器官发育，提高 T 淋巴细胞亚群水平，同时可以改善小肠黏膜结构，促进小肠黏膜发育从而促进小肠对营养物质的吸收，另外还可以改善肠道黏膜免疫屏障，增强小肠黏膜免疫的水平。

(4) 姜黄素 姜黄素具有抗氧化、抗细胞凋亡、抗炎、免疫调节和代谢调控等功能，在家禽养殖方面的研究表明，姜黄素可以提高家禽抗病能力，提高家禽生产性能，提高肉产品品质，可以减少家禽行业对抗菌药的依赖。彭翔等[119]研究了姜黄素对肉仔鸡生长性能和免疫功能的影响，结果表明日粮中分别添加 200g/t 的姜黄素和 35g/t 的维吉尼亚霉素均能显著提高肉仔鸡的生长性能，二者差异不明显，说明姜黄素具有和维吉尼亚霉素相当的促生长效果。陈征义等[120]研究了姜黄素和饲用抗菌药（阿维拉霉素与恩拉霉素）对肉鸡生产性能和免疫机能的影响，结果表明日粮中添加 200g/t 姜黄素和饲用抗菌药显著提高了肉鸡的生长性能和成活率，而姜黄素组和饲用促生长抗菌药组肉鸡的生长性能和成活率无明显差异。孙全友等[121]的研究表明姜黄素可以提高肉鸡生长性能、抗氧化能力和肠道有益菌丰度，其促生长效果与维吉尼亚霉素相当。

（5）绿原酸（源自山银花） 在家禽养殖方面的研究表明，绿原酸能够促进肉仔鸡生长，提高饲料转化效率，增强机体抗氧化能力，改善肠道菌群结构。Zhao 等[122]发现饲粮中添加 1000mg/kg 绿原酸可提高热应激状态下肉鸡的生长性能和鸡肉品质，改善热应激肉鸡鸡肉的氧化稳定性和脂肪酸组成。姚珊珊等[123]的研究表明绿原酸对金黄色葡萄球菌、大肠杆菌、奇异变形菌、沙门氏菌最小抑制浓度分别为 0.25mg/mL、10.00mg/mL、0.20mg/mL、2.50mg/mL。

4.5.6.3 在水产动物养殖中的应用

（1）牛至精油 牛至精油具有芳香油气味，多数淡水鱼虾喜食带芳香、甜味的饵料，因此对淡水鱼虾有极强诱食效果，可作为天然的诱食剂，另外牛至精油能刺激水产动物消化道感受器，提高消化酶活性，促进动物消化，提高饲料利用率。郑学斌等[124]研究发现在草鱼日粮中添加牛至精油能显著提高草鱼成活率，显著降低草鱼的饵料系数。孙克年[125]报道添加牛至精油 150mg/kg 可提高河蟹个体重，降低饵料系数。

（2）水飞蓟素 水飞蓟素主要成分为水飞蓟宾、异水飞蓟宾、水飞蓟宁和水飞蓟亭，具有清除自由基、维持细胞膜稳定性、抗脂质过氧化、降血脂等药理活性，可促进肝细胞再生，改善肝功能，具有较强的肝脏保护作用。Li 等[126]在草鱼幼鱼饲料中添加 60mg/kg 水飞蓟宾连续饲喂 70d，结果表明水飞蓟宾可以显著提高草鱼的生长性能和改善肠道黏膜机械性损伤。研究表明，水飞蓟素作为饲料添加剂可以有效缓解凡纳滨对虾的低盐应激，提高对虾生长性能和抗氧化性能，改善肝胰腺组织结构，并且会对肠道菌群组成产生影响[127]。水飞蓟素能通过抑制 NF-κB 活化及下调其下游细胞因子 iNOS 和 IL-1β 的表达，减轻肝细胞 DNA 的损伤程度[128]。水飞蓟素对四氯化碳致鲫肝损伤具有保护作用，可应用于防治鱼类肝损伤及相关疾病[129]。

（3）姜黄素 在草鱼幼鱼饲料中添加 400～600mg/kg 的姜黄素可促进其生长，降低饵料系数，提高抗氧化应激能力。姜黄素在罗非鱼（个体重 2.5g）饲料中添加量为 50mg/kg 时效果最佳，该条件下终重最大、日增重和特定生长率最大，且添加 100mg/kg 和 150mg/kg 组饲料转化率和蛋白质效率最佳，并且随着添加量的增加，鱼体的抗氧化特性和免疫特性增强，同时水中及肠道中的大肠杆菌数以及嗜水气单胞菌数量减少[130]。另有研究表明，尼罗罗非鱼幼鱼（个体重 4.3g 左右）饲料中添加 60～120mg/kg 姜黄素（纯度＞95％）时，可显著提高鱼体的增重率和特定生长率，具有较好的保肝护胆效果[131]。Rajabiesteradabadi 等[132]发现，鲤鱼日粮中添加 10mg/kg 的姜黄素可以增强铜暴露下鲤鱼血液中的抗氧化参数，如提高超氧化物歧化酶（SOD）、溶菌酶、过氧化氢酶（CAT）、谷胱甘肽过氧化物酶（GSH-Px）活性，并且降低肿瘤坏死因子-α（TNF-α）和白细胞介素的表达水平。Mahmoud 等[133]证明，饮食中添加姜黄素（50mg/kg 或

100mg/kg）可以改善受嗜水气单胞菌攻击的罗非鱼的生长状况（增加最终重量、每日增重、特定生长率）、饲料利用率（低饲料转化率、高蛋白质效率比）、抗氧化状态（高过氧化氢酶活性、低 GSH 和 MDA 活性）、免疫反应（增加溶菌酶活性、总免疫球蛋白如 IgG 和 IgM 水平）以及疾病抵抗力。

4.5.6.4 在反刍动物养殖中的应用

（1）牛至精油 牛至精油不仅能促进动物的生长发育，还具有抗病原微生物、抗氧化及提高免疫力的作用，是重要的饲用抗菌药替代品。于光远等[134]综述植物精油可改善反刍动物瘤胃发酵，提高瘤胃对饲料碳水化合物及蛋白质的转化效率，增加瘤胃丙酸产量及菌体蛋白含量，促进反刍动物生长，是莫能菌素理想的替代品。柏妍等[135]研究了牛至精油和莫能菌素对荷斯坦犊牛瘤胃发酵参数和菌群结构的影响，结果表明饲粮中添加牛至精油可以调节瘤胃微生物的菌群结构，提高犊牛瘤胃中蛋白质降解菌的相对丰度，降低产丁酸菌属的相对丰度，同时可能避免或者缓解莫能菌素对有益菌群的破坏。研究表明，饲粮中添加牛至精油可提高犊牛的免疫力和抗氧化能力，且牛至精油提高蛋白质降解菌数量的作用效果优于莫能菌素，可替代犊牛期用于预防性治疗的抗菌药发挥作用[136]。

（2）大蒜素 大蒜素能够维持瘤胃 pH，调节瘤胃挥发性脂肪酸和氨氮浓度，以改善反刍动物瘤胃健康状况。全混合日粮添加 100mg/kg 大蒜素能显著提高奶牛采食量和采食前后瘤胃乙酸与丙酸比和奶牛采食后血液尿素氮浓度[137]。蒲仕文等[138]研究表明小尾寒羊日粮中添加大蒜素，可以促进小尾寒羊生长性能提高，改善血清免疫指标和抗氧化指标，优化瘤胃发酵参数。陈丹丹等[139]研究表明日粮中添加大蒜素可以降低肉羊瘤胃甲烷和二氧化碳排放量。

4.5.6.5 其他

研究表明日粮中添加 2000mg/kg 绿原酸可以显著提高肉兔生长性能，改善空肠结构形态，提高营养物质消化率，促生长效果与日粮中添加 18.80mg/kg 杆菌肽锌和 15.51mg/kg 喹烯酮饲用促生长抗菌药相当[140]。张吉鹍等[141]研究表明日粮中添加大蒜提取物可显著降低断奶 15d 育肥仔兔死亡率，其效果与抗菌药组合使用相当。蓝狐仔狐日粮中添加枯草芽孢杆菌和牛至香酚显著增加蓝狐平均日增重，改善饲料利用率，降低腹泻率，提高生长性能，甚至达到比添加金霉素和那西肽更好的效果[142]。

4.6 可饲用天然植物减抗、替抗应用中存在的问题及展望

4.6.1 存在的问题

我国农业农村部公告第 194 号宣布自 2020 年 1 月 1 日起退出除中药外所有促生长类

药物饲料添加剂品种，这标志着我国正式进入“饲料端‘禁抗’，养殖端‘减抗、限抗’”的新发展时期。严格禁抗令的推行释放出了极大的政策红利，这给具有高效、安全、低残留和无耐药性等特点的饲用植物在畜牧行业中的扩大应用提供了重要的机遇。面对巨大的市场容量，部分缺乏统一的产品标准与检验方法的植物源产品迅速涌现并流入市场，由于缺乏判断标准，饲用植物减抗、替抗应用隐藏着些许漏洞，产品质量好坏的检验方法相对欠缺。除了标准与检验方法有待完善外，目前还存在产品作用机理不明、功能声称紊乱、产品创新性不够、成本过高、实际效果和宣传不匹配、植物提取物饲料添加剂申报指南缺失等问题，这些问题阻碍了饲用植物原料在减抗、替抗、食品安全保障领域的应用与推广。

4.6.1.1 相关产业政策待完善

随着我国及全球“饲用禁抗”及“养殖限抗”政策的出台，可饲用天然植物因具有绿色、安全、有效等特点作为农业投入品原料已成为大众关注的焦点，特别是作为饲料添加剂、兽用中药和绿色环境消毒剂等养殖投入品的原料越来越受市场追捧。

2016 年 10 月 25 日，《“健康中国 2030”规划纲要》发布，表明可饲用天然植物作为大健康产业的原料已成共识，人们已经意识到保障养殖业的动物健康，最终还是为了人类自身的健康。在我国及全球“饲用禁抗、养殖限抗”的政策背景下，市场对饲用替抗产品的需求与日俱增，而特定的可饲用天然植物在动物生产中有促进采食、改善肉质品质、抗氧化、增强免疫力、改善肠道健康等功能，在畜牧水产业中很大程度上能起到替代传统饲用抗菌药的作用。

2018 年 7 月 2 日，农业农村部发布的《农业绿色发展技术导则（2018—2030 年）》提到主要任务之一是研制绿色投入品，包括重点研发高效植物提取物等新型绿色饲料添加剂以及新型中兽药，集成示范畜禽水产无抗环保饲料产品，推广应用绿色饲料添加剂、中兽医药。

2019 年 11 月 4 日，农业农村部发布第 226 号公告《新饲料添加剂申报材料要求》，明确了化学合成物质、酶制剂和提取物等所有类型饲料添加剂申报的材料要求。然而植物提取物因原料来源及组分复杂导致质量特征存在较大差异，第 226 号公告作为一个普适性的申报要求，尚未针对性地涵盖植物提取物类饲料添加剂复杂的实际情况。申报者和审评专家难以准确把握植物提取物饲料添加剂质量标准和安全性评价等材料要求，增加了产品开发难度和成本，不利于植物提取物新饲料添加剂产品的申报与审定。

2020 年 10 月 10 日，针对政协第十三届全国委员会第三次会议第 0082 号（农业水利类 015 号）提案：加快实施养殖业减抗、替抗、无抗战略。农业农村部高度重视兽用抗菌药综合治理，严格实施兽药非临床研究质量管理规范（GLP）、兽药临床试验质量管理规范（GCP）、兽药生产质量管理规范（GMP）和兽药经营质量管理规范（GSP）（4G 质量规范）和二维码追溯监管，确保兽用抗菌药产品质量安全。特别是近两年重点以药物饲料添加剂退出行动、兽用抗菌药使用减量化行动、规范用药宣教行动以及兽药残留监控、动物源细菌耐药性监测为抓手，促进“用好药、少用药”理念的落地。农业农村部在总结近几年推进兽用抗菌药使用减量化工作的基础上，会同有关部门研究兽用抗菌药使用减抗、养殖业投入品替抗等系列课题，不断完善政策顶层设计，推动法律制度体系建设。

2021 年 10 月 21 日，农业农村部印发《全国兽用抗菌药使用减量化行动方案（2021—2025 年）》，支持兽用抗菌药替代产品应用，促进兽用中药产业健康发展。创新完善兽用中药准入政策，建立符合兽用中药特点和产业发展实际的注册制度。支持对疗效确切的传统兽用中药进行“二次开发”，简化源自经典名方的复方制剂注册审批。将兽用中药生产企业纳入农业产业化龙头企业支持范围，享受农产品加工相关支持政策。遴选推广替代产品，组织相关教学科研单位、减抗达标养殖场（户）等，开展安全高效低残留兽用抗菌药替代产品筛选评价工作，引导养殖场（户）正确选用替代产品。支持绿色养殖技术推广和产品研发，鼓励各地统筹基层动物防疫补助经费等相关项目资金，对推广使用兽用中药等替代产品力度大、成效好的养殖场（户）给予奖励。

饲用植物粗提物的功能与标准混乱。在养殖领域使用的植物提取物绝大部分不是已批准的饲料添加剂，118 种其他可饲用天然植物的粗提物被规定为饲料原料，市场上却基本以添加剂形式在使用，客观上混淆了饲料原料与饲料添加剂的界限。饲用植物粗提物因没有国家统一标准，原料来源（种类、产地、采收期）、工艺等差异导致其质量参差不齐，且产品规格、功能声称混乱，给市场应用带来困扰，监管很难到位。市场呼唤通过建立标准和明确功能定位以便于质控和监管。

4.6.1.2 科学研究待深入

植物提取物在养殖投入品中的应用客观上主要表现在特定功能上，如肉鸡饲粮中添加五倍子提取物改善肠道形态结构、屏障功能和微生物菌群结构，促进肠道发育并维护肉鸡肠道健康；迷迭香提取物可以提高肉鸡生产性能、机体抗氧化能力，改善肉鸡肉品质；杜仲叶提取物可以提高仔猪肝脏的抗氧化应激能力；桑叶提取物能提高断奶仔猪肠道内脂肪酶的活性、粗脂肪的表观消化率及免疫功能。植物精油具有诱食、抗氧化、抗微生物、抗炎、增强免疫、改善消化功能等作用，广泛应用于饲用替抗和改善动物健康状况。由于植物提取物组成的复杂性，目前对于其具体的作用机制研究普遍不够深入，精油作为“饲用替抗”产品其促生长的机制到底是什么，还需在抗氧化应激、减少炎症或调控肠道菌群、保障肠道健康方面进行深入研究。

4.6.1.3 技术待提高

目前，饲用植物及相关产品生产技术仍不够成熟，主要是工艺技术与装备有待提高，一是工艺流程有待优化，二是生产装备（包括原材料前处理、提取设备与分离设备）有待进一步完善。例如在提取工艺方面，提取同种药材有效成分可采用多种提取技术，不同提取技术对提取率、有效成分含量均有影响；提取过程中使用同一工艺参数不同提取设备，产品的得率、活性成分含量亦不同。饲用植物药材前处理工序不同也会影响产品的质量。目前与饲用植物药材前处理相关的统一操作规范还不全面，所以在实际生产中不同厂家对药材前处理的方法不尽相同，导致产品质量参差不齐。在提取设备方面，部分企业在实际生产中仍以传统落后的提取设备为主，因此常出现产品质量不稳定、提取效率低、能耗高等一系列问题。并且国内专门从事饲用植物及生产工艺、装备研究与开发的机构较少。

4.6.1.4 产品质量待提高

目前国内专门从事饲用植物及提取物基础研究尤其是应用研究的机构和学者较少，缺乏大量基础研究和应用研究作为支撑，可饲用天然植物及提取物相关产品在饲料和畜牧行业很难大范围推广应用。我国专门从事可饲用天然植物产品开发和生产的企业很少，涉及这个领域的企业大多数为利用植物提取物开发植物源饲料添加剂的公司以及人用药品加工后的副产物再利用的药厂或公司，导致市场上缺乏真正有效的产品。同时，饲用植物提取物在饲料和养殖产业中应用时容易被相关厂家夸大宣传效果，同时产品功能声称混乱，导致使用者容易将饲用植物提取物相关产品和饲料添加剂产品、中兽药产品相混淆，从而阻碍饲用植物提取物产业健康持续发展。大部分上市减抗、替抗饲用植物产品的问题主要集中在以下几个方面：①作用机理不明确；②应用成本高；③效果不显著，批次产品稳定性差；④缺乏有效的应用方案等。

4.6.2 展望

4.6.2.1 关注饲用植物资源的研究与开发

据统计，我国每年生产饲料用原粮已达到了 3 亿多吨，占粮食总产量的 50%，“人畜争粮”现象突出，主粮对外依存度高，饲料用粮已经影响到了我国粮食安全。我国饲用植物资源丰富，加大饲用植物资源研究与开发力度是缓解我国粮食安全压力的有效措施之一，首先要提高饲料相关畜牧专业与学科建设水平，增设兽用中药资源学或饲用植物资源学、植物化学、提取工艺学等专业，并加强对相应师资力量的培养[143]；其次要加强饲用植物功能成分的挖掘，并基于饲用植物的产量性状和品质性状充分开发作物资源遗传优势来开展改良研究，以期获得优质、高产的饲用植物资源新品种，为产业发展提供支撑[143]；再次要探索提升饲用植物产量的现代化农艺栽培种植模式，选择适宜的地区大力发展种植业，扩大饲料种植和饲料加工企业的规模，形成密集化的饲用植物种植和加工产业基地；最后是要坚持“低成本”原则，加大资源综合利用力度，注重挖掘大品种植物提取物综合利用价值，如从甜叶菊提取甜菊糖后开发“类绿原酸”、从万寿菊中提取叶黄素后开发“槲皮万寿菊素”，关注中药材非药用部位功能组分，综合利用中药配方颗粒和大宗复方人用中药的剩余资源开发养殖品[144]。

4.6.2.2 提升饲用植物原料标准

为了进一步加强对《饲料原料目录》7.6 项下 118 种可饲用天然植物进行规范管理，国家市场监督管理总局已颁布《天然植物饲料原料通用要求》（GB/T 19424—2018），同时相关民间联盟或团体也提出了一些解决办法并采取了一些应对措施。2021 年 1 月，由中关村中兽医药产业技术创新战略联盟归口制定的《天然植物饲料原料　黄芪干燥物》等 12 个团体标准发布并实施；2021 年 7 月，由湖南省中药材产业协会归口制定的包含桑叶粉及桑叶粗提物、厚朴粉及厚朴粗提物在内的《可饲用天然植物粉和粗提物标准通则》团体标准及相关编制说明发布；2022 年 2 月，中关村中兽医药产业技术创新战略联盟邀请联盟团体标准技术委员会专家及相关企业代表，通过线上会议的方式对第二批《天然植物饲料原料　女贞子干燥物》等 9 项团体标准进行最后评审并于 2022 年 3 月发布。

4.6.2.3 鼓励植物提取物饲料添加剂新产品创新与注册

主管部门应该鼓励将《饲料原料目录》7.6 项下 118 种可饲用天然植物粗提物按要求注册申报新饲料添加剂，并将这类产品列入《饲料添加剂品种目录》，以便规范管理和应用。同时，对于其他没能列入《饲料添加剂品种目录》或被批准为新饲料添加剂的但被证实可改善食品动物生产性能的植物提取物则按农业农村部第 226 号公告要求申请注册登记。农业农村部畜牧兽医局于 2020 年 11 月 09 日出具的“对十三届全国人大三次会议第

8128 号建议的答复”函（农办议〔2020〕435 号）中明确提及：“为适应行业需求，我部改革和完善了新饲料添加剂产品审批制度。2019 年，发布了农业农村部第 226 号和第 227 号公告，对以天然植物为原料的提取物申报新饲料添加剂，适度放宽了分析检测和评价材料要求。鉴于天然植物提取物成分复杂、组分分离难度大，有效组分不能以单一化学式描述或不能被完全鉴定，我部在新饲料添加剂申报材料要求中，明确植物提取物只需给出特征主成分或类组分及其含量即可，对于有效组分外的其他成分，只需明确组分类别，可不提供具体组分含量。同时，对于安全性和有效性评价材料，明确国内外权威机构出具的评价报告、权威刊物公开发表的文献等资料，均可作为评价产品有效性、安全性的依据，通过数据资源共享减少申请人的研发投入，缩短产品研发周期。下一步，我部将按照新的产品审批制度规定，对天然植物提取物类新饲料添加剂的申报予以重点关注，加快相关新产品审批进度。”这意味着以天然植物为原料的新饲料添加剂注册规则将得到极大简化。为进一步为植物提取物饲料添加剂新产品创新提供制度保障，国家市场监督管理总局已立项《植物提取物—术语》，农业农村部计划出台《植物提取物饲料添加剂特征图谱制定技术要求》与《植物提取物饲料添加剂申报指南》等相关标准与文件。

4.6.2.4 重新定义饲用植物“减抗、替抗”

“减抗、替抗”这一术语实际上是在饲用促生长抗菌药禁用前及禁用后的一段时间内的概念，是市场基于获得低成本替代品的迫切需求而产生的，所以“减抗、替抗”其实是一个过渡性概念。随着市场逐渐淡化饲用植物的“减抗、替抗”角色，人们的关注点最终还是要落到饲用植物相关产品能否改善动物生产性能以及促生长功能上来。

参考文献

[1] 杨建武，曾建国，杨哲．开发饲用植物相关问题的探讨[J]. 饲料广角，2015（17）：28-30，47.

[2] 中华人民共和国农业部．饲料原料目录[EB/OL]. 2012-06-01.

[3] 曾建国．饲用替抗产品应用与开发进展[J]. 饲料工业，2022，43（9）：1-6.

[4] 毛佳汶．新食品原料批准品种及现状分析[J]. 现代食品，2020（2）：75-78.

[5] 阙灵，杨光，李颖，等．《既是食品又是药品的物品名单》修订概况[J]. 中国药学杂志，2017，52（7）：521-524.

[6] 刘涛，谢功昀．柑橘类精油的提取及应用现状[J]. 中国食品添加剂，2009（1）：70-74.

[7] 陈丽艳，崔志恒．植物精油抗菌活性的研究进展[J]. 黑龙江医药，2006（3）：56-58.

[8] 李方方，杨晶晶，张瑞阳，等．植物精油对断奶仔猪生长性能、血清生化指标及养分表观消化率的影响[J]. 动物营养学报，2019，31（3）：1428-1433.

[9] 刘红梅．超临界流体萃取植物精油的研究[J]. 化学工业与工程，2003，20（4）：243-247.

[10] 孙凌峰．植物精油及萜类成分的生物活性[J]. 江西师范大学学报：自然科学版，2000，24（2）：159-163.

[11] Blank R，Sauer W C，Mosenthin R，et al. Effect of fumaric acid supplementation and dietary buffering capacity on the concentration of microbial metabolites in digesta of young pigs[J].

Canadian Journal of Animal Science, 2001, 81: 345-353.
[12] Partanen K, Jalava T, Valaja J. Effects of a dietary organic acid mixture and of dietary fibre levels on ileal and faecal nutrient apparent digestibility, bacterial nitrogen flow, microbial metabolite concentrations and rate of passage in the digestive tract of pigs[J]. Animal, 2007, 1(3): 389-401.
[13] Canibe N, Hojberg O, Hojsgaard S, et al. Feed physical form and formic acid addition to the feed affect the gastrointestinal ecology and growth performance of growing pigs[J]. Journal of Animal Science, 2005, 83: 1287-1302.
[14] 何金明，王羽梅，卓丽环，等．茴香精油及其成分影响因素的研究进展[J]. 中草药，2005，36(10): 1586-1590.
[15] 欧长波，王秋霞，裴亚琼，等．有机酸在动物生产中应用的研究进展[J]. 中国畜牧杂志，2016，52(20): 72-75.
[16] Canibe N, Steien S H, Overland M, et al. Effect of K-diformate in starter diets on acidity, microbiota, and the amount of organic acids in the digestive tract of piglets, and on gastric alterations[J]. Journal of Animal Science, 2001, 79: 2123-2133.
[17] 侯永清，梁敦素，丁斌鹰，等．早期断奶仔猪日粮中添加不同种类酸化剂的效果[J]. 中国畜牧杂志，1996，32(6): 8-10.
[18] Jongbloed A W, Mroz Z, Van der Weij-Jongbloed R, et al. The effects of microbial phytase, organic acids and their interaction in diets for growing pigs[J]. Livestock Production Science, 2000, 67: 113-122.
[19] Mroz Z, Jongbloed A W, Partanen K H, et al. The effects of calcium benzoate in diets with or without organic acids on dietary buffering capacity, apparent digestibility, retention of nutrients, and manure characteristics in swine[J]. Journal of Animal Science, 2000, 78: 2622-2632.
[20] 李晓鹏，刘云龙，蒋林树，等．迷迭香酸的生物学功能及其在畜禽生产中的应用[J]. 动物营养学报，2024，36(02): 769-778.
[21] 南京大学化学系有机化学教研室．有机化学(下册)[M]. 北京：高等教育出版社，1988.
[22] 常福厚，刘素珍．麻黄碱类药物构效关系初探[J]. 内蒙古医学院学报，1997，19(1): 36-39.
[23] 张清德，綦聚鳌．麻黄生物碱的衍生物与应用[J]. 中国药学杂志，1992，27(3): 134-138.
[24] 回瑞华，侯冬岩，李铁纯，等．绿茶化学成分的研究[J]. 鞍山师范学院学报，2002，4(1): 54-57.
[25] 李耀武，周有骏，朱驹，等．秉亚男秋水仙碱位点抑制剂的结构特征研究[J]. 药学实践杂志，2007，25(6): 372-375.
[26] 何红平，刘复初．秋水仙碱类化学成分的研究概况[J]. 天然产物研究与开发，2000，12(2): 87-94.
[27] 文开新，王成章，严学兵，等．黄酮类化合物生物学活性研究进展[J]. 草业科学，2010，27(06): 115-122.
[28] 延玺，刘会青，邹永青，等．黄酮类化合物生理活性及合成研究进展[J]. 有机化学，2008，(09): 1534-1544.
[29] 张鞍灵，高锦明，王姝清．黄酮类化合物的分布及开发利用[J]. 西北林学院学报，2000，(01): 69-74.
[30] 于维萍，李守俊．常用中药词语词典[M]. 济南：山东科学技术出版社，1998.
[31] 宋丽雅，何聪芬．化妆品植物功效添加剂的研究与开发[M]. 北京：中国轻工业出版社，2011.
[32] 王峥涛，俞桂新．中药化学对照品波谱图集：第三册[M]. 福州：福建科学技术出版社，2016.
[33] 陈晓思，梁洁，林婧，等．薄荷的化学成分、药理作用和质量标志物预测研究概况[J]. 中华中医药学刊，2021，39(03): 213-217.
[34] 张静，庞道然，李月婷，等．夏至草的化学成分研究[J]. 中国药学杂志，2016，51(23): 2005-2008.
[35] 苏晓琳，张婕，李媛，等．水金凤茎挥发油成分的气质联用分析[J]. 化学工程师，2015，29(07): 20-22.

[36] 郭丹丹．人参须根粉中人参皂苷 Rg5 的制备及纯化[D]. 吉林：吉林化工学院，2017.
[37] 马平．人参乳清蛋白多肽饮料的稳定性及活性研究[D]. 长春：吉林大学，2016.
[38] 白宗利，王岩，贾天柱．柴胡的药理作用研究进展[C]//中华中医药学会四大怀药与地道药材研究论坛暨中药炮制分会第二届第五次学术会与第三届会员代表大会论文集，2007：292-296.
[39] 时圣明，潘明佳，王文倩，等．虎杖的化学成分及药理作用研究进展[J]. 药物评价研究，2016，39（2）：317-321.
[40] 韩德凤，杜成林，王晓静．决明属中醌类化合物研究进展[J]. 食品与药品，2015，17（4）：302-306.
[41] 邓丽红，谢臻，麦蓝尹，等．蒽醌类化合物抗菌活性及其机制研究进展[J]. 中国新药杂志，2016，25（21）：2450-2455.
[42] 徐国良，袁菊如，涂招秀，等．萘醌类化合物研究新进展[J]. 江西化工，2017（4）：54-56.
[43] 赵天池．大黄药效成分及其药理活性研究进展[J]. 中国民康医学，2021，33（11）：104-105，107.
[44] 郭瑞霞，李力更，王于方，等．天然药物化学史话：天然产物化学研究的魅力[J]. 中草药，2015，46（14）：2019-2033.
[45] 史清文．天然药物化学史话：紫杉醇[J]. 中草药，2011，42（10）：1878-1884.
[46] 付炎，李力更，王于方，等．天然药物化学史话：维生素 B_{12}[J]. 中草药，2015，46（9）：1259-1264.
[47] Nicolaou K C，Montagnon T. Molecules that changed the world[M]. Weinheim：Wiley-VCH，2008.
[48] 郭瑞霞，李力更，王于方，等．天然药物化学史话：甾体化合物[J]. 中草药，2016，47（8）：1251-1264.
[49] 冯小婕．绿茶、红茶、黑茶多糖的提取纯化及其药理活性的研究[D]. 湘潭：湘潭大学，2016.
[50] 邓青芳，周欣，陈华国．多糖抗肝损伤作用及其机制研究进展[J]. 中国中药杂志，2016，41（16）：2958-2967.
[51] 孙萌．金银花多糖/薄荷多糖/O-羧甲基壳聚糖水凝胶伤口敷料的制备及表征[D]. 兰州：兰州理工大学，2018.
[52] 杨源涛，段升仁，孙丽娜，等．植物多糖的研究进展[J]. 当代化工研究，2017（6）：164-165.
[53] 王杏．桑葚多糖分子结构修饰与其对小鼠化学性肝损伤保护作用的研究[D]. 贵阳：贵州师范大学，2018.
[54] 张又元，陈乃伟，丁重阳，等．铁皮石斛茎部和叶部多糖的性质和活性[J]. 食品与生物技术学报，2017，36（9）：959-965.
[55] 何柳，王云鹏，谢卫红，等．艾叶多糖的提取、结构分析与功能的研究进展[J]. 食品研究与开发，2022，43（1）：202-209.
[56] 蒋逸凡，金梦圆，周选围．茯苓多糖及其免疫调节功能研究进展[J]. 食用菌学报，2021，28（2）：130-139.
[57] 郭林宇，汤晓艳．国内山药营养品质、影响因素及评价方法研究进展[J]. 中国食物与营养，2021，27（12）：53-60.
[58] 金阳，葛金环，刘思琦，等．当归多糖的化学结构、药理作用及构效关系研究进展[J]. 中医药信息，2022，39（2）：69-77.
[59] 杨新，卢红梅，杨双全，等．桑葚及桑葚果酒的研究进展[J]. 食品与发酵工业，2019，45（4）：257-262.
[60] 颜美秋，周桂芬，庞敏霞，等．不同种植年限铁皮石斛多糖、甘露糖含量的测定及其它化学成分比较研究[C]//2014 年全国中药学术研讨会暨中国中西医结合学会第六届中药专业委员会换届改选会论文，2014：164-168.
[61] 楚三慧，张俊俊，杨冉，等．艾叶多糖提取方法及其药理作用研究进展[J]. 海峡药学，2021，33（11）：41-44.
[62] 程雅倩，孙志蓉．茯苓资源利用及保健品研发现状[C]//第四届中国中药商品学术大会暨中药鉴定学科教学改革与教材建设研讨会论文集，2015：413-416.

[63] 郭林宇，汤晓艳．国内山药营养品质、影响因素及评价方法研究进展[J]. 中国食物与营养，2021，27（12）：53-60.
[64] Jiang M H，Zhu L，Jiang J G. Immunoregulatory actions of polysaccharides from Chinese herbal medicine[J]. Expert Opin Ther Targets，2010，14（12）：1367-1402.
[65] 王敏，王永芳，段平男，等．白术多糖对肠道健康和免疫功能的调控机制及其在畜禽生产中的应用[J]. 动物营养学报，2021，33（05）：2428-2438.
[66] 刘永杰，李庆章，郝艳红．黄芪多糖和香菇多糖对雏鸡 IL-2 活性和淋巴细胞增殖反应的影响[J]. 吉林农业大学报，1999（03）：89-91.
[67] Li W，Hu X，Wang S，et al. Characterization and anti-tumor bioactivity of astragalus polysaccharides by immunomodulation[J]. Int J Biol Macromol，2010，145：985-997.
[68] Bharani S E R，Asad M，Dhamanigi S S，et al. Immunomodulatory activity of methanolic extract of *Morus alba* Linn.（mulberry）leaves[J]. Pak J Pharm Sci，2010，23（1）：63-68.
[69] Fang F，Luo M L，Su N，et al. Effect of mulberry leaves extracts on glucose uptake of insulin-resistant HepG2 cells and the mechanism[J]. Acta Pharm Sin，2012，47（11）：1452-1456.
[70] 阮红，吕志良．女贞子多糖免疫调节作用研究[J]. 中国中药志，1999（11）：51-53，64.
[71] 柴长斌，马茜，周丽，等．黄芪多糖可提升小鼠巨噬细胞和自然杀伤细胞的抗肿瘤作用[J]. 中华微生物学和免疫学杂志，2019（4）：292-297.
[72] Li B X，Li W Y，Tian Y B，et al. Polysaccharide of *Atractylodes macrocephala* Koidz enhances cytokine secretion by stimulating the TLR4-MyD88-NF-κB signaling pathway in the mouse spleen[J]. Journal of Medicinal Food，2019，22（9）：937-943.
[73] Li W，Xu D，Li B，et al. The polysaccharide of *Atractylodes macrocephala* Koidz（PAMK）alleviates cyclophosphamide-mediated immunosuppression in geese，possibly through novel_mir2 targeting of CTLA4 to upregulate the TCR-NFAT pathway[J]. RSC Advances，2018，8：26837-26848.
[74] 谢红兵．植物多糖对断奶仔猪肠道生理特征和免疫机能的影响及机理研究[D]. 长沙：湖南农业大学，2018.
[75] 伍婷婷．白术多糖通过多胺和 Ca^{2+} 调节 IEC-6 细胞迁移及黏附连接蛋白的研究[D]. 广州：广州中医药大学，2017.
[76] Yuan S L，Piao X S，Li D F，et al. Effects of dietary Astragalus polysaccharide on growth performance and immune function in weaned pigs[J]. Anim Sci，2006，82（4）：501-507.
[77] Ibrahim D，Sewid A H，Arisha A H，et al. Influence of glycyrrhiza glabra extract on growth，gene expression of gut integrity，and campylobacter jejuni colonization in broiler chickens[J]. Frontiers in veterinary science，2020，7：1-12.
[78] 赵燕飞，汪以真．白术、微米白术和白术多糖对断奶仔猪生长性能和肠道形态及微生态区系的影响[J]. 中国畜牧杂志，2015，51（1）：65-69.
[79] Yang C M，Han Q J，Wang K L，et al. Australasia and ginseng polysaccharides improve developmental，intestinal morphological，and immune functional characters of weaned piglets[J]. Front Physiol，2019，10：418.
[80] Theerawatnasiriku S，Koomkrong N，Kayan A，et al. Intestinal barrier and mucosal immunity in broilers，Thai Betong，and native Thai Praduhangdum chickens[J]. Turkish Journal of Veterinary and Animal Sciences，2017，41（3）：357-364.
[81] Stavropoulou E，Bezirtzoglou E. Probiotics in medicine：a long debate[J]. Front Immunol. 2020，11：2192.
[82] 王琳．白术多糖、枯草芽孢杆菌对育成鸡生长性能和肠道生理的影响[D]. 保定：河北农业大学，2018.
[83] Ohata A，Usami M，Miyosh M. Short-chain fatty acids alter tight junction permeability in intestinal monolayer cells via lipoxygenase activation[J]. Nutrition，2005，21（7/8）：838-847.
[84] Huang J，Lam G Y，Brumell J H. Autophagy signaling through reactive oxygen species. [J] Antioxid Redox Signal，2011，14（11）：2215-2231.

[85] He L，He T，Farrar S，et al. Antioxidants maintain cellular redox homeostasis by elimination of reactive oxygen species[J]. Cell Physiol Biochem. 2017，44（2）：532-553.
[86] Yin J，Wu M M，Xiao H，et al. Development of an antioxidant system after early weaning in piglets2[J]. Journal of Animal Science，2014，92（2）：612-619.
[87] 林谦，邱磊，云龙，等．核因子 E2 相关因子 2 调控机体抗氧化途径特性及其与畜禽的健康和肉品质的关系[J]. 动物营养学报，2014，26（6）：1421-1429.
[88] Qin S，Hou DX. Multiple regulations of Keap1/Nrf2 system by dietary phytochemicals[J]. Mol Nutr Food Res，2016，60（8）：1731-1755.
[89] Lin Q，Zhao J，Xie K，et al. Magnolol additive as a replacer of antibiotic enhances the growth performance of Linwu ducks[J]. Animal Nutrition，2017（2）：132-138.
[90] 黄晶，潘书磊，陈金雄，等．牛至香酚与抗生素对断奶仔猪生产性能的对比研究[J]. 广东饲料，2017，26，206（08）：29-30.
[91] 余勋信，林伯全，杨慧．牛至香酚替代抗生素对育肥土黑猪生长性能和肉质的影响[J]. 黑龙江畜牧兽医，2016，498（06）：129-131.
[92] 温晓鹿，王丽，杨雪芬，等．牛至油替代抗生素和氧化锌对仔猪生长性能、腹泻频率、肠道形态和血浆抗氧化指标的影响[J]. 动物营养学报，2020，32（9）：4102-4109.
[93] 蒲俊宁．苯甲酸、凝结芽孢杆菌和牛至油对断奶仔猪生长性能和肠道健康的影响[D]. 雅安：四川农业大学，2017.
[94] 韩庆功，宋云义，崔艳红，等．牛至油对仔猪生产性能、抗体水平及粪便微生物的影响[J]. 河南农业科学，2016，45，498（7）：113-117.
[95] 刘少娟，陈家顺，康保聚，等．α-酮戊二酸和大蒜素对生长猪生长发育及养分表观消化率的影响[J]. 动物营养学报，2017，29（9）：3193-3201.
[96] 刘超良．日粮中添加大蒜素对断奶仔猪生长的影响[D]. 长沙：湖南农业大学，2008.
[97] 马宗兵，邱建龙，黄一帆，等．大蒜素对副猪嗜血杆菌抑制作用及机理的研究[C]//中国畜牧兽医学会中兽医学分会全国代表大会暨学术年会，2014.
[98] 谭名洋，杨媚，王芳，等．糖萜素的生理功能及其在动物生产中的应用研究进展[J]. 中国畜牧杂志，2022，58（11）：9-13.
[99] 李文海，李寸欣，刘海斌，等．育肥期肉猪日粮添加糖萜素的效果研究[J]. 河北北方学院学报（自然科学版），2006（3）：40-42.
[100] 马旭平，李凤学，吴占福，等．糖萜素在肉猪不同生长阶段对抗生素替代能力的研究[J]. 养殖与饲料，2007（7）：51-53.
[101] 覃国喜．糖萜素、酶制剂和抗生素饲喂仔猪对比试验[J]. 广西畜牧兽医，2008，111（4）：221-222.
[102] 陈伟，高明琴，章厉劼，等．益生素与糖萜素对生长育肥猪生产性能的影响[J]. 黑龙江畜牧兽医，2011，384（12）：101-102.
[103] 陈鹏，杨在宾，黄丽波，等．八角和杜仲叶提取物对断奶仔猪生长性能、血清酶活性及肝脏肿瘤坏死因子-α 分布和表达的影响[J]. 动物营养学报，2017，29（3）：874-881.
[104] 陈鹏，杨在宾，张庆，等．八角和杜仲叶提取物对断奶仔猪生长性能、血清代谢产物及肠道健康的影响[J]. 饲料工业，2017，38（4）：8-11.
[105] 彭密军，张命龙，王志宏，等．饲粮中添加杜仲叶对断奶仔猪生长性能、抗氧化力和免疫功能的影响[J]. 天然产物研究与开发，2019，31（4）：675-681.
[106] Ding H，Cao A，Li H，et al. Effects of *Eucommia ulmoides* leaf extracts on growth performance，antioxidant capacity and intestinal function in weaned piglets[J]. Journal of Animal Physiology and Animal Nutrition，2020，104（4）：1169-1177.
[107] 陶春卫，魏秀莲，张娟霞，等．牛至香酚对肉鸡生长性能的影响[J]. 饲料研究，2015，419（10）：20-23，64.
[108] 刘晏榕，张丽元，郭永鹏，等．牛至提取物替代饲用抗生素对肉鸡屠宰性能和免疫机能的影响[J]. 饲料工业，2022，43，647（2）：8-12.
[109] 王孟春．肉桂醛和牛至油在肉仔鸡中应用效果的研究[D]. 合肥：安徽农业大学，2018.

[110] 郝丹丹．牛至油对成年蛋鸡生产性能和免疫功能的影响[D]．大庆：黑龙江八一农垦大学，2015.
[111] 韩旭．牛至油对蛋鸡肠道消化吸收功能影响的研究[D]. 大庆：黑龙江八一农垦大学，2013.
[112] 范秋丽，李辉，蒋守群，等．姜辣素和大蒜素及其组合对 817 肉鸡生长性能、抗氧化和免疫功能的影响[J]. 动物营养学报，2020，32（9）：4132-4139.
[113] 任莉，杜炳旺，许福通．大蒜素与抗生素对肉鸡生产性能的对比试验[J]．广东饲料，2005（3）：36-37.
[114] 胡忠泽，张玉，刘雷，等．大蒜素对肉鸡生产性能和消化酶活性的影响[J]．安徽科技学院学报，2011，25（6）：6-9.
[115] 王进萍．日粮中大蒜素替代抗生素对肉鸡生长性能的影响[J]．中国牧业通讯，2011，338（11）：62-63.
[116] 褚玲娜．糖萜素对肉鸡生长、肉质和特异性免疫影响及作用机理[D]. 杭州：浙江大学，2006.
[117] 马明颖，胡光林，崔贞爱，等．糖萜素和酵母培养物对雏鸡生长性能及免疫器官的影响[J]．中国畜牧兽医，2007，206（1）：37-39.
[118] 张怀．糖萜素对固始鸡 T 淋巴细胞亚群、肠道发育及肠道黏膜免疫的影响[D]. 郑州：河南农业大学，2010.
[119] 彭翔，孙全友，李杰，等．抗菌肽和姜黄素对 1～21 日龄肉仔鸡生长性能和免疫功能的影响[J]. 动物营养学报，2014，26（2）：474-481.
[120] 陈征义，吴迪．姜黄素和饲用抗生素对肉鸡生产性能和免疫机能的影响[J]. 广东饲料，2010，19，118（6）：24-26.
[121] 孙全友，李文嘉，徐彬，等．姜黄素和地衣芽孢杆菌对肉鸡生长性能、血清抗氧化功能、肠道微生物数量和免疫器官指数的影响[J]. 动物营养学报，2018，30（8）：3176-3183.
[122] Zhao J S，Deng W，Liu H W. Effects of chlorogenic acid-enriched extract from *Eucommia ulmoides* leaf on performance，meat quality，oxidative stability，and fatty acid profile of meat in heat-stressed broilers[J]. Poultry Science，2019，98（7）：3040-3049.
[123] 姚姗姗，张石磊，梁存军，等．基于转录组学技术分析绿原酸对鸡源大肠杆菌抑菌及耐药消除的作用机制[J]. 中国畜牧兽医，2020，47（12）：4156-4165.
[124] 郑学斌，陶春卫，王安民．牛至香酚（净力安）对草鱼生长性能的影响[J]. 饲料博览，2019，322（2）：39-43.
[125] 孙克年．牛至及牛至精油在水产养殖中的应用研究[J]. 广东饲料，2012（6）：38-40.
[126] Li W，Wu P，Zhou X Q，et al. Dietary silymarin supplementation enhanced growth performance and improved intestinal apical junctional complex on juvenile grass carp（*Ctenopharyngodon idella*）[J]. Aquaculture，2020，525（4）：735311.
[127] 李会峰，李二超，徐畅，等．饲料中添加水飞蓟素对低盐度下凡纳滨对虾生长、免疫、肝胰腺组织结构及肠道菌群的影响[J]．水产学报，2021，45（1）：98-114.
[128] 曹丽萍，杜金梁，丁炜东，等．水飞蓟素对建鲤肝细胞 DNA 损伤的保护作用及相关细胞因子的影响[J]. 水产学报，2014，38（12）：2039-2048.
[129] 贾睿，曹丽萍，杜金梁，等．水飞蓟素对四氯化碳致鲫肝（细胞）损伤的保护和抗氧化作用[J]. 中国水产科学，2013，20（3）：551-560.
[130] 王玉堂．姜黄素及其在水产养殖业的应用[J]. 中国水产，2016（8）：85-87.
[131] 张媛媛，宋理平，胡斌，等．饲料中添加姜黄素对尼罗罗非鱼幼鱼生长和四氯化碳诱导肝损伤的影响[J]. 中国水产科学，2018，25（6）：1271-1280.
[132] Rajabiesterabadi H，Hoseini S M，Fazelan Z，et al. Effects of dietary turmeric administration on stress，immune，antioxidant and inflammatory responses of common carp（*Cyprinus carpio*）during copper exposure[J]. Aquaculture Nutrition，2020，26（4）:1143-1153.
[133] Mahmoud H K，AA Al-Sagheer，Reda F M，et al. Dietary curcumin supplement influence on growth，immunity，antioxidant status，and resistance to *Aeromonas hydrophila* in *Oreochromis niloticus*[J]. Aquaculture，2017，475：16-23.
[134] 于光远，李伟，陶春卫．植物精油替代莫能菌素对反刍动物瘤胃发酵、生长性能的影响[J]. 现

代畜牧科技，2021，79（07）：1-4.
[135] 柏妍，王彩莲，郎侠，等．牛至精油和莫能菌素对荷斯坦犊牛瘤胃发酵参数和菌群结构的影响[J]. 动物营养学报，2019，31（08）：3763-3775.
[136] 柏妍，郎侠，王彩莲，等．饲粮中添加牛至精油和莫能菌素对荷斯坦犊牛血清生化指标、消化酶活性及瘤胃微生物区系的影响[J]. 畜牧兽医学报，2019，50（12）：2458-2469.
[137] 李涵，许谦．植物添加剂对干乳期奶牛消化、瘤胃发酵及血液代谢物的影响[J]. 中国饲料，2021（22）：39-42.
[138] 蒲仕文，杨燕，茹先古丽·买买提依明，等．大蒜素对小尾寒羊生长性能、血清免疫指标、抗氧化指标及瘤胃发酵参数的影响[J]. 饲料研究，2022，45（03）：1-6.
[139] 陈丹丹，屠焰，马涛，等．大蒜素和茶皂素对肉羊气体代谢及甲烷排放的影响[J]. 中国畜牧杂志，2014，50（11）：57-61.
[140] 刘静慧，李冲，徐美利，等．绿原酸对肉兔生长性能、空肠结构与抗氧化的影响[J]. 中国畜牧杂志，2021，57（06）：205-210.
[141] 张吉鹍，宗敏玲．大蒜提取物中草药组合物降低断奶 15 天育肥仔兔死亡率的研究[J]. 畜牧产业，2021（03）：64-69.
[142] 宗文丽，郭亮，辛娜，等．枯草芽孢杆菌和牛至香酚对蓝狐仔狐生产性能的影响[J]. 饲料博览，2021（12）：33-36.
[143] 曾建国．植物提取物及其饲料添加剂注册开发建议[J]. 饲料工业，2020，41（10）：1-8.
[144] 曾建国．饲用替抗产品应用与开发进展[J]. 饲料工业，2022，43（9）：1-6.

第 5 章

饲用微生物制剂用于减抗、替抗

5.1

饲用微生物制剂的概念及分类

在动物的胃肠道中，存在相对稳定殖居的微生物群落，而且数量很大，约有 10^{14} 个微生物，包括 400 种不同的细菌类型。其中部分微生物对维持肠道环境的相对稳定和促进营养物质在肠道的消化与吸收起着相当重要的作用。肠道内相对稳定的微生物群落的形成有助于动物提高抵抗力，免受外来有害细菌的感染，无菌动物比具有完整胃肠道微生物群落的动物更易感染疾病[1]。在动物养殖业中，利用动物微生态学理论，依据胃肠道的微生态系统的客观规律，因势利导，改善胃肠道的微生态环境，建立生物量更高的微生态平衡，从而起到促生长，防疾病的功效。

饲用微生物制剂指的是在动物微生态学理论的指导下，调整微生态失调、保持微生态平衡、提高宿主健康水平或增进健康状态的益生菌及其代谢产物和生长促进物质制成的制剂[2]。2013 年我国农业部公布了 34 种可以直接饲喂动物的饲料级微生物菌种，包括地衣芽孢杆菌、枯草芽孢杆菌、两歧双歧杆菌、粪肠球菌、屎肠球菌、乳酸肠球菌、嗜酸乳杆菌、干酪乳杆菌、德氏乳杆菌乳酸亚种、植物乳杆菌、乳酸片球菌、戊糖片球菌、产朊假丝酵母、酿酒酵母、沼泽红假单胞菌、婴儿双歧杆菌、长双歧杆菌、短双歧杆菌、青春双歧杆菌、嗜热链球菌、罗伊氏乳杆菌、动物双歧杆菌、黑曲霉、米曲霉、迟缓芽孢杆菌、短小芽孢杆菌、纤维二糖乳杆菌、发酵乳杆菌、德氏乳杆菌保加利亚亚种、产丙酸丙酸杆菌、布氏乳杆菌、副干酪乳杆菌、凝结芽孢杆菌和侧孢短芽孢杆菌。

随着对饲用微生物制剂研究的不断深入，微生物制剂的范围不再局限于最初的活菌制剂，而是包含益生菌、益生元、合生元以及后生素等多种形式的微生物产品。

益生菌是能改变宿主某一部位菌群组成的一类对宿主有益的活性微生物。它们通过调节宿主黏膜与系统免疫功能或调节肠道内菌群平衡，发挥促进营养吸收保持肠道健康的作用。

益生元是在有益于宿主健康的前提下，可被宿主肠道菌群选择性利用和转化的物质[3]。益生元的主要作用机制为未消化的碳水化合物转运至大肠，由肠道内的菌群对其进行降解，产生某些次级代谢产物，这些代谢产物被肠道上皮吸收或通过门静脉转运至肝脏，对宿主生理过程产生影响，发挥调节免疫、抵抗病原体、改善肠道功能、增加矿物质吸收、影响代谢和提高饱腹感等作用[4,5]。目前主要使用的益生元包括菊粉及其衍生的低聚果糖、乳果糖和低聚半乳糖等，以及多糖、微藻类、植物类等[6]。除此之外，一些潜在的益生元近些年也正被研究，包括人乳低聚糖、异麦芽低聚糖、低聚木糖、阿拉伯木聚糖、果胶低聚糖和抗性淀粉等[4]。

合生元又称为合生素，是指益生菌和益生元的组合制剂，或再加入维生素、微量元素等。它既可以发挥益生菌的生理性细菌活性，又可以选择性快速增加这种菌的数量，使益生菌作用更显著持久。合生元作为新一代饲料微生物制剂，将益生菌和益生元联合应用，可同时发挥益生菌和益生元的生理功能，使益生菌和益生元协调作用，维护机体的微生态平衡。

后生素是对宿主健康有益的无生命微生物及微生物成分，包括发酵过程中产生的代谢物、分解发酵底物释放的活性小分子、死亡的细胞及裂解后的细胞组分[7,8]。后生素在体内、外的研究中依据菌株的特异性呈现出多种生物活性，如抗氧化[9]、抗炎[10]、免疫调节[11]、抗肿瘤[12]、抗菌[13] 等功能，其抗病能力和促生长作用是其应用于畜禽生产的有利条件[14,15]。

5.2

饲用微生物制剂的主要作用机制

5.2.1 对病原微生物的竞争性排斥

在 1969 年发表的一份关于从蝇蛆中完全排除鼠伤寒沙门氏菌的报告中，Greenberg[16] 首先使用"竞争排除"来表示一种细菌比另一种细菌更加激烈地竞争肠道中的受体位点。一种细菌用于排除或减少另一种细菌生长的机制很丰富：产生敌对的微生态环境，消除可用的细菌受体位点，有选择地产生和分泌抗菌物质和代谢物，以及竞争性地消耗必需营养素[17]。

某些益生菌菌株对胃肠道病原体黏附具有拮抗作用，其结果是表面蛋白和黏蛋白之间的相互作用产生的特异性黏附可能会抑制病原菌的定植[18]。乳酸杆菌和双歧杆菌已被证明可以抑制多种病原体，包括大肠杆菌、沙门氏菌、幽门螺杆菌、单核细胞增生李斯特菌和轮状病毒等[19-25]。乳酸菌的抑菌作用基于细菌与细菌之间的对可用营养物质和黏膜黏附位点的竞争。为了获得竞争优势，细菌还可以通过改变周围的微环境以抑制竞争细菌的生长，乳酸和乙酸等抗菌物质的产生就是这种改变环境以获得生长优势的例子[26]。一些乳酸杆菌和双歧杆菌与肠道病原体具有相同的碳水化合物结合位点[27,28]，使得这些菌株可以与特定病原体竞争宿主细胞上的受体位点[29]。一般来说，益生菌菌株能够通过肠细胞病原体受体的空间位阻来抑制病原菌的附着[30]。

5.2.2 对肠黏膜的黏附力

微生物黏附至肠黏膜被认为是定植的先决条件，并且对于益生菌株与宿主之间的相互作用很重要[31,32]。如，病原菌黏附于易感细胞能引起感染致病，而非致病菌黏附后大多发挥正常生理作用。双歧杆菌和乳酸菌等益生菌在肠道中的黏附及定植，对维持肠道菌群的结构及功能起主导作用，对于调节免疫系统和抑制病原体也很重要[33-36]。

肠道上皮细胞表面包裹着一层黏液，而这层黏液才是细菌与肠黏膜首先接触的部分。几种乳酸杆菌蛋白已经被证明可促进黏液黏附，并且细菌可分泌介导黏附的表面黏附素[37]。这个过程主要由蛋白质介导，糖类部分和脂磷壁酸也有影响。黏液靶向细菌黏附素研究最多的例子是罗伊氏乳杆菌产生的黏液结合蛋白，在乳酸杆菌的黏液黏附表型中起主要作用的蛋白质类型主要有分泌蛋白和表面相关蛋白，它们通过脂质部分锚定在膜上或嵌入细胞壁[38]。

益生菌菌株还可以诱导上皮细胞释放防御素。防御素包括脊椎动物中的一个主要的膜破坏肽家族，对细菌、真菌和病毒具有抑制活性，是一类重要的抗菌肽。防御素还可以稳定肠道屏障功能。为了应对病原菌的攻击，宿主通过增加抗微生物蛋白的产生来参与其第一道化学防御，例如α-防御素、β-防御素、C型凝集素和核糖核酸酶[39]。这种相互作用是非特异性的，主要是通过静电相互作用与膜表面的阴离子磷脂基团结合。这种相互作用会在细菌膜中产生防御素孔，破坏膜的完整性并促进微生物的裂解。许多抗菌肽是通过酶解细胞壁或非酶解作用破坏细胞壁以杀死细菌。

Cathelicidins（一种抗菌肽）通常是带正电的α-螺旋肽，其通过静电相互作用与细菌细胞膜结合，并且与防御素一样，诱导细胞膜破裂[40]。

微生物黏附过程还依靠被动力、静电相互作用、疏水相互作用、空间力、脂磷壁酸和特定结构，例如被凝集素覆盖的外部附属物。多种介导病原菌黏附的分子结构已经被分析。然而，目前为止对介导微生物黏附的因素的了解极为有限。需要进一步研究来识别和分析黏液层各种成分的功能，以及黏液层、微生物群（包括益生菌）和上皮细胞与潜在的先天性和适应性免疫系统之间的复杂相互作用[41]。

5.2.3 对畜禽肠道免疫的调控

益生菌对宿主肠道环境的调节被认为是其重要作用之一，并被认为是益生菌其他益生作用的基础。肠上皮细胞和树突状细胞在肠相关淋巴组织中充当前哨细胞。当益生菌与前哨细胞的Toll样受体结合时，会激活NF-κB和MAP激酶途径[42]。这种激活可以调节炎症反应，并可通过免疫调节促进抗菌因子的表达从而发挥细胞保护作用[43,44]。此外，其益生作用包括提高上皮屏障功能、增加有益细菌对肠黏膜的黏附以及抑制病原体黏附[44]。

5.2.3.1 对应激条件下肠道免疫功能的调控

应激反应广泛存在于畜禽集约化养殖的各个环节中。有研究表明，益生菌制剂可以缓解断奶仔猪应激。钟晓霞等[45]在断奶仔猪日粮中添加甘露寡糖和复合益生菌制剂，发现乳酸杆菌属在结肠内是优势菌属。乳酸菌在调节肠道免疫功能上主要表现为两个方面：①能够激发机体非特异性免疫应答，刺激嗜中性粒细胞、单核巨噬细胞以及自然杀伤细胞的活力，进而发挥肠道内相关淋巴组织的功能。②能够激发机体的特异性免疫应答，增强机体T细胞和B细胞的活性，发挥肠道的细胞免疫功能，也能提高血清和肠道黏膜上的IgA、IgM以及IgG的分泌水平，发挥肠道的体液免疫功能。

5.2.3.2 对疾病条件下肠道免疫功能的调控

随着畜禽养殖规模化和集约化的不断推进，畜禽的免疫抑制性疾病增多，主要表现为肠道功能紊乱、便秘、泪斑、免疫力低下，进而影响畜禽产品的质量和安全。饲用微生物制剂调节畜禽亚健康的机制主要体现在增强畜禽机体免疫力。张伟[46]研究发现鼠李糖乳杆菌可促进EGFR非依赖型Akt激活，增加肠上皮细胞紧密连接屏障的完整性，进一步限制大肠杆菌侵袭，减弱大肠杆菌引起的肠上皮细胞黏蛋白层破坏及凋亡；表明益生菌影响了细菌感染的肠道上皮细胞发挥免疫功能，增加了肠道屏障功能，维持了病原菌感染的畜禽肠道菌群平衡。

5.2.3.3 对畜禽肠道黏膜 SIgA 分泌的调控

肠道免疫是由特异性免疫系统和非特异性免疫系统组成，肠道黏膜 SIgA 分泌在肠道免疫中发挥着重要作用。饲用微生物制剂对畜禽肠道黏膜 SIgA 分泌有着积极的促进作用，可能是益生菌发挥免疫功能最为重要的机制之一。例如在肉鸭饲粮中添加 300mg/kg 饲用微生物制剂，可以提高樱桃谷鸭胸腺指数、脾脏指数、十二指肠 SIgA 含量[47]。李云峰等[48] 研究发现枯草芽孢杆菌能够提高仔猪小肠 IgA 分泌细胞的数量，添加益生菌制剂显著提高了断奶后第 21 天仔猪血清 IgG 和回肠 SIgA 含量，空肠 SIgA 的含量有所提高，但无显著差异。这表明添加益生菌制剂可以改善断奶仔猪的体液免疫和黏膜免疫功能。

5.2.4 提高机体的抗氧化能力

饲用微生物制剂可以通过多种形式增强畜禽机体的抗氧化能力。

① 螯合金属离子。Lin 和 Yen[49] 研究表明嗜热链球菌 821 对 Fe^{2+} 和 Cu^{2+} 具有很强的螯合能力。此外一株干酪乳杆菌 KCTC 3260 通过螯合 Fe^{2+} 或 Cu^{2+} 具有高抗氧化能力[50]。研究表明过渡金属离子可以抑制酶催化过程中的磷酸酯置换反应，并通过氢、过氧化物的分解产生过氧基和烷氧基自由基[51]。

② 增强体内抗氧化酶活性以提高机体的抗氧化能力。一项猪的饲喂研究表明，与对照组相比，日粮补充发酵乳杆菌可增加血清超氧化物歧化酶和谷胱甘肽过氧化酶，并增强肝脏过氧化氢酶活性、肌肉超氧化物歧化酶活性[52]。此外，雏鸡摄入不同剂量的酵母益生菌后增加了体重和谷胱甘肽过氧化酶活性[53]。解淀粉芽孢杆菌 SC06 提高了猪肠上皮细胞-1 中的过氧化氢酶和谷胱甘肽基因表达以及过氧化氢酶活性[54]。

③ 微生物自身可产生多种具有抗氧化活性的代谢产物如谷胱甘肽、丁酸、叶酸等。叶酸是一种维生素，它接受来自供体分子的单碳单位，并参与许多代谢途径。DNA 复制、修复和甲基化的效率受叶酸的影响。由于叶酸具有潜在的抗氧化能力，已在多种来源的益生菌菌株中深入研究了它们产叶酸的能力。产叶酸的双歧杆菌增强了大鼠和人类体内的叶酸水平[55]。瑞士乳杆菌 CD6 的无细胞叶酸提取物与完整细胞一样具有抗氧化能力[56]。丁酸盐是一种短链脂肪酸（SCFA），由结肠和远端小肠中的微生物群通过发酵抗性淀粉、膳食纤维和低消化性多糖产生[57]。丁酸梭菌是一种产生丁酸盐的益生菌，可以在患有非酒精性脂肪肝的大鼠中诱导抗氧化酶，以抑制肝脏氧化应激[58]。

5.2.5 补充机体营养成分，促进动物生长发育

饲用微生物制剂中的有益菌在肠道内代谢可产生多种氨基酸、维生素以及其他的一些代谢产物作为营养物质被动物机体吸收利用，从而促进动物生长发育。此外，饲用微生物制剂还可以产生淀粉酶、脂肪酶和蛋白酶等消化酶类，促进动物消化饵料[59,60]。

自从饲料中逐步淘汰抗菌药类生长促进剂后，益生菌在改善畜禽生长性能方面的潜力

已经得到了广泛的认可。抗菌药类生长促进剂通过抑制肠道炎症细胞产生和分泌相关信号分子导致肠道菌群数量减少[61]。相比之下，益生菌通过调节肠道环境和强化有益肠道微生物区系、竞争性排除病原体和刺激免疫系统来增强肠道屏障功能以促进动物生长。补充益生菌后，益生菌中的非致病菌与肠道中的致病菌竞争营养并在肠道中定植，进一步抑制病原菌生长和压缩病原菌的生存空间[62]。

5.2.6 补充肠道正常菌群，防止发生菌群失调

微生物制剂可以通过抑制病原菌的增殖和增加有益细菌以调节宿主的健康状态[63]。几项研究发现补充益生菌对肉鸡肠道微生物群落、酶活性和消化道微生物发酵的影响明显[64,65]。Mountzouris 等[66] 评估了一种多菌种饲用微生物制剂对肉鸡生长发育的作用，其中包含 2 种乳酸菌、1 种双歧杆菌、1 种肠球菌、1 种片球菌。结果表明益生菌处理组肉鸡的 α-半乳糖苷酶和 β-半乳糖苷酶的活性明显高于对照组，总体而言，益生菌处理显示出了与抗菌药组相当的生长促进作用。

健康动物肠道内存在各种各样的微生物群落，各种微生物群落之间相互依存、相互制约，构成动物肠道内微生态平衡状态，但在受凉、过度疲劳、恶性肿瘤或慢性疾病，以及长期使用广谱抗菌药等情况下，会造成肠道内微生态平衡的破坏（称为菌群失调），进一步发展可引起临床症状即肠道菌群失调症。饲用微生物制剂中的有益菌是动物肠道内的“原籍菌”，是肠道内正常的生理性细菌。动物服用后，肠道内的正常菌群便得到补充，“原籍菌”在数量上便占绝对的优势，加上它们生长代谢造成的厌氧环境，就大大抑制了那些需氧型致病菌的生长繁殖。其发酵结果产生了大量的乳酸、乙酸等短链脂肪酸，降低了肠道内的 pH，使得致病菌难以生存，从而有效防止了肠道菌群失调症的发生。

5.2.7 产生抗菌物质

益生菌的益生效果之一是自身合成代谢抗菌物质，如低分子质量的有机酸（＜1000Da），高分子质量的细菌素（＞1000Da）。

有机酸尤其是乙酸和乳酸对革兰氏阴性菌有很强的抑制作用，它们是主要的抑制病原菌活性的化合物[67-69]。有机酸以未解离形式进入细菌细胞内并在其细胞质内解离，有机酸离子在胞内的积累以及 pH 的降低最终导致病原体死亡[70]。

细菌素是细菌用于调控菌群结构的一种有力武器，细菌素通常由革兰氏阳性菌产生并可以抑制其他亲缘关系较近的革兰氏阳性菌。革兰氏阳性菌（主要是乳酸菌）产生的细菌素抑菌谱较窄，如嗜酸乳杆菌的乳酸菌素 B、植物乳杆菌的植物乳杆菌素和乳球菌的乳酸链球菌素等，仅对邻近的细菌起作用，但同时一些细菌素也对食源性病原体具有抑制作用[71]。细菌素介导的抑菌机制包括通过在细胞膜上形成孔以及抑制细胞壁合成来杀死目标细菌[72]。例如，乳酸链球菌肽与细胞壁前体脂质Ⅱ形成复合物，从而抑制芽孢杆菌的细胞壁的生物合成。随后，复合物聚集并结合肽，在细菌细胞膜中形成孔洞进一步加强了细菌素的杀菌作用[73]。细菌素的存在使得其产生菌株在复杂的微生态环境中具有显著的

竞争优势及菌落优势，可以直接抑制胃肠道内病原体的生长[74]，从而具有抗菌活性。

肠道细菌可以产生多种具有益生作用的脂肪酸。某些肠道双歧杆菌和乳酸杆菌菌株已经被证明可以产生具有抗癌作用的共轭亚油酸[74]。在小鼠模型中已经证实了口服产生共轭亚油酸的双歧杆菌和乳酸杆菌能够调节宿主肝脏和脂肪组织的脂肪酸组成[74]。

某些益生菌菌株会产生抑制真菌和其他细菌生长的代谢物[75]。研究表明，乳酸杆菌可以产生抗真菌物质如苯甲酸、甲基乙内酰脲、甲羟戊酸内酯和短链脂肪酸[76]。Magnusson 和 Schnürer[77] 发现棒状乳杆菌可以产生具有抗真菌特性的蛋白质化合物，Rouse 等[78] 研究并分析了乳酸菌产生的抗真菌肽，发现抗真菌培养物具有防止导致苹果腐败的霉菌生长的能力。一项研究发现抗真菌培养物具有抑制面包上发现的镰刀菌和禾谷镰刀菌生长的能力。另一项此类研究报告了乳酸菌产生的抗真菌环状二肽能够抑制食物来源和饲料来源的丝状真菌和酵母的生长[79]。

5.3 饲用微生物制剂的生产工艺及质量控制

5.3.1 发酵工艺

5.3.1.1 液体发酵工艺

液体发酵主要是以液体为发酵介质，为目标菌株提供适宜的生长条件进行微生物发酵过程。国内外在利用液体发酵方法制作食品、饲料以及饲料添加剂方面已经有了极为丰富的经验。液体发酵的一般工艺流程为：首先将目标菌株生长所需的营养物质投入一个密闭的系统中，加入适量的液体与营养物质混合，配制成营养液后进行灭菌处理；然后将少量的目标菌株接种到营养液中，经过几小时或几十小时的静态培养或振荡培养，使其快速生长且大量繁殖，制成目标菌株菌液，最后将菌液进行干燥、粉碎、过筛等步骤制成液态、粉状等饲用微生物制剂产品[80,81]。

液体发酵的优点主要是：由于菌体在液态条件下处于悬浮、均质的状态，菌种及产物易于扩散，有利于对发酵菌液的控制和检测，有利于菌体迅速生长繁殖；发酵时间短；菌液在生产运输过程中易于贮存，对生产环境造成污染的可能性较小，可以实现大规模机械化生产。其缺点在于发酵过程需要严格的无菌条件，使用设备昂贵，生产成本较高，生产规模越大染菌的概率越大，发酵技术较为复杂，其菌体代谢的有机物不能被高效利用，浪费及能源消耗严重[82,83]。

5.3.1.2 固体发酵工艺

固体发酵是微生物在没有或基本没有游离水的固体基质上发酵的方式，固体基质中气、液、固三相并存，即多孔性的固体基质中含有水和水不溶性物质。传统制作酱油、酿酒等食品生产过程中利用固体发酵的方法较为普遍。在整个发酵过程中对游离水添加量的控制较为严格，基本上在无水或几乎无水的条件下进行发酵，微生物附着在有机物基质上生长与在自然条件下无异。

固体发酵相比于液体发酵的优点如下：首先对菌体的代谢产物量及活性有较好的提高作用，如各类酶系、有机酸、生物活性剂以及维生素等有机物，产率较高；其次培养基所利用的原料丰富多样，减少对资源的浪费，降低生产成本；再有对生产环境要求低，发酵过程较为粗放，不需要严格的无菌条件，能量消耗小、投资成本低、操作简单且安全节约。而固体发酵的缺点为菌体生长速度慢，发酵周期长，难以对其发酵产物进行监控且稳定性较低，发酵过程中工作量较大，天然原料营养成分复杂，菌体纯度不高[84]。

5.3.1.3 液固两相发酵

液固两相发酵作为液体发酵和固体发酵的结合体，能够取长补短结合两种发酵方式的优点为研究及制备饲用微生物制剂产品提供更为方便、简洁、高效的发酵方法。其发酵方式主要是利用液态发酵快速生产高活力且数量大的目标菌株菌液，然后从密闭的发酵系统将菌液接种至固体发酵罐中进行固体发酵，从而生产出更加接近自然且纯度较高的原始菌体[85]。此方法可以大大缩短菌体的发酵周期，改善菌体纯度，提高发酵产物的产率，避免对原料资源的浪费，减少发酵能量损耗等。由于该方法是从液体转到固体发酵，从培养到转移再到接种发酵过程期间，必然会出现由两种培养基之间的差异而导致的菌体发酵反应延滞问题，在此期间会经常造成菌株污染。所以，调节并选择适当的菌体液体培养基和固体发酵培养基进行搭配成为充分发挥两相发酵优势的关键。液体培养基应选用能够使菌体数量迅速增长的高效营养物质，缩短其发酵时间，提高菌液活菌量；固体发酵培养基应调节适当的碳氮比例，选择可以促进菌体充分利用的固体原料，适当添加矿物质元素，使发酵延滞期缩短，改善菌体的生长环境，发酵生产出优质的饲用微生物制剂[86]。

5.3.2 加工工艺

发酵得到的活微生物数量在储存以及运输过程中存活率会受到很多因素（例如温度、pH 值和酶等）的影响而急剧下降。为发挥饲用微生物制剂的益生功能，需要在益生菌储存过程和宿主肠道内提高其存活率。微生物微胶囊化的方法能够对微生物起到很好的保护作用，确保一定数量的微生物能够存活并在宿主肠道内发挥作用。目前常用的微胶囊制备技术主要有真空冷冻干燥技术和喷雾干燥技术。

喷雾干燥法是将溶液利用雾化装置喷出，形成雾状小液滴，液滴在热空气的作用下其中的水分蒸发，从而形成微胶囊。喷雾干燥法的优点在于操作简单、可规模化生产、成本低、干燥速度快、耗时短，得到的干粉产品也较为稳定，便于后续的加工及运输储存。但这种方法也存在着高温和脱水导致的益生菌失活，包埋效率低，设备造价高，占地面积大，耗能多，使用结束后塔壁粘连严重，清扫工作量大等缺点[87,88]。

真空冷冻干燥中，益生菌与包埋材料在−30～−20℃的温度下冷冻，在真空下通过升华（初次干燥）和解吸（二次干燥）除去水分。真空冷冻干燥的优点是对活性物质的活性保留率高、营养物质破坏率低，产品疏松多孔、易于溶解，脱水彻底，有利于长期储存；

其对应的缺点是生产成本过高，不适合大规模推广，只适用于实验室小规模加工，耗时长，冻干前通常还需要先放入超低温冰箱预冻，该技术在对水溶液进行处理过程中缺乏粒径控制，因此近些年主要还是采用喷雾干燥法制备乳酸菌制剂[89]。

此外，电纺丝、新型撞击气溶胶、超临界乳化萃取技术等新兴技术也相继用于饲用微生物制剂的胶囊化。

不论是喷雾干燥还是真空冷冻干燥，在操作过程中都需要添加额外的保护剂，保护剂不仅可以起到赋形、充当载体的作用，还兼具提高药物稳定性，增溶、助溶，缓释、控释等重要功能。干燥过程中根据保护剂的分子量大小，可将其分为高分子保护剂和低分子保护剂。高分子保护剂包括分子量较大的蛋白质、多糖等物质，如可溶性淀粉、脱脂乳和玉米粉。此类保护剂可以在菌体表面形成一层对细胞有保护作用的膜，进而起到保护作用。低分子保护剂包括寡糖以及醇类等小分子物质，如葡萄糖、蔗糖、麦芽糖、海藻糖、山梨醇和甘油等。此类保护剂可以通过与细胞内部水分子结合，维持细胞渗透压，防止细菌细胞受热脱水死亡。

5.3.3 质量控制

饲用微生物制剂的质量评定指标主要包括两大类：①有效活菌数；②卫生指标。

5.3.3.1 有效活菌数的检测

目前饲用微生物制剂中常用的微生物主要有酵母菌、乳酸菌、芽孢杆菌和光合细菌等，检测活菌含量的方法主要是平板培养计数法，还有一些快速测定微生物总菌数和有害菌的方法，如 ATP 法（生物化学发光检测方法）、免疫法、阻抗法和显色培养基法。

（1）样品细菌总数测定方法 可参照国标《饲料中细菌总数的测定》（GB/T 13093—2023）进行测定。

活菌数是重要的指标，根据不同菌种的培养要求，选择厌氧、微需氧、需氧条件培养，必须规定培养方法及条件。

一般来说，参照国标进行细菌总数测定会低估总菌数，因为用同一条件来培养不同生长特性的微生物，总有一种或几种微物生长不良或不能生长。因此，为获得准确的总菌数结果，最好采用分类计数法，即分别用乳酸菌、酵母（包括真菌）、芽孢杆菌专用培养基，并选择适合各类菌的培养条件进行分类计数，最后将各种菌数求和即为总菌数。

（2）酵母菌数的检测 样品经水适当稀释后可通过血细胞板计数法获得酵母细胞的数量；而检测酵母死活的方法主要是通过用美蓝染色制成水浸片，由于美蓝是一种无毒性染料，它的氧化型是蓝色的，而还原型是无色的，用它来对酵母的活细胞进行染色，由于细胞中新陈代谢的作用，细胞内具有较强的还原能力，能使美蓝从蓝色的氧化型变为无色的还原型，所以酵母的活细胞无色，而对于死细胞或代谢缓慢的老细胞，则因它们无此还原能力或还原能力极弱，而被美蓝染成蓝色或淡蓝色。

为了准确测定活酵母的数量，还可采用平板计数法，可参照《食品安全国家标准 食品微生物学检验 霉菌和酵母计数》（GB 4789.15—2016）进行。

两种计数方法相比，显微镜直接计数法随机性大，对菌体数量不能做出较为宏观、全面的反映。但其优点是可以快速观察计数。平板计数法最大的缺点是速度慢，需要平板上长出菌落一段时间后才能计数，但是由于平板菌落计数法通常做梯度稀释，所以计数的线性范围大，由于是菌悬液涂布，所以比较均匀，能较好地反映菌落的疏密程度，重复性、平行性很好，是经典的计数方法，一般情况下，可在24～36h内获得检验结果。

（3）芽孢杆菌的检测 芽孢杆菌的检测主要参照国标《饲用微生物制剂中枯草芽孢杆菌的检测》（GB/T 26428—2010）。

（4）乳酸菌的检测 乳酸菌是指能利用葡萄糖或乳糖发酵产生乳酸的细菌的统称。这是一群相当庞杂的细菌，目前至少可分为18个属，共有200多种，当然也包括饲料添加剂常用的双歧杆菌。检测可参照国标《食品安全国家标准 食品微生物学检验 乳酸菌检验》（GB/T 4789.35—2023）进行。

（5）光合细菌的检测 可参照国标《生物产品中光合细菌测定》（GB/T 38579—2020）进行。

对饲用微生物制剂的微生物学检测，除了检测上述功能微生物外，还要检测卫生指标，包括有害微生物和有害化学物质指标。

5.3.3.2 卫生指标的检测

卫生指标是指微生物饲料添加剂（饲用微生物制剂）产品中有害物质及有害或致病微生物的允许量。卫生指标包括两大类：第一类是有害化学物质指标，即黄曲霉毒素B1、砷（总砷）、铅（Pb）、汞（Hg）、镉（Cd）的允许量；第二类是有害或致病微生物指标，包括杂菌、大肠菌群、霉菌、沙门氏菌的允许量以及不得检出的致病菌（肠道致病菌及致病性球菌）。第二类中，致病菌（肠道致病菌及致病性球菌）主要指致病性大肠杆菌、志贺氏菌、金黄色葡萄球菌等。杂菌是指饲用微生物制剂中除功能微生物（目标菌）以外的微生物，包括细菌和霉菌。杂菌率是指杂菌占总菌数的百分率，即杂菌率(%)＝杂菌数/(功能微生物的有效活菌数＋杂菌数)×100%。

5.4 饲用微生物制剂应用存在的问题及展望

5.4.1 饲用微生物制剂应用存在的问题

5.4.1.1 菌种（菌株）选用不规范或变异性较大

益生菌菌种属/种/株（genus/species/strain）是饲用微生物制剂生产的关键，也是饲用微生物制剂质量的直接和重要保证。各国对作为益生菌的菌种（菌株）都有明确规定。

FAO/WHO《食品益生菌评价指南》指出，确定益生菌菌株的种及属很有必要。一般认为益生菌效应有株特异性。菌株的鉴别有助于确定其特定保健功能，也有利于准确地进行监测和流行病学研究。

1992 年 Fuller 提出作为益生菌的菌种应符合以下标准：①微生物必须是大规模工业生产的活菌制剂；②在保藏和使用期间，应保持稳定的活菌状态；③必须能在人体肠道中存活；④必须对宿主产生有益作用；⑤应是人体肠道正常菌群的成员（具有调节和有益作用的外来菌也可以）。

目前国内有些厂家的菌种（菌株）实际并没有严格按照微生物的标准进行筛选。有些同一名称种属下的菌株可能存在很大差异，虽然有些菌种“名称”相同，如都是乳酸菌或酵母菌或芽孢杆菌或双歧杆菌，但是由于同名菌种的不同菌株的生理特性（如生长速度、最佳生长温度、所需生长环境或条件、世代间隔时间、代谢产物等）存在较大差异，最终表现的功效也会有明显不同。这些方面的差别，导致含有相同名称菌株的益生菌产品表现出明显不同的功效。因此，生产饲用微生物制剂的菌种必须经过严格筛选，这是生产出高质量的饲用微生物制剂的关键。

5.4.1.2 菌种的安全性评价缺乏系统的证据

国内有关微生物安全性评价的试验研究较少，多数试验厂家仅研究了饲用微生物制剂的产品功效，测定指标主要为动物日增重、饲料利用率、宿主发病率和死亡率等，而对宿主、畜产品和人类食物链的安全性评价试验很少。为了人类自身安全、食品安全和避免环境污染应更多关注微生物安全性研究。

（1）菌种安全性检测 作为饲料添加剂的菌种（菌株）应经过严格的病理与毒理试验，证明无毒、无致畸性、无耐药性、无药残等副作用。一株现在无毒副作用的菌种，将来也可能会因为理化因素、微生物毒素和菌种本身原因引起负性突变，所以应定期对生产菌种进行安全性检测或评价。检测项目包括：药物抗性试验、质粒检测、急性和亚急性毒性试验、致癌性试验、半致死量试验、毒物酶类产生试验、代谢产物分析试验。

（2）潜在致病性感染能力的检测 有益微生物在体内正常微生态条件下，对其宿主动物具营养作用，但在某些条件下可能产生致病性，如近几年有关于乳酸杆菌引起临床感染的报道。因此，使用饲用微生物制剂时应综合考虑动物健康状况及其他因素以确保安全。

无致病性、感染性应该是微生物安全性必须具备的条件。要证明微生物是否具有感染性很困难，特别是厌氧菌。对弱感染力的细菌，即使给健康动物大量口服也不会引起感染。一般采用消除抗菌药污染或口服免疫抑制剂等方法，造成动物的菌群屏障功能和免疫功能丧失，再给予饲用微生物制剂，检查其是否引起感染。另外，还可采用无菌动物检查微生物的感染性。

（3）菌种携带抗菌药抗性基因的可能性 在养殖业中广泛使用抗菌药，使携带抗菌药抗性基因的微生物得以繁殖，而微生物的抗性基因一般存在于质粒上，质粒是游离于染色体外的小分子遗传物质，且有很高的迁移性（飘移），容易在不同微生物间传递，质粒转移抗性基因也随之转移，这对人畜危害很大。作为益生菌的菌株不得携带抗菌药抗性基因。因而，研制和开发安全性高的、无耐药性的微生物制剂，是涉及人类安全与生态环境的重大问题。

（4）环境破坏的可能性 某些菌种在畜禽养殖中大量应用，会通过动物排泄到周围环境中，形成优势菌种，可能会改变周边微生态系统，因此，需要进行长期监测观察，从而了解其是否对周边环境的微生态系统造成危害。

2021 年 11 月，为进一步规范新饲料和新饲料添加剂安全性评价工作，根据《饲料和饲料添加剂管理条例》和《新饲料和新饲料添加剂管理办法》，农业农村部制定了《直接饲喂微生物和发酵制品生产菌株鉴定及其安全性评价指南》。该指南通过形态观察、生理生化检测和分子生物学分析等技术方法对直接饲喂微生物和发酵制品生产菌株进行鉴定。通过表型试验、分子生物学试验、全基因组序列（WGS）分析、相关文献资料综述等，对微生物产毒能力和致病性、抗菌药物敏感性、抗菌药物产生等特性进行评价，对直接饲喂微生物和发酵制品生产菌株安全性进行综合评估。

5.4.1.3 对菌种的功效评价不完善

目前国内有关微生物功效的报道仅局限在产品试验效果的观察上，更应对微生物的作用机理做系统研究。

（1）功效性 评价微生物的功能至少应包括：益生菌对免疫的调控作用、对肠道菌群的调控、对腹泻的防治能力、对宿主生理功能（如生产性能）及饲料利用率的影响。

（2）抗逆性 研究不同微生物在体内外抵抗胃酸的能力、抵抗胆汁酸盐和耐受一定加工温度（70～90℃）的能力。对微生物耐酸力与抗胆盐能力进行体内试验难度太大，现多用体外试验作为评估菌株的耐酸性的相对参考标准。

（3）定植黏附能力 微生物在肠壁上的黏附是微生物定植过程中的一个重要步骤，是大量繁殖变成优势种群的前提，黏附能力与抗腹泻、提高免疫力、竞争排斥及其他有益作用密切相关，目前用体外试验来研究和测定。而菌株的黏附力在不同的环境会发生变化，同一菌株体外模型不同黏附情况不同，即使同一菌种的不同菌株对同一模型的黏附能力也是不同的。

（4）稳定性 益生菌应在饲料产品中保持活菌的生物学特性、遗传学特性稳定，在使用和贮存期间，应保持稳定的活存状态。

在上述 4 个方面，国内存在些许问题。一些企业仅重视功效性试验，而没有进行稳定性试验、定植黏附能力检测和抗逆性试验。一些研发能力弱、生产水平低下的企业生产出来的产品往往表现出稳定性差、批与批之间功效差别较大的问题，也影响了消费者对这类产品的信任度。

5.4.1.4 菌种的来源和保存条件不合理

饲用微生物制剂不同于其他饲料添加剂，它是繁殖和变异很快的活的生物体，对其来源、保存与利用都应有严格的规范和操作程序。

① 菌种来源历史应清楚，经专门机构审查认可并同意，方可用于生产。保存和分发也应由专门机构负责或由研制单位专门管理部门保存和分发。

② 生产用菌种应先制成冻干粉，即在菌种管中冷冻干燥一大批，并保存于 2～3℃以备生产使用。

③ 冻干菌种检定合格后才可投产，生产程序为：冻干粉→液体活化→摇瓶→一级种子瓶或二级种子瓶→生产罐发酵。

④ 菌种传代不应超过 5 代，因过多传代易造成菌种某些生物特性变异。

⑤ 生产用菌种要求长期延续保持原有特性，菌种必须有专人管理，定期检查，并应建立菌种档案资料，包括来源、历史、筛选、检定、冻干保存、数量、启开使用等完整的记录，这些都须由专门管理部门的专人承担。

5.4.1.5 生产加工技术不够合理和科学

目前国内有些微生物生产厂家设备简单，问题较多，主要表现在以下几个方面。

（1）生产用的菌种来源不规范 一些厂家所用的菌种不是祖代经冷冻干燥保藏的菌

种，而是原种经多次传代的菌种，是否已经产生变异并不清楚；或通过摇瓶后直接接种到并没有灭菌的固体培养介质上放大生产，或任意比例放大生产，导致产品中杂菌严重超标，甚至杂菌占据了优势，以至于使用此类产品后没有明显的功效。

（2）多菌种任意混合生产微生物添加剂 如目前国内生产的益生菌制品的种类较为丰富，其菌种大多未经过鉴定和安全性评价，使用此类产品存在潜在的风险。建议益生菌产品生产企业在生产复合菌制剂时，要进行科学合理的设计。

（3）生产工艺简单，质量控制不严 目前的生产工艺流程主要有固态发酵、固液两相发酵（即先进行液体发酵，然后接种到固体培养基上放大发酵）和液体发酵几种生产工艺。

固体表面发酵法生产的产品目标微生物的含量低，易受杂菌污染，质量难以控制，不适合工业化生产，但投资少。这是目前大部分微生物生产厂家所采用的方法，也是目前影响饲用微生物制剂推广应用的主要不利因素。

应采取的正确工艺路线是液体深层高密度发酵，即：祖代菌种冻干粉→活化→纯化→接种摇瓶→一级种子或二级种子（在发酵罐中进行）→生产罐发酵→发酵液→后加工（或喷雾干燥，或浓缩后冷冻干燥，或载体吸附干燥，或微胶囊包被）→筛分→质检→微生态产品。此法适合工业化生产，便于无菌操作，但成本高，生产过程能够严格控制，目标菌（有效菌）含量高，杂菌少，菌种纯度高，功效明确，也是技术和资金力量较强的企业采取的生产工艺。例如，由中国农业大学承担完成的国家“863”高技术计划和农业“跨越计划”——“安全高效微生物饲料添加剂‘益生康’中试放大产业化和应用技术”就是应用这种技术方案。一些发达国家和地区如美、日、欧等生产高品质饲用微生物制剂也是用此法。

生产工艺条件对质量影响很大，如发酵温度和时间会影响产品的质量，干燥工艺、温度和时间会影响微生物的存活率和活性。例如，使用同一株嗜酸乳杆菌，在37℃培养12h与在32℃培养48h，其终端代谢产物和作用效果有很大不同。

（4）干燥方式不科学 干燥过程最易引起菌种存活率降低，目前常用的干燥方式为喷雾干燥和冷冻干燥。

喷雾干燥导致菌种的存活率偏低，大多数嗜温菌的存活率仅为10%，某些乳酸菌的存活率为44%。冷冻干燥由于是在低温下进行，可提高存活率，绝大多数菌种均可通过冷冻干燥而保存。

（5）产品包装和剂型不规范 由于大多数饲用微生物制剂对空气中的氧敏感，因而应选用密封防潮性能好的包装材料。塑料薄膜因其透气性、透湿性、化学稳定性和耐热性较差，不宜作为微生物的包装材料，而应选用密封防潮性能好的铝箔或高质量密封好的无毒塑料瓶作为包装材料。

以微胶囊和双层胶囊为理想剂型，其他如粉状和粒状都不耐加工和贮存。随着微囊工艺、缓释技术和基因工程等新技术的发展，这些新技术也将在饲用微生物制剂产业中得到广泛应用。

5.4.1.6 饲用微生物制剂产品标示不明确或标示值与实际含量不符

微生态产品应明确标示产品相关信息，包括：菌种名称、有效菌数和活力。

菌种名称：标准的中文菌种名称、拉丁文菌种名称以及菌种来源。

有效菌数和活力：产品应标示在产品保质期内的有效菌数即产品标示值（label claims）或保证值，即饲用微生物制剂中能添加于饲料中的有效活菌数（指每克成品当中所含有的有效活菌数量）。国内一些益生菌产品的实际活菌数远远低于其标示值，问题比较突出。在国外，南非的 Elliot 和 Teversham 评价了 9 个从美国和欧洲进口的益生菌产品，结果发现仅有 5/9 的产品的标示值与实测值相符，3/9 的产品标示的菌种与实际相符。

此外，饲用微生物制剂产品相关信息还包括产品功效、配伍禁忌、使用方法、产品保质期、生产日期等。

5.4.2 饲用微生物制剂发展趋势

在益生菌或动物微生态研究领域，运用分子生物学、元（宏）基因组学、益生菌基因组学、代谢组学、转录组学、蛋白质组学、微生物发酵工程等领域的先进技术和方法，深入研究消化道微生物或益生菌与宿主营养代谢、免疫、生长发育、健康、疾病之间的相互关系和作用机理，特别是通过肠道宏基因组学，发现有价值的微生物功能基因，并加以挖掘、开发和利用，这是未来基础理论研究的热点和重点。另外，饲用微生物制剂在抗感染（生物防治）、营养与免疫调控、抗菌药替代、恢复生态、健康养殖和食品安全中发挥重要的作用，必将成为未来应用研究的热点。

在饲用微生物制剂产业方面，有“四驾马车”，一是与健康养殖业结合，开发饲养环境控制和减排的饲用微生物制剂；二是与饲料工业结合，开发低成本的、适于饲料添加的饲用抗菌药替代品、饲料消化改善剂，并加强益生菌培养物和生物饲料专用制剂的开发；三是与动物保健业结合，开发动物生防制剂、发酵中草药、免疫调节剂、生物兽药（如细菌素）以及传递特异性病原性抗原基因的益生菌，当然后者目前受到国家政策的限制；四是与动物环保产业结合，开发动物粪便污水处理制剂。

总之，饲用微生物制剂行业正朝着技术创新、环保可持续、健康养殖和食品安全等方向发展，以满足日益增长的市场需求和环保要求。

参考文献

[1] Fuller R. Probiotics in man and animals[J]. The Journal of Applied Bacteriology，1989，66（5）：365-378.

[2] 谭支良．动物胃肠道微生态理论与实践[J]. 应用生态学报，2003（1）：148-150.

[3] Gibson G R，Probert H M，Loo J V，et al. Dietary modulation of the human colonic microbiota：updating the concept of prebiotics[J]. Nutr Res Rev，2004，17（2）：259-275.

[4] Cockburn D W，Koropatkin N M. Polysaccharide degradation by the intestinal microbiota and its influence on human health and disease[J]. Journal of Molecular Biology，2016，428（16）：3230-3252.

[5] Sanders M E，Merenstein D J，Reid G，et al. Probiotics and prebiotics in intestinal health

and disease: from biology to the clinic[J]. Nature Reviews Gastroenterology & Hepatology, 2019, 16 (10): 605-616.

[6] Roberfroid M, Gibson G R, Hoyles L, et al. Prebiotic effects: metabolic and health benefits [J]. The British Journal of Nutrition, 2010, 104 (2): S1-63.

[7] Salminen S, Collado M C, Endo A, et al. The International Scientific Association of Probiotics and Prebiotics (ISAPP) consensus statement on the definition and scope of postbiotics[J]. Nature Reviews Gastroenterology & Hepatology, 2021, 18 (9): 649-667.

[8] Collado M C, Vinderola G, Salminen S. Postbiotics: facts and open questions. A position paper on the need for a consensus definition[J]. Beneficial Microbes, 2019, 10 (7): 711-719.

[9] Xu R, Shang N, Li P. *In vitro* and *in vivo* antioxidant activity of exopolysaccharide fractions from *Bifidobacterium* animalis RH[J]. Anaerobe, 2011, 17 (5): 226-231.

[10] Hoarau C, Lagaraine C, Martin L, et al. Supernatant of *Bifidobacterium breve* induces dendritic cell maturation, activation, and survival through a Toll-like receptor 2 pathway[J]. The Journal of Allergy and Clinical Immunology, 2006, 117 (3): 696-702.

[11] Hoarau C, Martin L, Faugaret D, et al. Supernatant from *Bifidobacterium* differentially modulates transduction signaling pathways for biological functions of human dendritic cells[J]. PloS One, 2008, 3 (7): e2753.

[12] Bahmani S, Azarpira N, Moazamian E. Anti-colon cancer activity of *Bifidobacterium* metabolites on colon cancer cell line SW742[J]. The Turkish Journal of Gastroenterology : The Official Journal of Turkish Society of Gastroenterology, 2019, 30 (9): 835-842.

[13] Gaaloul N, Ben Braiek O, Hani K, et al. Isolation and characterization of large spectrum and multiple bacteriocin-producing *Enterococcus faecium* strain from raw bovine milk[J]. Journal of Applied Microbiology, 2015, 118 (2): 343-355.

[14] Johnson C N, Kogut M H, Genovese K, et al. Administration of a postbiotic causes immunomodulatory responses in broiler gut and reduces disease pathogenesis following challenge[J]. Microorganisms, 2019, 7 (8): 268.

[15] Izuddin W I, Humam A M, Loh T C, et al. Dietary postbiotic *Lactobacillus plantarum* improves serum and ruminal antioxidant activity and upregulates hepatic antioxidant enzymes and ruminal barrier function in post-weaning lambs[J]. Antioxidants (Basel, Switzerland), 2020, 9 (3): 116-121.

[16] Greenberg B. *Salmonella* suppression by known populations of Bacteria in flies[J]. Journal of Bacteriology, 1969, 99 (3): 629-635.

[17] Waldroup A L. Colonization control of human bacterial enteropathogens in poultry[J]. Poultry Science, 1992, 71 (7): 1232-1233.

[18] Servin A L. Antagonistic activities of lactobacilli and bifidobacteria against microbial pathogens[J]. FEMS Microbiology Reviews, 2004, 28 (4): 405-440.

[19] Chenoll E, Casinos B, Bataller E, et al. Novel probiotic *Bifidobacterium bifidum* CECT 7366 strain active against the pathogenic bacterium Helicobacter pylori[J]. Applied and Environmental Microbiology, 2011, 77 (4): 1335-1343.

[20] Sgouras D, Maragkoudakis P, Petraki K, et al. *In vitro* and *in vivo* inhibition of *Helicobacter pylori* by *Lactobacillus casei* strain Shirota[J]. Applied and Environmental Microbiology, 2004, 70 (1): 518-526.

[21] Todoriki K, Mukai T, Sato S, et al. Inhibition of adhesion of food-borne pathogens to Caco-2 cells by *Lactobacillus* strains[J]. Journal of Applied Microbiology, 2001, 91 (1): 154-159.

[22] Chu H, Kang S, Ha S, et al. *Lactobacillus acidophilus* expressing recombinant K99 adhesive fimbriae has an inhibitory effect on adhesion of enterotoxigenic *Escherichia coli*[J]. Microbiology and Immunology, 2005, 49 (11): 941-948.

[23] Tsai C C, Lin P P, Hsieh Y M. Three *Lactobacillus* strains from healthy infant stool inhibit enterotoxigenic *Escherichia coli* grown *in vitro*[J]. Anaerobe, 2008, 14 (2): 61-67.

[24] Muñoz J A, Chenoll E, Casinos B, et al. Novel probiotic *Bifidobacterium longum* subsp. infantis CECT 7210 strain active against rotavirus infections[J]. Applied and Environmental Microbiology, 2011, 77 (24): 8775-8783.

[25] Nakamura S, Kuda T, An C, et al. Inhibitory effects of *Leuconostoc mesenteroides* 1RM3 isolated from narezushi, a fermented fish with rice, on Listeria monocytogenes infection to Caco-2 cells and A/J mice[J]. Anaerobe, 2012, 18 (1): 19-24.

[26] Schiffrin E J, Blum S. Interactions between the microbiota and the intestinal mucosa[J]. European Journal of Clinical Nutrition, 2002, 56 (3): S60-S64.

[27] Neeser J R, Granato D, Rouvet M, et al. *Lactobacillus johnsonii* La1 shares carbohydrate-binding specificities with several enteropathogenic bacteria[J]. Glycobiology, 2000, 10 (11): 1193-1199.

[28] Fujiwara S, Hashiba H, Hirota T, et al. Inhibition of the binding of enterotoxigenic *Escherichia coli* Pb176 to human intestinal epithelial cell line HCT-8 by an extracellular protein fraction containing BIF of *Bifidobacterium longum* SBT2928: suggestive evidence of blocking of the binding receptor gangliotetraosylceramide on the cell surface[J]. International Journal of Food Microbiology, 2001, 67 (1-2): 97-106.

[29] Mukai T, Asasaka T, Sato E, et al. Inhibition of binding of *Helicobacter pylori* to the glycolipid receptors by probiotic *Lactobacillus reuteri*[J]. FEMS Immunology and Medical Microbiology, 2002, 32 (2): 105-110.

[30] Coconnier M H, Bernet M F, Chauvière G, et al. Adhering heat-killed human *Lactobacillus acidophilus*, strain LB, inhibits the process of pathogenicity of diarrhoeagenic bacteria in cultured human intestinal cells[J]. Journal of Diarrhoeal Diseases Research, 1993, 11 (4): 235-242.

[31] Juntunen M, Kirjavainen P V, Ouwehand A C, et al. Adherence of probiotic bacteria to human intestinal mucus in healthy infants and during rotavirus infection [J]. Clinical and Diagnostic Laboratory Immunology, 2001, 8 (2): 293-296.

[32] Collado M C, Gueimonde M, Hernández M, et al. Adhesion of selected *Bifidobacterium* strains to human intestinal mucus and the role of adhesion in enteropathogen exclusion [J]. Journal of Food Protection, 2005, 68 (12): 2672-2678.

[33] Tuomola E M, Ouwehand A C, Salminen S J. The effect of probiotic bacteria on the adhesion of pathogens to human intestinal mucus [J]. FEMS Immunology and Medical Microbiology, 1999, 26 (2): 137-142.

[34] Hirn J, Nurmi E, Johansson T, et al. Long-term experience with competitive exclusion and *Salmonellas* in Finland [J]. International Journal of Food Microbiology, 1992, 15 (3-4): 281-285.

[35] Genovese K J, Anderson R C, Harvey R B, et al. Competitive exclusion treatment reduces the mortality and fecal shedding associated with enterotoxigenic *Escherichia coli* infection in nursery-raised neonatal pigs [J]. Canadian Journal of Veterinary Research, 2000, 64 (4): 204-207.

[36] Hirano J, Yoshida T, Sugiyama T, et al. The effect of *Lactobacillus rhamnosus* on enterohemorrhagic *Escherichia coli* infection of human intestinal cells *in vitro*[J]. Microbiology and Immunology, 2003, 47 (6): 405-409.

[37] Yu Y, Zong M, Lao L, et al. Adhesion properties of cell surface proteins in *Lactobacillus* strains in the GIT environment[J]. Food & Function, 2022, 13 (6): 3098-3109.

[38] Sánchez B, González-Tejedo C, Ruas-Madiedo P, et al. *Lactobacillus* plantarum extracellular chitin-binding protein and its role in the interaction between chitin, Caco-2 cells, and mucin [J]. Applied and Environmental Microbiology, 2011, 77 (3): 1123-1126.

[39] Furrie E, Macfarlane S, Kennedy A, et al. Synbiotic therapy (*Bifidobacterium longum*/Synergy 1) initiates resolution of inflammation in patients with active ulcerative colitis: a randomised

controlled pilot trial[J]. Gut, 2005, 54 (2): 242-249.
[40] Bals R, Wilson J M. Cathelicidins--a family of multifunctional antimicrobial peptides[J]. Cellular and Molecular life Sciences : CMLS, 2003, 60 (4): 711-720.
[41] Kim Y S, Ho S B. Intestinal goblet cells and mucins in health and disease: recent insights and progress[J]. Current Gastroenterology Reports, 2010, 12 (5): 319-330.
[42] Bai S P, Wu A M, Ding X M, et al. Effects of probiotic-supplemented diets on growth performance and intestinal immune characteristics of broiler chickens[J]. Poult Sci, 2013, 92 (3): 663-670.
[43] Kemgang T S, Kapila S, Shanmugam V P, et al. Cross-talk between probiotic lactobacilli and host immune system[J]. Journal of Applied Microbiology, 2014, 117 (2): 303-319.
[44] Broom L J, Kogut M H. Gut immunity: its development and reasons and opportunities for modulation in monogastric production animals[J]. Animal Health Research Reviews, 2018, 19 (1): 46-52.
[45] 钟晓霞，黄健，刘志云，等．甘露寡糖和复合益生菌对断奶仔猪生长性能及肠道形态结构、挥发性脂肪酸含量和菌群结构的影响[J]. 动物营养学报，2020，32 (7): 3099-3108.
[46] 张伟．益生菌调节 EGFR/Akt 信号影响细菌感染猪肠上皮屏障功能及菌群的研究[D]. 北京：中国农业大学，2016.
[47] 曾兴有．微生态制剂对樱桃谷肉鸭免疫器官指数、十二指肠黏膜 SIgA 含量和肠道组织形态的影响[J]. 福建畜牧兽医，2016，38 (4): 6-10.
[48] 李云锋，邓军，张锦华，等．枯草芽孢杆菌对仔猪小肠局部天然免疫及 TLR 表达的影响[J]. 畜牧兽医学报，2011，42 (4): 562-566.
[49] Lin M Y, Yen C L. Antioxidative ability of lactic acid bacteria[J]. Journal of Agricultural and Food Chemistry, 1999, 47 (4): 1460-1466.
[50] Lee J, Hwang K T, Chung M Y, et al. Resistance of *Lactobacillus casei* KCTC 3260 to reactive oxygen species (ROS): Role for a metal ion chelating effect[J]. J Food Sci, 2005, 70 (8): M388-M391.
[51] Halliwell B, Murcia M A, Chirico S, et al. Free radicals and antioxidants in food and *in vivo*: what they do and how they work[J]. Critical Reviews in Food Science and Nutrition, 1995, 35 (1-2): 7-20.
[52] Wang A N, Yi X W, Yu H F, et al. Free radical scavenging activity of *Lactobacillus fermentum in vitro* and its antioxidative effect on growing-finishing pigs[J]. Journal of Applied Microbiology, 2009, 107 (4): 1140-1148.
[53] Aluwong T, Kawu M, Raji M, et al. Effect of yeast probiotic on growth, antioxidant enzyme activities and malondialdehyde concentration of broiler chickens[J]. Antioxidants (Basel, Switzerland), 2013, 2 (4): 326-339.
[54] Wang Y, Wu Y, Wang Y, et al. *Bacillus amyloliquefaciens* SC06 alleviates the oxidative stress of IPEC-1 via modulating Nrf2/Keap1 signaling pathway and decreasing ROS production [J]. Applied Microbiology and Diotechnology, 2017, 101 (7): 3015-3026.
[55] Pompei A, Cordisco L, Amaretti A, et al. Administration of folate-producing bifidobacteria enhances folate status in Wistar rats[J]. The Journal of Nutrition, 2007, 137 (12): 2742-2746.
[56] Ahire J J, Mokashe N U, Patil H J, et al. Antioxidative potential of folate producing probiotic *Lactobacillus helveticus* CD6[J]. Journal of Food Science and technology, 2013, 50 (1): 26-34.
[57] Kau A L, Ahern P P, Griffin N W, et al. Human nutrition, the gut microbiome and the immune system[J]. Nature, 2011, 474 (7351): 327-336.
[58] Endo H, Niioka M, Kobayashi N, et al. Butyrate-producing probiotics reduce nonalcoholic fatty liver disease progression in rats: new insight into the probiotics for the gut-liver axis[J]. PloS One, 2013, 8 (5): e63388.
[59] 张群．饲用微生态制剂的开发与应用[J]. 食品与生物技术学报，2016，35 (8): 896.

[60] 侯喜军，张鑫．酶制剂和微生态制剂在断奶仔猪饲料中的开发和应用前景[J]．猪业科学，2018，35（8）：96-99.
[61] Niewold T A. The nonantibiotic anti-inflammatory effect of antimicrobial growth promoters, the real mode of action? A hypothesis[J]. Poult Sci，2007，86（4）：605-609.
[62] Irshad A. Effect of probiotics on broilers performance[J]. International Journal of Poultry Science，2006，5（6）：593-597.
[63] Yadav S，Jha R. Strategies to modulate the intestinal microbiota and their effects on nutrient utilization，performance，and health of poultry[J]. Journal of Animal Science and biotechnology，2019，10：529-539.
[64] Nakphaichit M，Thanomwongwattana S，Phraephaisarn C，et al. The effect of including *Lactobacillus reuteri* KUB-AC5 during post-hatch feeding on the growth and ileum microbiota of broiler chickens[J]. Poult Sci，2011，90（12）：2753-2765.
[65] Martínez E A，Babot J D，Lorenzo-Pisarello M J，et al. Feed supplementation with avian *Propionibacterium acidipropionici* contributes to mucosa development in early stages of rearing broiler chickens[J]. Beneficial Microbes，2016，7（5）：687-698.
[66] Mountzouris K C，Tsirtsikos P，Kalamara E，et al. Evaluation of the efficacy of a probiotic containing *Lactobacillus*，*Bifidobacterium*，*Enterococcus*，and *Pediococcus* strains in promoting broiler performance and modulating cecal microflora composition and metabolic activities[J]. Poult Sci，2007，86（2）：309-317.
[67] Alakomi H L，Skyttä E，Saarela M，et al. Lactic acid permeabilizes gram-negative bacteria by disrupting the outer membrane[J]. Applied and Environmental Microbiology，2000，66（5）：2001-2005.
[68] De Keersmaecker S C，Verhoeven T L，Desair J，et al. Strong antimicrobial activity of *Lactobacillus rhamnosus* GG against *Salmonella typhimurium* is due to accumulation of lactic acid [J]. FEMS Microbiology Letters，2006，259（1）：89-96.
[69] Makras L，Triantafyllou V，Fayol-Messaoudi D，et al. Kinetic analysis of the antibacterial activity of probiotic lactobacilli towards *Salmonella enterica* serovar Typhimurium reveals a role for lactic acid and other inhibitory compounds[J]. Research in Microbiology，2006，157（3）：241-247.
[70] Russell J B，Diez-Gonzalez F. The effects of fermentation acids on bacterial growth[J]. Advances in Microbial Physiology，1998，39：205-234.
[71] Nielsen D S，Cho G S，Hanak A，et al. The effect of bacteriocin-producing *Lactobacillus plantarum* strains on the intracellular pH of sessile and planktonic Listeria monocytogenes single cells[J]. International Journal of Food Microbiology，2010，141（1）：S53-S59.
[72] Hassan M，Kjos M，Nes I F，et al. Natural antimicrobial peptides from bacteria：characteristics and potential applications to fight against antibiotic resistance[J]. Journal of Applied Microbiology，2012，113（4）：723-736.
[73] Bierbaum G，Sahl H G. Lantibiotics：mode of action，biosynthesis and bioengineering[J]. Current Pharmaceutical Biotechnology，2009，10（1）：2-18.
[74] O'shea E F，Cotter P D，Stanton C，et al. Production of bioactive substances by intestinal bacteria as a basis for explaining probiotic mechanisms：bacteriocins and conjugated linoleic acid[J]. International Journal of Food Microbiology，2012，152（3）：189-205.
[75] Coloretti F，Carri S，Armaforte E，et al. Antifungal activity of lactobacilli isolated from salami [J]. FEMS Microbiology Letters，2007，271（2）：245-250.
[76] Quattrini M，Bernardi C，Stuknytė M，et al. Functional characterization of *Lactobacillus plantarum* ITEM 17215：A potential biocontrol agent of fungi with plant growth promoting traits，able to enhance the nutritional value of cereal products[J]. Food Research International（Ottawa，Ont），2018，106：936-944.
[77] Magnusson J，Schnürer J. *Lactobacillus coryniformis* subsp. coryniformis strain Si3 pro-

duces a broad-spectrum proteinaceous antifungal compound[J]. Applied and Environmental Microbiology，2001，67（1）：1-5.
[78] Rouse S，Harnett D，Vaughan A，et al. Lactic acid bacteria with potential to eliminate fungal spoilage in foods[J]. Journal of Applied Microbiology，2008，104（3）：915-923.
[79] Ström K，Sjögren J，Broberg A，et al. *Lactobacillus plantarum* MiLAB 393 produces the antifungal cyclic dipeptides cyclo（L-Phe-L-Pro）and cyclo（L-Phe-trans-4-OH-L-Pro）and 3-phenyllactic acid[J]. Applied and Environmental Microbiology，2002，68（9）：4322-4327.
[80] 俞俊棠 . 新编生物工艺学[M]. 北京：化学工业出版社，2003.
[81] Tolan J S，Foody B. Cellulase from submerged fermentation[J]. Advances in Biochemical Engineering/Biotechnology，1999，65：41-67.
[82] Kim S W，Hwang H J，Xu C P，et al. Optimization of submerged culture process for the production of mycelial biomass and exo-polysaccharides by *Cordyceps militaris* C738[J]. Journal of Applied Microbiology，2003，94（1）：120-126.
[83] 孙笑非，孙鸣 . 微生态制剂发酵工艺研究进展[J]. 饲料研究，2010（10）：67-68.
[84] 何娟，何彩东，穆燕魁 . 微生态制剂发酵工艺[J]. 河北化工，2010，33（2）：38-39，62.
[85] 于作利，张凤强，高令晖，等 . 液固两相法生产酵母饲料[J]. 饲料博览，2001（3）：37-38.
[86] 穆燕魁，何娟，周正，等 . 植物微生态制剂发酵工艺及其质量控制[J]. 现代农业科技，2010（16）：44-46.
[87] Kavitake D，Kandasamy S，Devi P B，et al. Recent developments on encapsulation of lactic acid bacteria as potential starter culture in fermented foods-A review[J]. Food Bioscience，2018，21：34-44.
[88] Anandharamakrishnan C，Rielly C D，Stapley A. Spray-freeze-drying of whey proteins at sub-atmospheric pressures[J]. Dairy Science & Technology，2010，90（2-3）：321-334.
[89] Liu H，Gong J，Chabot D，et al. Protection of heat-sensitive probiotic bacteria during spray-drying by sodium caseinate stabilized fat particles[J]. Food Hydrocolloids，2015，51：459-467.

第 6 章 酶制剂用于减抗、替抗

6.1

酶制剂的研究进展

6.1.1 酶的分类

早期，酶的分类缺乏系统的规则，不能说明酶促反应的本质，常会出现混乱。因此，1961 年国际生物化学与分子生物学联盟（IUBMB）根据酶的分类，提出系统命名法，将酶分为六大类：氧化还原酶类、转移酶类、水解酶类、裂解酶类、异构酶类和连接酶类。2018 年 8 月国际生物化学与分子生物学联盟（IUBMB）更改了酶的分类规则，在原有六大酶类之外又增加了一种新的酶类——转位酶类。

6.1.1.1 氧化还原酶类

氧化还原酶类是指催化底物进行氧化还原反应的酶类，包括电子或氢的转移以及分子氧参加的反应。常见的有脱氢酶、氧化酶、还原酶和过氧化物酶等。其中，不以氧作为电子受体的酶称为脱氢酶；利用分子氧作为直接电子受体，形成 H_2O_2 或 H_2O 的酶则称为氧化酶。在生物反应中，如果最终结果是加入了分子氧，则该催化酶被称为加氧酶，例如多糖单加氧酶。以过氧化氢为电子受体催化底物氧化的酶称为过氧化物酶。氧化还原酶可作用于醇、醛、酮、胺、亚胺、含硫基团和二酚化合物等底物，电子受体分子则可以是烟酰胺腺嘌呤二核苷酸、细胞色素、O_2、醌、二硫化物等多种分子。饲料酶中常见的氧化还原酶是葡萄糖氧化酶。

6.1.1.2 转移酶类

转移酶类是指能够催化除氢以外的各种化学功能团（官能团）从一种底物转移到另一种底物的酶类，涉及整个生物学中数百种不同的生化途径，并且是生命中一些最重要的过程不可或缺的一部分。例如辅酶 A（CoA）转移酶是色氨酸代谢途径的一部分，将丙酮酸转化为乙酰辅酶 A。蛋白质的翻译过程中也涉及转移酶，具体为从核糖体 A 位点的 tRNA 分子中去除正在生长的氨基酸链，然后将其添加到与 P 位点的 tRNA 相连的氨基酸中。其他转移酶还包括甲基转移酶和甲酰基转移酶、转酮醇酶和转醛醇酶、酰基转移酶、糖基转移酶、己糖基转移酶和戊糖基转移酶、磷酸转移酶、聚合酶和激酶、硫转移酶和磺基转移酶等。

6.1.1.3 水解酶类

水解酶是催化水解反应的一类酶的总称，能裂解共价键。不同的水解酶催化不同的键裂解，如肽和其他 N—N 键、糖苷 C—O 键、酯 C—O 键、酸酐 O—O 键、磷酸酯 P—O 键、C—C 键和硫酯 S—C 键等。水解酶可能是应用最为广泛的饲料酶，植酸酶、纤维素酶、木聚糖酶、甘露聚糖酶、蛋白酶、脂肪酶等都是典型的水解酶类。

6.1.1.4 裂解酶类

裂解酶是指催化底物通过非水解途径移去一个基团形成双键或其逆反应的酶类，如脱水酶、脱羧酸酶、醛缩酶等。如果催化底物进行逆反应，使其中一底物失去双键，两底物间形成新的化学键，此时为裂合酶类。裂解酶的主要功能是参与碳水化合物、脂肪和某些氨基酸的中间代谢。在饲料酶中可能用到的裂解酶包括果胶裂解酶等。

6.1.1.5 异构酶类

异构酶是催化生成异构体反应的酶的总称。所涉及的反应可以是外消旋化、异构化、顺反异构化、分子内氧化还原和分子内基团转移。最后一个反应可能是一个酰基或其他基团的简单转移，或者是加入双键的反应（裂解酶）。异构酶不一定能直接应用于饲料中，但通过它催化形成的产物，例如稀有糖类，可能被应用于饲料添加剂中。

6.1.1.6 连接酶类

连接酶通过形成新的化学键来催化两个大分子的连接。连接酶的常用名称通常包括“连接酶”一词，例如DNA连接酶，这是分子生物学实验室常用的一种将DNA片段连接在一起的酶。连接酶的其他常见名称包括“合成酶”一词，因为它们用于合成新分子。生化命名法有时将连接酶与合成酶区分开来，有时将这些词视为同义词。连接酶可进一步分为六个亚类：形成碳氧键的连接酶、形成碳硫键的连接酶、形成碳氮键的连接酶（包括精氨琥珀酸合成酶）、形成碳碳键的连接酶、形成磷酸酯键的连接酶和形成氮金属键的连接酶，如螯合酶。

6.1.1.7 转位酶类

转位酶是指催化离子或分子穿越膜结构的酶或其膜内组分。这类酶中的一部分因为能够催化ATP水解，所以曾经被归类到ATP水解酶（EC 3.6.3.-）中，现在则认为催化ATP水解并非其主要功能，所以划归到转位酶中。

6.1.2 畜牧业中常用的酶制剂

6.1.2.1 植酸酶

早在一个多世纪前就已经发现了植酸盐。由于世界上的磷矿是不可再生的，这可能会导致未来发生磷供应危机，因此植酸中磷成分在单胃物种中的再利用具有重要意义。最早关于植酸浓度的研究来自Averill和King对人类食物的调查[1]，现在有许多关于总磷和饲料中植酸-磷浓度的调查。据估计，全球每年收获的农作物种子和水果中含有1440万吨植酸磷，相当于磷肥料年销量的65%。一般情况下，家禽饲粮中植酸磷含量为2.5～4.0g/kg，而每年全球肉鸡和蛋鸡的饲料消费量估计超过3亿吨，因此，家禽每年消耗大约100万吨植酸磷。显然，在家禽、家畜中有效利用植酸中蕴含的磷可促进全球磷矿的可持续利用。

饲料中，植酸以矿物结合复合物的形式存在，这种形式的植酸磷称为肌醇六磷酸钙镁。植酸酶（或称肌醇六磷酸酶，phytase）属于磷酸单酯水解酶类，是一类特殊的酸性磷酸酯酶，它能水解植酸或植酸盐而释放出无机磷。

饲料中植酸的浓度对植酸抗营养特性及植酸对磷可利用性具有至关重要的负面影响。例如，在水产饲料和肉鸡饲料中添加植酸钠可显著降低动物增重、饲料效率、蛋白质效率比，增加内源性氨基酸和矿物质的损失。1907年，已经在米糠中首次检测到植酸酶活性，但直到1962年北美才开始尝试开发植酸酶饲料[2]。直到1991年，第一个植酸酶饲料才被商业化进入市场。依据植酸分子的水解起始位置，植酸酶分为两类：3-植酸酶（EC 3.1.3.8）和6-植酸酶（EC 3.1.3.26）。3-植酸酶（EC 3.1.3.8）优先从C3位置释放磷酸基团，而6-植酸酶（EC 3.1.3.26）从肌醇六磷酸环的C6位置开始。理论上，酶水解植酸通过一步一步的脱磷反应，形成植酸五磷酯至植酸一磷酯等不同的中间产物，终产物是二磷酸肌醇和一些无机磷分子。然而，需要注意的是，C2位置的轴向磷酸残基相对不易水解。因此，植酸酶水解植酸更有可能生成肌醇单磷酸（IP1）和5个无机磷。然而，一般来说肉鸡饲粮中通过外源性植酸酶水解的植酸通常不会达到这个程度。植酸酶对畜禽的增重效果已经得到了许多研究的证明。例如，在4.5g/kg总磷饲粮中添加植酸酶（1500FTU/kg）可提高0～24日龄肉仔鸡的体重和饲料利用率[3]。

6.1.2.2 蛋白酶

蛋白酶是一种催化蛋白质内的肽键水解、将蛋白质分解成更小的多肽或单个氨基酸的酶。蛋白酶具有许多生物学功能，包括消化摄入的蛋白质、蛋白质分解代谢（旧蛋白质的分解）和细胞信号转导。蛋白酶可以破坏特定的肽键（有限的蛋白质水解），也可以将肽完全分解为氨基酸（无限的蛋白质水解）。蛋白酶的活动可以是破坏性的变化（消除蛋白质的功能或将其消化成主要成分），可以是功能的激活，也可以作为信号通路中的信号。蛋白酶按其活性中心划分为丝氨酸蛋白酶、半胱氨酸蛋白酶、天冬氨酸蛋白酶、金属蛋白酶四大类。按照最适作用的pH值，蛋白酶可以分为酸性蛋白酶、中性蛋白酶和碱性蛋白酶。

在水产饲料中添加重组蛋白会导致消化率低、成本高和水中氮污染严重。添加蛋白酶是提高蛋白质吸收率的有效途径，但专门为水产饲料开发的蛋白酶很少。中性肠道环境中蛋白酶添加剂对植物蛋白的水解效率及其与内源性蛋白酶的协同作用尚未得到充分研究。重组中性蛋白酶能有效水解大豆分离蛋白，水解度高，小肽产量高，处理的大豆分离蛋白表现出显著的抗氧化活性，有益于鱼类健康。可以保证降低粗蛋白质和饲料总能量，同时改善饲料利用率（FCR），使鱼类具有更好的生长性能。因此，中性蛋白酶可能是水产饲料行业的有效添加剂，可通过减少水产饲料蛋白质需求和氮排放提高经济效益[4]。丝氨酸蛋白酶显著提高了蛋白质水解率、溶解性和消化率，显著提高回肠蛋白质消化率和能量消化率，说明可以通过提高蛋白质和能量的消化率来改善肉鸡的生产性能[5]。酶作为反刍动物饲料添加剂使用传统上仅限于纤维素酶和半纤维素酶，反刍动物饲料中补充蛋白酶往往被忽视，主要是因为人们认为它们会导致瘤胃中蛋白质过度降解，从而导致氮利用效率低下。然而，蛋白酶在提高苜蓿-玉米日粮中的纤维消化方面具有一定作用。例如，对一种商业来源的蛋白酶（Protex 6L，Genencor Int.，Rochester，NY）的研究表明，在存在瘤胃液和使用饲料基质的情况下，蛋白酶增加了苜蓿干草、新鲜玉米青贮饲料、干玉米和由3种成分组成的总混合日粮的22h体外干物质消化率（IVDMD）。在没有瘤胃液的情况下进行的抑制剂研究表明，丝氨酸蛋白酶抑制剂对酶的抑制作用最强，而半胱氨酸或金属蛋白酶抑制剂对酶的抑制作用较弱[6]。

6.1.2.3 淀粉酶

淀粉酶催化淀粉水解成糖，它天然存在于人类和哺乳动物的唾液中，胰腺和唾液腺产生淀粉酶（α-淀粉酶），将膳食淀粉水解为二糖和三糖，二糖和三糖被其他酶转化为葡萄糖，为身体提供能量。值得注意的是，动物的肠道微生物也能分泌淀粉酶将淀粉水解。许多自然环境中的微生物都能产生淀粉酶。α-淀粉酶是内切糖苷酶，能够水解淀粉等多聚糖内部的 α-1,4-糖苷键生成糊精、低聚糖、麦芽三糖、麦芽糖和少量葡萄糖。

在玉米-豆粕日粮中添加 α-淀粉酶，改善了肉鸡的生产性能；但该类型的日粮肠道黏度较低，不受 α-淀粉酶补充的影响。玉米类谷物的黏度值没有大麦或小麦高，因为其β-葡聚糖含量可以忽略不计，可溶性戊聚糖含量较低。添加 α-淀粉酶可提高淀粉的粪便表观消化率，同时提高日粮中干物质（DM）、有机物（OM）、总能量和氨基酸的消化率。此外，Ritz 等[7] 人也观察到，在玉米豆粕日粮中添加以淀粉酶为主的酶复合物，21 日龄的雏鸡日增重提高了 3%，饲料消耗量提高了 4%。日粮中添加淀粉酶可提高幼龄肉鸡的肠道酶活性，并以剂量依赖的方式促进消化和生长，但消化酶和生长速率的剂量依赖性变化模式并不一致。此外也有许多研究人员报告，在家禽饲料中添加淀粉酶或含有淀粉酶的组合酶，家禽体重增加且饲料转化率提高。普遍认为淀粉酶通过补充消化系统酶含量的不足来提高动物的生产性能。

6.1.2.4 脂肪酶

脂肪酶是催化脂肪（脂质）水解的一种酶，属于酯酶的一个亚类，在大多数生物中的膳食脂质（例如甘油三酯、脂肪、油）的消化、运输和加工中发挥重要作用。编码脂肪酶的基因甚至存在于某些病毒中。大多数脂肪酶作用于脂质底物甘油骨架上的特定位置。例如，人类胰脂肪酶是人类消化系统中分解膳食脂肪的主要酶，可将摄入的甘油三酯底物转化为甘油单酯和两种脂肪酸。自然界中还存在几种其他类型的脂肪酶，例如磷脂酶和鞘磷脂酶；然而，这些通常与“常规”脂肪酶分开处理。在细胞中，一些脂肪酶发挥活性仅限于在细胞内的特定隔室，而另一些则在细胞外空间起作用。例如，溶酶体中的脂肪酶限制在溶酶体内，而其他脂肪酶如胰脂肪酶则被分泌到细胞外。微生物分泌的脂肪酶则有助于其从外部介质中吸收营养。对于肉鸡，一个全随机添加脂肪酶和乳化剂的实验表明，脂肪酶可以提高肉鸡的生产性能，但不能提高日粮的脂质利用率[8]。在猪养殖中，饲料中添加脂肪酶后在回肠内容物和粪便的检测中，脂肪酶均显著提高了微量脂肪酸（C6:0，C14:0）含量。另一方面，添加脂肪酶还提高了干物质和能量的回肠表观消化率，以及干物质、有机物、粗蛋白、灰分和能量的粪便表观消化率。在日粮中添加脂肪酶和乳化剂可降低脂肪的表观消化率，对日粮中非脂肪成分影响则较小[9]。

6.1.2.5 木聚糖酶

木聚糖是由 β-1,4-糖苷键连接的吡喃木糖组成的多糖，是植物源性饲料中的植物细胞壁的主要组成成分之一。这些糖基可被不同的侧链修饰，其比例因植物组织的来源不同而异。木聚糖可分为同木聚糖、阿拉伯木聚糖、葡糖醛酸木聚糖和阿拉伯葡糖醛酸木聚糖。所有高等植物的木聚糖都具有 β-1,4-糖苷键连接的吡喃木糖主链，侧链则为乙酰基和其他残基所取代。阿拉伯木聚糖是植物细胞壁的主要成分，特别是包括小麦在内的谷物，它由木糖所形成的主链和连接到木糖的 O-2 或 O-3 位的阿拉伯糖残基组成，而阿拉伯糖残基可再与酚类化合物阿魏酸连接，与木质素或其他阿拉伯木聚糖链中阿魏酸基团形成进一步的共价交联。葡萄糖醛酸木聚糖主要存在于植物中，通常由木糖主链和连接木糖的 O-2 位的 4-O-甲基-α-D-葡萄糖醛酸（MeGA）残基组成。阿拉伯葡聚糖通常存在于禾本科植物分离出的木质纤维素中，具有连接木糖主链的阿拉伯葡聚糖、MeGA 和乙酰侧链[10]。

目前在饲料中使用的木聚糖酶多为单一组分、降解主链的木聚糖酶，但也有尝试加入能降解侧链的辅助酶成分，且木聚糖酶在猪和鸡养殖中都有广泛使用。例如，在2124头后备母猪和去势公猪饲料中添加木聚糖酶，根据性别、基因型和围栏平均重量随机分组。分为4个木聚糖酶剂量，分别为0、3000U/kg、6000U/kg、9000U/kg（以日粮计）。从保育期第4天的日粮开始添加，随着木聚糖酶添加水平的提高，产量和瘦肉率都有提高的趋势。当木聚糖酶为3000U/kg、6000U/kg和9000U/kg时，每头猪净利润率相比于不添加的对照组分别增加0.83美元、1.87美元和2.51美元[11]。因此，即使在猪健康状况良好的情况下，日粮中添加木聚糖酶也可以提高成品猪的存活能力，在9000U/kg条件下优化经济价值。这种效果是高度可重复的。

由于木聚糖酶的添加能够使得木聚糖降解为低聚木糖，而后者又是一种著名的益生元，因此，木聚糖酶的添加除了直接影响营养物质的吸收外，还可改变肠道的微生物群落组成。例如，一项实验分析了在谷物日粮中添加木聚糖酶对生长猪养分消化率和肠道微生物群的影响[12]。96只初体重为（22.7±0.65)kg的猪分别圈养，共12个处理，采用完全随机分组。每个处理的猪饲喂以小麦或玉米为基础的等热量饲粮，添加或不添加某种不同来源的木聚糖酶（XA、XB、XC、XD、XE）。对回肠和盲肠食糜的微生物分析表明，菌群结构在饲喂以玉米和小麦为主的日粮时有所不同。日粮处理影响盲肠微生物群的α和β多样性。与玉米日粮相比，小麦日粮提高了α多样性。小麦基础日粮提高了琥珀酸弧菌属的相对丰度。在木聚糖酶组中，与对照组相比只有小麦基础日粮中的XC酶改变了盲肠菌群的β多样性。每种谷物日粮与对照组相比，木聚糖酶处理都影响5种细菌在回肠中的比例和盲肠中的8种细菌的比例。数据分析表明，对照组中拟杆菌门是最具影响力的门，它具有促进回肠和盲肠微生物群成员之间合作关系的能力。而木聚糖酶处理降低了拟杆菌门的影响，促进了厚壁菌门菌群的生长。来自枯草芽孢杆菌的木聚糖酶C在小麦基础日粮中添加更有效，而来自轮状镰刀霉菌的木聚糖酶A在玉米基础日粮中添加更有效，能够使木聚糖酶的添加效率最大化。

6.1.2.6 葡聚糖酶

内切-1,3(4)-*β*-葡聚糖酶（EC 3.2.1.6）催化*β*-D-葡聚糖中(1→3)-或(1→4)-糖苷键水解。小麦作为饲料其黏性较高，富含非淀粉多糖，而黏度的来源主要是其中的*β*-葡聚糖和木聚糖。非淀粉多糖可占9%～10%，而玉米中则为8%～9%，工业副产品中的非淀粉多糖含量还要高（总非淀粉多糖含量可达19%～23%）。这些非淀粉多糖通常与成分基质中的其他营养物质络合在一起，不容易被内源性酶消化。

在以玉米、小麦和大麦为基础日粮的肉鸡中，一般而言，食用添加*β*-葡聚糖酶饲料的肉鸡，虽然其采食量没有显著差异，但加酶后可显著提高饲料利用率，体重显著增加，且可以显著降低小肠重量与体重的占比[13]。因此玉米-豆粕日粮可以通过补充β-葡聚糖酶（以及木聚糖酶）来显著改善肉鸡的生长性能。

6.1.2.7 甘露聚糖酶

许多植物性饲料中含有不能被消化的物质，例如*β*-甘露聚糖，这些不能被消化的物质可能会降低动物的生长性能以及能量和营养物质的消化率。*β*-D-甘露聚糖酶（EC 3.2.1.78）是内切水解酶，可在半乳甘露聚糖、葡甘露聚糖、半乳葡甘露聚糖和甘露聚糖的1,4-*β*-甘露聚糖主链内随机切割。甘露聚糖酶对这些多糖的水解受侧链上的*α*-D-半乳糖残基（半乳甘露聚糖和半乳葡甘露聚糖）在主链上的取代程度和取代模式的影响，对于葡甘露聚糖和半乳葡甘露聚糖，也受主链内葡萄糖残基分布模式的影响。在葡甘露聚糖中，*O*-乙酰基的分布模式也会影响到甘露聚糖酶对多糖水解的敏感度。

用玉米和豆粕基础日粮饲喂猪，在较短（6周）的试验喂养期间，补充β-甘露聚糖酶对体重、采食量和增重/饲料比没有影响，但对减少大肠菌群有积极作用，添加酶降低了粪便大肠菌群的数量，并有减少 NH_3 排放的趋势[14]。此外，在断奶仔猪日粮中添加β-甘露聚糖酶可提高乙醚提取物的表观总消化率、空肠绒毛高度和绒毛高度与隐窝深度之比。因此，β-甘露聚糖酶的加入有可能改善断奶仔猪的脂肪消化率和肠道健康状况。在同一日龄，与对照组相比，在日粮中添加β-甘露聚糖酶可以增加肉鸡肠道隐窝深度，增加杯状细胞数量，降低绒毛高度与隐窝深度的比值。补充β-甘露聚糖酶能提高肉鸡的品质，有利于肉鸡肠道健康[15]。

6.1.3 酶的应用种类拓展

6.1.3.1 葡萄糖氧化酶

葡萄糖氧化酶（GOD，EC 1.1.3.4）是一种含有紧密非共价结合辅酶黄素腺嘌呤二核苷酸（FAD）的黄素蛋白。在催化反应中，FAD充当氧化还原载体，葡萄糖氧化酶使用分子氧作为电子受体，将葡萄糖氧化为葡萄糖酸-δ-内酯和过氧化氢。由于这些特殊的性质，葡萄糖氧化酶在化工、食品、饮料、制药和临床等领域中有着广泛的应用。此类应用包括用于临床和环境监测的葡萄糖传感器、食品工业中的氧化剂和葡萄糖酸的生产中。近年来，葡萄糖氧化酶作为饲料酶制剂，在饲料业中体现出了重要的价值。葡萄糖氧化酶主要由丝状真菌产生，如黑曲霉和尼崎青霉菌（*Penicillium amagasakiense*）。这两个来源的酶具有65%的序列相似性，因此表现出相似的结构-功能关系。*Penicillium amagasakiense* 来源的葡萄糖氧化酶表现出更高的底物亲和力和催化效率，而黑曲霉葡萄糖氧化酶表现出更好的热稳定性。

葡萄糖氧化酶可能通过利用肠道中的残留氧气、产生葡萄糖酸和过氧化氢来影响肠道环境，这些物质对病原菌有害，对有益细菌的生存有利。一项研究表明，21日龄肉鸡，与对照组相比，饲料中添加60U/kg GOD组钙的表观消化率显著提高；而42日龄时，添加40U/kg GOD组粗蛋白和粗脂肪的表观消化率显著提高，添加60U/kg GOD组钙和总磷的表观消化率显著提高。添加60U/kg GOD能显著提高空肠淀粉酶活性，十二指肠和空肠中分泌型免疫球蛋白的含量也有提高。添加60U/kg GOD能显著提高血浆中超氧化物歧化酶的活性，降低血浆中丙二醛的含量。添加GOD也可显著增加盲肠细菌多样性，但对照组与添加GOD组间差异不显著[16]。肉鸡生产性能的提高可能是葡萄糖氧化酶的催化产物葡萄糖酸的作用，它已被广泛证明作为一种重要的有机酸，可参与肉鸡生长性能的改善。

6.1.3.2 漆酶

漆酶（laccase，EC 1.10.3.2）是一种含有铜离子的多酚氧化酶，分子量介于58～90kDa之间，能够氧化多种芳香族化合物，特别是具有给电子基团（如羟基）的物质。在CAZy（Carbohydrate-Active enZYmes）数据库中，漆酶属于碳水化合物活性酶中的辅助活性酶第一家族（auxiliary activity family 1，AA1）。目前该数据库已收录真核生物和细菌来源的漆酶近 4000 种。漆酶首次发现是在日本漆树中，而后被发现也存在于其他植物中。作为被研究最多的木质素氧化酶，漆酶广泛分布于真菌中，已知的许多子囊菌和担子菌类的基因组中都含漆酶基因。漆酶还存在于细菌、昆虫和真菌中。不同漆酶具有不同的底物特异性、催化性质、调节机制及定位。它们的分泌取决于营养条件、培养基成分、发育阶段，其表达还可以受培养基中添加成分的诱导。

常见的漆酶具有四个保守的铜离子结合序列，分别为 Cu Ⅰ（NH_2—HXHG—COOH）、Cu Ⅱ（NH_2—HXH—COOH）、Cu Ⅲ（NH_2—HXXHXH—COOH）及 Cu Ⅳ（NH_2—HCHXXXHXXXXM/L/F—COOH）。漆酶中的 4 个铜离子可以分为三类，分别为一个 T1 Cu（Type Ⅰ Cu）、一个 T2 Cu（Type Ⅱ Cu）和两个 T3 Cu（Type Ⅲ Cu）。T1 Cu 普遍存在于各种类型的漆酶中，是决定漆酶氧化还原电势的主要因素之一。漆酶能够在 T1 Cu 位点催化底物进行单电子氧化，而后电子通过 His-Cys-His 桥传递大约 13Å（1Å=10^{-10}m）后到达由 T2 Cu 和 T3 Cu 组成的三铜簇处。最终，氧气得到电子被还原成水。另有一些“白色”和“黄色”漆酶，其缺少使酶呈现蓝色的 T1 Cu。

漆酶具有广泛的底物特异性，但是氧化还原电势大多较低，不同来源漆酶的氧化还原电势范围从 360mV 到 800mV 不等，子囊菌、担子菌来源的漆酶氧化还原电势通常高于细菌来源的漆酶。酚类底物的氧化还原电势非常低，因此可被漆酶直接氧化。而非酚类底物的氧化还原电势可达 1500mV，不能被漆酶直接氧化，只有在介体的参与下漆酶才能氧化这些氧化还原电势较高的底物。介体是一类起电子穿梭中间体作用的低分子量化合物，参与漆酶对底物的间接氧化。介体分子本身即为漆酶的底物，其被漆酶氧化后，可以扩散并氧化高氧化还原电势或无法与漆酶催化活性中心结合的底物。漆酶-介体体系降解非酚类木质素单体已经有诸多报道。常见的介体可分为三类，即合成介体、天然介体和其他类介体。常见的合成介体有：2,2′-联氮-双-3-乙基苯并噻唑啉-6-磺酸（ABTS）、四甲基哌啶氧化物（TEMPO）、1-羟基苯并三唑（HBT）和紫脲酸等。然而，合成介体具有明显的缺陷，如价格高昂、具有毒性等，因此，寻找新的天然安全的介体物质受到越来越广泛的关注。常见的天然介体有：香草醛、乙酰丁香酮、丁香醛、对香豆酸等[17]。“天然”不仅是指来源于天然物质，而且指它们能扮演一种“天然”角色，即真实还原漆酶及介体在自然界中的反应过程。例如，尾叶桉硫酸盐法制浆黑液中可分离得到约 18 种小分子酚类化合物，大部分可作为漆酶介体。天然介体因其具有天然可再生的来源且具有廉价、安全无毒的优势而越来越受到青睐。越来越多参与木质素合成的天然化合物（大多为酚类）被证明可用作漆酶介体。常见的其他类介体是多金属氧酸盐，这是一种具有氧化还原能力及催化功能的双功能物质，具有结构稳定、催化活性高等优点。漆酶-介体体系（laccase mediator system，LMS）主要通过三种机制对非酚类底物进行氧化，即电子转移（electron transfer，ET）、氢原子转移（hydrogen atom transfer，HAT）和化学离子机制（ionic mechanism type，IMT）。

黄曲霉毒素和玉米赤霉烯酮是饲料和食品中的常见霉菌毒素，会对人类和动物健康产生有害影响。研究发现，来自枯草芽孢杆菌的 CotA 漆酶能降解这两种真菌毒素。在 9 种有机化合物中，丁香酸甲酯是最有效的辅助漆酶降解黄曲霉毒素和玉米赤霉烯酮的介体。漆酶还可以联合植物提取物，包括淫羊藿、黄瓜、薰衣草和荆芥提取物来降解黄曲霉毒素和玉米赤霉烯酮。用水蚤和 BLYES 酿酒酵母作为指示剂，证明使用漆酶-介体体系对黄曲霉毒素和玉米赤霉烯酮的降解产物已经脱毒。而且，不仅是细菌来源的漆酶，真菌来源的漆酶在有介体存在时，也能够降解黄曲霉毒素和玉米赤霉烯酮[17]。

6.2

酶制剂的作用机制

6.2.1 饲用酶通过提高肠道内消化酶水平促进动物生长

虽然畜禽的胃肠道会自然地产生蛋白酶、脂肪酶、淀粉酶等各种酶，然而一个显而易见的事实是，特定条件下的动物胃肠道酶的活性不足以对饲料成分进行充分消化，导致饲料不能被充分利用。内源酶的不足在幼龄动物中最为显著。以肉鸡为例，除乳糖酶外，胰淀粉酶、胃蛋白酶、胰蛋白酶、麦芽糖酶和蔗糖酶等均随日龄的增加逐步增多，酶活性逐渐增强。鸡的胰腺在 10 日龄左右发育成熟，胰淀粉酶和胰蛋白酶的发育与胰腺的发育和成熟一致，而糜蛋白酶和脂肪酶的分泌落后于胰腺的发育和成熟。鸡出生时对脂肪的消化率很差，1～8 周龄消化脂肪的能力逐渐增加。因此饲粮中补充蛋白酶、淀粉酶和脂肪酶等消化性酶往往可以增强动物的生长性能。在饲料中添加以蛋白酶、糖化酶、α-淀粉酶、纤维素酶等为主的复合酶制剂，可以提高断奶仔猪的生产性能和对营养物质的消化率，其干物质、粗蛋白和脂肪的消化率均显著提高[18]。但内源酶的缺乏并不局限于幼龄动物，在成年动物中的缺乏仍然存在，而这可以通过在育肥畜禽的饲料中添加营养类酶制剂使得其生长性能有所提升。在生长育肥猪的日粮中添加 0.01%～0.02%的复合酶制剂，可以提高猪的采食量，提高饲料利用率，降低料肉比，降低饲养成本，促进生长，缩短出栏时间，有较好的经济效益[19]。

一个值得注意的事实是，当向饲料中添加一定剂量的某种酶制剂后，往往会导致另外的内源酶有所变化。例如，在肉鸡日粮中添加不同剂量的外源 α-淀粉酶，均提高了肉鸡重量，促进采食，且肉鸡增重与添加剂量呈明显的线性关系，每多添加淀粉酶 1000U/kg，每羽肉鸡约多增重 10g；此外，还提高了 21 日龄肉鸡前肠内容物淀粉酶、总蛋白酶和胰蛋白酶活性[20,21]。显然，加入的酶制剂通过催化作用生成的小分子物质被肠道中的菌群吸收利用，从而使得肠道菌群的组成结构发生变化以及它们相应所编码的酶的表达水平发生变化，导致其分泌的消化酶的水平发生上调或下调。

6.2.2 饲用酶在提高饲料消化率方面的机制

通过直接补充或者间接调控提高胃肠道中消化酶的含量，必然导致饲料消化率的提升。但除此之外，还有一些其他机制可提高饲料的消化率。首先，饲用酶制剂可通过破坏植物细胞壁，促进营养物质的释放来提高饲料养分消化率。淀粉、多糖、蛋白质等营养成分均被紧紧包裹于植物的细胞壁中。虽然在饲料的机械加工和动物采食过程中经过采食和咀嚼会破坏部分细胞壁，然而还是有相当多的细胞壁处于较为完整的状态。不同饲料的植物细胞壁，其主要成分有所不同，但主要含有纤维素、半纤维素、果胶、甘露聚糖、葡聚糖等。相应地，目前饲料中已开发出相对应的各种饲料酶类，包括纤维素酶、木聚糖酶、果胶酶、甘露聚糖酶和葡聚糖酶等。这些酶多属于糖苷水解酶类，在胃肠道的温湿环境中，在抵抗住胃酸、胃蛋白酶和肠液中的蛋白酶降解的前提下，发挥降解植物细胞壁、促进营养物质释放的作用。显然，使用这些酶制剂并不是利用其将所有植物细胞壁完全降解，而是只破坏植物细胞壁的完整结构、促进所包裹的营养物质的释放即可。纤维素酶能提高育肥猪日增重和屠宰率，降低滴水损失，提高饲料利用率以及能量、粗蛋白、粗纤维和无氮浸出物的表观消化率。高水平苜蓿草粉组添加纤维素酶后饲喂家禽，不仅提高了蛋重、蛋形指数和蛋壳强度，还提高了饲粮中粗蛋白、粗脂肪、粗纤维和酸性洗涤纤维的消化率[22]。

另一方面，某些饲料尤其是大麦、小麦和燕麦类饲料中，木聚糖和 β-葡聚糖的成分较多，而这两种成分在胃肠道中吸收水后黏性很高，严重影响动物对营养物质的消化、吸收和利用。而如果在饲料中添加木聚糖酶和 β-葡聚糖酶这一类针对非淀粉多糖的水解酶类，可在肠道中原位将黏度高的木聚糖和 β-葡聚糖从分子的内部降解，由于多糖聚合度的下降，长链变为短链，食糜的黏度显著下降，从而养分可以在食糜中更为自由地扩散，最终使得饲料养分的消化、吸收和利用率都得到显著提高。在猪日粮中添加木聚糖酶，可提高生长-育肥猪对小麦型和玉米型日粮总能（GE）的表观回肠消化率（AID）和表观全肠道消化率（ATTD），还可提高猪对小麦型日粮干物质（DM）的 ATTD 和 AID 以及粗蛋白（CP）的 ATTD[23]。值得一提的是，降解植物细胞壁所生成的低分子寡糖类还常常是益生元类物质，可以刺激肠道中益生菌的生长，更好地促进动物的生长发育。

另外一个不可忽略的事实是，在实际应用中，已经发现许多酶制剂使用之后，动物的肠壁结构和肠道健康有所改善，从而对饲料中营养成分的主动吸收能力也有提升。GOD 催化葡萄糖产生的葡萄糖酸经发酵后产生短链脂肪酸，这些短链脂肪酸是具有挥发性的，不仅能显著提高移植肠绒毛高度、降低隐窝深度、增加黏膜厚度及扩大绒毛面积，还能改善移植肠对氨基酸的吸收能力[24]。此类研究一般以对小肠和大肠的分析居多，原因在于小肠是营养物质发生降解、消化和吸收的主要场所，而大肠则是肠道菌群寄居的主要场所。小肠的消化、吸收功能可以简单地以小肠上皮细胞位置处绒毛高度和隐窝深度的比值来加以反映，如果使用酶制剂后该比值升高，则意味着肠道上皮的消化吸收功能得到改善和提高。此外，酶制剂的使用还能使得肠道细胞的连接变得完整，维持肠道健康和完整性。

6.2.3 饲用酶通过改善动物的代谢来促进动物生长

在使用酶制剂的过程中，还有一个常见的现象，那就是动物体内的血清指标会发生显著变化。例如添加葡萄糖氧化酶后能够显著提高生长猪血清中三碘甲状腺原氨酸（T3）、四碘甲状腺原氨酸（T4）和生长激素（GH）的浓度[24]。GH 可促进动物产生促生长因子（IGF-1），而后者则是动物体内的生长调控因子，发挥促进蛋白质合成、抑制蛋白质分解、促进动物生长的作用。另一个检测的指标是三碘甲状腺原氨酸（T3），它是家禽机体内主要的代谢激素，和机体代谢水平成正相关。虽然使用酶制剂为何可提高动物体内这些激素的血清水平的机制并不明确，但可以推断这可能和部分酶制剂对肠道微生物发生了调控，进而间接影响到了机体的新陈代谢有关。

6.2.4 饲用酶通过调控动物的免疫功能发挥作用

添加饲用酶后对动物的血清指标进行分析，发现动物血清中的抗体和肠道中的分泌性IgA水平都有所提高，证明饲用酶还能通过调控动物的免疫能力来发挥作用。在水产动物饲粮中添加纤维素酶能提高水产动物对营养物质的消化率，改善水产动物的健康状态，提高水产动物生长性能和免疫力[22]。从广义的角度而言，添加饲用酶可使动物对于致病菌如产气荚膜梭菌感染的抵抗能力提高，也是免疫力提升的一种表现。此外，甘露聚糖酶的使用也是一个典型的例子。饲料中的甘露聚糖可促使肠道中的免疫机制过度反应，从而使得机体无益代谢过多，影响动物的生长性能。在豆粕、棕榈粕类含甘露聚糖的饲料中添加甘露聚糖酶之后，可以将这类多糖降解，从而降低肠道对甘露聚糖的免疫反应性，增强动物的生长性能。

6.2.5 饲用酶通过调节动物的肠道菌群发挥作用

随着肠道微生物研究的兴起，在使用酶制剂的过程中，出现另外一个常被观察到的现象，即肠道内的微生物区系会受到酶制剂的影响。肠道菌群对宿主具有巨大的影响，肠道菌群及其代谢物可穿过肠道屏障，进入血液循环，并对宿主的免疫、代谢和神经系统进行调节[25]。因而有意识地对肠道菌群进行调节，可以改善人类和动物的健康。在几乎所有生化反应中，酶都位于反应发生的中心。有的酶长期被用作家畜、家禽和鱼类的常规饲料添加剂。淀粉酶和溶菌酶等酶是肠道中的正常驻留蛋白质，它们发挥着促进释放营养物质、形成功能性代谢产物以至抵御病原体的作用。这些酶所产生的反应产物，甚至酶催化反应本身，都能够影响肠道微生物群。酶制剂的使用可以使有益菌群如益生菌类大量增殖，而同时还能使有害微生物也就是致病菌例如肠致病性大肠杆菌、沙门氏菌数量显著降低，这些肠道微生物区系的变化有利于畜禽的生长。如，在断奶仔猪玉米-豆粕型饲粮中添加β-甘露聚糖酶可以提高肠道内乳酸菌和双歧杆菌的数量并降低大肠杆菌数量[26]。

酶和其他发挥替抗机制的分子或物质的不同之处在于，由于反复催化反应所形成的放大效应，只需要少量的酶即可发挥强大的调节作用。此外，肠道中的许多成分，包括营养成分（例如葡萄糖、膳食纤维）、宿主和微生物代谢产物（例如L-氨基酸、NTP和dNTP）、微生物细胞及其组成分子（例如肽聚糖和D-氨基酸），甚至和肠道微生物相互作用相关的信号分子（例如群体感应分子）都是促使酶发挥调节作用并进一步取代抗生素的潜在底物。它们为酶发挥调节作用提供了丰富的底物资源。此外，直接受酶处理影响的肠道微生物可与其他共生或致病微生物形成生态网络，进一步扩大调节作用。因此，酶的高效率和许许多多的作用模式使酶成为调节肠道微生物群落、发挥替抗作用的理想分子。三种不同类型的酶都可作为调节肠道微生物群的有力工具。

第一种酶是可杀灭肠道微生物的酶，可以用来调节肠道菌群并实现替抗作用。例如，溶菌酶样糖苷水解酶和细菌噬菌体裂解酶都可以直接攻击和水解细菌细胞壁的主要成分肽聚糖。肽聚糖的降解导致细胞内容物的释放并最终导致细菌死亡，进而导致肠道微生物群落发生变化。溶菌酶是动物机体的内源酶，在唾液和肠道内都有分布。但是，尽管内源性溶菌酶在动物体内分布广泛，有研究证明，在肉鸡饲料中添加市售溶菌酶仍然可以增加有益微生物（例如乳酸杆菌）和减少有害菌（例如大肠菌群和梭菌），从而改善肠道健康[27]。

近年来抗菌药导致耐药性细菌的出现促使人们对细菌噬菌体及其裂解酶重新产生了浓厚的兴趣，并进行了较为详细的研究。相对于革兰氏阴性菌，噬菌体裂解酶更容易对革兰氏阳性菌进行降解，因为这些微生物缺乏细菌外膜。当然，可以通过将噬菌体裂解酶与外膜靶向和穿透结构域融合来赋予噬菌体裂解酶有效杀死革兰氏阴性菌的能力。在小鼠中，口服噬菌体裂解酶-防御素嵌合蛋白可显著降低粪便中艰难梭菌孢子含量，从而降低动物死亡率[28]。给抗万古霉素粪肠球菌感染的小鼠腹腔注射溶菌酶 LysEF-P10 可减少肠球菌属的细菌调节肠道微生物群的变化[29]。

酶能产生对肠道微生物有害的反应产物，从而间接杀灭肠道微生物，改变肠道菌群组成和发挥替抗的作用。葡萄糖氧化酶是在畜牧业中得到广泛应用的一种酶。在肠道中，葡萄糖氧化酶可将肠腔内的葡萄糖氧化为葡萄糖酸，同时释放过氧化氢（H_2O_2）。葡萄糖酸能够降低肠道中小生境的 pH 值，因此不利于某些肠道微生物的生长。而同时，过氧化氢是一种有效的杀菌剂，尤其适用于杀灭肠道环境中大量存在的厌氧菌。在肉鸡养殖实践中，在饲料中添加葡萄糖氧化酶可选择性地降低理研菌科（Rikenellaceae）细菌的丰度，但却增加了普拉梭菌（*Faecalibacterium prausnitzii*）的丰度。有意思的是，这两种微生物菌群的变化都与生长性能的提高呈正相关[5]。肠腔中还富含 L-氨基酸（在人类回肠内容物中的浓度通常在 mmol/L）。细菌细胞壁来源的游离 D-氨基酸在盲肠内容物中的浓度也能达到 200～500nmol/g。和葡萄糖氧化酶类似的是，D-氨基酸氧化酶可以催化肠道 D-氨基酸形成过氧化氢，并显著减少霍乱弧菌在小鼠小肠中的定植[30]。

第二种可能发挥替抗作用的酶是促进肠道微生物生长的酶。除了具有杀菌能力的酶，促进肠道微生物生长的酶同样也是调节肠道微生物群落的自然候选酶。以饲料中经常添加的木聚糖酶为例，在人和动物中，食物中约一半的木聚糖（植物细胞壁多糖的主要成分）被肠道微生物所产生的木聚糖酶降解为低聚木糖。低聚木糖作为碳源和能量来源，能支持某些肠道微生物（如部分双歧杆菌和乳酸杆菌属类细菌）的生长。而这些以木聚糖为碳源生长的细菌，可以进一步产生小的代谢物和外膜囊泡，它们则可能有益于其他肠道微生物的生长。也就是说，双歧杆菌和乳酸杆菌可以和别的肠道菌形成相互作用的生态网络，而在拟杆菌和双歧杆菌属中已经确实观察到这种生态网络的存在。这种复杂的作用方式适于肠道菌对于木聚糖[31] 和其他多糖[32] 的利用，也很有可能适于其他的酶和肠道菌群。与溶菌酶一样，外源添加的木聚糖酶也能改变肠道微生物群。以富含木聚糖酶的玉米麸皮日粮饲喂母猪，可上调消化道内双歧杆菌和乳酸杆菌的丰度，同时下调消化道中的链球菌的丰度。在饲喂富含木聚糖酶的玉米麸皮日粮的母猪的回肠肠道黏膜中，双歧杆菌增多，而大肠杆菌、志贺氏菌减少[33]。

值得注意的是，对于刺激肠道微生物生长的这种酶而言，酶的作用模式可能对其调节作用产生重大影响，但这一点经常被忽视。例如，木聚糖酶的作用模式多种多样，它们降解复杂、异质性饲料中的木聚糖（如阿拉伯木聚糖和葡萄糖醛酸木聚糖）的能力不同，释放的低聚木糖的特征也可能很不一样。与之相对应的是，肠道中的一种丁酸产生菌肠罗斯氏菌（*Roseburia intestinalis*）比卵形拟杆菌（*Bacteroides ovatus*）生长得更好，并且在以木四糖（一种由四个串联木糖组成的低聚木糖）作为培养基中碳源的共培养中占主导地位[10]。这表明可以选择木聚糖酶来特异性调节肠道微生物群。

另一方面，也可以选择能够催化去除对肠道微生物有害的化学物质的酶来发挥替抗作用。例如，肠碱性磷酸酶（IAP）催化单磷酸酯水解，IAP是一种位于刷状缘（肠上皮细胞微绒毛覆盖表面）的酶，传统上把它作为隐窝绒毛分化标志物。IAP通过去除尿苷二/三磷酸盐和细菌成分［LPS、CpG寡脱氧核苷酸（CpG DNA）、二磷酸尿苷（UDP）和鞭毛蛋白］而具有多方面的功能。肠道中摄入细胞的降解产物，以及肠道微生物都会产生大量的核酸，它们降解后形成的核苷三磷酸（NTP）和脱氧核苷三磷酸（dNTP）都能抑制需氧菌或是厌氧细菌的生长。更具体地说，这些核苷酸能强烈抑制革兰氏阳性细菌的生长；但这种抑制能力可被肠道碱性磷酸酶逆转。由此产生了IAP的一个重要作用，即通过降低肠道内核苷三磷酸盐的浓度来促进特定肠道细菌的生长[34]，这与肠道屏障损伤和多种疾病密切相关。因此，在人类疾病研究中，已经发现口服IAP可有效缓解许多疾病，如酒精所诱导的肝脂肪变性[35]，甚至可预防衰老[36]。

第三种可能发挥替抗作用的酶则是那些能够影响微生物互作网络的酶。尽管有些酶既不能杀死细菌也不能刺激细菌生长，但它们仍然可以被用来调节肠道微生物群，从而发挥替抗的作用。这些便是作用于肠道微生物互作网络的酶。群体感应（QS）是微生物群落中细菌互作的一种方式：通过分泌和感应小信号分子，如*N*-酰基高丝氨酸内酯（AHL）、自诱导肽和2-庚基-3-羟基-4-喹诺酮（PQS），微生物在形成生物膜和分泌毒素分子等活动中可做到协调一致、同步进行。通过给小鼠灌服一株过表达群体感应分子AI-2的重组大肠杆菌菌株，人为增加肠腔内QS分子的丰度，可以起到对抗链霉素诱导的厚壁菌减少的效果，并恢复肠道中厚壁菌/拟杆菌的比例[37]。这证明了通过调节QS信号分子的丰度确实是有可能调节肠道微生物群落的组成。而由AHL酰化酶、AHL乳糖酶和氧化还原酶（如细胞色素P450和卤过氧化物酶）催化的群体猝灭（QQ）可有效降低QS分子的丰度。口服过表达AHL（QSI-1）QQ酶的重组芽孢杆菌可降低嗜水气单胞菌的丰度，同时对肠道菌群结构产生积极影响[38]。此外，细菌互作网络的另一个重要特征是形成生物膜，生物膜由1,6-*N*-乙酰-D-葡萄糖胺稳定。来自放线杆菌的糖苷水解酶DspB能够水解该生物膜成分，增强S5 pyocin和E7裂解蛋白的功能，并显著减少秀丽隐杆线虫和小鼠肠道内铜绿假单胞菌的定植数量[39]。

酶通过调节肠道微生物群落，进而发挥替抗作用而改善动物宿主健康的效力已得到令人信服的证明。在畜牧业和水产业使用的饲料中，添加饲用酶的成功经验已被证明具有巨大的经济价值。此外，这些在动物中添加酶制剂的实验还为促进人类健康的进一步试验提供了宝贵的经验。酶很可能也会在人体中发挥调节作用，因为酶在人类的肠道中也具有类似的底物可及性和作用环境（肠道中的pH、温度和湿度）。杀死肠道微生物、刺激其生长和干扰其互作网络的酶都可以用来调节肠道微生物群落并发挥替抗作用。然而，酶调控肠道微生物菌群的研究仍处于初级阶段。也许在将来以特定微生物为靶点，而不是通过目前使用的酶对一组肠道微生物进行精确调节更为可取。而如果要实现精准调节，则需要进一步提高对于酶-微生物相互作用的认识，并在此基础上进行酶的工程化改造。

许多在肠道中原本就存在的酶，以及来自外界环境中通过重组表达的酶（如葡萄糖氧化酶），都已成功用于调控肠道菌群、发挥替抗的作用。众所周知，许多酶催化反应发生在肠道内，但是可能有更多的酶催化反应可以在肠道外的自然界中发生。因此，还有许多其他酶也可以作为候选酶对肠道微生态进行调控。此外，肠道内容物中存在大量的化学物质（如氨基酸），因此还可以设计在肠腔中原位进行的级联酶催化反应，即使用多种酶，生成针对特定肠道微生物群落的生物活性分子来实现对肠道微生态的调节。

6.3

酶制剂的生产工艺及质量控制

酶制剂的酶通常来自动物、植物、微生物。动植物来源的酶一般通过提取工艺制备，存在价格高、来源有限等不足之处，不能大量制备，所以工业中酶制剂主要由微生物发酵获得[40]。

6.3.1 酶制剂工业常用菌种

在酶制剂工业中，能够用于酶发酵生产的微生物必须具备酶的产量高、容易培养和管理、产酶稳定性好、利于酶的分离纯化、安全可靠等条件。目前常用的产酶微生物包括枯草芽孢杆菌、大肠杆菌、黑曲霉、米曲霉、青霉、酿酒酵母等。不同的酶有不同的最适生产菌种，比如酸性蛋白酶的产生菌株，主要有黑曲霉（*Aspergillus niger*）、米曲霉（*A. oryzae*）、泡盛曲霉（*A. awamori*）等[41]；真菌脂肪酶主要来源于南极假丝酵母（*Candida antarctica*）、少根根霉（*Rhizopus arrhizus*）等；细菌脂肪酶主要来源于假单胞菌属（*Pseudomonas*）、芽孢杆菌属（*Bacillus*）、伯克霍尔德菌（*Burkholderia*）等[42]；工业上生产应用较多的 α-淀粉酶主要来源于解淀粉芽孢杆菌（*Bacillus amyloliquefaciens*）、地衣芽孢杆菌（*B. licheniformis*）、枯草芽孢杆菌（*B. subtilis*）、米曲霉和黑曲霉[43]。优良菌种不仅提高酶制剂的产量、发酵原料的利用效率，而且与缩短生产周期、改进发酵和提取工艺条件密切相关。

6.3.2 酶制剂生产工艺

酶制剂生产技术主要包括酶的发酵生产、酶的提取和分离以及酶的纯化和精制。酶的发酵技术包括固体发酵法、液体发酵法、固定化细胞和固定化微生物原生质体发酵法。

6.3.2.1 酶的发酵生产

固体发酵法：固体发酵的培养基，以麸皮、米糠等为主要原料，加入其他必要的营养成分，制成固体或半固体的麸曲，然后进行灭菌，冷却后接种产酶菌株，在一定条件下进行发酵。我国传统的各种酒曲、酱油曲等都采用这种方式进行生产。

按照固体培养基与空气的接触方式，固体发酵分为：

（1）静置发酵 将发酵曲种接入培养基后，制成薄层进行发酵，利用空气自然换气，或者培养基表面强制通风，发酵温度由发酵室室温控制。此方法的缺点为不易操作，操作强度大；优点为发酵酶活力较高，不易染菌。

（2）通风发酵 将发酵曲种接入培养基后，堆砌在金属多孔板上至数十厘米厚，风自下而上穿过培养基，发酵温度由风温控制。常用的固体通风发酵装置有浅盘发酵器、箱式发酵装置、转鼓式发酵器、旋转圆盘式发酵机、搅拌式发酵反应器及压力脉动固体发酵反应器等[44]。通风发酵自动化程度大，较为节省劳动力。

（3）流化床发酵 使用的培养基为粉末状培养基，在培养基中接入曲种后铺在金属网或多孔板上，通过自下而上的风形成流化状态，通过风温控制培养基的温度。使用此法在实验室装置中发酵所得酶的酶活力明显高于通风发酵。流化床发酵的关键技术为保持培养基的温度且保持水分均一，避免局部区域残存水分造成染菌，同时应避免过分搅拌损伤菌体[45]。

液体发酵法：液体发酵是将液体培养基灭菌、冷却后接入产酶菌株，在特定条件下发酵。根据通气供氧方法的不同，又分为液体表面发酵和液体深层发酵两种。液体深层发酵又称浸没式培养法，是指在液体培养基内部而不仅仅在表面进行的微生物培养过程，利用液态培养基使微生物进行生长繁殖和产酶，是目前酶制剂和其他发酵产品生产的主要培养方法，也是目前应用最广的方法。

液体深层发酵不仅适用于微生物细胞，也可用于各种植物细胞和动物细胞的悬浮培养和发酵。这种生产方式的优点是机械化程度较高，可以实时监测和自动控制发酵过程参数；实现纯种培养，目标产物更明确；有利于大规模、工厂化、现代化生产。其不足是在生产过程中产生大量污染物，增加企业处理污染物的经济负担[46]。

固定化细胞或固定化原生质发酵法：固定化细胞发酵是20世纪70年代发展起来的新技术。固定化细胞是指固定在水不溶性载体上，在一定的空间范围内进行生命活动的细胞。固定化细胞发酵具有以下优点：①固定化细胞密度较高，可达到较高的生产能力；②发酵稳定性好，可以反复使用或连续使用较长的时间，易于连续化、自动化生产；③细胞固定在载体上，流失较少，大大提高设备利用率；④发酵液中菌体含量较少，利于产品分离纯化。但由于固定化细胞发酵的历史不长，技术要求较高，需要特殊的固定化细胞反应器，只适用于胞外酶的生产等，还有不少问题有待研究解决[47]。

6.3.2.2 酶的提取和分离

在通过培养获得粗酶制剂之后，通常还需要将酶从培养物中分离纯化出来。酶的分离纯化整个工作包括三个基本环节：抽提、纯化和制剂。抽提是将酶从原材料中提取出来制成粗酶液；纯化是将酶和杂质分离开来；制剂则是将纯化的酶制成一定形式的制剂。其基本工艺为：首先将发酵液进行预处理，常用的预处理方法有加热、调节pH、絮凝等，预处理后，分泌到细胞外的酶可直接进行细胞分离，而胞内酶则需要先通过均质或研磨的方式破碎细胞，然后进行细胞碎片分离，此时可得到粗酶液。然后用不同的方法对粗酶液进行初步纯化，如沉淀、吸附、萃取、超滤等，一般工业用酶用量较大，无须进行高度纯化，只需简单提取分离即可；食品行业用酶，使用领域广、用量大、质量要求高，需适当纯化，确保食品安全卫生；生化研究用酶，要求纯度特别高，则需采取特殊精制手段，如离子色谱、凝胶过滤、亲和色谱等技术来达到酶的高度纯化。最后通过结晶、冷冻干燥、喷雾干燥、超滤等方法进行成品加工，得到酶制剂。

有的酶制剂在生成时在细胞内进行表达，因此需要先进行细胞破碎。常用细胞破碎法如下。

(1)机械破碎法 利用机械力的搅拌，剪切研磨细胞，常用的方法有高压匀浆破碎法、高速搅拌珠研磨破碎法、振荡珠击破碎法和超声破碎法。

(2)非机械破碎法

① 渗透压法。细胞在低渗溶液中由于渗透压的作用，溶胀破碎。但这种方法对于具有细胞壁的细胞不太适用。

② 冻融破碎法。将细胞放在低温下冷冻（－15～－20℃），然后置于室温中融化，反复多次达到破壁作用。冷冻能使细胞膜的疏水键结构破裂，从而增加细胞的亲水性能，另一方面细胞质结晶，引起细胞膨胀而破裂。对于细胞壁较脆弱的菌体，可采用此法。

③ 化学破碎法。化学破碎法是应用各种化学试剂与细胞膜作用，使细胞膜结构改变。常用的有机试剂有甲苯、丙酮、氯仿等。有机试剂可破坏细胞膜的磷脂结构，从而改变细胞膜的通透性，再经过提取可将膜结合酶或胞内酶提取出来。

④ 酶溶破碎法。酶解是利用溶解细胞壁的酶处理菌体细胞，使细胞壁受到部分或完全破坏后，再利用渗透压冲击等方法破坏细胞膜，进一步增大细胞膜的通透性。溶菌酶适用于革兰氏阳性菌细胞的分解，应用于革兰氏阴性菌时，需辅以EDTA使之更有效地作用于细胞壁。真核细胞的细胞壁不同于原核细胞，需采用不同的酶。

大部分饲用酶制剂通过分泌到细胞外的形式进行生产，因此固液分离是必不可少的纯化步骤。固液分离一般通过如下方式来进行：

(1)过滤 过滤是借助过滤介质将固液悬浮液中不同大小、不同形状的固体颗粒物质分离的技术。织物是最为常用的过滤介质，工业上称为滤布或滤网。而其中最为常用的是不锈钢滤布或不锈钢滤网等。不锈钢滤布（网）具有各种规格，并且具有良好的耐酸、耐碱、耐高温性，抗拉力强和耐磨性强。按料液流动方向来分类，过滤可分为常规过滤和错流过滤。常规过滤的料液流动方向与过滤介质垂直，而错流过滤的料液流动方向平行于过滤介质。

① 常规过滤。常规过滤设备有以下两种。

a. 板框式压滤机。板框式压滤机是一种间歇性固液分离设备，由滤板、滤框排列构成滤室，在输料泵的压力作用下，将料液送进各滤室，通过过滤介质将固体和液体分离。主要用于培养基制备的过滤及霉菌发酵液、放线菌发酵液、酵母菌发酵液等多种发酵液的固液分离。板框式压滤机的优点是：结构简单，操作容易，运行稳定，动力消耗少。其不足之处在于，滤框给料口容易堵塞，滤饼不易取出，不能连续运行；处理量小，工作压力低，滤布消耗大，且常常需要人工清理。

b. 转鼓真空过滤机。转鼓真空过滤机是以负压作过滤推动力，过滤面在圆柱形转鼓表面的连续过滤机。它有一个低速旋转的水平转鼓，鼓壁开孔，鼓面上铺以支撑板和滤布，构成过滤面。过滤面下的空间分成若干隔开的扇形滤室。各滤室由导管与分配阀相通。转鼓每旋转一周，各滤室通过分配阀轮流接通真空系统和压缩空气系统，依次完成过滤、洗渣、吸干、卸渣和过滤介质（滤布）再生等操作。转鼓真空过滤机能连续操作，并能实现自动控制，但是压力差较小，主要适用于霉菌发酵液的过滤。在过滤较黏稠的发酵液时，需在转鼓面上铺上一层助滤剂，用刮刀缓慢地将滤饼和助滤剂去除掉，使过滤面积不断更新，以维持正常过滤速度。

② 错流过滤。错流过滤的原理是料液快速地平行于过滤介质流动，同时垂直于介质过滤。料液的快速流动对堆积在介质上的颗粒起到了清扫作用，从而很大程度上减缓了滤饼层的形成速度，保持了较高的过滤速度。未滤液不断循环，滤饼层厚度不断增加，当达

到一定厚度后会自动排除，最终达到固液分离的目的。错流过滤的介质通常为微孔膜或超滤膜，主要适用于滤液浑浊的发酵液。但此法不能完全将固液分离，约有 70%～80%的液体留在固形物中。

（2）离心分离 离心分离就是利用离心力的作用，将非均相混合物进行分离的一种操作，可分为离心沉降和离心过滤。

① 离心沉降。离心沉降是利用悬浮液密度不同的各组分在离心力场中迅速沉降分层的原理，实现液-固（或液-液）分离的一种操作。离心沉降设备主要有两类：一类有动件，通过动件的转动产生离心力，称为离心机；另一类无动件，通过运动的物料产生离心力，如旋风分离器和旋液分离器等。

② 离心过滤。离心过滤是将料液送入有孔的转鼓并利用离心力场进行过滤的过程，以离心力为推动力完成过滤作业。常用的离心过滤设备有三足式离心机、螺旋卸料离心机和卧式刮刀离心机。卧式刮刀离心机是连续运转、间歇操作的过滤式离心机，其控制方式为自动控制，也可手动控制。离心机操作过程中的进料、分离、洗涤、脱水、卸料及滤布再生等过程一般均在全速状态下完成，单次循环时间短，处理量大，并可获得较干的滤渣和良好的洗涤效果。

6.3.2.3 酶的纯化和精制

（1）盐析法 盐析法是指在溶液中加入大量的无机盐后，某些高分子物质的溶解度降低导致沉淀析出，从而达到与其他物质分离的效果。

盐析的影响因素：①蛋白质浓度，若蛋白质浓度过高，会发生严重的共沉淀作用；低浓度蛋白质溶液的盐析，所用的盐量较多，而共沉淀作用比较小。用于分离提纯时，要尽量选择低浓度蛋白质溶液，使共沉淀作用减至最低限度。一般认为 2.5%～3.0%的蛋白质浓度比较适中。②离子强度和类型，一般说来，离子强度越大，蛋白质的溶解度越低。离子半径小而电荷高的离子在盐析方面影响较强，离子半径大而电荷低的离子的影响较弱。几种盐的盐析能力的排列次序：磷酸钾＞硫酸钠＞磷酸铵＞柠檬酸钠＞硫酸镁。③pH 值，一般来说，蛋白质所带净电荷越多溶解度越大，等电点时蛋白质溶解度最小。为提高盐析效率，多将 pH 值调到目的蛋白的等电点处。④温度，一般盐析操作可在室温下进行，只有某些对温度比较敏感的酶要求在 0～4℃进行。

（2）有机溶剂沉淀法 有机溶剂的沉淀机理是降低水的介电常数，导致具有表面水层的生物大分子脱水，相互聚集，最后析出。该方法优点有：①分辨能力较强；②沉淀析出后不用进行脱盐，操作更简便。其缺点是对于具有生物活性的大分子容易引起变性失活，操作要求在低温下进行。有机溶剂的选择首要条件是能和水互溶，使用较多的有机溶剂是甲醇、乙醇、丙酮、乙腈、二甲基亚砜等。影响有机溶剂沉淀效果的因素有：①温度，一般来说，温度越低越有利于酶的沉淀，且低温可保持酶的活性，提高提取效率；②pH，在酶的等电点时酶最容易析出，但许多酶的等电点比酶的稳定 pH 范围要低，因此要在保证酶稳定的前提下，使 pH 尽可能靠近等电点；③离子强度，盐浓度太大或太低都对分离有影响，对酶而言盐浓度不超过 5%比较合适。

（3）亲和色谱法 生物大分子具有与某些相对应的专一分子可逆结合的特性，例如抗原和抗体、酶和底物及辅酶、激素和受体等。生物分子之间这种特异的结合能力称为亲和力，根据生物分子间亲和吸附和解离的原理建立起来的色谱法称亲和色谱法。亲和色谱法的基本过程是：①配基固相化，将合适的配基与不溶性的载体偶联成具有特异亲和性的分离介质。②亲和吸附，将含有目的酶的混合物通过亲和柱，目的酶被吸附在柱上，其他物质流出色谱柱。③解吸附，用某种缓冲液通过亲和柱，把吸附在亲和柱上的目的酶洗脱出来。亲和色谱的介质应具备下面四个条件：①具有多孔网络结构；②非特异性吸附少，基质化学性质应是惰性，表面电荷量尽可能低；③理化性质稳定，不随共价偶联反应的条件及吸附条件的变化而变化；④基质必须能够活化。

（4）离子交换色谱　离子交换色谱（IEC）是以离子交换剂为固定相，以含特定离子的溶液为流动相，利用离子交换剂上的可交换离子与溶液中离子发生交换作用，由于不同的离子交换能力不一样，待分离的各种离子在色谱柱中随流动相的移动速度也不一样，而将混合物中不同离子进行分离的技术。离子交换色谱的基本操作：①离子交换剂的预处理。除去交换剂的杂质，使交换剂的带电基团更多地暴露在溶液中，离子交换剂的平衡离子转变成所需要的形式。②离子交换剂的装柱。常用的装柱方式有重力装柱和加压装柱两种。要求填装均匀，无气泡，以免影响分离效果。样品上柱、洗脱和收集。酶液加入后，要用大量缓冲液洗脱未被吸附的物质，然后用适量的洗脱液将吸附在离子交换剂上的离子按亲和力由小到大的顺序依次洗脱下来，分别收集，达到分离目的。③交换剂的再生和存储。首先用含有与离子交换剂中的离子相反的离子的高盐溶液洗涤，再用酸、碱反复洗涤以除去脂类、蛋白质等杂质，最后用水洗涤至中性。

6.3.3　酶制剂的质量控制

目前，细菌、真菌等微生物培养物的干制品是酶制剂的主要形式。所以在追求高产的同时，采用的微生物发酵菌株必须是绝对安全菌株；其次，生产过程中，不允许有霉变的原料、非食品级的各种化学试剂的出现；最后，发酵质量的控制，达到一定的酶活水平是产品质量的根本保障。

6.4

饲用酶制剂存在的问题、应用及展望

6.4.1　饲用酶的改造

由于底物具有特异性、热稳定性、酸稳定性和活性，大多数天然存在的酶并不适合饲用酶的实际应用。通过综合应用一些蛋白质工程技术如理性设计、定向进化、半理性设计和从头设计对天然酶进行合理设计和改造，可以开发酶制剂并进行优化以满足在饲用酶生产和实际应用中的要求。

6.4.1.1 理性设计

理性设计是基于人类对于酶的结构和功能相对应关系的认知，利用各种生物化学、生物物理学、结构生物学方法得到酶分子的结构、性质和功能等相关信息，对酶分子中的个别氨基酸残基和结构进行改变，以期改造并获得具有新性状的突变酶。在自然界的进化过程中，已经出现了具有不同生化功能的多种酶，它们可能的结构、功能和联系特征可以为合理设计饲用酶提供很好的模板。酶的改造在生物工程和生物医药中得到了广泛的研究，这为饲用酶的改造提供了范例。例如，获得性异柠檬酸脱氢酶的突变体能够将（2*R*,3*S*)-异柠檬酸转化为2-氧代戊二酸，也称为α-酮戊二酸，而酵母来源的酶与人类细胞质的同源酶之间的结构叠加以及氨基酸序列比对表明突变的可能性，通过突变四个位点和生化表征，表明R143H、R143C和R143K是（*R*)-2-羟基己二酸脱氢酶突变前体，可以衍生出催化2-氧代己二酸转化为(*R*)-2-羟基己二酸的酶[48]。

酶通过底物结合口袋和底物发生结合并进行催化。口袋中的氨基酸残基对酶的催化活性的重要性是显而易见的。有研究发现，通过谷氨酸到组氨酸的单一突变，可成功地将类固醇5β还原酶改造成高效的3β-HSD，这展示了一个通过单点突变实现功能完美改变的案例[49]。纤维素和甘露聚糖都是饲料中的常见成分，分别被纤维素酶和甘露聚糖酶所降解。对一个热解纤维素菌来源的GH9家族纤维素酶底物结合口袋中的氨基酸进行操作，将第208位的甘氨酸和298位的苏氨酸进行改变后，可以明显改变酶对底物的选择性[50]。

6.4.1.2 定向进化

定向进化是一种全随机的蛋白分子改造策略，通过对编码基因的随机突变来改变酶的性质，继而从突变后酶蛋白文库中筛选出具有理想功能的酶，例如热稳定性、耐酸、高催化活性的饲用酶蛋白。有意思的是，这种策略虽然最初为单个酶设计，但类似的策略甚至已经可以应用在多个酶级联催化的代谢途径改造和合成生物学领域，并使得工程化全细胞催化酶成为可能。

一般来说，定向进化包括四个步骤：选择酶基因，以该基因为母本创建突变文库，从突变体蛋白质文库中采取筛选或选择的方式来获得具有所期望特质的突变体酶蛋白，最后则是重复上述三个步骤。多样性的蛋白质文库可以通过随机突变或者DNA重组的方式来获得。目前，常采用低保真度的易错PCR DNA聚合酶来进行随机突变。此外，可以对基因扩增时所用PCR体系里的条件进行修改，例如用不同浓度的Mg^{2+}代替Mn^{2+}和使用四种脱氧核糖核苷酸的不均匀混合体系，可以对目标基因的突变率进行微调。需要注意的是，易错PCR一般只能在基因里创建少量的、较为有限的突变；而DNA改组是一种在体外进行的DNA重组方法，能够在一个基因内同时产生多个突变，因此其生成的产物多样性可能更加丰富。这个方法是将目的基因的DNA，以及将其随机突变所产生的基因DNA，或者其同源基因，使用DNase Ⅰ进行部分切断。随后控制反应条件，将DNA片段组合在一起，使得同源区域内部发生退火反应，最后组装形成全长基因。DNA改组甚至还可应用于独立于同源性的片段。虽然易错PCR和DNA重组方法都是一开始在体外开发出来的，但目前已经有多种体系可将它们应用在细胞内进行。这些方法的应用，譬如在酿酒酵母中的遗传重组，或者在大肠杆菌中的噬菌体辅助的连续进化，拓展了方法的应用范围，不仅可应用于高效的饲用酶工程改造，甚至可以应用于全细胞生物催化剂的改造，用以生产饲用生物活性分子。

不管是易错PCR还是DNA重组，其成功改良饲用酶的关键，在于获得高质量定向进化的突变体库，以及高效筛选和选择子代突变体基因的能力。传统的筛选方法使用 96 孔微孔板，该方法目前仍被广泛采用，显然，其分析突变体的能力受到一定限制（每轮进化不超过几千个突变体）。因此，发展出高通量甚至超高通量的筛选方法，就会极大地增强定向进化方法。例如，结合基于微流控和荧光激活细胞分选的方法，可以获得超高通量的筛选能力，这种方法已应用于里氏木霉的纤维素酶的筛选[51]，以及辣根过氧化物酶[52]和 β-半乳糖苷酶的筛选[53]，对饲用酶的开发有极大的帮助。

值得注意的是，与传统采用微孔板的“筛选”方法相比，基于“选择”而不是“筛选”的方法似乎更有利于获得改良突变体。这种策略一般来说依赖于巧妙的设计，需要将酶促反应与细胞存活力偶联起来，在医药酶的改造上使用较多，但在饲用酶的改造中还使用得相对较少。例如，在研究酯酶的定向进化时，有特定对映选择性的酯酶突变体能从一种人工合成的底物中将甘油释放出来支持大肠杆菌的生长，而没有此活性的野生型蛋白或其他突变体则会释放有毒 2,3-二溴丙醇从而杀死宿主细胞[54]。通过耦合这种体内选择结合流式细胞术的方法，可以相对快速地高通量地获得具有改变的对映选择性的酯酶突变体。

6.4.1.3 半理性设计

理性设计和定向进化相比，能大大节省工作时间，因为只需要处理少量的突变体。然而，突变体的性质可能并不完全令人满意。和理性设计相比，定向进化可以创建理想的突变体，但耗费的时间较多，由于突变体文库中存在极大量的无效突变体，需要对文库进行大量的筛选工作。结合理性设计和定向进化优势的方法称为半理性设计，在减少突变体文库规模的同时，能保持功能具有多样性的突变体。一个较为突出的半理性设计例子是加州理工学院所开发的 SCHEMA 算法[55]，该方法使用结构信息鉴定发生相互作用的氨基酸残基对和在重组过程中被破坏的相互作用，从而增加适当折叠的 SCHEMA 库中的蛋白质，已成功应用于从亲缘关系较远到亲缘关系中等的蛋白质生成突变体文库，并且已经成功应用于里氏木霉纤维素酶的热稳定性的提高[56]。该方法由于减少了突变体库的大小，效率得到了较大的提高，可较容易地获得功能突变体。

此外还有 ProSAR 方法[57]，该方法首先将突变定义为“有益的”、“潜在有益的”、“中性”和“有害”的突变，通过计算机方法辅助进行统计。通过组合有益的突变并重新测试潜在有益的突变体，在这个过程中，中性和有害的突变则被丢弃。显然，该方法强调积累和多重突变在酶的改良过程中的意义。这个方法注重“上位效应”，因此尤其适用于那些单个突变后似乎损害了酶的活性，但却有助于整体提高酶活性的突变。

第三个广泛使用的半理性设计方法是迭代饱和突变。在这种方法中，只有对特性（例如耐热性、催化活性、底物选择等）发挥最为重要的氨基酸残基被用来进行饱和突变。例如，黑曲霉来源的葡萄糖氧化酶是饲用酶工业中的重要酶，具有抗生素替代和促生长的重要功能。通过该方法，将影响蛋白热稳定因素的多种因素（精氨酸脱氨、氨基酸之间的疏水堆积、表面电荷、糖基化、FAD 辅基结合能力和自由能计算优化等）相关的氨基酸进行逐一饱和突变，并依次将有益突变进行人工迭代，从而最终获得了在高温下仍然具有相当残余酶活的突变体蛋白，可适应饲料工业的制粒要求[58,59]。

6.4.1.4 从头设计

除了上面所提到的三种工程改造方法，理论上还可以通过从头设计来获得具有理想性质的酶。在这个方面使用的是 Rosetta 方法，该方法已成功用于构建一种新型催化 Diels-Alder 立体选择性反应的酶和磷酸丙糖异构酶[60]。使用该法设计酶主要包括四个阶段：首先确定催化机制和相应的最小模型活性位点；鉴定一组支架蛋白中的位点；优化用于蛋白结构稳定的周边残基；打分和排序。该法的经典应用例子是设计从 5kDa 螺旋发夹开始的同源二聚体，这种二聚体的蛋白质界面中能形成可以水解的底物结合口袋，因此用来设计的酶具有降解羧酸酯和磷酸酯的活性[61]。值得注意的是，新产生的酶虽然具有活性，但活性一般比较低，对于注重低成本的饲用酶工业应用来说往往是不够高的，需要后期的进一步改造。

从上面的分析可以看出，四种策略都有自己独特之处，适合不同的情况，它们在实际应用中不是排他性的，而是互相包容的。综合应用这些方法，可以加速推进饲用酶分子的改造和推广应用。

6.4.2 饲用酶的高效表达

影响饲用酶在饲料中的推广应用的因素中，除了酶的性质外，最重要的一点是需要具有大规模、廉价的生产能力，而饲用酶大多来源于微生物，但在天然菌株中含量太低，难以大量生产，生产成本高昂。因此，获得具有高比活性的酶制剂及其编码基因，并利用基因工程技术构建高效表达饲用酶的生物反应器是解决这一问题的最有效的途径。

提高饲用酶表达量的策略主要有以下几个方面。

6.4.2.1 提高 mRNA 的稳定性

饲用酶基因一般以异源基因的形式进行表达，异源基因是通常在强启动子的控制之下，例如在毕赤酵母中是 *aox1* 启动子，里氏木霉中是 *cbh1* 启动子，在黑曲霉中则是 *glaA* 启动子。不同基因的 mRNA 的稳定性各不相同，且可通过碱基的改变获得改善。在异源基因的编码序列中如果有富含 AT 的区域，这一区域有可能成为指导 Poly（A）链合成的聚腺苷酸化信号。因此，转录过程可能会被提前终止，并导致形成截短的 mRNA。以白蚁来源 GH45 内切葡聚糖酶在米曲霉中的表达为例，通过改变密码子来增加 GC 含量可以提高细胞中全长 mRNA 的转录水平[62]。

保持 mRNA 稳定性的分子机制尚不完全清楚，但已经有报道揭示了某些因素对 mRNA 稳定性的影响。在酿酒酵母中，mRNA 稳定性的维持需要顺利的翻译过程。翻译延伸过程中的任何停滞，例如早期翻译终止或衰减，都有可能被识别，随后可能发生 mRNA 的靶向核酸内切降解。在丝状真菌中，构巢曲霉 *areA* 的 3′-UTR 参与调节氮抑制或去抑制条件下的转录稳定性[63]。此外，丝状真菌中一些基因的 5′-UTR 中有时会存在短小的一个上游开放阅读框，也就是 uORF，它编码一个小多肽，也可以调节 mRNA 的稳定性。例如，uORF 存在于里氏木霉和构巢曲霉的 *hac1*/*hacA* mRNA 中[64]。总之，可影响 mRNA 稳定性的特殊的核苷酸序列和二级结构可能位于转录本的任何区域，这还包括 3′-UTR 中的茎环元件。

可以通过对编码基因进行同义突变（不破坏饲用酶蛋白的氨基酸序列）使异源 mRNA 变得更稳定。同样，也可以通过修饰细胞中的反式作用因子来提高异源基因的表达。例如，通过基因组的比较发现里氏木霉高分泌菌株 RUT C-30 相对于其母本菌株

QM6a 和 NG14 有 43 个基因的突变，其中的两个基因可能和维持 mRNA 的稳定性有关。一个基因编码 CCR4 相关因子 1（CAF1），这涉及缩短 3′末端的 Poly(A) mRNA；另一个基因编码外泌体的一个成分，这是一种在真核细胞中维持适当 RNA 水平的蛋白质复合物。对这些因子的操作有可能增加异源 mRNA 稳定性，从而提高异源蛋白质的产量[65]。

6.4.2.2 信号肽

无论是在毕赤酵母、丝状真菌还是枯草芽孢杆菌中，饲用酶一般为分泌表达的形式，这可以大大促进后续的制备过程的进行。无论原核还是真核生物，大多数蛋白的信号肽位于蛋白质的 N 端，其作用在于将蛋白质牵引、导向并最终分泌出细胞。只有少数蛋白质，例如鸡卵清蛋白和人纤溶酶原激活因子，它们的信号肽位于蛋白质内部并参与易位。从目前的文献来看，基本上所有的饲用酶表达都使用 N 端信号肽。在长度上，信号肽一般为 15～50 个氨基酸；而在结构上，信号肽可分为三个区域：n-、h-和 c-区域。带正电荷的 n 区位于 N 端，具有 1～5 个残基，包含一个或几个碱性氨基酸，长度变化很大；h 区有一个疏水核，它具有由 7～16 个疏水性氨基酸组成的区段；c 区位于 C 端，具有 4～6 个极性较强的残基并包含信号肽切割位点。

尽管信号肽的氨基酸序列多种多样，但来自不同生物体中的信号肽的功能是惊人相似的。例如，一些原核信号肽竟然可以被真核生物的信号肽系统识别。而在真核生物中，则不同宿主之间的信号肽更是可以互换的。例如，虽然效率较低，但原始人白细胞介素 6（hIL-6）信号肽的确可以导引 hIL-6 分泌到培养物中[66]。又如，葡糖淀粉酶和凝乳酶的信号肽都能指导构巢曲霉分泌凝乳酶，带有自身信号肽的人体组织型纤溶酶原激活物（t-PA）可在构巢曲霉中分泌表达[67]。因此，信号肽的优化可以提高饲用酶基因的表达。例如，用牡丹根腐病病菌的角质酶的信号肽序列替换泡盛曲霉内切木聚糖酶的信号肽，可以将角质酶的表达量提高两倍。

虽然不同的信号肽看起来都能够指导饲用酶蛋白的分泌，但一个显然的事实是它们不一定具有相同的效率。然而，这在实践中并没有引起太多关注。例如，丝状真菌中表达饲用酶时常常将一种自身可以高效分泌的蛋白质（例如黑曲霉 α-葡糖淀粉酶和里氏木霉 CBHI）的信号肽直接连接外源基因并用它来指导饲用酶的分泌表达。但是，即使获得了成功的表达，目标蛋白的分泌并不一定意味着该系统是最优的。这是因为信号肽和目标蛋白之间的“兼容性”需要优化，这样才能最终获得高分泌性的饲用酶目的蛋白。因此，分析、优化、改造和选择不同的信号肽，可以达到提高饲用酶表达和分泌量的目的。

6.4.2.3 密码子优化

不同的生物体系都具有不同的密码子偏好性。例如，粗糙脉孢霉基因组的 GC 含量为 57%，而构巢曲霉基因组 GC 含量接近 50%。在粗糙脉孢霉中，第三个胞嘧啶碱基存在偏差；在构巢曲霉中密码子使用高度偏向约 20 个“最佳密码子”，它们的共同特征是以 C 或 G 结尾。密码子对于基因的翻译有重要影响，其原理在于密码子的使用与 tRNA 的结合有密切关系。一般而言，稀有密码子（也就是使用频率较少）在连续位置或集群中会导致翻译效率严重下降。这反过来说明，通过密码子的优化，可以提高饲用酶基因的表达量。

密码子优化在细菌、真菌、植物和哺乳动物等多种宿主细胞中得到了应用。除了对密码子优化，在大肠杆菌中还开发了表达体系，这一表达体系可以过表达专门针对宿主细胞中稀有密码子的 tRNA（例如大肠杆菌 Transetta 菌株），这些 tRNA 的过表达可以缓解翻译中遇到稀有密码子所出现的停滞带来的影响，从而增强目标基因的表达。但在饲用酶的表达中，为了克服密码子偏好性所带来的表达困难，在表达异源（或内源性）基因的时候，更常采取的措施是，根据宿主的密码子使用偏好性优化这些目的基因。例如，通过改变来自细菌的嗜热木聚糖酶的 20 个密码子，获得了对里氏木霉中木聚糖酶（xyn B）基因的有效转录[68]。

6.4.2.4 融合蛋白表达

饲用酶的分泌表达通常采取的一个策略是以融合蛋白的形式进行表达。这个策略一般是将一个容易表达的蛋白基因融合在较难表达的饲用酶基因的 N 端，再一并转入合适的宿主细胞中。目前，这个方法已经得到了较为广泛的应用。例如，将编码里氏木霉的 CBH1 蛋白的基因和嗜热真菌来源的 β-葡萄糖苷酶基因进行融合，得到了高效表达的里氏木霉菌株，重组菌的 β-葡萄糖苷酶活性较出发菌株的提高了 175 倍[69]。基因融合促进蛋白质分泌表达的确切机制尚未完全确定。据推测，自身即可高效表达的融合载体蛋白可作为促进下游被融合蛋白质翻译和分泌的载体，引导其通过内质网（ER）的膜，然后通过适当的折叠途径折叠，最后通过分泌途径排到胞外。

需要注意的是，融合蛋白的设计并非将两个基因简单、机械地拼接在一起，这样不一定能改善饲用酶基因的表达。例如，将黑曲霉 *glaA* 基因的 3′-末端替换成来自四角蓝藻的编码野生型 α-半乳糖苷酶的 *aglA* 基因时，mRNA 的稳定性提高，但转录出的 mRNA 却被截断，缺少了 *aglA* 基因序列的近 900 个碱基[70]。如果将 *aglA* 基因密码子优化之后，则可以获得全长的 mRNA 和目的蛋白。这表明蛋白质的分泌表达生产中的部分瓶颈可能受到多种因素影响，无法仅通过与易表达的蛋白相融合来加以解决。

6.4.2.5 蛋白分泌系统的改造

对毕赤酵母和丝状真菌进行分析表明，这些微生物都有非常有效的转录、翻译系统，其中尤为重要的是分泌系统。但是，以丝状真菌为例，一般说来，一开始构建的饲用酶表达工程菌其分泌的蛋白质的量并不足够立即投入工业化使用。组合使用优化培养条件、增加饲用酶基因的拷贝数、使用强启动子来驱动转录等多种策略都可以使得饲用酶在细胞内的转录和翻译升级到更高水平，但这同时也可能会给蛋白质分泌带来新的问题，形成新的限制蛋白质表达的瓶颈。由于绝大多数饲用酶以分泌形式生产，因此必须对分泌系统有深刻的认识方能改造宿主微生物获得高效表达的饲用酶。

蛋白质表达由分布在分泌途径的多种分泌相关因子协调。操纵未折叠蛋白反应（UPR）途径和分泌激活基因，特别是那些作为“瓶颈”的基因，可以增加饲用酶在微生物宿主中的蛋白质分泌量。激活 UPR 可以促进分泌途径的重组，并最终改善蛋白质的分泌。例如，通过表达转录因子 *hacA* 的激活形式在米曲霉中组成型诱导 UPR 途径，可将异源漆酶的产量提高 7 倍；而通过过度表达内质网中的 *bip* 基因，则可以提高异源蛋白质的产量：Bip 蛋白会促进蛋白质的折叠，同时防止错误折叠的蛋白质分泌。分别过表达三种分泌相关因子（Bip1、Snc1 和 Hac1）可使里氏木霉中黑曲霉葡萄糖氧化酶的分泌量增加 1.5 倍、1.8 倍和 2.2 倍[71]。此外，当把六个与纤维素酶折叠和分泌相关的基因（*bip1*、*hac1*、*ftt1*、*sso2*、*sar1* 和 *ypt1*）一次性转化到里氏木霉中时，分离出的纤维素酶高产菌株过表达了 *hac1* 或 *bip1* 基因[51]。

总之，蛋白质的分泌是一个复杂的控制过程，它既依赖于基因的顺式元件也依赖于宿主细胞中的反式元件。人们可以通过修改信号肽、优化密码子使用以及通过操纵感兴趣基因的核苷酸序列促进信号肽切割来改善蛋白质分泌。此外，通过过表达关键分泌基因、删除 ERAD 途径基因和调节细胞的极性生长来构建宿主分泌途径，都被证明能有效促进丝状真菌的蛋白质分泌。也可以将这些手段结合起来，以获得最大的蛋白质分泌效率。

参考文献

[1] Averill H P，King C G. The phytin content of foodstuffs[J]. JAOCS，1926，48：724-728.

[2] Wodzinski R J，Ullah A H J. Phytase[J]. Adv Appl Microbiol，1996，42：263-303.

[3] Simons P C，Versteegh H A，Jongbloed A W，et al. Improvement of phosphorus availability by microbial phytase in broilers and pigs[J]. Br J Nutr，1990，64（2）：525-540.

[4] Murphy C P，Reidsmith R J，Weese J S，et al. Evaluation of specific infection control practices used by companion animal veterinarians in community veterinary practices in Southern Ontario[J].Zoonoses & Public Healthm，2010，57（6）：429-438.

[5] Fru-Nji F，Kluenter A M，Fischer M，et al. A feed serine protease improves broiler performance and increases protein and energy digestibility[J]. The Journal of Poultry Science，2011，48（4）：239-246.

[6] Colombatto D，Beauchemin K A. A protease additive increases fermentation of alfalfa diets by mixed ruminal microorganisms *in vitro* 1[J]. Journal of Animal Science，2009，87（3）：1097-1105.

[7] Ritz C W，Hulet R M，Self B B，et al. Growth and intestinal morphology of male turkeys as influenced by dietary supplementation of amylase and xylanase [J]. Poult Sci，1995，74：1329-1334.

[8] Oliveira L，Balbino E M，Silva T，et al. Use of emulsifier and lipase in feeds for broiler chickens[J]. Semina：Ciencias agrarias，2019，40（6Supl2）：3181.

[9] Dierick N，Decuypere J. Influence of lipase and/or emulsifier addition on the ileal and faecal nutrient digestibility in growing pigs fed diets containing 4% animal fat[J]. 2004，84（12）：1443-1450.

[10] Dodd D，Cann I K. Enzymatic deconstruction of xylan for biofuel production[J]. Glob Change Biol Bioenergy，2009，1（1）：2-17.

[11] Zier-Rush C E，Groom C，Tillman M，et al. The feed enzyme xylanase improves finish pig viability and carcass feed efficiency. [J]. Journal of Animal Science，2016,94:115-115.

[12] Zhang Z，Tun H M，Li R，et al. Impact of xylanases on gut microbiota of growing pigs fed corn- or wheat-based diets[J]. Anim Nutr，2018，4（4）：339-350.

[13] Mathlouthi N，Ballet N，Larbier M. Influence of beta-glucanase supplementation on growth performances and digestive organs weights of broiler chickens fed corn，wheat and barley-based Diet[J]. International Journal of Poultry Science，2011，10（2）：157-159.

[14] Upadhaya S D，Park J W，Lee J H，et al. Efficacy of β-mannanase supplementation to corn-soya bean meal-based diets on growth performance，nutrient digestibility，blood urea nitrogen，faecal coliform and lactic acid bacteria and faecal noxious gas emission in growing pigs

[J]. Archives of Animal Nutrition，2016，70（1）：33-43.

[15] Scapini L B，Cristo A B D，Schmidt J M，et al. Effect of β-Mannanase supplementation in conventional diets on the performance，immune competence and intestinal quality of broilers challenged with *Eimeria* sp. [J]. J Appl Poult Res，2019，28：1048-1057.

[16] Wu S，Li T，Niu H，et al. Effects of glucose oxidase on growth performance，gut function，and cecal microbiota of broiler chickens[J]. Poult Sci，2019，98（2）：828-841.

[17] Wang X，Bai Y，Huang H，et al. Degradation of aflatoxin B1 and zearalenone by bacterial and fungal laccases in presence of structurally defined chemicals and complex natural mediators [J]. Toxins （Basel），2019，11（10）：609.

[18] 高玉红，臧素敏，刘艳琴，等．复合酶对断奶仔猪生产性能和消化吸收能力的影响研究[J]. 饲料研究，2000，3：8-10.

[19] 杨飞来，阳建华，邓敦，等．不同复合酶制剂对育肥猪生长性能和营养物质表观消化率的影响[J]. 湖南饲料，2019，5（4）：29-32.

[20] 蒋正宇，周岩民，王恬，等．外源 α-淀粉酶对肉鸡生产性能的影响[J]. 家畜生态学报，2007，28（4）：13-16.

[21] 蒋正宇，周岩民，王恬，等．外源 α-淀粉酶对 21 日龄肉鸡消化器官发育、肠道内源酶活性的影响[J]. 畜牧兽医学报，2007，38（7）：672-677.

[22] 宋妍妍．纤维素酶在畜牧养殖中的应用研究进展[J]. 饲料广角，2018（7）：50-52.

[23] 张相鑫．饲用酶对生长-育肥猪生长速度和营养物质消化率的影响[J]. 国外畜牧学（猪与禽），2021，41（04）：111-123.

[24] 何佳．葡萄糖氧化酶对断奶仔猪生产性能、血清生化指标和肠道形态结构的影响[D]. 长沙：湖南农业大学，2017.

[25] Han S，Treuren W V，Fischer C R，et al. A metabolomics pipeline for the mechanistic interrogation of the gut microbiome[J]. Nature，2021，595（7867）：415-420.

[26] 李学俭．β-甘露聚糖酶对断乳仔猪生产性能的影响及其机理的研究[D]. 沈阳农业大学，2008.

[27] Ballal S A，Veiga P，Fenn K，et al. Host lysozyme-mediated lysis of *Lactococcus lactis* facilitates delivery of colitis-attenuating superoxide dismutase to inflamed colons[J]. Proc Natl Acad Sci U S A，2015，112（25）：7803-7808.

[28] Peng Z，Wang S H，Gide M，et al. A novel bacteriophage lysin-human defensin fusion protein is effective in treatment of *Clostridioides difficile* infection in mice[J]. Front Microbiol，2019，9：3234.

[29] Cheng M J，Zhang Y F，Li X W，et al. Endolysin LysEF-P10 shows potential as an alternative treatment strategy for multidrug-resistant *Enterococcus faecalis* infections[J]. Sci Rep，2017，7（1）：10164.

[30] Sasabe J，Miyoshi Y，Rakoff-Nahoum S，et al. Interplay between microbial D-amino acids and host D-amino acid oxidase modifies murine mucosal defence and gut microbiota[J]. Nat Microbiol，2016，1（10）：16125.

[31] Zeybek N，Rastall R A，Buyukkileci A O. Utilization of xylan-type polysaccharides in co-culture fermentations of *Bifidobacterium* and *Bacteroides* species[J]. Carbohydr Polym，2020，236：116076.

[32] Rakoff-Nahoum S，Foster K R，Comstock L E. The evolution of cooperation within the gut microbiota[J]. Nature，2016，533（7602）：255-259.

[33] Petry A L，Patience J F，Koester L R，et al. Xylanase modulates the microbiota of ileal mucosa and digesta of pigs fed corn-based arabinoxylans likely through both a stimbiotic and prebiotic mechanism[J]. PLoS One，2021，16（1）：e0246144.

[34] Malo M S，Moaven O，Muhammad N，et al. Intestinal alkaline phosphatase promotes gut bacterial growth by reducing the concentration of luminal nucleotide triphosphates[J]. Am J Physiol Gastrointest Liver Physiol，2014，306（10）：G826-838.

[35] Hamarneh S R，Kim B M，Kaliannan K，et al. Intestinal alkaline phosphatase attenuates al-

cohol-induced hepatosteatosis in mice[J]. Dig Dis Sci，2017，62（8）：2021-2034.

[36] Kuhn F，Adiliaghdam F，Cavallaro P M，et al. Intestinal alkaline phosphatase targets the gut barrier to prevent aging[J]. JCI Insight，2020，5（6）：e134049.

[37] Thompson J A，Oliveira R A，Djukovic A，et al. Manipulation of the quorum sensing signal AI-2 affects the antibiotic-treated gut microbiota[J]. Cell Rep，2015，10（11）：1861-1871.

[38] Zhou S，Zhang A，Yin H，et al. *Bacillus* sp. QSI-1 modulate quorum sensing signals reduce *Aeromonas hydrophila* level and alter gut microbial community structure in fish[J]. Front Cell Infect Microbiol，2016，6：184.

[39] Hwang I Y，Koh E，Wong A，et al. Engineered probiotic *Escherichia coli* can eliminate and prevent *Pseudomonas aeruginosa* gut infection in animal models [J]. Nat Commun，2017，8：15028.

[40] 刘亚力，刘宁．饲用酶制剂的生产技术及其应用[J]. 动物营养学报，2000（4）：17-22.

[41] 程瑛．饲用蛋白酶的储存稳定性优化和酶活特性的研究[D]. 武汉：中南民族大学，2018.

[42] 刘明丽，李崇萍，刘琨毅，等．脂肪酶的应用进展[J]. 食品工业，2021，42（7）：249-253.

[43] 丁梦瑶．产 α-淀粉酶菌株 *Flavobacterium* sp. HSL13 的基因组分析及酶学性质初探[D]. 武汉：武汉轻工大学，2021.

[44] 黄达明，吴其飞，陆建明，等．固态发酵技术及其设备的研究进展[J]. 食品与发酵工业，2003，（06）：87-91.

[45] 陈少奇，邵媛媛，马可颖，等．液固循环流化床的开发与应用——过程集成与强化[J]. 化工进展，2019，38（01）：122-135.

[46] 孙铭，王宁．酶制剂生产方式及应用研究[J]. 农业科技与装备，2020（05）：64-65.

[47] 陶静，李金启，张凯锋，等．固定化细胞发酵生产乳链菌肽工艺研究[J]. 中国食品添加剂，2014，（03）：158-162.

[48] Reitman Z J，Choi B D，Spasojevic I，et al. Enzyme redesign guided by cancer-derived IDH1 mutations[J]. Nat Chem Biol，2012，8（11）：887-889.

[49] Chen M，Drury J E，Christianson D W，et al. Conversion of human steroid 5beta-reductase（AKR1D1）into 3beta-hydroxysteroid dehydrogenase by single point mutation E120H：example of perfect enzyme engineering[J]. J Biol Chem，2012，287（20）：16609-16622.

[50] Su X，Mackie R I，Cann I K. Biochemical and mutational analyses of a multidomain cellulase/mannanase from Caldicellulosiruptor bescii [J]. Appl Environ Microb，2012，78（7）：2230-2240.

[51] Gao F，Hao Z，Sun X，et al. A versatile system for fast screening and isolation of *Trichoderma reesei* cellulase hyperproducers based on DsRed and fluorescence-assisted cell sorting[J]. Biotechnol Biofuels，2018，11：261.

[52] Agresti J J，Antipov E，Abate A R，et al. Ultrahigh-throughput screening in drop-based microfluidics for directed evolution[J]. Proc Natl Acad Sci U S A，2010，107（9）：4004-4009.

[53] Fallah-Araghi A，Baret J C，Ryckelynck M，et al. A completely *in vitro* ultrahigh-throughput droplet-based microfluidic screening system for protein engineering and directed evolution [J]. Lab Chip，2012，12（5）：882-891.

[54] Fernandez-Alvaro E，Snajdrova R，Jochens H，et al. A combination of *in vivo* selection and cell sorting for the identification of enantioselective biocatalysts[J]. Angew Chem Int Ed Engl，2011，50（37）：8584-8587.

[55] Voigt C A，Martinez C，Wang Z G，et al. Protein building blocks preserved by recombination[J]. Nat Struct Biol，2002，9（7）：553-558.

[56] Heinzelman P，Snow C D，Smith M A，et al. SCHEMA recombination of a fungal cellulase uncovers a single mutation that contributes markedly to stability[J]. J Biol Chem，2009，284（39）：26229-26233.

[57] Fox R J，Davis S C，Mundorff E C，et al. Improving catalytic function by ProSAR-driven enzyme evolution[J]. Nat Biotechnol，2007，25（3）：338-344.

[58] Tu T, Wang Y, Huang H, et al. Improving the thermostability and catalytic efficiency of glucose oxidase from *Aspergillus niger* by molecular evolution [J]. Food Chem, 2019, 281: 163-170.

[59] Jiang X, Wang Y R, Wang Y, et al. Exploiting the activity-stability trade-off of glucose oxidase from *Aspergillus niger* using a simple approach to calculate thermostability of mutants [J]. Food Chem, 2021, 342128270.

[60] Siegel J B, Zanghellini A, Lovick H M, et al. Computational design of an enzyme catalyst for a stereoselective bimolecular Diels-Alder reaction [J]. Science, 2010, 329 (5989) : 309-313.

[61] Der B S, Machius M, Miley M J, et al. Metal-mediated affinity and orientation specificity in a computationally designed protein homodimer[J]. J Am Chem Soc, 2012, 134 (1) : 375-385.

[62] Sasaguri S, Maruyama J, Moriya S, et al. Codon optimization prevents premature polyadenylation of heterologously-expressed cellulases from termite-gut symbionts in *Aspergillus oryzae*[J]. J Gen Appl Microbiol, 2008, 54 (6) : 343-351.

[63] Platt A, Langdon T, Arst H N, Jr. , et al. Nitrogen metabolite signalling involves the C-terminus and the GATA domain of the *Aspergillus* transcription factor AREA and the 3′ untranslated region of its mRNA[J]. Embo J, 1996, 15 (11) : 2791-2801.

[64] Vilela C, Mccarthy J E. Regulation of fungal gene expression via short open reading frames in the mRNA 5'untranslated region[J]. Mol Microbiol, 2003, 49 (4) : 859-867.

[65] Le Crom S, Schackwitz W, Pennacchio L, et al. Tracking the roots of cellulase hyperproduction by the fungus *Trichoderma reesei* using massively parallel DNA sequencing[J]. Proc Natl Acad Sci U S A, 2009, 106 (38) : 16151-16156.

[66] Carrez D, Janssens W, Degrave P, et al. Heterologous gene expression by filamentous fungi: secretion of human interleukin-6 by *Aspergillus nidulans* [J]. Gene, 1990, 94 (2) : 147-154.

[67] Bartha K, Declerck P J, Moreau H, et al. Synthesis and secretion of plasminogen activator inhibitor 1 by human endothelial cells *in vitro*. Effect of active site mutagenized tissue-type plasminogen activator[J]. J Biol Chem, 1991, 266 (2) : 792-797.

[68] Te'o V S, Cziferszky A E, Bergquist P L, et al. Codon optimization of xylanase gene xynB from the thermophilic bacterium *Dictyoglomus thermophilum* for expression in the filamentous fungus *Trichoderma reesei*[J]. FEMS Microbiol Lett, 2000, 190 (1) : 13-19.

[69] Xue X, Wu Y, Qin X, et al. Revisiting overexpression of a heterologous beta-glucosidase in *Trichoderma reesei*: fusion expression of the *Neosartorya fischeri* Bgl3A to cbh1 enhances the overall as well as individual cellulase activities[J]. Microb Cell Fact, 2016, 15 (1) : 122.

[70] Gouka R J, Punt P J, Van Den Hondel C A. Glucoamylase gene fusions alleviate limitations for protein production in *Aspergillus awamori* at the transcriptional and (post) translational levels[J]. Appl Environ Microb, 1997, 63 (2) : 488-497.

[71] Wu Y, Sun X, Xue X, et al. Overexpressing key component genes of the secretion pathway for enhanced secretion of an *Aspergillus niger* glucose oxidase in *Trichoderma reesei* [J]. Enzyme Microb Technol, 2017, 106: 83-87.

第7章
饲用多糖和寡糖添加剂用于减抗、替抗

7.1

饲用多糖和寡糖的研究进展

目前，国际上已经成功开发出70余种寡糖，根据中华人民共和国农业农村部发布的《饲料添加剂品种目录（2013）》，我国已批准作为饲料添加剂的多糖和寡糖主要包括低聚木糖（木寡糖）、低聚壳聚糖、半乳甘露寡糖、果寡糖、甘露寡糖、低聚半乳糖、壳寡糖[寡聚β-(1-4)-2-氨基-2-脱氧-D-葡萄糖]($n=2\sim10$)、β-1,3-D-葡聚糖（源自酿酒酵母）、N,O-羧甲基壳聚糖、褐藻酸寡糖、低聚异麦芽糖（表7-1）。

表7-1 《饲料添加剂品种目录（2013）》中的多糖和寡糖

类别	通用名称	适用范围
多糖和寡糖	低聚木糖(木寡糖)	鸡、猪、水产养殖动物、犬、猫
	低聚壳聚糖	猪、鸡和水产养殖动物、犬、猫
	半乳甘露寡糖	猪、肉鸡、兔和水产养殖动物
	果寡糖、甘露寡糖、低聚半乳糖	养殖动物
	壳寡糖[寡聚β-(1-4)-2-氨基-2-脱氧-D-葡萄糖]($n=2\sim10$)	猪、鸡、肉鸭、虹鳟鱼、犬、猫
	β-1,3-D-葡聚糖(源自酿酒酵母)	水产养殖动物、犬、猫
	N,O-羧甲基壳聚糖	猪、鸡
	褐藻酸寡糖	肉鸡、蛋鸡
	低聚异麦芽糖	猪、鸡、犬、猫

饲用多糖是由至少10个单糖通过糖苷键连接组成的高分子聚合糖，通式为$(C_6H_{10}O_5)_n$。饲用多糖是不同聚合程度的混合物，广泛存在于动物的细胞膜以及植物、微生物的细胞壁中，一般不溶于水，无甜味，不能形成结晶，无还原性和变旋现象，是构成生物体的一类十分重要的有机化合物。目前多项动物试验已经证明，在饲料中适量添加饲用多糖对动物生长和繁殖等性能具备一定的调节作用。饲用寡糖是指由2～10个单糖通过糖苷键组成的聚合糖，性质稳定，溶解度高，热值低，甜度低。根据其功能的不同可以分为普通寡糖和功能寡糖。其中，普通寡糖可被机体消化吸收并为机体提供能量，如海藻糖和麦芽糖。功能寡糖通常不被机体代谢产生能量，但可通过调控关键蛋白和信号通路进而影响机体的能量代谢，比如果寡糖、木寡糖、壳寡糖等[1]。目前用于饲料添加剂的主要是功能寡糖，包括大豆寡糖、果寡糖、低聚木糖、壳寡糖、甘露寡糖和半乳寡糖等，由于其独特的生理特性，已被证明具有调整肠道和提高免疫等保健功能，可以减轻饲养动物消化道中的细菌侵害，并能增强抵抗病原菌的天然屏障。

7.1.1 低聚壳聚糖

低聚壳聚糖，是将壳聚糖经特殊的生物酶技术降解得到的一种聚合度在2～20之间的寡糖产品，分子量≤3200，是自然界目前发现的唯一带正电荷的碱性低聚壳聚糖。它具有壳聚糖所没有的较高溶解度、全溶于水、容易被生物体吸收利用等诸多独特的特性。饲料添加剂低聚壳聚糖适用范围为猪、鸡、水产养殖动物、犬、猫。

7.1.1.1 低聚壳聚糖添加于猪饲料中的研究进展

低聚壳聚糖作为促生长类饲料添加剂的替代品，对断奶仔猪有较好的促进生长作用。Yu 等[2] 比较了饲料中添加氧化锌、低聚壳聚糖和抗生素对仔猪肠道微生物群落结构的影响。β多样性分析显示不同处理间的群落结构有显著差异。与基础日粮组相比，添加低聚壳聚糖和氧化锌均增加了拟杆菌的相对丰度，减少了厚壁菌的数量。氧化锌组变形菌的数量减少。在属水平上进行分析，添加低聚壳聚糖组和氧化锌组均增加了乳杆菌的相对丰度。微生物功能预测分析结果表明，低聚壳聚糖在辅助因子和维生素代谢中影响了更多的途径。由于对肠道微生物有益的调节作用，低聚壳聚糖可能在断奶仔猪中被用作具促生长作用的药物饲料添加剂的替代品。Hu 等[3] 研究了低聚壳聚糖对断奶仔猪生长性能、肠道形态、屏障功能、细胞因子表达及抗氧化系统的影响。试验结果显示，与对照组相比，日粮中添加低聚壳聚糖后，仔猪平均日采食量和肠黏膜屏障蛋白 ZO-1 表达增加。两组间平均日增重、增重与饲料比、腹泻发生率、抗氧化能力无明显差异。与对照组相比，添加低聚壳聚糖组的仔猪空肠黏膜组织炎症因子 IL-1β 和 TNF-α 表达水平显著降低。研究结果表明，日粮添加 50mg/kg 低聚壳聚糖能显著提高断奶仔猪的生长性能，改善肠黏膜屏障功能，减轻肠道炎症反应。

Xu 等[4] 采用脂多糖（LPS）应激仔猪模型，研究饲粮中添加低聚壳聚糖对肠道炎症反应及钙敏感受体（CaSR）和核转录因子 κB（NF-κB）信号通路的影响。结果表明，LPS 攻毒仔猪平均日增重、饲料转化率显著降低，空肠和回肠组织病理损伤显著减轻，而饲粮中添加低聚壳聚糖可显著减轻 LPS 致肠道损伤。与基础饲粮组相比，低聚壳聚糖饲粮组的血清肿瘤坏死因子 α（TNF-α）、白细胞介素-6（IL-6）和白细胞介素-8（IL-8）浓度较低，肠道促炎细胞因子 mRNA 丰度较低，抗炎细胞因子 mRNA 丰度较高（$P<0.05$）。低聚壳聚糖饲粮提高了生理盐水和 LPS 处理仔猪肠道 CaSR 和 plc-β2 蛋白的表达，降低了 LPS 处理仔猪 NF-κB p65、IKKα/β 和 Iκ Bα 蛋白的表达（$P<0.05$）。这些发现表明，低聚壳聚糖具有降低肠道炎症反应的潜力，这与炎症刺激下 CaSR 的激活和 NF-κB 信号通路的抑制有关。乔丽红等[5] 研究了断奶仔猪饲粮中添加不同水平的低聚壳聚糖对其血清生化指标、抗氧化性能及粪便菌群的影响。结果显示，100mg/kg 低聚壳聚糖组的谷草转氨酶活性极显著提高（$P<0.01$），碱性磷酸酶活性极显著降低（$P<0.01$）；50mg/kg、100mg/kg 低聚壳聚糖组过氧化氢酶活性提高显著（$P<0.05$）；低聚壳聚糖组血清中的三碘甲状腺原氨酸、甲状腺素含量均有提高趋势，其中添加 25mg/kg 可显著提高血清中生长激素含量（$P<0.05$）；低聚壳聚糖组断奶仔猪粪便中大肠杆菌、乳酸杆菌数量均呈下降趋势，其中添加 50mg/kg 低聚壳聚糖可显著降低大肠杆菌的数量（$P<0.05$）。

总之，仔猪饲料中添加低聚壳聚糖，可通过影响仔猪的肠道微生物、增强肠道屏障功能、调节机体炎症反应和免疫应答，进而提高仔猪的生长性能。

7.1.1.2 低聚壳聚糖添加于反刍动物饲料中的研究进展

低聚壳聚糖同样适用于添加于反刍动物饲料中。Jahan 等[6] 研究了添加低聚壳聚糖对妊娠期和哺乳期母羊免疫指标的影响。在母羊产羔前至羔羊标记前的十一周内，通过自由舔食补充低聚壳聚糖，以提供低聚壳聚糖的估计摄入量为 100～600mg/(d·头)。记录母羊治疗前、羔羊打标和断奶时母羊和羔羊的体重。采用酶联免疫吸附试验（ELISA）测定母羊和羔羊血清免疫标志物免疫球蛋白 G（IgG）、免疫球蛋白 M（IgM）、免疫球蛋白 A（IgA）、分泌性免疫球蛋白 A（SIgA）、白细胞介素-2（IL-2）、白细胞介素-10（IL-10）

和粪便SIgA的含量。结果显示在绵羊饲粮中添加低聚壳聚糖不会影响其适口性。母羊日粮中添加低聚壳聚糖可提高羔羊打标时的血清IgM水平，提高母羊和羔羊在打标时和断奶时的IL-2水平，这表明添加低聚壳聚糖对绵羊有免疫调节作用。郭小萍等[7]研究了不同低聚壳聚糖日饲喂量对奶牛体细胞数、产奶性能及乳成分的影响。遵循产奶量和体细胞数相近的原则，将试验牛分为4组，每组10头牛，对照组饲喂原奶牛场配方日粮，三个试验组分别饲喂含有低聚壳聚糖的日粮（三个组含有低聚壳聚糖的量分别为3g/d、5g/d、7g/d）。结果显示，本试验日粮中添加5g/d低聚壳聚糖有效降低了体细胞数，对治疗奶牛的隐性乳房炎起到积极的作用。

总之，低聚壳聚糖用于反刍动物对反刍动物的免疫功能、抗氧化功能有积极影响。

7.1.1.3 低聚壳聚糖添加于鸡饲料中的研究进展

低聚壳聚糖也可应用于蛋鸡养殖。赵颖等[8]在基础日粮中添加20mg/kg低聚壳聚糖，与基础日粮进行对照，研究低聚壳聚糖在蛋鸡脂类代谢及鸡蛋品质方面的作用。结果表明，低聚壳聚糖可有效降低第4周蛋鸡血清甘油三酯、低密度脂蛋白胆固醇和极低密度脂蛋白胆固醇含量，有效提高第4周蛋鸡脂蛋白脂肪酶、肝脂酶和总酯酶活性，提高第8周蛋鸡脂蛋白代谢酶活性。低聚壳聚糖也可添加于肉鸡饲料。Lan等[9]探讨补充低聚壳聚糖对1～14日龄肉鸡肠道发育和功能、炎症反应、抗氧化能力及相关信号通路的影响。研究发现，与对照组相比，饲粮中添加低聚壳聚糖显著提高了十二指肠相对质量（$P<0.05$）、空肠脂肪酶活性、十二指肠和回肠绒毛表面积（$P<0.05$），降低了回肠淀粉酶和碱性磷酸酶活性（$P<0.05$）以及隐窝深度（$P<0.05$），上调了十二指肠葡萄糖转运蛋白1（GLUT1）、Na^+-葡萄糖共转运蛋白1（SGLT1）、肽转运蛋白1（PepT1）等的表达水平，下调了十二指肠脂肪酸结合蛋白1（FABP1）、TNF-α、空肠GLUT1等的表达水平，提高了十二指肠过氧化氢酶（CAT）、谷胱甘肽过氧化物酶（GSH-Px）和总超氧化物歧化酶（T-SOD）等活性，上调了十二指肠核因子-红细胞2相关因子2（Nrf2）、CAT、谷胱甘肽过氧化物酶1（GPX1）等的表达水平。结果表明，低聚壳聚糖对1～14日龄肉仔鸡肠道发育和功能有促进作用，其机制可能是通过减轻肠道炎症反应和增强抗氧化能力来实现的。王润莲等[10]同样研究了低分子壳聚糖对肉鸡生产性能及脂质代谢的影响。结果显示，添加低分子壳聚糖对怀乡鸡的生长没有影响，但能显著降低肝脂和腹脂沉积，有改善肉品质的趋势，其适宜添加水平为0.58%。

总之，低聚壳聚糖添加于鸡饲料对蛋鸡的蛋品质、蛋黄抗氧化指标与肉鸡脂肪代谢、体脂沉积、生长性能有较为积极的作用。

7.1.1.4 低聚壳聚糖添加于水产动物饲料中的研究进展

张干等[11]探究了低聚壳聚糖对中华绒螯蟹生长性能、体成分、非特异性免疫及抗氧化能力的影响，试验结果表明，添加低聚壳聚糖能够提高中华绒螯蟹生长性能、非特异性免疫和抗氧化能力，降低机体脂肪沉积，且添加量为50mg/kg时效果较好。张严伟等[12]的研究结果表明日粮中添加低聚壳聚糖，可显著提高福瑞鲤的非特异性免疫和抗氧化功能。

综上，低聚壳聚糖作为猪、反刍动物、鸡及水产动物的饲料添加剂，可改善其生长性能、脂质代谢及免疫应答。

7.1.2 壳寡糖

壳寡糖（chitosan oligosaccharides，COS）是一种由 2～10 个氨基葡萄糖以 β-1,4-糖苷键连接组成的碱性天然寡糖，通常由壳聚糖经化学、物理或酶法水解制备。相较于壳聚糖，壳寡糖分子量小，溶解度高，生物相容性好，易于吸收，生物活性高，其作用约为壳聚糖的 14 倍，因此引起了国内外的大量关注。饲料添加剂壳寡糖适用的动物包括猪、鸡、肉鸭、虹鳟鱼、犬、猫。

7.1.2.1 壳寡糖添加于猪饲料中的研究进展

壳寡糖具有抗菌性和免疫调节活性，在饲料中添加壳寡糖可以用于疾病的预防和生长性能的改善。研究表明，壳寡糖作为饲料添加剂可以通过调节仔猪的肠道菌群和肠道屏障功能用于疾病的预防。250mg/kg 剂量的壳寡糖处理显著降低了仔猪结肠中乳酸杆菌、大肠杆菌等几种细菌的丰度，并且降低了仔猪肠道中乙酸和戊酸的含量[13]。同时，壳寡糖有利于增强肠道结构的完整性，可以增加十二指肠和空肠的绒毛高度和绒毛高度/隐窝深度比值[13]。此外，饲粮中添加壳寡糖明显提高了仔猪的消化率，降低了腹泻发生率，改善了肠道形态，降低了粪便中大肠杆菌的数量[14]。近年来，zhang 等[15] 通过壳寡糖与猪圆环病毒 2 型（porcine circovirus type 2，PCV2）灭活疫苗共价连锁，获得了两种疫苗偶联物 PCV2-COS-1 和 PCV2-COS-2，发现这些壳寡糖偶联疫苗具有更强的免疫原性。与 PCV2 组相比，PCV2-COS 结合显著增强小鼠对 PCV2 的体液免疫和细胞免疫，促进 T 淋巴细胞增殖，触发 Th1/Th2 反应，包括 PCV-2 抗体的产生增加，炎症细胞因子的分泌上调。研究还发现辅助作用与 COS 的去乙酰化程度呈正相关[16]。此外，COS 与特异性载体蛋白（卵清蛋白，ovalbumin，OVA）结合可进一步提高 PCV2-COS 疫苗的免疫活性[17]。与 PCV2 和 PCV2-COS 疫苗相比，PCV2-OVA-COS 疫苗显著刺激树突状细胞成熟，增强了对 PCV2 的免疫刺激作用。分子机制可能与巨噬细胞的激活有关，表现为吞噬活性增强，一氧化氮和炎症细胞因子的产生加快[18]。

此外，壳寡糖能提高母猪的抗氧化能力和加速胎盘氨基酸运输，有助于保持母猪健康和促进胎儿发育[19]。在妊娠后期和哺乳期饲粮中添加壳寡糖显著提高了哺乳仔猪的日增重和断奶重[20]。同时，壳寡糖通过提高仔猪回肠粗蛋白质和脂肪的消化率来促进营养物质的消化吸收[21]。不同分子量和去乙酰化程度的壳寡糖对母猪和仔猪生长性能的影响也不尽相同。低分子量壳寡糖作为饲料添加剂具有较强的抗炎活性，可抑制断奶仔猪肠道炎症的发生[22]。研究表明，添加去乙酰度为 90%的壳寡糖对断奶仔猪生长性能的促进作用最大，可显著提高仔猪的增重、平均日增重和平均日采食量[21]。另外，添加壳寡糖可以增强断奶仔猪生长性能、营养物质消化率和小肠功能，作为断奶后抗生素的有效替代品。断奶仔猪的饲料中添加 150mg/kg 壳寡糖 28d 后，仔猪的回肠可消化量持续增加（如粗蛋白、粗脂肪、灰分、钙和磷的消化量），吸收能力增加（三个肠段的绒毛高度和绒毛高度/隐窝深度比增加）。添加 56d 后，十二指肠和空肠隐窝细胞分裂活跃。结果表明，150mg/kg 的 COS 可能是一种有益的膳食补充剂，可以促进断奶仔猪的营养吸收，提高消化效率[23]。研究表明，添加壳寡糖还可以提高仔猪的抗氧化能力。Xie 等[24] 发现，在妊娠母猪的日粮中添加 30mg/kg COS，其仔猪的回肠和空肠绒毛长度以及绒毛长度与隐窝深度的比值和血浆谷胱甘肽过氧化物酶活性明显增加。RT-PCR 结果显示，其结肠和十二指肠中 Cu/Zn-超氧化物歧化酶（SOD）和谷胱甘肽过氧化物酶 1（GPx1）的相对 mRNA 水平显著升高，而肝脏中 Mn-SOD

和 GPx1 的相对 mRNA 水平显著降低。也就是说，母猪日粮中添加 COS 可促进哺乳仔猪小肠的发育，在一定程度上有助于提高小肠的抗氧化能力。此外，断奶仔猪的饲粮中添加 50mg/kg 壳寡糖，显著提高了仔猪对饲粮中干物质、粗蛋白质、粗脂肪、能量、粗灰分、钙和磷的表观消化率，显著提高血浆超氧化物歧化酶（SOD）活性和总抗氧化能力（T-AOC），显著改善了仔猪对饲粮的养分消化率和机体的抗氧化能力。且氧化应激条件下，COS 可通过改善机体的抗氧化能力，缓解氧化应激，提高应激仔猪的空肠养分消化和转运能力，缓解氧化应激导致的增重下降[25]。党国旗等[26] 研究发现饲粮中添加适量壳寡糖能一定程度提高断奶仔猪体液免疫与细胞免疫能力以及血清抗体效价，缓解断奶应激。另一项研究表明，断奶仔猪喂食含 30mg/kg COS 的日粮 14d，增加了 IgG 和尿氮含量，且显著提高回肠黏膜碱性磷酸酶（ALP）活性，提高小肠黏膜天冬酰胺和半胱氨酸的含量。此外，断奶仔猪盲肠结肠食糜中脂肪酸（SCFA）含量受日粮中添加的 COS 的影响，具有明显相关性，影响断奶仔猪肠道消化和免疫功能[27]。

7.1.2.2 壳寡糖添加于鸡饲料中的研究进展

由于壳寡糖具有调节体内免疫反应、氧化应激反应和炎症启动的能力，已被用作改善畜禽生长性能的饲料添加剂。研究结果表明，肉仔鸡饲粮中添加壳寡糖显著提高了血清高密度脂蛋白胆固醇水平，降低了血清甘油三酯和低密度脂蛋白胆固醇的水平，改善了脂质代谢，并且壳寡糖诱导腹部脂肪减少，改善了胸肉品质。壳寡糖通过减少鸡体内含半胱氨酸的天冬氨酸蛋白水解酶（Caspase-3）的阳性细胞数量，促进免疫器官发育，抑制淋巴细胞凋亡[28,29]。

7.1.2.3 壳寡糖添加于水产养殖动物饲料中的研究进展

壳寡糖作为鳗弧菌灭活疫苗的佐剂，被证明可以增强鳗弧菌疫苗的免疫保护作用，激活体液免疫反应，更有利于抑制宿主体内的病原体。同时，添加壳寡糖使大菱鲆产生更高的抗体滴度，对溶藻弧菌和哈维弧菌具有更强的交叉保护作用[30]。此外，有报道称，在褐牙鲆和凡纳滨对虾基础饲料中优化间隔饲喂壳寡糖，可增强机体的非特异性免疫反应，增加机体的抗氧化活性，提高细菌感染后的存活率[31,32]。

总之，如图 7-1 所示，壳寡糖由于具有抗菌、免疫调节、抗炎、抗氧化等特性，可作为疫苗佐剂、抗病剂或饲料添加剂广泛应用于畜牧业。

7.1.3 半乳甘露寡糖

半乳甘露寡糖（GMOS）又称为半乳甘露低聚糖，是半乳甘露多糖的不完全降解产物，由 D-半乳糖和 D-甘露寡糖组成。半乳甘露寡糖的来源主要是田菁胶、槐豆胶、古尔胶和塔拉胶，是一种无臭、无味、耐酸、耐盐、热稳定性好的白色粉末。可溶于水，水溶液透明，呈中性并有很低的黏度。我国批准的饲料添加剂半乳甘露寡糖适用范围为猪、肉鸡、兔、水产养殖动物。

7.1.3.1 半乳甘露寡糖添加于猪饲料中的研究进展

研究表明，猪饲料中添加半乳甘露寡糖，可以改善猪的生理生化指标[33]：①生长性能，基础日粮添加 0.1% GMOS 与添加 50mg/kg 金霉素相比较，平均日增重提高 10.2%

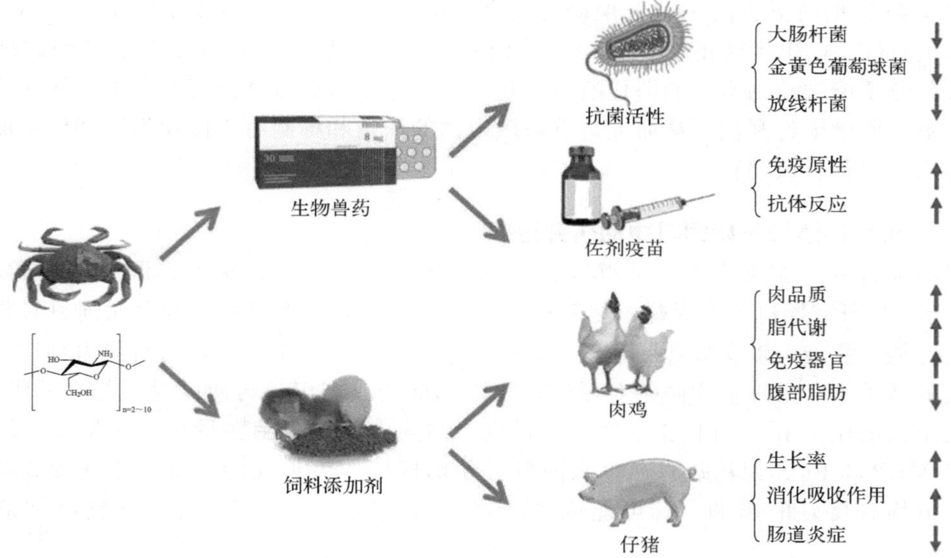

图 7-1 饲用壳寡糖的应用

（$P<0.05$），平均日采食量降低 25.2%（$P<0.01$），料肉比下降 13.2%（$P<0.01$）；②屠宰性能，基础日粮添加 0.1%的 GMOS 与添加 50mg/kg 的金霉素相比较，背膘厚下降了 15.6%，皮厚下降 11.5%，瘦肉率提高了 2.94%；③血清生化指标，与添加 50mg/kg 的金霉素相比，基础日粮添加 0.1%的 GMOS 可使育肥猪血清中的血糖水平升高 120%（$P<0.05$），胆固醇水平下降 3.86%（$P>0.05$），甘油三酯水平下降 42.6%（$P>0.05$）；④猪肉品质，基础日粮添加 0.1%的 GMOS 可显著降低肉中吲哚的含量（$P<0.05$），对其他肉质指标无显著影响。

7.1.3.2 半乳甘露寡糖添加于鸡饲料中的研究进展

王吉潭等[34] 研究了日粮中添加半乳甘露寡糖对肉鸡生产性能及免疫功能的影响。研究结果表明，半乳甘露寡糖在一定程度上可以替代具有促生长作用的药物饲料添加剂在肉鸡日粮中应用。

7.1.3.3 半乳甘露寡糖添加于水产养殖动物饲料中的研究进展

王锐等[35] 以异育银鲫幼鱼为试验对象，研究不同水平半乳甘露寡糖对其生长性能和非特异性免疫的影响。试验结果表明，基础饲料中添加 0.2%半乳甘露寡糖能显著提高异育银鲫幼鱼的增重率和特定生长率（$P<0.05$），降低饵料系数（$P<0.05$），同时能够显著提高鱼体的非特异性免疫功能（$P<0.05$）。

综上，半乳甘露寡糖添加于猪及鸡和水产养殖动物饲料中，可以改善动物的生理生化指标及免疫功能。

7.1.4 果寡糖

果寡糖（FOS）又称低聚果糖、蔗果三糖族低聚糖，是在蔗糖分子上以 β-1,2-糖苷键结合数个D-果糖所形成的一组低聚糖的总称。应用于饲料中的主要是寡果三糖（GF_2）、寡果四糖（GF_3）和寡果五糖（GF_4）。它们具有低热、稳定、安全无毒等良好的理化性能，大部分不能被动物本身的消化酶所消化，但到达肠道后可作为有益微生物的底物，但却不能被病原微生物利用，从而促进有益微生物的繁殖和抑制有害微生物。饲料添加剂果寡糖适用于多种养殖动物。

7.1.4.1 果寡糖添加于猪饲料中的研究进展

仔猪饲料中添加果寡糖，可以改善仔猪的生长性能，增强免疫，调节肠道微环境。Wang等[36] 研究探讨了微囊化植物乳杆菌（MLP）和果寡糖组成的合生元饲料对断奶仔猪生长性能、血液免疫参数和肠道微生物群的影响。试验结果显示，与对照组相比，合生元组猪的增重率、采食量均高于对照组，腹泻率低于对照组。与此同时，与对照组相比，合生元组猪的血浆IgA和IgG浓度有所提高，结肠中的乳酸菌数量也有所增加。综上所述，以MLP和FOS为基础的合生元饲料对断奶仔猪的生长性能、血浆免疫参数和肠道微生物群均有良好的影响，有可能成为断奶仔猪饲料中促生长类药物饲料添加剂的替代品。

Zhao等[37] 研究探讨了短链低聚果糖（scFOS）对仔猪肠道屏障功能的保护作用。其试验结果表明：scFOS摄入提高了仔猪日增重，降低了饲料比重和腹泻指数。scFOS组仔猪血清D-乳酸、白细胞介素1β（IL-1β）、白细胞介素6（IL-6）和肿瘤坏死因子α（TNF-α）水平均低于对照组。其可能的分子机制是scFOS的摄入增加了小肠闭合蛋白（ZO-1）和紧密连接蛋白1（CLDN1）的表达。添加scFOS将会下调空肠黏膜IL-1β的表达，并下调回肠黏膜中IL-6的表达。scFOS组仔猪结肠食糜中乙酸含量明显高于对照组。scFOS的添加增加结肠食糜中拟杆菌、乳酸杆菌、普氏杆菌和双歧杆菌的相对丰度。总的来说，在断奶仔猪日粮添加中scFOS，会通过抑制黏膜炎症反应、增加短链脂肪酸的产量和调节后肠道微生物群组成，改善仔猪的生产性能和肠道完整性。Yan等[38] 则研究了短链低聚果糖（scFOS）对氧化油脂喂养诱发肠功能障碍的保护作用。试验结果表明，scFOS能使氧化油脂刺激的仔猪空肠紧密连接蛋白的表达增加，丙二醛和促炎性细胞因子的产生减少。此外，scFOS减轻了氧化油脂对仔猪肠道菌群相对丰度的影响，逆转了普氏杆菌、拟杆菌、弯曲杆菌和乳酸杆菌的相对丰度变化，并恢复了氧化油脂处理仔猪的结肠丁酸产量。综上，scFOS可减轻氧化油脂引起的肠道屏障损伤、氧化还原失衡以及与微生物组成变化有关的炎症反应，提示scFOS可用于预防动物由氧化油脂引起的肠道功能障碍。

谭聪灵等[39] 进行了为期40d的试验，在玉米-豆粕型基础饲粮（对照组）中分别添加50mg/kg的抗生素（硫酸黏菌素和杆菌肽锌按1∶5比例配制）（Ⅱ组），0.1%（Ⅲ组）、0.3%（Ⅳ组）和0.5%（Ⅴ组）的果寡糖（FOS），探讨不同浓度果寡糖对猪生长性能和免疫机能的影响。结果表明：与对照组比较，Ⅳ、Ⅴ组的猪平均日增重提高9.21%和6.05%（$P<0.05$）；Ⅳ组显著高于Ⅱ组；但Ⅳ、Ⅴ组与抗生素组差异不显著；Ⅳ组料肉比显著低于对照组7.34%，且腹泻率最低。与对照组比较，Ⅳ、Ⅴ组猪血清中的甘油三酯水平降低显著；Ⅴ组猪血清总胆固醇较对照组、抗生素组降低显著。与对照组比较，Ⅳ组血清IgA水平显著提高42.86%；Ⅳ、Ⅴ组IgG比抗生素组分别提高32.94%（$P<0.05$）和38.82%（$P<0.05$）。以添加0.3% FOS效果最佳。

朱爱民等[40] 在2021年探讨了果寡糖对断奶仔猪生长性能、免疫功能及肠道菌群的影响。研究结果表明，添加 0.2%果寡糖，断奶仔猪的体重显著高于对照组，料重比极显著低于对照组，添加 0.2%及 0.3%果寡糖仔猪免疫球蛋白 A（IgA）及免疫球蛋白 G（IgG）含量显著高于对照组，仔猪回肠中的乳酸杆菌数量显著升高，大肠杆菌数量显著降低。

综上，饲料中添加果寡糖可以改善猪的生长性能，提高机体免疫力，调节肠道菌群结构，改善肠道健康状况。

7.1.4.2 果寡糖添加于鸡饲料中的研究进展

果寡糖添加于蛋鸡和肉鸡饲料中，均可影响动物生产性能和机体健康。周建民等[41]探讨了饲粮中添加果寡糖对产蛋后期蛋鸡的生产性能、营养素利用率、血清生化指标和肠道形态结构的影响。试验结果表明，饲粮中添加果寡糖可改善产蛋后期蛋鸡肠道形态结构，提高营养素利用率，调节脂质代谢，从而提高生产性能和改善蛋品质，且在试验后期效果更加显著。以生产性能为判断依据，推荐产蛋后期蛋鸡基础饲粮中果寡糖的添加量为 0.20%～0.25%。

郑雅文等[42]通过日粮中添加果寡糖测定其对肉鸡生长性能、消化酶活性和短链脂肪酸的影响，研究果寡糖在肉鸡生产中的应用效果。试验选取 250 只 1 日龄爱拔益加（AA）肉公鸡，随机分为 5 个处理，分别饲喂在基础日粮中添加 0、125mg/kg、250mg/kg、500mg/kg、1000mg/kg FOS 的日粮，试验结果表明，添加 250mg/kg FOS 不仅能够显著提高肉鸡平均日采食量（$P<0.05$）和十二指肠食糜中淀粉酶活性（$P<0.05$），还能够提高 22d 肉鸡盲肠食糜中戊酸含量。Ding 等[43]的研究表明，植物乳杆菌 15-1 和 FOS 可改善肉仔鸡的肠道健康状况，防止肠道损伤和增强免疫反应，主要是通过提高 SCFAs 水平和减轻大肠杆菌 O78 造成的损伤实现的。朱沛霁等[44]探究了枯草芽孢杆菌 048（BS048）和果寡糖（FOS）联用对雪山草鸡生长性能的影响及其机理。试验结果表明，BS048 和 FOS 联用，不仅能够降低小肠食糜黏度并提高空肠消化酶活性，增强肠道的消化功能，而且可以促进盲肠挥发性脂肪酸（VFA）的产生，维持并改善肠道健康状况，从而提高雪山草鸡生长性能。果寡糖用于鸡饲料将对蛋鸡和肉鸡生产性能和机体健康带来较为积极的影响。

7.1.4.3 果寡糖添加于牛饲料中的研究进展

胡丹丹等[45]研究了果寡糖对泌乳早期奶牛瘤胃发酵及生产性能的影响。结果发现，与对照组相比，日粮中添加 60g/(d·头）的果寡糖，对奶牛瘤胃中总挥发性脂肪酸、氨态氮影响极显著（$P<0.01$），对丁酸影响差异显著（$P<0.05$），但是对于乙酸、丙酸来说影响不显著（$P>0.05$），与对照组相比，试验组的总挥发性脂肪酸量提高 35.9%，氨态氮降低 15.5%，丁酸提高 33%。对奶牛生产性能进行分析，对乳脂率影响差异显著（$P<0.05$），对体细胞影响差异极显著（$P<0.01$），与对照组相比，试验组乳脂率提高 4.7%，体细胞降低 68.5%，综合分析，日粮中添加果寡糖能够改变瘤胃发酵模式，提高奶牛的乳脂率。

冶文兴等[46]利用高通量测序分析技术研究果寡糖对奶牛瘤胃真菌菌群的影响。结果表明，日粮中果寡糖的添加对奶牛瘤胃真菌菌群的多样性并未产生明显的影响，但优势菌比例发生变化，瘤胃中瘤胃壶菌属、平革菌属等纤维降解菌的相对丰度提高，增强了瘤胃真菌菌群对纤维的降解能力。

7.1.4.4 果寡糖添加于水产养殖动物饲料中的研究进展

张春暖等[47] 研究了在高温应激条件下果寡糖浓度对团头鲂血液免疫和抗氧化指标的影响。研究表明，饲料中添加0.4%的FOS能够提高团头鲂血液的免疫指标水平和抗氧化能力，增强团头鲂抗高温应激的能力。

王杰等[48] 探讨了果寡糖对斜带石斑鱼生长性能和消化酶活性的影响。试验结果表明，饲料中添加果寡糖能提高斜带石斑鱼的生长性能和肠道消化酶活性，并且这种效应与果寡糖添加剂量具有一定的相关性。

Hu等[49] 研究了低聚果糖对凡纳滨对虾生长性能、免疫功能和肠道优势菌群的影响。试验结果证明：FOS可以减轻豆粕引起的副作用，并支持在虾日粮中使用2.0～4.0g/kg，用豆粕部分替代鱼粉。

综上所述，果寡糖添加于猪、鸡、牛和水产养殖动物饲料，对机体的免疫功能、抗氧化指标、生长性能、消化功能及肠道微环境有改善作用。

7.1.5 甘露寡糖

甘露寡糖（MOS）来源广泛，从槐豆胶、田菁胶、魔芋粉、古尔胶及很多微生物细胞壁中都可提取。目前动物养殖行业使用的低聚甘露寡糖主要来源于酿酒酵母细胞壁的提取物，这种低聚甘露寡糖多为2～10个单糖组成的寡糖混合物。饲料级甘露寡糖的常规组成成分包括30%的甘露寡糖、30%的葡聚糖、20%的蛋白质和3%的灰分等。饲料添加剂甘露寡糖（MOS）适用于多种养殖动物。

7.1.5.1 甘露寡糖添加于猪饲料中的研究进展

在李玉欣等[50] 的试验中，给48头断奶公猪分别饲喂基础日粮和0.2%毕赤酵母甘露寡糖日粮，于试验第14天进行口服大肠杆菌（K88＋K99，10^{10}CFU/mL），试验第24天统计生长性能、测定肠道黏膜免疫细胞数量。试验结果表明：毕赤酵母甘露寡糖能降低大肠杆菌对仔猪造成的生长速度下降和饲料效率降低的影响，增加上皮细胞间淋巴细胞和杯状细胞数量。因此，说明毕赤酵母甘露寡糖在大肠杆菌感染时可以通过改变免疫细胞数量来增强机体局部免疫反应，防止免疫过度激活，改善仔猪生长性能。

苏成文等[51] 研究探讨了小麦日粮中添加益生菌和甘露寡糖对保育猪生产性能、粪便微生物及养分消化率的影响。结果表明：甘露寡糖可提高保育猪粪便中双歧杆菌的数量，且小麦日粮中添加益生菌和甘露寡糖均可以提高养殖经济效益，二者协同添加经济效益更高。

戴德渊等[52] 用单因子对比的方式，探究了猪饲料中添加甘露寡糖的影响。选用体重在20kg左右、60日龄猪40头，分设对照组、试验1组、试验2组和试验3组，分别在基础日粮中添加甘露寡糖0、160mg/kg、480mg/kg和800mg/kg。结果表明：①在饲粮中添加甘露寡糖，生长猪前期、后期及全程的日增重均比对照组高。②试验各组料肉比均比对照组低，有降低趋势；从前期、后期及全程看，试验2组降低最明显。③通过生物学综合评定值分析，无论前期、后期及试验期，各组的生物学综合评定值由高到低依次为：试验2组＞试验3组＞试验1组＞对照组。④在饲粮中添加甘露寡糖可提高生长猪的抗病力，降低腹泻率；在20～30kg前期较30～50kg后期明显，并以试验2组效果较好。甘露寡糖添加于猪饲料，将有助于提高猪的免疫功能与消化功能。

7.1.5.2 甘露寡糖添加于鸡饲料中的研究进展

甘露寡糖可添加于蛋鸡和肉鸡的饲料。陈伟等[53] 研究了饲粮中添加甘露寡糖对蛋鸡生产性能、免疫反应、回肠微生物群的影响。研究表明，饲粮中添加 1g/kg 或 1.5g/kg 甘露寡糖提高了蛋鸡生产性能和饲料转化效率。添加甘露寡糖对蛋鸡性能的改善很可能是由于提高了蛋鸡回肠养分消化率，降低了肠道病原菌数量。丁祥文[54] 较系统地研究了日粮中添加甘露寡糖对高密度应激蛋鸡生产性能、肠道菌群及血清免疫球蛋白的影响，探讨了甘露寡糖在调整肠道菌群和免疫功能方面的应用潜能与功效。结果表明：甘露寡糖可以通过平衡肠道菌群，促进肠道黏膜结构的恢复和发育，吸收肠道内毒素并减轻其毒害作用，维护肠道健康，增加免疫球蛋白分泌量，提高机体免疫力，恢复正常的生殖激素分泌，增加肠道黏膜基因表达来减少高密度饲养带来的应激反应的发生。250g/t 甘露寡糖剂量组具有更佳的作用效果。

Cheng 等[55] 探讨了甘露寡糖对热应激肉鸡生长性能、肠道氧化状态和屏障完整性的作用。结果显示，在循环热应激下，甘露寡糖改善了肉鸡的生长性能、肠道氧化状态和屏障的完整性。Cheng 等[56] 研究了饲粮中添加甘露寡糖对肉鸡的生长性能、血清皮质酮水平、抗氧化能力、肉质以及化学成分的影响。发现在肉鸡日粮中添加甘露寡糖可提高仔鸡生长性能，改善肌肉的氧化状态和肉质状况。Wang 等[57] 研究了活性酵母和甘露寡糖对大肠杆菌导致肉鸡肠损伤的影响。结果发现补充活性酵母和甘露寡糖可以减轻大肠杆菌引起的肠损伤、肉鸡肠道炎症和屏障功能障碍。熊阿玲等[58] 探讨了饲粮中添加不同浓度甘露寡糖对肉仔鸡生长性能及肝脏、脾脏、回肠和盲肠中 Toll 样受体（TLR）和抗菌肽等天然免疫物质的基因表达的影响。试验结果表明，饲粮中添加适宜水平的 MOS 可不同程度地提高肉仔鸡生长性能，可能通过提高肉仔鸡组织 TLR 表达，并由 TLR 介导上调 β-防御素等抗菌肽表达，而提高肉仔鸡天然免疫防御功能。综上，甘露寡糖用于鸡饲料可提高蛋鸡和肉鸡的生长性能、免疫功能与消化功能。

7.1.5.3 甘露寡糖添加于牛饲料中的研究进展

徐晓锋等[59] 研究了甘露寡糖对高精料诱导的低乳脂奶牛瘤胃细菌菌群结构的调控作用。试验结果发现，添加 MOS 可以调控瘤胃中细菌菌群的结构，缓解饲喂大量淀粉而造成的纤维降解菌丰度的下降，对提高瘤胃对纤维素的降解率有一定的作用，还可以降低产酸菌的丰度，对稳定瘤胃 pH 具有积极的作用。

李浩东等[60] 研究了饲粮中添加甘露寡糖对荷斯坦奶牛围产后期瘤胃微生物区系的影响。同样发现，添加一定量的甘露寡糖可能能通过调节瘤胃微生物菌群结构来提高纤维的瘤胃降解率，进而改善奶牛生产性能。

7.1.5.4 甘露寡糖添加于羊饲料中的研究进展

Zheng 等[61] 探讨了添加甘露寡糖（MOS）对绵羊营养物质消化率和保留率、瘤胃发酵、免疫和抗氧化能力的影响。结果表明，MOS 改善了绵羊的纤维消化、氮存留和部分抗氧化能力。

谢明欣等[62] 研究了在饲料中添加酵母甘露寡糖对蒙古绵羊生长性能、血清免疫和炎症及抗氧化指标的影响。结果表明，添加酵母甘露寡糖能改善饲喂高精料饲粮蒙古绵羊的生长性能、血清免疫功能和抗氧化能力，与添加瘤胃素有相似的效果，且在精粗比 4∶6 时效果较好。

陈志龙等[63] 试验了不同精粗比饲粮中添加甘露寡糖对绵羊体外瘤胃发酵的影响。试验结果发现，不同精粗比饲粮中添加 MOS 对绵羊体外瘤胃发酵 NH_3-N 浓度有显著影响。

王甜等[64] 探究了饲粮中添加甘露寡糖对滩羊生产性能及抗氧化能力的影响。结果发现添加 1.0% MOS 组滩羊体长增长量、体高增长量和胸围增长量均高于其他各组，添加 MOS 各组血清丙二醛（MDA）含量均显著低于对照组（$P<0.05$），滩羊的平均日增重、总增重、料重比及干物质采食量各组间无显著差异（$P>0.05$）。

综上所述，甘露寡糖添加于羊饲料可提高羊的生产性能、消化功能及抗氧化能力。

7.1.5.5 甘露寡糖添加于水产养殖动物饲料中的研究进展

甘露寡糖也可添加于水产养殖动物的饲料中。Ren 等[65] 研究了添加甘露寡糖对杂交石斑鱼幼鱼生长性能、抗氧化能力、非特异性免疫及免疫相关基因表达的影响。试验结果表明，日粮补充 MOS 并未改善石斑鱼幼鱼的生长性能和饲料利用率，但可以通过改善肠道形态，促进肠道健康和完整性，增强抗氧化能力和非特异性免疫，提高免疫相关基因表达水平，降低肠和肝细胞凋亡相关基因表达水平。

甘露寡糖是水产养殖中常见的提高动物健康水平和免疫力的益生元。Lu 等[66] 以中华绒螯蟹的幼蟹为研究对象，研究探讨了饲料中添加 MOS 的最佳水平及其对生长性能、抗氧化能力、非特异性免疫和肠道形态的影响。研究发现，添加 0.2%～0.3%的 MOS 可以提高中华绒螯蟹的生长性能，增强其抗氧化能力和免疫功能。

Li 等[67] 研究了不同剂量（2.5mg/g、5mg/g 和 10mg/g）菊粉和甘露寡糖对凡纳滨对虾生长速度、免疫相关基因表达和白斑综合征病毒抗性的影响。在 28d 饲养试验结束时，发现用 5mg/g 的膳食菊粉或 MOS 饲喂对虾，虾的比生长率（SGR）和 Toll 样受体 1、Toll 样受体 2、Toll 样受体 3（TLR1、TLR2、TLR3）、信号转导子和转录激活子（STAT）、抗脂多糖因子（ALF）和前体氧化酶（proPO）等的基因达到最大表达值。与个别处理相比，含复合益生元（5mg/g 菊粉和 MOS）的日粮显著提高了凡纳滨对虾 TLR、STAT、proPO 的基因的表达水平。此外，食用复合益生元的凡纳滨对虾，其免疫相关基因的表达显著增加，累计死亡率最低。研究结果表明，菊粉（5mg/g）和 MOS（5mg/g）联合应用能显著提高对虾的固有免疫应答和抗病性，是一种很有前景的太平洋白虾免疫刺激剂。

Wang 等[68] 研究了甘露寡糖对凡纳滨对虾生长性能的影响。研究结果显示，补充 MOS 的日粮增强了凡纳滨对虾机体的抗氧化能力和免疫力，提高了肠道免疫力，优化了肠道微生态，减轻了抗生素耐药程度，提高了其对副溶血弧菌的抵抗力。

综上所述，甘露寡糖用于猪、鸡、牛、羊及水产养殖动物饲料可提高动物生长性能、抗氧化能力、非特异性免疫及免疫相关基因表达，并改善其肠道微环境，调节肠道菌群组成及丰度。

7.1.6 低聚半乳糖

低聚半乳糖是一种具有天然属性的功能性低聚糖，其分子结构一般是在半乳糖或葡萄糖分子上连接1～7个半乳糖基，即 Gal-(Gal)$_n$-Glc/Gal（n 为0～6）。在自然界中，动物的乳汁中存在微量的低聚半乳糖（GOS），而人母乳中含量较多。我国农业部门批准的饲料添加剂低聚半乳糖（GOS）适用范围为多种养殖动物。Tian 等研究探讨了低聚半乳糖干预对哺乳仔猪空肠发育的影响[69]。研究结果表明 GOS 除了降低哺乳仔猪空肠的隐窝深度和促进空肠功能发育外，对仔猪生长性能也有积极的影响。

高仁等[70] 研究探讨了低聚半乳糖（GOS）对脂多糖（LPS）刺激的哺乳仔猪盲肠微生物区系、肠道炎症和屏障功能的影响。试验结果证明，与 LPS 刺激组相比，GOS 添加组仔猪盲肠食糜中乙酸、丙酸、丁酸和总短链脂肪酸含量显著或极显著提高（$P<0.05$ 或 $P<0.01$），盲肠食糜 pH 显著降低（$P<0.05$），肠黏膜中白细胞介素-1β（IL-1β）、白细胞介素-6（IL-6）和肿瘤坏死因子-α（TNF-α）含量显著降低（$P<0.05$），盲肠黏膜中闭合蛋白-1（claudin-1）的表达水平显著提高（$P<0.05$），盲肠食糜中厚壁菌门（Firmicutes）的相对丰度显著提高（$P<0.05$）。总的来说，GOS 干预可以预防 LPS 刺激造成的肠道炎症反应，调节肠道菌群和维持肠道屏障功能。

Wang 等[71] 研究探讨了低聚半乳糖干预对仔猪结肠黏膜相关微生物组成、黏膜免疫稳态和屏障功能的影响。试验结果显示，GOS 饲喂仔猪结肠黏膜中短链脂肪酸（SCFA）的产生量较高，主要由结肠黏膜中的普雷沃氏菌、巴氏杆菌、副球菌和未分类的卟啉单胞菌产生。另外，GOS 饲喂仔猪结肠食糜中 SCFA 总水平在第8天和第21天有所升高。与此同时，GOS 饲喂仔猪结肠 SCFA 浓度升高，可能通过调节 NF-κB 和 AMPK 信号通路的磷酸化，影响炎性细胞因子（IL-8 和 IL-10）和屏障蛋白（ZO-1 和 claudin-1）的基因表达。

综上，这些结果为揭示低聚半乳糖干预仔猪早期肠道黏膜微生物群定植与肠道功能的关系提供了重要的启示。

7.1.7 低聚木糖（木寡糖）

低聚木糖（XOS）又称木寡糖，是由2～7个木糖分子以 β-1,4-糖苷键结合而成的功能性聚合糖，分子量为300～2000。它可以选择性地促进肠道双歧杆菌的增殖活性。饲料添加剂低聚木糖适用范围为鸡、猪、水产养殖动物、犬、猫。

7.1.7.1 低聚木糖添加于猪饲料中的研究进展

谭兵兵等[72] 研究了不同剂量的低聚木糖在同时替代抗生素与氧化锌的情况下对断奶仔猪生长性能、腹泻率和血浆生化参数的影响，并筛选出了其最佳添加剂量。试验结果表明，在动物饲粮中添加100～250g/t 的 XOS 可通过调控断奶仔猪营养素代谢增强肠道健康状况，减少腹泻，从而促进生长，且随着仔猪日龄的增加，可适当增加 XOS 的添加量。

郭秋平等[73] 研究讨论了在饲粮中添加不同水平的低聚木糖对仔猪生长性能、背最长肌营养成分含量及肌纤维类型组成的影响，探讨 XOS 在仔猪饲粮中的最佳添加量及其对肌肉营养成分和肌纤维类型组成的调控作用。试验结果表明，仔猪饲粮中合理添加 XOS 可以提高猪的生长性能，促进慢肌纤维相关基因的表达，推荐添加水平为100～250mg/kg。

2018 年，赵蕾等[74] 对低聚木糖对保育猪生长性能、腹泻率及血清生化指标的影响进行了实验研究，并筛选出最佳添加量。研究结果表明，饲粮中添加适量 XOS 可以提高保育猪的生长性能，降低腹泻率，并可改善保育猪部分血清生化指标。在该试验条件下，保育猪饲粮中添加 200mg/kg XOS 最佳。

2019 年，Yin 等[75] 对日粮中添加低聚木糖对断奶仔猪肠道功能（肠道形态、紧密连接、肠道微生物群和代谢）及生长性能的影响进行了实验研究。结果表明，日粮中添加 XOS 对仔猪生长性能、血细胞、生化指标和肠组织形态学并未产生显著影响。但喂食 XOS 的仔猪，其肠黏膜炎症状态和肠黏膜屏障功能均得到改善，这可通过 IFN-γ 表达降低以及 ZO-1 表达上调来证明。通过微生物区系分析表明，XOS 在属水平上增强了 α 多样性，其影响了乳酸菌、链球菌等肠道细菌的相对丰度。通过功能预测分析，微生物区系的改变可能进一步涉及糖代谢、细胞运动、细胞过程和信号转导、脂质代谢以及其他氨基酸的代谢。总之，在日粮中添加 XOS 可以改善炎症状态、肠道屏障和微生物群落组成。XOS 将作为一种有潜力的饲料添加剂，用于预防仔猪断奶引起的肠道功能障碍。

2021 年，Su 等[76] 研究探讨了日粮中添加 XOS 对仔猪空肠和回肠上皮细胞形态、粪便微生物菌群、代谢活动以及结肠屏障功能相关基因表达的影响。结果发现，添加 100mg/kg XOS 可显著增加回肠绒毛高度、乳酸杆菌和双歧杆菌的相对数量，以及粪便中乙酸和短链脂肪酸的浓度（$P<0.05$）。由此可以看出，XOS 可以有效改善断奶仔猪的肠道生态环境。

2021 年，Chen 等[77] 试验研究了日粮中添加 XOS 对断奶仔猪的生长性能、血清参数、小肠形态、肠道黏膜完整性和免疫功能的影响。试验数据证明，添加 500mg/kg XOS 对仔猪体重、平均日增重及增重饲料比、血清总抗氧化能力、总超氧化物歧化酶和过氧化氢酶水平，以及血清免疫球蛋白 G（IgG）浓度均有显著提高作用，也可促进空肠和回肠的绒毛高度（VH）和绒毛高度与隐窝深度的比（$P<0.05$）。由此可知，XOS 可改善断奶仔猪的血清抗氧化防御系统、血清 IgG 水平、小肠结构和肠道屏障功能，对仔猪生长性能有益。

同样在 2021 年，Ding 等[78] 研究探讨了在日粮中添加 XOS 和枯草芽孢杆菌（BS）对断奶仔猪的生长性能、肠道形态、肠道微生物群落和代谢物的影响。结果发现，添加 XOS 可以提高仔猪平均日增重，同时降低料重比。此外，XOS 通过增加回肠的绒毛高度和绒毛高度与隐窝深度的比值，改善了断奶仔猪的肠道形态，增加了回肠中丁酸盐的浓度和结肠中色胺和精氨酸的浓度，同时减少了结肠中吲哚的浓度。断奶仔猪肠道菌群的改变表明，日粮补充 BS 或 XOS 可以通过增加肠道微生物多样性和改变不同细菌种类的相对丰度来改善肠道健康，因此，饲粮中添加 BS 或 XOS 对改善肠道形态、微生物群落和代谢物来影响肠道健康有积极作用，日粮补充 XOS 可以单独改善仔猪生长性能。

Chen 等[79] 试验研究了在日粮中添加 XOS 替代金霉素（CTC）对断奶仔猪的生长、肠道形态、肠道微生物群和后肠短链脂肪酸（SCFA）含量的影响。试验结果表明，与对照组相比，XOS 组仔猪在第 28 天的体重（BW）、平均日增重（ADG）提高，料重比降低（$P<0.05$）。并且，XOS 增加了回肠绒毛高度和隐窝深度的比值以及盲肠隐窝中的吞噬细胞的数量，对肠道细菌的多样性的增加效果显著，显著提高了回肠和盲肠中乳酸菌的丰度（$P<0.01$），盲肠中的总短链脂肪酸、丙酸盐和丁酸盐的浓度明显增加，乙酸盐的浓度下降（$P<0.05$）。综上，日粮中补充 XOS 可以提高特定有益微生物群的丰度，并且降低有害微生物群的丰度，以维持肠道形态结构，从而提高断奶仔猪的生长性能。因此，

XOS有可能成为断奶仔猪饲料中抗生素的替代品。

陈小连等[80] 在2020年探究了在日粮中添加XOS对断奶仔猪生长性能、免疫与抗氧化功能、血常规和血清生化指标的影响。其试验结果表明，与抗生素对照组相比，低聚木糖组血清IgG提高了8.4%（$P<0.05$），平均日采食量与抗生素对照组差异不明显（$P>0.05$），末体质量和平均日增重显著低于抗生素对照组、料肉比显著高于抗生素对照组（$P<0.05$）。总之，饲粮中添加0.01%低聚木糖效果比抗生素效果略差，但在提高断奶仔猪免疫功能方面具有一定程度的优势。

除仔猪外，低聚木糖也广泛添加于生长育肥猪饲料。谢菲等[81] 研究探讨了在饲粮中添加不同水平的低聚木糖对生长育肥猪生长性能、胴体性状及肉品质的影响。试验结果显示，饲粮中添加低聚木糖能显著提高养分表观消化率，饲粮添加0.03% XOS有改善猪胴体长和肉色的作用。综合饲料养分表观消化率、胴体性状和肉色指标，在该试验条件下，低聚木糖在生长育肥猪饲粮中的适宜添加量为0.03%。

韩丽等[82] 试验研究了低聚木糖对生长肥育猪血浆生化参数和肌肉脂肪酸组成的影响。试验结果表明：与对照组相比，30～65kg阶段，饲粮添加100g/t或500g/tXOS可显著降低股二头肌中十七烷酸（C17：0）含量（$P<0.05$）；66～100kg阶段，饲粮添加250g/t XOS可显著增加股二头肌中饱和脂肪酸（SFA）＋单不饱和脂肪酸（MUFA）含量（$P<0.05$），添加100g/t或500g/t XOS可显著增加股二头肌中花生烯酸（C20：1）含量（$P<0.05$）；30～100kg阶段，饲粮添加100g/t XOS可显著增加背最长肌中油酸/亚油酸以及股二头肌中花生烯酸（C20：1）、MUFA和SFA＋MUFA含量（$P<0.05$），添加100g/t或250g/t XOS可显著降低血浆总胆固醇浓度（$P<0.05$），添加500g/t XOS可显著增加血浆高密度脂蛋白-胆固醇浓度（$P<0.05$）。总之，饲粮添加一定剂量的XOS可通过调控与脂代谢相关的血浆生化参数、增加肌肉中MUFA和SFA＋MUFA含量而改善猪肉的风味和营养价值，且以30～100kg阶段添加100g/t XOS为最佳。

潘杰等[83] 在2017年研究探讨了低聚木糖对生长肥育猪生长性能、胴体性状和肉品质的影响。其试验结果表明：与对照组或抗生素组相比，30～65kg阶段饲粮中添加250g/t XOS可显著增加脾脏指数以及背最长肌粗蛋白质含量（$P<0.05$）；30～100kg阶段添加500g/t XOS可显著增加脾脏指数及背最长肌粗蛋白质含量（$P<0.05$）。综上可得，饲粮添加不同剂量的XOS可通过增加肌肉粗蛋白质含量而改善猪肉营养价值，以30～100kg阶段添加500g/t XOS效果较佳。

7.1.7.2 低聚木糖添加于鸡饲料中的研究进展

杨海峰等[84] 研究了日粮添加不同水平木寡糖对蛋鸡产蛋性能、蛋品质、营养物质消化率和血清生化指标的影响。试验结果表明，在该试验条件下，日粮中添加木寡糖可以提高蛋壳厚度和蛋壳相对质量，同时提高钙的表观消化率，降低血清谷丙转氨酶、胆固醇、高密度脂蛋白和极低密度脂蛋白的水平。

周建民等[85] 研究了日粮中添加低聚木糖对蛋鸡蛋品质、血清抗氧化功能和脂质代谢的影响。结果表明：第12周末，饲粮中添加0.01%～0.08%XOS使蛋黄颜色深度呈线性增加，使血清谷胱甘肽过氧化物酶活性呈线性增加（$P<0.05$），显著降低了蛋黄总胆固醇和甘油三酯含量（$P<0.05$），使血清谷草转氨酶活性、血清甘油三酯含量、低密度脂蛋白含量、血清极低密度脂蛋白含量呈线性升高，肝脏指数和肝脏甘油三酯含量随XOS添加水平提高呈线性上升趋势。综上，饲粮添加XOS加深了蛋鸡蛋黄颜色，这可能与

XOS 改善蛋鸡血清抗氧化功能和调节脂质代谢有关。

此外，低聚木糖也被作为肉鸡饲料添加剂。许金根等[86] 发现添加低聚木糖对肉鸡屠宰性能、器官指数和血清生化指标有一定影响。结果显示，添加 0.02%低聚木糖对肉鸡早期的部分免疫器官指数和血清生化指标有改善作用。

Luo 等[87] 研究了日粮中补充低聚木糖（XOS）、包被丁酸钠（CSB）以及它们的组合对肉鸡生长性能、免疫参数和肠道屏障的影响。结果显示，补充 XOS 可以改善肉鸡免疫器官的发育状况、小肠形态和肠道物理屏障。

7.1.7.3 低聚木糖添加于水产养殖动物饲料中的研究进展

Abasubong 等[88] 研究了低聚木糖对高脂饲料鲤鱼生长性能和脂肪代谢的影响。试验结果表明，添加 XOS 对饲喂高脂饲料鲤鱼的生长性能和脂肪代谢有一定的促进作用。陈晓瑛等[89] 研究了饲料中添加低聚木糖对凡纳滨对虾消化酶活力、肠道形态及细菌数量的影响。试验结果表明，饲料中添加 XOS 能提高凡纳滨对虾幼虾消化酶活力，改善肠道形态，提高肠道总菌和双歧杆菌数量，降低弧菌数量。Sun 等[90] 探究了 XOS 对草鱼的生长表现和肠道细胞凋亡的影响。结果证明，补充 XOS 可以改善鱼的生长性能，减少远端肠道细胞凋亡。根据其增重百分比（PWG）以及采食量（FI）和 caspase-3、caspase-8、caspase-9 的活性，估计 XOS 的适当补充水平分别为 51.81mg/kg、51.61mg/kg、57.15mg/kg、57.90mg/kg 和 55.36mg/kg。

7.1.8 低聚异麦芽糖

我国农业部门批准的饲料添加剂低聚异麦芽糖（IMO）适用范围为断奶仔猪、犬、猫。Wu 等[91] 研究探讨了日粮中添加低聚异麦芽糖对断奶仔猪生产性能、粪便评分、血清免疫力、肠道形态、肠道挥发性脂肪酸（VFA）浓度及肠道菌群的影响。试验数据显示，饲喂 IMO 的猪回肠绒毛高度及盲肠和结肠的总 VFA 含量均大于对照组。对 16s rDNA 的基因序列分析表明，IMO 可以调节肠道微生物群，其中链球菌属和柯林斯氏菌属等相对有益菌的数量因添加 IMO 而增加。总而言之，IMO 对断奶仔猪的生产性能和血清免疫力有正向影响，并能调节盲肠微生物区系。因此，IMO 可能通过提高断奶仔猪的免疫功能和肠道健康水平，成为增强仔猪生产性能的潜在益生元。

Wang 等[92] 研究探讨了低聚异麦芽糖对断奶仔猪生产性能、免疫功能、肠道菌群和肠黏膜形态的影响。在为期 28d 的试验中，随 IMO 水平的增加，仔猪增重呈线性增加，肉料比呈线性增加，腹泻率呈线性下降。总之，日粮中添加 IMO 可以增加仔猪的增重、肉料比，提高仔猪的免疫水平，是一种有价值的断奶仔猪饲料添加剂，尤其是在断奶初期应用。

7.1.9 β-葡聚糖（源自酿酒酵母）

葡聚糖是酵母细胞壁最重要的结构成分之一，其主要包括碱溶性和碱不溶性两种，其中以碱不溶性 β-葡聚糖占绝大多数。酵母碱不溶性 β-葡聚糖是一种活性多糖。饲料添加

剂 β-葡聚糖适用范围为水产养殖动物、犬、猫。

7.1.9.1 β-D-葡聚糖添加于猪饲料中的研究进展

刘金艳等[93] 研究探讨了 β-葡聚糖对断奶仔猪的生产性能、血液的抗氧化能力与免疫力的影响。试验结果表明，在日粮中添加 400mg/kg β-葡聚糖可替代 100mg/kg 硫酸黏杆菌素，从而提高断奶仔猪的生产性能及血液的抗氧化能力，增强断奶仔猪机体免疫力。

杜建等[94] 试验探讨了 β-葡聚糖在生长育肥猪饲粮中的应用效果及适宜添加量。结果表明：①与对照组相比，饲粮添加 100mg/kg β-葡聚糖显著提高生长育肥猪平均日增重（$P<0.05$），显著降低料重比（$P<0.05$），显著改善饲粮干物质、能量和粗蛋白质消化率（$P<0.05$）；②与对照组相比，饲粮添加 100mg/kg β-葡聚糖显著提高猪胴体长和肌肉 pH（$P<0.05$），显著降低肌肉滴水损失（$P<0.05$），显著改善肉色（$P<0.05$），同时显著提高肌肉中肌苷酸含量（$P<0.05$），改变猪肉中饱和脂肪酸和单不饱和脂肪酸的组成比例，从而改善肉的风味。

7.1.9.2 β-葡聚糖添加于鸡饲料中的研究进展

Tian 等[95] 研究探讨了酵母 β-葡聚糖对患坏死性肠炎的肉鸡生长性能、肠道形态、肠道产气荚膜梭菌种群、内源性抗菌肽表达和体液免疫反应的影响。研究表明，β-葡聚糖改善了患有产气荚膜梭菌诱导的坏死性肠炎的肉鸡肠道状况。

烟曲霉是一种常见的饲料污染物，普遍存在于贮存的饲料中，对肉鸡肠道健康构成潜在的危害。Chen 等[96] 在自然饲料熏蒸下，评估了饲料补充的酵母 β-葡聚糖和甘露寡糖对肉鸡生产性能和健康的影响。试验数据表明，这种 β-葡聚糖和甘露寡糖膳食补充剂不仅能消除烟曲霉的副作用，还可以改善肉鸡生产性能和免疫功能。

曲昆鹏等[97] 研究了饲粮中添加 β-葡聚糖对肉仔鸡生长性能、免疫功能和肠道微环境的影响。由试验结果可知，饲粮中添加适量的 β-葡聚糖可提高肉仔鸡出栏重，改善肉仔鸡生长性能，增加盲肠内乳酸菌数量，减少空肠、回肠和盲肠内沙门氏菌的数量。

7.1.9.3 β-葡聚糖添加于反刍动物饲料中的研究进展

顾鲲涛等[98] 探究了饲粮中添加酵母 β-葡聚糖对围产期奶牛生产性能、血清生化指标及抗氧化能力的影响。试验结果表明，围产期饲粮中添加 10g/(d·头) 酵母 β-葡聚糖可提高奶牛的产后干物质采食量、产奶量、乳蛋白产量，提高产后血清葡萄糖含量及血清抗氧化能力，降低产后血清非酯化脂肪酸含量。

绵羊瘤胃上皮细胞（OREC）不仅具有物理屏障功能，而且能分泌宿主防御肽（HDP），如绵羊 β-防御素-1（SBD-1）。Jin 等[99] 以绵羊瘤胃上皮细胞为对象，研究了 β-葡聚糖诱导 SBD-1 上调的受体和细胞内通路。研究表明，β-葡聚糖诱导的 SBD-1 表达是通过 TLR-2-MyD88-NF-κB/MAPK 途径介导的。

7.1.9.4 β-葡聚糖添加于水产养殖动物饲料中的研究进展

Ji 等[100] 研究了在虹鳟鱼的饲粮中添加 β-葡聚糖（0、0.05%，0.1%和 0.2%）42d 后对其生长性能的影响，并在此基础上，对虹鳟感染嗜水气单胞菌的存活率及应激和免疫相关因子的调节过程进行了分析。结果表明，0.1%和 0.2%的膳食 β-葡聚糖有利于促进虹鳟的生长和增强其对细菌的抗性。此外，β-葡聚糖可以更快地调节虹鳟的应激和免疫相关因子对抗细菌感染。

陈靖雯等[101] 研究了饲料中添加β-葡聚糖和热灭活乳酸菌（HK-LP）对泥鳅幼鱼生长性能、肠道脂肪酸组成及免疫功能的影响。试验结果表明，饲料中添加β-葡聚糖可以改善泥鳅幼鱼生长性能，其中1%的添加量对泥鳅幼鱼生长的促进作用最为显著。

Li等[102] 研究了在低盐度下添加β-葡聚糖（0、0.01%、0.02%或0.04%）对凡纳滨对虾生长和健康的影响。研究表明，添加0.02%～0.04%的β-葡聚糖能显著提高凡纳滨对虾的消化率、抗氧化能力和免疫力，从而提高其在低盐度下的生长性能和存活率。

7.1.10 褐藻酸寡糖

褐藻酸寡糖为淡黄褐色粉末，能溶于水，稳定性强，是由β-D-聚甘露糖醛酸（M）和α-L-聚古罗糖醛酸（G）组成的线型低聚合物，有聚甘露糖醛酸（PM）、聚古罗糖醛酸（PG）和杂合褐藻寡糖（PMG）三种类型产品。饲料添加剂褐藻酸寡糖（AOS）适用范围为肉鸡、蛋鸡。

7.1.10.1 褐藻酸寡糖添加于鸡饲料的研究进展

阎桂玲和呙于明[103] 研究了在日粮中添加不同水平褐藻酸寡糖对肉鸡生长及免疫调节机能的作用效果，结果表明褐藻酸寡糖可以增强机体免疫细胞活性和提高特异性抗体水平，从而改善肉仔鸡的天然免疫和获得性免疫功能，有效增强肉仔鸡免疫反应。

Yan等[104] 研究了褐藻酸寡糖对肉鸡生长性能、盲肠菌群、沙门氏菌向内脏的易位以及肠沙门氏菌血清型肠炎攻击的黏膜免疫反应的影响。结果发现饲粮中添加2000mg/kg的AOS能有效地降低肉鸡盲肠沙门氏菌数量，增加盲肠乳酸菌的数量，并提高体内沙门氏菌抗体的含量。褐藻酸寡糖蛋鸡和肉鸡饲喂试验证明，添加褐藻酸寡糖显著提高蛋壳强度，提高蛋黄色泽，改善鸡蛋品质；在肉仔鸡饲粮中添加褐藻酸寡糖可提高新城疫疫苗抗体和溶菌酶水平，提高体液免疫和非特异性免疫机能，提高饲料转化效率。

7.1.10.2 褐藻酸寡糖添加于猪饲料的研究进展

Wan等[105] 研究探讨了褐藻酸寡糖调控猪生长的机制，通过测定断奶仔猪的肠道形态、屏障功能和上皮细胞凋亡来研究AOS介导的断奶仔猪生长性能的变化。试验结果表明：AOS通过调控线粒体依赖性凋亡减少细胞凋亡，从而改善断奶仔猪生长性能，可能与改善肠道形态和屏障功能，抑制肠细胞死亡有关。

Wan等[106] 通过两个试验，评价了AOS对断奶仔猪生长性能、抗氧化能力、血清激素水平和肠道吸收功能的影响。实验结果表明，AOS通过提高血清过氧化氢酶活性和谷胱甘肽含量，明显地提高了机体的抗氧化防御能力。血清胰岛素、胰岛素样生长因子-1等激素水平均有显著性提高。此外，AOS的补充增加了空肠黏膜中Na^+/葡萄糖协同转运蛋白1（SGLT1）和二价金属转运蛋白1（DMT1）的转运。总之，添加AOS可以刺激断奶仔猪生长。

7.1.10.3 褐藻酸寡糖添加于水产养殖动物饲料的研究进展

潘金露等[107] 研究了褐藻酸寡糖对大菱鲆肠道结构、消化酶活性及表观消化率的影响。结果表明：在大菱鲆饲料中添加褐藻酸寡糖可使肠道杯状细胞增大，提高肠道脂肪酶活性，但对肠绒毛长度、皱襞高度、淀粉酶和蛋白酶活性、表观消化率无影响。

7.2

饲用多糖和寡糖的作用机制

多糖和寡糖具有广泛的生理作用，其在免疫调节方面的作用尤其突出，多糖和寡糖可增强消化道黏膜免疫性，具有抗氧化、抗病毒、抗炎等多种功能[108]。随着近几年的科技发展，人们对饲用多糖和寡糖及其复合物的作用也有了越来越深入的认识，其在畜禽日粮中添加，可提高畜禽的生产性能、改善营养物质的消化率、增强抗病能力、替代促生长类药物抗生素使用等，其可能的作用机制包括以下几点[109]。

7.2.1 促进矿物质的吸收

功能性寡糖对于动物对矿物质整体吸收量的增加有促进作用。寡糖可提高养殖动物对钙和镁的吸收及骨盐沉积，促进钙平衡，提高腿骨中钙的含量，降低骨转化率。其作用机理可能是由于寡糖进入大肠后被肠道细菌分解成短链脂肪酸（SCFA），降低了肠道 pH 值，使原本不溶且难以吸收的矿物质转变成为可吸收的离子形式；同时，酸性环境和 SCFA 促进了肠道上皮细胞的增殖，扩大了肠道表面吸收面积，从而提高矿物质的吸收率。

7.2.2 促进动物生长

有研究证明，通过在饲料中添加一定浓度的寡糖或多糖可以改善动物的生长性能，提高畜禽的平均日采食量和平均日增重，降低料肉比，部分寡糖或多糖通过促进机体生长相关激素的合成与分泌来促进脂类与糖的代谢，提高机体氨基酸与蛋白质合成量，以达到促生长作用[110]。

7.2.3 抗氧化作用

机体在应激和病理状态下，会产生过多的活性氧（ROS）、羟基等强氧化自由基，造成细胞膜、蛋白质、DNA 等的损伤，甚至导致细胞死亡[110]。其次，脂质过氧化反应过程会产生脂质过氧化物（LPO）和丙二醛（MDA）等毒性物质，使机体遭受更大的损伤。有研究证明，多糖和寡糖普遍具有抗氧化功能，可提高超氧化物歧化酶（SOD）等氧化性自由基清除酶的活性，加快ROS的清除，减少对机体的损伤[111]。有数据表明，饲养动物饲喂寡糖或多糖后，SOD、还原型谷胱甘肽（GSH）、谷胱甘肽过氧化物酶（GSH-Px）、过氧化氢酶（CAT）含量上升，MDA水平下降，肝脏抗氧化功能显著提高，缓解了机体的氧化应激损伤[112]。

7.2.4 调节动物胃肠道菌群的平衡

多项研究表明，外源多糖和寡糖对肠道菌群的调节是通过以下途径实现的：①作为营养物质被有益菌消化利用，可促进有益菌增殖[113]。多糖和寡糖可以作为肠道微生物调节剂，调节肠道菌群组成及丰度，影响肠道菌群代谢产物组成，进而可能改善动物的胃肠道健康并预防肠道疾病。②分解产物使整个肠道的pH值降低，抑制有害菌增殖。在动物胃肠道菌群的动态平衡中，厌氧菌（如双歧杆菌和乳酸杆菌等）在健康动物消化道内占绝大多数，但兼性厌氧菌和需氧菌只占极少数。当动物处于应激状态时，兼性厌氧菌和需氧菌等致病菌便会大量繁殖，会导致菌群失调，使动物对营养物质的消化吸收率降低、免疫力下降，进而引发下痢等疾病。外源多糖和寡糖可通过促进有益菌增殖、抑制有害菌生长增殖，达到调整消化道菌群平衡的目的。

7.2.5 提高动物的免疫力

多糖和寡糖是重要的免疫调节剂，其能够激活免疫细胞，提高机体免疫功能，对机体特异性和非特异性免疫功能均具有增强作用。其作用机制可能是通过激活各免疫细胞（如：淋巴细胞、巨噬细胞等）对细胞因子的释放，调动补体系统，促进抗体生成等，从而实现多功能、多层次的免疫调节作用。一般认为外源多糖和寡糖主要通过以下几种途径发挥其免疫调节作用：①与病原体结合。外源多糖和寡糖可与一些病毒、毒素、真核细胞的表面外源凝集素结合，作为这些外源抗原的佐剂，其能够起到减缓抗原吸收，促进抗体产生的作用，从而增强体液免疫和细胞免疫功能。②在肠道中刺激固有层淋巴细胞，产生浆细胞，分泌IgA、IgM、IgG等免疫球蛋白。③外源多糖和寡糖可借助肠道有益菌合成的营养成分如维生素等发挥免疫作用。

7.2.6 改善肠动力

多糖和寡糖有类似日粮纤维的特性，具有良好的吸水性，其可使肠内容物膨胀，增加粪中的含水量。在日粮中添加低聚木糖，可以增加粪中乙酸的含量，降低粪的pH值。并且，乙酸能够促进大肠的蠕动，从而提高了肠动力，改善便秘。同时，多糖在肠道中发酵产生的甲烷、二氧化碳、氢气等气体能够促进肠蠕动，利于排便。

7.3

饲用多糖和寡糖的生产工艺及质量控制

多糖和寡糖均属于新型功能性糖源，其可广泛应用于食品、保健品、饮料、医药、饲料等领域。根据其制备方式的不同，大体上可分为以下四种方法：从天然原料中提取、微波固相合成方法、酸碱转化法、酶水解法等。由于来源不同，每种多糖和寡糖的生产制备方法有差异，以下是部分被批准作为饲料添加剂的寡糖和多糖的常规生产制备方法。

7.3.1 壳寡糖

壳寡糖的制备方法总结于表 7-2，主要包括 3 种方法：酸水解、氧化降解等化学方法；微波降解、紫外线照射、超声波处理等物理方法；使用壳聚糖酶等酶的酶促降解方法。此外还有联合法。

表 7-2 壳寡糖的制备方法

方法	优点	缺点法
化学降解法	操作方便，生产成本低	产品复杂，环境污染大
物理降解法	高纯度	收率低
酶促降解法	高收率，高专一性	生产成本高，实用性差

（1）化学降解法 壳寡糖的化学法制备生产可分为酸水解法和氧化法。其中酸水解法由于操作简便、生产成本低，在工业上已广泛应用于壳寡糖的批量生产。用于甲壳素/壳聚糖降解的酸试剂有盐酸、亚硝酸、氢氟酸和磷酸，其中应用最广泛的是盐酸，催化条件为 80℃1～2h。然而，化学降解的关键缺陷之一是产品组分具有复杂性，对分离和纯化构成挑战。此外，化学试剂特别是一些有毒化学品的使用，会造成环境污染，产生大量的有害副产品，因此在实际生产中较少单一运用，常与其他方法结合使用。

（2）物理降解法 与化学降解相比，物理降解产物结构相对简单，对环境友好，主要手段有微波、电磁波和超声波等。80℃、800W 微波辐照 25min 得到的壳寡糖分子量接近 1500，分散度更小，降解效果更好。旋流空化也可以降解壳聚糖，并且由于反应温度、处理时间和反应压力的增加以及溶液浓度的降低，降解效率更高。通过物理降解得到的壳寡糖产品的纯度很高。然而，由于这种方法收率低，对壳寡糖的规模化生产有很大的限制，因此通常和其他材料或方法联合使用，以降低成本并提高产率。

（3）酶促降解法 近年来，酶促降解因酶对水解位点的高度识别而受到更多关注。用于壳寡糖制备的酶通常分为特异性酶（几丁质酶、壳聚糖酶和葡聚糖酶）和非特异性酶（溶菌酶、蛋白酶、脂肪酶、淀粉酶和纤维素酶）。其中，对特定酶的研究主要集中在几丁质酶、壳聚糖酶和几丁质脱乙酰酶。酶促降解无毒、可控，无须除盐。但该法对壳寡糖产品的化学结构和生物活性影响大。此外，该方法还存在生产成本高、实用性差、反应条件苛刻等缺点，难以实现工业化。据报道，一种来自芽孢杆菌的壳聚糖酶的酶活性达到约 140000U/L，这保证了壳聚糖有效转化为不含单体的壳寡糖。特别是 1g 该酶可水解约

100kg 壳聚糖，为工业化大规模生产壳寡糖提供了可能[114]。因此，筛选具有高催化活性的壳聚糖酶制备壳寡糖将是未来壳寡糖发展的研究重点。

（4）联合法 利用两种或多种方法共同制备壳寡糖，所得产物多、活性好，且成本较单一方法低，在工业生产中应用较为广泛。联合法可以弥补单一法的缺陷，有效提高壳寡糖的产率并节约成本，如今已大量用于实验室和生产实践中。

目前为止，化学降解法和酶促降解法得到的壳寡糖产物都是混合物，需要进一步分离和表征。目前的壳寡糖分离纯化方法包括超滤、金属亲和色谱、离子交换和凝胶过滤。在壳寡糖的工业生产中，通常采用上述方法的组合。提纯后的壳寡糖将通过核磁共振或质谱进一步表征，以鉴定脱乙酰度和聚合度。壳寡糖生产的主要缺陷是不同批次的不均匀性和表征方法的不一致，这需要通过增强水解位点的特异性和提高产品分离的均匀性来改善。

7.3.2 果寡糖

果寡糖的生产方法通常有以下几种：

① 酶水解法：比利时 Orafti 公司以菊苣为原料，提取其菊粉（含量为 15%～20%）后再经酶水解生产果寡糖；

② 黑曲霉发酵高浓度蔗糖法；

③ 固定化增殖细胞法；

④ 共固定化法。

目前，果寡糖的生产工艺主要采用酶水解法，其分为两类：第一类是以蔗糖为底物，利用微生物发酵产生的 β-果糖基转移酶或 β-呋喃果糖苷酶进行分子间果糖基转移反应来生产果寡糖；第二类是以菊粉为底物，利用内切菊粉酶进行催化水解菊粉而生产得到果寡糖。由于我国缺少菊苣资源，故低聚果糖的生产主要采用第一类方法。我国低聚果糖的研发起步较晚，现有工业生产的产率较为低下，且成本较高，生产工艺复杂，这限制了低聚果糖的进一步开发和利用。另外，采用顺序式模拟移动床提纯技术可提高产品纯度，现已应用到低聚果糖的工业化生产中。

7.3.3 甘露寡糖

甘露寡糖的制备方法较多，主要包括：①降解法，如酶降解法、氧化酸化降解法、超声波降解法和辐照改性降解法等；②合成法，如微波固态合成法。鉴于合成法成本高，且技术难度大，目前在工业生产甘露寡糖时，多采用降解法。而使用氧化酸化降解法制备甘露寡糖由于需要使用强酸等化学试剂，易造成环境污染，且产品用于食品行业也存在一定的安全隐患，并且还存在能耗高、水解过程不易控制、产物结构易受破坏、副产物多以及分离纯化困难等缺点，使其应用受到一定限制。酶法（特异性 β-甘露聚糖酶）制备甘露寡糖是一种高效、特异性强、环境友好的方法，具有很多优点，如：反应条件温和、不破坏低聚糖组成单元的化学结构、产物均一、能耗低、无污染等。主要是通过特异性 β-甘露聚糖酶水解魔芋粉、椰子壳、棕榈粕等原料中的甘露聚糖制备甘露寡糖。

7.3.4 低聚木糖（木寡糖）

因秸秆、棉籽壳、甘蔗渣和玉米芯等含有较多的木聚糖半纤维素，可以作为制备低聚木糖的原料，可通过直接提取法、糖基转移法、聚合法、多糖分解法这 4 种方式提取低聚木糖。目前多采用多糖分解法制备低聚木糖，主要有酸水解法、热水抽提法、酶水解法和微波降解法等。目前工业上制备低聚木糖多采用酶水解法，即使用微生物产生的内切型木聚糖酶分解木聚糖，然后经分离提纯得到低聚木糖。利用内切型木聚糖酶定向酶解半纤维素，其优势是反应副产物较少，有利于后续工艺中分离、提纯和精制低聚木糖。

7.3.5 低聚半乳糖

目前，低聚半乳糖的制备方法大致分为 5 种：①天然提取；②通过酸水解天然多糖得到低聚半乳糖；③化学合成；④微生物发酵法；⑤微生物酶法合成。微生物酶法合成低聚半乳糖成本相对较低，是目前应用最广的制备方法。其以乳糖为主要原料，通过 β-半乳糖苷酶的转糖苷作用进行生产。近年来，研究人员通过优化生产途径的各个环节（如 β-半乳糖苷酶的固定化等），得到了更多更高效的制备途径。

7.4 饲用多糖和寡糖存在的问题、应用及展望

7.4.1 饲用多糖和寡糖存在的问题

目前为止，饲用多糖和寡糖已经在动物养殖领域得到了广泛的研究。但是，另一方面，我国对于饲用多糖和寡糖的开发与应用起步较晚，发展时间短，饲用多糖和寡糖的应用还存在一些瓶颈，需要在未来进一步克服[115]。

首先，饲用多糖和寡糖的生产和应用成本较高，难以满足饲料养殖业的需求，这也进一步制约了饲用多糖和寡糖的应用。饲用多糖和寡糖多来源于动植物资源，虽然动植物资源丰富，但许多天然植物资源有限且价格昂贵。如灵芝多糖[116]、黄芪多糖[117] 等，虽然已被证明可增强仔猪、肉鸡、异育银鲫等动物的免疫力、改善生理生产性能，具有抗氧化、抗肿瘤、降血糖等生理活性，但是由于生产成本过高限制了其实际应用。针对这一问题，可寻找来源丰富且成本低廉的多糖和寡糖生产原料，如来源于玉米芯的木寡糖[118]，

已被证明具有很好的肠道菌落调节作用；来源于虾蟹壳废弃物的低聚壳聚糖和壳寡糖[119]，已被证明具有良好的促生长和免疫调节作用，从虾蟹壳中提取壳寡糖属于变废为宝，更有利于在养殖业全面推广应用。

其次，一些饲用多糖和寡糖在机体内发挥作用的分子机制仍有待明确阐明，宿主口服后在宿主体内的吸收和分布，相关受体的识别或通过何种途径将其运输到靶细胞等，均需进一步探究。且饲用多糖和寡糖在体内的安全性和毒性数据有限。此外，由于饲用多糖和寡糖具有良好的还原性和吸水性，保持其贮存稳定性也是一个不容忽视的问题。

再次，饲用多糖和寡糖的制备工艺相对落后，规模化生产不足，难以满足日益增长的市场需求。常见的提取方法是热水浸提法，但是这种方法耗时久，耗能高，且提取率较低[120]，同时提取温度高，可能会破坏分子结构，导致多糖降解和药理活性的降低。而酸提法和碱提法需考虑多糖和寡糖的性质与结构，严格控制酸碱度，且废弃物对环境的污染较大。此外，酶法、微波提取法等方法也仍有较多问题待解决[121]。饲用多糖和寡糖规模化生产不足，也限制了多糖和寡糖类在动物养殖领域的大规模应用。

最后，由于缺乏标准化的制备方法和表征方案，难以大规模获得纯度高、批次可重复、聚合度稳定的饲用多糖和寡糖产品。目前我国已发布的饲料添加剂多糖和寡糖类产品标准较少，限制了饲用多糖和寡糖的发展与应用，相关产品质量、理化性质的不稳定造成产品饲用功效的不确定性。此外，由于生产工艺不同，产品质量差异也较大，如采用化学法降解得到的壳寡糖中含有大量的氨基葡萄糖单糖，而聚合度 2～10 的活性寡糖含量较低[122]，采用生物酶法降解得到的壳寡糖，聚合度 2～10 的活性寡糖含量可以达到 90%以上，效果明显且优于化学法制备的寡糖[123]。因此生产工艺、评价方法和检测方法需要建立统一的参考标准[124]。

7.4.2 饲用多糖和寡糖的展望

针对目前在饲用多糖和寡糖发展中存在的成本高、作用机理不清、加工工艺落后、标准不统一、缺乏评价方法等问题，应强化生产技术和作用机理的研究，建立饲用多糖和寡糖的筛选和评价平台，加快饲用多糖和寡糖研发进度，使其在农业生产领域具有广阔的应用前景。

（1）加强饲用多糖和寡糖绿色生产工艺的建立 现有生产多糖和寡糖的工艺流程耗时久，能耗高，提取率低，且多涉及大量酸碱使用，降解产物成分复杂，很难获得高纯度的单品，且不同生产批次的组分差异较大，废弃酸会产生环境污染，因此，难以适应实际生产的需要。而酶水解得到的片段均一性和生产批次间的稳定性更好，对环境友好，更符合绿色生产要求[125]。加快多糖和寡糖生产专用酶制剂的研发，筛选具有高催化活性的特异酶制备饲用多糖和寡糖将是未来的研究重点。

（2）加强产品质量标准和评价方法研究 我国在饲用多糖和寡糖产品质量标准和评价、检测方法方面的系统研究相对缺乏，需要加大对产品质量评价方法研究的投入[126]，形成一整套具有权威性、科学性与实用性的行业评价方法参考标准[127]。在考虑饲料质量和饲料作用效果的同时，还要兼顾饲用多糖和寡糖的功能性，从而保障动物的肉、蛋、奶等的质量[128]。

（3）强化新型多糖和寡糖添加剂产品研发 应加大对新型多糖和寡糖产品的研发，

比如新型糖链活性物质发现[129]、多糖和寡糖分子修饰[130]、乳汁寡糖化学合成及应用[131]、糖链疫苗佐剂研发[132] 等，丰富现有的多糖和寡糖的种类和应用范围。

（4）加强对饲用多糖和寡糖的作用机理的研究 此前国内的研究热点多集中在饲用多糖和寡糖的利用率和饲料特性等生产效果[133]，缺乏对机理的深入研究。可结合新型的实验技术和方法，如现代分析技术[134]、组学技术[135] CRISPR/Cas9 基因敲除技术[136]等，促进对饲用多糖和寡糖作用机理的研究。

（5）加强多糖和寡糖在减抗、替抗方面功效的研究与应用 虽然饲用多糖和寡糖具有良好的替抗应用前景，但仍有许多问题待解决，如添加时间和剂量等。未来需要关注多种饲用多糖和寡糖的协同作用，开发利用饲用多糖和寡糖，进而减少饲料抗生素的使用。

未来需要进一步明确饲用多糖和寡糖的生产工艺、有效成分和作用机理，并加快制定统一的质量标准和评价方法，进一步优化饲用多糖和寡糖针对不同动物的添加量和添加方式，推动我国饲料业和畜牧业可持续健康发展！

参考文献

[1] Bose S K，et al. Oligosaccharide is a promising natural preservative for improving postharvest preservation of fruit：A review[J]. Food Chemistry，2021，341：128178.

[2] Yu T，Wang Y，Chen S，et al. Low-molecular-weight chitosan supplementation increases the population of prevotella in the cecal contents of weanling pigs[J]. Frontiers in Microbiology，2017，8：2182.

[3] Hu S，Wang Y，Wen X，et al. Effects of low-molecular-weight chitosan on the growth performance，intestinal morphology，barrier function，cytokine expression and antioxidant system of weaned piglets[J]. BMC Veterinary Research，2018，14（1）：215.

[4] Xu Y Q，Xing Y Y，Wang Z Q，et al. Pre-protective effects of dietary chitosan supplementation against oxidative stress induced by diquat in weaned piglets[J]. Cell Stress and Chaperones，2018，23（4）：703-710.

[5] 乔丽红，赵颖，倪红玉，等．低聚壳聚糖对断奶仔猪血清生化指标、抗氧化性能和粪便微生物的影响[J]. 粮食与饲料工业，2013（3）：47-50.

[6] Jahan M，Wilson C，McGrath S，et al.. Chitosan oligosaccharide supplementation affects immunity markers in ewes and lambs during gestation and lactation[J]. Animals （Basel），2022，12（19）：2609.

[7] 郭小萍，范守民，刘宜勇，等．低聚壳聚糖对隐性乳房炎奶牛产奶性能和体细胞数的影响[J]. 草食家畜，2016（4）：32-35，49.

[8] 赵颖，乔丽红，吴大伟，等．低聚壳聚糖对蛋鸡脂类代谢及鸡蛋品质的影响[J]. 粮食与饲料工业，2013（1）：45-48.

[9] Lan R，Wu F，Wang Y，et al. Chitosan oligosaccharide improves intestinal function by promoting intestinal development，alleviating intestinal inflammatory response，and enhancing antioxidant capacity in broilers aged d 1 to 14[J]. Poult Sci，2024，103（2）：103381.

[10] 王润莲，梁翠萍，陈静文，等．添加低分子壳聚糖对怀乡鸡生长、屠宰性能及肉品质的影响[J].

家禽科学，2019，3：9-13.

[11] 张干，张瑞强，令狐克川，等．低聚壳聚糖对中华绒螯蟹生长性能、体成分、非特异性免疫及抗氧化能力的影响[J]. 水产学报，2020，44（08）：1340-1348.

[12] 张严伟，陈跃平，李嫔，等．低聚壳聚糖对福瑞鲤生长、非特异性免疫及抗氧化指标的影响[J]. 上海海洋大学学报，2014，23（05）：726-732.

[13] Walsh A M, et al. The effect of chitooligosaccharide supplementation on intestinal morphology, selected microbial populations, volatile fatty acid concentrations and immune gene expression in the weaned pig[J]. Animal, 2012, 6（10）: 1620-1626.

[14] Liu P, et al. Effects of chito-oligosaccharide supplementation on the growth performance, nutrient digestibility, intestinal morphology, and fecal shedding of *Escherichia coli* and *Lactobacillus* in weaning pigs[J]. J Anim Sci, 2008, 86（10）: 2609-2618.

[15] Zhang G, et al. Enhanced immune response to inactivated porcine circovirus type 2（PCV2）vaccine by conjugation of chitosan oligosaccharides[J]. Carbohydr Polym, 2017, 166: 64-72.

[16] Zhang G, et al. The positive correlation of the enhanced immune response to PCV2 subunit vaccine by conjugation of chitosan oligosaccharide with the deacetylation degree [J]. Mar Drugs, 2017, 15（8）: 236.

[17] Zhang G, et al. Conjugation of chitosan oligosaccharides via a carrier protein markedly improves immunogenicity of porcine circovirus vaccine[J]. Glycoconj J, 2018, 35: 451-459.

[18] 党国旗，杨新宇，许晴，等．壳寡糖对断奶仔猪免疫力及相关理化指标的影响[J]. 动物营养学报，2017，29（11）：3980-3986.

[19] Xie C, et al. Chitosan oligosaccharide affects antioxidant defense capacity and placental amino acids transport of sows[J]. BMC Vet Res, 2016, 12（1）: 243.

[20] Xie, C, et al. Supplementation of the sow diet with chitosan oligosaccharide during late gestation and lactation affects hepatic gluconeogenesis of suckling piglets[J]. Anim Reprod Sci, 2015, 159: 109-117.

[21] Thongsong B, et al. Effects of chito-oligosaccharide supplementation with low or medium molecular weight and high degree of deacetylation on growth performance, nutrient digestibility and small intestinal morphology in weaned pigs[J]. Livestock Science, 2018, 209: 60-66.

[22] Yang J W, et al. Involvement of PKA signalling in anti-inflammatory effects of chitosan oligosaccharides in IPEC-J2 porcine epithelial cells[J]. J Anim Physiol Anim Nutr（Berl）, 2018, 102（1）: 252-259.

[23] Suthongsa S, et al. Effects of dietary levels of chito-oligosaccharide on ileal digestibility of nutrients, small intestinal morphology and crypt cell proliferation in weaned pigs[J]. Livestock Science, 2017, 198: 37-44.

[24] Xie, C, et al. Effect of maternal supplementation with chitosan oligosaccharide on the antioxidant capacity of suckling piglets[J]. Journal of Animal science, 2016, 94（7）: 453-456.

[25] 田刚，黄琳惠，宋晓华，等．壳寡糖对氧化应激仔猪生长性能、抗氧化能力及空肠养分消化和转运能力的影响[J]. 动物营养学报，2018，30（7）：10.

[26] 党国旗，杨新宇，许晴，等．壳寡糖对断奶仔猪免疫力及相关理化指标的影响[J]. 动物营养学报，2017，29（11）：3980-3986.

[27] Yang H S, et al. Effects of chito-oligosaccharide on intestinal mucosal amino acid profiles and alkaline phosphatase activities, and serum biochemical variables in weaned piglets [J]. Livestock Science, 2016, 190: 141-146.

[28] Shenghe L, et al. Chitooligosaccharide promotes immune organ development in broiler chickens and reduces serum lipid levels[J]. Histol Histopathol, 2017, 32（9）: 951-961.

[29] Zhou T X, et al. Effects of chitooligosaccharide supplementation on performance, blood characteristics, relative organ weight, and meat quality in broiler chickens[J]. Poult Sci, 2009, 88（3）: 593-600.

[30] Liu X, et al. Efficacy of chitosan oligosaccharide as aquatic adjuvant administrated with a formalin-inactivated *Vibrio anguillarum* vaccine [J]. Fish Shellfish Immunol, 2015. 47（2）: 855-860.

[31] Li R, et al. Enhanced immune response and resistance to edwardsiellosis following dietary chitooligosaccharide supplementation in the olive flounder （*Paralichthys olivaceus*） [J]. Fish Shellfish Immunol, 2015, 47（1）: 74-78.

[32] Rahimnejad S, et al. Chitooligosaccharide supplementation in low-fish meal diets for Pacific white shrimp（*Litopenaeus vannamei*）: Effects on growth, innate immunity, gut histology, and immune-related genes expression[J]. Fish Shellfish Immunol, 2018, 80: 405-415.

[33] 王彬，黄瑞林，印遇龙，等．半乳甘露寡糖对育肥猪的应用效果[J]. 中国科学院大学学报，2006，23（3）：364-369.

[34] 王吉潭，李德发，龚利敏，等．半乳甘露寡糖对肉鸡生产性能和免疫机能的影响[J]. 中国畜牧杂志，2003，02：4-6.

[35] 王锐，刘军，刘辉宇，等．半乳甘露寡糖对异育银鲫幼鱼生长和非特异性免疫的影响[J]. 上海水产大学学报，2008，04：120-124.

[36] Wang W, Chen J, Zhou H, et al. Effects of microencapsulated *Lactobacillus plantarum* and fructooligosaccharide on growth performance, blood immune parameters, and intestinal morphology in weaned piglets[J]. Food and Agricultural Immunology, 2017, 29（1）: 84-94.

[37] Zhao W, Yuan M, Li P, et al. Short-chain fructo-oligosaccharides enhances intestinal barrier function by attenuating mucosa inflammation and altering colonic microbiota composition of weaning piglets[J]. Italian Journal of Animal Science, 2019, 18（1）: 976-886.

[38] Yan H, Zhou P, Zhang Y, et al. Short-chain fructo-oligosaccharides alleviates oxidized oil-induced intestinal dysfunction in piglets associated with the modulation of gut microbiota [J]. Journal of Functional Foods, 2020, 64: 103661.

[39] 谭聪灵，夏中生，李永民，等．饲粮中添加果寡糖对生长猪生产性能和免疫机能的影响[J]. 粮食与饲料工业，2010，4：1-3.

[40] 朱爱民，孙强东，童朝亮，等．不同水平果寡糖对断奶仔猪生长性能、免疫机能及肠道菌群的影响[J]. 饲料研究，2021，44（14）：46-49.

[41] 周建民，付宇，王伟唯，等．饲粮添加果寡糖对产蛋后期蛋鸡生产性能、营养素利用率、血清生化指标和肠道形态结构的影响[J]. 动物营养学报，2019，31（4）：343-352.

[42] 郑雅文，张丽元，赵丽红，等．日粮果寡糖对肉鸡生长性能、消化酶活性和短链脂肪酸的影响[J]. 饲料工业，2019，22：16-21.

[43] Ding S, Wang Y, Yan W, et al. Effects of *Lactobacillus plantarum* 15-1 and fructooligosaccharides on the response of broilers to pathogenic *Escherichia coli* O78 challenge [J]. PLoS One, 2019, 14（6）: e0212079.

[44] 朱沛霁，徐歆，齐玉凯，等．枯草芽孢杆菌和果寡糖联用对肉鸡生长性能的影响及其机理[J]. 动物营养学报，2016，028（6）：1742-1747.

[45] 胡丹丹，郭婷婷，金亚东，等．果寡糖对泌乳早期奶牛瘤胃发酵及生产性能的影响[J]. 中国乳品工业，2017，45：6-10.

[46] 冶文兴，张洁，李娜，等．基于ITS高通量测序技术研究果寡糖对奶牛瘤胃真菌菌群的影响[J]. 云南农业大学学报：自然科学版，2019，34（6）：965-970.

[47] 张春暖，张纪亮，任洪涛，等．高温应激下果寡糖水平对团头鲂血液免疫和抗氧化指标的影响[J]. 大连海洋大学学报，2017，32（4）：399-404.

[48] 王杰，杨红玲，赵芸，等．果寡糖对斜带石斑鱼生长性能和消化酶活性的影响[J]. 饲料与畜牧，2016，12：54-57.

[49] Hu X, Yang H L, Yan Y Y, et al. Effects of fructooligosaccharide on growth, immunity and intestinal microbiota of shrimp （*Litopenaeus vannamei*） fed diets with fish meal partially replaced by soybean meal[J]. Aquaculture Nutrition, 2019, 25（1）: 194-204.

[50] 李玉欣，王海彦，韩博．毕赤酵母甘露寡糖对大肠杆菌攻毒断奶仔猪免疫细胞数量的影响[J]. 饲

料工业，2019，40（6）：36-38.

[51] 苏成文，肖发沂，李义，等．小麦日粮中益生菌与甘露寡糖对保育猪生产性能及粪便微生物的影响[J]. 黑龙江畜牧兽医，2016，13（7）：117-119.

[52] 戴德渊，宋代军，黄勇富，等．20~ 50kg 生长猪甘露寡糖适宜添加水平的研究[J]. 江西饲料，2005，（9）：7-12.

[53] 陈伟．饲粮中添加甘露寡糖对蛋鸡生产性能、免疫力、血脂代谢、肠道微生物区系和回肠养分消化率的影响[J]. 广东饲料，2016，25（5）：51.

[54] 丁祥文．甘露寡糖对不同饲养密度蛋鸡生产性能的影响及机制[D].泰安：山东农业大学，2016.

[55] Cheng Y F，Chen Y P，Chen R，et al. Dietary mannan oligosaccharide ameliorates cyclic heat stress-induced damages on intestinal oxidative status and barrier integrity of broilers [J]. Poultry Science，2019，98（10）：4767-4776.

[56] Cheng Y，Du M，Xu Q，et al. Dietary mannan oligosaccharide improves growth performance，muscle oxidative status，and meat quality in broilers under cyclic heat stress[J]. Journal of Thermal Biology，2018，75：106-111.

[57] Wang W，Li Z，Han Q，et al. Dietary live yeast and mannan-oligosaccharide supplementation attenuate intestinal inflammation and barrier dysfunction induced by escherichia coli in broilers[J]. British Journal of Nutrition，2016，116（11）：1878-1888.

[58] 熊阿玲，包龙飞，许兰娇，等．饲粮中添加甘露寡糖对肉仔鸡生长性能及组织天然免疫相关基因表达的影响[J]. 中国粮油学报，2019，34（9）：80-87.

[59] 徐晓锋，郭婷婷，郭成，等．甘露寡糖对高精料诱导的低乳脂奶牛瘤胃细菌菌群调控的研究[J]. 动物营养学报，2019，31（11）：5245-5255.

[60] 李浩东，李妍，沈宜钊，等．甘露寡糖对围产期奶牛瘤胃微生物区系的影响[J]. 饲料研究，2021，44（4）：1-6.

[61] Zheng C，Li F，Hao Z，et al. Effects of adding mannan oligosaccharides on digestibility and metabolism of nutrients，ruminal fermentation parameters，immunity，and antioxidant capacity of sheep[J]. J Anim Sci，2018，96（1）：284-292.

[62] 谢明欣，王海荣，杨金丽，等．酵母甘露寡糖对蒙古绵羊生长性能、血清免疫和炎症及抗氧化指标的影响[J]. 动物营养学报，2018，30（1）：219-226.

[63] 陈志龙，曾燕霞，王林，等．不同精粗比饲粮中添加甘露寡糖对绵羊体外瘤胃发酵的影响[J]. 动物营养学报，2016，28：3292-3300.

[64] 王甜，王雪，李庆敏，等．复合化学处理稻草饲粮中添加甘露寡糖对滩羊生产性能及抗氧化能力的影响[J/OL]. 动物营养学报：1-10.

[65] Ren Z，Wang S，Cai Y，et al. Effects of dietary mannan oligosaccharide supplementation on growth performance，antioxidant capacity，non-specific immunity and immune-related gene expression of juvenile hybrid grouper（*Epinephelus lanceolatus* ♂ × *Epinephelus fuscoguttatus* ♀）[J]. Aquaculture，2020，523：735195.

[66] Lu J，Qi C，Limbu S M，et al. Dietary mannan oligosaccharide（mos）improves growth performance，antioxidant capacity，non-specific immunity and intestinal histology of juvenile chinese mitten crabs（*Eriocheir sinensis*）[J]. Aquaculture，2019，510：337-346.

[67] Li Y，Liu H，Dai X，et al. Effects of dietary inulin and mannan oligosaccharide on immune related genes expression and disease resistance of pacific white shrimp，*Litopenaeus vannamei*[J]. Fish & Shellfish Immunology，2018，76：78-92.

[68] Wang T，Yang J，Lin G，et al. Corrigendum：effects of dietary mannan oligosaccharides on non-specific immunity，intestinal health，and antibiotic resistance genes in pacific white shrimp *Litopenaeus vannamei*[J]. Front Immunol. 2022，13：1015734.

[69] Tian S，Wang J，Yu H，et al. Effects of galacto-oligosaccharides on growth and gut function of newborn suckling piglets [J]. Journal of Animal Science and Biotechnology，2018，9（1）：201-211.

[70] 高仁，田时祎，汪晶，等．低聚半乳糖对脂多糖刺激哺乳仔猪盲肠微生物区系、肠道炎症和屏障

功能的影响[J]. 动物营养学报，2022，34（1）：177-189.
[71] Wang J，Tian S，Yu H，et al. Response of colonic mucosa-associated microbiota composition，mucosal immune homeostasis，and barrier function to early life galactooligosaccharides intervention in suckling piglets[J]. Journal of Agricultural and Food Chemistry，2018，67（2）：578-588.
[72] 谭兵兵，姬玉娇，丁浩，等．低聚木糖对断奶仔猪生长性能、腹泻率和血浆生化参数的影响[J]. 动物营养学报，2016，28（8）：2556-2563.
[73] 郭秋平，文超越，王文龙，等．低聚木糖对仔猪生长性能、肌肉组织营养成分含量及肌纤维类型组成的影响[J]. 动物营养学报，2017，29（8）：2769-2776.
[74] 赵蕾，陈清华，易海秋．低聚木糖对保育猪生长性能、腹泻率和血清生化指标的影响[J]. 动物营养学报，2018，30（5）：1887-1892.
[75] Yin J，Li F，Kong X，et al . Dietary xylo-oligosaccharide improves intestinal functions in weaned piglets[J]. Food Funct，2019，10（5）：2701-2709.
[76] Su J，Zhang W，Ma C，et al. Dietary supplementation with Xylo-oligosaccharides modifies the intestinal epithelial morphology，barrier function and the fecal microbiota composition and activity in weaned piglets[J]. Front. Vet. Sci.，2021，8：680208.
[77] Chen Y，Xie Y，Zhong R，et al. Effects of graded levels of xylo-oligosaccharides on growth performance，serum parameters，intestinal morphology，and intestinal barrier function in weaned piglets[J]. J Anim Sci，2021，99（7）：skab183.
[78] Ding H，Zhao X，Azad MAK，et al. Dietary supplementation with Bacillus subtilis and xylo-oligosaccharides improves growth performance and intestinal morphology and alters intestinal microbiota and metabolites in weaned piglets[J]. Food Funct，2021，12（13）：5837-5849.
[79] Chen Y，Xie Y，Zhong R，et al. Effects of xylo-oligosaccharides on growth and gut microbiota as potential replacements for antibiotic in weaning piglets [J]. Front Microbiol，2021，12：641172.
[80] 陈小连，宋琼莉，宋文静，等．杨树来源多酚和低聚木糖对断奶仔猪生长性能、免疫与抗氧化功能、血常规和血清生化指标的影响[J]. 江西农业大学学报，2020，42（05）：932-940.
[81] 谢菲，罗钧秋，陈代文，等．低聚木糖对生长育肥猪生长性能、胴体性状和肉品质的影响[J]. 四川农业大学学报，2018，36（4）：520-526.
[82] 韩丽，潘杰婷，解培峰，等．低聚木糖对生长肥育猪血浆生化参数和肌肉脂肪酸组成的影响[J]. 动物营养学报，2017，29（6）：3316-3324.
[83] 潘杰，韩丽，张婷，等．低聚木糖对生长肥育猪生长性能、胴体性状和肉品质的影响[J]. 动物营养学报，2017，29（7）：2475-2481.
[84] 杨海峰，何宏勇，李艳艳，等．木寡糖对蛋鸡产蛋性能、蛋品质、营养物质消化率和血清生化指标的影响[J]. 中国饲料，2018（8）：50-55.
[85] 周建民，邱凯，张海军，等．饲粮添加低聚木糖对蛋鸡蛋品质、血清抗氧化功能和脂质代谢的影响[J]. 动物营养学报，2021，33（7）：3853-3862.
[86] 许金根，靳二辉，闻爱友，等．低聚木糖对肉鸡屠宰性能、器官指数和血清生化指标的影响[J]. 安徽科技学院学报，2017（2）：6-11.
[87] Luo D，Li J，Xing T，et al. Combined effects of xylo-oligosaccharides and coated sodium butyrate on growth performance，immune function，and intestinal physical barrier function of broilers[J]. Anim Sci J，2021，92（1）：e13545.
[88] Abasubong K P，Li X F，Zhang D D，et al. Dietary supplementation of xylooligosaccharides benefits the growth performance and lipid metabolism of common carp （*Cyprinus carpio*） fed high-fat diets[J]. Aquaculture Nutrition，2018，24（5）：1416-1424.
[89] 陈晓瑛，王国霞，孙育平，等．饲料中添加低聚木糖对凡纳滨对虾幼虾消化酶活力、肠道形态及细菌数量的影响[J]. 动物营养学报，2018，30（4）：1522-1529.
[90] Sun，C，Yang L，Feng L，et al. Xylooligosaccharide supplementation improved growth performance and prevented intestinal apoptosis in grass carp[J]. Aquaculture. 2021，535：736360.

[91] Wu Y，Pan L，Shang Q H，et al. Effects of isomalto-oligosaccharides as potential prebiotics on performance，immune function and gut microbiota in weaned pigs[J]. Animal Feed Science and Technology，2017，230：126-135.

[92] Wang X X，Song P X，Wu H，et al. Effects of graded levels of isomaltooligosaccharides on the performance，immune function and intestinal status of weaned pigs[J]. Asian-Australasian Journal of Animal Sciences，2015，29（2）：250-256.

[93] 刘金艳，王瑶，毛俊霞，等．日粮添加 β-葡聚糖对仔猪生长性能、肠道发育与免疫功能的影响[J]. 中国兽医学报，2017，37（11）：2197-2205.

[94] 杜建，陈代文，余冰，等．β-葡聚糖对生长育肥猪生长性能、胴体性能和肉品质的影响[J]. 动物营养学报，2018，30（9）：3634-3642.

[95] Tian X，Shao Y，Wang Z，et al. Effects of dietary yeast β-glucans supplementation on growth performance，gut morphology，intestinal clostridium perfringens population and immune response of broiler chickens challenged with necrotic enteritis [J]. Animal Feed Science and Technology，2016，215：144-155.

[96] Chen L，Jiang T，Li X，et al. Immunomodulatory activity of β-glucan and mannan-oligosaccharides from saccharomyces cerevisiae on broiler chickens challenged with feed-borne aspergillus fumigatus[J]. Pak Vet J，2016，36（3）：297-301.

[97] 曲昆鹏，张倩，杨家昶，等．β-葡聚糖对肉仔鸡生长性能、免疫功能和肠道微环境的影响[J]. 动物营养学报，2016，28（7）：2235-2242.

[98] 顾鲲涛，赵连生，王留香，等．饲粮中添加酵母 β-葡聚糖对围产期奶牛生产性能、血清生化指标及抗氧化能力的影响[J]. 动物营养学报，2018，30（6）：2164-2171.

[99] Jin X，Zhang M，Yang Y F. *Saccharomyces cerevisiae* β-glucan-induced SBD-1 expression in ovine ruminal epithelial cells is mediated through the TLR-2-MyD88-NF-κB/MAPK pathway[J]. Vet Res Commun. 2019，43（2）：77-89.

[100] Ji L，Sun G，Li J，et al. Effect of dietary β-glucan on growth，survival and regulation of immune processes in rainbow trout（*Oncorhynchus mykiss*）infected by aeromonas salmonicida[J]. Fish & Shellfish Immunology，2017，64：56-67.

[101] 陈靖雯，郭道远，赵冰，等．饲料 β-葡聚糖和灭活乳酸菌的添加对泥鳅幼鱼生长性能、肠脂肪酸组成及免疫性能的影响[J]. 水生生物学报，2019，43（1）：52-59.

[102] Li H，Xu C，Zhou L，et al. Beneficial effects of dietary β-glucan on growth and health status of pacific white shrimp *Litopenaeus vannamei* at low salinity[J]. Fish & Shellfish Immunology，2019，91：315-324.

[103] 阎桂玲，呙于明．褐藻酸寡糖对肉鸡生长及免疫机能的影响[C]//中国畜牧兽医学会动物营养学分会（National Society of Animal Nutrition Chinese Association of Animal Science and Veterinary Medicine）．第六次全国饲料营养学术研讨会论文集．[出版者不详]，2010：1.

[104] Yan G L，Guo Y M，Yuan J M，et al. Sodium alginate oligosaccharides from brown algae inhibit *Salmonella enteritidis* colonization in broiler chickens. [J]. Poultry science，2011，90（7）：1441-1448.

[105] Wan J，Zhang J，Chen D，et al. Alginate oligosaccharide-induced intestinal morphology，barrier function and epithelium apoptosis modifications have beneficial effects on the growth performance of weaned pigs[J]. J Anim Sci Biotechnol，2018，9：58.

[106] Wan J，Zhang J，Chen D，et al. Effects of alginate oligosaccharide on the growth performance，antioxidant capacity and intestinal digestion-absorption function in weaned pigs [J]. Animal Feed Science and Technology，2017，234：118-127.

[107] 潘金露，韩雨哲，霍圃宇，等．饲料中添加褐藻酸寡糖对大菱鲆肠道结构、消化酶活性及表观消化率的影响[J]. 广东海洋大学学报，2016，36（3）：39-44.

[108] Sinha S，Chand S，Tripathi P. Recent progress in chitosanase production of monomer-free chitooligosaccharides：Bioprocess strategies and future applications[J]. Appl Biochem Biotechnol，2016，180（5）：883-899.

[109] Swiatkiewicz S, Swiatkiewicz M, Arczewska-Wlosek A, et al. Chitosan and its oligosaccharide derivatives (chito-oligosaccharides) as feed supplements in poultry and swine nutrition [J]. J Anim Physiol an N, 2015, 99 (1): 1-12.

[110] 解玉怀，尚庆辉，古丽美娜，等．饲料添加剂植物多糖的生物学作用[J]. 草业科学，2016，33（03）：503-511.

[111] 魏炳栋，于维，陶浩，等．黄芪多糖对 1～14 日龄肉仔鸡生长性能、脏器指数及抗氧化能力的影响[J]. 动物营养学报，2011，23（3）：486-491.

[112] Kong H, Cheng D . The effect of lycium barbarum polysaccharide on alcohol-induced oxidative stress in rats[J]. Molecules, 2011, 16 (3): 2542-2550.

[113] Han Z-L, Yang M, Fu X-D, et al. Evaluation of prebiotic potential of three marine algae oligosaccharides from enzymatic hydrolysis[J]. Marine Drugs, 2019, 17 (3): 173.

[114] Liu Y, Jiang S, Ke Z, et al. Recombinant expression of a chitosanase and its application in chitosan oligosaccharide production[J]. Carbohydrate Research, 2009, 344 (6): 815-819.

[115] 王露懿，朱华旭．多糖资源的开发应用现状及存在问题分析[J]. 药物生物技术，2018，025（1）：90-94.

[116] 王颖，魏佳韵，吴思佳，等．灵芝多糖结构特征及药理作用的研究进展[J]. 中成药，2019，41（03）：149-157.

[117] 杜雪洋，吴玉泓，刘香玉，等．黄芪多糖的药理作用研究[J]. 西部中医药，2019，032（006）：152-155.

[118] Ding X M, Li D D, Bai S P, et al. Effect of dietary xylooligosaccharides on intestinal characteristics, gut microbiota, cecal short-chain fatty acids, and plasma immune parameters of laying hens[J]. Poultry Science, 2018, 97 (3): 874-881.

[119] Huang B, Xiao D, Tan B, et al. Chitosan oligosaccharide reduces intestinal inflammation that involves calcium-sensing receptor (casr) activation in lipopolysaccharide (lps)-challenged piglets[J]. Journal of Agricultural and Food Chemistry, 2015, 64 (1): 245-252.

[120] 刘淑梅，李芳蓉，陈军．基于文献研究的生物多糖提取技术研究综述[J]. 中国食品工业，2016（11）：62-64.

[121] 高怡婷，柳文媛．多糖的制备工艺与质量控制研究进展[J]. 药学进展，2016，40（03）：50-56.

[122] 王蒙，李澜鹏，张全，等．生物法制备甲壳素/壳聚糖的研究进展[J]. 生物技术通报，2019，35（04）：219-228.

[123] Yuan X, Zheng J, Jiao S, et al. A review on the preparation of chitosan oligosaccharides and application to human health, animal husbandry and agricultural production[J]. Carbohydr Polym, 2019, 220: 60-70.

[124] 何佩娟，张宇洁．多糖含量测定的方法综述[J]. 现代食品，2019（2）：27-31.

[125] 刘洪涛，原旭冰，王倬，等．功能糖在生命健康领域的研究进展及产业发展现状 [J]. 生物产业技术，2018，6：15-22.

[126] 王惠，辛华夏，蔡剑锋，等．基于部分酸水解-亲水作用色谱的黄芪多糖指纹图谱分析及结合反相指纹图谱全面质量评价方法的建立 [J]. 色谱，2016，34（7）：726-736.

[127] 王燕，刘骥，刘晓兰，等．不同来源玉米纤维饲料的营养价值评价[J]. 饲料研究，2016（16）：50-54.

[128] Zou P, Yang X, Wang J, et al. Advances in characterisation and biological activities of chitosan and chitosan oligosaccharides[J]. Food Chemistry, 2016, 190: 1174-1181.

[129] Li K, Li S, Wang D, et al. Extraction, characterization, antitumor and immunological activities of hemicellulose polysaccharide from astragalus radix herb residue[J]. Molecules, 2019, 24 (20): 3644.

[130] Zhang G, Jia P, Liu H, et al. Conjugation of chitosan oligosaccharides enhances immune response to porcine circovirus vaccine by activating macrophages[J]. Immunobiology, 2018, 223 (11): 663-670.

[131] Wei J，Wang Z A，Wang B，et al. Characterization of porcine milk oligosaccharides over lactation between primiparous and multiparous female pigs[J]. Sci Rep，2018，8（1）：4688.
[132] Liu X，Zhang H，Gao Y，et al. Efficacy of chitosan oligosaccharide as aquatic adjuvant administrated with a formalin-inactivated vibrio anguillarum vaccine[J]. Fish & shellfish immunology，2015，47（2）：855-860.
[133] 王雪，孙劲松，高昌鹏，等．外源寡糖在动物生产中的应用研究概况[J]. 黑龙江畜牧兽医，2019（19）：30-33.
[134] Liang S，Sun Y，Dai X. A review of the preparation，analysis and biological functions of chitooligosaccharide[J]. International Journal of Molecular Sciences，2018，19（8）：2197.
[135] Xu Q，Qu C，Wan J，et al. Effect of dietary chitosan oligosaccharide supplementation on the pig ovary transcriptome[J]. Rsc Advances，2018，8（24）：13266-13273.
[136] 李国玲，钟翠丽，倪生，等．利用 crispr/cas9 系统建立 xist 基因敲除猪模型[J]. 遗传，2016，038：1079-1087.

第 8 章
饲用生物活性肽用于减抗、替抗

8.1

饲用生物活性肽的研究进展

8.1.1 概述

8.1.1.1 定义

生物活性肽是对生物机体的生命活动有积极作用的肽类化合物，通常含有 2～20 个氨基酸残基，分子量小于 6000。科学研究表明，从动物、植物及微生物中都可以制备出肽类活性物质[1,2]。

8.1.1.2 研究与应用现状

生物活性肽分子量小，比氨基酸或其他蛋白质水解产物更容易被人体和动物吸收利用，具有显著的生物活性，经口摄入后通过肠道吸收进入血液循环对机体产生影响[3]。生物活性肽具有多种生理功能，在机体的代谢功能中起着重要作用，其活性随着氨基酸组成的不同以及氨基酸排列顺序不同而发生改变。现有研究表明，生物活性肽的抗菌、免疫调节、激素调节、抗疲劳、降血脂、抗氧化、抗肿瘤等生理活性，使得它们在药物、饲料添加剂、化妆品等开发方面具有巨大潜力[4,5]。

1902 年，伦敦医学院的两位生理学家 Bayliss 和 Starling 在动物胃肠道里发现了胰泌素，这是人类首次发现的多肽物质。20 世纪 70 年代，神经肽的研究进入高峰，脑啡肽及阿片肽相继被发现[6]。1980 年，瑞典科学家 Boman 等从天蚕蛹中分离得到天蚕素，这是第一个被发现的动物抗菌肽[7]。1996 年，武汉九生堂生物科技股份有限公司用生物酶降解全卵蛋白，人工合成世界上第一个小分子活性多肽，并实现了产业化。目前，生物活性肽已广泛应用于农业、医药、食品和化妆品等诸多领域[8]。目前，全球获批的多肽类药物约 180 种。2023 年，美国食品药品监督管理局（FDA）的药物评价与研究中心批准了 54 款新药，其中有 6 个多肽类药物，占比 11%。随着人们对肽类认识和研究的不断深入，已建立了化学组合肽库和基因组合肽库，各种生物活性肽的生产及应用前景广阔，市场潜力巨大。

在畜禽和水产养殖领域，研究人员已针对大豆肽、小麦肽、海藻肽、抗菌肽等多种生物活性肽开展深入研究。生物活性肽的开发将为有效利用蛋白质、节约蛋白质资源、有效替代饲用抗生素等开辟新的途径。目前，我国已批准酪蛋白磷酸肽（casein phosphopeptides）和酪蛋白钙肽（casein calcium peptide）用于犬、猫，但尚未批准生物活性肽用于畜禽和水产动物。由于生物活性肽具备优良的生物活性和作用，在安全性、有效性得到科学验证的前提下，其在畜禽和水产动物养殖领域应用前景将十分广阔。

8.1.2 饲用生物活性肽的来源及分类

生物活性肽类物质种类过于庞大，来源非常广泛，目前尚无较为一致的分类方法。按其来源可分为内源性的生物活性肽和外源性的生物活性肽两类。内源性生物活性肽即动物机体内存在的天然的生物活性肽。外源性生物活性肽包括存在于其他动植物和微生物体内的天然生物活性肽和蛋白质降解后产生的生物活性肽成分。生物活性肽的来源主要有3种：①从生物体中提取各类天然活性肽；②消化过程中产生或体外水解蛋白质产生；③通过化学方法（液相或固相）、酶法、重组DNA技术合成。

8.1.2.1 动物来源的生物活性肽

动物来源的生物活性肽来源广泛，存在于昆虫、两栖动物、水产动物、哺乳动物和畜禽产品等。

（1）昆虫来源的生物活性肽 昆虫是地球上现存种类最多、数量最大的低等动物，有100多万种。与高等动物一样，昆虫也具有一个完整的细胞和体液免疫反应系统，存在着防御病原体感染、保持机体稳定和免疫监督的各种机能，具有很强的适应能力和发达的防御机制。昆虫在受到外界环境刺激时，由血淋巴或机体相关部位产生的天然抗菌物质，是昆虫体液免疫系统的有机组成部分，在整个免疫系统中发挥着重要作用，其脂肪体（功能类似于哺乳动物的肝脏）分泌的抗菌肽对各系统的病原体起抑制作用。截至2024年1月，在抗菌肽数据库（http：//aps. unmc. edu/AP/）中可以查到的昆虫抗菌肽超过364种，这些抗菌肽根据结构（氨基酸的序列组成）及其功能和抗感染机制的不同分为4类：天蚕素类、昆虫防御素、富含脯氨酸的抗菌肽和富含甘氨酸的抗菌肽[9]。其中，天蚕素是世界上第一个发现的抗菌肽，是由瑞典科学家用阴沟肠杆菌及大肠杆菌诱导鳞翅目昆虫惜古比天蚕产生的抗菌活性多肽物质[10]。

昆虫抗菌肽不仅具有抗细菌、抗真菌、抗疟原虫和抗锥虫的活性，还对肿瘤细胞和癌细胞具有特异性的杀伤作用，对正常人体细胞却无害[11]。更值得注意的是，有些昆虫抗菌肽对一些DNA和RNA病毒有明显的抑制作用，例如，Merrifield等[12]报道天蚕素可以在亚毒性浓度下抑制艾滋病病毒HIV-1的增殖。昆虫抗菌肽的研究给抗癌和抗艾滋病等药物的开发带来了新的希望。

（2）两栖类动物来源的生物活性肽 两栖类动物的皮肤外露、湿度较高，并具有一定的呼吸功能，这种形态及生理的特异性要求其仅能在潮湿的环境中生存，这也是一些病原微生物生存的极佳环境。因此，为了开拓和适应广阔的栖息地及多样的生态环境，通过不断地选择进化，两栖类动物最终形成了一套特殊的可抵御病原微生物的防御系统，其皮肤内有丰富的腺体（主要包括黏液腺与颗粒腺）分布，而腺体分泌的生物活性多肽类、生物胺、生物碱和甾类化合物等是两栖动物生物化学物质的主要来源[13]。

两栖动物皮肤腺体释放的生物活性肽在免疫防御中有重要作用。目前已经从两栖动物皮肤提取物中分离出的生物活性肽包括抗菌肽、抗氧化肽、缓激肽等。

（3）水产动物来源的生物活性肽 海洋中蕴藏着丰富且独特的生物资源，海洋源蛋白质，包括水产动物源蛋白质是开发生物活性肽的良好前体物质。在鱼、虾、贝、甲壳类等水产动物中发现了多种抗菌、抗氧化、降血压、抗癌活性肽。

Sampath 等[14] 采用连续色谱分离技术从竹荚鱼和黄花鱼的皮肤蛋白水解物中分离纯化得到了两种具有抗氧化特性的肽。Wang 等[15] 从牡蛎水解物中分离纯化得到了两种新型抗氧化肽。Wang 等[16] 从牡蛎蛋白酶解物中分离提取到了序列为 Val-Val-Tyr-Pro-Trp-Thr-Gln-Arg-Phe 的九肽，并证明该九肽具有明显的血管紧张素转换酶（ACE）抑制活性。李锐等[17] 也从克氏原螯虾虾头酶解物中分离纯化得到一种新型 ACE 抑制肽。

（4）哺乳动物来源的生物活性肽 生物活性肽，主要是抗菌肽在动物体内广泛表达，主要存在于黏膜上皮细胞、中性粒细胞、皮肤以及一些其他免疫器官，如呼吸道中的表面活性物质阴离子抗菌肽、胸腺中的多肽类物质、胎盘中的防御多肽，这些生物活性肽在宿主抵抗病原微生物感染中起重要作用，与吞噬细胞共同建立了机体的第一道防线，故又称为内源性抗菌肽。迄今为止，已在哺乳动物体内发现了百余种内源性抗菌肽，它们普遍具有分子量低、广谱抗菌等特点。按生物活性肽的功能又可分为以防御作用为主的多肽（如防御素 defensins 和抗菌肽 cathelicidins 等）和以免疫功能调节作用为主的多肽（如胸腺肽、胎盘肽等）。以免疫功能调节作用为主的多肽，在体外无抑菌作用或抑菌作用很弱。

（5）畜禽产品来源的生物活性肽 禽蛋和乳产品是生物活性肽的重要来源。

禽蛋生物活性肽：禽蛋是功能蛋白质和生物活性蛋白质的丰富来源。禽蛋中含有的卵白蛋白、核黄素结合蛋白、卵转铁蛋白、溶菌酶、卵巨球蛋白、卵黄球蛋白、卵黄高磷蛋白等功能性蛋白质是制备生物活性肽的潜在前体物质。越来越多的研究表明，禽蛋源生物活性肽是一类很有前景的保健食品、功能性食品成分和饲料添加剂，除具有传统的营养价值之外，还具有抗氧化、降血压、抗菌、抗病毒、抗癌、抗糖尿病、抗炎、免疫调节等作用[18]。

乳源生物活性肽：乳源生物活性肽是研究最为深入的生物活性肽。自 1979 年德国科学家[19] 通过酶解牛乳酪蛋白得到一些具有阿片样物质活性的多肽类物质，人们便开始对乳蛋白生物活性肽开展研究。目前，已知的乳源生物活性肽是由牛乳中的两种主要蛋白质酪蛋白（主要包括 α-酪蛋白、β-酪蛋白和 κ-酪蛋白）和乳清蛋白（主要包括 α-乳白蛋白和 β-乳球蛋白）分解而来[20]。常见的乳源生物活性肽包括酪啡肽、α-内啡肽、β-内啡肽、乳铁蛋白肽、酪激肽、抗菌肽、抗血栓肽、磷酸肽等。

8.1.2.2 植物来源的生物活性肽

植物在生长时遭受微生物侵袭分泌产生的生物防御肽，可作为饲用生物活性肽的来源。目前研究表明，植物虽然没有类似哺乳动物那样的特异的免疫系统，但非特异的天然免疫体系却十分完善。过氧化氢酶、裂解酶、次生代谢物质以及抗菌蛋白（如病原相关蛋白、PR 蛋白）和宿主防御肽等不同类型的抗感染物质是植物非特异天然免疫体系的重要组成部分。Brazzein（甜蛋白）是近几年发现的植物防御肽，最早在非洲热带植物 *Pentadiplandra brazzeana* 中发现，由于这种蛋白质本身没有甜味，只起使酸味物质变甜的作用，故成为新型甜味剂的研究热点。此外，莫奈林已被美国食品药品监督管理局（FDA）批准为“公认安全的”（GRAS）食品添加剂[21]。

从植物来源来看，目前研究较多的有大豆肽、玉米肽、小麦肽、大米肽等。

（1）大豆肽 植物蛋白生物活性肽以大豆肽的开发最早，美国在 20 世纪 70 年代初研制出大豆多肽产品，之后，美国 Deltown Speciaties 公司建成了年产 5000t 食用大豆多肽的工厂。日本于 20 世纪 80 年代开展此方面的研究，不二制油公司、雪印和森永等乳业公司均已成功地将大豆多肽用于食品生产，应用于功能性饮料、运动营养食品、健康食品、酸奶及味精的生产。大豆肽易消化吸收，有低抗原性、抑制胆固醇、促进脂质代谢及发酵促进等功能，不易发生热变性。

大豆肽是大豆蛋白质的水解产物，是平均肽链长度为 2～10 的短肽（以 2～3 的低分子肽为主），含有少量的游离氨基酸、糖类和无机盐成分，分子量＜1000。与大豆蛋白相比，大豆肽具有易消化吸收、抗疲劳、降血压、降胆固醇、调节胰岛素分泌和脂肪代谢、促进矿物质吸收、刺激微生物生长和低过敏原性等特性[22]。大豆肽富含生长因子，能提高微生物的生长发育和代谢速度，促进双歧杆菌的发酵以及乳酸菌和其他菌类的增殖，从而提高动物生产性能，改善畜产品品质。大豆肽作为饲料使用安全，无毒副作用，应用范围广，市场开发潜力大，具有非常广阔的开发应用前景。

（2）玉米肽 在日本已开发出具有明显降血压作用的玉米多肽混合物“缩氨酸”，作为功能食品使用。在国内，赵金兰[23] 利用玉米渣生产降血压活性肽，并通过动物试验表明，玉米醇溶蛋白的嗜热菌蛋白酶水解肽以 2g/kg 剂量口服 3～5h 后，可使受试动物的血压显著下降，降血压作用维持了 24h。越来越多研究表明，玉米蛋白水解制成的玉米肽具有缓解机体疲劳、醒酒、降低血清中胆固醇浓度等多种优良功效[24,25]。

（3）小麦肽 小麦肽具有乳化性、起泡性、ACE 阻碍作用及吗啡活性，是食品中常见的物性改良剂，其中的 SK-5 型小麦蛋白水解物，已用于食品的质感改良。日本日清制粉公司已成功分离出 5 种小麦外啡肽 A5、A4、B5、B4、C，其肽序列分别为 Gly-Tyr-Tyr-Pro-Thr、Gly-Tyr-Tyr-Pro、Tyr-Gly-Gly-Trp-Leu、Tyr-Gly-Gly-Trp、Tyr-Pro-Ile-Ser-Leu，其中 B3 是外源性肽中有最强吗啡活性的肽类[26]。

（4）大米肽 有研究者用酶处理黄酒加工的副产物酒糟，分离获得了 9 种具 ACE 抑制活性的肽，对自发性高血压老鼠具有良好的降压效果。从大米蛋白中获得的 oryzatensin 是一种多功能肽，既具有阿片样拮抗活性，又具有免疫调节功能，浓度为 1μmol/L 时，oryzatensin 吞噬作用明显，吞噬指数为控制值的 1.5 倍。此外，oryzatensin 也刺激了白细胞周围超氧化离子的产生。

8.1.2.3 微生物来源的生物活性肽

来自细菌的生物活性肽也叫细菌素，是某些细菌在代谢过程中通过核糖体合成机制产生的一类具有生物活性的多肽或前体多肽。从功能上将细菌素分为两类，一类是对其他细菌的生长有抑制作用的细菌素，可以抑制或杀灭其他微生物，这类细菌素被称为羊毛硫抗生素，如乳链菌肽（nisin）和片球菌素[27]。而另一类，是不具有杀菌作用或杀菌活性很弱的细菌素，它们主要在宿主肠道中起调节作用，主要调节宿主肠道屏障功能和黏膜免疫功能。这类细菌素通常由肠道益生菌产生，如约氏乳杆菌产生的 microcin C7[28]，一些酵母菌、霉菌等产生的 plectasin 等[29]。

截至 2024 年 1 月，已经有 3146 种天然抗菌肽被 APD 抗菌肽数据库公布，其中来自动物的 2463 种、植物的 250 种、细菌的 383 种、真菌的 29 种、原生生物的 8 种、古菌的 5 种。部分细菌抗菌肽见表 8-1。

表 8-1 部分细菌抗菌肽信息表

抗菌肽名称	来源	活性	抗菌肽名称	来源	活性
plantaricin A	*Lactobacillus plantarum* C11	抗革兰氏阳性菌和阴性菌、抗癌	carnobacteriocin B2	*Carnobacterium piscicola*	抗革兰氏阳性菌和阴性菌
leucocin A	*Leuconostoc gelidum* UAL-187	抗革兰氏阳性菌、阴性菌	nisin Z	*Lactococcus lactis*SIK-83	抗革兰氏阳性菌、抗癌
nisin A	*Streptococcus lactis*	抗革兰氏阳性菌、促进伤口愈合、抗癌	subtilin	*Bacillus subtilis*	抗革兰氏阳性菌
Pep5	*Staphylococcus epidermidis* strain 5	抗革兰氏阳性菌	microcin J25	*Escherichia coli* AY25	抗革兰氏阴性菌
butyrivibriocin AR10	Butyrivibrium fibrisolvens AR10	抗革兰氏阳性菌和阴性菌	subtilosin A	*Bacillus subtilis*、*Bacillus amyloliquefaciens* 或 *Bacillus atrophaeus*	抗革兰氏阳性菌和阴性菌、抗病毒
enterocin AS-48	*Enterococcus faecalis* S-48	抗革兰氏阳性菌和阴性菌	plantaricin ASM1	*Lactobacillus plantarum* A-1	抗革兰氏阳性菌
uberolysin	*Streptococcus uberis* 42	抗革兰氏阳性菌和阴性菌	acidocin B	*Lactobacillus acidophilus* M46	抗革兰氏阳性菌和阴性菌
carnocin UI49	*Carnobacterium piscicola* UI49	抗革兰氏阳性菌和阴性菌	lichenin	*Bacillus licheniformis*	抗革兰氏阳性菌和阴性菌
nisin Q	*Halobacterium* strain AS7092	抗革兰氏阳性菌	serracin-P 23 kDa subunit	*Serratia plymuthica*	抗革兰氏阳性菌和阴性菌
aureocin A53	*Staphylococcus aureus* A53	抗革兰氏阳性菌	siamycin Ⅰ	*Streptomyces* strain AA6532	抗 HIV 等病毒
NP-06	*Streptomyces* strain AA6532	抗 HIV 等病毒	lactococcin G-a	*Lactococcus* lactis LMGT2081	抗革兰氏阳性菌和阴性菌
actagardine	*Actinoplanes garbadinensis* ATCC31048 and 31049	抗革兰氏阳性菌	sublancin 168	*Bacillus subtilis* 168	抗革兰氏阳性菌
microcin B	*Escherichia coli*	抗革兰氏阴性菌	BsaA2	community-acquired methicillin-resistant *Staphylococcus*	抗革兰氏阳性菌

8.1.2.4 人工合成的生物活性肽

近年来，随着人们对抗菌肽研究的深入，科研人员尝试人工合成抗菌肽，并在医疗应用方面取得了一定的成果。利用抗菌肽研制的药物已进入市场，如：美国马盖宁制药公司研发出来的马盖宁（magainin）可杀死病毒和肿瘤细胞，柞蚕抗菌肽能抑制乙型肝炎病毒和杀灭肿瘤细胞，在医药上已制成肾肝宁胶囊用于治疗肾炎及肝炎等。但目前人工合成抗菌肽仍然存在成本高、生产量小等不足。

8.1.3 饲用生物活性肽在畜禽生产上的研究与应用进展

生物活性肽本身是动物生理活性调节物，对环境无污染，可以部分替代促生长类药物饲料添加剂，具有促进动物生长发育、改善饲料适口性、调节动物机体免疫、提高动物生产性能等作用。目前我国虽然尚未批准生物活性肽在畜禽和水产动物饲料中使用，但生物活性肽具有成为安全高效的饲料添加剂的潜力。

8.1.3.1 在猪养殖中的研究与应用

（1）断奶仔猪 断奶仔猪胃肠道内酶系发育不完善、运动机能弱、免疫力差，极易发生腹泻从而导致生产性能下降。因此，生物活性肽在断奶仔猪中的研究主要集中于缓解断奶仔猪腹泻和改善肠道健康等方面。已经有许多研究证明了生物活性肽可以通过多种机制来缓解腹泻，促进仔猪生长发育。

Yu 等[30] 研究了抗菌肽 J25（MccJ25）作为潜在抗菌药替代品对断奶仔猪的饲喂效果，结果表明，日粮添加 1.0mg/kg 和 2.0mg/kg 抗菌肽 MccJ25 显著改善了仔猪的日增重和料重比，提高了仔猪营养成分的消化率，降低腹泻发生率，减少了粪便中大肠杆菌数量，增加了乳酸杆菌和双歧杆菌数量，并显著降低了血清细胞因子 IL-6、IL-1β、TNF-α 水平，以及 D-乳酸、二胺氧化酶、内毒素浓度。总之，日粮添加 MccJ25 有效改善了断奶仔猪健康状况，减轻了腹泻和系统性炎症，增强了肠道屏障功能，改善了粪便微生物群组成。郑宝和于向春[31] 研究了不同剂量乳生肽在断奶仔猪日粮中的添加效果，发现日粮中添加 300mg/kg 的乳生肽能显著降低猪的腹泻率、发病率和死淘率，且能够在一定程度上增加仔猪日采食量，促进仔猪生长。Yoon 等[32] 研究发现，断奶仔猪日粮中添加抗菌肽 P5 具有提高断奶仔猪生长性能，提高干物质和粗蛋白质全肠道表观消化率的作用。此外，在基础日粮中添加适量的抗菌肽，可显著提高断奶仔猪的生长性能、腹泻率、抗氧化性和免疫功能[33]。

Zheng 等[34] 研究了不同添加剂量的大豆肽对仔猪（体重为 5.33kg±0.10kg）生长性能、肠道形态和氧化应激的影响，发现在保育猪日粮中添加 5～10g/kg 的大豆肽可改善猪的生长性能和肠道健康，同时可促进绒毛发育，降低炎性细胞因子水平并减少氧化应激反应。刘福星和冯晓双[35] 在保育期添加 1.0%大豆肽使保育仔猪腹泻率降低 43.8%，从仔猪开料到 35 日龄在饲料中添加 1.0%大豆肽，哺育期成活率比对照组提高 7.44%；在 36～70 日龄添加 0.5%大豆肽，保育阶段成活率提高 4.61%。王贤勇[36] 报道，在试验组仔猪日粮中添加小肽制品 2%，日采食量和日增重分别比对照组提高了 15.5%和 17.3%，因此，大豆肽能发挥营养与抗病的双重作用，从而确保动物健康生长，提高成活率。不同研究报告中大豆肽适宜的添加水平差异很大，主要原因是所使用的大豆肽产品中生物活性肽纯度不同，如 Zheng 等[34] 的研究中大豆肽是由豆粕发酵生产，活性肽未经纯化，故各试验中大豆肽的添加剂量较高。但总体而言，即使含有较低生物活性肽成分的大豆肽亦能有效促进仔猪生长、改善肠道形态和抗氧化应激等。

此外，周根来等[37] 研究了酪蛋白磷酸肽对断奶仔猪生长性能和血液生化指标的影响，结果表明，添加 0.3%酪蛋白磷酸肽显著改善了断奶仔猪日增重和料重比，显著提高了血清钙和血糖水平，降低了甘油三酯水平。

（2）生长育肥猪 添加抗菌肽可以在一定程度上提高育肥猪生长性能，增强育肥猪的免疫力和改善肠道微生物菌群平衡。李登云等[38] 研究发现，基础日粮中添加 300g/t

抗菌肽 Dermaseptin-M 可以显著提高育肥猪平均日增重 4.64%，并显著降低料重比 4.71%，而低能低蛋白日粮添加抗菌肽可提高平均日增重 3.65%，降低料重比 3.03%，且添加抗菌肽可显著提高血清免疫球蛋白和补体 C4 的含量。侯改凤等[39] 在 60kg 左右育肥猪无抗日粮中添加 50mg/kg 抗菌肽制剂，平均日增重较对照组提高 9.41%，料重比有降低趋势，血清尿素含量降低 14.98%，血液中红细胞（RBC）计数、血小板计数和血小板压积分别降低 25.92%、37.63%、54.16%，表明育肥猪日粮中添加 50mg/kg 抗菌肽可改善机体代谢状态，促进生长。也有报道发现，日粮中添加抗菌肽和微生态复合产品后日耗料低于对照组 0.18kg，日增重高于对照组 0.02kg，腹泻率减少 6%，死亡率降低 4%，养殖成本显著降低[40]。

大量研究证明，适量添加生物活性肽不仅具有良好的促生长效果，而且也有利于改善肉品质。育肥阶段饲喂 0.2%的小肽复合剂能够显著提高育肥猪生长性能和改善肉质性状，表现为提高育肥猪的日增重，增加育肥猪的采食量，提高饲料转化效率，提高育肥猪群的成活率，降低腹泻率；肉质性状方面，显著降低滴水损失，增加了肌肉的保水力[41]。

由鸡血、鱼类等原料经高温高压、定向酶解等一系列加工工艺制成的小肽产品在生长育肥猪中也有良好的应用效果。生长育肥猪日粮中添加 0.5%和 0.3%的小肽制剂（海鱼蛋白酶解肽），与对照组相比平均日增重分别提高 8.34%和 3.91%，料肉比降低 8.40%和 5.04%，生长猪腹泻率分别降低 5.16%和 4.45%[42]。崔家军等[43] 在基础日粮中分别添加 1%、2%、3%、4%的酶解蛋白肽，可提高生长育肥猪的生长性能、降低料重比，提高血液总蛋白水平、球蛋白水平，最佳添加量为 1.796%。

（3）母猪 妊娠期母猪的饲养管理工作是母猪保健工作的关键环节，直接关系能繁母猪的产仔率和仔猪的成活率。抗菌肽的使用可以很大程度上降低母猪流产率、弱仔率和仔猪的死亡率，还可以提高母猪的生产性能。有实验表明，在母猪的饲料中添加抗菌肽，不但可以提高母猪的生产性能，改善母猪的健康状况，提高母猪的免疫力，还可以改善乳汁的质量，进而提高哺乳仔猪的健康水平和生长性能，使仔猪的断奶重和断奶窝重较大，这主要是与抗菌肽的生物学特性有关[44]。同样，黄荣春等[45] 也发现，在妊娠后期母猪（分娩前 40d）基础日粮中添加 300g/t 和 500g/t 抗菌肽，试验组较对照组母猪便秘率分别降低 25%和 16.7%，仔猪初生均重分别提高 170g/头和 140g/头，健仔率提高 4.17%和 3.31%。

8.1.3.2 在家禽养殖中的研究与应用

（1）蛋鸡 大量研究表明，抗菌肽等生物活性肽可以提高蛋鸡产蛋性能。与对照组相比，基础饲粮中添加 100mg/kg 肠杆菌肽产蛋率提高 3.88%，脏蛋率降低 12.68%，料蛋比比对照组下降了 0.07%，死淘率降低 40%，破蛋率降低 14.63%，添加肠杆菌肽具有提高蛋鸡生产性能的效果[46]。于曦等[47] 在海兰褐蛋鸡产蛋后期日粮中添加 0.01L/kg 鲎素抗菌肽，产蛋率提高 8.86%，料蛋比、破蛋率分别降低 2.68%和 12.76%，蛋壳强度比对照组提高了 18.97%，哈氏单位、蛋壳相对质量和蛋壳厚度均有上升的趋势，且蛋鸡子宫内 CaBP-D28k mRNA 表达水平显著提升。可见，鲎素抗菌肽通过提高 CaBP-D28k 含量，促进产蛋过程中钙的代谢发挥作用。此外，侯佳妮等[48] 也研究了鲎素抗菌肽在蛋鸡无抗养殖中的应用，结果发现，添加 0.01L/kg 鲎素抗菌肽显著提高了蛋鸡产蛋率，提高了蛋鸡血液孕酮、促黄体素、雌二醇和促卵泡激素含量，并有效降低了排泄物含氮量（降低了 38.71%）。

大豆肽、大米肽等植物来源生物活性肽在蛋鸡中的应用也有相关研究报道。陈亮和肖伟伟[49] 研究了大豆肽（大豆酶解蛋白）对蛋鸡产蛋性能和蛋品质的影响，结果显示，添加0.3%以上大豆肽可提高合格蛋数量和质量，添加0.6%以上大豆肽可增加蛋壳厚度和强度，提高哈氏单位。刘卫东等[50] 在罗曼蛋鸡日粮中加入1.5%～2%的大米蛋白肽，能明显降低蛋鸡舍内的氨气和硫化氢的浓度，也能显著提高其产蛋率和饲料利用率，表明大米蛋白肽在冬季有利于提高蛋鸡的生产性能和改善其饲养环境。

总之，生物活性肽能够有效提高蛋鸡产蛋性能，改善蛋品质，并有效改善鸡舍环境，是一种非常有发展前景的饲料添加剂。

（2）肉鸡 抗菌肽对家禽的多数常见致病菌都具有抑菌活性。大量的研究表明，抗菌肽可以促进家禽的生长发育，并且还对引起禽患病的致病菌有很好的抑制作用。如抗菌肽可以抑制肠道致病菌的产生，并且还具有杀灭作用，可以很好地维持鸡体内肠道微生态平衡，从而改善肉鸡的生长性能。sublancin是由枯草芽孢杆菌168产生的含有37个氨基酸的抗菌肽。Wang等[51] 研究了其在体外和体内对产气荚膜梭菌的抑制作用。结果表明，在体外研究中，抗菌肽sublancin对产气荚膜梭菌的最低抑制浓度为8μmol/L，远高于林可霉素（0.281μmol/L），扫描电子显微镜显示，sublancin破坏了产气荚膜梭菌的形态；在体内研究中，与感染产气荚膜梭菌的对照肉鸡相比，用sublancin或林可霉素处理的肉鸡十二指肠和空肠中的绒毛高度与隐窝深度之比更高，十二指肠中的绒毛高度更高，此外降低了回肠中的IL-1β、IL-6和TNF-α水平。赵芳芳[52] 研究表明，在鸡饲料中添加大豆肽可使鸡嗉囊、空肠、盲肠、直肠乳酸菌增加10倍，而大肠杆菌、好氧菌总数却降为1/10。在基础日粮中添加100mg/kg、200mg/kg或300mg/kg天蚕素抗菌肽，显著提高1～21日龄817肉杂鸡的平均日增重，降低料重比，显著提高817肉杂鸡的胸腺、法氏囊和脾脏指数，以及ND抗体水平和T淋巴细胞转化率，表明在日粮中添加天蚕素抗菌肽能提高817肉杂鸡的生长性能和免疫功能，其适宜的添加量为200mg/kg[53]。总之，抗菌肽具有促进肉鸡机体对营养物质的合成和利用，提高机体免疫力，抑制致病菌繁殖，提高肠道酶活性的功能。

除了抗菌肽外，大豆肽在鸡养殖中的应用效果也非常明显。孙汝江等[54] 在基础日粮中分别添加大豆肽0.075%、0.15%、0.3%，研究其对蛋鸡生产性能、蛋品质及血液生化指标的影响，结果表明，添加大豆肽0.15%可显著提高蛋鸡产蛋率，降低料蛋比，显著提高哈氏单位，提高蛋鸡生产性能和蛋品质，改善蛋白质代谢，并且大豆肽0.15%和乳酸菌素0.2%联合应用优于单独添加大豆肽或乳酸菌素。Fan等[55] 研究发现，日粮添加20mg/kg大豆肽改善了肉鸡体重、采食量和胴体性状，提高了肉鸡体内的IgA和IgG浓度，以及抗体效价和抗氧化能力。在0～42日龄白羽肉鸡基础日粮中分别添加大豆肽0.2%、0.4%、0.6%和0.8%，发现日粮中添加大豆肽可提高平均日增重、平均日采食量和成活率，降低料肉比，并提高肉鸡的屠宰率、全净膛率、胸肌率和腿肌率，降低腹脂率[56]。

谢梦蕊等[57] 研究报道，日粮中添加地鳖肽可有效缓解氧化应激状态下肉仔鸡的应激反应，促进肉仔鸡生长，改善肉品质，提高机体抗氧化能力。高春国和简运华[58] 研究了鱼分离肽（肽含量为6%）对黄羽肉鸡的应用效果，发现在雏鸡、大鸡阶段，对照组基础饲粮添加0.2%鱼分离肽对生产性能无进一步改善作用，但在减少鱼粉或无鱼粉情况下添加鱼分离肽能保持与对照组相近甚至更好的生产性能，表明鱼分离肽可以替代部分甚至全部鱼粉。

8.1.3.3 在反刍动物养殖中的研究与应用

（1）牛 牛饲料中饲用生物活性肽的研究与应用主要集中在大豆肽方面，日粮中添加小肽或水解物中含较多数量小肽的蛋白质时，反刍动物的生产性能可得到明显改善。王恬等[59] 研究表明，在奶牛日粮中添加小肽可显著提高奶牛产奶量与乳品品质，进而提高奶牛生产经济效益，小肽在产奶牛日粮中的适宜添加量为 0.1%～0.3%。常兴发等[60] 在奶牛日粮中添加复合小肽（主要成分为大豆肽），发现添加 10g/(d・头) 显著提高了奶牛产奶量，有效改善奶牛机体的健康状况，血红蛋白含量和白细胞、红细胞、淋巴细胞、单核细胞及中性粒细胞数量均显著高于对照组。在日粮中添加 10g/(d・头) 小肽，显著提高了奶牛机体有机物和酸性洗涤纤维的表观消化率，奶产量提高 3.21kg/d，并增强了奶牛机体免疫力[61]。Zhao 等[62] 研究了大豆肽对公犊牛的生长性能、血清代谢产物、营养物质消化率和粪便细菌群落的影响，结果发现，补充大豆肽显著增加了犊牛粗蛋白的总表观消化率，可使平均日增重显著增加，且 400mg/kg 组（126.6g/d）日增重最高。400mg/kg 组的血清 IgG 水平最高，高密度脂蛋白胆固醇浓度最低，血清 IgM、生长激素和胰岛素样生长因子Ⅰ水平分别较对照组提高了 17.0%、18.8%和 26.5%，并增加脱硫弧菌属、消化球菌属、肠杆菌属、瘤胃杆菌属等细菌的相对丰度，降低了未分类拟杆菌（Bacteroidales-S24-7-group-norank）和拟杆菌的丰度。

（2）羊 生物活性肽在羊养殖中的研究相对较少，对生物活性肽的研究主要集中在提高羊的生长性能和改善瘤胃微生物菌群结构方面。张智安等[63] 研究了蜜蜂肽对育肥湖羊生长性能和瘤胃微生物区系的影响，发现基础饲粮中添加 400g/t 蜜蜂肽显著提高了育肥湖羊的平均日增重，显著降低料重比，提高育肥湖羊的生产性能，并能调节其瘤胃微生物区系和瘤胃发酵。刘靖康等[64] 在早期断奶羔羊基础日粮添加 300mg/kg 抗菌肽 CC31，发现在日粮中添加抗菌肽可以显著提高羔羊日增重，降低料重比，提高了粗蛋白和干物质的养分利用率，促进机体对蛋白质的吸收，提高了血清球蛋白含量，增强羔羊机体免疫力。此外，有学者运用皮肤灌注技术把小肽和氨基酸灌注到安哥拉山羊的皮肤中，观察到小肽可以显著促进羊毛的生长。

8.1.3.4 在水产动物养殖中的研究与应用

生物活性肽在水产养殖上的研究主要集中于对乳源性生物活性肽、抗菌肽和谷胱甘肽等的研究。大量研究证明，生物活性肽能提高鱼的生产性能、免疫力和抗病力。黄沧海等[65] 研究发现，抗菌肽和黄霉素在促生长和抑制病原菌方面具有类似的效果，高剂量的抗菌肽有利于提高罗非鱼的肥满度。Hu 等[66] 研究发现，添加适宜的抗菌肽 IsCT 可有效提高草鱼的生长性能并增强肠炎抵抗力，通过提高免疫物质（如酸性磷酸酶）活性和表达水平来提高草鱼肠道免疫力，通过上调抗炎细胞因子基因表达和下调促炎细胞因子基因表达来减弱鱼肠道炎症反应，并通过二次回归分析，计算出对于生长草鱼（136.88～507.78g）最佳抗菌肽 IsCT 添加剂量分别为 1.52mg/kg 和 2.00mg/kg。张莉等[67] 也同样发现，添加一定量的抗菌肽显著提高了加州鲈鱼粗蛋白质、水分和粗灰分含量，降低加州鲈鱼的粗脂肪含量。Gyan 等[68] 研究了不同水平抗菌肽（0、0.1%、0.2%、0.4%、0.6%和 1%）对凡纳滨对虾的饲喂效果，发现与对照组相比，随着抗菌肽组添加量的增加，体重、增重、存活率和特定生长率均存在先上升后下降的变化，均在 0.4%抗菌肽组获得最高值，且 0.4%抗菌肽组具有最低的料重比（1.46）。抗菌肽的添加显著改善了机体总抗氧化能力和谷胱甘肽过氧化物酶、过氧化氢酶、超氧化物歧化酶活性。同时，在细菌感染后，抗菌肽的添加使虾的抵抗力增加，其中0.4%组虾具有最低的死亡率（37%）。这表明，在虾饲料中添加抗菌肽可以改善凡纳滨对虾的生长性能、抗氧化能力和先天免疫反应。

大豆肽对水产动物也具有良好的应用效果。使用大豆肽部分替代鱼粉（替代33%）显著提高了黄颡鱼的增重率，但当替代比例为50%时，显著提高了饵料系数，降低了增重率、特定生长率及蛋白质效率，且鱼体粗脂肪含量显著降低，表明黄颡鱼配合饲料中鱼粉替代量小于33%时，黄颡鱼生长性能最佳，且对鱼体肝脏抗氧化功能无不利影响。钟国防等[69] 研究了大豆肽替代鱼粉对凡纳滨对虾的影响，发现大豆肽替代鱼粉量小于20%时，凡纳滨对虾的增重率、特定生长率和饲料系数与对照组均无显著差异，但替代量超过20%时成活率显著降低；随大豆肽替代量的增加，胰蛋白酶和脂肪酶活力呈先上升后下降的趋势，肠绒毛高度、宽度呈现出先上升后下降的趋势，且100%替代组会损伤肠组织绒毛，导致绒毛长度显著缩短。

徐奇友等[70] 研究发现，饵料中适量添加谷氨酰胺二肽（Ala-Gln）可以提高哲罗鱼仔鱼肠道谷氨酰胺和谷氨酸含量、消化酶活性和抗氧化能力。张余霞等[71] 用小肽替代部分鱼粉饲喂异育银鲫的试验发现，小肽可以替代鱼粉且最佳替代水平为2%～3%。此外，生物活性肽对水产动物肌肉的风味也有影响。活性肽能促进鲤鱼机体蛋白质的合成，提高鲤鱼肌肉肌苷酸和几种呈味氨基酸含量，具有提高鲤鱼风味、改善鲤鱼肌肉品质的作用[72]。

综上所述，生物活性肽应用于畜禽生产中具有提高机体对营养物质的利用率、改善肠道健康、提高免疫力和抗氧化能力等效果，从而提高动物生产性能，改善畜产品品质。生物活性肽作为饲用抗菌药替代品使用安全、无毒副作用，应用范围广，效果佳，市场开发潜力大。

8.2 饲用生物活性肽的生理功能及其作用机制

生物活性肽一般为由2～5个氨基酸组成的短肽，也有由10～50个氨基酸组成的多肽，作为肽类物质，可以直接提供给动物机体生长发育所需要的氨基酸，同时能促进动物生长。值得注意的是，生物活性肽作为蛋白质中某些结构域的组分而具有生物活性。大量研究表明，生物活性肽具有免疫调节、抗菌、抗病毒、抗氧化、降血压、抗癌、抗糖尿病、抗炎、金属离子结合与转运、改善骨骼健康等多种生理功能，对机体健康具有良好的调控作用。本节主要阐述生物活性肽作为饲料添加剂在畜禽机体中的生理功能及其作用机制。

8.2.1 抗菌作用及其机制

8.2.1.1 抗菌作用

多数抗菌肽本身就是生物体产生用于抵御病原微生物侵扰的天然物质，其抗菌作用广义上也包括对真菌、支原体、衣原体、原生动物等致病微生物的抵抗作用。已在微生物、动物和植物等多种天然来源的活性肽中鉴定出具有抗菌特性的生物活性肽，这些肽对食物腐败微生物和体内多种病原体（包括细菌、真菌、病毒和真核寄生虫）具有抑制作用，其抗菌谱广，作用效果好，副作用小，被认为是抗生素的理想替代物[73]。

抗细菌作用：大量研究表明，抗菌肽具有广谱抗细菌活性，包括抗革兰氏阳性菌、革兰氏阴性菌以及兼性菌。Yu 等[74] 研究报道，抗菌肽 MccJ25 能有效抑制和杀灭不同血清型大肠杆菌和沙门氏菌菌株，且用亚抑菌浓度处理大肠杆菌 K88 后，未导致大肠杆菌 K88 突变率增加和对其他抗菌药产生耐药性。不同抗菌肽的抗菌活性有较大差异，如家蚕抗菌肽分为 attacins、cecropins、enbocins、gloverin、lebocins、moricins 和 defensins 等 7 大家族，但各家族中抗菌活性和抗菌谱均不相同。

抗真菌作用：多种抗菌肽具有抗真菌的功能，如 cecropins、果蝇抗菌肽、线肽素、贻贝素、蝎血素以及各种人工改造的抗菌肽等。研究发现，天蚕素对曲霉菌属和镰刀菌属的病原菌有较强的杀灭作用。人和灵长类动物唾液中的组蛋白也有抗真菌作用，它与真菌细胞的包膜受体结合后进入其内部并定位于线粒体。近年的研究表明，抗菌肽的抗真菌能力与真菌的种属和孢子状态有关。

抗寄生虫作用：寄生虫病严重危害人类和动物健康，目前抗寄生虫治疗仍然以化学药物为主。研究表明，部分抗菌肽可有效地杀死寄生于人类或动物体内的寄生虫。如 cecropins 类似物 shiva-1、蛙皮抗菌肽爪蛙素等可杀死疟原虫；来自蛔虫体内的抗菌肽可以杀死利什曼原虫；柞蚕抗菌肽 cecropins D 对阴道毛滴虫也有较强杀灭作用。

生物活性肽的抗菌有效性和作用方式取决于它们的结构特征，并对目标微生物表现出不同的选择性和敏感性。一般来说，动物源性抗菌肽对微生物的抑制范围比细菌产生的抗菌肽抗微生物范围大得多[75]，而后者在低至纳摩尔水平的极低浓度下表现出更高的抗菌效率[76]。Jang 等[77] 测定了来自牛肉的 4 种抗菌肽 GFHI、DFHING、FHG 和 GLSDGEWQ 对 6 种病原菌，包括 3 种革兰氏阳性菌（蜡样芽孢杆菌、单核细胞增生李斯特菌和金黄色葡萄球菌）和 3 种革兰氏阴性菌（鼠伤寒沙门氏菌、大肠杆菌和假单胞菌）的抗菌活性，结果发现抗菌肽 GLSDGEWQ 可抑制鼠伤寒沙门氏菌、蜡样芽孢杆菌、大肠杆菌和单核细胞增生李斯特菌的生长，是这 4 种抗菌肽中唯一抑制革兰氏阳性和革兰氏阴性病原体生长的肽；抗菌肽 GFHI 和 FHG 抑制了病原体假单胞菌的生长。Yu 等[78] 对从澳大利亚肉类（牛、绵羊、猪、山羊和鹿）和家禽（鸡、火鸡和鸵鸟）产业中相关动物血液中发现的抗菌肽进行了全面综述，包括防御素和导管素。内源性抗菌肽具有体外最低抑菌浓度低、广谱抗菌活性、中和脂多糖、促进伤口愈合以及与传统抗菌药协同作用等特点。

8.2.1.2 抗菌机制

随着研究不断深入，大量的天然活性肽与人工合成肽的抗菌作用陆续被发现，关于其作用机制尽管人们提出了多种理论假说，但不同的假说针对的是特定种类的抗菌肽，尚没有一个可以涵盖所有抗菌肽作用机理的理论假说。目前有关抗菌肽的抗菌机制主要集中在两个理论。

（1）膜靶向机制 细菌、真菌等病原微生物都具有细胞结构，主流观点认为，抗菌肽可以通过使病菌的细胞膜去极化或者穿孔来杀灭病原体。如 Petit 等[79] 从对虾血细胞中获得了一种抗菌肽 PvHCt，其为真菌侵染对虾时由对虾的血蓝蛋白水解产生的一种阴离子肽，这种肽类具有 α-螺旋结构，能与真菌的细胞膜结合，通过破坏细胞膜导致病原体死亡。

进一步研究表明，阳离子抗菌肽的正电荷区域与细胞膜上的负电荷区域相互作用，使抗菌肽分子的疏水端插入细胞膜的脂质膜中，进而改变脂质膜结构，破坏细胞膜完整性，导致细胞质外溢而达到杀菌的目的。此外，抗菌肽与细胞膜作用后形成跨膜电位，打破酸碱平衡，抑制呼吸作用。目前，有4个模型（A、B、C、D）来描述抗菌肽与细胞膜的互作机制。A为聚集体（aggregate channel）模型，即抗菌肽与细胞膜上的磷脂分子结合成复合物，一旦复合物崩溃，抗菌肽就进入细胞内，细胞膜也因受到弯曲张力而被破坏进而导致细胞死亡。如，鲨肽等的作用机理即符合该模型。B为桶-板（barrel-stave）模型，即结合于细胞膜表面的抗菌肽相互聚集，以多聚体的形式插入病原微生物细胞膜双分子层中，因而形成一个跨膜离子通道，使外界的水分子和离子等可以渗入细胞内部，细胞质也可以外流，导致细胞死亡。C为地毯（carpet-like）模型，抗菌肽先是平行排列在细胞膜上，当达到一定数量时就像地毯一样覆盖在膜表面，以“去垢剂”的作用方式破坏细胞膜而引起细胞死亡。D为环孔（toroidal）模型，聚集的抗菌肽分子是垂直嵌入细胞膜上，其疏水区的位移可以使细胞膜疏水中心形成裂口，引发磷脂单分子层向内弯曲，形成一个直径为1～2nm的环孔。如magainins等的作用机理即符合该模型。

（2）非膜靶向机制 除了典型的作用于细菌细胞膜的机制外，一些抗菌肽还可以通过作用于细胞内靶点来发挥杀菌作用，这种方式被称为非膜靶向作用机制。抗菌肽在进入病原微生物细胞之后，通过与细胞内靶标的特异性结合干扰细胞代谢，达到抑制和杀灭病原体的目的。

抗菌肽胞内抑/杀菌主要通过以下几个方式：一是抑制核酸生物合成；二是干扰蛋白质的合成；三是抑制细胞壁的合成，阻碍细胞分裂；四是抑制细胞内酶活性。如，富含脯氨酸的抗菌肽可以与核糖体结合并干扰蛋白质合成过程，还能通过与核酸分子结合抑制DNA的复制和转录过程[80]，因此这类抗菌肽对革兰氏阴性菌有更好的抑制效果，如抗菌肽indolicidin可完全抑制大肠杆菌DNA合成；buforin Ⅱ的衍生肽进入细胞后可以与DNA结合并抑制复制和转录，使得细胞内半乳糖苷酶等功能酶活性有所下降，细胞代谢出现紊乱[81]。此外，来自猪小肠中性粒细胞的一种富含脯氨酸、精氨酸的抗菌肽PR-39能够抑制胞内还原型烟酰胺腺嘌呤二核苷酸磷酸（NADPH）氧化酶复合物的组装，导致活性氧无法产生，细胞内代谢无法进行。

尽管研究表明不同的抗菌肽可能具有不同的抗菌机制，但有些抗菌肽可能通过多种途径介导微生物细胞死亡。房鑫等[82]在研究不同动物来源的抗菌肽对沙门氏菌的杀菌作用的实验中就发现，四种活性肽都具有破坏细胞膜的能力，同时其中三种对细菌的蛋白质合成和DNA复制也有不同程度的抑制效果。有关抗菌肽的抗菌机制还需进一步研究。

8.2.2 抗病毒作用及其机制

8.2.2.1 抗病毒作用

病毒结构简单，个体微小，可以通过感染生物细胞进行自我复制，许多病毒具有较长的潜伏期，难以被免疫系统发现和清除，并且大多缺少特效药，目前常用的抗菌药对其治疗无效，往往会造成大规模的传染性疫情。在畜禽生产中，一些危害性极强的疾病如禽流感、非洲猪瘟、口蹄疫等都是由病毒引起的。

研究表明，一些生物活性肽可以有效抑制病毒在体内的增殖，如多种抗菌肽不仅具有抗细菌作用，还具有抗病毒活性。哺乳动物的防御素家族以及某些蜘蛛抗菌肽、虾抗菌肽等均可抑制包膜病毒，如单纯疱疹病毒、流感病毒、人类免疫缺陷病毒等。抗菌肽 LL-37 是在人类中发现的 cathelicidin 家族唯一成员，具有信号肽部分、cathelin 结构域和活性肽部分。LL-37 对人类免疫缺陷病毒 1 型、甲型流感病毒、呼吸道合胞病毒、鼻病毒和单纯疱疹病毒均有抑制活性。LL-37 可诱导抗原提呈细胞产生强有力的免疫反应，抗原提呈细胞通过产生和释放Ⅰ型干扰素及促进树突状细胞的成熟，增强病毒的双链 DNA 向位于细胞核附近的 Toll 样受体传递，从而达到有效的抗病毒作用。此外，初欢欢等[83] 在使用两种人工合成的活性肽对感染新城疫病毒肉鸡的保护实验中发现这两种活性肽具有很好的抗新城疫病毒的作用。

8.2.2.2 抗病毒机制

想深入研究生物活性肽抗病毒的内在机制，就要从病毒的繁殖方式入手。病毒是以复制的形式进行增殖的，一般过程包括吸附、侵入、脱壳、生物合成、组装、释放等环节，只要阻止了其中一步，就能抑制病毒的繁殖。

多种生物活性肽可以直接与病毒相互作用，使其失去侵染能力。如抗菌肽 LL-37 可通过与病毒包膜和蛋白衣壳相互作用，破坏病毒的稳定结构从而使病毒死亡。Luteijn 等[84] 发现，来自牛痘病毒蛋白 CPXV012 的多肽可以阻碍多种包膜病毒（痘病毒、HIV 病毒等）的感染，但对非包膜病毒几乎无作用。进一步研究表明该肽可以与病毒包膜中的磷脂酰丝氨酸相互作用，破坏包膜结构，从而破坏病毒结构的完整性，抑制病毒的繁殖。然而，一种来自流感病毒 M2 蛋白的小肽 M2 AH 的衍生物 M2 MH 并没有破坏病毒的包膜结构，而是使其形变，进而影响了病毒包膜蛋白的稳定性，阻止与宿主细胞膜融合的过程，有效降低病毒的侵染性[85]。

生物活性肽也可以通过抑制病毒的基因表达和核酸复制的过程，来阻碍病毒的增殖。比如 Ruzsics 等[86] 报道多肽 TAT-I24 对 DNA 双链病毒（巨细胞病毒、牛痘病毒等）具有很好的抑制作用，而对反转录病毒等作用不明显。进一步研究表明 TAT-I24 在病毒基因表达水平上抑制了其复制周期中的早期步骤。

此外，还有一些生物活性肽可以通过阻止病毒与宿主细胞的识别结合来抑制病毒增殖。比如抗菌肽 MAF-1A 通过抑制病毒包膜蛋白血凝素 HA1 亚基与宿主细胞膜的唾液酸受体结合，从而抑制病毒感染细胞。EB 抗病毒肽和蓝藻抗病毒蛋白-N 可能通过抑制细胞波形蛋白的表达来阻止猪繁殖与呼吸综合征病毒（PRRSV）核衣壳蛋白对猴肾细胞的识别结合[87]。

生物活性肽发挥抗病毒能力往往并不是通过一些独立的作用机制，而是通过多途径协同作用的结果。朱志翠等[88] 研究发现，家蝇抗菌肽 MAF-1A 不但能破坏甲型流感病毒结构，还能通过结合包膜蛋白阻止流感病毒的识别吸附过程，并影响病毒的释放过程，通过多靶点共同发挥效应。

8.2.3 免疫调节作用及其机制

8.2.3.1 免疫调节作用

畜禽健康水平低下、疫病频发的主要原因是各种因素造成畜禽免疫抑制，抵抗力降低。为了减少动物疫病，提高畜禽生产能力，降低饲养成本，通过营养手段调节畜禽的免疫系统、增强畜禽的免疫功能日益受到人们的高度关注。大量研究已证明，哺乳动物、禽蛋和水产动物来源的多种生物活性肽具有免疫调节作用。用胃蛋白酶消化制备的蛋黄水解物已被证明能够诱导免疫反应，从而增加免疫缺陷 BALB/c 小鼠小肠黏膜细胞中 IgA 水平，表明其具有增强黏膜免疫反应的潜力[89]。Polanowski 等[90] 从蛋黄中获得一些具有免疫调节活性的多肽，通过分子排阻色谱、SDS-PAGE 和 HPLC 对多肽混合物进行纯化分级和鉴定，获得了 8 条肽段，随后进一步证实这些多肽可作为细胞因子 IL-1β 和 IL-6 释放的有效诱导剂。Fan 等[91] 研究表明，乳铁蛋白能通过和靶动物细胞表面脂多糖作用来调控白细胞介素和抗炎因子的释放，还能促进免疫细胞成熟。徐恺[92] 发现，南极磷虾肽能够提高小鼠的淋巴细胞增殖速度，增强 NK 细胞和巨噬细胞的活性，显著提高免疫力。Sabeena 等[93] 从大西洋鳕鱼中得到的一种蛋白水解产物可以激活大西洋鲑鱼的白细胞，提高吞噬细胞活性，还能促进小鼠的 T 淋巴细胞释放更多的细胞因子。

免疫调节肽也广泛存在于大豆、谷物等植物中。郭雪松等[94] 从玉米黄浆蛋白的水解产物中获得了一种活性肽，能够使小鼠脾脏指数、血清抗体水平等免疫指标显著提高。李睿珺等[95] 报道，鹰嘴豆肽可以有效改善环磷酰胺造成的免疫力低下小鼠的多项免疫指标，包括白细胞数量、细胞因子水平等。

8.2.3.2 调节免疫的机制

生物活性肽主要通过两方面来调节机体的免疫功能，一方面通过增强免疫反应来应对感染；另一方面，可通过抑制炎症反应防止免疫系统过度活化。

（1）加强吞噬细胞吞噬功能 促吞噬肽是机体自然存在的免疫四肽，是一种重要的非特异性免疫调节剂，具有增强巨噬细胞的吞噬功能、增强巨噬细胞溶解肿瘤细胞的作用和增强 NK 细胞活性等功能。Wang 等[96] 通过碳廓清试验发现抗菌肽 sublancin 可以增强巨噬细胞的活化能力，从而影响一系列的先天免疫反应。

（2）促进树突状细胞和巨噬细胞分化 抗菌肽可通过促进树突状细胞和巨噬细胞分化调节先天免疫和适应免疫。人工合成的抗菌肽 IDR-1018 可诱导巨噬细胞分化成促炎 M1 和抗炎 M2 的中间型，人工合成的抗菌肽 IDR-1018 可诱导巨噬细胞分化成促炎 M1 型和抗炎 M2 型的中间型，增强抗炎功能，同时保持对抑制感染很重要的某些促炎活性[97]。

（3）增强淋巴细胞功能 胸腺肽是 20 世纪 60 年代在动物胸腺或血清中分离出的一类具有免疫调节作用的多肽。调节免疫反应的作用机制主要是通过 T 细胞实现的，包括增加 T 细胞的产生（$CD4^+$、$CD8^+$ 细胞）、刺激 T 细胞分化与成熟、减少 T 细胞凋亡等[98,99]。

（4）调节机体炎症反应 抗菌肽对免疫系统具有双重调节作用，一方面它们通过抗菌活性和刺激先天免疫系统，保护宿主免受潜在有害病原体的侵害；另一方面，它们还防止机体免疫系统过分活化。枯草芽孢杆菌分泌的 sublancin 在正常生理状态下，对先天免疫具有促进作用，可以通过 NF-κB 和 MAPK 信号通路促进巨噬细胞分泌 IL-1β 等细胞因子和 NO，增强巨噬细胞的吞噬功能和杀菌作用；而在攻毒条件下，可通过 NF-κB 通路抑制 IL-1β、IL-6 和 TNF-α 的过量表达，减轻炎症反应[51,96]。

8.2.4 抗氧化作用及其机制

8.2.4.1 抗氧化作用

氧化代谢会产生自由基和其他活性氧，当形成过量的活性氧时，会造成蛋白质、膜脂、DNA 和其他细胞组分的严重损伤，从而导致细胞死亡。大量来源于动物、植物、海洋生物等的生物活性肽具有很好的抗氧化功能。

抗氧化肽来源于许多水解食物蛋白，例如酪蛋白、乳清蛋白、蛋黄蛋白、猪肌原纤维蛋白和水产副产品蛋白[100]。Lin 等[101] 以蛋清蛋白粉为主要原料，分别用碱性蛋白酶、胰蛋白酶和胃蛋白酶水解制备抗氧化肽。随后采用高场强脉冲电场对抗氧化肽进行处理，发现经高场强脉冲电场处理的抗氧化肽比未处理组有更强的抗氧化能力。据报道，通过酶消化从肉蛋白中获得了几种抗氧化肽。使用木瓜蛋白酶和链霉蛋白酶 E 消化猪肌原纤维蛋白获得的抗氧化肽，具有抑制亚油酸的过氧化、DPPH 清除和金属螯合活性[102]。

谷物等植物也是抗氧化肽的重要来源。张文敏等[103] 以亚麻籽粕为原料制备得到了低聚肽产物，并证实该产物具有很强的清除羟自由基和阳离子自由基的能力。樊金娟[104] 报道，米糠肽可以显著提高致衰小鼠的超氧化物歧化酶活性等多项抗氧化指标，并有效改善了线粒体的肿胀程度。

此外，已从牡蛎、虾、贝类和各种鱼类等海洋生物中鉴定出许多具有抗氧化特性的生物活性肽。与许多其他鱼类来源的活性肽相比，河豚水解物具有强大的抗氧化作用[105]。Girgih 等[106] 报道了鲑鱼蛋白水解物及其肽段均可抑制亚油酸的氧化。蓝贻贝的蛋白质中性酶水解物分离得到的抗氧化肽，具有良好的 DPPH 自由基、羟基自由基和超氧阴离子自由基清除活性[107]。

8.2.4.2 抗氧化机制

抗氧化肽的作用机制包括直接清除自由基、螯合促氧化金属离子、调节产 ROS 氧化酶、增强抗氧化防御系统、细胞保护作用、调节肠道菌群等。乳源肽是抗氧化肽的来源之一，这类肽本身没有活性，但是在特定酶水解作用下，可以释放出具有清除自由基、螯合金属离子和抑制脂质过氧化功能的活性小分子肽[108]。酪蛋白等在蛋白水解酶水解过程中可以释放抗氧化肽，作为自由基清除剂和金属离子螯合剂有效对抗脂质和必需脂肪酸的酶促和非酶促过氧化[109]。同样，其他报道也证明源自 αs-酪蛋白的肽具有清除自由基的活性并可以抑制酶促和非酶促脂质过氧化[110]。此外，部分生物活性肽还能通过清除重金属离子和促进分解过氧化物，降低自氧化速度，从而具备开发成抗氧化剂的潜力。

8.2.5 抗肿瘤作用及其机制

8.2.5.1 抗肿瘤作用

通过化学预防减缓癌变的进展来降低癌症的发病率和死亡率是目前最有希望的抗癌方法。然而，化疗是昂贵的，而且抗癌药物的副作用会对正常细胞造成损害。因此，食物蛋白质等天然来源的新的抗癌物质可以为癌症预防和治疗提供更好的选择。

多种植物蛋白来源的生物活性肽被证实具有很好的抗癌活性。李梅青等[111] 在研究肝癌移植瘤小鼠时发现绿豆活性肽对小鼠肿瘤生长有显著抑制作用。Ke 等[112] 研究发现，大豆发酵过程中产生的新型化合物 latifolicinin A 与乳腺癌细胞（MDA-MB-231）增殖的抑制有关。同样也是从大豆中获得的活性肽 lunasin，具有抑制黑色素瘤细胞和人类非小细胞肺肿瘤细胞增殖的作用[113]。

来自动物体的神经肽甲硫氨酸脑啡肽（MENK），可能通过激活 Bcl-2/Bax/Caspase-3

信号通路、增强免疫原性和NK细胞驱动的肿瘤免疫来抑制肺癌细胞的增殖[114]。苏秀兰等[115]从山羊内脏中提取制备了一种名为抗癌生物活性肽（ACBP）的小分子多肽，并证实ACBP对体外培养的人白血病、小鼠肉瘤和胃癌等多种肿瘤细胞均有抑制效果。Su等[116]进一步研究发现，ACBP可能通过调节PARP-p53-Mcl-1信号通路来抑制人结直肠肿瘤细胞的生长，同时诱导细胞发生凋亡。

从一些海洋生物中获得的活性肽也具有很强的抗肿瘤作用。Lee等[117]从刺海星的毒刺中获得的肽类化合物plancitoxin可以通过提高乳酸脱氢酶（LDH）浓度，增加活性氧产物和NO的产生，从而改变线粒体的膜电位，诱导肿瘤细胞凋亡。

8.2.5.2 抗肿瘤机制

多方面的研究表明，生物活性肽在抗肿瘤方面具有多种作用机制：①通过诱导肿瘤细胞凋亡来抑制其增殖，而不影响健康细胞（如淋巴细胞）的增殖能力。多种生物活性肽可以诱发肿瘤细胞凋亡，通过抑制肿瘤细胞的DNA合成等途径来抑制肿瘤组织的生长。也有研究证明，生物活性肽可以通过细胞膜上的跨膜离子通道，破坏膜的完整性，使细胞内外屏障丧失，发挥抑制肿瘤的作用。②阻断癌细胞的侵袭和转移能力。体外试验发现氯毒素样肽rBmK CTa作为Cl^-通道阻断剂与胶质瘤细胞结合并抑制其增殖，其对胶质瘤细胞有特异性的毒性，而对星形胶质细胞没有[118]。③通过增强机体免疫力降低癌症发生率。多数抗肿瘤生物活性肽都是通过增强机体的特异性和非特异性免疫功能而发挥作用的。干扰素、胸腺肽等以及酪蛋白与植物蛋白中存在的免疫活性肽，能增强机体的免疫力，在动物体内起着重要免疫调节作用，能够刺激机体淋巴细胞的增殖，增强免疫器官的免疫应答能力及巨噬细胞的吞噬能力，提高机体对外界病原物质的抵抗能力，降低肿瘤的发生率[119]。

也有生物活性肽是通过多种途径协同发挥抗肿瘤作用。李梅青等[111]研究发现，绿豆活性肽一方面增强了免疫细胞的活性，提高了机体自身免疫系统对癌细胞的杀伤能力，另一方面抑制了细胞内端粒酶的活性，影响肿瘤细胞的持续分裂。

生物活性肽作为抗肿瘤药物及其他保健防病方面的应用研究已取得了较大进展，其作为国际上新兴的生物高科技领域，是具有极大市场潜力的朝阳产业。今后，随着科学工作者对生物活性肽的天然资源开发与高效分离制备工艺技术的改进，在人工化学全合成与微生物发酵、基因重组等生物工程制备技术及其质量分析检测方法等方面的创新，在功能性生物学评价及其作用机理研究等方面的不懈努力，生物活性肽作为抗肿瘤药物的研究与应用必将会取得突飞猛进的发展。

8.2.6 肠道健康调节作用及其机制

肠道是养分消化吸收的主要场所，同时肠道也被认为是机体最大的免疫器官，在抵抗感染方面起着极其重要的作用。黏膜表面与外界抗原（食物、共生菌、有害病原体等）直接接触，是机体抵抗感染的第一道防线。近年来研究表明，生物活性肽在肠道黏膜免疫防御及维持肠道功能稳态中发挥了重要的作用。

8.2.6.1 维持肠道菌群平衡

生物活性肽的抗菌作用是其维持肠道菌群平衡的重要机制。抗菌肽能够有效地抑制革兰氏阴性（G^-）菌和革兰氏阳性菌（G^+）的活性，尤其对肠道食源性有害病菌具有很强的抑制能力。哺乳动物肠上皮细胞分泌的β-防御素在调节肠道微生物平衡中发挥了重要作用，人类研究最深入的β-防御素是hBD-1、hBD-2、hBD-3和hBD-4。研究表明，hBD2、hBD-3和hBD-4对大肠杆菌、铜绿假单胞菌、金黄色葡萄球菌和化脓性链球菌等致病菌具有良好的体外抑菌活性，进而起到抑制肠道病原菌生长，维持肠道菌群平衡的作用。Yoon等[32]在饲粮中添加人工合成的抗菌肽AMP-P5，发现其能够提高断奶仔猪的生长性能，并且能够显著促进肠道对营养物质的吸收和降低腹泻率。Jiang等[120]研究表明，在饲粮中补充甘氨酸（Gly）-谷氨酰胺（Gln）对大肠杆菌脂多糖（LPS）引起的早期断奶仔猪的生长抑制和免疫功能障碍具有缓解作用。

8.2.6.2 保护肠上皮屏障功能

生物活性肽主要通过四个方面来保护机体肠上皮屏障功能：①促进肠上皮紧密连接蛋白表达。抗菌肽buforin Ⅱ显著促进了仔猪空肠和回肠中紧密连接蛋白claudin-1、occludin和ZO-1的表达[121]；猪防御素pBD114和pBD129显著上调小鼠空肠紧密连接蛋白ZO-1表达水平；给BALB/c小鼠饲喂不同剂量的免疫调节肽MccJ25一周后，均可显著提高小鼠终体重，改善肠黏膜形态和促进紧密连接蛋白表达[30]。②促进黏液合成。黏液构成了胃肠道的物理屏障，保护肠道上皮免受机械、化学和微生物的损害。在人结肠细胞中，抗菌肽LL-37通过激活MAP激酶磷酸化提高*MUC1*和*MUC2*基因表达水平，从而增加黏液含量。而小鼠cathelin类抗菌肽通过上调黏液分泌相关基因*MUC1*、*MUC2*、*MUC3*和*MUC4*的表达，缓解结肠炎造成的黏液减少[122]。③修复肠上皮损伤。生物活性肽不仅能够促进细胞增殖，还能促进细胞外基质蛋白的生成，表明其具有促进损伤修复的作用。LL-37能够通过促进肠上皮细胞迁移促进肠道伤口愈合[123]。此外，还可以通过调控蛋白激酶（PKC）和丝裂原活化蛋白激酶（MAPK）通路促进肠道上皮屏障的更新。④增强肠道免疫功能。抗菌肽可直接或间接趋化免疫细胞。例如，人源防御素能够趋化单核细胞、巨噬细胞、肥大细胞等。抗菌肽LL-37能够趋化中性粒细胞、单核细胞和T细胞，还能够通过抑制$CD4^+$ T细胞表达IL-4调节B细胞生成抗原特异性IgG_1[124]。

生物活性肽的天然活性能够帮助治疗肠道感染或肠道菌群失调。然而，有许多问题仍有待解决，如特定生物活性肽对微生物菌群的影响、已知生物活性肽的其他功能，以及未知生物活性肽抑菌活性的鉴定。除了宿主来源的生物活性肽，益生菌产生的生物活性肽也可以有效减少胃肠道内病原微生物的定植，但这些生物活性肽的作用靶点尚不完全清楚。因此，要将其应用于临床必须更全面地掌握生物活性肽的调控网络及其作用机制。

8.2.7 其他生理功能

生物活性肽除上述生理功能外，还具有降血压、促进养分消化吸收和转运、调节脂代谢等作用。

许多活性肽都具有调节血压的功能，这类活性肽多具备抑制血管紧张素转换酶（ACE）活性的能力，以此来发挥降血压作用，因此又被称为ACE抑制肽。ACE抑制肽广泛存在于各种果蔬谷物、动物组织中。Song等[125]从大豆中提取得到了三肽LSW，发现该肽可能通过修复血管内皮细胞的miRNA的表达来逆转由血管紧张素Ⅱ导致的血管内皮细胞的损伤，起到保护血管、降低血压的功效。

生物活性肽还可通过增加氨基肽酶和二肽酶的活性，促进氨基酸的吸收转运。内啡肽、磷酸肽、大豆肽、胰多肽等生物活性肽能够被机体直接吸收，参与调节细胞生理和代谢，促进动物的生长[126]。此外，酪蛋白磷酸肽、大豆肽能够与 Ca、Zn、Cu、Mg、Fe 等矿质元素形成可溶的螯合物，避免大豆中草酸、植酸、单宁等对矿质元素的抑制吸收，提高矿质元素的吸收效率[127]。

综上，目前关于生物活性肽生物活性及其作用机制的研究报道非常多，大量报道证明了生物活性肽对人类和动物机体具有一系列的生理功能，但其作用机制尚不完全清楚。某些生物活性肽针对某一特定生物活性可能存在着多重作用机制，因此，需要进一步在细胞和分子水平上详尽地阐明生物活性肽的作用机制。

8.3

饲用生物活性肽的生产工艺及质量控制

生物活性肽来源广泛，易消化利用，安全性高，且因具有抗菌、抗病毒、免疫调节、降胆固醇、降血压、抗氧化等众多生物活性而成为饲料领域研究的热点。然而生物活性肽在饲料和畜禽生产中的应用受其结构和功能的影响显著，其结构与功能又与其生产工艺及质量控制密不可分。本节从生物活性肽的制备技术、分离纯化方法和定性定量鉴定方法三方面进行阐述。

8.3.1 生物活性肽制备技术

通常生物活性肽的制备有五种途径：一是化学水解法，通过化学水解从生物体内提取天然生物活性肽类；二是酶解法，通过蛋白水解酶获得生物活性肽；三是微生物发酵法，通过微生物发酵产生生物活性肽；四是化学合成法，通过化学合成手段合成具有特定氨基酸序列的活性肽；五是基因工程合成法，利用基因重组技术生产生物活性肽。其中，蛋白酶解是目前制备多肽和水解产物最常用的方法，酶解反应条件较为温和、可控，能够保证结果的重复性。

8.3.1.1 化学水解法

化学水解法是一种利用适当浓度的酸、碱溶液或其他化学试剂对蛋白质进行处理，使蛋白质中的肽键断裂，获得小分子生物活性肽的方法。有研究人员采用 20mmol/L 的 HCl 对牡蛎匀浆液进行提取，并利用分子筛色谱获得一种低分子活性肽，且该活性肽可显著抑制人肺腺癌 A549 细胞的增殖，细胞生长抑制率高达 49.8%。对于一些与脂质结合能力较强且具有很多非极性侧链的多肽需采用不同比例的酸或碱同步提取。例如，卵黄高磷蛋白是一种高度磷酸化的蛋白质，具有很强的抗氧化和金属结合活性，其对蛋白酶的超强抵抗力限制了其作为生物活性肽的来源。Samaraweera 等[128] 探索了利用碱和酸水解手段从卵黄高磷蛋白中制备多肽的可能性，结果表明，HCl 或 NaOH 溶液可使卵黄高磷蛋白水解程度增加，但均对水解产物的抗氧化能力和铁螯合能力产生负面影响。研究人员以脱脂蛋黄颗粒蛋白质为原料，比较了胰蛋白酶和亚临界水提取法的效果，研究发现，用胰蛋白酶水解 360min，水解物中蛋白质得率可达 50%，而采用亚临界水提取法，反应时间明显缩短，得率提高到 95%，且胰蛋白酶水解物和亚临界水提取物中的低分子质量多肽（<1kDa）分别占 14%和 63%[129]。

化学水解法成本低廉，但存在许多限制因素，如因酸碱试剂与蛋白质的反应程度不容易控制，在多肽提取工艺过程中难以控制肽链中氨基酸的改变，反应副产物较多、提取步骤繁琐、目标多肽产率低，无法实现工业化生产。因此，近年来单独使用该方法在生物活性肽的提取方面应用较少，多是联合其他技术进行生物活性肽的制备。王传幸和李国英[130] 以黑鱼鱼鳞为原料，采用碱提法提取胶原蛋白，又在此基础上，利用酶解法制备得到小分子胶原蛋白肽，研究发现，该胶原蛋白肽体外羟自由基清除能力最高可达 65.76%。

8.3.1.2 酶解法

酶解法是制备生物活性肽最常用的方法，是指利用蛋白酶直接水解蛋白质，分离纯化得到生物活性肽的方法。常见的工艺流程为：原料蛋白→预处理→酶解→分离→脱苦味、脱色→精制→生物活性肽[25]。酶解法中蛋白酶的选择是关键，不同的蛋白酶酶切后将得到不同的片段。胃蛋白酶、胰蛋白酶、碱性蛋白酶和风味蛋白酶是几种常用的蛋白酶，同时这些酶的复合使用可生产更多高效、稳定的生物活性肽。赵翊君等[131] 比较了不同商业蛋白酶对鲈鱼肉蛋白的酶解效果，结果表明，木瓜蛋白酶的酶解效果优于其他几种商业蛋白酶，是制备鲈鱼蛋白抗氧化肽的最佳水解酶。

酶解法生产成本低，条件相对温和，对蛋白质营养价值破坏小，生成的多肽具有多种生物活性，同时酶解法能选择性地水解目标肽键，酶解条件易于控制。然而，目前用于酶解法的酶的种类较少，酶解法的应用领域受到限制，且传统的酶解法存在酶解时间长、酶利用率低、底物转化率低等缺点。因此，实际生产中可以通过超声波辅助技术来弥补传统酶解技术的不足，缩短提取时间、提高有效成分的提取率。时光宇等[132] 采用超声辅助乙酸提取法从紫贻贝加工下脚料中得到一种抗菌肽，研究发现，与传统乙酸提取法相比，超声辅助乙酸提取法提取的抗菌肽抑菌效果更好，抑菌圈可达（7.52±0.08)mm。

8.3.1.3 微生物发酵法

微生物发酵法是指选用发酵菌株，利用菌种在生长过程中产生的蛋白酶水解底物蛋白，然后对发酵产物进行分离纯化获得生物活性肽的方法。常用的微生物有枯草芽孢杆菌、放线菌、黑曲霉、米曲霉、酿酒酵母等。枯草芽孢杆菌和米曲霉分泌的蛋白酶可以降解基料中的蛋白质，使其分解成小肽，米曲霉可以将淀粉和纤维素降解为简单糖类物质，酿酒酵母分解糖类，产生醇香味，增加多肽饲料的适口性。刘晓艳等[133] 用枯草芽孢杆菌、米曲霉和酿酒酵母固态发酵法生产大豆多肽，最终发酵物中多肽得率达 54.89%，发酵产物中多肽含量为 21.47%。以米曲霉＋啤酒酵母＋黑曲霉为发酵菌株，采用微生物发酵法从鳕鱼中提取得到抗氧化胶原多肽，并达到除臭除腥的效果。以脱脂大豆粉作为原料，采用多种微生物混合固态发酵水解制备小分子肽，水解度可达到 90.61%[134]。

微生物代谢活动产生的混合酶可以将生物活性肽水解释放，同时微生物可借助多肽水解液提高生长及产酶能力，循环协作，效率更高。因此，微生物发酵法具有蛋白酶来源广、产品苦味低、成本低、产量高等优点，但与酶解法相比，微生物发酵法产物纯化较困难，有一些产酶菌株可能对机体产生毒害作用等[135]。

8.3.1.4 化学合成法

多肽化学合成的原理是从C末端到N末端氨基酸的缩合反应，目前有液相合成法、固相合成法、自然化学连接法等方法。

液相合成法是1902年发展起来的多肽合成方法。液相合成法的优点在于可以合成纯度较高的寡肽（10个氨基酸以下），且成本低，容易大规模生产，但也存在每步耦合之后都要进行纯化，以及需要大量的时间和工作量的缺点，且其只能合成寡肽。例如，王丹[136]采用了活泼酯法、叠氮化法、碳二亚胺法等多种缩合方法完成奥曲肽的液相合成，很大程度上提高了目标肽的纯度，十步反应总收率达28%，但合成步骤多，因此需要注意多肽特殊基团的保护。

固相合成法直到20世纪60年代才问世。经典的多肽固相合成法主要是将带有氨基保护基团的氨基酸羧基端固定到不溶性树脂上，脱去该氨基酸上的氨基保护基，同下一个氨基酸的活化羧基形成酯键，从而将肽链延伸形成多肽。该法广泛用于多肽和蛋白质合成领域，尤其是短肽的合成，克服了液相合成每步都需要纯化的缺点，但也存在长序列肽段合成过程中副反应的积累以及肽链的聚集，氨基酸必须过量导致的原料浪费，仅能合成50个氨基酸以下的多肽等不足。

为了解决固相合成的限制，1994年，Kent等研究出了自然化学连接法。自然化学连接法解决了固相合成法仅能合成50个氨基酸以下肽链的缺点，且反应多肽无须保护剂保护，就可在低浓度的情况下高效合成。

总的来说，化学合成方法制备的生物活性肽易于纯化，可实现自动化生产，生产效率高，但因操作繁琐，费用消耗较大。

8.3.1.5 基因工程合成法

基因工程合成法是将具有功能的目标多肽基因整合到宿主菌基因片段中进行克隆表达。随着基因工程技术的发展，构建基因工程菌株成为一种简单、快捷并且高效的方法，其中大肠杆菌表达体系和酵母表达体系使用最多。通过该方法得到的多肽产量和纯度有很大的提高，该法是目前大量获得某特定生物活性肽的有效途径之一，主要用于抗菌肽、降血压肽、干扰素等药物的生产。Li等[137]构建了毕赤酵母系统，将设计好的抗菌肽（CGA-N12肽）编码序列导入该系统，得到的CGA-N12肽在酵母培养基中的浓度可达30mg/L，制备多肽效率得到了大幅度的提升。

基因工程法显著的优点在于其所用的工程菌为酵母菌和大肠杆菌等廉价、易于培养的菌种，因此，可大量高效地从菌种中获得目标多肽。但是，基因工程法只能合成大分子肽类和蛋白质，对人类主要需求的具有营养价值的小肽不适用，且目的片段结构不明确的多肽无法合成；此外，基因工程表达的生物活性肽虽在一级结构上与天然生物活性肽一致，但在空间结构上无法保证完全一致，这可能导致肽的活性与预期不符；另外，某些生物活性肽抗菌谱广、杀伤力强，因而会具有一定的细胞毒性，抑制宿主菌持续表达的能力。

8.3.2 生物活性肽分离纯化方法

为了更好地研究生物活性肽的生理功能，需要获得纯度较高的活性肽，而多肽分离纯化技术对于获得较纯的活性肽至关重要。多肽的种类繁多，应根据多肽与蛋白质、氨基酸的分子量不同、电荷性质和多少、疏水性等理化性质选择适宜的分离纯化方法。常用的分离纯化方法包括大孔树脂吸附法、膜分离法、高效液相色谱法和色谱法等。每种方法分离程度不同，可根据需要将几种方法组合在一起进行生物活性肽的分离纯化。

8.3.2.1 大孔树脂吸附法

大孔吸附树脂是一种新型高效吸附剂，功能化大孔吸附树脂作为亲和材料在糖蛋白组研究中具有巨大的潜力，可广泛应用于目标组分的分离富集。Cheison 等[138] 利用 DA201-C 大孔吸附树脂对乳清蛋白水解物进行洗脱，得到了一种具有较好 ACE 抑制作用的苦味肽。魏芳等[139] 比较了 4 种规格大孔吸附树脂（DA-201C、AB-8、D -101、DA201-C）对阿胶低聚肽的脱苦效果，结果表明 DA201-C 型大孔吸附树脂脱苦效果最好。

8.3.2.2 膜分离法

膜分离技术在食品加工的各个领域已经应用了四十几年，具有操作简单方便、条件温和可控、可连续化处理的优势。膜分离技术主要包括超滤、微滤、纳滤等。

超滤膜法是按膜的截留分子质量对物料进行分离，再根据要得到的目标物确定最佳的工艺。Sonklin 等[140] 用不同分子量分布的超滤膜（分别是≤1kDa、1～5kDa、5～10kDa、≥10kDa）对绿豆粕蛋白水解物进行分级，并通过比较不同组分的抗氧化活性，获得了理想的抗氧化肽。超滤技术操作简便，设备简单，成本低，更适合工厂生产，但是超滤膜容易堵塞，需要及时清理更换，且分离的多肽分子量相差不能太小。

采用微滤和纳滤技术对多肽进行分离时，一般与超滤联合使用。周丽珍等[141] 采用先超滤后纳滤制备花生短肽，短肽透过率可达 65.01%，分子质量主要分布在 283～402Da 之间。为了纯化特定的多肽，利用膜技术将生物活性肽分离成多个组分，膜技术有时需要与色谱技术相结合。

8.3.2.3 高效液相色谱法（HPLC）

HPLC 是一种经典的肽段分离纯化技术，根据分离原理的不同可分为反相高效液相色谱、凝胶过滤色谱、离子交换色谱（包括强阳离子交换色谱和强阴离子交换色谱）。

反相高效液相色谱是一种常用的多肽分析方法。白泉等[142] 通过反相高效液相色谱法纯化多肽，纯度达到 95%以上。反相高效液相色谱分辨率高、灵敏度高、分离效果好、操作简单，可大批量自动分析目标多肽，但仪器设备昂贵，对亲水性的小分子多肽保留不足。

凝胶过滤色谱是按混合物分子大小不同而进行分离，不适用于分子大小及组分相似或相差很小的物质的分离。张东杰和马中苏[143] 采用 Sephadex G-25 凝胶色谱柱分离大豆肽水解液，得到了分子量不同的大豆肽，并证实获得的大豆肽具有良好的抗氧化作用。凝胶过滤色谱分离效果好，分离速度快，产物不易变性，但其单独使用可能效果不佳，结合其他分离纯化方法一起使用往往会得到较高纯度或较高活性的多肽。

离子交换色谱按照其树脂上所带的电荷不同又分为阳离子交换色谱和阴离子交换色

谱。离子交换色谱可保留多肽的生物活性，通常与凝胶过滤色谱联用会达到比较理想的分离效果。例如，Zhang 等[144] 通过离子交换色谱和凝胶过滤色谱法对灰树花菌子实体热水提取物进行分离，得到了一种对汞具有一定吸附力的多肽。

总之，每一种用于分离纯化多肽的方法都有不一样的侧重点，研究人员可以根据所需的目标肽，选择最优的纯化方法。在多数情况下，单一的制备技术或分离纯化方法并不能达到理想的分离效果，需要结合所需的目标肽，同时联合使用多种分离纯化技术，进而更加高效地对多肽进行分离，又可以提高实验结果的准确性。

8.3.3 生物活性肽的定性定量鉴定

生物活性肽的定性检测技术主要包括多肽的结构测定和序列测定，定量检测技术包括多肽含量检测、分子量大小及分布检测和纯度鉴定等。生物活性肽的鉴定方法包括电泳法、末端序列测定法、核磁共振技术、质谱法等。

8.3.3.1 电泳法

电泳技术是利用多肽及蛋白质的分子量和等电点不同对其进行鉴定的方法，可快速得出多肽大致的信息（分子量和等电点）等，为进一步鉴定多肽结构奠定基础，同时也可分离多肽，具有双重优势。然而，电泳法通常只能对多肽的等电点和分子量进行粗略测定。刘云姣等[145] 采用聚丙烯酰胺凝胶电泳技术对南极磷虾蛋白胰蛋白酶酶解产物的分子量分布进行测定，得出了南极磷虾多肽分子质量大多在 25kDa 以下，5kDa 以下的更为集中的结论。

8.3.3.2 末端序列测定法

最早的蛋白质多肽测序方法主要是末端序列测定法，分为 C 端测序和 N 端测序，经典方法是 Edman 化学降解法。该法在降解多肽过程中操作简单、效率很高，但是不适于测定 N 端封闭的环形多肽，常需与其他方法联用。刘佳慧[146] 通过 Edman 降解法测定森林山蛭多肽 N 端 12 个氨基酸序列为 TEPSVCACPKLM。

8.3.3.3 核磁共振技术

二维、三维以及四维核磁共振结合计算机技术被广泛应用于多肽的定性定量研究。核磁共振技术多适用于分析小于 30 个氨基酸残基的小分子多肽。Xie 和 Marahiel[147] 采用二维核磁共振光谱检测出由 16～21 个氨基酸组成的套索肽的序列结构。因此，核磁共振技术可作为套索肽结构测定的主要工具。Young 等[148] 用紫外光谱、液相色谱-质谱、H-1 和 C-13 核磁共振等技术对来自黑豆芽的具有抗炎作用的生物活性肽进行了分析，确定其为三肽 Arg-Asp-Gly。

8.3.3.4 质谱法

质谱法是通过对多肽离子质荷比的分析，测定其分子量、分子结构来对多肽进行定性分析的一种方法。质谱分析具有高灵敏度、高准确度等优点，为生物活性肽的结构测定提供了新途径。Jiang 等[149] 采用双水相萃取和双水相浮选对乳清蛋白胰蛋白酶水解液中的抗氧化肽进行分离和富集后，通过基质辅助激光解吸电离飞行时间质谱检测到了双水相萃取分离富集的具有抗氧化活性的多肽序列和双水相浮选分离富集的具有抗氧化活性的多肽序列。

总的来说，生物活性肽的定性定量鉴定对于揭示多肽结构与活性间的关系至关重要，目前已有很多鉴定多肽结构的方法，但是研究人员仍然难以准确地鉴定出多肽的具体构象，多肽结构的鉴定仍旧是多肽研究的关键。

综上所述，目前生物活性肽因生产工艺成本高、耗时长、产量低等，难以实现工业化生产，因此，综合利用多种制备技术和分离纯化方法，寻找更加高效、快速、自动化的多肽制备和分离纯化方法具有重要意义。此外，要加强生物活性肽定性定量测定，特别是多肽具体构象的鉴定研究，做好生物活性肽的质量控制，为生物活性肽功能的研究和新饲料添加剂产品的开发奠定基础。

8.4 饲用生物活性肽存在的问题、应用及展望

随着社会经济的发展，人们的消费理念和健康观念不断转变，食品安全问题越来越受到人们的关注。不能使用饲用抗菌药，必然会对我国的养殖行业造成巨大的冲击。生物活性肽因不仅具有极强的生物活性和广泛的多样性，还具有天然的抑菌特点和病原微生物对其难以产生耐药性等优点成为潜在的抗菌药替代物之一，具有良好的发展前景，有望借此机遇加大开发利用，以取代现在的传统饲用抗菌药饲料添加剂，推动我国畜禽养殖行业朝着更加安全、更加健康的方向稳步发展。

8.4.1 存在的问题

抗菌药滥用导致细菌耐药性的产生、药物残留和环境污染等一系列问题，饲用生物活性肽的研究为解决这些问题带来了希望。然而，真正把生物活性肽应用于养殖业目前仍面临着许多问题和挑战。

① 生产成本高，生产工艺仍需完善。生产生物活性肽的高成本可能是阻碍其广泛应用的主要问题，需要进一步优化其生产条件，提高生物活性肽的生产水平。生物活性肽产品主要通过分离、纯化天然活性肽，酸或碱水解蛋白质，蛋白水解酶处理，微生物发酵，化学合成和基因重组技术等途径获得，每种方法都存在一定的限制性，例如价格昂贵、水解酶种类少、加工工艺不完善、基因重组技术存在生物安全风险等问题。

② 筛选工作有待进一步加强。传统的活性导向纯化和分级鉴定生物活性肽的方法非常耗时，新型生物活性肽的筛选效率较低，有开发潜质的生物活性肽的来源有待扩充。

③ 在体内的代谢过程不明确，可能存在胃肠道代谢不稳定或低生物利用率问题。目前生物活性肽研究主要以体外试验居多，相关结果的确为用于体内功能活性评估提供了所需的初步证据，但在很大程度上忽略了一个事实，即生物活性肽在动物体内代谢过程不明

确，可能存在胃肠道内代谢不稳定，生理吸收和转运特性较差，以及可能会在体内代谢为非活性序列，造成生物利用效率低等问题。

④ 作用机制尚不完全清楚。生物活性肽对畜禽的营养和生理作用及其机制尚不完全清楚。虽然已鉴定出大量生物活性肽，但它们针对某一特定生物活性可能存在着多重作用机制，那就还需要在细胞和分子水平上详尽地阐明生物活性肽的作用机制。

⑤ 在药效学和代谢动力学方面还缺乏系统的研究。生物活性肽半衰期短，以及对哺乳动物蛋白酶的敏感性等问题尚待解决。

⑥ 产品质量不稳定。生物活性肽产品的营养价值取决于其中的游离氨基酸、小肽和多肽的组分以及产品组分的稳定性，但目前市售的动植物蛋白分解的生物活性肽产品常缺乏上述信息或数据。

⑦ 质量评价标准有待建立和完善。生物活性肽的分子组成和结构复杂多样，缺少相应的标准物质，在其产品鉴定、含量测定及质量控制上存在较大困难。

⑧ 部分产品适口性差。部分动物源生物活性肽含有较高比例的碱性氨基酸，对动物（尤其是断奶仔猪）来说适口性较低，具有苦味，大大限制了其在畜禽养殖中的应用。

8.4.2 未来研究和应用方向展望

针对上述饲用生物活性肽在研究和应用中存在的问题，生物活性肽未来的研究和应用方向主要体现在以下几个方面。

① 加强生物活性肽制备工艺的研究，降低生产成本。加强活性肽的定向酶解技术开发，包括高效、专一性强的酶种选育、复合酶系共同作用、机制研究，活性肽的脱苦、分离、纯化研究，酶解技术工艺改进等；功能性肽的分离技术开发，包括新型高效分离设备和分离工艺的研发，以及下游精制技术的改进。

② 加快新型生物活性肽的筛选和开发，开展生物活性肽的结构序列解析工作。通过经典方法与生物信息学方法相结合，高效且全面地筛选隐蔽的有开发潜质的生物活性肽序列或其蛋白质前体，拓展新型生物活性肽的来源。并通过 HPLC 和质谱法获取生物活性肽的组成结构信息，研制相应的标准物质，开发饲用生物活性肽含量的检测方法，建立灵敏度高、简单易行的目标肽活性分析技术及检测体系。

③ 开展生物活性肽在体内代谢过程和作用机制的研究。使用尤斯室（Ussing chamber）等手段研究获得生物活性肽跨小肠转运效率，了解其在动物机体中的吸收、转运和代谢过程；进一步开展生物活性肽的生理功能、释放机制、受体结合以及降解失活及类似物的结构和活性的关系方面的研究。

④ 加强药效学和代谢动力学的研究。为了扩大生物活性肽的应用范围，必须深入研究生物活性肽的结构与活性的关系。只有更加清楚地了解生物活性肽的药效学和代谢动力学，才可以合理地设计配合应用方案从而使活性肽达到理想的使用效果，并且将毒性风险降到最低。同时，关于抗菌肽毒性效应的研究报道相对较少，未来应加大关注抗菌肽的潜在毒性问题。

⑤ 提高生物活性肽的适口性。针对动物源性生物活性肽，可通过添加外肽酶和增加水解时间以从多肽的 C 末端和 N 末端除去碱性和脂肪族氨基酸，或者适当补充甘氨酸、谷氨酸钠和肌苷来解决其适口性的问题。

⑥ 针对某些生物活性肽在动物体内存在的代谢不稳定的问题，可对这些活性肽进行适当的化学修饰或构建包埋递送体系（如微胶囊、纳米脂质载体、乳液体系、液晶相体系等）以提高生物利用率。

⑦ 建立科学合理的靶动物有效性、安全性评价体系，对得到的生物活性肽的肽片段进行功能分析，建立构效关系数据库。在充分评价这类产品的毒理学安全性、代谢残留情况、耐药性以及免疫调节机制等方面的基础上，进一步加强探索生物活性肽作为饲料添加剂并替代促生长类药物饲料添加剂的潜力。

综上所述，加快饲用生物活性肽研究，突破其高效低成本生产工艺，完善质量评价标准，解析其作用机制，适度简化新饲料添加剂证书审批程序等是促进饲用生物活性肽广泛应用于畜禽和水产养殖的重要路径或措施。

参考文献

[1] Kitts D D，Weiler K. Bioactive proteins and peptides from food sources. Applications of bioprocesses used in isolation and recovery[J]. Current Pharmaceutical Design，2003，9（16）：1309-1323.

[2] Singh B P，Vij S，Hati S. Functional significance of bioactive peptidesderived from soybean [J]. Peptides，2014，54：171-179.

[3] Lins M C，de Moura E G，Lisboa P C，et al. Effects of maternal leptin treatment during lactation on the body weight and leptin resistance of adult offspring[J]. Regulatory Peptides，2005，127（1-3）：197-202.

[4] Rutherfurd-Markwick K J. Food proteins as a source of bioactive peptides with diverse functions[J]. British Journal of Nutrition，2012，108（Suppl 2）：S149-S157.

[5] Suarez-Jimenez G M，Burgos-Hernandez A，Ezquerra-Brauer J M. Bioactive peptides and depsipeptides with anticancer potential：sources from marine animals[J]. Marine Drugs，2012，10（5）：963-986.

[6] 刘威，段海清，张兆山．阿片受体的研究进展[J]. 生物技术通讯，2003，14（3）：231-234.

[7] Boman H G，Steiner H. Humoral immunity in Cecropia pupae[J]. Current Topics in Microbiology and Immunology，1981，94-95：75-91.

[8] Erak M，Bellmann-Sickert K，Els-Heindl S，et al. Peptide chemistry toolbox - Transforming natural peptides into peptide therapeutics [J]. Bioorganic & Medicinal Chemistry，2018，26（10）：2759-2765.

[9] 洪华珠，彭蓉，彭建新，等．新型抗感染生物活性物质——昆虫抗菌肽的研究进展[J]. 华中师范大学学报（自然科学版），2003，37（3）：395-398.

[10] Steiner H，Hultmark D，Engstrom A，et al. Sequence and specificity of two antibacterial proteins involved in insect immunity[J]. Nature，1981，292（5820）：246-248.

[11] 张双全，贾红武，戴祝英．抗菌肽 CM4 抗 K562 癌细胞的超微结构研究[J]. 生物化学与生物物理进展，1997，24（2）：159-163.

[12] Merrifield R B，Juvvadi P，Andreu D，et al. Retro and retroenantio analogs of cecropin-

melittin hybrids[J]. Proceedings of the National Academy of Sciences of the United States of America，1995，92（8）：3449-3453.

[13] Clarke B T. The natural history of amphibian skin secretions，their normal functioning and potential medical applications[J]. Biological Reviews of the Cambridge Philosophical Society，1997，72（3）：365-379.

[14] Sampath K N，Nazeer R A，Jaiganesh R. Purification and identification of antioxidant peptides from the skin protein hydrolysate of two marine fishes，horse mackerel（*Magalaspis cordyla*）and croaker（*Otolithes ruber*）[J]. Amino Acids，2012，42（5）：1641-1649.

[15] Wang Q，Li W，He Y，et al. Novel antioxidative peptides from the protein hydrolysate of oysters（*Crassostrea talienwhanensis*）[J]. Food Chemistry，2014，145：991-996.

[16] Wang J，Hu J，Cui J，et al. Purification and identification of a ACE inhibitory peptide from oyster proteins hydrolysate and the antihypertensive effect of hydrolysate in spontaneously hypertensive rats[J]. Food Chemistry，2008，111（2）：302-308.

[17] 李锐，邹茜，孙玉林，等．克氏原螯虾虾头模拟胃肠道消化产物中 ACE 抑制肽的分离纯化与鉴定[J]. 食品与发酵工业，2019，45（6）：139-146.

[18] Hernandez-Ledesma B，Hsieh C C. Chemopreventive role of food-derived proteins and peptides：A review[J]. Critical Reviews in Food Science and Nutrition，2017，57（11）：2358-2376.

[19] Brantl V，Teschemacher H，Henschen A，et al. Novel opioid peptides derived from casein（beta-casomorphins）. I. Isolation from bovine casein peptone[J]. Hoppe-Seyler's Zeitschrift Fur Physiologische Chemie，1979，360（9）：1211-1216.

[20] Siltarii A，Vapaatalo H，Korpela R. Milk and milk-derived peptides combat against hypertension and vascular dysfunction：a review[J]. International Journal of Food Science and Technology，2019，54（6）：1920-1929.

[21] 范长胜．甜蛋白的开发与应用研究[J]. 食品与发酵工业，2001，27（12）：50-54.

[22] 赖春燕，芮馨，霍维月，等．大豆多肽生物活性研究进展[J]. 现代食品，2021，29（19）：28-34.

[23] 赵金兰．用玉米渣生产血压活性肽[J]. 食品与机械，1999（2）：7-8.

[24] 何音华，蔡丹，盛悦，等．玉米活性肽的制备分析及其功能活性研究进展[J]. 食品工业，2018，39（1）：234-237.

[25] 李艳娟，李书国．玉米生物活性肽制备、功能及其保健食品研究[J]. 粮食与油脂，2014，27（6）：13-16.

[26] 董文宾，杨兆艳，胡献丽，等．植物来源生物活性肽研究概况[J]. 食品研究与开发，2005，26（1）：53-55.

[27] 侯瑞，饶贤才，胡福泉．羊毛硫抗生素研究进展[J]. 微生物学杂志，2006，26（6）：69-73.

[28] Novoa M A，Diaz-Guerra L，San M J，et al. Cloning and mapping of the genetic determinants for microcin C7 production and immunity[J]. Journal of Bacteriology，1986，168（3）：1384-1391.

[29] Schneider T，Kruse T，Wimmer R，et al. Plectasin，a fungal defensin，targets the bacterial cell wall precursor Lipid Ⅱ[J]. Science，2010，328（5982）：1168-1172.

[30] Yu H T，Ding X L，Li N，et al. Dietary supplemented antimicrobial peptide microcin J25 improves the growth performance，apparent total tract digestibility，fecal microbiota，and intestinal barrier function of weaned pigs[J]. Journal of Animal Science，2017，95（11）：5064-5076.

[31] 郑宝，于向春．日粮中添加乳生肽对断奶仔猪生产性能的影响[J]. 湖北农业科学，2017，56（3）：506-507，519.

[32] Yoon J H，Ingale S L，Kim J S，et al. Effects of dietary supplementation with antimicrobial peptide-P5 on growth performance，apparent total tract digestibility，faecal and intestinal microflora and intestinal morphology of weanling pigs[J]. Journal of the Science of Food and Agriculture，2013，93（3）：587-592.

[33] 蒋翔，李锦强．抗菌肽对断奶仔猪生长性能、腹泻率、抗氧化性及免疫功能的影响[J]. 饲料研究，2021，44（14）：42-45.
[34] Zheng L，Park I，Kim S W. Effects of supplemental soy peptide on growth performance and gut health of nursery pigs[J]. Journal of Animal Science，2016，98（S1）：49.
[35] 刘福星，冯晓双．大豆肽与仔猪营养[J]. 养猪，2006（3）：5-8.
[36] 王贤勇．小肽制品对断奶仔猪生长性能和免疫机能的影响及机理研究[J]. 畜禽业，2006（19）：16-18.
[37] 周根来，杨晓志，方希修，等．酪蛋白磷酸肽对断奶仔猪生产性能和血液生化指标的影响[J]. 畜牧与兽医，2010，42（10）：47-49.
[38] 李登云，李灵娟，韩露，等．蛙皮素抗菌肽 Dermaseptin-M 对育肥猪生长性能和免疫功能的影响[J]. 现代牧业，2017，1（1）：23-25.
[39] 侯改凤，李瑞，韦良开，等．抗菌肽对育肥猪生长性能及血液生理生化指标的影响[J]. 中国饲料，2017（12）：24-26，44.
[40] 张江，张海燕，关静姝．日粮中添加泰乐欣对育肥猪生产性能的影响[J]. 饲料与畜牧，2016（3）：52-53.
[41] 刘麟，王书杰，潘春晖，等．小肽复合剂对育肥猪的生长性能及胴体和肉质性状的影响效应研究[J]. 饲料工业，2019，40（3）：35-38.
[42] 陈秋梅，张爱忠，杨跃刚．小肽制剂对生长育肥猪生产性能的影响[J]. 河南畜牧兽医，2004，（2）：7-8.
[43] 崔家军，张鹤亮，张维金，等．酶解蛋白肽对生长育肥猪生长性能、血液生化指标及养分表观消化率的影响[J]. 中国畜牧兽医，2017，44（8）：2342-2347.
[44] 李妍，彭启东，车远远，等．日粮中添加多肽菌素对妊娠母猪繁殖性能和新生仔猪生长性能的影响[J]. 饲料工业，2017，38（7）：27-30.
[45] 黄荣春，包书芳，辛秀克，等．抗菌肽在妊娠母猪生产中的应用研究[J]. 中国动物保健，2021，23（12）：66，68.
[46] 孙何军，张江，刘成宏，等．日粮中添加肠杆菌肽对蛋鸡产蛋性能的影响[J]. 饲料工业，2016，37（13）：28-30.
[47] 于曦，高文靖，王晶，等．鲎素抗菌肽对蛋鸡产蛋后期蛋品质及蛋壳超微结构的影响[J]. 中国兽医学报，2019，39（6）：1175-1179.
[48] 侯佳妮，王晶，于佳楠，等．鲎素抗菌肽对海兰褐蛋鸡生产性能、蛋品质及血液激素水平的影响[J]. 黑龙江畜牧兽医，2020（2）：101-103.
[49] 陈亮，肖伟伟．大豆酶解蛋白对蛋鸡产蛋性能和蛋品质的影响[J]. 中国家禽，2016，38（10）：70-72.
[50] 刘卫东，程璞，王章存．大米蛋白肽对蛋鸡的饲养环境和生产性能的影响[J]. 家畜生态学报，2012，33（3）：93-95.
[51] Wang S，Zeng X F，Wang Q W，et al. The antimicrobial peptide sublancin ameliorates necrotic enteritis induced by *Clostridium perfringens* in broilers[J]. Journal of Animal Science，2015，93（10）：4750-4760.
[52] 赵芳芳．大豆肽的生物学功能研究[D]. 北京：中国农业大学，2004.
[53] 王莉，陈晓，王书全．天蚕素抗菌肽对 817 肉杂鸡生长性能及免疫功能的影响[J]. 中国畜牧兽医，2017，44（8）：2354-2359.
[54] 孙汝江，吕月琴，张日俊．大豆肽和乳酸菌素对蛋鸡生产性能、蛋品质及血液生化指标的影响[J]. 动物营养学报，2012，24（8）：1564-1570.
[55] Fan H，Lv Z，Gan L，et al. Transcriptomics-related mechanisms of supplementing laying broiler breeder hens with dietary daidzein to improve the immune function and growth performance of offsprin[J]. Journal of Agricultural and Food Chemistry，2018，66（8）：2049-2060.
[56] 李丹，江连洲，娄巍，等．大豆肽对白羽肉鸡生产性能及胴体品质的影响[J]. 饲料研究，2009（2）：31-34.
[57] 谢梦蕊，李秋明，邱思奇，等．地鳖肽对氧化应激肉仔鸡生长性能、肉品质、脏器指数和抗氧化

能力的影响[J]. 动物营养学报，2018，30（5）：1726-1735.
[58] 高春国，简运华．寡肽对黄羽肉鸡生产性能的影响[J]. 中国家禽，2016，38（19）：48-51.
[59] 王恬，贝水荣，傅永明，等．小肽营养素对奶牛泌乳性能的影响[J]. 中国奶牛，2004（2）：12-14.
[60] 常兴发，刘婷婷，夏雪茹，等．复合小肽对泌乳前期奶牛生产性能及相关理化指标的影响[J]. 饲料研究，2020，43（1）：7-10.
[61] 司丙文，张晓东，张杰，等．小肽对奶牛产奶量、血清生化指标和营养物质消化率的影响[J]. 中国奶牛，2019（9）：19-23.
[62] Zhao X H，Chen Z D，Zhou S，et al. Effects of daidzein on performance，serum metabolites，nutrient digestibility，and fecal bacterial community in bull calve[J]. Animal Feed Science and Technology，2017，225：87-96.
[63] 张智安，李世易，武刚，等．蜜蜂肽对育肥湖羊生长性能和瘤胃微生物区系的影响[J]. 动物营养学报，2020，32（2）：756-764.
[64] 刘靖康，姜宁，张爱忠，等．抗菌肽 CC31 对羔羊生长性能、养分消化率和血液生化指标的影响[J]. 黑龙江畜牧兽医，2018（14）：166-170，175.
[65] 黄沧海，李波，王冬冬，等．抗菌肽对罗非鱼幼鱼生长性能的影响[J]. 中国畜牧杂志，2009，45（23）：53-56.
[66] Hu Q Y，Wu P，Feng L，et al. Antimicrobial peptide Isalo scorpion cytotoxic peptide（IsCT） enhanced growth performance and improved intestinal immune function associated with janus kinases（JAKs）/signal transducers and activators of transcription（STATs） signalling pathways in on-growing grass carp （*Ctenopharyngodon idella*）[J]. Aquaculture，2021，539：736585.
[67] 张莉，柳芹，张金林．饲料中添加抗菌肽对加州鲈鱼的生长发育的影响分析[J]. 中国饲料，2021（20）：65-68.
[68] Gyan W R，Yang Q H，Tan B P，et al. Effects of antimicrobial peptides on growth，feed utilization，serum biochemical indices and disease resistance of juvenile shrimp，*Litopenaeus vannamei*[J]. Aquaculture Research，2020，51：1222-1231.
[69] 钟国防，石磊，张彦俊．大豆肽产品替代鱼粉对凡纳滨对虾生长性能、消化酶活力及肠道组织结构的影响[J]. 中国粮油学报，2021，36（5）：120-126，183.
[70] 徐奇友，王常安，许红，等．饲料中添加谷氨酰胺二肽对哲罗鱼仔鱼肠道抗氧化活性及消化吸收能力的影响[J]. 中国水产科学，2010，17（2）：351-356.
[71] 张余霞，王爱民，韩光明，等．小肽替代部分鱼粉对异育银鲫内源酶及血液指标的影响[J]. 饲料工业，2009，30（22）：22-25.
[72] 李清，肖调义，毛华明．生物活性肽在水产养殖中的研究进展[J]. 内陆水产，2004（11）：39-41.
[73] 冯露雅，覃佐东，谭碧娥．抗菌肽的生理功能和作用机制及其在断奶仔猪上的应用研究进展[J]. 中国畜牧杂志，2022，58（3）：13-19.
[74] Yu H，Li N，Zeng X，et al. A comprehensive antimicrobial activity evaluation of the recombinant microcin J25 against the foodborne pathogens *Salmonella* and *E. coli* O157：H7 by using a matrix of conditions[J]. Frontiers in Microbiology，2019，10：1954.
[75] Rydlo T，Miltz J，Mor A. Eukaryotic antimicrobial peptides：promises and premises in food safety[J]. Journal of Food Science，2006，71：R125-R135.
[76] Nagao J，Asaduzzaman S M，Aso Y，et al. Lantibiotics：insight and foresight for new paradigm[J]. Journal of Bioscience and Bioengineering，2006，102（3）：139-149.
[77] Jang A，Jo C，Kang K，et al. Antimicrobial and human cancer cell cytotoxic effect of synthetic angiotensin-converting enzyme （ACE） inhibitory peptides[J]. Food Chemistry，2008，107（1）：327-336.
[78] Yu P L，van der Linden D S，Sugiarto H，et al. Antimicrobial peptides isolated from the blood of farm animals[J]. Animal Production Science，2010，50：660-669.

[79] Petit V W, Rolland J L, Blond A, et al. A hemocyanin-derived antimicrobial peptide from the penaeid shrimp adopts an alpha-helical structure that specifically permeabilizes fungal membranes[J]. Biochim Biophys Acta, 2016, 1860 (3): 557-568.

[80] Graf M, Mardirossian M, Nguyen F, et al. Proline-rich antimicrobial peptides targeting protein synthesis[J]. Natural Product Reports, 2017, 34 (7): 702-711.

[81] 郝刚，施用晖，马丹雅，等．抗菌肽 Buforin Ⅱ 衍生物抑制大肠杆菌大分子合成的研究[J]. 微生物学通报，2013，40 (11): 2057-2065.

[82] 房鑫，刘又铭，张海文．不同动物源抗菌肽对沙门氏菌杀菌机制比较研究[J]. 饲料研究，2021，44 (10): 54-58.

[83] 初欢欢，杨海燕，王述柏，等．两种合成生物活性肽对人工感染大肠杆菌新城疫病毒肉鸡的保护试验[J]. 中国兽医杂志，2016，52 (10): 20-22.

[84] Luteijn R D, Praest P, Thiele F, et al. A broad-spectrum antiviral peptide blocks infection of viruses by binding to phosphatidylserine in the viral envelope[J]. Cells, 2020, 9 (9): 1989.

[85] Jung Y, Kong B, Moon S, et al. Envelope-deforming antiviral peptide derived from influenza virus M2 protein [J]. Biochemical and Biophysical Research Communications, 2019, 517 (3): 507-512.

[86] Ruzsics Z, Hoffmann K, Riedl A, et al. A novel, broad-acting peptide inhibitor of double-stranded DNA virus gene expression and replication [J]. Frontiers in Microbiology 2020, 11: 601555.

[87] 段月琴，张枫惠，李乃峰，等．EB 和 CVN 抗病毒肽对 PRRSV 入侵细胞的抵抗作用[J]. 黑龙江畜牧兽医，2019 (9): 140-142.

[88] 朱志翠，邓思波，张迎春，等．家蝇抗菌肽 MAF-1A 体外抗甲型流感病毒活性及机制研究[J]. 中国人兽共患病学报，2019，35 (9): 791-796.

[89] Nelson R, Katayama S, Mine Y, et al. Immunomodulating effects of egg yolk low lipid peptic digests in a murine model[J]. Food & Agricultural Immunology, 2007, 18 (1): 1-15.

[90] Polanowski A, Sosnowska A, Zablocka A, et al. Immunologically active peptides that accompany hen egg yolk immunoglobulin Y: separation and identification[J]. Biological Chemistry, 2013, 394 (7): 879-887.

[91] Fan F, Shi P, Liu M, et al. Lactoferrin preserves bone homeostasis by regulating the RANKL/RANK/OPG pathway of osteoimmunology [J]. Food & Function, 2018, 9 (5): 2653-2660.

[92] 徐恺．南极磷虾肽抗疲劳、耐缺氧以及抗衰老、提高免疫力实验研究[D]. 青岛：中国海洋大学，2012.

[93] Sabeena F K, Andersen L L, Otte J, et al. Antioxidant activity of cod (*Gadus morhua*) protein hydrolysates: Fractionation and characterisation of peptide fractions[J]. Food Chemistry, 2016, 204: 409-419.

[94] 郭雪松，吴晓萌，黄晓杰．玉米黄浆多肽对小鼠免疫调节作用的研究[J]. 饲料研究，2014，(15): 36-38.

[95] 李睿珺，秦勇，周雅琳，等．鹰嘴豆肽对免疫低下小鼠免疫功能的影响[J]. 食品科学，2020，41 (21): 133-139.

[96] Wang S, Ye Q, Wang K, et al. Enhancement of macrophage function by the antimicrobial peptide sublancin protects mice from methicillin-resistant *Staphylococcus aureus* [J]. Journal of Immunology Research, 2018.

[97] Pena O M, Afacan N, Pistolic J, et al. Synthetic cationic peptide IDR-1018 modulates human macrophage differentiation[J]. PLoS One, 2013, 8 (1): e52449.

[98] Goldstein A L, Goldstein A L. From lab to bedside: emerging clinical applications of thymosin alpha 1[J]. Expert Opinion on Biological Therapy, 2009, 9 (5): 593-608.

[99] Rustgi V K. Thymalfasin for the treatment of chronic hepatitis C infection[J]. Annals of the New York Academy of Sciences, 2007, 1112: 357-367.

[100] Pihlanto A. Antioxidative peptides derived from milk proteins[J]. International Dairy Journal, 2006, 16: 1306-1314.

[101] Lin S, Jin Y, Liu M, et al. Research on the preparation of antioxidant peptides derived from egg white with assisting of high-intensity pulsed electric field[J]. Food Chemistry, 2013, 139 (1-4): 300-306.

[102] Ryan J T, Ross R P, Bolton D, et al. Bioactive peptides from muscle sources: meat and fish[J]. Nutrients, 2011, 3 (9): 765-791.

[103] 张文敏，张健，周浩纯，等．亚麻籽粕制备小分子抗氧化活性肽[J]. 食品科学，2020，41 (8): 36-44.

[104] 樊金娟，付岩松，宗立立，等．米糠肽对 D-半乳糖致衰小鼠线粒体损伤的影响[J]. 中国粮油学报，2011，26 (1): 30-34.

[105] Harada K, Maeda T, Hasegawa Y, et al. Antioxidant activity of fish sauces including puffer (*Lagocephalus wheeleri*) fish sauce measured by the oxygen radical absorbance capacity method[J]. Molecular Medicine Reports, 2010, 3 (4): 663-668.

[106] Girgih A T, Udenigwe C C, Hasan F M, et al. Antioxidant properties of Salmon (*Salmo salar*) protein hydrolysate and peptide fractions isolated by reverse phase HPLC[J]. Food Research International, 2013, 52 (1): 315-322.

[107] Wang B, Li L, Chi C F, et al. Purification and characterisation of a novel antioxidant peptide derived from blue mussel (*Mytilus edulis*) protein hydrolysate[J]. Food Chemistry, 2013, 138 (2-3): 1713-1719.

[108] Power O, Jakeman P, Fitzgerald R J. Antioxidative peptides: enzymatic production, *in vitro* and *in vivo* antioxidant activity and potential applications of milk-derived antioxidative peptides[J]. Amino Acids, 2013, 44 (3): 797-820.

[109] Korhonen H, Pihlanto A. Food-derived bioactive peptides--opportunities for designing future foods[J]. Current Pharmaceutical Design, 2003, 9 (16): 1297-1308.

[110] Suetsuna K, Ukeda H, Ochi H. Isolation and characterization of free radical scavenging activities peptides derived from casein[J]. Journal of Nutritional Biochemistry, 2000, 11 (3): 128-131.

[111] 李梅青，王康，夏善伟，等．绿豆活性肽对小鼠 H22 肝癌移植瘤的抑制作用[J]. 西北农林科技大学学报（自然科学版），2018，46 (6): 9-14.

[112] Ke Y Y, Tsai C H, Yu H M, et al. Latifolicinin A from a fermented soymilk product and the structure-activity relationship of synthetic analogues as inhibitors of breast cancer cell growth [J]. Journal of Agricultural and Food Chemistry, 2015, 63 (44): 9715-9721.

[113] Devapatla B, Shidal C, Yaddanapudi K, et al. Validation of syngeneic mouse models of melanoma and non-small cell lung cancer for investigating the anticancer effects of the soy-derived peptide Lunasin[J]. F1000Research, 2016, 5: 2432.

[114] Donahue R N, Mclaughlin P J, Zagon I S. The opioid growth factor (OGF) and low dose naltrexone (LDN) suppress human ovarian cancer progression in mice[J]. Gynecologic Oncology, 2011, 122 (2): 382-388.

[115] 苏秀兰，阎晓红，哈森．抗癌生物活性肽对体外培养的白血病细胞的作用研究[J]. 国外医学临床生物化学与检验学分册，1999，29: 153-154.

[116] Su L Y, Shi Y X, Yan M R, et al. Anticancer bioactive peptides suppress human colorectal tumor cell growth and induce apoptosis via modulating the PARP-p53-Mcl-1 signaling pathway[J]. Acta Pharmacologica Sinica, 2015, 36 (12): 1514-1519.

[117] Lee C C, Hsieh H J, Hwang D F. Cytotoxic and apoptotic activities of the plancitoxin I from the venom of crown-of-thorns starfish (*Acanthaster planci*) on A375. S2 cells[J]. Journal of Applied Toxicology, 2015, 35 (4): 407-417.

[118] Fu Y J, Yin L T, Liang A H, et al. Therapeutic potential of chlorotoxin-like neurotoxin from the Chinese scorpion for human gliomas[J]. Neuroscience Letters, 2007, 412 (1): 62-67.

[119] 王克夷．开发小肽，筛选新药[J]. 中国生化药物杂志，2003，24（1）：48-50.
[120] Jiang Z Y，Sun L H，Lin Y C，et al. Effects of dietary glycyl-glutamine on growth performance，small intestinal integrity，and immune responses of weaning piglets challenged with lipopolysaccharide[J]. Journal of Animal Science，2009，87（12）：4050-4056.
[121] Tang Z，Yin Y，Zhang Y，et al. Effects of dietary supplementation with an expressed fusion peptide bovine lactoferricin-lactoferrampin on performance，immune function and intestinal mucosal morphology in piglets weaned at age 21 d[J]. British Journal of Nutrition，2009，101（7）：998-1005.
[122] Tai E K，Wu W K，Wong H P，et al. A new role for cathelicidin in ulcerative colitis in mice [J]. Experimental Biology and Medicine（Maywood），2007，232（6）：799-808.
[123] Otte J M，Zdebik A E，Brand S，et al. Effects of the cathelicidin LL-37 on intestinal epithelial barrier integrity[J]. Regulatory Peptides，2009，156（1-3）：104-117.
[124] Hurtado P，Peh C A. LL-37 promotes rapid sensing of CpG oligodeoxynucleotides by B lymphocytes and plasmacytoid dendritic cells [J]. Journal of Immunology，2010，184：1425-1435.
[125] Song T，Lv M，Zhou M，et al. Soybean-derived antihypertensive peptide LSW（Leu-Ser-Trp）antagonizes the damage of angiotensin ii to vascular endothelial cells through the trans-vesicular pathway [J]. Journal of Agricultural and Food Chemistry，2021，69（36）：10536-10549.
[126] 胡永婷，张映．禽胰多肽对肉鸡生长代谢及血浆 T3、T4 的影响[J]. 中国畜牧兽医，2007，34（4）：15-18.
[127] 李善仁，陈济琛，胡开辉，等．大豆肽的研究进展[J]. 中国粮油学报，2009，24（7）：142-147.
[128] Samaraweera H，Moon S，Lee E. Chemical hydrolysis of phosvitin and the functional properties of the hydrolysates[J]. Intemational Joumal of Engineering Research＆Technology，2013，2：3373-3386.
[129] Marcet I，Alvarez C，Paredes B，et al. Inert and oxidative subcritical water hydrolysis of insoluble egg yolk granular protein，functional properties，and comparison to enzymatic hydrolysis[J]. Journal of Agricultural and Food Chemistry，2014，62（32）：8179-8186.
[130] 王传幸，李国英．小分子鱼鳞胶原蛋白肽的制备及其抗氧化性测定[J]. 食品科技，2019，44（4）：141-145.
[131] 赵翊君，郑淋，蔡勇建，等．鲈鱼（*Lateolabrax japonicus*）蛋白抗氧化肽的酶解制备及结构鉴定[J]. 现代食品科技，2018，34（6）：168-173.
[132] 时光宇，张玥，潘渊博，等．紫贻贝加工下脚料抗菌肽的分离及其稳定性研究[J]. 浙江海洋大学学报（自然科学版），2021，40（1）：9-15.
[133] 刘晓艳，杨国力，国立东，等．混菌固态发酵法生产大豆多肽饲料的研究[J]. 饲料工业，2012，33（6）：51-56.
[134] 许芳，高冰，高泽鑫．微生物发酵法制备大豆小分子肽的工艺条件研究[J]. 安徽农业科学，2014，42（10）：3060-3061.
[135] 陈文雅，谭云．生物活性肽制备及其在粮油中的开发[J]. 粮油食品科技，2017，25（6）：40-45.
[136] 王丹．奥曲肽的液相合成及氨基酸保护基的研究[D]. 沈阳：沈阳科药大学，2006.
[137] Li X，Fan Y，Lin Q，et al. Expression of chromogranin A-derived antifungal peptide CGA-N12 in Pichia pastoris[J]. Bioengineered，2020，11（1）：318-327.
[138] Cheison S C，Wang Z，Xu S Y. Use of macroporous adsorption resin for simultaneous desalting and debittering of whey protein hydrolysates[J]. International Journal of Food Science & Technology，2010，42（10）：1228-1239.
[139] 魏芳，周祥山，田守生，等．4 种大孔吸附树脂对阿胶低聚肽的脱苦效果研究[J]. 食品研究与开发，2018，39（13）：1-6.

[140] Sonklin C，Laohakunjit N，Kerdchoechuen O. Assessment of antioxidant properties of membrane ultrafiltration peptides from mungbean meal protein hydrolysates[J]. PeerJ，2018，6：e5337.

[141] 周丽珍，李艳，孙海燕，等．膜技术分离纯化花生蛋白酶解液制备活性短肽[J]. 中国油脂，2014，39（10）：24-29.

[142] 白泉，葛小娟，耿信笃．反相液相色谱对多肽的分离、纯化与制备[J]. 分析化学，2002，30（9）：1126-1129.

[143] 张东杰，马中苏．凝胶过滤色谱分离大豆抗氧化肽活性的研究[J]. 中国酿造，2010（6）：41-44.

[144] Zhang W，Jiang X，Zhao S，et al. A polysaccharide-peptide with mercury clearance activity from dried fruiting bodies of maitake mushroom Grifola frondosa[J]. Scientific Reports，2018，8（1）：17630.

[145] 刘云姣，张海燕，刘淑晗，等．响应面优化南极磷虾蛋白酶解工艺及蛋白肽组分分析[J]. 现代食品科技，2019，35（1）：144-151，280.

[146] 刘佳慧．森林山蛭（*Hameadipsa sylvestris*）抗血栓多肽的分离纯化、结构与功能研究[D]. 南京：南京农业大学，2015.

[147] Xie X，Marahiel M A. NMR as an effective tool for the structure determination of lasso peptides[J]. Chembiochem，2012，13（5）：621-625.

[148] Young K M，Yeong J G，Jeong L Y，et al. Identification of anti-inflammatory active peptide from black soybean treated by high hydrostatic pressure after germination[J]. Phytochemistry Letters，2018，27：167-173.

[149] Jiang B，Na J，Wang L，et al. Separation and enrichment of antioxidant peptides from whey protein isolate hydrolysate by aqueous two-phase extraction and aqueous two-phase flotation[J]. Foods，2019，8（1）：34-40.

第 9 章
饲用有机酸、有机微量元素用于减抗、替抗

9.1

饲用有机酸、有机微量元素的研究进展

9.1.1 饲用有机酸的研究进展

有机酸是一类酸性化合物，常以游离态、盐、酯的形式存在，多溶于水或乙醇，最常见的有机酸为羧酸。有机酸按其结构特点可分为脂肪族有机酸、芳香族有机酸和萜类有机酸三大类；根据脂肪烃基中是否含有不饱和键，有机酸可分为饱和脂肪酸和不饱和脂肪酸；根据有机酸分子中含有的羧基和羟基，可以分为两类，即简单的一元羧酸（甲酸、乙酸、丙酸和丁酸等）和含羟基的羧酸（乳酸、苹果酸、酒石酸和柠檬酸等）[1]。常温下，有机酸呈液态或固态，含碳原子数少的有机酸一般为挥发性液体，随着碳原子数的增加，其熔点逐渐升高。有机酸具有弱酸性，可与碱性物质发生酸碱中和反应，生成有机酸盐；有机酸还可与醇类物质发生酯化反应；相同有机酸分子间脱水可生成有机酸酐；有机酸还可被氧化和还原、发生卤代反应和脱羧反应等[2]。

有机酸及有机酸盐在养殖业中应用最早可追溯到 1963 年[3]。有机酸最初是作为防腐剂应用在动物日粮中，在 20 世纪 60 年代至 70 年代，有机酸用于防治仔猪断奶腹泻[4]。早期应用的有机酸以乳酸、磷酸和富马酸为主。随着有机酸抗菌和动物促生长活性的不断发现[5]，有机酸在防治病原菌感染、缓解仔猪断奶应激综合征方面的应用越来越多。我国在 90 年代开始使用有机酸，应用于猪和家禽饲料中，随后将有机酸推广到反刍和水产动物饲料中。

我国农业农村部发布饲料“禁抗”令（第 194 号公告），明确了自 2020 年 7 月 1 日起全面禁止饲料中使用除中药外的所有促生长类药物饲料添加剂。越来越多的有机酸作为饲料添加剂，应用到畜禽养殖中。目前，我国批准作为饲料添加剂使用的有机酸及有机酸盐有 35 种，分别是甲酸、甲酸铵、甲酸钙、二甲酸钾、乙酸、乙酸钙、双乙酸钠、丙酸、丙酸铵、丙酸钠、丙酸钙、丁酸、丁酸钠、乳酸、苯甲酸、苯甲酸钠、山梨酸、山梨酸钠、山梨酸钾、富马酸、柠檬酸、柠檬酸钾、柠檬酸钠、柠檬酸钙、柠檬酸铜、酒石酸、苹果酸、乳酸钠、乳酸钙、脱氢乙酸、脱氢乙酸钠、琥珀酸、葡萄糖酸钠、胆汁酸、绿原酸。

9.1.1.1 饲用有机酸的生物学功能

有机酸作为重要的饲料添加剂，具有无毒、无残留、不产生耐药性等特点。在动物养殖中能够应用有机酸替代抗菌药，提高畜禽生长性能、改善畜禽肠道健康等。有机酸因作用方式和特性不同，在不同动物中表现出不同的效果，具体为：

（1）提高动物生长性能 在饲粮中添加有机酸对猪有促生长作用，可提高母猪、断奶仔猪和育肥猪的生长性能[6,7]。在母猪日粮中添加复合有机酸（富马酸、柠檬酸、苹果酸等）能提高母猪的采食量、泌乳量[8]。在断奶仔猪日粮中添加二甲酸钾[9]、丁酸钠[10,11]、苯甲酸[12] 和复合有机酸（柠檬酸、乳酸、苯甲酸）[13,14] 等可显著提高仔猪平均日增重和平均日采食量。在生长肥育猪日粮中添加丁酸钠[15]、复合有机酸（丙酮酸、

α-酮戊二酸和柠檬酸)[16] 等能改善猪日增重和提高日采食量。

在家禽养殖中的应用方面，饲料中添加富马酸能够提高肉鸡日增重和饲料利用率[17-22]。添加丁酸也可改善肉鸡生长性能[23,20-21]。饲料中添加0.03%～0.1%丁酸钠能降低肉鸡的平均日采食量，降低料重比，提高肉鸡生长性能[24-26]。饲料中添加0.03%～0.7%苯甲酸也能提高肉鸡的生长性能[27,28]。其他有机酸如乳酸、柠檬酸、甲酸、苹果酸、山梨酸、酒石酸和复合有机酸也在禽类饲料中应用并取得了良好的效果[7,29]。另外，在水产养殖方面，日粮中添加丁酸钠有效提高了西伯利亚鲟幼鱼的生长性能[30]。

(2) 改善动物肠道健康 在动物日粮中添加有机酸能够降低肠道pH，减少肠道中致病菌（大肠杆菌、沙门氏菌、产气荚膜杆菌等）数量，增加有益菌（乳酸菌、双歧杆菌）数量[7]。有机酸有助于小肠绒毛高度的增加，改善小肠绒毛结构完整性，改善肠道健康[31]。在断奶仔猪日粮中添加乙酸钠，能降低回肠中大肠杆菌的数量，增加盲肠和结肠中乳杆菌和双歧杆菌数量。因此，可在一定程度上减轻或缓解断奶应激造成的仔猪小肠绒毛损伤及空肠菌群失调[32]。在母猪日粮中添加富马酸、柠檬酸和中链脂肪酸，能够减少分娩期和哺乳期母猪肠道中大肠杆菌数量，增加乳酸杆菌数量，改善肠道健康状况[33]。

(3) 增强动物免疫和抗氧化能力 研究发现，在断奶仔猪饲料中添加有机酸如乳酸、甲酸、富马酸等能够提高断奶仔猪血清中IgM和IgG的含量，提高血清总抗氧化能力。在肉鸡饲料中添加有机酸如乳酸、柠檬酸等能使肉鸡血清中IgA和IgG含量增加，脾脏指数和法氏囊指数提高，提高了免疫功能[7]。

(4) 延长饲料保质期 有机酸具有广谱杀菌和抑菌的活性。例如富马酸，0.2%～0.4%的浓度可杀死葡萄球菌和链球菌，0.4%的浓度可杀灭大肠杆菌，0.6%～2%的浓度可杀灭酵母菌，2%以上的浓度对真菌具有抑制和杀灭作用。因此，在30℃高温条件下保存的潮湿精料中，只需加入2%的富马酸，亦具有较好的抑菌作用，从而可保障饲料不发生霉败和变质[34]。丙酸或丙酸钙也是很好的饲料保藏剂，在pH 5.5条件下，1.2%～1.25%的浓度即可抑制霉菌生长，pH 6.0时抑制霉菌生长浓度为1.6%～2.6%，因此在夏季最适宜霉菌繁殖的季节里，饲料中添加丙酸或丙酸盐类可以很好地起到抑制霉菌生长的作用。有研究表明，在7～8月高温高湿季节，在鸡的不同类型配合饲料中加入0.5%的丙酸钙就可以很好地抑制霉菌的生长，从而延长饲料贮存期[35]。

9.1.1.2 饲用有机酸种类及其在动物生产中的应用

(1) 柠檬酸 柠檬酸（$C_6H_8O_7$）是无色晶体，有酸味，具有相对较低的 pK_a (3.13，4.76，6.40）和金属阳离子螯合能力。它是三羧酸循环（TCA）的中间代谢物，可促进脂肪酸合成，高浓度时可抑制糖酵解。因此，柠檬酸可作为抗菌剂抑制微生物生长[36]。Tsiloyiannis 等[37] 发现柠檬酸在缓解仔猪断奶后腹泻方面具有积极作用。饲粮中添加柠檬酸可提高肉鸡植酸磷利用率[38]。柠檬酸加甲酸可降低粪便中沙门氏菌的数量[39]。柠檬酸的酸味能掩盖日粮中某些气味难闻的成分，刺激动物食欲。在我国柠檬酸是应用最多的有机酸，在单胃动物、反刍动物和水产动物生产上均有使用。柠檬酸与其他有机酸配合使用时，效果更加显著[40]。

(2) 乳酸 乳酸（$C_3H_6O_3$）为无色至黄色黏稠液体或晶体，易溶于水，属强酸（$pK_a=3.86$）。乳酸作为糖发酵最终产物，主要在胃和小肠中产生。乳酸盐由肌肉细胞产生，用于丙酮酸氧化产生ATP。此外，乳酸也可由乳酸菌、双歧杆菌、链球菌、片球菌和明串珠菌等细菌产生[41]。乳酸通过释放 H^+ 和刺激胰腺外分泌反应来降低胃 pH 值，抑制革兰氏阴性菌（大肠杆菌、沙门氏菌）的生长增殖，但不影响乳酸杆菌和双歧杆菌等革兰氏阳性菌的生长。在乳猪和断奶仔猪阶段应用乳酸较多，因为在这两个生长阶段，仔猪的胃肠道和免疫系统发育不完全，断奶会引发肠道菌群失调、肠道完整性改变。Tsiloyiannis 等[37] 报道乳酸能有效控制断奶后腹泻。Kemme 等[42] 对生长肥育猪进行了试验，结果表明，乳酸提高了氮和氨基酸的回肠表观消化率，提高灰分、钙、镁的全肠道表观消化率，提高了植酸消化率。Tanaka 等[43] 报道，补充乳酸可控制猪对鼠伤寒沙门氏菌的临床和亚临床感染。乳酸具有系酸力，能降低动物胃肠道 pH 值，提高动物生长性能，增加肠道内有益菌活性，抑制有害菌生长，增强动物的免疫力。但目前乳酸的生产存在着成本过高、工艺复杂等问题，仍需探索低成本、大规模生产的方法[44]。

（3）富马酸（延胡索酸） 富马酸又称延胡索酸、反丁烯二酸，分子式是 $C_4H_4O_4$。富马酸是无色晶体，具有水果香味，pK_a 为 3.02 和 4.44。富马酸盐是柠檬酸循环的中间体，同时也参与尿素循环。富马酸作为饲料的有效性存在一些争议。与柠檬酸相比，富马酸具有固体形态，价格相对较低[5]。Tsiloyiannis 等[37] 报道了富马酸能改善断奶仔猪日增重。Giesting 和 Easter[45] 的研究结果显示，日粮中添加富马酸对粗蛋白和氨基酸的回肠表观消化率有显著影响。然而，很多研究出现了不一致的结果。Blank 等[46]、Falkowski 和 Aherne[47]、Thacker 等[48] 报道富马酸对蛋白质和干物质表观消化率无显著影响，而 Risley 等[49] 也未观察到补充富马酸动物肠道内乳酸菌或大肠杆菌丰度的变化。一些研究者将富马酸或富马酸盐与其他有机酸混合，观察其作用效果。Upadhaya 等[50] 发现混合的有机酸对育肥猪生长性能、营养物质消化率和粪便气体排放的影响较小。Kil 等[51] 报道了将类似的混合制剂用于断奶仔猪饲养中，结果发现其唯一显著作用是减少尿氮排泄。Xu 等[52] 发现富马酸和植物精油的混合物对肠道健康有积极作用。富马酸是最早应用到畜禽养殖中的有机酸之一，对畜禽生长性能的改善作用主要体现在降低消化道 pH，优化消化道微生物菌群及其代谢产物等方面[53]。

（4）苹果酸 苹果酸（$C_4H_6O_5$）是一种二羧酸（pK_a3.40 和 5.10），液体或白色结晶状粉末，无味，少数有酸味。苹果酸盐是柠檬酸循环的中间体，它也通过丙酮酸回补反应产生。对苹果酸的研究结果也存在着不一致性。有的研究发现，苹果酸不能改善仔猪平均日增重和平均日采食量[54]。而另一项研究结果表明含有苹果酸的有机酸混合物能改善仔猪断奶后腹泻综合征[37]。秦科等[55] 发现在基础日粮中添加 L-苹果酸，可以提高保育阶段仔猪的存活率和增重率，提高生产性能。L-苹果酸能通过刺激反刍兽新月形单胞菌对乳酸的利用，防治瘤胃酸中毒，提高反刍动物的生产性能[56]。

（5）α-酮戊二酸 α-酮戊二酸（AKG，$C_5H_6O_5$）由戊二酸产生，α-酮戊二酸的离子形式通过在 Kreb 循环中谷氨酸脱氨作用产生[57]。AKG 在全身、肠道和肠道细菌代谢中起关键作用。α-酮戊二酸在代谢过程中起氮转运体作用，作为抗氧化剂和抗炎物质，它将氨基酸代谢与葡萄糖代谢联系起来，维持 ATP 稳态和氧化还原平衡[58]。α-酮戊二酸可改善肠黏膜完整性和提高肠黏膜吸收能力。Kristensen 等[59] 提出在动物饲粮中添加 AKG 可以诱导氨代谢流转向氨基酸合成来补充饲粮中必需氨基酸。随后，他们通过将生长猪进行全身麻醉，然后在髂外动脉、肠系膜静脉和门静脉中安装硅胶导管，输注 AKG 至猪的肠系膜静脉，与在常规日粮中添加 AKG 喂养的生长猪进行对照，发现胃中的 AKG 浓度与血浆中无差异，可能是因为 AKG 可被胃/十二指肠上皮细胞吸收和代谢，可被细菌代谢或被肠细胞吸收。Hou 等[60] 和 Wang 等[61] 发现补充 α-酮戊二酸能活化仔猪肠黏膜中 AMP-活化蛋白激酶和提高能量，有助于减轻大肠杆菌脂多糖（LPS）诱导产生的炎症反应。α-酮戊二酸可减轻脂多糖对小肠黏膜的损伤，改善小肠吸收功能，激活 mTOR（哺乳动物西罗莫司的作用位点）信号转导，参与胰岛素、生长因子和氨基酸代谢途径[62]。Chen 等人发现低蛋白日粮添加 AKG 可增强小鼠的免疫功能，增加血液和肌肉中游离氨基酸浓度，提高氨基酸转运蛋白 mRNA 丰度，增加血液中胰岛素样生长因子-I(IGF-I)浓度，激活 mTOR 通路，减少血液中尿素和肌蛋白降解相关基因的表达[63]。Liu 等[64] 用相同剂量 AKG 与大蒜素混合，结果优化了盲肠菌群组成，使产生的乙酸、丁酸和总挥发性脂肪酸（VFA）浓度升高。Chen 等[65] 使用生长猪模型研究膳食补充 α-酮戊二酸（AKG）对肠道微生物群和代谢物的影响，发现盲肠中乳酸菌和双歧杆菌的数量增加，回肠中乳酸菌和厚壁菌门菌的数量增加，大肠杆菌数量减少，猪回肠中氨的浓度降低。研究还发现 AKG 可以减少尿氮排泄量，提高钙、磷在生长猪体内的利用率和代谢率，从而减少对环境的影响。

（6）绿原酸 绿原酸（CGA，$C_{16}H_{18}O_9$）是咖啡酸和奎尼酸生成的缩酸酚，具有消炎作用，可作为猪的饲料添加剂。Zhang 等[66] 在断奶仔猪日粮中添加 CGA，结果表明 CGA 改善了仔猪肠道形态，且有剂量依赖效应，同时可使十二指肠的绒毛高度/隐窝深度值升高、血清谷胱甘肽过氧化物酶（GSH-Px）活性提高，乳酸菌数量提高，大肠杆菌数量降低，结肠中丙酸和丁酸浓度升高。Chen 等[67] 证实 CGA 能改善动物肠道黏膜健康与生长性能，研究表明绿原酸与改善机体免疫防御功能和抑制肠道细胞过度凋亡有关，可能是通过抑制 Toll 样受体 4/核因子-κB（TLR4/NF-κB）信号通路，激活红素 2 相关因子/血红素加氧酶-1（Nrf2/HO-1）信号通路实现的。日粮添加 CGA 对微生物菌群有调节作用，可增加盲肠中乳杆菌（*Lactobacillus* spp.）、普雷沃氏菌（*Prevotella* spp.）、厌氧弧菌（*Anaerovibrio* spp.）和异普雷沃氏菌（*Alloprevotella* spp.）含量。对于生长育肥猪，CGA 增强了其肠道菌群多样性，增加了血清游离氨基酸（天冬氨酸、苏氨酸、丙氨酸和精氨酸）浓度和结肠 5-羟色胺（5-HT）水平[68]。

（7）苯甲酸 苯甲酸（$C_7H_6O_2$）是一种无色结晶粉末，是最简单的芳香羧酸。它是一种弱酸，pK_a 值为 4.19。苯甲酸主要通过小肠内的一元羧酸转运体吸收和运输。一般来说，苯甲酸可以提高营养物质利用率，刺激消化酶的产生和激活消化酶，通过改善非特异性免疫、特异性免疫应答和微生物组成，提高绒毛高度/隐窝深度比、增加吸收面积及改善肠道屏障功能。苯甲酸的作用可能受到几个因素的影响，如动物年龄、日粮类型和组成及环境[69]。在欧洲，苯甲酸被批准作为饲料添加剂应用于断奶仔猪和育肥猪的养殖中。例如，Papatsiros 等[70] 发现在断奶仔猪日粮中添加苯甲酸可以提高断奶仔猪生长性能、体重（BW）和日增重，并降低腹泻率和大肠杆菌丰度。Wang[71] 和 Zhai[72] 发现，苯甲酸与精油能提高断奶仔猪采食量，提高动物生长速度，但料肉比（G/F）没有显著变化。Diao 等[73] 指出，苯甲酸可通过提高消化酶活性和增加肠道黏膜吸收表面积来提高营养物质的消化率。适当剂量的苯甲酸与胰高血糖素样肽-2（GLP-2）共同使用时，可显著提高营养物质消化率，改善空肠形态，进而提高仔猪的生产性能和抗氧化能力，并维持幼猪肠道微生物区系平衡[74]。给育肥猪和母猪饲喂苯甲酸，可提高日粮钙、磷、钾的利用率，减少日粮钠和氯的摄入[75]。但是，应考虑苯甲酸应用于动物日粮的建议剂量，过量摄入可能导致肝、脾和肺的损伤和功能障碍，并引起肠道形态的改变[76]。

（8）甲酸 甲酸（CH_2O_2）是一种无色液体，具有刺激性气味，pK_a 为 3.75。在饲料中广泛用作防腐剂和抗菌剂，还作为生长促进剂。甲酸能降低小肠、盲肠、结肠

pH。Partanen 等[36] 研究了日粮添加甲酸对生长育肥猪的影响，发现甲酸能提高料肉比（F/G），提高猪的生长速度，减少腹泻发生率。甲酸的应用效果与时间和剂量有关，甲酸在断奶后的第一阶段添加表现出好的效果，而长期补充相对较高剂量的甲酸对微生物菌群组成只有轻微的影响。甲酸和山梨酸钾联用可发挥更好的促生长效果[77]。Tsiloyiannis 等[37] 的研究显示甲酸在控制仔猪断奶后腹泻上显示了积极的效果。Blank 等[77] 的研究表明，在添加植酸酶的同时添加甲酸可以提高植酸酶的功效。甲酸与精油或其他有机酸配合使用可提高断奶仔猪粪便中粗纤维的表观消化率，与精油联合使用也可提高非淀粉多糖（NSP）和总碳水化合物消化率[78]。其他研究发现，甲酸不改变断奶仔猪回肠氨基酸的表观消化率、回肠 pH、VFA 浓度或细菌数量[79]，也没有改变育肥猪的生产性能[79,80]。甲酸的最低抑制浓度依赖于 pH 值，在这个最低水平上，甲酸并不能减少鼠伤寒沙门氏菌（*Salmonella typhimurium*）的入侵。

（9）乙酸 乙酸（$C_2H_4O_2$）是肠道短链脂肪酸的主要成分，pK_a 为 4.76。Valencia 和 Chavez[81] 的研究表明，乙酸显著提高了断奶仔猪平均日增重以及矿物元素（P、Ca）消化率。

（10）丙酸 丙酸（$C_3H_6O_2$）的 pK_a 为 4.87。Tsiloyiannis 等[37] 发现丙酸对缓解仔猪断奶后腹泻，提高断奶仔猪平均日采食量有积极作用。Mosenthin 等[82] 报道丙酸能提高断奶仔猪精氨酸、组氨酸、亮氨酸、苯丙氨酸、缬氨酸的回肠表观消化率，降低盲肠食糜尸胺浓度。

（11）丁酸 丁酸（$C_4H_8O_2$，pK_a 为 4.82）是肠上皮细胞的主要能量来源之一，对维持肠黏膜的正常代谢至关重要。丁酸盐对动物肠道隐窝细胞有营养作用，能增加肠道微绒毛细胞数量。丁酸还具有抗炎作用，可调节细胞因子的表达。包被形式的丁酸显示出更显著的抗菌活性，可减少粪便中鼠伤寒沙门氏菌的排出量。以盐的形式补充丁酸（丁酸钠）后，可增加动物日增重和饲料利用率，降低回肠大肠菌群数量，增加乳酸菌数量。日粮中添加提供丁酸的三丁酸甘油酯也显示出有益作用，三丁酸甘油酯可减轻肠道损伤和促进紧密连接形成[83]。

（12）中链脂肪酸 中链脂肪酸（MCFA）为含有 6～12 个碳的饱和脂肪酸，包括己酸（C6：0）、辛酸（C8：0）、癸酸（C10：0）和月桂酸（C12：0）。pH 值介于 3～6 之间时以未解离的酸形式存在。中链脂肪酸对动物具有改善营养、促进代谢、抗菌和免疫增强作用。中链脂肪酸除少量在周围血液中短期存在外，大部分与白蛋白结合，通过门静脉系统转运至肝脏，进入线粒体经 β-氧化用于能量生产。与丁酸相比，中链脂肪酸对远端肠道上皮的能量来源的贡献较小，而且小部分 MCFA 储存在脂肪组织中[84]。十二指肠中存在的未解离型 MCFA 可以使细菌膜不稳定，抑制细菌脂肪酶活性。中链脂肪酸也可和其他有机酸协同作用，增强细菌的抗菌谱。中链脂肪酸甘油酯（MCT）水解也可产生 MCFA。

饲喂中链脂肪酸在新生仔猪和哺乳期仔猪试验中得到的结果不一致，结果表明，高浓度 MCFA 可能具有毒性作用[85]。在断奶仔猪饲粮中添加中链脂肪酸（C6：0＋C8：0＋C10：0）改善其日增重、日采食量和料重比[86]，在饲喂的第 2 周和第 6 周葡萄糖水平增加，同时改善了干物质和氮的消化率。相反，Cera 等[87] 报道仔猪断奶 3 周后饲粮中添加 MCFAs（C8：0 和 C10：0）的混合物，仔猪采食量降低，但料重比提高，这些变化与血液甘油三酯浓度升高和血清尿素浓度降低有关。López-Colom 等[88] 证实从椰子油中提取的中链脂肪酸盐（C12：0、C8：0 和 C10：0）具有抗菌作用，能减少盲肠沙门氏菌以及回肠和结肠中大肠杆菌的数量，月桂酸、辛酸和癸酸的抗菌作用强于长链脂肪酸

(LCFA)。Marounek 等[89] 报道，饲粮中添加 MCFA 能起到抗球虫作用，使微小隐孢子虫（*Cryptosporidium parvum*）和猪等孢球虫（*Isospora suis*）卵囊的脱落延迟。Zentek[90] 等研究发现，MCFA（C8：0，C10：0）混合富马酸和乳酸可以改善断奶仔猪肠道微生物区系结构，预防断奶后的腹泻。Han 等[91] 证实 MCFA 混合物提高了仔猪生长性能，降低腹泻率，增强了血清免疫。饲粮中添加 OA（有机酸）-MCFA（C8：0，C10：0）混合物可降低大肠杆菌攻毒后仔猪腹泻的发生率，并且在 OA-MCFA 混合物中添加肠球菌，育肥猪的干物质消化率得到改善。

（13）山梨酸 山梨酸（$C_6H_8O_2$）是多不饱和脂肪酸（PUFA），强酸性（pK_a 4.76），无色固体。在饲料领域，作为防腐剂的山梨酸主要以水溶性盐形式（山梨酸钠、山梨酸钾、山梨酸钙）添加。山梨酸无毒性，它通过 β-和 ω-氧化代谢。Luo 等[92] 发现，在 21～24 日龄仔猪日粮中添加山梨酸可以提高仔猪平均日增重、体重和饲料利用率，可通过调节 IGF 系统基因表达和激素分泌来改善生长性能。在公猪饲粮中加入含有山梨酸的有机酸混合物，可改善肠道黏膜情况和饲料利用率，以及使肠道中大肠菌群、肠球菌和乳酸菌（LAB）的丰度降低[93]。

（14）ω-脂肪酸 ω-脂肪酸是必需脂肪酸，包括 ω-3 和 ω-6 家族。ω-3 家族包括 α-亚麻酸（ALA）、二十碳五烯酸（EPA）和二十二碳六烯酸（DHA），而 ω-6 家族包括亚油酸（LA）。两组都与猪的炎症反应与繁殖性能相关。在猪的日粮中 ω-6∶ω-3 的比例为 4∶1 到 11∶1，这个比例取决于日粮中 LA 和 ALA 的组成。ω-3 也影响组织中脂肪酸含量，降低母猪体内血清花生四烯酸水平。补充 ω-3 可使脂肪酸的组织水平提高，反映在妊娠末期猪母乳的脂肪酸谱发生改变以及仔猪血清 EPA 水平升高。补充 ω-3 多不饱和脂肪酸也影响子宫内膜、妊娠早期胎儿脂肪酸组成[94]。Eastwood 等[95] 发现用植物性饲粮喂养妊娠母猪（ω-6∶ω-3 的比为 5∶1 或 1∶1），不影响仔猪生长性能，但提高了 ALA 向 EPA 的转化率，并促进了 ω-3 通过乳汁向仔猪的转移。补充微藻来源的 ω-3 对母猪繁殖性能无影响，但高剂量 ω-3 降低母猪妊娠期血清甘油三酯水平，提高仔猪初生重。Estienne 等[96] 发现添加 ω-3 对母猪的繁殖性能无影响，但也有研究报道 ω-3 可加速母猪的成熟。研究表明，在饲粮中补充 DHA 对育肥猪背膘脂肪中脂肪酸组成有影响，但对生产性能和胴体性状无影响。Upadhaya 等[97] 发现 ω-3 倾向于增加 ADG，与维生素 E 互作补充皮质醇水平。据报道，添加多不饱和脂肪酸对猪肺免疫细胞的影响（增加宿主的抵抗力和对呼吸道病原体的应答）与多不饱和脂肪酸对肺泡巨噬细胞和淋巴细胞的作用有关[98]。以微藻形式补充 DHA 不影响猪的日增重、采食量或饲料效率；然而，在低剂量时，这种补充增加了猪肉中的 ω-3 水平[99]。

（15）共轭亚油酸 共轭亚油酸（CLA）是具有抗肿瘤和免疫增强作用的 LA 异构体。在母猪日粮中添加 CLA 可提高仔猪的生长性能。Bontempo 等[100] 和 Corino 等[101] 证明了这一点，他们发现在母猪分娩期间（－7～＋7 天）补充 CLA 增加了初乳中免疫球蛋白（IgG、IgA、IgM）数量，增加仔猪断奶时体重和体内免疫球蛋白含量（IgG）。在母猪妊娠和哺乳期日粮中添加共轭亚油酸可增强仔猪被动免疫，且在仔猪断奶后仍具有长期效果，并保持肠道健康状态。断奶后添加 CLA 可提高断奶仔猪的生长性能，促进淋巴细胞增殖（$CD8^+$ T 细胞），减少前列腺素 E_2（PGE_2）和白细胞介素-1β 的表达量[102]。断奶仔猪在细菌脂多糖（LPS）的刺激下，补充 CLA 可调节炎症反应，抑制促炎细胞因子的合成。补充 CLA 还具有抗病毒作用，在 2 型猪圆环病毒（PCV2）感染的猪日粮中添加 CLA 可促进 $CD8^+$ T 细胞增殖，抑制 $CD4^+$ T 细胞中 PCV2 特异的干扰素-γ 生成[103]。

同时，连续补充CLA 42天可预防在较差的环境中疾病导致的猪生长抑制。

（16）复合有机酸 复合有机酸能提高断奶仔猪、肉鸡及水产动物等的生长性能，改善养殖动物肠道健康状况，增强机体免疫力，具体见表9-1。

表9-1 复合有机酸对不同动物的应用效果

序号	种类	养殖动物	添加量	应用效果	参考文献
1	柠檬酸、乳酸、磷酸和富马酸	断奶仔猪	0.2%	平均日采食量显著提高，胃、十二指肠内容物pH显著降低，血清中碱性磷酸酶活性显著降低，血清谷丙转氨酶活性显著降低	何荣香等，2020[104]
2	甲酸、乙酸、丙酸和中链脂肪酸的混合物	断奶仔猪	0.3%	对断奶仔猪生长性能、血清免疫力、肠道形态和微生物群有积极影响	Long等，2018[105]
3	富马酸、乳酸	断奶仔猪	0.5%	采食量提高6.51%，日增重提高5.53%（$P>0.05$），有益菌（乳酸杆菌）数量增加，有害菌数量降低	严欣茹等，2020[106]
4	磷酸、富马酸、甲酸、柠檬酸、苯甲酸、甘蔗糖蜜、乙酸、丙酸	断奶仔猪	0.5%	采食量提高10.67%，日增重提高10.90%（$P>0.05$），与复合抗生素组比较，腹泻率降低17.72%，有益菌（乳酸杆菌）数量增加，有害菌数量降低，免疫球蛋白含量显著提高34.78%	严欣茹等，2020[106]
5	甲酸、乙酸、丙酸和C12脂肪酸	断奶仔猪	0.2%	降低料重比，提高15～28d断奶仔猪干物质、碳水化合物、中性洗涤纤维和酸性洗涤纤维的表观消化率，提高14d仔猪血液IgM含量，降低1～14d断奶仔猪血液自由基含量，降低粪中大肠杆菌含量，提高了绒毛高度/隐窝深度	阳巧梅等，2018[107]
6	丁酸、山梨酸和C12脂肪酸	断奶仔猪	0.2%	提高日增重，提高1～14d断奶仔猪碳水化合物、中性洗涤纤维、酸性洗涤纤维和磷的表观消化率，降低28d断奶仔猪血液自由基含量，降低粪中大肠杆菌数量，降低空肠隐窝深度，提高了绒毛高度/隐窝深度	阳巧梅等，2018[107]
7	富马酸、乳酸	断奶仔猪	0.2%	料重比降低6%，平均日增重增加，腹泻率降低	池仕红等，2019[108]
8	柠檬酸、乳酸、苯甲酸	断奶仔猪	1%～1.5%	显著提高断奶仔猪的平均日采食量和平均日增重，有降低仔猪料重比的趋势	吴秋玉等，2019[109]
9	丙酮酸、α-酮戊二酸和柠檬酸	生长育肥猪	0.625%	育肥猪末重提高8.89%，血清高密度脂蛋白含量提高30.86%，试验75～105d和全期平均日增重分别提高了22.48%和11.59%，平均日采食量分别提高了15.17%和10.29%	栗敏等，2014[110]
10	乳酸、柠檬酸	肉鸡		极显著提高肉鸡平均日增重，降低料重比，提高粗脂肪和粗蛋白质的表观利用率以及血清总蛋白、白蛋白含量，降低盲肠内容物大肠杆菌数量，提高肉鸡十二指肠淀粉酶、脂肪酶和胰蛋白酶活性，显著提高十二指肠、空肠和回肠绒腺比，降低鸡舍内氨气和硫化氢浓度	徐青青等，2020[111]
11	乳酸、柠檬酸、苹果酸、富马酸、苯甲酸、磷酸、甲酸	肉鸡	0.15%	死亡数降低12.85%，鸡出栏体重增加1.61%，料重比降低1.90%，肉鸡嗉囊pH降低11.09%，腺胃pH降低25.60%，肌胃pH降低8.83%，十二指肠pH降低7.08%，蛋白酶酶活提高20.00%，肌胃蛋白酶酶活提高37.03%	郭志有等，2021[112]
12	柠檬酸、苹果酸、丁酸甘油酯、甲酸等	蛋鸡	0.2%	显著降低蛋鸡的日采食量，降低蛋鸡的料蛋比，提高蛋壳厚度和强度	樊爱芳等，2019[113]
13	柠檬酸和富马酸	罗非鱼	0.2%	血清酸性磷酸酶（ACP）、碱性磷酸酶（AKP）活性和总抗氧化能力（T-AOC）均显著升高	林雪等，2019[114]

(17)有机酸与其他饲料添加剂复合物 有机酸和酚类化合物联合使用有抗菌作用和抗氧化活性。单宁酸与单脂肪酸甘油酯的混合物在动物肠道能发挥抗菌作用，为肠上皮细胞提供能量，促进绒毛生长，从而减轻单宁的负面作用。尽管单宁有收敛作用，但饲料的适口性、增重或饲料效率并未受到影响。肉桂醛和百里香酚（来自精油）在不同添加水平（50mg/kg、100mg/kg）或与 1g/kg 丁酸钠混合，虽然仔鸡生长性能没有明显改善，但酚类化合物和乙酸钠联合使用时盲肠和粪便样本中的沙门氏菌污染减少。使用复合有机酸（柠檬酸、富马酸、山梨酸和苹果酸）、单宁酸、姜黄素和精油饲喂肉仔鸡，在第 22 天用黄曲霉毒素模拟饲料污染进行攻毒试验，试验组粪便中，淋巴细胞、单核细胞和细菌细胞计数减少，在鸡胸肉中脂质过氧化水平降低。尽管生长性能未表现出明显改变，但对肉仔鸡肠道健康和肉类货架期均有改善作用。肉桂醛和柠檬酸混合物改善了断奶仔猪的生长性能，增加了异戊酸的粪便浓度，调节了断奶仔猪的菌群群落构成[115]。

复合有机酸（甲酸、乙酸、丙酸、丁酸和乳酸）和微生态制剂（乳酸菌和酵母菌）具有提高哺乳母猪生产性能、改善血清生化和免疫指标的作用，并可提高哺乳母猪的平均日采食量、总泌乳量以及血清中总胆固醇、甘油三酯、总蛋白、白蛋白、免疫球蛋白 A 和免疫球蛋白 G 的含量，二者联用可局部改善乳成分[116]。

复合有机酸（乳酸、富马酸和苯甲酸）、酶制剂（淀粉酶、蛋白酶、β-葡聚糖酶、木聚糖酶）和微生态制剂（枯草芽孢杆菌、地衣芽孢杆菌、屎肠球菌和丁酸梭菌）能使黄羽肉鸡平均末增重增加 6.50%，料重比降低 7.59%，血清中的白蛋白、免疫球蛋白 A、免疫球蛋白 G 和免疫球蛋白 M 含量分别提高 19.90%、57.14%、37.69%和 57.14%[117]。

有机酸与植物提取物协同作用能替代抗菌药的作用。李俊勇等[118]研究了博落回散复配苯甲酸的替抗方案在白羽肉鸡养殖上的应用效果。研究发现博落回散复配苯甲酸组在 22～42 日龄时，平均日增重、平均日采食量显著高于抗菌药组，料重比显著优于抗菌药组，腹泻率与死淘率显著低于抗菌药组和对照组。在血液生化指标上，博落回散复配苯甲酸组总蛋白和 IgA、IgG、IgM 含量显著高于对照组。结果表明，博落回散复配苯甲酸的方案在禽类养殖上能有效替代抗菌药的使用。

9.1.2 饲用有机微量元素的研究进展

9.1.2.1 饲用有机微量元素的概述

(1)饲用有机微量元素的定义与分类 有机微量元素是指金属元素与有机络合体，如蛋白质、氨基酸、有机酸、小肽、多糖及其衍生物等通过共价键或离子键结合形成的简单络合物或螯合物。在络合体里有一种特殊的络合物，在其空间结构中存在两个或两个以上的络合原子或离子与同一中心离子（金属离子）通过络合反应形成环状结构的化合物，称为螯合物。从络合体的化学结构来看，螯合物由于有两个以上的络合原子或离子与金属离子结合，使得金属元素在形成的复合物中更加稳定。

有机微量元素的研究始于 20 世纪 60 年代，我国于 80 年代开始进行相关研究。根据美国饲料管理官方协会（American Association of Feed Control Office，AAFCO，2001）关于有机微量元素的定义，有机微量元素化合物可以分成 5 类：

① 金属氨基酸络合物：包括两种，一种是由可溶性金属盐与某种或几种氨基酸形成

的络合产物，常用的络合物有氨基酸、小肽等；另一种是由可溶性金属盐与某一特定氨基酸按1∶1摩尔比形成的络合反应物，如赖氨酸铜络合物。这一类有机微量元素的稳定程度不如金属氨基酸螯合物和金属蛋白盐。

② 金属氨基酸螯合物：由可溶性金属盐中的金属离子（锌、铁、铜）与氨基酸按一定摩尔比（1∶1～1∶3）以共价键结合而成，水解氨基酸的平均分子量约为150，所生成的螯合物分子量不超过800，如蛋氨酸螯合锌。

③ 金属蛋白盐：由可溶性金属盐类与蛋白质水解物（含氨基酸或小肽段）络合形成的产物，如蛋白锌和小肽铁。

④ 金属多糖络合物：由可溶性金属盐与多糖溶液形成的络合物，含有的微量元素和多糖间没有任何的化学键存在，这一类物质其实只是一种有机矿物质，如壳聚糖金属络合物。

⑤ 金属有机酸络合物：由可溶性金属元素与可溶性有机酸相结合而成，如富马酸盐和柠檬酸盐。

（2）饲用有机微量元素的评价体系 有机微量元素络（螯）合是一个复杂的过程，从原料选择、加工到最终产品的成型都需要严格把控。现阶段，科研机构和商业公司会用不同的方法去评价有机微量元素，常用的评价指标包括：络（螯）合率、络（螯）合稳定常数、络（螯）合强度和络（螯）合纯度等。

络（螯）合率是指有机微量元素产品中络（螯）合的微量元素占微量元素总量的比率。由于微量元素本身的特性及络（螯）合反应的分布性和不完全性、生产工艺的原因，产品纯度难以控制，以及不同络（螯）合剂和不同微量元素形成的络（螯）合物其络（螯）合强度和络（螯）合率差异很大，因此，常用有机微量元素络（螯）合率的高低来反映有机微量元素络（螯）合物品质，并据此调节工艺条件。络（螯）合率是研究微量元素的作用机理的一个重要指标，这一指标对于动物营养研究具有重要的理论和实际意义。目前，检测有机微量元素络（螯）合率的方法有两种，一是凝胶过滤色谱法，二是有机溶剂萃取法。

络（螯）合稳定常数是指有机微量元素产品中已经络（螯）合部分的稳定程度。稳定常数有活度稳定常数和浓度稳定常数，常用的是浓度稳定常数。现阶段市场上大多数有机微量元素产品的络（螯）合稳定常数范围在4～10，均处于适宜的范围内。因此，就通过络（螯）合稳定常数来评定有机微量元素产品的好坏来说，意义不大。

络（螯）合强度可以定量度量络合体与金属离子间的亲和力大小，是有机微量元素络（螯）物重要的特征常数。目前常用极谱法和滴汞电极法来测定。络（螯）合强度的参数法是根据络合平衡关系及络合态和非络合态金属离子的半波电位差而提出的。

极谱法的原理是金属元素与络合体形成络（螯）合物后，在电压作用下还原为金属-汞极的难度加大，电位向更负的方向移动。根据络合物与金属离子还原为$E_{1/2}$的差值，即可计算出络（螯）合物的络（螯）合强度。Holwerda根据这种方法提出了金属络（螯）合物络（螯）合强度的等级划分，络（螯）合强度低于10的为弱络（螯）合强度，介于10～100的为中等络（螯）合强度，介于100～1000的为强络（螯）合强度，超过1000的为极强络（螯）合强度。在一定的范围内，有机微量元素的络（螯）合强度越强，金属络（螯）合物的可溶性和生物利用率就越高。一般有机酸盐络（螯）合物为弱络（螯）合强度，氨基酸络（螯）合物类为中等络（螯）合强度。目前，有大量的研究认为中等络（螯）合强度的有机微量元素在动物体内的生物利用率最好。李素芬[119] 通过评价肉仔鸡生长性能、腿病发病率和心肌细胞线粒体中锰超氧化物歧化酶活性，来评定不同络（螯）合强度的有机锰的生物利用率。结果显示，中等络（螯）合强度的相对生物利用率明显最高，强络（螯）合强度有机锰源有高于弱螯合强度有机锰源的趋势。

络（螯）合纯度是指有机微量元素中已络（螯）合物质占该物质含量的百分比。由于在特定的反应条件下，化学反应无法完全充分地把有机物和微量元素结合起来，也就是说，任何一种有机微量元素不可能是100%的络（螯）合。在不同的生产工艺条件下，不同厂家生产出的产品在络（螯）合率上的差异可能比较大。因此，提供的产品可能纯度不同，就需要采用络（螯）合纯度这一指标来反映有机微量元素的性能。

（3）影响饲用有机微量元素效果的主要因素 ①动物种类：从总体上看，有机微量元素对单胃动物与禽类的作用效果好于反刍动物，对幼龄动物的作用效果好于成年动物。②添加水平：高剂量的添加水平可能会导致有机微量元素在不同组织中的富集与代谢会达到其饱和点，从而使得相应敏感指标不再产生差异。此外，还需要注意金属元素超标而中毒的问题。③饲粮类型：植物性饲料原料中的植酸是降低矿物元素利用率的主要因素。此外，种禽在产蛋高峰期时，其饲粮中的钙水平会因产蛋需要而有所提高。受消化道竞争性机制作用的影响，高钙也会抑制铁、铜、锰、锌等元素的吸收和利用。④产品质量：现阶段，还没有权威组织提出鉴别有机微量元素产品质量的方法。对于有机微量元素的评价体系中的络（螯）合率、络（螯）合强度等已有的分析方法都存在着各自的优缺点。现阶段对有机微量元素的利用率研究主要集中在与无机微量元素的对比上，而对于同一类型的产品如不同厂商生产的蛋氨酸锌，还缺乏横向对比。

9.1.2.2 饲用有机微量元素用于减抗和替抗的研究进展

（1）提高畜禽生长性能 微量元素的缺乏是导致动物生长缓慢的主要原因之一。Ettle等[120]研究发现，相较于无机铁源（硫酸亚铁），甘氨酸铁的添加可以提高1～42日龄仔猪的平均日增重和42日龄末重。王继萍等[121]通过在28日龄断奶仔猪饲粮中添加200mg/kg不同的铁源发现，与对照组相比，甘氨酸铁、蛋氨酸铁组仔猪皮毛指数得到改善，且仔猪日粮添加不同铁源可以降低28～56日龄仔猪的料重比，且甘氨酸铁的效果优于硫酸亚铁和蛋氨酸铁，这与蒋荣成等[122]的研究结果一致。Braude和Ryder[123]总结了119次试验的结果，表明饲料中添加220mg/kg高铜可以使育肥猪生长速度提高9.1%，但高铜的长期添加会导致动物组织的铜沉积，而未被利用的铜会被畜禽排放至环境，造成极大的污染，因此需要提高吸收利用效率来减少高水平微量元素的添加。许甲平等[124]通过对断奶仔猪的研究发现，添加120mg/kg甘氨酸对仔猪的促生长效果最好，且能改善仔猪的皮毛性状。在育肥猪方面，Xu等[125]发现与单独添加无机锌源（硫酸锌）相比，单独添加蛋氨酸铬或添加蛋氨酸铬和氨基酸螯合锌混合物，均能提高饲料转化率并提高屠宰率和背最长肌面积。Pacheco等[126]研究发现，与添加100mg/kg硫酸锌相比，用40mg/kg螯合锌锰替代等量的无机锌锰（40mg/kg蛋氨酸锌＋60mg/kg硫酸锌）提高了1～46日龄罗斯肉鸡的饲料利用率和胴体重，并提高了胸肌重。在高铜水平下（250mg/kg），肉鸡的采食量会减少，但在饲粮中添加较低水平的蛋氨酸锌可以提高肉鸡的采食量和体重[127]。Zheng等[128]通过在妊娠浏阳黑山羊饲粮中添加60mg/kg硫酸锌、蛋氨酸锌和甘氨酸锌发现，甘氨酸锌可以提高子代山羊的体重和胸围。此外，还有学者采用胚蛋注射的手法来研究有机微量元素对胚胎孵化率和子代生长性能的影响。El-Said等[129]通过对胚蛋注射蛋氨酸铁和纳米铁发现，与注射生理盐水组相比，二者均可以提高肉仔鸡的活重和增重，并降低第 3 和第 5 周龄的料重比。

不同类型的有机微量元素对畜禽生长性能的影响见表 9-2。

表 9-2 不同类型的有机微量元素对畜禽生长性能的影响

添加形式与添加量	畜禽品种	试验周期	对生长性能的影响
甘氨酸铁(100mg/kg)	德国长白×皮特兰猪	42d(1～42 日龄)	提高 1～42 日龄仔猪的平均日增重和 42 日龄末重
甘氨酸铁(200mg/kg)	28 日龄仔猪	28d(28～56 日龄)	降低料重比,提高皮毛指数
甘氨酸铜(120mg/kg)	21 日龄仔猪	28d(21～48 日龄)	促生长,改善皮毛性状
蛋氨酸铬(0.2mg/kg)＋氨基酸螯合锌(50mg/kg)	"杜长大"三元杂猪	105d	降低料重比,提高屠宰率和背最长肌面积
螯合锌(40mg/kg) 螯合锰(40mg/kg)	罗斯 708 肉鸡	46d(1～46 日龄)	提高饲料转化率和胴体重,提高胸肌重
蛋氨酸锌(25mg/kg、50mg/kg)	罗斯 308 肉鸡	21d(1～21 日龄)	增加采食量和体重
甘氨酸锌(60mg/kg)	浏阳黑山羊	母代饲喂 52d	提高子代山羊的体重和胸围
蛋氨酸铁(75mg/kg)	罗斯肉鸡	胚蛋注射	提高肉仔鸡的活重,降低第 3 和第 5 周龄的料重比

(2) 增强动物抗病和抗应激能力 抗生素是抵抗病原微生物的重要化学药物，也是缓解畜禽应激的饲料添加剂。在有机微量元素研究中，发现部分有机微量元素具有抗病和抗应激的能力。用氨基酸螯合物来源的微量元素饲喂虹鳟鱼 18 周后，对虹鳟鱼进行 β-溶血性链球菌处理，试验结果显示，饲喂螯合饲料组的虹鳟鱼抗体滴度升高，死亡率降低，溶菌酶活性和总免疫球蛋白水平要高于无机微量元素组[130]。Guo 等[131] 通过建立仔猪氧化应激模型来探索不同锌源的抗氧化和抗炎症效果，发现与对照组和无机锌组相比，2-羟基-4-甲基硫代丁酸锌螯合物可以提高血清中谷胱甘肽水平和总抗氧化能力，下调了小肠、肝脏和肾脏的炎性因子的 mRNA 表达水平。此实验结果说明，2-羟基-4-甲基硫代丁酸锌螯合物在降低仔猪腹泻率和提高抗炎抗氧化能力方面明显优于无机锌源。Akhavan-Salamat 等[132] 通过研究不同锌源和有机锌含量对热应激下肉鸡生长性能、胴体性状、体液免疫和抗氧化状态的影响发现，蛋氨酸锌可以提高肉鸡对绵羊红细胞和免疫球蛋白的抗体滴度以及血清超氧化物歧化酶的活性。李文祥[133] 发现，与无机锌相比，添加有机锌可以降低热应激下肝脏热休克转录因子 2（HSF2）和热休克蛋白 70（HSP70）的 mRNA 表达水平。魏婧雅[134] 发现可以通过添加蛋氨酸锌来提高大肠杆菌感染犊牛回肠绒毛高度与空肠紧密连接蛋白的表达，进而改善上皮屏障功能，并缓解腹泻以及促进生长。

不同类型的有机微量元素对动物抗病/抗应激能力的影响总结于表 9-3。

表 9-3 不同类型的有机微量元素对动物抗病/抗应激能力的影响

添加形式与添加量	动物品种	试验周期	对抗病和抗应激能力的影响
氨基酸螯合锌	虹鳟鱼	17d	提高抗体效价和溶菌酶活性
2-羟基-4-甲基硫代丁酸锌螯合物(200mg/kg)	"杜长大" 三元杂仔猪	21d(35～46 日龄)	提高血清中谷胱甘肽水平和总抗氧化能力,下调小肠、肝脏和肾脏 IL-1β 表达
中等螯合强度有机锌(110mg/kg)	AA 肉种母鸡	9 周(23～32 周龄)	降低热应激下母鸡肝脏 HSP70、HSF2 的 mRNA 表达水平与提高血浆 CuZn-SOD 活性

续表

添加形式与添加量	动物品种	试验周期	对抗病和抗应激能力的影响
蛋氨酸锌(80mg/kg)	新生犊牛	14d(1～14日龄)	提高大肠杆菌感染犊牛回肠绒毛高度与空肠紧密连接蛋白 claudin-1、occludin 和 ZO-1 的 mRNA 表达量，并降低了血清中 D-乳酸含量

(3) 改善动物肠道健康

① 肠道微生物。单胃动物肠道内的乳酸杆菌和双歧杆菌等有益菌可以将膳食纤维酵解成短链脂肪酸（主要是乙酸、丙酸和丁酸）。短链脂肪酸是结肠上皮细胞的主要能量来源，其中丁酸作为首要能源物质，对维持肠道功能稳定以及调节细胞能量代谢具有重要作用。此外，乳酸链球菌产生的乳酸链球菌肽可以抑制盲肠中大肠杆菌等有害菌的繁殖，对肠道黏膜起到保护作用。

近年来，通过向仔猪饲料中添加有机微量元素（主要为铜、锌）来改变肠道微生物区系，可显著降低仔猪腹泻率。朱叶萌等[135] 研究发现，添加 100mg/kg 的壳聚糖铜可以提高断奶仔猪结肠和盲肠内容物中的乳酸杆菌数量，降低大肠杆菌和沙门氏菌的数量，并降低腹泻率。根据朱宇旌等[136] 的报道，在日粮中添加 48mg/kg 半胱胺螯合锌可降低断奶仔猪粪便大肠杆菌的数量以及腹泻率。Marcin 等[137] 研究发现，与无机锌源硫酸锌相比，饲粮中添加甘氨酸螯合锌可以提高猪盲肠和结肠近端的瘤胃球菌、琥珀纤维杆菌等可分解纤维素的细菌数量。在家禽方面，陈娜娜等[138] 研究表明，在 20～28 周龄的蛋鸡的饲粮中添加 70mg/kg 或 140mg/kg 的蛋氨酸锌可以提高盲肠内容物中双歧杆菌和乳酸杆菌的数量，降低大肠杆菌的数量。易力等[139] 研究表明，在 1 日龄乳鸽的饲粮中添加 2mg/mL 的蛋氨酸锌可促进芽孢杆菌、乳酸杆菌、肠球菌、双歧杆菌的增殖。以上结果说明，有机微量元素对仔猪和家禽肠道微生物的生态平衡具有一定的调节作用。

不同类型的有机微量元素对畜禽肠道微生物的影响见表 9-4。

表 9-4　不同类型的有机微量元素对畜禽肠道微生物的影响

添加形式与添加量	畜禽品种	试验周期	微生物菌群改变效果
壳聚糖铜(100mg/kg)	“杜长大”三元杂断奶仔猪	30d	结肠和盲肠内容物中的乳酸杆菌数量增加，大肠杆菌和沙门氏菌的数量下降
半胱胺螯合锌(48mg/kg)	断奶仔猪	28d	粪便中大肠杆菌的数量下降
甘氨酸锌(120mg/kg)	“大杜”二元杂仔猪	28d	盲肠和结肠近端的瘤胃球菌、琥珀纤维杆菌等可分解纤维素的细菌数量增加
蛋氨酸锌(70mg/kg、140mg/kg)	海兰白蛋鸡	8周(20～28周龄)	盲肠内容物中双歧杆菌和乳酸杆菌数量增加，大肠杆菌数量下降
蛋氨酸锌(2mg/mL)	乳鸽	21d(1～21日龄)	盲肠内容物中芽孢杆菌、乳酸杆菌、肠球菌和双歧杆菌数量增加

② 肠道形态与结构。肠道的健康除了受肠道微生物菌群影响外，还受其形态结构的影响。断奶仔猪在采食教槽料阶段，其消化能力会变弱，原因是小肠绒毛的萎缩和隐窝深度的增加。在形态学上，通常将绒毛高度与隐窝深度的比值称为“绒隐比”，绒隐比值与动物的生长速度呈正相关。

在对断奶仔猪的研究中，刁慧等[140] 发现，在“杜长大”三元杂断奶仔猪的饲粮中添加复合有机微量元素可以增加十二指肠绒隐比、空肠绒毛高度和杯状细胞数量，降低十二指肠隐窝深度。李伟[141] 发现仔猪日粮中添加微量元素铁可以改善仔猪肠道形态结构，且添加有机铁的效果要好于添加无机铁。当日粮中添加 200mg/kg 有机铁，仔猪空肠和十二指肠的绒隐比最高，添加 100mg/kg 有机铁，仔猪回肠的绒隐比最高。Echeverry 等[142] 研究发现，饲粮添加复合有机微量元素可提高肉鸡回肠绒毛高度，降低隐窝深度。El-Katcha 等[143] 的研究表明，饲粮中添加 45mg/kg 或 60mg/kg 多糖锌可提高肉鸡肠道绒毛高度，降低隐窝深度，改善肠道形态。Grande 等[144] 研究发现与无机锌相比，添加氨基酸锌可以提高十二指肠绒毛高度，并提高十二指肠的绒隐比。Ma 等[145] 研究发现，与添加 30mg/kg 和 60mg/kg 甘氨酸螯合锌相比，添加水平为 90mg/kg 时可以增加肉鸡第二生长阶段（21～42 日龄）空肠绒毛高度，降低隐窝深度和肠壁厚度，但对生长前期的肠道形态无影响。在水产动物方面，殷彬等[146] 发现与添加无机锰相比，羟基蛋氨酸锰可以提高珍珠龙胆石斑鱼前肠和中肠的皱襞高度，增大后肠肌层厚度。上述结果说明有机微量元素可以改善畜禽肠道形态结构，促进肠道发育。

不同类型的有机微量元素对动物肠道形态结构的影响见表 9-5。

表 9-5　不同类型的有机微量元素对动物肠道形态结构的影响

添加形式与添加量	畜禽品种	试验周期	对肠道形态结构的影响
复合有机微量元素（富马酸亚铁、乳酸锌、柠檬酸铜、酵母硒、蛋氨酸锰）	“杜长大”三元杂断奶仔猪	14d（28～42 日龄）	十二指肠绒隐比、空肠绒毛高度和杯状细胞数量提高，十二指肠隐窝深度降低
铁蛋白盐（100mg/kg、200mg/kg）	断奶仔猪	28d	绒隐比提高
复合有机微量元素（螯合铁、锰、锌、铜）	罗斯肉鸡	42d（1～42 日龄）	回肠绒毛高度提高，隐窝深度降低
多糖锌复合物（45mg/kg、60mg/kg）	肉鸡	42d（1～42 日龄）	空肠绒毛高度提高，隐窝深度降低
氨基酸锌（60mg/kg）	罗斯 308 肉鸡	36d（1～36 日龄）	十二指肠绒毛高度提高，十二指肠绒隐比提高
甘氨酸螯合锌（90mg/kg）	罗斯肉鸡	42d（1～42 日龄）	空肠绒毛高度增加，隐窝深度降低，肠壁厚度降低
羟基蛋氨酸锰（38.15mg/kg）	珍珠龙胆石斑鱼	8 周	前肠和中肠的皱襞高度增加，后肠肌层厚度增大

③ 肠道屏障。热应激和重金属暴露会通过破坏肠道屏障从而危害畜禽的健康并降低畜禽生产力。Pearce 等[147] 研究发现饲粮中添加氨基酸锌复合物，可以减轻猪热应激对回肠的破坏程度。在镉中毒的情况下，蛋氨酸羟基类似物锌螯合物可以减少镉在长白猪胃肠道中的沉积，降低镉在小肠中的毒性。其作用机制是蛋氨酸羟基类似物锌螯合物提高了空肠中锌的沉积量和十二指肠中相关转运载体（DMT1 和 ZnT5）mRNA 的相对表达量，说明蛋氨酸羟基类似物锌螯合物可以通过上调金属元素转运体，共同促进镉和锌的吸收和转运。但镉和锌之间的吸收竞争降低了镉的吸收水平。经蛋氨酸羟基类似物锌螯合物共同处理后，十二指肠中的炎性因子（IL-8、IL-10、IFN-γ、MCP1 和 TNF-α）的 mRNA 相对表达量提高，提高了空肠 IFN-γ mRNA 相对表达量[148]，这说明了蛋氨酸羟基类似物锌螯合物可以缓解镉诱导的小肠细胞凋亡和炎症刺激反应的发生，从而减轻镉诱导的肠道屏障受损。Ma 等[149] 通过饲喂荷斯坦新生犊牛蛋氨酸锌，发现蛋氨酸锌可以通过降低肠道通透性来降低犊牛的腹泻率。此外，有研究表明，母代有机微量元素的富集还可以影响子代的肠道屏障功能。王振鑫等[150] 研究发现在蛋种鸡日粮中添加 40mg/kg 有机锌锰可以上调子代回肠紧密连接蛋白 claudin-1 的基因表达水平。

不同类型的有机微量元素对畜禽肠道屏障的影响见表 9-6。

表 9-6　不同类型的有机微量元素对畜禽肠道屏障的影响

添加形式与添加量	畜禽品种	试验周期	对肠道屏障的影响
氨基酸锌(120mg/kg)	猪	32d	降低热应激下回肠对异硫氰酸荧光素-葡聚糖的通透性
蛋氨酸羟基类似物锌螯合物(100mg/kg、200mg/kg)	断奶“长白”猪	27d	镉暴露下肠道细胞凋亡和炎症反应得到缓解
有机锌(氨维乐®Zn170)	海兰褐种母鸡	31 周	子代回肠紧密连接蛋白 claudin-1 的基因表达水平升高
蛋氨酸锌(80mg/kg)	荷斯坦新生犊牛	15d(1～15 日龄)	降低子代肠道通透性，提高子代空肠紧密连接蛋白基因表达水平，抑制腹泻

9.2

饲用有机酸、有机微量元素的作用机制

9.2.1　饲用有机酸的作用机制

有机酸作为一种绿色无污染的功能性饲料添加剂产品，在调节畜禽生长性能、免疫功能以及肠道健康等方面发挥着积极作用[7]。饲用有机酸在动物生产中的促生长作用和抑菌作用已得到普遍的认可，其作用机理如下。

（1）改善动物肠道微生态平衡　有机酸能降低胃肠道 pH 值，抑制有害微生物的繁殖和生长，减少营养物质的消耗，促进有益菌的增殖。研究结果表明，酸性环境有利于乳酸菌的增殖，对大肠杆菌等有害微生物有抑制作用；且乳酸菌的代谢产物——乳酸能够阻碍大肠杆菌与肠道内受体结合，抑制大肠杆菌生长。有机酸通过抑制病原体繁殖，间接减少肠道后段氨气和有毒多胺类物质的产生。大肠杆菌、葡萄球菌和梭状芽孢杆菌在猪肠道内繁殖的最适 pH 值分别为 6.0～8.0、6.8～7.5、6.0～7.5，pH 值小于 4 时存活率大大降低。实践证明，在日粮中加入适量的有机酸后，鸡肠炎等消化系统疾病的发病率显著下降，鸡群整体健康状况和生产性能明显改善，日增重提高。

（2）破坏细菌细胞壁　细菌细胞壁的脂多糖是细菌的防御屏障，能阻止大分子有机酸如富马酸、柠檬酸等进入细胞，但小分子有机酸如甲酸、乙酸可以通过外膜孔道进入细胞周质，与脂多糖上的羧基、磷酸基发生质子化反应，破坏脂多糖的屏障功能。随着细菌外膜脂多糖和蛋白质组分的逐渐解离，细菌细胞膜完整性被破坏，细胞内容物外泄导致细菌死亡，达到抑菌目的。

（3）抑制细菌细胞内大分子物质合成　中链脂肪酸和长链脂肪酸对革兰氏阳性菌具有抑制作用，主要是通过破坏电子传递链、解除氧化磷酸化偶联、细胞裂解、抑制酶活性、阻碍营养摄取等途径完成。乙酸是大肠杆菌糖代谢的抑制剂，当乙酸累积到一定浓度时大肠杆菌生长受到抑制。

（4）诱导机体产生抗菌物质　有机酸可以诱导宿主细胞产生某种抗菌物质，抗菌物质通过破坏细菌细胞膜完整性杀灭细菌。丁酸钠可以显著提高奶牛气管抗菌肽（TAP）和 β-防御素基因的相对表达量，减少金黄色葡萄球菌数量[151]。有关有机酸诱导机体产生抗菌物质的作用机理还不明确，有待于进一步研究。

（5）提高机体免疫力和抗应激能力　有机酸如富马酸、柠檬酸等直接参与机体酶促反应，提供动物应激时所需能量。富马酸是三羧酸循环中有氧代谢的必需组分，分子所含能量与葡萄糖相等，但其生能途径比葡萄糖短，在应激状态下可用于ATP的紧急生成而起到抗应激的作用。此外，富马酸还具有镇静作用，可减少机体活动，较好地缓解热应激症状。柠檬酸通过增加抗体数量和增强巨噬细胞活力的方式来辅助机体抵抗病原微生物的侵袭。

丁酸钠能显著抑制肥大细胞激活和炎症介质的产生。研究发现，丁酸钠上调早期断奶仔猪的肠道内生长紧密连接蛋白（claudin-3）、闭合蛋白（occludin）和闭锁小带（zonula occludens）的表达水平[152]，降低空肠黏膜中脱颗粒肥大细胞百分比及炎症介质（组胺、TNF-α、IL-6）的含量。丁酸钠显著抑制了c-Jun氨基末端激酶（JNK）的蛋白激酶的磷酸化，JNK信号通路可能参与抑制肥大细胞激活和炎症介质的产生这一过程[153]。

（6）促进营养物质的消化吸收 胃蛋白酶、胰蛋白酶、羧肽酶、淀粉酶等均在酸性环境中具有较高的酶活力。在动物饲料中添加有机酸可使胃内pH值下降，从而激活胃蛋白酶原，促进蛋白质分解，进而刺激十二指肠胰蛋白酶的分泌，使蛋白质完全分解吸收。小肠内pH值下降会引起小肠分泌肠抑素，反射性抑制胃蠕动，减慢胃排空速度，使蛋白质有较多时间在胃内消化，减轻小肠负担，提高肠道内养分消化率，改善粗蛋白及能量消化率。有机酸还具有螯合作用，可作为配体与钙、磷、铜、铁、锌等金属离子形成生物效价较高的配位化合物，从而有利于肠道后段对这些矿物元素的吸收。

（7）其他机制 饲用有机酸可通过氧化分解途径生成二氧化碳和碳酸氢盐，维持血液中适宜pH，有效缓解家禽热应激导致的呼吸性碱中毒[154]。

9.2.2 有机微量元素的作用机制

（1）饲用有机微量元素在提高畜禽生长性能方面的作用机制 动物的生长过程主要受促生长激素轴调控。促生长激素轴由生长激素释放激素、生长激素和胰岛素样生长因子构成。铜可以提高猪垂体的生长激素基因的表达水平，并促进生长激素和胰岛素样生长因子的分泌。给大鼠饲喂铜螯合物后发现，铜螯合物可以提高胰岛素样生长因子受体的mRNA表达水平。在仔猪的整个生长期，添加50mg/kg的酪蛋白铜具有显著的促生长效果，且效果优于添加高剂量（240mg/kg）的硫酸铜。上述结果提示，低剂量的有机铜源对动物生长的促进作用优于高剂量的无机铜源。

锌是味觉素的组成成分，味觉素对于口腔黏膜上皮细胞的结构、功能和代谢有着重要作用。因此，锌的添加可以通过味觉素来影响味觉小孔的形态和功能，增强味蕾对味觉的敏感性，从而提高畜禽的采食量。此外，唾液中的碱性磷酸酶和胰腺中的羧肽酶A也为含锌酶，锌可以通过提高这两种酶的活性进而促进畜禽对饲料的消化与吸收。日粮中添加锌可显著提高雏鸡的增重、采食量和饲料转化效率。上述结果证实，锌可以通过提高采食量来促进动物生长。此外，解玉怀等[155]研究发现，饲喂蛋氨酸锌的处理组采食量和增重均高于饲喂硫酸锌的处理组，进一步说明了有机锌源提高采食量和促生长的效果要优于无机锌源。

（2）饲用有机微量元素在增强畜禽抗病和抗应激能力方面的作用机制 现已证明，锌可以通过抑制淋巴细胞的程序性死亡，促进淋巴细胞分泌细胞因子从而激活巨噬细胞，被激活的巨噬细胞可增加溶菌酶的数量，进而消灭病原体达到抗病目的。Apines-Amar等[156]从对虹鳟鱼的研究结果中发现，螯合锌饲料可以提高抗体滴度、溶菌酶活性和总免疫球蛋白水平，且效果要优于无机微量元素组和对照组。结果进一步证明了有机锌可以较好地触发巨噬细胞的激活，增强溶菌酶活性，并且还可提高抗氧化水平、DNA 聚合酶表达量以及蛋白质合成率，这可能有助于抗体的产生，从而增强机体的抗病能力。

在畜禽氧化应激和热应激等其他应激情况下，畜禽机体会产生大量的活性氧，导致畜禽损伤，而饲料中添加有机微量元素可以有效缓解畜禽由应激引起的生产性能下降和应激损伤。李昌武[157] 研究发现肉种鸡日粮添加 300mg/kg 有机锌可显著提高子代肉仔鸡血清免疫球蛋白含量，并通过激活 NF-κB 信号通路来抑制 LPS 诱导的脾脏和空肠损伤，缓解子代的炎症反应。Nrf-2 是调控细胞氧化应激反应的重要转录因子，当细胞受到活性氧（ROS）攻击时，Nrf-2 会脱离其抑制蛋白并进入细胞核启动靶基因的转录，上调抗氧化酶的表达。在细胞试验中发现，锌可以通过激活 Nrf-2 上调谷氨酸-半胱氨酸连接酶的表达[158]，从而调节谷胱甘肽的合成或直接上调其下游分子如 SOD 等酶的活性来减缓应激损伤。在热应激的情况下，添加锌（110mg/kg）可以提高种蛋的孵化性能；且相较于无机锌，有机锌提高血浆铜锌超氧化物歧化酶（CuZn-SOD）活力的效果更显著。目前，有关铜参与畜禽抗病和抗应激的机制仍然不清楚，而普遍接受的说法是铜可以提高 CuZn-SOD 活力，起到中和自由基的作用。

（3）饲用有机微量元素在调节畜禽肠道屏障方面的作用机制 动物肠道黏膜屏障主要由物理屏障、化学屏障、微生物屏障和免疫屏障组成[159]。其中物理屏障主要是肠黏膜上皮细胞及其紧密连接等构成的完整肠道上皮结构，已有的研究发现，参与紧密连接形成的特定功能蛋白有 50 多种，其中主要为紧密连接蛋白（claudin）、闭合蛋白（occludin）、连接黏附分子（JAM）三种跨膜蛋白以及闭锁小带（ZO）等外周胞质蛋白。有机微量元素通常通过提高上述关键蛋白的表达水平来保护肠道屏障，但相关的分子机制尚不清楚。在免疫屏障方面，发现缺锌可引发 NF-κB 介导的炎症反应，并由此产生其他炎症细胞因子，破坏肠道屏障[159]。在 Bortoluzzi 等[160] 的研究中发现，当禽类被球虫和产气荚膜梭菌联合刺激后，补充蛋白锌可以降低其肠道 IL-8 和 INF-γ 的表达水平，从而改善肠道屏障功能并缓解肠道炎症。

研究发现在蛋鸡饲粮中添加 70mg/kg 或 140mg/kg 蛋氨酸锌可以增加盲肠内容物中双歧杆菌、乳杆菌数量，减少大肠杆菌数量，上述结果表明盲肠微生物区系得到优化，调节和维持了肠道微生态平衡，原因可能是适量的蛋氨酸锌能促进肠道上皮中的淋巴细胞、杯状细胞以及固有层中的浆细胞增殖，提高肠道细胞免疫和体液免疫水平。但添加水平达到 1400mg/kg 反而极大地增加了大肠杆菌数量，减少了双歧杆菌和乳杆菌数量，表明蛋鸡肠道菌群失调，生物屏障遭到破坏。说明添加过量可能会造成杯状细胞、淋巴细胞以及浆细胞锌中毒，引起肠道黏液以及免疫蛋白 A 的合成和分泌减少，肠道免疫功能下降，大肠杆菌等有害菌得以入侵和定植，打破肠道微生态平衡[161]。

适量添加蛋氨酸锌可以提高肠上皮细胞锌依赖酶（DNA 聚合酶和 RNA 聚合酶）的活性，增强锌指转录因子的稳定性，从而促进肠上皮细胞增殖，肠绒毛变高。此外，蛋氨酸锌还可以提高肠道 CuZn-SOD 活性、增加金属硫蛋白（MT）含量，从而提高肠道清除自由基的能力，使肠上皮细胞生物膜磷脂结构的脂质过氧化反应减少，从而维持肠上皮结构的完整性，改善肠道形态。

（4）饲用有机微量元素在肠道中的吸收机制假说 相较于无机微量元素，有机微量元素的优点是吸收利用充分，生物学效价高，这与有机微量元素吸收机制有关。目前，有机微量元素的吸收机制并不明确，缺乏直接的试验证据。主要存在竞争吸收和完整吸收这两种假说。

完整吸收机制认为有机微量元素利用肽、氨基酸和多糖的包被机制被完整吸收，其核心是金属离子以化学键与肽、氨基酸和多糖等配位体结合，在有机物的保护下，金属络合物以整体的形式穿过黏膜细胞膜和基底细胞膜进入血液。Evans[162] 研究发现，锌无法被单独吸收，需要借助胰腺分泌的二肽包被才能被机体吸收。

竞争吸收机制认为络合强度适宜的有机微量元素进入消化道后，可以防止肠道中的抗营养因子或其他影响因素对矿物元素的沉淀或者吸附产生影响。有机微量元素直接到达小肠刷状缘，并在吸收位点处发生水解，其中的金属以离子形式进入肠上皮细胞并被吸收入血液，因此进入体内的微量元素量增加。这一假说强调的是络合体对金属离子的保护作用。因络合物中络合体与金属离子有一定的结合力，使得金属离子不易发生解离，而无机微量元素的水溶性相对较好，容易解离，因此无机微量元素容易与抗营养因子结合。Hill 等[163] 将蛋氨酸锌螯合物的^{65}Zn 和^{14}C 进行双标记后饲喂大鼠，发现^{65}Zn 和^{14}C 在大鼠肠道的吸收不成比例，表明锌螯合物可能不是以整体形式吸收的。

9.3

饲用有机酸、有机微量元素的生产工艺及质量控制

9.3.1 饲用有机酸的生产工艺及质量控制

饲用有机酸的常见加工工艺有化学合成法、酶催化法和微生物发酵法等[164]。

9.3.1.1 化学合成法

化学合成法指在催化剂的作用下，以石化来源的有机烃类为原料，通过化学反应得到有机酸。可采用化学合成法生产的有机酸包括乳酸、乙酸、苹果酸和富马酸等。乙酸的化学合成法主要有甲醇羟基化法、乙醛氧化法、低碳烷烃液相氧化法、乙烯氧化法和托普索法。大多数乙酸是通过甲醇羟基化法生产，即用甲醇和一氧化碳反应生成乙酸[165]。乳酸的化学合成工艺是首先在乙醛中加入氢氰酸，常压液相反应生成乳腈，然后采用蒸馏法对粗乳腈进行提纯，再加入浓盐酸或浓硫酸水解生成乳酸[166]。乳酸还可通过糖的碱性催化水解、丙烯乙二醇氧化、乙二醇的硝酸氧化等化学方法合成[165]。富马酸的化学合成采用顺丁烯二酸酐异构法，在催化剂的作用下，将石化来源的苯氧化成顺丁烯二酸酐，经水解得到顺丁烯二酸，再经异构化得到富马酸。苹果酸由富马酸在高温高压下进行水合反应获得[167]。

9.3.1.2 酶催化法

酶催化法是在生物酶的作用下，将有机物转化为有机酸。在 L-卤代酸脱卤酶作用下，以 L-2-氯丙酸为原料，可生成 L-乳酸；若以 DL-2-氯丙酸为原料，在 DL-2-卤代酸脱卤酶作用下，可生成外消旋乳酸。采用从乳杆菌中得到的 D-乳酸脱氢酶可将丙酮酸转化为 D-乳酸[168]。富马酸盐可在富马酸酶的作用下转化为苹果酸，不同来源的富马酸酶的转化效率不同，但底物转化率都在 75%以上[169]。

9.3.1.3 微生物发酵法

微生物发酵法是在微生物的作用下，将植物经光合作用产生的碳水化合物或其他原料等转化为有机酸。可以用发酵法生产的有机酸有柠檬酸、乳酸、丁酸、富马酸、丙酮酸等[169]。采用发酵法生产规模最大的有机酸是柠檬酸，通过微生物发酵法生产的柠檬酸占90.0%以上[170]。用于柠檬酸生产的发酵微生物主要有黑曲霉和酵母。柠檬酸发酵工艺最初是表面发酵和固体发酵，随着耐高糖、高柠檬酸及金属离子的黑曲霉高产柠檬酸菌株的成功应用，液体深层发酵成为当前的主流发酵方法。

发酵法生产乳酸是以淀粉、葡萄糖或牛乳为原料，通过微生物发酵生成乳酸。用于乳酸发酵的微生物主要有细菌和根霉，细菌包括乳杆菌属、链球菌属、芽孢杆菌属；根霉包括黑根霉、米根霉等。乳酸发酵方式可分为分批发酵、连续发酵和半连续发酵等[171]。

发酵法生产苹果酸包括直接发酵法和两步发酵法。直接发酵法是通过微生物发酵直接产生苹果酸，微生物主要是霉菌，如黄曲霉。两步发酵法是通过两种功能不同的微生物，先生成富马酸，再由富马酸转化成苹果酸。一般来说，根霉发酵生成富马酸，而酵母或细菌等转化富马酸再生成苹果酸[167]。

9.3.2 有机微量元素的生产工艺及质量控制

饲用有机微量元素产品一般是由微量元素的无机盐与氨基酸和蛋白质等有机配位体经液相合成工艺生产，生产工艺有溶解、反应、冷却、离心、过滤、干燥、粉碎和包装等流程，但在溶解釜、反应釜等设备设置上略有差别。下面以蛋氨酸锌络（螯）合物为例来详细说明有机微量元素产品的生产工艺及质量控制[172]。

9.3.2.1 饲用有机微量元素［蛋氨酸锌络（螯）合物］的生产工艺

（1）生产原理 蛋氨酸和硫酸锌等可溶性锌盐在一定的温度、反应时间和pH值条件下，蛋氨酸与锌离子按一定摩尔比以共价键结合而生成络（螯）合物，主要化学反应为：

摩尔比1∶1络合：$ZnSO_4+C_5H_{11}NO_2S \longrightarrow C_5H_{11}NO_6S_2Zn$

摩尔比2∶1螯合：$ZnSO_4+2NaOH+2C_5H_{11}NO_2S \longrightarrow C_{10}H_{20}N_2O_4S_2Zn+Na_2SO_4+2H_2O$

（2）工艺流程 制备生产饲料添加剂蛋氨酸锌络（螯）合物的主要工艺流程包括计量、反应、结晶、分离纯化、干燥、粉碎和（或）筛分、包装等工序。图9-1为生产饲料添加剂蛋氨酸锌络（螯）合物的工艺流程示意图。

如图9-1所示，首先将原料（蛋氨酸和硫酸锌等锌源）按需要称量后在一定反应条件下进行反应生成蛋氨酸锌络（螯）合物；在反应结束后将生成物泵入结晶罐中进行冷却结晶；然后再进行离心分离、干燥、粉碎和（或）筛分；最后产品抽样检验合格后称重打包，运送至成品库中储存。

（3）生产过程主要关键控制点 依据企业采用的制备饲料添加剂蛋氨酸锌络（螯）合物的生产工艺流程，其生产过程主要关键控制点在计量工段为原料投料比及精度，反应工段为反应温度、时间和pH值，结晶工段为结晶温度，分离纯化工段为分离纯化方式及杂质的含量，干燥工段为干燥方式和温度，粉碎和（或）筛分工段为粉碎粒度，包装工段为产品净含量。

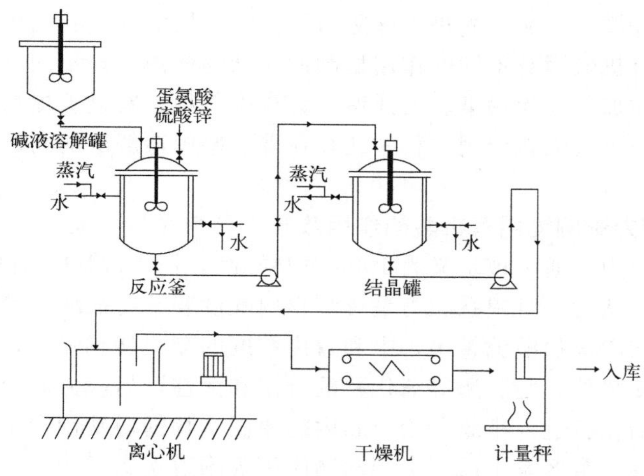

图 9-1 生产饲料添加剂蛋氨酸锌络（螯）合物工艺流程示意图[172]

（4）所需主要生产设备 制备饲料添加剂蛋氨酸锌络（螯）合物所需主要生产设备为反应器、结晶器、分离纯化设备、干燥设备、粉碎和（或）筛分设备、计量设备、包装设备、脉冲式除尘设备或性能更好的除尘设备。干燥设备应能控制温度和具备隔离火源的功能。

9.3.2.2 原料与产品质量检验和控制

（1）饲料添加剂蛋氨酸锌络（螯）合物生产所需原料品质的评价 饲料级蛋氨酸锌络（螯）合物的原料包括蛋氨酸和硫酸锌等锌源，生产企业应按照《饲料质量安全管理规范》的要求制定质量管理制度，检测原料中主成分、杂质尤其是砷、铅、镉等重金属，签订规范的原料采购合同，建立完善的原料采购和检验记录制度。在检验指标的基础上调整蛋氨酸锌络（螯）合物的生产工艺，确保产品质量。

（2）饲料添加剂蛋氨酸锌络（螯）合物产品质量标准 饲料级蛋氨酸锌络（螯）合物产品标准目前遵循的是中华人民共和国国家标准《饲料添加剂 蛋氨酸锌络（螯）合物》（GB 21694—2017）。

9.4 饲用有机酸、有机微量元素存在的问题、应用及展望

9.4.1 饲用有机酸存在的问题、应用及展望

在我国饲料全面“禁抗”的背景下，饲用有机酸因其在提高动物生长性能和改善动物健康等方面的强大功效，在畜牧业生产中有着广阔的应用前景。我国是世界上柠檬酸生产

和出口第一大国，柠檬酸产品最先进入国际市场。除柠檬酸外，我国市场上饲用有机酸产品名目繁多，各种有机酸因其不同的作用机制而在动物体内发挥不同的作用。饲用有机酸作为一种绿色饲料添加剂，无污染、无残留、无毒副作用，能显著提高动物的生长性能和饲料利用率。但饲用有机酸在应用过程中还存在着一些亟待解决的问题，具体主要有以下几个方面。

（1）日粮系酸力影响饲用有机酸的作用效果 日粮系酸力是指一定质量的日粮对酸性物质具有的酸结合力，通常被定义为100g饲料样品，用1mol/L盐酸滴定至pH 4.0所需的盐酸体积。研究认为，日粮系酸力是影响胃内酸度和游离盐酸含量的主要因素，日粮系酸力越高，吸附的游离盐酸就越多，中和胃内酸度的能力就越强。胃内酸度降低一方面会影响胰蛋白酶、淀粉酶、脂肪酶等消化酶的分泌和活性，另一方面会反馈性引起胃排空加快，饲料未经胃消化就进入小肠，给小肠内病原微生物的增殖创造了适宜条件，从而破坏了动物肠道微生物正常区系组成，引起动物腹泻等肠道疾病[173]。

饲用有机酸能有效降低日粮系酸力，改善动物胃酸度，提高日粮消化率，提高动物生长性能。有机酸添加到动物日粮中，首先会被日粮中高系酸力的原料结合，剩余的部分才能在动物的胃肠道真正发挥作用[174]。不同饲料原料的系酸力的如表9-7所示，由于实验条件及饲料来源不同，数据结果略有差异[173,175,176]。

表9-7 不同试验条件下饲料原料的系酸力

饲料原料	系酸力[175,176]	饲料原料	系酸力[175,176]
玉米	13.52	玉米	7.00
豆粕	55.93	膨化玉米	8.10
鱼粉	76.73	普通豆粕	56.00
小麦	14.11	膨化大豆	45.00
次粉	18.69	大豆浓缩蛋白	78.20
麸皮	42.45	蒸汽鱼粉	119.60
玉米蛋白粉	0.82	玉米蛋白粉	0.40
菜粕	49.49	碳酸氢钙	131.40
棉粕	47.81	低蛋白乳清粉	40.00
肉粉	47.18	奶粉	37.60
低蛋白乳清粉	24.27	血浆蛋白粉	145.40

因此，配制动物日粮时要根据有机酸的类型和日粮系酸力确定有机酸的适宜添加量，将日粮系酸力调整到最佳范围，保证有机酸能发挥最佳效果。

（2）需满足动物不同生理阶段的需要 随着现代畜牧业的迅速发展，畜禽养殖逐渐从粗放式饲养转变为规模化、集约化的生产模式，根据畜禽的品种、体重、生理阶段等实现个性化饲喂，不仅能有效提高饲料利用率，节约生产成本，提高经济效益，同时在保障畜产品安全、降低环境污染等方面发挥了重要作用。在猪饲养的不同阶段有机酸的功能细化为：在仔猪阶段以改善生长性能和免疫功能为主，在生长育肥猪阶段以提高营养物质的消化吸收为主[7]。

饲用有机酸的精准饲喂技术要充分考虑有机酸的类型和用量。根据有机酸在不同pH条件下的离解程度，可以有针对性地搭配适宜的有机酸。在相同浓度下，pK_a越小，pH越小，释放H^+的速度越快，解离程度越高。解离度较高的酸能有效降低环境中的pH，而解离度较低的酸部分处于非解离状态，能有效抑制环境中病原菌的增殖。有机酸受饲料类型和组成影响，当饲料中粗蛋白含量（大于 25%）或矿物元素含量较高时具有较强的系酸力，有机酸的作用会减弱。有机酸还会被饲料中的碱性物质中和，失去酸化作用。而且饲养环境比如饲养密度、卫生条件、光照、湿度、温度等因素都会影响有机酸的应用效果[7]，因此，在充分考虑上述影响因素后，有机酸将在动物养殖中发挥更大的作用。

（3）以稳定的有机酸剂型取代传统剂型 一直以来，有机酸存在释放快、腐蚀性大、效果不稳定、价格昂贵等缺点。为了解决这一问题，可将有机酸与碱性物质发生酸碱中和反应，生成有机酸盐（钠、钾或钙盐）。与有机酸相比，有机酸盐具有更好的气味。有机酸盐的酸性弱于有机酸，对生产设备的腐蚀性弱。有机酸盐在动物胃肠道的释放或吸收速度比有机酸慢，有机酸盐在动物胃肠道消化一段时间后，才转化成有机酸，使得胃肠内能长时间保持一个稳定的消化环境，因此有机酸盐在动物饲料中也得到了广泛应用。常见的有机酸盐包括二甲酸钾、丁酸钠等。

将有机酸进行微囊化，弥补了有机酸不能到达动物肠道后段的缺点，在畜禽胃肠道中持久稳定地发挥作用，抑制后肠道病原微生物的增殖。

（4）以复合有机酸取代单一有机酸 复合有机酸是指以某一种有机酸作为主要有效成分，再配合其他的一种或几种酸来达到协同作用的有机酸。复合有机酸克服了单一有机酸功能单一、添加量大、腐蚀性强等缺点，已逐步取代单一有机酸，成为饲用有机酸发展的趋势[177]。复合有机酸具有交互和级联效应，作为非抗生素生长促进剂应用能更好地发挥作用[178]。复合有机酸因作用范围广、添加量少、饲料成本低等优势近年来被广泛使用。

（5）建立有机酸与其他饲料添加剂联合作用的模型 有机酸与植物精油、微生态制剂以及植物提取物组合使用在提高动物生长性能、减少动物疾病方面取得了重要的进展。有机酸与上述物质组合使用时应根据畜禽不同生理阶段的生理特点和营养需要，考虑有机酸与其他饲料添加剂以及饲料原料之间的拮抗和相互作用，建立有机酸与其他饲料添加剂联合作用的模型，指导生产实践。

（6）进一步解析饲用有机酸的作用机制 研究表明，有机酸能激活宿主免疫系统，诱导宿主产生抗菌肽，如甲酸、乳酸可诱导人体产生杀菌/渗透性强化蛋白的衍生肽 P2。丁酸钠能提高人 2 型 β-防御素的表达量，还可提高奶牛气管抗菌肽（TAP）和 β-防御素基因的相对表达量。但关于有机酸诱导宿主细胞产生抗菌肽的作用机制还不明确，未来还需进一步开展相关的研究[7]。

9.4.2 饲用有机微量元素存在的问题、应用及展望

饲用有机微量元素可提高畜禽生产性能、改善畜禽产品品质、减少日粮中微量元素的添加量，减少对环境的污染，是新一代高效环保的微量元素添加剂产品，在畜禽减抗和替抗方面也具有一定的作用，因而具有广阔的应用前景。但是现阶段也存在着一些问题，如国内外不同产品的应用效果差异较大，缺乏公认的评价体系，这可能受日粮类型、研究对象、评价指标等因素的影响。因此，关于产品的质量、评价方法和标准等方面有待进一步完善。针对有机微量元素对畜禽减抗和替抗等相关影响的作用机制、最佳添加配比和剂量等方面也需要继续深入研究。此外，生产成本是制约有机微量元素产品在畜禽生产中广泛使用的关键因素之一，相较于无机微量元素产品，有机微量元素产品价格较高。因此，应

该进一步研发新型有机微量元素产品的生产工艺，降低生产成本，并科学评价其对畜禽的应用效果及其在减抗和替抗方面的作用机制，生产出满足市场需求且高效的有机微量元素产品。

参考文献

[1] Dibner J J，Buttin P. Use of organic acids as a model to study the impact of gut microflora on nutrition and metabolism[J]. Journal of Applied Poultry Research，2002，11：453-463.

[2] 潘花英，叶国华．有机化学[M]. 北京：化学工业出版社，2010：79-88.

[3] Burnett G S，Hanna J. Effect of dietary calcium lactate and lactic acid on faecal *Escherichia coli* counts in pigs[J]. Nature，1963，197：815.

[4] 朱剑锋，周海泳，胡学锋，等．饲料酸化剂的现状与发展趋势[J]. 广东饲料，2013，22（3）：32-34.

[5] Partanen K H，Zdzislaw M. Organic acids for performance enhancement in pig diets [J]. Nutrition Research Reviews，1999，12：117-145.

[6] 张仕宇，宋博，仲银召，等．猪饲用抗生素替代物研究进展[J]. 中国饲料，2021，5：40-46.

[7] 马嘉瑜，朴香淑．酸化剂改善畜禽生长和肠道健康的研究进展[J]. 中国畜牧兽医，2021，57（8）：1-10.

[8] Lan R，Kim I. Effects of organic acid and medium chain fatty acid blends on the performance of sows and their piglets [J]. Nihon Chikusan Gakkaiho，2018，89（12）：1673-1679.

[9] 陈林生，林长光，李林．二甲酸钾对断乳仔猪生产性能和肠道健康的影响[J]. 福建畜牧兽医，2018，40（05）：18-20.

[10] 赵怀宝，任玉龙，张敬强．不同类型丁酸钠对断奶仔猪生长性能及腹泻的影响[J]. 饲料研究，2019，10：86-89.

[11] 寇莎莎，王诏升，徐德旺，等．日粮中添加不同水平丁酸钠对断奶仔猪生长性能、腹泻率及血液生化指标的影响[J]. 中国畜牧兽医，2018，45（7）：1841- 1848.

[12] 蒲俊宁，陈代文，田刚，等．苯甲酸、凝结芽孢杆菌和牛至油复合添加剂对大肠杆菌攻毒仔猪生长性能、抗氧化能力和空肠消化吸收功能的影响[J]. 动物营养学报，2018，30（09）：3652-3661.

[13] 吴秋玉，吴艺鑫，郑远鹏．有机酸对断奶仔猪生长性能及腹泻率的影响[J]. 中国饲料，2019（2）：81-84.

[14] Li S，Zheng J，Deng K，et al. Supplementation with organic acids showing different effects on growth performance，gut morphology and microbiota of weaned pigs fed with highly or less digestible diets[J]. Journal of Animal Science，2018，96（8）：3302-3318.

[15] Sun W，Sun J，Li M，et al. The effects of dietary sodium butyrate supplementation on the growth performance，carcass traits and intestinal microbiota of growing-finishing pigs [J]. Journalof Applied Microbiology，2020，128（6）：1613-1623.

[16] 栗敏，李杰，王盼盼．代谢有机酸水平对生长育肥猪生长性能及血清生化指标的影响[J]. 中国饲料，2014，5：11-14.

[17] Patten J D，Waldroup P W. Use of organic acids in broiler diets[J]. Poultry Science，1988，67：1178-1182.

[18] Skinner J T，Izat AL，Waldroup P W. Research note：fumaric acid enhances performance

of broiler chickens[J]. Poultry Science，1991，70：1444-1447.

[19] Biggs P and Parsons C M. The effects of several organic acids on growth performance，nutrient digestibilities，and cecal microbial populations in young chicks[J]. Poultry Science，2008，87：2581-2589.

[20] Adil S，Banday T，Bhat G A，et al. Effect of dietary supplementation of organic acids on performance，intestinal histomorphology，and serum biochemistry of broiler chicken[J].Veterinary Medicine International，2010，2：479-485.

[21] Adil S，Banday T，Bhat G A，et al. Response of broiler chicken to dietary supplementation of organic acids[J]. Journal of Central European Agriculture 2011，12：498-508.

[22] Banday M T，Adil S，Khan A A，et al. A study of efficacy of fumaric acid supplementation in diet of broiler chicken[J]. International Journal of Poultry Science，2015，14：589-594.

[23] Panda A K，Rama Rao S V，Raju M V L N. et al. Effect of butyric acid on performance，gastrointestinal tract health and carcass characteristics in broiler chickens[J]. Asian-Australasian Journal of Animal Science，2009，22：1026-1031.

[24] 刘馨忆．包被丁酸钠对肉仔鸡生长性能、免疫功能及肠道组织形态的影响[J]．饲料研究，2020，6：41-44.

[25] Lan R X，Li S Q，Chang Q Q，et al.，Sodium butyrate enhances growth performance and intestinal development in broilers[J]. Czech Journal of Animal Science，2020，65（1）：1-12.

[26] 范秋丽，蒋守群，苟钟勇，等．枯草芽孢杆菌、低聚壳聚糖和丁酸钠对黄羽肉鸡生长性能、免疫功能和肉品质的影响[J]. 中国畜牧兽医，2020，47（4）：1080-1091.

[27] 黄灵杰，张克英，白世平，等．苯甲酸对 1～21 日龄肉鸡生长性能和肠道健康的影响[J]. 动物营养学报，2019，31（06）：2816-2822.

[28] 张波，孙得发，袁磊，等．包被苯甲酸对肉鸡生长性能及器官发育的影响[J]. 中国家禽，2017，39（08）：73-76.

[29] Gadde U，Kim W H，Oh S T，et al. Alternatives to antibiotics for maximizing growth performance and feed efficiency in poultry：a review[J]. Anim Health Res Rev，2017，18（1）：26-45.

[30] 齐鑫，陈永光，张燕，等．丁酸钠对鲟鱼幼鱼摄食及生长的影响[J]．河北渔业，2019，9：14-15.

[31] 李虹瑾，沙万里，尹柏双，等．包膜丁酸钠对断奶仔猪肠道菌群及生长性能的影响[J]. 家畜生态学报，2017，8（9）：30-34.

[32] 薛萍，沈峰，王恬，等．丁酸钠对早期断奶仔猪肠道微生物菌群、pH 值、挥发性脂肪酸及肠道形态的影响[J]. 饲料研究，2018，7：7-13.

[33] Devi S M，Lee K Y，Kim I H. Analysis of the effect of dietary protected organic acid blend on lactating sows and their piglets[J]. Rev Bras Zootecn，2016（45）：39-47.

[34] 于志勇．延胡索酸在饲料添加剂中应用[J]. 江西饲料，2000，6：12-13.

[35] 殷燕，李晨博，曾晔临，等．丙酸及其在动物生产中的应用[J]．饲料工业，2011，32（16）：15-17.

[36] Partanen K，Siljander-Rasi H，Alaviuhkola T，et al. Performance of growing- finishing pigs fed medium-or high-fibre diets supplemented with avilamycin，formic acid or formic acid-sorbate blend[J]. Livest Prod Sci，2002，73：139-152.

[37] Tsiloyiannis V K，Kyriakis S C，Vlemmas J，et al. The effect of organic acids on the control of porcine post-weaning diarrhoea[J]. Res Vet Sci，2001，70：287-293.

[38] Boling S D，Webel D M，Mavromichalis I，et al. The effects of citric acid on phytate- phosphorus utilization in young chicks and pigs[J]. J Anim Sci，2000，78：682-689.

[39] Lynch H，Leonard F C，Walia K，et al. Investigation of in feed organic acids as a low cost strategy to combat Salmonella in grower pigs[J]. Prev. Vet. Med，2017，139：50-57.

[40] 程皇座，赵晓南，胡友军．柠檬酸发展历程及其在动物生产上的应用[J]．广东饲料，2021，30（8）：30-32.

[41] Giang H H，Viet T Q，Ogle B，et al. Growth performance，digestibility，gut environment and health status in weaned piglets fed a diet supplemented with a complex of lactic acid bacteria alone or in combination with *Bacillus subtilis* and *Saccharomyces boulardii* [J]. Livest Sci，2012，143：132-141.

[42] Kemme P A，Jongbloed A W，Mroz Z，et al. Digestibility of nutrients in growing-finishing pigs is affected by *Aspergillus niger* phytase，phytate and lactic acid levels. Apparent to taltract digestibility of phosphorus，calcium and magnesium and ileal degradation of phytic acid [J]. Livest. Prod. Sci，1999，58：119-127.

[43] Tanaka T，Imai Y，Kumagae N，et al. The effect of feeding lactic acid to *Salmonella typhimurium* experimentally infected swine[J]. J Vet Med Sci，2010，72：827-831.

[44] 刘晓飞，戚月娜，赵香香，等．乳酸的制备及在养殖业的研究进展[J]，饲料研究，2021，10：141-145.

[45] Giesting D W，Easter R A. Effect of protein source and fumaric acid supplementation on apparent ileal digestibility of nutrients by young pigs[J]. J Anim Sci，1991，69：2497-2503.

[46] Blank R，Mosenthin R，Sauer W C，et al. Effect of fumaric acid and dietary buffering capacity on ileal and fecal amino acid digestibilities in early-weaned pigs[J]. J Anim Sci，1999，77：2974-2984.

[47] Falkowski J F，Aherne F X. Fumaric and citric acid as feed additives in starter pig nutrition [J]. J Anim Sci，1984，58：935-938.

[48] Thacker P A，Campbell G L，Grootwassink J. The effect of organic acids and enzyme supplementation on the performance of pigs fed barley-based diets[J]. Can J Anim Sci，1992，72：395-402.

[49] Risley C R，Kornegay E T，Lindemann M D，et al. Effect of feeding organic acids on gastrointestinal digest a measurement satvarious times post weaning in pigs challenged with enterotoxigenic *Escherichia coli*[J]. Can J Anim Sci，1993，73：931-940.

[50] Upadhaya S D，Lee K Y，Kim I H. Protected organic acid blends as an alternative to antibiotics in finishing pigs[J]. Asian-Australas J Anim Sci，2014，27：1600-1607.

[51] Kil D Y，Piao L G，Long H F，et al. Effects of organic or inorganic acid supplementation on growth performance，nutrient digestibility and white blood cell counts in weanling pigs[J]. Asian-Australas J Anim Sci，2005，19：252-261.

[52] Xu Y T，Liu L，Long S F，et al. Effect of organic acids and essential oils on performance，intestinal health and digestive enzyme activities of weaned pigs[J]. Anim Feed Sci. Technol，2018，235：110-119.

[53] 唐茂妍．饲用富马酸的应用研究进展[J]. 饲料博览，2015，12：8-11.

[54] Gottlob R O，Benz J M，Groesbeck C N，et al. Effects of dietary calcium formate and malic acid on nursery pig growth performance[J]. Kansas Agric Exp Stn Res Rep，2006（10），67-71.

[55] 秦科，杨建平，陈鲜鑫．L-苹果酸对断奶仔猪生长性能的影响研究[J]. 四川畜牧兽医，2019，46（1）：31-35.

[56] 梁静，张文举，王博．L-苹果酸的生理功能及其在反刍动物生产应用中的研究进展[J]. 中国畜牧兽医，2016，43（7）：1916-1921.

[57] Hou Y，Wu G. Glutamate nutrition and metabolism in swine[J]. AminoAcids，2018，50：1497-1510.

[58] Hou Y，Yao K，Wang L，et al. Effects of α-ketoglutarate on energy status in the intestinal mucosa of weaned piglets chronically challenged with lipopolysaccharide[J]. Br J Nutr，2011，106：357-363.

[59] Kristensen N B，Jungvid H，Fernández J A，et al. Absorption and metabolism of α-ketoglutarate in growing pigs[J]. J Anim Physiol Anim Nutr，2002，86：239-245.

[60] Hou Y，Wang L，Ding B，et al. Alpha-ketoglutarate and intestinal function[J]. Front Biosci，2011，16：1186.

[61] Wang L, Hou Y, Yi D, et al. Dietary supplementation with glutamate precursor α-ketoglutarate attenuates lipopolysaccharide-induced liver injury in young pigs[J]. AminoAcids, 2015, 47: 1309-1318.
[62] Hou Y, Wang L, Ding B, et al. Dietary α-ketoglutarate supplementation ameliorates intestinal injury in lipopolysaccharide-challenged piglets[J]. AminoAcids, 2010, 39: 555-564.
[63] Chen J, Su W, Kang B, et al. Supplementation with α-ketoglutarate to alow-protein diet enhances amino acid synthesis in tissues and improves protein metabolism in the skeletal muscle of growing pigs[J]. AminoAcids, 2018, 50(11): 1525-1537.
[64] Liu S, He L, Jiang Q, et al. Effect of dietary α-ketoglutarate and allicin supplementation on the composition and diversity of the cecal microbial community in growing pigs[J]. J Sci FoodAgric, 2018, 98, 5816-5821.
[65] Chen J, Yang H, Long L, et al. The effects of dietary supplementation with α-ketoglutarate on the intestinal microbiota, metabolic profiles, and ammonia levels in growing pigs[J]. Anim Feed Sci Technol, 2017, 234: 321-328.
[66] Zhang Y, Wang Y, Chen D, et al. Dietary chlorogenic acid supplementation affects gut morphology, antioxidant capacity and intestinal selected bacterial populations in weaned piglets [J]. FoodFunct, 2018, 9: 4968-4978.
[67] Chen J, Li Y, Yu B, et al. Dietary chlorogenic acid improves growth performance of weaned pigs through maintaining antioxidant capacity and intestinal digestion and absorption function[J]. J Anim Sci, 2018, 96: 1108-1118.
[68] Wu Y, Liu W, Li Q, et al. Dietary chlorogenic acid regulates gut microbiota, serum-free amino acids and colonic serotonin levels in growing pigs[J]. Int J FoodSci Nutr, 2017, 69: 566-573.
[69] Mao X, Yang Q, Chen D, et al. Benzoic acid used as food and feed additive scan regulate gut functions[J]. BioMed Res. Int., 2019(2019): 1-6.
[70] Papatsiros V G, Tassis P D, Tzika E D, et al. Effect of benzoic acid and combination of benzoic acid with a probiotic containing *Bacillus cereus* var. *toyoi* in weaned pig nutrition [J]. Pol. J. Vet. Sci, 2011, 14(1): 117-125.
[71] Wang Y, Chiba L I, Huang C, et al. Effect of diet complexity, multi-enzyme complexes, essential oils, and benzoic acid on weanling pigs[J]. Livest Sci, 2018, 209: 32-38.
[72] Zhai H, Luo Y, Ren W, et al. The effects of benzoic acid and essential oils on growth performance, nutrient digestibility, and colonic microbiota in nursery pigs[J]. Anim Feed Sci Technol, 2020, 262: 114426.
[73] Diao H, Gao Z, Yu B, et al. Effects of benzoic acid (VevoVitall®) on the performance and jejunal digestive physiology in young pigs[J]. J Anim Sci Biotechnol, 2016, 7: 32.
[74] Diao H, Zheng P, Yu B, et al. Effects of dietary supplementation with benzoic acid on intestinal morphological structure and microflora in weaned piglets[J]. Livest Sci, 2014, 167: 249-256.
[75] Sauer W, Cervantes M, Yanez J, et al. Effect of dietary inclusion of benzoic acid on mineral balance in growing pigs[J]. Livest Sci, 2009, 122: 162-168.
[76] Shu Y, Yu B, He J, et al. Excess of dietary benzoic acid supplementation leads to growth retardation, hematological abnormality and organ injury of piglets[J]. Livest Sci, 2016, 190: 94-103.
[77] Blank R, Naatjes M, Baum C, et al. Effects of formic acid and phytase supplementation on digestibility and use of phosphorus and zinc in growing pigs[J]. JAnim Sci, 2012, 90: 212-214.
[78] Gerritsen R, VanDijk A J, Rethy K, et al. The effect of blends of organic acids on apparent faecal digestibility in piglets [J]. Livest Sci, 2010, 134: 246-248.
[79] Gabert V M, Sauer W C, Schmitz M, et al. The effect of formic acid and buffering capacity on the ileal digestibilities of amino acids and bacterial populations and metabolites in the small in-

testine of weanling pigs fed semipurified fish meal diets[J]. Can J Anim Sci，1995，75：615-623.
[80] Siljander-Rasi H，Alaviuhkola T，Suomi，K. Carbadox，formic acid and potato fibre as feed additives for growing pigs[J]. J Anim FeedSci，1998，7：205-209.
[81] Valencia Z，Chavez E R. Phytase and acetic acid supplementation in the diet of early weaned piglets：Effect on performance and apparent nutrient digestibility[J]. Nutr. Res，2002，22：623-632.
[82] Mosenthin R，Sauer W C，Ahrens F，et al. Effect of dietary supplements of propionic acid，siliceous earth or a combination of these on the energy，protein and amino acid digestibilities and concentrations of microbial metabolites in the digestive tract of growing pigs[J]. Anim FeedSci Technol，1992，37：245-255.
[83] Bosi P，Messori S，Nisi I，et al. Effect of different butyrate supplementations on growth and health of weaning pigs challenged or not with E. coli K88[J]. Ital J Anim Sci，2009，8：268-270.
[84] Zentek J，Buchheit-Renko S，Ferrara F，et al. Nutritional and physiological role of medium-chain triglycerides and medium-chain fatty acids in piglets[J]. Anim HealthRes Rev，2011，12：83-93.
[85] Peffer P L，Lin X，Odle J. Hepatic β-oxidation and carnitine palmitoyl transferase I in neonatal pigs after dietary treatments of clofibric acid，isoproterenol，and medium-chain triglycerides[J]. Am J Physiol-Regul Integr Comp Physiol，2005，288：1518-1524.
[86] Thomas L L，Woodworth J C，Tokach M D，et al. Evaluation of different blends of medium-chain fatty acids，lactic acid，and monolaurin on nursery pig growth performance[J]. Transl Anim Sci，2020，4：548-557.
[87] Cera K R，Mahan D C，Reinhart G A. Post weaning swine performance and serum profile responses to supplemental medium-chain free fatty acids and tallow[J]. J Anim Sci，1989，67：2048.
[88] López-Colom P，Castillejos L，RodRíguez-Sorrento A，et al. Efficacy of medium-chain fatty acid salts distilled from coconut oil against two enteric pathogen challenges in weanling piglets [J]. J Anim Sci Biotechnol，2019，10：89.
[89] Marounek M，Skřivanová E，Skřivanová V. A note on the effect of caprylic acid and triacylglycerols of caprylic and capric acid on growth rate and shedding of coccidia oocysts in weaned piglets. J Anim[J]. Feed Sci，2004，13：269-274.
[90] Zentek J，Ferrara F，Pieper R，et al. Effects of dietary combinations of organic acids and medium chain fatty acids on the gastrointestinal microbial ecology and bacterial metabolites in the digestive tract of weaning piglets[J]. J Anim Sci，2013，91：3200-3210.
[91] Han Y S，Tang C H，Zhao Q Y，et al. Effects of dietary supplementation with combinations of organic and medium chain fatty acids as replacements for chlortetracycline on growth performance，serum immunity，and fecal microbiota of weaned piglets[J]. Livest Sci，2018，216：210-218.
[92] Luo Z F，Fang X L，Shu G，et al. Sorbic acid improves growth performance and regulates insulin-like growth factor system gene expression in swine[J]. J Anim Sci，2011，89：2356-2364.
[93] Grilli E，Tugnoli B，Passey J L，et al. Impact of dietary organic acids and botanicals on intestinal integrity and inflammation in weaned pigs[J]. BMCVet Res，2015，11：96.
[94] Brazle A E，Johnson B J，Webel S K，et al. Omega-3 fatty acids in the gravid pig uterus as affected by maternal supplementation with omega-3 fatty acids[J]. J Anim Sci，2009，87：994-1002.
[95] Eastwood L，Leterme P，Beaulieu A D. Changing the omega-6 to omega-3 fatty acid ratio in sow diet salters serum，colostrum，and milk fatty acid profiles，but has minimal impact on reproductive performance [J]. J Anim Sci，2014，92：5567-5582.
[96] Estienne M J，Harper A F，Estienne C E. Effects of dietary supplementation with omega-3

polyunsaturated fatty acids on some reproductive characteristics in gilts[J]. Reprod Biol，2006，6：231-241.

[97] Upadhaya S D，Li T S，Kim I H. Effects of protected omega-3 fatty acid derived from linseed oil and Vitamin E on growth performance，apparent digestibility，blood characteristics and meatq uality of finishing pigs[J]. Anim Prod Sci，2017，57：1085-1090.

[98] Turek J J，Schoenlein I A，Clark L K，et al. Dietary polyunsaturated fatty acid effects on immune cells of the porcine lung[J]. J Leukoc Biol，1994，56：599-604.

[99] Marriott N G，Garrett J E，Sims M D，et al. Performance characteristics and fatty acid composition of pigs fed a diet with docosahexaenoic acid[J]. J Muscle Foods，2002，13：265-277.

[100] Bontempo V，Sciannimanico D，Pastorelli G，et al. Dietary conjugated linoleic acid positively affects immunologic variables in lactating sowsand piglets [J]. J. Nutr.，2004，134，817-824.

[101] Corino C，Pastorelli G，Rosi F，et al. Effect of dietary conjugated in oleic acid supplementation in sows on performance and immunoglobulin concentration in piglets [J]. J Anim Sci，2009，87：2299-2305.

[102] Lai C，Yin J，Li D，et al. Effects of dietary conjugated linoleic acid supplementation on performance and immune function of weaned pigs[J]. Arch Anim Nutr，2005，59：41-51.

[103] Bassaganya-Riera J，Pogranichniy R M，Jobgen S C，et al. Conjugated linoleic acid ameliorates viral infectivity in a pig model of virally induced Immunosuppression [J]. J. Nutr，2003，133：3204-3214.

[104] 何荣香，吴媛媛，韩延明，等．复合有机酸对断奶仔猪生长性能、血清生化指标、营养物质表观消化率的影响[J]. 动物营养学报，2020，32（7）：3118-3126.

[105] Long S F，Xu Y T，Pan L，et al. Mixed organic acids as antibiotic substitutes improve performance，serum immunity，intestinal morphology and microbiota for weaned piglets[J]. Anim Feed Sci Tech，2018，235：23-32.

[106] 严欣茹，董瑗榕，余淼，等．复合酸化剂对断奶仔猪生长性能、粪便微生物数量及血液指标的影响[J]. 饲料工业，2020，41（17）：43-48.

[107] 阳巧梅，尹秀娟，廖婵娟．日粮添加酸化剂替代抗生素对断奶仔猪生长性能、血清生化指标及肠道形态的影响[J]. 中国饲料，2018（10）：37-41.

[108] 池仕红，叶润全，何家豪，等．不同酸化剂对断奶仔猪生长性能的影响[J]. 黑龙江畜牧兽医，2019（20）：122-124.

[109] 吴秋玉，吴艺鑫，郑远鹏．有机酸对断奶仔猪生长性能及腹泻率的影响[J]. 中国饲料，2019，2：81-84.

[110] 粟敏，李杰，王盼盼．代谢有机酸水平对生长肥育猪生长性能及蛋白质代谢的影响[J]. 中国畜牧杂志，2014，50（7）：48-52.

[111] 徐青青，张少涛，杨海涛，等．乳酸型复合酸化剂对白羽肉鸡生长性能、养分利用率、肠道指标和鸡舍空气质量的影响[J]. 动物营养学报，2020，32（11）：5209-5220.

[112] 郭志有，郑立森，李舫，等．饲粮与饮水添加酸化剂在肉鸡生产中使用效果研究[J]. 中国饲料，2021，17：21-26.

[113] 樊爱芳，李亚妮，魏清宇．酸化剂对蛋鸡产蛋性能、蛋品质的影响[J]. 山西农业科学，2019，47（7）：1261-1263.

[114] 林雪，段静娜，赵玉蓉，等．不同组成酸化剂对罗非鱼生长性能和抗氧化及肝脏代谢酶活性的影响[J]. 饲料工业，2019，40（8）：51-55.

[115] Yang C M，Zhang L L，Cao G T，et al. Effects of dietary supplementation with essential oils and organic acids on the growth performance，immune system，fecal volatile fatty acids，and microflora community in weaned piglets[J]. Journal of Animal Science，2019，97（1）：133-143.

[116] 汪晶晶，任红立，董佳琦，等．微生态制剂和复合酸化剂对哺乳母猪生产性能、血清生化和免疫指标以及乳成分的影响[J]. 动物营养学报，2017，30（2）：685-695.

[117] 赵莉，秦亮，吴仙花，等．日粮中添加酶联微生态制剂、酸化剂对肉鸡生长性能及免疫功能的影响[J]. 饲料研究，2021，09：63-65.
[118] 李俊勇，张耀，张鹏程．一种博落回散加酸化剂的替抗方案在禽类养殖上的应用[J]. 饲料研究，2020，43（7）：48-51.
[119] 李素芬．有机锰源的化学特性及其对肉仔鸡的相对生物学利用率研究[D]. 北京：中国农业科学研究院北京畜牧兽医研究所，2002.
[120] Ettle T，Schlegel P，Roth F X. Influence of different iron sources on digestibility of iron，growth performance and blood parameters in the piglet[C]. Proceedings of the Society of Nutrition Physiology，2006，15：166.
[121] 王继萍，宿海娟，王文楠．不同铁源对断奶仔猪生长性能，皮毛指数及血清指标的影响[J]. 现代畜牧兽医，2021，7：47-51.
[122] 蒋荣成，罗鹏，王军，等．复合有机铁对母猪繁殖性能和仔猪的生长性能的影响[J]. 中国饲料添加剂，2012，10：22-25.
[123] Braude R，Ryder K J. Copper levels in diets for growing pigs[J]. J Agric Sci，1973，80（3）：489-493.
[124] 许甲平，鲍宏云，邓志刚，等．不同铜源对断奶仔猪生长性能和皮毛性状的影响[J]. 饲料工业，2012，33（24）：56-58.
[125] Xu X，Liu L，Long S F，et al. Effects of chromium methionine supplementation with different sources of zinc on growth performance，carcass traits，meat quality，serum metabolites，endocrine parameters and the antioxidant status in growing-finishing pigs[J]. Biol Trace Elem Res，2017，179（1）：70-78.
[126] Pacheco W J，Patio D B，Vargas J I，et al. Effect of partial replacement of inorganic zinc and manganese with zinc methionine and manganese methionine on live performance and breast myopathies of broilers[J]. J Appl Poult Res，2021，30（4）：100204.
[127] Zhao J，Shirley R B，Dibner J J，et al. Superior growth performance in broiler chicks fed chelated compared to inorganic zinc in presence of elevated dietary copper[J]. J Anim Sci Biotechnol，2016，7（4）：13-22.
[128] Zheng M，Li S，Zhang P，et al. Effects of different zinc sources on growth performance of Xiangdong black goat and composition，amino acid and fatty acid contents of goat milk [J]. Chinese Journal of Animal Nutrition，2018，30（10）：3976-3984.
[129] El-Said E A，El-Gogary M R. Effect of in-ovo injection with iron-methionine chelates or iron nano-particles and post hatch dietary folic acid on growth performance and physiological responses of broiler chickens[J]. Egyptian Poultry Science Journal，2019，39（4）：753-770.
[130] Apines M J，Satoh S，Kiron V，et al. Availability of supplemental amino acid-chelated trace elements in diets containing tricalcium phosphate and phytate to rainbow trout，*Oncorhynchus mykiss*[J]. Aquaculture，2003，225（4）：431-444.
[131] Guo J，He L，Li T，et al. Antioxidant and anti-inflammatory effects of different zinc sources on diquat-induced oxidant stress in a piglet model[J]. Biomed Res Int，2020，21（2）：1-10.
[132] Akhavan-Salamat H，Ghasemi H A. Effect of different sources and contents of zinc on growth performance，carcass characteristics，humoral immunity and antioxidant status of broiler chickens exposed to high environmental temperatures[J]. Livest Sci，2019，223：76-83.
[133] 李文祥．不同锌源对不同温度下肉种母鸡相关性能及分子指标的影响[D]. 北京：中国农业科学院，2015.
[134] 魏婧雅．日粮不同锌源对大肠杆菌感染犊牛肠道上皮屏障及空肠黏膜蛋白质组学的影响[D]. 北京：中国农业科学院，2019.
[135] 朱叶萌，谢正军，李云涛，等．壳聚糖铜对断奶仔猪生产性能、肠道菌群及黏膜形态的影响[J]. 中国农业科学，2011，44（002）：387-394.
[136] 朱宇旌，王浩然，李方方，等．半胱胺螯合锌对仔猪生长性能、血清生化指标、养分消化率及粪中微生物菌群的影响[J]. 动物营养学报，2015，27（10）：3225-3232.

[137] Marcin B，Marcin T，Anna T，et al. The effect of organic and inorganic zinc source，used with lignocellulose or potato fiber，on microbiota composition，fermentation，and activity of enzymes involved in dietary fiber breakdown in the large intestine of pigs[J]. Livest Sci，2021，245：104429.

[138] 陈娜娜，何俊娜，郭阳，等．蛋鸡对饲粮中蛋氨酸锌的耐受性研究[J]. 动物营养学报，2017，29（2）：511-518.

[139] 易力，汪洋，范春永，等．不同浓度的蛋氨酸锌对乳鸽肠道菌群的影响[J]. 黑龙江畜牧兽医，2010，3：146-147.

[140] 刁慧，晏家友，张锦秀，等．有机微量元素和酵母培养物替代氧化锌对断奶仔猪生长性能和肠道健康的影响[J]. 中国饲料，2020，19：40-48.

[141] 李伟．不同铁源和添加水平对断奶仔猪健康生长的营养调控研究[D]. 南京：南京农业大学，2012.

[142] Echeverry H，Yitbarek A，Munyaka P，et al. Organic trace mineral supplementation enhances local and systemic innate immune responses and modulates oxidative stress in broiler chickens[J]. Poult Sci，2016，95（3）：518-527.

[143] El-Katcha M，Soltan M A，El-Badry M. Effect of dietary replacement of inorganic zinc by organic or nanoparticles sources on growth performance，immune response and intestinal histopathology of broiler chicken[J]. Alex J Vet Sci，2017，55（2）：129-145.

[144] Grande A D，Leleu S，Delezie E，et al. Dietary zinc source impacts intestinal morphology and oxidative stress in young broilers[J]. Poult Sci，2020，99（1）：441-453.

[145] Ma W，Niu H，Feng J，et al. Effects of zinc glycine chelate on oxidative stress，contents of trace elements，and intestinal morphology in broilers[J]. Biol Trace Elem Res，2011，142（3）：546-556.

[146] 殷彬，迟淑艳，谭北平，等．三种锰源对珍珠龙胆石斑鱼幼鱼生长性能、抗氧化能力和肠道形态的影响[J]. 中国水产科学，2019，26（3）：484-492.

[147] Pearce S C，Sanz Fernandez M V，Torrison J，et al. Dietary organic zinc attenuates heat stress-induced changes in pig intestinal integrity and metabolism[J]. Journal of animal science，2015，93：4702-4713.

[148] Ni H J，Liu F F，Liang X，et al. The role of zinc chelate of hydroxy analogue of methionine in cadmium toxicity：effects on cadmium absorption on intestinal health in piglets[J]. Animal，2020，14（9）：1382-1391.

[149] Ma F T，Wo Y Q L，Shan Q，et al. Zinc-methionine acts as an anti-diarrheal agent by protecting the intestinal epithelial barrier in postnatal Holstein dairy calves[J]. Anim Feed Sci Technol，2020，270：114686.

[150] 王振鑫，王玉，郝洋洋，等．有机锌锰对蛋雏鸡肝脏抗氧化酶活性及肠道紧密连接蛋白基因表达的影响[J]. 中国家禽，2019，41（24）：49-52.

[151] Ochoa-Zarzosa A，Villarreal-Fernández E，Cano-Camacho H，et al. Sodium butyrate inhibits *Staphylococcus aureus* internalization in bovine mammary epithelial cells and induces the expression of antimicrobial peptide genes[J]. Microb Pathog，2009，47（1）：1-7.

[152] Feng WQ，Wu Y C，Chen G X，et al. Sodium butyrate attenuates diarrhea in weaned piglets and promotes tight junction protein expression in colon in a GPR109A-dependent manner[J]. Cell Physiol Biochem，2018，47（4）：1617-1629.

[153] Wang C C，Wu H，Lin F H，et al. Sodium butyrate enhances intestinal integrity，inhibits mast cell activation，inflammatory mediator production and JNK signaling pathway in weaned pigs[J]. Innate Immun，2018，24（1）：40-46.

[154] 刘圈炜，顾丽红，邢漫萍，等．复合酸化剂对热应激文昌鸡生长性能及血清生化指标的影响[J]. 中国家禽，2018，40（10）：27-30.

[155] 解玉怀，王丽雪，张桂国，等．日粮蛋氨酸锌替代无机锌源对肉鸡生长性能、组织锌沉积和血液指标的影响[J]. 中国饲料添加剂，2018（3）：25-31.

[156] Apines-Amar M J S, Satoh S, Kiron V, et al. Effects of supplemental amino acid-chelated trace elements on the immune response of rainbow trout subjected to bacterial challenge[J]. J Aquat Anim Health, 2004, 16(2): 53-57.

[157] 李昌武．肉种鸡锌营养对子代肉鸡免疫机能的影响及其分子机制[D]. 北京：中国农业大学，2015.

[158] Ohashi W, Hara T, Takagishi T, et al. Maintenance of intestinal epithelial homeostasis by zinc transporters[J]. Digestive Diseases and Sciences, 2019, 64: 2404-2415.

[159] Li C, Guo S, Gao J, et al. Maternal high-zinc diet attenuates intestinal inflammation by reducing DNA methylation and elevating H3K9 acetylation in the A20 promoter of offspring chicks [J]. Journal of Nutritional Biochemistry, 2015, 26(2): 173-183.

[160] Bortoluzzi C, Lumpkins B, Mathis G F, et al. Zinc source modulates intestinal inflammation and intestinal integrity of broiler chickens challenged with coccidia and *Clostridium perfringens*[J]. Poult Sci, 2019, 98(5): 2211-2219.

[161] Cortese M M, Suschek C V, Wetzel W, et al. Zinc protects endothelial cells from hydrogen peroxide via Nrf2-dependent stimulation of glutathione biosynthesis[J]. Free Radic Biol Med, 2008, 44(12): 2002-2012.

[162] Evans G W, Hahn C J. Copper and zinc binding components in rat intestine[J]. Adv Exp Med Biol, 1974, 48: 285-297.

[163] Hill D A, Peo E R, Lewis A J. Influence of picolinic acid on the uptake of 65zinc-amino acid complexes by the everted rat gut[J]. Journal of Animal Science, 1987, 1: 173.

[164] 杨鹏波．基于沉淀置换的发酵法生产有机酸的清洁工艺过程[D]. 北京：中国科学院研究生院（过程工程研究所），2015.

[165] 刘立明，陈修来．有机酸工艺学[M]. 北京：中国轻工业出版社，2020.

[166] 王洪记．我国乳酸用途扩大及市场趋势[J]. 精细与专有化学品，1997，10：15-16.

[167] 李学坤，张昆，高振，刘宁，黄和．富马酸的合成及应用[J]. 现代化工，2005，25：81- 83.

[168] 曹本昌，徐建林．L-乳酸研究综述[J]. 食品与发酵工业，1993，3：56-61.

[169] 金其荣，张继民，徐勤．有机酸发酵工艺学[M]. 北京：中国轻工业出版社，1989：578.

[170] 高年发，杨枫．我国柠檬酸发酵工业的创新与发展[J]. 中国酿造，2010，7：1-6.

[171] 闫智慧，高静，周丽亚，等．乳酸的应用与发酵生产工艺[J]. 河北工业大学学报，2004，33（3）：15-19.

[172] 杨振海，刘连贵，沙玉圣，等．常见矿物元素饲料添加剂生产工艺与质量控制技术[M]. 北京：中国农业出版社，2017.

[173] 徐海岩，王超，徐鲁善．日粮系酸力在断奶仔猪上的应用研究进展[J]. 猪业科学，2021，38（5）：90-94.

[174] 秦圣涛，王永军．复合酸化剂在断奶仔猪日粮中应用的研究进展[J]. 广东饲料，2006，15（3）：24-26.

[175] 侯永清．饲料酸结合力的测定方法及其应用的研究[J]. 饲料研究，2001（3）：1-3.

[176] 王振勇．断乳仔猪饲料源性腹泻的研究[D]. 北京：中国农业大学，2007.

[177] 谢建华，曾岳明，吴秀丽．饲用有机酸的研究进展[J]. 当代畜禽养殖业，2011，09：35-38.

[178] Ferronato G, Prandini A. Dietary supplementation of inorganic, organic, and fatty acid in Pig: A view[J]. Animals, 2020, 10(10): 1740.

第 10 章
其他饲用抗菌药物替代物用于减抗、替抗

抗菌药物曾在治疗动物疾病、提高养殖效益及保障动物生产安全等方面发挥了重要的作用，但抗菌药物管理不规范、使用不合理、相关技术水平不足等因素致使细菌耐药性和药物残留等问题日益严重，已成为全球的关注点。早在 20 世纪 80 年代，世界各国就开始了在畜牧业中对预防性、促生长性抗菌药物的减抗、限抗、禁抗行动。开发绿色、安全的饲用抗菌药物替代物是畜禽养殖业发展的必然趋势。随着饲用抗菌药物替代物研究和应用的不断深入，抗菌药物替代物呈现功能多样、品种繁多的发展趋势，除植物活性成分、酶制剂、寡糖和多糖、生物活性肽、有机酸、有机微量元素外，还包括其他饲用抗菌药物替代物，主要是非植物源提取物以及人工合成类的活性物质，如昆虫提取物、卵黄抗体、纳米制剂和中短链脂肪酸甘油酯。这类物质在促进畜禽生长、改善畜产品品质、增强畜禽抗病性等方面发挥了重要作用。

10.1

其他饲用抗菌药物替代物的研究进展

10.1.1 昆虫提取物

昆虫抗菌功效的发现可以追溯到两千多年前。中医中有 300 多种昆虫用于生产约 1700 种常规药物[1]，用来缓解疼痛、治疗疾病。蚂蚁是著名的药用物种，蚂蚁产生的活性物质能够加速伤口愈合，提取的蚂蚁下颚活性物质可用于外科手术缝合伤口[2]。昆虫提取物在饲料中主要用于替代部分蛋白饲料。目前我国仍处于蛋白饲料严重缺乏、需要长期依赖进口的局面，2023 年，我国大豆产量为 2084 万吨，大豆进口量达到了 9941 万吨。将昆虫作为可持续的蛋白饲料资源用于畜禽、水产动物养殖，能克服蛋白饲料短缺的瓶颈问题[3]。许多国家已经确认将昆虫作为未来可持续性动物饲料的一种重要原料[4]。昆虫体内含有大量的抗菌物质，黑水虻幼虫产生的抗菌物质能选择性抑制大肠杆菌、金黄色葡萄球菌、沙门氏菌等有害菌生长，粪便经黑水虻处理后抗生素抗性基因和整合素基因含量减少 95%，有害菌数量降低 70.7%～92.9%[5]。因此，在养殖动物日粮中添加昆虫提取物能改善不同日龄的猪、肉鸡、蛋鸡、水产动物的肠道微生物区系和肠道发育状况，增强机体免疫功能和抗氧化能力，提高动物生长性能[6]。

饲料中应用最多的昆虫提取物来自黑水虻。Yu 等[7] 研究发现，用 1%～4%黑水虻粉饲喂断奶仔猪能增加回肠和盲肠中乳酸菌、双歧杆菌数量，降低大肠杆菌数量，增加盲肠中厚壁菌门、瘤胃球菌、梭菌群Ⅳ和普雷沃氏菌的含量；随着黑水虻粉含量的增加，回肠和盲肠乳酸和丁酸含量增加，盲肠中胺类、酚类和吲哚类化合物含量降低。肠道黏膜免疫的相关因子含量也因黑水虻粉含量的增加发生变化，在回肠中，Toll 样受体 4（TLR4）、核因子 κB（NF-κB）、髓样分化因子 88（MyD88）和肿瘤坏死因子（TNF-α）mRNA 表达量下降，屏障功能相关因子的基因，如黏蛋白（MUC1）、闭锁小带蛋白

(ZO-1)、闭合蛋白（occludin）、紧密连接蛋白（claudin-2）的基因和发育相关基因，如胰岛素样生长因子（IGF-1）、胰高血糖素样肽 2（GLP-2）、表皮细胞生长因子（EGF）基因的表达量增加。

余苗等[8] 研究了黑水虻幼虫粉对育肥猪肠道食糜主要微生物数量和代谢产物的影响，研究发现，日粮添加 4%的黑水虻幼虫粉显著增加盲肠食糜中双歧杆菌、乳酸杆菌、普雷沃氏菌、梭菌群Ⅳ的数量（$P<0.05$）；降低大肠杆菌数量（$P<0.05$）；添加 8%的黑水虻幼虫粉显著增加普雷沃氏菌和双歧杆菌的数量（$P<0.05$）；日粮添加 4%和 8%的黑水虻幼虫粉显著增加盲肠食糜中短链脂肪酸总量、乳酸和乙酸的浓度（$P<0.05$），同时，8%黑水虻幼虫粉还显著降低戊酸浓度（$P<0.05$）；日粮添加 4%的黑水虻幼虫粉显著降低了盲肠食糜中总生物胺、尸胺、腐胺、精胺、对甲酚和苯酚的浓度（$P<0.05$），而日粮添加 8%的黑水虻幼虫粉显著降低了尸胺和苯酚的浓度（$P<0.05$）。Yu 等[9] 研究了黑水虻粉对育肥猪生长性能、胴体性状和肉质的影响。研究发现，与黑水虻粉添加量 0 和 8%相比，添加 4%黑水虻粉显著增加育肥猪体重和平均日增重（$P<0.05$），降低料肉比（$P<0.05$）。4%和 8%黑水虻粉显著增加胸部最长肌（LT）的腰眼面积、大理石纹评分和肌苷磷酸含量（$P<0.05$）。

Lee 等[10] 研究了黑水虻对鸡伤寒沙门氏菌（*Salmonella gallinarum*）的免疫效果。结果表明，黑水虻能提高鸡伤寒沙门氏菌攻毒小鼠的体重、增加 $CD4^+$ T 淋巴细胞和脾脏淋巴细胞数量，增加小鼠血清溶菌酶活性。此外，黑水虻能增强肉鸡对鸡伤寒沙门氏菌的细菌清除能力，提高了肉鸡对鸡伤寒沙门氏菌的存活率。黑水虻具有刺激机体非特异性免疫反应的特性，对鸡伤寒沙门氏菌具有预防作用。

Rimoldi 等[11] 评估了黑水虻粉对虹鳟鱼（*Oncorhynchus mykiss*）肠道微生物群的影响。研究表明，饲养黑水虻能影响虹鳟鱼肠道细菌群落，从而改善鱼类肠道健康。与鱼粉对照组相比，以黑水虻为基础饲料的鱼表现出更高的细菌多样性，而变形菌门细菌减少。黑水虻粉增加了肠道支原体的丰度，支原体被认为能够产生乳酸和乙酸作为其发酵的最终产物。他们认为，观察到的虹鳟鱼原肠道菌群组成的变化主要由于黑水虻中益生元——可发酵几丁质的作用。Bruni 等[12] 研究了黑水虻对虹鳟鱼器官参数、鱼片产量和肠道细菌群落的影响。部分脱脂黑水虻幼虫粉是一种有效的替代蛋白质来源，可替代虹鳟鱼饲料中 50%的鱼粉，且不影响鱼片产量和器官指数。微生物学分析表明，肠道细菌群落对饲粮变化敏感，高剂量黑水虻幼虫粉可改变肠道细菌群落结构，使生物多样性增加。

除此之外，王留等[13] 研究蜂胶提取物对肉仔鸡生长性能和抗氧化功能的影响，10 日龄 AA 肉仔鸡饮水中分别添加终浓度为 1g/L、2g/L 的蜂胶乙醇提取物，试验结果表明，蜂胶乙醇提取物能够明显促进肉仔鸡内脏器官发育，显著提高血清和肝脏抗氧化功能，对肉仔鸡生产性能无显著影响。

10.1.2 卵黄抗体

近年来，卵黄抗体作为饲料添加剂用于替代抗生素的研究越来越广泛。卵黄抗体 IgY 是哺乳动物 IgG、IgE 和 IgA 的进化前体。IgY 和 IgA 都是由两条重链（H 链）和两条轻链（L 链）组成，不同的是 IgY 重链由 1 个可变区与 4 个恒定区组成，而 IgG 重链由 1 个可变区与 3 个恒定区组成；IgY 分子质量为 180kDa，重链分子质量为 67～70kDa，而 IgG

分子质量为 150kDa，重链分子质量为 50kDa；IgY 没有铰链结构，结构更为稳定；IgY 疏水性较 IgG 强，等电点在 5.7～7.6 之间，而 IgG 等电点在 6.1～8.5 之间[14,15]。

鸡卵黄抗体是具有生物活性的免疫球蛋白，能显著提高肉鸡生长性能，提高肠道功能及肉品质，提高机体的免疫功能[16]。日粮中添加卵黄抗体能提高猪生长性能、采食量和饲料转化率，并有效降低猪肠道中致病性大肠杆菌、沙门氏菌、猪传染性胃肠炎病毒等的数量，降低仔猪腹泻率[15]。饲粮中添加卵黄抗体能显著提高断奶仔猪平均日增重（$P<0.05$），降低断奶仔猪料肉比和腹泻率（$P<0.05$），降低断奶仔猪回肠、盲肠中大肠杆菌数量（$P<0.05$），增加乳酸杆菌数量（$P<0.05$），与抗生素有相近的应用效果[17]。肖驰等[18] 将制备的抗猪大肠杆菌卵黄抗体饲喂动物，发现 7 日龄仔猪腹泻率由 47.7%下降至 9.4%～18.6%，8～12 日龄仔猪腹泻率下降了 9.5%～12.1%。试验中卵黄抗体对仔猪大肠杆菌性腹泻的治愈率高达 97.71%。Li 等[19] 采用壳寡糖-海藻酸钠微胶囊包被卵黄抗体，对胃蛋白酶水解具有显著的抗性，可以提高 IgY 在模拟胃液（SGF，pH 1.2）中的稳定性，在模拟肠液（SIF，pH 6.8）中，IgY 能够从微胶囊中释放出来。采用从鸡场分离到的致病性鸡白痢沙门氏菌，纯化培养后制备成灭活疫苗并免疫健康蛋鸡，当抗体效价达到 1∶320 倍时，收集鸡蛋并制备卵黄抗体细粉，采用预防量饲喂试验雏鸡后进行强毒菌攻毒试验、强毒菌攻毒后治疗量的饲喂试验以及小区域雏鸡饲喂试验。当添加量为 3%时，攻毒保护率可达 70%以上，添加量为 5%，治愈率可达 65%以上，而且卵黄抗体添加组在增重上也表现出较好的效果[16]。

10.1.3 化学合成类饲用抗菌药物替代物研究进展

10.1.3.1 纳米制剂

粒子直径在 1～100nm 之间，达到纳米数量级的物质称为纳米材料。这些材料包括金属、半导体、聚合物或碳基等纳米材料[20]。自 2005 年以来，纳米金属材料在医疗和制药领域得到广泛的应用。首次报道纳米金属材料具有抗菌活性是研究者观察到纳米粒子和细菌发生相互作用，涉及纳米粒子聚集、细菌细胞吸收和膜损伤等过程[21]。具有抗菌作用的金属元素型纳米材料有金（Au）、银（Ag）、铜（Cu）、铁（Fe）、镍（Ni）、铂（Pt）[22]，但金属元素型纳米材料在我国尚未批准作为饲料添加剂使用。金属氧化物纳米材料有氧化锌（ZnO）、氧化银（Ag_2O）、氧化铜（CuO）、氧化亚铜（Cu_2O）、二氧化锡（SnO_2）、二氧化钛（TiO_2）等，批准作为饲料添加剂使用的金属氧化物有 ZnO、CuO 和 TiO_2。

赵瑞媛等[23] 发现在断奶仔猪日粮中添加低剂量的纳米银（20～40mg/kg）显著提高断奶仔猪的采食量（$P<0.05$）和日增重（$P<0.05$），回肠大肠杆菌数量有显著线性降低的趋势（$P=0.07$），显著降低细菌总量和奇异菌属菌的数量（$P<0.05$）。日粮纳米银添加水平对产气荚膜杆菌与梭菌的比例表现为显著二次曲线效应（$P<0.05$），其中 20mg/kg 纳米银组产气荚膜杆菌与梭菌比例最低（$P<0.05$）。

郭永清等[24] 用体外注射的方法研究不同水平纳米铜对鸡胚代谢、组织器官重量及发育相关基因表达的影响，结果发现鸡胚注射 50mg/kg 纳米铜较其他组显著提高了 16d 和 18d 鸡胚耗氧量（$P<0.05$），鸡胚体外注射 50mg/kg 纳米铜可以提高胚胎的代谢速度，对鸡胚孵化无负面影响。代振威等[25] 采用体外发酵法研究在瘤胃液中添加不同浓度的纳米铜的影响，当纳米铜添加量为 100μg/L 时，干物质降解率达到最高值，滤纸酶活性相

比对照组和其他试验组都有显著提高（$P<0.05$）。在体外发酵条件下，添加适量的纳米铜对瘤胃发酵有促进作用。

王铕等[26] 研究饲粮中添加不同水平的包被纳米氧化锌对断奶仔猪生长性能、抗氧化酶活性及血清生化和免疫指标的影响。结果日粮中添加 500mg/kg 包被纳米氧化锌能提高断奶仔猪的平均日增重和日采食量（$P<0.05$），降低耗料增重比（$P<0.05$），血清锌水平、铜锌超氧化物歧化酶活性和免疫球蛋白 G 含量升高（$P<0.05$），尿素氮和丙二醛含量降低（$P<0.05$），均与普通氧化锌组差异不显著。结果表明，日粮中添加包被纳米氧化锌可显著促进仔猪生长，提高饲粮中蛋白质和锌的利用率，并能有效改善血清抗氧化酶活性，提高仔猪免疫力，且以日粮中添加 500mg/kg 包被纳米氧化锌效果最佳，具有替代高剂量普通氧化锌的潜力。Abedini 等[27] 研究了日粮中添加纳米氧化锌（ZnO-NPs）对蛋鸡生产性能、蛋品质、组织锌含量、骨参数、超氧化物歧化酶（SOD）活性和蛋中丙二醛（MDA）含量的影响。与对照组相比，补充 ZnO-NPs 组的哈氏单位有明显改善，骨强度和灰分重量、血浆、胫骨、肝脏、胰腺和卵细胞锌含量差异有统计学意义。与对照组相比，补充 ZnO-NPs 可显著提高肝脏、胰腺和血浆中 SOD 的活性。添加 ZnO-NPs 组的鸡蛋中 MDA 含量显著降低。

Seham 等[28] 研究了日粮中添加纳米氧化铜（CuO-NPs）对正常和热应激条件下肉鸡炎症和免疫反应的改善作用。在正常温度下 CuO-NPs 显著增强肉鸡的免疫反应，即增加吞噬活性（PA）、血清溶菌酶活性，上调免疫调节基因包括 NF-κβ、PGES、IL-1β、TGF-1β、IFN-γ、BAX 和 CASP8 基因的表达。在热应激条件下，补充 CuO-NPs 可减少热应激诱导的炎症发生。CuO-NPs 在正常温度下增强禽的免疫反应，减弱肉鸡热应激反应。

10.1.3.2 中短链脂肪酸甘油酯

碳链中碳原子数量在 12 个以下的脂肪酸称中短链脂肪酸（碳链中含 6～12 个碳原子的为中链脂肪酸，而碳原子数小于 6 的为短链脂肪酸）。中短链脂肪酸与甘油结合形成中短链脂肪酸甘油酯。根据结合的中短链脂肪酸甘油酯数量不同，分别称为甘油一酯、甘油二酯和甘油三酯。研究发现，中短链脂肪酸甘油酯具有抗菌、抗病毒作用，在畜牧生产中使用中短链脂肪酸甘油酯能提高动物生长性能，改善动物健康，提高畜禽抗病力[29,30]。

中短链脂肪酸甘油酯在动物体内的消化吸收需脂肪酶的参与，水解成为中短链脂肪酸，不需要结合胆盐就可进入上皮细胞。初生动物如仔猪肠道未发育完善，中短链脂肪酸甘油酯不经消化，直接进入小肠上皮细胞内，由上皮细胞内的脂肪酶水解成中短链脂肪酸和甘油[31]。国内外陆续有研究报道中短链脂肪酸甘油酯具有抗菌作用，效果比游离脂肪酸更好，如月桂酸甘油酯[32]。Lan 等[33] 研究了单月桂酸甘油酯对肉鸡生长性能、免疫功能、挥发性脂肪酸产生和盲肠菌群的影响，补充单月桂酸甘油酯可调节盲肠微生物群和肉鸡免疫力，并改善肉鸡生长早期阶段的挥发性脂肪酸水平。赵存洋[34] 发现单癸酸甘油酯可结合细菌生物膜，使金黄色葡萄球菌、枯草芽孢杆菌、酵母菌、黑曲霉、灰绿青霉等的胞内物质外泄，抑菌效果具有剂量效应，但对大肠杆菌没有抑制效果。蒋增良等[35] 发现单月桂酸甘油酯通过结合生物膜影响细菌的生长代谢，对细菌、酵母菌和丝状真菌具有抑制作用，对部分 G^- 菌抑制作用较弱。

研究表明，在母猪妊娠至泌乳期饲料中添加中链脂肪酸甘油酯，可显著提高仔猪的平均日增重和断奶重[36]，显著减少初生仔猪弱仔率[37]。Dong 等[38] 研究了三丁酸甘油酯对宫内生长受限新生仔猪生长性能的影响，结果表明，在出生 17 天以后，添加三丁酸甘油酯的生长受限新生仔猪体重有所改善（$P<0.05$），脾脏和小肠发育较好（$P<0.05$），肠绒毛形态改善（$P<0.05$），肠绒毛表面积增加，消化酶活性提高（$P<0.05$），IgG 和 GPR41 的表达上调（$P<$

0.05)。补充三丁酸甘油酯可促进宫内生长受限的仔猪的生长发育，改善肠道消化和屏障功能。

刘梦芸等[39] 在研究饲粮添加单月桂酸甘油酯对蛋鸡生产性能、蛋品质、血清生化指标、免疫器官指数和腹脂形态的影响时发现，当添加量为300mg/kg时，可提高蛋鸡血清中SOD和GSH-Px活力，显著提高产蛋率，改善蛋品质（如哈夫单位和蛋黄颜色），同时显著降低血清中谷丙转氨酶的活力，降低丙二醛、总胆固醇、低密度脂蛋白胆固醇和总胆红素的含量以及腹脂率。

饲粮中添加三丁酸甘油酯能够改善草鱼幼鱼的鱼体成分和形体指标，提高草鱼肠道消化酶活力[40]；提高异育银鲫的生长性能，增强异育银鲫免疫能力[41]。在真鲷幼鱼饲料中加入0.5%月桂酸甘油酯，结果表明月桂酸甘油酯对其生长无影响，但能提高肌肉所占比例，降低肝脏重量和腹腔脂肪组织比例[42]。

10.2

其他饲用抗菌药物替代物的作用机制

10.2.1 非植物源提取物饲用抗菌药物替代物作用机制

10.2.1.1 昆虫提取物

昆虫体内含多种抗菌物质，如抗菌肽、己二酸、月桂酸、甲壳素等。

（1）昆虫抗菌肽 是昆虫在受到病原微生物侵染或意外伤害时，由脂肪体合成并释放的一类小分子活性多肽。最早发现的昆虫抗菌肽是从鳞翅目昆虫惜古比天蚕中发现的天蚕素[43]。依据抗菌肽的结构和功能的差异，将昆虫抗菌肽分为四大类：天蚕素类、防御素类及富含脯氨酸类、富含甘氨酸类[44]。

① 天蚕素类（cecropia）抗菌肽：含有37～39个氨基酸残基，N端区域具有强碱性，可形成近乎完美的双亲螺旋结构，C端区域可形成疏水螺旋，两者之间有甘氨酸和脯氨酸形成的铰链区，多数天蚕素的C端被酰胺化，酰胺化对其抗菌活性具有重要作用，该类抗菌肽对革兰氏阳性菌（G^+）和革兰氏阴性菌（G^-）均有作用[44]。

② 防御素类抗菌肽：防御素是一类富含二硫键的阳离子型多肽，广泛分布于真菌、植物与动物中，是生物免疫系统中的重要调节分子，防御素具有直接的杀菌功能，可抑制革兰氏阳性菌（G^+）和革兰氏阴性菌（G^-）生长。在双翅目、鞘翅目、膜翅目、半翅目等昆虫体内分离到了不同类型的防御素[45]。

③ 富含脯氨酸类抗菌肽：该类活性抗菌肽富含脯氨酸，对G^-菌起作用，进入细菌细胞后，结合DnaK蛋白，抑制DnaK蛋白的生物功能，最终导致细菌死亡[46]。目前发现的富含脯氨酸类昆虫抗菌肽主要有斜纹夜蛾抗菌肽（lebocins）、果蝇肽（drosocin）和碧蝽金属肽（metchnikowin）等[47]。

④ 富含甘氨酸类抗菌肽：该类活性多肽分子质量在8～30kDa，甘氨酸残基占多肽全

长的14%～22%。富含甘氨酸类抗菌肽多数呈线型，带有正电荷，疏水性强，不含或极少含半胱氨酸，不形成二硫键。作用于革兰氏阴性菌的脂膜，破坏细胞膜结构[48]。目前发现的富含甘氨酸类昆虫抗菌肽主要有攻击素（attacins）、双翅菌肽（diptericin）等。此类抗菌肽能够抑制大多数G^-菌以及少数G^+菌的繁殖[48]。

（2）月桂酸 黑水虻幼虫脂肪中含有丰富的月桂酸。月桂酸（lauric acid，C12：0）是含有12个碳的中链脂肪酸。月桂酸对部分G^+和G^-有抑制功效，尤其是对空肠弯曲杆菌（*Campylobacter jejuni*）具有显著的抗性[49]。在畜禽养殖中添加富含月桂酸的油脂，不仅能增加肉鸡脂肪月桂酸的沉积，而且能降低空肠弯曲杆菌的数量[50]。

（3）己二酸 研究发现黑水虻幼虫提取物中含有己二酸[51,52]。己二酸（adipic acid）又称肥酸，是含有6个碳的有机二元羧酸，结构式为$HOOC(CH_2)_4COOH$。己二酸是一种良好的酸度调节剂，酸度在pH 4.41～5.41。己二酸具有抗菌功能，能抑制金黄色葡萄球菌（*Staphylococcus aureus*）、耐甲氧西林金黄色葡萄球菌（MRSA）、痢疾志贺菌（*Shigella dysenteriae*）及肺炎克雷伯菌（*Klebsiella pneumoniae*）生长[50]。

（4）甲壳素 昆虫蛹壳和成虫尸体中含有丰富的甲壳素，黑水虻蛹壳中甲壳素含量约为12.3%～14.27%，成虫尸体中甲壳素含量约为19.83%～23%，幼虫甲壳素含量为3.07%～6.43%[50]。黑水虻不同发育阶段的甲壳素均为α-甲壳素结构[53]。甲壳素不仅能调节肉鸡肠道微生物菌群组成，减少有害菌数量，增加有益菌数量，还能调节机体的免疫应答，激活机体的天然免疫功能[50]。

10.2.1.2 卵黄抗体

卵黄抗体（IgY）是禽类经特定抗原刺激由B淋巴细胞产生并储存在卵黄中的特异性抗体，对子代产生保护作用[15]。一枚鸡蛋含有50～100mg IgY，其中2%～10%为特异性抗体。与IgG不同的是，IgY不激活机体的补体系统，不与白蛋白和球蛋白结合[54,15]。IgY具有良好的抗逆性，在pH值3.5～11时IgY稳定，65℃保存24h，室温保存6个月活性不变。IgY能够耐受胃蛋白酶和胰蛋白酶，耐受高渗、高压和反复冻融[55,15]。

卵黄抗体在提高动物生长性能，减少病原菌引发的疾病方面具有显著的功效。研究人员发现了几种可能的作用机制：①病原菌特异性抗体IgY能直接黏附于病原菌细胞壁上，破坏病原菌细胞完整性，进而抑制病原菌生长；②IgY可与病原菌菌毛结合，阻碍病原菌黏附到肠道黏膜上；③IgY在肠道消化酶作用下，降解成小片段，一些含有抗体的肽段（Fab）被肠道吸收进入血液后特异性与病原菌黏附因子结合，降低病原菌致病性。在这几种可能的机制中，阻碍病原菌与肠道细胞的黏附被认为是主要的作用方式[56,15]。

10.2.2 化学合成类饲用抗菌药物替代物作用机制

10.2.2.1 纳米金属材料

近年来的研究证实了纳米银（AgNPs）具有独特的电子、光学和化学性质。纳米银颗粒具有圆球状、杆状、片状和柱状等形状。纳米银颗粒的尺寸和表面涂层在抗菌活性中发挥了很大的作用，较小的纳米颗粒具有更高的毒性。除了颗粒大小外，纳米粒子的物理化学性质可能会影响其毒性[57]。纳米银的抗菌机理主要有两种。一种是接触反应学说，银离子穿透细胞进入细胞内部与巯基（—SH）反应，使蛋白质凝固，破坏酶的活性，导致细胞丧失分裂活性而死亡。从纳米银中释放的 Ag^+ 离子可以与细胞表面蛋白质和酶的—SH 结合，导致细胞膜的不稳定和 ATP 合成途径的破坏。AgNPs 颗粒还会黏附在膜壁上，形成孔洞，破坏细胞膜完整性[57]。另一种催化反应机制为纳米银激活空气或水中的 O_2，产生活性氧及羟基自由基，破坏微生物的细胞组分，抑制微生物繁殖和生长。在细胞膜上产生的 ROS，对 DNA 复制造成不可逆的损害，影响代谢过程和细胞分裂[57,58]。

金属氧化物型纳米材料主要的抗菌机理是光催化作用。当大于其带隙能的光线照在纳米材料上后，通过光催化作用产生化学活性很强的羟基自由基（·OH）及活性氧离子（O_2^-），与微生物内的有机物，如细胞膜上的蛋白质等发生作用，从而达到抑制微生物的效果[58]。

10.2.2.2 中短链脂肪酸甘油酯

中短链脂肪酸甘油酯具有抑制病原菌、改善肠道菌群组成以及促进肠道发育的作用。一方面中短链脂肪酸甘油酯水解后释放的乙酸、丙酸、丁酸、己酸（C6）、辛酸（C8）、癸酸（C10）、月桂酸（C12）等能够抑制肠道致病菌，促进有益菌的增殖，改善肠道微生物区系组成，减少致病菌引起的肠道疾病[59]。另一方面中短链脂肪酸甘油酯作为非离子型表面活性剂，与细菌细胞壁、磷脂分子层和细胞膜结合，破坏细胞膜导致细菌胞内物质外泄。中短链脂肪酸甘油酯还能与 DNA 结合，抑制 DNA 复制，从而起到抑菌作用。除此之外，中短链脂肪酸甘油酯还能抑制细菌的脂肪酶活性，诱导其产生自溶酶，通过抑制病原菌黏附、诱导细菌自溶来杀死细菌[60]。中链脂肪酸甘油酯还通过抑制猪小肠前段大肠杆菌和链球菌数量改善猪肠道菌群结构，能促进仔猪肠道发育，显著提高仔猪小肠后端绒毛高度，使小肠前段和后端隐窝深度下降，绒毛/隐窝比值升高[61]。

中短链脂肪酸甘油酯有免疫调节作用。中短链脂肪酸甘油酯能提高动物空肠杯状细胞数量和血清免疫球蛋白 A 水平[61]，促进奶牛 T 淋巴细胞增殖，提高血清中白细胞介素 4（IL-4）和白细胞介素 10（IL-10）含量[44]。中短链脂肪酸甘油酯能提高鸡对新城疫病毒、传染性支气管炎病毒和禽流感疫苗的抗体应答，增强淋巴细胞细胞因子白细胞介素 2（IL-2）、白细胞介素 6（IL-6）和 γ 干扰素（IFN-γ）的表达[62]。

10.3
其他饲用抗菌药物替代物的生产工艺及质量控制

10.3.1 非植物源提取物饲用抗菌药物替代物生产工艺及质量控制

10.3.1.1 昆虫提取物

近年来全球昆虫产业增长迅速，中国、美国、加拿大、欧洲等国家和地区成立了多家昆虫生产企业。2016 年黑水虻的全球产量就已经达到了 14000 吨[63,64]。各国关于监管该类产品的政策法规存在差异。我国《饲料原料目录》中规定昆虫加工产品可作为饲料原料使用，包括蚕蛹（粉）、蚕蛹粕［脱脂蚕蛹（粉）］、蜂花粉、蜂胶、蜂蜡、蜂蜜、虫（粉）、脱脂虫粉，生产者须遵守《新饲料和新饲料添加剂管理办法》《饲料和饲料添加剂管理条例》中的相关规定，产品符合《饲料卫生标准》（GB 13078—2017）、《饲料标签》（GB 10648—2013）等强制性标准要求。欧盟2017年授权7种昆虫（养殖蟋蟀、条纹蟋蟀、田间蟋蟀、黄粉虫、小粉虫、黑水虻和普通家蝇）制备的昆虫蛋白用作动物（毛皮动物除外）的饲料原料。随后又修订《饲料原料目录》，允许使用加工或未经加工的陆生无脊椎动物及死的陆生无脊椎动物作为饲料原料。欧盟规定昆虫脂肪可用于所有养殖动物，但昆虫蛋白只能用于水产动物，在畜禽上的应用处于讨论阶段。美国饲料管理官方协会（AAFCO）只将黑水虻的两种产品（干制幼虫和黑水虻粉）列入《饲料原料目录》中，仅用于水产养殖（鲑鱼）。加拿大食品检验局（CFIA）的动物健康理事会动物饲料司在2016年允许黑水虻幼虫用于鸡饲料，2017年允许黑水虻幼虫用于水产养殖，2018年，允许黑水虻幼虫用于所有家禽。由此可见，饲用昆虫在全球仍未得到充分利用，但随着昆虫的饲用价值逐渐被发掘和接受，昆虫提取物将有更广阔的应用前景[63-65]。

目前，黑水虻规模化养殖模式主要有输送带养殖、组合输送带养殖、水泥池养殖、堆垛式托盘养殖和养殖床模式等[66]。用于黑水虻养殖的基质有粪便和餐厨垃圾等。相比于畜禽粪便和其他有机废弃物，用餐厨垃圾饲养的黑水虻具有安全可靠性高、营养丰富、养殖周期短、幼虫成活率高等优势，具有更高的经济效益[66]。国外具有成熟的黑水虻养殖技术，利用餐厨垃圾、有机肥料等实现黑水虻的大规模养殖，具有一定规模的公司有美国的EnviroFlight公司、加拿大的Enterra公司、德国的HermetiaBaruth公司、法国的Ynsect公司等。而国内黑水虻的养殖尚不具规模，主要用来处理餐厨垃圾。用孵化2天的黑水虻转化餐厨垃圾，在预蛹期前集中采收，得到优质的昆虫幼虫用作饲料原料[66]。

昆虫幼虫中含有较多的饱和脂肪酸和甲壳素，这些物质虽然具有抗菌作用，但在畜禽中使用这些物质又具有抗营养作用，因此使用前可进行适当脱脂[50]。目前饲料中应用较多的黑水虻大多使用有机废物如畜禽粪便、餐厨垃圾饲养，其作为饲料的安全性问题受到较大关注[6]。虽然胡俊茹等[67]对采食餐厨垃圾、粪便和麦麸的黑水虻幼虫的卫生指标进行了检测，发现重金属（铅、镉、汞、砷）、细菌总数、大肠杆菌、沙门氏菌、药物及农药残留等符合饲料卫生标准。昆虫对不同重金属的代谢存在着差异，对一些重金属（如镉和铅）存在生物富集。用不同剂量的镉处理黑水虻幼虫和黄粉虫幼虫，其体内镉沉积高于欧盟的饲料最高限量[68]。昆虫幼虫能代谢霉菌毒素，黄粉虫和黑水虻幼虫食用霉菌毒素污染的饲料后，两个物种的幼虫都可以耐受饲料中高水平的霉菌毒素，而不会影响其成活率，排泄或代谢物中霉菌毒素含量发生改变[69]。目前尚未发现饲用黑水虻等昆虫可以传播畜禽疾病，但对昆虫的生理代谢、有害物质的积累规律等尚不明确。对于采食霉菌毒素、重金属和有害微生物污染较严重的黑水虻幼虫，其作为饲料时应谨慎。

10.3.1.2 卵黄抗体

小剂量抗原可激活蛋鸡的免疫系统，B淋巴细胞分化成浆细胞产生大量的抗体，进入血液循环达到卵巢处，随后选择性移行到卵泡中形成IgY。整个过程受免疫抗原的免疫效果和蛋鸡的健康状况影响。因此，在蛋鸡免疫中要注意抗原剂量、抗原佐剂、免疫方式等问题，确保获得最优的免疫效果[16]。目前IgY提取最常用的方法有：①水稀释提取法，该工艺简单、产量高、成本低，适用于大规模工业化生产；②冻融法，能有效去除IgY中脂类物质；③有机溶剂抽提法，即蛋白质粗分离的方法；④聚乙二醇沉淀法，该方法为实验室提取 IgY 的标准方法，改进后可以很好地去除残留的聚乙二醇。IgY 粗提物经凝胶过滤、离子交换色谱、疏水色谱以及亲和色谱等方法纯化后，再通过超滤或冷冻真空干燥等方法进行浓缩，获得高纯度 IgY。在生产中还要做好蛋鸡的饲养管理及生物安全等工作，对生产 IgY 的各个环节严加控制，实施标准操作规程（SOP），保证产品质量。

10.3.2 化学合成类饲用抗菌药物替代物生产工艺及质量控制

10.3.2.1 纳米金属材料

纳米金属材料的制备方法主要有物理法、化学法以及生物合成法。物理法是通过物理过程将原有材料粉碎成超微细材料，使其尺寸达到纳米尺度。包括高能机械球磨法、气体冷凝法、压淬法等方法，该方法具有成本低、产量高、工艺简单等优点，但耗能高、制备的颗粒大小不均匀、稳定及储藏稳定性不高。化学法是通过物质之间发生的化学反应形成纳米微粒的方法，包括水相氧化还原法、相转移法、水热法、晶种生长法、模板法、反相胶束法、微波合成法等。化学法合成的纳米材料具有粒径均一性高、稳定性强、化学组分明确的特点，且材料性能稳定，适合工业化生产。但该方法也存在着一定缺陷，材料表面杂质难去除，合成过程需要使用有机溶剂，很难满足绿色化学的要求。生物合成法主要是利用细菌、真菌和海藻等生长代谢过程中细胞内外分泌物（酶、电子供体等）参与氧化还原反应将离子型纳米材料转化成单质纳米粒子。该方法操作简便，但催化合成机理不明，过程难控制，该技术所生产的纳米材料尺寸均一性差、试验重复性不好。目前还不能用于工业化生产纳米材料[70]。

以纳米氧化锌为例说明纳米金属材料的加工工艺。纳米氧化锌的制备工艺有多种，如气相沉积法、沉淀法、溶胶-凝胶法、固相法等，根据需求不同可以选择相应的制备工艺。气相沉积法是利用气体作为载体，将含锌物质（常为锌盐或单质锌）带入高温反应环境中，使其变为气体并发生反应，最后在冷却过程中经晶核产生、生长、发育，最终形成纳米氧化锌。沉淀法是将沉淀剂加入装有锌源的溶液中，使溶液中的锌形成相应沉淀再经过滤、洗涤、干燥等过程得到最终产物。溶胶-凝胶法又称为相转变法，是以锌的酸盐或醇盐为锌源，先通过水解和缩聚反应得到稳定透明溶胶体，再将其聚合成内有溶剂的凝胶，经干燥及热处理后制得纳米氧化锌。固相法是将锌盐或锌氧化物按一定比例混合并研磨，再经过热处理使二者发生固相反应，再将产物研磨得到纳米氧化锌。采用单一方法制备的纳米氧化锌难以满足工业化需求，也难以满足材料性能要求，多种方法结合使用可制得性能更优异的纳米氧化锌，如微波法与溶胶-凝胶法结合可得到催化特性更佳的产物；溶胶-凝胶法与静电纺丝法结合，可制得性能优良的纳米纤维氧化锌；固相法与气相沉积法结合可改善气相沉积法的能耗问题；电化学法与水热法结合，可提高效率并降低成本，实现工业化[71]。

10.3.2.2 中短链脂肪酸甘油酯

中短链脂肪酸甘油酯存在于动物乳汁、椰子油、棕榈仁油等中，包括辛酸甘油三酯、癸酸甘油三酯、辛酸-癸酸甘油三酯等[33]。由于天然原料的中短链脂肪酸甘油酯具有油脂的特殊性质，提取纯化工艺复杂，很难得到高纯度的单一成分，因此中短链脂肪酸甘油酯的制备多采用化学合成工艺。①酯化法：用中短链脂肪酸和甘油在催化剂的作用下直接进行酯化反应。酯化反应是可逆反应，脂肪酸和甘油不能完全酯化，采用酸、碱或金属作为催化剂，高温提高产物可溶性。②酯交换反应：利用油脂和甘油在催化剂作用下进行酯交换而制得单甘油酯。酯交换法有甲酯甘油醇解法和油脂甘油醇解法两种。在酯交换反应中，为了增加脂肪酸甲酯、油脂与甘油的互溶性，一般采用高温、加入溶剂（如苯酚、二噁烷、吡啶等）和乳化等方法。③环氧氯丙烷法：是用脂肪酸皂与环氧氯丙烷按一定比例混合，以苄基三乙基氯化铵、十六烷基三甲基溴化铵、十二烷基苄基二甲基氯化铵等季铵盐为催化剂，甲苯为溶剂，先得到脂肪酸缩水甘油酯，再开环水解得到单甘油酯。④羧基保护法：利用硼酸、丙酮、乙酮等物质保护甘油分子上的两个羟基，进行羟基与脂肪酸的酯化反应，再解除保护。这种方法虽然产量高达90%以上，但生产中用到有机溶剂，限制了其在食品、饲料中的应用。⑤缩水甘油法：利用缩水甘油与脂肪酸一步到位进行酯化反应，该方法成本较高。⑥酶法：利用生物酶进行酶促酯交换、酶促酯化和酶促水解生产中短链脂肪酸甘油酯。⑦微波合成法：利用微波技术合成脂肪酸甘油酯，20min即可完成反应，但产率较低[72]。

10.4

其他饲用抗菌药物替代物存在的问题、应用及展望

10.4.1 非植物源提取物饲用抗菌药物替代物存在的问题、应用及展望

10.4.1.1 昆虫提取物

昆虫蛋白作为一种新型蛋白原料，近年来备受国内外学者关注。昆虫体内可产生抗菌肽等具有高附加值的产品，给昆虫养殖业带来了新的发展方向。昆虫来源的抗菌肽不仅具有广谱抗菌效果，还具备抗病毒、抗寄生虫、抗肿瘤细胞和抗炎等活性，与传统抗生素相比有很大的优势，具有广泛的应用前景，成为目前生物活性肽的研究热点之一。但昆虫抗菌肽天然提取难度较大，化学合成成本过高，基因工程表达量偏低，其制备技术制约了其大规模生产，此外，昆虫抗菌肽体内活性机制也有待进一步研究明确。随着基因工程技术和蛋白质组学技术的进步，我们相信昆虫来源的抗菌肽在不远的将来会实现产业化发展，并带来更大的经济效益和社会效益。

10.4.1.2 卵黄抗体

卵黄抗体具有制备简单、产量大、抗逆性强、促生长和抗疾病等优势，作为潜在的抗生素替代品在提高动物生长性能，治疗和预防由大肠杆菌、传染性胃肠炎病毒等病原引起的肠道疾病方面取得了良好的应用效果。IgY作为一种无药物残留及耐药性问题的绿色环保型饲料添加剂在未来动物生产中有着广泛的应用前景。但对于卵黄抗体的规模化生产和应用还有很多问题亟待解决，如大多数试验表明IgY对革兰氏阴性菌有效，而对革兰氏

阳性菌鲜有报道[73]，这就缩小了 IgY 的应用范围，迫切需要开发广谱的对多种革兰氏阴性菌和革兰氏阳性菌都有效的 IgY，实现一针多防、一针多治。从应用角度看，IgY 的制备成本较常规抗生素要高，因此如何降低卵黄抗体的生产成本，寻求更为经济的大规模制备卵黄抗体的工艺尤为关键。

10.4.2 化学合成类饲用抗菌药物替代物存在的问题、应用及展望

10.4.2.1 纳米金属材料

纳米金属材料具有优良的抗菌特性，其特有的小尺寸效应、表面效应和宏观量子隧道效应使其具有独特的优势，作为饲用抗菌药物替代物具有广阔的发展前景。但纳米金属材料杀灭微生物的同时，对于动物或人是否有损害，是否具有生物安全性，是影响纳米金属材料能否进一步推广应用的最关键的因素。

关于纳米金属材料的抗菌研究表明，纳米金属材料的物理化学性质与抗菌活性息息相关，未来的研究将重点解析纳米金属材料与抑菌活性的构效关系，尤其是纳米银以外的材料，纳米金属材料的吸收位点、吸收方式、作用机理、胃肠道内的分布方式等也是纳米技术产品研究的重点。尽管大多数纳米金属材料在与水接触时易分散，但也有一些例外，即使用物理方法，管状纳米金属材料也不会分散在水中[74]。纳米金属材料的这种非分散特性，导致纳米金属材料中潜在的有害物质会污染资源，并与人类、动物和环境相互作用。2007 年 7 月，美国 FDA 首次发布纳米技术相关产品监管调查报告，要求制订针对纳米产品的科学监管方法。2012 年 8 月国家食品药品监督管理局发布通知，明确将纳米银等生物材料类医疗器械按第三类医疗器械管理，相关产品重新注册，全面评价其安全性。因此，针对饲用纳米金属材料的推广和应用，应出台严格的法律、法规，对制备的纳米金属材料进行完全的化学表征和毒理学评价。

10.4.2.2 中短链脂肪酸甘油酯

中短链脂肪酸甘油酯具有广泛的抑菌、抗病毒、肠道调节和免疫调节功能，对酵母、丝状真菌及其常见致病细菌有强抑制作用。中短链脂肪酸甘油酯是抗生素强有力的替代品，可作为无抗饲料解决方案的一种。随着研究的深入，动物试验已经从小鼠、猴转到了猪、蛋鸡和肉鸡，也有公司研制出了用于防治猪繁殖与呼吸综合征的中链脂肪酸甘油酯产品。中短链脂肪酸甘油酯的广泛应用还需进一步加强其抑菌机理、益生作用和应用技术等方面的研究。

参考文献

[1] Xia J，Ge C R，Yao H Y. Antimicrobial peptides from black soldier fly（*hermetia illucens*）as

potential antimicrobial factors representing an alternative to antibiotics in livestock farming [J]. Animals (Basel), 2021, 11 (7): 1937.
[2] Hemingway J, Shretta R, Wells T N, et al. Tools and strategies for malaria control and elimination: What do we need to achieve a grand convergence in malaria? [J]. PLoS Biol, 2016, 14: e1002380.
[3] Veldkamp T, Bosch G. Insects: a protein-rich feed ingredient in pig and poultry diets [J].Anim Front, 2015, 5 (2): 45-50.
[4] 夏旻灏，黄燕华．多角度评价昆虫蛋白作为饲料的潜在价值（一）[J]．广东饲料，2019，28 (10): 37-39.
[5] Cai M, Ma S, Hu R, et al. Rapidly mitigating antibiotic resistant risks in chicken manure by *Hermetia illucens* bioconversion with intestinal microflora[J]. Environ Microbiol, 2018, 20 (11): 4051-4062.
[6] 王斌，邹仕庚，彭运智，等．黑水虻在畜禽饲料中的应用研究进展[J]．中国畜牧杂志，2021，57 (6): 8-15.
[7] Yu M, Li Z, Chen W, et al. *Hermetia illucens* larvae as a Fishmeal replacement alters intestinal specific bacterial populations and immune homeostasis in weanling piglets[J]. J Anim Sci, 2020, 98 (3): 395.
[8] 余苗，李贞明，王刚，等．黑水虻幼虫粉对育肥猪盲肠食糜主要微生物数量和代谢产物的影响[J]．畜牧兽医学报，2020，51 (2): 299-310.
[9] Yu M, Li Z, Chen W, et al. Use of *Hermetia illucens* larvae as a dietary protein source: Effects on growth performance, carcass traits, and meat quality in finishing pigs[J]. Meat Sci, 2019, 158: 107837.
[10] Lee J, Kim Y M, Park Y K, et al. Black soldier fly (*Hermetia illucens*) larvae enhances immune activities and increases survivability of broiler chicks against experimental infection of Salmonella Gallinarum[J]. J Vet Med Sci, 2018, 80 (5): 736-740.
[11] Rimoldi S, Gini E, Iannini F, et al. The effects of dietary insect meal from *Hermetia illucens* prepupae on autochthonous gut microbiota of rainbow trout (*Oncorhynchus mykiss*) [J]. Animals (Basel), 2019, 9 (4): 143.
[12] Bruni L, Pastorelli R, Viti C, et al. Characterisation of the intestinal microbial communities of rainbow trout (*Oncorhynchus mykiss*) fed with *Hermetia illucens* (black soldier fly) partially defatted larva meal as partial dietary protein source[J]. Aquaculture, 2018, 487: 56-63.
[13] 王留，王向国，方磊涵．蜂胶乙醇提取物对肉仔鸡生长性能和抗氧化功能的影响[J]．饲料与畜牧，2017，23: 60-62.
[14] Davalos-Pantoja L, Ortega-Vinuesa J L, Bastos-Gonzalez D, et al. A comparative study between the adsorption of IgY and IgG on latex particles[J]. Biomater Sci Polym Ed, 2000, 11: 657-673.
[15] 方热军，汤小朋，王清平．卵黄抗体替代抗生素的作用机制及其在养猪生产中的应用[J]．饲料工业，2016，37 (1): 1-6.
[16] 程小果，王慧，陈申秒，等．鸡卵黄抗体及其在肉鸡生产中的应用[J]．北方牧业，2017 (05): 25-26.
[17] 张文飞，刘苹苹，管武太，等．饲料中添加卵黄抗体对断奶仔猪生长性能、血清生化指标、肠道形态及肠道微生物菌群的影响[J]．动物营养学报，2017，29 (1): 271-279.
[18] 肖驰，周淑兰，涂志，等．鸡抗猪大肠埃希氏菌卵黄抗体的研制与应用[J]．中国兽医科技，1998，04: 21-23.
[19] Li X Y, Jin L J, Uzonna J E, et al. Chitosan-alginate microcapsules for oral delivery of egg yolk immunoglobulin (IgY): *in vivo* evaluation in a pig model of enteric colibacillosis[J]. Vet Immunol Immunop, 2009, 29: 132-136.
[20] Kreuter J. Nanoparticles-a historical perspective[J]. Int J Pharm, 2007, 331 (1): 1-10.
[21] Zhou Y, Kong Y, Kundu S, et al. Antibacterial activities of gold and silver nanoparticles a-

gainst *Escherichia coli* and *bacillus Calmette-Guérin*[J]. J Nanobiotech，2012，10（1）：19.

[22] 张峰，徐思峻，陈思宇，等．微纳米抗菌材料与器械研究现状[J]. 中国材料进展，2016，35（1）：40-47.

[23] 赵瑞媛，郭金兰，孟艳琴，等．纳米银对断奶仔猪生长性能、肠道绒毛形态及微生物菌群的影响[J]. 中国饲料，2019，10：50-54.

[24] 郭永清，张小宇，陈玉洁，等．硫酸铜和纳米铜对鸡胚代谢和发育的影响[J]. 中国饲料，2018，24：30-33.

[25] 代振威，李文才，赵琳，等．纳米铜对瘤胃体外发酵纤维降解酶活性的影响[J]. 饲料广角，2017，6：43-44.

[26] 王销，陈浩，万蒙，等．包被纳米氧化锌对断奶仔猪生长性能、抗氧化酶活性及血清生化和免疫指标的影响[J]. 中国畜牧杂志，2020，56（2）：117-121.

[27] Abedini M，Shariatmadari F，Karimi T M A，et al. Effects of zinc oxide nanoparticles on performance，egg quality，tissue zinc content，bone parameters，and antioxidative status in laying hens[J]. Biol Trace Elem Res，2018，184（1）：259-267.

[28] Seham E，Safaa E A，Karima E，et al. Ameliorative effect of dietary supplementation of copper oxide nanoparticles on inflammatory and immune reponses in commercial broiler under normal and heat-stress housing conditions[J]. J Therm Biol，2018，78：235-246.

[29] 何凤琴，刘宏山．中链脂肪酸甘油酯在动物生产中的研究与应用[J]. 畜牧与兽医，2018，50（7）：137-140.

[30] 唐茂妍，林冬梅．三丁酸甘油酯在饲料中的应用进展[J]. 饲料博览，2019，10：11-14.

[31] 何志谦．人类营养学[M]. 北京：人民卫生出版社，1988.

[32] 章薇．α-月桂酸甘油酯促进家禽生产性能的特点[J]. 国外畜牧学-猪与禽，2016，36（6）：84-85.

[33] Lan J，Chen G，Cao G，et al. Effects of α-glyceryl monolaurate on growth，immune function，volatile fatty acids，and gut microbiota in broiler chickens[J]. Poult Sci. 2021，100（3）：100875.

[34] 赵存洋．单月桂酸甘油酯的抑菌性能及机理研究［D］. 南昌：南昌大学，2013.

[35] 蒋增良，杨明，杜鹃，等．月桂酸单甘油酯抑菌抗病毒特性及其在食品中的应用[J]. 中国粮油学报，2015，30（2）：142-146.

[36] Gatlin L A，Odle J，Soede J，et al. Dietary medium- or long-chain triglycerides improve body condition of lean genotype sows and increase suckling pig growth[J]. J Anim Sci，2002，80（1）：38-44.

[37] Azain M J. Effects of adding medium-chain triglycerides to sow diets during late gestation and early lactation on litter performance[J]. J Anim Sci，1993，71（11）：3011-3019.

[38] Dong L，Zhong X，He J T，et al. Supplementation of tributyrin improves the growth and intestinal diges- tive and barrier functions in intrauterine growth-restricted piglets[J]. Clinical Nutrition，2016，35（2）：399-407.

[39] 刘梦芸，王建莉，冯凤琴．饲粮添加单月桂酸甘油酯对蛋鸡生产性能、蛋品质、血清生化指标、免疫器官指数和腹脂形态的影响[J]. 中国家禽，2017，39（17）：24-30.

[40] 李雅敏，刘艳莉，石勇，等．三丁酸甘油酯对草鱼幼鱼体成分与形体指标及肠道消化酶的影响[J]. 现代农业科技，2019，24：185-189.

[41] 姜莺颖，崔亮，杨宗英，等．三丁酸甘油酯对异育银鲫生长性能及免疫功能的影响[C]. 2018 年中国水产学会学术论文摘要集．

[42] Ji H，Om A D，Heisuke N. Effect of dietary laurate on lipid accumulation and vitality in juvenile *Pagrus major*[J]. J Fish Chin，2005，29（6）：804-810.

[43] Steiner H，Hultmark D，Engström A，et al. Sequence and specificity of two antibacterial proteins involved in insect immunity[J]. Nature，1981，292（5820）：246-248.

[44] 董丽娜，姜宁，张爱忠，等．天蚕素抗菌肽的研究与应用[J]. 黑龙江畜牧兽医，2017（17）：1-4，12.

[45] Hoffmann J A，Hetru C. Insect defensins：Inducible antibacterial peptides [J]. Immunol Today，1992，13 (10)：411-415.
[46] 徐恒卫，孙兰，刘景生．富含脯氨酸的抗菌肽研究进展[J]. 中国药理学通报，2004，20 (7)：735-740.
[47] Wu Q，Patoĉka J，Kuĉa K. Insect antimicrobial peptides，a mini review[J]. Toxins，2018，10 (11)：461-477.
[48] 海里且木·艾力，刘忠渊．富含甘氨酸抗菌肽的研究进展[J]. 生物技术，2015，25 (3)：301-306.
[49] Molatov Z，Skivanov E，Maciasb et al. Susceptibility of campylobacter jenito organic acids and monoacyl glycerols[J]. Folia Microbiol，2010，55 (3)：215-220.
[50] 张金金，王占彬．黑水虻在畜禽养殖中的应用与研究进展[J]. 家畜生态学报，2021，42 (4)：84-89.
[51] Chuk B，Jeon G C，Quan F S. Hexanedioic acid from *Hermetia illucens* larvae (Diptera：Stratiomydae) protects mice against *Klebsiella pneumoniae* infection [J]. Entomological Res，2014，44 (1)：1-8.
[52] Choi W H，Jiang M H. Evaluation of antibacterial activity of hexanedioic acid isolated from *Hermetia illucens* larvae[J]. J Appl Biomed，2014，12 (3)：179-189.
[53] Purkayastha D，Sarkar S. Physicochemical structure anaslysis of chitine extracted from purae exuvia and dead imago of wild black soldier fly（*Hermetia illucens*）[J]. J Polym Environ，2020，28 (2)：445-457.
[54] Carlander D，Kollberg H，Wejaker P E，et al. Peroral immunotherapy with yolk antibodies for the prevention and treatment of enteric infections[J]. Immunol Res，2000，21：1-6.
[55] 赵姝静．大肠杆菌肠毒素卵黄抗体的制备及其抗毒素特性研究[D]. 哈尔滨：东北农业大学，2013.
[56] Lee E N，Sunwoo H H，Menninen K，et al. *In vitro* studies of chicken egg yolk antibody（IgY）against *Salmonella enteritidis* and *Salmonella typhimurium*[J]. Poult Sci，2002，81：632-641.
[57] Vimbela G V，Ngo S M，Fraze C，et al. Antibacterial properties and toxicity from metallic nanomaterials[J]. Int J Nanomedicine，2017，12：3941-3965.
[58] 郑露，昭斌．抗微生物作用的纳米材料研究新进展[J]. 微生物学杂志，2017，37 (6)：125-128.
[59] 薛永强，黄志威，雷志伟，等．中短链脂肪酸在无抗饲料中的应用[J]. 饲料研究，2020（3）：133-136.
[60] 王彦军．中链脂肪酸甘油酯在饲料无抗中的应用展望[J]. 猪业科学，2021，38 (1)：48-50.
[61] Keyser K D，Dierick N，Kanto U，et al. Medium-chain glycerides affect gut morphology，immune-and goblet cells in post-weaning piglets：*In vitro* fatty acid screening with *Escherichia coli* and *in vivo* consolidation with LPS challenge[J]. J Anim Physiol Anim Nutr（Berl），2019，103 (1)：221-230.
[62] 李丽杰．中链脂肪酸甘油三酯作为免疫佐剂的免疫效果的研究和应用[D]. 青岛：中国海洋大学，2013.
[63] Sogari G，Amato M，Biasato I，et al.，The potential role of insects as feed：a multi-perspective review[J]. Animals（Basel），2019，9 (4)：119.
[64] 夏旻灏，黄燕华．多角度评价昆虫蛋白作为饲料的潜在价值（二）[J]. 广东饲料，2019，28 (11)：5.
[65] Khan S，Khan R U，Alam W，et al. Evaluating the nutritive profile of three insect meals and their effects to replace soya bean in broiler diet[J]. J Anim Physiol Anim Nutri，2018，102：662-668.
[66] 许丰孟，王国霞，黄仙德，等．黑水虻规模化生产及其在水产动物饲料中的应用进展[J]. 动物营养学报，2020，32 (2)：560.

[67] 胡俊茹，何飞，莫文艳，等．采食不同有机废弃物黑水虻幼虫饲料价值分析[J]. 猪业观察，2019，2：76-80.

[68] van der Fels-Klerx H J，Camenzuli L，van der Lee M K，et al. Uptake of cadmium，lead and arsenic by tenebrio molitor and *Hermetia illucens* from contaminated substrates[J]. PLoS One，2016，11(11)：e0166186.

[69] Camenzuli L，Van Dam R，De Rijk T，et al. Tolerance and excretion of the mycotoxins aflatoxin B1，zearalenone，deoxynivalenol，and ochratoxin a by alphitobius diaperinus and *Hermetia illucens* from contaminated substrates[J]. Toxins（Basel），2018，10(2)：91.

[70] 方艳，范玲玲，白绘宇，等．生物基分子介导纳米技术材料的制备及其应用[J]. 生物工程学报，2021，37(2)：541-560.

[71] 张立生，李慧，张汉鑫，等．纳米氧化锌的应用及制备工艺研究进展[J]. 湿法冶金，2019，38(2)：79-83.

[72] 刘燕．单中碳链脂肪酸甘油酯的制备及乳化和抑菌性能研究[D]. 南昌：南昌大学，2011.

[73] 金彩莲．鸡卵黄抗体在猪疾病中的应用[J]. 上海畜牧兽医通讯，2018，6：50-52.

[74] Roh H，Lee C，Hwang Y，et al. Addition of MgO nanoparticles and plasma surface treatment of three-dimensional printed polycaprolactone/hydroxyapatite scaffolds for improving bone regeneration[J]. Mater Sci Eng C，2017，74：525-535.

第 11 章 兽用中药应用于减抗、替抗

11.1

兽用中药应用于减抗、替抗的研究进展

中兽医是中华民族几千年文明智慧的结晶，以独特的理论体系为指导，是经过临床实践经验总结而成的。在中华民族发展的历史上，兽用中药在防治畜禽疾病，保障动物健康等方面作出重大的贡献。因此，兽用中药作为减抗、替抗的一个重要选择，具有强大的理论基础和丰富的实践经验。近年来，随着《遏制细菌耐药国家行动计划（2016—2020年）》、《全国遏制动物源细菌耐药性行动计划（2017—2020年）》和《全国兽用抗菌药使用减量化行动方案（2021—2025年）》的实施，兽用中药逐渐成为饲料端全面禁抗和养殖端减抗后畜禽疾病防治的重要选择，不断得到重视和发展，现就兽用中药用于减抗、替抗的研究进展作如下介绍。

11.1.1 兽用中药与饲料端的替抗

随着全球对抗菌药物耐药性的关注日益增强，兽用中药在饲料端的应用逐渐成为减少或替代抗菌药物使用的重要途径。天然植物资源作为中药的重要组成部分，在动物养殖中不仅能够改善动物健康，还能有效减少对抗菌药物等化学药物的依赖。具体而言，兽用中药通过提高动物免疫力、抑制病原菌生长、调节肠道菌群等机制，起到减少抗菌药物使用甚至替代抗菌药物的作用。

11.1.1.1 以天然植物资源为原料提取的物质组分饲料添加剂产品开发

这种类型的饲料添加剂提取了天然植物中的多个有效成分，这些成分通常具有抗菌、抗病毒、抗炎、调节免疫等功能。通过综合应用这些植物资源的多种生物活性成分，可以调节动物的免疫系统、抑制病原微生物的生长，达到减少抗菌药物使用的效果（表11-1）。

表 11-1 植物组分提取物饲用功能研究实例

提取物	基原植物	利用部位	组分类型	饲用功能评价
桑叶多糖	桑	叶	多糖类	促进禽类免疫器官发育，提高免疫防御力；增强断奶仔猪的免疫机能，提高整体生长性能，降低腹泻率，改善肠道健康；增强仔鸡呼吸道黏膜免疫屏障功能
黄芪多糖	蒙古黄芪	根	多糖类	提高畜禽生长性能，增强免疫功能，提高抗氧化能力，增强抗应激能力，改善肠道健康等；提高水产动物生长性能、抗氧化能力以及免疫功能
绞股蓝多糖	绞股蓝	全草	多糖类	增加断奶仔猪肠道有益菌群丰度，改善肠道菌群结构
桑叶黄酮	桑	叶	黄酮类	提高水牛产奶性能和增强抗热应激能力；改善老年种鸡的蛋壳质量；增强凡纳滨对虾抗低氧胁迫能力，促进肠道发育，增加肠道菌群多样性

续表

提取物	基原植物	利用部位	组分类型	饲用功能评价
艾叶黄酮	艾	叶	黄酮类	提高肉鸡的生长性能和改善肉品质
绞股蓝皂苷	绞股蓝	全草	皂苷类	提高蛋鸡产蛋性能，降低鸡蛋中胆固醇含量而提高鸡蛋的品质，降低肉鸡的死亡率，改善肉品质
三七皂苷	三七	根及根茎	皂苷类	降低罗非鱼饲料系数，提高生长性能、蛋白质效率与干物质表观消化率
益母草碱	益母草	地上部分	生物碱类	提高肉仔鸡生长性能，增强免疫功能和抗氧化能力以及肠道黏膜屏障保护作用
橘皮提取物	橘	果皮	黄酮类、多糖类等	保护肉鸡消化道黏膜，提高饲料转化率而提高生产性能，提高肉鸡免疫器官指数，增强肉鸡的抗氧化能力
蒲公英提取物	蒲公英	全草	黄酮类、酚酸类和萜类等	增强猪的抗病性、改善肠道菌群和提高日增重；调节奶牛瘤胃微生物，增强抗氧化能力，提高牛奶品质；促进鱼类生长，增强罗非鱼肠道屏障功能和改善鱼肉品质
黄芪提取物	蒙古黄芪	根	皂苷类、多糖类等	提高断奶牦牛犊生长性能、抗氧化能力和免疫力；增强蛋鸡抗病能力，提高初产性能，改善蛋品质；提高肉仔鸡体质量、日增重和降低料重比；提高比目鱼的生长率，降低死亡率等
马齿苋提取物	马齿苋	地上部分	生物碱类、黄酮类和多糖类等	增强肉仔鸡的抗氧化能力，提高日增重和减少腹部脂肪的沉积；提高蛋鸡产蛋率，降低料蛋比；增加奶牛干物质采食量，提高乳品质和泌乳量，增强机体免疫力
鸡矢藤提取物	鸡矢藤	全草及根	环烯醚萜甘类和多糖类等	增强雏鹅的免疫机能，改善雏鹅生长性能

11.1.1.2 以天然植物资源为原料提取的单一物质饲料添加剂产品开发

单一物质饲料添加剂是通过精确提取植物中的某一种有效成分制成的，能针对性地发挥特定的生物活性。这类成分可以对抗细菌、病毒及其他病原微生物，从而直接替代或减少抗生素的使用。单一物质通常针对某一特定的疾病或生理问题进行干预，因此它们在兽用中药的抗菌替代作用发挥方面具有很大的潜力。

11.1.1.3 以天然植物原料生产过程中非药用部位为原料的提取物饲料添加剂产品开发

在中药的生产过程中，许多植物的非药用部位（如茎、叶、果实等）常被忽视或丢弃。然而，这些部位往往也含有丰富的活性成分，并能够作为饲料添加剂，有效减少抗菌药物的使用。利用这些非药用部分，可以从源头上降低对抗菌药物的依赖，推动绿色养殖的可持续发展（表 11-2）。

表 11-2 天然植物非药用部位饲用功能研究实例

类别	植物名	非药用部位	资源性成分类型	饲用功能评价
以根及根茎入药	蒙古黄芪	茎叶	皂苷类、黄酮类和多糖类等	增强犊牛的免疫系统机能，减少腹泻，降低犊牛的死亡率；提高鹌鹑生长性能，增强免疫能力，改善抗氧化状态，并可调节肠道菌群
	黄芩	茎叶	黄酮类和多糖类等	促进牛机体蛋白质合成代谢，提高机体免疫、抗氧化和生长性能；增强肉鸡消化功能和机体免疫功能

续表

类别	植物名	非药用部位	资源性成分类型	饲用功能评价
以根及根茎入药	甘草	茎叶	皂苷类和黄酮类等	抑制奶牛瘤胃有害微生物，改善瘤胃参数，提高饲料的利用效率；提高绵羊的免疫功能指标；改善羊肉中肌苷酸、胆固醇、风味氨基酸、不饱和脂肪酸和人体必需脂肪酸的质量分数
	姜	茎叶	黄酮类和挥发油类等	促进肉仔鸡免疫器官的生长发育，并提高抗氧化能力；提高黑兔肉的营养价值
以花入药	菊	茎叶	黄酮类、酚酸类、多糖类等	调节脂多糖诱导的兔肠道功能紊乱；清除自由基及抗氧化功能
	杭白菊	茎叶	黄酮类、酚酸类、多糖类等	提高羔羊机体抗氧化能力，促进生长，调节瘤胃氨态氮和微生物蛋白的含量
	万寿菊	茎叶	黄酮类、挥发油类等	提高肉鸡的生产性能及其机体的免疫性能
以果实入药	宁夏枸杞	茎叶	黄酮类、酚酸类、精胺和亚精胺类等	调节畜禽氨基酸及脂肪代谢，促进蛋白质的积累，提高生产性能和产品品质以及增强免疫能力等
	山楂	叶	黄酮类和酚酸类等	提高产蛋后期种鸡的蛋壳品质；改善老龄蛋鸡的卵巢功能和肝脏脂质代谢
	五味子	根、茎叶	三萜类和木脂素类等	提高育肥猪采食量，增强免疫力和促进生长；提高肉仔鸡的成活率、体重和饲料利用率

目前，农业农村部批准用于肉鸡促生长的兽用中药产品有山花黄芩提取物散（农业农村部公告第 374 号）和女贞子提取物散（农业农村部公告第 187 号）；批准用于促进猪生长的兽用中药产品有裸花紫珠末（农业农村部公告第 327 号）和芪翁黄柏散（农业农村部公告第 374 号）；批准用于促进猪、鸡、肉鸭、淡水鱼类、虾、蟹和龟、鳖生长的博落回散（农业农村部公告第 1597 号）。文献报道，饲粮中山花黄芩提取物添加量为 500g/t 时可以使 1～42 日龄肉鸡获得较好的生长性能、免疫机能及屠宰性能。在裸花紫珠末对猪促生长试验中，饲料中添加量为 3.0g/kg，效果最好[6]。

兽用中药在减少抗菌药物使用和替代抗菌药物方面展现出巨大的潜力。无论是通过提取物质组分、单一物质，还是利用非药用部位的植物资源，都能发挥多重生物活性，提升动物的免疫力、调节肠道菌群、抑制病原微生物的生长，从而有效减少抗菌药物的使用。

11.1.2 兽用中药与养殖端的减抗

在兽医临床上，抗生素广泛应用于畜禽呼吸道感染、消化道感染及其他感染类疾病的治疗。兽用中药具有独特的理论指导体系，可以单独用于这些疾病的治疗，也可以协同抗生素发挥其疗效。另外畜禽呼吸道感染、消化道感染和其他感染性疾病也是中兽医治疗的优势病种，兽用中药可以有效替代或减少抗生素在这些疾病治疗上的应用。

11.1.2.1 畜禽呼吸道疾病与兽用中药的减抗

呼吸道感染是畜禽养殖的常发重要疾病，危害性大，感染后易继发其他疾病，使畜禽的生产性能下降、成活率降低，严重影响养殖效益。抗生素是兽医临床畜禽呼吸道感染治疗的首选。中兽医学对畜禽呼吸道疾病的辨证有着完整的理论体系。如表 11-3 所示，在中兽医学发展的历史上，有着大量用于治疗呼吸道感染的成方剂或单方制剂。

表 11-3 兽用中药在畜禽呼吸道疾病中的应用

序号	名称	功能主治	序号	名称	功能主治
1	二母冬花散	肺热咳喘	18	柴葛解肌散	风热感冒
2	白矾散	肺热咳喘	19	银翘散	风热感冒
3	定喘散	肺热咳喘	20	清瘟解毒口服液	风热感冒
4	银黄提取物口服液	肺热咳喘	21	荆防败毒散	风寒感冒
5	桑菊散	肺热咳喘	22	麻黄桂枝散	风寒感冒
6	麻杏石甘口服液	肺热咳喘	23	甘草流浸膏	缓解咳嗽
7	麻杏石甘散	肺热咳喘	24	甘草颗粒	缓解咳嗽
8	麻黄鱼腥草散	肺热咳喘	25	金花平喘散	缓解咳嗽
9	清肺止嗽散	肺热咳喘	26	百合固金散	肺虚咳嗽
10	清肺散	肺热咳喘	27	理肺止嗽散	阴虚咳嗽
11	清肺颗粒	肺热咳喘	28	理肺散	劳伤咳嗽
12	二陈散	湿痰咳嗽	29	金荞麦片	肺系感染
13	远志酊	湿痰咳嗽	30	鱼腥草注射液	肺系感染
14	远志流浸膏	湿痰咳嗽	31	喉炎净散	肺系感染
15	板青颗粒	风热感冒	32	板蓝根注射液	肺系感染
16	板蓝根片	风热感冒	33	镇喘散	肺系感染
17	柴胡注射液	风热感冒			

近年来，我国中兽医药从业者也积极研发并注册用于畜禽呼吸道感染的兽用中药新药。农业农村部批准用于呼吸道感染治疗的部分兽用中药品种如表 11-4 所示。

表 11-4 农业农村部批准用于呼吸道感染（包括感冒）治疗的部分兽用中药品种

序号	名称	功能主治	序号	名称	功能主治
1	射干地龙颗粒	治疗鸡传染性支气管炎	10	连花柴芩可溶性粉	治疗风热犯肺
2	蒲地蓝消炎颗粒	治疗鸡传染性支气管炎	11	肿节风三清颗粒	治疗鸡热毒壅盛咳喘证
3	板芩肺热清口服液	治疗鸡传染性支气管炎	12	太子参须	治疗肺虚咳嗽
4	板黄口服液	治疗鸡传染性喉气管炎	13	穿心莲内酯磺化物注射液	治疗猪支原体肺炎
5	根黄分散片	治疗鸡传染性喉气管炎	14	蒲虎颗粒	治疗鸡风热感冒
6	银黄二陈合剂	治疗鸡传染性支气管炎	15	麻芩止咳合剂	鸡肺热咳喘
7	金芩蓝口服液	治疗鸡传染性喉气管炎	16	麻芩止咳颗粒	治疗猪肺热咳喘
8	鱼腥草芩蓝口服液	治疗鸡感冒发热	17	麻杏石甘颗粒	治疗鸡和猪的肺热咳喘
9	柴桂口服液	治疗风热犯肺			

以上兽用中药新药的研发，为中兽药替代或减少抗生素在畜禽呼吸道疾病治疗上的应用提供了新的选择，进一步补充了证候类呼吸道疾病治疗用的兽用中药种类，拓展了兽用中药应用范围。

11.1.2.2 消化道疾病与兽用中药的减抗

兽医临床上，抗生素对消化道疾病的治疗主要以治疗腹泻为主。《景岳全书·泄泻》中记载："泄泻之本，无不由于脾胃。"中兽医认为腹泻主要病因在于湿邪内盛及脾胃运化功能失常。脾主升清，若脾气虚弱而不能升清，浊气亦不得下降，则上不得精气之滋养而见头目眩晕，精神疲惫；中有浊气停滞而见腹胀满闷；下有精气下流而见便溏、腹泻。

在中兽医学发展的历史上，有着大量用于治疗畜禽消化道疾病的成方制剂或单方制剂（表 11-5）。在治疗畜禽消化道疾病兽用中药新药研发方面，农业农村部批准用于消化道疾病治疗的部分兽用中药见表 11-6。

表 11-5　治疗畜禽消化道疾病的成方制剂或单方制剂

序号	名称	功能主治	序号	名称	功能主治
1	七清败毒颗粒	湿热泄泻(痢)	15	猪苓散	虚寒泄泻(冷肠)
2	四黄止痢颗粒	湿热泄泻(痢)	16	五苓散	化湿止痢
3	四味穿心莲散	湿热泄泻(痢)	17	平胃散	化湿止痢
4	白龙散	湿热泄泻(痢)	18	杨树花口服液	化湿止痢
5	白头翁口服液	湿热泄泻(痢)	19	杨树花片	化湿止痢
6	白头翁散	湿热泄泻(痢)	20	藿香正气口服液	鸡胃肠型感冒
7	苍术香连散	湿热泄泻(痢)	21	藿香正气散	鸡胃肠型感冒
8	郁金散	湿热泄泻(痢)	22	鸡痢灵片	治疗雏鸡白痢
9	金根注射液	湿热泄泻(痢)	23	鸡痢灵散	治疗雏鸡白痢
10	穿心莲末	湿热泄泻(痢)	24	雏痢净	治疗雏鸡白痢
11	穿白痢康丸	湿热泄泻(痢)	25	补中益气散	气虚久泄
12	通肠芍药散	湿热泄泻(痢)	26	止痢散	仔猪白痢
13	健脾散	虚寒泄泻(冷肠)	27	乌梅散	幼畜奶泄
14	理中散	虚寒泄泻(冷肠)	28	七味胆膏散	羔羊腹泻

表 11-6　农业农村部批准用于消化道疾病治疗的部分兽用中药

序号	名称	功能主治
1	苦参止痢颗粒	仔猪白痢
2	金香颗粒	仔猪白痢
3	石榴皮止泻散	仔猪白痢
4	马针颗粒	仔猪白痢
5	味连须	仔猪白痢
6	味连须散	仔猪白痢
7	连蒲双清散	鸡大肠杆菌腹泻
8	连蒲双清颗粒	鸡大肠杆菌腹泻
9	锦心口服液	鸡大肠杆菌腹泻
10	白苦败痢口服液	鸡大肠杆菌腹泻
11	苋黄止痢口服液	鸡大肠杆菌腹泻
12	苦参功劳颗粒	鸡大肠杆菌腹泻
13	博普总碱	鸡大肠杆菌腹泻

续表

序号	名称	功能主治
14	博普总碱散	鸡大肠杆菌腹泻
15	双葛止泻口服液	仔猪和鸡湿热泄泻
16	五味健脾颗粒	仔猪脾虚泄泻
17	肉桂油口服液	鸡白痢
18	蜘蛛香胶囊	犬细小病毒性肠炎
19	葛根芩连片	犬胃肠炎
20	乌锦颗粒	羔羊痢疾
21	苍朴口服液	犊牛虚寒腹泻
22	太子参须	脾虚泄泻
23	苦白石颗粒	仔猪湿热泄泻
24	白头翁皂苷提取物注射液	仔猪湿热泄泻
25	枫蓼胶囊	犬急性胃肠炎属伤食泄泻型及湿热泄泻型
26	芍甘和胃胶囊	犬慢性胃炎引起的呕吐、厌食、腹痛
27	救必应提取散	鸡大肠杆菌病
28	千里光颗粒	犊牛湿热痢疾

以上新兽药的靶动物涵盖了猪、鸡、牛、羊，甚至包括了犬，有效丰富了治疗畜禽消化道疾病的兽用中药品种，为兽用中药替代或减少抗生素在畜禽消化道疾病治疗上的应用提供了更多选择。

11.1.2.3 其他疾病与兽用中药的减抗

乳腺炎是在兽医临床治疗中使用抗生素量较大的动物疾病。中兽医称乳腺炎为乳痈，是由痰、湿、气、血瘀结不散而致，病因病机主要由外感邪气、内伤饮食、内伤情志、局部损伤所造成[7]。传统中兽医学主要采用清热解毒、消肿止痛的药物组方治疗乳痈，比如仙方活命饮、如意金黄散等。2020 年版《中国兽药典》二部收载主治乳痈的成方制剂仅有公英散，但是临床可以根据乳腺炎的病因病机辨证施治选择合适的药物治疗。目前兽医临床可供选择的兽用中药仍然有限，还需进一步加强治疗奶牛乳腺炎兽用中药新药的研发，以替代或减少抗生素在奶牛乳腺炎治疗上的应用。

畜禽寄生虫病也是兽医临床治疗中抗生素使用量较大的疾病。兽用中药在发挥动物驱虫功效的同时，更加注重健胃，保护动物的脾胃功能，有益于后期的生长发育。虽然兽用中药用于动物寄生虫病的防治具有漫长的应用历史和丰富的实践经验，但是目前兽医临床可供选择的兽用中药品种不多，动物寄生虫病的防治仍然依靠化药和抗生素，这也使兽用中药替代抗生素用于动物寄生虫病防治具有巨大的潜力，应进一步加强该方面的研究，以便提供更多的治疗选择药物。

中兽医学理论认为“正气存内，邪不可干”，动物机体的正气旺盛，致病邪毒较弱，则邪气不易侵犯机体，或虽然有侵袭，也不致发生疾病。兽用中药更加强调补充机体的正气以防止疾病的发生，正所谓“未病先防”。因此，所有调整动物机体阴阳、补充正气以降低疾病发生率的兽用中药在一定程度上都能减少养殖端抗生素的使用量，但是受限于缺乏有效的临床评价手段，这方面的研究相对薄弱。

11.2

兽用中药应用于减抗、替抗的作用机制

兽用中药所含成分复杂，除了蛋白质、氨基酸和微量元素等营养性成分外，还含有丰富的生物碱类、有机酸类、苯丙素类、香豆素类、木脂素类、醌类、黄酮类、萜类、三萜皂苷、甾体皂苷、强心苷和鞣质等活性化合物，具有多靶点、广效能的治疗特性。几千年的临床实践证明兽用中药对畜禽疾病具有良好的治疗效果，但由于兽用中药成分的复杂性，其作用机制的阐明一直是中兽医药研究的重点和难点，目前尚不能完全以现代生物医学的理论去解释兽用中药的作用机制，也限制了兽用中药的国际化和现代化发展。已有的国内外研究进展表明兽用中药替抗和减抗的作用机制主要集中于抑制病原体、缓解炎症、调节机体免疫、调节肠道微生物等方面。

11.2.1 抑制病原体

兽用中药治疗感染性疾病历史悠久，现代研究表明，许多兽用中药有效成分有直接的抑菌杀菌作用[12,13]。第一，兽用中药有效成分可以抑制菌体核酸和蛋白质合成。已有研究证实，中药黄连的有效成分小檗碱可以抑制细菌蛋白质和 DNA 的合成从而杀灭无乳链球菌[14]；大黄素能通过氢键结合干扰 DNA 复制和转录破坏金黄色葡萄球菌细胞膜的通透性[15]。第二，兽用中药有效成分可以直接破坏细菌的细胞结构。据文献报道，五倍子提取液可以使表皮葡萄球菌的细胞壁和细胞质逐渐消失[16]，肉桂醛可以使大肠杆菌和金黄色葡萄球菌细胞膜出现裂解，胞质内容物渗出[17]，其作用机制为肉桂醛调节这些食源性病原体的甘油磷脂生物合成途径，针对细菌的磷脂酰乙醇胺和磷脂酰甘油，破坏细胞膜完整性[18]。第三，兽用中药有效成分还可以干预细菌生物膜形成过程。穿心莲内酯通过抑制细菌生物膜的形成、毒力因子的产生、细菌间的黏附和细菌完整性来杀灭细菌[19]；盐酸小檗碱可以通过抑制 *sortase* A 和 *esp* 基因的表达而抑制粪肠球菌生物膜的形成[20]。第四，兽用中药也可以对呼吸作用和能量代谢产生影响，如丁香酚和百里酚通过抑制 H^+-ATP 酶，使得细胞内的环境呈酸性，最终导致念珠菌死亡[21]，牛至油也可以通过三羧酸循环途径抑制耐甲氧西林金黄色葡萄球菌的呼吸代谢[22]。第五，兽用中药可以对细菌的群体感应产生影响。已有研究表明，香芹酚可以通过抑制铜绿假单胞菌中 LasI 的活性，同时降低 *lasR* 基因的表达，进而影响酰基高丝氨酸内酯（AHL）的产生，最终抑制铜绿假单胞菌的群体感应，达到抑制毒力因子的抗菌效果。

另外，逆转细菌的耐药性是兽用中药抑制病原体的一个重要途径，并且兽用中药来源丰富、有效成分种类繁多，在逆转细菌耐药方面日益成为国际研究热点。已有研究表明，兽用中药消除或逆转耐药质粒是逆转细菌耐药的重要机制。来自中药黄芩的重要成分黄芩苷可以消除鲍曼不动杆菌的低耐药菌株中的质粒，使庆大霉素和环丙沙星对耐药菌的最低抑菌浓度（MIC）下降至敏感水平[23]。另外，抑制耐药菌的外排泵是兽用中药逆转耐药的另一个重要机制。苦参碱能使大肠杆菌外排泵 AcrAB-TolC 的表达下调，恢复多

耐药大肠杆菌对抗生素的敏感性[24]。也有研究表明，兽用中药可以抑制 β-内酰胺酶的活性而实现逆转耐药。中药复方三黄汤、五味消毒饮与黄连解毒汤可以显著抑制超广谱耐药菌的 β-内酰胺酶的活性[25]。最后，兽用中药也可以改变耐药菌细胞膜的通透性而实现逆转耐药。来源于中药金银花中的主要成分绿原酸能提高耐药金黄色葡萄球菌的细胞膜通透性，从而提高金黄色葡萄球菌对青霉素的敏感性，而实现逆转细菌耐药性[26]。

最后，对细菌毒力因子的中和作用也是兽用中药发挥替抗、减抗作用的一个重要方式。已有研究结果证实，大青叶在体内外都具有明显的抗大肠杆菌 O111B4 内毒素的作用[27]；黄芩苷通过直接结合金黄色葡萄球菌的关键毒力因子 sortase B 的活性中心，从而抑制金黄色葡萄球菌的活性[28]。

11.2.2 缓解炎症

炎症是具有血管系统的活体组织对损伤因子所发生的防御反应，常伴随着感染性疾病的病理过程，给机体带来严重的损害。炎症的有效缓解可以降低感染性疾病对机体的损伤，减少感染性疾病中抗菌药物的使用量。常用的抗炎药物有非甾体抗炎药和肾上腺皮质激素，但均有诸多不良反应。兽用中药活性成分在抗炎方面的重要作用日益受到国内外学者的重视，抗炎机制也逐渐被揭示。

调节下丘脑-垂体-肾上腺皮质轴（HPA 轴）是兽用中药发挥抗炎作用的重要机制。文献报道，健脾化湿通络方药新风胶囊通过降低佐剂性关节炎大鼠（AA 大鼠）血清中促肾上腺皮质激素（ACTH）及皮质酮（CORT）水平，下调 AA 大鼠大脑皮质中糖皮质激素受体（GR）mRNA 表达，上调 AA 大鼠下丘脑促肾上腺皮质激素释放激素（CRH）mRNA 表达，改善关节炎大鼠 HPA 轴功能紊乱，从而起到抗炎作用[29]；朱爱江等[30]的研究结果表明，芍药甘草汤可以通过抑制鼠气囊炎性渗出液中的前列腺素 E2（PGE2）、一氧化氮（NO）、白细胞介素-6（IL-6）的产生，抑制多形核白细胞（PMN）产生氧自由基而起到抗炎作用，可能还与影响下丘脑-垂体-肾上腺皮质轴有关。

兽用中药也可以通过抑制内源性炎症介质的释放缓解炎症损伤。白三烯 B_4 是环氧化酶（COX）催化花生四烯酸产生的重要炎症递质。中药活性成分白藜芦醇可以通过抑制 COX-2 的活性影响花生四烯酸的代谢途径，发挥良好的抗炎作用[31]；前列腺素 E2（PGE2）是环氧化酶途径重要的炎症介质，金银花提取物可能通过抑制 COX-2 的活性，降低大鼠炎性渗出液中 PGE2 的含量，发挥抗炎作用。组胺和 5-羟色胺是血管活性胺类炎症介质，使血管通透性增加而引起血浆外渗和炎症，局部充血发生水肿。已有报道多种中药提取物或成分具有抑制组胺和 5-羟色胺的作用[32-34]。

抑制促炎症因子是兽用中药抗炎作用的另一个重要机制。当机体受到感染或不良刺激时，会活化一系列信号通路，诱导产生大量促炎细胞因子，包括肿瘤坏死因子-α（TNF-α）、白细胞介素类（IL-1β、IL-2、IL-6、IL-8、IL-12）等，造成炎症和组织损伤等病理变化。文献报道，鱼腥草注射液发挥抗炎作用的重要途径就是抑制血清中 TNF-α、IL-1β 和 IL-6 的分泌和释放[35]。核转录因子-κB（NF-κB）作为体内重要的转录因子，能与多种细胞因子、黏附因子基因启动子部位的 κB 位点相结合，导致 TNF-α、IL-1β 和 IL-6 的产生。中药成分木犀草素和菊苣酸可以通过抑制 NF-κB 的核转移，减少促炎细胞因子的产生而发挥抗炎作用[36]。

提高机体抗氧化水平也是兽用中药发挥抗炎作用的重要机制。当动物机体发生炎性反应时，大量的氧自由基释放，对机体组织产生损伤，同时还会刺激分泌大量脂质过氧化物，提高炎性因子的活性，进一步加重机体的损伤。因此，可以通过提高机体的抗氧化水平缓解炎症反应对机体的损伤。研究发现多种中药或者中药活性成分具有良好的抗氧化活性。比如，马齿苋含有丰富的抗氧化成分，能加强氧自由基的清除而减轻炎症反应[34]；白芨多糖能够提高结肠炎大鼠结肠组织内超氧化物歧化酶（SOD）和谷胱甘肽过氧化物酶（GSH-Px）活性，降低丙二醛（MDA）活性，从而减轻炎症反应[37]。

11.2.3 免疫调节

免疫功能失调是导致病原感染和机体损伤的核心机制。因动物机体免疫低下造成疾病的易感性增强是临床抗生素使用量加大的一个主要因素。中兽医学理论认为，疾病的发生是阴阳的相对平衡遭到破坏的结果。因此，调整阴阳，使之恢复平衡，促进阴平阳秘，乃是临床中兽医发挥治疗功能的根本法则之一。现代药理学研究表明，多数补益类中草药含有多糖、生物碱、有机酸、挥发油成分，具有免疫增强作用。兽用中药的免疫增强作用机制比较复杂，现在仍未完全揭示。已有的研究结果表明，兽用中药的免疫调节机制涉及对免疫细胞的调节作用和对免疫细胞功能的调节作用。

对免疫细胞的调节是兽用中药发挥免疫调控的重要机制。淋巴细胞是免疫系统的重要组成部分，主要包括 T 淋巴细胞和 B 淋巴细胞。T 淋巴细胞是连接先天性免疫和获得性免疫的重要桥梁。T 淋巴细胞亚群主要分为 $CD4^+$ T 细胞、$CD8^+$ T 细胞两类，其亚型有辅助性 T 细胞 1（Th1 细胞）、辅助性 T 细胞 2（Th2 细胞）、辅助性 T 细胞 17（Th17 细胞）和调节性 T 细胞（Treg 细胞）。T 淋巴细胞亚群比例的失调严重影响机体的免疫功能。文献报道，灵芝多糖可以抑制 Th17 细胞的分化以及介导的免疫应答，减轻溃疡性结肠炎中结肠组织的炎症反应[38]。大黄牡丹汤也可调节肠系膜淋巴结中 Th17 细胞和 Treg 细胞的比例，有助于 Th17/Treg 平衡的恢复，改善小鼠炎症性肠病[39]。巨噬细胞是免疫系统中一种重要的免疫细胞，分为 M1 型和 M2 型，M1 型巨噬细胞参与一系列复杂的炎症通路；M2 巨噬细胞则会抑制炎症的发生发展，参与组织修复。灵芝酸 B 联合阿莫西林能增强治疗幼鼠呼吸道感染的效果，其机制可能与增加巨噬细胞 M2 的极化、减少巨噬细胞 M1 的极化有关[40]。

对免疫细胞功能的调节是兽用中药发挥免疫调控作用的另一重要机制。体液免疫主要是通过 B 细胞产生特异性抗体保护机体，防止病原体入侵。B 淋巴细胞受到抗原刺激后分化为能产生抗体的浆细胞，产生并分泌多种抗体，以清除特异性抗原。多种中药有效成分均可参与体液免疫反应，比如，人参皂苷 Rg3 能增强正常小鼠的体液免疫功能[41]。SIgA 是构成肠道黏膜免疫的重要因子之一，在肠黏膜免疫应答过程中发挥关键作用。玉屏风散对机体的免疫有广泛的调节作用。玉屏风散中的有效成分玉屏风多糖在增加 SIgA 的分泌量方面作用明显，对肠黏膜免疫功能的调节优势效应显著[42]。单核巨噬细胞是体内重要的免疫细胞，在抗感染免疫方面起着重要的作用，可通过处理抗原和释放可溶性因子对免疫功能起重要的调节作用。穿心莲可增强小鼠腹腔巨噬细胞的吞噬能力，从而提高机体免疫功能[43]；芍芪多苷可调节单核巨噬细胞的功能，调节大鼠异常的免疫功能[44]。干扰素是机体产生的一种广谱的抗病毒蛋白，可以激活机体内的免疫细胞，产生抗病毒蛋白，杀伤和抑制病毒，也可以增强自然杀伤细胞以及巨噬细胞的活性，提高机体的免疫功能。已有文献表明，染料木黄酮能够促进巨噬细胞产生 IFN-γ[45]，益气养阴汤可以提高间质纤维素性肺炎小鼠 IFN-γ 的 mRNA 水平[46]。

11.2.4 对肠道微生物的影响

生物利用度是反映药物进入机体循环的药量比例，描述口服药物由胃肠道吸收，及经过肝脏而到达体循环血液中的药量占口服剂量的百分比。生物利用度与药物血药浓度密切相关，血药浓度可直接反映大多数药物在一定剂量下的疗效和毒性。对西药和中药复方的统计分析表明，在大多数情况下，中药复方的最大血药浓度远低于西药的最小有效血药浓度[47]。研究表明，中药中大部分化合物的生物利用度很低。通过口服给药，人参皂苷的生物利用度通常在 0.1%～0.5%左右[48]；姜黄素口服生物利用度只有 1%[49]，但仍具有强大的肝保护和神经保护作用。中医药的疗效和低生物利用度长期困扰着中医药的机制研究。

动物肠道内定植大量微生物群落，包括拟杆菌门（Bacteroidetes）、厚壁菌门（Firmicutes）、变形菌门（Proteobacteria）、放线菌门（Actinobacteria）、梭杆菌门（Fusobacteria）和疣微菌门（Verrucomicrobia），其中厚壁菌门（Firmicutes）和拟杆菌门（Bacteroidetes）的菌为健康动物肠道优势菌群。多项研究表明，肠道菌群是肠道微生态系统的重要组成部分，在宿主体内的营养吸收、生长发育、生物屏障、免疫调节、脂肪代谢等生理功能和过程中发挥着重要作用，是维持机体内环境稳态的重要“隐形器官”[50]。已有研究表明，多种动物疾病的发生与肠道微生物结构的改变相关。仔猪发生腹泻后，肠道菌群多样性呈现下降趋势，微生物多样性低于健康组[51]；大鼠大肠杆菌感染后，与对照组相比，感染组大鼠肠道菌群的多样性显著下降，变形菌门和放线菌门丰度显著升高[52]。肠道菌群紊乱可以引起小鼠乳腺炎并加剧病原诱导乳腺炎的严重性[53]。鸭疫里默氏杆菌感染显著影响鸭直肠内容物微生物的丰度，引起肠道微生物菌群结构紊乱[54]。

近年来，越来越多的研究开始关注从肠道菌群及其代谢产物角度探讨兽用中药对畜禽疾病的治疗机制，肠道微生物菌群也被认为是揭开兽用中药作用机制的新密码[55]。已有研究证明，多种中药组方通过改变肠道微生物菌群结构或代谢发挥治疗作用。文献报道，黄芩汤对硫酸葡聚糖诱导结肠炎有明显的抑制作用，其改善作用与调节肠道菌群组成有关[56]。灯盏花黄酮能够调节肠道菌群丰度，有利于腹泻仔猪康复，具有替代抗生素的潜力[57]；中药复方可以增加肠道优势菌属丰度，缓解大鼠的热应激[58]；饲粮添加五倍子提取物可提高黄羽肉鸡生长性能、免疫功能和抗氧化能力，同时改善肠道形态结构、屏障功能和微生物菌群结构[59]。

随着对肠道菌群结构与兽用中药作用机制之间联系的深入了解，对靶向肠道微生物群的兽用中药新药的研究，更多具有足够生物活性但生物利用度较差的药物或有效成分可以成功用来替代或减少抗生素在动物疾病治疗上的应用。

11.3

兽用中药应用于减抗、替抗的生产工艺及质量控制

兽用中药是中兽医临床应用的主要实现形式，在保护动物健康、促进养殖业发展中发挥着重要作用。区别于兽用化学药品和生物制品，兽用中药具有如下特点：一是兽用中药按照性味归经、升降沉浮、君臣佐使的中兽医理论组方，药物由多成分组成，整体发挥药效；二是药材来源多样，包括了植物、动物、矿物等类别，质量难以控制；三是用于制备制剂的药用物质包括粉末、提取物和单一成分等；四是化学成分种类繁多，成分的含量相差较大，有的成分含量极低，复方制剂一般难以通过测定某个有效成分或指标成分来表征药品整体的生物活性或生物等效性；五是生产工艺和质量影响因素较多，既包含药材基原的影响，又存在提取、纯化、浓缩、干燥、灭菌等生产工艺步骤对质量的影响。这些特点决定了中兽药生产工艺和质量控制标准需要建立独特的质量控制体系。

11.3.1　药材基原与源头控制

药材是兽用中药生产的源头，其质量是影响兽用中药安全、有效性和质量可控的关键因素[60]。为提高兽用中药质量控制体系，加强药品质量的可追溯性，为兽用中药制剂提供安全有效、质量稳定的药材，兽用中药生产所选用的药材要从基原、药用部位、产地、采收与加工等方面进行质量控制。

11.3.1.1　基原与药用部位

基原准确是保证药材质量的基础。应明确药材的原植物/动物中文名、拉丁学名及药用部位。对于多基原药材，一般应固定使用其中一个基原，若需使用多个基原的，应提供充分的依据，并固定使用比例，保证制剂质量的稳定。矿物药应明确该矿物的类、族、矿石名或岩石名以及主要成分。

确保所用药材基原和药用部位准确。新药材、易混淆药材、难以确定基原的药材，原则上应采集原植/动/矿物的凭证标本，由专家或有资质的机构进行物种鉴定，并结合产地调研等，确认药材基原。野生药材在相同生长区域、相同采收期有易混淆物种的，应进行基原鉴别及与易混淆品区别的研究。

11.3.1.2　产地

产地是影响药材质量的重要因素之一，固定产地是保证药材质量相对稳定的重要措施。产地一般为生态环境相似的特定药材生长区域，产地范围应根据所产药材质量变化情况而定，同一产地内所产药材的质量一般应相对稳定。同时应综合考虑药材的生长习性、临床用药经验和传统习惯、药材质量、资源状况及种植养殖条件等合理选择药材产地。在保证药材质量稳定的前提下，可以选择多个产地。

11.3.1.3　采收与产地加工

采收和产地加工是影响药材质量的重要环节。一般应尊重传统经验，坚持质量优先、

兼顾产量的原则。重点关注以下内容。

（1）采收 药材的采收应根据药材的特点和生长物候期，确定生长年限、采收期及采收方法。生长年限和采收期等与传统经验不一致时，应有充分的依据。野生药材的采收应制订科学合理的采收方案，保证资源可持续利用。

（2）产地加工 药材的产地加工一般应遵循传统经验，根据药材的特点和制剂需要，研究确定适宜的产地加工方法，明确关键工艺参数。产地加工过程中应避免造成药材的二次污染或质量下降。

11.3.2 兽用中药生产工艺

在生产环节，强调兽用中药生产工艺直接决定兽用中药制剂的药用物质基础，需要加强生产过程质量控制。

11.3.2.1 药用物质提取与分离纯化

兽用中药、天然药物提取纯化的工艺路线是以保证兽用中药、天然药物的安全、有效为目的，根据中兽医临床用药及组方特点，以及制剂成型要求所制定的工艺、方法、条件和程序的最基本的规定，直接影响药物的安全、有效性，决定着制剂质量的优劣，也关系到大生产的可行性和经济效益。

兽用中药、天然药物的提取应尽可能提取出有效成分，或根据某一成分或某类成分的性质提取目的物。提取溶剂选择应尽量避免使用一、二类有机溶剂。兽用中药、天然药物的纯化应依据兽用中药传统用药经验或根据药物中已确认的一些有效成分的存在状态、极性、溶解性等设计科学、合理、稳定、可行的工艺，采用一系列分离纯化技术来完成。在尽可能富集得到有效成分的前提下，除去无效成分。不同的提取纯化方法均有其特点与使用范围，应根据与治疗作用相关的有效成分（或有效部位）的理化性质，或药效研究结果，通过试验对比，选择适宜工艺路线与方法。在不断创新发展下，有许多先进的提取技术逐步应用在兽用中药的研发和生产中。

（1）超临界流体萃取技术 超临界流体萃取是一种物理萃取技术，它是以温度和压力高于临界值热力学状态下的流体作为萃取剂，利用其溶解能力与自身密度密切相关这一特性，通过改变温度或压力使超临界流体的密度在相当宽的范围内变动，进而选择性地依次萃取极性、沸点和分子量不同的化学成分[61]。

（2）超声波提取技术 超声波提取技术是利用超声波具有的机械效应、空化效应和热效应，通过增大介质分子的运动速度及介质的穿透力以提取中药化学成分的一项新的提取技术。目前，由于超声波提取具有提取时间短、提取率高、提取温度低等独特优势被广泛应用于中药材有效化学成分的提取，对中药中的苷类、生物碱类、多糖类、黄酮类等化合物都具有较高的提取效率[62]。

（3）微波萃取技术 微波萃取技术是指在微波能的作用下，用溶剂将样品中的待测组分溶出的一种新型高效的萃取技术。其原理是在微波场的作用下，由于基体物质中某些区域或体系中的某些组分的介电常数不同，进而吸收微波的能力也具有差异性，使得待测组分被选择性加热，从基体或体系中分离出来。微波萃取法的特点是适用于耐热成分的提取，具有选择性高、可供选择的溶剂较多且用量少、溶剂回收率高、穿透力强、加热效率高、萃取时间短、萃取效率高、所得产品纯度高、成本低、投资少等诸多优点。目前，微波技术被广泛应用于中草药的浸取过程，主要涉及多糖类、黄酮类、生物碱类、苷类、蒽醌类等多种化学成分的提取[63]。

（4）半仿生提取技术 半仿生提取技术是从生物药剂学的角度，将整体药物研究法与分子药物研究法相结合，模仿口服给药及药物经胃肠道吸收和转运的过程，采用固定pH值的酸性或碱性溶剂依次提取中药及复方原料，得到目标活性成分含量更高的活性混合物，为经消化道给药的中药制剂提供了一种新的提取工艺[64]。

（5）生物酶解提取技术 酶法是利用酶反应的高度专一性，根据中药有效成分选择一些恰当的酶类，使细胞壁及细胞间质中的某些物质降解，降低有效成分从细胞内向提取介质扩散时所受细胞壁及细胞间质等传质屏障的阻力。该方法具有反应条件温和、不破坏有效成分原有的立体结构和生物活性、提取时间短、提取率高、反应特异性高、操作简单、对设备要求不高等优点[65]。

（6）闪式提取技术 闪式提取技术是近年来发明的一种新的提取技术，闪式提取技术是将药材与溶剂在室温下通过机械快速将药材粉碎至细微颗粒，使溶剂迅速与药材组织内部结合并达到平衡，最后通过过滤即可。此法具有可以最大限度萃取中药中的有效成分、保护热敏成分、溶剂用量小、提取时间短、提取效率高等特点，广泛适用于中药根（饮片）、茎（饮片）、叶、花、果实（饮片）、种子等的提取。该法适宜使用大多数溶剂，可进行单味或多味中药复方的提取[65]。

（7）分子蒸馏技术 分子蒸馏技术是一种在高真空下操作的液-液分离技术，它是利用轻、重分子平均自由程的不同而实现液体混合物的分离，该技术适用于不同物质分子量差别较大的液体混合物的分离，也可用于分子量接近但性质差别较大的物质的分离，特别适用于高沸点、具有热敏性、易氧化（或易聚合）物质的分离，其具有操作温度低（远低于沸点）、真空度高、物料受热时间短、分离程度及产品收率高等特点。分子蒸馏技术的分离过程为物理分离过程，无毒、无害、无污染、无残留，可很好地保持提取物纯天然的特性，在中药提取领域已被广泛应用于高纯物质的提取[65]。

此外，其他中药提取新技术还有大孔吸附树脂分离纯化技术、动态循环连续逆流提取技术、膜提取分离技术、高速逆流色谱提取技术、分子印迹技术、超微粉碎技术、新吸附技术等，但在实际应用中要以中兽医药理论为基础，使用传统提取工艺与新技术结合的方法，有效提高中药中有效成分的回收率，以期生产出高质量的中药制剂。

11.3.2.2 浓缩与干燥工艺

浓缩、干燥工艺应依据制剂的要求，根据物料的性质和影响浓缩、干燥效果的因素，选择一定的方法，使所得物达到要求的相对密度或含水量，以便于制剂成型，并确定主要工艺环节及其工艺条件与考察因素。应注意在浓缩、干燥过程中可能受到的影响。如含有受热不稳定的成分，可做热稳定性考察，并对采用的工艺方法进行选择，对工艺条件进行优化。

11.3.2.3 剂型选择

药物必须制成不同的剂型，采用一定的给药途径接触或导入机体才能发挥疗效。合理的药物剂型的选择是保证和提高药物疗效的关键。一个良好的制剂，应能达到“高效、速效、长效”、“剂量小、毒性小、副作用小”和“生产、运输、贮藏、携带、使用方便”的要求。剂型选择应是在尊重传统组方、用药理论与经验的基础上，以满足临床医疗需要为宗旨，通过对药物理化性质、剂型特点、生物特性等方面综合分析后的选择。剂型的选择应全面考虑与药品安全性、有效性、质量可控性等相关的各种因素，主要包括以下几方面。

（1）临床需要及用药对象 规模化养殖条件下，选择药物剂型时，应考虑不同剂型可能适应于不同的临床病症需要和动物种属的用药需求，如对于家禽，临床上一般会通过饮水给药，这对药物的溶解性能和稳定性要求较高。还应考虑药物的顺应性（适口性）以及动物的生理情况，如年龄、性别、体重等。还应考虑给药的便捷性。

（2）药物性质及处方剂量 兽用中药有效成分复杂，各成分溶解性、化学稳定性以及在体内的吸收、分布、代谢、排泄过程也各不相同，应根据药物的性质选择适宜的剂型。

（3）药物的安全性 在选择剂型时需充分考虑其安全性。没有一种药物制剂是绝对安全的，应比较剂型因素产生的疗效增益和带来的不安全的危险。不安全的危险包括毒性和副作用。

（4）其他因素 兽用中药的剂型选择还应考虑目前中兽医药工业发展的整体技术水平、设备条件，生产单位的技术水平和生产条件，市场需求，以及药物经济学的有关问题等。

11.3.3 兽用中药质量控制标准

中药的质量控制是贯穿于中药研发、生产、贮运全过程的系统工程。需要从原料、工艺、质量标准、稳定性、包装等多方面进行研究，需要建立原辅料、中间体、成品等的质量标准，进行系统的质量控制。质量控制研究的基本内容包括：处方及原料、制备工艺、质量及质量标准、稳定性研究等。质量控制研究的目的是保证药物质量的稳定、可控。

11.3.3.1 兽用中药质量标准的基本特点

（1）质量控制标准反映中兽药质量 质量标准应根据兽用中药的特点反映兽用中药制剂的质量，并与药物的安全性、有效性相关联。在兽用中药新药研发过程中，应通过多种形式开展中药活性成分的探索性研究，对处方中所有药味均应建立相应的鉴别方法，通常应选择所含有效（活性）成分、毒性成分和其他指标特征明显的化学成分等作为检测指标。对于具有国标标准的兽用中药产品，生产企业应根据生产过程，结合临床研究结果及市场反馈药效信息，探索中兽药生产全过程质量控制标准，建立企业内控标准，以确保中兽药的有效性和安全性。

（2）质量标准具有关联性和全过程控制特点 中药饮片或提取物、中间产物、制剂等质量标准构成了兽用中药制剂的质量标准体系。兽用中药质量控制体系包括整体的质量控制和重点环节控制。整体性包括源头、生产、质量及稳定性等全过程控制。对于全过程控制来说，重点环节主要是对源头的控制，在源头控制中又强调药材基原和产地的控制；在生产环节，强调中药生产工艺直接决定中药制剂的药用物质基础，需要加强生产过程质量控制；在质量控制环节，强调建立全过程质量控制标准体系，研究建立可以代表整体有效性的质量控制指标，例如浸出物、指纹/特征图谱、大类成分含量测定、多指标成分含量测定等，并强调对安全性相关指标的控制。

（3）质量标准具有先进性 质量标准采用的方法应具有科学性、先进性和实用性，并符合简便、灵敏、准确和可靠的要求。中药具有多成分复杂体系的特点，兽用中药质量标准控制应以传统质量控制方法与现代质量研究方法并重，在深入研究的基础上，充分合理利用有关的新技术、新方法，建立科学、合理、可行的质量标准，以更好地反映中药的内在质量，保障药品质量可控，促进兽用中药传承创新和产业高质量发展。

11.3.3.2 中兽药质量标准控制新技术

（1）DNA分子遗传标记技术 该技术依据不同中药材的遗传物质的不同对其进行鉴别。只需要对中药材的基因进行检测，所以鉴定不受外界环境因素、中药材外观形态和材料来源的影响，具有微量、快速、特异性强、高准确性、通用性和可数字化的特点。因直接对中药材的基因进行测定，所以检测成本较低、对药材的损坏小，为珍稀濒危中药材、贵重中药材及其伪品的鉴别提供了新的手段。但对于加工炮制后的或经萃取后的中药材该技术还无法很好地对其进行分析[66]。

（2）电泳技术 样品中带电粒子的自身固有的物理性质参数存在着差异，导致它们在电场中的迁移速率不同，电泳技术利用这个特点对中药材化学成分进行分离及鉴定。该技术目前多用于判定及分离富含蛋白质和多肽类的中药材。该技术专属性强、灵敏度高[67]。

（3）一测多评法 一测多评法是以测定一个简单且对照品易得的中药成分为基准，实现复方中其他多个成分同步测定的方法。其原理是以药材中某一特定组分为内标，采用高效液相色谱法（HPLC）内标法测定该组分的量，再通过相对校正因子计算出其他指标成分的量，并利用HPLC外标法进行同步测定，对计算值的正确性和可行性进行验证。一测多评法具有检测成本低、分析效率高的优点[68]。

（4）色谱法及其他技术

① 气相色谱（GC）法。GC法是一种以气体为流动相的分析方法，具有高效快速、高选择性、高灵敏度、样品用量少、方法稳定性好、检测器种类多等特点，但其要求样品必须能够气化，因而适用于中药挥发性成分的研究。

② HPLC法和超高效液相色谱（UPLC）法。HPLC法在中药的质量控制中已经被广泛使用，具有操作简单、快速、高效、灵敏度高的特点，并且对于研究挥发性低、热稳定性差、分子量大的高分子化合物以及离子型化合物尤为适合。超高效液相色谱（UPLC）法是一种利用小颗粒填充色谱柱和超高压系统的新型液相色谱技术，与传统的HPLC相比，UPLC具有高分离度、高速度和高灵敏度的优点。此外，UPLC法可在很宽的体积流量和反压下进行高效的分离工作，并获得较好的结果，因而表现出广阔的应用前景，成为中药质量控制的有效方法之一[69]。

③ 近红外光谱技术。近红外光谱技术是近年来新兴的一种绿色分析技术，扫描1张光谱可以获得样品的多种信息，与传统分析技术相比，近红外光谱分析技术具有高效、便捷、无损、环保、无前期预处理、无污染、无破坏性等诸多优点，已经广泛用于中药的质量控制[70]。

④ 指纹图谱。指纹图谱是基于对中药物质群整体作用的认识，借助光谱和色谱等技

术获得中药化学成分的光谱或色谱图，是实现鉴别中药真实性、评价质量一致性和产品稳定性的可行模式，具有信息量大、特征性强、整体性和模糊性等特点。指纹图谱包括了对已知成分和未知成分的分析，反映的化学成分信息（具体表现为相对保留时间和相对峰面积）具有高度特异性和选择性，可较充分地反映出中药复杂混合体系中各种化学成分量分布的整体状况，尤其是在现阶段有效成分绝大多数没有明确的情况下，能够结合各种色谱、光谱、波谱手段，特征性地鉴定中药的真伪与优劣，成为中药自身的“化学条码”[71-73]。

⑤ 超临界流体色谱。超临界流体有其独特优势，较之有机溶剂，它的黏度低、表面张力小、扩散速度更快，较之气体来说，它的溶解能力更高。超临界流体色谱的分析速度更快、分离效率更高。该技术对中药材破坏程度较小，能够保留中药材中有效成分的活性，更有利于对中药所含的复杂化学成分进行分离纯化[74]。

⑥ 生物色谱。生物色谱技术是利用效应药物与靶点结合的原理，对中药活性成分快速筛选，通过各种技术参数研究各成分与相应靶标间的作用强度，为中药质量控制提供依据。例如薄层色谱-生物自显影技术是鉴定、分离和活性测定相结合的药物筛选方法，通过薄层板直观地对药物活性成分进行定性、定量分析，能反映生物活性的强弱。该技术检测快速、方便，已在清除自由基和抗氧化、抗菌、抑制胆碱酯酶及活性成分筛选中得到广泛应用[75]。

⑦ 代谢组学技术。代谢组学是在蛋白质组学、基因组学的基础上发展起来的新兴组学技术，是通过系统分析外源性物质在机体代谢物和内源性物质中的变化，研究对机体的整体效应，从而阐释制剂的作用机制和疗效。代谢组学还可从药材品种鉴定、生长环境、中药不同物候期化学成分变化、采收加工、炮制对质量的影响等方面进行全面研究。利用元基因组学方法将中药制剂物种成分建立数据库，检测比对处方物种、混伪品及在生产过程中引入的生物杂质，从而保证中兽药制剂质量[76]。

此外，质量标志物（Q-marker）的提出，为中药质量控制提出了新要求，同时也带来了新的思路，所建立的思维模式和研究方法着眼于生产全过程的物质基础的特有性、差异性、动态变化和质量的传递性、溯源性，有利于建立中药全程质量控制及质量溯源体系。

11.4

兽用中药在减抗、替抗中的应用及展望

11.4.1 兽用中药在减抗、替抗方面的应用

11.4.1.1 防治畜禽疾病

中兽医药强调整体观、系统论和辨证论治思维，具有“治未病”、简单易行、经济方

便、便于推广的鲜明特点。兽用中药在防治畜禽疫病方面具有较好的疗效，如双黄连口服液、银黄提取物口服液、板清败毒口服液、荆防败毒散等是临床常用抗病毒药物。

11.4.1.2 增强机体免疫机能

调控机体免疫力是兽用中药的主要作用机理。黄芪、党参、白术、益母草、当归等中药含有多种免疫活性物质，对免疫细胞、细胞因子等有促进作用，能有效调节机体免疫功能，提高畜禽机体免疫力。复方制剂如参芪粉、强壮散、芪贞增免颗粒、七补散、玉屏风口服液等具有扶正祛邪，增强机体免疫力的功效。

11.4.1.3 缓解畜禽应激

中草药具有缓解热应激的作用。如柴胡、石膏、黄连、紫草、青蒿等可调节体温中枢；蜈蚣、地松等具有抗惊厥的作用；朱砂、刺五加、五味子等有镇静催眠作用。香薷散、藿香正气口服液、解暑抗热散等具有抗热应激作用。白霖等[78]发现香薷散可以改变热应激蛋鸡肠道菌群的多样性和丰富度，调节肠道菌群丰度比例，减少热应激给蛋鸡带来的损伤。

11.4.1.4 提高生产性能

元代的《痊骥通玄论》中指出“胃气不和，则生百病”。在畜禽生产中，用健脾开胃、消食化积、调节肠道的中药，调节消化系统机能，从而提高动物的饲料利用率，降低料肉比、料蛋比或料奶比等。如健鸡散、消食健胃散、五味健脾合剂及猪健散等具有健脾开胃功能，能达到促进生长的功效。具有特定功效的兽用中药则可提升受试动物的生产性能，如蛋鸡宝具有益气健脾，补肾壮阳的功效，可提高产蛋率，延长产蛋高峰期，以达到提高蛋鸡生产性能的目的。通乳散具有通经下乳功效，用于产后乳少，乳汁不下。

11.4.2 展望

在减抗、限抗时代要求下，现代规模化养殖用药的需求对兽用中药的创新与发展提出了更高的要求。

11.4.2.1 遵循中兽医药理论指导，确保兽用中药产品质量稳定可控

兽用中药产品是基于中兽医药对生命、健康、疾病的认识，是以既往古籍及现代文献记载以及实际临床应用过程中的研究探索和数据积累为基础的。兽用中药质量控制研究应在中兽医药理论指导下，尊重传统经验和临床实践。

兽用中药产品一般以中药饮片为原料，其生产过程具有工艺复杂、工序步骤多，涉及药材前处理、提取、浓缩、纯化、分离、干燥、制剂成型、包装等操作单元。生产过程中环境、工艺参数、人员操作、设备等因素的波动均可能影响产品质量。兽用中药生产要确保终产品均一稳定，质量可控，提升市场竞争力，要做到以下 3 方面。一是兽用中药生产工艺研究应基于“质量源于设计”的理念，充分了解制剂关键质量属性和量质传递规律，确定关键工艺参数及限度范围，制定中间体/中间产物内控标准，以实现工艺过程稳定可控，保证中药制剂质量的均一稳定。二是应加强中药材/饮片、关键中间体、制剂的相关性研究，如药用物质、关键质量属性、量质传递规律等，确定

中药材/饮片、关键中间体、制剂的质控指标，合理确定波动范围。三是从原辅料质量、生产工艺及设备选择、过程控制与管理、制剂质量标准制定、辅料及包材等各个环节加强质量研究和管理，关注生产过程的质量变化，构建完善的质量标准体系，实现药品全过程质量控制[79]。

11.4.2.2 做好临床评价研究，明确兽用中药临床定位

临床上广为应用的兽用中药产品，总体而言，临床疗效是肯定的，但就某一具体的疾病治疗或方药，往往缺少相应的循证证据基础，这在一定程度上影响了中兽医药的公认度。如何开展符合兽用中药自身特点和发展规律的临床研究，开展随机对照临床试验研究和真实世界临床研究，科学、客观地回答“兽用中药的有效性和安全性”问题，为临床决策提供循证证据，形成中兽医药临床应用指南，提升解决临床实际问题的能力，这是中兽医药服务好现代畜牧产业生产亟待解决的关键科学问题[80]。

11.4.2.3 发挥中兽医药理论优势，开展兽用中药新产品研发，丰富兽用中药产品结构

近年来，农业农村部陆续发布中兽药新药技术规范和研究指导原则，涵盖药学、临床研究等方面，旨在推动中兽药传承创新发展，加快具有临床价值的中药新药上市，促进产业高质量发展。兽用中药新产品研发应关注以下 6 个方面。一是突出复方药物作用的整体性和治疗机理的综合性，研发高质量的复方制剂或证候类兽用中药产品。二是利用新药材、有效部位、有效成分研发兽用中药新产品。三是加强疗效确切、临床应用广泛的传统中兽药的二次开发，培育质优高效的兽用中药大品种。四是立足更好地发挥兽用中药的预防保健作用，深度挖掘兽用中药产品减抗、替抗潜力和优势，加强中草药开发的添加剂产品的研发推广。五是面向陆生、水生食品动物和伴侣动物预防保健治疗需求，丰富兽用中药产品结构。六是鼓励疗效确切的兽用中药产品增加靶动物研究，提升产品的利润增长点。

11.4.2.4 做好兽用中药临床疗效作用机制研究

兽用中药要更好地发挥作用，则需要进一步深入研究其作用特点、作用机理以及药效物质基础，阐明中药复方防治疾病的原理及其现代客观依据，将复方的方解、功效、主治与现代医学对疾病本质的深入了解结合起来，建立相应的客观指标，赋予传统兽医理论以当代科学内涵，提高中兽医药学术水平，这也是兽用中药临床研究工作中相对基础的工作[80]。

参考文献

[1] 唐镇海，袁建敏．植物精油替抗的研究进展及机理[J]. 饲料工业，2021，42（2）：18-23.

[2] Niewold T A. The nonantibiotic anti-inflammatory effect of antimicrobial growth promoters，the real mode of action? A hypothesis[J]. Poultry Science，2007，86（4）：605-609.

[3] Broom L J. The sub-inhibitory theory for antibiotic growth promoters[J]. Poultry Science，2017，96（9）：3104-3108.

[4] 郭世宁．中兽医药在减抗替抗上的几点思考[J]. 畜牧产业，2020（5）：62-64.

[5] 李漠，吕慧源，王志明，等．山花黄芩提取物对肉鸡生长性能、免疫机能及屠宰性能的影响[J]. 饲料研究，2019，42（5）：41-45.
[6] 庄汝柏．裸花紫珠末部分药效学、毒理学及临床效果观察[D]. 广州：华南农业大学，2018.
[7] 皮真，吴秋云，黄琳，等．奶牛乳房炎辨证论治及现代药理作用研究[J]. 中兽医医药杂志，2018，37（2）：34-38.
[8] 陈志雄，杨俊芸，刘起军，等．芪王催乳散治疗奶牛隐性乳腺炎的试验研究[J]. 中兽医学杂志，2019（5）：3-6.
[9] 路孝兵．奶牛乳房炎中药“蒲和饮”透皮剂的研制及临床疗效试验[D]. 重庆：西南大学，2014.
[10] 严勇．治疗奶牛乳房炎中兽药地肤通乳口服液制备工艺优化、药效学及临床疗效研究[D]. 北京：中国农业科学院，2021.
[11] 严勇，李新圃，武小虎，等．中兽药乳黄消散治疗奶牛乳房炎的疗效与乳汁中细菌变化规律相关性研究[J]. 扬州大学学报（农业与生命科学版），2020，41（6）：73-77，101.
[12] 李亚娜，陶庆春．中药抑菌的研究现状及思考[J]. 国际检验医学杂志，2014，35（2）：198-200.
[13] 张雪宁，马方芳，郑艳秋，等．苦寒类中药抑菌作用及机制的现状与思考展望[J]. 中外医学研究，2020，18（14）：180-182.
[14] Peng L C，Kang S，Yin Z Q，et al. Antibacterial activity and mechanism of berberine against *Streptococcus agalactiae* [J]. International Journal of Clinical and Experimental Pathology，2015，8（5）：5217-5223.
[15] 毕月，隋佳琪，乔瑞红，等．大黄素对耐甲氧西林金黄色葡萄球菌的抑菌作用机制研究[J]. 中国生化药物杂志，2015，35（8）：27-30.
[16] 李仲兴，王秀华，时东彦，等．五倍子提取物对表皮葡萄球菌的抗菌作用及其扫描和透射电镜观察[J]. 中国中医药信息杂志，2004（10）：867-869.
[17] Shen S X，Zhang T H，Yuan Y，et al. Effects of cinnamaldehyde on *Escherichia coli* and *Staphylococcus aureus* membrane[J]. Food Control，2015，47：196-202.
[18] Pang D R，Huang Z X，Li Q，et al. Antibacterial mechanism of cinnamaldehyde：modulation of biosynthesis of phosphatidylethanolamine and phosphatidylglycerol in *Staphylococcus aureus* and *Escherichia coli*[J]. Journal of Agricultural and Food Chemistry，2021，69（45）：13628-13636.
[19] Banerjee M，Parai D，Chattopadhyay S，et al. Andrographolide：antibacterial activity against common bacteria of human health concern and possible mechanism of action[J]. Folia Microbiologica，2017，62（3）：237-244.
[20] Chen L H，Bu Q Q，Xu H，et al. The effect of berberine hydrochloride on *Enterococcus faecalis* biofilm formation and dispersion *in vitro* [J]. Microbiological Research，2016，186：44-51.
[21] Ahmad A，Khan A，Yousuf S，et al. Proton translocating ATPase mediated fungicidal activity of eugenol and thymol[J]. Fitoterapia，2010，81（8）：1157-1162.
[22] Song Z，Sun H W，Yang Y，et al. Enhanced efficacy and anti-biofilm activity of novel nanoemulsions against skin burn wound multi-drug resistant MRSA infections [J]. Nanomedicine-Nanotechnology Biology and Medicine，2016，12（6）：1543-1555.
[23] 汪东海，陈敏，姜志强，等．黄芩苷消除鲍曼不动杆菌耐药质粒的实验研究[J]. 中国现代应用药学，2012，29（5）：400-404.
[24] 李奕铮．苦参碱对 AcrAB-TolC 的调控在耐药中作用的研究[D]. 南宁：广西医科大学，2018.
[25] 芦亚君，程宁．3 种中药方剂对大肠埃希菌超广谱 β-内酰胺酶的抑制作用[J]. 中国医院药学杂志，2010，30（13）：1097-1100.
[26] 张民．细菌耐药背景下的中药抗菌作用探析[J]. 西部中医药，2013，26（6）：122-124.
[27] 黄继全．大青叶抗内毒素的实验研究[J]. 江西中医学院学报，2007（2）：70-71.
[28] Wang G Z，Gao Y W，Wang H S，et al. Baicalin weakens *Staphylococcus aureus* pathogenicity by targeting sortase B[J]. Frontiers in Cellular and Infection Microbiology，2018，8：10.

[29] 汪元，刘健，万磊，等．健脾化湿通络法对佐剂性关节炎大鼠 HPA 轴功能的影响[J]. 世界中西医结合杂志，2010，5（3）：199-202.
[30] 朱爱江，方步武，吴咸中，等．芍药甘草汤的抗炎作用研究[J]. 天津医药，2009，37（02）：120-123.
[31] 郑翔，曹霞飞，王敏，等．白藜芦醇抗炎作用与氨基脲敏感性胺氧化酶活性的关系[J]. 营养学报，2010，32（6）：560-563，569.
[32] 曹志方，杨雨辉，姚倩，等．三种清热解毒中药抗炎活性的研究[J]. 黑龙江畜牧兽医，2016（21）：181-183，297.
[33] 崔晓燕，王素霞，候永利．金银花提取物的抗炎机制研究[J]. 中国药房，2007（24）：1861-1863.
[34] 王国玉，王璐，王玮，等．马齿苋水提取物抗炎作用研究[J]. 河北医学，2014，20（11）：1866-1868.
[35] 江丽，洪佳璇，唐法娣．鲜鱼腥草挥发油对哮喘豚鼠肺组织中相关因子的影响[J]. 浙江中医杂志，2012，47（7）：494-495.
[36] Park C M，Jin K S，Lee Y W，et al. Luteolin and chicoric acid synergistically inhibited inflammatory responses via inactivation of PI3K-Akt pathway and impairment of NF-kappa B translocation in LPS stimulated RAW 264. 7 cells[J]. European Journal of Pharmacology，2011，660（2-3）：454-459.
[37] 黎笑兰，张新广，尹少萍．白芨多糖抑制溃疡性结肠炎大鼠炎性反应与氧化应激[J]. 基础医学与临床，2020，40（2）：224-228.
[38] 尉冰．灵芝多糖对小鼠实验性溃疡性结肠炎的免疫调节作用的研究[D]. 沈阳：中国医科大学，2018.
[39] 温如燕．通过肠道菌群和 Thl7/Treg 细胞探讨大黄牡丹汤治疗炎症性肠病的作用机制[D]. 广州：广州中医药大学，2016.
[40] 苏圆，雍海月，王勤．不同三萜类中药成分药联合阿莫西林对呼吸道感染幼鼠的作用及免疫学机制[J]. 贵州医科大学学报，2022，47（1）：58-65.
[41] 郑兵．人参煎剂与人参皂苷对小鼠免疫功能影响的比较研究[D]. 沈阳：辽宁中医药大学，2012.
[42] 邓桦，杨鸿，蒋焱平，等．玉屏风多糖对小鼠肠黏膜免疫应答和免疫损伤的调控作用[J]. 中国兽药杂志，2018，52（12）：43-48.
[43] 李春英，梁爱华，薛宝云，等．穿心莲提取物的药效学研究[J]. 中国实验方剂学杂志，2009，15（10）：94-98.
[44] 魏芳，魏伟，陈根林，等．芍芪多苷对胶原性关节炎大鼠单核巨噬细胞的影响[J]. 中药药理与临床，2008（3）：35-38.
[45] Blay M，Espinel A E，Delgado M A，et al. Isoflavone effect on gene expression profile and biomarkers of inflammation[J]. Journal of Pharmaceutical and Biomedical Analysis，2010，51（2）：382-390.
[46] 蔡杰，谭利平，冯佳，等．益气养阴方对肺间质纤维化大鼠肺组织 TNF-α、TGF-β1 和 IFN-γ mRNA 水平的影响[J]. 细胞与分子免疫学杂志，2015，31（7）：894-897，904.
[47] Xu J，Shang M，Xu F，et al. Comparision and analysis on the blood concentration of common Chinese medicine and Western medicine[J]. Acta Pharmaceutica Sinica，2017，52（8）：1222-1234.
[48] Liu H F，Yang J L，Du F F，et al. Absorption and disposition of ginsenosides after oral administration of panax notoginseng extract to rats[J]. Drug Metabolism and Disposition，2009，37（12）：2290-2298.
[49] Liu W D，Zhai Y J，Heng X Y，et al. Oral bioavailability of curcumin：problems and advancements[J]. Journal of Drug Targeting，2016，24（8）：694-702.
[50] Guo P，Wu C M. Gut Microbiota brings a novel way to illuminate mechanisms of natural products *in vivo*[J]. Chinese Herbal Medicines，2017，9（4）：301-306.
[51] Hermann-Bank M L，Skovgaard K，Stockmarr A，et al. Characterization of the bacterial gut

microbiota of piglets suffering from new neonatal porcine diarrhoea[J]. Bmc Veterinary Research，2015，11：19.
[52] Sun X W，Gao Y，Wang X，et al. *Escherichia coli* O-101-induced diarrhea develops gut microbial dysbiosis in rats[J]. Experimental and Therapeutic Medicine，2019，17(1)：824-834.
[53] Hu X Y，Guo J，Zhao C J，et al. The gut microbiota contributes to the development of *Staphylococcus aureus*-induced mastitis in mice[J]. Isme Journal，2020，14(7)：1897-1910.
[54] 陶志云，朱春红，施祖灏，等．鸭疫里默氏菌感染对鸭肠道菌群结构的影响[J]. 中国畜牧兽医，2021，48(6)：2129-2139.
[55] Feng W W，Ao H，Peng C，et al. Gut microbiota，a new frontier to understand traditional Chinese medicines[J]. Pharmacological Research，2019，142：176-191.
[56] Yang Y，Chen G，Yang Q，et al. Gut microbiota drives the attenuation of dextran sulphate sodium-induced colitis by Huangqin decoction[J]. Oncotarget，2017，8(30)：48863-48874.
[57] 王余磊，舒相华，黄鑫，等．灯盏花黄酮对腹泻仔猪肠道微生物多样性影响的研究[J]. 黑龙江畜牧兽医，2021(21)：23-28，149-150.
[58] 李桦，黎增权，屈倩，等．中药复方和益生素对热应激大鼠肠道菌群的影响[J]. 中国兽医杂志，2021，57(8)：83-90.
[59] 范秋丽，陈志龙，林泽铃，等．五倍子提取物对 1～42 日龄黄羽肉鸡生长性能、肠道形态、免疫功能、抗氧化能力及肠道菌群的影响[J]. 动物营养学报：1-12.
[60] 杨平，阳长明．建立完善符合中药特点的中药药学研究技术指导原则体系[J]. 中国现代中药，2020，22(12)：1951-1956.
[61] 朱德艳，王劲松．CO_2 超临界萃取葛渣中葛根素的研究[J]. 天然产物研究与开发，2014，26(11)：1811-1814.
[62] 郭留城，杜利月．女贞子超声波提取工艺研究[J]. 中医药临床杂志，2009，21(3)：262-263.
[63] 陈亚妮，张军民．微波萃取技术研究进展[J]. 应用化工，2010，39(2)：270-272，279.
[64] 王秋红，赵珊，王鹏程，等．半仿生提取法在中药提取中的应用[J]. 中国实验方剂学杂志，2016，22(18)：187-191.
[65] 魏晓楠，郝铁成．中药提取新技术研究进展[J]. 中国野生植物资源，2020，39(9)：47-50.
[66] 刘爽，孙慧峰．中药质量控制常用技术及其应用[J]. 化学工程师，2019，33(2)：60-64.
[67] 刘德丽，包华音，李峰．不同来源黄芪药材蛋白质电泳鉴别研究[J]. 山东中医杂志，2015，34(2)：128-130.
[68] 刘凯，魏颖，刘洋洋，等．“一测多评”法在中药质量评价中的研究进展[J]. 现代中药研究与实践，2013，27(6)：81-84.
[69] 贾博，贺玉林，宋扬．超高效液相色谱在药物分析中的应用研究[J]. 化工管理，2017(20)：182.
[70] 李真，周立红，叶正良，等．近红外光谱分析技术在药物质量分析中的应用进展[J]. 药物评价研究，2016，39(4)：686-692.
[71] 李强，杜思邈，张忠亮，等．中药指纹图谱技术进展及未来发展方向展望[J]. 中草药，2013，44(22)：3095-3104.
[72] 逯雯洁，王慧春，海平，等．高效液相色谱法同时测定二十五味珍珠丸中 7 种成分及其特征图谱[J]. 中国医院药学杂志，2016，36(21)：1885-1890.
[73] 孙国祥，胡　珊，智雪枝．用复杂性科学原理揭示中药指纹图谱的本质特征[J]. 中南药学，2008(5)：600-605.
[74] 杨敏，周萍，徐路，等．吴茱萸中吴茱萸次碱与吴茱萸碱含量的超临界流体色谱法测定[J]. 分析测试学报，2010，29(7)：743-746.
[75] 曲建博，娄红祥，范培红．TLC 生物自显影技术在药物筛选中的应用[J]. 中草药，2005(1)：132-137.
[76] 唐才林，周洋，张荣菲，等．代谢组学在中药质量评价和抗菌 抗炎作用机制研究中的应用[J]. 中国现代中药，2021，23(9)：1664-1670.
[77] 崔东安，王磊，王旭荣，等．中兽药临床疗效评价的现状和展望[J]. 中国农业科技导报，2014，

16（2）：116-121.
[78] 白霖，屈倩，张靖，等．香薷散对热应激蛋鸡肠道菌群的影响[J]．中国兽医科学，2018，48（3）：386-394.
[79] 李培，马秀．建立中药新药质量控制体系的实践与思考[J]．中国食品药品监管，2021（9）：16-23.
[80] 崔东安，王胜义，王磊，等．中兽药临床疗效评价研究及其关键科学问题[J]．中国农业大学学报，2017，22（3）：116-121.

第 12 章
噬菌体防治技术

噬菌体是地球上最丰富的生命体，估计总数为10^{31}个颗粒，但其被人类发现仅有百年历史。英国病理学家 Frederick Twort 于 1915 年首先描述了微球菌菌落的“玻璃状转化”，加拿大微生物学家 Félix d'Hérelle 在 1917 年分离出了抗志贺菌的“抗微生物”，并将其命名为“bacteriophage（噬菌体）”[1]。

噬菌体依据其遗传物质可分为四类：双链 DNA（dsDNA）噬菌体、单链 DNA（ssDNA）噬菌体、双链 RNA（dsRNA）噬菌体和单链 RNA（ssRNA）噬菌体。大多数噬菌体均为 dsDNA 噬菌体。少数噬菌体为 ssRNA、dsRNA 或 ssDNA 噬菌体。依据其尾部有无可分两类：有尾噬菌体和无尾噬菌体；按照尾部形态又可细分为长尾噬菌体、短尾噬菌体和肌尾噬菌体[2]。噬菌体在被发现后不久就被用于治疗细菌感染。目前已有用于人类治疗的商品化噬菌体（例如 Pyo 噬菌体和肠噬菌体）以及由 OmniLytics [UT，USA] 和 Micreos Food Safety [The Netherlands] 出售的商品化的用于生物防控的噬菌体产品。由抗生素滥用导致的细菌耐药性问题日益严峻，加上缺乏新型抗生素，使得噬菌体重新受到了全世界的科研工作者的广泛关注。

关于噬菌体的综合研究与应用可以参阅近年出版的《噬菌体治疗——当前的研究和应用》《噬菌体学：从理论到实践》《噬菌体药理学及其实验方法》。

12.1

噬菌体作用机理与资源挖掘

12.1.1 噬菌体作用机理

噬菌体有严格的宿主依赖性，根据噬菌体与宿主菌的关系可分为两类：一类称为溶原性噬菌体（温和噬菌体）；另一类称为裂解性噬菌体（毒性噬菌体）。

溶原性噬菌体将遗传物质整合于宿主菌的染色体中，称之为“前噬菌体”，其具备高度的自身调节能力及进化潜力，随着宿主菌染色体的复制而复制，并通过宿主菌染色体的分裂传给下一代。在某种特殊条件下，前噬菌体可从宿主菌的基因组中释放并进入裂解周期，感染相关宿主菌。

裂解性噬菌体的复制周期相对较为复杂，且引起宿主菌裂解。在感染初期，与细菌特定的细胞表面受体结合后裂解性噬菌体将其遗传物质注入细菌细胞质，并利用细菌内的营养物质完成自身的基因组复制，最后通过裂解已感染的细胞来释放子代噬菌体，从而裂解更多的细菌。

两类噬菌体的生命周期见图 12-1。

12.1.1.1 吸附

噬菌体在宿主表面上的成功吸附取决于噬菌体的受体结合蛋白（receptor binding proteins，RBP）和宿主表面的受体。不同噬菌体的 RBP 的大小、形状和位置不同。有尾

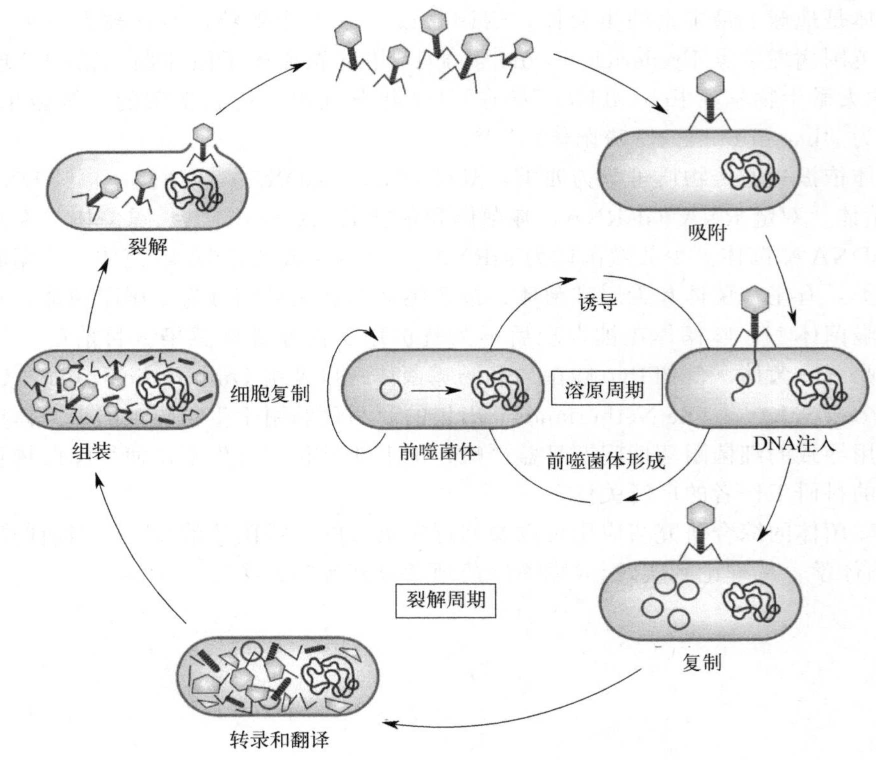

图 12-1　溶原性噬菌体和裂解性噬菌体的生命周期[3]

噬菌体的 RBP 通常位于尾巴末端，例如，乳球菌噬菌体 Tuc2009 和 TP901-1 的 RBP 是尾纤维蛋白。噬菌体与宿主之间相互作用的特异性不仅取决于噬菌体的 RBP，还取决于宿主受体的类型和结构，受体的定位以及在细胞表面的数量和密度也会影响吸附的特异性。宿主受体是一组表面分子，大多数是蛋白质，也有糖蛋白或磷脂，可以被噬菌体吸附相关蛋白特异性识别并结合，从而介导噬菌体进入宿主细胞并启动感染。

噬菌体吸附的速度和效率是感染中的重要参数，对于既定的噬菌体-宿主系统，这些参数可能会因外部因素和宿主生理状态不同而变化。噬菌体可以通过突变 RBP 编码基因来适应不同受体突变或寻找新的吸附受体。T7 和 ΦX174 的 RBP 能根据宿主菌 LPS 的状态发生适应性突变；λ 噬菌体的宿主菌吸附受体 LamB 蛋白表达下调时，噬菌体的基因 *J* 在 5 个位点自发突变，表达新的 RBP 来识别宿主的表面蛋白 OmpF。

12.1.1.2　侵染

噬菌体与宿主形成不可逆附着后，通过尾部装置将自身的核酸注入宿主细胞内。噬菌体尾部末端拥有一种酶，可以穿透肽聚糖层，然后接触或穿透内膜，将 DNA 直接释放到宿主细胞中。尾部的结合也一直在阻止 DNA 从衣壳中退出，直到正确定位在潜在的宿主上。DNA 是依赖于细胞能量进入细胞，但对该过程的深入了解甚少。例如，在 T7 噬菌体的作用过程中，DNA 的进入是由其转录过程所介导的。

一旦噬菌体进入宿主细胞，其 DNA 便会对宿主的核酸外切酶和限制性内切酶变得敏感。因此，许多噬菌体会通过黏性末端或末端冗余序列迅速环化 DNA，或保护线性末端。由此，噬菌体能够抑制宿主核酸酶（T7、T4），或在其 DNA 中使用一种特殊的核苷酸，如羟甲基脱氧尿苷（hmdU：SPO1）或羟甲基脱氧胞苷（hmdC：T4）来保护 DNA。也有的噬菌体如葡萄球菌噬菌体 Sb-1、大肠杆菌噬菌体 N4 等，进化过程中会选择性消除它们共同宿主中存在的限制性内切酶识别位点，从而能够保证其顺利进入复制环节。

12.1.1.3 复制

当噬菌体吸附并释放核酸至宿主细胞后，宿主 RNA 聚合酶会识别噬菌体启动子，启动早期基因的转录。大多数较大的裂解性噬菌体能够编码自身的 DNA 聚合酶，复制为线性双链 DNA 分子，通过重组来解决末端复制问题，通常产生比自身基因组长几倍的串联体并包装到噬菌体头部。转录产物能够保护噬菌体基因组并重组宿主以满足噬菌体的需要。此外，它们还可以使宿主蛋白酶失活，并阻断限制性内切酶，直接终止各种大分子的生物合成或破坏宿主蛋白质。然后，一组中间基因通常被转录，产生合成新噬菌体 DNA 的产物，接着是一组编码噬菌体颗粒成分的晚期基因被转录。

噬菌体 DNA 复制一般是从复制起点（ori）起始。复制起点具有特定起始蛋白结合位点，邻近序列是富含 AT 的区域（AT-rich region），有利于 DNA 解离。在复制起点处，短 RNA 引物的合成由特殊的引发酶（primase）或 RNA 聚合酶引发，或者来自通过引入缺口（nick）产生 DNA 引物的 Rep 蛋白[4]。

引发酶介导引物合成，起始蛋白（initiator proteins）促进在 ori 处或已存在的叉状模板（forked template）组装前引发体（pre-primosome）。起始过程中，拓扑异构酶也参与解开 DNA 链。DNA 聚合酶则将核苷酸准确定位到模板蛋白引物的游离羟基。另一条 DNA 链的碱基互补（base complementarity）依赖每个核苷酸准确定位。一系列中期合成的基因通常会被转录，合成新噬菌体的 DNA。

对于一些噬菌体而言，转变过程中会涉及新的 sigma 因子的合成或用于重构宿主 RNA 多聚酶的 DNA 结合蛋白。宿主 DNA 的降解和宿主 mRNA 翻译的抑制是有助于细胞重构来合成新噬菌体的其他机制。大多数噬菌体依赖宿主进行重组、修复 DNA 损伤，但有些噬菌体也可以独立进行，比如通过光复活作用（photoreactivation）、切除修复（excision repair）、依赖重组的 DNA 复制（recombination-dependent DNA replication）等进行。

噬菌体、病毒及细胞生物等由辐射或者化学物质导致的突变主要通过易错修复纠正。lambdoid 噬菌体的 Red 重组系统具有一定的特殊性。Red 系统的 Exo 和 Beta 蛋白进行重组，修复双链断裂（double-strand break）需要至少 30bp 同源序列，Gam 蛋白抑制细胞 RecBCD 核酸外切酶（exonuclease），否则会破坏 *E. coli* DNA 单链片段。基于 lambdoid 噬菌体 Red 重组系统的这些特征开发出了应用广泛的重组工程系统。可以利用同源重组将合成的寡核苷酸或者 PCR 产物在质粒上或者 *E. coli* 染色体上构建重组分子。噬菌体的 dNTP 合成、复制、重组和晚期转录都紧密偶联。

12.1.1.4 组装

噬菌体 DNA 会被包装到预先组装的二十面体蛋白衣壳（也称为前衣壳）中。在大多数噬菌体中，它们的组装涉及特定支架蛋白和主要头部结构蛋白之间的复杂相互作用，然后是支架蛋白和主要头部蛋白的 N 末端的蛋白水解切除。在包装之前或包装过程中，噬菌体头部会膨胀并变得更稳定，同时适合于 DNA 的内部体积增加。位于头部顶端的是一个入口复合体，它是头部组装的起点，也是 DNA 包装酶的对接位点，是 DNA 进入的路径。长尾和肌尾噬菌体尾部结合位点都是单独组装的，而关键模式噬菌体的组装有助于从分子水平认识噬菌体形态，更为形象地了解噬菌体[4]。

12.1.1.5 释放

宿主细胞裂解是噬菌体裂解循环中的最后一个环节，也是最关键的一个环节，其作用时间受到严格控制。因为如果裂解太快，产生的新的噬菌体就太少，无法有效进行下一轮裂解循环；如果裂解延迟太久，感染的机会和新的爆发性的繁殖周期将会消失。

有尾噬菌体的裂解过程需要利用两种重要组分：一种是裂解酶（lysin），裂解酶能够切除肽聚糖基质中的关键糖肽键；另一种是孔蛋白（holin），孔蛋白在内膜上组装形成孔，使裂解酶能到达肽聚糖层并沉淀裂解[5]。作用的时机会受到生长条件及遗传等方面的影响，可以选择裂解时间改变的突变体。

无尾噬菌体编码许多单一蛋白组成的裂解-加速蛋白，以各种方式破坏宿主肽聚糖加工酶，从而使得裂解过程非常短。

12.1.2 噬菌体资源挖掘与应用方式

噬菌体可作为抗菌剂用于治疗的基本原理是噬菌体能感染特定种类的细菌，并能在细菌细胞内迅速增殖，最终将细菌杀灭。在现代医学与兽医学领域，噬菌体已经彰显出巨大的潜力。尤其在当下，抗菌药耐药性问题日趋严重，研制出一种高效、安全、天然、廉价、易获取的抗菌药替代物尤为迫切。

相对于温和噬菌体而言，裂解性噬菌体不经历溶原途径，能在细菌体内复制，并最终造成细菌的裂解与死亡，是抗菌治疗的理想候选物。而且，随着人们对噬菌体基因组及其在裂解复制中的基因和蛋白功能认识水平的提高，人们发现了许多噬菌体来源的蛋白质，例如，噬菌体内溶素（endolysin）、孔蛋白和解聚酶（depolymerase），极有潜力被开发为新型抗菌剂。基于全裂解性噬菌体或其衍生抗菌蛋白的疗法都是潜在替抗方案。

12.1.2.1 全噬菌体的应用

过去几十年中，噬菌体作为抗菌药替代物的使用越来越受到认可，噬菌体治疗研究在许多国家获得了迅速发展，包括中国、美国、英国、加拿大、荷兰、以色列、格鲁吉亚、波兰等国。例如，在抗生素紧缺的 20 世纪 50 年代，我国著名细菌学家余濱用噬菌体成功治疗烧伤导致的铜绿假单胞菌的感染；上海噬菌体与耐药研究所自 2018 年开展噬菌体临床试验以来，成功治愈多名超级细菌感染患者。2019 年，Dedrick 等[6] 使用三噬菌体鸡尾酒疗法治愈了一位囊性纤维化合并播散性脓肿分枝杆菌感染的患者，静脉注射后噬菌体在体内增殖且耐受性良好。Wright 等[7] 测试了噬菌体鸡尾酒治疗耐药铜绿假单胞菌引起的慢性中耳炎的作用，在 42d 的随访中发现，与对照组相比噬菌体治疗组的细菌数量下降且临床指标得到改善。尽管噬菌体极具应用潜力，但成功开展有效可行的噬菌体治疗并非易事，涉及从分离、纯化到配方的诸多环节。

（1）噬菌体的给药方式 针对患者患病情况和发病部位合理选择噬菌体的用药方式，是极为重要的环节。常见的用药方式包括口服给药、直肠给药、注射给药和局部给药（如胸腔膜内给药、膀胱冲洗和伤口处直接敷药等）。已报道的有皮肤局部给药、眼部局部给药、耳局部给药、口腔局部给药、鼻部局部给药或雾化吸入、尿路给药、直肠给药等。而静脉注射则是最有可能充分发挥噬菌体药效的一种给药方式。不过与之相关的噬菌体制剂的安全性也备受质疑，特别是对于噬菌体制剂中细菌内毒素的污染水平以及细菌细胞壁相关成分对机体免疫系统可能产生刺激方面。不同给药方式，对全噬菌体制剂的质量要求也不同，务必确保治疗所用噬菌体制剂的安全性。

（2）噬菌体鸡尾酒 全噬菌体治疗的一个重要局限性就是其宿主谱太窄或者与目标病原菌不匹配、病原菌容易对噬菌体产生抗性。为了解决这个问题，采用多种噬菌体组合在一起，形成噬菌体鸡尾酒（phage cocktail）制剂。大量的动物和临床试验结果显示噬菌体鸡尾酒疗法具有很好的应用价值（表 12-1）。尽管目前研究者已经对噬菌体鸡尾酒进行了大量的研究，但仍有许多内容需要进一步研究。例如，增加的宿主范围、噬菌体药理学、宿主免疫反应等，弄清这些将为“鸡尾酒”中噬菌体的选择提供参考信息。应用噬菌体鸡尾酒进行主动治疗还涉及单个噬菌体竞争细菌结合位点、超感染排斥、靶向感染耐药菌等问题。在使用噬菌体鸡尾酒疗法时，最好选择针对不同细菌受体的噬菌体，以确保较大的宿主谱覆盖度，防止抗性产生。

表 12-1 噬菌体鸡尾酒疗法

病症	细菌种类	鸡尾酒组成	结果
人慢性中耳炎	铜绿假单胞菌	噬菌体 PA（6 种噬菌体；BC-BP-01 至 BC-BP-06）10^5PFU/mL	与安慰剂相比，噬菌体治疗患者的临床指标有所改善；与安慰剂组相比，噬菌体治疗组的铜绿假单胞菌数量显著降低
人坏死性胰腺炎	鲍曼不动杆菌	使用 3 种噬菌体鸡尾酒；ΦPC（腔内冲洗）、ΦⅣ（5×10^9PFU/mL 静脉注射）和 ΦⅣB（5×10^9PFU/mL 静脉注射）	患者存活并完全康复；8d 后对鸡尾酒 ΦPC 和 ΦⅣ 产生抵制；120min 后血清噬菌体浓度降至 20PFU/mL
小鼠菌血症	肺炎克雷伯菌	GH-K1、GH-K2、GH-K3	与单噬菌体相比，噬菌体鸡尾酒处理减少的细菌浓度约为 3～4log(10)CFU/mL；90～120min 内，鸡尾酒处理后细菌数量减少[≤2log(10)CFU/mL]
禽坏死性肠炎	禽产气荚膜梭菌	禽产气荚膜梭菌噬菌体（CPAS-7、CPAS-12、CPAS-15、CPAS-16 和 CPLV-42）等量	通过水或饲料给药时，死亡率＜1％，而对照组死亡率为 64％
小鼠乳腺炎模型	金黄色葡萄球菌	12 种噬菌体鸡尾酒（BP39 和 ATCC 23361 突变体的噬菌体，其他噬菌体成分未知）	与对照组相比，鸡尾酒治疗组小鼠乳腺中的细菌约为 4～5log(10)CFU/mL，头孢菌素治疗对照组为 2log(10)CFU/mL

（3）联合抗菌药使用 抗菌药或噬菌体都会抑制细菌某一生化机制，使细菌对其他抗菌药或噬菌体产生关联抗药性（或敏感性），因此抗菌药和/或噬菌体合理组合会产生协同抗菌作用，也会有拮抗作用。

病原菌容易对噬菌体产生抗性，形成新的抗性菌群，联合抗菌药治疗的目的是产生协同或相加效应，从而根除感染的细菌。有数据表明，某些噬菌体和抗菌药联合使用时，总体抗菌活性增加（表 12-2）。此外，二者的联用还可减少抗菌药的使用量。但是，抗菌药抑制细菌代谢，因此噬菌体和抗菌药联合使用可能降低噬菌体成分的活性并可能干扰噬菌体复制。

表 12-2　噬菌体和抗菌药联合使用

细菌	组合	结果
铜绿假单胞菌(*P. aeruginosa*)	噬菌体 σ、σ-1 或 001A 和亚剂量的 GEN、CIP、头孢曲松或多黏菌素 B	GEN 和多黏菌素 B 组合时无加性效应;300min 噬菌体与头孢曲松组合组细菌减少≥2log(10)CFU/mL
	噬菌体 LU27 和链霉素 120μg/mL 或 240μg/mL	在 70h 时,单独噬菌体组细菌约减少 1log(10)CFU/mL;与链霉素相比,仅在 70h,100μg/mL 链霉素/噬菌体组合的细菌减少 2~3log(10)CFU/mL;延迟添加抗菌药改变了杀菌模式
洋葱伯克霍尔德菌群(*Burkholderia cepacia* complex)	噬菌体 KS12 和 1.25μg/mL CIP,5μg/mL MEM,5.5μg/mL TET	与对照组相比,噬菌体/CIP 和 MEM 组合在 325min 时细菌减少≥3log(10)CFU/mL
大肠杆菌(*E. coli*)	噬菌体 φMFP 和 50ng/mL 或 20ng/mL CTX	给药 120min 后,噬菌体效价增加约 1log(10)PFU/mL;与对照组相比,噬菌斑增大
肺炎克雷伯菌(*K. pnuemoniae*)	噬菌体 B5055 和 CIP	添加噬菌体 180min 后,细菌生物膜含量降低约 5lg;联合使用和仅噬菌体处理组的生物膜含量之间无显著差异;与单独使用相比,组合使用中耐药菌变异的频率降低
金黄色葡萄球菌(*S. aureus*)	噬菌体 MR-10 和 5mg/kg MUP	与对照组相比,BALB/c 小鼠在治疗后第 3 天,噬菌体/MUP 组合显示细菌含量减少>1log(10)CFU/mL;在第 5 天,噬菌体/MUP 组合清除细菌;在第 10 天,单独使用噬菌体,清除细菌

注: CIP 为环丙沙星; GEN 为庆大霉素; CTX 为头孢噻肟; MUP 为莫匹罗星; MEM 为美罗培南; TET 为四环素。

先用噬菌体治疗,残余的病原菌重新培养至正常生长,其对各种抗生素的最小抑菌浓度(MIC)均有降低趋势,甚至达到显著水平,在铜绿假单胞菌和金黄色葡萄球菌感染治疗方面都有实例。噬菌体治疗会诱导前噬菌体释放和丢失,还能降低病原菌的致病性。

(4)与具有抗菌活性的天然化合物结合　人们期待噬菌体与天然化合物的联合使用能够提高噬菌体的疗效。Oliveira 及其同事[8] 的一项研究表明,噬菌体与一种葡萄牙蜂蜜联合使用,能够在 24h 内增强对大肠杆菌生物膜的杀菌效果。然而,联合使用中噬菌体效价在 60min 内至少降低 1log(10)PFU/mL。Pimchan 等[9] 研究发现与未经处理的对照组和提取物处理的对照组相比,噬菌体单独使用或与植物提取物结合使用可显著降低细菌浓度。从植物中提取的挥发性精油,如百里香酚和香芹酚,也被证明具有强大的抗菌性能。Ghosh 等[10] 的一项研究表明,单独测试的两种精油能够显著抑制 37℃时多株金黄色葡萄球菌的生长,当联合噬菌体使用时,抑菌效果变化不大。虽然天然抗菌产物和噬菌体的结合似乎显示出一些前景,但需要掌握天然化合物的特性和作用机理,从而不干扰噬菌体的整体活性。

(5)与非抗菌化合物结合　尽管与其他抗菌化合物组合可提高噬菌体制剂的整体活性,但这仅增强单一方面,即杀灭效果。对于噬菌体预防性治疗的效果,噬菌体侵染其细菌宿主的能力显得尤其重要。因此,增强噬菌体的识别和吸附能力也可以提高其预防性治疗的效能。众所周知,二价离子(尤其是 Ca^{2+})的存在在增强噬菌体的结合效率方面起着重要作用。Bandara 及其同事[11] 的一项研究表明,需要有 Ca^{2+}、Mg^{2+} 或 Mn^{2+} 存在,芽孢杆菌噬菌体 BCP1-1 和 BCP8-2 才能感染发酵豆酱中的蜡样芽孢杆菌菌株。

(6)噬菌体包被　噬菌体作为一种具有蛋白质外壳的活微生物,易受蛋白质变性因子的影响。口服噬菌体在动物体胃肠道内易被胃酸、消化酶(胃蛋白酶、脂肪酶、淀粉酶和胰蛋白酶)、胆汁酸盐、胰液等破坏,如果没有适当的保护,噬菌体很容易丧失杀菌活性。此外，在饲料、食品加工过程中，低温、高温或化学试剂均可能损害噬菌体活性。一种通用有效的方法是将噬菌体封装到保护性微囊或者纳米颗粒中制备成固态噬菌体制剂，以克服不利的胃肠生理和食品加工环境，提高其运输和储存过程的易操作性，增加噬菌体的生物药效。

海藻酸钠水凝胶是最常见、最简单的赋形剂，其被广泛应用于包被各种形态的噬菌体。海藻酸钠配方不仅可以用来制备水凝胶保护噬菌体，而且可以作为冷冻干燥或者喷雾干燥的赋形剂保护噬菌体。Soykut 等[12] 使用 13.3g/L 海藻酸钠包被不同种类的噬菌体并进行喷雾干燥，发现制备的噬菌体粉剂提高了噬菌体耐胃酸和胆盐的能力。在模拟胃酸（SGF）中 2h 后，枯草芽孢杆菌噬菌体、肠炎沙门氏菌噬菌体、鼠伤寒沙门氏菌噬菌体效价分别下降 0.60log（10）PFU/mL、2.29log（10）PFU/mL、1.71log（10）PFU/mL，而游离噬菌体在 SGF 中仅能存活 15min。在噬菌体制剂和包被领域迫切需要进一步的研究，以确保所选用的赋形剂、配方和加工条件适合所选用的噬菌体，以确保制备出高活性、高抗逆性和能高效杀菌的噬菌体。

值得重视的是，噬菌体种类丰富，基因组小，可编辑性强，可以筛选、编辑和驯化噬菌体，强化某些抗逆性，如耐热、耐强酸或强碱能力。

12.1.2.2 噬菌体衍生抗菌蛋白的应用

（1）噬菌体裂解酶 噬菌体裂解酶又称内溶素，是一类由双链 DNA 噬菌体编码的细菌细胞壁水解酶，在噬菌体感染宿主的后期表达产生，能从细菌内部降解细胞壁肽聚糖，裂解宿主细胞，释放出子代噬菌体。噬菌体裂解酶种类繁多，大多数革兰氏阳性菌噬菌体的裂解酶由催化结构域和结合结构域两个部分组成。由于噬菌体作用靶位肽聚糖成分稳定，与抗菌药相比，细菌很难对裂解酶产生抗性，而且杀菌时间很短，常常几分钟即可使菌液澄清。肺炎链球菌在含有低浓度裂解酶（Pal-1）的固体和液体培养基中反复暴露，未出现对 Pal-1 的耐药性。用裂解酶处理耐甲氧西林金黄色葡萄球菌（MRSA）和芽孢杆菌（*Bacillus* spp.），未观察到产生抗性的菌株。噬菌体裂解酶作为一类新型抗菌蛋白，在应对细菌耐药性方面具有独特优势，在包括畜禽养殖、食品安全、医学临床和病原菌检测等领域的细菌防控方面具有应用潜力[13]。

裂解酶可用于饲养环境、动物体表、种蛋表面的消杀，降低生产环境中重要病原菌的载量，从而降低细菌病的发生率。可以通过奶牛乳房灌注针对链球菌、金黄色葡萄球菌和大肠杆菌的裂解酶联合治疗奶牛乳房炎，从而达到降低甚至清除乳腺中病原菌的效果。裂解酶用于肉、蛋、奶及其产品的净化，能够降低病原细菌通过食物链传播的风险。裂解酶在畜禽养殖方面的应用主要受到经济成本的约束，因此，裂解酶高效、低成本的生产体系是非常有前景的探索领域。裂解酶适合用于治疗人的各种细菌性感染疾病，如外伤或者手术伤口感染、肺部感染、假肢关节感染以及全身性感染等。

虽然裂解酶具有很多独特的优势，但裂解酶作为蛋白质类抗菌物质，在研究和应用中还存在一些有待解决的问题，如生产成本有待降低，稳定性有待改善。目前针对裂解酶亟待建立完善的药理学研究和评价体系，包括药代动力学、免疫反应、对病原菌的药效动力学等，尽快列入我国新药申报目录。

（2）噬菌体穿孔素 噬菌体穿孔素（holin）是在噬菌体感染后期合成的小分子量疏水性跨膜蛋白，能够在特定时间以寡聚体形式聚集于细胞膜上形成稳定的跨膜通道，造成细胞膜损伤，从而释放细胞内的溶菌酶，水解细胞壁中的肽聚糖层，引起细菌裂解，导致子代噬菌体从宿主菌内释放。穿孔素-裂解酶二元裂解系统是双链 DNA 噬菌体普遍采用的裂菌模式。作为双链 DNA 噬菌体裂解系统的一部分，穿孔素有两个基本作用：在细胞膜上制造小孔以释放裂解酶；决定感染周期的结束时间。

穿孔素不仅是构成跨膜孔的重要元件，而且是触发细菌裂解的“分子定时器”，在噬菌体的裂菌过程中扮演着关键角色。鉴于研究小分子膜蛋白的高难度和穿孔素的作用特性，研究穿孔素极具挑战性。目前已经发现两种类型的穿孔素：形成大孔的 canonical-holin 和形成小孔的 pin-holin。与裂解酶不同，它们对革兰氏阳性菌和革兰氏阴性菌均具有广谱的非特异性抗菌活性。

典型的穿孔形成的孔洞可以允许蛋白质或蛋白质复合物穿过，其孔径可允许分子质量达 500kDa 的蛋白质穿过，而 pin-holin 形成的孔洞要小得多，是处理含有内毒素的细菌的一个很好的选择，因为它能阻止其有毒物质的释放。研究表明，将穿孔素融合至与靶细菌特异性结合的肽上，并不会影响穿孔素活性。与单纯的噬菌体裂解酶制剂相比，联合使用穿孔素和裂解酶是一种有效控制革兰氏阳性菌的方法。融合穿孔素和裂解酶，也可能是一种高效控制革兰氏阴性菌的选择。artilysins 是一种融合了穿孔素和裂解酶的重组蛋白，其抑菌范围广、抑菌效果好。

（3）解聚酶 噬菌体解聚酶是一种可特异性降解细菌表面多糖的蛋白酶，可根据其催化机制分为水解酶和裂解酶。水解酶通过水解脂多糖 O-抗原的侧链或荚膜多糖中的氧苷键来发挥作用，主要包括唾液酸酶、木糖苷酶、果聚糖酶、鼠李糖苷酶、葡聚糖酶和肽酶等亚类。而裂解酶可定向切割单糖和 C4 糖醛酸之间的化学键，同时在 C4 和 C5 非还原性糖醛酸末端之间引入不饱和键，从而达到将多糖裂解为单糖的效果。

由于噬菌体解聚酶对细菌多糖的降解具有专一性，因此这种蛋白可作为细菌血清型诊断的工具。由于生物被膜含有大量胞外多糖基质等成分，因此，解聚酶也通常具有清除和抑制生物被膜的能力。

噬菌体解聚酶与一些抗菌药的抑菌作用具有协同效应。噬菌体 PaP3 的解聚酶处理后的铜绿假单胞菌 PA3 的生物被膜，头孢他啶、乳酸环丙沙星、硫酸庆大霉素和加替沙星 4 种抗生素对该细菌的最低抑菌浓度（MIC）和最低杀菌浓度（MBC）均呈现不同程度的降低。另外，经解聚酶 A32lgp 39（来源于噬菌体 SWU1）处理的耻垢分枝杆菌对抗菌药的敏感性明显增强。因此，噬菌体解聚酶与抗菌药的联合使用理论上可更有效地对抗细菌感染，但是具体治疗效果仍需体内试验进一步证实。

除了增强细菌对抗菌药的敏感性，噬菌体解聚酶还可以减弱细菌对不利环境的抗逆性。研究发现经噬菌体 P13 的解聚酶处理的肺炎克雷伯菌对高温、含氯消毒液和高渗透压溶液的敏感性明显增强。因此，噬菌体解聚酶亦具有成为辅助消毒剂的应用潜力。

12.2

噬菌体药理学和应用案例

噬菌体很早就被人们所认识，当时印度常有霍乱发生，理论上恒河下游的霍乱应该比上游更多、更严重，而事实上，中下游的霍乱发生却越来越少。后来微生物学家在恒河的水中找到了一种可以专门消灭霍乱弧菌的微生物，这就是噬菌体。

噬菌体是细菌的天然捕获者，并被喻为后抗生素时代最具潜力的抗菌物质。它们对物质循环、细菌致病性和进化的影响进一步强调了它们在全球生态和进化中的核心作用。抗微生物药物耐药性（antimicrobial resistance，AMR）成为抗菌药药理学的主要内容，噬菌体作为活体抗菌药物为抗菌药物药理学增加了新的内涵。

12.2.1 噬菌体治疗

AMR 已被公认为对人类健康的根本威胁，也是我们人类文明面临的最大挑战之一。AMR 的影响使噬菌体的研发和应用又进入一个新时期，成为对抗 AMR 的潜在武器。在过去的噬菌体治疗临床研究报道中，包括《柳叶刀》(*Lancet*)[14]、《美国医学会杂志》(JAMA)[15] 和《科学》(*Science*)[16] 都对噬菌体的应用进行了高度评价。1921 年，Bruynoghe 用噬菌体疗法成功治疗了一名皮肤感染患者，这是第一篇关于噬菌体疗法的研究报道。此后，越来越多的科学家们认识到了噬菌体疗法的潜力，并开始瞄准其他感染性疾病。噬菌体不仅可以治疗特定疾病，还可以用于控制炎症，包括某些非传染性疾病发病时发生的炎症。

在我国，早在 1958 年，余濱教授带领团队利用铜绿假单胞菌噬菌体成功治愈了烧伤患者。2019 年上海市公共卫生临床中心利用噬菌体成功治愈了一名耐药性肺炎克雷伯菌反复尿路感染（UTI）患者。随后通过预优化噬菌体治疗方案，成功治愈 4 例继发鲍曼不动杆菌感染的 COVID-19 危重患者[17]。动物治疗试验文献更是屡见不鲜。

2005 年，瑞士进行了第一次关于口服噬菌体应用的安全性试验[18]。临床试验中选择了 15 名健康成人志愿者饮用 T4 大肠杆菌噬菌体，结果表明志愿者粪便中大肠杆菌总数并没有受噬菌体的影响而发生显著改变。此外，在试验结束时志愿者的血清样本也未检测到 T4 噬菌体特异性抗体，转氨酶水平无显著变化，均在正常范围内。因此，临床试验结果表明口服噬菌体具有良好的安全性。在一项对照临床试验中，利用铜绿假单胞菌噬菌体 14/1 和 PNM 以及金黄色葡萄球菌噬菌体 ISP 组成鸡尾酒 BFC-1，对 BFC-1 治疗烧伤患者的安全性和有效性进行了评估，研究表明其可用于进一步临床研究中[19]。2009 年，美国食品药品监督管理局批准了噬菌体鸡尾酒的Ⅰ期临床试验（生物噬菌体 PA），42 例慢性下肢静脉溃疡患者用噬菌体鸡尾酒治疗 12 周，显示出良好的安全性[20]。英国药品和保健产品管理局（MHRA）及研究伦理委员会中央办公室（COREC）也通过审查后批准了一项随机、双盲、安慰剂对照Ⅰ/Ⅱ期临床试验。该试验通过噬菌体制剂治疗针对耐药铜绿假单胞菌引发的慢性中耳炎，治疗结果良好且具有安全性[7]。2017 年，在德国政府支持下，柏林的 Charite 大学推出了“Phage4Cure”计划，利用噬菌体治疗细菌性肝炎感染，最终获得不同适应证的不同剂量和形式的授权。

尽管许多早期的噬菌体治疗尝试都显示出了积极的结果，但也存在一定局限性和失败案例。噬菌体疗法中噬菌体的高度特异性和从体内快速清除、细菌的进化对噬菌体的耐受性以及体外和体内实验结果之间的不一致性等，都可能导致噬菌治疗失败。

值得注意的是，早在 1934 年发表的一份报告中就对噬菌体疗法提出了对噬菌体制备没有标准，也没有评估研究结果标准的质疑。至今仍然没有系统的药理学体系，通过量化评价来确定安全性底线和有效性规律。

在大量重复的噬菌体生物学和临床治疗研究之间，如果没有系统量化的药理学研究，就无法获得可重复的可靠的噬菌体疗效。噬菌体由于极其微小的生物结构和易变性以及普遍分布的生态特点，需要从四个层面研究其药理学。①基因环境：全基因组测序，鉴定毒株，筛除毒素基因、抗药性基因和整合酶基因，甚至通过基因编辑剔除，防止有害基因的传播整合；②与细菌互作：包括目前的噬菌体生物学性质，传统的抗菌药物药理学指标、噬菌体后效应、与抗菌药的联合抑菌作用，细菌对噬菌体的抗性；③与动物互作：药代动力学，免疫反应，与疫苗联合预防作用，对肠道、呼吸道微生物生态的影响；④与生态互作：生态环境对噬菌体及其宿主菌分布的影响，噬菌体排出体外对环境微生物生态的后效应。噬菌体是独特的活体药物，由于宿主菌和噬菌体两个庞大群体在相互作用过程中都存在增殖、变异和结合、降解的特点，因此它的药理学存在作用阈值现象，比抗菌药的最低抑菌浓度更为复杂。

12.2.2 噬菌体群体治疗药理学方法和框架

经典的抗菌药物药理学包括药效动力学和药代动力学[21]。药物作用于细菌和动物两种生物体。药效动力学研究抗菌药物与细菌的相互作用，偏重抗菌作用，细菌对抗菌药物的作用归结为细菌抗药性；药代动力学研究动物机体对抗菌药物的吸收、代谢、清除及抗菌药物的分布的动态过程，而抗菌药物对机体的作用归结为毒理学[22]。噬菌体是细菌特异性的病毒，噬菌体治疗是使用裂解性噬菌体防治病原菌的感染和污染，包括两个过程：噬菌体吸附进入靶细菌，随后增殖裂解靶细菌[23]。

与抗菌药比较，活体药物噬菌体的显著特点是依赖于宿主菌的特异性增殖和宿主动物的免疫反应[24]。但是整体的药理学框架是一致的。以往的研究主要集中在两个方面，即噬菌体的生物学的大量基础研究、噬菌体治疗的大量探索[23,25-29]。后者典型的模式就是，针对某一具有重要临床价值的病原菌，从靶动物中分离致病性菌株，再以宿主菌株筛选噬菌体；然后反过来，用噬菌体最大的剂量治疗宿主菌感染的靶动物，治愈[30]。这个过程存在两个重大问题，一是临床真正分离的致病菌株不一定是该噬菌体的宿主菌，甚至分离不到裂解性噬菌体，没有一个完备的噬菌体库，就无法应对临床大量的未知菌株群；二是噬菌体的使用方法没有量化和优化的规范，即药理学的缺位，不能保证噬菌体治疗的可重复性、可靠性和安全性。这给临床应用带来极大的困扰，成为现阶段噬菌体群体治疗的瓶颈[31-35]。

另外与抗菌药不同的特点是，噬菌体是容易变异的[36,37]，不受抗药性的限制，可以大范围筛选，甚至基因编辑。因此，噬菌体的药效动力学重心不在药敏试验上，而是在噬菌体的高通量筛选和基因编辑上，研发成本低，周期短，这为噬菌体的应用提供了广阔的空间。

2022 年出版的《噬菌体药理学及其实验方法》是英国莱斯特大学 Martha Clokie 教授等编撰的噬菌体研究方法专著，以噬菌体药理学为主线，精简串联各种研究方法，以引导性地帮助同行开展噬菌体的研发应用。

12.2.2.1 双层板噬菌斑试验

噬菌体与高浓度宿主细菌混合于半固体的琼脂培养基，再均匀倾注到固体培养基上。宿主细菌在半固体培养基中生长成为菌苔，只有在感染性噬菌体裂解并抑制细菌生长的位置，才会形成局部透明或半透明的噬菌斑。噬菌斑形态（清晰与浑浊、菌斑大小、有无晕环）、噬菌体突变体的分离表征是分离纯化噬菌体的基础，也是间接计量噬菌体浓度，评估噬菌体裂解性的基本工具。该技术适用于大多数常见细菌种类，如大肠杆菌、沙门氏菌和铜绿假单胞菌、金黄色葡萄球菌等易培养细菌和裂解性噬菌体，但产芽孢的细菌、厌氧菌、真菌等本身不容易分离培养，或不能在固体培养基上形成菌苔，或者溶原性噬菌体产生的裂解性后代找不到宿主菌不足以形成可见的噬菌斑，都限制了噬菌体的分离，需要发展新的方法，这也是噬菌体研发的根本性技术瓶颈。

12.2.2.2 基因组学与分类学鉴定

采用双层平板法分离纯化宿主菌的噬菌体，观测电镜形态，测定噬菌体基因组序列，分辨危害基因，确定分类和进化树。

（1）噬菌体的电镜形态[38] 将噬菌体 10 倍稀释至合适梯度，与其宿主菌混合进行双层板琼脂实验，选取噬菌斑彼此融合的平板，加入 3mL SM 液，密封后正置放入 4℃冰箱内缓慢摇动约 6h 后，悬液以 5000r/min 离心 10min，0.22μm 的滤器过滤。

将铜网在紫外线下 10～15cm 处照射 10min 杀菌，有膜的一面受紫外线照射，用镊子取铜网时只捏住铜网边缘，注意不要破坏铜网的膜。将干净的封口膜铺于工作台上，铜网有膜一面朝上置于封口膜上，将待测噬菌体样本取 30μL 滴于铜网上，等待 2～5min。用滤纸从铜网一侧吸走多余水分，滴加蒸馏水，再用滤纸从铜网旁边一侧吸走水分，反复 3 次，但不要让铜网完全干透。将 10μL 1%醋酸铀滴加到铜网上，等待 3min，再用滤纸从旁边一侧吸取液体，反复两次。干燥后以 H7650 透射电镜在 80kV 下对噬菌体颗粒进行观察。如图 12-2 所示，噬菌体为有尾目噬菌体，由二十面体头部与尾部组成，头部直径约为 75nm，整个噬菌体长度约 163nm。

图 12-2 噬菌体的电镜形态

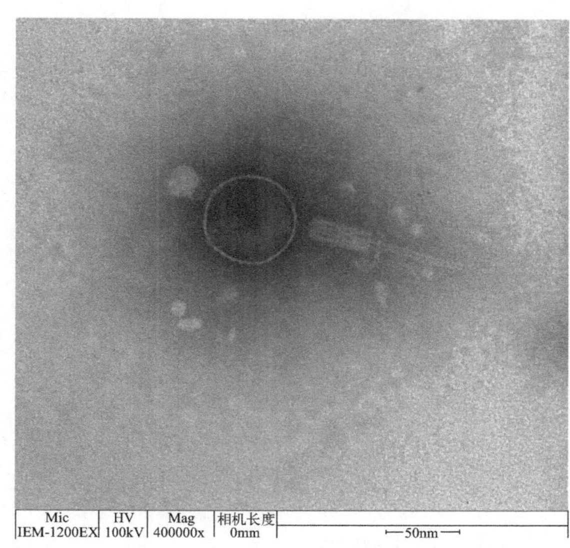

（2）噬菌体基因组测序与进化树分类 使用商用试剂盒提取噬菌体总 DNA，以 1μg

DNA 起始量建库，并用 illumina novaseq 平台进行测序[39]。

首先，使用 ABySS v2.0.2 拼接软件对优化序列进行多个 Kmer 参数的拼接[40]，得到最优的组装结果。

其次，运用 GapCloser v1.12 软件对组装结果进行局部内洞填充和碱基校正[41]。获得组装好的序列，使用 GeneMarkS 软件可以对新测序的基因组进行编码基因预测[42]。

将预测基因的蛋白序列分别与 Nr、Genes、eggNOG 和 GO 数据库进行 BLASTP 比对（BLAST+2.7.1，比对标准：E 值不大于 1×10^{-5}），从而获得预测基因的注释信息。

基因组分析以铜绿假单胞菌的噬菌体 MH12-Q 为例，基因组大小为 92.8kb，(G+C) 含量为 49.54%。将基因组序列于 NCBI 数据库中比对，与一株铜绿假单胞菌噬菌体 YS35 的相似度为 97.6%，属肌尾噬菌体科（Myoviridae)。噬菌体基因注释图标签上标注的为该基因预测编码的蛋白质，该噬菌体基因组含有核糖、烟酰胺代谢相关基因，以及尾丝蛋白、结合蛋白、末端酶等基因。MH12-Q 基因组中未发现抗药性基因、毒力基因和整合酶基因，保证了其使用的安全性。

以沙门氏菌的噬菌体 MH12-Q 为例，基因组大小为 41.4kb，(G+C) 含量为 49.43%。将基因组序列于 NCBI 数据库中比对，与 *Salmonella* phage vB _ SenS-EnJE6 的相似度为 97.36%，属长尾科（Siphoviridae)。

针对某种细菌的大量噬菌体可以同源基因作聚类分析。采用 OrthoMCL v2.0.3 软件[43] 对所有参与分析的物种的氨基酸（或核苷酸）序列进行比对，选取阈值（BLASTP E 值不大于 1×10^{-5}，MCL _ INFLATION=1.5）对所测的 50 株噬菌体进行相似性聚类分析，直系同源基因如图 12-3 所示。

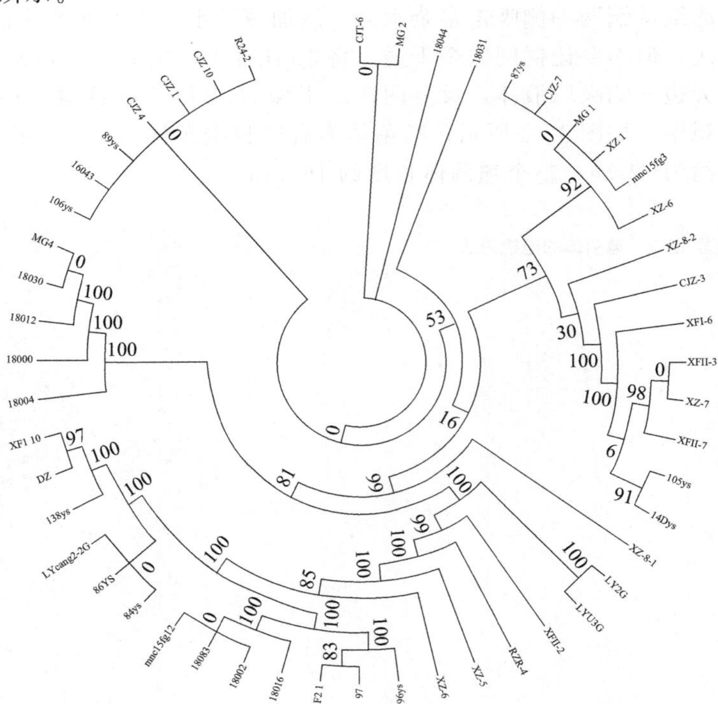

图 12-3 50 株沙门氏菌噬菌体直系同源基因进化树

在同源基因分析的基础上，选取参与分析的物种都含有且为单一拷贝的同源基因（避免旁系同源蛋白的干扰），对这些同源基因进行多序列比对（利用 MUSCLE v3.7 软件，

http：//www. ebi. ac. uk/Tools/msa/muscle/)，将所有比齐后的同源基因串联起来获得全基因组水平上的比对结果，确定各噬菌体的同源程度。该结果后续可用多种算法进行全基因组进化树（图 12-3）的构建（利用软件 MEGA5[44] ）。

（3）噬菌体有害基因 moron（泛益子）广泛分布于溶原性噬菌体，分散在基因组中，它们虽然不是噬菌体生存必需的保守基因，但是对于溶原性宿主菌感染和生存有益，因此对噬菌体自身生存和复制有益，但携带溶原性噬菌体的宿主菌对于人类是灾难[45]！

毒力基因：大肠杆菌毒力基因包括 *eaeA*、*stx1*、*stx2*、*fyuA*、*fimC*、*hlyF*、*sitA*、*astA*、*cva/cvi*、*vat*、*tsh*、*iss*、*papC*、*iucD*、*irp2*，各种病原菌的毒力基因见病原菌毒力因子数据库（VFDB）[46]（http：//www. mgc. ac. cn/VFs/main. htm)。

抗药性基因：抗菌药进入细菌的细胞并与靶蛋白结合而导致细菌死亡涉及一个非常复杂的长链条，包括增加细胞膜渗透性、外排泵活性改变、靶蛋白变异或修饰及表达量变化、抗菌药的酶解或修饰、抑制细菌 SOS 应答修复、抑制细菌群体的生物膜形成和芽孢休眠等，细菌的任何环节的变化和变异都会导致抗菌药失效。而细菌约 10^{12} 个/g 的庞大数量、15～30min 分裂一次的繁殖更新速度、复杂的生化机制保证了只要使用抗菌药，细菌群体肯定能通过自身固有的生化代谢途径的调整和基因变异来适应和克服抗菌药的杀灭性影响，即产生抗药性。噬菌体与一些可移动的抗药性基因有关，其基因组中有大量的抗药性基因被注释[47]（https：//card. mcmaster. ca)，主要的抗药性机制涉及的酶和抗药性基因如表 12-3 所示。

表 12-3 各类抗菌药主要的抗药性机制涉及的酶及相应的抗药性基因

药物种类	抗药性机制涉及的酶	抗药性基因
氨基糖苷类	乙酰转移酶(AAC)	*aac-2-Ⅰa*，*aac-2-Ⅰb*，*aac-2-Ⅰc*，*aac-2-Ⅰd*，*aac-2-Ⅰ*，*aac-3-Ⅰa*，*aac-3-Ⅱa*，*aac-3-Ⅱb*，*aac-3-Ⅲ*，*aac-3-Ⅳ*，*aac-3-Ⅸ*，*aac-3-Ⅵ*，*aac-3-Ⅷ*，*aac-3-Ⅶ*，*aac-3-Ⅹ*，*aac-6-Ⅰ*，*aac-6-Ⅰa*，*aac-6-Ⅰb*，*aac-6-Ⅰc*，*aac-6-Ⅰe*，*aac-6-Ⅰf*，*aac-6-Ⅰg*，*aac-6-Ⅱa*，*aac-6-Ⅱb*
	核苷酸转移酶	*aadD*，*ant-2-Ⅰa*，*ant-2-Ⅰb*，*ant-3-Ⅰa*，*ant-4-Ⅱa*，*ant-6-Ⅰa*，*aad9*，*aad-9-Ⅰb*
	磷酸转移酶	*aph-3-Ⅰa*，*aph-3-Ⅰb*，*aph-3-Ⅲa*，*aph-3-Ⅳa*，*aph-3-Ⅰa*，*aph-3-Ⅰb*，*aph-3-Ⅰc*，*aph-3-Ⅶa*，*aph-3-Ⅵa*，*aph-3-Ⅴa*，*aph-3-Ⅴb*，*aph-4-Ⅰb*，*aph-6-Ⅰa*，*aph-6-Ⅰb*，*aph-6-Ⅰc*，*aph-6-Ⅰd*
β-内酰胺类	A 组 β-内酰胺酶	bla_{IMI}，$bla_{CTX\text{-}M}$，bla_{GES}，bla_{KPC}，bla_{PER}，bla_{VEB}，bla_{SME}，bla_{TEM}，bla_{AER}，bla_{CARB}，$bla_{SHV\text{-}LEN}$，bla_{BEL}，bla_{OXY}，bla_{OKP}，bla_{ROB}，bla_{TLA}，bla_{VCC}
	B 组 β-内酰胺酶	*bla-B1*，*bla-B2*，*bla-B3*
	C 组 β-内酰胺酶	bla_{ACC}，bla_{ACT}，bla_{DHA}，bla_{FOX}，bla_{MIR}，bla_{OCH}，bla_{SRT}，bla_{PDC}，bla_{AQU}，bla_{ADC}，bla_{CcpS}，bla_{BUT}
	D 组 β-内酰胺酶	bla_{OXA}，bla_{LCR}，bla_{NPS}，$bla_{MSI\text{-}OXA}$
大环内酯-林可酰胺-链阳菌素 B(MLSB)	*erm* 类 rRNA 甲基化酶	*ermA*，*ermB*，*ermC*，*ermD*，*ermE*，*ermF*，*ermG*，*ermH*，*ermN*，*ermO*，*ermQ*，*ermR*，*ermS*，*ermT*，*ermU*，*ermV*，*ermW*，*ermX*，*ermY*
	ATP 结合转运蛋白	*carA*，*msrA*，*oleB*，*srmB*，*tlrC*，*vgaA*，*vgaB*
	超家族转运蛋白	*lmrA*，*lmrB*，*mefA*
	酯酶	*ereA*，*ereB*
	水解酶	*vgbA*，*vgbB*
	转移酶	*lnuA*，*lnuB*，*vatA*，*vatB*，*vatC*，*vatD*，*vatE*
	磷酸化酶	*mphA*，*mphB*，*mphC*

续表

药物种类	抗药性机制涉及的酶	抗药性基因
四环素类	四环素外排蛋白	*otrB*, *tcr-3*, *tet30*, *tet31*, *tet33*, *tet38*, *tet39*, *tet40*, *tet41*, *tetA*, *tetB*, *tetC*, *tetD*, *tetE*, *tetG*, *tetH*, *tetJ*, *tetK*, *tetL*, *tetPA*, *tetV*, *tetY*, *tetZ*
	核糖体保护蛋白	*otrA*, *tet*, *tet32*, *tet36*, *tetM*, *tetO*, *tetPB*, *tetQ*, *tetS*, *tetT*, *tetW*
万古霉素	vanA 操纵子	*vanA*, *vanHA*, *vanRA*, *vanSA*, *vanXA*, *vanYA*
	vanB 操纵子	*vanB*, *vanHB*, *vanRB*, *vanSB*, *vanWB*, *vanXB*, *vanYB*
	vanC 操纵子	*vanC*, *vanRC*, *vanSC*, *vanT*, *vanXYC*
	vanD 操纵子	*vanD*, *vanHD*, *vanRD*, *vanSD*, *vanXD*, *vanYD*
	vanE 操纵子	*vanE*, *vanRE*, *vanSE*, *vanTE*, *vanXYE*
	vanG 操纵子	*vanG*, *vanRG*, *vanSG*, *vanTG*, *vanUG*, *vanWG*, *vanXYG*, *vanYG*
碳青霉烯类	新德里金属 β-内酰胺酶(NDM)	$bla_{\text{NDM-1}}$, $bla_{\text{NDM-2}}$, ……, $bla_{\text{NDM-17}}$
可移动多黏菌素	MCR 磷酸乙醇胺转移酶(MCR)	*mcr-1*, *mcr-1.2*, *mcr-2*, *mcr-3*, *mcr-4*, *mcr-5*

整合酶基因：整合酶可帮助逆转录病毒把携带病毒遗传信息的 DNA 整合到宿主的 DNA 当中。要剔除含有整合酶的溶原性噬菌体。

（4）噬菌体的基因编辑 根据噬菌体和宿主的特性，要敲除 moron 基因，或者改善噬菌体的特定功能，可通过对噬菌体基因进行编辑实现，噬菌体的基因编辑可以选择以下不同的方案[48,49]：

① 类似细菌基因组修饰的双交换方法，首先构建一个中间质粒转入细菌之中，该质粒含有修饰噬菌体的外源 DNA 序列和两段噬菌体同源序列，噬菌体侵染细菌之后，在细菌同源重组系统的作用下，噬菌体 DNA 即可与质粒发生同源重组，获得的重组噬菌体用 PCR 鉴定。

② 对于电转化效率高的细菌，可以共转化噬菌体 DNA 和修饰噬菌体的线性 DNA 片段，获得重组噬菌体。

③ 如果在细菌里可以表达 Red 重组系统，以上两种方案的同源臂长度可以从 500bp 缩减为 50bp，不仅提高了重组效率，而且简化了外源 DNA 的制备；借助 CRISPR-Cas 系统，可以通过切割野生型噬菌体，富集重组噬菌体。

④ 在酵母里利用转化偶联重组（transformation-associated recombination，TAR）系统，构建含有噬菌体全基因组序列的感染性克隆，并对噬菌体基因组进行修饰，然后将感染性克隆转入原始宿主之中，进行噬菌体拯救，该拯救也可以在无细胞体系中完成。

⑤ 溶原性噬菌体的诱导。挑取溶原性菌株的单菌落于 3mL LB 液体培养基，37℃振荡培养 2～3h 至指数生长期，4000r/min 离心 5min，洗涤 2 次，加入 200mL 含丝裂霉素 C（20ng/mL）的 LB 中，37℃振荡培养 6～7h，将培养液低温 10000r/min×5min 离心 3 次去沉淀，上清液以 0.22μm 滤器超滤；滤液加入 1/4 体积的含 20% PEG8000 和 10% NaCl 的液体并混匀，冰浴 40min，10000r/min 离心 5min，沉淀噬菌体，用少量 TES 溶解，4℃保存[50]。

要对溶原性噬菌体的基因进行编辑，需要找到合适的可裂解宿主，并对有害的 moron 基因进行敲除，避免转导到新的致病性宿主菌中。

12.2.2.3 噬菌体与细菌互作（药效学）

（1）噬菌体对宿主菌（以沙门氏菌为例）的药效学 不管人医还是兽医，临床面对的都是噬菌体分型和生物学性质都未知的一群菌株和可能的噬菌体群，需要快速且系统地筛选出裂解效率和生物学性质最好的噬菌体。以 20 株沙门氏菌和 10 株噬菌体为例，介绍全面的试验过程。

首先对上述基因检测安全的噬菌体，通过初步效价确定噬菌谱[51]，筛选累计裂解率最高的噬菌体；不同种属的细菌之间，噬菌体交叉裂解很困难，因此噬菌谱主要指同一种内不同菌株的裂解谱。针对某待测菌株群，从噬菌体库中高通量筛选裂解性噬菌体[52]，根据裂解率及其噬菌谱互补性，确定噬菌体组合，从经验看要达到确切临床疗效至少要覆盖 70%的宿主菌；将这些菌群的裂解率结果累积到噬菌体库数据中，噬菌体按裂解率降序排列。

选择噬菌谱最宽的菌株，最好覆盖上述的全部噬菌体，用最佳感染复数（optimal multiplicity of infection，OMOI）找出各噬菌体最高生产效价[53]，然后利用双层平板法和传统方法（先点种菌液，再原位点种噬菌体）测定各噬菌体对各菌株的完全裂解浓度（complete lysis concentration，CLC），统计各菌毒组合的 CLC 频率分布，按每个组合均达到 90%裂解率，计算组合噬菌体 CLC_{90} 折点值。由于宿主菌和噬菌体在相互作用过程中都是可增殖的活体，存在增殖、抗性变异、降解、结合等特性，因此噬菌体有效裂解宿主菌需要宿主菌浓度超过增殖阈值（proliferation threshold），噬菌体浓度要超过淹没阈值（inundation threshold）[54]。菌株和噬菌体进行荧光蛋白标记后，可以用 96 孔板微量肉汤棋盘试验，通过动态酶标仪直接测定两个阈值，甚至两者残差阈值（residual threshold）。

对生产用的噬菌体，用动态酶标仪测定对代表性宿主菌的最适作用条件（温度、pH、培养基）[55] 和最适保存条件（温度、pH、培养基）[56,57]、一步生长曲线、噬菌体浓度-时间-杀菌曲线，确定初步的噬菌体使用剂量、时机。筛选出的噬菌体需要进一步用生产菌株培养驯化，以适应生产工艺要求。

可利用低等的小型模式生物分析病原菌的致病力和噬菌体的杀菌效果，比如蜡螟（*Galleria mellonella*）幼虫、蚕幼虫、果蝇、浮萍（*Lemna minor*）和苜蓿（*Medicago sativa*）、鸡胚等[58-61]。

用 10^8CFU/mL 沙门氏菌 1mL 为 SPF 鸡口服攻毒，以 CLC×10^n 倍噬菌体口服治疗，检测肠道沙门氏菌残余量，观察鸡状态，确定治疗剂量。与抗菌药物的药效学类似，只是抗菌药的药敏试验变成了噬菌体 CLC 筛选试验。

① 噬菌体的初步效价和噬菌谱。

a. 噬菌体初步效价测定（双层平板法）[62]。将培养到指数期的细菌与噬菌体原液各 1mL 混合，加入 20mL LB 液体培养基中，于 37℃振荡培养过夜，10000r/min 离心 10min；取上清液，0.22μm 微孔超滤后，取 100μL 滤液用 SM 液 10 倍稀释 8 个梯度，将噬菌体滤液与指数期菌液各 100μL 混匀后，静置 15min，与 LB 半固体琼脂 5mL 混匀后，倾注并完整覆盖于 20mL LB 固体平板（9cm 直径）上，然后置于 37℃恒温箱中倒置培养 4～6h（根据宿主菌的生长曲线而定，多数需要 8～12h），选择适当可数的平板，计数噬菌斑，计算噬菌体效价（PFU/mL）＝噬菌斑个数×稀释倍数/所取样品体积（mL）。PFU 为噬菌斑形成单位（plaque forming unit），类似菌落形成单位（colony forming unit，CFU）。

b. 噬菌谱测定（96 点阵高通量法）。96 点阵噬菌体筛选系统包括：一次性无菌单包装 96 孔噬菌体板（存放噬菌体）、双层琼脂宿主菌检测板（平底盒，与 96 孔板相同外形尺寸，下层为 LB 固体培养基 20mL，上层半固体 LB 培养基 10mL 均匀混合待测宿主菌 100μL，每板 1 菌）、96 点阵接种仪、图像识别分析仪。

将指数期的细菌与噬菌体原液各 1mL 混合，加入 20mL LB 液体培养基中 37℃过夜培养，10000r/min 离心 10min；取上清液，0.22μm 微孔超滤后，取 200μL 滤液转移到无菌 96 孔板；不同的噬菌体标注各自的位置。满 94 孔为准，其中留出 LB 液体培养基阴性对照孔和甲醛阳性对照孔。此为 96 孔噬菌体板。

倾注 20mL 55～60℃热 LB 琼脂于双层琼脂检测板中，环摇遍布底部，水平放置冷凝；取临床未知裂解性噬菌体的宿主菌株若干，分别挑取复苏后的单菌落于 1mL LB 液体培养基 37℃静置过夜培养，取 100μL 菌液与 10mL 40～50℃半固体 LB 琼脂混合，倾注 LB 固体琼脂的上层，冷凝。此为宿主菌检测板。

用 96 点阵接种仪从 96 孔噬菌体板中蘸取 94 株噬菌体液，整体点种各个宿主菌检测板，37℃培养 4～6h。

每个检测板推入图像识别分析仪，拍照，识别（噬菌谱检测结果如图 12-4 所示），转化为宿主菌与噬菌体互作表。行为 94 株噬菌体，列为若干宿主菌，有噬菌斑标注为＊。

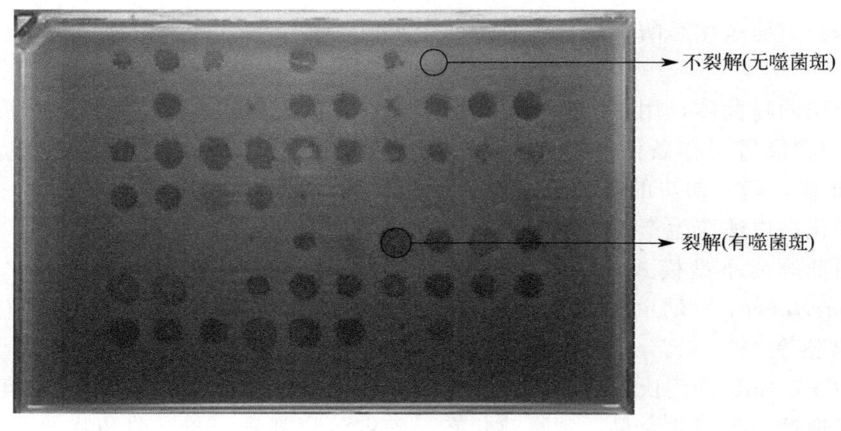

图 12-4 噬菌谱检测结果

按照噬菌率降序排列噬菌体，选择前 10 株左右为备选株，根据噬菌谱的互补性确定鸡尾酒治疗的噬菌体初步组方，再进行各株噬菌体的生物学性质、基因组和药理学性质优化组合。

按照宿主菌被裂解率降序排列宿主菌，选择降解率最高的 4 株为备选株，进行攻毒试验和发酵密度试验挑选生长旺盛的弱毒株，或者对毒素基因、抗药性质粒进行基因敲除，优化生产菌株，避免后续纯化困难。汇集未能裂解的宿主菌，搜集新的样本，筛选新噬菌体。

② 噬菌体最佳感染复数（OMOI）测定。

a. 传统法[63]。将培养至对数期的宿主菌离心后用 LB 培养液洗涤，然后将菌液浓度调整为 1.0×10^{8}CFU/mL。设置感染复数（MOI）分别为 0.001、0.01、0.1、1、10，将相应数量的噬菌体液加入已准备好的菌液中（二者体积分别为 500μL），混匀，37℃、160r/min 振荡培养 5h。混合培养物 10000r/min 离心 10min，测噬菌体效价。效价最高的感染复数即为 OMOI。OMOI 条件下，做 3 个以上重复，测定确切效价。

这是一个标准化的方法，但感染过程中宿主菌数量是变化的，而且宿主菌和噬菌体都有各自生长和互作，这可能不是生产或杀菌需要的最高效价。

b. 动态酶标仪棋盘法。先用 96 孔培养板纵向 10 倍梯度稀释噬菌体，再利用新的 96 孔板横向 10 倍梯度稀释菌，最后用排枪分别从稀释好的噬菌体孔板和稀释好的菌液孔板中各吸取 100μL，转移到同一个新孔板中相应原位置，在动态酶标仪中 37℃混合培养过夜，记录 OD_{600}（细菌）、宿主菌和噬菌体的荧光吸收度动态曲线，最终观察各孔澄清度。用 96 点阵接种器蘸取过夜培养的混合液，接种于宿主菌双层平板（LB 固体琼脂与 LB 半固体琼脂检测板）上，37℃培养 14h，观察噬菌斑变化过程和最终结果。

以完全澄清区域为杀菌区域，该区域噬菌体荧光吸收峰值为 OMOI。

③ CLC 测定（完全裂解浓度，类似抗生素最低抑菌浓度 MIC）。

a. 传统法。在固体琼脂平板底面标注位置，将细菌浓度调整为 10^5CFU/mL，取 2μL 加于固体琼脂检测板对应位置上，待其渗入琼脂；于 96 孔板中 10 倍稀释的噬菌体液，分别取 2μL 加于每一个相应细菌斑上，培养 12～18h 后观察有无菌落形成。以无菌落形成的最低噬菌体浓度为 CLC。

b. 棋盘法。制备各株菌的双层平板，将母液 10^8CFU/mL 10 倍稀释，接种量设置 4 个梯度（10^5CFU/mL、10^6CFU/mL、10^7CFU/mL、10^8CFU/mL）；将噬菌体最大效价，提前 10 倍稀释 6 梯度，转移到 96 孔板 12 列的一半；用移液器接种 8 株（96 孔板的 8 排）噬菌体 2μL 于双层平板上。37℃培养过夜，观测噬菌斑有无。以接种量为行、噬菌体梯度为列，作表格，确定 CLC 区域。

④ 噬菌体治疗的阈值[54]。噬菌体的生长速度取决于宿主种群，Wiggins 等[64] 使用实验方法研究了这种细菌浓度阈值的存在，发现在一系列细菌宿主中噬菌体生长需要大约 10^4CFU/mL 的浓度。Payne 和 phil[65] 随后使用噬菌体-细菌相互作用的数学模型得出了该阈值的公式，并将其称为增殖阈值，即细菌种群必须超过的浓度，以使总噬菌体数量增加。同样，在噬菌体浓度中有一个临界阈值，即淹没阈值，这是细菌种群下降所必须达到的最小噬菌体浓度。淹没阈值与在抗菌药治疗中的最低抑菌浓度（MIC）具有相似之处，但增殖阈值是自我复制抗菌剂所独有的。

在噬菌体治疗中，理论上可以分为主动治疗和被动治疗。主动治疗需要不断复制噬菌体，以使噬菌体浓度达到或维持在足以主动控制细菌的数量的水平；被动治疗是指初始剂量和原发感染本身足以使细菌被动地大量减少。通常治疗中，初始噬菌体剂量足够大以抑制细菌种群（被动治疗）并通过噬菌体复制维持在该水平（主动治疗），两种模式可以在同一处理中发生，但是从概念上必须认识到主动治疗只能在细菌浓度超过增殖阈值时发生，而被动治疗则要求噬菌体初始浓度必须超过淹没阈值[34]。噬菌体浓度和细菌浓度超阈值是治疗奏效的前提。动态酶标仪棋盘法测定 CLC 和 OMOI 的方法都可以用于测定宿主菌增殖阈值、噬菌体淹没阈值及两者残留阈值，两者与阈值本质是相同的。

⑤ 噬菌体的最适作用条件[55]。

a. 温度：取 100μL 10^5CFU/mL 菌液，将噬菌体原液按照 OMOI 稀释到适合浓度，取 100μL 与等量菌液混合，倒双层平板，分别置于 20℃、30℃、37℃、40℃和 50℃下培养 4～6h，根据噬菌斑数量计算噬菌体效价，绘制温度-效价曲线，确定最高点的温度范围。

b. pH：将 LB 液体培养基的 pH 值分别调整为 3、4、5、6、7、8、9、10、11、12，各取 100μL LB 液体培养基与 100μL 10^5CFU/mL 菌液、100μL OMOI 浓度噬菌体液混合，制备双层平板，置于 37℃作用 12h，观察噬菌斑变化和最终结果，绘制 pH-效价曲线，确定最高点的 pH 范围。

⑥ 噬菌体的保存条件[57]。

a. 温度：将噬菌体液体或者固体产品分别置于 4℃、20℃、30℃、37℃、40℃和 50℃存放，在 1 周、2 周、3 周、1 个月、2 个月、3 个月、4 个月、5 个月、6 个月，分别取 100μL 10^5CFU/mL 菌液，将噬菌体样本按照 OMOI 稀释到适合浓度，取 100μL 与等量菌液混合，倒双层平板，分别置于 37℃培养 4～6h，根据噬菌斑数量计算噬菌体效价，绘制温度-时间-效价曲面，确定最高点的温度范围和可靠的保存时间。

b. pH：将噬菌体保存液的 pH 值分别调整为 3、4、5、6、7、8、9、10、11、12，在 1 周、2 周、3 周、1 个月、2 个月、3 个月、4 个月、5 个月、6 个月，分别将 LB 液体培养基的 pH 值调整为 7，各取 100μL LB 液体培养基与 100μL 10^5CFU/mL 菌液、100μL OMOI 浓度噬菌体液混合，制备双层平板，置于 37℃作用 12h，观察噬菌斑变化和最终结果，绘制 pH-时间-效价曲面，确定最高点的 pH 范围。

⑦ 噬菌体的一步生长曲线[55]。将噬菌体液与指数期宿主菌液各 2mL 以最佳感染复数需要的比例混合，37℃静置孵育 15min。10000r/min 离心 1min，将沉淀用 LB 液体重悬后 10000r/min 离心 30s 弃去上清，去除游离的噬菌体颗粒。以 1mL LB 培养液重悬，分别取 100μL 宿主菌液 20 份，加入 100μL 37℃预热的 LB 液体培养基，迅速置于动态酶标仪 96 孔板的孔中，37℃振荡培养。每隔 10min 取 1 孔计数噬菌斑数量。

噬菌体一步生长曲线测定结果（图 12-5）显示，噬菌体感染宿主菌 60min 内，噬菌体数量无增加，这段时间称为潜伏期；感染宿主菌后的 60～120min，噬菌体数量急速增加，这个时期为噬菌体的爆发期，即噬菌体的爆发期约为 60min。也可以动态酶标仪每 10min 进行一次扫描，自动记录噬菌体标记荧光吸收度动态曲线。

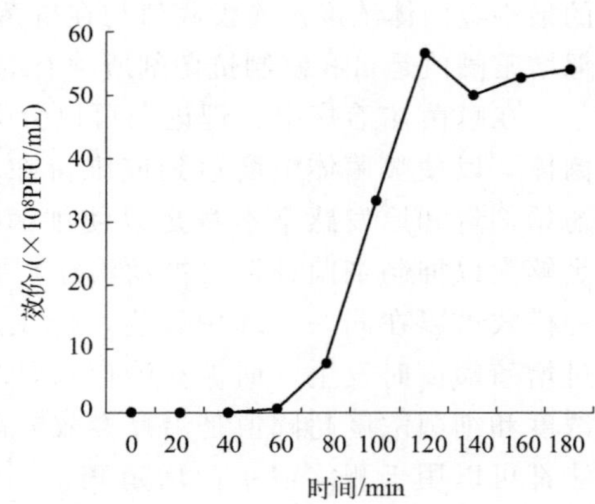

图 12-5 噬菌体生长曲线结果

⑧ 浓度-时间依赖性。动态酶标仪的 96 孔板中接种 10^5CFU 宿主菌和 10^4PFU、10^5PFU、10^6PFU、10^7PFU、10^8PFU、10^9PFU 噬菌体，37℃培养，每隔 5min 扫描测

定，自动记录噬菌体标记荧光吸收度的噬菌体浓度-时间-OD 动态曲线。

（2）噬菌体的后效应

① 宿主菌对噬菌体的抗性[66]。可以监测宿主菌-噬菌体连续传代后宿主菌对原初噬菌体的敏感性，也可以监测某区域的宿主菌群对原初噬菌体鸡尾酒制剂的敏感性。实际上是宿主菌对噬菌体的代谢和免疫能力变化。

② 抗噬菌体突变株的自发突变率（终点滴定-返浊法）。宿主菌培养至 OD_{600} =0.6 左右，涂板计数为 10^9CFU/mL。10 倍倍比稀释细菌终浓度分别为 10^1CFU/mL、10^2CFU/mL、10^3CFU/mL、10^4CFU/mL、10^5CFU/mL、10^6CFU/mL、10^7CFU/mL 后，分别加入 10μL 滴度为 10^9PFU/mL 的噬菌体液混匀。另外，取 10μL 噬菌体液加入 1mL 液体 LB 中作为对照，30℃、160r/min 振荡培养 24h，做 10 个平行管。

将宿主菌和噬菌体振荡培养 24h，观察试管中培养物能返浊的最低浓度管中所含细菌数的倒数即为抗性突变的频率。结果（图 12-6）显示，最后一个返浊的试管中，存在 1～9 个对噬菌体产生抗性的突变细胞，突变频率范围为 $2.33\times10^{-7}\sim2.1\times10^{-5}$，平均表观突变频率为 1.06×10^{-5}[67]。

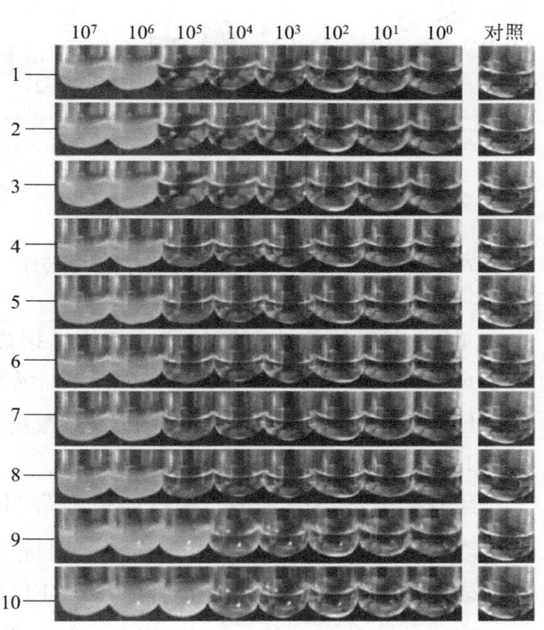

图 12-6 返浊法实验结果

③ 对抗菌药的抗药性降低（以 6 株铜绿假单胞菌及其噬菌体为例）。

a. 6 株铜绿假单胞菌抗药性测定：使用微量肉汤稀释法对 6 株菌进行药敏检测，记录其 MIC 值。

b. 噬菌体处理：在 20mL 液体培养基中接种单菌落，37℃、200r/min 培养 2.5h，使其达到指数生长期，加入 1mL 10^{10}PFU/mL 噬菌体，37℃、200r/min 过夜培养。将培养物离心，取沉淀连续在平板传代 3 次以除去噬菌体，得到纯化菌株。

c. 噬菌体处理后细菌的抗药性测定：将纯化后的菌株使用微量肉汤稀释法进行细菌药物敏感性测定，记录 MIC 值。

结果表明噬菌体处理后的菌株对红霉素、氟苯尼考、庆大霉素、环丙沙星、头孢噻肟、美罗培南、多西环素的 MIC 显著降低，对氨苄西林、头孢他啶、氧氟沙星的 MIC 也降低但不显著，可说明使用噬菌体处理可降低细菌的抗药性，优化抗菌药的治疗效果（图 12-7）。在降低抗药性的同时，也有研究表明，细菌的致病性也有减弱。

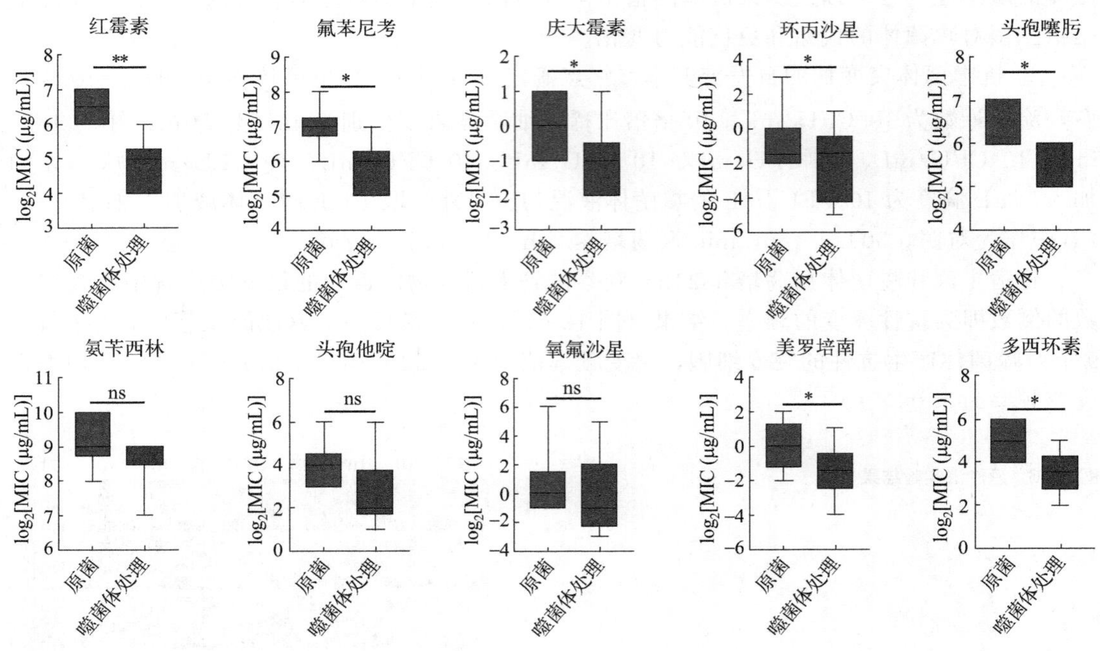

图 12-7　噬菌体处理可减弱细菌对部分抗菌药的耐药性

（3）噬菌体与抗菌药的联合作用（棋盘法） 动态酶标仪的 96 孔板中，将抗菌药物从 256μg/mL、噬菌体液从 10^8 PFU/mL 纵横向交叉倍比稀释，终体积为 100μL，后加入 10^5 CFU/mL 的菌液 100μL，置于 37℃振荡培养，每隔 5min 测定 OD_{600} 的吸光度值，测定 24h。

药效动力学结果显示，铜绿假单胞菌 2h 就进入对数生长期，且 OD_{600} 达到 1.6。24h 内，浓度为 8～256μg/mL 的恩诺沙星可完全抑制 10^5 CFU/mL 细菌生长，0.5～8μg/mL 的恩诺沙星只能在一定程度上抑制 10^5 CFU/mL 细菌生长，且抑菌能力具有剂量效应。

抗菌药联合噬菌体后，4～256μg/mL 的恩诺沙星可完全抑制 10^5 CFU/mL 细菌生长，此时的 MIC 值为单一抗生素的 1/2，且抑菌效果是更为显著的，因为单一抗生素为 0.5～4μg/mL 时菌株 OD_{600}＞0.8，联合用药时细菌的 OD_{600}＜0.8，且生长延后。与单一噬菌体比较来看，联合抑菌效果也是较好的。

（4）活体内噬菌体杀菌作用 兽用噬菌体虽然不像人用噬菌体受严格的伦理限制，可以直接采用动物进行活体治疗试验，但仍然存在试验成本高，操作复杂等问题，因此，利用低等的小型模式生物分析病原菌的致病力，比如蜡螟幼虫（*Galleria mellonella*）、蚕幼虫、果蝇、浮萍（*Lemna minor*）和苜蓿（*Medicago sativa*）、鸡胚等[58-61] 更具优势。

（5）噬菌体防治 SPF 鸡沙门氏菌的评估试验[68] 沙门氏菌是具有重要公共卫生意

义的人畜共患病原菌，可引起食物中毒，导致胃肠炎、伤寒和副伤寒。沙门氏菌自然寄生于家养或野生、冷血或温血动物和人类胃肠道，排泄到环境后，可在水中存活数周、在土壤中存活数年，使水和土壤成为感染的疫源地，也可通过污染食品或水源等途径感染人类。沙门氏菌可在较宽温度范围内生长（8～45℃），即使一般对细菌存活威胁大的干燥和冷冻也不能完全杀灭沙门氏菌。由于沙门氏菌血清型多，临床上缺乏理想的疫苗用于预防，因此治疗细菌感染性疾病的主要措施是使用抗菌药，进而导致其产生严重的抗药性。噬菌体治疗是理想的替代技术。本部分以噬菌体 Φst1 治疗鼠伤寒沙门氏菌 8720/06 感染的 SPF 鸡为例，说明噬菌体治疗的临床评估方法。

沙门氏菌 8720/06 于 LB 肉汤中过夜培养后，以 1∶100 体积比转接到新鲜的 LB 肉汤中，37℃ 180r/min 摇床孵育，大约 3h，到达对数生长期。培养液在 4℃、5000g 条件下离心 15min。沉淀物用 PBS 重悬，浓度大约为 10^{10}CFU/mL。

选用 200 只 1 日龄健康 SPF 鸡，将 SPF 鸡随机分为 4 组，每组 50 只：组 1 每只鸡灌服 0.25mL PBS；组 2 每只鸡灌服 0.25mL 10^{12}PFU/mL 噬菌体 Φst1；组 3 每只鸡灌服 0.25mL 10^{10}CFU/mL 沙门氏菌，1h 后，灌服 0.25mL 10^{12}PFU/mL 噬菌体 Φst1；组 4 每只鸡灌服 0.25mL 10^{10}CFU/mL 沙门氏菌。在感染沙门氏菌 6h、12h、24h、48h 和 72h 后，采集肛门棉拭子进行沙门氏菌的检测，然后采集肝脏、脾脏、心脏和盲肠内容物进行沙门氏菌计数。

组 1 和组 2 中没有检测到沙门氏菌。在感染 3h 和 6h 后，在第 4 组中 83％雏鸡的泄殖腔中检测到了沙门氏菌。但是，在感染 12h 和 24h 后，33％雏鸡泄殖腔中检测到鼠伤寒沙门氏菌，到 48h 和 72h，没有检测到沙门氏菌。在感染 3h 后，在第 4 组雏鸡的心脏中检测到沙门氏菌；在感染 6h 后，分别在肝脏 1/6（17％）、心脏 2/6（33％）和脾脏 1/6（17％）中检测到沙门氏菌。在随后的采样中，在该组雏鸡的肝脏、心脏和脾脏中未检测到沙门氏菌。研究发现用噬菌体 Φst1 处理的雏鸡泄殖腔中沙门氏菌的数量显著降低。第 3 组在任何采样周期中，均未在雏鸡的肝脏、心脏和脾脏检出鼠伤寒沙门氏菌。

12.2.2.4 噬菌体与动物互作（药代动力学）

噬菌体施用后疗效的一个重要因素取决于噬菌体药代动力学，即能否在肠道和血液复活和有效渗透到靶组织，以及肝脾肾消除效率和免疫反应程度。

Krystyna Dąbrowska 分析了 220 篇文献，其中 236 个独立试验，145 个研究噬菌体的渗透，91 个研究噬菌体在肠道的运输。研究表明，不同噬菌体、不同宿主菌、不同的动物和年龄、是否有敏感的细菌都影响噬菌体在肠道的复活，并且存在噬菌体的剂量效应[69]。

宿主菌和噬菌体形态对噬菌体的渗透没有显著影响，而只有不同的动物和施用途径对其渗透有影响。对于人，从施用部位到血液的渗透效率依次是：（皮下、皮内、肌内、静脉）注射 98.5％、鼻腔雾化吸入 66.7％、局部涂抹 50％、口服 41.1％。

就治疗性噬菌体的应用而言，肠道可能是最复杂的系统之一，肠道具有共生细菌（有时是致病菌）、天然噬菌体（可能是治疗性噬菌体）以及各种哺乳动物宿主相关因素的动态平衡[70]。在一项通过口服 T4 噬菌体诱导小鼠抗体的长期研究（噬菌体治疗 100d 后，112d 内不使用噬菌体，随后第二次使用噬菌体直至第 240 天）中发现：如果口服 T4 噬菌体的时间足够长，就会诱发抗噬菌体抗体（IgG 第 36 天产生，IgA 第 79 天产生）；其作用与大剂量有关。免疫反应是决定噬菌体在肠道中存活的主要因素[71]。此外，不同的噬菌体产生抗体的阳性率也不同：T4 82%、F8 15%、LMA-2 11%、P1 40%、A3R 40%、676Z 43%[72]。不同噬菌体的抗体反应程度不同，为筛选和驯化提供了依据。

总之，从防治角度看，口服对消化道感染最有效，但免疫反应弱，需要持续饲喂噬菌体；注射对于快速治疗器官感染最有效，但是免疫反应较强，免疫系统会快速清除噬菌体，需体内筛选低免疫原性噬菌体。总之，需根据不同的需求选择合适的给药方式，并根据给药方式存在的缺陷提出解决措施，完善给药方案。噬菌体不同给药方式的比较如表 12-4 所示。

表 12-4 噬菌体不同给药方式的比较

方式	优势	劣势	解决措施
腹腔	剂量可能更高，可扩散至其他部位	人类中对其他部位的影响程度可能被高估（大多数数据来自小动物）	多个给药部位
肌内	噬菌体传递至感染部位	噬菌体（可能）扩散较慢 低剂量	多剂量给药 多剂量给药
皮下	局部和全身扩散	低剂量	多剂量给药
静脉	快速全身扩散	免疫系统快速清除噬菌体	低免疫原性噬菌体的体内筛选
局部	感染部位高剂量的噬菌体扩散	如果噬菌体悬浮在液体中，可从目标位置流出	在凝胶和敷料中加入噬菌体
栓剂	噬菌体长期缓慢地稳定释放	使用受限或部位受限 剂量不足的风险 技术上具有挑战性	需仔细考虑噬菌体药代动力学
口服	使用方便，更高剂量 适合消化道感染	胃酸降低噬菌体滴度。噬菌体对胃内容物和其他微量元素的非特异性吸附	在缓冲液中加入碳酸钙 微囊化可将噬菌体运送到靶位
气溶胶	相对容易扩散，可到达受感染肺部中灌注不良的区域	大部分噬菌体丢失 黏液和生物膜会影响噬菌体的转运	使用解聚酶来减少黏液

12.2.2.5 噬菌体的安全性

噬菌体由于基因的短小、易变和传递灵活性，安全性一直备受关注。噬菌体的安全性贯穿噬菌体筛选、研制和使用的全程，基本原则是：①靶细菌必须是感染或污染的致病性流行菌株；②要筛选裂解性噬菌体，筛出溶原性噬菌体，基因组测序确认无 moron 基因，或者敲除 moron 基因，建立完备的裂解性噬菌体库；③选择能够尽可能覆盖流行菌株（60%以上裂解率）的裂解性噬菌体组合，增强杀菌力，防止宿主菌突变脱靶，选择能够尽可能覆盖裂解性噬菌体组合的宿主菌，进行 moron 基因清除，检测其市场销售的噬菌体效价；④进行噬菌体生物学、药理学分析，制定可靠的防治方法；⑤超滤提纯，保证噬菌体的纯粹性，避免对靶动物产生副作用；⑥进行必要的靶动物传代驯化，减弱靶动物对噬菌体的免疫反应；⑦区域性流行病学监测、抗菌药抗药性评估与噬菌体使用偶合，噬菌体与抗菌药联合使用，实现“监抗减抗降抗”的模式和目标。噬菌体具体的研究与应用的环节与流程如图 12-8 所示。

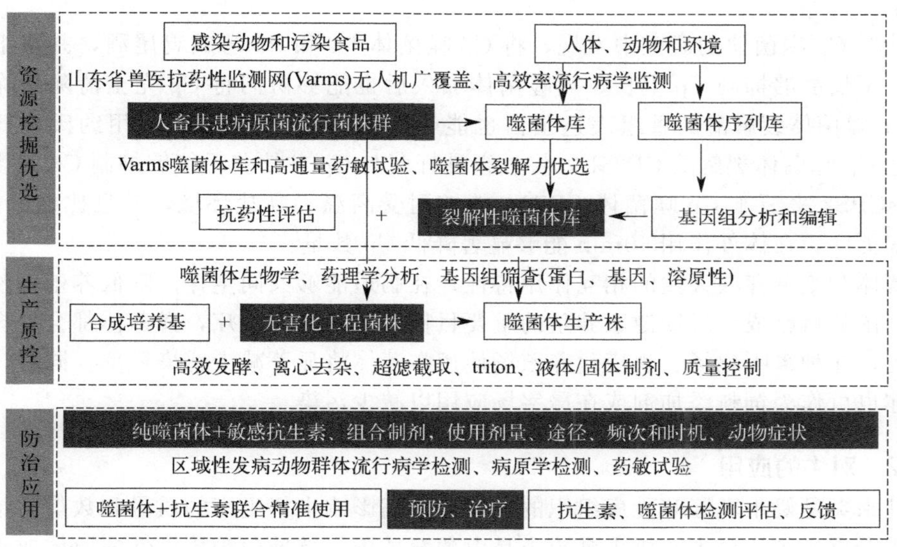

图 12-8 噬菌体研究与应用的环节与流程

12.2.3 兽用噬菌体治疗案例

由于畜禽养殖业中抗菌药的用量加大，耐药性病原给养殖业也带来巨大威胁。噬菌体作为抗菌药替代品可发挥控制细菌的作用，在农业和粮食生产方面潜力巨大。

12.2.3.1 对禽类的应用

禽肠道致病微生物的有效控制对禽养殖业至关重要，空肠弯曲杆菌和沙门氏菌对人类健康造成重要威胁。在屠宰的肉鸡中空肠弯曲杆菌检出率极高，甚至会达到100%[73]。研究显示，鸡肠道中空肠弯曲杆菌如能降低3个log单位，公共卫生健康风险会降低90%[74]。因此，养殖场中空肠弯曲杆菌控制问题将直接影响养殖业的经济效益。

噬菌体是宿主特异性的，可以在宿主中复制，普遍存在于鸡肉和其他可接触的食品中，是一种针对性控制空肠弯曲杆菌和沙门氏菌的安全选择。空肠弯曲杆菌噬菌体已被开发用于养殖场和食品，通过生物抑菌来控制空肠弯曲杆菌的数量。

在禽养殖过程中，当生长环境及日粮发生改变，产气荚膜梭菌（*Clostridium perfringens*，Cp）会大量增殖并附着于肠道黏膜，产生大量毒素和蛋白酶导致肠道黏膜损伤，从而引起腹泻及肠炎等疾病。针对Cp噬菌体的生物学特性及体外杀菌效果的基础研究较多。例如，Cp噬菌体UCP39O和UCP26F及ΦCP9O、ΦCP13O、ΦCP26F、ΦCP34O在体外抑菌研究表明，这些噬菌体可有效裂解Cp菌株。美国的一家噬菌体公司Intralytix开发的抗Cp的噬菌体产品（INT-401）已被FDA授权用于清除活禽养殖中的细菌污染。研究表明，噬菌体产品INF-401能够有效控制由Cp引起的鸡的坏死性肠炎，并且混合噬菌体往往优于单一噬菌体。用不同方式（灌胃、饮水和饲料）连续饲喂2.5×10^{9}PFU/mL 5d，均可显著降低坏死性肠炎导致的死亡率，同时还能提高肉鸡体重和饲料转化效率[75]。

在针对Cp噬菌体的研究中发现，将Cp噬菌体P4和P3组成鸡尾酒，并与细菌素结合应用，不仅能够抑制Cp生长，当噬菌体加入后也能够协同将Cp完全清除。除了噬菌体外，Cp噬菌体裂解酶的重组表达蛋白也能够有效抑制Cp生长。利用约氏乳杆菌体表重组表达Cp噬菌体裂解酶CP25L，将重组乳杆菌与Cp共培养后能够抑制Cp的生长。裂解酶LysCPS2来源于Cp噬菌体CPS2，能够耐受高温和高盐环境，并且比噬菌体CPS2裂解范围更广，在体外作用40min能够显著降低Cp数量[76]。

噬菌体和细菌存在天然的相互作用特性，在肠道能够共同生存。降低养殖场沙门氏菌和弯曲杆菌数量已成为近期健康养殖的重要目标。从预防到治疗，噬菌体都会发挥重要作用。因此，在种禽孵化场、规模化养殖场使用噬菌体将显著减少感染概率。同时，耐高温的噬菌体也可作为饲料添加剂或在屠宰场应用以减少污染。

12.2.3.2 对牛的应用

牛乳腺炎是奶牛乳腺和乳房组织的炎症。该病影响牛奶生产的质量和数量，给全世界奶业造成严重的经济损失。奶牛乳腺炎是由葡萄球菌、链球菌等传染性病原体或大肠杆菌等环境病原体引起的。除病原体外，牛乳腺炎还可能由损伤、过敏和肿瘤引起。大量治疗性抗菌药的使用，使病原菌对青霉素、头孢噻肟、氨苄西林等耐药率高达100%。而某些耐药性菌对噬菌体非常敏感，无论单一或噬菌体组合物都能有效控制耐甲氧西林金黄色葡萄球菌（MRSA）。泌乳小鼠模型表明，将噬菌体通过乳腺注射产后14d小鼠，感染的金黄色葡萄球菌减少4.3log（10）CFU/g，头孢菌素对照组减少6.7log（10）CFU/g，且二者均不表现出病理特征[77]。印度报道利用噬菌体（10^{12}PFU/mL）来治疗金黄色葡萄球菌和铜绿假单胞菌混合感染的奶牛乳腺炎，最终6头奶牛中4头痊愈[78]。虽然关于奶牛中噬菌体治疗的案例有限，但对于无抗奶生产来讲，噬菌体疗法仍将成为后抗生素时代重要的治疗方法。

12.2.3.3 对猪的应用

噬菌体在即食食品中作为消毒剂的应用较为成熟，目前美国已批准噬菌体为公认安全的（GRAS）[79,80]。而在欧盟，欧盟理事会89/107/EEC号指令也将噬菌体列为“加工助剂”，认为任何残留物对生产过程和产品都没有影响。在这种情况下，安全责任应由制造商承担，因为第178/2002号法规（EC）规定，制造商有责任确保最终产品可供人类安全食用。噬菌体目前被认为最有可能成为耐药性病原菌抗菌替代品，因为它们与食品用途相容，既可以用于治疗又可以用于消毒等。

从猪场可以分离出对沙门氏菌具有裂解活性的噬菌体。将不同浓度（10^3～10^9PFU/mL）噬菌体对预先接种沙门氏菌（10^5CFU/mL）的30头猪（体重90～100kg）进行饲喂，结果在饲喂噬菌体的猪粪样中沙门氏菌检出率为17/30，而对照组为28/30[81]。由此表明，噬菌体可使沙门氏菌在猪体内的定植率从93%降至56%。Callaway等[82]的研究也表明，将两种沙门氏菌噬菌体混合（3×10^9PFU/mL）在24h和48h时灌胃0h接种沙门氏菌的（2×10^{10} CFU/mL）断奶仔猪后，猪的盲肠和直肠中观察到沙门氏菌载量显著降低，噬菌体处理可降低鼠伤寒沙门氏菌感染猪的数量。

有研究发现将多种噬菌体的组合物添加到母猪和仔猪饲粮后，可以提高断奶仔猪总数、断奶体重和仔猪平均日增重。母猪日粮中添加噬菌体降低了第14天粪便中梭状芽孢杆菌的菌落。试验结束时，接受噬菌体的母猪大肠菌群数量显著降低。在仔猪日粮中加入噬菌体后，第 14 天、第 21 天粪便中梭状芽孢杆菌和大肠菌群数量减少。仔猪日粮中添加噬菌体，在第 14 天粪便中乳杆菌属菌数量增加[83]。这项工作突出了噬菌体替代抗菌药作为猪生长促进剂的潜力。

在一项对芬兰猪的研究中发现噬菌体和小肠结肠炎耶尔森氏菌流行存在关联，虽然这类菌并不会直接导致猪的疾病，但它们对猪养殖行业具有很大影响，如果食用未煮熟的猪肉仍会导致人类食源性疾病。噬菌体在污染早期的应用将有效降低屠宰前后猪胴体的致病菌浓度，从而显示其在生物防控中的应用潜力无限。

噬菌体在养殖行业中是有望替代抗菌药的候选物之一，其在动物养殖中不仅能够预防疾病的发生，同时能够提升生产性能，促进体重增加，减少或消除食源性病原体通过猪肉传播给人类。

噬菌体具有许多控制农业细菌疾病所需的理想特性，包括有效性、低水平的耐药性、与抗菌药无交叉耐药性、可生物降解性和狭窄的靶标范围。此外，噬菌体的使用可能为养殖业提供新的机会，以控制目前抗菌药或其他疗法无法有效控制的病原体。因此，噬菌体可能是畜牧业和兽医实践中极有价值的补充。

12.3

噬菌体的评价方法和管理策略

目前，由于抗菌药滥用导致普遍的细菌抗药性和毒副作用，全球都趋于克制使用抗菌药，同时加强微生物耐药防控的科技研发是现阶段中国《遏制微生物耐药国家行动计划(2022—2025 年）》的主要任务之一，替代抗菌药抗菌作用的技术和产品将引发一场研发热潮。着眼于“减抗降抗”和动物保健品的整体应用效果、自洽性，需要研究抗菌药物的评价方法和管理策略。

12.3.1 抗药性指数 Lar 评估

当前中国实施《遏制微生物耐药国家行动计划（2022—2025 年）》，促进“监抗减抗降抗”，因为有些抗菌药的抗药性较高，不仅要降低抗药率，还要评价降低抗药性的程度，传统的药理学指标无法综合评价抗药性，因此，设计 Lar 指数来评价，该法由三步组成：①以抗菌药物抗性临界值（*R* 值）为基准，对菌株最低抑菌浓度（MIC）归一化，减少不同抗菌药物药敏试验标准的差异；②根据分布频率，求其加权平均值，比抗药率更细致反映抗药性程度；③多个药物的 Lar 指数求算术平均数，能反映一个养殖场各种抗菌药物的抗药性综合情况，便于比较不同养殖场的抗药性差异。

以山东省近十年动物源大肠杆菌对常用抗生素的 MIC 为例介绍 Lar 指数。

如表 12-5 所示（按敏感率从低到高排序），以多西环素为例，参与统计的大肠杆菌共计 5142 株，其中 MIC≤0.0625μg/mL 的菌株数为 5 株，MIC 为 0.125μg/mL 的菌株数为 9 株……以此类推；大肠杆菌对多西环素的敏感率 $S\%=(5+9+46+54+180+186)/5142\times100\%=9\%$；抗药率 $R\%=(1511+658+482+33+5)/5142\times100\%=78\%$。

表 12-5 某地区 2010—2019 年大肠杆菌 MIC 频率分布及敏感率、Lar 指数统计

抗菌药物	样本数/株	MIC(μg/mL)范围及大肠杆菌 MIC 频率分布/株														S%/%	R%/%	Lar	总 Lar
		≤0.0625	0.125	0.25	0.5	1	2	4	8	16	32	64	128	256	≥512				
多西环素	5142	5	9		46	54	180	186	668	1305	1511	658	482	33	5	9	78	2.32	
氟苯尼考	5060	2		1	18	4	68	382	580	311	313	151	515	1878	837	9	79	12.42	
氨苄西林	4776	1	1	5	76	29	146	252	65	69	83	64	164	621	3200	12	87	11.96	
恩诺沙星	3624	281	73	155	277	221	210	179	367	863	398	274	195	75	55	14	72	16.68	
阿莫西林-克拉维酸	4092	1	1	1	28	5	286	224	519	846	602	478	250	423	428	26	53	3.27	
环丙沙星	2940	144	43	63	480	117	136	161	362	349	417	257	147	61	203	29	67	15.13	8.22
头孢噻呋	4766	175		97	566	664	184	216	156	157	119	564	436	466	966	35	60	18.77	
多黏菌素	4984	73	231	83	236	931	935	924	744	507	140	79	46	38	17	50	50	2.74	
庆大霉素	4912	302		299	390	550	625	346	343	442	370	357	395	71	422	51	41	4.23	
阿米卡星	2522	2	3	22	40	160	397	353	511	203	112	33	21	22	643	67	29	2.19	
美罗培南	2245	1637	151	28	182	19	29	22	46	44	53	22	10	2		90	9	0.71	

注：浅灰色色块所对应的 MIC 值为该药物的 S 值，深灰色色块所对应的 MIC 值为该药物的 R 值。

多西环素 $\text{Lar}=\sum[(\text{MIC}/R)\times(\text{分布频率下菌株数/菌株总数})]=(0.0625/16)\times(5/5142)+(0.125/16)\times(9/5142)+(0.25/16)\times(0/5142)+(0.5/16)\times(46/5142)+(1/16)\times(54/5142)+(2/16)\times(180/5142)+(4/16)\times(186/5142)+(8/16)\times(668/5142)+(16/16)\times(1305/5142)+(32/16)\times(1511/5142)+(64/16)\times(658/5142)+(128/16)\times(482/5142)+(256/16)\times(33/5142)+(512/16)\times(5/5142)=2.32$（注：≥512 按 512 计算，≤0.0625 按 0.0625 计算，保留两位小数）。

其他药物 Lar 指数的计算同理。总 Lar 指数为各药物 Lar 指数的算术平均值。

$S\%$与 $R\%$相反，但相加不一定为 100%，因为有中介的菌株；$R\%$与 Lar 的趋势应该一致，但是因为 MIC 频率分布不同，所以不可能一一对应。某些药物敏感率相近，如表 12-5 中多西环素和氟苯尼考，敏感率都为 9%，却无法区分其抗药程度和分布。从其 Lar 指数看，分别为 2.32 和 12.42，表明氟苯尼考的高抗菌株远多于多西环素，从高 MIC 区域的菌株分布可以清晰显示这一点。

从敏感率分析，显示大肠杆菌对美罗培南较为敏感，为 90%，对其余 10 种抗菌药物敏感率普遍较低。按照 Lar 指数的计算公式，若所有菌株的 MIC 都为 R，则 Lar 指数为 1；若所有菌株的 MIC 都为 $2R$，则 Lar 指数为 2……因此，Lar 指数显示菌株综合 MIC

与抗性值 R 的倍数关系。头孢噻呋、恩诺沙星、环丙沙星、氟苯尼考和氨苄西林 5 种药物的 Lar 指数均高于 10，表明综合 MIC 高于 R 值 10 倍以上，显示其抗性程度之高。

Lar 指数能够细化细菌对一种或多种抗菌药物的抗性程度，并综合为一个直观的综合值，可以在不同抗菌药物、不同细菌种属、不同动物、不同地区和年度等各种需求下准确比较抗药性程度。

综合来讲，美罗培南、多西环素、多黏菌素、阿莫西林-克拉维酸、庆大霉素、阿米卡星的 Lar<5，其他抗生素 Lar>10，表明抗药性程度不同，应该区别对待；Varms 普通养殖、无抗养殖肉鸡、山东省立医院患者、欧盟 EUCAST、SPF 鸡的抗药性 Lar 依次降低（表 12-6）。值得注意的是，连续 3 年全程不用抗生素的无抗养殖肉鸡 Lar 降低到 5.75，低于普通养殖的 8.22，但没有降低到医院的抗药性水平，更没有到欧盟的抗药性水平，说明抗药性降低的难度和途径是不同的，这也显示出采用噬菌体、疫苗等的必要性。不同区域和年份抗药性变化不明显，说明减抗降抗仍然没有实质性进展。

表 12-6　不同领域的抗药性 Lar 比较

抗生素	Varms 普通养殖		无抗养殖肉鸡		山东省立医院患者		欧盟 EUCAST		SPF 鸡	
	数量	Lar	数量	Lar	数量	Lar	数量	Lar	数量	Lar
美罗培南	2245	0.71	15	0.02	90	0.71	8010	0.01	20	0.007
多西环素	5124	2.32	15	1.54	94	0.75	5028	0.65	20	0.055
多黏菌素	4984	2.74	15	2.67	88	0.07	6014	0.31	20	0.023
阿莫西林-克拉维酸	4092	3.27	15	3.54	158	0.74	10159	0.79	20	0.029
庆大霉素	4912	4.23	15	0.25	192	0.61	80274	0.36	20	0.021
氨苄西林	4776	11.96	15	11.47	192	1.13	73390	1.23	20	0.012
氟苯尼考	5060	12.42	15	13.9	—	—	9464	0.41	20	0.22
恩诺沙星	3624	16.68	15	1.09	100	0.89	3039	0.04	20	0.035
头孢噻呋	4766	18.77	15	17.34	50	6.8	36858	0.12	20	0.024
总 Lar 指数	—	8.22	—	5.75	—	1.46	—	0.43		0.047

据此，将 Lar≤1 范围定为 A 级，表明绝大多数细菌抗药性低于 R 值，基本无抗药性；将 1<Lar≤8 范围定为 B 级，表明绝大多数细菌抗药性高于 R 值 1～8 倍，抗药性程度中等；将 Lar>8 范围内定为 C 级，表明绝大多数细菌抗药性高于 R 值 8 倍以上，抗药性严重。

SPF 鸡、EUCAST 发布的大肠杆菌 Lar 指数显著低于中国山东地区抗药性水平，基本处于 A 级；而美罗培南、多西环素、多黏菌素、阿莫西林-克拉维酸、庆大霉素的 Lar<5，近五年目标就是 Lar 降低到 1 以下；其他药物 Lar>8，降抗目标就是降低到 8 以下。

12.3.2　噬菌体群的管理和应用策略

在技术创新的同时，管理政策也需要与时俱进才能跟进和推动噬菌体的产业化应用。

目前，饲料添加剂已经禁用抗菌药促生长剂，微生物添加剂主要是益生菌，而兽药主要包括抗菌药、疫苗、化学制剂，噬菌体似乎不好定位。对于化学物质的管理最为成熟和简单，生物制品本质上也是瞄准“主要”菌株或毒株进行有效性评价，而生物制品需要针对不断变化的流行菌株或毒株，现行静态管理模式下疫苗等生物制品也有些跟不上、跟不准。

兽医实践证明，对于不断变异的流行菌株群体，就是需要应用直接作用于病原菌的抗菌药、疫苗、噬菌体、微生物制剂综合防治；甚至需要相应变化的药物群体（益生菌、复方中药、复方抗菌药、多价疫苗、多价抗体、噬菌体鸡尾酒）应对，包括不同种类药物的协同应用，不能固守化学药物的管理模式来套用所有活体药物。

定种分群区域动态管理是未来值得探讨和实践的科学模式。值得注意的是，FDA 已经批准了 APT（Adaptive Phage Therapeutics）公司噬菌体库疗法临床试验。一批食品领域的噬菌体产品获批，一批针对超级细菌 ESKAPE 的噬菌体治疗研发公司在崛起。如果一味保守跟踪，有可能在日新月异的科技发展和激烈的商业竞争中再次落后。

噬菌体作为生态系统中种类和数量最多的主要生态因子，必然用于病原菌的生态防治，而目前防治超级细菌仅是阶段性的迫切需求，噬菌体可以广泛应用于动保、植保、环保、医疗、疾控、食品等领域，与抗菌药、疫苗、中药、微生物制剂协同作用，保障人类和经济动植物的健康。

参考文献

[1] D'Herelle F. On an invisible microbe antagonistic toward dysenteric bacilli：brief note by Mr. F. D'Herelle，presented by Mr. Roux 1917[J]. Research in Microbiology，2007，158（7）：553-554.

[2] Ackermann H-W. 5500 Phages examined in the electron microscope[J]. Archives of Virology，2007，152（2）：227-243.

[3] Spiering M M，Philip Hanoiana，Swathi Gannavaram，et al. RNA primer-primase complexes serve as the signal for polymerase recycling and Okazaki fragment initiation in T4 phage DNA replication[J]. Proceedings of the National Academy of Sciences of the United States of America，2017，114（22）：5635-5640.

[4] Menouni R. Bacterial genome remodeling through bacteriophage recombination[J]. FEMS Microbiology Lett，2015，362（1）：1-10.

[5] Young R. Bacteriophage lysis：mechanism and regulation[J]. Microbiol Rev，1992，56（3）：430-481.

[6] Dedrick R M，Guerrero-Bustamante C A，Garlena R A，et al. Engineered bacteriophages for treatment of a patient with a disseminated drug-resistant *Mycobacterium abscessus*[J]. Nature Medicine，2019，25（5）：730-733.

[7] Wright A，Hawkins C H，Anggard E E，et al. A controlled clinical trial of a therapeutic bacteriophage preparation in chronic otitis due to antibiotic-resistant *Pseudomonas aeruginosa*；a preliminary report of efficacy[J]. Clinical Otolaryngology，2009，34（4）：349-357.

[8] Oliveira A，Ribeiro H G，Silva A C，et al. Synergistic antimicrobial interaction between honey and phage against *Escherichia coli* biofilms[J]. Frontiers in Microbiology，2017，8：2407.

[9] Pimchan T，Cooper C J，Eumkeb G，et al. *In vitro* activity of a combination of bacteriophages and antimicrobial plant extracts[J]. Letters in Applied Microbiology，2018，66（3）：182-187.

[10] Ghosh A，Ricke S C，Almeida G，et al. Combined application of essential oil compounds and bacteriophage to inhibit growth of *Staphylococcus aureus in vitro*[J]. Current Microbiology，

2016, 72 (4): 426-435.
[11] Bandara N, Jo J, Ryu S, et al. Bacteriophages BCP1-1 and BCP8-2 require divalent cations for efficient control of *Bacillus cereus* in fermented foods[J]. Food Microbiology, 2012, 31 (1): 9-16.
[12] Soykut E A, Tayyarcan E K, Evran S, et al. Microencapsulation of phages to analyze their demeanor in physiological conditions[J]. Folia Microbiologica, 2019, 64 (6): 751-763.
[13] 顾敬敏，杨航，李锦铨，等．噬菌体裂解酶专家共识——齐鲁公共卫生云讲堂[J]. 中国兽医学报，2021,41 (8): 1451-1457.
[14] Watts G, Phage therapy: revival of the bygone antimicrobial[J]. Lancet, 2017, 390: 2539-2540.
[15] Lyon J, Phage therapy's role in combating antibiotic-resistant pathogens[J]. JAMA, 2017, 318: 1746-1748.
[16] Guglielmi G. Do bacteriophage guests protect human health? [J] Science, 2017, 358: 982-983.
[17] Wu N, Dai J, Guo M, et al. Pre-optimized phage therapy on secondary *Acinetobacter baumannii* infection in four critical COVID-19 patients[J]. Emerg Microbes Infect, 2021, 10 (1): 612-618.
[18] Bruttin A, Brussow H. Human volunteers receiving *Escherichia coli* phage T4 orally: a safety test of phage therapy, Antimicrob[J]. Agents Chemother, 2005, 49 (7): 2874-2878.
[19] Merabishvili M, Pirnay J P, Verbeken G, et al. Quality-controlled small-scaleproduction of a well-defined bacteriophage cocktail for use in human clinical trials[J]. PloS One, 2009, 4 (3): e4944.
[20] Rhoads D D, Wolcott R D, Kuskowski M A, et al. Bacteriophage therapy of venous leg ulcers in humans: results of a phase Ⅰ safety trial [J]. Wound Care, 2009, 18 (6): 237-238.
[21] Currie G M. Pharmacology, part 1: introduction to pharmacology and pharmacodynamics [J].2018, 46 (2): 81-86.
[22] Currie G M. Pharmacology, part 2: introduction to pharmacokinetics[J]. J Nucl Med Technol, 2018, 46 (3): 221-230.
[23] Cisek A A, Dabrowska I, Gregorczyk K P, et al. Phage therapy in bacterial infections treatment: one hundred years after the discovery of bacteriophages[J]. Curr Microbiol, 2017, 74 (2): 277-283.
[24] Krut O, Bekeredjian-Ding I. Contribution of the immune response to phage therapy[J].Immunol, 2018, 200 (9): 3037-3044.
[25] Campbell A. The future of bacteriophage biology[J]. Nat Rev Genet, 2003, 4 (6): 471-477.
[26] Gordillo Altamirano F L, Barr J J. Phage therapy in the postantibiotic era[J]. Clin Microbiol Rev, 2019, 32 (2): e00066-18.
[27] Rehman S, Ali Z, Khan M, et al. The dawn of phage therapy[J]. Rev Med Virol, 2019, 29 (4): e2041-e2041.
[28] Ofir G, Sorek R. Contemporary phage biology: from classic models to new insights[J].Cell, 2018, 172 (6): 1260-1270.
[29] Hyman P. Phages for phage therapy: isolation, characterization, and host range breadth [J]. Pharmaceuticals (Basel), 2019, 12 (1): 35.
[30] Manohar P, Tamhankar A J, Lundborg C S, et al. Isolation, characterization and *in vivo* efficacy of *Escherichia* phage myPSH1131[J]. PLoS One, 2018, 13 (10): e0206278.
[31] Pelfrene E, Willebrand E, Cavaleiro Sanches A, et al. Bacteriophage therapy: a regulatory perspective[J]. Antimicrob Chemother, 2016, 71 (8): 2071-2074.
[32] Rossitto M, Fiscarelli EV, Rosati P. Challenges and promises for planning future clinical research into bacteriophage therapy against *Pseudomonas aeruginosa* in cystic fibrosis[J]. An Ar-

gumentative Review，Front Microbiol，2018，9：775-775.

[33] Loc-Carrillo C，Abedon S T. Pros and cons of phage therapy[J]. Bacteriophage，2011，1（2）：111-114.

[34] Payne R J H，Jansen V A A. Pharmacokinetic principles of bacteriophage therapy[J]. Clin Pharmacokinet，2003，42（4）：315-325.

[35] Abedon S T，Thomas-Abedon C. Phage therapy pharmacology[J]. Curr Pharm Biotechnol，2010，11（1）：28-47.

[36] Kupczok A，Neve H，Huang K D，et al. Rates of mutation and recombination in siphoviridae phage genome evolution over three decades[J]. Mol Biol Evol，2018，35（5）：1147-1159.

[37] Sackman A M，McGee L W，Morrison A J，et al. Mutation-driven parallel evolution during viral adaptation[J]. Mol Biol Evol，2017，34（12）：3243-3253.

[38] Ackermann H W. Basic phage electron microscopy[J]. Methods Mol Biol，2009，501：113-126.

[39] Russell D A. Sequencing，assembling，and finishing complete bacteriophage genomes[J]. Methods Mol Biol，2018，1681：109-125.

[40] Jackman S D，Vandervalk B P，Mohamadi H，et al. ABySS 2. 0：resource-efficient assembly of large genomes using a Bloom filter[J]. Genome Res，2017，27（5）：768-777.

[41] Luo R，Liu B，Xie Y，et al. SOAPdenovo2：an empirically improved memory-efficient short-read de novo assembler[J]. Gigascience，2012，1（1）：18.

[42] Besemer J，Lomsadze A，Borodovsky M. GeneMarkS：a self-training method for prediction of gene starts in microbial genomes. Implications for finding sequence motifs in regulatory regions[J]. Nucleic Acids Res，2001，29（12）：2607-2618.

[43] Li L，Stoeckert C J，Jr，Roos D S. OrthoMCL：identification of ortholog groups for eukaryotic genomes[J]. Genome Res，2003，13（9）：2178-2189.

[44] Tamura K，Peterson D，Peterson N，et al. MEGA5：molecular evolutionary genetics analysis using maximum likelihood，evolutionary distance，and maximum parsimony methods[J]. Mol Biol Evol，2011，28（10）：2731-2739.

[45] Taylor V L，Fitzpatrick A D，Islam Z，et al. The Diverse impacts of phage morons on bacterial fitness and virulence[J]. Adv Virus Res，2019，103：1-31.

[46] Liu B，Zheng D，Jin Q，et al. VFDB 2019：a comparative pathogenomic platform with an interactive web interface[J]. Nucleic Acids Res，2019，47（D1）：D687-D692.

[47] Jia B，Raphenya A R，Alcock B，et al. CARD 2017：expansion and model-centric curation of the comprehensive antibiotic resistance database[J]. Nucleic Acids Res，2017，45（D1）：D566-D573.

[48] Bárdy P，Pantucek R，Benesik M，et al. Genetically modified bacteriophages in applied microbiology[J]. Appl Microbiol，2016，121（3）：618-633.

[49] Sagona A P，Grigonyte A M，MacDonald P R，et al. Genetically modified bacteriophages [J].Integr Biol（Camb），2016，8（4）：465-474.

[50] Raya R I R. H'Bert E M. Isolation of phage via induction of lysogens[J]. Methods Mol Biol，2009，501：23-32.

[51] De Jonge P A，Nobrega FL，Brouns S J J，et al. Molecular and evolutionary determinants of bacteriophage host range[J]. Trends Microbiol，2019，27（1）：51-63.

[52] 刘玉庆．一种高通量筛选人畜共患病原菌噬菌体检测板及其应用：201910968255. X[P]. 2022-09-13.

[53] Agboluaje M，Sauvageau D. Bacteriophage production in bioreactors[J]. Methods Mol Biol，2018，1693：173-193.

[54] Cairns B J，Timms A R，Jansen V A A，et al. Quantitative models of *in vitro* bacteriophage-host dynamics and their application to phage therapy[J]. PLoS Pathog，2009，5（1）：e1000253.

[55] 宋新慧，商延，张庆，等．噬菌体 vB-SalS-DZ 的生物学特性及对鸡沙门氏菌病的疗效[J]. 山东农业科学 . 2018：50（7）：42-47.

[56] 丛聪，袁玉玉，渠坤丽，等．关于噬菌体实用保藏方法的研究进展[J]. 中国抗生素杂志，2018，42（9）：742-748.

[57] 金晓琳，张克斌，胡福泉．噬菌体最佳保存方法探讨[J]. 第三军医大学学报，2001（7）：863-864.

[58] Kamal F，Peters D L，McCutcheon J G，et al. Use of greater wax moth larvae （*Galleria mellonella*） as an alternative animal infection model for analysis of bacterial pathogenesis[J]. Methods Mol Biol，2019，1898：163-171.

[59] Uchiyama J，Takemura-Uchiyama I，Matsuzaki S. Use of a silkworm larva model in phage therapy experiments[J]. Methods Mol Biol，2019，1898：173-181.

[60] Jang H J，Bae H W，Cho Y H. Exploitation of *Drosophila* infection models to evaluate anti-bacterial efficacy of phages[J]. Methods Mol Biol，2019，1898：183-190.

[61] Kamal F，Radziwon A，Davis C M，et al. Duckweed （*Lemna minor*） and Alfalfa （*Medicago sativa*） as bacterial infection model systems[J]. Methods Mol Biol，2019，1898：191-198.

[62] Kropinski A M，Mazzocco A，Waddell T E，et al. Enumeration of bacteriophages by double agar overlay plaque assay[J]. Methods Mol Biol，2009，501：69-76.

[63] Hyman P，Abedon S T. Practical methods for determining phage growth parameters[J]. Methods Mol Biol，2009，501：175-202.

[64] Wiggins B A，Alexander M. Minimum bacterial density for bacteriophage replication：implications for significance of bacteriophages in natural ecosystems[J]. Appl Environ Microbiol，1985，49（1）：19-23.

[65] Payne R J，Phil D，Jansen V A. Phage therapy：the peculiar kinetics of self-replicating pharmaceuticals[J]. Clin Pharmacol Ther，2000，68（3）：225-230.

[66] Seed K D. Battling phages：how bacteria defend against viral attack[J]. PLoS Pathog，2015，11（6）：e1004847.

[67] 龚梦馨，孙庆惠，张茜茜，等．路德维希肠杆菌噬菌体的分离及生物学特性[J]. 微生物学通报，2019，46（11）：3040-3047.

[68] Wong C L，Sieo C C，Tan W S，et al. Evaluation of a lytic bacteriophage，Φ st1，for biocontrol of *Salmonella enterica* serovar Typhimurium in chickens[J]. International Journal of Food Microbiology，2014，172：92-101.

[69] Da̧browska K. Phage therapy：What factors shape phage pharmacokinetics and bioavailability? Systematic and critical review[J]. Med Res Rev，2019，39（5）：2000-2025.

[70] Choi H S，Liu W，Misra P，et al. Renal clearance of quantum dots[J]. Nature Biotechnology，2007，25（10）：1165-1170.

[71] Majewska J，Beta W，Lecion D，et al. Oral application of T4 phage induces weak antibody production in the gut and in the blood[J]. Viruses，2015，7（8）：4783-4799.

[72] Da̧browska K，Miernikiewicz P，Piotrowicz A，et al. Immunogenicity studies of proteins forming the T4 phage head surface[J]. Virol，2014，88（21）：12551-12557.

[73] Sahin O，Kassem II Z Q，Shen J，et al. Campylobacter in poultry：Ecology and potential interventions[J]. Avian Diseases，2015，59（2）：185-200.

[74] Crotta M，Georgiev M，Guitian J. Quantitative risk assessment of *Campylobacter* in broiler chickens-Assessing interventions to reduce the level of contamination at the end of the rearing period[J]. Food Contro，2017，75：29-39.

[75] Miller R W，Skinner E J，Sulakvelidze A，et al. Bacteriophage therapy for control of necrotic enteritis of broiler chickens experimentally infected with *Clostridium perfringens*[J]. Avian Dis，2010，54（1）：33-40.

[76] Gervasi T，Lo Curto R，Minniti E，et al. Application of *Lactobacillus johnsonii* expressing phage endolysin for control of *Clostridium perfringens*[J]. Lett Appl Microbiol，2014，59（4）：

355-361.
[77] Geng H，Zou W，Zhang M，et al. Evaluation of phage therapy in the treatment of *Staphylococcus aureus*-induced mastitis in mice[J]. Folia Microbiol（Praha），2020，65（2）：339-351.
[78] Shende R，Hirpurkar S，Sannat C. Therapeutic utility of bacteriophage in bovine mastitis[J]. International Journal of Livestock Research，2017，7（10）：141-147.
[79] Skurnik M，Strauch E. Phage therapy：facts and fiction[J]. Int J Med Microbiol，2006：296（1）：5-14.
[80] Hanlon G W. Bacteriophages：an appraisal of their role in the treatment of bacterial infections[J]. International Journal of Antimicrobial Agents，2007，30（2）：118-128.
[81] Albino L A A，Rostagno M H，Hungaro H M，et al. Isolation，characterization，and application of bacteriophages for *Salmonella* spp. biocontrol in pigs[J]. Foodborne Pathogens and Disease，2014，11（8）：602-609.
[82] Callaway TR，Edrington TS，Brabban A，et al. Evaluation of phage treatment as a strategy to reduce Salmonella populations in growing swine[J]. Foodborne Pathog Dis，2011，8（2）：261-266.
[83] Jamalludeen N，Johnson R P，Shewen P E，et al. Evaluation of bacteriophages for prevention and treatment of diarrhea due to experimental enterotoxigenic *Escherichia coli* O149 infection of pigs[J]. Veterinary Microbiology，2009，136：135-141.

第 13 章 药剂技术用于减抗、替抗

13.1

缓控释技术用于减抗、替抗

13.1.1 概述

缓释制剂（sustained release preparations）是使药物以非恒定的速度缓慢释放以达到延长药物有效作用时间，使药物的效果达到最大化的制剂。控释制剂（controlled release preparations）是主要通过扩散控制或降解控制系统使药物在特定时间内以预设的恒定速度释放从而使血药浓度保持在有效浓度范围内的制剂[1]。缓控释技术在 20 世纪 40 年代末至 50 年代初被用于药物传输系统（drug delivery systems，DDS）的开发[2]，口服缓控释技术是由定时释放技术、定位释放技术、定速释放技术三种释药类型的技术组成[3]，这项技术当时最重要的目的是减少给药次数，在治疗时维持血液中的药物处于稳定水平[4]。

自 2018 年我国重点推进兽用抗菌药减量化行动以来，缓控释技术在我国畜牧兽医行业越来越受关注。通过对抗菌药药物剂型的改变，控制药物的释放速率、减轻不良症状、增强药物作用时间及疗效，使药物的使用频率降低或用量减少是减抗的一个重要思路。缓控释技术在减抗、替抗方面有很多优点，如：提高药物的生物利用度、增强药物疗效、降低患者对药物的依赖性等[5]；可通过控制药物释放速率来使药物在组织中的浓度达到稳定水平，对于治疗谱较窄的药物可以大大降低药物的副作用，对于广谱药物则可以通过缓释或控释对其作用部位进行持续递送[4]。

由于缓控释技术制剂具有使用方便、药物释放平稳、毒副作用小，能够进行定时、定位、定量精准投放等特点，可使药物在临床上发挥更好的疗效，是一种具有广阔市场前景的技术。通过缓控释技术的推广使用、深入研究，可为研发兽用抗菌药物替代物贡献力量。

本节主要从制备缓控材料、制备技术、质量评价、影响制备质量的因素、应用及展望几个方面进行阐述。

13.1.2 制备缓控材料

药物的缓控释作用通常与多种因素有关，其中材料的选择尤为关键。制备缓控释制剂的材料应具有良好的成型性、稳定的理化性质、使用剂量少但作用强、较好的生物安全性、具有生物相容性和生物降解性、不影响药物疗效、能与多种药物配伍使用等特点。

缓控材料按来源可分为天然与合成高分子材料。天然高分子材料主要有海藻酸盐(alginate)、甲壳素（chitin）及其衍生物、果胶（pectin）、蛋白质类等；合成高分子材料主要包括聚酯类、聚酸酐（polyanhydrides）、纤维素衍生物、黄原胶（xanthan gum，

XG)、卡波普（carbopol）、脂质体（liposome）、聚乙二醇（polyethylene glycol，PEG）等。

13.1.2.1 天然高分子材料

（1）海藻酸盐 海藻酸盐是一种具有线性结构的天然多糖，具有由(1-4)-β-D-甘露糖醛酸（M）及其C-5差向异构体α-L-古罗糖醛酸（G）的亚基组成的化学结构[6]。二价阳离子可以与两条相邻聚合物链的G嵌段特异性结合，相互交联形成一种三维网络状结构，该结构决定了海藻酸盐的溶胶-凝胶转变特性。由于海藻酸盐具有与细胞外基质结构的相似性、无毒性、可生物降解及在温暖环境中易于凝胶化等优点，因此在医药领域中得到广泛的应用[7]。一般采用分子量较低、钙含量较低的海藻酸盐作为制备缓控释制剂的辅料。

（2）甲壳素及其衍生物 甲壳素作为一种天然的氨基多糖高聚物，是地球上仅次于纤维素的第二丰富的生物聚合物[8]，具有廉价易获得的优点。其主要衍生物为脱乙酰甲壳素，又名壳聚糖（chitosan，CS），是一种天然的阳离子多糖，可通过甲壳素脱乙酰化得到[9,10]，壳聚糖是用于制造纳米粒子的十分有希望的生物聚合物候选者之一，它具有一些独特的优势，如药物释放受控、黏膜黏附特性、渗透增强作用、原位凝胶特性、转染改进特性等[11,12]。甲壳素及其衍生物具有化学性质稳定、高亲水性、生物相容性和生物降解性等有益特性，这些良好性能决定了它在药物缓释控释领域中具有非常广阔的应用前景。

（3）果胶 果胶是主要由半乳糖醛酸通过α-1,4-糖苷键连接而成的多聚物，是一种杂多糖，呈弱酸性，耐热性强，此外还含有鼠李糖、半乳糖和阿拉伯糖等。按甲基酯化程度或甲氧基含量的高低，可将其分为高甲氧基果胶或低甲氧基果胶。随着甲氧基含量的增大，果胶的溶解度随之减小。其钙化衍生物果胶钙是由果胶中游离羧基与钙离子反应而成，果胶中的甲氧基含量越低，游离羧基越多，越容易与钙离子反应生成果胶钙，随着钙化度的提高，果胶钙的溶解度随之降低。通过适当控制果胶中甲氧基的含量和果胶钙的钙化度可以控制果胶和果胶钙的溶解度。从易于获得和生物相容性等角度来看，果胶在缓控释制剂的制备中具有巨大的应用潜力。

（4）蛋白质类 在过去的几年中，基于蛋白质制备的纳米粒子被广泛用于纳米药物递送系统[13]。例如，以白蛋白（albumin）为基质的纳米级微粒，安全无毒，无免疫原性，并且对药物具有良好的缓控释特性。将蚕丝脱除外层丝胶后可以得到丝素蛋白（silk fibroin），该蛋白同样具有出色的生物相容性、可调节的生物降解性及可控的结构性能，并且用丝素蛋白开发生物材料的工艺条件温和、环保、操作简单。目前利用丝素蛋白制造药物缓释制剂等已取得了一系列研究成果，显示了丝素蛋白巨大的应用潜力。

13.1.2.2 合成高分子材料

（1）聚酯类 聚酯类是一类安全无毒、具有良好生物相容性的生物可降解高分子材料，其中应用最广的有聚乳酸（polylactide，PLA）、聚乙交酯（polyglycolide，PGA）、聚乳酸-羟基乙酸共聚物（PLGA）和聚羟基丁酸酯（polyhydroxybutyrate，PHB）等。

聚乳酸（PLA）、聚乙交酯（PGA）及其共聚物在动物体内可以被降解为乳酸，最终以水和二氧化碳的形式排出体外。聚乳酸-羟基乙酸共聚物（PLGA）是一种具有疏水性的聚合物[14]，无毒、无刺激性、可完全生物降解，并具有良好的生物相容性、可塑性和控释作用等独特的性能，广泛用于多种缓控释制剂，能持续地释药达数日或数月之久。

聚羟基丁酸酯（PHB）是一类由微生物产生的生物聚合物，与传统塑料相比，聚羟基丁酸酯不会在环境中释放任何有害残留物，具有良好的生物降解性和生物相容性[15]，在医疗领域、包装行业、纳米技术和农业等领域均具有非常广泛的应用。

（2）聚酸酐 聚酸酐（polyanhydrides）是由乙酸酐与二元酸反应生成的混合酸酐聚合物在高真空熔融条件下发生缩聚反应，脱去乙酸酐而得到的产物。作为一种无毒、可生物降解的疏水聚合物，聚酸酐在降解时表现为表面溶蚀性，这种特性是控制药物释放的基础。

（3）纤维素衍生物 纤维素是一种天然高分子化合物，通过对其进行化学处理，可以得到一系列的纤维素衍生物。其中，纤维素醚是由纤维素制成的具有醚结构的高分子化合物，此类衍生物具有生物降解性优良、无生物毒性、价格低廉等特点，多年以来被广泛应用于缓控释药物制剂中。纤维素醚产品包括乙基纤维素（EC）、羟乙基纤维素（HEC）、羟丙基纤维素（HPC）和羟丙基甲基纤维素（HPMC）等。

（4）黄原胶 黄原胶又名汉生胶，是由具有两个甘露糖侧链的1,4-连接的β-D-葡萄糖骨架和一个葡萄糖醛酸分子组成的生物高分子多聚糖，由黄单胞菌通过葡萄糖或蔗糖发酵而得[11,16]。黄原胶是一种独特的亲水胶体，由于其出色的理化特性、生物降解性和无毒特性，在先进的药物输送、蛋白质输送、组织工程和食品包装等应用中表现出巨大的潜力[17]。即使在低浓度下，黄原胶也可使液体的黏度大幅增加，对难溶性药物和易溶性药物皆具有良好的缓释作用。并且它在较大的pH值和温度变化范围内均具有高度稳定性，能够与多糖和阳离子（如壳聚糖）形成复合物[18]。

（5）卡波普 卡波普又称为卡波姆（carbmer），是一种高分子量丙烯酸的交联聚合物[10,19,20]。作为一种新型的高分子亲水性材料，卡波普具有良好的缓释性能、黏膜黏附特性和特殊的pH依赖性。卡波普在多种药物的缓控释制剂中具有十分广阔的应用前景。

（6）脂质体 脂质体又称为类脂小球，是一种人工膜，由类脂质双分子层构成的小囊泡可将药物包封于其中。脂质体作为载体将药物包裹后，可改善药物的理化性质，改变药物在体内的分布，提高药物靶向性、安全性和药物疗效，降低刺激性和毒性。

13.1.3 缓控释制备技术

制备缓控释制剂常用的技术方法有膜包衣技术、骨架技术和渗透泵技术三种。根据所需药物释放速度以及临床给药途径等的不同，可以选用不同的制备技术。

13.1.3.1 膜包衣技术

膜包衣技术是制备缓控释制剂常用的技术之一，其可通过包衣膜控制药物扩散到胃肠液的速度，控制和调节制剂中药物的释放速度[21]。药物的性质、包衣材料的种类、包衣厚度以及衣膜的组成和制造工艺等是决定制剂缓控释效果的主要因素。

氧氟沙星是一种氟喹诺酮类抗菌药，易溶于胃酸性环境，但在肠道的中性或微碱性环境中容易沉淀，这影响了其在肠道下部的吸收。Qi等[22] 开发了一种漂浮片剂，其通过亲水性聚合物（羟丙基纤维素）与泡腾剂（碳酸氢钠）结合的压缩包衣技术来实现对氧氟沙星释放速率和位置的同时控制，并且他们还在包衣层中加入海藻酸钠以调节药物的释放速率。此外，动物口服生物利用度试验表明，与市售普通释放片 TaiLiBiTuo 相比，给予氧氟沙星漂浮片后的相对生物利用度为 172.19%，并且缓控释漂浮片剂可以在不增加血浆浓度波动的情况下提高生物利用度。此外，Li 等[23] 为了获得恩诺沙星最佳的缓控释性能，通过选用不同的包衣材料，对体外释放进行评价。试验结果表明，使用了不同包衣材料的恩诺沙星药物颗粒的释放速度显著小于未使用包衣材料的药物颗粒。

13.1.3.2 骨架技术

骨架技术是药物与一种或多种惰性固体材料（如羟丙基甲基纤维素）通过压制或融合技术制成片状、小粒等形式制剂的技术[24]。其中，骨架材料的用量、组分等对骨架型缓控释制剂的释药速率影响较大。彭芝萍[25] 制备了三七总皂苷骨架缓释片，考察辅料因素对释药能力的影响，结果表明，骨架材料羟丙基甲基纤维素用量越大，黏度越大，其释放速率越小；在骨架材料中添加不溶于水的辅料时，缓释片的释放速率显著减小。

多层骨架片是一种新型骨架片，它通常分为主药层和屏障层两部分，主药层和屏障层的相对位置可灵活搭配。欧前胡素（IMP）是中草药当归中的一种活性化合物，为了降低 IMP 给药频率并提高其安全性、有效性及依从性，Pan 等[26] 使用各种骨架材料来调节药物释放速率，结果发现，由两种骨架材料组成的二元骨架系统在控制药物释放方面比单一骨架材料效果更好。动物试验结果显示，由 5%羟丙基甲基纤维素（K100M）和 8%卡波姆 934P 组成二元骨架系统的 IMP 缓释片剂在比格犬中显示出持续的血浆药物水平，与普通片剂相比，其相对生物利用度显著提高至 127.25%，缓释效果好。

13.1.3.3 渗透泵技术

渗透泵技术是利用渗透压为驱动力并结合半透膜来控制药物释放速率的一种技术，渗透泵制剂不受胃内 pH 值、食物等的影响，从而避免了血药浓度的大幅度波动，较其他缓控释制剂更为安全有效[3]。

为了控制蓝萼甲素（GLA）的释放以及提高其生物利用度，Yanfei 等[27] 开发了一种新的 GLA 配方，采用自纳米乳化药物递送系统（SNEDDS）对药物进行优化，优化后的 GLA-SNEDDS 通过直接粉末压缩法制备 GLA-SNEDDS 渗透泵片剂，再将 GLA-SNEDDS 渗透泵片剂用于小猎犬，体外药物释放研究结果表明，GLA-SNEDDS 渗透泵片剂显示缓释曲线，90%的药物在 12h 内释放。药代动力学研究显示血液中 GLA 浓度稳定，且其生物利用度显著提高。

渗透泵制剂可以分为单层渗透泵制剂和双层渗透泵制剂，前者多用于水溶性成分，难溶性成分或多成分多制成双层渗透泵制剂[28]。李江等[29] 考虑到银杏叶总黄酮中含有槲皮素、异鼠李素等多种成分，若将其制成单层渗透泵片，则药物释放不完全，因此选择将其制备为双层渗透泵片。通过对处方进行优化，可使 14h 累计释放量达到 85%以上，克服了不同溶解度的有效部位群释放不完全的难题，并且达到了零级释放的要求。

13.1.3.4 其他缓控释制备技术

固体分散体技术是将难溶性药物以各种形态均匀分散在某一固态载体中所采用的制剂技术[30]。固体分散体技术可以增加难溶性药物溶出度，提高其生物利用度并且延迟吸收，常与渗透泵技术联用制备缓控释制剂。例如，冬凌草甲素的溶解性差，且毒副作用较大、生物利用度低，为了改善上述问题，杜利月等[31] 通过联用固体分散体技术和渗透泵技术，将其制成缓控释制剂。他们通过单因素试验确定了冬凌草甲素单层和双层渗透泵片制剂的最优处方，并比较了二者的体外释药行为。结果表明，二者的最优处方体外释放均符合零级释药模型，均可有效控制药物的缓慢释放，且冬凌草双层渗透泵片效果优于单层渗透泵片。

除了以上几种常见的缓控释制备技术，近几年还出现了生物黏附技术、胃内滞留技术、离子交换技术等[23]。在研发缓控释制剂时，要根据药物的特性、选用的辅料以及可用的设备情况等选择或研发合适的制备工艺。

13.1.4 缓控释质量评价

缓控释质量评价一般包括体外评价和体内评价。

13.1.4.1 体外评价

采用溶出度试验、差示扫描量热法（DSC）、傅里叶变换红外光谱（FTIR）和X射线衍射（XRD）等方法可以对制剂的缓控释质量做出体外评价。

缓控释质量评价最重要的体外评价指标是释放度（也称溶出度）评价。体外释放实验可以筛选缓控释制剂处方并使其质量得到有效控制[32]。溶出度是制药业普遍使用的一种表征测试，用于指导产品设计和控制产品质量。通常情况下，溶出度测定是固体剂型、透皮贴剂和悬浮液以及其他产品必须进行的性能测试。

差示扫描量热法（DSC）通常是药物热分析技术的首选，因为它能够提供有关物质的物理和能量特性的详细信息。了解药物及其配方对热应力的反应是开发稳定药物产品的重要组成部分。因此，热分析方法已成为现代药物开发的重要工具[33]。

傅里叶变换红外光谱（FTIR）具有较高的分辨率和较大的光谱范围，可以满足制剂的研究需求，通过该法可以了解药物释放的过程和机制[34]。FTIR为药物表征提供了一种高效的方法，特别是在药物释放方面，因为它具有高光谱分辨率和快速采集时间。

X射线衍射（XRD）是一种用于表征晶体材料的强大非破坏性技术。通过该技术可以了解晶体的纹理和其他结构参数的信息，例如平均晶粒尺寸、结晶度、应变和晶体缺陷。XRD目前已广泛应用于药物在固体分散体的缓控释质量体外评价中[35]。

13.1.4.2 体内评价

体内评价是缓控释质量评价的重要一环，其主要意义在于用动物体验证该制剂在体内的控制释放性能的优劣，评价体外试验方法的可靠性，并通过体内试验进行制剂的体内动力学研究，计算各级动力参数，为临床用药提供可靠的依据，主要包括生物利用度和生物等效性评价。其中，生物利用度是指药物被机体吸收进入体循环的相对量和速率，生物等效性研究则是评价同一药物在不同制剂和药型中的吸收利用度[36]。

13.1.5 影响缓控释制剂质量的因素

影响缓控释制剂的缓控性能的因素有：辅料因素、药物因素以及制备工艺因素等。其中，辅料的成分、用量、配比等对于制剂的影响最为突出[37]，且很难通过改变工艺参数进行改善。下面重点阐述各因素对缓控释制剂质量的影响。

13.1.5.1 辅料因素

辅料作为缓控释制剂药物载体，需要具备以下条件：具有高度的生物相容性和生物降解性；可提高药物的治疗效果，增加稳定性和溶解度，减少其毒性；使药物释放缓慢可控。辅料的成分类型、组成比例以及各成分相互作用都可能对缓控性能造成影响，不同温度、pH、离子浓度响应条件下的药物载体缓控性能也会发生变化。Zhao 等[38]发现多臂星形聚乙二醇聚合物用作载体或包封材料时，相比于线性聚乙二醇具有更多优势：其药物负载量和活性靶向能力增加，并可显著提高所携带药物的稳定性，延长血液循环时间。Ochi 等[39] 研究聚乳酸-羟基乙酸共聚物（PLGA）分子量分布差异对醋酸亮丙瑞林微球体外释放曲线的影响，发现微球药物释放取决于 PLGA 载体的分子量和质量分布。Cagil[40] 设计了一种基于含蜡虫胶白蛋白的新载体，结果表明药物可与载体通过非共价相互作用形成稳定的复合物，降低了化疗药物的毒副作用，有助于药物从系统中受控释放。

13.1.5.2 药物因素

缓控释制剂中的药物释放量主要与药物负载量和持续释放时间等因素相关。Kocaaga 等[41] 通过分子动力学模拟以预测受控药物的负荷浓度，结果表明药物浓度过高可能影响载体的交联导致药物爆发释放。药物负载量也与其溶解度相关，对于水溶性较差的药物，可通过改变药物载体增加其水溶性及生物利用度。Sahu 等[42] 使用聚合物胶束作为纳米载体，提高了姜黄素的封装率，实现其对癌细胞的靶向作用，使其可在循环中长时间保持较高的药物浓度。Yang 等[43] 成功研制出了含有药物和压敏黏合剂（PSA）的新型长效控释透皮贴剂，研究结果表明药物与压敏黏合剂之间的离子氢键强度、药物-聚合物之间的分子相互作用和迁移率对新型长效控释透皮贴剂的药物负载能力和释放速率具有重要影响。

13.1.5.3 工艺参数

不同制备工艺会影响制剂中的有效成分和辅料的粒径分布或孔隙率等，从而影响药物释放的程度和时间。Zu 等[44] 通过 4D 打印聚（*N*-异丙基丙烯酰胺）（PNIPAM）水凝胶胶囊，实现了根据个体需求自由负载药物类型和制剂到水凝胶胶囊中，可以在环境温度变化的基础上自主控制其药物释放行为。Jiang 等[45] 通过同轴静电纺丝法制备了芯-鞘结构的纳米纤维，利用两种聚合物赋形剂的特性实现了双相药物释放，42.3%的药物快速释放，57.7%的药物在 10h 内持续释放。Kooji 等[46] 的研究表明核壳微囊可独立调整核心和壳的组成和尺寸，减少药物初始爆发释放，延长药物释放时间，通过添加壳层从而增加药物负载量，还可将两种或多种不同功能和性质的药物共同递送，导致药物顺序或平行释放，提高治疗效率。Gioumouxouzis 等[47] 通过 3D 打印技术在含有药物的渗透核心上覆盖醋酸纤维素作为外壳部分，实现了药物从剂型中延迟释放，可有效改善包封率。

13.1.6 缓控释技术在减抗、替抗中的应用

13.1.6.1 缓释片剂和胶囊

口服片剂是最常见且最简单方便的给药方式，通常是以适当的赋形剂压缩药物粉末制成的，这些赋形剂在服用时可促使药物在体内快速释放。常规片剂的缺点是药物释放迅速，难以维持多组分药物释放。许多基于药物控释的技术，如基质片剂、多层片剂、三维（3D）打印片剂等，已经开发或正在开发，以克服传统片剂存在的缺点。

随着科学的进步与制药工艺的发展，口服剂型也不断更新换代，缓控释的口服制剂已经广泛应用于临床。从美国食品药品监督管理局（FDA）药品橙皮书数据库可查到，雅培（Abbott）公司的克拉霉素缓释片（商品名 Biaxin XL）已获得 FDA 批准，用于治疗成人轻至中度社区获得性肺炎。本品的不良反应较少，比克拉霉素片引起的胃肠道症状轻，克拉霉素体内浓度稳定，其制剂具有普遍生物等效性。

胶囊剂是指药物或与适宜辅料充填于空心硬胶囊或密封于软质囊材中制成的固体制剂，具有可掩盖药物不良气味，提高药物稳定性；可延缓药物释放或定点释放药物；药物生物利用度高等特点。胶囊具有两种类型：具有固体填充配方的硬明胶胶囊和具有液体填充或半固体填充配方的软明胶胶囊，例如维生素 E、咳嗽制剂等。将缓释型颗粒、小片、微丸或微粒等填装入普通明胶胶囊壳或具有特殊功能的胶囊壳制成的缓控释胶囊剂，是口服缓控释制剂的重要类型。与片剂相比，胶囊剂具有计量准确、释药特性重现性好、个体差异小、工艺简单易控、防潮避光、有效保护内置药物等优点。左氧氟沙星有一定光敏性，光照条件下易降解，因此顾鹏飞等[48] 以减小给药频率，减轻血药浓度峰谷波动为目的，研制了主药含量 150mg，12h 缓慢释放的左氧氟沙星缓释胶囊。

贺芬等[49] 采用挤出造粒、气流包衣法制备头孢氨苄缓释胶囊，所制得颗粒的体外释放以及人体内的药动学试验结果证明，由该法制得的头孢氨苄缓释胶囊的日服二次给药可以达到普通胶囊的日服三次给药效果，维持有效血浓度的时间为普通胶囊的 2.33 倍。

13.1.6.2 新型技术的应用

除普通的缓释片剂和胶囊外，新型制剂技术也广泛应用于抗菌药缓控释制剂的研究中，以期实现更有效的减缓或控制药物的释放。如应用于氨基糖苷类、喹诺酮类等抗菌药包载药物的脂质体、纳米粒等能够达到定位给药的目的，实现靶向给药，改善药物体内生物利用度，减少药物毒副作用，起到提高治疗效果的作用。

纳米药物载体可靶向递送抗菌药物并维持抗菌药物的浓度，通过吞噬细胞胞吞，将抗菌物质带入真核细胞，从而杀灭细胞内的病原体，以上特点使其作为抗菌药物载体具有较大潜力。多种纳米尺寸的材料，如金属纳米粒子、脂质体、树枝状聚合物、聚合物纳米粒子和碳纳米管，可以提高活性物质的性能，如控释性、降低全身毒性、药物靶向性[50]。脂质体可以很容易地与靶向平台（如抗体、蛋白质或酶）结合，从而允许生物活性化合物特异性地直接递送到感染部位[51-53]。更重要的是，一些基于脂质体的制剂已被 FDA 批准用于临床，或正在进行临床试验，证明了其治疗潜力以及后续制剂快速批准的可能性。

根据 Basseti 及其合作者的综述，已经针对包括铜绿假单胞菌和分枝杆菌属在内的多种病原体开发了负载有多种抗菌药（阿米卡星、环丙沙星和妥布霉素）的脂质体气溶胶制

剂[54]。此外，为了提高耐多药细菌引起的肺部感染的治疗效果，正在考虑在同一脂质体制剂中联合使用两种抗菌药的可能性。Wang 和合作者在体外针对铜绿假单胞菌的临床分离物测试了黏菌素和环丙沙星的脂质体干粉吸入制剂的治疗潜力[55]。

脂质体是多功能的药物载体，可用于解决药物溶解性、不稳定性和快速降解等问题。它们能够保护药物免受免疫灭活[56]，并以控释的方式将抗菌药直接递送到感染部位。此外，脂质体脂质双分子层可能允许与细菌细胞壁直接相互作用或融合，增加细菌内的抗菌药浓度，从而有助于改善负载抗菌药的治疗效果[57]。脂质体封装的抗菌药已被证明可以克服某些微生物耐药机制，例如外排机制和酶降解机制等。

Davis 等[58] 将青霉素 G 封装在阳离子脂质体中，可靶向金黄色葡萄球菌的生物膜，在低药物浓度和短时间暴露的情况下，显著增强了抗菌药抑制金黄色葡萄球菌生物膜的生长的作用。

另外，纳米技术为药物给药和递送提供了新的途径[59]。纳米药物因其独特的结构、化学等特性而具有众多优势。例如，纳米药物具有较大的比表面积，增加了药物溶解度和胃肠道接触面积[60]。同时还可以进一步修饰纳米载体以改善包封药物的递送、渗透和控释特性，从而实现提高药物的生物利用度、减少不良反应、降低耐药性、缩短治疗时间、减少用药剂量和降低成本等理想特性。

大量研究表明，纳米抗菌药在克服多种胃肠道屏障，提高药物稳定性、溶解度和口服生物利用度方面具有优势。迄今为止，一些新的功能纳米材料如纳米硒已经在抗菌药给药的其他途径中得到了探索，这些都为学者们深入探索和设计方便有效的口服纳米抗菌药提供了更多的选择。

13.1.7 展望

缓释和控释制剂越来越受人们的关注，其巨大的市场潜力和广阔的发展前景，推动着医药产业的迅猛发展。自 20 世纪 70 年代国外便开始了抗菌药缓控释制剂的研发工作，目的在于实现减慢药物的释放速率，产生药理屏障，减轻药物的不良反应，提高抗菌药药物的有效性、安全性以及使用的顺应性。我国对于缓控释制剂的药物研究起步较晚，缺乏深入、有力的基础理论支持，对于药物动力学和不良反应等相关内容的研究尚处于起步阶段，因此报道的数量较少，但值得一提的是，中药新剂型在促进生物利用度、提高制剂质量和减少不良反应等方面能发挥较好的效果。

缓控释制剂技术在兽药研发中起着重要的作用，改进以往的制剂制备方法，以定时、定速、定位的释药技术制备更有效、更安全的缓控释制剂，这正是其价值所在。缓控释技术与其他药物制剂技术，如固体分散体技术、脂质体技术、微囊技术等联用，不仅可以提高药物的理化性质，提高药物稳定性，同时保护有效成分、控制释放速率、提高生物利用度、减少用药次数和用药剂量，达到更优的治疗效果。

当前缓控释制剂的理论和技术已日渐成熟，医药科技研究人员用各种技术工艺将抗菌药等制成多种剂型的缓控释型药物，不断完善的兽药缓控释药剂型将会在畜牧业生产中发挥重要作用，在兽医药学领域将会有更广阔的应用前景。

13.2

纳米技术用于减抗、替抗

13.2.1 前言

抗菌药是指能够抑制或杀灭细菌，用于预防、治疗感染的药物。自 1928 年亚历山大·弗莱明发现青霉素以来，越来越多的抗菌药被发现并广泛用于抗菌感染治疗[61]。20 世纪 30 年代至 60 年代被称为抗生素的“黄金时代”，在这个时期中涌现出大批抗菌药，但在之后几十年间新发现的抗菌药种类大幅减少，并且传统抗菌药的过度使用导致细菌产生了严重的耐药性[62]。细菌耐药性的产生加重了对动物健康的威胁，使得细菌性疾病的发病率及死亡率攀升。同时，也严重威胁着畜禽水产品质量安全和公共卫生安全。2015 年，世界卫生组织（WHO）宣布将微生物（细菌、寄生虫、病毒和真菌）抵抗抗菌药物的能力，即抗微生物药物耐药性（AMR）列为全球十大健康威胁之一[63]。细菌通过降低膜通透性、产生灭活酶、形成生物膜等多种方式来抵抗抗菌药物作用。想要降低细菌耐药性威胁，就需要寻找具有新型的抗菌机制或能对已有抗菌药物进行制剂类型改变以提高抗菌效果的新方案。

纳米技术，即对纳米级材料的研究及运用。纳米材料具有独特的物理、化学和生物特性，在降低细菌耐药性方面具有显著优势，能有效提高抗菌药物的抗菌能力。研究表明，纳米材料可通过破坏细菌的细胞壁和细胞膜、产生活性氧（ROS）、损伤胞内物质以及对抗生物膜等机制来降低细菌耐药性。因此，将纳米技术运用于抗菌药物制剂的开发，可为降低细菌耐药性提供新途径。下面将从纳米技术的发展历史及其对细菌耐药性消减的作用进行总结，为细菌耐药性的降低提供可能的解决方案。

13.2.2 纳米技术发展历程

纳米结构的运用最早可追溯至公元四世纪。古罗马人利用双色玻璃制备而成的卢奇格斯杯被认为是最古老的纳米工艺产品之一，其在不同照明条件下会发生颜色变化[64]。当白光反射于其上时呈绿色，而当白光透过它时则呈现红色。直至 1990 年科学家利用透射电子显微镜对其进行分析，该现象才得以解释。这种双色性是由玻璃内存在银纳米颗粒和金纳米颗粒所致，前者通过光散射使得玻璃呈现绿色，而后者则借助光吸收使玻璃呈现红色[65]。

现代纳米技术是 1965 年诺贝尔物理学奖获得者理查德·费曼（Richard Feynman）的智慧结晶。在 1959 年加州理工学院的美国物理学会会议上，他发表了题为“底部有很多空间”的演讲[66]，其中他介绍了在原子水平上操纵物质的概念，并描述了一个利用微型元件来构建分子水平仪器的愿景[67]。这正是对纳米概念的首次引入。而直至 1974 年，术语“纳米技术”才被日本科学家谷口纪男首次定义并使用，即“纳米技术主要由一种原子或一个分子对材料的分离、结合和变形处理构成”[64]。

1981年，物理学家Gerd Binnig和Heinrich Rohrer在IBM苏黎世研究实验室发明了一种新型显微镜——扫描隧道显微镜（STM），并因此获得1986年诺贝尔物理学奖[68]。STM的发明使得人们第一次能够观察并操纵单个原子，极大地促进了纳米尺寸领域的研究发展[64]。随后，原子力显微镜（AFM）、扫描探针显微镜（SPM）等仪器的相继发明更是推动纳米观测及加工研究不断深入。

1991年，具有超强韧性和刚性的碳纳米管（CNT）被发现，其具有携带药物、蛋白质、核酸等治疗分子的能力，并可用于生物成像以及诊断[69]。2004年，He等[70] 在纯化单壁CNT过程中偶然发现了一类尺寸小于10nm的新型碳纳米材料，称作碳点。其因具有一定的惰性、生物相容性、低毒性、耐光漂白性以及易于功能化修饰等优点而成为生物传感、生物成像、光电子、药物递送领域研究焦点[71]。自碳点被发现以后，碳基材料开始成为纳米技术在几乎所有科学及工程领域中运用的重要支柱[64]。

“纳米医学”概念源于纳米技术与医学的融合。2000年，美国国家卫生研究院（NIH）启动了国家纳米技术计划（NNI），政府强大的财政支持有效促进了跨学科研究的展开[72]。在接纳纳米科学术语后，医药研究者便迅速投入新型纳米药物的研究之中[73]。据报道，在过去的数十年中纳米药物领域发展突飞猛进，投入于该领域的研究资金已超过数百万美元[74]。纳米材料易于表面修饰，可通过改变溶解度、提高靶向性、缓释、控释等方式提高药物治疗效果[75]。甚至一些新型纳米材料自身便具备抗菌能力，能与药物产生协同作用以提高疗效。如今，将抗菌药等药物负载于固体脂质基质、聚合物、金属氧化物等载体材料构建的纳米载体系统已成为纳米药物领域研究热点。常见的纳米载药系统包括固体脂质纳米粒、脂质体、聚合物纳米粒、金属纳米粒、胶束聚合物、树状大分子、囊泡和量子点等[76]。

13.2.3 纳米技术减抗和替抗的研究应用现状

13.2.3.1 减抗

将抗菌药物包裹于纳米材料内部，可避免其与外界恶劣环境接触并增加溶解度，实现目标部位抗菌药物浓度的提高，最终促进机体对其吸收利用。这在一定程度上提高了抗菌药物的抗菌能力，降低药物使用量，避免细菌耐药性的产生。Assali等[77] 制备了负载环丙沙星的单壁CNTs，抗菌试验结果表明其对金黄色葡萄球菌、铜绿假单胞菌、大肠杆菌的抗菌活性分别为游离环丙沙星的16倍、16倍、8倍，这种改善可能是由于细菌同单壁CNTs的结合增加了其与环丙沙星的接触量，进而促进环丙沙星进入细菌发挥抗菌作用。Ucak等[78] 将替考拉宁装载于聚乳酸-羟基乙酸共聚物纳米颗粒内部，并用金黄色葡萄球菌特异性配体进行接枝，该纳米颗粒对金黄色葡萄球菌的最小抑菌浓度（MIC）相比于游离替考拉宁降低了97%～98%，这导致替考拉宁实际应用浓度降低。由于具有较大的比表面积，载有万古霉素的纳米囊泡可更好分布及吸附于细菌表面，其存在一定缓释作用，因此持续抗菌时间远超游离万古霉素，同时其对普通金黄色葡萄球菌以及耐甲氧西林金黄色葡萄球菌的MIC相比游离万古霉素分别降低

87%和94%[79]。抗菌活性持续时间的延长和MIC的降低，减少了万古霉素的有效治疗剂量以及给药频率。萘夫西林是治疗耐甲氧西林金黄色葡萄球菌感染的主要药物，由于用药剂量大、给药频率高以及机体耐受性差而临床应用受限。Alavi等[80] 以聚乙二醇接枝的脂质体作为萘夫西林载体，该种纳米制剂的MIC是游离萘夫西林的25%，并且减少了萘夫西林50%的毒性作用，动物试验表明其可有效避免肾脏组织的病理学损伤，可有效解决其使用受限的问题。

13.2.3.2 替抗

部分纳米材料自身便具有较强抗菌能力，无须借助抗菌药来治疗细菌性感染。因此，人们尝试直接使用纳米材料替代抗菌药，以期增加对耐药细菌感染的治疗能力。研究表明，通过精确控制金纳米颗粒尺寸可以赋予其一定的抗菌活性，超小尺寸（<2nm）的金纳米簇由于具有高比表面积、可引发细菌代谢失衡以及诱导生成ROS等性质而具备广谱杀菌能力，其在2h内能杀死大约96%的细菌群落[81]。Gurunathan等[82] 所制备的银纳米颗粒对于治疗子宫内膜炎具有强大潜力，该纳米颗粒可诱导细胞产生ROS，通过激发氧化应激来对抗产黑色素假单胞菌、化脓性假单胞菌等耐药细菌，试验结果表明其对前述两种细菌的MIC分别为0.8μg/mL、1.0μg/mL，并且可降低90%以上的细菌生物膜活性。而Makabenta等[83] 合成的聚合物纳米颗粒则被证明能有效穿透双物种生物膜且靶向生物膜基质中的细菌，其具优于庆大霉素的广谱杀菌能力，生物膜最低杀菌浓度为8～16μmol/L，为对抗临床混合微生物生物膜感染提供了新方案。Rutkowski等[84] 使用无毒化合物合成的可降解的银纳米颗粒箔，对从猫、狗和马等动物口腔中分离出的细菌均存在一定的生长抑制作用，抑制效率从71.43%～100%不等，可用于制备现代敷料、凝胶、牙膏以及兽医冲洗液等。

13.2.4 纳米技术抗菌机制

13.2.4.1 损伤细胞壁及细胞膜

作为单细胞生物，细菌在生长和分裂过程中必须始终保持细胞壁及细胞膜结构完整性，它们是细菌抵抗抗菌药物的重要物理屏障[85]。革兰氏阳性菌细胞壁中的磷壁酸和革兰氏阴性菌细胞膜中的脂多糖均具有磷酸基团，它们使得细菌表面呈现负电荷[86]。研究表明，细菌表面所携带的负电荷要多于动物细胞，这有利于带正电荷的材料优先与其进行静电相互作用[87]。纳米材料表面电荷密度的高低是其选择性破坏细胞壁及细胞膜的重要因素。带有高正电荷的纳米材料可通过静电相互作用大量结合于细菌表面，通过破坏细菌细胞壁及细胞膜结构从而导致细菌内容物流失，同时借助胞吞作用以促进药物进入细菌，增加所含抗菌药物的局部浓度，最终增强对耐药菌的活性。例如，Guo等[88] 用质子化伯胺修饰低分子量聚合物并通过自组装形成具有高正电荷密度的有机纳米粒，其可导致细菌表面呈现破碎、倒塌及残缺状态，在治疗感染伤口方面的效果显著优于庆大霉素。由两种季铵盐前体合成的荷载左氧氟沙星的碳点亦可借助静电相互作用吸附于细菌并诱导细胞膜发生穿孔及破裂，其对金黄色葡萄球菌、大肠杆菌、铜绿假单胞菌等细菌的MIC值均仅为左氧氟沙星溶液的50%，且使金黄色葡萄球菌或大肠杆菌感染伤口的减少面积显著大于盐酸左氧氟沙星使两种菌感染伤口的减少面积[89]。Weldrick 等[90] 将四环素和盐酸林可霉素封装于聚丙烯酸纳米凝胶载体中，通过阳离子聚电解质对其表面进行功能化修饰后可在细菌细胞壁上累积并局部释放药物，通过实现抗菌药在局部的高浓度积累以抑制外排泵对抗生素的主动清除作用，从而有效对抗耐药菌感染。

13.2.4.2 产生活性氧（ROS）

ROS 是细胞氧化代谢过程的副产物，包括超氧阴离子（O_2^-）、单态氧（$^1O_2$）、过氧化物（O_2^{-2}）、过氧化氢（H_2O_2）、羟基自由基（OH•）和羟基（OH^-）等，影响着细胞的分化、信号转导、存活及死亡。纳米材料引起 ROS 产生的机制包括从纳米材料中直接产生 ROS、与细胞内细胞器发生相互作用产生 ROS、同具有氧化还原活性的生物分子（如 NADPH 氧化酶）相互作用以氧化生成 ROS 等[83]。过量 ROS 对多数革兰氏阳性菌和革兰氏阴性菌均具有较好的抗菌作用，可用于多重耐药菌所引起的感染控制及治疗[91]。研究表明，ROS 常以干扰细菌细胞壁的稳定、蛋白质合成和 DNA 复制为主要机制。一方面，通过过氧化物和羟基自由基与蛋白质中的硫醇反应，使细胞表面受体失活[87]。另外，亦可通过氧化 dCTP 和 dGTP 池导致 DNA 双链断裂，引起细菌 DNA 的损伤[92]。此外，ROS 还可有效抑制细菌生物膜形成并破坏已建立的生物膜[93]。Nandita 等[94] 通过热共还原法合成银纳米颗粒，可增加细菌内 ROS 的含量，导致细胞膜去极化并最终破坏细胞壁，他们认为 ROS 的产生可能是由于受损质膜中呼吸链的电子传输受阻。Hui 等[95] 将谷胱甘肽保护的金纳米簇封装于沸石咪唑盐骨架-8 中，该纳米复合物显示出较强的 ROS 生成能力，可对细胞成分造成氧化损伤，在 60min 光照射后可完全灭活细菌。以木质素为基质合成的银-金双金属纳米复合物可诱导细菌和真菌产生大量 ROS，通过氧化应激可引起细菌细胞膜及 DNA 损伤，进而杀伤细菌，其对细菌生长的持续抑制时间超过 36h[96]。

13.2.4.3 损伤细胞成分

除促进 ROS 生成以外，纳米材料还可通过直接损伤细菌蛋白质、DNA 等细胞内成分，干扰细胞胞质状态及胞内信号通路，影响细菌细胞代谢，最终导致细菌死亡。常见破坏机制包括改变细菌基因表达、造成 DNA 损伤以及干扰蛋白质的合成[87]。据报道，银纳米颗粒可与由不同碱基对组成的哺乳动物及细菌 DNA 结合，Pramanik 等[97] 向固定浓度银纳米粒中添加不同量 DNA 并监测其于 400nm 处的吸光值变化，结果呈现明显的减色效应，这意味着随着 DNA 浓度的增加，更多银纳米颗粒与之结合。Zhao 等[98] 用 4,6-二氨基-2-嘧啶硫醇对金纳米粒进行功能化修饰，该纳米颗粒可有效抑制大肠杆菌及铜绿假单胞菌中多重耐药菌株的增殖。这是由于纳米颗粒一方面可选择性螯合膜上 Mg^{2+}，进而破坏细胞膜，导致细菌核酸泄漏至胞外；另一方面还可与细菌核糖体及染色体结合，干扰 DNA 的复制、转录以及蛋白质合成。Huang 等[99] 将血小板膜包裹负载有万古霉素的纳米颗粒用于抗菌实验，其可显著降低 F 型 ATP 合酶活性，ATP 水平的降低使得细菌代谢能量不足，进而引起细菌死亡，其在降低细菌 ATP 水平能力方面要明显优于空载纳米粒及万古霉素溶液。研究表明，铋离子可抑制参与三羧酸循环的延胡索酸酶，并干扰氨基酸、脂肪酸及核苷酸代谢，从而引起细菌内外游离氨基酸和其他代谢物（尿嘧啶、甲酸、乙酸盐等）含量变化[100]。Nazari 等[101] 制备了羧基封端的铋纳米粒，干扰三羧酸循环、核苷酸和氨基酸代谢，并显示出抗幽门螺杆菌活性。

13.2.4.4 对抗细菌生物膜

细菌耐药性可同时在细胞和群落水平上发展。在细胞水平上，细菌耐药性通过自发的基因突变或细菌之间抗菌药耐药性基因水平转移所引起；而在群落水平上，基于适应性和自然耐受性，细菌从自由生活的生命形式（即浮游生物）转变为固着的多层次群落（即生物膜），进而对抗菌药物产生抵抗力[102]。生物膜由多糖、蛋白质、脂质以及胞外 DNA 等胞外聚合物构成复杂基质，可避免或延缓吸收抗菌药[103]。同时，其包含的“休眠细胞”由于低代谢活性和生长缓慢，对传统抗菌药具有内在抗性[102]。此外，生物膜由于其内部细菌的结构稳定性和紧密邻近性而成为水平基因转移的理想生态位，膜内各细菌之间可互相交换耐药基因[104]。纳米颗粒由于其具有可调节表面电荷以及小粒径等特性，可用作载体以增加抗菌药物在生物膜上的渗透性，也可通过光热转换等物理或生化机制，阻碍生物膜形成或降解成熟生物膜[105]。He 等[106] 制备的高效光热纳米粒子可用于快速根除细菌生物膜，其具有较强光热转化能力，在光照条件下可使基质中蛋白质、多糖以及细胞外 DNA 等黏性成分失活，从而导致成熟生物膜解体。由 Makabent 等[83] 制备的聚合物纳米粒用于双菌种生物膜上，对生物膜活力和生物量进行测定，结果表明纳米粒以剂量依赖性方式根除细菌并减少生物膜生物量。Husain 等[107] 所制备的氧化锌纳米粒可在生物膜基质中迅速扩散并抑制生物膜基质产生，其导致的大肠杆菌、金黄色葡萄球菌以及铜绿假单胞菌生物膜形成减少量分别为 52.69％、59.79％和 65％。

13.2.5 展望

随着多重耐药细菌的不断增加，细菌耐药性已成为全世界的共同挑战。通过降低细胞膜通透性、表达灭活酶以及形成生物膜等方式，细菌对抗菌药物的耐药性不断增强。耐药性的产生使得传统抗菌药物临床治疗效果降低，而加大治疗剂量又很可能导致机体损伤以及药物残留。因此，寻找降低细菌耐药性的新途径成为研究热点。随着纳米领域研究不断深入，纳米材料借助多种模式来降低细菌对于传统抗菌药物的耐药性。纳米材料可通过破坏细菌细胞壁及细胞膜，增加膜通透性来提高抗菌药物进入细胞内的量并导致细菌内容物流失；亦可直接产生或诱导细胞产生 ROS，通过引起氧化应激来杀死细菌；还能损伤 DNA、蛋白质等胞内成分，以干扰细菌代谢及耐药基因作用。此外，生物膜是细菌抵抗抗菌药物的重要屏障，纳米材料能提高药物在生物膜上的渗透性，干扰生物膜形成并破坏成熟生物膜。由于具有可调性，纳米材料可通过改变粒径、电位以及进行表面修饰来优化性能，这为其在医药领域的运用提供了更为广阔的设计空间，可最大限度提高治疗效果并减少细胞毒性。不过，如何将纳米粒对机体的安全性及长期影响降至最低仍是当前纳米药物临床应用中面临的主要问题之一。同时，研究者们也在不断寻找更具针对性的抗菌纳米材料，以期增强对细菌耐药性的降低能力。相信随着纳米技术的不断拓宽与深入研究，其在降低细菌耐药性方面必将得到进一步发展。

13.3

包合技术用于减抗、替抗

13.3.1 前言

细菌感染是危害动物健康的重要因素，通常动物根据感染部位的不同而呈现不同症状，严重者可发展成败血症或脓毒血症，最终导致动物死亡，影响畜牧养殖业的经济发展。抗菌药物的滥用已经诱导多数细菌对其产生一定耐药性，导致抗菌药物治疗效果下降。而且，通过提高抗菌药物使用剂量来提高抗菌药物治疗效果的同时，不仅容易引起毒副作用，还易导致药物残留。因此，寻找新方案来提升传统抗菌药物的抗菌活性成了药物研究者重要的工作。

包合技术是指在一定条件下，将一种分子完全或部分嵌入另一种拥有空穴结构的分子内部[108]，通过包合技术形成的络合物即称为包合物。以传统抗菌药物作为客体分子，利用包合技术与价格低廉的环糊精等主体分子制备成包合物，改善药物的理化性质和抗菌活性，显示出良好的发展前景。包合物不仅能改善药物溶解性、稳定性，还兼具缓释效果，可有效提高抗菌药物的生物利用度。同时，其还能与细菌生物膜及细胞膜结合，协助抗菌药物穿越细菌膜结构，最终提高抗菌药物对细菌的抗菌效果，减少抗菌药物的使用。本节将从包合技术的发展历史及其在减抗、替抗方面的研究应用方面进行总结，以期为兽药研究者提供思路。

13.3.2 包合技术发展历程

1886 年，何茹等[109] 观察到某些挥发性化合物可以与对苯二酚形成包合物，他通过 X 射线衍射发现三分子的对苯二酚可以形成笼状结构，而某些气体或液体分子则被包裹于笼中。

1916 年，德国化学家 Witkop[111] 通过 X 射线分析，观察到胆酸与其亲脂且水不溶性伴侣之间会形成水溶性包合物，如络合胆酸便是由去氧胆酸和脂肪酸形成的包合物，并得出了“胆汁酸原理”，该发现获得了诺贝尔化学奖。

1940 年，翁新楚等[112] 在测量牛奶中脂肪含量时发现正辛醇和尿素在水相与脂相间形成了一种结晶（即尿素-辛醇包合物），在去除牛奶后这种结晶依然可以形成。研究发现，尿素可以与含有 4 个碳原子以上的直链化合物形成结晶型尿素包合物[113]。尿素的这种特性被应用于分离纯化脂肪族化合物，即尿素包合法[114]。

Szejtli 等[115] 于 20 世纪 30 年代开始对环糊精进行研究并于 1953 年获得专利，他们证明了环糊精包合物可以保护易氧化物质不被氧化、提高难溶药物的溶解度以及减少高挥发性物质的损失等。在早期，人们主要针对小分子物质的环糊精包合技术进行研究。随着环糊精在溶液中可与高分子物质产生包合作用这一性能被发现，对于高分子物质的环糊精包合技术的研究也逐渐增多[108]。

20 世纪 50 年代，杜鹏和张永萍[108] 研究阐明了包合现象的固有特性，自此包合技术开始应用于药学领域。1967 年，Izatt 等[116] 合成了冠醚并发现了其与碱性金属阳离子的选择性络合特性。基于 Pedersen 的工作，刘志莲等[117] 开展了一系列关于主-客体化学的研究，认为高度结构化的配合物是合成有机化合物的中心。1968 年，吴成泰等[118] 合成了能与多种金属离子形成包合物的笼状分子，并首次提出“超分子化学”的概念。1987 年，Pedersen、Cram 与 Lehn 一起获得了诺贝尔化学奖。在超分子化学引起人们广泛注意的同时，与超分子主体分子有关的包合技术也开始得到人们的广泛关注与研究[108]。

时至今日，以包合物为基础的药物，尤其是以 β-环糊精（β-CD）为主体、其他药物为客体所制成的包合物已经被广泛研究。

13.3.3 包合技术减抗和替抗的研究现状

包合技术在抗菌药物制剂研制方面主要集中于增强难溶性药物、吸收效率低以及体内停留时间短的抗菌药物的疗效以及提高药物生物利用度，以期减少药物用量，实现减抗并避免耐药性问题进一步发展。例如，Hsiung 等[119] 通过静电纺丝技术将支链淀粉/四环素-环糊精包合物转化成抗菌纳米纤维，该纳米纤维在唾液中易崩解，对革兰氏阳性菌及革兰氏阴性菌的抑菌圈均大于游离四环素，这可能是由包合物形式增加了四环素溶解度所致。甲硝唑作为一种溶解性差的抗菌药，其临床应用受到了一定的限制。Celebioglu 等[120] 将其同羟丙基-β-环糊精（HP-β-CD）制备成包合物以提高溶解性，体外溶出曲线比较结果显示包合物前 30s 的药物溶解量是甲硝唑粉末的 4.2～5.1 倍。万古霉素是目前治疗耐甲氧西林金黄色葡萄球菌感染最有效的抗菌药。Salih 等[121] 利用 β-环糊精（β-CD）和油酰胺构成的两亲性衍生物包合万古霉素以增强其递送，同游离万古霉素相比，该包合物对金黄色葡萄球菌、耐甲氧西林金黄色葡萄球菌的最小抑菌浓度（MIC）分别降至 1/2 和 1/4，并且具有更强的胞内细菌清除能力。

13.3.4 包合技术减抗和替抗的机制

13.3.4.1 提高抗菌药物的稳定性

包合物能将抗菌药物和外部恶劣环境隔开，进而提高药物稳定性。美罗培南作为一种治疗耐药菌感染的常用抗菌药物，化学性质不稳定影响了其临床疗效[122]。美罗培南结构中的羰基是亲核攻击的重要位点，也是导致其化学不稳定性的主要原因。Paczkowska 等[123] 利用 β-CD 制备美罗培南包合物，通过将羰基封闭起来从而提高其稳定性。Ding 等[124] 将恩诺沙星同 HP-β-CD 制备而成的包合物既具有较高溶解度也具备较好稳定性，将其于 4℃环境中密封储存 6 个月，包合物中恩诺沙星的含量并无明显变化。利福平对结核病的治疗功效因其溶解性差以及稳定性低而被限制，通过包合法制备利福平的无环葫芦脲包合物可有效提高其光稳定性。暴露于强光 10d 后，该包合物中利福平含量仍高达 (97.93±0.52)%，而在相同条件下普通利福平含量则降低至 (95.19±0.46)%[125]。纳他霉素在极端 pH 值和光照条件下易被破坏从而丧失抗真菌能力，将纳他霉素封装在甲基-β-环糊精中络合成包合物，可在保留抗真菌活性的同时，有效缓解极端 pH 条件下的降解，并且包合物内纳他霉素在紫外光照射下的保留率也比游离纳他霉素高出 1 倍以上[126]。

13.3.4.2 提高抗菌药物溶解度

某些抗菌药物由于溶解度偏低而无法最大程度发挥其抗菌作用，而通过将抗菌药物制成包合物可提高溶解度，从而减少抗菌药物的用量。包合物空腔内部具有疏水特性，可以避免药物与外部水环境直接接触，这在一定程度上间接增加了疏水性抗菌药物的溶解度[127]。研究表明，用 HP-β-CD 制备的恩诺沙星的包合物，使恩诺沙星的溶解度提高了 916 倍[124]。Topuz 等[127] 运用静电纺丝技术在不需要聚合物载体的情况下制备了具有高溶解度的环糊精/抗菌药包合物纳米纤维。Anjum 等[128] 通过共蒸发法制备漆树酸与 HP-β-CD 的包合物，使漆树酸水溶性提高 2009 倍，并对金黄色葡萄球菌呈现出更高的抗菌及抗生物膜活性。Siva 等[129] 采用超声技术制备了枯茗醛和异丁香酚两种含挥发性精油成分的甲基-β-环糊精包合物，分别使枯茗醛和异丁香酚溶解度提高 10 倍和 12 倍，同时使它们对革兰氏阴性大肠杆菌和革兰氏阳性金黄色葡萄球菌具有更强的抑制作用。

13.3.4.3 提高抗菌药物的吸收及生物利用度

环糊精可通过细胞旁途径和跨细胞途径促进抗菌药物的吸收。一方面，其降低了刷状缘膜囊泡中紧密连接相关蛋白 4(claudin-4) 的表达，通过暂时性破坏紧密连接从而协助药物分子进入细胞间隙及血液。另一方面，环糊精能破坏脂质双分子层刚性并增加膜流动性，提高药物分子的跨细胞转运量[130]。因此，将抗菌药物同环糊精制备成包合物，可改善机体对药物的吸收，进而提高抗菌药物的生物利用度，减少抗菌药物的使用剂量。姜黄素作为一种具有强大抗菌效果的光敏剂，因水溶性低和肠膜渗透性差导致其生物利用度低，这在一定程度上限制了其在临床的治疗效果。Li 等[130] 将姜黄素同环糊精制备成包合物，有效增强了机体对姜黄素的吸收，使其药时曲线下面积（$AUC_{0-\infty}$）增加了 2.6～2.8 倍。Ding 等[124] 利用 HP-β-CD 制备恩诺沙星包合物，其 $AUC_{0-\infty}$ 高达 25.97μg · h/mL，是恩诺沙星溶液的 2.08 倍，显著提高恩诺沙星的生物利用度。阿昔洛韦因饱和吸收机制而存在一定的吸收问题，导致其口服生物利用度仅有 15%～30%，将其包封进 HP-β-CD 中，该包合物的 $AUC_{0-\infty}$ 是阿昔洛韦的 1.5 倍[131]。Fan 等[126] 通过搅拌法制备了氟苯尼考与 HP-β-CD 的包合物，其冻干粉末注射液比氟苯尼考商业注射液吸收速度更快、吸收量更高且消除半衰期延长，提高了氟苯尼考的生物利用度。

13.3.4.4 利用缓释性能增加抗菌药物在体内的作用时间

包合物类似于微型胶囊，具有持续释放抗菌药物的作用，可延长药物消除半衰期。Basaran 与 Bozkir[132] 将盐酸环丙沙星包合进 HP-β-CD 中，使盐酸环丙沙星在 8h 内持续释放[132]。在 37℃下，用于抗大肠杆菌及金黄色葡萄球菌的茴香醛/β-CD 包合物具有 24h 的持续释放作用，但在初始阶段呈现明显的突释现象，在 10h 内释放 50%以上[133]。通过将包合物掺进亲水性聚合物微粒中，可以实现更为优异的药物控释功能。Li 等[134] 制备了含有盐酸多西环素和氟苯尼考的包合物微粒混悬液，在开始的 2h 内呈现突释现象，而后保持一定时间的缓慢持续释放，二者在体内的消除半衰期分别延长了 1.71 倍和 2.17 倍。将氯己定/β-CD 包合物与含有牛血清白蛋白的壳聚糖纳米颗粒于壳聚糖醋酸溶液中混合制备新型热敏水凝胶双重缓释系统，该系统中的氯己定在早期释放 40%，在随后 30d 内持续释放[135]。Rogel 等[136] 将 HP-β-CD 和氟苯尼考的包合物掺入壳聚糖微粒，在 16min 内保持氟苯尼考的持续释放，而氟苯尼考包合物仅在 3min 左右就完全释放。此外，分别将甲硝唑与 β-CD 及 HP-β-CD 的包合物掺进壳聚糖纳米粒内，实现了甲硝唑长达 500min 的持续释放[137]。

13.3.4.5 协助抗菌药物穿越细菌生物被膜

细菌生物被膜也称生物膜，由细菌产生的聚合物基质黏合在一起形成，主要成分为多糖、分泌蛋白以及胞外 DNA[138]。由于持久性细胞形成、适应性应激、高度黏性、有限营养、较少生长代谢活动以及胞外聚合物基质成分等因素，生物膜对抗菌药物具备一定抵抗力，且高度耐受机体免疫系统，能抵抗宿主细胞的吞噬作用[139]。生物被膜的形成引发细菌广泛的适应性变化，使得细菌对传统抗菌药治疗与宿主免疫反应的抵抗力提高近 1000 倍[140]。

包合技术可协助抗菌药物穿透细菌生物膜，提高其抗菌效果。研究表明，HP-β-CD 是具有生物黏附性和生物相容性的生物材料，可以促进包合物黏附在生物膜上[128]。将多西环素与 HP-β-CD 络合形成包合物，可借助环糊精分子与生物膜形成弱相互作用来延长多西环素与放线杆菌间的接触时间，与游离多西环素相比，其 MIC 值降低了 87.5%[141]。Han 等[142] 将二氢卟吩 e6 和 β-CD 合成前药，并与金刚烷封端的基质金属蛋白酶（MMP）敏感肽组装成包合物，通过包合物间的自主装形成 MMP 敏感型超分子纳米粒，该纳米粒在富含 MMP 的生物膜微环境中会发生表面电荷逆转以及粒径尺寸变化，实现了在生物膜中的高渗透与长期滞留，发挥长效抗菌作用。带有正电荷的 γ-环糊精（γ-CD）衍生物能完全穿透细菌生物膜并通过与带负电荷的细胞壁产生相互作用来黏附细菌，其与利福平组成的包合物在降低生物膜中细菌活力方面要比游离利福平高 60%[143]。以明胶与环糊精的共聚物作为主体分子、大黄酸作为客体分子制备的包合物可借助静电相互作用等方式短时间内聚集于细菌的生物膜上，通过增加生物膜对其的摄取量来提高清除细菌的效果，研究表明其对猪链球菌的清除能力是大黄酸的 2.8 倍[144]。

13.3.4.6 破坏细菌细胞膜

细胞膜是细菌的保护性屏障。细菌通过改变外膜孔蛋白等组分的表达水平来降低细胞膜通透性，进而将抗菌药隔绝在外，这是细菌产生耐药性的重要机制之一[145]。研究表明，铜绿假单胞菌的膜通透性比大肠杆菌低 10～80 倍，因此其对多种抗菌药存在抵抗力。同时，孔蛋白表达减少也导致其在短时间内对碳青霉烯类以及头孢菌素类新型抗菌药物产生耐药性[146]。

包合物可直接破坏细菌细胞膜结构，提高膜的通透性，增加药物进入细菌内部的量[147]。研究表明，装载药物的环糊精分子通过与脂质双分子层产生疏水相互作用、氢键等相互作用来改变细胞膜流动性、通透性及稳定性，并导致胞内成分泄漏[148]。Zhao 等[149] 制备了六氢-β-酸与环糊精衍生物的包合物，用其处理金黄色葡萄球菌，细菌细胞膜呈现局部破裂且通透性增大，同时伴有电解质及核酸泄漏。Lin 等[150] 将青蒿素封装至 β-CD 中以增强杀菌作用，该包合物可对耐甲氧西林金黄色葡萄球（MRSA）的细胞膜造成不可逆的破坏，经透射电子显微镜观察到处理后的细胞膜出现明显变形、形态结构不完整。同样，用 β-CD 包封氯己定也显著增强了氯己定的抗菌活性，该包合物可通过同细胞膜中负电荷受体结合以穿透细胞膜并于胞内释放药物，经透射电子显微镜可观察到其引起细菌发生空泡化、渗漏以及膜缺陷等变化[151]。Hay 等[152] 则是将直链淀粉与脂肪胺络合成新型抗菌包合物，研究表明包合物中的伯胺基团可通过氢键和静电相互作用同细胞膜中阴离子磷酸盐基团复合，进而借助疏水基团诱导脂质双分子层重组，破坏细菌细胞膜。

13.3.5 展望

抗生素以及人工合成抗菌药在过去一百年中发展迅速，但如今多数细菌对传统抗菌药物都产生了一定耐药性。由细胞膜通透性下降、生物膜形成、主动外排等机制导致的细菌耐药性已经成为全球共同问题。如何在避免细菌耐药性的同时减少抗菌药物的使用剂量，是当前医药领域的一个重点研究方向。自 1886 年首次发现笼状包合物以来，包合技术一直在不断发展，并于 20 世纪 50 年代开始应用于医药领域。包合物不仅能提高抗菌药物稳定性及溶解度，还能实现持续释放，有效提升抗菌药物生物利用度，减少了细菌性感染治疗过程中药物的使用剂量。更为重要的是，包合物可通过氢键、静电相互作用、疏水相互作用等方式与细菌生物膜、细胞膜结合。这使得生物膜上的药物浓度提高，促进了生物膜对药物的摄取。同时，与细胞膜结合后磷脂双分子层结构将发生改变，导致膜通透性升高，利于抗菌药物穿透细胞膜发挥作用。因此，将抗菌药物制备成包合物可提高其抗菌活性，为实现临床减抗提供新策略。不过，目前包合技术多以环糊精及其衍生物作为主体分子，在其他主体分子领域研究较少。研究者可继续探索能针对性破坏细菌耐药性机制的新型主体分子并将其与传统抗菌药物结合，制备成细菌难以产生耐药性的新制剂。随着包合技术领域研究的不断拓宽与深入，其在减抗和限抗领域必将得到进一步发展。

13.4 微球、微囊技术用于减抗、替抗

13.4.1 概述

微球（microspheres）技术是把药物溶解或分散到天然或合成的高分子材料中，形成骨架型微小球状实体。微球直径大小可在 1～1000μm 之间，通常在 1～250μm 之间。把直径小于 500nm 的称为纳米球或者纳米粒。微囊（microcapsules）是利用天然或合成的高分子材料作为囊膜（囊材），将固态或液态药物包裹成的药库型微型胶囊，通常粒径在 1～250μm 之间。

微球、微囊具有与缓释制剂类似的优点，如长效、缓释、减少给药次数、降低血药浓度峰谷波动等；能掩盖药物的不良气味，改善药物的适口性；提高易挥发或者易氧化的植物提取物药物（植物挥发油类、胡萝卜素）的稳定性；防止药物在胃肠道内被破坏或减小

药物对消化道的刺激；实现将液态药物固态化，便于运输、应用与贮存；可以进一步将其加工成片剂、胶囊剂、注射剂、眼用制剂、贴剂、气雾剂和混悬剂等，增强其临床应用的实用性；克服复方制剂中药物的配伍变化问题；具有靶向性，在体内通过被动分布与主动靶向性结合，使药物在体内所需部位释药，提高药物有效浓度，同时使其他部位药物浓度相应降低，使药物全身毒性和不良反应减小。

由于微球、微囊制剂具有生物相容性好、低毒、低刺激性、免疫原性小等特点，在临床上已凸显较大的优势，在减抗、替抗方面发挥着重要的作用，具有广阔的市场前景，是一种极具潜力的剂型。本节主要从制备微球、微囊的常用材料、制备技术、质量评价和影响制备的因素及在减抗、替抗中的应用这几个方面进行阐述。

13.4.2 制备微球、微囊的材料

制备微球、微囊的材料应具有稳定的理化性质，与药物无配伍变化；具有良好的生物相容性，无毒无刺激性；有良好的成膜性；保证适宜的载药量和释药性能。微球、微囊常用囊材按来源可分为天然高分子材料、半合成高分子材料和合成高分子材料。天然的聚合物主要包括壳聚糖、透明质酸（HA）、海藻酸盐、明胶等；人工合成的聚合物主要有聚乳酸（PLA）、聚乙交酯（PGA）及它们的共聚物聚乳酸-羟基乙酸共聚物(PLGA)、聚己内酯（PCL)、聚酸酐类、聚酰胺、聚丙烯酸树脂、乙基纤维素等[153]。

天然来源的聚合物具有来源广泛、价格低廉、便于获取的优点，但不同品种、来源、批次间存在一定的差异，导致其在纯度、理化性质方面有较大的差别，从而影响制剂的产品质量。人工合成的聚合物具有良好的生物降解和生物相容性；产品质量可靠，可批量生产；易改变分子量大小和黏度参数，调节聚合物的降解速度，控制药物在体内外释放等优势。但由于成本相对较高，在兽药制剂中应用较少。虽然新的聚合物不断涌现用于微球的制备，但是，考虑到聚合物的安全性，这些产品的批准和商业化将面临很大的挑战。除了新聚合物的化学和物理特性试验外，还需要进行昂贵的生物试验，包括生物相容性评估和体内分解副产物代谢途径测定。

13.4.2.1 天然聚合物

（1）壳聚糖 壳聚糖能够从其集成的微环境中中和活性氧（ROS)，从而减少细胞诱导的氧化应激。它还作为细菌的外周层，阻碍营养的摄入，并与带负电荷的细胞外部成分相互作用，导致细胞通透性增加或裂解。壳聚糖因其生物相容性、生物降解性、易加工性和化学多功能性成为具有生物活性的小型有机药物传递系统的有价值的基质成分，广泛应用于制药领域[154,155]。壳聚糖的溶解性受到去乙酰化程度、分子量和溶剂介质的离子强度的影响[156]。去乙酰化的壳聚糖能溶于酸性的介质中，但不溶于中性和碱性介质。在生理条件下，壳聚糖由人体肠道中正常菌群产生或被血液中存在的溶菌酶和几丁质酶消化[157]。壳聚糖拥有高电荷密度以及具有羟基和氨基活性的独特化学结构，能进行化学改性、拓展了其在制药领域的应用范围[158]。壳聚糖用于制作许多药物微球、微囊的载体，提高了不稳定物质的生物利用度[157,159,160]，增强了亲水物质跨上皮层的吸收[161,162]。

（2）海藻酸盐 海藻酸盐是从海藻和藻类中分离出来的天然多糖，是由D-甘露糖醛酸和L-古洛糖醛酸通过1,4键结合成的线性嵌段共聚物。作为聚合物结构的一部分，有

这两个糖醛酸的均聚区和交替的嵌段区，具有高度可变的组成和单体序列。海藻酸盐的物理和化学性质由D-甘露糖醛酸和L-古洛糖醛酸比值以及两个糖醛酸嵌段的比例和链段长度决定[163]。海藻酸盐在体内的消除方式有两种，一种是直接被溶解并通过肾脏排泄；另外一种是通过古洛糖醛基单元的部分氧化，使海藻酸盐在体内易于水解并消除。海藻酸盐因其无毒、可生物降解、低免疫原性，作为一种药物递送系统材料受到了广泛关注。海藻酸盐能够在温和条件下与多价阳离子形成凝胶[164]，且海藻酸盐微球、微囊制备条件温和，不使用有机溶剂，颗粒的大小取决于海藻酸盐的浓度和制备方法，已有许多生物活性蛋白掺入基于藻酸盐的微球中的报道[165,166]。

(3) 透明质酸 透明质酸（HA）是一种天然的黏性多糖，是由D-葡萄糖醛酸及*N*-乙酰葡糖胺组成的双糖单位糖胺聚糖，是机体细胞间质、眼玻璃体、关节滑液等结缔组织的主要成分，发挥保水、维持细胞外空间、调节渗透压、润滑、促进细胞修复的重要生理功能。由于其具有生物相容性、低免疫原性、生物降解性，被认为是一种理想的制药应用生物材料。基于HA的微球已经成功地用于基因、蛋白质等药物的传递[167,168]，加之其灵活的可改造性能，在缓释控释给药系统方面应用具有巨大的潜力[169]。

(4) 明胶 明胶是从动物（主要是牛）的骨骼、结缔组织、器官和某些肠道中提取的胶原蛋白，经部分水解和热变性获得的多肽和蛋白质的混合物。明胶性能优异，通过物理改性、共混改性和化学改性方法能进一步提升其应用价值。由于明胶微球的热交联温度低，对包裹热敏感性药物的破坏性小，明胶作为药物传递系统材料得到了广泛的研究[170,171]。

(5) 右旋糖酐 右旋糖酐（dextran）为一种多糖，存在于某些微生物生长过程分泌的黏液中，是一种复杂的由不同长度的链组成的支链葡聚糖。右旋糖酐及其衍生物，如甲基丙烯酸-右旋糖酐，已被用作药物和生物活性蛋白的控释载体。右旋糖酐微球混合交联载有破伤风类毒素的三甲基壳聚糖纳米颗粒干粉，将其通过家兔鼻腔给药，具有明显提高黏膜免疫和全身免疫作用的效果[172]。

13.4.2.2 人工合成聚合物

(1) 聚乳酸、聚乙交酯及其共聚物 聚乳酸（PLA）是一种新型的生物基及可再生生物降解材料，具有良好的生物可降解性，使用后能被自然界中微生物在特定条件下完全降解，最终生成二氧化碳和水，不污染环境。聚乙交酯（PGA）是一种简单的聚酯，它具有优异的可生物降解性和生物相容性，其最终降解产物为二氧化碳和水，通过机体正常的新陈代谢排出体外，是一类较重要的医用高分子材料。直接缩合聚合法生产PGA得到低分子量的低聚物，产物性能差，易分解；乙交酯开环聚合法能够合成高分子量的PGA，但要求乙交酯有很高的纯度，其合成工艺路线长，产品收率低，合成成本较高。

聚乳酸-羟基乙酸共聚物（PLGA）由两种单体乳酸和羟基乙酸随机聚合而成，是一种可降解的功能高分子有机化合物，具有良好的生物相容性、无毒、良好的成囊和成膜的性能，被广泛应用于制药、医用工程材料等领域。PLGA已通过美国FDA认证，被正式作为药用辅料收录进《美国药典》。所有的PLGA都是非定型的，其玻璃化温度在40～60℃之间。纯的乳酸或聚乙交酯聚合物溶解度低，与之不同的是，PLGA展现了更为广泛的溶解性，它能够溶解于更多更普遍的溶剂当中，如：四氢呋喃、丙酮或乙酸乙酯等。PLGA的降解分两个阶段，初始阶段为PLGA通过水解解聚后，聚合物分子量的降低；然后是酸性降解产物的自催化导致聚合物链继续断裂。PLGA聚合物可以与具有生物相容性的亲水聚合物［包括聚乙烯醇（PVA）、聚乙二醇（PEG）和几丁质等］混合，以增强聚合物基质的水解，提高聚合物降解速率，从而加快药物的释放。

（2）聚己内酯 聚己内酯（PCL）是一种半结晶聚合物，外观为白色固体粉末，无毒，不溶于水，易溶于多种极性有机溶剂，如二氯甲烷和环己酮。PCL具有良好的生物相容性、良好的有机高聚物相容性，以及良好的生物降解性，被广泛应用于药物载体、增塑剂、纳米纤维纺丝等领域。与PLGA共聚物不同，PCL均聚物与PLGA共聚物相比降解相对较慢，这使得PCL更适合于1年以上的缓释。PCL共混物可以与其他聚合物一起生产，混合聚乳酸和聚乙醇酸可以增强共混聚合物的生物降解性。

（3）聚酸酐 聚酸酐是一种无毒可生物降解的疏水聚合物，其主链是通过水不稳定酸酐键连接重复单元形成的。由于酸酐键的水解断裂发生的速度比水渗透到聚合物基体的速度快得多，聚合物基体的表面为侵蚀表现。聚酸酐在体内降解产生无毒的二酸副产物，二酸副产物随后作为代谢产物排出体外。通过改变单体组成和共聚单体比，聚酸酐的降解速率可以从天到年变化。聚酸酐可以通过挤压、熔融或溶剂浇铸成型、微囊化等方法制备药物传递系统，广泛应用在药物的缓释递送、临床医学领域。

（4）聚酯类 聚酯类主要包括聚羟基丁酸酯（PHB）、聚磷酸酯（PPE）、聚原酸酯（POE）。

PHB属于聚羟基烷酸类，在性质上是高度疏水和相对耐水解降解。由于其具有生物降解性、光学活性和稳定性，已被评价为组织工程支架材料和可控药物释放载体。PPE是一类可生物降解无机聚合物，在合成过程中可以通过支链调整其化学结构，获得具有广泛物理化学性质的PPE。PPE通过表面溶蚀和体相降解的组合机制降解，已被用于药物和基因传递。POE是一类疏水、生物兼容和生物可降解聚合物，具有许多优异特性，可作为一种非肠道药物传递系统。在各种POE中，骨架由丙交酯或乙醇酸组成的POE疏水性最强，能更好地控制聚合物侵蚀和药物释放。POE是一种优秀的热塑性材料，它可以通过挤压、注射成型或压缩成型来制备药物传递系统。

（5）乙基纤维素 由于溶解性差，乙基纤维素经常用于包封聚合物。乙基纤维素膜可提供一个屏障，通过它的药物活性成分可以通过改性的方式释放到水介质中。乙基纤维素的分子量或标准黏度是制备微囊时要考虑的一个重要因素。乙基纤维素黏度与释放性能之间存在相关性。高黏度的乙基纤维素制备的水杨酸钠微囊的粒径更小、药物释放得更慢、包封效率更高。利用乙基纤维素生产微囊，随后将其压缩成片剂或微丸，在压缩过程中，高黏度的乙基纤维素抗屏障破裂的能力更强。乙基纤维素已经与其他聚合物（如乙基纤维素与其他纤维素衍生物、丙烯酸衍生物、聚丙烯树脂等）协同使用，以实现独特的改性释放性能。

（6）其他制备材料 聚磷酸盐是一种重要的聚阴离子电解质，对胶体表面和内部微观结构的稳定和固结起着重要作用。在聚磷酸盐的固结作用下，制备的具有缓释特性的聚电解质复合物微囊可作为一种有前景的药物载体[173]。

13.4.3 微球、微囊制备

制备微球、微囊常用的方法有乳化分散法、凝聚法及聚合法三种。根据所需微球、微囊的粒度与释药性能及临床给药途径的不同，可选用不同的制备方法。微囊的囊芯物通常为固体或液体，除活性药物外，可能还包括其他附加剂，如稳定剂、稀释剂、改善囊壳可塑性的增塑剂等。随着制备技术的进步，技术工艺取得了较大的发展，使产品质量和性能有了重大改善，如喷雾干燥、微筛技术、微流体技术、“喷墨打印”技术等，在制备微球、微囊方面显示出了潜力。

13.4.3.1 喷雾干燥技术

传统喷雾干燥将溶液或分散物喷干形成固体微球，通常具有广泛的粒径分布。相对较高的工艺温度也使得喷雾干燥不太适合热不稳定的生物分子，如基因药物。为了避免蛋白类药物的破坏，开发了喷雾冷冻干燥技术。喷雾干燥技术的发展主要集中在更好地控制粒径、改进适合生物分子的工艺条件和提高产品收率等方面。近年来，对现有制备工艺进行了很大改进，并开发了应用新设备的新工艺。Nanomi 公司（https：//www. nanomi. com）介绍了一种将传统喷雾干燥与新型微筛喷嘴技术相结合的单分散喷雾干燥技术。利用该技术可生产出可预测的、粒径均匀的、更好地控制药物释放和提高药物包封效率的微球、微囊。此外，该技术在聚合微球中常用于包封和稳定保存蛋白质、基因和疫苗等大分子。

13.4.3.2 微筛技术

Nanomi 公司开发了一种可靠的、可扩展的和经济性的微筛技术，这种技术为未来提供了巨大的药物开发潜力。微筛技术可用来大规模生产单分散微球或微囊，用于开发长效缓释药物，保证了生产的微球具有均匀的粒径、均匀的颗粒外形和均匀的生物特性，从而保证药物在较长一段时间内剂量的精确。微筛是一种具有均匀孔径和形状的硅基膜，它是用一种广泛应用于半导体行业的光刻技术制造的。单分散乳液是通过将含有溶解聚合物和药物的有机溶剂通过微筛置于水溶液中而产生的。乳状液的液滴大小完全由膜控制，与配方无关。然后通过蒸发除去溶剂，得到尺寸均匀的固体微球。该工艺能够生产 1～50μm 大小的微球，也适用双乳法生产微球或微囊。通过增加膜的数量和表面积，微筛乳化过程很容易放大。该技术还允许连续和封闭操作，实现无菌生产。

13.4.3.3 微流体技术

微流体技术具有产生单分散液滴的能力，生产的聚合物微球、微囊更均匀，可用于控制药物传递。采用软光刻技术制备了由聚二甲基硅氧烷组成的微流体通道，并将其密封在氧化玻片上。这些通道被含有不同成分的水相填充。水相和含有聚合物和药物的有机相都通过一个数字控制的注射泵，以恒定的流速输送到微流体装置后，在减压条件下去除有机溶剂，得到了固体微球或微囊。通过改变液体流的流速，可以得到不同尺寸的微球、微囊。微流体技术制备条件温和，使制备单个微球的时间缩短，提高了药物包封效率和载药率，更适合制备含有生物药品的微球。

Mu 等[174] 报道了一种通过油包水（W/O）乳液模板的界面交联反应制备结构和功能可控的壳聚糖微囊的简单、灵活的方法。利用壳聚糖与对苯二甲酸（TPA）在 W/O 乳液模板中的界面交联反应，可在连续和分批条件下制备结构可控的微胶囊。此外，通过在水溶液中加入磁性纳米颗粒，易制备磁响应微囊。利用稳定的 W/W/O 乳化液滴作为模板，用微流体技术制得尺寸和结构可控的双室海藻酸盐微囊。由于双水相体系（ATPS）的分配效应和海藻酸盐溶液的高黏度，两种不同的生物活性分子能够被空间限制封装在海藻酸盐微囊的壳和核中。该方法为海藻酸盐微囊多药缓释提供了新思路[175]。

13.4.3.4 “喷墨打印”技术

喷墨打印（inkjet printing）通过将熔融聚合物以类似喷墨的方式打印到超疏油表面来生产微球。类似于3D打印，聚合物熔体被沉积在表面上。与2D或3D打印不同的是表面没有被润湿，从而形成离散的球形微球。用该技术制备的布洛芬微球，与使用溶剂方法相比，具有更好的形态、更均匀的尺寸和形状、更高的药物封装效率和收率，并且具有缓释特性[176]。

13.4.3.5 电喷雾技术

电喷雾技术的原理是利用液体在电场中产生的高静电力将液体打碎成微小带电液滴，该技术能更好地控制粒径，具有高回收率和制备条件温和等特点。微球的大小可以通过改变参数来调整，如电压、注射速度、针头大小等。将正负电荷施加到针或收集基板上，产生数千伏的电位差，从而在针孔处形成泰勒锥。在单轴（单针）喷雾制备过程中，不同的溶液在进入泰勒锥前进行混合；在多轴喷雾中，单一溶液在进入泰勒锥前不混合。电喷雾制备的微球具有较高的负载效率，不需要表面活性剂处理[177]。

13.4.3.6 超临界流体技术

超临界二氧化碳以其独特的增塑聚合物和扩散固体的能力，已成为制备含生物分子微球、微囊的有机溶剂的优良替代品。此外，其低临界点使其成为热不稳定性药物的非常有吸引力的制备方法。快速膨胀超临界溶液工艺是一种无有机溶剂的方法，已被用于生产在药物传递中应用的微球或微囊。该工艺使用超临界二氧化碳对聚合物（如PLGA或PLA）进行塑化，允许固体药物颗粒在接近环境温度下有效地掺入液化聚合物，而无须使用有机溶剂。随后通过喷嘴喷洒药物聚合物混合物，导致二氧化碳快速膨胀并形成载药微球或微囊。超临界流体技术已成功地用于封装高分子微球中的小分子和大分子，如紫杉醇、胰岛素、洛伐他汀和人类生长激素等。

13.4.3.7 其他微球、微囊制备技术

脉冲激光刻写技术是一种新兴的微球加工技术，在微球加工领域受到越来越多的关注。Lin和Huang[178] 报道了利用金属箔修饰的激光诱导前转移（LIFT）技术成功生产海藻酸钠微球。改进LIFT是一种基于无喷嘴激光喷射的方法。激光脉冲垂直穿过基于石英盘带的背面，而正面涂有要转移的材料和消耗能量的吸收层。激光脉冲能量被消耗层吸收，导致形成蒸汽/等离子气泡，该气泡将剩余的下方涂层作为微球释放并喷射到下方的接收基板。由于黏性材料（如海藻酸盐）本身具有生产微球的能力，无须借助基于喷嘴的工艺相关的剪切力，这使得金属箔改性LIFT相比于其他基于喷嘴的喷射技术具有独特的优势。Wang和Hu[179] 研制了一种基于玻璃毛细管的气液同轴流动装置，用于制备100μm以下的海藻酸盐微球。根据氮气和海藻酸盐溶液的收集距离和流速，可以得到不同形状的海藻酸钙微粒。气体流量和收集距离对球形、单分散的微颗粒（微球）的形成至关重要。

由于微球、微囊制备工艺及设备技术的不断开发，制备方法也不断推陈出新，工艺开发的主要方向为获得粒径更加均匀、载药和包封率更好的以及具有缓释、靶向、磁性、可视化等多种功能的微球或者微囊。部分研发的设备和工艺已经应用于规模化生产，但由于新的工艺与设备不断出现，其实现工业化的生产仍然有很长的路要走。

13.4.4 微球、微囊质量评价

微球、微囊的质量评价通常涉及测量粒径及其分布、表面形态和内部结构（孔隙率）、载药量、包封效率、Zeta 电位、药物突释效应、体外释放、含量均匀性和药物聚合物相互作用等。其中一些特性是在微球、微囊产品的开发阶段确定的，目的是指导配方和工艺开发，还有一些特性是为了达到质量控制目的而测试的。

13.4.4.1 粒径及粒径分布

微球、微囊的大小会影响药物的释放速度、药物包封效率、可注射性、被吞噬细胞摄取、药物分布以及疗效和副反应等。传统方法为利用显微镜测定微球或微囊的大小及分布，主要优点是可以直接观察，从而可以确定聚集的形状和状态。目前，自动激光衍射进行粒度测定已成为首选方法。微球或微囊样品可以干燥的粉末状态或分散在合适的液体介质后进行测量。仪器输出的通常是平均粒径、粒径频率分布和多分散性指数（PDI），跨距与多分散性指数数值越小，表示粒径分布越均匀。

13.4.4.2 表面形态和内部微观结构

理想微球、微囊的微观形态应为圆整球型或椭圆形实体，形态饱满，粒径的大小应均匀，无粘连。扫描电子显微镜（scanning electron microscope，SEM）常用于检查微球的外部形貌，如尺寸、形状和表面纹理，以及内部微观结构，包括壁厚和孔隙度。共聚焦激光扫描显微镜（confocal laser scanning microscope，CLSM）可以用来表征多层微球的结构，通过三维图像使不同条件下制备的微球中药物分布的均匀性可视化。

13.4.4.3 Zeta 电位

微球的表面电荷会对用稀释剂重新配制时的聚集程度和由此产生的可注射性产生影响。注射到组织中时的分散状态也会受到微球表面电荷的影响。在微粒分散体系的溶液中，通过静电引力吸附和扩散作用，在微粒周围形成的吸附层与相邻的扩散层共同构成微粒的双电层结构，从吸附层表面至反离子电荷为零处的电位差叫电动电位，即 Zeta 电位。Zeta 电位是微球的一个重要属性，往往能表征微球制剂的稳定性，而这一指标却容易被忽视。电位值可以反映微粒的物理稳定性，Zeta 电位越大，微粒之间的排斥作用越强，絮凝或沉积的可能性越小，微粒在溶液中越稳定。

13.4.4.4 载药量和包封率测定

载药量和包封率是反映微球、微囊制剂中药物含量的重要指标，载药量的批间稳定性也是工艺成熟的重要标志。载药量＝微球中所含药物质量/微球的总质量×100％。包封率＝系统中包封的药量/系统中包封与未包封的总药量×100％。载药量和包封率的计算都需要建立在药物含量测定的基础上。

13.4.4.5 聚合物与聚合物-药物相互作用

聚合物的分子量是一个关键的配方变量，因为这不仅影响释放速率，而且影响包封药物的释放持续时间。制备过程中的聚合物降解（解聚），特别是辐照灭菌，会导致分子量显著降低。凝胶渗透色谱是确定聚合物分子量的标准方法，用于过程控制、产品质量和稳定性测试。差示扫描量热法（differential scanning calorimetry，DSC）用于评估聚合物的

热性能，是检查包裹的药物对聚合物热性能的影响的有效方法，是潜在的聚合物-药物相互作用的指标。DSC也能用于分析封装在聚合物微球或微囊中的药物的物理状态。有关药物与聚合物的相互作用也可以通过X射线衍射（X-ray diffraction，XRD）方法研究，还可以使用傅里叶变换红外光谱（Fourier transform infrared spectroscopy，FTIR）或者拉曼光谱（Raman spectra）分析微球中聚合物与药物的相互作用。

13.4.4.6 体外药物释放

在制剂和工艺开发阶段，不同的工艺和制剂变量对药物释放的影响是通过进行体外释放试验来确定的，体外释放试验是配方和工艺参数筛选的常用方法。在微球或微囊释放的最初阶段，吸附在微球表面的药物会通过扩散作用而快速释放，称为突释效应。突释效应可能导致机体内药物浓度在短时间内迅速升高，这导致药物维持时间缩短，是限制微球、微囊应用的关键问题，因此在质量控制过程中必须重点关注突释率这一指标。目前报道的微球、微囊体外释放速度测定方法主要有直接释药法、流通池法、透析膜扩散法。

13.4.5 影响微球、微囊制备质量的因素

微球、微囊的特性受配方组成的影响，但配方变量对微球质量的影响在很大程度上取决于制备方法和使用的材料类型和数量[180]。下面重点阐述配方变量对微球、微囊最终质量的影响。

13.4.5.1 聚合物类型

聚合物类型是影响微球最终性能的主要因素之一。其选择应根据药物的理化特性、载药要求、适宜的释放速率和释放时间等因素。特定聚合物的理化性质和降解速率也可以通过与不同类型的聚合物混合来微调。聚合物分子量不仅影响微球、微囊的粒径、包封率，而且影响微球、微囊体内外释药方式。聚合物浓度对微球、微囊的载药量、粒径、包封率、内外部形态以及突释效应也有一定影响。

13.4.5.2 药物浓度

微球、微囊制剂中载药量的测定主要取决于最终产品所需的总药物剂量，同时考虑释放时间。当疏水药物被包封时，药物载药量在20%～45%范围内并不显著影响平均粒径或粒径分布。然而，随着药物浓度增加、微球载药量增加，微球的粒径也会变大。疏水药物的载药量越高，释药速度越慢。在载药量高时，药物发生重结晶，药物与聚合物发生相分离，形成大的疏水药物聚集体，药物的溶解和释放速度较慢。相反，在低载药水平下，药物在聚合物基体内结晶，药物的溶解和释放增强。对于亲水性药物，包裹的药物的浓度增加，其在PBS介质中的释放量增加。当然，这与聚合物的种类与性质也有一定的关系[181]。

13.4.5.3 稳定剂

为了有效地包封溶解在水相中的药物，再分散到有机相中，W/O或O/W乳液的稳定性是关键。表面活性剂的加入降低了连续相的表面张力，有利于制剂尺寸的减小，但当表面活性剂的浓度达到临界胶束浓度（CMC）时，这种影响趋于平缓。药物释放速率、

生物分布、黏附力和细胞对微球的吸收受所使用稳定剂的类型和浓度的影响。如聚乙烯醇（PVA）是PLGA微球制备中常用的稳定剂，随着PVA浓度的增加，微球的粒径减小，但随着PVA浓度的降低，微球的载药率降低。通过加入醇的内相分离法制备PLGA微囊，将不同类型的醇（甲醇、乙醇、丙醇、异丙醇、丁醇、辛醇）加入内相溶液中，然后乳化并使用相差显微镜在不同时间点对乳液液滴进行原位监测，并测量单核微囊的百分比。无乙醇配方最终只有大约51%的单核微囊，而加入乙醇的配方则形成了超过90%的单核微囊。最佳的是辛醇，加入后立即形成几乎100%的单核微囊，表现出了出色的性能[182]。

13.4.5.4 工艺参数

制备微球、微囊时需要考虑制备工艺参数或条件，因为工艺的选择以及相应的工艺参数对微球、微囊质量产生一定的影响。如温度、pH对收率影响较大，搅拌速度、交联反应和乳化过程对粒径、形态、包封率影响较大。在较高的搅拌速度下，达到适当的均质状态时微囊产率可达到最大值。交联时间对微囊的外壳强度和表面黏附性能有影响。交联时间过短，连接剂不能完全交联，制剂的产率低。

13.4.6 微球、微囊技术在减抗、替抗中的应用

微球、微囊制备技术受设备技术的发展、新材料的发现及应用等因素影响，得到了飞速发展，广泛应用于医药、食品、农药、饲料等领域。由初期的外用制剂，发展到黏膜给药以及口服和肌内、皮下注射给药制剂。微球、微囊具有长效、缓释和靶向，能掩盖药物的不良气味，提高植物提取物稳定性，降低药物对消化道刺激，便于运输、应用与贮存，克服复方制剂中药物的配伍变化等特点，逐渐被应用于替代抗菌药治疗细菌感染。本部分主要阐述微球、微囊技术在兽用抗菌药减抗、替抗中的应用。

13.4.6.1 长效缓释

微球、微囊具有缓释制剂的优点，如长效、缓释、减少给药次数、降低血药浓度峰谷波动等。将药物与高分子成膜材料包嵌成微球、微囊后，药物在体内通过扩散和渗透等形式在特定的位置以适当的速度和持续的时间释放，以达到最大限度发挥药效的目的。

Bulut和Turhan[153]研究制备了阿莫西林温度敏感型壳聚糖/羟丙基纤维素-接枝聚丙烯酰胺共混微球。首先以硝酸铈铵为引发剂，合成了羟丙基纤维素与丙烯酰胺的共聚物。再以戊二醛（GA）为交联剂，采用乳液交联法制备了阿莫西林共混缓释微球。因壳聚糖没有低临界溶液温度（LCST），无接枝的壳聚糖微球，阿莫西林的释放量随温度线性增加。接枝的壳聚糖微球，阿莫西林在37℃时释放率高于25℃和50℃时的释放率。当温度高于LCST时，接枝的聚合物链关系增强，共混微球收缩，阿莫西林的释放减少，表现出温度敏感性。阿莫西林温度敏感型壳聚糖/羟丙基纤维素-接枝聚丙烯酰胺共混微球体外释放动力学符合Korsmeyer-Peppas方程，且为扩散侵蚀型，表明可通过温度对药物释放进行控制调节[153]。Li等[183]采用表面印迹法制备了以官能化壳聚糖为底物的新型分子印迹聚合物氟苯尼考微球，应用于海水水产养殖中。新型分子印迹聚合物微球对氟苯尼考具有特异性识别亲和力，在天然海水中的释放表现出氟苯尼考缓释曲线，释放行为符

合一级动力学方程。印迹微球作为药物传递系统可提高抗菌药的功效，减少了氟苯尼考用量。将壳聚糖包被含有亲水性药物的海藻酸盐微囊可提高药物的包封效率，具有良好的包封率和缓释性能，可降低药物的初始释放量[184]。

13.4.6.2 增加稳定性

营养性的功能添加剂或者酶制剂因其易氧化而限制其应用，经微球或微囊处理后，可以增强其稳定性，如维生素 E 微囊[185]，拓展了其在食品[186]、饲料、医药等领域的应用。植物精油及其活性化合物，如肉桂精油、丁香酚和薄荷油[187]，作为一种可替代抗菌药的抗菌剂具有很大的应用潜力，但精油的稳定性差，限制了其在动物生产中的应用。通过微囊技术，可以有效解决这样的问题[188-190]。Ω-3 脂肪酸在体内具有多种治疗功能，但由于其氧化稳定性较差，其应用受到限制。进行了微囊化的 Ω-3 脂肪酸氧化稳定性提高，释放特性得到改善[161,191,192]。紫堇提取物壳聚糖包被微囊能有效保护提取物中的类黄酮、单宁、糖苷和皂苷等成分[193]。β-胡萝卜素是一种具有保健功效的天然化合物。制备的β-胡萝卜素壳聚糖海藻酸钠微球，与游离 β-胡萝卜素相比，对热和紫外辐射的稳定性增强，克服了限制其应用的不溶性和稳定性问题[194]。单宁酶可以抑制肠道内致病菌的产生，常用于添加到饲料中。单宁酶通过壳聚糖载体微囊化后，具有较好的环境适应性和稳定性，提高了生物活性[195]。熊果苷和香豆酸进行微囊化后，可提高熊果苷和香豆酸的稳定性，并具有一定的缓释作用[196]。百里酚及其溴化衍生物是重要的生物活性分子，具有抗菌、抗氧化、抗真菌和抗寄生虫等作用，然而，在水中的溶解性差，高挥发性限制其广泛应用。将不同的百里酚衍生物包封于微囊中，可提高其稳定性，增强抗菌效果[197]。以壳聚糖和海藻酸钠为壳材料，采用分层组装方法制备的百里香精油微囊，在 4～10 的 pH 值范围内也具有良好的 pH 敏感性，抑制牛奶中金黄色葡萄球菌的生长且抑菌效果优于百里香精油[198]。

13.4.6.3 避免肠道灭活作用

肠道菌群是一个庞大而复杂的生态系统，由数量巨大、复杂多样化的细菌所组成，肠道菌群通过产生/转化一系列代谢物和分子来影响宿主代谢健康。其中，益生菌在帮助和维持动物健康方面发挥着重要作用，但需要保护它们的生物活性在通过胃肠道时不被破坏。在这种前提下，微球或微囊已被证明在保护益生菌或酶制剂活性、控制药物降解速率、在小肠内释放药物、促进药物摄取、提高口服生物利用度等方面发挥重要作用[199]。

发酵乳杆菌 D12 是一种产生胞外多糖（EPS）的菌株[200]。菌株 D12 表现出对肠道致病菌的抗菌活性。但暴露于模拟的胃肠道条件下，菌株 D12 的活菌数比初始数低了 3 个对数单位，因此将发酵乳杆菌 D12 装载到海藻酸盐微球中以提高活菌数。研究人员也用类似方法制备了副干酪乳杆菌海藻酸钙微球，保加利亚乳杆菌、嗜酸乳杆菌、鼠李糖乳杆菌微囊[201]，这些微球或微囊能有效保护益生菌的活性和稳定性[202-204]，提高抗菌效果。采用乳液-化学交联法合成的壳聚糖溶菌酶微球，对金黄色葡萄球菌、粪肠球菌和铜绿假单胞菌均具有良好的抑菌活性[205]。

13.4.6.4 改善适口性与减少不良反应

一些药物如大蒜素、恩诺沙星等具有较大气味和刺激性，可以通过微球、微囊化技术，将具有刺激性或较大气味的药物包裹在微球、微囊的包材中，改善其适口性。不同配方的草药中的活性物质，如多酚、黄酮类化合物、异黄酮和萜类会产生一些味道从而降低适口性，可以利用微球或微囊的方法来掩盖味道，改善适口性[206]。

反刍动物瘤胃微生物系统是由细菌、古菌、原虫和厌氧真菌共同组成的复杂微生物群落系统，瘤胃微生物对反刍动物生长性能至关重要。当反刍动物感染并暴发细菌性疾病时，如犊牛腹泻、羔羊痢疾等，注射抗菌药或者口服抗菌药对疾病的防治起到了相当重要的作用，但抗菌药对致病菌发挥抑制或杀灭作用的同时，对反刍动物瘤胃非病原性微生物也可能会产生杀灭或抑制作用，同时瘤胃微生物对口服抗菌药也会造成一定的降解。普通金霉素预混剂颗粒在反刍动物绵羊瘤胃中释放量较大，对反刍动物的副作用也较大。将金霉素微囊化后可降低其在反刍动物瘤胃中的释放量，使其在皱胃能够大量释放，满足反刍动物对金霉素的有效吸收从而起到抑菌作用，表明微囊化后可能能够减少金霉素对瘤胃微生物的抑制作用[207]。反刍动物瘤胃微生物利用尿素作为细菌源蛋白质生物合成的氨氮，但直接饲喂尿素易引起家畜中毒。微囊化尿素能够缓慢而稳定地控制尿素在瘤胃中释放[208]，从而降低尿素中毒的发生率。

13.4.6.5 靶向性

春季鲤鱼病毒血症是一种由病毒引起的急性、出血性传染病，给水产养殖业造成了巨大的经济损失。研究人员制备了一种诱导表达春季鲤鱼病毒血症病毒 G 蛋白的壳聚糖-海藻酸盐微囊益生菌疫苗，可通过口服接种靶向诱导鲤鱼产生强效抗原特异性免疫反应，并为鲤鱼提供有效的对春季鲤鱼病毒血症病毒的保护[209]。将黑种草（*Nigella sativa*）提取物制备成口服海藻酸盐微囊，可将高浓度的活性物质百里醌直接输送到结肠炎症部位，具有高效靶向性，在炎症性肠病治疗中具有巨大潜力[210]。

13.4.7 展望

微球、微囊技术已研究多年，但动物养殖中使用的商品化的产品主要集中在缓释、改善适口性、提高稳定性、过瘤胃等方面。现有的微球、微囊产品的质量参差不齐，标准也不统一。一方面迫切需要建立准确可行的实验方法来对微球、微囊制剂的关键质量属性进行控制；另一方面，需要研究这些关键质量属性与产品质量的内在联系，从而建立合理规范的限度要求。针对缓释微球、微囊的体外释放实验，各国药典还缺乏相关指导原则。体外释放实验方法的建立不仅要考虑药物的释放机制以及药物本身的性质，而且必须与体内方法有良好的相关性。由于制剂的用药释放周期长，因此有必要建立体外释放度的加速实验方法来快速有效地考察长效微球、微囊的体外释放行为，如何选择合适的加速条件来指征其长期释放行为也是微球、微囊研究的一个重要方面。

近年来，随着科学技术的发展，新材料与制备工艺和先进设备研发为微球、微囊技术的快速发展奠定了基础。制备微球、微囊的新型聚合物材料的发现，实现了制备多功能化的微球、微囊制剂，并应用到更广泛的使用场景中去。微筛技术、微流体技术、超临界流体技术、电喷雾技术等，对微球、微囊制备技术进步起到巨大的推动作用。尽管微球、微囊技术在动物养殖过程的应用广泛，在未来的动物疫病的防治方面具有重要的发展潜力。然而，微球、微囊技术在给药方面仍然面临着现有的障碍和局限性。简化微球、微囊的制备流程，提高生产效率，从而减少生产时间和成本，这些都是微球、微囊技术需要进一步研究的方向。

13.5

固体分散体技术用于减抗、替抗

13.5.1 引言

药物开发的主要挑战之一是活性药物成分（active pharmaceutical ingredient，API）的低溶解性和低溶出速率[211-214]。据报道，多达 75%的正在开发的化合物和大约 40%的上市药物为难溶性药物，存在水溶性差的问题[211,215-218]。根据生物药剂学分类系统（biopharmaceutics classification system，BCS）分类，在 37.5℃，pH1.0～7.5 范围内，药物在最高使用剂量下无法完全溶解于 250mL 或更少的水溶性介质中，即为难溶性药物[212,219-221]。由于溶解度低、溶出度差从而使口服生物利用度低，限制了某些药物的制备方法、临床应用和市场推广。为提高药物的溶解度和溶出速率，常采用化学改性（前药）、络合、增溶、减少粒径、制备固体分散体等方法以提高药物的溶解性能[213,222]。其中固体分散体（solid dispersion，SD）被认为是改善难溶性药物溶出度最成功的策略之一。近年来，固体分散体的专利申请和授权量不断增加[223]。SD 作为一种制剂的中间体，在改善难溶性药物的溶出度与提高其生物利用度方面发挥了重要的作用，该技术在减抗、替抗方面的研究与应用将推动兽药制剂领域日臻完善和发展。

13.5.2 SD 定义

固体分散体（SD）技术是指将难溶性、易挥发或稳定性差的药物，通过一定的制备方法将药物以分子、胶态、微晶或无定形状态，高度均匀分散在水溶性、难溶性或肠溶性固态载体物质中形成药物-载体固体分散体系（也称固体分散物）的新技术[224]。可有效增加药物的溶解度和溶出速率，通过改善药物释放特性来提高生物利用度，还可通过不同载体类型来延缓或控制药物的释放，以达到缓释效果[225,226]。将药物制成固体分散体所用的制剂技术称为固体分散体（SD）技术，该技术在 1961 年由 Sekiguchi 和 Obi 等人率先提出。SD 技术发展至今已有半个多世纪之久，SD 技术因其简单、经济[227]，已成为提高水溶性差药物的溶解度、溶解速率以及生物利用度最成功的技术[228]，但仍有许多关键问题亟待解决，如无定形固体分散体在胃肠道会产生药物的过饱和溶液等问题[211]。理想的固体分散体（SD）应能显著提高难溶药物的溶出度、生物利用度，提升药物制剂的稳定性，使固体分散体实现药物的高效速效、药效持久的性能，避免药物发生氧化水解反应。

13.5.3 SD 的分类

近年来，人们关注使用新型载体材料以提高治疗效果、药物溶出度、溶解度和生物利用度[228-231]。药物载体材料对固体分散体的理化性质（如溶解度、溶出速度、结晶形态等）产生极大影响。药物分子可以以不同的形式制备 SD，可以作为单独的分子、结晶形式、无定形形式或晶体载体加入。根据 SD 载体组成的物理状态可将其分为四代[232]。

13.5.3.1 第一代固体分散体

利用晶体载体制备的固体分散体属于第一代固体分散体，例如，尿素、山梨糖醇和甘露醇等[221]，晶体药物分散在晶体载体内，形成共晶或单晶混合物。最早是由 Sekiguchi 和 Obi 研发和制备的以尿素作为载体与磺胺噻唑形成的结晶混合物。第一代固体分散体与非晶体固体分散体相比，虽具有更好的热稳定性，但其熔点高，使得其溶解速率降低，不利于熔融法制备固体分散体。在常见的有机溶剂中[233]，尿素的溶解度较高而糖的溶解度较差，因此糖的使用频率相比其他载体要低得多，有研究表明可以通过减小粒径增加表面积、提高润湿性和改变多晶型来增加药物溶解度和溶出速率[211]。

13.5.3.2 第二代固体分散体

第二代固体分散体含有非晶型载体[233]，故称无定形固体分散体（amorphous solid dispersion，ASD)[234]，其主要是聚合物（合成聚合物和天然聚合物），其中天然聚合物以纤维素衍生物如羟丙基甲基纤维素（HPMC）、羟丙基纤维素（HPC）、甲基纤维素（MC）、乙基纤维素（EC）、羟丙基甲基纤维素邻苯二甲酸酯（HPMCP）、醋酸羟丙基甲基纤维素琥珀酸酯（HPMCAS）、淀粉（玉米、马铃薯）衍生物和糖（海藻糖、蔗糖、菊粉）为代表[235]，合成聚合物以聚维酮（PVP）、聚乙二醇（PEG）、交联聚维酮（PVP-CL）、聚乙烯吡咯烷酮-共乙酸乙烯酯（PVPVA）和聚甲基丙烯酸酯等为代表，其中，HPMC、PEG 和 PVP 使用最广泛[236]。由于其热力学稳定性良好，且药物可以以无定形状态存在，有助于增加药物的润湿性和分散性，因此第二代 SD 比第一代 SD 更有效，但第二代 SD 存在的主要问题是药物的沉淀和再结晶会影响药物在体内外的释放[237]。

13.5.3.3 第三代固体分散体

第三代固体分散体是药物与载体一起添加表面活性剂或乳化剂来制备的[238]，在 SD 中引入表面活性剂用作加工助剂和添加剂，可以改善过饱和的生物制药性能、增强药物和载体的混溶性，从而降低药物的重结晶速率。使用特殊类型的载体制备固体分散体将克服第二代 SD 药物析出和重结晶的问题，例如泊洛沙姆、月桂酸聚乙二醇甘油酯等表面活性剂或乳化剂不仅可以改善药物在固体分散体中的溶解情况，而且可以提高药物在固体分散体中的理化稳定性。

13.5.3.4 第四代固体分散体

第四代固体分散体可以称为控制释放型固体分散体（controlled release solid dispersion，CRSD），其含有生物半衰期短且水溶性差的药物，用于控制药物的溶解性和延缓释放。这一代的 SD 可以减少给药频率、减少副作用，使药物更稳定，药效更持久。

相比较而言，第一代 SD 的活性药物成分（API）在溶出度方面有所改善，第二代 SD 与第一代相比溶解速率表现更加出色，第三代 SD 在第二代的基础上展现出溶解速率快、沉降速率低，且以过饱和状态扩展，第四代 SD 以受控或零级方式释放，更加适合临床减抗、替抗的应用需求。

13.5.4 SD的新技术

在商品化SD产品中，绝大部分产品使用的是喷雾干燥法（spray drying）[239,240]和热熔挤出法（hot-melt extrusion，HME）制备[228,240,241]，除此之外还可使用研磨法、揉捏干燥、超临界反溶剂、溶剂挥发法、熔融团聚、共沉淀法、静电纺丝、微波照射、流化床涂层、喷雾冷冻干燥、超快速冷冻、激肽溶胶分散技术、湿法造粒、旋转涂膜法等不同技术来制备难溶性药物SD[242]。Emami[243]采用溶剂蒸发法以PVP、泊洛沙姆188和Cremophore RH40作为载体制备的SD改善了西罗莫司（SRL）的溶解性能，体外溶解试验表明该SD的溶解速率显著提高。Mahmah[244]的研究表明，通过喷雾干燥法制备的非洛地平SD释放速度比热熔挤出法更快。Vasconcelos[245]通过减少药物粒径的制备工艺来提高药物的润湿性，进而显著提高药物的生物利用度。Frank[246]通过在水溶性聚合物上引入疏水基团有效提高了药物无定形固体分散体和过饱和溶液的稳定性。更多的研究表明，药物的无定形固体分散体通常比结晶形式有更好的溶解度和生物利用度[247]。

13.5.5 SD的质量检查与评定

SD的质量检查与评定可以通过热分析技术如差示扫描量热法（differential scanning calorimetry，DSC）和调制差示扫描量热法（modulated differential scanning calorimetry，MDSC）等来实现。DSC为最常用的固体分散表征热技术，热分析方法的基本原理是通过加热或冷却过程引起材料固态特性的动态变化[221]。X射线衍射（X-ray diffraction，XRD）是目前应用最广泛的药物在固体分散体中结晶状态的识别和表征方法，该方法不仅可以检测出长程有序的材料，而且可以暴露出具有特征指纹区的晶体化合物的尖锐的衍射峰[221]。傅里叶变换红外光谱（Fourier transformed infrared spectroscopy，FT-IR）可以检测药物与载体之间的物理和化学反应，是研究分子间相互作用和药物载体相容性的常用技术，FTIR还可以识别药物与载体之间的氢键，这对解释药物在SD中的物理状态和稳定性具有重要意义[221]。热重分析（thermal gravimetry analysis，TGA）是一种热分析方法，它可以测量质量随时间和温度变化的函数，从而提供关于材料稳定性和不同材料在固体分散混合物中相容性的信息。该方法可为药物和载体的稳定性以及固体分散体中的化学和物理过程提供有用的信息，以确定固体分散体的制备方法和工艺参数[221]。除此之外常用的还有核磁共振（nuclear magnetic resonance，NMR）、共焦拉曼光谱等方法[248]。

13.5.6 SD用于减抗、替抗的研究进展

13.5.6.1 固体分散体技术用于抗菌药的研究进展

提高抗菌药的生物利用度，减少其用量，是推动兽药制剂在减抗、替抗中应用的重要技术。Das等[249]采用溶剂蒸发技术成功制备了基于乳糖、蔗糖和甘露醇等多种糖的依托考昔SD（第一代SD），使得载体的表面积增加，润湿性增强，从而提高其溶解性能，

该研究证明了使用糖作为亲水载体制备固体分散体可以增强水溶性较差的依托考昔的溶出度和溶解度；有研究使用乙基纤维素（EC）和羟丙基甲基纤维素（HPMC）载体制备了负载氢氯噻嗪的SD（第二代SD），使得溶解度显著增强[221]；Ali等[250] 使用泊洛沙姆407和188为载体制备了布洛芬（IBU）和酮洛芬负载的SD等药物（第三代SD），结果表明溶出速率明显加快；生物半衰期短的水难溶性药物可制备成第四代SD，Tran等[251] 在含醋氯芬酸的聚环氧乙烷（PEO）载体的基础上添加表面活性剂，可增强药物的溶解度。

猪口服替米考星后，由于替米考星水溶性差、溶出度低，难以通过胃肠道黏膜进入体循环，该药生物利用度低下。唐达等[252] 选用肠溶性载体材料Eudragit L100，将替米考星以无定形状态均匀分散，加入联合载体聚乙烯己内酰胺-聚乙酸乙烯酯-聚乙二醇接枝共聚物（soluplus），通过喷雾干燥法制备SD，结果显示，该替米考星SD显著提高血药浓度且持续时间更长，相对生物利用度为普通肠溶制剂的1.36倍。吕彪等[253] 以泊洛沙姆188为载体制备的替米考星固体分散体，药物以无定形态或微晶态存在于载体中，能有效地提高替米考星的溶出速率，泊洛沙姆188提高了药物的润湿性、内在溶解度，从而改变药物内在溶出速率。伍涛等[254] 以丙烯酸树脂（eudragit L100）和soluplus为联合载体，采用喷雾干燥法制备替米考星三元固体分散体，结果表明120min时在酸中的溶出量为7.23%，45min时在缓冲液中的累积溶出量为96.06%，为替米考星固体分散体的产业化开发提供了理论参考，具有良好的开发前景，同时也为该类兽药的合理使用创造了更好的条件。

由于克拉霉素（CAM）溶解度有限、生物利用度较低，Ijaz等[255] 以Kollidon VA64作为亲水载体，通过热熔挤出（HME）技术制备CAM的SD颗粒，与纯CAM相比，SD的饱和溶解度增加了近4.5倍。药代动力学（PK）研究表明，与纯CAM相比，SD-SR片剂的相对生物利用度提高了3.4倍。刘雯君等[256] 选用新型载体材料soluplus®和PVP VA64，采用溶剂蒸发法制备氟苯尼考固体分散体，实验结果证明，高分子材料制得的氟苯尼考SD中药物均呈无定形状态，几种载体材料均能增加氟苯尼考的溶解度及溶出速率，增溶效果为PVP VA64＞PVP K30＞soluplus®，其中PVP VA64 SD的溶解度增加最为显著，25℃在标准硬水、自来水、纯化水中的溶解度约为原料药的3倍，且自来水中5min时累积溶出率可达88.23%，为氟苯尼考原料药的20.56倍。刘连超等[257] 选用醋酸羟丙基甲基纤维素琥珀酸酯（hydroxypropyl methyl cellulose acetate succinate, HPMCAS）为载体，利用反溶剂共沉淀法制备氟苯尼考无定形固体分散体，使氟苯尼考的饱和溶解度提高了4.8倍，相对生物利用度提高了约37.2%。王腾飞等[258] 分别以羟丙纤维素（LF）、聚乙烯吡咯烷酮（K30）和羟丙甲纤维素（E5）为载体，使用热熔挤出法及喷雾干燥技术制备阿奇霉素SD，可有效提高阿奇霉素的溶出度。Joe等[259] 利用喷雾干燥技术，分别采用二氯甲烷/乙醇混合物的溶剂蒸发法、乙醇溶剂润湿法和水表面附着法，以羟丙基-β-环糊精（HP-β-CD）和磺基琥珀酸二辛酯（DOSS）为载体制备了3种他克莫司SD。结果显示，通过溶剂蒸发法制备的SD粒径减小、表面积增加，使得他克莫司的溶解度提高了约900倍，溶出度提高了15倍。

13.5.6.2 固体分散体技术用于中药或天然药物的研究进展

固体分散体技术在人用中草药或天然药物中的应用较为广泛，在兽药领域的应用有待进一步开发，特别是在兽用中药方面。随着“减抗、禁抗”时代的到来，兽用中药制剂在畜牧行业的应用体现出其优势。伴随医药工业技术水平的不断提升，药物剂型和制药技术得到不断完善，变得更高效、更安全，固体分散体技术也逐步应用到兽用中药领域。如张遂平等[260]通过单因素和正交设计筛选出最佳的处方和制备工艺，以PEG6000和泊洛沙姆F68联合为载体，通过溶剂-熔融法制备出黄连解毒散固体分散体，试验发现在载体和中药散剂的比例为1∶3、熔融温度100℃、反应时间1h的条件下盐酸小檗碱的溶出速率最佳，90min时溶出度均可达93%。吴胜耀等[261]完成了黄连解毒散固体分散体对致病性大肠杆菌和金黄色葡萄球菌的体外抑菌效果试验，并以仔猪为试验动物考察其临床药效。体外抑菌试验结果显示，黄连解毒散固体分散体制剂的体外抑菌效果是普通散剂的2倍，临床治疗效果比普通散剂提高了30%。

王璐璐等[262]以聚乙烯吡咯烷酮（PVP K30）为载体，采用溶剂法制备出板蓝根脂溶性成分-PVP K30固体分散体，并以差示扫描量热法和显微镜照相法观察到板蓝根脂溶性成分以无定形状态均匀分布于PVP K30载体上，其在被固体化的同时溶出速度显著增加。陈国广等[263]以聚合物乙基纤维素（EC）为载体，采用溶剂法制备出灯盏花素缓释固体分散体，通过差示扫描量热法和体外释放度的研究发现固体分散体的粒径大小、载体的用量和黏度决定药物的缓释效果，药物的释放速率与固体分散体的粒径大小成正比，与EC的用量和黏度成反比。李宝红等[264]的研究以聚乙烯吡咯烷酮（PVP）为载体，采用溶剂挥发法制备蛇床子素（OSL）的固体分散体，结果表明在制备过程中药物与载体没有化学键的相互作用，且OSL的分子结构没有发生改变，OSL固体分散物的溶解度与OSL原料药和机械混合物相比有明显提高。

刘磐等[265]筛选出soluplus作为载体，采用热熔挤出技术（HME）制备穿心莲提取物的固体分散体。穿心莲提取物∶soluplus比例为1∶2（质量比），在螺杆转速为27r/min，温度程序为130℃→135℃→140℃→130℃，加料速度为15g/min的条件下挤出，通过差示扫描量热分析、电镜扫描、X射线衍射等物相鉴别，鉴定出穿心莲提取物以无定形状态分布于载体上，显著提高了穿心莲提取物的溶解度。涂瑶生等[266]将PEG6000和泊洛沙姆407混合作为载体，采用热熔挤出法制备布渣叶提取物固体分散体，结果表明当载体PEG6000和泊洛沙姆407比例为1∶4时，布渣叶提取物固体分散体中有效成分的溶出效果最佳，总黄酮、牡荆苷、异牡荆苷、水仙苷的溶出度分别为80%、100%、100%、90%。赵国巍等[267]采用溶剂蒸发法制备了穿心莲内酯-聚乙二醇（PEG）固体分散体，并用傅里叶变换红外光谱、热重分析和X射线衍射对其进行表征。结果表明，穿心莲内酯以无定形和部分晶体两种形式存在于PEG载体中，药物与PEG4000或PEG8000之间存在分子间相互作用，且与后者的作用更强，在较高载药量的情况下，以PEG8000为载体可以更有效地提高穿心莲内酯的溶出度。欧丽泉等[268]考察了聚乙二醇8000（PEG8000）十二酸酯、PEG8000十六酸酯、PEG8000二十二酸酯三种载体和真空干燥法、喷雾干燥法两种制备方法对穿心莲内酯固体分散体稳定性的影响。相对结晶度和溶出度结果显示PEG8000二十二酸酯固体分散体相对结晶度最低，喷雾干燥法制备出的固体分散体相对结晶度比真空干燥法的更低，穿心莲内酯溶出曲线变化更小。结果表明提高载体材料的亲脂性和应用喷雾干燥法可以有效改善穿心莲内酯固体分散体重结晶和溶出度及稳定性。

周毅生等[269]分别以聚乙二醇6000、泊洛沙姆和聚乙二醇6000-聚氧乙烯（40）硬脂酸酯的熔合物为载体，采用熔融法制备出葛根素的固体分散体。DSC法鉴别出葛根素以微细结晶形式存在于载体上，试验结果显示载体比例越大，药物的溶出速度越快。王曙宾等[270]以乙基纤维素为载体，采用溶剂法制备葛根素缓释固体分散体，并成功制备成缓释胶囊。研究过程中考察了辅料种类和用量对体外溶出度的影响，结果表明辅料与药物比例越大，药物的释放越慢，加入释放调节剂羟丙甲纤维素可以有效提高缓释效果。吕明等[271] 以 PEG4000 为载体，药物与载体的质量比为 1∶6，通过溶剂法得到葛根素固体分散体，再通过正交试验筛选出 HPMC 的 K4M 型和 K15M 型质量比为 1∶2，淀粉与乳糖的质量比为 1∶3，最后制备成葛根素亲水凝胶缓释片，通过直观分析法分析缓释片与普通片剂的累积释放度，结果表明缓释片具有良好的缓释效果。

蒲丽丽等[272] 采用溶剂法，以共聚维酮和泊洛沙姆为载体，制备出共聚维酮姜黄提取物固体分散体（PA-CSD）、泊洛沙姆姜黄提取物固体分散体（P-CSD）和共聚维酮-泊洛沙姆姜黄提取物固体分散体，通过体外溶出度、吸湿性、稳定性、物相表征等指标对三种 SD 进行体外评价。结果显示药物和载体质量比为 1∶10 时，药物的溶出度最佳，且混合载体的溶出度和稳定性优于单一载体。Teixeira 等[273] 通过喷雾干燥法制备出含有 Gelucire50/13-Aerosil 的姜黄素三元固体分散体，用差示扫描量热法、红外光谱和 X 射线粉末衍射对含有 40%姜黄素的固体分散体进行了表征，结果表明姜黄素在 HCl 水溶液或磷酸盐缓冲液中的溶解度和溶出度分别提高了 3600 倍和 7.3 倍。药代动力学研究表明，与未加工的姜黄素相比，大鼠血浆中姜黄素的含量增加了 5.5 倍，说明固体分散体可以显著提高姜黄素的生物利用度。

Seo 等[274] 以溶葡糖醇 HS15 为载体制备出姜黄素固体分散体。由于姜黄素在水中容易水解，考察了姜黄素在 pH1.2、pH6.8 和 pH7.4 的缓冲介质中的化学稳定性。结果表明溶葡糖醇 HS15 对 CremophorRH40 和 Kollidon30 表现出优异的稳定作用。通过差示扫描量热法和 X 射线衍射研究表征了分散的姜黄素在聚合物基质中的物理状态。SD 制剂将姜黄素转化为无定形形式并促进载体掺入，从而防止在水介质中的水解。Ansari 等[275] 对不同比例的药物和聚乙烯吡咯烷酮的双氢青蒿素及其固体分散体的物理化学特性进行了评估。结果表明，由于聚乙烯吡咯烷酮的诱导，双氢青蒿素的平衡溶解度增加了 60 倍，在较高温度下溶解度增加 7 倍，载体的介电常数、偶极矩和结构都会影响无定形量和相关性质。

13.5.6.3 固体分散体技术用于其他药物的研究进展

尼莫地平（NM）为钙拮抗剂，用于缺血性脑血管病、偏头痛、轻度蛛网膜下腔出血所致脑血管痉挛、突发性耳聋、轻度及中度高血压。李明等[276] 分别以聚乙烯吡咯烷酮 K30（PVP K30）、共聚维酮 S630、聚乙烯己内酰胺-聚乙酸乙烯酯-聚乙二醇接枝共聚物（soluplus）和醋酸羟丙甲纤维素琥珀酸酯（HPMCAS）为载体材料，按 1∶2、1∶3、1∶4 的比例通过喷雾干燥法制备尼莫地平固体分散体。结果显示，不同比例载体材料与尼莫地平以喷雾干燥法制备，均可以无定形形式存在于固体分散体内，增加溶解度的同时表现出了良好的理化性质。张勤秀等[277] 利用热熔挤出技术，以尼莫地平（NM）为原料药，以醋酸羟丙甲纤维素琥珀酸酯（HPMCAS）为载体，制备出固体分散体及其片剂，不仅提高了其体外溶解度，还抑制溶出后结晶析出，从而提高其生物利用度。韩军等[278] 利用热熔挤出技术制得尼莫地平片剂，尼莫地平以无定形状态存在于固体分散体中。该肠溶性高分子载体不仅能够大大提高尼莫地平的溶出度，而且还具有很好的抑制结晶的效果，解决了尼莫地平的溶出后重结晶问题，从而提高生物利用度，减少不良反应。

叶黄素是一种重要的抗氧化剂，并且有助于保护眼睛。但叶黄素难溶于水，稳定性差，限制了其在各个领域的广泛应用。将叶黄素制成固体分散体，可以提高其溶解度和溶出速率，从而提高生物利用度，有效解决了其溶解性差的问题。李森等[279] 以聚乙二醇

6000和泊洛沙姆188混合物（4：5，质量体积比）为载体，以溶剂法、溶剂熔融法和减压熔融法制备叶黄素固体分散体。实验结果表明，以溶剂法制备固体分散体，测得其溶解度为4.6%，45min时溶出量为99.47%，可有效地增加叶黄素的体外溶出量。郭金娟等[280]通过单因素考察和正交实验，得到叶黄素固体分散体的最优处方工艺为叶黄素与辅料的质量比为1：25，辅料为载体A和载体B的混合载体，其质量比为1：15，其中分散溶剂为无水乙醇。

拉帕替尼为难溶性抗癌药物，Sacks等[281]利用溶剂旋转蒸发法（SRE）和热熔挤出法（HME）制备固体分散体以提高拉帕替尼双磺酸盐（LB-DT）的溶出度和溶解度。经筛选，当LB-DT、soluplus®、泊洛沙姆188的质量比为1：3：1时利用SRE制备的固体分散体具有较高的溶解度（0.2mg/mL）。7-乙基-10-羟基喜树碱（SN-38）是盐酸伊立替康（CPT-11）在体内被羧酸酯酶（CES）转化的活性代谢产物，是一种高效广谱抗肿瘤药物，但是由于具有活性内酯环稳定性差、溶解性不好等缺点，临床应用受到很大限制。Sun[282]等针对上述问题，采用机械球磨法制备了以甘草酸二钠（Na_2GA）作为辅料的SN-38无定形固体分散体（Na_2GA/SN-38-BM）。此外，还制备了Na_2GA和SN-38未处理的混合物（Na_2GA/SN-38-BM-um），即纯药SN-38，与Na_2GA/SN-38-BM进行比较。结果表明，纯药SN-38的溶解度为1.12μg/mL，Na_2GA/SN-38-BM的溶解度比SN-38提高了189倍。纳米胶束粒径为69.41nm，ζ-势为−42.01mV。与SN-38和Na_2GA/SN-38-um相比，Na_2GA/SN-38-BM对肿瘤细胞具有更强的细胞毒性，对肿瘤生长有明显的抑制作用。药代动力学研究表明，Na_2GA/SN-38-BM的生物利用度约为SN-38混悬液的4倍。Na_2GA/SN-38-BM在体外和体内均显著增强了SN-38的抗癌作用，机械球磨的方法对Na_2GA/SN-38-BM的溶出行为、药代动力学特性和肿瘤抑制作用均有显著的改善。

乐伐替尼（lenvatinib）是一种口服的多靶点酪氨酸激酶抑制剂，其难溶于水。武磊等[283]以聚乙二醇4000（PEG4000）、聚乙烯吡咯烷（PVPk30）、共聚维酮（CoPVP）、聚乙二醇6000（PEG6000）等亲水性材料作为SD载体，分别采用熔融法、溶剂法以及溶剂-熔融法制备乐伐替尼SD。以乐伐替尼SD在溶出介质中的溶出度为依据，经筛选，最终以溶剂法作为制备方法，以甲醇作为反应溶剂，以CoPVP为载体，药物与载体的质量比为1：7，反应时间30min，反应温度55℃。结果表明：乐伐替尼在60min内几乎不溶解，而乐伐替尼SD的溶出度达到90.39%，提高了乐伐替尼在水中的溶解度和口服吸收率。

Maniruzzaman等[284]以硅酸铝镁（magnesium aluminum metasilicate，MAS）作载体，通过热熔挤出法制备了吲哚美辛固体分散体。结果表明，吲哚美辛以无定形状态分散在MAS的多孔网状结构中，药物分子的羧基与载体的氧原子间还形成了分子间氢键。在1h内，吲哚美辛固体分散体中药物的溶出达到了100%，而此时，原料药还不到40%。在40℃/75%RH（相对湿度）的加速条件下进行的稳定性考察结果显示，MAS能使药物的无定形状态保持12个月。Shah等[285]将MAS与氟哌啶醇和多种酸一起制备了三元固体分散体。结果发现，固体分散体中药物和酸均转变成了无定形状态。固体分散体制得的片剂在pH2.0的溶出介质中，在不到30min的时间里，药物的溶出率就超过90%，而不含MAS的二元固体分散体的释药量仅为40%～60%。通过40℃/75%RH和25℃/60%RH条件下的加速实验发现，三元固体分散体放置9个月也没有结晶析出。因此，以MAS为载体的固体分散体不仅可以提高药物的溶出速率，还能提高其长期稳定性。

Zordi 等[286] 以 PVP 为载体，通过超临界反溶剂法制备了水难溶性药物呋塞米的固体分散体，结果表明，当药物载体比例为 1∶2、压力为 100bar（1bar＝10^5Pa）时，固体分散体中药物以无定形状态分散且 6 个月后仍然稳定。相较于传统方法，超临界反溶剂法制备的固体分散体粒径小且分布均匀，在模拟胃液中药物的溶解度为 50μg/mL，20min 内能溶出 90%。而传统固体分散体中药物的溶解度为 26μg/mL，20min 内溶出 82%。原料药的溶解度为 23μg/mL，20min 内仅溶出 38%。

阿司匹林是一种历史悠久的解热镇痛药，但难溶于水，将其制成固体分散体可以提高其溶出度。Lin 等[287] 以羧甲基木薯淀粉（CMCS）、微米级羧甲基木薯淀粉（8～28μm）、纳米级羧甲基木薯淀粉（100～400nm）为载体材料，采用蒸发和机械研磨的方法制备三种阿司匹林固体分散体，发现以纳米级 CMCS 为载体制备的固体分散体中阿司匹林的分散性更好，且 30min 内原料药与纳米级 CMCS 固体分散体的溶出度分别达到 33.1%和 70.7%，1h 后分别达到 49.2%和 73.2%，溶出度显著提高，说明制成固体分散体使阿司匹林的粒径变小，比表面积变大，从而提高其溶出度。

布洛芬在水中几乎不溶，从而影响生物利用度，可将其制成固体分散体解决此问题。Hussain 等[288] 选择多种磷脂作为载体，采用溶剂法制备布洛芬固体分散体。发现固体分散体的溶出度显著提高，相比于原料药，以二肉豆蔻酰磷脂酰甘油（DMPG）为载体制得的固体分散体在 5min 内溶出度提高了约 7 倍，固体分散体中的布洛芬以无定形态分散，且肠黏膜没有溃疡现象，表明布洛芬与磷脂制备的固体分散体不仅提高了布洛芬的生物利用度，还减少了其引起的胃肠道不良反应。Zhang 等[289] 以介孔碳酸镁（mesoporous magnesium carbonate，MMC）为载体，通过溶剂法制备了布洛芬的固体分散体，结果表明，药物与载体材料间无相互作用，仅通过物理吸附附着在 MMC 的孔道表面，但是药物的结晶完全被抑制并转变成无定形状态。体外溶出实验显示，前 5min 固体分散体中布洛芬的溶出是原料药的 3 倍。布洛芬原料释放 50%需要 30min，而从固体分散体中释放相同的量仅用 12min。稳定性实验显示，在室温/75% RH 条件下放置 3 个月，固体分散体中的药物没有出现任何结晶。此外，调整 MMC 的合成工艺来改变其粒径，也能进一步提高药物的溶出速率。

酮洛芬属于 BCS Ⅱ类药物，水溶性差，可利用固体分散体改善其溶解性差和溶出度低的问题。Yadav 等[290] 采用捏合法与溶剂蒸发法制备酮洛芬-PVP K30 固体分散体，再采用捏合法与熔融法制备酮洛芬-D-甘露醇固体分散体。结果发现，酮洛芬以无定形态或固态混合物状态分散在 PVP K30 中，酮洛芬与 D-甘露醇没有发生相互作用，而且以结晶态分散在 D-甘露醇中；1h 内固体分散体中药物溶出度为 58%～87%，而原料药的溶出度只有 20.89%，相比于甘露醇，以 PVP K30 为载体的固体分散体的溶出度最高。

13.5.7 展望

提高难溶性药物的口服生物利用度仍然是药物开发中最具挑战性的方面之一，越来越多的研究证明了 SD 在提高难溶性药物溶解性能方面的潜力，虽然目前已对该技术不断深入研究，但其物理稳定性和扩大生产仍是其临床应用的最大限制因素[238]。

13.6

给药技术用于减抗、替抗

13.6.1 气凝胶技术

气凝胶是具有超轻、高孔隙率和大比表面积等优异性能的三维多孔结构，用生物相容性材料制备载药的气凝胶可用于口服及吸入给药方式，发挥药物递送功能[291]。气凝胶首先由美国科学家 Kistler 通过去除凝胶中所有溶剂而同时保持凝胶中固体网络不塌缩的方式获得。自 Kistler[292] 首次制备二氧化硅气凝胶以来，气凝胶可由多种材料制成，包括无机、合成聚合物和天然聚合物等[293]。初期，基于二氧化硅的气凝胶被制备并用作药物载体，然后逐渐用纤维素、海藻酸盐、明胶、壳聚糖等制备气凝胶作为药物载体[294-296]。气凝胶作为药物递送系统受到更为广泛的关注[295,297]。

气凝胶被认为是纳米材料和多孔材料的特殊组合。多孔材料具有较大孔体积，可调控孔径，适合于药物的存储和保护，避免了药物的快速降解或在非需要区域过早释放。因其有良好的生物相容性，有助于将多种药物载入孔结构中[293]，这有利于在药物递送系统中将活性化合物加载到气凝胶中。气凝胶作为药物缓释载体，对它的研究重点在于提升载药量、调节药物释放及提高生物利用度。药物从气凝胶中的释放是一个非常复杂的过程，其中释放过程涉及多种机制，同时受到多种环境因素的影响[298]。药物载体的比表面积、表面电荷是影响释放行为非常重要的参数。气凝胶比表面积增加，药物负载能力提高，同时随着气凝胶孔径的减小，药物释放速度减缓。在药物可进入孔道的情况下，气凝胶载体的比表面积和孔隙率对药物的负载以及释放性能有着重要影响。在亲水性气凝胶中，载有气凝胶的药物释放速度相对较快，这对于水溶性差的药物具有较大优势。这是因为在亲水性气凝胶孔隙内部产生的表面张力会导致孔结构塌陷，促进药物释放。相反，载有疏水性药物的气凝胶的药物释放速率较慢，这受药物扩散的影响，主要是因为疏水性气凝胶的孔结构在水中更稳定。

近年来，由于气凝胶特有的物理和化学性质，各种气凝胶产品的研究和开发越来越多。以羟丙基甲基纤维素（HPMC）为原料，*N*-异丙基丙烯酰胺（NIPAM）为单体，通过自由基聚合反应制备半互穿网络 HPMC-NIPAM 温敏性纤维素气凝胶。基于 HPMC-NIPAM 温敏性纤维素气凝胶的构建方法，采用电荷密度更高、具有羧基活性位点的羧甲基纤维素（CMC），构建具有温度和 pH 双响应的 CMC/PNIPAM 和 CMC/Ca^{2+}/PNIPAM 纤维素气凝胶。在 CMC/Ca^{2+}/PNIPAM 纤维素气凝胶基础上，分别引入碳纳米管（CNT）和氧化石墨烯（GO）制备网络结构更加均匀的 CNT 和 GO 杂化 CMC/Ca^{2+}/PNIPAM 纤维素气凝胶。经过逐步改性，使气凝胶的载药量和体外释放时间增加，提高药物的利用率[294]。唐智光[299] 以纯化的蔗渣漂白浆为原料，采用研磨加高压均质法制备出纳米纤维素（CNF），利用离子液体溶解纯化的蔗渣漂白浆并加入 CNF 作为增强相，通过溶解-再生过程将高结晶度纤维素嵌入再生纤维素基质，制备出全纤维素复合气凝胶。研究结果表明，全纤维素复合对乙酰氨基酚气凝胶有更好的缓释性能。以漂白硫酸盐桉木浆为原料，制备 2,2,6,6-四甲基哌啶-1 氧化物自由基氧化的 CNF 水悬浮液，经高压均质后获得的 CNF 与庆大霉素混合，冷冻干燥后得到具有抗菌活性并能缓释的庆大霉素气凝胶[300]。

气凝胶的制备方法包括溶胶-凝胶法、超临界干燥法、凝胶注模法、真空浸渍法和气相沉积法等。在气凝胶中，活性物质的浸渍方法主要有两种，第一种方法是将活性物质在超临界干燥前浸渍和超临界干燥后浸渍到已经制备的气凝胶中。第二种方法是超临界吸附，该方法仅适用于在超临界流体介质中溶解的活性物质，其可扩散到气凝胶的孔隙中并吸附在其表面，具有改善药用物质生物利用度和活性物质释放时间等性能[301]。采用超临界吸附法将酮洛芬、尼美舒利、氯雷他定三种活性物质浸渍到海藻酸盐气凝胶颗粒中。体外释放试验结果表明，三种活性物质均具有缓释和释放率提高的优势[301]。利用超临界抗溶剂法制备了一种具生物相容性、疏水载药的 3D 醋酸纤维素（CTA）含对乙酰氨基酚片气凝胶。CTA 气凝胶因具有三维不规则形状的纳米孔隙从而具有较高的负载能力。药物从疏水 CTA 气凝胶中溶解的速度较慢，体外释放符合 Ritger-Peppas 模型，遵循 Fickian 扩散定律[298]。用超临界 CO_2 干燥法制备了海藻酸盐和海藻酸-透明质酸肺气凝胶微球药物载体，结果表明，气凝胶微球具有高度多孔性（孔隙率＞98%），空气动力学直径低于 $5\mu m$，使其适用于肺部药物递送[302]。

13.6.2 鼻腔给药技术

鼻腔给药是将制剂直接作用于鼻腔，发挥局部或全身治疗作用。鼻腔给药具有吸收迅速、起效快、可避免肝脏首过效应、生物利用度高、使用方便以及可绕开血脑屏障向脑内直接递送药物等优点[303]，现已成为国内外制剂领域研究的热点。随着新制剂的开发，扩展了传统滴鼻剂、气雾剂等鼻腔给药的应用范畴[304]。

为了将药物直接递送到大脑，需要穿过血脑屏障，鼻腔给药被认为是向大脑递送药物最有前景的手段之一。药物从鼻腔进入大脑主要有三种途径，即经鼻腔呼吸区黏膜毛细血管吸收，经血液循环透过血脑屏障（血液循环通路）；通过嗅黏膜上皮进入脑脊液，转运到脑组织中（嗅黏膜上皮通路）；或通过嗅觉神经元跨细胞运输（嗅觉通路），通过三叉神经运输。药物从鼻子沿嗅觉或三叉神经途径输送到脑脊液或脑实质，可以在几分钟内沿着细胞外途径进行，而无须经过轴突运输或与任何受体结合。

鼻腔给药的有效性与鼻腔的解剖结构密切相关。鼻腔分为前庭、呼吸和嗅觉三个区域。经鼻给药后，前庭区鼻毛滤过的药可到达另外两个区域，在这两个区域药物可被机体吸收。呼吸区是鼻腔最大的区域，血管密布，使药物分子通过呼吸黏膜渗透到血液中。呼吸上皮由基底细胞、杯状细胞、非纤毛柱状细胞和纤毛柱状细胞四种细胞组成。嗅觉区位于鼻腔的上部，它的位置允许大脑的嗅觉感觉神经元进入。嗅上皮是由基底细胞、支持上皮细胞和嗅觉受体细胞三种细胞类型组成的呼吸上皮。鲍曼腺在嗅上皮内，分泌覆盖上皮表面的黏液。通过黏液层药物分子通过嗅觉黏膜直接到达脑脊液或脑实质。药物从嗅觉区域通过被动扩散、受体介导的内吞作用穿过支持细胞或通过支持细胞和嗅觉神经元之间的紧密连接的细胞旁渗透进入大脑发挥作用。此外，呼吸和嗅觉黏膜中也有一小部分三叉神经细胞，它们有助于药物进入大脑（图 13-1）[303,305]。

目前，经鼻腔给药主要用于解热药物、镇痛药物、呼吸系统药物、蛋白质、疫苗等的递

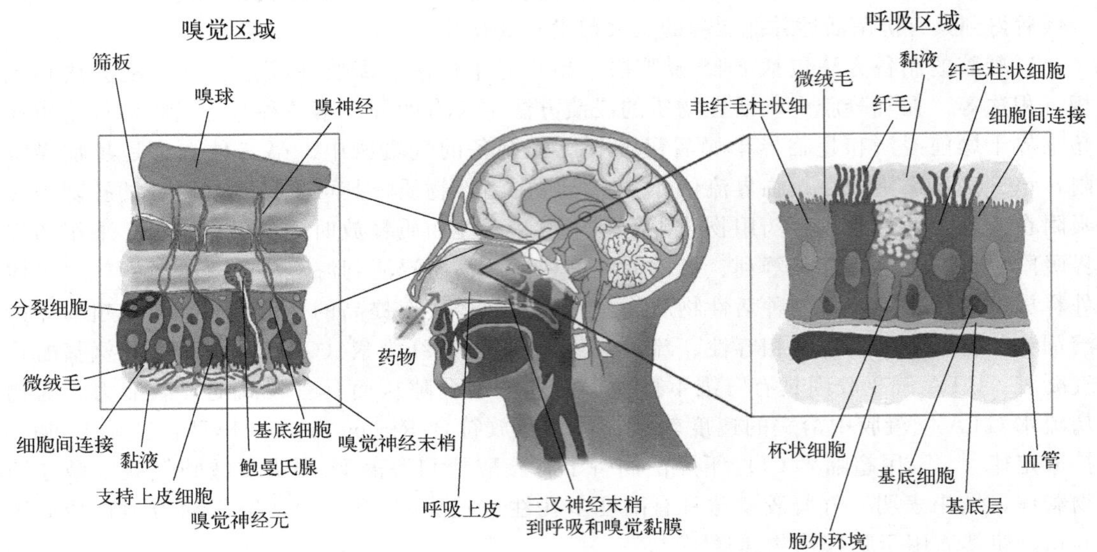

图 13-1 人鼻腔横切面呼吸和嗅觉区域和上皮细胞类型示意图[305]

送[306-309]，其剂型主要有：滴鼻剂、喷雾剂、膜剂、凝胶制剂、微球制剂、环糊精包合物、气雾剂、干粉剂、脂质体等[306-309]。Gieszinger 等[310] 制备的非甾体化合物拉莫三嗪纳米微囊用于鼻腔给药，可使拉莫三嗪从微囊中快速释放，穿透血脑屏障，实现向脑组织的药物递送。以喷雾干燥交联和非交联壳聚糖为载体制备的美洛昔康微球，通过鼻上皮黏膜渗透给药，增强了镇痛效果[311]。为了克服病毒特异性母体衍生抗体（MDA），Renu 等[312] 制备了一种基于壳聚糖纳米粒的鼻内传递型断奶仔猪注射灭活/灭活甲型猪流感病毒疫苗，可用于不同水平的免疫。疫苗在 MDA 猪的鼻内免疫诱导了强大的交叉反应性免疫，并提供了对流感病毒的保护。通过喷雾干燥法制备用于鼻腔给药的黄芪多糖/壳聚糖微球，该微球对减轻过敏症状、减少嗜酸性粒细胞浸润具有良好的治疗效果[313]。

药物的鼻腔制剂具有给药方便、吸收迅速、生物利用度高等诸多优点，已日益受到人们的关注，开发新的鼻腔给药技术逐渐成为热点。对于鼻腔给药的研发，需要更详细地了解制剂、鼻沉积、溶解和生物利用度之间的相互作用，这也将有利于从体外更好地预测体内效应。鼻腔给药将成为接种疫苗或加强接种的有效途径[314]，已经应用禽用滴鼻疫苗诱导良好的黏膜免疫反应[315]。

13.6.3 经皮给药技术

随着对皮肤解剖和生理特点的认识的提高，透皮给药技术也得到了发展，从而能有效和定量地将药物通过这一屏障输送到皮肤内外的特定靶点[316]。经皮给药是一种非侵入性的给药方式，具有其他给药途径不具备的特点，可避免首过效应，增加药物的生物利用度，减少药物的使用剂量，降低了副作用。此外，经皮系统是非侵入性的，可以自我给药。经皮给药是一种有潜力替代口服和皮下注射给药的方法。1979 年，美国批准使用首个用于全身给药的透皮贴片，该贴片可给药东莨菪碱治疗晕动病。随后，有雌二醇、芬太尼、利多卡因和睾酮等皮肤给药药物出现[317]。在兽用产品中也出现了爱沃克、福来恩、莫昔克丁浇泼溶液、氟尼辛葡甲胺透皮剂等经皮制剂[318]。

经皮给药的最大挑战是角质层屏障，主要是由于角质层结构、组成和物理化学性质不利于经皮给药，成为药物通过皮肤给药的主要限制。利用经皮途径传递亲水性药物较为困难，例如多肽和大分子的透皮传递。鉴于上述情况，通过制药技术开发了多种药物递送系统，其中包括液晶、脂质体、聚合物纳米颗粒、纳米乳液以及环糊精和树枝状聚合物。同时，机械力辅助技术被认为是另外一种促进大分子药物经皮递送的策略。这些技术包括超声波、无针喷射注射、临时加压和微针。药物递送系统和机械力辅助技术克服了皮肤的角质层障碍，确保了药物的释放，优化了局部的治疗效果[319,320]。

13.6.4 微针给药技术

在不同的给药途径中，口服给药优势是具有便利性和安全性。但由于环境和机体内部条件复杂，如 pH 值变化大及酶的存在，限制了部分药物的应用。因此，这类药物常采用肠外途径给药。经皮给药也被认为是口服途径的另一种选择，并具有受控和靶向药物释放的特点。然而，有些药物不能通过皮肤屏障进行吸收和作用。针对这种情况，开发微型载药针（微针），可以定向穿过角质层，在皮肤上产生微米尺寸的机械通道，以增加药物的渗透（图 13-2）。

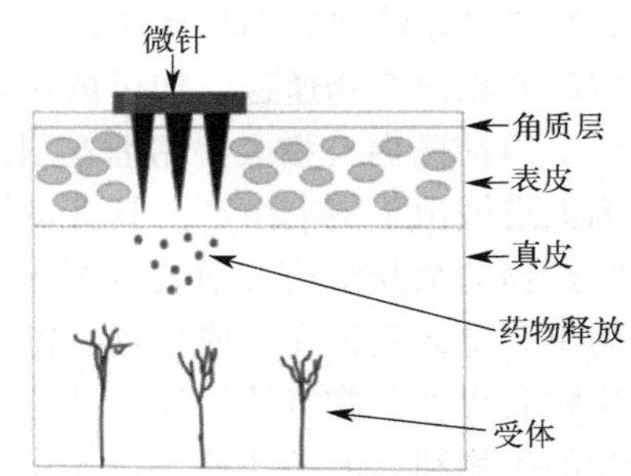

图 13-2 皮肤的微针给药及微针类型图[321]

微针（microneedles）技术是一种新型物理促透技术，与现有的用于预防疾病和生物医学应用的给药系统相比，它具有快速、无痛和局部给药等特性。微针的概念产生于 20 世纪 70 年代，如今已取得了重大进展，特别是在给药应用方面。这一技术对于改善大分子药物（如蛋白质、肽、核酸类药物）的吸收尤其重要。除了增强药物吸收外，还可以通过选择合适的材料和设计来实现微针药物的控释。与经皮/外用制剂相比，微针制剂还显示出更高的生物利用度。

微针可破坏皮肤屏障在真皮上层释放药物以供全身吸收。穿过皮肤屏障后，药物在体内的释放取决于微针的类型。非生物降解型固体微针通常通过扩散方式给药，而包被型和生物降解型微针则表现出溶出型药物释放的特点。固体不可降解的微针被用来创建进入皮肤的微通道，然后使药物被动扩散穿过通道进行给药。生物可降解和溶解型微针因相对于固体微针具有特有优势而发展迅速。如具有成膜性、生物降解性和生物相容性的壳聚糖制备的微针，适用于局部和经皮给药[322]。如今微针的制造技术已经从简单的微成型技术发展到 3D 打印技术[323]。

随着微针给药技术的发展，基于微针的可穿戴设备的研究，将实现微针给药的智能化[324]。在不远的将来，微针给药技术在兽用产品方面的开发及应用也会实现。

13.6.5 植入式给药技术

有效的药物递送系统能够将药物输送到靶部位，并将药物浓度维持在治疗相关的范围内。口服或静脉给药的传统全身给药方式会导致在给药后不久血液中药物浓度迅速升高。这种给药方式存在的一个问题是很难在狭窄的治疗窗口内维持所需的浓度。如果给药的血液浓度过高，则患者可能出现严重的毒副作用。反之，如果药物浓度低于治疗水平，则达不到治疗效果。另一个问题是，口服药物要经过首次代谢，药物在进入体循环之前，通过肝脏后浓度大幅降低。因此，为了达到治疗浓度，往往必须多次给药，在静脉注射的情况下，可能需要更多的时间以实现持续给药。植入式给药装置通常被用来满足疫苗、大分子药物、蛋白质类这些药物制剂及其非典型药物方案所需的给药[325]。植入药物递送系统以局部、持续和可控的方式给药，可以最大化降低副作用。

植入药物递送系统可使用多种材料，如硅橡胶、聚合物和水凝胶等均可作为载体，可广泛地应用于激素治疗、抗菌药治疗、化疗等。植入药物递送系统能够以一种局部、可控和持续的方式使药物有效释放，这种方式可以根据个体特征进行调节。这些植入物可用于调节药物释放，因此能将药物浓度保持在治疗相关范围，有更好的治疗效果[326]。未来理想的植入药物递送系统将包括精确微加工的药物递送系统，以及电子传感和执行系统，可实现精确、定时和靶向药物递送，如可植入的纳米笼或纳米桶以及可植入微芯片[327]。

目前国内有相关兽用埋置制剂的报道[328]，勿都巴拉[329] 等报道了通过褪黑激素埋置制剂促进绒山羊绒毛生产。具有良好生物相容性、可降解的聚合物制备植入给药系统在各种治疗药物的全身给药方面具有显著的潜力。与微球不同，载药植入物不需要运载工具，可以作为单个单元定位在（或接近）靶点。通过在植入部位缓慢、受控地释放，植入物可用于将高生物利用度药物持续地局部输送到体循环中，延长活性药物成分进入体循环的时间，提高药物的生物利用度。此外，植入物可以持续一周到几个月的时间释放药物，这降低了给药的频次，特别是对生物可利用性差和代谢迅速的化合物具有良好的效果[330]。

13.6.6 喷雾给药技术

传统给药多以口服给药和注射给药为主。口服给药药物吸收进入血液循环的时间长，吸收速度较慢，且还会受到药物的崩解速度，不同的食物、药物本身的理化性质，胃肠道的排空和蠕动速度等多种因素的影响。注射给药吸收较快，但费时费力，应激大。因家禽独特的生理结构，与呼吸道相连的气囊遍布全身，并且呼吸的频率高，对环境及温度敏感，容易诱发呼吸道方面的疾病。鉴于口服和注射给药的缺陷，喷雾给药受到了人们的关注。喷雾给药药物吸收快，吸收率高、药效发挥快。对家禽，喷雾给药药物直接到达肺、气囊等病变部位而发挥作用，可避免药物使胃肠道产生不良反应，避免首过效应。由于肺泡面积大，且有丰富的毛细血管，药物迅速被吸收，生物利用度高。尤其对于病情严重的鸡，药物经喷雾给药迅速到达气管、肺泡等部位，经肺泡吸收进入血液而发挥全身治疗作用，有效地抑制或杀死致病菌，起到良好的治疗作用。常用的喷雾给药的药物有新霉素、恩诺沙星、乙酰半胱氨酸、氨茶碱、阿托品等。许颖等[331]报道采用相转变法制备恩诺沙星纳米乳，并开展恩诺沙星纳米乳喷雾给药治疗人工诱发鸡白痢沙门氏菌病和禽大肠杆菌病模型的药效学试验。结果发现制备的恩诺沙星纳米乳超声雾化喷雾给药对沙门氏菌和大肠杆菌引起的鸡全身感染有良好的防治效果。采用鼻腔喷雾给药、肌内注射给药和拌料给药的方法防治猪萎缩性鼻炎，鼻腔喷雾给药的猪平均日增重显著高于拌料组和肌内注射组（$P<0.01$），表明鼻腔给药的药物可直接作用于患部，疗效迅速，方便快捷，是防治猪萎缩性鼻炎的最佳给药途径[332]。静脉注射万古霉素治疗耐甲氧西林金黄色葡萄球菌引起的呼吸相关性肺炎失败率高。万古霉素雾化吸入可有效提高万古霉素肺组织的浓度。通过比较万古霉素静脉和气雾剂给药在机械通气和麻醉健康仔猪肺组织中的浓度发现，给药1h后，气雾剂组肺组织浓度为静脉注射组的13倍，给药12h后，气雾剂组肺组织浓度为63μg/g，静脉注射组肺组织浓度为0μg/g。万古霉素雾化吸入组肺组织浓度高于静脉注射组[333]。

雾化的装置是保障喷雾给药效果的重要条件[334]。雾化方式的不同，会对待雾化药物制剂的结构、稳定性产生一定的影响[335]。将干扰素γ（IFN-γ）气溶胶通过振动网雾化装置喷雾给药，为干扰素γ的传递提供了一种合理的药物靶向手段。振动网雾化装置对IFN-γ气溶胶结构和生物活性影响最小，且促进IFN-γ气溶胶雾化[336]。一种新型的低成本和便携式声波雾化装置被开发用于针对金黄色葡萄球菌的噬菌体和溶葡萄球菌酶，该装置在相对低功率和高频率下实施雾化，在15m的可呼吸范围内产生噬菌体或富含蛋白质的气溶胶，以最佳方式输送到发生肺部感染的下呼吸道，不会导致噬菌体或蛋白质的结构和功能被破坏，从而减少雾化后的抗菌活性损失。因此，该雾化装置可作为肺部给药替代抗菌药治疗病原菌引起的肺部疾病的一种途径[337]。自非洲猪瘟在我国发现以来，人们对养殖业的生物安全防控的意识不断增强。喷雾消毒逐渐被养殖企业所接受，且相关的制剂产品和设备发展也较迅速。如幻影360分子悬浮消毒机，可通过不同的温控模块快速将消毒剂和增效剂转变为微小颗粒，利用微泵技术抽取，在喷口处结合并均匀喷射，快速扩散；所产生的喷雾消毒微粒能保持2h的悬浮状态，与环境的有害病原成分接触，提高了对养殖场环境中的细菌、支原体、病毒的杀灭作用。

13.6.7 胃滞留给药技术

胃滞留给药技术可使药物制剂在较长时间内漂浮或悬浮在胃液中。该制剂能够增加药物在胃内滞留时间，减少胃排空的影响，使药物在胃部和肠道内维持更长时间释放，提高胃部与十二指肠对药物的吸收度。胃滞留制剂也可使药物靶向治疗胃部，减少服药量、减毒、改善生物利用度；胃滞留制剂能控制药物释放，从而减少给药的次数[338]。胃的主要功能是暂时贮存及初步消化食物，然后将食糜缓慢地推进并且使之通过幽门进入十二指肠。生理状态下胃的运动形式有紧张性收缩和蠕动性运动。胃滞留时间受到胃排空过程的影响，胃排空因素主要有制剂因素、胃生理因素、人体生理因素和药物理化性质因素等[339]。根据胃滞留制剂剂型特点，可以分为密度型、生物黏附型、溶胀型等多种类型[340]。胃滞留制剂常见的剂型主要有片剂、微球微囊、丸剂、凝胶等。

李家炜[341]研究制备的猴头菌多糖胃漂浮片能够在胃中长时间漂浮，而且能够长时间持续释放，持续释放时间大于5h。邱妍川等[342]报道了左氧氟沙星片和左氧氟沙星胃漂浮缓释微丸在大鼠体内的药代动力学差异。与左氧氟沙星片比较，左氧氟沙星胃漂浮缓释微丸的达峰浓度显著降低；达峰时间、消除半衰期、药时曲线下面积、平均驻留时间均显著延长或升高；相对生物利用度增加近3倍。采用粉末直接压片法与亲水聚合物、漂浮助剂、泡腾物相结合制备银杏内酯胃浮控释片，结果显示体外释放可维持12h，符合药物扩散-基质侵蚀作用的零级释放模型。银杏内酯胃浮控释片在胃里停留时间约8h，具有良好的胃停留时间和药物控制释放效果[343]。为了提高二氢杨梅素药物的稳定性和生物利用度，制备了一种新型的含二氢呋喃缓释制剂的二氢杨梅素胃浮丸。与常规片剂相比，胃浮丸的含药率、漂浮能力和缓释能力明显提高，且显著延长了二氢杨梅素在体内的驻留时间，提高了其生物利用度，增强了抗炎作用[344]。以微晶纤维素、淀粉和低取代羟丙基纤维素为原料，通过响应面法优化制备了羊用伊维菌素瘤胃缓释丸剂。该丸剂体外持续释放达60d以上，释放动力学符合Korsmeyer-Peppas模型，释放机制为扩散-侵蚀方式，为羊寄生虫病防治提供了新的思路[345]。通过离子液体溶解和再生法制备了淀粉/纤维素凝胶，以盐酸雷尼替丁为模型药物，采用真空冷冻干燥法制备低密度淀粉/纤维素漂浮片，可持续释放长达24h，具有良好的胃漂浮能力和持续释药性能[346]。

随着制剂工艺的改进，胃滞留制剂的制备方法也发生了较大的变化，从原来的压制制备方法，发展到热熔挤出技术，再到目前的熔融沉积3D打印技术与熔融挤压技术相结合。采用熔融高速搅拌法制备姜黄素胃漂浮微丸，可延长姜黄素在胃内的滞留时间，提高对胃部疾病的治疗效果，减少其在肠道降解，改善姜黄素的生物利用度[347]。同样，利用热熔挤出法来开发含头孢呋辛酯的脂质基胃滞留漂浮给药系统，可减少头孢呋辛酯在胃肠道中的酶降解，增加在体内的释放时间[348]。将熔融沉积3D打印技术与熔融挤压技术相结合，以较低廉的成本制备了具有缓释性能的复杂核壳结构胃滞留片载体[349]。采用多喷头半固态挤出3D打印技术，制备了一种具有高载药量、药物缓释、漂浮时间大于药物缓释时间的核壳系统。用该核壳装载克拉霉素制备胃漂浮缓释片，可实现8h以上的药物缓释及稳定漂浮，释放机制属于药物扩散和基质溶蚀共同作用[350]。采用3D打印技术基于常规缓释药物辅料研究一种新型的葛根素胃漂浮片，该片具有同心圆环形的内部图案，在体内胃滞留时间约为6h，具有良好的胃滞留时间和控释能力[351]。

13.7 辅料技术用于减抗、替抗

药用辅料指生产药品和调配处方时除活性成分以外所使用的赋形剂和附加剂[352]。大多数情况下，制剂的最终性质（如生物利用度和稳定性）取决于所选用的辅料以及辅料与活性成分间的相互作用[353,354]。药用辅料是兽药制剂发展的必要基础，全球兽药制剂的迅猛发展离不开药用辅料及其相应技术的开发与合理应用。在减抗、替抗的大背景下，我国兽药行业迎来了新的机遇和挑战，加强对辅料技术的研究与应用更是重中之重。本节重点探讨辅料技术在兽药固体制剂方面、在兽药液体制剂方面以及在治疗畜禽疾病减抗、替抗方面的应用情况。

13.7.1 辅料技术在兽药固体制剂中的应用

兽药固体制剂主要有粉剂、可溶性粉剂、颗粒剂、预混剂、片剂、胶囊剂和栓剂等形式[355,356]。其中的辅料，按其主要功能可以分为填充剂、崩解剂、黏合剂、润滑剂、抗结块剂、包衣剂和骨架缓控释材料等。

13.7.1.1 填充剂

填充剂（稀释剂）的主要作用是用来填充片剂、粉剂等的质量或体积，从而便于制剂成型、分剂量，并有助于完成压片等工序。常用的填充剂有淀粉类、纤维素类、糖类和无机盐类等，在此着重介绍淀粉类和无机盐类填充剂。淀粉类填充剂中比较常用的是玉米淀粉，它的性质非常稳定，与大多数药物不起作用，价格也比较便宜，吸湿性小、外观色泽好，在实际生产中，常与可压性较好的糖粉、糊精混合使用，以免制成的药片过于松散[357]。无机盐类填充剂主要是一些无机钙盐，如硫酸钙、磷酸氢钙、碳酸钙，其中硫酸钙最为常用，其性质稳定，无吸湿性，与多种药物均可配伍，制成的片剂外观光洁，硬度、崩解度均好，对药物也无吸附作用，但应注意作为辅料的钙盐对某些主药如四环素类药物的吸收均有干扰，不宜使用[358]。

13.7.1.2 崩解剂

崩解剂是使颗粒剂、片剂等从整体结构迅速裂碎成许多细小颗粒的辅料，有利于制剂中药物的溶解和吸收。目前兽药制剂中干淀粉是最为经典的崩解剂，其吸水膨胀率为186%左右[357]，适用于水不溶性或微溶性药物的片剂。除此之外，许多性能更加良好的崩解剂也逐渐应用于兽药制剂中，如交联羧甲基纤维素钠、交联羧甲基淀粉钠、交联聚乙烯吡咯烷酮、微晶纤维素和低取代羟丙基纤维素等；微晶纤维素和低取代羟丙基纤维素以8∶2的比例做崩解剂制备的口腔崩解片，基本可在5s内完全崩解，服用方便而不必用水送服，唾液即可使其崩解，尤其适用于吞咽困难的畜禽及不食不饮的发病畜禽[359]。

13.7.1.3 黏合剂

黏合剂是具有黏性的物质，可借助其黏性将两种分离的材料连接在一起。黏合剂是最重要的辅料之一，在兽药固体制剂中应用极为广泛。淀粉浆是片剂中最常用的黏合剂，常用8%～15%的浓度，并以10%淀粉浆最为常用；若物料可压性较差，可适当提高淀粉浆的浓度至20%，反之也可适当降低淀粉浆的浓度[360]。此外，羟丙基纤维素、甲基纤维素和羟丙基甲基纤维素也是常用的黏合剂。羟丙基纤维素可作湿法制粒的黏合剂，也可作为粉末直接压片的黏合剂；甲基纤维素具有良好的水溶性，可形成黏稠的胶体溶液而作为黏合剂使用；羟丙基甲基纤维素常用其2%～5%的溶液作为黏合剂使用。

13.7.1.4 润滑剂

润滑剂是一个广义的概念，是助流剂、抗黏剂和（狭义）润滑剂的总称。助流剂是降低颗粒之间摩擦力从而改善粉末流动性的物质，抗黏剂是防止原辅料黏着于冲头表面的物质，润滑剂是降低药片与冲模孔壁之间摩擦力的物质。滑石粉作为最常用的助流剂，可将颗粒表面的凹陷处填满补平，降低颗粒表面的粗糙性，从而达到降低颗粒间的摩擦力、改善颗粒流动性的目的，常用量一般为0.1%～3.0%。片剂中常用的润滑剂为硬脂酸镁，硬脂酸镁易与颗粒混匀，压片后片面光滑美观，应用最广，其用量一般为0.25%～2.0%，用量过大时，由于其疏水性，会造成片剂的崩解迟缓[357]。微粉硅胶是优良的片剂助流剂，可用于粉末直接压片，常用量为0.1%～0.3%。

13.7.1.5 抗结块剂

抗结块剂是一种在物料储存和处理过程中可以使物料保持良好流动性的物质，尤其在兽药粉剂的生产中被广泛应用。在粉剂的生产过程中采用表面喷涂或直接加入抗结块剂，在粉体表面形成一层疏水保护膜，可防止粉剂产品与外界交换水分，也可以阻碍晶态粉体表面发生再结晶过程中晶体“桥连”，最终防止产品结块。根据原材料的性质，抗结块剂可以分为惰性粉末、无机盐、有机表面活性剂、疏水性物质和复合型抗结块剂等5大类[361]。其中，复合型抗结块剂是前四种抗结块剂中以表面活性剂为主的混合物，集中其优点并互相弥补缺点，因而防结块效果最好，使用最为广泛[362]。

13.7.1.6 包衣剂

包衣是在特定的设备中按特定的工艺将糖料或其他能成膜的功能性材料涂覆在固体制剂的外表面，使其干燥后成为紧密黏附在表面的一层或数层不同厚薄、不同弹性的多功能保护层。在兽药固体制剂中，常用的包衣材料有以蔗糖为代表的包糖衣材料和以乙基纤维素、羟丙基甲基纤维素和邻苯二甲酸醋酸纤维素为代表的薄膜型包衣材料。通常来说，包衣的作用有避光、防潮、提高药物的稳定性和遮盖药物的不良气味，例如某些药物尤其是中药因为具有不良风味会使动物减少甚至拒绝摄入，从而影响药物作用和临床疗效的发挥[363]。利用包衣技术可解决这类问题，以克拉霉素为例，有学者选择单硬脂酸甘油酯和甲基丙烯酸氨基烷基酯共聚物E作为包衣剂制备克拉霉素包衣颗粒，显著改善了克拉霉素的适口性[364]。现在新型包衣技术也正朝着控制药物在胃肠道中的释放部位和释放程度的方向发展。例如为了实现饲料添加剂中的有机酸在肠内的缓释，研究人员开发出一种包衣缓释技术，在酸化剂的外表面包覆一层保护膜，从而实现有机酸分子在肠道的定点释放，延长酸化效果，增强蛋白消化与肠道抑菌的效果[365]。

13.7.1.7 骨架缓控释材料

骨架型制剂是指药物和一种或多种惰性固体骨架材料通过压制或融合技术制成片状、小粒或其他形式的制剂[366]。骨架型制剂主要用于控制制剂的释药速率或缓释作用。在骨架型制剂中大多数骨架材料不溶于水，但有的可以缓慢吸水膨胀。总的来说，骨架缓控释材料主要分为不溶性骨架材料、溶蚀性骨架材料和亲水凝胶材料三类。

（1）不溶性骨架材料 常用的不溶性骨架材料有乙基纤维素、聚乙烯类、丙烯酸树脂类等。不溶性骨架片的药物释放原理是液体穿透骨架，将药物溶解然后使之从骨架的沟槽中扩散出来，但由于难溶性药物从骨架内释出的速率太慢，因而水溶性药物较适合此种骨架缓释。在药物释放过程中，骨架形状几乎没有改变，最后会随着粪便一同排出体外[367]。

（2）溶蚀性骨架材料 由不溶解但可以溶蚀的蜡质材料组成，常用的溶蚀性骨架材料有蜂蜡、氢化植物油、硬脂酸、聚乙二醇、甘油硬脂酸酯等。药物的缓控释是借脂肪或蜡质的逐渐溶蚀实现的，这类骨架材料具有疏水性，但可被消化液溶蚀，并逐渐分散为小颗粒，从而释放药物[368]。

（3）亲水凝胶骨架材料 可分为纤维素衍生物、非纤维素多糖类、天然胶类、高分子聚合物四类，其中应用最多的便是羟丙基甲基纤维素[368,369]。亲水凝胶骨架型制剂的制备方法较为简单，将药物、亲水凝胶骨架材料和适量的辅料混合均匀制粒即可。亲水性凝胶骨架片以亲水性高分子物质作为骨架材料，通过亲水性凝胶骨架材料与溶出介质接触后，在片剂的表面产生坚固的凝胶层，由该凝胶层控制着药物的释放，且保护片芯不受溶出介质的影响而发生崩解。随着时间的推移，外层凝胶层不断溶解，内部再形成凝胶层，再溶解直至片芯完全溶解在溶出介质中。

13.7.2 辅料技术在兽药液体制剂中的应用

兽药液体制剂主要有注射剂（液）、内服溶液剂、内服混悬剂、内服乳剂、酊剂、子宫注入剂（溶液型、乳状液型、混悬液型）、乳房注入剂（溶液型、乳状液型、混悬液型）、眼用液体制剂、耳用液体制剂、外用液体制剂（涂剂、浇泼剂、滴剂、乳头浸剂、浸洗剂）等形式[355,356]。其中的辅料，按其主要功能可以分为溶媒、增溶剂、助溶剂、润湿剂、抗氧化剂、乳化剂和助悬剂等。

13.7.2.1 溶媒

溶媒是一种能溶解气体、固体、液体而成为均匀混合物的液体，也被称为溶剂。液体制剂的溶媒对药物的分散度和制剂的稳定性以及所产生的疗效起着很重要的作用。在实际应用中一般应根据药物的理化性质和兽医临床需要，选择最佳的溶媒或混合溶媒。根据溶液介电常数的大小可以将溶媒分为极性溶媒、半极性溶媒和非极性溶媒。最常用的极性溶媒是水，其本身无任何药理作用，能与乙醇、甘油等溶媒以任意比例混合。普通的液体制剂用水以纯化水为宜，但对于注射液应使用注射用水或灭菌注射用水。常用的半极性溶媒有乙醇、丙二醇和聚乙二醇，其大多与水或甘油混合作溶媒，例如丙二醇可与水以任意比例混合，能溶解诸多有机药物，一定比例的丙二醇与水混合物可抑制某些药物的水解，增加其稳定性[370]。常用的非极性溶媒有脂肪油、液状石蜡和乙酸乙酯等。

13.7.2.2 增溶剂

增溶剂是指加入的起增溶作用的表面活性剂，被增溶的物质叫增溶质。表面活性剂形成胶团后，使药物在溶媒中溶解度增大。典型的增溶剂为阴离子型和非离子型表面活性剂，并且阴离子型表面活性剂因其毒性强、刺激性大且有溶血作用而不能应用于注射剂中，只作外用制剂的辅料[371]。非离子型表面活性剂包括聚氧乙烯脱水山梨醇脂肪酸酯类（吐温）、聚氧乙烯脂肪酸酯类、聚氧乙烯脂肪醇醚类，此类表面活性剂随聚乙二醇聚合度的增大，其毒性、刺激性减小，最常用的是吐温 80。增溶剂的亲水亲油平衡值（HLB 值）越大，对极性强的药物增溶效果越好，对极性弱的药物则相反，而作为增溶剂的表面活性剂主要用于增加难溶性药物在水中的溶解度，因此使用的增溶剂 HLB 值多在 15～18 之间。一般情况下，增溶剂应与增溶质直接混合，必要时加少量水，再加入其他附加剂与余下的溶媒，这样可增大增溶量；相反，如果将增溶剂先溶于水再加入增溶质则不能达到预期目标。

13.7.2.3 助溶剂

助溶剂是指为增加难溶药物的溶解度而加入的第二种物质，使难溶性药物在某一溶媒（多为水）中溶解度增大的辅料。助溶剂多为有机酸及其盐、酰胺或胺类化合物、无机盐和多聚物等。助溶剂可与难溶性药物形成络合物、复盐或分子缔合物等溶解度很大的复合物而发挥作用[372]。如兽用氨茶碱中发挥主要药理作用的成分茶碱不溶于水，但是茶碱加乙二胺（助溶剂）形成的分子缔合物氨茶碱，在水中的溶解度可大大增加。

13.7.2.4 润湿剂

润湿剂是一类通过降低其表面能，使固体物料更易被水浸湿的表面活性剂，由亲水基和亲油基组成。通常来说，亲水亲油平衡值（HLB）在 7～9 的表面活性剂适合作润湿剂。在实际应用中，还应根据给药途径不同而选用不同种类的表面活性剂。一般来说，疏水性药物制备混悬剂时，常加入润湿剂以利于分散。外用混悬剂可选阴离子型表面活性剂如肥皂、月桂醇硫酸钠等，也可选阳离子型表面活性剂如新洁尔灭等，还可选非离子型表面活性剂如司盘类，内服混悬剂则可选非离子型表面活性剂如吐温类等[373]。

13.7.2.5 抗氧剂

液体制剂在制备或贮藏过程中，药物常发生氧化变质，影响药物疗效，而合理选用抗氧剂则能有效防止或延缓药物的氧化变质。注射液中常用的抗氧剂有维生素 C、亚硫酸氢钠、亚硫酸钠、焦亚硫酸钠、二丁基羟基甲苯等。单一抗氧剂难以满足药物稳定性要求，而复合型抗氧剂能充分发挥协同作用，提高抗氧剂的抗氧化性能[374]，如盐酸氯丙嗪注射液中同时使用了抗坏血酸、亚硫酸钠和亚硫酸氢钠三种抗氧剂。另外，辅助抗氧剂通常与主抗氧剂联合使用以增强抗氧化效果，如金属离子络合剂依地酸二钠、枸橼酸、酒石酸等。

13.7.2.6 乳化剂

若想将两种互不相溶的液体制成均匀分散的多相稳定体系，那就必须加入第三种物质起乳化作用，这种起乳化作用的物质称为乳化剂。常用的乳化剂多为表面活性剂，HLB 值在 3～6 的表面活性剂适合作 W/O（油包水）型乳化剂，如钙皂、单硬脂酸甘油酯、脂肪醇等；HLB 值在 8～18 的表面活性剂适合作 O/W（水包油）型乳化剂，如钠皂、三乙醇胺皂类、脂肪醇硫酸（酯）钠类（十二烷基硫酸钠）和聚山梨酯类[373]。

13.7.2.7 助悬剂

在药物制剂中，助悬剂用于稳定分散系统（例如混悬剂），其机制为减少溶质或颗粒运动的速率，维持微粒比较均匀的分散状态。助悬剂可以是小分子物质，也可以是大分子物质或矿物质。小分子助悬剂有甘油、糖浆等；大分子助悬剂包括亲水性的碳水化合物如阿拉伯胶、琼脂、海藻酸等和亲水性的非碳水化合物如明胶、聚维酮等；矿物质助悬剂包括硅镁土、硅酸镁铝、二氧化硅等。

13.7.3 制剂技术在减抗、替抗方面的应用

13.7.3.1 包合物技术

包合物（inclusion compound，IC）是指一种由主体分子将客体分子进行包合形成的

特殊复合物，其中，主体分子（即包合材料）具有空穴结构、管道状或层状空间，可以将客体分子（即药物）全部或部分容纳在内。包合物最常用的主体分子是环糊精及其衍生物。当前药物-环糊精包合物在提高药物的溶解度、溶出度、生物利用度等方面日益显示出独特的性能和应用价值。生产环糊精的工业原料是淀粉，得益于该种包合剂的低毒性、低成本和易获得性，环糊精包合技术在兽药制剂领域被广泛使用。

氟苯尼考为动物专用氯霉素类广谱抗菌药[375]，对由敏感菌引起的呼吸道、消化道等感染有良好的治疗效果，在兽药领域被广泛应用。前几年，氟苯尼考的常用固体制剂只有粉剂。由于氟苯尼考在水中几乎不溶，不能饮水给药，其粉剂只能拌入少许精料投喂，存在剂量不准、使用不便等缺点，特别不适合集约化群体饮水给药。进一步研究发现，采用分子包合等物理增溶方法可以提高氟苯尼考在水中的溶解度，改善氟苯尼考在动物体内的吸收情况，提高其生物利用度，在兽医临床上有望达到一定程度的减抗目的。其主要包合物形式有下面几种。

（1）氟苯尼考-β-环糊精包合物 目前上市的普通氟苯尼考粉基本是将氟苯尼考和辅料简单混合后得到的产品，而环糊精包合的氟苯尼考粉，则利用了环糊精具有较大的空穴结构可以将氟苯尼考包合在内的特点，提高了氟苯尼考的溶解度。肉鸡药代动力学试验表明氟苯尼考环糊精包合物的生物利用度明显高于普通氟苯尼考粉，可达到普通氟苯尼考粉的 3.48 倍，最大血药浓度也是普通氟苯尼考粉的 4.49 倍[376]。

（2）氟苯尼考-羟丙基-β-环糊精包合物 羟丙基-β-环糊精是 β-环糊精的一类羟烷基化衍生物，水溶性好，对热稳定而且溶血作用弱。使用其包合药物后，可以提高药物的溶解度，增加药物的生物利用度，调整或控制药物的释放速度，降低药物的毒副作用，增强药物的稳定性，是近年来应用较多的一种低毒、安全的药物辅料。氟苯尼考-羟丙基-β-环糊精包合物冻干粉针剂与普通氟苯尼考注射液相比，氟苯尼考的溶解度前者是后者的 35 倍，并且前者在比格犬药代动力学实验中 C_{max}、AUC 等参数均有所改善，尤其是消除半衰期远大于普通氟苯尼考注射液，可以以较小的氟苯尼考剂量达到较好的治疗效果[377]。

（3）氟苯尼考-2-羟丙基-β-环糊精包合物 2-羟丙基-β-环糊精是 β-环糊精与 1,2-环氧丙烷缩合而成的亲水性衍生物，与 β-环糊精（溶解度为 1.8g/100mL）相比，水溶性极好（溶解度＞75g/100mL），且热稳定性好、溶血性低、无刺激性，是 FDA 批准的第一个可供静脉注射用的环糊精辅料[378]。将氟苯尼考制成 2-羟丙基-β-环糊精包合物后，可极大提高氟苯尼考在水中的溶解度，可达普通氟苯尼考粉的 35.6 倍[379]。

目前，《中华人民共和国兽药典》2020 年版一部已收载并公布了“氟苯尼考可溶性粉”，这对于扩展氟苯尼考的给药方式、增加其生物利用度以及减抗、替抗等都具有重要意义。

13.7.3.2 固体分散体技术

固体分散体是以一种或几种高分子聚合物作为载体，将难溶性药物分散在其中形成的分散体系。在口服剂型中，对于一些难溶性药物而言，不易被机体吸收，临床应用受到一定限制。固体分散体可以改善药物溶解度和生物利用度[380]，从而有望在兽医临床上达到一定程度的减抗效果。

替米考星是一种应用广泛的畜禽专用大环内酯类抗生素，对革兰氏阳性菌、部分革兰氏阴性菌、支原体、螺旋体等均有抑制作用，用于防治由胸膜肺炎放线杆菌、支原体等引起的畜禽呼吸系统疾病[381]。替米考星在水中极难溶解，生物利用度较低，且有较强苦味

(适口性差)，拌料口服给药时患病畜禽常常少食或不食，难以保障用药剂量。固体分散体技术不仅可以提高难溶性药物的溶出度及溶解度，改善药物的吸收度及生物利用度，而且也能掩盖药物的苦味，从而增加药物的适口性，保证用药剂量准确，也可减少替米考星用量，达到一定程度的减抗目的。

替米考星固体分散体[382]：固体分散体的溶出度、溶解度和释放特征在很大程度上取决于载体材料。有学者以肠溶性缓释材料丙烯酸树脂（Eudragit L100）和新型药用高分子材料聚乙烯己内酰胺-聚乙酸乙烯酯-聚乙二醇接枝共聚物（soluplus）为载体制备出替米考星固体分散体。其中肠溶性载体材料 Eudragit L100，具有一定的肠靶向性，且表面积大、润湿性好及粒径小，能将替米考星以无定形状态均匀分散；另一载体 soluplus 具有增溶、抑晶、空间稳定等作用[383]。这种固体分散体在掩盖替米考星苦味的同时，在仔猪药代动力学试验中较普通替米考星肠溶颗粒的吸收程度更佳，消除更加缓慢，有效血药浓度持续时间更长，且相对生物利用度为普通替米考星肠溶颗粒的 1.36 倍。

另一学者选用聚乙二醇 6000（PEG6000）和泊洛沙姆 188（P188）作为载体，制得的替米考星固体分散体不仅溶出快、稳定性好，而且溶解性也好，能够用于群体饮水给药[384]。并且在仔猪的药代动力学试验中与替米考星原料药相比，替米考星固体分散体吸收程度更大、消除更慢、有效血药浓度持续时间更长，最大血药浓度（C_{max}）是替米考星原料药的 1.7 倍，相对生物利用度为 136%[385]。

13.7.3.3 靶向制剂技术

靶向制剂是指经某种途径给药后，药物通过特定载体（如脂质体、纳米粒等）的运输而选择性地富集于靶部位的给药系统，使药物在靶部位具有较高的药物浓度和较长的维持时间，以尽量少的药物达到高效治疗的目的。如果所载药物为抗菌药物，这在一定程度上可减少抗菌药物的用量。

恩诺沙星是化学合成的动物专用氟喹诺酮类抗菌药，对革兰氏阳性菌、革兰氏阴性菌及支原体的生长具有良好的抑制作用[386]，被广泛应用于畜禽胃肠道、呼吸道等细菌性疾病的预防和治疗。恩诺沙星的固体制剂为粉剂，由于其在体内分布广泛，相对于病灶或靶器官的药物浓度很低，故临床疗效不显著。有学者研究表明，采用一定辅料制成的恩诺沙星靶向制剂，可以将恩诺沙星定向运送到肺或胃肠等靶器官，达到保持或提高疗效从而减少恩诺沙星用量的目的。

（1）恩诺沙星明胶肺靶向微球 明胶有良好的生物降解性、生物相容性、无毒性、亲水性和非免疫原性等生物学特性[387]，能够在凝胶和溶胶之间发生可逆转变，故明胶常常作为制备微球的良好材料。以恩诺沙星为原料药，明胶为载体，液体石蜡为油相，司盘 80 为乳化剂，用乳化冷凝法制备出恩诺沙星明胶微球。这种微球不仅稳定性好，体外释药与原药相比半衰期（$t_{1/2}$）延长了 6 倍，具有明显的缓释效果，而且家兔体内分布试验表明其具有明显的肺靶向性，肺相对血液和其他脏器组织的靶向效率（t_e）均大于 1，靶向效率增加 1.60～4.92 倍，肺内恩诺沙星达峰时间延长，吸收半衰期和消除半衰期均延长，肺内恩诺沙星消除率明显降低[388]。

（2）恩诺沙星聚乳酸-羟基乙酸共聚物（PLGA）肺靶向微球 PLGA 是乳酸和羟基乙酸聚合而成的无功能侧基共聚物，兼有两种材料的优势，具有较好的生物相容性和可降解性，广泛应用于药物微球的制备。选择生物可降解材料（PLGA）和硬脂酸为混合载体材料制备恩诺沙星微球，这种微球在静脉注射后可以被肺部毛细血管机械性截留而表现出肺靶向，提高恩诺沙星在肺组织的富集浓度。以普通恩诺沙星注射液为对照组，发现大鼠体内微球组肺部恩诺沙星浓度远远高于对照组，并且消除半衰期和药时曲线下面积也有明显提升[389]。

13.7.3.4 缓释控释技术

多数兽用抗菌药在临床上需一日多次给药，而且血药浓度有峰谷现象，毒副作用较大。因此，除了选用抗菌药制备缓控释制剂外，也可选择一些具有抗菌活性或免疫增强作用或阻止细菌毒力因子释放的植物提取物，制备出疗效好、成本低廉的绿色无残留的长效缓释抗菌制剂，有望达到减抗、替抗目的。

土霉素是从土壤链霉菌的培养液中提取获得，是以四并苯为母核的抗菌药。兽医临床上土霉素应用较广，用于对抗大多数革兰氏阳性和革兰氏阴性细菌、立克次体、支原体和一些寄生虫[390]。但是土霉素水溶液不稳定，内服吸收不规则、不完全，主要在小肠上段吸收，血药浓度难以达到治疗浓度。制备土霉素的缓释制剂可以使其具有较高的血药浓度和较长的维持时间，减少土霉素用量。

（1）土霉素固体脂质纳米粒 固体脂质纳米粒（solid lipid nanoparicles，SLN）具有物理稳定性高、缓释、靶向性好等优点。有学者以单硬脂酸甘油酯作为载体材料，以泊洛沙姆 188 作为乳化剂，选择高温乳化-低温固化法来制备土霉素固体脂质纳米粒。单硬脂酸甘油酯是一种表面活性剂，在室温下为固体，性质稳定，体内降解途径固定，生物相容性好，细胞毒性低，可克服脂质体存在的不稳定问题，用作载体材料制备出的固体脂质纳米粒具有缓释和定位释药能力；以泊洛沙姆作为乳化剂将土霉素制备成固体脂质纳米粒，可提高纳米粒表面的亲水性，降低纳米粒与调理素间的相互作用，减少肝、脾等对土霉素纳米粒的摄取。在体外释放实验中，土霉素原料药在 4h 时释放达到了 90%，而土霉素固体脂质纳米粒仅释放 43.48%，具有良好的缓释效果；在家兔的药代动力学实验中，与普通土霉素注射液相比，土霉素固体脂质纳米粒不仅物理稳定性高、缓释、靶向性好，而且生物利用度明显提高，相对生物利用度可达 226.9%[391]。

（2）土霉素长效注射液[392] 传统的土霉素注射液在实际应用中还存在着一些缺陷，比如在低温时有较高的黏稠度、在高温时稳定性较差、药效作用时间相对较短等。因此，制备一种稳定性好、作用时间长的土霉素长效注射液在兽医临床上具有重要意义。比起传统的土霉素所用的溶剂 α-吡咯烷酮，土霉素长效注射剂所用的甘油甲缩醛可以提高土霉素注射液的稳定性，降低其黏度，减少药物残留和毒副作用；聚乙二醇 200（PEG200）是一种良好的增溶剂和黏度调节剂，甘油甲缩醛和 PEG200 以适当比例混合而成的复合有机溶媒为长效土霉素注射液的溶剂，可以达到增加土霉素的溶解性和稳定性的效果。镁离子可以和土霉素化学结构中 C10 和 C12 位上的羟基络合形成金属络合物，从而增强土霉素注射液的稳定性；除此以外，镁离子具有镇痛、减少刺激的作用，因此选用等物质的量的氯化镁作为长效土霉素注射液的络合剂。聚乙烯吡咯烷酮 K17 可以作为土霉素注射液的缓释剂，在肌内注射后，在注射部位形成凝胶库，使药物缓慢释放，起到缓释的作用，增强土霉素的有效作用时间。长效土霉素注射液在家兔体内的药动学研究中也表现出体内吸收速度快，消除慢，有效血药浓度维持时间较长的特点。

（3）土霉素原位凝胶[393] 原位凝胶是指以溶液状态给药后，立即在用药部位发生相转变，由液态转化成非化学交联半固体凝胶。泊洛沙姆尤其是泊洛沙姆 407 是目前研究最深入的一类温敏型人工合成高分子凝胶材料，单纯的泊洛沙姆 407 溶液胶凝温度较低且成胶时间长，而将泊洛沙姆 188 与 407 合用则能使胶凝温度升高并能缩短成胶时间。另外，在土霉素原位凝胶中为了防止土霉素被氧化，还需加入亚硫酸氢钠作为抗氧剂。制得的土霉素原位凝胶用于治疗奶牛子宫内膜炎时，能长时间黏附于子宫黏膜表面，缓慢释放土霉素，延长土霉素在子宫黏膜的停留和释放时间，促进吸收，提高生物利用度。

目前由一些植物提取物制备的绿色无残留长效缓释抗菌制剂也正在成为研究的热点，有望达到减抗、替抗的目的。以植物精油为例，其在抗菌、抑菌、抗氧化等方面具有一定的效果，并且其天然、绿色、高效、无毒的特点使其在替抗方面具有广阔的应用前景。但是，植物精油通常具有挥发性强、稳定性差、不易储存和运输不便等劣势，在一定程度上限制了它的应用[394]。有研究表明，以明胶和阿拉伯胶作为壁材制成的牛至精油微囊不仅稳定性好，抑菌作用增加，而且能够将牛至精油稳定、缓慢地释放，起效作用时间达 38h 以上[395]。

13.7.3.5 透皮给药技术

透皮给药是指在皮肤表面给药，使药物穿过皮肤进入血液或者局部组织产生全身或者局部治疗作用的一种给药方式，相应的剂型为透皮剂。药物经皮肤进入体内时速度相对缓慢，可避免肝脏的首过效应，且持效时间长，毒性和副作用小，相对安全，而且透皮给药方便，对部分动物尤其是宠物给药简单易行，可以减少应激反应。

伊维菌素属于大环内酯类药物，是目前使用最为广泛的兽用抗寄生虫药物之一，可用于线虫和蜱、螨等多种体内外寄生虫的驱除和杀灭，广泛应用于生产养殖中[396]。伊维菌素在较低血药浓度时便可起到治疗作用，与片剂、注射剂等传统剂型相比，伊维菌素透皮剂具有作用时间长、避免首过效应、减少给药剂量等优势。在减抗、替抗的背景下，通过透皮吸收促进剂等辅料的应用，可促进抗菌药的透皮吸收，减少抗菌药用量，成为未来兽用透皮制剂的研究热点。常见的透皮吸收促进剂包括化学类如二甲基亚砜、氮酮等和中药类如冰片、薄荷醇等[397]，并且中药类透皮吸收促进剂得益于所具有的促透效果明显、起效快、副作用小、价格低廉等优点，其在透皮制剂中发挥着越来越重要的作用。

（1）伊维菌素透皮剂 氮酮是透皮制剂中常用的透皮吸收促进剂，其渗透性明显优于二甲基亚砜、二甲基甲酰胺等[398]。有学者研究的长效伊维菌素透皮剂以氮酮为透皮吸收促进剂，α-吡咯烷酮为长效剂，不仅制备简单、稳定性好，而且在药代动力学实验中与普通伊维菌素注射剂皮下注射相比，呈现出血药浓度上升缓慢且变化平稳的特点，消除半衰期、平均滞留时间等均有明显提升，体内有效血药浓度时间可达 35d，是其注射剂的 3.89 倍[399]。

中药透皮吸收促进剂中应用最为广泛的是冰片和薄荷醇，有研究表明薄荷醇在中药透皮吸收促进剂中促透效果最佳，对抗菌药、解热镇痛药、中药提取物、维生素等药物都有良好的促透效果[400]。有学者使用不同浓度的冰片和薄荷醇作为透皮吸收促进剂对伊维菌素的促透效果进行研究，发现 4%浓度的薄荷醇对于伊维菌素的促透效果最好，在肉鸽体内的药代动力学实验中表观分布容积为 8.69，表明透皮吸收速率快，而且药物清除率低，平均驻留时间长达 53.56h，有助于药效的发挥[401]。

（2）伊维菌素浇泼剂[402] 浇泼剂是一种透皮溶液制剂，使用时沿动物的背中线进行浇泼，操作简单，动物应激性小。在伊维菌素浇泼剂中，肉豆蔻酸异丙酯作为透皮吸收促进剂使用。此外，肉豆蔻酸异丙酯、液体石蜡和异丙醇三种溶剂联合使用具有良好的透皮和潜溶作用，能促进皮肤对伊维菌素的吸收。在大鼠的药代动力学试验中，伊维菌素浇泼剂与普通注射液皮下注射和混悬液口服[403]相比较，其消除半衰期分别是后两者的 3.49 倍和 7.67 倍，显著延长了伊维菌素的有效作用时间，并且与口服混悬剂相比生物利用度明显提高。

参考文献

[1] Hoffman A. Pharmacodynamic aspects of sustained release preparations[J]. Adv Drug Deliv Rev，1998，33（3）：185-199.

[2] Chen Z，Zhu Q，Qi J，et al. Sustained and controlled release of herbal medicines：The concept of synchronized release[J]. Int J Pharm，2019，560：116-125.

[3] 董玉洁，蒋沅岐，陈金鹏，等．中药缓控释制剂的研究进展[J]. 中草药，2021，52（08）：2465-2472.

[4] Tan Y F，Lao L L，Xiong G M，et al. Controlled-release nanotherapeutics：State of translation[J]. J Control Release，2018，284：39-48.

[5] Altaani B M，Al-Nimry S S，Haddad R H，et al. Preparation and characterization of an oral norethindrone sustained release/controlled release nanoparticles formulation based on chitosan [J]. AAPS PharmSciTech，2019，20（2）：54.

[6] Urtuvia V，Maturana N，Acevedo F，et al. Bacterial alginate production：an overview of its biosynthesis and potential industrial production [J]. World J Microbiol Biotechnol，2017，33（11）：198.

[7] Suhail M，Li X R，Liu J Y，et al. Fabrication of alginate based microgels for drug-sustained release：*In-vitro* and *in-vivo* evaluation[J]. Int J Biol Macromol，2021，192：958-966.

[8] Liao J，Hou B，Huang H. Preparation，properties and drug controlled release of chitin-based hydrogels：An updated review[J]. Carbohydr Polym，2022，283：119177.

[9] Jiang Z，Zhao S，Yang M，et al. Structurally stable sustained-release microcapsules stabilized by self-assembly of pectin-chitosan-collagen in aqueous two-phase system[J]. Food Hydrocolloids，2022，125.

[10] Jana S，Manna S，Nayak A K，et al. Carbopol gel containing chitosan-egg albumin nanoparticles for transdermal aceclofenac delivery[J]. Colloids Surf B Biointerfaces，2014，114：36-44.

[11] Pervaiz F，Mushtaq R，Noreen S. Formulation and optimization of terbinafine HCl loaded chitosan/xanthan gum nanoparticles containing gel：*Ex-vivo* permeation and *in-vivo* antifungal studies[J]. Journal of Drug Delivery Science and Technology，2021，66：102935.

[12] Bernkop-Schnurch A，Dunnhaupt S. Chitosan-based drug delivery systems[J]. Eur J Pharm Biopharm，2012，81（3）：463-469.

[13] Kaboli S F，Mehrnejad F，Nematollahzadeh A. Molecular modeling prediction of albumin-based nanoparticles and experimental preparation，characterization，and *in-vitro* release kinetics of prednisolone from the nanoparticles[J]. Journal of Drug Delivery Science and Technology，2021，64：102588.

[14] Fatemeh Z，Mu Y，Yuanpeng L，et al. PLGA-HPMC nanoparticles prepared by a modified supercritical anti-solvent technique for the controlled release of insulin[J]. The Journal of Supercritical Fluids，2015，99：15-22.

[15] Ranjna S，Jai P P，Vivek K G，et al. Critical overview of biomass feedstocks as sustainable substrates for the production of polyhydroxybutyrate（PHB）[J]. Bioresource Technology，2020，311（prepublish）.
[16] Rungnaphar P，Suwapat S. Influence of xanthan gum on rheological properties and freeze-thaw stability of tapioca starch[J]. Journal of Food Engineering，2008，88（1）：137-143.
[17] Abu E M H，Goda E S，Gab A M A，et al. Xanthan gum-derived materials for applications in environment and eco-friendly materials：A review[J]. Journal of Environmental Chemical Engineering，2020（prepublish）.
[18] Ilhan C，Jooyoung I，Awlia K P，et al. Effects of xanthan gum biopolymer on soil strengthening[J]. Construction and Building Materials，2015，74（15）：65-72.
[19] Viney C，Shubhini A S. Rheological studies on solid lipid nanoparticle based carbopol gels of aceclofenac[J]. Colloids and Surfaces B：Biointerfaces，2012，92：293-298.
[20] Park S，Chun M，Choi H. Preparation of an extended-release matrix tablet using chitosan/Carbopol interpolymer complex[J]. International journal of pharmaceutics，2008，347（1-2）：39-44.
[21] 伦冠芬．口服缓释、控释制剂的常用技术及临床应用[J]. 中国组织工程研究与临床康复，2011，15（34）：6436-6439.
[22] Qi X L，Chen H Y，Rui Y，et al. Floating tablets for controlled release of ofloxacin via compression coating of hydroxypropyl cellulose combined with effervescent agent[J]. International Journal of Pharmaceutics，2015，489（1-2）：210-217.
[23] Li C，Zhou K X，Chen D，et al. Solid lipid nanoparticles with enteric coating for improving stability，palatability，and oral bioavailability of enrofloxacin[J]. International Journal of Nanomedicine，2019，14：1619-1631.
[24] 黄海燕．缓控释制剂研究进展[J]. 西昌学院学报（自然科学版），2008（2）：57-59.
[25] 彭芝萍．三七总皂苷缓释片制备工艺及体内外释药研究[D]. 武汉：湖北中医药大学，2012.
[26] Pan J，Lu W，Li C，et al. Imperatorin sustained-release tablets：*In vitro* and pharmacokinetic studies. [J]. Archives of pharmacal research，2010，33（8）：1209-1216.
[27] Yanfei M，Guoguang C，Lili R，et al. Controlled release of glaucocalyxin - a self-nanoemulsifying system from osmotic pump tablets with enhanced bioavailability[J]. Pharm Dev Technol，2017，22（2）：148-155.
[28] 安欣欣，周洪雷，李传厚，等．口服渗透泵控释制剂的研究进展[J]. 中国药房，2018，29（22）：3165-3168.
[29] 李江，杨星钢，荆恒攀，等．星点设计-效应面法优化银杏叶总黄酮双层渗透泵控释片处方[J]. 中草药，2014，45（12）：1702-1708.
[30] 马芳．固体分散技术在其缓控释制剂中的应用[J]. 北方药学，2012，9（7）：71.
[31] 杜利月，郭留城，郝海军，等．冬凌草甲素渗透泵片制备工艺研究及体外评价[J]. 中药材，2018，41（1）：168-171.
[32] Mura P，Zerrouk N，Mennini N，et al. Development and characterization of naproxen-chitosan solid systems with improved drug dissolution properties[J]. Eur J Pharm Sci，2003，19（1）：67-75.
[33] Ana C，M. C G，M. L S，et al. Langmuir monolayers and Differential Scanning Calorimetry for the study of the interactions between camptothecin drugs and biomembrane models[J]. BBA - Biomembranes，2016，1858（2）：422-433.
[34] Song Y，Cong Y，Wang B，et al. Applications of Fourier transform infrared spectroscopy to pharmaceutical preparations[J]. Expert opinion on drug delivery，2020，17（4）：459-465.
[35] Bunaciu A A，Udriştioiu E G，Aboul-Enein H Y. X-ray diffraction：instrumentation and applications[J]. Critical reviews in analytical chemistry，2015，45（4）：289-299.
[36] Angelica V，Magali Z，Norbert L，et al. The chick embryo and its chorioallantoic membrane（CAM） for the in vivo evaluation of drug delivery systems[J]. Advanced Drug Delivery Re-

views, 2007, 59 (11): 1162-1176.

[37] Herdiana Y, Wathoni N, Shamsuddin S, et al. Drug release study of the chitosan-based nanoparticles[J]. Heliyon, 2022, 8 (1): e08674.

[38] Zhao X B, Si J X, Huang D S, et al. Application of star poly (ethylene glycol) derivatives in drug delivery and controlled release[J]. Journal of Controlled Release, 2020, 323 (prepublish).

[39] Ochi M, Wan B, Bao Q, et al. Influence of PLGA molecular weight distribution on leuprolide release from microspheres[J]. International Journal of Pharmaceutics, 2021, 599: 120450.

[40] Cagil E M. Production and characterization of a new pH-responsive shellac system for controlled drug release[J]. Journal of Molecular Structure, 2020, 1217 (prepublish).

[41] Kocaaga B, Guner F S, Kurkcuoglu O. Molecular dynamics simulations can predict the optimum drug loading amount in pectin hydrogels for controlled release[J]. Materials Today Communications, 2022, 31: 103268.

[42] Sahu A, Bora U, Kasoju N, et al. Synthesis of novel biodegradable and self-assembling methoxy poly (ethylene glycol) -palmitate nanocarrier for curcumin delivery to cancer cells [J]. Acta Biomater, 2008, 4 (6): 1752-1761.

[43] Yang D, Fang L, Yang C. Roles of molecular interaction and mobility on loading capacity and release rate of drug-ionic liquid in long-acting controlled release transdermal patch [J]. Journal of Molecular Liquids, 2022, 352: 18752.

[44] Zu S, Wang Z, Zhang S, et al. A bioinspired 4D printed hydrogel capsule for smart controlled drug release[J]. Materials today chemistry, 2022, 24: 100789.

[45] Jiang Y N, Mo H Y, Yu D G. Electrospun drug-loaded core-sheath PVP/zein nanofibers for biphasic drug release[J]. Int J Pharm, 2012, 438 (1-2): 232-239.

[46] van der Kooij R S, Steendam R, Frijlink H W, et al. An overview of the production methods for core-shell microspheres for parenteral controlled drug delivery[J]. Eur J Pharm Biopharm, 2022, 170: 24-42.

[47] Gioumouxouzis C I, Tzimtzimis E, Katsamenis O L, et al. Fabrication of an osmotic 3D printed solid dosage form for controlled release of active pharmaceutical ingredients[J]. Eur J Pharm Sci, 2020, 143: 105176.

[48] 顾鹏飞．左氧氟沙星缓释胶囊的研究[D]. 武汉：华中科技大学，2009.

[49] 贺芬，徐瑛，侯惠民．挤出造粒、气流包衣法制备包衣微粒剂 I. 头孢氨苄缓释胶囊的研究[J]. 中国医药工业杂志，2000 (01): 21-23.

[50] Dos S R M, Dos S K, Da S P, et al. Nanotechnological strategies for systemic microbial infections treatment: A review[J]. Int J Pharm, 2020, 589: 119780.

[51] Ferreira M, Aguiar S, Bettencourt A, et al. Lipid-based nanosystems for targeting bone implant-associated infections: current approaches and future endeavors[J]. Drug Deliv Transl Res, 2021, 11 (1): 72-85.

[52] Crommelin D, van Hoogevest P, Storm G. The role of liposomes in clinical nanomedicine development. What now? Now what? [J]. J Control Release, 2020, 318: 256-263.

[53] Santos R S, Figueiredo C, Azevedo N F, et al. Nanomaterials and molecular transporters to overcome the bacterial envelope barrier: Towards advanced delivery of antibiotics[J]. Adv Drug Deliv Rev, 2018, 136-137: 28-48.

[54] Bassetti M, Vena A, Russo A, et al. Inhaled liposomal antimicrobial delivery in lung infections[J]. Drugs, 2020, 80 (13): 1309-1318.

[55] Wang S, Yu S, Lin Y, et al. Co-Delivery of ciprofloxacin and colistin in liposomal formulations with enhanced *in vitro* antimicrobial activities against multidrug resistant *pseudomonas aeruginosa*[J]. Pharm Res, 2018, 35 (10): 187.

[56] Allen T M. Liposomal drug formulations. Rationale for development and what we can expect for the future[J]. Drugs, 1998, 56 (5): 747-756.

[57] Drulis-Kawa Z, Dorotkiewicz-Jach A. Liposomes as delivery systems for antibiotics[J]. Int J Pharm, 2010, 387(1-2): 187-198.
[58] Davis M E, Chen Z G, Shin D M. Nanoparticle therapeutics: an emerging treatment modality for cancer[J]. Nat Rev Drug Discov, 2008, 7(9): 771-782.
[59] Kesisoglou F, Panmai S, Wu Y. Nanosizing-oral formulation development and biopharmaceutical evaluation[J]. Adv Drug Deliv Rev, 2007, 59(7): 631-644.
[60] Alshamsan A, Aleanizy F S, Badran M, et al. Exploring anti-MRSA activity of chitosan-coated liposomal dicloxacillin[J]. J Microbiol Methods, 2019, 156: 23-28.
[61] Barreiro C, Garcia-Estrada C. Proteomics and penicillium chrysogenum: unveiling the secrets behind penicillin production[J]. J Proteomics, 2019, 198: 119-131.
[62] Beyer P, Moorthy V, Paulin S, et al. The drugs don't work: WHO's role in advancing new antibiotics[J]. Lancet, 2018, 392(10144): 264-266.
[63] Ananthakrishnan A, Painter C, Teerawattananon Y. A protocol for a systematic literature review of economic evaluation studies of interventions to address antimicrobial resistance [J]. Syst Rev, 2021, 10(1): 242.
[64] Bayda S, Adeel M, Tuccinardi T, et al. The History of nanoscience and nanotechnology: from chemical-physical applications to nanomedicine[J]. Molecules, 2019, 25(1): 112.
[65] Drozdov A, Andreev M, Kozlov M, et al. Lycurgus cup: the nature of dichroism in a replica glass having similar composition[J]. Journal of Cultural Heritage, 2021, 51: 71-78.
[66] Conde J. The Golden age in cancer nanobiotechnology: quo vadis? [J]. Front Bioeng Biotechnol, 2015, 3: 142.
[67] Feynman R P. There's plenty of room at the bottom[J]. Resonance, 2011,16(9): 890-911.
[68] Pool R. The Children of the STM: The Nobel Prize-winning scanning tunneling microscope has inspired a whole generation of imaging devices that use everything from magnetic forces to sound waves to examine samples[J]. Science, 1990, 247(4943): 634-636.
[69] Sajid M I, Jamshaid U, Jamshaid T, et al. Carbon nanotubes from synthesis to *in vivo* biomedical applications[J]. Int J Pharm, 2016, 501(1-2): 278-299.
[70] He C, Xu P, Zhang X, et al. The synthetic strategies, photoluminescence mechanisms and promising applications of carbon dots: Current state and future perspective[J]. Carbon, 2022, 186: 91-127.
[71] Mishra V, Patil A, Thakur S, et al. Carbon dots: emerging theranostic nanoarchitectures [J]. Drug Discov Today, 2018, 23(6): 1219-1232.
[72] Lisa E F. Developing the workforce of the future: how the national nanotechnology Initiative has supported nanoscale science and engineering education in the United States[J]. IEEE Nanotechnology Magazine, 2020, 14(4): 13-20.
[73] Weissig V, Pettinger T K, Murdock N. Nanopharmaceuticals (part 1): products on the market[J]. International journal of nanomedicine, 2014, 9(1): 4357-4373.
[74] Halamoda-Kenzaoui B, Vandebriel R J, Howarth A, et al. Methodological needs in the quality and safety characterisation of nanotechnology-based health products: Priorities for method development and standardisation[J]. J Control Release, 2021, 336: 192-206.
[75] Anık Ü, Timur S, Dursun Z. Recent pros and cons of nanomaterials in drug delivery systems[J]. International Journal of Polymeric Materials and Polymeric Biomaterials, 2020, 69 (17): 1090-1100.
[76] El-Sayed A, Kamel M. Advanced applications of nanotechnology in veterinary medicine [J]. Environ Sci Pollut Res Int, 2020, 27(16): 19073-19086.
[77] Assali M, Zaid A N, Abdallah F, et al. Single-walled carbon nanotubes-ciprofloxacin nanoantibiotic: strategy to improve ciprofloxacin antibacterial activity[J]. Int J Nanomedicine, 2017, 12: 6647-6659.
[78] Ucak S, Sudagidan M, Borsa B A, et al. Inhibitory effects of aptamer targeted teicoplanin

encapsulated PLGA nanoparticles for *Staphylococcus aureus* strains[J]. World J Microbiol Biotechnol，2020，36（5）：69.

[79] Omolo C A，Kalhapure R S，Agrawal N，et al. A hybrid of mPEG-b-PCL and G1-PEA dendrimer for enhancing delivery of antibiotics[J]. J Control Release，2018，290：112-128.

[80] Alavi S E，Esfahani M K M，Raza A，et al. PEG-grafted liposomes for enhanced antibacterial and antibiotic activities：An in vivo study[J]. NanoImpact，2022（prepublish）.

[81] Zheng K，Setyawati M I，Leong D T，et al. Antimicrobial Gold Nanoclusters[J]. ACS Nano，2017，11（7）：6904-6910.

[82] Gurunathan S，Choi Y J，Kim J H. Antibacterial efficacy of silver nanoparticles on endometritis caused by *Prevotella melaninogenica* and *Arcanobacterum pyogenes* in dairy cattle[J]. Int J Mol Sci，2018，19（4）：1210.

[83] Makabenta J，Park J，Li C H，et al. Polymeric nanoparticles active against dual-species bacterial biofilms[J]. Molecules，2021，26（16）.

[84] Rutkowski M，Krzeminska-Fiedorowicz L，Khachatryan G，et al. Antibacterial properties of biodegradable silver nanoparticle foils based on various strains of pathogenic bacteria isolated from the oral cavity of cats，dogs and horses[J]. Materials（Basel），2022，15（3）：4958.

[85] Dik D A，Fisher J F，Mobashery S. Cell-Wall recycling of the gram-negative bacteria and the nexus to antibiotic resistance[J]. Chem Rev，2018，118（12）：5952-5984.

[86] Gupta A，Mumtaz S，Li C H，et al. Combatting antibiotic-resistant bacteria using nanomaterials[J]. Chem Soc Rev，2019，48（2）：415-427.

[87] Makabenta J，Nabawy A，Li C H，et al. Nanomaterial-based therapeutics for antibiotic-resistant bacterial infections[J]. Nat Rev Microbiol，2021，19（1）：23-36.

[88] Guo L，Wang H，Wang Y，et al. Organic polymer nanoparticles with primary ammonium salt as potent antibacterial nanomaterials[J]. ACS Appl Mater Interfaces，2020，12（19）：21254-21262.

[89] Wu L，Yang Y，Huang L，et al. Levofloxacin-based carbon dots to enhance antibacterial activities and combat antibiotic resistance[J]. Carbon，2022，186：452-464.

[90] Weldrick P J，Iveson S，Hardman M J，et al. Breathing new life into old antibiotics：overcoming antibacterial resistance by antibiotic-loaded nanogel carriers with cationic surface functionality[J]. Nanoscale，2019，11（21）：10472-10485.

[91] Memar M Y，Ghotaslou R，Samiei M，et al. Antimicrobial use of reactive oxygen therapy：current insights[J]. Infect Drug Resist，2018，11：567-576.

[92] Vaishampayan A，Grohmann E. Antimicrobials functioning through ROS-mediated mechanisms：Current Insights[J]. Microorganisms，2021，10（1）：61.

[93] Dryden M. Reactive oxygen species：a novel antimicrobial[J]. Int J Antimicrob Agents，2018，51（3）：299-303.

[94] Nandita D，Chidambaram R. Silver nanoparticle antimicrobial activity explained by membrane rupture and reactive oxygen generation[J]. Environmental Chemistry Letters，2016，14（4）：477-485.

[95] Hui S，Liu Q，Huang Z，et al. Gold nanoclusters-decorated zeolitic imidazolate frameworks with reactive oxygen species generation for photoenhanced antibacterial study[J]. Bioconjug Chem，2020，31（10）：2439-2445.

[96] Chandna S，Thakur N S，Reddy Y N，et al. Engineering lignin stabilized bimetallic nanocomplexes：structure，mechanistic elucidation，antioxidant，and antimicrobial potential[J]. ACS Biomater Sci Eng，2019，5（7）：3212-3227.

[97] Pramanik S，Chatterjee S，Saha A，et al. Unraveling the interaction of silver nanoparticles with mammalian and bacterial DNA[J]. J Phys Chem B，2016，120（24）：5313-5324.

[98] Zhao Y，Tian Y，Cui Y，et al. Small molecule-capped gold nanoparticles as potent antibacterial agents that target Gram-negative bacteria[J]. J Am Chem Soc，2010，132（35）：

12349-12356.
[99] Huang R，Cai G Q，Li J，et al. Platelet membrane-camouflaged silver metal-organic framework drug system against infections caused by methicillin-resistant Staphylococcus aureus[J]. J Nanobiotechnology，2021，19（1）：229.
[100] Han B，Zhang Z，Xie Y，et al. Multi-omics and temporal dynamics profiling reveal disruption of central metabolism in Helicobacter pylori on bismuth treatment[J]. Chem Sci，2018，9（38）：7488-7497.
[101] Nazari P，Dowlatabadi-Bazaz R，Mofid M R，et al. The antimicrobial effects and metabolomic footprinting of carboxyl-capped bismuth nanoparticles against Helicobacter pylori[J]. Appl Biochem Biotechnol，2014，172（2）：570-579.
[102] Gallo G，Schillaci D. Bacterial metal nanoparticles to develop new weapons against bacterial biofilms and infections[J]. Appl Microbiol Biotechnol，2021，105（13）：5357-5366.
[103] Brij P S，Sougata G，Ashwini C. Development，dynamics and control of antimicrobial-resistant bacterial biofilms：a review[J]. Environmental Chemistry Letters，2021（prepublish）.
[104] Roberts A P，Mullany P. Oral biofilms：a reservoir of transferable，bacterial，antimicrobial resistance[J]. Expert Rev Anti Infect Ther，2010，8（12）：1441-1450.
[105] Li X，Chen D，Xie S. Current progress and prospects of organic nanoparticles against bacterial biofilm[J]. Adv Colloid Interface Sci，2021，294：102475.
[106] He W，Wang Z，Bai H，et al. Highly efficient photothermal nanoparticles for the rapid eradication of bacterial biofilms[J]. Nanoscale，2021，13（32）：13610-13616.
[107] Husain F M，Qais F A，Ahmad I，et al. Biosynthesized zinc oxide nanoparticles disrupt established biofilms of pathogenic bacteria[J]. Applied Sciences，2022，12（2）：710.
[108] 杜鹏，张永萍．包合技术在药物研究中的应用[J]. 贵阳中医学院学报，2008（6）：62-64.
[109] 何茹，侯世祥．环糊精及其包合物的研究进展：第三届全国药用新辅料与中药制剂新技术应用研讨会[Z]. 中国上海：200613.
[110] 付炎，王于方，李力更，等．天然药物化学史话：天然产物研究与诺贝尔奖[J]. 中草药，2016，47（21）：3749-3765.
[111] Witkop B. Remembering Heinrich Wieland（1877-1957）. Portrait of an organic chemist and founder of modern biochemistry[J]. Med Res Rev，1992，12（3）：195-274.
[112] 翁新楚，董新伟，任国谱．脲包法在脂类分离技术中的应用[J]. 中国油脂，1994（6）：40-44.
[113] 樊莉，张亚刚，马莉，等．尿素包合法及其在多价不饱和脂肪酸分离纯化中的应用[J]. 兵团教育学院学报，2002（03）：35-38.
[114] 彭薇．抗耐药结核菌包合物的研制及活性研究[D]. 武汉：武汉工程大学，2018.
[115] Szejtli J. Introduction and general overview of cyclodextrin chemistry[J]. Chem Rev，1998，98（5）：1743-1754.
[116] Izatt R M. Charles J. Pedersen：innovator in macrocyclic chemistry and co-recipient of the 1987 Nobel Prize in chemistry[J]. Chem Soc Rev，2007，36（2）：143-147.
[117] 刘志莲，于永水，崔玉，等．超越分子概念的化学：超分子化学的基础与应用[J]. 化学教育，2009，30（12）：1-4.
[118] 吴成泰，何永炳．1987 年诺贝尔化学奖获得者之一——J. M. 莱恩教授[J]. 大学化学，1988（05）：1-3.
[119] Hsiung E，Celebioglu A，Chowdhury R，et al. Antibacterial nanofibers of pullulan/tetracycline-cyclodextrin inclusion complexes for Fast-Disintegrating oral drug delivery[J]. J Colloid Interface Sci，2022，610：321-333.
[120] Celebioglu A，Uyar T. Metronidazole/Hydroxypropyl-beta-cyclodextrin inclusion complex nanofibrous webs as fast-dissolving oral drug delivery system[J]. Int J Pharm，2019，572：118828.
[121] Salih M，Omolo C A，Agrawal N，et al. Supramolecular amphiphiles of beta-cyclodextrin and oleylamine for enhancement of vancomycin delivery[J]. Int J Pharm，2020，574：118881.

[122] Raza A, Miles J A, Sime F B, et al. PLGA encapsulated gamma-cyclodextrin-meropenem inclusion complex formulation for oral delivery[J]. Int J Pharm, 2021, 597: 120280.

[123] Paczkowska M, Mizera M, Szymanowska-Powalowska D, et al. beta-Cyclodextrin complexation as an effective drug delivery system for meropenem[J]. Eur J Pharm Biopharm, 2016, 99: 24-34.

[124] Ding Y, Pang Y, Vara P C, et al. Formation of inclusion complex of enrofloxacin with 2-hydroxypropyl-beta-cyclodextrin[J]. Drug Deliv, 2020, 27 (1): 334-343.

[125] Hui L, Zu-Zheng H, Lei Y, et al. Improved solubility and stability of rifampicin as an inclusion complex of acyclic cucurbit[n] uril[J]. Journal of Inclusion Phenomena and Macrocyclic Chemistry, 2021 (prepublish).

[126] Fan G, Zhang L, Shen Y, et al. Comparative muscle irritation and pharmacokinetics of florfenicol-hydroxypropyl-beta-cyclodextrin inclusion complex freeze-dried powder injection and florfenicol commercial injection in beagle dogs[J]. Sci Rep, 2019, 9 (1): 16739.

[127] Topuz F, Kilic M E, Durgun E, et al. Fast-dissolving antibacterial nanofibers of cyclodextrin/antibiotic inclusion complexes for oral drug delivery[J]. J Colloid Interface Sci, 2021, 585: 184-194.

[128] Anjum M M, Krishna K P, Nidhi P, et al. Development of Anacardic Acid/hydroxypropyl-β-cyclodextrin inclusion complex with enhanced solubility and antimicrobial activity[J]. Journal of Molecular Liquids, 2019, 296: 112085.

[129] Siva S, Li C, Cui H, et al. Encapsulation of essential oil components with methyl-beta-cyclodextrin using ultrasonication: Solubility, characterization, DPPH and antibacterial assay [J]. Ultrason Sonochem, 2020, 64: 104997.

[130] Li X, Uehara S, Sawangrat K, et al. Improvement of intestinal absorption of curcumin by cyclodextrins and the mechanisms underlying absorption enhancement[J]. Int J Pharm, 2018, 535 (1-2): 340-349.

[131] Nair A B, Attimarad M, Al-Dhubiab B E, et al. Enhanced oral bioavailability of acyclovir by inclusion complex using hydroxypropyl-beta-cyclodextrin [J]. Drug Deliv, 2014, 21 (7): 540-547.

[132] Başaran B, Bozkir A. Thermosensitive and pH induced in situ ophthalmic gelling system for ciprofloxacin hydrochloride: hydroxypropyl-beta-cyclodextrin complex. [J]. Acta poloniae pharmaceutica, 2012, 69 (6): 1137.

[133] Lin Y, Huang R, Sun X, et al. The p-Anisaldehyde/[beta] -cyclodextrin inclusion complexes as a sustained release agent: Characterization, storage stability, antibacterial and antioxidant activity[J]. Food control, 2022, 132: 108561.

[134] Li X, Xie S, Pan Y, et al. Preparation, characterization and pharmacokinetics of doxycycline hydrochloride and florfenicol polyvinylpyrroliddone microparticle entrapped with hydroxypropyl-β-cyclodextrin inclusion complexes suspension[J]. Colloids and surfaces, B, Biointerfaces, 2016, 141: 634-642.

[135] Zhou D, Xu Z, Li Y, et al. Preparation and characterization of thermosensitive hydrogel system for dual sustained-release of chlorhexidine and bovine serum albumin[J]. Materials Letters, 2021, 300 (1): 130121.

[136] Rogel C, Mendoza N, Troncoso J, et al. Formulation and characterization of inclusion complexes using hydroxypropyl-β-cyclodextrin and florfenicol with chitosan microparticles [J]. Journal of the Chilean Chemical Society, 2011, 56 (1): 574-578.

[137] Bensouiki S, Belaib F, Sindt M, et al. Synthesis of cyclodextrins-metronidazole inclusion complexes and incorporation of metronidazole - 2-hydroxypropyl-β-cyclodextrin inclusion complex in chitosan nanoparticles[J]. Journal of molecular structure, 2022, 1247: 131298.

[138] Muhammad M H, Idris A L, Fan X, et al. Beyond Risk: Bacterial biofilms and their regulating approaches[J]. Front Microbiol, 2020, 11: 928.

[139] Rather M A, Gupta K, Mandal M. Microbial biofilm: formation, architecture, antibiotic resistance, and control strategies[J]. Braz J Microbiol, 2021, 52 (4): 1701-1718.

[140] Vishwakarma A, Dang F, Ferrell A, et al. Peptidomimetic polyurethanes inhibit bacterial Biofilm Formation and Disrupt Surface Established Biofilms [J]. J Am Chem Soc, 2021 (25): 143.

[141] Pedro P G G, Andressa C D M, Karina I R T, et al. Enhanced efficacy against bacterial biofilms via host: guest cyclodextrin-doxycycline inclusion complexes [J]. Journal of Inclusion Phenomena and Macrocyclic Chemistry, 2021 (prepublish).

[142] Han H, Gao Y, Chai M, et al. Biofilm microenvironment activated supramolecular nanoparticles for enhanced photodynamic therapy of bacterial keratitis[J]. J Control Release, 2020, 327: 676-687.

[143] Thomsen H, Agnes M, Uwangue O, et al. Increased antibiotic efficacy and noninvasive monitoring of *Staphylococcus epidermidis* biofilms using per-cysteamine-substituted gamma-cyclodextrin - A delivery effect validated by fluorescence microscopy [J]. Int J Pharm, 2020, 587: 119646.

[144] Ding W, Sun J, Lian H, et al. The Influence of shuttle-shape emodin nanoparticles on the *Streptococcus suis* Biofilm[J]. Front Pharmacol, 2018, 9: 227.

[145] Christaki E, Marcou M, Tofarides A. Antimicrobial resistance in bacteria: mechanisms, evolution, and persistence[J]. J Mol Evol, 2020, 88 (1): 26-40.

[146] Hasan C M, Dutta D, Nguyen A. Revisiting antibiotic resistance: mechanistic foundations to evolutionary outlook[J]. Antibiotics (Basel), 2021, 11 (1): 40.

[147] Fidaleo M, Zuorro A, Lavecchia R. Enhanced antibacterial and anti-quorum sensing activities of triclosan by complexation with modified beta-cyclodextrins[J]. World J Microbiol Biotechnol, 2013, 29 (9): 1731-1736.

[148] Zahraa H, Nathalie K, Lizette A, et al. Cyclodextrin-membrane interaction in drug delivery and membrane structure maintenance[J]. International Journal of Pharmaceutics, 2019, 564: 59-76.

[149] Zhao J, Zhao G, Liu Y. Antibacterial activity of a hexahydro-β-acids/methyl-β-cyclodextrin inclusion complex against bacteria related to foodborne illness [J]. Journal of food safety, 2019, 39 (11): e12678.

[150] Lin L, Mao X, Sun Y, et al. Antibacterial mechanism of artemisinin / beta-cyclodextrins against methicillin-resistant *Staphylococcus aureus* (MRSA) [J]. Microb Pathog, 2018, 118: 66-73.

[151] Rosa Teixeira K I, Araújo P V, Almeida Neves B R, et al. Ultrastructural changes in bacterial membranes induced by nano-assemblies β-cyclodextrin chlorhexidine: SEM, AFM, and TEM evaluation[J]. Pharmaceutical development and technology, 2013, 18 (3): 600-608.

[152] Hay W T, Fanta G F, Rich J, et al. Antimicrobial properties of amylose-fatty ammonium salt inclusion complexes[J]. Carbohydr Polym, 2020, 230: 115666.

[153] Bulut E, Turhan Y. Synthesis and characterization of temperature-sensitive microspheres based on acrylamide grafted hydroxypropyl cellulose and chitosan for the controlled release of amoxicillin trihydrate[J]. Int J Biol Macromol, 2021, 191: 1191-1203.

[154] Antunes J C, Domingues J M, Miranda C S, et al. Bioactivity of chitosan-based particles loaded with plant-derived extracts for biomedical applications: emphasis on antimicrobial fiber-based systems[J]. Mar Drugs, 2021, 19 (7).

[155] Ashrafizadeh M, Ahmadi Z, Mohamadi N, et al. Chitosan-based advanced materials for docetaxel and paclitaxel delivery: Recent advances and future directions in cancer theranostics [J]. Int J Biol Macromol, 2020, 145: 282-300.

[156] Affes S, Aranaz I, Acosta N, et al. Chitosan derivatives-based films as pH-sensitive drug delivery systems with enhanced antioxidant and antibacterial properties[J]. Int J Biol Macromol, 2021, 182: 730-742.

[157] Mao S, Sun W, Kissel T. Chitosan-based formulations for delivery of DNA and siRNA [J]. Adv Drug Deliv Rev, 2010, 62 (1): 12-27.

[158] Abd E E, Shabaiek H F, Abdelaziz M M, et al. Fortified hyperbranched PEGylated chitosan-based nano-in-micro composites for treatment of multiple bacterial infections[J]. Int J Biol Macromol, 2020, 148: 1201-1210.

[159] Ashrafizadeh M, Delfi M, Hashemi F, et al. Biomedical application of chitosan-based nanoscale delivery systems: Potential usefulness in siRNA delivery for cancer therapy [J]. Carbohydr Polym, 2021, 260: 117809.

[160] Ashrafizadeh M, Zarrabi A, Hushmandi K, et al. Progress in natural compounds/siRNA co-delivery employing nanovehicles for cancer therapy[J]. ACS Comb Sci, 2020, 22 (12): 669-700.

[161] Hamed S F, Hashim A F, Abdel H H, et al. Edible alginate/chitosan-based nanocomposite microspheres as delivery vehicles of omega-3 rich oils [J]. Carbohydr Polym, 2020, 239: 116201.

[162] Zhang D, Ouyang Q, Hu Z, et al. Catechol functionalized chitosan/active peptide microsphere hydrogel for skin wound healing[J]. Int J Biol Macromol, 2021, 173: 591-606.

[163] E. R, R. A, G. C, et al. Spherical microparticles production by supercritical antisolvent precipitation: Interpretation of results[J]. The Journal of Supercritical Fluids, 2008, 47 (1): 70-84.

[164] Matricardi P, Meo C D, Coviello T, et al. Recent advances and perspectives on coated alginate microspheres for modified drug delivery[J]. Expert Opin Drug Deliv, 2008, 5 (4): 417-425.

[165] Carrion C C, Nasrollahzadeh M, Sajjadi M, et al. Lignin, lipid, protein, hyaluronic acid, starch, cellulose, gum, pectin, alginate and chitosan-based nanomaterials for cancer nanotherapy: Challenges and opportunities[J]. Int J Biol Macromol, 2021, 178: 193-228.

[166] Abid S, Uzair B, Niazi M, et al. Bursting the virulence traits of MDR strain of *Candida albicans* using sodium alginate-based microspheres containing nystatin-loaded MgO/CuO nanocomposites[J]. Int J Nanomedicine, 2021, 16: 1157-1174.

[167] Zhao M, Zhu T, Chen J, et al. PLGA/PCADK composite microspheres containing hyaluronic acid-chitosan siRNA nanoparticles: A rational design for rheumatoid arthritis therapy[J]. Int J Pharm, 2021, 596: 120204.

[168] Zhu D, Bai H, Xu W, et al. Hyaluronic Acid/Parecoxib-loaded PLGA microspheres for therapy of temporomandibular disorders[J]. Curr Drug Deliv, 2021, 18 (2): 234-245.

[169] Zhang S, Kang L, Hu S, et al. Carboxymethyl chitosan microspheres loaded hyaluronic acid/gelatin hydrogels for controlled drug delivery and the treatment of inflammatory bowel disease[J]. Int J Biol Macromol, 2021, 167: 1598-1612.

[170] Cao S, Li L, Du Y, et al. Porous gelatin microspheres for controlled drug delivery with high hemostatic efficacy[J]. Colloids Surf B Biointerfaces, 2021, 207: 112013.

[171] Farrell T P, Garvey C, Adams N C, et al. Comparison of outcomes and cost-effectiveness of trisacryl gelatin microspheres alone versus combined trisacryl gelatin microspheres and gelatin sponge embolization in uterine fibroid embolization[J]. Acta Radiol, 2020, 61 (9): 1287-1296.

[172] Kabiri M, Bolourian H, Dehghan S, et al. The dry powder formulation of mixed cross-linked dextran microspheres and tetanus toxoid-loaded trimethyl chitosan nanospheres as a potent adjuvant for nasal delivery system[J]. Iran J Basic Med Sci, 2021, 24 (1): 116-122.

[173] Su T, Wu Q X, Chen Y, et al. Fabrication of the polyphosphates patched cellulose sulfate-chitosan hydrochloride microcapsules and as vehicles for sustained drug release[J]. Int J Pharm, 2019, 555: 291-302.

[174] Mu X T, Li Y, Ju X J, et al. Microfluidic fabrication of structure-controlled chitosan microcapsules via interfacial cross-linking of droplet templates[J]. ACS Appl Mater Interfaces, 2020, 12 (51): 57514-57525.

[175] Sun H, Zheng H, Tang Q, et al. Monodisperse alginate microcapsules with spatially confined bioactive molecules via microfluid-generated W/W/O emulsions[J]. ACS Appl Mater Interfaces, 2019, 11 (40): 37313-37321.

[176] Shpigel T, Uziel A, Lewitus D Y. SPHRINT - printing drug delivery microspheres from polymeric melts[J]. Eur J Pharm Biopharm, 2018, 127: 398-406.

[177] Dong Z, Meng X, Yang W, et al. Progress of gelatin-based microspheres (GMSs) as delivery vehicles of drug and cell[J]. Mater Sci Eng C Mater Biol Appl, 2021, 122: 111949.

[178] Lin Y F, Huang Y. Laser-assisted fabrication of highly viscous alginate microsphere [J]. Journal of Applied Physics, 2011, 109 (8): 083107.

[179] Wang Y, Hu J. Sub-100-micron calcium-alginate microspheres: Preparation by nitrogen flow focusing, dependence of spherical shape on gas streams and a drug carrier using acetaminophen as a model drug[J]. Carbohydrate Polymers, 2021, 269: 118262.

[180] Tan P Y, Tan T B, Chang H W, et al. Pickering emulsion-templated ionotropic gelation of tocotrienol microcapsules: effects of alginate and chitosan concentrations and gelation process parameters[J]. J Sci Food Agric, 2021, 101 (14): 5963-5971.

[181] Baldwin E T, Wells L A. Hyaluronic acid and poly-l-lysine layers on calcium alginate microspheres to modulate the release of encapsulated FITC-dextran[J]. J Pharm Sci, 2021, 110 (6): 2472-2478.

[182] Abulateefeh S R, Al-Adhami G K, Alkawareek M Y, et al. Controlling the internal morphology of aqueous core-PLGA shell microcapsules: promoting the internal phase separation via alcohol addition[J]. Pharm Dev Technol, 2019, 24 (6): 671-679.

[183] Li F, Lian Z, Song C, et al. Release of florfenicol in seawater using chitosan-based molecularly imprinted microspheres as drug carriers[J]. Mar Pollut Bull, 2021, 173 (Pt B): 113068.

[184] Ryu S, Park S, Lee H Y, et al. Biodegradable nanoparticles-loaded PLGA microcapsule for the enhanced encapsulation efficiency and controlled release of hydrophilic drug[J]. Int J Mol Sci, 2021, 22 (6): 2792.

[185] Budincic J M, Petrovic L, Dekic L, et al. Study of vitamin E microencapsulation and controlled release from chitosan/sodium lauryl ether sulfate microcapsules[J]. Carbohydr Polym, 2021, 251: 116988.

[186] Chang P K, Tsai M F, Huang C Y, et al. Chitosan-based anti-oxidation delivery nano-platform: applications in the encapsulation of DHA-enriched fish oil[J]. Mar Drugs, 2021, 19 (8): 470.

[187] Lai H, Liu Y, Huang G, et al. Fabrication and antibacterial evaluation of peppermint oil-loaded composite microcapsules by chitosan-decorated silica nanoparticles stabilized Pickering emulsion templating[J]. Int J Biol Macromol, 2021, 183: 2314-2325.

[188] Campini P, Oliveira E R, Camani P H, et al. Assessing the efficiency of essential oil and active compounds/poly (lactic acid) microcapsules against common foodborne pathogens [J]. Int J Biol Macromol, 2021, 186: 702-713.

[189] Ngamekaue N, Chitprasert P. Effects of beeswax-carboxymethyl cellulose composite coating on shelf-life stability and intestinal delivery of holy basil essential oil-loaded gelatin microcapsules[J]. Int J Biol Macromol, 2019, 135: 1088-1097.

[190] Huang Q, Gong S, Han W, et al. Preparation of TTO/UF resin microcapsule via in situ polymerisation and modelling of its slow release[J]. J Microencapsul, 2020, 37 (4): 297-304.

[191] Ullah R, Nadeem M, Imran M, et al. Effect of microcapsules of chia oil on Omega-3 fatty acids, antioxidant characteristics and oxidative stability of butter[J]. Lipids Health Dis, 2020, 19 (1): 10.

[192] Akram S, Bao Y, Butt M S, et al. Fabrication and characterization of gum arabic- and maltodextrin-based microcapsules containing polyunsaturated oils[J]. J Sci Food Agric, 2021, 101 (15): 6384-6394.

[193] Yousefi M，Khanniri E，Shadnoush M，et al. Development，characterization and *in vitro* antioxidant activity of chitosan-coated alginate microcapsules entrapping Viola odorata Linn. extract[J]. Int J Biol Macromol，2020，163：44-54.

[194] Majumdar S，Mandal T，Dasgupta M D. Comparative performance evaluation of chitosan based polymeric microspheres and nanoparticles as delivery system for bacterial beta-carotene derived from *Planococcus* sp. TRC1[J]. Int J Biol Macromol，2022，195：384-397.

[195] Wang C，Chen P X，Xiao Q，et al. Chitosan activated with genipin：a nontoxic natural carrier for tannase immobilization and its application in enhancing biological Activities of Tea Extract[J]. Mar Drugs，2021，19（3）：166.

[196] Huang H，Belwal T，Aalim H，et al. Protein-polysaccharide complex coated W/O/W emulsion as secondary microcapsule for hydrophilic arbutin and hydrophobic coumaric acid[J]. Food Chem，2019，300：125171.

[197] Piombino C，Lange H，Sabuzi F，et al. Lignosulfonate microcapsules for delivery and controlled release of thymol and derivatives[J]. Molecules，2020，25（4）：866.

[198] Zhang Z，Zhang S，Su R，et al. Controlled release mechanism and antibacterial effect of layer-by-layer self-assembly thyme oil microcapsule[J]. J Food Sci，2019，84（6）：1427-1438.

[199] Xuqian L，Ting W，Mengjie S，et al. Advances and applications of chitosan-based nanomaterials as oral delivery carriers：A review[J]. International Journal of Biological Macromolecules，2020，154（prepublish）.

[200] Butorac K，Novak J，Bellich B，et al. Lyophilized alginate-based microspheres containing *Lactobacillus fermentum* D12，an exopolysaccharides producer，contribute to the strain’s functionality in vitro[J]. Microbial Cell Factories，2021，20（1）：85.

[201] Song H，Zhang J，Qu J，et al. *Lactobacillus rhamnosus* GG microcapsules inhibit *Escherichia coli* biofilm formation in coculture[J]. Biotechnol Lett，2019，41（8-9）：1007-1014.

[202] Di Natale C，Lagreca E，Panzetta V，et al. Morphological and rheological guided design for the microencapsulation process of *Lactobacillus paracasei* CBA L74 in calcium alginate microspheres[J]. Front Bioeng Biotechnol，2021，9：660691.

[203] Dehkordi S S，Alemzadeh I，Vaziri A S，et al. Optimization of alginate-whey protein isolate microcapsules for survivability and release behavior of probiotic bacteria[J]. Appl Biochem Biotechnol，2020，190（1）：182-196.

[204] Han C，Xiao Y，Liu E，et al. Preparation of Ca-alginate-whey protein isolate microcapsules for protection and delivery of *L. bulgaricus* and *L. paracasei*[J]. Int J Biol Macromol，2020，163：1361-1368.

[205] Ceron A A，Nascife L，Norte S，et al. Synthesis of chitosan-lysozyme microspheres，physicochemical characterization，enzymatic and antimicrobial activity[J]. Int J Biol Macromol，2021，185：572-581.

[206] Yousefi M，Khorshidian N，Mortazavian A M，et al. Preparation optimization and characterization of chitosan-tripolyphosphate microcapsules for the encapsulation of herbal galactagogue extract[J]. Int J Biol Macromol，2019，140：920-928.

[207] 李国基，胡浪，李荣顺，等．口服金霉素微囊化颗粒对绵羊瘤胃微生物菌群数量的影响[J]. 华南农业大学学报，2021，42（01）：17-25.

[208] Lira-Casas R，Efren R J，Zavaleta-Mancera H A，et al. Designing and evaluation of urea microcapsules *in vitro* to improve nitrogen slow release availability in rumen[J]. J Sci Food Agric，2019，99（5）：2541-2547.

[209] Jia S，Zhou K，Pan R，et al. Oral immunization of carps with chitosan-alginate microcapsule containing probiotic expressing spring viremia of carp virus（SVCV）G protein provides effective protection against SVCV infection[J]. Fish Shellfish Immunol，2020，105：327-329.

[210] Samak Y O，Santhanes D，El-Massik M A，et al. Formulation strategies for achieving high delivery efficiency of thymoquinone-containing *Nigella sativa* extract to the colon based on oral

alginate microcapsules for treatment of inflammatory bowel disease[J]. Journal of microencapsulation, 2019, 36 (2) : 1-11.
[211] Van Duong T, Van den Mooter G. The role of the carrier in the formulation of pharmaceutical solid dispersions. Part Ⅱ : amorphous carriers[J]. Expert Opin Drug Deliv, 2016, 13 (12) : 1681-1694.
[212] Newman A, Knipp G, Zografi G. Assessing the performance of amorphous solid dispersions[J]. J Pharm Sci, 2012, 101 (4) : 1355-1377.
[213] Lee T W, Boersen N A, Hui H W, et al. Delivery of poorly soluble compounds by amorphous solid dispersions[J]. Curr Pharm Des, 2014, 20 (3) : 303-324.
[214] Meng F, Gala U, Chauhan H. Classification of solid dispersions: correlation to (i) stability and solubility (ii) preparation and characterization techniques[J]. Drug development and industrial pharmacy, 2015, 41 (9) : 1401.
[215] Lafountaine J S, Mcginity J W, Williams R R. Challenges and strategies in thermal processing of amorphous solid dispersions: a review[J]. AAPS PharmSciTech, 2016, 17 (1) : 43-55.
[216] Bhujbal S V, Mitra B, Jain U, et al. Pharmaceutical amorphous solid dispersion: A review of manufacturing strategies[J]. Acta Pharm Sin B, 2021, 11 (8) : 2505-2536.
[217] Brough C, Williams R R. Amorphous solid dispersions and nano-crystal technologies for poorly water-soluble drug delivery[J]. Int J Pharm, 2013, 453 (1) : 157-166.
[218] Rumondor A, Dhareshwar S S, Kesisoglou F. Amorphous solid dispersions or prodrugs: complementary strategies to increase drug absorption [J]. J Pharm Sci, 2016, 105 (9) : 2498-2508.
[219] Tran P H, Tran T T, Lee K H, et al. Dissolution-modulating mechanism of pH modifiers in solid dispersion containing weakly acidic or basic drugs with poor water solubility[J]. Expert Opin Drug Deliv, 2010, 7 (5) : 647-661.
[220] Vasconcelos T, Marques S, Das N J, et al. Amorphous solid dispersions: Rational selection of a manufacturing process[J]. Adv Drug Deliv Rev, 2016, 100: 85-101.
[221] Vo C L, Park C, Lee B J. Current trends and future perspectives of solid dispersions containing poorly water-soluble drugs[J]. Eur J Pharm Biopharm, 2013, 85 (3) : 799-813.
[222] Iqbal B, Ali A, Ali J, et al. Recent advances and patents in solid dispersion technology [J]. Recent Pat Drug Deliv Formul, 2011, 5 (3) : 244-264.
[223] Kaushik R, Budhwar V, Kaushik D. An overview on recent patents and technologies on solid dispersion[J]. Recent Pat Drug Deliv Formul, 2020, 14 (1) : 63-74.
[224] 李胜利，刘保光，赵晓宁，等．多种高分子材料制备氟苯尼考固体分散体及其对比分析[J]. 中国农业科技导报，2018，20 (03) : 139-144.
[225] Keiji S, Noboru O. Studies on absorption of eutectic mixture. I. a comparison of the behavior of eutectic mixture of sulfathiazole and that of ordinary sulfathiazole in man. [J]. Chemical and Pharmaceutical Bulletin, 1961, 9 (11) : 866-872.
[226] Chiou W L, Riegelman S. Pharmaceutical applications of solid dispersion systems [J]. Journal of Pharmaceutical Sciences, 1971, 60 (9) : 1281-1302.
[227] Al-Hamidi H, Edwards A A, Mohammad M A, et al. To enhance dissolution rate of poorly water-soluble drugs: glucosamine hydrochloride as a potential carrier in solid dispersion formulations[J]. Colloids Surf B Biointerfaces, 2010, 76 (1) : 170-178.
[228] Li N, Taylor L S. Tailoring supersaturation from amorphous solid dispersions[J]. J Control Release, 2018, 279: 114-125.
[229] Arca H C, Mosquera-Giraldo L I, Bi V, et al. Pharmaceutical applications of cellulose ethers and cellulose ether esters[J]. Biomacromolecules, 2018, 19 (7) : 2351-2376.
[230] Alshehri S, Imam S S, Hussain A, et al. Potential of solid dispersions to enhance solubility, bioavailability, and therapeutic efficacy of poorly water-soluble drugs: newer formulation

techniques, current marketed scenario and patents[J]. Drug Deliv, 2020, 27(1): 1625-1643.
[231] 李明，张宇佳，王立强，等．不同载体材料尼莫地平固体分散体性质研究[J]. 中国药业，2021，30(19)：24-30.
[232] Tekade A R, Yadav J N. A Review on solid dispersion and carriers used therein for solubility enhancement of poorly water soluble drugs[J]. Adv Pharm Bull, 2020, 10(3): 359-369.
[233] Paudel A, Worku Z A, Meeus J, et al. Manufacturing of solid dispersions of poorly water soluble drugs by spray drying: formulation and process considerations[J]. Int J Pharm, 2013, 453(1): 253-284.
[234] Schittny A, Huwyler J, Puchkov M. Mechanisms of increased bioavailability through amorphous solid dispersions: a review[J]. Drug Deliv, 2020, 27(1): 110-127.
[235] Nair A R, Lakshman Y D, Anand V, et al. Overview of extensively employed polymeric carriers in solid dispersion technology[J]. AAPS PharmSciTech, 2020, 21(8): 309.
[236] Bikiaris D N. Solid dispersions, part Ⅱ: new strategies in manufacturing methods for dissolution rate enhancement of poorly water-soluble drugs[J]. Expert Opin Drug Deliv, 2011, 8(12): 1663-1680.
[237] Patel B B, Patel J K, Chakraborty S, et al. Revealing facts behind spray dried solid dispersion technology used for solubility enhancement[J]. Saudi Pharm J, 2015, 23(4): 352-365.
[238] Serajuddin A T. Solid dispersion of poorly water-soluble drugs: early promises, subsequent problems, and recent breakthroughs[J]. J Pharm Sci, 1999, 88(10): 1058-1066.
[239] Singh A, Van den Mooter G. Spray drying formulation of amorphous solid dispersions[J]. Adv Drug Deliv Rev, 2016, 100: 27-50.
[240] Bennett-Lenane H, O′ Shea J P, O′ Driscoll C M, et al. A retrospective biopharmaceutical analysis of >800 approved oral drug products: are drug properties of solid dispersions and lipid-based formulations distinctive? [J]. J Pharm Sci, 2020, 109(11): 3248-3261.
[241] Lauer M E, Maurer R, Paepe A T, et al. A miniaturized extruder to prototype amorphous solid dispersions: selection of plasticizers for hot melt extrusion[J]. Pharmaceutics, 2018, 10(2): 58.
[242] Alshehri S, Imam S S, Hussain A, et al. Potential of solid dispersions to enhance solubility, bioavailability, and therapeutic efficacy of poorly water-soluble drugs: newer formulation techniques, current marketed scenario and patents[J]. Drug Deliv, 2020, 27(1): 1625-1643.
[243] Emami S, Valizadeh H, Islambulchilar Z, et al. Development and physicochemical characterization of sirolimus solid dispersions prepared by solvent evaporation method[J]. Adv Pharm Bull, 2014, 4(4): 369-374.
[244] Mahmah O, Tabbakh R, Kelly A, et al. A comparative study of the effect of spray drying and hot-melt extrusion on the properties of amorphous solid dispersions containing felodipine[J]. J Pharm Pharmacol, 2014, 66(2): 275-284.
[245] Vasconcelos T, Sarmento B, Costa P. Solid dispersions as strategy to improve oral bioavailability of poor water soluble drugs[J]. Drug Discov Today, 2007, 12(23-24): 1068-1075.
[246] Frank D S, Matzger A J. Effect of polymer hydrophobicity on the stability of amorphous solid dispersions and supersaturated solutions of a hydrophobic pharmaceutical[J]. Mol Pharm, 2019, 16(2): 682-688.
[247] Qian F, Huang J, Hussain M A. Drug-polymer solubility and miscibility: Stability consideration and practical challenges in amorphous solid dispersion development[J]. J Pharm Sci, 2010, 99(7): 2941-2947.
[248] Tran T, Tran P. Molecular interactions in solid dispersions of poorly water-soluble drugs[J]. Pharmaceutics, 2020, 12(8): 745.
[249] Das A, Nayak A K, Mohanty B, et al. Solubility and dissolution enhancement of etoricoxib by solid dispersion technique using sugar carriers[J]. ISRN Pharm, 2011, 2011: 819765.
[250] Ali W, Williams A C, Rawlinson C F. Stochiometrically governed molecular interactions in

drug: poloxamer solid dispersions[J]. Int J Pharm，2010，391(1-2)：162-168.
[251] Tran T T，Tran P H，Lim J，et al. Physicochemical principles of controlled release solid dispersion containing a poorly water-soluble drug[J]. Ther Deliv，2010，1(1)：51-62.
[252] 唐达，伍涛．替米考星固体分散体在猪体内的药代动力学研究[J]. 湖南畜牧兽医，2021(5)：29-32.
[253] 吕彪，刘三侠，孙雪峰，等．替米考星固体分散体的制备及质量评价[J]. 畜牧与兽医，2015，47(9)：68-71.
[254] 伍涛，邓余．替米考星三元固体分散体的制备、鉴定及体外累积溶出量研究[J]. 黑龙江畜牧兽医，2021(11)：118-121.
[255] Ijaz Q A，Latif S，Shoaib Q U，et al. Preparation and characterization of pH-independent sustained-release tablets containing hot melt extruded solid dispersions of clarithromycin：tablets containing solid dispersions of clarithromycin[J]. AAPS PharmSciTech，2021，22(8)：275.
[256] 刘雯君，费煊婷，胡巧红，等．Soluplus®、PVP VA64 为载体的氟苯尼考固体分散体的制备及体外评价[J]. 中国现代应用药学，2021，38(9)：1031-1037.
[257] 刘连超，王灵灵，张雨晴，等．反溶剂共沉淀技术制备氟苯尼考固体分散体[J]. 畜牧兽医学报，2021，52(10)：2934-2943.
[258] 王腾飞，张先华，王丽．阿奇霉素固体分散体制备工艺研究[J]. 中国药业，2020，29(3)：31-34.
[259] Joe J H，Lee W M，Park Y J，et al. Effect of the solid-dispersion method on the solubility and crystalline property of tacrolimus[J]. Int J Pharm，2010，395(1-2)：161-166.
[260] 张遂平，郭芳茹，苑青艳，等．黄连解毒固体分散体制备方法及质量评价[J]. 中国兽药杂志，2013，47(12)：28-31.
[261] 吴胜耀，苑青艳，郭芳茹，等．黄连解毒散固体分散制剂的药效学研究[J]. 中国兽药杂志，2014，48(1)：49-51.
[262] 王璐璐，汪仁芸，郑稳生．板蓝根脂溶性成分-PVPK30 固体分散体的研究[J]. 中国新药杂志，2006(13)：1078-1081.
[263] 陈国广，张柯萍，李学明，等．灯盏花素缓释固体分散体的制备及溶出度的研究[J]. 华西药学杂志，2007(2)：169-171.
[264] 李宝红，张立坚，庄海，等．蛇床子素固体分散体的制备与分析[J]. 华东理工大学学报，2004(05)：598-600.
[265] 刘磐，贺倩，邓丽红，等．热熔挤出技术制备穿心莲提取物固体分散体[J]. 中国药房，2014，25(31)：2901-2904.
[266] 涂瑶生，朱颖，孙冬梅，等．热熔挤出法制备布渣叶提取物固体分散体[J]. 中成药，2014，36(4)：728-734.
[267] 赵国巍，张守德，梁新丽，等．穿心莲内酯-聚乙二醇固体分散体的制备及体外评价[J]. 中国医药工业杂志，2017，48(2)：200-203.
[268] 欧丽泉，曾庆云，赵国巍，等．不同载体材料、制备方法对穿心莲内酯固体分散体稳定性的影响[J]. 中成药，2020，42(12)：3117-3122.
[269] 周毅生，贾永艳，申小清，等．葛根素固体分散体的制备及其体外研究[J]. 中国药学杂志，2003(1)：44-46.
[270] 王曙宾，黄兰芷．葛根素缓释固体分散体制备及其体外释放度评价[J]. 中成药，2007(09)：1285-1288.
[271] 吕明，黄山．固体分散技术制备葛根素亲水凝胶缓释片[J]. 青岛科技大学学报(自然科学版)，2011，32(1)：46-50.
[272] 蒲丽丽，高洁，赖先荣．姜黄提取物固体分散体的制备及体外评价[J]. 中草药，2022，53(1)：99-106.
[273] Teixeira C C C，Mendonça L M，Bergamaschi M M，et al. Microparticles containing curcumin solid dispersion：stability，bioavailability and anti-inflammatory activity[J]. AAPS PharmSciTech，2016，17(2)：252-261.

[274] Seo S W, Han H K, Chun M K, et al. Preparation and pharmacokinetic evaluation of curcumin solid dispersion using Solutol (R) HS15 as a carrier[J]. Int J Pharm, 2012, 424 (1-2): 18-25.

[275] Ansari M T, Sunderland V B. Solid dispersions of dihydroartemisinin in polyvinylpyrrolidone [J]. Arch Pharm Res, 2008, 31 (3): 390-398.

[276] 李明，张宇佳，王立强，等．不同载体材料尼莫地平固体分散体性质研究[J]. 中国药业，2021, 30 (19): 24-30.

[277] 张勤秀．利用热熔挤出技术制备尼莫地平固体分散体及其片剂的研究[D]. 聊城：聊城大学，2019.

[278] 韩军，张勤秀，赵燕娜，等．一种尼莫地平固体分散体及其片剂制备方法[P]. 2021-04-06.

[279] 李森，郭小然，项文娟，等．叶黄素固体分散体的制备及体外溶出研究[J]. 食品与药品，2011, 13 (11): 396-399.

[280] 郭金娟，陈奇，孙璇，等．原料叶黄素固体的稳定性研究[J]. 中国医药指南，2013, 11 (32): 344-345.

[281] Sacks D, Baxter B, Campbell B, et al. Multisociety consensus quality improvement revised consensus statement for endovascular therapy of acute ischemic stroke[J]. Int J Stroke, 2018, 13 (6): 612-632.

[282] Sun X, Zhu D, Cai Y, et al. One-step mechanochemical preparation and prominent antitumor activity of SN-38 self-micelle solid dispersion [J]. Int J Nanomedicine, 2019, 14: 2115-2126.

[283] 武磊．抗癌药乐伐替尼的合成研究及其固体分散体的制备[D]. 武汉：武汉工程大学，2019.

[284] Maniruzzaman M, Nair A, Scoutaris N, et al. One-step continuous extrusion process for the manufacturing of solid dispersions[J]. Int J Pharm, 2015, 496 (1): 42-51.

[285] Shah A, Serajuddin A T. Conversion of solid dispersion prepared by acid-base interaction into free-flowing and tabletable powder by using Neusilin (R) US2[J]. Int J Pharm, 2015, 484 (1-2): 172-180.

[286] De Zordi N, Moneghini M, Kikic I, et al. Applications of supercritical fluids to enhance the dissolution behaviors of Furosemide by generation of microparticles and solid dispersions[J]. Eur J Pharm Biopharm, 2012, 81 (1): 131-141.

[287] Lin X, Gao W, Li C, et al. Nano-sized flake carboxymethyl cassava starch as excipient for solid dispersions[J]. Int J Pharm, 2012, 423 (2): 435-439.

[288] Hussain M D, Saxena V, Brausch J F, et al. Ibuprofen-phospholipid solid dispersions: improved dissolution and gastric tolerance[J]. Int J Pharm, 2012, 422 (1-2): 290-294.

[289] Zhang P, Forsgren J, Stromme M. Stabilisation of amorphous ibuprofen in Upsalite, a mesoporous magnesium carbonate, as an approach to increasing the aqueous solubility of poorly soluble drugs[J]. Int J Pharm, 2014, 472 (1-2): 185-191.

[290] Yadav P S, Kumar V, Singh U P, et al. Physicochemical characterization and *in vitro* dissolution studies of solid dispersions of ketoprofen with PVP K30 and d-mannitol[J]. Saudi Pharm J, 2013, 21 (1): 77-84.

[291] Mehran A, Dariush S, Zahra T, et al. Novel multi-layer silica aerogel/PVA composite for controlled drug delivery[J]. Materials Research Express, 2019, 6 (9): 095009.

[292] Kistler S S. Coherent expanded aerogels and jellies[J]. Nature, 1931, 127: 741.

[293] Esquivel-Castro T A, Ibarra-Alonso M C, Oliva J, et al. Porous aerogel and core/shell nanoparticles for controlled drug delivery: A review[J]. Mater Sci Eng C Mater Biol Appl, 2019, 96: 915-940.

[294] 刘忠明．刺激响应型纤维素基气凝胶构筑及药物缓释性能研究[D]. 西安：陕西科技大学，2021.

[295] Shi W, Ching Y C, Chuah C H. Preparation of aerogel beads and microspheres based on chitosan and cellulose for drug delivery: A review[J]. Int J Biol Macromol, 2021, 170: 751-767.

[296] Amir H，Mohammad S. Preparation and characterization of gelatin base cross-linking aerogel and nanoclay aerogel for diltiazem drug delivery[J]. Polymer Bulletin，2021（prepublish）.
[297] Wang Y，Su Y，Wang W，et al. The advances of polysaccharide-based aerogels：Preparation and potential application[J]. Carbohydr Polym，2019，226：115242.
[298] Cheng W，Satoko O. 3D aerogel of cellulose triacetate with supercritical antisolvent process for drug delivery[J]. The Journal of Supercritical Fluids，2019，148：33-41.
[299] 唐智光．全纤维素复合气凝胶的制备及药物缓释性能研究[D]. 南宁：广西大学，2019.
[300] 唐爱民，李静，李德贵．载药纳米纤维素气凝胶的制备及其药物可控释放[J]. 化工新型材料，2019，47（3）：193-197.
[301] Lovskaya D，Menshutina N. Alginate-based aerogel particles as drug delivery systems：investigation of the supercritical adsorption and *in vitro* evaluations[J]. Materials（Basel），2020，13（2）：329.
[302] Athamneh T，Amin A，Benke E，et al. Pulmonary drug delivery with aerogels：engineering of alginate and alginate-hyaluronic acid microspheres[J]. Pharm Dev Technol，2021，26（5）：509-521.
[303] 梁会敏，刘哲鹏，刘芸雅．脑靶向鼻腔纳米给药系统的研究进展[J]. 生物医学工程学进展．2019，40（4）：206-210.
[304] 樊慧敏，谷福根．鼻腔给药新剂型研究及临床应用的进展[J]. 华西药学杂志，2018，33（05）：548-554.
[305] Botti G，Dalpiaz A，Pavan B. Targeting systems to the brain obtained by merging prodrugs，nanoparticles，and nasal administration[J]. Pharmaceutics，2021，13（8）：1144.
[306] 胡乐非，董明明，林霞．重组人干扰素 α-2b 溶液型鼻腔给药制剂稳定性初探研究[J]. 实用药物与临床，2021，24（6）：543-546.
[307] 黄壮，张慧，刘楠，等．多肽类药物鼻腔给药研究进展[J]. 中国医院药学杂志，2021，41（17）：1801-1807.
[308] Wasan E K，Syeda J，Strom S，et al. A lipidic delivery system of a triple vaccine adjuvant enhances mucosal immunity following nasal administration in mice[J]. Vaccine，2019，37（11）：1503-1515.
[309] Touitou E，Duchi S，Natsheh H. A new nanovesicular system for nasal drug administration[J]. Int J Pharm，2020，580：119243.
[310] Gieszinger P，Stefania C N，Garcia-Fuentes M，et al. Preparation and characterization of lamotrigine containing nanocapsules for nasal administration[J]. Eur J Pharm Biopharm，2020，153：177-186.
[311] Bartos C，Varga P，Szabo-Revesz P，et al. Physico-chemical and *in vitro* characterization of chitosan-based microspheres intended for nasal administration[J]. Pharmaceutics，2021，13（5）：608.
[312] Renu S，Feliciano-Ruiz N，Patil V，et al. Immunity and protective efficacy of mannose conjugated chitosan-based influenza nanovaccine in maternal antibody positive pigs[J]. Front Immunol，2021，12：584299.
[313] Wang S，Sun Y，Zhang J，et al. Astragalus polysaccharides/chitosan microspheres for nasal delivery：preparation，optimization，characterization，and pharmacodynamics[J]. Front Pharmacol，2020，11：230.
[314] Hosseini S A，Nazarian S，Ebrahimi F，et al. Immunogenicity evaluation of recombinant *Staphylococcus aureus* enterotoxin B（rSEB）and rSEB-loaded chitosan nanoparticles following nasal administration[J]. Iran J Allergy Asthma Immunol，2020，19（2）：159-171.
[315] Scherliess R. Nasal formulations for drug administration and characterization of nasal preparations in drug delivery[J]. Ther Deliv，2020，11（3）：183-191.
[316] Benson H，Grice J E，Mohammed Y，et al. Topical and transdermal drug delivery：from simple potions to smart technologies[J]. Curr Drug Deliv，2019，16（5）：444-460.

[317] Prausnitz M R，Langer R. Transdermal drug delivery[J]. Nat Biotechnol，2008，26（11）：1261-1268.

[318] Gorden P J，Kleinhenz M D，Warner R，et al. Short communication：determination of the milk pharmacokinetics and depletion of milk residues of flunixin following transdermal administration to lactating Holstein cows[J]. J Dairy Sci，2019，102（12）：11465-11469.

[319] Wang R，Bian Q，Xu Y，et al. Recent advances in mechanical force-assisted transdermal delivery of macromolecular drugs[J]. Int J Pharm，2021，602：120598.

[320] Daftardar S，Neupane R，Boddu S H，et al. Advances in ultrasound mediated transdermal drug delivery[J]. Curr Pharm Des，2019，25（4）：413-423.

[321] Gupta J，Gupta R，Vanshita. Microneedle technology：an insight into recent advancements and future trends in drug and vaccine delivery[J]. Assay Drug Dev Technol，2021，19（2）：97-114.

[322] Gorantla S，Dabholkar N，Sharma S，et al. Chitosan-based microneedles as a potential platform for drug delivery through the skin：Trends and regulatory aspects[J]. Int J Biol Macromol，2021，184：438-453.

[323] Wang J，Zhang Y，Aghda N H，et al. Emerging 3D printing technologies for drug delivery devices：Current status and future perspective[J]. Adv Drug Deliv Rev，2021，174：294-316.

[324] Bilal M，Mehmood S，Raza A，et al. Microneedles in smart drug delivery[J]. Adv Wound Care（New Rochelle），2021，10（4）：204-219.

[325] Meng E，Hoang T. Micro- and nano-fabricated implantable drug-delivery systems[J]. Ther Deliv，2012，3（12）：1457-1467.

[326] Quarterman J C，Geary S M，Salem A K. Evolution of drug-eluting biomedical implants for sustained drug delivery[J]. Eur J Pharm Biopharm，2021，159：21-35.

[327] Gardner P. Microfabricated nanochannel implantable drug delivery devices：trends，limitations and possibilities[J]. Expert Opin Drug Deliv，2006，3（4）：479-487.

[328] 唐政．埋植褪黑激素毛皮动物肌肉品质的研究[D]. 青岛：青岛农业大学，2016.

[329] 勿都巴拉，刘斌，郭俊，等．光控和埋置褪黑激素促进绒山羊长绒的皮肤毛囊差异表达基因网络分析[J]. 中国农业大学学报，2017，22（9）：45-54.

[330] Maniruzzaman M，Nokhodchi A. Advanced implantable drug delivery systems via continuous manufacturing[J]. Crit Rev Ther Drug Carrier Syst，2016，33（6）：569-589.

[331] 许颖，邱阳阳，沈悦，等．恩诺沙星纳米乳的制备及喷雾给药的药效学评价[J]. 华南农业大学学报，2021，42（1）：42-48.

[332] 李虹瑾，李国江，沙万里，等．鼻腔喷雾给药防治猪萎缩性鼻炎的效果研究[J]. 吉林农业科技学院学报，2016，25（4）：4-6.

[333] Morais C，Nascimento J，Ribeiro A C，et al. Nebulization of vancomycin provides higher lung tissue concentrations than intravenous administration in ventilated female piglets with healthy lungs[J]. Anesthesiology，2020，132（6）：1516-1527.

[334] Beck-Broichsitter M. Making Concentrated antibody formulations accessible for vibrating-mesh nebulization[J]. J Pharm Sci，2019，108（8）：2588-2592.

[335] Martin A R，Finlay W H. Nebulizers for drug delivery to the lungs[J]. Expert Opin Drug Deliv，2015，12（6）：889-900.

[336] Sweeney L，Mccloskey A P，Higgins G，et al. Effective nebulization of interferon-gamma using a novel vibrating mesh[J]. Respir Res，2019，20（1）：66.

[337] Marqus S，Lee L，Istivan T，et al. High frequency acoustic nebulization for pulmonary delivery of antibiotic alternatives against *Staphylococcus aureus*[J]. Eur J Pharm Biopharm，2020，151：181-188.

[338] 余巧，李大炜，徐英辉，等．香连胃漂浮片的制备及体外释放研究[J]. 湖南中医药大学学报，2020，40（5）：561-565.

[339] Hsu Y T，Kao C Y，Ho M H，et al. To control floating drug delivery system in a simulated gastric

environment by adjusting the Shell layer formulation[J]. Biomaterials Research，2021，25（1）：31.
[340] 张纯刚，于子尧，于琛琛，等．胃滞留给药系统的研究进展及其在中药制剂中的应用[J]. 中国现代应用药学，2020，37（7）：877-885.
[341] 李家炜．猴头菌多糖胃漂浮片的制备方法研究[D]. 广州：华南理工大学，2019.
[342] 邱妍川，钟玲，何静．左氧氟沙星片及胃漂浮缓释微丸在大鼠体内的药动学比较研究[J]. 中国药房，2019，30（10）：1347-1351.
[343] Shu W，Haoyang W，Pingfei L，et al. Formulation and evaluation of gastric-floating controlled release tablets of Ginkgolides[J]. Journal of Drug Delivery Science and Technology，2019，51：7-17.
[344] Liu H，Gan C，Shi H，et al. Gastric floating pill enhances the bioavailability and drug efficacy of dihydromyricetin *in vivo*[J]. Journal of Drug Delivery Science and Technology，2021，61（2）：102279.
[345] Ruan X，Gao X，Gao Y，et al. Preparation and *in vitro* release kinetics of ivermectin sustained-release bolus optimized by response surface methodology[J]. PeerJ，2018，6：e5418.
[346] Xu J，Tan X，Chen L，et al. Starch/microcrystalline cellulose hybrid gels as gastric-floating drug delivery systems[J]. Carbohydr Polym，2019，215：151-159.
[347] 王欣欣．姜黄素微丸及囊泡的制备工艺和生物利用度研究[D]. 青岛：青岛科技大学，2017.
[348] Lalge R，Thipsay P，Shankar V K，et al. Preparation and evaluation of cefuroxime axetil gastro-retentive floating drug delivery system via hot melt extrusion technology[J]. Int J Pharm，2019，566：520-531.
[349] Zhang J，Xu P，Vo A Q，et al. Oral drug delivery systems using core-shell structure additive manufacturing technologies：a proof-of-concept study[J]. J Pharm Pharmacol，2021，73（2）：152-160.
[350] 陈培鸿．3D 打印制备高载药量克拉霉素胃漂浮给药系统[D]. 广州：广东药科大学，2021.
[351] Li P，Zhang S，Sun W，et al. Flexibility of 3D extruded printing for a novel controlled-release puerarin gastric floating tablet：design of internal structure[J]. AAPS PharmSciTech，2019，20（6）：236.
[352] 罗明生，高天惠，宋民宪．中国药用辅料[M]. 北京：化学工业出版社，2006：1012.
[353] Chen M L，Straughn A B，Sadrieh N，et al. A modern view of excipient effects on bioequivalence：case study of sorbitol[J]. Pharm Res，2007，24（1）：73-80.
[354] Dash R P，Srinivas N R，Babu R J. Use of sorbitol as pharmaceutical excipient in the present day formulations - issues and challenges for drug absorption and bioavailability[J]. Drug Dev Ind Pharm，2019，45（9）：1421-1429.
[355] 杨军，杨丽．中兽药产品的剂型研究进展[J]. 吉林畜牧兽医，2021，42（8）：7-8.
[356] 陈恩保，刘文利．当前我国兽药剂型的现状与发展对策[J]. 山东畜牧兽医，2015，36（7）：63-65.
[357] 徐化仑．兽药片剂的常用辅料[J]. 养殖技术顾问，2012（5）：230.
[358] 岳红坤，朱云云，顾晓玲．硫酸钙在医药方面的研究进展[J]. 石家庄学院学报，2007（6）：37-40.
[359] 苏建青，褚秀玲．兽药片剂新剂型口腔崩解片的研究进展[J]. 黑龙江畜牧兽医，2014（11）：59-61.
[360] 余静贤，丁焕中．制剂常用辅料[J]. 养禽与禽病防治，2004（9）：27-28.
[361] 吕艳玲．粉体的应用及防止粉散剂结块的方法[J]. 养殖技术顾问，2011（4）：194.
[362] 邱电，张魁华．兽药粉散剂结块的处理方法[J]. 北方牧业，2010（6）：27.
[363] 李超，罗万和，周凯翔，等．包衣技术提高药物药学性能的研究进展[J]. 中国畜牧兽医，2018，45（11）：3271-3278.
[364] Toshio Y，Nobuo U，Shigeru I. Optimum spray congealing conditions for masking the bitter taste of clarithromycin in wax matrix[J]. Chemical and Pharmaceutical Bulletin，1999，47（2）：220.

[365] 陈杰，钟光，施寿荣．缓释包被复合酸化剂对肉鸡生长性能和肠道发育的影响[J]. 中国家禽，2019，41（21）：37-40.
[366] 蒋露，陈丹丹，孙敏捷，等．蜡质骨架片的研究进展[J]. 中国药科大学学报，2016，47（04）：497-502.
[367] 朱颖，乔颖玉，杨钰娜，等．缓释制剂不同制备技术的研究及其应用进展[J]. 中国医院药学杂志，2018，38（20）：2179-2184.
[368] Novak S D，Kuhelj V，Vrečer F，et al. The influence of HPMC viscosity as FRC parameter on the release of low soluble drug from hydrophylic matrix tablets[J]. Pharmaceutical development and technology，2013，18（2）：343-347.
[369] 董玉洁，蒋沅岐，陈金鹏，等．中药缓控释制剂的研究进展[J]. 中草药，2021，52（8）：2465-2472.
[370] 喻亮宇．丙二醇质量标准的修订研究[D]. 长沙：中南大学，2013.
[371] 陈青明．表面活性剂的化学结构和应用研究[J]. 低碳世界，2021，11（8）：227-228.
[372] 信卉，丁波．液体制剂常用助溶剂的应用现状及趋势[J]. 中国现代药物应用，2008（21）：109-111.
[373] 侯世祥．中药液体制剂研究中的药用辅料及其应用技术[J]. 世界科学技术，2005（2）：40-44.
[374] 李宗伟，陈优生．液体制剂中抗氧剂的应用[J]. 科技信息（学术研究），2008（21）：70-71.
[375] Graham R，Palmer D，Pratt B C，et al. *In vitro* activity of florphenicol[J]. Eur J Clin Microbiol Infect Dis，1988，7（5）：691-694.
[376] 张瑞丽，李志中，孙春华，等．氟苯尼考环糊精包合物的药物代谢动力学研究[J]. 中国兽药杂志，2020，54（7）：61-66.
[377] Fan G，Zhang L，Shen Y，et al. Comparative muscle irritation and pharmacokinetics of florfenicol-hydroxypropyl-beta-cyclodextrin inclusion complex freeze-dried powder injection and florfenicol commercial injection in beagle dogs[J]. Sci Rep，2019，9（1）：16739.
[378] 丁平田，吴雪梅．药物制剂的新型辅料 2-羟丙基-β-环糊精[J]. 国外医药．合成药．生化药．制剂分册，1996（2）：107-111.
[379] 邓利斌，欧阳五庆，景俊年，等．氟苯尼考-2-羟丙基-β-环糊精包合物制备工艺[J]. 武汉工业学院学报，2005（1）：10-12.
[380] Baghel S，Cathcart H，O'Reilly N J. Polymeric amorphous solid dispersions：a review of amorphization，crystallization，stabilization，solid-state characterization，and aqueous solubilization of biopharmaceutical classification system class Ⅱ drugs[J]. J Pharm Sci，2016，105（9）：2527-2544.
[381] Dong Z，Zhou X Z，Sun J C，et al. Efficacy of enteric-coated tilmicosin granules in pigs artificially infected with Actinobacillus pleuropneumoniae serotype 2[J]. Vet Med Sci，2020，6（1）：105-113.
[382] 唐达，伍涛．替米考星固体分散体在猪体内的药代动力学研究[J]. 湖南畜牧兽医，2021（5）：29-32.
[383] 吴慧敏，陈雨琪，陈芳，等．Soluplus 在药物制剂中的应用[J]. 中国医药工业杂志，2016，47（4）：478-483.
[384] 巴娟，张勇军，邓桦，等．替米考星固体分散体的制备与物相鉴定[J]. 中国兽药杂志，2019，53（1）：44-49.
[385] Zhang N，Ba J，Wang S，et al. Pharmacokinetics and bioavailability of solid dispersion formulation of tilmicosin in pigs[J]. J Vet Pharmacol Ther，2021，44（3）：359-366.
[386] Schroder J. Enrofloxacin：a new antimicrobial agent[J]. Journal of the South African Veterinary Association，1989，60（2）：122-125.
[387] Kirdponpattara S，Phisalaphong M，Kongruang S. Gelatin-bacterial cellulose composite sponges thermally cross-linked with glucose for tissue engineering applications[J]. Carbohydr Polym，2017，177：361-368.
[388] 李锐．恩诺沙星肺靶向微球的研究[D]. 北京：中国农业大学，2005.

[389] Yang F，Kang J，Yang F，et al. Preparation and evaluation of enrofloxacin microspheres and tissue distribution in rats[J]. J Vet Sci，2015，16（2）：157-164.
[390] Gberindyer A F，Okpeh E R，Semaka A A. Pharmacokinetics of short- and long-acting formulations of oxytetracycline after intramuscular administration in chickens[J]. J Avian Med Surg，2015，29（4）：298-302.
[391] 周凤．土霉素固体脂质纳米粒的制备、表征及其在家兔体内的药动学研究[D]. 成都：四川农业大学，2012.
[392] 刘伟．长效土霉素注射液的研制及其药动学研究[D]. 咸阳：西北农林科技大学，2011.
[393] 郝文艳，张丽花，郑增娟，等．土霉素原位凝胶的制备及抑菌效果评价[J]. 国外医药（抗生素分册），2018，39（4）：348-352.
[394] 陈燕，陈计峦，田金虎，等．薄荷精油微胶囊包埋工艺研究[J]. 食品工业，2014，35（4）：32-35.
[395] 卢燕霞．牛至精油微胶囊的制备及其性能研究[D]. 兰州：兰州交通大学，2016.
[396] Mckellar Q A，Benchaoui H A. Avermectins and milbemycins[J]. Journal of veterinary pharmacology and therapeutics，1996，19（5）：331-351.
[397] 宋华容，谷新利，罗瑞卿．中药透皮吸收研究进展[J]. 中国畜牧兽医，2009，36（4）：146-148.
[398] 曾献邦，袁燕平，邓晓琴，等．新型高效渗透促进剂——月桂氮卓酮[J]. 化工时刊，2009，23（10）：38-40.
[399] 刘营营．伊维菌素长效透皮剂的研制及药动学研究[D]. 郑州：河南农业大学，2017.
[400] 齐红艺，李莉，吴纯洁．薄荷醇促渗透作用的研究进展[J]. 时珍国医国药，2006（9）：1776-1778.
[401] 王佳．中药促透剂对伊维菌素经皮给药的促透作用及其药代动力学测定[D]. 南京：南京农业大学，2013.
[402] 马秀洁．伊维菌素浇泼剂和盐酸头孢噻呋混悬剂的制备及药动学研究[D]. 郑州：郑州大学，2018.
[403] 陈博．复方伊维菌素干混悬剂制备及其在大鼠体内代谢特征分析[D]. 哈尔滨：东北农业大学，2019.

第 14 章 联合增效技术用于减抗、替抗

14.1

协同减毒技术用于减抗、替抗

我国是畜禽养殖大国，也是兽用抗菌药物生产和使用大国。在饲料中添加一定抗菌药物是以往养殖生产的常规手段，但抗菌药物的不合理使用导致兽药残留严重超标现象层出不穷，对人类健康造成了极大的威胁。另一方面，在高度集约化饲养的畜牧业中，不合理使用抗菌药物使得菌株耐药性不断增强，加大了临床防治的难度。随着农业农村部“禁抗令”的实施，进一步加大了细菌性疾病防治的难度。

协同减毒技术是指通过两种或多种药物联合使用，在维持原有抗菌药物添加达到或超过原有的促生长或预防疾病的效果的基础上，可以降低原有抗菌药物的毒性效应，包括对用药动物的毒性效应、对环境的毒性效应和减少细菌耐药性的产生。协同减毒技术对有效遏制“超级细菌”的产生、传播，以及解决感染后难以治疗的卡脖子问题，对预防和治疗动物疾病，从而保障人类健康具有重要的科学意义。

为达到强力、快速的疗效，抗菌药常被长期、大量使用，尤其是非处方抗菌药滥用，导致产生大量耐药性病原体、抗菌药疗效下降、毒副反应突出，以及养殖动物感染性疾病肆虐的严重威胁。兽用中药与抗菌药联合的治疗作用涉及抗感染、抗炎、抑制抗菌药耐药和毒性等多方面。兽用中药与抗菌药联用包括增效和减毒两个方面，增效体现在两药联合发挥协同效应，以增强抗感染、抗炎、调节免疫及治疗整体失调状态等方面，也体现在减少抗菌药耐药性的产生以增强疗效方面；减毒体现在兽用中药对抗菌药的毒副作用的抑制。协同减毒技术应用于饲料企业、添加剂企业、养殖企业可以帮助人类获得健康、安全的食品，提高人类的生活品质。使用协同减毒技术可减少抗菌药的使用，达到健康养殖、生产健康食品的目标。在当前提倡减抗、替抗的形势下，协同减毒技术作为一种新型、绿色、无耐药性的技术，在世界畜禽养殖业减抗、替抗大潮中越来越受到重视。

14.1.1 降低多黏菌素类抗菌药物毒性

多黏菌素类抗菌药主要包括黏菌素（多黏菌素 E 或硫酸黏菌素）和多黏菌素 B，其中硫酸黏菌素被列入我国《兽用处方药品种目录》当中。开发针对黏菌素肾毒性或神经毒性的保护剂可以扩大黏菌素的使用范围，从而也有助于控制耐药细菌。Edrees 等[1] 研究发现在使用黏菌素的大鼠中施用姜黄素可部分恢复黏菌素造成的生化指标（血清肌酐、尿素和尿酸水平以及脑 GABA 浓度）、抗氧化指标（CAT、GSH 等）、炎症标志物（TNF-α、IL-6）和凋亡标志物（Bcl-2）的异常，黏菌素和姜黄素联合治疗也减轻了肾脏和脑组织的组织病理学变化，因此姜黄素可能是预防黏菌素引起的肾毒性和神经毒性的有前途的药物。Zhang 等[2] 分析了植物提取物三七总皂苷的成分，研究发现三七总皂苷可通过减轻氧化应激和抑制细胞线粒体凋亡来降低黏菌素诱导的肾脏毒性。此外，Dai 等[3,4] 报道了黄芩素和番茄红素可以通过上调 Nrf2/HO-1 信号通路，并下调 NF-κB 信号通路的表达以减轻肾脏组织的氧化应激、凋亡和炎症作用，从而对黏菌素诱导肾毒性发挥了抑制作用。针对黏菌素的神经毒性，研究者发现，红景天苷可以减轻黏菌素诱导的 RSC96 施旺细胞的神经毒性，红景天苷的保护作用与其抑制氧化应激以减少损伤和调节 PI3K/Akt/线粒体信号转导以增加细胞耐受性密切相关[5]。这些研究表明，中药单体活性成分对于黏菌素所引起的肾毒性和神经毒性具有一定的缓解作用，联合使用具有良好的应用前景。

14.1.2 降低大环内酯类抗菌药物毒性

目前对于兽用大环内酯类抗菌药毒性的研究多聚焦于替米考星。替米考星也在我国《兽用处方药品种目录》中，据报道注射替米考星会在动物以及意外注射的人类中引起急性心脏毒性，大鼠和犬的亚慢性毒性试验表明替米考星会导致肾毒性，除此以外高剂量的替米考星还可引起肝毒性[6,7]。有研究表明，经替米考星治疗的动物显示出心脏损伤生物标志物（乳酸脱氢酶、肌酸激酶等）以及心脏脂质过氧化的显著增加，并伴随抗氧化生物标志物的抑制，而螺旋藻可以降低心脏损伤生物标志物的血清水平。也有研究表明，螺旋藻可以剂量依赖性方式减少替米考星诱导的脂质过氧化和氧化应激，表明螺旋藻可以通过其自由基清除和有效的抗氧化活性减弱替米考星引起的心脏毒性[8]。此外，辣木叶乙醇提取物通过改善抗氧化状态而保护心脏免受 ROS 介导的氧化损伤，并通过调节凋亡通路相关基因的 mRNA 表达来减少细胞凋亡，表明使用辣木叶乙醇提取物可提高抗氧化系统的保护活性，并延迟或减慢替米考星注射引起的心脏毒性的病理发展[9]。另一项研究表明，替米考星诱导的应激和肝毒性作用可能主要归因于 ROS、NO 的产生和炎性细胞因子相关的 Nrf2 抗氧化调节反应的阻断，黄芪多糖显示出强大的抗氧化、抗炎和抗应激活性，并成功地降低了替米考星引起的毒性作用[10]。

14.1.3 降低四环素类抗菌药物毒性

对四环素药物而言，在高血药浓度下过度暴露于四环素会导致危及生命的不良反应，包括肝脏和肾脏损伤[11]。有研究表明，口服四环素会引起大鼠严重的肝肾损害，导致胆红素、血脂以及与肾功能相关的标志物发生显著异常，并且伴有明显的肝肾组织病理学变化；而孟加拉蜂胶富含酚酸和黄酮类成分（如芦丁），可有效抵抗四环素诱导的肝肾毒性，孟加拉蜂胶提取物与四环素共同使用可改善生化参数的改变，这可以通过维持细胞膜完整性和调节脂质分布以及保护组织结构来解释，证明蜂胶可能是减轻慢性肝肾损害的有前途的天然产物之一[12]。另一项研究表明，四环素诱导的肝脏脂肪变性过程涉及内质网应激，并引起肝细胞凋亡[13]。同时，双环醇已显示出对四环素诱导的脂肪肝的总体保护作用，其肝保护作用主要与其减轻小鼠肝脏内质网应激和细胞凋亡的能力有关[13]。

14.1.4 降低氨基糖苷类抗菌药物毒性

目前，已有研究证实氨基糖苷类抗菌药会引起明显的肾脏组织学损伤，如肾近曲小管的损伤[14,15]。除具有肾毒性外，氨基糖苷类抗菌药通常还会导致不可逆的听力损害[16]。庆大霉素是最典型的氨基糖苷类抗菌药之一，也在我国《兽用处方药品种目录》中。许多研究证明多种不同成分可以通过其抗氧化、抗炎和抗凋亡等活性，减轻庆大霉素引起的肾毒性[17]。天然产物可以减轻庆大霉素引起的氧化应激，如松属素和猕猴桃汁可以减少Nrf2的核移位，从而对庆大霉素诱导的肾毒性具有保护作用，可能的原因是使用这些具有抗氧化作用的天然产物减少了活性氧的产生，并减弱了氧化应激，从而改善了肾功能[17]。芥子酸预处理与庆大霉素联用可恢复肾脏功能，上调抗氧化水平，并下调脂质过氧化和NO水平，从而显著降低氧化应激和亚硝化应激，庆大霉素可促进肾脏细胞因子（TNF-α和IL-6）的上调，芥子酸预处理后，NF-κB（p65）核表达、NF-κB-DNA结合活性和MPO活性均显著下调，此外芥子酸预处理可下调caspase-3和Bax蛋白表达，并上调Bcl-2蛋白表达，芥子酸预处理还减轻了组织学损伤的程度并减少了肾小管中性粒细胞的浸润，表明芥子酸预处理通过下调肾脏的氧化/亚硝化应激、炎症和细胞凋亡来减轻肾脏损害和结构损伤[18]。另一项研究表明，鱼油和阿魏酸均上调了肾组织中PPAR-γ基因的表达，PPAR-γ基因表达的上调可以介导两种天然产物的抗炎作用，由此解释了观察到的肾脏保护作用[19]。另一项研究表明庆大霉素可以通过激活p38MAPK/ATF2信号通路，引发一系列导致肾脏损伤的炎症级联反应，从而促进炎症因子TNF-α、IL-1β和IL-6的产生，而黄精多糖可以抑制p38MAPK/ATF2信号通路的激活和炎症因子的产生，对庆大霉素诱导的急性肾损伤大鼠具有积极的干预作用[20]。此外，庆大霉素可以通过线粒体途径诱导肾小管细胞凋亡，而红参提取物或鞣花酸与凋亡相关的调控因子如Cyt-C、Bax和caspase-3剪切体的表达减少以及Bcl-2的表达增加有关，提示红参提取物和鞣花酸处理可减弱庆大霉素诱导的肾毒性，这可能部分归因于其抗凋亡特性[21]。这些研究表明，抑制氧化应激、炎症反应和细胞凋亡可有效抑制庆大霉素的毒性作用。

14.2

协同增效技术用于减抗、替抗

联合用药（drug combination）是指为了达到治疗目的而采用的两种或两种以上药物同时或先后应用，从而产生药动学或药效学影响，以达到改变单种药物的预期效果的目的。抗菌药物的联合用药作用分为四种类型，通常以分级抑菌浓度（fractional inhibitory concentration，FIC）作为判断依据。通过测定药物的最低抑菌浓度（minimum inhibitory concentration，MIC）可以计算出FIC，FIC指数＝甲药联合时MIC/甲药单用时MIC＋乙药联合时MIC/乙药单用时MIC。

FIC≤0.5为协同作用，即两种抗菌药联合后的活性显著大于单药抗菌活性的总和；0.5＜FIC≤1为相加作用，两种抗菌药联合后的活性等于单药抗菌活性的总和；1＜FIC≤2为无关作用，两种抗菌药联合后的活性等于单药抗菌活性；FIC＞2为拮抗作用，两种抗菌药联合后的活性显著低于单药抗菌活性，即一种抗菌药的活性被另一种抗菌药削弱。

协同增效技术可以有效增强抗菌效果，减少细菌耐药性的产生。临床上经常联合使用药物以达到更好的抗菌效果，特别是近年来各种耐药菌不断增多，寻找新的联合用药方案成为目前研究的热门话题。下面将对目前具有协同作用的联合用药方案进行分析和总结。

14.2.1 化药与化药的协同增效技术用于减抗、替抗

李海龙等[22] 同时使用环丙沙星、头孢曲松钠与链霉素三种药物治疗实验动物的鼠疫，发现环丙沙星、头孢曲松钠与链霉素联合用药可以有效地抑制患鼠疫小鼠体内的鼠疫耶尔森菌，从而达到治疗鼠疫的效果。此外，袁柏欣等[23] 发现临床上运用头孢曲松钠和左氧氟沙星对肺炎链球菌感染患者进行联合治疗，产生的不良反应小且安全性高。邓晓慧等[24] 用 0.22μm 微孔滤膜构建金黄色葡萄球菌生物膜模型，利用棋盘法对不同浓度的阿奇霉素、环丙沙星单用或联合用药，测定阿奇霉素、环丙沙星的最低抑菌浓度（MIC）值，结果显示生物可在七天内稳定形成生物膜（BF），阿奇霉素能显著提高环丙沙星对 BF 中金黄色葡萄球菌的抗菌活性。有研究发现在舒巴坦钠注射液中添加头孢他啶，可增强舒巴坦钠注射液抗菌效果，证明这两种药联用有协同增效作用[25]。

氟喹诺酮类药物和头孢菌素类抗菌药联用对多重耐药菌如金黄色葡萄球菌、大肠埃希菌和铜绿假单胞菌有良好的抑菌效果。帕珠沙星与头孢哌酮两药联用，分别作用于细菌的不同靶位，具有协同抗菌的理论基础[26]。头孢哌酮与细菌青霉素结合蛋白结合后，可使细菌细胞壁通透性增加，促使帕珠沙星进入细菌细胞内，作用于靶位 DNA 旋转酶和拓扑异构酶Ⅳ，发挥杀菌作用。帕珠沙星不受 β-内酰胺酶的水解，对一些耐 β-内酰胺酶抗生素的产酶株仍可显示较好的抗菌活性，舒巴坦能不可逆地抑制 β-内酰胺酶，有抑酶增效作用。两药联用可在一定程度上阻止多种致病菌耐药性的产生，特别是对铜绿假单胞菌表现出更强的抗菌活性[27]。

近年来，细菌耐药性的产生使抗菌药对细菌性疾病的治疗效果显著降低。有文献表明，鲍曼不动杆菌（AB）是引起医院感染的重要条件致病菌之一，广泛存在于医院和自然环境中，具有较强的抵抗力，但近年来，随着广谱抗菌药使用的增多，在伴有基础性疾病的患者中致死性感染鲍曼不动杆菌（AB）的分离率及耐药率不断上升[28]，给医院临床治疗带来极大困难。黄伟锋等[29] 做了磷霉素与头孢哌酮舒巴坦联用体外抗菌效果试验研究，分别测定这两种药物的最低抑菌浓度以及联合抑菌浓度，实验结果表明，磷霉素与头孢哌酮舒巴坦联用对泛耐药鲍曼不动杆菌和泛耐药铜绿假单胞菌有协同增效作用。两药联用后最低抑菌浓度的值均有极明显下降，在同一给药浓度下，联用比分别单用具有更强大的抗菌效果。其抗菌机制为头孢哌酮是广谱头孢菌素类抗菌药，其与细菌（致病菌）结合后可使细菌的细胞壁通透性改变而增强其抗菌效果，舒巴坦是强效 β-内酰胺酶抑制剂，对 G^- 和 G^+ 致病菌都有效，这两种药组成的复合制剂能有效阻止多种致病菌耐药性的产生，磷霉素具有破坏耐药 G^- 致病菌（包括鲍曼不动杆菌、铜绿假单胞菌等）的生物被膜的功能和作用，其与头孢哌酮舒巴坦联用时，磷霉素可将泛耐药鲍曼不动杆菌或泛耐药铜绿假单胞菌的生物被膜破坏，打破其细胞壁屏障，使头孢哌酮舒巴坦自由进入泛耐药鲍曼不动杆菌或泛耐药铜绿假单胞菌体内发挥其药效杀菌。在治疗重症肺炎并发泛耐药鲍曼不

动杆菌感染时，头孢哌酮舒巴坦钠加用替加环素能达到更好的治疗效果，头孢哌酮舒巴坦属于复合制剂，头孢哌酮为第三代头孢菌素类药物，可通过将敏感菌的青霉素结合蛋白与共价键结合，抑制细胞壁的合成，起到抗菌效果，舒巴坦属于半合成的内酰胺酶抑制剂，通过抑制革兰氏阴性菌及阳性菌的 β-内酰胺酶发挥抗菌作用，但单用时效果不显著。替加环素是一类甘氨酰环素类抗菌药物，可结合鲍曼不动杆菌的核糖体亚基，抑制氨基酸残基肽链的合成，阻断蛋白质的翻译过程，干扰蛋白质的合成，从而抑制细菌增殖。在采用头孢哌酮舒巴坦钠治疗泛耐药鲍曼不动杆菌重症肺炎的基础上，加用替加环素能更好地缓解患者的临床症状，提高细菌清除率，疗效显著[30]。

铜绿假单胞菌是最常见的非发酵革兰氏阴性杆菌，当人体免疫力低下时，可成为机会致病菌，导致严重的医院感染。铜绿假单胞菌对多种抗菌药有天然耐药性，耐药机制主要包括耐药基因突变、产生灭活酶、改变药物的作用靶点、药物渗透障碍与主动外排等[31]。多黏菌素 B 是由多黏芽孢杆菌产生的一组多肽类抗菌药，作用于革兰氏阴性菌细胞外膜的脂多糖，改变细菌细胞外膜渗透性，多黏菌素 B 被细胞摄取导致细菌死亡，常与其他药物联用应用于耐药性的铜绿假单胞菌感染的治疗[32]。刘立凡等[33] 对 30 株铜绿假单胞菌进行耐药实验，发现多黏菌素 B 与美罗培南合用后 FIC 指数在 0～0.5 的百分率为 60%，证明多黏菌素 B 与美罗培南联合用药对 30 株泛耐药铜绿假单胞菌产生的抗菌作用，主要为协同增效作用。多黏菌素 B 还可以与亚胺培南联用，体外的相关实验[34] 已证明这两种药物联用时对铜绿假单胞菌的抗菌效果明显优于单用亚胺培南，以 1∶1 联用时的协同率优于 1∶0.5，且对不同耐药表型的铜绿假单胞菌作用稳定，能够更好地指导临床应用。治疗铜绿假单胞菌感染时常联合采用的药物还有左氧氟沙星和环丙沙星，这两种药联合应用的 MPC（防耐药突变浓度）/MIC 是单独用药时的 1/16～1/2，下降的原因可能是两种作用机制不同的抗菌药物有不同的作用靶点，使细菌需对两种药同时耐药才能生存，由此导致细菌耐药频率和 MPC 大幅度下降，从而缩小了耐药突变选择窗（MSW）[35]。

近年来，多重耐药性金黄色葡萄球菌引起的感染是临床医师必须经常面对的棘手问题，已严重危害到人和动物的健康。为防止细菌耐药性产生，可采用联合用药的方法缩小单药对细菌的耐药突变选择窗。在体外初步探讨联合用药可缩小单药对细菌的 MSW，为临床合理使用现有抗菌药物，防止细菌耐药性产生提供理论依据[36]。当万古霉素和左氧氟沙星联合使用时可缩小各自单药对金黄色葡萄球菌的 MSW[37]。万古霉素、左氧氟沙星、利福平、磷霉素联用可以明显降低各自单独使用对金黄色葡萄球菌 ATCC29213 的 MPC，其中联合磷霉素降低其 MPC 幅度最大[38]。从这些方面入手能更好地指导临床联合应用抗菌药物，制订新的用药策略。

细菌在生长繁殖过程中，不能直接从生长环境中利用外源性叶酸，而是利用对氨基苯甲酸、喋啶和谷氨酸，在二氢叶酸合成酶的催化下合成二氢叶酸；后者再由二氢叶酸还原酶催化，还原成四氢叶酸。四氢叶酸是一碳基团转移酶的辅酶，参与核苷酸的代谢。磺胺药竞争性抑制二氢叶酸合成酶，妨碍二氢叶酸的合成；甲氧苄啶（TMP）则通过选择性抑制二氢叶酸还原酶的活性，使二氢叶酸不能还原为四氢叶酸，妨碍菌体核苷酸的合成，从而发挥抗菌作用。赵振升等[39] 用液体试管法和棋盘法测定 TMP 和 7 种抗菌药物对大肠杆菌的最低抑菌浓度、部分抑菌浓度，判定 TMP 与各药联合抗菌作用效果。TMP 对青霉素钠、氨苄西林、阿莫西林、北里霉素、林可霉素、土霉素等几种抗菌药物有不同程度的抗菌增效作用，对甲硝唑无抗菌增效作用。李荣誉等[40] 采用二倍微量稀释法测定恩诺沙星、氟苯尼考、多西环素、阿莫西林这四种抗菌药对鼠伤寒沙门氏菌 sh2034 的 MIC 值，再根据 MIC，采用棋盘法测定联合用药的 FIC 指数。结果证明，这四种药物中只有阿莫西林与恩诺沙星联合用药产生协同增效作用，其作用机理是阿莫西林易透过革兰氏阴性杆菌的细胞外膜进入细胞内，阻止肽聚糖的合成，对革兰氏阴性杆菌有较强的抗菌作用，恩诺沙星是氟喹诺酮类抗菌药，对革兰氏阴性菌的抗菌作用机制是抑制 DNA 回旋酶，故两者合用产生协同增效作用。联合应用大观霉素和泰妙菌素或安普霉素和氨苄西林对体内猪链球菌的抗菌效果要显著优于单药分别作用的杀菌效果[41]。铋剂、甲硝唑和四环素加奥美拉唑的四种药物的联合使用可以大大提高幽门螺杆菌的根除率。这种以铋剂为基础的方案提供了一种有效的新思路，为治疗幽门螺杆菌提供理论和方法[42]。氟砜霉素和氯霉素联用对畜禽常见病原菌大肠杆菌、多杀性巴氏杆菌、沙门氏菌及金黄色葡萄球菌呈协同增效作用[43]。甲氧苄啶是常用的抗菌增效剂，通过抑制四氢叶酸的合成阻碍细菌的生长，与四环素、红霉素、庆大霉素、黏菌素等抗菌药联用可产生协同增效作用[44]。

此外，周筱青等[45] 为了评价头孢硫脒分别与万古霉素、奈替米星、阿米卡星、环丙沙星、左氧沙星和加替沙星等 6 种抗菌药物联合使用对于表皮葡萄球菌的体外联合抗菌效应，采用棋盘法设计并用微量肉汤稀释法测定不同浓度组合的 6 组抗菌药物对 30 株临床分离的表皮葡萄球菌的 MIC 并计算 FIC 指数。结果显示这 6 种抗菌药物与头孢硫脒联合用药后对表皮葡萄球菌基本表现为以协同作用为主，头孢硫脒与氟喹诺酮类药物分别作用于细菌细胞壁黏肽合成酶与 DNA 旋转酶的多靶点杀菌作用可能是两者具有协同效应的机制。王辰允等[46] 用类似的方法探究头孢硫脒分别与氟喹诺酮类抗菌药物联合用药对临床分离的 90 株革兰氏阳性球菌的体外联合抗菌效果。结果表明头孢硫脒与氟喹诺酮类 3 种抗菌药物联合使用后，对革兰氏阳性球菌基本表现为以协同作用为主。头孢硫脒可抑制细菌细胞壁黏肽合成酶，氟喹诺酮类药物则抑制 DNA 旋转酶和拓扑异构酶，两类药物多靶点的杀菌作用可能是两者具有协同杀菌效应的机制。魏宇宁等[47] 发现头孢硫脒与万古霉素联合应用，能够提高药物的联合抗菌活性，对临床治疗严重革兰氏阳性球菌感染安全有效用药具有一定指导意义。孙艳等[48] 研究发现头孢硫脒与奈替米星联合应用能提高药物的联合抗菌活性，治疗效果优于头孢硫脒、奈替米星单独用药的效果。张永青等[49] 将万古霉素、奈替米星、阿米卡星、环丙沙星、左氧氟沙星和加替沙星 6 种抗菌药物分别与第一代头孢菌素头孢硫脒联合用药探究其对临床分离的粪肠球菌的体外联合抗菌效应。结果为这 6 种抗菌药物与头孢硫脒分别联合用药后对粪肠球菌基本表现为协同作用。不同种类抗菌药物会以不同的作用机制对艰难梭菌起效，因此联合用药在临床上比较常见。卡达唑胺、非达霉素分别与甲硝唑在体外联合使用均具有协同抗菌作用，能降低对艰难梭菌的 MIC[50]。崔丽娜等[51] 探讨克林沙星与 5 种抗菌药对鸡致病性大肠杆菌的体外联合抗菌效果，发现克林沙星与磷霉素钠、多黏菌素和痢菌净联合用药表现为协同作用，甲氧苄啶与多黏菌素和痢菌净也表现为协同作用。

14.2.2 化药与中药的协同增效技术用于减抗、替抗

随着科学技术的不断发展，人们对于中药抗菌作用的研究已经取得了很大的进展，但由于中药成分复杂，难以确定其具有抗菌作用的有效单体化合物，并且多数中药或其有效成分的抗菌活性较弱，在体内难以达到有效的浓度，其疗效也远不如抗菌药。但是，抗菌

药的滥用加剧了细菌耐药性的产生，因此，需要不断寻找新型的抗菌药物以及抗菌方法来应对这一棘手问题。而将抗菌活性微弱的中药与抗菌药联合使用已成为一种新的抗菌治疗措施。

大肠杆菌是人和动物肠道内的正常菌群，但在特定条件下可引起人和动物发病。近年来，随着细菌耐药性的问题日益严重，产超广谱 β-内酰胺酶（ESBL）的大肠杆菌的比例不断上升，因此，寻找新型抗菌药物成为人们研究的一个热点。王婧等[52] 从临床分离菌株中筛选出产 ESBL 的大肠杆菌并进行基因型鉴定，然后采用微量棋盘法测定五倍子提取物与硫酸庆大霉素、阿莫西林、头孢噻呋钠、环丙沙星、盐酸左氟沙星以及氟苯尼考联合使用的 FIC 值。结果显示，五倍子提取物对 TZ3-1 和 TZ8-2 这两株菌的 MIC 值分别为 32μg/mL 和 64μg/mL，表明其对产 ESBL 大肠杆菌有较好的抑制作用。棋盘实验结果显示，五倍子提取物与头孢噻呋钠联用对 TZ3-1 菌株表现为协同作用；与环丙沙星和硫酸庆大霉素联用对 2 株产 ESBL 菌均呈现协同作用。张迎冰等[53] 探讨了穿心莲内酯、黄芩苷、蒲公英提取物和小檗碱 4 种中药有效成分与氨基糖苷类药物联用时对鸡大肠杆菌的抑菌作用，结果显示，穿心莲内酯与硫酸庆大霉素、硫酸安普霉素、硫酸卡那霉素、硫酸阿米卡星和硫酸小诺霉素联合使用时，其 FIC 值分别为 0.375、0.5、0.5、0.375 和 0.5，表明当穿心莲内酯与这些氨基糖苷类药物联用时表现出协同抗菌作用。徐素萍[54] 等研究了黄柏水提物与头孢曲松钠、阿莫西林、氟苯尼考、环丙沙星、磺胺间甲氧嘧啶等抗菌药物联用对产 ESBL 大肠杆菌的抑制效果。结果显示黄柏水提物与氟苯尼考联用的 FIC 值为 0.5，呈现协同作用。宋晓言等[55] 采用棋盘稀释法测定了 30 味中药的醇提物和水提物与环丙沙星联用对猪源链球菌的抑制效果，试验结果显示所选的 30 味中药的醇提物、水提物对猪源链球菌均有一定的抑制效果，其中，佩兰醇提物与环丙沙星的 FIC 值为 0.35，表明二者联用对抑制猪源链球菌有协同作用。通过使用石油醚、氯仿、乙酸乙酯和正丁醇四种不同溶剂萃取佩兰醇提物，结果发现，其中乙酸乙酯萃取物与环丙沙星合用呈现协同作用。

泛耐药鲍曼不动杆菌（XDRAB）是一种机会致病菌，目前临床上缺乏有效的抗菌药物治疗由 XDRAB 引起的感染，但因中药单体具有抗菌谱广、物美价廉、毒副作用小等优势，许多研究员将其与抗菌药物联用来治疗细菌感染，并取得了显著的效果。彭勤等[56] 考察了 3 种中药单体（槲皮素二水物、盐酸小檗碱、黄芩苷）分别与 4 种抗菌药物（美罗培南、替加环素、亚胺培南、多黏菌素 B）联合应用对 9 株 XDRAB 的抗菌效果。结果显示，三种中药单体对 XDRAB 的 MIC 分别为 512μg/mL、256μg/mL、1024μg/mL；除多黏菌素 B 外，3 种中药单体与其他 3 种抗菌药物联用后其 MIC 值均有所下降，且有一定程度的协同作用。其中，黄芩苷与替加环素联用时，替加环素的 MIC 值由 1～2μg/mL 下降到 0.25μg/mL，100％表现为协同作用；槲皮素二水物与亚胺培南、美罗培南联用时协同作用较明显，分别有 78％和 89％表现为协同作用；盐酸小檗碱与亚胺培南、美罗培南联用时协同作用明显，其 MIC 从 256μg/mL 降到 16～128μg/mL，89％表现为协同作用。同时，槲皮素二水物、盐酸小檗碱、黄芩苷在 1/8 MIC 的浓度下均能够显著抑制 3 组 XDRAB 生物被膜的形成（$p<0.05$），使生物被膜形成的量减少，而当细菌以生物被膜形式存在时，其耐药性会增强 10～1000 倍[57]，因此，本研究中的 3 种中药单体可在一定程度上抑制 XDRAB 耐药性的产生。Pinchan[58] 等研究了 α-倒捻子素（AMT）单独或与头孢他啶（CTZ）组合对抗头孢他啶的鲍曼不动杆菌 DMST 45378（CRAB）的抗菌活性。实验中所用到的鲍曼不动杆菌菌株具有 AmpC β-内酰胺酶（AmpC）、超广谱 β-内酰胺酶

(ESBL）和金属-β-内酰胺酶（MBL），表明 AmpC-ESBL-MBL 组合的共存可导致头孢菌素耐药。CTZ 和头孢曲松（CTX）对 CRAB 的 MIC 值均大于 800μg/mL，表明这些菌株均对 CTZ 和 CTX 具有抗性。而 AMT 与 CTZ 或 CTX 联用的 FIC 值分别＜0.35 和＜0.24，说明 AMT 与抗菌药联用对这些菌株表现出协同抗性。

耐甲氧西林金黄色葡萄球菌（MRSA）是临床上引起感染的常见病原体，其表现出多重耐药性，包括对所有 β-内酰胺类药物的耐药性。目前对 MRSA 有效的抗菌药较少，且有报道称 MRSA 对这些抗菌药也产生了耐药性。因此，开发对 MRSA 有效的新药或者替代疗法尤其重要。Eom 等[59] 为了寻找克服 MRSA 问题的替代药物，研究了枳壳对 MRSA 的抗菌机制。结果发现，由硅胶柱色谱得到的枳壳乙酸乙酯提取物的亚组分 08（EA08）具有较强的抗 MRSA 活性，其 MIC 值为 256μg/mL，苯唑西林与 256μg/mL 的 EA08 联合使用时，苯唑西林对 MRSA 的 MIC 值从 512μg/mL 降低至 16μg/mL，且其 FIC 值约为 0.5，表明 EA08-苯唑西林联用对抑制 MRSA 发挥协同作用。青霉素结合蛋白 2a（PBP2a）是导致细菌对 β-内酰胺类抗菌药产生耐药性的关键决定性因素，通过对 EA08 作用机制的研究发现 EA08 是以剂量依赖性方式抑制 *mecA* 基因的 mRNA 表达和其编码的 PBP2a 的产生而发挥抗菌作用。Hong 等[60] 研究了桑黄乙酸乙酯提取物（PBEAE）的抗菌活性以及分别与 β-内酰胺药物（苯唑西林、头孢唑林、头孢吡肟和青霉素）和非 β-内酰胺药物（红霉素、阿米卡星、环丙沙星和万古霉素）联用时对 MRSA 的作用。结果显示，PBEAE 对 MRSA 的 MIC 和 MBC 分别为 256～512μg/mL 和 1024～2048μg/mL；PBEAE 显著降低了所测试的 β-内酰胺药物的 MIC，且二者联用呈现协同增效作用，但其对非 β-内酰胺药物的活性几乎没有影响。同时，PBEAE 诱导 MRSA 产生 PBP2a 的剂量依赖性降低的结果表明抑制 PBP2a 产生是 β-内酰胺和 PBEAE 之间的主要协同机制。Sun 等[61] 通过肉汤微量稀释法研究发现槐花黄酮 G（SG）与诺氟沙星联用时对金黄色葡萄球菌 SA1199B 具有协同抗菌作用，其 FIC 值为 0.188，使诺氟沙星的 MIC 降低为 1/16。而该研究的结果也揭示了 SG 是通过抑制耐诺氟沙星菌株的 NorA 外排泵，从而对金黄色葡萄球菌 SA1199B 起到协同抗菌作用。除此之外，Lan 等[62] 通过各种柱色谱方法从艾蒿中获得 5 种黄酮类化合物：青蒿素、大黄素、茯苓醇、悬垂素和大黄菊醇。其中，大黄素、悬垂素和大黄菊醇三种化合物与诺氟沙星联用时对 SA1199B（一种外排氟喹诺酮类的耐药菌株）表现出协同活性。这三种化合物与诺氟沙星组合对 SA1199B 的 FIC 值分别为 0.375、0.079 和 0.266，表明它们有协同作用。当与环丙沙星和苯唑西林组合使用时，大黄菊醇还显示出对 EMRSA-15 和 EMRSA-16 菌株的协同作用，FIC 指数分别为 0.024 和 0.375。

此外，覃巧等[63] 探讨了广西地桃花水提取物与抗菌药物（阿奇霉素、左氧氟沙星、头孢唑林钠、克林霉素、氨苄西林钠）对 G^+ 球菌（金黄色葡萄球菌、粪肠球菌）的体外联合抑菌作用。研究结果表明，地桃花水提取物分别与左氧氟沙星、阿奇霉素联用时，对金黄色葡萄球菌的 FIC 指数分别为 0.14、0.28，呈现协同抗菌作用；而其分别与左氧氟沙星和氨苄西林钠联用时，对粪肠球菌的 FIC 指数分别为 0.27、0.50，也呈现协同抗菌作用。江滟等[64] 研究发现黄柏胶囊与头孢曲松、阿米卡星、林可霉素合用后对金黄色葡萄球菌的 FIC 指数分别为 0.1、0.126 和 0.19；黄柏胶囊与头孢曲松、阿米卡星合用后对大肠杆菌的 FIC 指数分别为 0.114 和 0.133，抗菌作用均表现为协同作用。此外，为了评价黄藤素与常见抗菌药对我国临床常见致病菌的体外联合抗菌作用，研究员对 118 株临床分离菌以及 2 株标准菌的联合抑菌浓度进行了测定，结果发现黄藤素与左氧氟沙星联合，对革兰氏阳性菌、阴性菌均表现出协同作用，协同比例≤20%[65]。

14.2.3 中药与中药的协同增效技术用于减抗、替抗

在抗菌方面，中药之间存在着复杂的相互作用，部分中药间具有协同作用。中药复方由多种药物组成，有研究表明，合理的单味药配伍组成复方可协同增效，抑菌效果比单味中药更佳[66]。同时，不同药物的配伍组方有助于降低药物的使用剂量，降低毒性和避免细菌耐药性的出现[67,68]。这种协同效应的产生可能与不同中药的抗菌有效化学成分不同，抗菌机理不同或多靶点、多途径协同抑菌有关[69]。刘昊和张备[70]筛选对羔羊腹泻大肠杆菌具有抑菌作用的中药，并分析部分中药联合的抑菌效果，结果显示，金银花＋五味子、金银花＋白术、五味子＋白术、五味子＋大青叶、白术＋大青叶和金银花＋大青叶6种中药复方制剂对羔羊腹泻大肠杆菌具有较强的体外抑菌作用，且金银花和大青叶组成复方制剂后抑菌效果增强。

Pei等[71]通过改良方法分别研究了丁香酚、肉桂醛、百里香酚和香芹酚对大肠杆菌的联合抗菌效果，研究指出丁香酚和香芹酚的协同作用可能与香芹酚瓦解大肠杆菌外膜，使丁香酚更容易进入细胞质与蛋白质结合有关。此外，Wang等[72]研究了莲房原花青素（LSPC）和水溶性茯苓多糖（WPCP）对两株大肠杆菌的协同抗菌作用。该混合物对大肠杆菌有明显的协同抑制作用，混合制剂对大肠杆菌的MIC明显低于LSPC单独使用时的MIC。研究指出，LSPC及其混合物抗大肠杆菌的主要机制是造成细胞膜的损伤和细胞内氧化应激的增加。Li等[73]采用微量热法研究了黄连中6种生物碱对痢疾志贺菌生长的抑制作用。通过比较不同活性成分对抑菌作用的贡献，确定了黄芪多糖的主要活性成分，并进一步研究了其相互作用。结果表明，小檗碱与黄连碱之间存在协同作用。

Viljoen等[74]使用微量稀释法评估了鼠尾草和益母草部分提取物及其组合对两种革兰氏阳性细菌（蜡样芽孢杆菌和金黄色葡萄球菌）及两种革兰氏阴性细菌（大肠杆菌和肺炎克雷伯菌）的体外抗菌活性。当两种提取物联合使用时，对蜡样芽孢杆菌具有协同抗菌作用，其中，当鼠尾草∶益母草为8∶2时，FIC指数为0.50；鼠尾草∶益母草为7∶3时，FIC指数为0.45。杨培奎等[75]采用琼脂扩散法和二倍稀释法测定了12种中药的抑菌效果，同时以“棋盘法＋中药互配”研究了对嗜水气单胞菌、副溶血弧菌和溶藻弧菌具有较强协同抑制作用的药物组合。试验结果表明，有10种不同的药物组合对嗜水气单胞菌的联合抑菌作用具有协同作用，FIC均≤0.5。这10种不同的药物组合分别为丁香、山茱萸、五味子、罗汉果、八角的两两组合。孙广等[76]利用微量棋盘稀释法测定29种中药水提物和醇提物的联合用药对耐甲氧西林金黄色葡萄球菌（MRSA）的抑制作用并评估其体外抑菌活性。结果表明，甘草与黄芩组合具有协同作用，抗菌指数FIC＜0.5，对MRSA的抑菌活性最高。徐倩倩等[77]利用微量棋盘稀释法测定38味中药中两种中药联合的抑菌效果。结果表明，其中黄连-芦荟、黄连-诃子、山楂-芦荟、山楂-诃子、芦荟-乌梅、诃子-白头翁等联合应用时，对临床分离的大肠杆菌菌株呈现协同抑菌作用，FIC分别为0.5、0.31、0.31、0.37、0.31、0.28。王婧等[78]通过棋盘稀释法测定联合用药时两药的FIC指数，观察7种中药（五倍子、黄芩、黄连、连翘、板蓝根、金银花、乌梅）联合应用对多重耐药鲍曼不动杆菌（MDR-AB）的体外抗菌活性的影响。黄芩与五倍子

配伍的 FIC 为 0.47，对 MDR-AB 表现为协同抗菌作用，后续可以进行配伍比例的研究，为中药复方制剂的临床研制提供依据。谢大泽等[79] 发现五味子与大黄、黄连组方对脆弱拟杆菌耐药菌株具有协同抑菌作用，FIC 分别为 0.28 和 0.31。曲径等[80] 通过联合抑菌试验得出黄连、黄柏、秦皮、虎杖和艾叶的 FIC≤0.5，黄连、黄柏、地榆和艾叶的联合抑菌效果为协同作用。康帅[81] 等观察了乌梅等 20 种中药的体外抗胸膜肺炎放线杆菌活性。联合抑菌试验结果表明，乌梅＋黄连和黄连＋秦皮的 FIC 均为 0.5；黄连＋诃子、黄连＋虎杖、诃子＋虎杖的 FIC 均为 0.25，两两联合表现为协同作用。吕正涛等[82] 为了探究中药复方的体外抗菌活性，选用艾叶、苦参、花椒、苍耳子、苦楝皮、露蜂房 6 味单药加上丙二醇、月桂氮卓酮、乙醇、冰乙酸组成中药复方制剂，对金黄色葡萄球菌、白色念珠菌、大肠杆菌这三个菌种进行体外抗菌试验。结果表明该复方制剂对三种病原菌都有极强的杀菌作用，一定条件下平均杀灭率为 100%。李梅[83] 用棋盘试验法评价了鱼腥草与黄连、鱼腥草与大青叶、黄连与大青叶的联合抗菌作用。鱼腥草与黄连对金黄色葡萄球菌标准株和大肠杆菌标准株的联合抗菌效果表现为协同作用，FIC 均为 0.3±0.1；鱼腥草与大青叶对沙门氏菌耐药株的联合抗菌效果表现为协同作用，FIC 为 0.4±0.1。王婷婷[84] 通过分析单药与药对理论加和值和 FIC 指标发现，黄连-连翘药对对七种供试菌均表现出一定的协同或相加效果。以藤黄微球菌为例，对黄连-连翘药对体外抑菌协同效应配比进行优化，结果表明黄连、连翘的最佳配比约为 4.5∶5.5，FIC 指数为 0.25，表明该模型具有良好的适用性。

智晓艳等[66] 选取黄连、黄芩、丹参、连翘等 14 味中药，分别采用平板打孔和试管二倍稀释法对大肠杆菌、金黄色葡萄球菌、链球菌等临床常见致病菌进行体外抗菌试验，并选取抗菌活性较好的药物作为主药组成复方，进行中药复方抗菌活性研究。结果表明，黄连、黄芩、丹参、连翘等单味药对大肠杆菌、金黄色葡萄球菌、链球菌均具有较强抗菌作用，以其为主药组成的复方呈现协同抗菌作用。赵曰超等[85] 采用国际上常用抗菌药物 MIC 测定的稀释法，评价目的药物的抗幽门螺杆菌效能，探讨陇马陆分别与红芪、黄连、红景天、马齿苋、蒲公英配伍后的抗幽门螺杆菌作用以及药物间是否有协同效应。结果显示，陇马陆与黄连、红景天配伍后可产生抗幽门螺杆菌的协同效应。李雪莲[86] 采用不同的提取、浓缩方法将复方一（大黄、芒硝、乳香、没药）、复方二（牛蒡子、蒲公英、连翘、浙贝、赤芍）、复方三（金银花、连翘、蒲公英）组成制剂，三种复方中药制剂都具有较强的体外抗菌和免疫增强作用，且复方三制剂的抗菌、抗炎、免疫增强作用整体上优于复方一和复方二制剂（$P<0.05$）。

李忠琴等[69] 对病鳗内脏中分离的 5 株致病性气单胞菌进行鉴定后可知其中三株为豚鼠气单胞菌、嗜水气单胞菌和维罗纳气单胞菌。使用的六种药材分别为虎杖、石榴皮、大黄、黄芩、五倍子和黄连，据棋盘法设计 15 种双联用药方和 4 种三联用药方，检测各组合配方的抑菌作用。实验结果表明，15 种双联用药方较各味中药单用的抑菌活性绝大多数出现增强，抑菌浓度至少降低 39%，FIC＜1 的比例占 85.7%，其中 FIC≤0.5 表现显著增强抗菌活性的协同比例占 23.3%；4 种三联用药方对 5 株致病性气单胞菌均具有显著的协同抑制效应，复方中单味中药的抑菌浓度可以降低 80%以上。大黄的有效抗菌成分有大黄素和大黄酸，五倍子和石榴皮的有效抗菌成分是鞣质和鞣酸。该研究分析得出，当五倍子或石榴皮与大黄联用时，鞣酸可促进大黄素和大黄酸等蒽醌类化合物进入致病菌细胞内，随后作用于相应靶点部位，起到协同抗菌作用。

14.2.4 化药与抗菌肽的协同增效技术用于减抗、替抗

范学政[87] 等进行了抗菌肽 P108（QKRPRVRLSA）与硫酸小檗碱对大肠杆菌（ATCC 25922）的体外抗菌实验，结果表明，两药联用呈协同作用的占 10%，平均分级抑菌浓度指数为 0.825。华蕊等[88,89] 研究了猪源抗菌肽 PR-39、蛇源抗菌肽 CJH 与阿莫西林、土霉素、硫酸链霉素对革兰氏阴性菌大肠杆菌（K12）、大肠杆菌（ATCC 25922）、大肠杆菌（O157：H7）、猪霍乱沙门氏菌（CMCC 50020）、鼠伤寒沙门氏菌（CMCC 50013）、肠炎沙门氏菌（CMCC 50041）、铜绿假单胞菌（ATCC 27853），革兰氏阳性菌金黄色葡萄球菌（ATCC 25923）、表皮葡萄球菌（ATCC 12228）的协同杀菌作用，结果表明，PR-39 与阿莫西林或硫酸链霉素联用时 FIC 指数均小于 0.5，表现为协同作用。抗菌肽 CJH 与 3 种抗菌药联合使用的 FIC 指数均小于 0.5，表现为协同作用，其中，CJH 和土霉素联合作用的协同效应最强，联合杀菌效果最好，二者的相互促进作用最为明显。

魏宇轩等[90] 研究 α-螺旋类抗菌肽 HK-3 分别与万古霉素、头孢西丁联合使用对金黄色葡萄球菌的体外抗菌效果。结果表明，α-螺旋类抗菌肽 HK-3 与万古霉素联合作用于金黄色葡萄球菌时，HK-3 对金黄色葡萄球菌的 MIC 降至 2μg/mL，万古霉素对金黄色葡萄球菌的 MIC 降至 0.25μg/mL，均为单用时的 1/4，抑菌效果增强。FIC（α-螺旋类抗菌肽 HK-3 与万古霉素）=0.5，显示 HK-3 与万古霉素有协同抗菌作用。FIC（HK-3 与头孢西丁）=0.625，显示与头孢西丁有相加作用。HK-3 与头孢西丁联合作用于金黄色葡萄球菌时，HK-3 对金黄色葡萄球菌的 MIC 降至 1μg/mL，头孢西丁对金黄色葡萄球菌的 MIC 降至 1μg/mL，分别为单用时的 1/8 和 1/2。

王雪燕等[91] 研究草鱼鱼鳞抗菌肽与肉桂精油联合作用于金黄色葡萄球菌、大肠杆菌、沙门氏菌、副溶血弧菌的抑菌效果，结果表明，草鱼鱼鳞抗菌肽与肉桂精油联用时对金黄色葡萄球菌、副溶血弧菌、产黄青霉的 FIC 指数分别为 0.375、0.5、0.5，表现为协同作用。复配抑菌剂中鱼鳞抗菌肽 MIC 范围为 4～32mg/mL，肉桂精油为 0.5～2.0μL/mL，均优于单独使用的效果。

练家惠等[92] 通过对天然抗菌肽进行生物信息学分析改造得到多肽［G4、T5、N8K］Temporin-1Dra，对耐氟康唑（FLC）白色念珠菌的 MIC 值为 128μg/mL；MIC 范围内溶血率<5%；3h 内 MIC 浓度下杀菌效果显著，且呈现浓度依赖性；与 FLC 联用的 FIC 值为 0.375，与 FLC 联合用药有协同作用。FIC=0.375，FIC 指数≤0.5，即多肽［G4、T5、N8K］Temporin-1Dra 和 FLC 之间有协同抗菌作用。

于航等[93] 研究抗菌肽 APSH-07 与五种抗菌药（阿莫西林、土霉素、硫酸庆大霉素、硫酸新霉素、盐酸多西环素）作用于大肠杆菌（CICC21482）、金黄色葡萄球菌（ATCC6538P）、哈维氏弧菌（ATCCC BAA-1117）、副溶血弧菌（ATCC17802）的体外抑菌实验。结果表明，抗菌肽 APSH-07 与阿莫西林联用，对于哈维氏弧菌的抗菌效果最明显；与以上五种抗菌药联用的 FIC 值均小于 1，大部分小于 0.5。此外，协同作用时，抗菌肽 APSH-07 的 MIC 值仅为其单独作用时的 1/8～1/2，具有较为优良的作用。总的来看，APSH-07 与阿莫西林联用时联合抗菌效果最好，表现为协同作用，FIC 指数均小于或等于 0.5，二者的相互促进作用更明显。

韩立肖[94] 研究了乳链菌肽（nisin）与 7 种抗菌药（左氧氟沙星、红霉素、四环素、头孢噻肟钠、阿奇霉素、青霉素、阿莫西林）作用于 40 株不同血清型的猪链球菌的体外

抑菌实验，结果表明，多数菌株对盐酸四环素、头孢噻肟钠、青霉素和阿莫西林较为敏感，大多数情况下 nisin 与抗菌药联合，在 105 个组合中仅有 3 个组合为拮抗作用，说明抗菌药与 nisin 具有协同抑菌效果。

侯梦瑶等[95] 研究新型抗菌肽 C8gpm11 和 NAF（或 CHX）联合作用于变异链球菌 UA 140 和 UA 159、血液链球菌 ATCC 10556、牙龈卟啉单胞菌和粪肠球菌 ATCC 29212 及嗜酸乳杆菌 ATCC 4356 的体外抑菌作用，结果表明，C8gpm11 和 CHX 联合抗菌 FIC 值为 0.3125，FBC 值为 0.3125，FIC 值和 FBC 值均小于 0.5。

李钢等[96] 对硫酸黏菌素、阿散酸、替米考星、氟苯尼考、盐酸多西环素、阿莫西林与猪防御素进行了协同作用研究。结果表明，对于革兰氏阳性菌，替米考星与猪防御素的协同效果最好（FIC=0.25），其次是阿散酸（FIC=0.5）；对于革兰氏阴性菌，硫酸黏菌素、盐酸多西环素与猪防御素的协同效果最好（FIC=0.5）。以上情况表明猪防御素与抗菌药之间的确存在协同效果。

王国栋[97] 研究了抗菌肽 Protegrin1（PG1）与四环素（TET）、阿米卡星（AMI）、多黏菌素 B（PB）、先锋Ⅵ（CEF）、氟苯尼考（FLO）、环丙沙星（CIP）、诺氟沙星（NOR）、左氟沙星（LEV）及硫酸链霉素（STR）联用对大肠杆菌的体外抑菌作用，结果表明 PG1 与 AMI、TET、PB 联合应用时对 2 株大肠杆菌的抗性均表现出协同作用（FIC≤0.5）。

Zhu 等[98] 将合成 Mastoparan-C（MP-C）类似物（L1G、L7A、L1GA5K）与常规抗菌药庆大霉素、利福平和多黏菌素 B 联合使用，结果表明，合成多肽与抗菌药联合作用时，均表现出协同或相加作用，其中当所有多肽与多黏菌素 B 联用时对铜绿假单胞菌表现出协同作用（FIC=0.3125）。

Jahangiri[99] 等研究抗菌肽 P10 和 nisin 分别或同时作用于标准株及耐药株鲍曼不动杆菌和铜绿假单胞菌的体外抑菌实验，结果表明，P10+nisin 联合用药对标准菌株具有协同作用，P10+头孢他啶、P10+多利培南和 nisin+黏菌素的组合在大多数情况下具有协同作用。nisin+妥布霉素联合接触标准菌株表现出协同作用，而对耐药临床分离株具有菌株依赖性。

Rozenbaum[100] 等通过棋盘法评估了单月桂酸甘油酯纳米胶囊（ML-LNCs，不含抗菌肽）和抗菌肽 DPK-060 或 LL-37 的组合的协同抗菌作用，结果表明，当 ML-LNCs 和 DPK-060 在 TSBg（含 0.25%葡萄糖胰蛋白胨大豆汤培养基）中结合时，FIC 指数<0.31，表现为协同作用。DPK-060 与 ML-LNCs 联合也对浮游葡萄球菌菌株表现出协同作用。

Sharma[101] 等采用 REMA（微滴度测定板）技术评价了聚（ε-己内酯）纳米颗粒（PCL-NPs）合成的 AMP（HHC-8、MM-NPs）与利福平对分枝杆菌的体外抑菌效果，结果表明，HHC-8-PCL-NPs 和 MM-10-PCL-NPs 具有协同作用，FIC 值为 0.09。

14.2.5 其他协同增效技术用于减抗、替抗

使用抗菌药是预防和治疗细菌感染的有效方法，但是养殖业中抗菌药的不合理使用所导致的畜禽免疫抑制、抗菌药耐药性增加及药物残留问题引起了人们的担忧。因此，开发环保型饲料添加剂，利用营养途径提高畜禽免疫力是保障我国畜牧业可持续发展的重要举措。

14.2.5.1 添加酸化剂

酸化剂是继抗菌药之后，与益生素、酶制剂、微生态制剂等并列的重要添加剂，是一种无残留、不产生抗药性、无毒害作用的环保型添加剂，具有调控肠道菌群平衡，抑制有害菌的生长繁殖，促进有益菌的生长繁殖；调节饲粮和胃内的酸度，提高消化酶的活性、畜禽消化能力及饲粮利用效率；促进矿物元素的吸收等优点，是现在规模化养殖场开发的一个热点。

产蛋鸡大肠杆菌病例无法达到产蛋高峰，产蛋期延迟并容易继发感染其他疾病，给养禽业带来许多影响和危害。一项印尼学者的研究表明，酸化剂-葡萄糖组合能够有效抑制蛋鸡中禽致病性大肠杆菌（APEC）的发展，有效控制消化道微生物群落的形式，提高母鸡的日产蛋量[102]。周岩民等[103]探讨了抗菌药、富马酸和乳酸宝（乳酸型酸化剂，美国 Kemin 公司生产）对肉鸡肠道微生物及其生产性能的影响并进行比较，发现抗菌药及不同的酸化剂均可抑制肉鸡空肠及盲肠内容物中大肠杆菌及沙门氏菌的增殖，但抗菌药同时也显著抑制了乳酸杆菌的增殖，而酸化剂组均促进了乳酸杆菌的增殖。张建云等[104]在肉鸡抗菌药日粮的基础上添加 0.1%、0.2%、0.3%酸化剂 RA750 和 0.3%酸化剂 RA850。结果表明，在抗菌药基础上添加酸化剂可进一步提高肉鸡生产性能，并在一定程度上改善了肉鸡品质，试验组盲肠总需氧菌、大肠杆菌和沙门氏菌数量显著降低，促进了肉鸡肠道健康。其中，在抗菌药基础上添加 0.1%酸化剂 RA750 对肉鸡整体效果最明显。Roofchaei 等[105]研究在饲喂小麦的基础上添加碳水化合物活性酶（木聚糖酶、β-葡聚糖酶）和植酸酶、酸化剂，结果显示碳水化合物活性酶与植酸酶和酸化剂的组合减少了肉鸡大肠杆菌的数量并增加了绒毛长度。

陈代文等[106]采用 3×2＋1 因子，在玉米-豆粕型基础饲粮中添加乳酸宝 0、1.5kg/t、3kg/t 或黄霉素 0 或 10g/t，探究酸化剂的不同添加剂量及其与黄霉素合用对仔猪生产性能、消化道 pH 和微生物数量的影响，结果表明，仔猪空肠、盲肠和直肠大肠杆菌数量显著下降，减轻腹泻程度，乳酸宝与黄霉素合用对各项指标有进一步改善的效果。陈历[107]探究抗菌肽和酸化剂组合对断奶仔猪生长的影响，结果表明：添加抗菌肽后的效果与添加抗菌药后的效果相近，均明显优于不添加任何药物的对照组，差异显著；抗菌肽＋酸化剂组合使用后对断奶仔猪生长性能的提高效果要优于单独添加抗菌肽或酸化剂的效果。李兰海[108]以 26 日龄断奶仔猪为研究对象，研究酸化剂和牛至油替代硫酸黏菌素对断奶仔猪生长性能、肠道健康状况和血液生化指标的影响。将试验仔猪随机分成 3 组，3 组饲粮中均含 75mg/kg 金霉素＋10mg/kg 恩拉霉素，此外每个处理组饲粮中分别添加 0.10%酸化剂＋0.10%硫酸黏菌素、0.15%酸化剂和 0.15%酸化剂＋0.03%牛至油。结果表明，综合生长性能、肠道健康、血清等指标，饲粮中添加 0.15%酸化剂＋0.03%牛至油可以替代硫酸黏菌素。晏家友等[109]研究缓释复合酸化剂与抗菌药合用对断奶仔猪肠道微生物和肠黏膜抗体的影响。结果表明，缓释复合酸化剂与抗菌药联合使用可以极显著提高仔猪盲肠和结肠中乳酸杆菌数量、降低大肠杆菌数量，增加仔猪肠黏膜抗体 SIgA 分泌量，可以优化仔猪肠道微生物区系、提高仔猪免疫力，并且作用效果优于单独使用酸化剂或抗菌药。Ngoc 等[110]研究有机酸［Selacid green growth（GG）］或抗菌药促生长剂（AGP）协同共混对生长育肥猪生产性能和抗菌药耐药性的影响，研究结果表明，Selacid GG 是一种具有成本效益的产品，在促进生长育肥猪的生长和经济性能方面与抗菌药生长促进剂（AGP）具有相同的功效。

14.2.5.2 添加益生素

益生素是一种优良的微生物饲料添加剂，具有调节动物胃肠道菌群平衡、防治畜禽消化道疾病、提高动物免疫力及生产性能等优点，在现代化畜牧生产中已得到广泛应用。

大肠杆菌引起的腹泻是影响家禽生长发育的最常见疾病之一，Liang 等[111] 研究益生菌与中药联合使用后对肉鸡大肠杆菌感染的协同作用及其机制。结果发现蒲公英提取物、黄芪总黄酮、黄芪多糖、益生菌的最佳配比为 5∶2∶2∶2；益生菌与中药联用可能通过改善肉鸡腹泻指标以及调节 IL-2、IL-10、TLR-4 mRNA 表达等方式对大肠杆菌感染产生协同抵抗作用，降低肉鸡腹泻率和死亡率，增加肉鸡体重。

鸡白痢病（PD）是由鸡白痢沙门氏菌引起的禽类特有的败血症，给家禽业造成巨大的经济损失。Wang 等[112] 研究了益生菌-发酵中草药混合物对感染鸡白痢沙门氏菌的新生肉鸡的生长性能和肠道微生物区系的影响，结果表明益生菌发酵草药混合物能有效减少雏鸡死亡、改善雏鸡的生长性能、调节肠道菌群、增强雏鸡的免疫力，对感染鸡白痢沙门氏菌雏鸡有良好的治疗效果。

吕春炎[113] 研究了益生素与黄芪、女贞子合用对肉鸡免疫指标及生产性能的影响，除空白对照组试验鸡饲喂基础日粮外，低、中、高剂量组在基础日粮中分别添加 0.5%、1.0%、1.5%混合物（黄芪、女贞子、益生素的比例为 1∶1∶1），结果表现为益生素与黄芪、女贞子合用可明显提高肉鸡免疫性能，提高肉鸡的生产性能、饲料利用率。廉新慧等[114] 报道了益生素与多糖合用可提高海兰褐蛋鸡免疫指标及生长指标，发现益生素和多糖均能提高雏鸡的生长性能，免疫器官指数和抗体滴度及血清溶菌酶含量，而以益生素＋黄芪多糖组效果最好。贾青辉等[115] 研究了益生素与五味子、甘露寡糖合用，发现在基础日粮中添加一定量的五味子、甘露寡糖和益生素能够显著提高肉鸡血清中 IgG 的含量，提高机体免疫功能。以 1%五味子＋0.5%甘露寡糖＋0.3%益生素为最适比例。

14.3

相加增效技术用于减抗、替抗

联用药物是否具有相加增效作用的判定参数为分级抑菌浓度（FIC），该参数也是抗菌药药效学（PD）参数之一，当 $0.5<FIC\leqslant 1$ 时，为相加增效作用。目前，最佳联合用药方案的发现、转化和临床开发仍然是药物开发中的一个主要挑战，为减少抗菌药过度使用和耐药菌的出现，对目前具有相加作用的联合用药方案进行分析和总结，以期为临床治疗耐药菌感染提供参考。

14.3.1 化药与化药的相加增效作用

化学抗菌药的联合使用在兽医临床上应用已久，如经典的青链霉素合用，但由于抗菌药在临床上的广泛使用，甚至不合理使用及滥用，导致细菌的耐药性不断增强，临床上出现了各种各样的耐药菌株，对多种抗菌药产生了耐药性，甚至产生了全耐药菌株，对人类健康和生存构成重大威胁，因此，人们开始重新积极寻找新的联合用药方案，用于克服细菌耐药性问题。

Sheu 等[116] 在对碳青霉烯类耐药肠杆菌感染的临床治疗观察中，发现黏菌素和美罗培南联合治疗的临床结果显示两者联合具有相加作用。此外，Dundar 等[117] 研究表明，亚胺培南-黏菌素、多利培南-多西环素这两种药物组合对于对单独或两种药物都敏感的肺炎克雷伯菌显示出一致的杀菌活性，其中亚胺培南与黏菌素的相加作用可能是由于两者具有相同的抗菌机制。而黏菌素可以增大膜透性使多西环素进入细菌细胞，FIC 结果显示两者主要为相加作用。丁力等[118] 探讨了头孢西丁等 8 种抗菌药物联用对产 β-内酰胺酶（ESBL）肺炎克雷伯菌体外抗菌活性的影响。通过微量肉汤稀释法、棋盘法分别测定头孢西丁与哌拉西林/他唑巴坦、美洛西林/舒巴坦、异帕米星、美罗培南、头孢他啶、左氧氟沙星联用时的 FIC 指数。结果显示头孢西丁与哌拉西林/他唑巴坦、美洛西林/舒巴坦联合应用后分别有 37.5%、46.5%的菌株表现为相加作用。

β-内酰胺与氨基糖苷的组合通常被用于治疗耐药菌感染。在一项针对窄谱 β-内酰胺联合氨基糖苷的综述研究中发现，与单一用药相比，窄谱 β-内酰胺联合氨基糖苷具有相似的抗菌结果[119]。为了全面研究联合用药的影响，有试验比较了不同种 β-内酰胺抗菌药与氨基糖苷联合用药后对铜绿假单胞菌的 FIC。总的来说，联合治疗起到了相加作用[120]。Baddour 等[121] 在研究革兰氏阳性菌引起的感染性心内炎时，发现 β-内酰胺-氨基糖苷联合治疗具有相加作用。

在治疗铜绿假单胞菌引起的脓毒症和严重感染时，常采用联合给药治疗法，但铜绿假单胞菌所致的严重感染究竟是采用联合治疗还是单药治疗目前仍存在争议。Yamagishi 等[122] 使用棋盘法评价了 24 种联合给药方案对 15 株多重耐药铜绿假单胞菌的抗菌活性，并通过动物试验证实环丙沙星-美罗培南、环丙沙星-氨曲南、环丙沙星-哌拉西林、环丙沙星-阿米卡星、阿米卡星-美罗培南、阿米卡星-哌拉西林、阿贝卡星-环丙沙星、阿贝卡星-利福平、利福平-美罗培南、利福平--头孢他啶、利福平-环丙沙星表现为相加作用。Taccetti 等[123] 研究并评估了 28d 内妥布霉素-环丙沙星与黏菌素-环丙沙星对耐药铜绿假单胞菌的治疗效果，发现两组之间的病原微生物清除率并无明显差异（OR＝0.89，$p=0.88$）。文亚坤等[124] 评价环丙沙星分别与头孢哌酮/舒巴坦、哌拉西林/三唑巴坦联合用药对临床分离获得的碳青霉烯类耐药的铜绿假单胞菌的体外抑菌效果。FIC 结果显示环丙沙星与前者联用后 81.5%为相加作用，与后者联用 73.7%具有相加作用。龚美亮等[125] 探讨氨曲南与环丙沙星、美罗培南联合应用对多耐药铜绿假单胞菌的体外抑菌效果。结果显示氨曲南与环丙沙星联合后 38.7%为相加作用，氨曲南与美罗培南联用后 41.9%为相加作用，表明联合用药可以降低抗菌药的使用剂量，减少耐药突变的发生。

耐甲氧西林金黄色葡萄球菌（methicillin resistant *Staphylococcus aureus*，MRSA）感染不仅治疗周期长还会引发脓毒症导致死亡，在过去几十年里 MRSA 一直是人们的重点关注对象。尽管 MRSA 对人类健康存在巨大威胁，但目前为止批准用于其治疗的抗菌药只有万古霉素和达托霉素[126]，对于万古霉素治疗失败但仍对达托霉素敏感的 MRSA 感染，已开始探索联合治疗的可能性。例如使用大剂量达托霉素［8～10mg/(kg・d)］与另一种药物（如庆大霉素、利福平、利奈唑胺、磺胺甲噁唑/甲氧苄氨嘧啶或 β-内酰胺类）联合使用。体外实验显示达托霉素联合 β-内酰胺类药物对耐药 MRSA 有一定的杀菌作用，多表现为相加作用。Rose 等[127] 使用棋盘格法检测了达托霉素联合利福平对 12 株 MRSA 耐药菌的杀菌作用。与单独使用达托霉素相比，联合使用对 25%的分离株显示具有相加作用。这可能是达托霉素破坏了膜电位，改变了细胞膜渗透性，导致利福平的渗透被延迟而无法提高抗菌能力。Lee 等[128] 测定了达托霉素分别与磷霉素、庆大霉素、利奈唑胺、苯唑林、利福平联合使用对 100 株 MRSA 分离株的抗菌效果，结果显示这几种组合分别对 44%、38%、74%、2%、51%的 MRSA 具有相加作用。Joshua 等[129] 也通过比较万古霉素联合氟氯西林与万古霉素单药治疗 MRSA 菌血症发现联合给药呈现相加作用。

多重耐药不动杆菌近十年来越来越常见，目前国际上推荐用于治疗的药物包括黏菌素、舒巴坦、替加环素及部分氨基糖苷类抗菌药物，虽然 β-内酰胺类和 β-内酰胺酶抑制剂的最新组合（头孢他啶/阿维巴坦、头孢洛扎/他唑巴坦、美罗培南/法硼巴坦、亚胺培南/瑞来巴坦）及新型氨基糖苷类抗菌药物普拉米星对部分碳青霉烯类耐药鲍曼不动杆菌具有抗菌活性，但目前尚缺乏针对此类新型药物的联合给药试验数据。曹诗悦等[130] 对 50 株耐药鲍曼不动杆菌进行药敏联合实验，结果显示，头孢哌酮-舒巴坦组对 30%的菌株具有相加作用；多黏菌素-米诺环素组的相加作用占 27.5%；多黏菌素-亚胺培南组对 22.5%的菌株显示相加作用；多黏菌素-多尼培南组中相加作用占 67.5%；替加环素-亚胺培南组中相加作用占 40.0%。Park 等[131] 采用多黏菌素-多利培南、多利培南-替加环素和多黏菌素-替加环素 3 种联合用药组合观察其对鲍曼不动杆菌的杀菌效果，结果发现多黏菌素-多利培南组合的相加作用高达 67.5%。Yang 等[132] 比较了以米诺环素为基础的联合治疗（黏菌素、头孢哌酮-舒巴坦或美罗培南）与黏菌素联合美罗培南治疗耐米诺环素鲍曼不动杆菌感染（191 株）的疗效。结果显示，与黏菌素（0.5μg/mL）和美罗培南（8μg/mL）相比，以米诺环素（16μg/mL）为基础的治疗在 24h 或 48h 对生物膜相关细菌的抑制效果并不显著。米诺环素-多黏菌素联合用药对杀灭鲍曼不动杆菌有一定的协同作用，相加作用高达 50.0%。王风娟等[133] 报道，替加环素分别与 5 种抗菌药物（美罗培南、阿米卡星、环丙沙星、黏菌素、舒巴坦）联合后表现为协同或不相关作用，其中协同率较高的组合为替加环素＋阿米卡星组（50.9%）；其次为替加环素＋美罗培南组（29.8%），未发现拮抗现象。贾宇驰[134] 研究了磷霉素分别与亚胺培南、米诺环素、阿米卡星、头孢哌酮/舒巴坦、替加环素、多黏菌素 E 的联合应用效果。FIC 指数分布显示各种联合方案中分别有 43.3%（13/30）、63.3%（19/30）、43.3%（13/30）、50%（15/30）、56.7%（17/30）、60%（18/30）具有相加作用。崔笑博[135] 研究了痢菌净、头孢噻肟钠、阿奇霉素、左氧氟沙星、氟苯尼考、新霉素、黏杆菌素、多西环素之间联合使用对大肠杆菌标准菌株以及临床分离鸡源大肠杆菌的抗菌效果。结果显示痢菌净-氟苯尼考、多西环素-阿奇霉素、多西环素-左氟沙星、黏杆菌素-阿奇霉素、黏杆菌素-氟苯尼考、阿奇霉素-头孢噻肟钠对大肠杆菌标准菌株 ATCC25922 的抗菌效果具有相加作用。在对临床菌株的检测中，痢菌净-黏菌素（83.3%）、痢菌净-氟苯尼考（75%）、多西环素-阿奇霉素（75%）、左氟沙星-多西环素（58.3%）、头孢噻肟钠-阿奇霉素/黏菌素（58.3%）具有较高的相加作用。王昌健[136] 在猪源大肠杆菌的研究中获得了相似的结果。李彦庆[137] 研究多西环素分别与氧氟沙星、环丙沙星联用对大肠杆菌的抗菌效果时发现这两种组合对全部的大肠杆菌均具有相加作用。刘玲红[138] 的研究发现恩诺沙星分别与头孢噻呋、头孢噻肟联用对动物源大肠杆菌的抗菌效果均具有一定的相加作用。

吴波等[139] 的研究结果表明乳酸恩诺沙星与磺胺间甲氧嘧啶钠对沙门氏菌标准菌株 ATCC14028 具有相加作用。肖建光等[140] 分别研究阿莫西林、多西环素、多黏菌素、头孢拉定、痢菌净与多种抗菌药物联用对体外沙门氏菌的抑菌效果。结果表明多西环素与阿奇霉素、磷霉素联用，阿莫西林与哌拉西林、红霉素联用，多黏菌素与哌拉西林、头孢拉定、磷霉素钠联合使用，痢菌净与甲硝唑、多黏菌素联用对禽源沙门氏菌的抗菌效果表现出相加作用。周文中等[141] 为研究氟苯尼考和盐酸土霉素的临床配伍效果，采用棋盘法对沙门氏菌进行了体外联合药敏试验。结果表明联合用药对大肠杆菌 E_1 的 FIC 指数均在 0.5～1，表现为相加作用。

此外，蒋公建等[142] 研究了氟苯尼考与磺胺甲氧嘧啶联用对大肠杆菌、沙门氏菌、金黄色葡萄球菌的体外抑菌效果，FIC 指数分别为 0.625、1、0.531，均具有相加作用。张旭阳等[143] 研究发现乳酸链球菌素联合次氯酸钠对粪肠球菌的体外抗菌效果具有相加作用（FIC＝0.504）。张佩等[144] 探讨了阿米卡星（AK）与头孢噻呋、红霉素、马波沙星联合应用对 7 株奶牛乳房链球菌的抗菌效果，联用后，AK 与头孢噻呋、红霉素、马波沙星的 FIC 指数分别为 0.5～1、0.3125～0.75、0.3125～0.75，表明 AK 与其他三种药物联用后，对乳房链球菌均具有协同或相加作用。刘洋[145] 测定了酒石酸泰乐菌素-阿莫西林对 20 株临床分离猪链球菌的 FIC 指数，结果表明两药联用后对 17 株猪链球菌的抗菌效果呈现相加作用。刘运平等[146] 进行了阿米卡星与甲氧苄啶联用的体外药敏试验，结果显示阿米卡星-甲氧苄啶对包括大肠杆菌、巴氏杆菌、猪霍乱沙门氏菌、猪伤寒沙门氏菌在内的 12.7%的菌株的抗菌效果均具有相加作用。唐万勇等[147] 采用棋盘法研究了氟苯尼考和多西环素、甲氧苄啶、黏杆菌素的临床配伍对副猪嗜血杆菌及胸膜肺炎放线杆菌的治疗效果。结果表明氟苯尼考与多西环素对副猪嗜血杆菌和胸膜肺炎放线杆菌的抗菌效果均具有相加作用，氟苯尼考与黏杆菌素对胸膜肺炎放线杆菌的抗菌效果呈现相加作用。

14.3.2 化药与中药的相加增效作用

借助现代化学分离技术，越来越多的中药抗菌活性成分被不断提取出来。其中，主要包含多糖类、黄酮类、挥发油类、生物碱类和有机酸类等化合物。虽然中药用于抗感染治疗已有几千年历史，但体外抑菌试验表明大部分中药成分的抗菌作用较弱，多是通过与其他药物之间的联合应用来发挥药效的。

吕颜枝等[148] 通过 MIC 和 FIC 确定白头翁、黄连、黄柏、金银花、板蓝根 5 种中药与头孢噻呋、恩诺沙星、阿莫西林 3 种西药的联合用药对鸡沙门氏菌的抗菌效果。结果显示头孢噻呋与黄柏/板蓝根、恩诺沙星与黄连/黄柏、磷霉素和黄连的平均 FIC 值介于 0.5～1，呈现相加作用。樊国燕等[149] 研究了黄芩、黄连、大黄与恩诺沙星、盐酸环丙沙星、硫酸新霉素、硫酸阿米卡星联合用药对鸡源沙门氏菌的体外抑菌效应。结果表明硫酸新霉素-黄连和硫酸阿米卡星-黄连联合用药对鸡源沙门氏菌的抑菌效应呈相加作用，FIC 值均为 1.0。

张驰等[150] 研究比较了白花丹醌、二氢丹参酮、葫芦素、盐酸小檗碱和柴胡皂苷-d 5 种中药单体对替加环素耐药鲍曼不动杆菌的体外抗菌作用，探讨替加环素与中药单体联合用药的增敏作用及相关作用机制。5 种中药单体中白花丹醌对替加环素耐药菌株抑菌活性最佳，MIC 值范围是 16～32μg/mL。白花丹醌和替加环素联合试验中，白花丹醌可逆转部分替加环素耐药鲍曼不动杆菌耐药性，75%表现为相加作用。外排抑制试验中，白花丹醌显示对替加环素有一定的增敏作用，表明其增加抗菌药物敏感性的作用可能与外排泵抑制有关。此外，蒋红蕾等[151] 也研究了孢哌酮-舒巴坦与 10 种常见中草药提取物（薄荷、乌梅、连翘、五倍子、五味子、黄连、大黄、黄芩、白芍及地榆）联合及各自单用药的 MIC 及 FIC，观察其对 75 株泛耐药鲍曼不动杆菌的体外抗菌活性。结果显示在 10 种中药中五倍子（15.65～62.48mg/mL）、薄荷（31.24～124.00mg/mL）、连翘（15.65～124.00mg/mL）、白芍（25.65～75.63mg/mL）对泛耐药鲍曼不动杆菌的 MIC 值相对较高，与孢哌酮-舒巴坦联用时的 FIC 指数均在 0.5～1.0 范围内，提示联合用药时主要表现为相加作用（$P<0.05$）。李贵玲等[152] 分别测定了大蒜素、亚胺培南、头孢哌酮/舒巴坦对 30 株多耐药鲍曼不动杆菌的最低抑菌浓度（MIC），并评价了大蒜素单用及其联合亚胺培南或头孢哌酮/舒巴坦对多耐药鲍曼不动杆菌的体外抗菌作用。结果显示，大蒜素联合亚胺培南的 FIC 值分布在 0.31～1.50，其均值是 0.85；大蒜素联合头孢哌酮/舒巴坦的 FIC 值也是分布在 0.31～1.50，其均值是 0.86。其中 56.7%的 FIC 值在 0.5～1.0 之间，表明大蒜素联合亚胺培南和大蒜素联合头孢哌酮/舒巴坦以相加作用为主。李莹等[153] 探讨黄连中药根碱分别联合阿米卡星与头孢哌酮/舒巴坦 2 种抗菌药物对 25 株临床分离泛耐药鲍曼不动杆菌的最低抑菌浓度（MIC）及分级抑菌浓度（FIC）指数。研究结果显示，黄连中药根碱分别联合阿米卡星、头孢哌酮/舒巴坦后，其 MIC 范围与 3 种药单独使用相比保持不变或有所降低。其中黄连中药根碱联合阿米卡星用药的 FIC 指数为 1.0～<2.0 时占比为 72%，以无关作用为主；黄连中药根碱联合头孢哌酮/舒巴坦用药的 FIC 指数为 0.5～<1.0 时占比为 72%，以相加作用为主，表明黄连中药根碱联合头孢哌酮/舒巴坦可延缓耐药细菌的出现。

彭勤等[56] 研究了槲皮素二水物、盐酸小檗碱、黄芩苷等 3 种中药单体与亚胺培南、美罗培南、替加环素、多黏菌素 B 等 4 种药物联合应用对 9 株泛耐药鲍曼不动杆菌（XDRAB）的体外抗菌效果。结果显示槲皮素二水物、盐酸小檗碱、黄芩苷对 XDRAB 的 MIC 分别为 512μg/mL、256μg/mL 和 1024μg/mL，亚胺培南、美罗培南、替加环素与 3 种中药单体联用时 MIC 值分别从 64mg/L、32mg/L、1mg/L 下调到 8mg/L、4mg/L 和 0.25mg/L；其中盐酸小檗碱与替加环素和多黏菌素 B 联用时对 78%的菌株显示相加作用，黄芩苷与美罗培南和多黏菌素 B 联用时分别对 44%和 34%的菌株显示相加作用。张晓玲等[154] 探讨盐酸小檗碱、黄芩苷与 6 种抗菌药物（头孢他啶、哌拉西林-他唑巴坦、亚胺培南西司他丁钠、氨曲南、左氧氟沙星、加替沙星）对 7 株多重耐药鲍曼不动杆菌的联合抑菌作用。实验结果显示头孢他啶和哌拉西林-他唑巴坦对鲍曼不动杆菌的 MIC 为 64～128μg/mL，亚胺培南-西司他丁钠、加替沙星、左氧氟沙星、加替沙星对鲍曼不动杆菌的 MIC 分别为≥256/4μg/mL、256～512μg/mL、8～16μg/mL、4～8μg/mL，黄芩苷与盐酸小檗碱的 MIC 为 256～512μg/mL。盐酸小檗碱与头孢他啶和哌拉西林-他唑巴坦联合用药后的 FIC 值为 0.75；黄芩苷与亚胺培南西司他丁钠和哌拉西林-他唑巴坦联合用药后的 FIC 值分别为 0.504 和 0.75，显示这几种药物联用具有相加作用。

吕娟等[155] 收集分离了 68 株铜绿假单胞菌，并分别研究了头孢他啶与双黄连注射液、热毒宁注射液、喜炎平注射液联合应用对这些临床菌株的抑菌效果。通过 FIC 指数计算，其中头孢他啶-热毒宁注射液和头孢他啶-双黄连注射液联用的相加作用分别占 11.76%和 20.59%。石庆新等[156] 探讨了盐酸小檗碱和亚胺培南联合作用对 60 株耐碳青霉烯类铜绿假单胞菌（CPA）的体外抗菌活性，采用棋盘稀释法测定盐酸小檗碱联合亚胺培南对 CPA 的 MIC，并计算联合指数（FIC）。结果显示盐酸小檗碱和亚胺培南对耐碳青霉烯类铜绿假单胞菌的 MIC 分别为 268.80μg/mL 和 8.93μg/mL，联合用药后其 MIC

分别降至 8.16μg/mL 和 4.50μg/mL。其中，88.3%的 FIC 值在 0.5～1.0 范围内，表明盐酸小檗碱和亚胺培南联合虽然可以增加两者对部分 CPA 菌的敏感性，但主要以相加作用为主。蔡芸等[157] 评价了大蒜素与头孢哌酮联合用药对 17 株敏感铜绿假单胞菌和 14 株耐头孢哌酮铜绿假单胞菌的 MIC，并计算了 FIC 指数判定体外联合抗菌效应。结果显示大蒜素与头孢哌酮联合应用后，其敏感菌的 MIC_{50} 无明显变化，但耐药菌 MIC_{50} 显著降低；其 0.5<FIC≤1.0 指数分布占 35.7%～41.2%，表明大蒜素与头孢哌酮联用后对铜绿假单胞菌的抗菌效应具有一定的相加作用。厉世笑等[158] 通过体外药敏试验研究了丹参酮联合头孢他啶、哌拉西林钠他唑巴坦对 24 株多重耐药铜绿假单胞菌的抑菌效果。FIC 指数显示，使用丹参酮联合头孢他啶时，0.5<FIC<1 占 75.0%；丹参酮联合哌拉西林钠他唑巴坦时，0.5<FIC<1 占 58.3%，表明丹参酮联合头孢他啶、哌拉西林钠他唑巴坦对铜绿假单胞菌主要以抑菌作用为主。

李耘等[159] 评价黄藤素与临床常用抗菌药物对我国近 3 年临床分离的主要致病菌的体外联合抗菌作用。黄藤素单药对葡萄球菌有一定抗菌作用，分别与左氧氟沙星和利奈唑胺两药联合虽无协同作用，但均具有较高的相加作用比例，提示在对耐药菌所致感染的治疗中，黄藤素可能有助于增强抗菌药物作用或适当减少抗菌药物使用量。两药联用出现不同的抗菌效果可能因体外联合抗菌活性研究在不同菌种、不同研究中存在一定差异，可能与研究方法不同、菌株耐药背景不同有关[155,159]。

蒋平等[160] 探讨了常用抗菌药头孢拉定、左氧氟沙星、头孢曲松、青霉素和头孢呋辛与蘘荷配伍后对金黄色葡萄球菌的联合抑菌效果。采用倍比稀释法和棋盘稀释法分别检测最小抑菌浓度和联合抑菌浓度指数。结果表明蘘荷、青霉素、头孢拉定、头孢曲松、头孢呋辛、左氧氟沙星对金黄色葡萄球菌的最小抑菌浓度分别为 32mg/mL 和 0.25μg/mL、2μg/mL、2μg/mL、0.5μg/mL、0.125μg/mL；联合用药后其 MIC 分别为 16mg/mL、1.5μg/mL、0.0625μg/mL、1μg/mL、0.125μg/mL、0.5μg/mL；其中蘘荷与头孢曲松、青霉素联用后 FIC 值均为 1，表现为相加作用。

陈尚岳等[161] 通过将虎杖白藜芦醇、槲皮素异构体与抗菌药（红霉素、苯唑西林和环丙沙星）联合用药，探究了对耐药性金黄色葡萄球菌的抑制作用。结果表明，苯唑西林-槲皮素异构体、苯唑西林-虎杖白藜芦醇、环丙沙星-槲皮素异构体、环丙沙星-虎杖白藜芦醇联合用药均可不同程度地增强抗菌药对耐药性金黄色葡萄球菌的抑制作用（0.5≤FIC≤1.0），抗菌药的使用量减少了 50%～75%。联合用药表现为相加作用，对抗菌药的抑菌作用具有显著的促进效应（$p<0.05$）。

Lin 等[162] 探讨了 10 种抗菌药（万古霉素敏感、氯霉素、克林霉素、红霉素、庆大霉素、苯唑西林、莫西沙星、青霉素 G、利福平和四环素）和 14 种天然多酚［苯基苯乙烯基酮、山柰酚、槲皮素、黄芩苷、(+)儿茶素、(±)儿茶素、咖啡酸、(−)表儿茶素、没食子酸、(+)柚皮苷、(−)柚皮苷、柚皮素-7-O-葡萄糖苷、蜂胶和芸香素］联合用药对 20 个临床分离的耐甲氧西林金黄色葡萄球菌的抑菌效果。结果显示环丙沙星-山柰酚、利福平-山柰酚、莫西沙星-山柰酚联合用药的 FIC 值分别为 0.75、0.75、0.5～1.5；环丙沙星、利福平、莫西沙星与槲皮素联合用药的 FIC 值分别为 0.75、0.75～1.0、0.5～1.5，表明这 3 种抗菌药与山柰酚和槲皮素联合用药主要以相加作用为主。

陈志华等[163] 研究了黄连素、氨苄西林、环丙沙星对大肠杆菌 O_{78} 和鸭大肠杆菌分离菌株 O_{0701} 的体外抑菌活性，其最低抑菌浓度（MIC）分别为 384μg/mL、512μg/mL、2μg/mL 和 1024μg/mL、0.025μg/mL、16μg/mL。黄连素分别与氨苄西林和环丙沙星的联合药敏实验结果显示，黄连素-环丙沙星联合用药对大肠杆菌 O_{78} 和 O_{0701} 的 FIC 值均为 1，表现为相加作用。黄梅等[164] 探讨了双氢青蒿素（DHA）与头孢呋辛（CFX）或氨苄西林联用对大肠杆菌的协同抗菌作用及其机制，并确定出 DHA、CFX 和氨苄西林的最低抑菌浓度分别为 300μmol/L，25μmol/L 和 25μmol/L。采用棋盘稀释法确定出双氢青蒿素与氨苄西林联合用药的 FIC 指数为 0.75，表现为相加作用。为给兽医临床中西联合用药提供参考，胡梅等[165] 探究了淫羊藿水提取物与黏杆菌素、头孢曲松、头孢他啶、头孢噻呋、阿莫西林、磷霉素、阿米卡星、氟苯尼考、乙酰甲喹、林可霉素联用对耐产超广谱 β-内酰胺酶（ESBLs）大肠杆菌的体外抑菌效果。结果显示联用后能有效降低药物的 MIC，对应的 MIC 均降至 1/4 以下，联合用药的 FIC 分别为 0.13、0.26、0.26、0.25、0.51、0.51、0.50、0.75、0.75 和 0.75，表明淫羊藿水提取物与阿莫西林、磷霉素、阿米卡星、氟苯尼考、乙酰甲喹、林可霉素联用是通过相加作用抑制产 ESBLs 大肠杆菌的。魏秀丽等[166] 测定了紫锥菊提取物和恩诺沙星分别单用和联合用药时对 13 株大肠杆菌的最小抑菌浓度和联合用药 FIC 指数。联合用药结果表明，联合用药对其中的 10 株大肠杆菌显示相加作用（$0.5<FIC\leqslant1$）；其中的 3 株为无关作用（$1<FIC\leqslant2$），未显示拮抗作用。说明紫锥菊提取物与恩诺沙星联合用药有体外抑菌作用，可以降低恩诺沙星的用量。陈琳等[167] 分析了 5 种中药（黄连、五倍子、连翘、黄芩、乌梅）与庆大霉素联合使用对 16S rRNA 甲基化酶 RmB 耐药重组菌的抑菌作用。试验结果表明，6 种药物的 MIC 分别为黄连（20mg/mL）、五倍子（10mg/mL）、连翘（80mg/mL）、黄芩（80mg/mL）、乌梅（80mg/mL）与庆大霉素（512μg/mL）；庆大霉素-黄连联用 MIC 为 256μg/mL、庆大霉素-五倍子联用 MIC 为 64μg/mL、庆大霉素-连翘联用 MIC 为 256μg/mL、庆大霉素-黄芩联用 MIC 为 512μg/mL、庆大霉素-乌梅联用 MIC 为 128μg/mL，其 FIC 分别为 0.75、0.25、1.50、2.00、0.75，表明黄连、乌梅与庆大霉素联合有相加作用。

14.3.3 中药与中药的相加增效作用

目前，中药与中药联用的研究相对较少，这可能是由于中药在体外抑菌试验表明大部分单味中药的抗菌作用较弱，使得人们低估了中药间联用的抗菌效果。但有研究表明，中药与中药联用具有相加效果。李梅[83] 等采用棋盘试验法评价了鱼腥草与黄连、鱼腥草与大青叶、黄连与大青叶的联合抗菌作用。结果显示“黄连-大青叶”对金黄色葡萄球菌 ATCC25923、产超广谱 β-内酰胺酶肺炎克雷伯菌（多重耐药株）、白色念珠菌（耐氟康唑株）、酵母菌（耐氟康唑株）、肠炎沙门氏菌（耐环丙沙星株）、金黄色葡萄球菌（多重耐药株）的抗菌效果均表现为相加效应；“鱼腥草-黄连”对金黄色葡萄球菌（多重耐药株）、白色念珠菌（耐氟康唑株）的抗菌效果表现为相加作用；“鱼腥草-大青叶”对金黄色葡萄球菌 ATCC 25923、大肠杆菌 ATCC 25922、金黄色葡萄球菌（多重耐药株）、白色念珠菌（耐氟康唑株）的抗菌效果表现为相加作用。黄之镨等[168] 研究了《滇南本草》收录的 24 种中药材乙醇提取物中的有效成分对耐甲氧西林金黄色葡萄球菌（MRSA）等 17 株病原菌的体外抗菌活性，结果表明，联合用药对大部分病原菌起协同或相加作用，其中以丹参与黄芩联用协同或相加作用范围最广，对 6 株病原菌的抑菌效果起协同相加的作用。徐倩倩等[77] 筛选对临床分离多重耐药猪大肠杆菌有抑菌、杀菌作用的中药，并分析中药联合抑菌效果，研究结果显示黄连-山楂、黄连-乌梅、黄连-白头翁、山楂-香薷、芦荟-五味子、乌梅-香薷、乌梅-诃子、黄芩-诃子、诃子-五味子等联用时对临床分离的猪大肠杆菌的 FIC 分别为 0.75、1、0.75、0.56、0.75、1、0.51、0.56 和 0.76，均呈现相加作用。孙广等[76] 评估了 29 种中药提取物对耐甲氧西林金黄色葡萄球菌的体外抑菌活性，结果发现，黄柏与甘草联合应用时 FIC 主要分布为 0.5～1.0，表现为相加作用。曲径等[80] 研究了艾叶等 20 种中药对禽多杀性巴氏杆菌的体外抗菌活性及联用效果，结果表明，黄连提取物-地榆提取物的 FIC 为 0.75，地榆提取物与艾叶提取物和虎杖提取物联用的 FIC 均为 1，均表现为相加作用。

14.3.4 抗菌肽与常规抗菌药的相加增效作用

抗菌肽（AMP）与常规抗菌药物（抗菌药或中药单体）的联合应用是一个越来越受关注的研究领域。由于常规抗菌药和 AMP 抗菌的作用机制不同，这些联合疗法在“减抗”和“增效”方面似乎是一种有前景的方法。刘倚帆等[169] 研究了牛乳铁蛋白肽（LFcin B）、天蚕素 A（cecropin A）及金霉素 A、新霉素对大肠杆菌 ATCC25922、金黄色葡萄球菌 ATCC25923、猪霍乱沙门氏菌 CMCC50013、铜绿假单胞菌 CMCC10014 的体外协同抗菌效应。结果表明，牛乳铁蛋白肽-金霉素 A 联合用药对金黄色葡萄球菌和铜绿假单胞菌的抗菌效应表现为相加作用（FIC＞0.5）；天蚕素A-金霉素A 联合用药对铜绿假单胞菌的抗菌效应为相加作用（FIC＝0.625）。Vorland 等[170] 研究了 Lfcin B 与抗菌药青霉素 G、万古霉素、庆大霉素、d-环丝氨酸和红霉素联用对大肠杆菌 ATCC25922 和金黄色葡萄球菌 ATCC25923 的作用。结果显示，Lfcin B 与抗菌药青霉素 G、庆大霉素、d-环丝氨酸和红霉素联合用药对大肠杆菌的抗菌效应为相加作用；Lfcin B 与抗菌药青霉素 G、万古霉素、庆大霉素联用对金黄色葡萄球菌的抗菌效应也表现出相加作用，FIC 均在 0.5～1 之间。Wakabayashi 等[171] 的研究表明，甲氧苯青霉素、头孢去甲噻肟等联合 LFcin B 对金黄色葡萄球菌表现出相同的抗菌活性。Ulvatne 等[172] 设计了 5 种不同的肽段（6～18 个残基），并与氨苄西林、万古霉素、利福平、红霉素、四环素和庆大霉素联合对大肠杆菌 ATCC 25922 和金黄色葡萄球菌 ATCC 25923 进行了体外抗菌实验。结果显示，进行测试时，5 种肽和所有抗菌药均对金黄色葡萄球菌表现出相加作用。彭建等[173] 运用棋盘法检测了抗菌肽 Cecropin4（Cec4）分别与头孢哌酮钠舒巴坦钠（SCF）、亚胺培南西司他丁钠（IMP）及硫酸多黏菌素 B（PB）3 种抗菌药联用时对鲍曼不动杆菌的抑菌效果。结果显示，抗菌肽 Cec4 和 SCF 联合作用于标准鲍曼不动杆菌时，FIC 为 1.0，表现为相加作用，和 IMP 联合作用于标准鲍曼不动杆菌时的抗菌效应表现为相加作用，FIC＝0.75。此外，抗菌肽 Cec4 在分别与 SCF、IMP 和 PB 联合作用于多重耐药鲍曼不动杆菌时，FIC 范围为 0.625～1.000，均表现出相加抗菌作用。Lewies 等[174] 研究了乳链菌肽 nicin-Z 与常规抗菌药对金黄色葡萄球菌、表皮葡萄球菌和大肠杆菌的协同作用。结果发现，nicin-Z 与常规抗菌药具有相加作用。魏宇轩等[90] 探究 α-螺旋类抗菌肽 HK-3 分别与传统抗菌药万古霉素、头孢西丁联合使用对金黄色葡萄球菌的体外抗菌效果。联合药敏实验结果显示，α-螺旋类抗菌肽 HK-3 分别与万古霉素、头孢西丁联合作用于金黄色葡萄球菌时，FIC（α-螺旋类抗菌肽 HK-3 与万古霉素）＝0.5 和 FIC（α-螺旋类抗菌肽 HK-3 与头孢西丁）＝0.625，显示 α-螺旋类抗菌肽 HK-3 与万古霉素有协同作用，与头孢西丁有相加作用。

范学政等[87] 研究了P10B抗菌肽与硫酸小檗碱联合对20株肉鸡源大肠杆菌的抗菌作用，联合抗菌效果表明，对17株大肠杆菌的抗菌效果表现为相加作用，占总数的85%。肖倩等[175] 以铜绿假单胞菌为研究对象，以人体内源性抗菌肽LL-37为阳性对照，观察中药黄芪、穿心莲单独使用和与LL-37联合应用对铜绿假单胞菌的抗菌作用。结果显示，抗菌肽与黄芪、穿心莲分别配伍使用，均表现为相加性抑菌作用。王雪燕等[91] 探究了分子质量为14.3kDa的草鱼鱼鳞抗菌肽与肉桂精油联用时对沙门氏菌、大肠杆菌、黑曲霉、毛霉、根霉菌、酵母菌的抑菌效果，结果显示该联合用药对所有受试菌的抑菌效果均为相加作用，FIC值为0.625～1.0。

与药物单独作用效应相比较，联合应用后药物之间可能发生了相互作用，使得效应强度或作用时间发生了一些变化，主要表现为相加性、协同性和拮抗性三类。其中，相加性是药物联用效应定量分析的前提和基础。同时也需要注意到，联合用药需要在确实的实验数据支持下确定有相加作用再行用药，并不是所有的联合用药都能够起到相加作用。药物联用不仅能提高疗效、降低单一药物的使用剂量，还可以减少耐药突变发生的概率。因此，联合用药的相加作用可减少药物的使用剂量，同时，在减少药物不良反应、防止细菌耐药率的上升和合理用药方面具有一定的指导作用。

参考文献

[1] Edrees N E, Galal A a A, Abdel Monaem A R, et al. Curcumin alleviates colistin-induced nephrotoxicity and neurotoxicity in rats via attenuation of oxidative stress, inflammation and apoptosis[J]. Chem Biol Interact, 2018, 294: 56-64.

[2] Zhang Y, Chi X, Wang Z, et al. Protective effects of Panax notoginseng saponins on PME-Induced nephrotoxicity in mice[J]. Biomed Pharmacother, 2019, 116: 108970.

[3] Dai C, Tang S, Wang Y, et al. Baicalein acts as a nephroprotectant that ameliorates colistin-induced nephrotoxicity by activating the antioxidant defence mechanism of the kidneys and down-regulating the inflammatory response[J]. J Antimicrob Chemother, 2017, 72 (9): 2562-2569.

[4] Dai C, Tang S, Deng S, et al. Lycopene attenuates colistin-induced nephrotoxicity in mice via activation of the Nrf2/HO-1 pathway[J]. Antimicrob Agents Chemother, 2015, 59 (1): 579-585.

[5] Lu Z, Jiang G, Chen Y, et al. Salidroside attenuates colistin-induced neurotoxicity in RSC96 Schwann cells through PI3K/Akt pathway[J]. Chem Biol Interact, 2017, 271: 67-78.

[6] 孙永学，陈杖榴．替米考星在兽医临床上应用的研究概况[J]. 兽药与饲料添加剂，2002 (6): 22-25.

[7] Farag M R, Elhady W M, Ahmed S Y A, et al. Astragalus polysaccharides alleviate tilmicosin-induced toxicity in rats by inhibiting oxidative damage and modulating the expressions of HSP70, NF-kB and Nrf2/HO-1 pathway[J]. Res Vet Sci, 2019, 124: 137-148.

[8] Ibrahim A E，Abdel-Daim M M. Modulating effects of spirulina platensis against tilmicosin-induced cardiotoxicity in mice[J]. Cell J，2015，17 (1)：137-144.
[9] Khalil S R，Abdel-Motal S M，Abd-Elsalam M，et al. Restoring strategy of ethanolic extract of Moringa oleifera leaves against Tilmicosin-induced cardiac injury in rats：Targeting cell apoptosis-mediated pathways[J]. Gene，2020，730：144272.
[10] Awad A，Khalil S R，Hendam B M，et al. Protective potency of *Astragalus* polysaccharides against tilmicosin- induced cardiac injury via targeting oxidative stress and cell apoptosis-encoding pathways in rat[J]. Environ Sci Pollut Res Int，2020，27 (17)：20861-20875.
[11] Liu D，Lu L，Wang M，et al. Tetracycline uptake by pak choi grown on contaminated soils and its toxicity in human liver cell line HL-7702[J]. Environ Pollut，2019，253：312-321.
[12] Tanvir E M，Hasan M A，Nayan S I，et al. Ameliorative effects of ethanolic constituents of Bangladeshi propolis against tetracycline-induced hepatic and renal toxicity in rats[J]. J Food Biochem，2019，43 (8)：e12958.
[13] Yao X M，Li Y，Li H W，et al. Bicyclol attenuates tetracycline-induced fatty liver associated with inhibition of hepatic ER stress and apoptosis in mice[J]. Can J Physiol Pharmacol，2016，94 (1)：1-8.
[14] Wargo K A，Edwards J D. Aminoglycoside-induced nephrotoxicity[J]. J Pharm Pract，2014，27 (6)：573-577.
[15] Mcwilliam S J，Antoine D J，Smyth R L，et al. Aminoglycoside-induced nephrotoxicity in children[J]. Pediatr Nephrol，2017，32 (11)：2015-2025.
[16] Kros C J，Steyger P S. Aminoglycoside- and Cisplatin-Induced Ototoxicity：Mechanisms and Otoprotective Strategies[J]. Cold Spring Harb Perspect Med，2019，9 (11)：a033548.
[17] Gao C，Liu C，Chen Y，et al. Protective effects of natural products against drug-induced nephrotoxicity：A review in recent years[J]. Food Chem Toxicol，2021，153：112255.
[18] Ansari M A，Raish M，Ahmad A，et al. Sinapic acid mitigates gentamicin-induced nephrotoxicity and associated oxidative/nitrosative stress，apoptosis，and inflammation in rats[J]. Life Sci，2016，165：1-8.
[19] El-Ashmawy N E，Khedr N F，El-Bahrawy H A，et al. Upregulation of PPAR-γ mediates the renoprotective effect of omega-3 PUFA and ferulic acid in gentamicin-intoxicated rats [J]. Biomed Pharmacother，2018，99：504-510.
[20] Han C，Sun T，Liu Y，et al. Protective effect of Polygonatum sibiricum polysaccharides on gentamicin-induced acute kidney injury in rats via inhibiting p38 MAPK/ATF2 pathway[J]. Int J Biol Macromol，2020，151：595-601.
[21] Sepand M R，Ghahremani M H，Razavi-Azarkhiavi K，et al. Ellagic acid confers protection against gentamicin-induced oxidative damage，mitochondrial dysfunction and apoptosis-related nephrotoxicity[J]. J Pharm Pharmacol，2016，68 (9)：1222-1232.
[22] 李海龙，李敏，王虎，等．多种抗生素组合治疗实验兔鼠疫的疗效[J]. 中国人兽共患病学报，2007 (02)：205-206.
[23] 袁柏欣，赵莹，危平，等．抗菌药物联合使用治疗肺炎链球菌感染疗效分析[J]. 中国药物经济学，2013 (02)：68-69.
[24] 邓晓慧，郑风劲，陈苏婉，等．阿奇霉素与环丙沙星合用对金黄色葡萄球菌生物膜的影响[J]. 四川解剖学杂志，2008 (3)：15-17.
[25] 刘小康，洪诤，雷军，等．头孢他啶舒巴坦钠合用的抗菌增效作用[J]. 四川生理科学杂志，2003 (03)：128-129.
[26] Fish D N，Choi M K，Rose J. Synergic activity of cephalosporins plus fluoroquinolones against *Pseudomonas aeruginosa* with resistance to one or both drugs[J]. Journal of Antimicrobial Chemotherapy，2002 (6)：1045-1049.
[27] 娄晟，朱君荣，史益星．帕珠沙星与头孢哌酮/舒巴坦联用对金葡菌等多重耐药菌体外抗菌效果的研究[J]. 中国药房，2008 (11)：830-832.

[28] Falagas M E，Kastoris A C，KarageorgopouLos D E，et al. Fostmycin for the treatment of infections caused by multidrug-resistant non-fermenting gram-negative bacill：a systematic review of microbio-logical. Int J Antimicrob Agents，2009，34（2）：111.

[29] 黄伟锋，曾斌，郭彬．磷霉素联用头孢哌酮舒巴坦对两种泛耐药菌的抗菌效果研究[J]. 中国现代药物应用，2013，7（23）：1-2.

[30] 张新，付珂．头孢哌酮舒巴坦钠联合替加环素对泛耐药鲍曼不动杆菌重症肺炎的疗效[J]. 河南医学研究，2021，30（10）：1847-1849.

[31] Rahal JJ. Novel antibiotic combinations against infections with almost completely resistant Pseudomonas aeruginosa and *Acinetobacter* species[J]. Clin Infect Dis，2006，43（Suppl 2）：S95-S99.

[32] 高燕渝，俞汝佳，吕晓菊．多黏菌素 B 等对多重耐药铜绿假单胞菌的体外抗菌活性研究[J]. 西部医学，2010，22（9）：1609-1611.

[33] 刘立凡，陈佰义．多黏菌素 B 与美罗培南联合用药对泛耐药铜绿假单胞菌体外抗菌活性的研究[J]. 中国生化药物杂志，2014，34（2）：40-41，44.

[34] 杨海慧，韩立中，刘怡菁，等．亚胺培南联合多黏菌素 B 对不同表型铜绿假单胞菌体外抗菌活性的研究[J]. 检验医学，2013，28（1）：1-6.

[35] 聂大平，董枫，石宏宴．左氧氟沙星、环丙沙星单用和联合其他抗菌药物对铜绿假单胞菌防突变浓度的研究[J]. 中国感染控制杂志，2007（6）：397-400.

[36] Jiang L，Geng L L，Wang H L，et al. Effect of single and combination of fluoroquinolones in vitro on mutant selection window of *Staphylococcus aureus*[J]. Central South Pharmacy，2011，9（5）：382-385.

[37] 李朝霞，刘又宁，王睿，等．左氧氟沙星联合万古霉素缩小金黄色葡萄球菌耐药突变选择窗的初步研究[J]. 中国临床药理学与治疗学，2007（8）：911-914.

[38] 喻婷，梅清，朱玉林，等．万古霉素联合用药降低对金黄色葡萄球菌防耐药突变浓度的研究[J]. 中国抗生素杂志，2011，36（11）：859-863.

[39] 赵振升，陈直，吴朝阳，等．甲氧苄啶对部分抗菌药的抗菌增效作用[J]. 河南农业科学，2006（2）：111-112.

[40] 李荣誉，黄慧，樊国燕，等．4 种抗菌药对鼠伤寒沙门菌的敏感性及联合用药效果[J]. 贵州农业科学，2018，46（12）：83-85.

[41] Batrawi N，Wahdan S，Al-Rimawi F. A validated stability-indicating HPLC method for simultaneous determination of amoxicillin and enrofloxacin combination in an injectable suspension[J]. Scientia pharmaceutica，2017，85（1）：6.

[42] Delchier J C，Malfertheiner P，Thieroff-Ekerdt R. Use of a combination formulation of bismuth，metronidazole and tetracycline with omeprazole as a rescue therapy for eradication of *Helicobacter pylori*[J]. Alimentary pharmacology & therapeutics，2014，40（2）：171-177.

[43] 叶启薇，廖晓萍，蒋佩莲．氟砜霉素和氯霉素与抗菌增效剂的体外联合抑菌效果比较[J]. 中国兽医学报，2001（05）：509-511.

[44] 吕惠序．猪场如何正确使用磺胺类药物及抗菌增效剂[J]. 养猪，2010（2）：73-75.

[45] 周筱青，裴斐，柴栋，等．头孢硫脒与其他 6 种抗菌药物对表皮葡萄球菌体外联合药敏的研究[J]. 中国临床药理学与治疗学，2004（5）：536-539.

[46] 王辰允，裴斐，王睿，等．头孢硫脒与三种氟喹诺酮类抗菌药物合用对革兰阳性球菌的抑制作用[J]. 解放军药学学报，2003（6）：432-435.

[47] 魏宇宁，裴斐，杨亚青，等．头孢硫脒与万古霉素药物对革兰阳性球菌的联合药敏研究[J]. 解放军药学学报，2005，21（3）：192-194.

[48] 孙艳，傅宏义，裴斐，等．头孢硫脒与奈替米星对革兰阳性球菌协同药物敏感性研究[J]. 中华医院感染学杂志，2004（2）：96-98.

[49] 张永青，张健鹏，王睿，等．粪肠球菌感染抗菌药物联合应用的体外效应研究[J]. 中华老年多器官疾病杂志，2002（3）：209-212.

[50] 庞昶，祝莉娜，李凤莉．甲硝唑与不同抗菌药物联合对艰难梭菌体外抗菌活性对比研究[J]. 社区

医学杂志， 2018， 16（13）：4.
[51] 崔丽娜，张振杰，常维山，等．克林沙星与 5 种抗生素对鸡致病性大肠埃希菌体外联合抗菌效果[J]. 中国抗生素杂志， 2011， 36（10）：4.
[52] 王婧，雷春娟，濮鑫怡，等．五倍子与抗菌药联合用药对产 ESBLs 大肠埃希菌的作用研究 [J]. 中国兽医杂志，2020，56（8）：48-52.
[53] 张迎冰，徐光科，黄立，等．中药有效成分与氨基糖苷类药物体外联合抑菌作用的研究 [J]. 黑龙江畜牧兽医，2017，（23）：188-190.
[54] 徐素萍，刘增援，吴永继，等．黄柏水提物联合抗菌药对产 ESBLs 大肠杆菌的抑菌效果 [J]. 南方农业学报，2016，47（3）：500-505.
[55] 宋晓言，赵晴，田立杰，等．30 味中药提取物与环丙沙星联用对猪源链球菌体外抑菌作用研究 [J]. 中国兽药杂志，2014，48（3）：62-65.
[56] 彭勤，凌保东，蔺飞，等．中药单体与抗菌药物联合应用对抗泛耐药鲍曼不动杆菌的作用研究 [J]. 中药药理与临床，2020，36（2）：140-145.
[57] 马晓春，代军，徐磊，等．鲍曼不动杆菌生物膜形成机制研究进展 [J]. 中国感染与化疗杂志，2018，18（1）：124-128.
[58] Pinchan T，Maensiri D，Eumkeb G. Synergy and mechanism of action of α -mangostin and ceftazidime against ceftazidime -resistant *Acinetobacter baumannii* [J]. Lett Appl Microbiol，2017，65（4）：285-291.
[59] Eom S H，Jung Y J，Lee D S，et al. Studies on antimicrobial activity of *Poncirus trifoliata* ethyl extract fraction against methicillin-resistant *Staphylococcus aureus* and to elucidate its antibacterial mechanism [J]. J Environ Biol，2016，37（1）：129-134.
[60] Hong S B，Rhee M H，Yun B S，et al. Synergistic Anti-bacterial effects of *phellinus baumii* ethyl acetate extracts and β -lactam antimicrobial agents against methicillin-resistant *Staphylococcus aureus*[J]. Ann Lab Med，2016，36（2）：111-116.
[61] Sun Z L，Sun S C，He J M，et al. Synergism of sophoraflavanone G with norfloxacin against effluxing antibiotic-resistant *Staphylococcus aureus* [J]. Int J Antimicrob Agents，2020，56（3）：106098.
[62] Lan J E，Li X J，Zhu X F，et al. Flavonoids from *Artemisia* rupestris and their synergistic antibacterial effects on drug -resistant *Staphylococcus aureus* [J]. Nat Prod Res，2021，35（11）：1881-1886.
[63] 覃巧，邹小琴，杨玉芳，等．广西地桃花水提物与抗菌药物对 G^+ 球菌的体外联合抗菌作用 [J]. 中国药师，2013，16（10）：1475-1478.
[64] 江滟，易旭．黄柏胶囊与抗生素的体外联合抗菌作用研究 [J]. 现代中西医结合杂志，2014，23（3）：309-310.
[65] 李耘，吕媛，刘健，等．黄藤素与临床常用抗菌药物体外联合抗菌作用研究 [J]. 中国临床药理学杂志，2018，34（7）：821-823.
[66] 智晓艳，崔恩慧，范云鹏，等．14 种中药及其复方的体外抗菌活性[J]. 西北农业学报，2014，23（7）：114-119.
[67] Guillaume Cottarel，Wierzbowski Jamey. Combination drugs，an emerging option for antibacterial therapy[J]. Trends in Biotechnology，2007，25（12）：547-555.
[68] Vuuren S V，Viljoen A. Plant -based antimicrobial studies—methods and approaches to study the interaction between natural products[J]. Planta Medica，2011，77（11）：1168-1182.
[69] 李忠琴，关瑞章，汪黎虹，等．六种中药及其复方对鳗鲡致病性气单胞菌的体外抑制作用[J]. 水生生物学报，2012，36（1）：85-92.
[70] 刘昊， 张备．36 种中药及其复方制剂对羔羊腹泻大肠杆菌的体外抑菌试验[J]. 云南畜牧兽医，2023 （6）：6-9.
[71] Pei R S，Feng Z，Ji B P，et al. Evaluation of combined antibacterial effects of eugenol，cinnamaldehyde，thymol，and carvacrol against *E. coli* with an improved method[J]. Journal of food science， 2009，74（7）：M379-M383.

[72] Wang J Y, Zhang W J, Tang C E, et al. Synergistic effect of B-type oligomeric procyanidins from lotus seedpod in combination with water-soluble *Poria cocos* polysaccharides against *E. coli* and mechanism[J]. Journal of Functional Foods, 2018, 48: 134-143.

[73] Li J X, Wang J Y, Zhang L L, et al. Microcalorimetric investigation on the interaction of six alkaloids from rhizoma coptidis[J]. Acta pharmaceutica Sinica, 2013, 48 (12): 1807-1811.

[74] Viljoen A M, Zyl R L van, Vuuren S F van, et al. *In vitro* evidence of antimicrobial synergy between *Salvia chamelaeagnea* and *Leonotis leonurus*[J]. South African Journal of Botany, 2006, 72 (4): 634-636.

[75] 杨培奎，林敏，张振霞，等 . 12 种中药及其组方对 3 种水产致病菌的抑菌作用[J]. 淡水渔业，2021，51 (03): 68-73.

[76] 孙广，李小多，张海龙，等 . 29 种中药提取物对耐甲氧西林金黄色葡萄球菌的体外抑菌活性[J]. 贵州医科大学学报，2020，45 (10): 1182-1186.

[77] 徐倩倩，吕素芳，李峰，等 . 38 味中药对猪大肠杆菌的体外抑菌活性[J]. 中国兽医杂志，2020，56 (05): 66-71.

[78] 王婧，李彦明，黄志云，等 . 7 种中药联合应用对多重耐药鲍曼不动杆菌的体外抗菌活性影响[J]. 临床合理用药杂志，2020，13 (28): 28-30.

[79] 谢大泽，湛学军，舒向荣，等 . 五倍子等中药及其组方对女性生殖道感染厌氧菌耐药菌株体外抗菌活性的影响[J]. 中国妇幼保健，2018，33 (10): 2199-2203.

[80] 曲径，殷中琼，贾仁勇，等 . 艾叶等 20 种中药对禽多杀性巴氏杆菌的体外抗菌活性[J]. 华中农业大学学报，2015，34 (2): 91-94.

[81] 康帅，殷中琼，贾仁勇，等 . 乌梅等 20 种中药对胸膜肺炎放线杆菌的体外抗菌活性研究[J]. 华南农业大学学报，2014，35 (3): 13-17.

[82] 吕正涛，牟子君 . 中药复方制剂的体外抗菌活性研究[J]. 中医药学报，2013，41 (4): 72-75.

[83] 李梅 . 3 种中药的体外联合抗菌作用研究[J]. 中医药临床杂志，2012，24 (8): 775-776.

[84] 王婷婷 . 黄连、连翘协同抑菌配方优化及保鲜应用研究[D]. 泰安：山东农业大学，2011.

[85] 赵曰超，王礼，徐媛媛，等 . 陇马陆配伍中药抑制幽门螺杆菌作用的实验研究[J]. 中国医学创新，2017，14 (4): 39-43.

[86] 李雪莲 . 复方中草药制剂防治奶牛隐性乳房炎作用机理的研究[D]. 山西农业大学，2005.

[87] 范学政，马健，陶庆树，等 . P10B 抗菌肽和硫酸小檗碱对肉鸡源大肠杆菌的体外联合抗菌作用研究[J]. 中国兽药杂志，2018，52 (9): 22-26.

[88] 华蕊，吴科榜，管庆丰，等 . 猪源抗菌肽 PR-39 对畜禽常见病原菌的抑菌活性及与抗生素协同杀菌效应研究[J]. 饲料工业，2019，40 (22): 29-33.

[89] 华蕊，杨慧，吴科榜，等 . 抗菌肽 CJH 对常见畜禽病原菌抑菌活性及与抗生素协同杀菌效应研究[J]. 饲料研究，2019，42 (1): 111-114.

[90] 魏宇轩，张伟，张真真 . α-螺旋类抗菌肽与抗生素联合使用协同效果的研究[J]. 医药论坛杂志，2020，41 (7): 85-88.

[91] 王雪燕，陈瑛，张嘉敏，等 . 草鱼鱼鳞抗菌肽与肉桂精油联合抑菌作用及机理[J]. 食品科学，2020，41 (23): 100-106.

[92] 练家惠，陈向东，汪辉，等 . 人工合成抗菌肽生物信息学分析及其抑菌活性研究[J]. 药学与临床研究，2020，28 (4): 251-254.

[93] 于航，王海默，钟世勋，等 . 抗菌肽 APSH-07 与抗生素对常见致病菌的体外协同抗菌效果研究[J]. 饲料工业，2021，42 (16): 22-26.

[94] 韩立肖 . 抗菌肽 Nisin 对猪链球菌抑菌作用的评价[D]. 南京：南京农业大学，2018.

[95] 侯梦瑶，孙应明，营秀，等 . C8gpm11 抗菌肽对口内常见致病菌的作用研究[J]. 安徽医科大学学报，2018，53 (4): 580-584.

[96] 李钢，邹辉琴，温静，等 . 6 种抗生素与猪防御素协同作用的研究[J]. 黑龙江畜牧兽医，2015 (2): 103-104.

[97] 王国栋 . 抗菌肽 Protegrin1 与抗生素对致病性大肠杆菌的体外联合药效[J]. 河南农业科学，2013，42 (08): 124-127.

[98] Zhu N, Zhong C, Liu T, et al. Newly designed antimicrobial peptides with potent bioactivity and enhanced cell selectivity prevent and reverse rifampin resistance in Gram-negative bacteria [J]. European Journal of Pharmaceutical Sciences, 2021, 158: 105665.

[99] Jahangiri A, Neshani A, Mirhosseini S A, et al. Synergistic effect of two antimicrobial peptides, Nisin and P10 with conventional antibiotics against extensively drug-resistant *Acinetobacter baumannii* and colistin-resistant *Pseudomonas aeruginosa* isolates[J]. Microbial Pathogenesis, 2021, 150: 104700.

[100] Rozenbaum R T, Su L, Umerska A, et al. Antimicrobial synergy of monolaurin lipid nanocapsules with adsorbed antimicrobial peptides against *Staphylococcus aureus* biofilms in vitro is absent *in vivo*[J]. Journal of Controlled Release, 2019, 293: 73-83.

[101] Sharma A, Gaur A, Kumar V, et al. Antimicrobial activity of synthetic antimicrobial peptides loaded in poly-ε-caprolactone nanoparticles against mycobacteria and their functional synergy with rifampicin[J]. International Journal of Pharmaceutics, 2021, 608: 121097.

[102] Warsito S H, Sabdoningrum E K, Tripalupi N, et al. The Effect of acidifier-dextrose against hen day production and feed conversion ratio in laying hens infected with avian pathogenic *Escherichia coli*[J]. Vet Med Int, 2021, 2021: 6610778.

[103] 周岩民，王冉，邵春荣，等．酸化剂与抗生素对肉鸡肠道微生物及其生产性能影响的比较研究[C]．第四届全国饲料营养学术研讨会，2002：62.

[104] 张建云，石慧芹，马秋刚，等．日粮中同时添加抗生素和酸化剂对肉鸡生产性能、肉品质和肠道健康的影响[C]．中国畜牧兽医学会动物营养学分会第七届中国饲料营养学术研讨会，2014：131.

[105] Roofchaei A, Rezaeipour V, Vatandour S, et al. Influence of dietary carbohydrases, individually or in combination with phytase or an acidifier, on performance, gut morphology and microbial population in broiler chickens fed a wheat-based diet[J]. Anim Nutr, 2019, 5(1): 63-67.

[106] 陈代文，张克英，余冰，等．仔猪饲粮添加酸化剂及黄霉素对生产性能、消化道 pH 和微生物数量的影响[J]. 中国畜牧杂志，2004：16-19.

[107] 陈历．抗菌肽与酸化剂及其组合对断奶仔猪生长性能的影响[D]. 扬州：扬州大学，2019.

[108] 李兰海．酸化剂和牛至油替代硫酸粘杆菌素对断奶仔猪的影响[D]. 南昌：江西农业大学，2018.

[109] 晏家友，贾刚，王康宁．缓释复合酸化剂与抗生素联合使用对断奶仔猪肠道微生物及肠黏膜抗体的影响[J]. 猪业科学，2009，26(09)：88-91.

[110] Ngoc T T B, Oanh D T, Pineda L, et al. The effects of synergistic blend of organic acid or antibiotic growth promoter on performance and antimicrobial resistance of bacteria in grow-finish pigs[J]. Transl Anim Sci, 2020, 4(4): txaa211.

[111] Liang W, Li H, Zhou H, et al. Effects of *Taraxacum* and *Astragalus* extracts combined with probiotic *Bacillus subtilis* and *Lactobacillus* on *Escherichia coli*-infected broiler chickens [J]. Poult Sci, 2021, 100(4): 101007.

[112] Wang Y, Li J, Xie Y, et al. Effects of a probiotic-fermented herbal blend on the growth performance, intestinal flora and immune function of chicks infected with Salmonella pullorum [J]. Poult Sci, 2021, 100(7): 101196.

[113] 吕春炎．黄芪、女贞子与益生素合用对肉鸡部分免疫指标及生产性能的影响[J]. 黑龙江畜牧兽医，2017，(10)：149-151.

[114] 廉新慧，李金敏，谷巍．益生菌和两种多糖合用对海兰褐蛋鸡免疫功能影响的研究[J]. 家畜生态学报，2012，33(4)：73-77.

[115] 贾青辉，李蕴玉，刘玉芹，等．五味子、甘露寡糖与益生素合用对肉鸡生产性能和免疫功能的影响[J]. 中国畜牧杂志，2014，50：66-70.

[116] Sheu C C, Chang Y T, Lin S Y, et al. Infections caused by carbapenem-resistant *Enterobacteriaceae*: an update on therapeutic options[J]. Frontiers in Microbiology, 2019, 10: 80.

[117] Dundar D, Duymaz Z, Genc S, et al. *In-vitro* activities of imipenem-colistin, imipenem-

tigecycline, and tigecycline-colistin combinations against carbapenem-resistant *Enterobacteriaceae* [J]. Journal of chemotherapy, 2018, 30(6-8): 342-347.

[118] 丁力，王宪德，高扬，等．头孢西丁等 8 种抗菌药物单用或联用对产 ESBLs 肺炎克雷伯菌的体外抗菌活性比较[J]. 中国药房，2015，26(02)：216-218.

[119] Paul M, Dickstein Y, Schlesinger A, et al. Beta-lactam versus beta-lactam-aminoglycoside combination therapy in cancer patients with neutropenia[J]. Cochrane database of systematic reviews. 2013, 6(6): CD003038.

[120] Marcus R, Paul M, Elphick H, et al. Clinical implications of β-lactam-aminoglycoside synergism: systematic review of randomised trials. [J]. Int J Antimicrob Agents, 2011, 37(6): 491-503.

[121] Baddour L M, Wilson S W R. The role of aminoglycosides in combination with a beta-lactam for the treatment of bacterial endocarditis: a meta-analysis of comparative trials. [J]. Journal of Antimicrobial Chemotherapy, 2006, 57(6): 1255-1256.

[122] Yamagishi Y, Hagihara M, Kato H, et al. *In vitro* and *in vivo* pharmacodynamics of colistin and aztreonam alone and in combination against multidrug-resistant *Pseudomonas aeruginosa*[J]. Chemotherapy. 2017, 62(2): 105-110.

[123] Taccetti G, Bianchini E, Cariani L, et al. Early antibiotic treatment for *Pseudomonas aeruginosa* eradication in patients with cystic fibrosis: A randomised multicentre study comparing two different protocols[J]. Thorax: The Journal of the British Thoracic Society, Thorax, 2012, 67(10): 853-859.

[124] 文亚坤，曹萌，邹琳，等．碳青霉烯类抗生素耐药铜绿假单胞菌的体外联合药敏研究[J]. 中国抗生素杂志，2012，37(07)：536-538.

[125] 龚美亮，刘云霞，邹琳．氨曲南联合环丙沙星或美罗培南对多耐药铜绿假单胞菌体外药敏研究[J]. 中华保健医学杂志，2021，23(2)：153-155.

[126] Shafiq I, Bulman Z P, Spitznogle S L, et al. A combination of ceftaroline and daptomycin has synergistic and bactericidal activity in vitro against daptomycin nonsusceptible methicillin-resistant *Staphylococcus aureus* (MRSA)[J]. Infectious Diseases, 2017, 49(5): 1-10.

[127] Rose W E, Berti A D, Hatch J B, et al. Relationship of *in vitro* synergy and treatment outcome with daptomycin plus rifampin in patients with invasive methicillin-resistant *Staphylococcus aureus* infections[J]. Antimicrob Agents Chemother. 2013, 57(7): 3450-3452.

[128] Lee Y C, Chen P Y, Wang J T, et al. A study on combination of daptomycin with selected antimicrobial agents: *In vitro* synergistic effect of MIC value of 1 mg/L against MRSA strains [J]. BMC Pharmacology and Toxicology, 2019, 20(1): 25.

[129] Joshua S, Davis, Archana, et al. Combination of vancomycin and β-lactam therapy for methicillin-resistant *Staphylococcus aureus* bacteremia: a pilot multicenter randomized controlled trial. [J]. Clinical infectious diseases, 2016, 62(2): 173-180.

[130] 曹诗悦，张静萍，张岩岩，等．2013—2014 年 50 株鲍曼不动杆菌耐药性分析及联合药敏实验研究[J]. 临床军医杂志，2017，45(05)：485-492.

[131] Park G C, Choi J A, Jang S J, et al. *In vitro* Interactions of antibiotic combinations of colistin, tigecycline, and doripenem against extensively drug-resistant and multidrug-resistant *Acinetobacter baumannii*[J]. Annals of Laboratory Medicine, 2016, 36(2): 124-130.

[132] Yang Y S, Lee Y, Tseng K C, et al. *In vivo* and *in vitro* efficacy of minocycline-based combination therapy for minocycline-resistant *Acinetobacter baumannii* [J]. antimicrob Agents Chemother. 2016, 60(7): 4047-4054.

[133] 王风娟，吕媛，李耘．替加环素联合 5 种抗菌药物对多重耐药鲍曼不动杆菌的体外活性[J]. 中国临床药理学杂志，2013，29(05)：345-349.

[134] 贾宇驰．磷霉素联合不同抗生素对多重耐药鲍曼不动杆菌的体外药敏研究[D]. 天津：天津医科大学，2020.

[135] 崔笑博．禽源大肠杆菌的分离鉴定，耐药性分析及联合药敏试验的研究[D]. 泰安：山东农业大

学，2014.
[136] 王昌健．猪源大肠杆菌的分离鉴定、耐药性分析及联合药敏试验的研究[D]. 泰安：山东农业大学，2016.
[137] 李彦庆．氟喹诺酮类药物与多西环素联用对牛源大肠杆菌的抑菌效果的应用[D]. 哈尔滨：东北农业大学，2016.
[138] 刘玲红．动物源大肠杆菌的抗药性及联合用药策略研究[D]. 泰安：山东农业大学，2018.
[139] 吴波，段龙川，罗厚强．磺胺间甲氧嘧啶与恩诺沙星联合用药对黄羽肉鸡常见病原菌的药敏试验[J]. 养殖与饲料，2014（12）：7-9.
[140] 肖建光，常维山．联合用药对禽源沙门氏菌的体外抑菌试验[J]. 家禽科学，2009（11）：33-36.
[141] 周文中，毕可东，邹本革，等．氟苯尼考与盐酸土霉素体外联合抑菌效果研究[J]. 中国畜牧兽医，2011，38（7）：201-203.
[142] 蒋公建，魏世军，骆世军，等．氟苯尼考与磺胺间甲氧嘧啶配伍后的体外抗菌作用研究[J]. 四川畜牧兽医，2021，48（7）：22-24.
[143] 张旭阳，李慧，娄亭亭，等．乳酸链球菌素联合次氯酸钠对粪肠球菌的体外抗菌作用研究[J]. 中国实用口腔科杂志，2021，14（4）：456-460.
[144] 张佩，李婉莹，关桐旭，等．联合用药对奶牛源乳房链球菌耐药突变选择窗的影响[J]. 黑龙江畜牧兽医，2020（24）：77-82.
[145] 刘洋．泰乐菌素-阿莫西林联用对猪链球菌体外药效学及 MSW 的研究[D]. 哈尔滨：东北农业大学，2010.
[146] 刘运平，操继跃，王春梅，等．阿米卡星与甲氧苄啶的体外联合抑菌研究[J]. 中国预防兽医学报，2008（7）：515-518，532.
[147] 唐万勇，刘洁，侯博，等．氟苯尼考单用及联用对副猪嗜血杆菌和胸膜肺炎放线杆菌的体外抑菌效果[J]. 中国猪业，2015，10（11）：85-88.
[148] 吕颜枝，康永刚，任士飞，等．中西联合用药对鸡沙门氏病的体外抗菌作用研究[J]. 畜禽业，2020，31（6）：4-5，8.
[149] 樊国燕，黄慧，李慧娟，等．中西药联用对鸡源沙门氏菌的体外抗菌活性[J]. 贵州农业科学，2020，48（8）：73-76.
[150] 张驰，贾旭，杨羚，等．中药单体白花丹醌对替加环素耐药鲍曼不动杆菌的抗菌作用研究[J]. 成都医学院学报，2017，12（2）：117-121.
[151] 蒋红蕾，刘景武，习志强，等．10 种常见中草药提取物对泛耐药鲍曼不动杆菌的体外抗菌活性观察[J]. 家庭医药，2018（6）：9-10.
[152] 李贵玲，刘根焰，陈寅，等．大蒜素联合不同药物对多重耐药鲍曼不动杆菌的体外抗菌作用[J]. 中国临床药理学杂志，2011（10）：752-754.
[153] 李莹，施瑜，段秀杰，等．黄连中药根碱分别联合阿米卡星与头孢哌酮/舒巴坦对泛耐药鲍曼不动杆菌的体外抑菌作用[J]. 国际检验医学杂志，2021，42（9）：1079-1083，1088.
[154] 张晓玲，于翠香．盐酸小檗碱、黄芩苷与抗菌药物联用对多重耐药鲍曼不动杆菌作用研究[J]. 中南药学，2014，12（5）：411-414.
[155] 吕娟，谢芬，丁永娟．头孢他啶与中药制剂联合应用对铜绿假单胞菌的体外抗菌活性的研究[J]. 医学信息，2015（28）：48-49.
[156] 石庆新，吕小萍，於青峰，等．盐酸小檗碱和亚胺培南联合作用耐碳青霉烯类铜绿假单胞菌的体外药敏实验研究[J]. 中国现代医生，2017，55（1）：114-117.
[157] 蔡芸，倪淑欣，裴斐，等．大蒜素与头孢哌酮联用对铜绿假单胞菌的药敏研究[J]. 中华医院感染学杂志，2007（12）：1559-1561.
[158] 厉世笑，周鹏，朱珊珊，等．丹参酮联合头孢他啶、哌拉西林钠他唑巴坦对多重耐药铜绿假单胞菌的体外抗菌作用的研究[J]. 中国卫生检验杂志，2015，25（7）：1096-1098.
[159] 李耘，吕媛，刘健，等．黄藤素与临床常用抗菌药物体外联合抗菌作用研究[J]. 中国临床药理学杂志，2018，34（7）：821-823.
[160] 蒋平，李雅茹，孙桃桃，等．蘘荷与抗生素配伍前后对金黄色葡萄球菌抑菌效果的比较[J]. 井

冈山大学学报（自然科学版），2021，42（2）：94-97.
[161] 陈尚岳，纪亚明，李玉环，等．虎杖白藜芦醇、槲皮素异构体联用抗生素对耐药金黄色葡萄球菌的抑制作用[J]. 食品工业科技．2019，40（16）：97-101.
[162] Lin R D，Chin Y P，Hou W C，et al. The effects of antibiotics combined with natural polyphenols against clinical methicillin-resistant *Staphylococcus aureus*（MRSA）[J]. Planta medica. 2008，74（8）：840-846.
[163] 陈志华，陈晓生，缪小群，等．黄连素与其它抗菌药物联用对大肠杆菌体外抗菌活性研究[J]. 中兽医医药杂志．2005，24（3）：31-32.
[164] 黄梅，罗俊，沈建英．双氢青蒿素与头孢呋辛对大肠杆菌的协同抗菌作用及机制研究[J]. 中国中药杂志．2020，45（12）：2975-2981.
[165] 胡梅，梁政，黎天良，等．淫羊藿水提取物联合抗菌药对耐药大肠杆菌的体外抑制效果[J]. 南方农业学报．2016，47（10）：1778-1783.
[166] 魏秀丽，崔进，李晴，等．紫锥菊提取物与恩诺沙星联合用药对大肠杆菌的体外抑菌试验[J]. 中兽医医药杂志．2020，39（6）：22-24.
[167] 陈琳，管远红，黄东璋，等．中药与庆大霉素联合对 16S rRNA 甲基化酶耐药重组菌的作用研究[J]. 江苏农业科学．2018，46（20）：200-203.
[168] 黄之镨，刘仲梅，杨梦兰，等．24 种《滇南本草》收录中药的体外抗 MRSA 活性研究[J]. 时珍国医国药，2018，29（11）：2561-2563.
[169] 刘倚帆，徐良，朱海燕，等．抗菌肽与抗生素对革兰氏阴性菌和革兰氏阳性菌的体外协同抗菌效果研究[J]. 动物营养学报，2010，22（05）：1457-1463.
[170] Vorland L H，Osbakk S A，Perstølen T，et al. Interference of the antimicrobial peptide lactoferricin B with the action of various antibiotics against *Escherichia coli* and *Staphylococcus aureus*[J]. Scandinavian Journal of Infectious Diseases，1999，31（2）：173-177.
[171] Wakabayashi H，Teraguchi S，Tamura Y. Increased *Staphylococcus*-killing activity of an antimicrobial peptide，lactoferricin B，with minocycline and monoacylglycerol[J]. Bioscience，Biotechnology，and Biochemistry，2002，66（10）：2161-2167.
[172] Ulvatne H，Karoliussen S，Stiberg T，et al. Short antibacterial peptides and erythromycin act synergically against *Escherichia coli*[J]. The Journal of antimicrobial chemotherapy，2001，48（2）：203-208.
[173] 彭建，吴兆颖，刘巍巍，等．抗菌肽 Cecropin4 与抗生素联合的体外抗菌效果[J]. 贵州医科大学学报，2019，44（10）：1151-1155.
[174] Lewies A，Wentzel J F，Jordaan A，et al. Interactions of the antimicrobial peptide nisin Z with conventional antibiotics and the use of nanostructured lipid carriers to enhance antimicrobial activity[J]. International Journal of Pharmaceutics，2017，526（1-2）：244-253.
[175] 肖倩，王展强，吴行贵，等．黄芪、穿心莲单独或与抗菌肽 LL-37 联合应用对铜绿假单胞菌生物膜的影响[J]. 广州中医药大学学报，2019，36（04）：562-568.

第 15 章 合理用药技术用于减抗、替抗

合理用药指以当下对药物和疾病的系统知识和理论为基础，执业兽医师在对临床的各种疾病治疗应用过程中合理地给予患病动物符合其需要治疗疾病的各种药物，并且各种药物的实际使用以及剂量需要更好地满足患病动物对各种疾病治疗的需要。此外，合理用药还要有效地保证药剂师在动物的正常机体功能得到基本康复的同时进行治疗。合理用药所涉及的范围很广，主要包括各个兽医院卫生设备和资源的合理使用、实验室和药房以及各个卫生管理职能部门的沟通协调等等。药剂师要及时在这一监督使用过程中对各个药物流通渠道起到重要的管理指导协调作用。因此，需要充分利用正确的方法进行药学方面的指导，保证药剂师对患病动物用药服务的安全合理化。药剂师对于根据患病动物的用药服务实际情况进行正确的用药指导与做好用药监督工作，具有重要的指导意义。

15.1
合理用药的基本原则

早在 1970 年，世界卫生组织（WHO）就针对合理用药提出了相应的标准，对药物的选择和给药方案提出了要求。简言之就是要在有明确指征的情况下进行药物选择，并根据实际情况制订用药的剂量和疗程来进一步杀灭病原微生物和防止感染。在用药的同时辅以相应措施提高畜禽机体免疫力来防止不良反应的出现。

合理用药需要遵守安全、有效、经济、规范等原则。多年来合理用药一直被广为提倡，意在促进实际用药过程中的规范化。但在实际应用中由于各种因素的影响，其实并无法做到绝对的合理用药，只能在用药的各环节都充分考量，最大程度做到合理用药。药物选择需要基于对影响药物作用因素的充分把控，给药方案需要考虑到动物机体和疾病进程并以此为着力点。根据用药所需把控的细节，用药原则被制订如下：选择用药要以明确用药指征为前提；若采用联合用药，则需根据配伍禁忌调整配方；使用药物时用法用量必须规范合理，防止因滥用药物造成耐药，同时也需要提倡使用中草药和动物专用抗菌药；依照相关规定遵守休药期控制兽药残留。

15.1.1 明确用药指征

用药指征的明确依托于适应证范围的划定，适应证范围的划定则是通过正确的诊断来实现。以抗菌药的使用为例，抗菌药的选择应基于正确的诊断，通过诊断确定病原微生物，进一步结合病原微生物和药物的特性进行选择。

在实际生产中，当患畜的疾病发生的原因尚不明确时，首先需要利用适宜的方法对病原进行分离和鉴定，同时保留病原标本并且测定其血清杀菌活力。在有条件可以进行药敏试验的情况下需检测病原体对各种常用药物的敏感性。细菌的药敏试验和联合药敏试验能够为临床治疗提供一定的参考依据，其与临床疗效的符合率在 70%～80%

之间。在没有条件进行药敏试验作为给药参考时，不常用的药物应是治疗时的首选，这样可根据本次用药效果为之后的临床用药提供经验。此外，如果临床诊断相对明确或药敏实验结果未知，实验性治疗也是可行的办法。药物的使用最关键的一点便是对于用药的目的有所明确，即在使用药物之前必须分析因果，分析患畜的实际情况，进行及时准确的诊断，并发症和用药史都要被纳入考量范围。不同疾病的发展过程和症状各不相同，需要结合患畜具体病情和药物对于患畜疾病过程的影响进行分析，权衡利弊之后才能进行药物的选择。在治疗细菌性疾病时，选择药物时，药物的抗菌谱、药动学特征、不良反应等特性都是不能被忽略的因素。在病原菌确定后，在窄谱抗菌药和广谱抗菌药之间，应优先选用窄谱抗菌药，广谱抗菌药宜在病原不明和多重感染时选择使用。熟悉抗菌药物的禁忌证和适应证是合理使用抗菌药的基础，在抗菌药的使用过程中需要关注抗菌药的疗效和不良反应。在临床用药中，不能盲目使用抗菌药，在缺乏指征和指征性不强的条件下都要尽量避免使用抗菌药。

正确选择药物是要根据不同药物的作用特点，尽量选择疗效好、副作用小、安全性高、价廉的药物，减少药物的副作用。在使用药物进行治疗时要坚决杜绝滥用药物，特别是抗菌药物。选择适宜的药物和制订合理的给药方案是合理用药中的重要环节，药物在动物体内的药动学、药效学规律是选择用药和制订给药方案的重要参考依据。在实际生产中，只有将患畜的病理状态和药物的药动学、药效学规律结合起来才能更加合理地选择药物和制定给药方案。

给药方案包括给药途径、剂量、剂型、给药间隔及疗程等。在用药选择时，不可只考虑单一的因素，药物对致病菌的以及药物在到达作用部位后的有效浓度都需要被考虑在内。合理的给药途径是达到抑制病原体目的的基础，应根据患畜病情和实际条件选择剂型和给药途径。在急重症时，在剂型的选择上多采用注射剂。在给药途径的选择上，针对具体情况要选择最适宜的给药途径，如危重病例应通过静脉注射或肌内注射给药，消化道感染以口服给药方式为主。实际养殖中，不同的给药途径还需要考虑不同的影响因素。药物的溶解度和患畜的饮水量是决定饮水给药效果的主要影响因素；混匀是拌料给药的关键，多利用递增混合的方法将药物与饲料充分混匀；气雾给药时，药物颗粒直径与是否对呼吸道有刺激性都是影响气雾给药可行性的重要因素。

设定药物的剂量和疗程时，应以药物在患畜体内的半衰期作为参考依据。在剂量的设定上，在临床上对于病情危重的患畜要遵循首次剂量加倍的原则对其进行治疗。用药的疗程对治疗进程有着重要作用，疗程应充足，避免病原体长期在不致死浓度下反复给药造成抗菌药耐受等问题。疗程的确定要严格遵循安全、有效、经济、方便的原则。

动物疾病的复杂性和治疗的复杂性是兽医临床用药中无法忽略的问题，用药的剂量和疗程应根据患畜病情的发展变化灵活调整，密切关注药效和毒副作用，必要时要对用药计划进行调整。

15.1.2 谨慎联合用药，避免配伍禁忌

联合用药，即同时或者先后采用两种或两种以上药物进行治疗，可增强药物疗效，减少或消除不良反应以及防止细菌耐药性的出现，是临床用药中的一种有效举措，可应用于混合感染和无法进行细菌学诊断的情况。联合用药是临床用药的常用手段，但

科学的联合用药才能够在临床上起到好的治疗作用。目前联合用药在国际上是存在争议的，因为联合用药时药物存在相互作用，包括影响药动学的相互作用和影响药效学的相互作用。此外，用药品种增多，使药物相互作用的发生率增加，影响药物疗效或使毒性产生的可能性增加。因此在给患畜用药时，应小心谨慎，尽量减少用药种类，减少药物相互作用引起的药物不良反应。所以在联合用药的过程中配伍禁忌是需要高度关注的问题。配伍禁忌在理论上是指药物在体外发生相互作用，出现混浊、沉淀、产生气体及变色等外观异常现象，进而造成药效降低或发生毒性反应。在诊断结果确定以后，药物的选择在一般情况下应尽可能单一，在抗菌药使用上更要注重这一点，同时使用多种药物治疗时，药物之间可能会发生相互作用，从而导致疗效降低，毒副作用增强等。规范合理地联合用药可以在一定程度上增强疗效，减少毒副反应，同时还可以提高生物利用度，促进药物的吸收，此外，联合用药还能够降低产生耐药性的概率。所以联合用药有利也有弊，除了具有明确的协同作用的联合用药外，要慎重进行联合用药。

抗菌药之间进行的联合用药可以扩大抗菌谱、提高药物疗效、减少药量、降低或避免毒副作用，也可以减少或延缓耐药菌株的产生，当然也有可能诱导交叉和多重耐药。根据抗菌药的作用性质，抗菌药可以分为繁殖期杀菌剂、静止期杀菌剂、速效抑菌剂、慢速抑菌剂四大类。在常见的抗菌药中，繁殖期杀菌剂有青霉素类、头孢菌素类等；静止期杀菌剂有氨基糖苷类、多黏菌素等；速效抑菌剂有四环素类、氯霉素、大环内酯类等；此外慢速抑菌剂有磺胺类等。这四种类别的抗菌药之间进行联合应用会产生协同、拮抗、相加或无关作用。联合应用繁殖期杀菌剂和静止期杀菌剂时会产生协同作用；联合应用繁殖期杀菌剂和速效抑菌剂时会产生拮抗作用；联合应用繁殖期杀菌剂和慢速抑菌剂时通常产生相加作用；联合应用静止期杀菌剂和速效抑菌剂时可产生相加和协同作用；联合应用速效抑菌剂和慢速抑菌剂时出现相加作用。在研究联合用药产生的药效时，需要明确药物作用机理与联合用药效果之间没有绝对相关性，需要具体情况具体分析。将作用机理相同的一类药物进行联合应用，其疗效不会增强，相反还有毒性增加的可能性。如第八对脑神经毒性就常见于氨基糖苷类药物之间的联合应用。

联合用药时，由于不止使用一种药物，所以需要兼顾多种因素。除了药物间的理化性质、药动学和药效学之间的相互作用外，配伍禁忌、不同菌种和菌株、药物的剂量、给药顺序都是影响联合用药效果的重要因素。

15.1.3 对因治疗与对症治疗相结合

药物的治疗作用包括对因治疗和对症治疗两种。对因治疗，即药物作用在于消除疾病的原发致病因子；对症治疗，即药物的作用在于改善疾病症状。临床上，多进行综合治疗，即针对病原体和症状进行治疗，二者双管齐下，以防止疾病进一步发展。临床用药时，对病因必须有正确的诊断，以防止药物误用和滥用；当患畜症状严重，但病因又无法在短时间内得以确定时，对症治疗是一项能缓解患畜危重症的有效措施。对症治疗在辅助对因治疗和促进病畜健康的恢复上起着重要的作用。对因治疗和对症治疗相辅相成，在临床上需要视具体的情况来合理选择治疗方法。

15.1.4 杜绝滥用药物，严防耐药性产生

抗微生物药在抗感染治疗中发挥着不可或缺的作用，在我国兽医临床用药中占有重要作用，抗微生物药的使用为畜禽传染性疾病的控制做出了卓越的贡献，解决了许多畜牧生产中的实际问题。抗微生物药的使用需要合理和规范，以抗菌药为例，过去由于抗菌药的使用不合理，耐药性逐渐发展成了全球范围内威胁公共卫生的严重问题，表现出多重耐药性的病原体数量稳步增加。耐药性具体是指微生物对抗微生物药物的耐受性，耐药性一旦产生，药物的化疗作用就明显下降。目前已经确定的耐药性机制包括：产生药物灭活酶、改变药物作用靶位、建立靶旁路系统、改变代谢途径、降低膜通透性等。

抗菌药耐药性是一个日益严重的公共卫生问题[1]，它降低了治疗的有效性，大大增加了卫生成本以及发病和死亡的风险[2]。1998 年，世界卫生大会最先就抗微生物药物耐药性进行报告，并提出了应对抗微生物药物耐药性出现的综合管理提案[3]。同年，世界卫生组织（WHO）倡导通过促进全球合理使用抗微生物药物来应对抗微生物药物耐药性危机[4]。不合理用药是导致抗菌药耐药性产生的主要原因。兽医的处方行为是促进抗菌药合理使用的重要领域。在过去几十年中，许多国家在二级和三级医院成功减少了抗菌剂的处方。然而，在初级卫生保健中仍然存在不合理使用抗菌药问题[5,6]。据估计，全球初级卫生保健患者消耗的抗菌药约占 80%[7]。因此，改善兽医在初级卫生保健中处方行为将大大改善抗菌药的使用情况。

抗菌药物管理干预措施可大大减少医院环境中不必要的抗菌药使用。这些干预措施通常分为教育干预、稽查和反馈干预、卫生政策改变干预等[8]。相关文献也报告了医院抗菌药管理干预的积极作用。有结构干预措施，如快速微生物学检测或炎症标志物测量的新技术；有说服干预措施，如处方的专家稽查和对处方者的反馈建议；有指导性的干预措施，如抗菌药使用指南或教育；以及限制性干预，如专家批准使用某些抗菌药[9,10]。

15.1.5 适当考虑中西医结合用药

在全球范围内，抗菌药耐药性和兽药残留已成为热点问题，各国都在倡导减少抗菌药的使用，开发新的替代兽药，以尽量减少兽药残留造成的危害。由于新型抗菌剂的开发不足，研究重心转向了替代补充药物，在替代补充药物中，中草药凭借其优点广受关注[11]。

中草药作为天然药物，具有保健、提高动物免疫力的作用，有些也可发挥一定程度的直接或间接抗菌抗病毒作用。随着对中草药研究的深入，知母、当归、连翘、金银花、山茱萸、侧柏、野蓼、虎杖、茯苓、大黄、丹参、半枝莲、黄芩等已被证明对临床重要的革兰氏阴性和革兰氏阳性病原体具有明显的抗菌特性。同时，中草药及其衍生物含有多种化合物，包括黄酮类、酚类、有机酸、生物碱、萜类和醌类等，它们对耐药细菌具有直接的抗菌作用或与抗菌药有协同或相加作用[12]。利用中草药及其活性成分开发多靶点药物已成为一种新趋势。目前，中药抗菌相关的研究已逐步展开，如中药有效抑菌成分、分离纯化技术，以及中药在抑制耐药菌方面的应用等。应用中草药已成为一种新型的抗菌治疗手段，被认为是逆转抗菌药耐药的新机遇[13]。

15.1.6 遵守休药期，防止药物残留

兽用抗菌药用于治疗牲畜和水生生物的疾病，在动物和水产养殖中非法和过度使用兽用抗菌药不仅可能使动物产生耐药性[14]，而且会造成环境污染和一些动物、植物和微生物死亡等严重后果，危及消费者的健康和安全[15,16]。兽药残留（residues of veterinary drug）是指原型药物或代谢产物在使用后蓄积或存留于畜禽机体或产品（肉、蛋、奶），包括兽药相关的杂质的残留。兽用抗菌药使用的不合理不规范已经导致了微生物对药物耐药现象的出现，在实际运用中，标准剂量的兽用抗菌药不再能达到预期的疗效，要达到同等疗效就需要通过增加药物剂量或者改用其他药物来实现，这样一来用药成本会明显增加，还会带来患畜因用药剂量增加而死亡的风险。残留在畜禽机体和动物制品中的兽用抗菌药会随着食物链进入人体，威胁人类生命健康，如引起过敏反应、慢性毒副作用等。因此，使用兽用抗菌药时必须严格遵守《中华人民共和国兽药典兽药使用指南》的有关规定，严格执行休药期，禁止乱用、滥用药品或违禁兽药，在各个环节都力求做到严格把控。

15.2
敏感性折点与合理用药

15.2.1 敏感性折点

抗菌药在农业以及畜牧行业的广泛使用使抗菌药耐药性风险不断升高，是现代研究的热点之一[17]。为了控制和监测对抗菌药产生耐药性的菌株的出现，需要设置敏感性折点（breakpoints）作为监测的依据[18,19]。敏感性折点能够将抗生素药敏试验（antibiotic susceptibility testing，AST）的结果分为敏感、中等或耐药，对指导临床科学用药、检测临床菌株的耐药率、控制细菌对抗菌药物耐药的传播等具有重要意义[20]。

在世界范围内，建立敏感性折点的组织主要有美国临床和实验室标准协会（Clinical and Laboratory Standards Institute，CLSI）和欧洲抗菌药物敏感性试验委员会（European Committee on Antimicrobial Susceptibility Testing，EUCAST）。此外中国也于 2017 年 3 月建立了制定折点的组织中国抗菌药物敏感性试验委员会（Chinese Committee on Antimicrobial Susceptibility Testing，ChiCAST），该组织是欧洲临床微生物和传染病学会（ESCMID）欧洲抗菌药物敏感性试验委员会（EUCAST）设在中国的抗微生物药敏感性检测委员会。其主要任务是开展针对重要抗微生物药的敏感性实验和临床研究，对有争议的临床样本进行确认和鉴定，建立抗微生物药敏感性实验教育平台，进行药物敏感性实验（如方法学、敏感折点等）的标准化，开展国际合作与交流，开展临床微生物实验室标准化培训和宣传教学，促进我国抗微生物药物敏感性实验工作的健康发展。

15.2.2 敏感性折点的制定

欧洲抗菌药物敏感性试验委员会（EUCAST）和临床和实验室标准协会（CLSI）提出了以下三个临界值来构成敏感性折点：

① 野生型临界值（wild-type cut-off，CO_{WT}），也叫流行病学临界值（也称为 epidemiological cut-off，ECOFF），可以区分野生型（WT）和非野生型；

② PK/PD 临界值（pharmacodynamic cut-off，CO_{PD}），将药物在机体的代谢过程与药物对细菌的杀菌过程结合在一起，经过蒙特卡罗模拟后，药效学靶值的达标率超过 90%的最大 MIC 值即为 CO_{PD}，包括血清抗菌药物浓度时间曲线下面积和 MIC 的比值（AUC/MIC）、抗菌药物血药峰浓度和 MIC 的比值（C_{max}/MIC）。血清中抗菌药物浓度超过 MIC 的时间（T>MIC）；

③ 临床临界值（clinical cut-off，CO_{CL}），是一个与临床治疗结果相关的临界值。临床临界值的一个重要作用是作为野生型临界值和 PK/PD 临界值的检验，当野生型临界值和 PK/PD 临界值不能够正确预测临床疗效时，应该重新制定折点值。

可通过耐药判定标准的树状图（图 15-1）分析三个临界值之间的关系，得到最终的耐药判定标准，也就是敏感性折点[21]。EUCAST 兽医抗菌药物敏感性试验小组委员会（VetCAST）和 CLSI 兽医抗菌药物敏感性试验小组委员会（CLSI/VAST）致力于更新标准化敏感性折点流程，并为兽医领域的研究人员提供指导和案例。

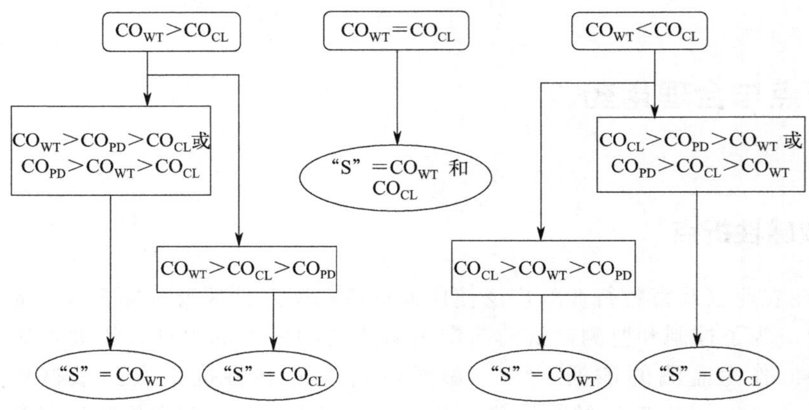

图 15-1 CLSI 制定折点的流程图[22]

敏感性折点同 MIC 值一样，表达方法随试验方法不同而产生差别，最常用的表达方式是含量（mg/L 或 μg/mL）或抑菌圈直径（mm）。一般情况下，所有的体外药物敏感性实验结果可按欧盟的标准分为敏感（S）和耐药（R）（欧盟的标准不含中介）[23]，也可按美国的标准分为敏感（S）、中介（I）和耐药（R）三个层次[24]。以上药敏试验的三种判定结果，通常考虑到对临床微生物实验室接收的标本数量、实验室所服务的对象及被大部分临床医生和研究人员所认可这些因素，综合得出来的最简便有效且易于理解接受的分类解释。抗菌药物作用的细菌是否携带抗性基因（固有耐药性），决定了抗菌药物对细菌作用的强弱，所以当细菌的基因检测出某种药物的耐药基因时，通常意味着该菌对这个药物耐药。但体外敏感试验的结果取决于基因型的表型，所以当其药敏实验结果显示为敏感时，体内药物试验不一定表现为敏感。因此，抗菌药敏感性的检测需要了解其更清晰的分子机制及使用复杂的设备仪器得出准确的数据。

15.2.3 敏感性折点的更新

抗微生物的药敏试验对于有效管理多种类型的传染病起到至关重要的作用，其中最关键的步骤就是通过敏感性折点对药敏试验结果进行解释。而伴随着细菌在抗菌药压力下的进化，敏感性折点也在变化，就需要不断更新正在变化的敏感性折点，也需要研究补充新的敏感性折点。自2010年以来，CLSI修订了有氧生长细菌的几个敏感性折点。这些修订于2019年推出，其中包括对肠杆菌科和铜绿假单胞菌的环丙沙星和左氧氟沙星敏感性折点、肠球菌属的达托霉素敏感性折点以及金黄色葡萄球菌的头孢洛林敏感性折点的更改。此外，实验室需要在有限的信息技术基础设施中进行验证研究，并不断更新实验室信息系统。

一般实验室采用敏感性折点时需要注意诸多事项，首先实验室必须与抗菌管理团队、感染控制团队、药学和传染病团队的成员，或者其医疗团队的其他成员密切合作，从而能够确定如何最好地接近其设施中不断更新的敏感性折点。在大多数情况下，当某个机构正在使用抗菌药，那么实验室应该及时报告具有当前敏感性折点的药敏试验结果。因为无论如何，确定当前敏感性折点对于用药安全是必不可少的，这就需要实验室的集中关注和机构的大力支持。作为实验室质量体系的一部分，一些大型综合健康网络已经实施了常规敏感性折点更新。因此，实验室在进行这些评估时应明确了解哪些敏感性折点更新是其机构的最高优先级。了解抗菌药物处方集和机构治疗指南可以节省实验室人员大量的时间和精力。此外，应讨论FDA、CLSI和EUCAST敏感性之间的选择，因为这些敏感性可能取决于机构使用的常规给药方案。到目前为止，CLSI兽医抗微生物药敏试验小组委员会针对提交的令人信服的数据也就是与时俱进的敏感性折点数据，采取了反应性修改敏感性折点的行动。CLSI每年发布一次的M100《抗菌药物敏感性试验性能标准》，其内容包括代表药物选择、抗菌药物敏感性试验判读和质量控制（quality control，QC）的最新信息，显示出其实用性。临床实验室必须尽快采用当前的敏感性折点，以确保实验室为个别需要提供最佳结果，并解决威胁公共健康的严重耐药性问题[25]。

15.3 流行病学临界值与合理用药

15.3.1 流行病学临界值的概念

在1971年，学界就首次尝试定义微生物折点，然后经历漫长的发展过程来不断地更新与完善微生物折点这个概念。但是为了防止折点的不同含义混淆，欧洲抗菌药物敏感性试验委员会（EUCAST）用一个新的名词“流行病学界值（epidemiological cut-off value，ECV/ECOFF）”来代替“微生物学折点”这个名词[26]，而 CLSI 则将折点定义为野生型临界值（wild type cut-off value，CO_{WT}）。在现代微生物学中，流行病学临界值已经成为研究微生物对抗菌药物敏感性的一个重要部分。流行病学临界值主要通过对抗微生物药物的敏感性试验结果综合计算分析得到，是一个具体的 MIC 值，用于判定菌株体外药敏试验的结果敏感与否，是进行病原耐药性监测的主要手段。流行病学折点不需要考虑药物在动物机体的过程与临床治疗时的疗效，只是单一的药物与菌株的互作关系，但在临床治疗时可以作为判断依据达到及时防控细菌耐药性的目的。

建立流行病学临界值需要收集大量的临床感染病原的药敏试验结果。CLSI 的 M37-A3 号文件规定，当建立一个属的病原的临界值时，需要收集至少 500 株临床感染菌株，若建立单独一个病原的临界值，只需收集 100 株以上的临床感染菌株。但 CLSI 的 VET05-R 文件也指出，从统计学的角度来说建立一个病原的流行病学临界值可能 30 株菌也是足够的。但不同于 CLSI 的方法，EUCAST 所制定的流行病学临界值是收集了来自不同地区的 20000 个以上不分来源、不分方法的 MIC 数据，这需要有大量相关的文献和研究机构及企业单位为该临界值的制定提供数据支持，所以该组织制定的流行病学临界值目前也被广泛地应用。

15.3.2 流行病学临界值标准的制定

在实际生产应用中，CLSI 方面并没有每一个动物专用药的敏感性折点标准。当缺乏细菌对抗菌药的敏感性折点标准时，多数药物耐药性监测活动无法展开，严重影响对公共卫生问题及科学预防耐药性产生措施的实施。当 CLSI 和 EUCAST 均缺乏某种细菌对具体药物敏感性折点的标准，也没有设立对应的流行病学临界值，科研人员就无法比较不同研究的结果。因此就需要及时建立流行病学临界值来快速辨别耐药菌株的出现，有利于对耐药菌株进行防控和耐药性监测工作的开展。因此，通常参考 CLSI 流行病学临界值的建立方法，完善还未有明确药物折点的流行病学临界值，逐渐填补 CLSI 的数据空白，深入研究耐药性产生和发展的规律，分析耐药现状，从而能够在临床用药和新药开发中起指导作用。

有很多方法可以制定流行病学临界值。但是为了能够复制实验结果，避免实验操作差异，CLSI 规定了一些常规操作方法如肉汤稀释法、琼脂稀释法和纸片扩散法的标准操作步骤及注意事项。流行病学临界值的制定可以根据 CLSI 建议的琼脂稀释法，测定从各地收集的临床分离菌株的最低抑菌浓度（MIC），统计对临床分离菌株测得的 MIC 的分布情况，然后绘制相应的 MIC 分布直方图，再分别利用统计学方法、ECOFFinder 或 normalized resistance interpretation（NRI）等方法建立待测药物对具体一个细菌种属菌株的流行病学临界值。最后，可以通过 PCR 检测菌株中的相关耐药基因，将基因型的分布情况与野生型菌株分布情况相比较，观察野生型菌株是否都分布在流行病学折点之内，来检验得到的流行病学临界值是否与实际菌株所含的耐药基因吻合。

野生型临界值的制定统计学方法首先是采用正态性检验，对采集的菌株 MIC 进行分析，将 MIC 梯度转换为 $\log_2$MIC，利用 Statistical Product and Service Solutions（SPSS）软件对其分布频数进行正态性检验。然后利用非线性回归研究，将 MIC 转换为 $\log_2$MIC，分布转化为累积分布，作柱状图。运用非线性最小二乘法，对整合后的数据进行多次拟合，得出三个预测参数：预测的平均值、预测标准偏差和预测细菌总数。通常需要从 MIC 分布的最小值开始进行拟合步骤，之后的每次拟合都递增一个 MIC 梯度，即得到了野生型菌株最佳拟合的 MIC 单峰分布，此时预测菌株数目与实际菌株数目差异最小，得出的细菌总数就被认为是野生型细菌总数[27]。而流行病学临界值的确定是通过得到拟合最优的预测平均值和预测标准差后，使用 Excel 中的 NORMINV 函数，进一步确定野生型菌群的取值范围，设定 95%的置信区间，确定野生型菌群的分布范围。使用 NORMDIST 函数，分别计算高于野生型分布上限的概率和低于野生型分布下限的概率，流行病学临界值是与分布上限最为接近的倍比稀释下的 MIC 值，同时流行病学临界值应包含至少 95%的野生型菌株。

相比较统计学的方法，使用 NRI 方法和 ECOFFinder 方法则较为简单，按照使用说明在相应程序中输入菌株的 MIC 值，软件自动计算出相应的流行病学临界值。ECOFFinder 分析软件是 CLSI 和 EUCAST 将这些统计分析步骤进行整合，通过一个 Excel 软件可直接对野生型菌株 MIC 分布数据进行分析，得到野生型临界值。

Huang 等人[28] 通过将阿维拉菌素对 120 株产气荚膜梭菌的 MIC 代入 ECOFFinder 软件中进行非线性回归模拟（图 15-2），得到 95%、97.5%、99%、99.5%和 99.9%置信区间的野生型临界值分别为 0.25μg/mL、0.25μg/mL、0.5μg/mL、0.5μg/mL 和 1μg/mL。最终选择了 95%置信区间的 0.25μg/mL 为最终的流行病学临界值。Xu 等人[29] 也通过此方法建立了达氟沙星对 347 株副猪嗜血杆菌的流行病学临界值，最终选择了 95%置信区间的 8μg/mL 为最终的流行病学临界值。

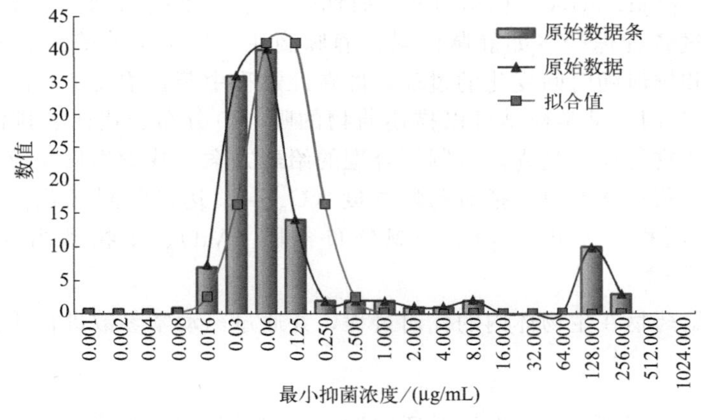

图 15-2 阿维拉霉素对 120 株产气荚膜梭菌的 MIC 分布及非线性回归分析[28]

此外国外的相关研究表明，NRI 方法也可以客观地得出流行病学临界值，目前已经成功运用于测定嗜冷黄杆菌对于多种抗菌药物的流行病学临界值和替加环素对多种菌株的流行病学临界值[30,31]。

15.3.3 耐药进化预测与流行病学临界值

伴随着细菌在抗菌药压力下的进化，除了不断研究补充新的敏感性折点并更新正在变化的其他敏感性折点外，合理地设计出持续时间更长的药物也是解决耐药的一个关键方向。然而，进化轨迹的多样性和随机性阻碍了这一目标的实现，这在临床上是不确定性的驱动因素。虽然生物物理模型在一定程度上可以定性地预测一个突变是否引起耐药性，但是它们并不能够定量地预测细菌群体中耐药性突变的相对丰度。于是有研究提出了随机的第一性原理模型，这些模型是在一个大型体外数据集上参数化的，并在试验中准确预测了耐药突变的流行病学丰富度。预测抗性变异的能力需要了解它们潜在的变异偏差。这一分析为合理的药物设计建立了一个原则，当进化倾向于最可能的突变体时，药物设计也应该如此[32]。

15.4

PK/PD 研究与给药方案设计

15.4.1 抗菌药物的药代动力学（PK）

药代动力学（pharmacokinetics，PK）简称药动学，是应用动力学原理与数学模式，定量研究药物通过各种途径（如静脉注射、静脉滴注、口服给药等）进入生物体内的吸收、分布、代谢和排泄随时间变化的过程，即在此过程中药物浓度随时间变化的动态规律的一门科学[33]。利用药动学模型可以描述药物的吸收、分布、代谢和排泄过程，通过药动学参数，了解药物的体内过程，对制订合理的给药方案、减少不良反应及评估药物相互作用有重要意义。药动学参数包括血药峰浓度（C_{max}）、达峰时间（T_{max}）、0～24h 血药浓度-时间曲线下面积（$AUC_{0\sim24}$）、表观分布容积（Vd）、生物利用度（F）、半衰期（$t_{1/2}$）、清除率等[34]。

下面分别介绍药物在生物体内的代谢过程，并通过药动学参数进行相关描述。

15.4.1.1 吸收

吸收是药物从给药部位进入血液循环的过程，与吸收相关的药动学参数主要有峰浓度（C_{max}）、达峰时间（T_{max}）和生物利用度（F）[33]。通过静脉注射/滴注等形式进入体内的药实则是直接进入了血液循环系统，因此在讨论药物吸收过程时，只针对口服用药。不同药物的口服生物利用度（F）不同，造成这些药物生物利用度不同的因素包括药物本身性质、生理状态、胃排空时间及首过效应等[35]。联合用药时，药物之间可能相互反应，发生拮抗作用，造成变性、沉淀等，使药物的吸收量减少。药物的吸收（主要表现在 F 值上）还受到食物影响，同一药物的不同剂型在空腹和饱腹状态下被服用后的吸收结果也不同。所以药物给药方案的设计要充分考虑选择合适的给药方式，才能达到更高的峰浓度与生物利用度。

15.4.1.2 分布

药物从给药部位进入血液，然后通过血液循环转运至身体各个组织器官中发挥药理作用，这一由血液进入体内其他组织部分（细胞外液）的过程称为分布。因为抗菌药物的浓度可直接决定药物的抗菌活性，所以药物从血液转移到靶组织/靶器官并达到一个有效浓度十分重要，相关的药动学参数是表观分布容积（apparent volume of distribution，Vd）和蛋白质结合率（protein binding，PB）[33]。

表观分布容积（Vd）是指药物在体内达到动态平衡时药物剂量与血药浓度之比，表观分布容积的数值可用单位 L/kg 表示[36]。很多药物如大环内酯类药物等，都能够在体内深度组织中蓄积，可以在肺组织中达到更高的药物浓度，从而发挥更好的抗菌效果[37]。亲水性抗菌药不易穿过有磷脂双分子层的细胞膜，所以亲水性抗菌药的表观分布容积相对亲脂性抗菌药较小，常用的亲水性抗菌药有糖肽类、多黏菌素类、β-内酰胺类、氨基糖苷类、氟康唑类等[33]。亲脂性抗菌药可穿透细胞膜，易侵入组织细胞，可以在某些特定的组织中蓄积而达到更高的药物浓度，起到更好的治疗效果[38]。此外大脑有特殊的生理屏障——血脑屏障（blood-brain barrier，BBB），这种屏障可以阻止很多物质从血液进入脑组织，对于亲脂性抗菌药，需要考虑它们对血脑屏障的通透性。一般来说，化学结构简单、蛋白质结合率低、脂溶性好、分子量小的药物，其血脑屏障的通透性较好，更容易透过血脑屏障，到达脑部发挥抗菌作用[39]。除此之外，虽然青霉素是水溶性物质，但青霉素类物质在血脑屏障处有主动转运系统，可以帮助其转运。使用透过血脑屏障率高的药物治疗脑部感染是科学用药、降低用量和提高药效的可行办法。

药物分布过程中，需关注的第二个重要药动学参数是蛋白质结合率。若药物与血浆的蛋白质结合率高，可以理解为药物与血浆蛋白结合比较紧密，药物难以从血液中释放进入组织细胞中，此时药物的起效时间就将受到影响，蛋白质结合率可影响药物的表观分布容积。例如重症患者往往伴随低蛋白血症，这会导致血浆向细胞外液及组织细胞渗透，与此同时血液内药物也会一同向外渗透，因此此时对患者使用药物时需考虑到药物的表观分布容积增加，这种情况下对高蛋白质结合率药物的使用影响尤其大。

15.4.1.3 代谢

药物经过吸收、分布，在感染部位发挥药理作用后会再次进入血液循环，在特定部位（主要是肝脏）被酶转化为小分子废物再排出体外。肝脏是代谢药物的主要场所，肝药酶——肝微粒体细胞色素 P450 酶（CYP450）可将多种药物转化为小分子排出[33]。肝药酶易受环境影响，在不同的生理状态和药物作用下，呈现出被抑制的状态或者被诱导的活跃状态。如氯霉素、磺胺嘧啶、甲硝唑、大环内酯类、喹诺酮类等药物就可以抑制肝药酶的活性，而利福平则可以诱导肝药酶出现活跃状态。除肝药酶对药物的代谢作用外，联合用药时药物之间可能发生相互作用，对药物的正常代谢造成影响，甚至可能影响到用药者的生命安全，因此用药时需注意药物之间的相互反应，避免配伍禁忌。

15.4.1.4 排泄

经过吸收、分布和代谢过程后，药物会以小分子形式或者代谢物形式排出。大多数抗菌药可直接经尿液（泌尿系统）排出，而部分抗菌药需要通过肝肾双通道排泄[33]。因此对于肝脏或肾脏疾病患者来说，药物的代谢和排泄将受到影响，药物在体内的浓度可能会增加或者停留时间更长[40]。与代谢和排泄有关的 PK 参数有排泄半衰期（$t_{1/2}$）和清除率（CL）[33]。$t_{1/2}$ 决定了给药间隔，$t_{1/2}$ 长的药物给药间隙长，而 $t_{1/2}$ 短的抗菌药物给药间隙短。一般认为在药物治疗的过程中，经过五个半衰期后药物浓度才能达到稳态浓度[41]，对于食用类动物，需注意其休药期，一般认为最后给药的五个 $t_{1/2}$ 后绝大部分药物会被排泄出体外（96.9%）[41]。

药物自身的理化性质可影响药物的体内过程。抗菌药物的溶解性对表观分布容积产生影响，临床有时需要选择具有足够穿透性并在特定感染部位分布较多的抗菌药物。另外，抗菌药物的蛋白结合率决定了游离型抗菌药物的浓度，也会影响抗菌药物的疗效。抗菌药物的主要清除路径也很重要，特别是在疾病状态下发生器官功能障碍或重症感染时，药物浓度会相应增加（如肾功能不全）或减少。

Xu 等[28] 通过药动学模型模拟了达氟沙星在猪血浆和肺泡灌洗液中的浓度变化过程，得到了血浆和肺泡灌洗液中的药物浓度随时间变化的曲线（图 15-3）与模拟得到的药动学参数（表 15-1）。

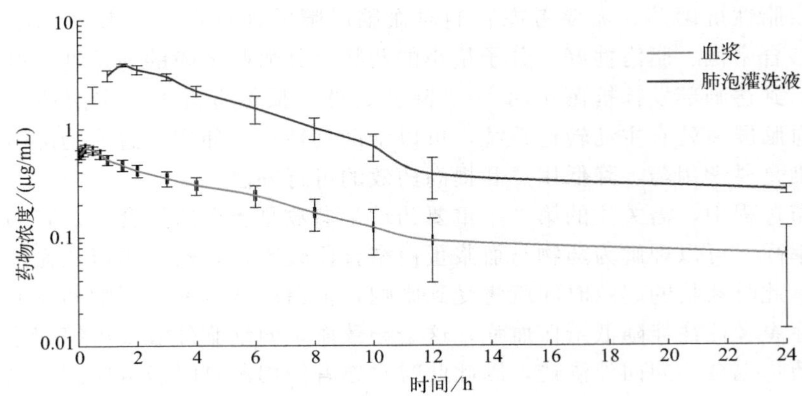

图 15-3 猪血浆和肺泡灌洗液中的达氟沙星浓度随时间变化的半对数曲线[28]

表 15-1 猪血浆和肺泡灌洗液中的达氟沙星的药动学参数[28]

药动学参数	单位	血浆	肺泡灌洗液
$T_{1/2\alpha}$	h	1.78±0.76	2.39±0.3
$T_{1/2\beta}$	h	4.96±0.47	10.46±0.76
T_{max}	h	0.23±0.07	1.61±0.15
AUC_{24}	h·μg/mL	4.47±0.51	24.28±2.70
C_{max}	μg/mL	0.67±0.01	3.67±0.25
CL/F	mL/(h·kg)	571.49±53.02	89.98±9.7
Vd/F	mL/kg	3531.73±49.12	435.04±45.43

15.4.2 抗菌药物主要药效学（PD）指标

抗菌药药效学（pharmacodynamics，PD）主要研究药物对机体及致病微生物的作用，反映药物的抗微生物效应和临床疗效[33]。通过对抗菌药的药效学研究，可以确定抗菌药物对致病菌的抑制或杀灭效果，相关的指标包括最低抑菌浓度（MIC）、最低杀菌浓度

（MBC）、防耐药突变浓度（MPC）、抗菌后效应（PAE）、耐药突变选择窗（MSW）、异质性耐药、联合抑菌指数及血清杀菌效价等[33]。

评价 PD 最重要的参数指标是最低抑菌浓度（MIC），MIC 是指在体外实验中，抗微生物药物表现出的抑制细菌生长所需的最低抗菌药物浓度，这是评价抗菌药物抗菌活性大小的主要参数[33]。抗菌药的抗菌后效应（PAE）是指通过给药，使抗菌药与细菌接触一定的时间，细菌被药物抑制/破坏但并不致死，当不再继续使用抗菌药，即使一段时间内抗菌药浓度远低于 MIC 值，靶细菌的正常生长代谢仍持续受到抑制的效应，PAE 的大小反映抗菌药对细菌的持续抑制作用，因此也被称为持续效应[42]。

此外还可以绘制抗菌药物对病原体的体外杀菌曲线，来确定药物对病原体的杀菌类型。有学者通过将产气荚膜梭菌添加到含有不同 MIC 倍数阿维拉霉素的培养基中绘制了阿维拉霉素对产气荚膜梭菌的体外杀菌曲线（图 15-4）[43]。发现随着药物浓度的升高，杀菌作用越强，说明其杀灭效果为浓度依赖性。

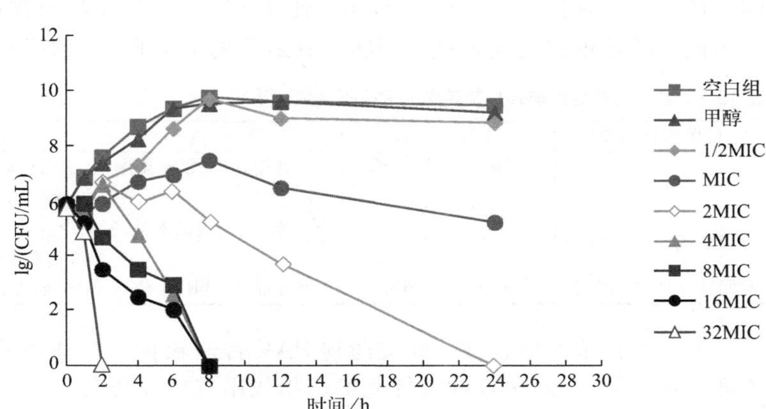

图 15-4　阿维拉霉素对产气荚膜梭菌的体外杀菌曲线[43]

15.4.3　抗菌药 PK/PD 的分类依据与特点

药动学（PK）是研究随着时间变化，药物浓度在动物体内变化的过程，药效学（PD）则是研究时间变化过程中药物对作用菌株的效应强度的变化。而基于 PK/PD 制订适当的给药方案，可以在保证安全的前提下，使药物发挥最大药理作用，达到疗效。

近年来，人们对抗菌药物 PK/PD 的作用已经达成共识，即该研究可以帮助研究者确订最佳的临床试验给药方案。创新药物的开发过程是一个不断学习和确证的过程。新抗菌药物 PK/PD 研究，也属于这一过程，该项研究可以随着非临床和临床研究的不断推进而逐渐完善，最终为确证性临床试验最佳方案的确定提供依据。

在抗菌药物开发的早期，在确定了抗菌药物的活性之后，就可以开展体外模型的 PK/PD 研究。通过建立一室、二室或非房室模型，观察药物浓度随时间的变化，以及细菌计数随时间的变化，将两者关联起来，就可用来初步确定所研究药物的作用特点。这种方法模拟体内药物浓度随时间变化所得到的药效学指标要优于单一浓度的 MIC 测定结果。

15.4.3.1 PK/PD 参数

PK/PD 是用于研究药物、机体和致病菌这三者之间相互作用的。而 PK/PD 参数主要有 AUC/MIC、C_{max}/MIC 和 T>MIC 三个[44]。

AUC/MIC 指的是给药时曲线下的实际面积和最低抑菌浓度的比例关系。若是在描述 AUC 时没有对时间进行标注，则说明稳态维持 24h。

C_{max}/MIC 是药物的峰浓度和最低抑菌浓度之间的比例关系，能有效描述用药过程对抗菌药物浓度的要求和依赖程度。

T>MIC 指抗菌药物浓度超过最低抑菌浓度（MIC）的持续时间，可评估时间依赖型药物的抗菌效果。

15.4.3.2 抗菌药物 PK/PD 分类

通过研究分析，目前发现不同药物拥有不同的抗菌活性模式，根据药物杀菌功效的不同，评价其药理作用的指标也不同。使用 PK/PD 参数对药物进行评价，主要分为三类，不同抗菌活性模式的代表抗菌药物及其适用的 PK/PD 参数指标如表 15-2 所示。

表 15-2 各种抗菌活性模式抗菌药物的 PK/PD 特征[45]

抗菌药物类型	PK/PD 参数	药物
浓度依赖性	$AUC_{0\sim24}$/MIC 或 C_{max}/MIC	氨基糖苷类、氟喹诺酮类、达托霉素、酮内酯类、甲硝唑、两性霉素 B、棘白霉素类
时间依赖性（短 PAE）	T>MIC	青霉素类、头孢菌素类、氨曲南、碳青霉烯类、大环内酯类(除阿奇霉素)、林可霉素类、氟胞嘧啶
时间依赖性（长 PAE）	$AUC_{0\sim24}$/MIC	阿奇霉素、链阳霉素类、四环素、万古霉素、替考拉宁、氟康唑、三唑类

第一类：浓度依赖性，此类药物 PAE 普遍较长，对细菌的杀灭作用主要依赖于药物浓度，提高 C_{max} 对更好地发挥此类药物作用有较大帮助。

第二类：时间依赖性（短 PAE），此类药物对细菌的杀灭作用主要依赖于与细菌的作用时间，给药剂量过高并不会更好地提高此类药物的杀菌效果，使药物长时间保持 MIC 以上浓度更有帮助。

第三类：时间依赖性（长 PAE），此类药物和第二类药物相似，不依赖浓度，而依赖于与细菌的作用时间，PAE 更长，故当药物浓度低于 MIC 值时仍能抑制细菌。

（1）浓度依赖性 浓度依赖性药物的杀菌活性主要取决于药物浓度，提高血药 C_{max} 可提高此类药物的疗效。浓度依赖性药物通常具有较长的 PAE，即当药物浓度低于 MIC 的时候仍然能够抑制病原体生长，作用时间与其杀菌活性关系不大，杀菌效果会随着药物浓度的增加而加强。浓度依赖性抗菌药物的相关 PK/PD 特征性参数是 C_{max}/MIC 或 $AUC_{0\sim24}$/MIC[33]。可以通过每次给药都使用较大剂量达到目的，例如氨基糖苷类药物评价指标采用 C_{max}/MIC，需要 C_{max}/MIC 值在 10～12 范围内才能保证临床疗效。而喹诺酮类抗菌药当药物浓度升高后，药物副作用（尤其是针对神经系统的副作用）会随之升高，因此不能一味地追求 C_{max} 值，临床通常采用 $AUC_{0\sim24}$/MIC 来作为评价参数，例如在治疗革兰氏阳性球菌感染时需要 $AUC_{0\sim24}$/MIC≥30，治疗革兰氏阴性杆菌感染时需要 $AUC_{0\sim24}$/MIC≥125[46]。徐紫慧等[47] 确定了达氟沙星在治疗副猪嗜血杆菌时的药效学靶标，通过将肺泡灌洗液中 $AUC_{0\sim24}$/MIC 的数据与相对应浓度条件下的细菌减少量带入 Sigmoid-E_{max} 方程中，得到治疗目的下的药效学靶标 $AUC_{0\sim24}$/MIC 是 34.7。

（2）时间依赖性（短 PAE） 时间依赖性药物的抗菌活性主要与其和微生物接触的

时间成正比，而与浓度关系不大[33]。使时间依赖性药物发挥作用的可行做法是尽可能长时间将药物浓度维持在 MIC 值以上，当血药浓度高于 MIC 值较多时（一般是四倍左右），其杀菌效应接近最佳状态，此时再增加 C_{max} 没有意义[33]。参数 $T>MIC$ 是评估此类药物的主要 PK/PD 特征指标，可以通过提高 $T>MIC$ 来增强这类药物的作用，延长给药时间或者持续静脉输注都可以得到更高的 $T>MIC$。根据药物性质的稳定与否，可以选择通过持续给药（如通过减慢药物流量，延迟静脉注射时间）或增加给药频次达到增强药物抗菌效果的目的。

对于不同药物，抗菌药本身的 $T>MIC$ 有不同要求：例如 β-内酰胺类药物需要 $T>MIC\geqslant50\%$即可达到最佳治疗效果，碳青霉烯类药物则需要该参数$\geqslant40\%$才能达到最佳治疗效果。同时对于不同细菌，达到治疗要求的抗菌药 $T>MIC$ 参数也有不同要求。例如，对于金黄色葡萄球菌，β-内酰胺类药物需要 $T>MIC\geqslant50\%$即可取得良好效果，而对于肺炎链球菌和肠杆菌科细菌，同样的使用 β-内酰胺类药物，却需要达到 $T>MIC\geqslant60\%\sim70\%$的条件时，才能取得良好的效果[48]。

（3）时间依赖性（长 PAE） 具有时间依赖性且同时具有较长的抗菌后效应的药物，其抗菌效应持续时间较长且不需要很高的药物浓度。评估此类药物可以使用 $AUC_{0\sim24}/MIC$ 指标，药物抗菌活性与 $AUC_{0\sim24}/MIC$ 密切相关。代表药物为万古霉素和大环内酯类药物。万古霉素谷浓度维持在 15～20μg/mL 时，$AUC_{0\sim24}/MIC\geqslant400$，具有理想的临床治疗效果，大部分指南和共识推荐万古霉素间断静脉注射而非连续静脉注射，但是也有研究认为连续静脉注射可以增加 PK/PD 达标率[49]。虽然多因素分析结果显示两种给药方式的达标率无明显差异，但是研究使用的万古霉素剂量小于指南推荐剂量，如果这种持续输注能达到相同的 PK/PD 达标率，则会减少对患者的肾毒性[50]。

有研究者通过研究泰乐菌素在鸡毒支原体的主要感染部位肺部的 PK/PD，通过对感染靶部位即肺组织的药动学分析，进行 PK-PD 模型的拟合，得到泰乐菌素在肺组织中的 PK-PD 参数 $T>MIC$、AUC_{24h}/MIC、C_{max}/MIC 数据见表 15-3[22]。最后通过泰乐菌素在鸡体内对鸡毒支原体的杀菌效应属于浓度依赖性选择 AUC_{24h}/MIC 为最终的 PK/PD 参数。

表 15-3 鸡灌胃（25mg/kg）泰乐菌素肺组织 PK-PD 参数（$n=15$）[22]

PK-PD 参数	单位	健康组	患病组
C_{max}/MIC	—	3.142	3.087
AUC_{24h}/MIC	h	17.785	30.475
$T>MIC$	h	7.21	7.93
C_{max}/MPC	—	1.227	1.206
AUC_{24h}/MPC	h	6.947	11.904
$T>MPC$	h	2.62	2.71

15.4.3.3 抗菌药物 PK/PD 参数优化给药方案

传统的给药方案在设计的过程中没有考虑药物在机体内的反应状况，不能真实地反映给药后的治疗过程[51]。所以当确定了 PK/PD 参数后使用 Sigmoid-E_{max} 模型来模拟作用靶点位置各体系之间的相互作用，可以制订和优化抗菌药物的给药方案[52]，确保药物能发挥其实际价值。

对于浓度依赖性较强的抗菌药物，在实际治疗过程中杀菌作用主要依赖于抗菌药物的浓度，杀菌效应与药物浓度呈现出正比例关系。此类药物的抗菌效应与 PK/PD 参数 C_{max}/MIC 联系密切，在实际应用的过程中细菌在第一次与药物接触后会直接产生接触效应和耐药适应性，能在初期杀菌后缓慢出现适应性。在实际处理过程中，药物会和细菌液接触，在接触时间延长后，这种杀菌作用会逐渐降低。因此对 C_{max}/MIC 进行分析时，若数值在 8 以下，则产生耐药的可能性较高。若数值在 10 以上，杀菌效率则达到顶峰。

对于浓度依赖性不强的抗菌药物，在抗菌药物的浓度达到固定抗菌阈浓度后，就算药物浓度持续增加，整体药物的杀菌作用也不会增强。此类药物的 PK/PD 参数 C_{max}/MIC 的实际研究意义并不大。在制订给药方案时，若抗菌药物的 $T>$MIC 超出两次间隔的 40%时，就会对药物的整体性能产生影响，使得杀菌特性在 90%以上。在制订给药方案时，若比较药物的 AUC/MIC，差异化浓度下药物对细菌产生的 PAE 也存在差异性，因此在给药过程中要保证给药间隔能控制在 40%以上，提升具体的疗效水平。目前较为有效的治疗方式是静脉滴注的方式，实际浓度会在 MIC 以上，且整体治疗过程对于免疫抑制患者有非常关键性的作用，持续性静滴能减少药物的实际使用量，达到一定的疗效指标。

对于在实际应用过程中，与浓度和时间相关因素没有较大联系，且具备相应的 PAE 的药物，要结合 PAE 对 PK/PD 参数进行统筹分析，并且能判断出给药间隔，从而真正发挥抗菌类药物的实际应用价值和水平。若是药物的实际浓度在 MIC 以上时，需要使药物浓度达到 MIC 的 5 倍到 10 倍最佳，确保药物抗菌性能得以充分发挥。尤其是在感染组织中，会产生较多的 PAE，临床要建立按日开展的给药工作。而对于 PAE 数据较短的问题，则要将给药工作控制在 3 次或者是 4 次，确保药物浓度能有效控制，且浓度参数在 MIC 以上。

总而言之，结合临床实际情况，要对抗菌药物 PK/PD 参数进行系统化分析，按照病情与感染的病原菌种类型以及抗菌药物类型等特征予以整合，从而得出相应的药物剂量、给药时间等，只有从根本上落实系统化给药治疗体系，才能在优化抗菌药物管理水平的同时，积极践行验证机理和管控措施，优化相关方案。

给药方案的优化也可以采用软件辅助设计。通过半体内 PK/PD 模型的拟合，将半体内杀菌数据带入抑制型 Sigmoid-E_{max} 模型，处理半体内 PK/PD 参数值与抗菌效应（细菌

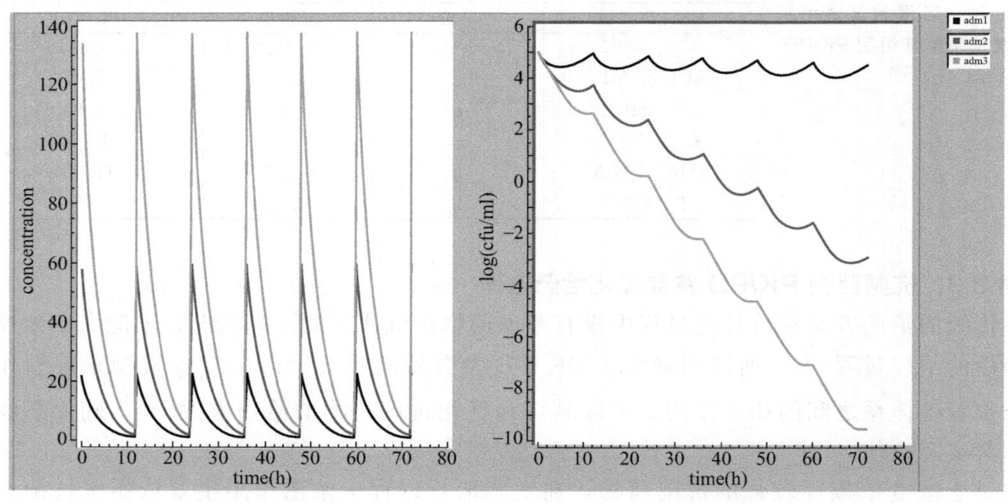

图 15-5 不同给药方案下的药物浓度与细菌生长变化[53]

对数减少量）的关系，通过拟合计算得出不同治疗目标效应的条件下 PK/PD 参数值，再通过剂量方程计算出不同治疗目标下的给药方案，还可以通过软件辅助设计出给药的时间间隔来优化给药方案。有学者通过软件预测不同的给药剂量和给药间隔下细菌的生长情况来制订合理的给药剂量与给药间隔（图 15-5）[53]，发现在治疗剂量下每天给药两次，连续给药三天情况下，可有效避免耐药细菌的生长，从而达到治疗的目的。

15.4.4 PK/PD 临界值与给药方案的设计

EUCAST 和 CLSI 都开发了应用 PK/PD 分析来设置和修改折点的工具。EUCAST 在 2012 年报道了 PK/PD 在设置 PK/PD 临界值中的作用（图 15-6）。PK/PD 临界值的制定是方案依赖的，因此对于相同的药物，可以获得不同的 PK/PD 临界值[54]。另外，随着对 PK/PD 研究的加深，CLSI 将某些药物和机体的组合定义为“敏感剂量依赖”。同样地，EUCAST 对中介（I）提出了新的定义：易感、增加接触（I）。CLSI 将易感剂量依赖性（susceptible-dose dependent，SDD）类别定义为折点，这意味着患者的给药方案受分离物的易感性影响。对于 SDD 类的分离株，有必要改变剂量方案（即更高的剂量、更频繁的剂量或两者都有）。EUCAST 认为，当通过调整给药方案增加对药物的接触而使治疗成功的可能性也增加，此时微生物是“易感的、增加的接触”。暴露取决于给药方案（给药途径、剂量、给药间隔、输注时间）以及抗菌药物的分布和排泄，因为它们调节了感染部位的药物浓度。

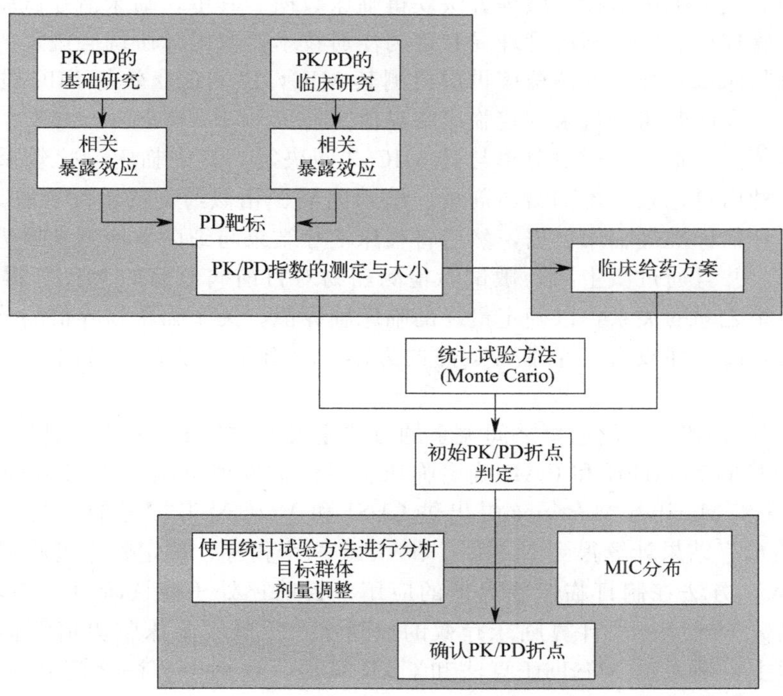

图 15-6 EUCAST PK/PD 临界值的制定过程[54]

15.5

临床临界值与合理用药考量

临床临界值（CO_{CL}）是通过综合讨论分析临床治疗结果和临床的实际治疗案例得到的。目前，研究报道很多地区及单位将药物敏感性试验得到的流行病学临界值直接作为耐药判定标准用于判定细菌的耐药或敏感情况[55]。但是，药物敏感性试验只能检测病原体和药物在体外的相互作用，并没有考虑动物体内疾病的严重程度、病原体符合以及疾病的免疫反应等因素，因此不能只通过流行病学临界值来判定药物是否敏感或耐药。

EUCAST 提出实验室在判定耐药标准时，分离采集的临床分离菌株并没有实际的临床治疗结果，只能得到临床分离株的 MIC 分布与菌株对药物的 PK/PD 数据，因此还需要单独制定临床临界值。目前，有些学者认为应该制定统一的敏感性折点和检测方法，以避免不同国家对同一分离株的不同易感性的报告，同时有助于不同的国家在检测研究中能够更可靠地比较耐药性，但是在这个前提之下，不同的国家或地区还是应该制定符合本地的敏感性折点以指导临床用药[56]。而近年来各国学者对兽用抗菌耐药判定标准的研究表明，大多数的文献研究主要涉及兽用抗菌药的敏感性、药效学和药动学研究，而对临床临界值的研究数据很少，特别是符合我国国情的，能够用来参考的数据很少，使得在获得临床相关数据方面有很大难度，实施困难是制约临床临界值制定的重大阻力[57,58]。

兽医抗微生物药敏试验小组委员会（VetCAST）可通过国内外相关文献报道、实际临床调研病例和人工临床治疗试验等方法获得临床数据。其中，临床治疗试验应按照美国食品药品监督管理局、欧洲药品管理局和兽药注册技术要求国际协调会规定的准则进行疗效的评估，且临床试验分离的菌株应再次检测其 MIC，以确定疗效与 MIC 的关系，最后将数据应用分类和回归树分析来确定临床临界值。

临床临界值主要根据临床治愈率与其 MIC 共同决定，其中临床治疗效果的评判需要动物群体的各种信息记录，比如给药剂量、给药间隔、相似药物的治疗、临床症状报告、治疗报告、可评估标准等临床数据，然后将临床治疗结果与细菌学检测结果进行对比得到最终的治愈率。并且通过微生物药敏试验检测药物对目前病原菌的 MIC，得到不同 MIC 与对应的治愈率之间的关系，以确定最终的临床临界值。关于临床临界值的分析方法，目前还处于探索阶段，并没有一个非常成熟的方案，只有不同学者提出的有可行性的分析方案[59]。

目前用于分析 MIC 与治愈率之间关系的方法主要有“WindoW”方法[60]，其通过两个独立运算计算的 MaxDiff 和 CAR 确定临床临界值的取值范围。“WindoW”方法是由 John Turnidge 和 Marilyn Martinez 提出供 CLSI 和 VetCAST 参考的，是通过分析不同 MIC 对应的治愈率结果计算得到 MaxDiff 和 CAR 两个指标，确定野生型临界值的取值范围。“WindoW”方法在制订临床临界值的应用上目前还处于商议阶段，并未推广使用。该方法是通过数学统计方法计算临床疗效的成功率，以减少临床临界值评估过程的主观性。计算过程主要是通过 MaxDiff 算法和 CAR 算法，这两个算法之间并无关联。MaxDiff 算法称为最大化差异度量，也被称为 best-worse scaling（BWS）；CAR 算法是源于金融学中的收益率计算的。当用于临床治愈率情况的描述时，该计算方法主要是通过不同 MIC 和总样本数以及治愈样本数之间概率的比值进行计算[61]。

当"WindoW"推荐出的野生型临界值范围较大时，可再根据EUCAT提出的公式POC=1/［1+e−a+bf（MIC)］[62]［a表示安慰剂效应（上限效应)，b表示敏感性(MIC——效应曲线的斜率)，f（MIC）表示临床试验中所收集到的MIC与一些协变量，但公式中参数a和b只是一个模糊的参数，无法算出一个具体的值]，利用SPSS软件中的非线性回归对所得数据进行拟合，以MIC为自变量，POC为因变量，得到相应的模拟表达式，然后计算治愈率为90%所对应的MIC值。

最后可利用Salford Predictive Modeler软件对临床试验的数据进行分类与回归树(CART）分析[63]，以MIC为预测变量，临床治疗结果为目标变量，对MIC进行分段，得到不同MIC区间的治愈率。通过综合结果，缩小推荐范围，以得到最终临床临界值。CART算法作为一种风险预测模型，可判断药物治疗临床细菌感染疾病的成功率。

Huang等[64] 通过临床治疗试验制订了泰乐菌素对鸡毒支原体的临床临界值。在得到治疗结果的基础上使用"WindoW"方法计算得到的临床临界值范围是0.03～1μg/mL；通过SPSS软件非线性回归得到的临床临界值小于0.57μg/mL；最后通过Saford Predictive Modeler软件进行二分树（CART）分析得到的临床临界值范围是小于0.75μg/mL；最后综合临床临界值制订结果，得到的临床临界值为0.5μg/mL。

在制订临床临界值时，存在许多局限性，主要包括：多数研究预先定义耐药，而将携有耐药性的细菌排除，耐药的定义往往依据野生型临界值；而对于一些细菌感染来说，可能临床样本较小，在制订临床临界值时也就增大了错误率；在选择消除率还是治愈率上缺乏一致性。由于以上的种种限制，临床临界值的制定显得没有那么重要，而其主要的意义在于对于流行病学临界值和PK/PD临界值的检测[65]。

参考文献

[1] Laxminarayan R, Duse A, Wattal C, et al. Antibiotics resistance—the need for global solutions[J]. Lancet Infect Dis, 2013, 13(12): 1057-1098.

[2] Jasovsky D, Littmann J, Zorzet A, et al. Antimicrobial resistance-a threat to the world's sustainable development[J]. Ups J Med Sci, 2016, 121(3): 159-164.

[3] World Health Organization. Emerging and other communicable diseases: antimicrobial resistance-report by the director-general. Genova: WHO, 1998.

[4] World Health Organization. Antimicrobial resistance monitoring: update of activities 1997/1998. Genova: WHO, 1998.

[5] Costelloe C, Metcalfe C, Lovering A, et al. Effect of antibiotics prescribing in primary health care on antimicrobial resistance in individual patients: systematic review and meta-analysis [J]. BMJ. 2010, 340: 1120.

[6] Dachs R. Interventions to improve antibiotics prescribing practices for hospital inpatients[J]. American Family Physician, 2008, 77(5): 618-619.

[7] Laxminarayan R, Matsoso P, Pant S, et al. Access to effective antimicrobials: a worldwide challenge[J]. Lancet, 2016, 387 (10014): 168-175.
[8] Van Dijck C, Vlieghe E, Cox J A. Antibiotics stewardship interventions in hospitals in low-and middle-income countries: a systematic review[J]. Bull World Health Organ, 2018, 96 (4): 266-280.
[9] Cross E L, Tolfree R, Kipping R. Systematic review of public-targeted communication interventions to improve antibiotics use[J]. J Antimicrob Chemother, 2017, 72 (4): 975-987.
[10] Arnold S R, Straus S E. Interventions to improve antibiotics prescribing practices in ambulatory care[J]. Cochrane Database Syst Rev, 2005, 4: CD003539.
[11] Millar B C, Rao J R, Moore J E. Fighting Antimicrobial Resistance (AMR): Chinese Herbal Medicine as a source of novel antimicrobials - an update[J]. Letters in applied microbiology, 2021, 73 (4): 400-407.
[12] Zhao Y L, Li H T, Wei S Z, et al. Antimicrobial effects of chemical compounds isolated from traditional Chinese Herbal Medicine (TCHM) against drug-resistant bacteria: A review paper [J]. Mini reviews in medicinal chemistry, 2019 (2): 125-137.
[13] Ting S, Ye Q, XUESI H, et al. Novel opportunity to reverse antibiotic resistance: to explore traditional Chinese medicine with potential activity against antibiotics -resistance bacteria& # 13 [J]. Frontiers in Microbiology, 2020, 11: 610070.
[14] Beyene T. Veterinary drug residues in food-animal products: its risk factors and potential effects on public health [J]. Journal of Veterinary Science & Technology, 2016, 7 (1): 284-291.
[15] Boobis A, Cerniglia C, Chicoine A, et al. Characterizing chronic and acute health risks of residues of veterinary drugs in food: latest methodological developments by the joint FAO/WHO expert committee on food additives [J]. Critical Reviews in Toxicology, 2017, 47 (10): 885-899.
[16] Bartikova, Skalova, Stuchlikova, et al. Xenobiotic-metabolizing enzymes in plants and their role in uptake and biotransformation of veterinary drugs in the environment[J]. DRUG METAB REV, 2015, 2015, 47 (3): 374-387.
[17] Tenover F C. Mechanisms of Antimicrobial Resistance in Bacteria[J]. Am. J. Med. , 2006, 119: S3-S10.
[18] Strasfeld L, Chou S. Antiviral drug resistance: mechanisms and clinical implications [J]. Infect. Dis. Clin, 2010, 24: 809-833.
[19] Toutain P L, A Bousquet-Mélou, Damborg P, et al. En Route towards European Clinical breakpoints for veterinary antimicrobial susceptibility testing[J]. Frontiers in Microbiology, 2017, 8: 2344.
[20] CLSI. Development of In Vitro Susceptibility Testing Criteria and Quality Control Parameters for Veterinary Antimicrobial Agents; Approved Guideline—Third Edition, document M37-A3 [ISBN 1-56238-000-0] , 2007.
[21] Dec M, Wernicki A, Puchalski A, Urban-Chmiel R. Antibiotic susceptibility of Lactobacillus strains isolated from domestic geese[J]. British poultry science, 2015, 56 (4): 23-25.
[22] 黄安雄．鸡毒支原体对泰乐菌素的耐药判定标准研究[D]. 武汉：华中农业大学，2019.
[23] Bywater R, Silley P, Simjee S. Antimicrobial breakpoints—Definitions and conflicting requirements[J]. Veterinary Microbiology, 2006, 118: 158.
[24] Stass H, Dalhoff A. The integrated use of pharmacokinetic and pharmacodynamic models for the definition of breakpoints[J]. Infection, 2005, 33: 29-35.
[25] Humphries R M, Abbott A N, Hindler J A. Understanding and addressing CLSI breakpoint revisions: a primer for clinical laboratories[J]. J Clin Microbiol. 2019, 24: 57 (6): e00203-19.
[26] 杨启文，朱任媛，王辉．药敏试验折点的设定及对临床的指导意义[J]. 内科急危重症杂志，2010 (16): 181-183.
[27] 吴思莉，傅嘉莉，朱家杭，等．3 种动物专用抗菌药在鸡肠道沙门菌的流行病学临界值的建立

[J]. 中国畜牧兽医，2020，47（9）：9.
[28] Huang A，Luo X，Xu Z，et al. Optimal regimens and clinical breakpoint of avilamycin against *Clostridium perfringens* in swine based on PK-PD study[J]. Frontiers in Pharmacology，2022，13：769539.
[29] Xu Z，Huang A，Luo X，et al. Exploration of clinical breakpoint of danofloxacin for *Glaesserella parasuis* in plasma and in PELF[J]. Antibiotics，2021，10（7）：808.
[30] Miranda C D，Smith P，Rojas R，et al. Antimicrobial susceptibility of *Flavobacterium psychrophilumfrom* Chilean salmon farms and their epidemiological cut-off values using agar dilution and disk diffusion methods[J]. Frontiers in Microbiology，2016，7：1880-1887.
[31] Kronvall G，Karlsson I，Walder M，et al. Epidemiological MIC cut-off values for tigecycline calculatedfrom Etest MIC values using normalized resistance interpretation[J]. Journal of Antimicrobial Chemotherapy，2006，57：498-505.
[32] Leighow S M，Liu C，Inam H，et al. Multi-scale predictions of drug resistance epidemiology identify design principles for rational drug design[J]. Cell Rep. 2020，30（12）：3951-3963. e4.
[33] 中国医药教育协会感染疾病专业委员会．抗菌药物药代动力学/药效学理论临床应用专家共识[J]. 中华结核和呼吸杂志，2018，41（6）：409-446.
[34] 沈爱宗，张圣雨，陈泳伍，等．抗菌药物 PK/PD 理论及其临床应用研究进展[J]. 药学进展，2019，43（11）：880-884.
[35] 胡吉号．药物动力学和药效动力学在抗菌药物临床治疗和新药开发中的应用分析[J]. 临床医药文献电子杂志，2018，5（85）：196-197.
[36] Roberts J A，Lipman J. Pharmacokinetic issues for antibiotics in the critically ill patient[J]. Crit Care Med，2009，37（3）：840-851.
[37] Suarez-Mier，G，Giguère S，Lee E A，Pulmonary disposition of erythromycin，azithromycin，and clarithromycin in foals[J]. J. Vet. Pharmacol. Ther，2010，30：109-115.
[38] Meagher A K，Ambrose P G，Grasela T H，et al. Pharmacokinetic/pharmacodynamic profile for tigecycline - a new alycylcycline antimicrobial agent[J]. Diagn Microbiol Infect Dis，2005，52（3）：165-171.
[39] 朱一白，张丹枫，朱开鑫，等．中性粒细胞细胞外陷阱在中枢神经系统损伤中的作用[J]. 第二军医大学学报，2020，41（7）：792-797.
[40] Di Paolo A，Malacarne P，Guidotti E，et al. Pharmacological issues of linezolid：an updated critical review[J]. Clin Pharmacokinet，2010，49（7）：439-47.
[41] 崔军华，杨希．头孢菌素类与多种西药联用所致不良反应的临床分析[J]. 临床医药文献电子杂志，2020，7（42）：161.
[42] Gorgensen J H. Manual of clinical microbiology [M]. 11th ed. Washington：ASM Press，2015.
[43] 罗讯．猪产气荚膜梭菌对阿维拉霉素和安普霉素的耐药判定标准研究[D]. 武汉：华中农业大学，2018.
[44] 次仁卓玛．抗菌药物 PK/PD 参数优化抗菌药物给药方案的研究进展[J]. 大医生，2018，3（Z1）：114-115.
[45] 肖永红．利用抗菌药物 PK/PD 优化感染治疗[J]. 中国抗生素杂志，2017，42（12）：1033-1039.
[46] Roberts J A，Taccone F S，Lipman J. Understanding PK/PD [J]. Intensive Care Med，2016，42（11）：1797-1800.
[47] 徐紫慧．副猪嗜血杆菌对达氟沙星和泰乐菌素的耐药判定标准研究[D]. 武汉：华中农业大学，2018.
[48] Bergen P J，Li J，Nation R L. Dosing of colistin-back to basic PK/PD[J]. Curr Opin Pharmacol，2011，11（5）：464-469.
[49] Roberts J A，Lipman J. Pharmacokinetic issues for antibiotics in the critically ill patient[J]. Crit Care Med，2009，37（3）：840-851.
[50] 袁园园，黄玲利，郝海红，等．兽用抗菌药物联合用药的 PK-PD 研究进展[J]. 中国畜牧兽医，

2020，47（1）：282-289.
[51] Asín-Prieto E，Rodríguez-Gascón A，Isla A. Applications of the pharmacokinetic/pharmacodynamic （PK/PD） analysis of antimicrobial agents[J]. Journal of Infection & Chemotherapy Official Journal of the Japan Society of Chemotherapy，2015，21（5）：319-329.
[52] Nielsen E I，Friberg L E. Pharmacokinetic-pharmacodynamic modeling of antibacterial drugs [J]. Pharmacological Reviews，2013，65：1053-1090.
[53] 毛峰．乙酰吉他霉素对猪链球菌病的 PK-PD 同步模型研究[D]. 武汉：华中农业大学，2016.
[54] Mouton J W，Brown D F J，Apfalter P，et al. The role of pharmacokinetics/pharmacodynamics in setting clinical MIC breakpoints：the EUCAST approach[J]. Clinical Microbiology and Infection，2012，18：E37-E45.
[55] Boeckel T，Pires J，Silvester R，et al. Global trends in antimicrobial resistance in animals in low - and middle -income countries [J]. International Journal of Infectious Diseases，2020，101：19.
[56] Brown D F，Wootton M，Howe R A. Antimicrobial susceptibility testing breakpoints and methods from BSAC to EUCAST[J]. Journal of Antimicrobial Chemotherapy，2016，71:3-5.
[57] 房诗薇，黄玲利，谢书宇，等．兽用抗菌药耐药判定标准的研究进展[J]. 中国抗生素杂志，2019，44（06）：667-673.
[58] 徐紫慧，罗讯，张朋，等．动物源性细菌抗生素耐药判定标准的研究现状[J]. 中国抗生素杂志，2018，43（07）：794-800.
[59] Mi K，Sun D，Li M，et al. Evidence for establishing the clinical breakpoint of cefquinome against *Haemophilus Parasuis* in China[J]. Pathogens，2021，10（2）：105.
[60] Turnidge J D，Martinez M N. Proposed method for estimating clinical cut-off （COCL） values：An attempt to address challenges encountered when setting clinical breakpoints for veterinary antimicrobial agents[J]. Veterinary Journal，2017，228：33.
[61] Toutain P L，Sidhu P K，Lees P，et al. VetCAST method for determination of the pharmacokinetic-pharmacodynamic cut-off values of a long-acting formulation of florfenicol to support clinical breakpoints for florfenicol antimicrobial susceptibility testing in cattle[J]. Front Microbiol，2019，10：1310.
[62] Toutain P L，A Bousquet-Mélou，Damborg P，et al. En route towards european clinical breakpoints for veterinary antimicrobial susceptibility testing[J]. Frontiers in Microbiology，2017，8：2344
[63] Zheng X，Zheng R，Hu Y，et al. Determination of MIC breakpoints for second-line drugs associated with clinical outcomes in multidrug -resistant tuberculosis treatment in China [J]. Antimicrob Agents Chemother，2016，60：4786-4792.
[64] Huang A，Wang S，Guo J，et al. Prudent use of tylosin for treatment of *Mycoplasma gallisepticum* based on its clinical breakpoint and lung microbiota shift[J]. Frontiers in Microbiology，2021，12：712473.
[65] 张朋．副猪嗜血杆菌对替米考星野生型折点和药效学折点研究[D]. 武汉：华中农业大学，2015.